鸢尾花数学大系
从加减乘除到机器学习

可视之美

数据可视化 + 数学艺术 + 学术绘图 + Python创意编程

姜伟生 著

清華大学出版社
北 京

内容简介

本书是“鸢尾花数学大系：从加减乘除到机器学习”丛书中编程板块的第二册。编程板块第一册《编程不难》着重介绍如何零基础入门 Python 编程，本书则在《编程不难》基础之上深入探讨如何用 Python 完成数学任务及板块数据可视化。

本书是本系列中的一本真正意义上的“图册”。内容覆盖科技制图、计算机图形学、创意编程、趣味数学实验、数学科学、机器学习等。本书“毫无节制”地展示数学之美，而且提供特别实用且容易复制的创作思路、做图技巧、编程代码。

本书包含 8 个板块共 36 章内容。前 5 个板块（共 18 章）专注于各种可视化手段，是可视化中的“术”；后 3 个板块（共 18 章）选取了 18 个话题来展示数学之美，是可视化中的“艺”，阅读这 18 章时，请关注每个可视化方案的创意思路、作图技巧、数学工具。

本书读者群包括程序员、科技制图开发者、高级数据分析师、机器学习开发者、创意编程开发者、计算机图形学研究者。

图书在版编目(CIP)数据

可视之美：数据可视化 + 数学艺术 + 学术绘图 + Python 创意编程 / 姜伟生著 .—北京：清华大学出版社，2024.5（2024.10重印）

（鸢尾花数学大系：从加减乘除到机器学习）

ISBN 978-7-302-66129-0

Ⅰ. ①可… Ⅱ. ①姜… Ⅲ. ①可视化软件—数据处理 Ⅳ. ① TP317.3

中国国家版本馆 CIP 数据核字 (2024) 第 083387 号

责任编辑：栾大成
封面设计：姜伟生　杨玉兰
责任校对：徐俊伟
责任印制：杨　艳

出版发行：清华大学出版社
网　　址：https://www.tup.com.cn，https://www.wqxuetang.com
地　　址：北京清华大学学研大厦 A 座　　**邮　　编：**100084
社 总 机：010-83470000　　**邮　　购：**010-62786544
投稿与读者服务：010-62776969，c-service@tup.tsinghua.edu.cn
质 量 反 馈：010-62772015，zhiliang@tup.tsinghua.edu.cn
印 装 者：涿州汇美亿浓印刷有限公司
经　　销：全国新华书店
开　　本：188mm×260mm　　**印　　张：**39　　**字　　数：**1240 千字
版　　次：2024 年 6 月第 1 版　　**印　　次：**2024 年 10 月第 2 次印刷
定　　价：258.00 元

产品编号：101993-01

Preface

前言

感谢

首先感谢大家的信任。

作者仅仅是在学习应用数学科学和机器学习算法时，多读了几本数学书，多做了一些思考和知识整理而已。知者不言，言者不知。知者不博，博者不知。由于作者水平有限，斗胆把自己有限所学所思与大家分享，作者权当无知者无畏。希望大家在 B 站视频下方和 GitHub 多提意见，让“鸢尾花数学大系——从加减乘除到机器学习”丛书成为作者和读者共同参与创作的优质作品。

特别感谢清华大学出版社的栾大成老师。从选题策划、内容创作到装帧设计，栾老师事无巨细、一路陪伴。每次与栾老师交流，都能感受到他对优质作品的追求、对知识分享的热情。

出来混总是要还的

曾经，考试是我们学习数学的唯一动力。考试是头悬梁的绳，是锥刺股的锥。我们中的绝大多数人从小到大为各种考试埋头题海，学数学味同嚼蜡，甚至让人恨之入骨。

数学给我们带来了无尽的“折磨”。我们甚至恐惧数学，憎恨数学，恨不得一走出校门就把数学抛之脑后，老死不相往来。

可悲可笑的是，我们很多人可能会在毕业五年或十年以后，因为工作需要，不得不重新学习微积分、线性代数、概率统计，悔恨当初没有学好数学，走了很多弯路，没能学以致用，甚至迁怒于教材和老师。

这一切不能都怪数学，值得反思的是我们学习数学的方法和目的。

再给自己一个学数学的理由

为考试而学数学，是被逼无奈的举动。而为数学而学数学，则又太过高尚而遥不可及。

相信对于绝大部分的我们来说，数学是工具，是谋生手段，而不是目的。我们主动学数学，是想用数学工具解决具体问题。

现在，本丛书给大家带来一个学数学、用数学的全新动力——数据科学、机器学习。

数据科学和机器学习已经深度融合到我们生活的方方面面，而数学正是开启未来大门的钥匙。不是所有人生来都握有一副好牌，但是掌握“数学 + 编程 + 机器学习”的知识绝对是王牌。这次，学习数学不再是为了考试、分数、升学，而是为了投资时间，自我实现，面向未来。

未来已来，你来不来？

本丛书如何帮到你

为了让大家学数学、用数学，甚至爱上数学，作者可谓颇费心机。在丛书创作时，作者尽量克服传统数学教材的各种弊端，让大家学习时有兴趣、看得懂、有思考、更自信、用得着。

为此，丛书在内容创作上突出以下几个特点。

- **数学 + 艺术**——全彩图解，极致可视化，让数学思想跃然纸上、生动有趣、一看就懂，同时提高大家的数据思维、几何想象力和艺术感。
- **零基础**——从零开始学习Python编程，从写第一行代码到搭建数据科学和机器学习应用。
- **知识网络**——打破数学板块之间的壁垒，让大家看到代数、几何、线性代数、微积分、概率统计等板块之间的联系，编织一张绵密的数学知识网络。
- **动手**——授人以鱼不如授人以渔，和大家一起写代码，用Streamlit创作数学动画、交互App。
- **学习生态**——构造自主探究式学习生态环境“微课视频 + 纸质图书 + 电子图书 + 代码文件 + 可视化工具 + 思维导图”，提供各种优质学习资源。
- **理论 + 实践**——从加减乘除到机器学习，丛书内容安排由浅入深、螺旋上升，兼顾理论和实践；在编程中学习数学，在学习数学时解决实际问题。

虽然本书标榜“从加减乘除到机器学习”，但是建议读者朋友们至少具备高中数学知识。如果读者正在学习或曾经学过大学数学 (微积分、线性代数、概率统计)，那么就更容易读懂本丛书了。

聊聊数学

数学是工具。锤子是工具，剪刀是工具，数学也是工具。

数学是思想。数学是人类思想高度抽象的结晶。在其冷酷的外表之下，数学的内核实际上就是人类朴素的思想。学习数学时，知其然，更要知其所以然。不要死记硬背公式、定理，理解背后的数学思想才是关键。如果你能画一幅图，用大白话描述清楚一个公式、一则定理，这就说明你真正理解了它。

数学是语言。就好比世界各地不同种族有自己的语言，数学则是人类共同的语言和逻辑。数学这门语言极其精准，高度抽象，放之四海而皆准。虽然我们中大多数人没有被数学“女神”选中，不能为人类对数学认知开疆拓土，但是这丝毫不妨碍我们使用数学这门语言。就好比，我们不会成为语言学家，但是我们完全可以使用母语和外语交流。

数学是体系。代数、几何、线性代数、微积分、概率统计、优化方法等，看似一个个孤岛，实际上它们都是由数学网络连接起来的。建议大家学习时，特别关注不同数学板块之间的联系，见树，更要见林。

数学是基石。拿破仑曾说：“数学的日臻完善和国强民富息息相关。”数学是科学进步的根基，是经济繁荣的支柱，是保家卫国的武器，是探索星辰大海的航船。

数学是艺术。数学和音乐、绘画、建筑一样，都是人类艺术体验。通过可视化工具，我们会在看似枯燥的公式、定理、数据背后，发现数学之美。

数学是历史，是人类共同记忆体。“历史是过去，又属于现在，同时在指引未来。”数学是人类的集体学习思考，它把人的思维符号化、形式化，进而记录、积累、传播、创新、发展。从甲骨、泥板、石板、竹简、木牍、纸草、羊皮卷、活字印刷字模、纸张，到数字媒介，这一过程持续了数千年，至今绵延不息。

数学是无穷无尽的**想象力**，是人类的**好奇心**，是自我挑战的**毅力**，是一个接着一个的**问题**，是看似荒诞不经的**猜想**，是一次次胆大包天的**批判性思考**，是敢于站在前人臂膀之上的**勇气**，是孜孜不倦地延展人类认知边界的**不懈努力**。

家园、诗、远方

诺瓦利斯曾说：“哲学就是怀着一种乡愁的冲动到处去寻找家园。”

在纷繁复杂的尘世，数学纯粹得就像精神的世外桃源。数学是一束光、一条巷、一团不灭的希望、一股磅礴的力量、一个值得寄托的避风港。

打破陈腐的锁链，把功利心暂放一边，我们一道怀揣一份乡愁，心存些许诗意，踩着艺术维度，投入数学张开的臂膀，驶入它色彩斑斓、变幻无穷的深港，感受久违的归属，一睹更美、更好的远方。

Acknowledgement

致谢

To my parents.

谨以此书献给我的母亲和父亲。

How to Use the Book

使用本书

丛书资源

本系列丛书提供的配套资源有以下几个。

- 纸质图书。
- PDF文件，方便移动终端学习。请大家注意，纸质图书经过出版社五审五校修改，内容细节上会与PDF文件有出入。
- 每章提供思维导图，纸质图书提供全书思维导图海报。
- Python代码文件，直接下载运行，或者复制、粘贴到Jupyter运行。
- Python代码中有专门用Streamlit开发的数学动画和交互App的文件。
- 微课视频，强调重点、讲解难点、聊聊天。

在纸质图书中，为了方便大家查找不同配套资源，作者特别设计了以下几个标识。

数学家、科学家、艺术家等语录

代码中核心Python库函数和讲解

思维导图总结本章脉络和核心内容

配套Python代码完成核心计算和制图

用Streamlit开发制作App

介绍数学工具、机器学习之间的联系

引出本书或本系列其他图书相关内容

提醒读者格外注意的知识点

每章配套微课视频二维码

相关数学家生平贡献介绍

每章结束总结或升华本章内容

本书核心参考文献和推荐阅读文献

微课视频

本书配套微课视频均发布在B站——生姜DrGinger。

```
https://space.bilibili.com/513194466
```

微课视频是以“聊天”的方式，和大家探讨某个数学话题的重点内容，讲解代码中可能遇到的难点，甚至侃侃历史，说说时事，聊聊生活。

本书配套微课视频的目的是引导大家自主编程实践、探究式学习，并不是“照本宣科”。

纸质图书上已经写得很清楚的内容，视频课程只会强调重点。需要说明的是，图书内容不是视频的“逐字稿”。

App开发

本书配套多个用Streamlit开发的App，用来展示数学动画、数据分析、机器学习算法。

Streamlit是个开源的Python库，能够方便、快捷地搭建、部署交互型网页App。Streamlit简单易用，很受欢迎。Streamlit兼容目前主流的Python数据分析库，比如NumPy、Pandas、Scikit-Learn、PyTorch、TensorFlow等。Streamlit还支持Plotly、Bokeh、Altair等交互可视化库。

本书中很多App设计都采用Streamlit + Plotly方案。此外，本书专门配套教学视频手把手和大家一起做App。

大家可以参考如下页面，更多地了解Streamlit：

```
https://streamlit.io/gallery
https://docs.streamlit.io/library/api-reference
```

实践平台

本书作者编写代码时采用的IDE (Integrated Development Environment) 是Spyder，目的是给大家提供简洁的Python代码文件。

但是，建议大家采用JupyterLab或Jupyter Notebook作为“鸢尾花书”配套学习工具。

简单来说，Jupyter集“浏览器 + 编程 + 文档 + 绘图 + 多媒体 + 发布”众多功能于一身，非常适合探究式学习。

运行Jupyter无须IDE，只用到浏览器。Jupyter容易分块执行代码。Jupyter支持inline打印结果，直接将结果图片打印在分块代码下方。Jupyter还支持很多其他语言，如R和Julia。

使用Markdown文档编辑功能，可以在编程的同时写笔记，不需要额外创建文档。在Jupyter中插入图片和视频链接都很方便，此外还可以插入LaTex公式。对于长文档，可以用边栏目录查找特定内容。

Jupyter发布功能很友好，方便打印成HTML、PDF等格式文件。

Jupyter也并不完美，目前尚待解决的问题有几个：Jupyter中代码调试不是特别方便。Jupyter没有variable explorer，可以在线打印数据，也可以将数据写到CSV或Excel文件中再打开。Matplotlib图像结果不具有交互性，如不能查看某个点的值或者旋转3D图形，此时可以考虑安装 (Jupyter

Matplotlib)。注意，利用Altair或Plotly绘制的图像支持交互功能。对于自定义函数，目前没有快捷键直接跳转到其定义。但是，很多开发者针对这些问题正在开发或已经发布相应插件，请大家留意。

大家可以下载安装Anaconda，将JupyterLab、Spyder、PyCharm等常用工具，都集成在Anaconda中。下载Anaconda的地址为：

```
https://www.anaconda.com/
```

JupyterLab探究式学习视频：

代码文件

本书的Python代码文件下载地址为：

同时也在如下GitHub地址备份更新：

```
https://github.com/Visualize-ML
```

Python代码文件会不定期修改，请大家注意更新。图书原始创作版本PDF(未经审校和修订，内容和纸质版略有差异，方便移动终端碎片化学习以及对照代码)和纸质版本勘误也会上传到这个GitHub账户。因此，建议大家注册GitHub账户，给书稿文件夹标星 (Star) 或分支克隆 (Fork)。

考虑再三，作者还是决定不把代码全文印在纸质书中，以便减少篇幅，节约用纸。

本书编程实践例子中主要使用“鸢尾花数据集”，数据来源是Scikit-Learn库、Seaborn库。要是给“鸢尾花数学大系”起个昵称的话，作者乐见**“鸢尾花书”**。

学习指南

大家可以根据自己的偏好制定学习步骤，本书推荐如下步骤。

1
浏览本章思维导图，把握核心脉络
2
下载本章配套Python 代码文件
3
观看微课视频，阅读本章正文内容
4
用Jupyter 创建笔记，编程实践
5
尝试开发数学动画、机器学习 App
6
翻阅本书推荐参考文献

学完每章后，大家可以在社交媒体、技术论坛上发布自己的Jupyter笔记，进一步听取朋友们的意见，共同进步。这样做还可以提高自己学习的动力。

另外，建议大家采用纸质书和电子书配合阅读学习。学习主阵地在纸质书上，学习基础课程最重要的是沉下心来，认真阅读并记录笔记；电子书可以配合查看代码，相关实操性内容可以直接在电脑上开发、运行、感受，还可以同步记录Jupyter笔记。

强调一点：**学习过程中遇到困难，要尝试自行研究解决，不要第一时间就去寻求他人帮助。**

意见和建议

欢迎大家对“鸢尾花书”提意见和建议，丛书专属邮箱地址为：

```
jiang.visualize.ml@gmail.com
```

也欢迎大家在B站视频下方留言互动。

Contents

目录

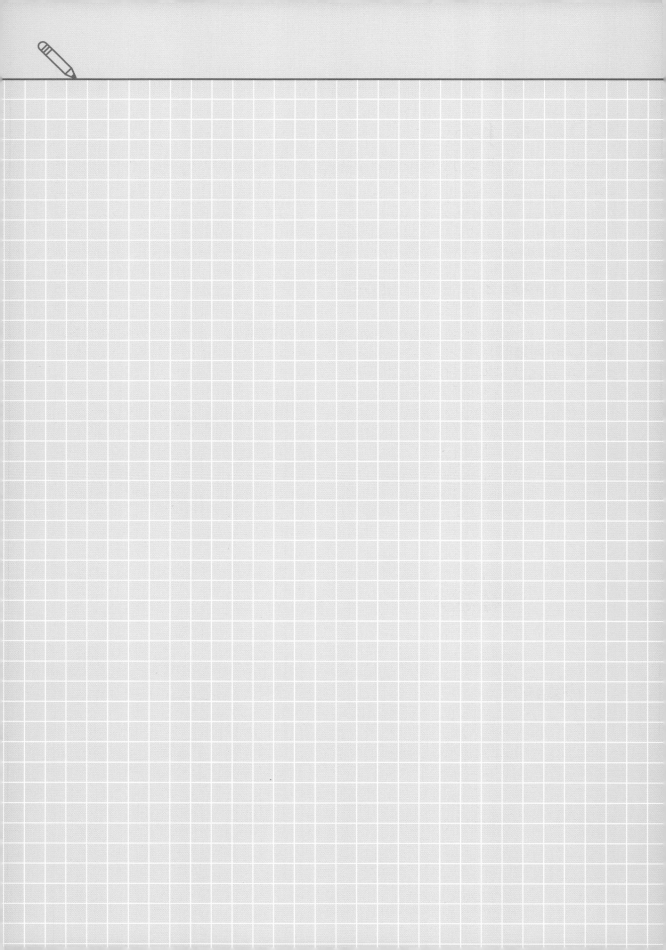

Introduction

绪论

可视之美，数学之美；眼见为虚，动手为实

0.1 本册在全套丛书的定位

“鸢尾花书”有三大板块——编程、数学、实践。本册《可视之美》是“编程”板块的第二册。上一册《编程不难》着重介绍如何零基础入门学Python编程，《可视之美》则在《编程不难》基础之上深入探讨如何用Python完成数学、数据可视化。

学习《可视之美》时，希望大家能够掌握各种可视化方案实现手段，但是没有要求深究其背后的数学工具、数学思想。这一点和《编程不难》类似，即“知其然，不需要知其所以然”。

和《编程不难》不同的是，为了缩减篇幅，《可视之美》正文仅仅提供部分核心代码和讲解。大家可以在《可视之美》配套的Jupyter Notebooks中找到完整代码文件。

学完《编程不难》《可视之美》这两册，大家便可以踏上学习“数学三剑客”之路，这时就需要大家“知其然，知其所以然”。

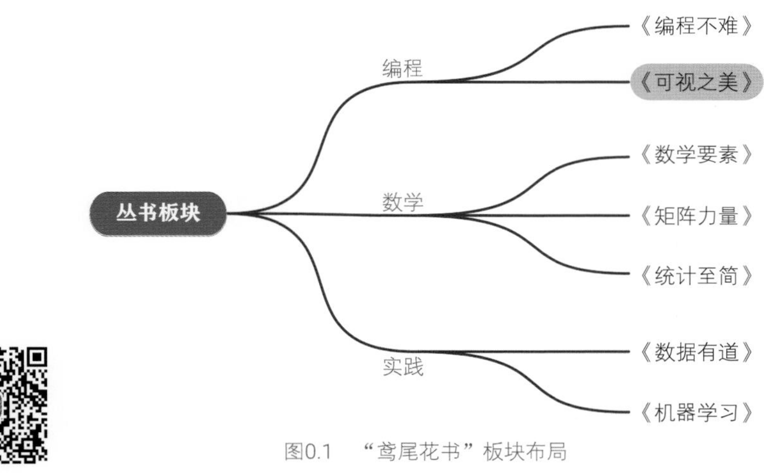

图0.1 “鸢尾花书”板块布局

0.2 结构：八大板块

和《编程不难》一样，《可视之美》也设计了36章内容。前18章 (前5个板块) 专注于各种可视化手段，关注的是可视化中的“术”；后18章 (后3个板块) 则选取了18个话题展示数学之美，着重聊的是可视化中的“艺”。

如果大家仅仅满足于Python编程可视化技巧的话，大家可以止步于第18章；而作者认为，《可视之美》的真正“精华”则是后18章！

本书后18章选取的18个数学话题都很有挑战性；但是，阅读过程中，大家会发现，通过各种可视化方案，这些数学工具背后的几何直觉实际上非常简单。阅读这18章时，请大家格外关注每个可视化方案的创意思路、作图技巧、数学工具。

下面聊聊每个板块。

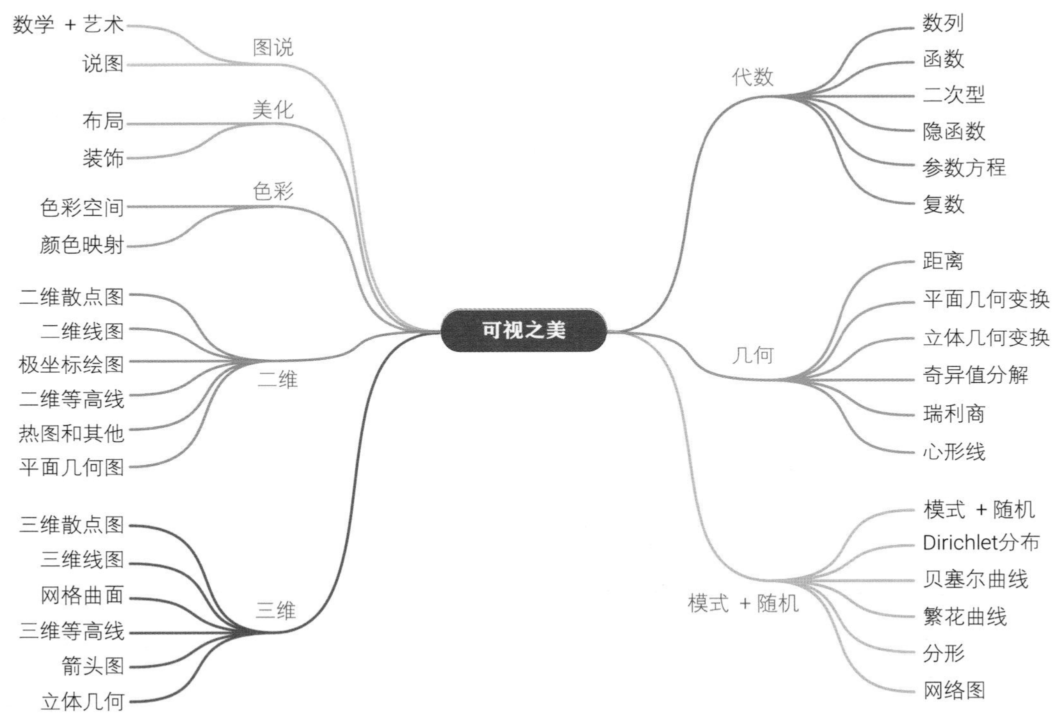

图0.2 《可视之美》板块布局

图说

这部分有两章内容，分别务虚、务实。第1章“形而上”地探讨了数学和艺术在解构、重构世界角度的相同之处。

第2章正式开启了一场“数学 + 艺术”的美学实践之旅，“形而下”地和大家探讨了一张图整个生命周期要经过的几个阶段。本章还简单介绍了可视化的不同媒介，如矢量图、非矢量图、Plotly可交互图片、网页、GIF动图、Streamlit App应用等。

美化

“美化”这部分也有两章，第3章主要介绍各种布局方案，第4章则介绍常见美化装饰。

想要学好这两章，建议多写代码，多画图。除了书中介绍的案例外，建议大家多多查找Python可视化库 (如Matplotlib、Seaborn、Plotly、Bokeh、ProPlot等) 的技术文档，多尝试不同的可视化方案和美化设计。

色彩

“色彩”也有两章。第5章首先介绍了在Matplotlib如何定义常用颜色，然后介绍了RGB色彩模型，《矩阵力量》还会用RGB色彩模型来讲解向量空间。最后，这一章又介绍了HSV色彩模型，HSV色彩模型的数学本质是圆柱坐标系。

第6章介绍了颜色映射。颜色映射的本质就是函数，即将一组数值映射到不同颜色上。值得注意的是，Seaborn和Plotly还单独提供了定制化的颜色映射。

二维

这一板块有六章，主要探讨常用的二维可视化方案：二维散点图 (第7章)、二维线图 (第8章)、极坐标绘图 (第9章)、二维等高线 (第10章)、热图和其他 (第11章)、平面几何图 (第12章)。

大家阅读时要注意，虽然本书讲的是可视化，但是一幅幅图片背后全部都是数学。值得反复强调的是，把“艺术”二字拆开来看，数学就是“艺”，而利用Python实现可视化方案仅仅是“术”罢了。

三维

“三维”板块是“二维”的升维。这个板块也安排了六章，介绍常用三维可视化方案：三维散点图 (第13章)、三维线图 (第14章)、网格曲面 (第15章)、三维等高线 (第16章)、箭头图 (第17章)、立体几何 (第18章)。注意，第17章既有二维，也有三维箭头可视化方案。

代数

《可视之美》虽然将“代数”和“几何”这两个板块强行分开。但是，大家在阅读这两个板块时会发现代数中有几何，几何中有代数。正所谓“数缺形时少直观，形少数时难入微；数形结合百般好，隔离分家万事休”。

“代数”这个板块选取了六个话题：数列 (第19章)、函数 (第20章)、二次型 (第21章)、隐函数 (第22章)、参数方程 (第23章)、复数 (第24章)。

几何

“几何”这个板块也选取了六个话题：距离 (第25章)、平面几何变换 (第26章)、立体几何变换 (第27章)、奇异值分解 (第28章)、瑞利商 (第29章)、心形线 (第30章)。

大家在学习代数、几何这两个板块时多多关注实现这些可视化方案的编程代码，背后的数学原理不在本书核心内容之列。

模式 + 随机

“模式 + 随机”有六章：模式 + 随机 (第31章)、Dirichlet分布 (第32章)、贝塞尔曲线 (第33章)、繁花曲线 (第34章)、分形 (第35章)、网络图 (第36章)。选取的6个话题想让大家看到，模式中有随机，随机中有模式。

0.3 特点：数学之美

《可视之美》选取话题的标准只有一个——尽显数学之美。《可视之美》可以是大家的可视化之书、想象力之书、创造实践之书。

如果在观察某一幅图时，大家特别想要搞清楚其背后数学工具的原理，并且真的付诸了行动；那么《可视之美》这本书便目的达成、物有所值！

因此，希望大家在阅读本册时要勤于思考、动手实践。

虽然，《可视之美》仅仅要求大家“知其然，不需要知其所以然”，但是本书特别期望大家能够建立强烈的“几何直觉”，这会让大家更容易理解这些数学工具背后的思想。

再次强调，《可视之美》正文虽然也会讲解代码，但是不会像《编程不难》那样给出完整代码。本册只会偶尔在正文展示核心代码，并分析重点语句。大家可以在本书配套的文件中找到完整代码。

《可视之美》是“鸢尾花书”系列中唯一一本真正意义上的“图册”。在这本书中，大家会发现有关科技制图、计算机图形学、创意编程、趣味数学实验、数学科学、机器学习等内容。“鸢尾花书”其他分册限于篇幅，也限于其核心故事链，不能“肆无忌惮”地给出各种可视化方案，但是《可视之美》没有这样的限制。《可视之美》就是要“毫无节制”地展示数学之美，而且提供特别实用、容易复刻的创作思路、作图技巧、编程代码。

可视之美，数学之美；眼见为虚，动手为实。希望“编程 + 艺术 + 数学”能够助力同学们天马行空的想象力、龙飞凤舞的创造力！

可视之美：开始于数，不止于美。下面正式邀请大家踏上探索数学之美的奇幻之旅。

Section 01

图　说

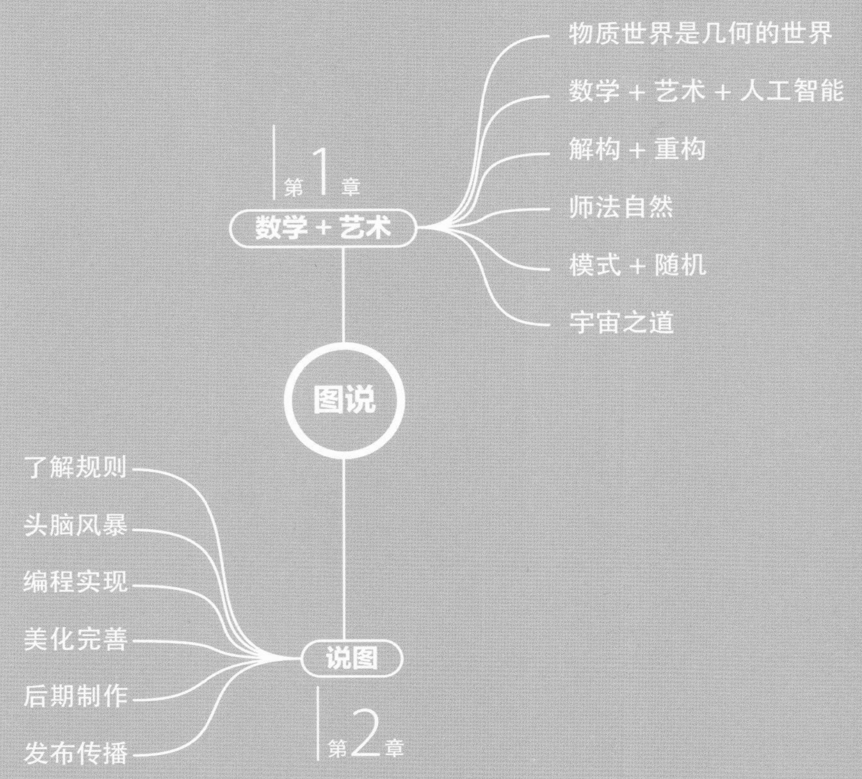
第1章
数学 + 艺术
物质世界是几何的世界
数学 + 艺术 + 人工智能
解构 + 重构
师法自然
模式 + 随机
宇宙之道
图说
了解规则
头脑风暴
编程实现
美化完善
后期制作
发布传播
说图
第2章

学习地图 | 第1板块

Mathematics + Art

数学 + 艺术

一点点存在意义的浅薄思考

梦里，我梦见我的画作；现实，我手绘我的梦境。

I dream my painting and I paint my dream.

—— 文森特·梵高 (Vincent van Gogh) | 荷兰后印象派画家 | 1853 — 1890年

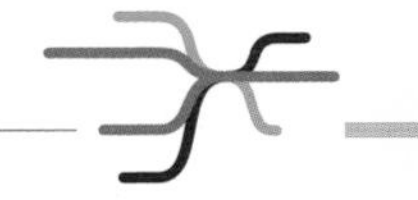

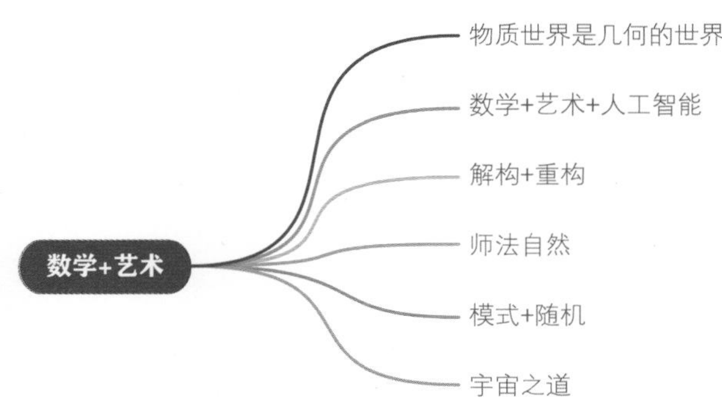

1.1 数学 + 艺术

艺术与生俱来。**巴勃罗·毕加索** (Pablo Picasso) 曾说："每个孩子都是艺术家。问题在于他长大后如何保持艺术家的本质。"几乎所有的孩子在学会读写之前都喜欢涂鸦，这些行为本身都是在无序中创造有序，在无形中创造有形的艺术表达。

没有艺术品可以完全原创。每一件艺术品都是艺术锁链上重要一环，它承前启后，是人类集体艺术体验、实践的一部分。一条条艺术锁链织成一张网，其中每件艺术品都有自己特殊的位置。这一点和数学极为相似。代数、几何、线性代数、微积分、概率统计、优化方法等，看似一个个孤岛，实际上都是数学网络的一条条织线，它们也都是人类集体学习的一部分。

正如本书前言提到的，数学和音乐、绘画、建筑一样，都是人类艺术体验。通过可视化工具，我们会在看似枯燥的公式、定理、数据背后，发现数学之美。

反过来，在这个准人工智能时代，数字、数学又支撑了艺术创作。不管大家是在使用各种艺术创作软件，还是直接使用AI绘画，数学都在助力人类的艺术实践。屏幕上的每个色块，每条线段，每个像素，隐藏在它们背后的都是数字、数学。

本章要"形而上"地探讨艺术和数学之间存在着的紧密联系，尽管它们在表现方式上看上去相去甚远。

1.2 物质世界是几何的世界

人类执着于**几何** (geometry)，就是因为物质世界本身就是个几何的世界。数学中的几何学原理在艺术中发挥着重要作用。艺术家使用几何形状、比例 (比如黄金分割比) 和对称来构建他们的作品，创造出视觉上的平衡和美感，如图1.1所示。

色彩在艺术中起着重要作用，而色彩的相互关系可以通过数学原理来解释和理解。色彩是几何，也是空间。**RGB** (Red Green Blue) 色彩空间就可以看成是一个由红、绿、蓝三色撑起来的正立方体，如图1.2所示。三色光通过不同比例组合幻化成无数的色彩。而不同色彩放在一起既可以产生和谐，又可以产生视觉的冲突。

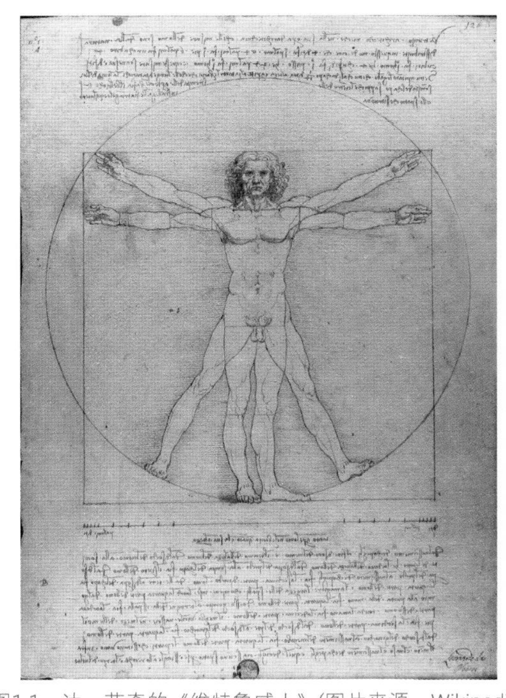

图1.1　达·芬奇的《维特鲁威人》(图片来源：Wikipedia)

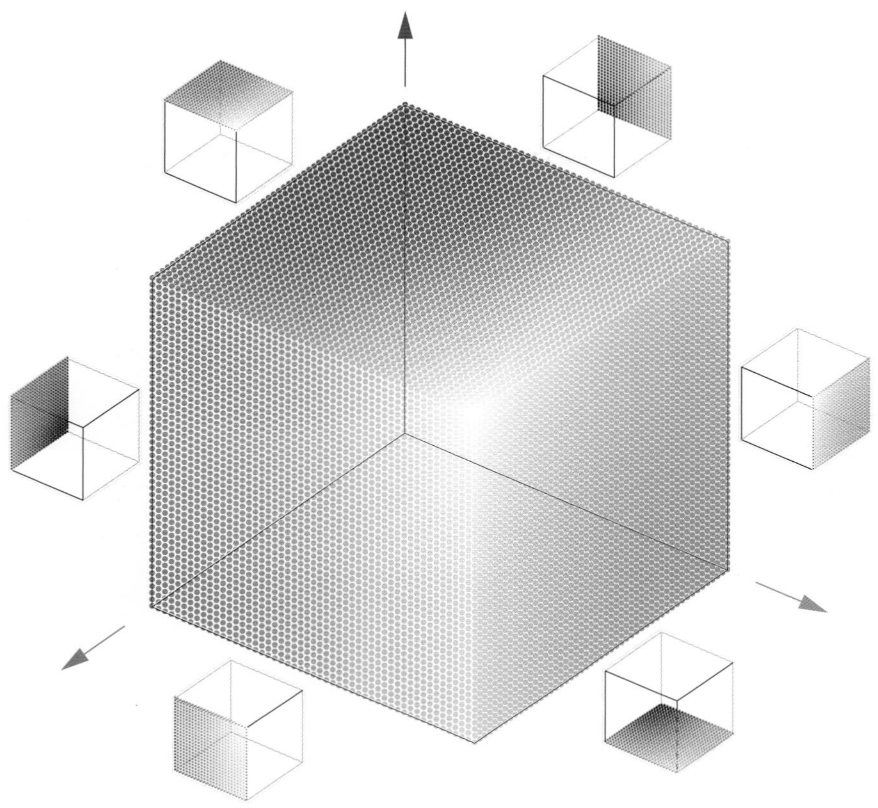

图1.2　RGB色彩空间

有几何的地方，就有空间。人类绘画经历了从二维到三维的维度提升过程，这是一个关于空间感知和透视的发展历程。

透视原理 (theory of perspective) 是绘画中常用的技巧，用于创造画面中的深度和空间感，如图1.3所示。透视原理中的**视点** (eye point)、**灭点** (vanishing point) 和**平行线** (parallel line) 显然基于数学的几何概念。

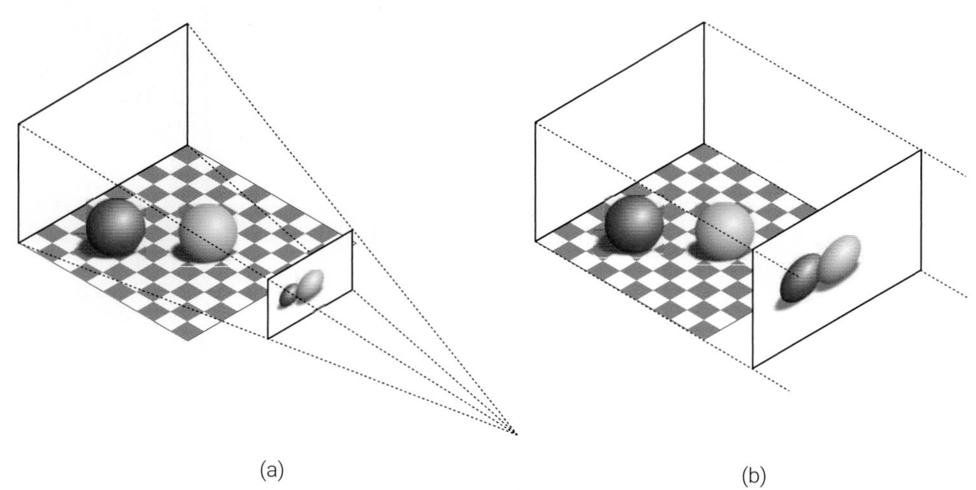

图1.3　透视投影和正投影 (图片来源：https://github.com/rougier/scientific-visualization-book)

在早期的绘画中，艺术家主要关注表面的平面效果，追求形象的符号化和图像的象征性。这些绘画作品通常是二维的，缺乏深度和透视感。然而，随着人类对空间感知的进一步理解，艺术家开始尝试在画布上呈现更加真实的三维效果，如图1.4所示。

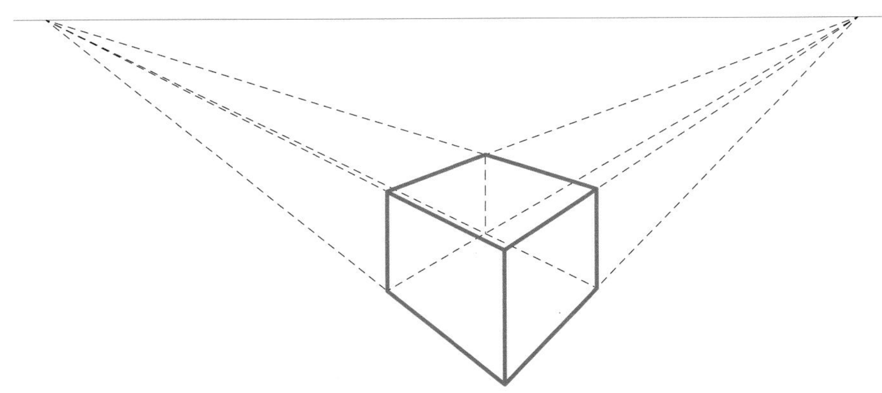

图1.4　三维效果

在文艺复兴时期，意大利艺术家们如**列奥纳多·达·芬奇** (Leonardo da Vinci) 和**拉斐尔** (Raphael) 等开始系统地研究透视原理，并将其应用于绘画实践中。此外，雕塑和建筑也是艺术中维度提升的重要领域。

雕塑艺术家通过雕刻实体材料，创造出具有体积、形态和质感的立体作品，如图1.5所示。立体雕塑的存在使得观众可以从不同角度欣赏作品，营造更强的参与感和沉浸感。建筑艺术则将维度提升应用于空间的创造和设计中。建筑师通过建筑物的结构、布局和比例，创造出具有深度、透视和立体感的空间。

图1.5　罗丹的《沉思者》(图片来源：Wikipedia)

印象派 (Impressionism) 的画家则试图从时间角度“升维”。“印象”一词即是源自**克劳德·莫奈** (Claude Monet) 的《印象·日出》，如图1.6所示。创作《印象·日出》时，莫奈采用多角度绘制同一场景的方法，以捕捉光影的变化和时间的流逝。

而**立体派** (Cubism) 艺术家，比如**巴勃罗·毕加索** (Pablo Picasso)，则打破传统的透视技法，追求用粗犷的几何形状来解构物体，如图1.7所示。立体派通过将物体碎裂、解析、重构后在一张画布上呈现让人意想不到的多重视角。

图1.6　莫奈的《印象·日出》(图片来源：Wikipedia)

图1.7　毕加索的《亚维农的少女》(图片来源：Google Art Project)

艺术不是快照，并不追求事物的外在观感，艺术试图揭示、分享事物更深层、更本质的意义。这一点来看，艺术和数学可谓异曲同工。

1.3 数学 + 艺术 + 人工智能

计算机广泛应用之后，算法艺术应运而生。算法艺术是一种结合数学和艺术的领域，艺术家使用计算机编程和算法来生成艺术作品。这些算法可以基于数学模型、随机性或交互性来创作艺术。

图1.8所示为艺术家Oliver Brotherhood创作的开源艺术创意——鸢尾花曲线。这组曲线本质上就是计算机图形学中常用的贝塞尔曲线。曲线本身尽管和鸢尾花本身并无直接关系，但是在随机数发生器加持的不确定因素下这一组曲线所展现出来的婀娜多姿和鸢尾花在精神层面达到了前所未有的高度统一。这也是本书封面采用这一开源创意的重要原因。

近些年AI的应用发展让艺术王国的版图为之震颤。图1.9便是用Midjourney训练而成的鸢尾花。本书扉页和半透明硫酸纸上展示的鸢尾花也都是出自Midjourney之手。

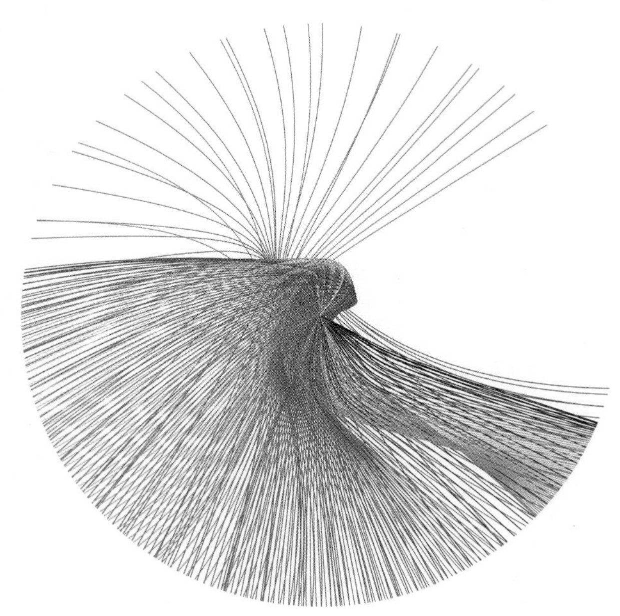

图1.8　鸢尾花曲线，Oliver Brotherhood开源创意

Midjourney是一种基于人工智能的创作方式，其将数学和艺术巧妙地结合起来了。通过数学模型和算法，Midjourney能够生成独特而引人入胜的艺术作品。

数学提供了创作的理论和框架，如几何学、比例和颜色理论，帮助艺术家创造出具有美感和视觉吸引力的作品。同时，艺术在Midjourney中发挥着关键的角色，通过创造力、想象力和表达力，使生成的作品充满了情感和个性。Midjourney的结合展示了数学与艺术的协同作用，并创造出了令人惊叹的艺术创作体验。

图1.9　Midjourney训练生成的鸢尾花

1.4　解构＋重构：形而上者谓之道，形而下者谓之器

形而上者谓之道，形而下者谓之器。艺术和数学正是“道”，两者都着力于解构、重构，穿越事物的形，看透事物的神。艺术和数学都有超强能力把事物肢解成基本单位，然后再重新组合构造全新的结构。

北宋王希孟（1096—？）创作的《千里江山图》运用了精细的笔触和细致入微的绘画技法，刻画了烟波浩渺、崇山峻岭、高崖飞瀑、村舍集市、水榭楼台、渔船客舟、小桥流水、曲径通幽、茂林修竹、柳绿花红等，特别是，满幅画作巧妙地运用青色、绿色制造了立体感和层次感，使得远近山水跃然纸上，如图1.10所示。

图1.10　王希孟《千里江山图》局部，现藏于北京故宫博物院；图卷纵51.5cm，横1191.5cm（图片来源：www.dpm.org.cn）

真可谓，只此青绿，千里江山；看山是山，见水是水。看山不是山，见水不是水；看山还是山，见水还是水。

图1.11所示《鸢尾花》是荷兰后印象派画家**文森特·梵高** (Vincent van Gogh，1853—1890年)的作品。鲜亮的色调和奔放的纹理完美捕捉了鸢尾花怒放时的妖艳。浓烈的紫色和蓝色跳脱翠绿的草木、棕黄的泥土，营造出一种强烈的视觉冲击力，尽显生命的不朽的张力和微妙的平衡。

梵高的画笔让这丛鸢尾花瞬时的绽放成为永恒。

图1.11　梵高《鸢尾花》(图片来源：Google Art Project)

由荷兰艺术家**皮特·蒙德里安** (Piet Mondrian) 于1930年创作的一幅抽象绘画作品——**《红、黄、蓝的构成》**(*Composition with Red, Blue and Yellow*) 从几何和色彩角度上更是艺术史上独树一帜的作品，如图1.12所示。

这幅画通过几何形状和基本色彩的组合来实现对现实世界的简化和抽象。画面由一系列垂直和水平的黑色线条构成，这些线将画面分割成不同大小和形状的矩形块。这些矩形块中填充了红色、蓝色和黄色，形成了一种平衡和谐的色彩组合。

图1.12　蒙德里安《红、黄、蓝的构成》(图片来源：Google Art Project)

蒙德里安的艺术理念强调对艺术元素的简化和纯粹性的追求。他认为几何形状和基本色彩是最基本的艺术元素，通过将它们组合在一起，可以表达一种超越物质世界的精神和秩序。在《红、黄、蓝的构成》中，蒙德里安通过创造一种平衡的布局和色彩对比，传达了一种对和谐和平静的追求。

本书作者私以为“解构 + 重构”的王者正是汉字。明代画家石涛曾说：“一画者，众有之本，万象之根。”而每一个方块字又何尝不是一幅画？

公元353年，“群贤毕至，少长咸集”，王羲之创作《兰亭集序》，如图1.13所示。意在笔先，力透纸背，透过这些优雅的线条，跨越千年时至今日，我们依旧感受到几何的形、艺术的神、历史的线、文明的魂。

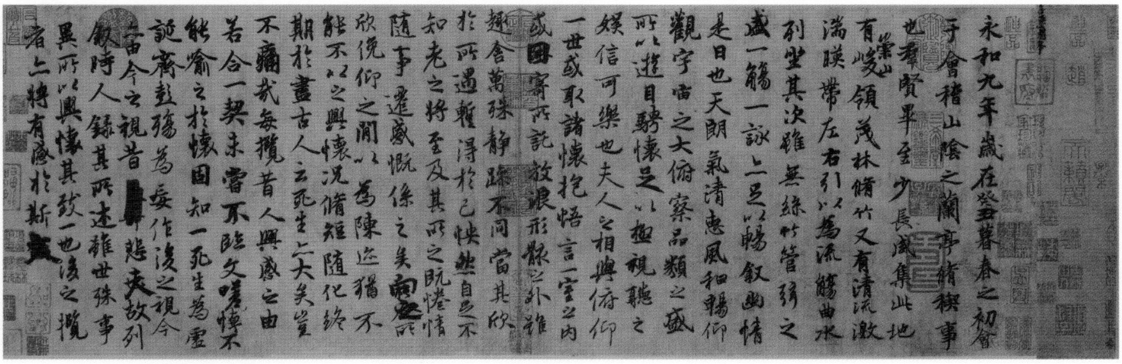

图1.13　《冯摹兰亭序》，现藏于北京故宫博物院 (图片来源：Wikipedia)

1.5 师法自然

人法地，地法天，天法道，道法自然。艺术当然离不开人类天马行空的想象力，而给这些想象力持续赋能的沃土正是人类赖以生存的自然界。自然界中，数字、数学可能就是万物之“道”。

道生一，一生二，二生三，三生万物。类似这种二叉树形 (见图1.14) 的增长方式几乎无处不在。

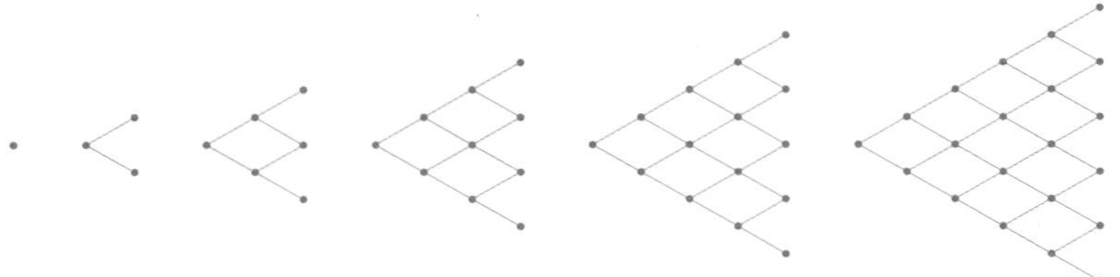

图1.14　二叉树

黄金分割在自然界中广泛存在，如植物的分枝、螺旋壳的结构、人体的比例等，展现了数学和美的奇妙关联。斐波那契数列 (黄金分割数列) 在自然界中也有许多，如植物的叶子排列、花瓣的排列、蜂窝的形状等，如图1.15所示。这种数列展示了自然界中的规律和对称性。

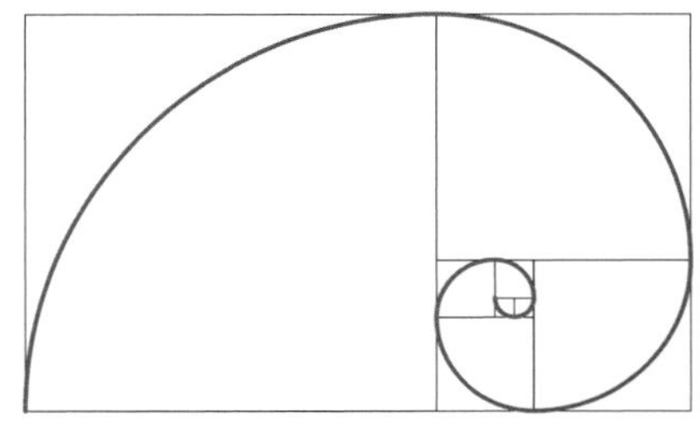

图1.15　斐波那契数列和黄金分割

植物的分枝结构常常呈现出分形的特征。例如，树枝、树叶的排列方式、花朵的形状等都可以看作是分形结构，如图1.16所示。这种自相似性使得植物在各个尺度上都具有相似的形态，从整体到细节都呈现出美妙的几何模式。有趣的是，观察菌丝时我们发现的也是类似树枝分形的结构。从地球的尺度来看，挺拔入云的树木也不过是地表上毫不起眼的菌丝。

图1.16　分形，树枝

海岸线和山脉的形状也呈现出分形特征。无论是放大还是缩小，它们的形态都是自相似的，具有相似的曲线和起伏。云朵的形状和闪电的分支都可以被视为分形结构。它们在各个尺度上都具有相似的形态和分支模式，展现出自然界中的分形美。

雪花和冰晶是自然界中常见的分形形态，如图1.17所示。它们的晶体结构在多个尺度上具有相似的形状，形成了复杂而美丽的分形图案。

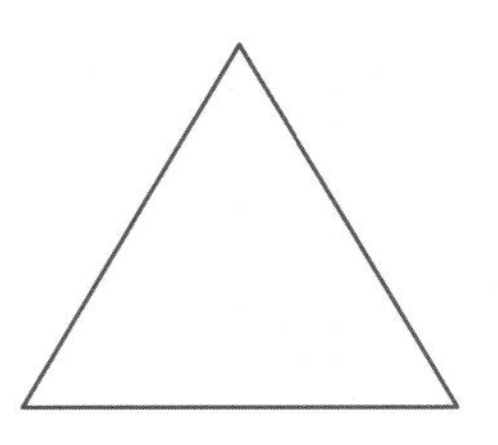
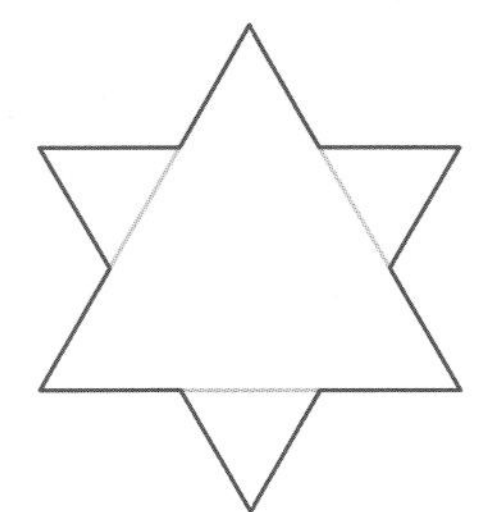

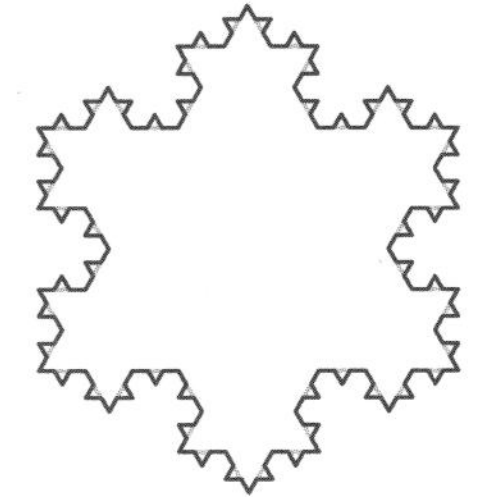

图1.17　分形，科赫雪花 (Koch snowflake)

1.6 模式 + 随机：戴着枷锁翩翩起舞

模式 + 随机，无处不在。模式让物质世界充满秩序，随机让整个寰宇满是精彩。小到一点浮尘、一片雪花、一朵浪花，大到四季变化、动物迁徙、人类社会、满眼繁星。

自然界的草木没有展现出图1.16这种高度完美的对称。世界上没有两片完全一样的叶子，也没有两片完全一样的雪花。这一点正是“模式 + 随机”的数学体现。

模式代表一种确定，需要站在宏观、大量、长期尺度上观察；随机代表一种不确定，是微观、少量、短期尺度视角。

英国著名植物学家罗伯特·布朗通过显微镜观察悬浮于水中的花粉，发现花粉颗粒迸裂出的微粒呈现出不规则的运动。他说，不断重复地观察这些运动给我极大的满足；它们并非来自水流，也不是源于水的蒸发，这些运动的源头是颗粒自发的行为。模拟某个浮尘在三维空间中的随机漫步轨迹如图1.18所示。

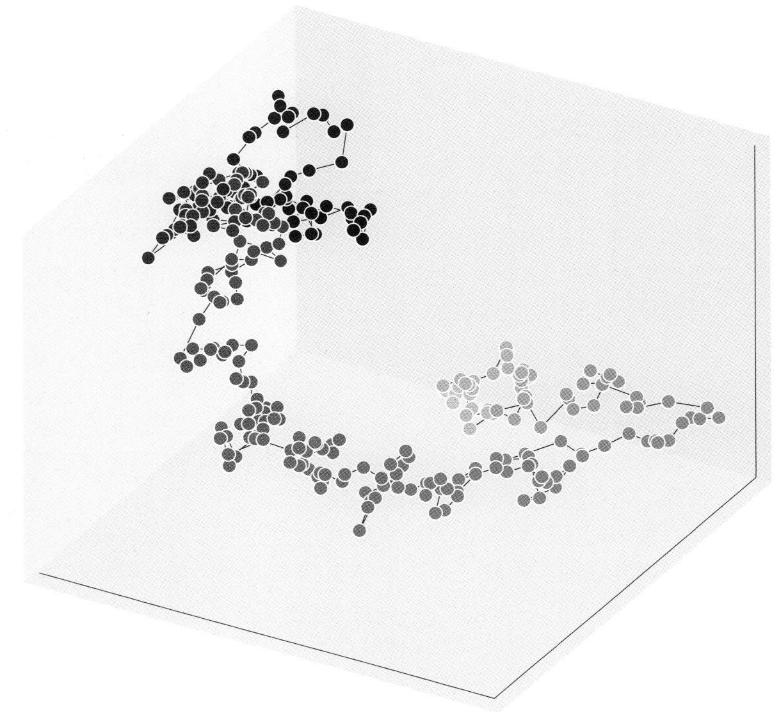

图1.18　模拟某个浮尘在三维空间中的随机漫步轨迹

威尔逊·奥尔温·本特利 (Wilson Alwyn Bentley) 是一位美国的自然摄影师和雪花研究家。他被誉为“雪花之父”，因为他是第一个成功地将雪花的照片拍摄下来的人。本特利对雪花的形态和结构产生了浓厚的兴趣，并通过使用特制的显微摄影技术，捕捉到了超过5000张雪花的照片，如图1.19所示。在这5000张雪花照片中，他没有发现两片一样的雪花。

图1.19 威尔逊·奥尔温·本特利拍摄的雪花照片 (图片来源：https://snowflakebentley.com)

但是不管怎么样，大家可以在这些雪花中发现60°角、六边形这样的几何模式。这显然不是巧合。究其本质，1个水分子是由1个氧原子和2个氢原子组成的，呈V字形结构。冰的晶体结构称为六方最密堆积结构。在这种结构中，每个水分子与周围6个水分子相邻，并形成六边形的环状结构。这种紧密的排列方式使得冰晶体具有六边形的外观。

图1.20 飓风 (图片来源：www.nasa.gov)

微风吹散蒲公英的种子，这些小小“降落伞”看似做着无规则的随机漫步，但是无时无刻不在气流的支配下运动。宏观尺度上来看，丝丝缕缕的气流、形状各异的云朵、极具破坏力的飓风 (图1.20)，是在地球的公转和自转影响下运动的。

人类能够看到形状和色彩都离不开光。而光具有波粒二象性，表现出既有波动性又有粒子性，这又是“模式 + 随机”的一个例子。在波动性方面，光可以通过干涉和衍射等现象展示出波的传播特点，并遵循确定性的规律。而在粒子性方面，光表现出随机性，例如光子的发射和探测位置具有一定的随机性。这种波粒二象性的存在使得光在不同实验条件下表现出独特的行为，既有波动的可见光谱特性，也有粒子的能量量子化特点。

某个时间观察特定的一只动物，我们很难发现任何特定规律、模式。而长期观察一群动物，我们可以发现四季轮转、草木荣枯支配着动物年复一年地在某个大陆板块的繁衍生息、迁徙移动，如图1.21所示。

生如夏花之绚烂，逝如秋叶之静美。每个人的一生不也是“模式 + 随机”相互作用的产物嘛。生老病死、起点终点、前浪后浪，这是没人能逃脱的“俗套”的模式。而每个人都能活出自己，走出与众不同的人生轨迹，这便是“精彩”的随机。

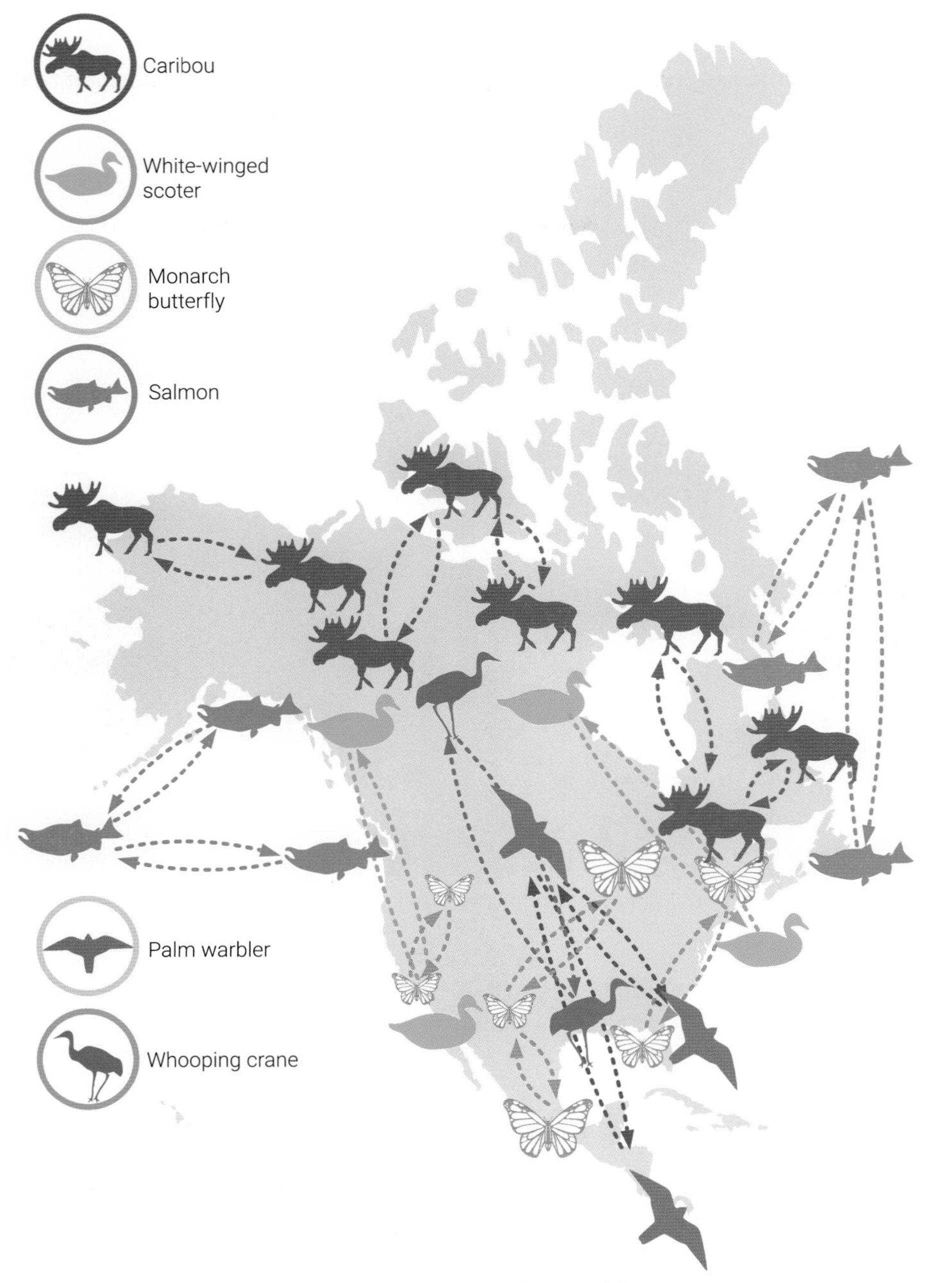

图1.21　北美大陆主要动物迁徙路径

1.7 宇宙之道

一沙一世界，一花一天堂。无限掌中置，刹那成永恒。满天的繁星又何尝不在展现这种“模式＋随机”呢。

仰观宇宙之大，俯察品类之盛。在科学技术的助力下，我们在微观尺度上能够描绘电子轨迹，宏观尺度上能够观察天体运行。图1.22描绘了从中心释放的大量电子轨迹。

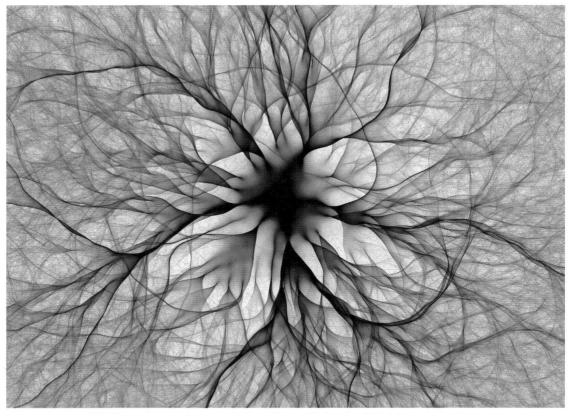

图1.22 *Transport II* by Eric J. Heller at Harvard University (图片来源：www.nsf.gov)

微观和宏观达到了模式上的统一，这就像是一条巨蟒咬住了自己的尾巴，即**衔尾蛇** (Ouroboros)。有些人认为，数学中表示无穷的符号“∞”也是来自于衔尾蛇 (扭纹形)。

据德国化学家**奥古斯特·凯库勒** (August Kekulé) 本人的著作称，他梦中梦到一条蛇咬住了自己的尾巴，从而受到启发得到了苯环结构。

而“鸢尾花书”选取的编程语言Python本意也是蟒蛇，特别地，Anaconda的标识就是衔尾蛇，如图1.23所示。这种冥冥之中的巧合耐人寻味。

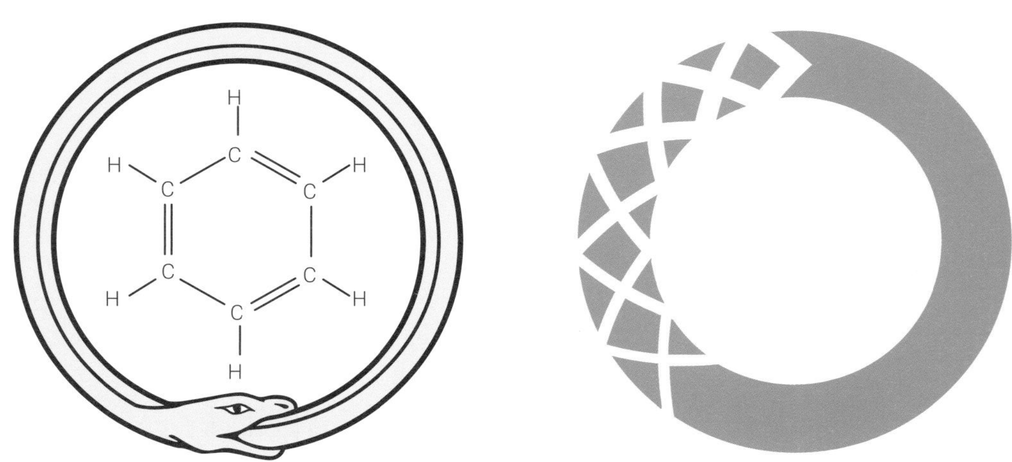

图1.23 衔尾蛇、苯环、Anaconda logo (图片来源：Wikipedia)

我们身体的某处神经的某个电子在绕着某个原子在做近似椭圆的运动。而我们又乘着地球绕着太阳在椭圆的轨道上运行。而以太阳为中心的太阳系又绕着银河系的中心公转，而银河系……

这繁复的相互缠绕关系，让我们又想到了微观层面的DNA结构。从宏观到微观，这条蛇再次地咬住了自己的尾巴。

那么，宇宙的图景到底怎样？

如图1.24所示，这幅银河系的图景中，我们是否既看到了模式的确定，也看到了随机带来的不确定。我们赖以生存的暗淡蓝点，不过是奔流不息的宇宙长河中的一个个随机诞生的旋涡；随机灰飞烟灭，模式浩浩汤汤。

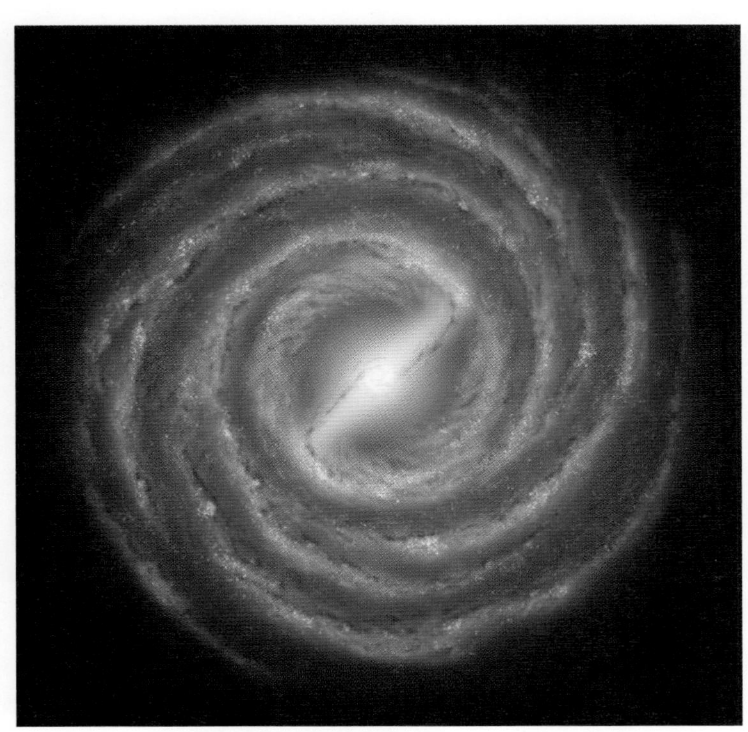

图1.24　银河系图景 (图片来源：www.nasa.gov)

正如美国物理学家费曼所说，我，一个无数原子组成的宇宙，又是整个宇宙的一粒原子。地球，那个暗淡蓝点，不过是银河系中的一粒沙子，我们又何尝不是蝼蚁。

换个角度来想，数字信息存储在一个个芯片中。这一个个芯片又何尝不是一个个数字“宇宙”！再疯狂一点，我们这个所谓的物质世界是否也是某个矩形芯片的模拟产物？光速仅仅是避免死机的保护机制？

难怪有人说，梵高笔下的星夜更接近真实的星空。

带着这样的几何视角、动态思考，今晚大家不妨去夜观天象，然后再看梵高在《星夜》(见图1.25) 中描绘的斗转星移，这时我们是否会觉得梵高的作画不再“疯狂”？

浮名浮利，虚苦劳神。叹隙中驹，石中火，梦中身。那个时代的梵高是否是举世皆浊我独清，众人皆醉我独醒？

爱因斯坦曾说，我们只是生存在宇宙中一颗非常普通恒星系中普通行星上的高级猴子。然而，我们能够理解宇宙，这使得我们变得非常特殊。

没了艺术，没了数学，没了思想，人类只剩下一具具皮囊，人何以为人？反过来说，正是艺术、数学、思想等让人成为人。

图1.25　梵高的《星夜》，现藏于美国纽约现代艺术博物馆MoMA (图片来源：Google Art Project)

而支撑人类思考的大脑，又何尝不是一个微型宇宙，一个充满了神秘而庞大的网络。神经元就像是宇宙中的星体，彼此连接形成星系，而神经信号则如同宇宙中的能量波动，传递着信息，指导我们的思维和行为。艺术和数学思考的电脉冲，一次次点亮了这个微型宇宙的夜空。

若将贫贱比车马，他得驱驰我得闲。别人笑我太疯癫，我笑他人看不穿。不为五斗米折腰的梵高是否又在意凡胎俗人看他的眼光？

几时归去，作个闲人。对一张琴，一壶酒，一溪云。数学家和艺术家的“超然物外”本质上是否高度一致？

华罗庚先生说，数缺形时少直观，形少数时难入微；数形结合百般好，隔离分家万事休。不畏浮云遮望眼，忘却浊骨肉眼中的“真实”世界，我们能否通过“数学 + 艺术”凿开的缺口一窥更“本质”的存在？

Let's Talk about Figures

02 说图

正式开始一场“数学 + 艺术”的动手实践

独处，是创造的秘诀；独处，是创意诞生的时候。

Be alone, that is the secret of invention; be alone, that is when ideas are born.

—— 尼古拉·特斯拉 (Nikola Tesla) | 发明家、物理学家 | 1856 — 1943年

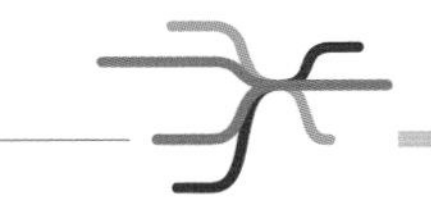

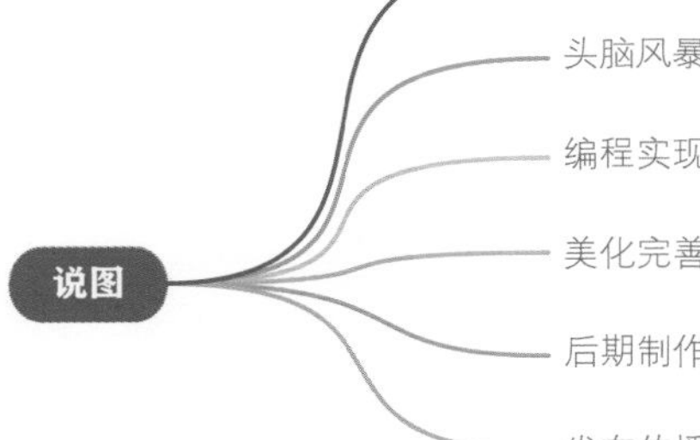

2.1 一图胜千言

上一章，我们聊了一些有关“数学 + 艺术”形而上务虚的内容，本章开始介绍如何用Python完成各种可视化的实操内容。

一图胜千言 (a picture is worth a thousand words)。一说到图片可视化的作用，大家自然而然地会想到这句“陈词滥调”。但是，并不是所有的图片都“胜千言”。

可能在某些场合中“颜值即正义”，但是在数学工具、数据科学、机器学习等应用场景，优质可视化方案不仅仅要读者“眼前一亮”，而且还要“言之有物”。

优质可视化方案有助于高效传播信息，在短时间内让读者接收信息，并促进交流、思考。有效的图片信息传播应注重高颜值、清晰度、专业性、简洁性、准确性和与读者之间的互动。简而言之，运用之妙，存乎一心，让读者主动思考的图片才是优质的可视化方案。

反之，低效可视化方案问题可能涉及：信息密度低、信息过载 (比如满纸公式)、图像质量差 (非矢量、分辨率低)、设计混乱 (中心不明确、分散注意力)、缺乏明确的标签和解释、配色方案失效、缺乏上下文和交互性，以及信息的不准确性 (比如手绘高斯函数曲线或曲面)，如图2.1所示。

图2.1　低效信息传播

以图2.2为例，为了版面设计，在文本中插入这张鸢尾花照片，图片的作用仅仅是凑数的“花瓶”。而如果利用这幅鸢尾花照片讲解一幅彩色照片可以由红、绿、蓝三色组成，这张照片就成了故事链重要的一部分。为了保持信息传播的连续、高效，我们还可以用这幅鸢尾花照片讲解矩阵 (见图2.3)、主成分分析 (见图2.4) 等。

图2.2　鸢尾花照片

图2.3　照片也是数据矩阵

X: original data

Image reproduced with 1 PC

Image reproduced with 2 PCs

Image reproduced with 64 PCs

图2.4　对黑白鸢尾花照片的主成分分析

一张图片的整个生命周期一般要经过以下几个阶段。

①了解规则；
②头脑风暴；
③编程实现；
④美化完善 (代码层面)；
⑤后期制作；
⑥发布传播。

下面，我们便按这个顺序介绍如何制作一张图片。

2.2 了解规则：戴着枷锁跳舞

在开始可视化之前，务必要明确图片的目标是什么，以及确定图片的受众是谁。不同的目标和受众可能需要不同类型和风格的可视化呈现。

在这个纸媒和数字媒体共存、共荣的多媒体时代，制作一张图片通常要同时照顾到纸媒、数字媒体的需求。

本书介绍的可视化是在科技制图的范畴之内。因此创作一张图片之前，首先应关注制图规则，以便决定图片各种属性。

建议大家在创作图片时考虑以下几个问题。

◀风格是学术专业？还是轻松活泼？
◀是否允许手绘？
◀图片大小尺寸、比例如何？
◀一幅图是否可以有多少子图？子图布局有何要求？
◀图片内文字字体 (Times New Roman、Arial、Roboto……) 有何要求？
◀文字字号最大、最小几号？文字颜色是否有要求？
◀图片中的文字是否要求可编辑？
◀图片中是否可以嵌入公式？
◀配色采用黑白，还是彩色？配色有何特殊要求？
◀是否需要考虑彩色图片在黑白灰打印时呈现效果？
◀是否需要针对色盲群体调整配色？
◀颜色采用RGB，还是CMYK？
◀图中线宽、线型是否有要求？
◀是否有必要删除隐藏图层的元素？
◀图片是静态，还是交互？
◀图片的格式有何要求？矢量图，还是像素图？
◀图片如果过大，是否可以**光栅化** (rasterize)？
◀像素图的像素有何要求？最小、最大像素是多少？
◀图片是否需要单独保存，并提交？
◀图片文件格式 (JPEG、PNG、GIF、SVG、TIFF、PDF……)、大小是否有要求？
◀图片是否要用于演示，比如放在PPT中？PPT中的文字大小如何？插图文字大小如何？
◀是否需要制作动画，比如GIF？
◀是否考虑创作App应用、dashboard？

正式出版物 (纸媒、数字媒体、会议) 一般都有专门的制图指南，建议大家在开始创作图片之前首先仔细阅读制图指南的细则。

如果找不到相关的制图指南，建议大家参考《自然》杂志的制图指南，链接如下：

```
https://www.nature.com/documents/Final_guide_to_authors.pdf
```

“鸢尾花书”在创作时，很多制图细节都参考了《自然》的制图指南。

2.3 头脑风暴：知识网络

富有创意的可视化方案可以为数据插上“翅膀”！根据你要传达的信息和数据的性质，应选择适合的图表类型，从而提高可视化的效果和可读性。

图2.5所示为鸢尾花数据集，图2.19所示为以鸢尾花数据为起点的知识网。图2.6 ~ 图2.17为从“鸢尾花书”各册精选出来和鸢尾花数据集有关的可视化方案。本书不会介绍这些图背后的数学原理，但是会和大家探讨如何完成这些可视化方案。

其中，图2.6 ~ 图2.17离不开Python编程实现，下面简单介绍Python在可视化中的作用。

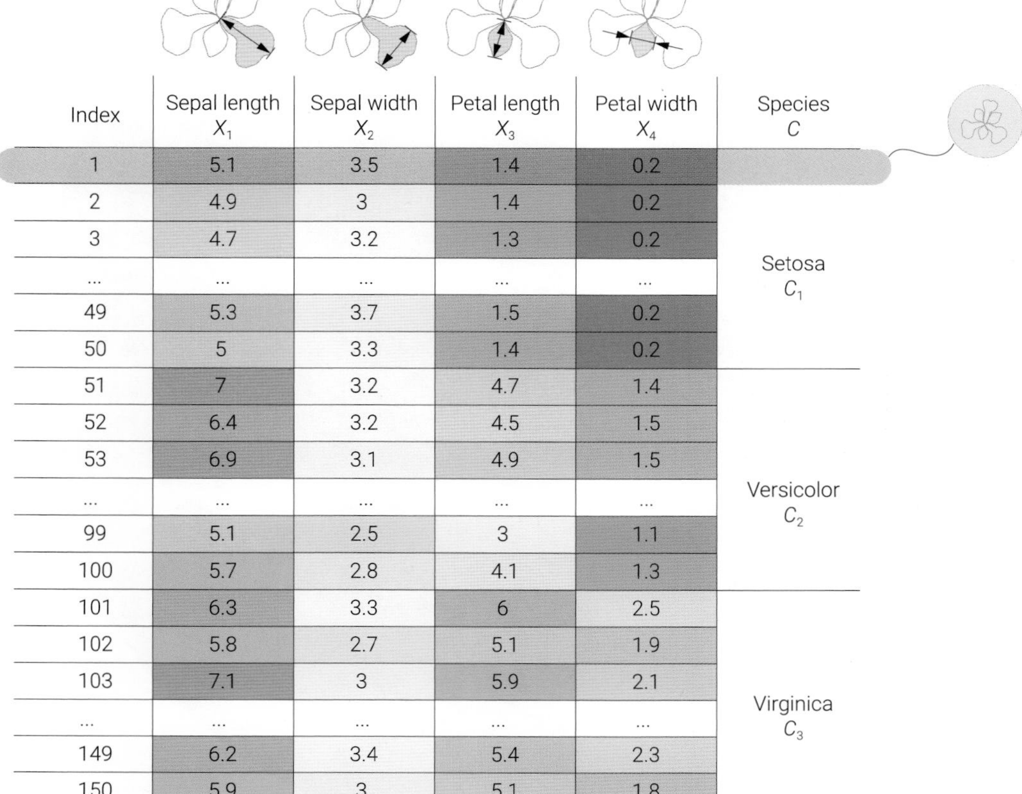

Index	Sepal length X_1	Sepal width X_2	Petal length X_3	Petal width X_4	Species C
1	5.1	3.5	1.4	0.2	
2	4.9	3	1.4	0.2	
3	4.7	3.2	1.3	0.2	Setosa C_1
...	...	...	...	...	
49	5.3	3.7	1.5	0.2	
50	5	3.3	1.4	0.2	
51	7	3.2	4.7	1.4	
52	6.4	3.2	4.5	1.5	
53	6.9	3.1	4.9	1.5	
...	...	...	...	...	Versicolor C_2
99	5.1	2.5	3	1.1	
100	5.7	2.8	4.1	1.3	
101	6.3	3.3	6	2.5	
102	5.8	2.7	5.1	1.9	
103	7.1	3	5.9	2.1	
...	...	...	...	...	Virginica C_3
149	6.2	3.4	5.4	2.3	
150	5.9	3	5.1	1.8	

图2.5　鸢尾花数据表格，单位为厘米 (cm)

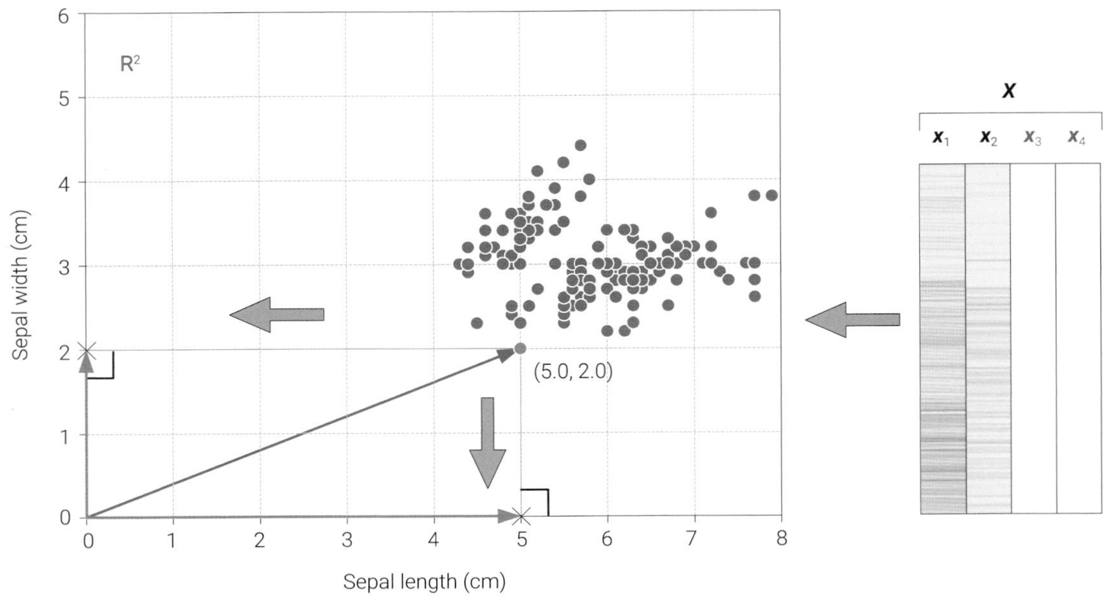

图2.6 鸢尾花前两个特征数据散点图

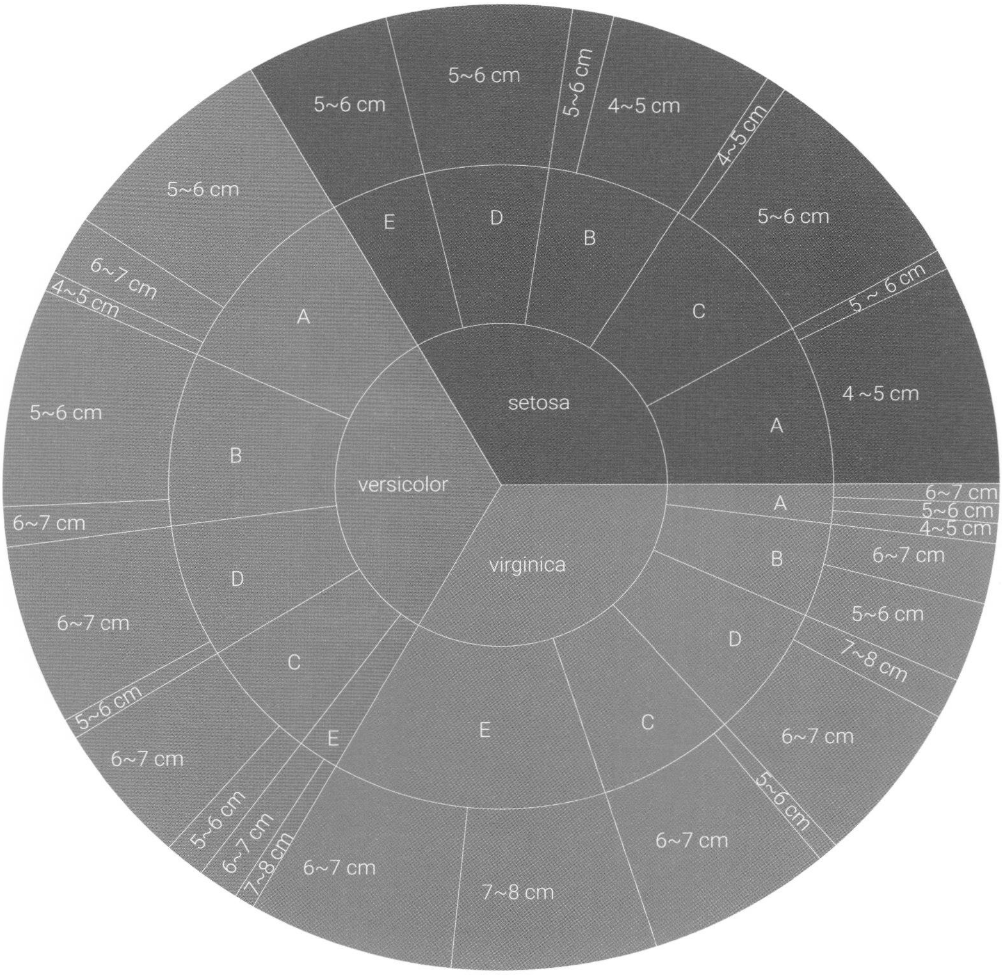

图2.7 太阳爆炸图完成鸢尾花数据钻取

Covariance matrix
Correlation matrix
Sepal length, X_1
Sepal width, X_2
Petal length, X_3
Petal width, X_4
0.69 -0.042 1.3 0.52
-0.042 0.19 -0.33 -0.12
1.3 -0.33 3.1 1.3
0.52 -0.12 1.3 0.58
1 -0.12 0.87 0.82
-0.12 1 -0.43 -0.37
0.87 -0.43 1 0.96
0.82 -0.37 0.96 1

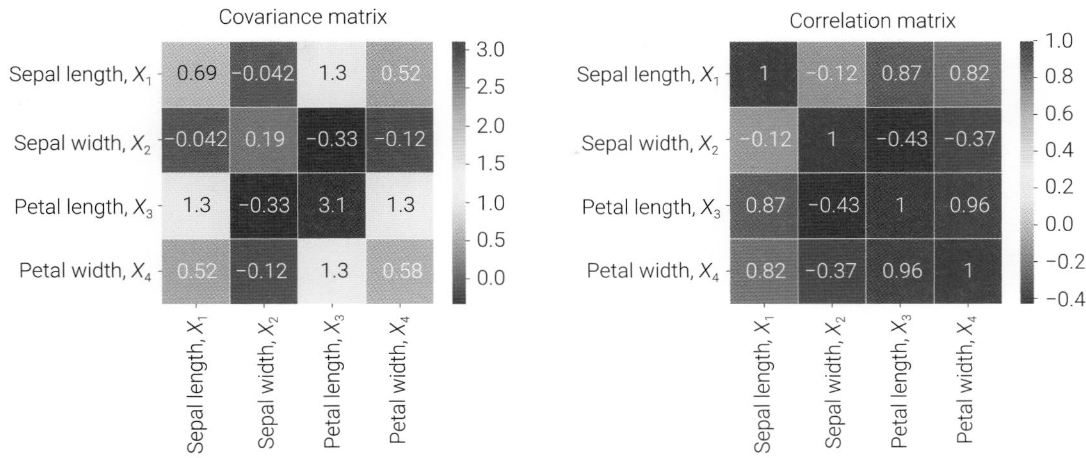

图2.8　协方差矩阵和相关系数矩阵热图

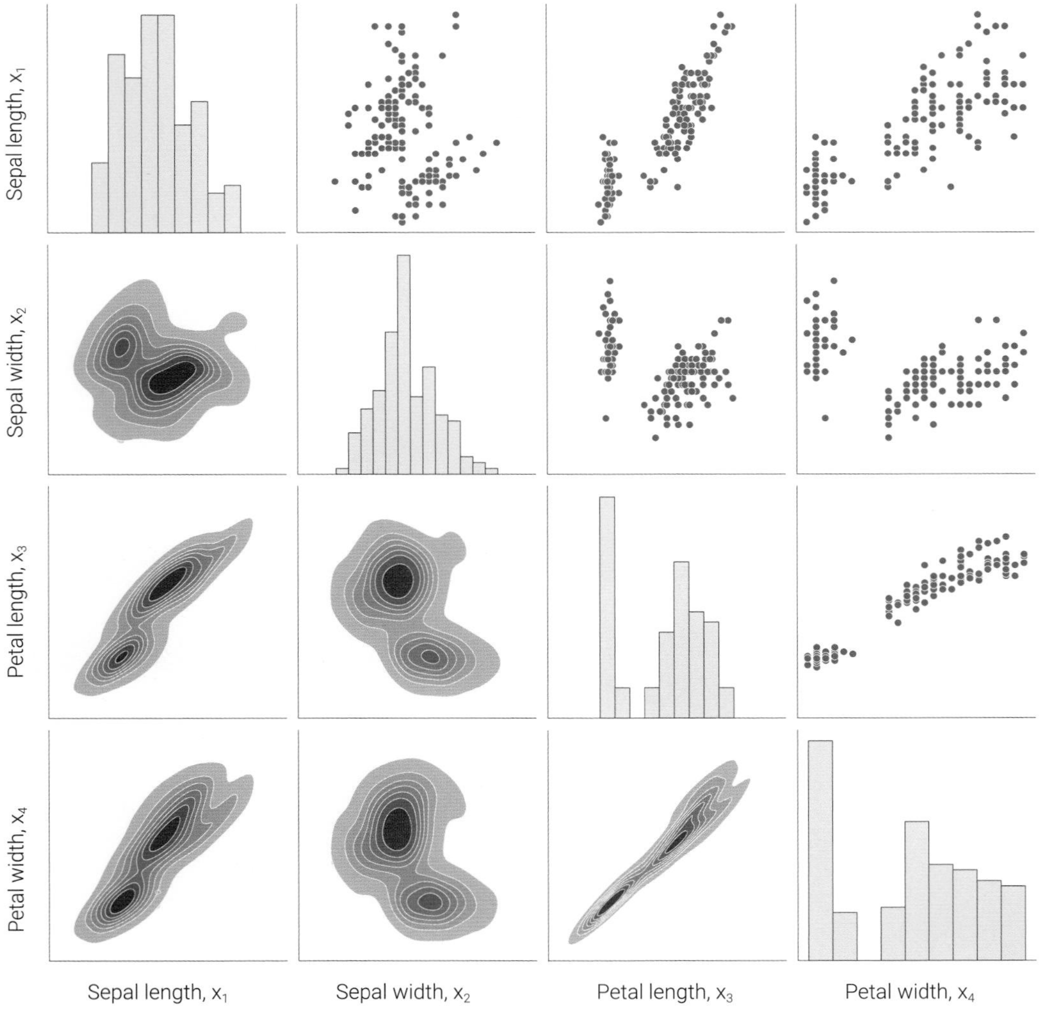

Sepal length, x_1
Sepal width, x_2
Petal length, x_3
Petal width, x_4

图2.9　鸢尾花数据成对特征分析图 (不分类)

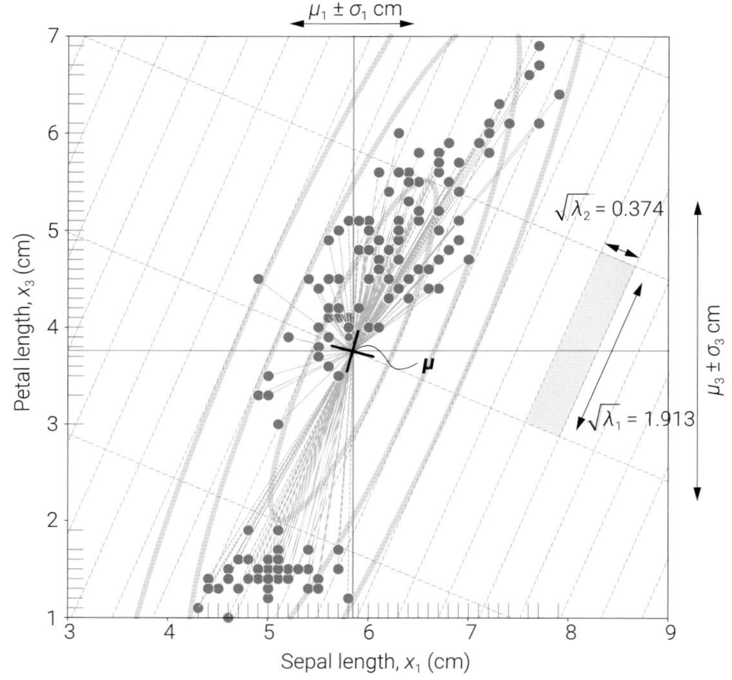

图2.10　花萼长度、花瓣长度平面上的马氏距离等高线和网格

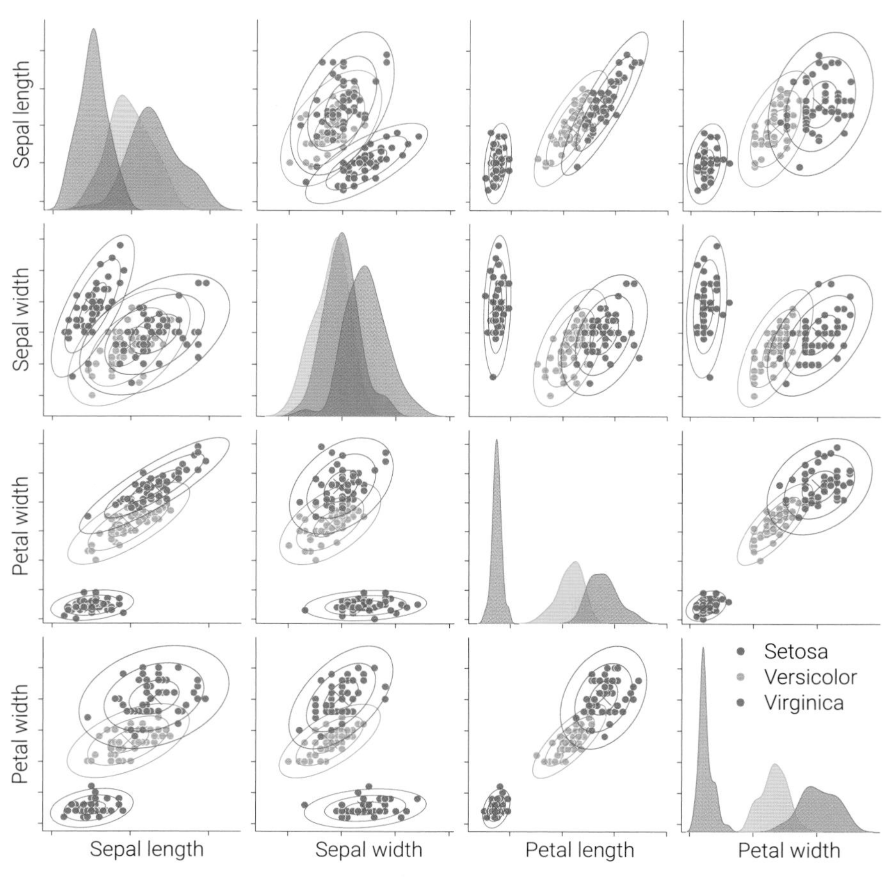

图2.11　协方差矩阵和椭圆的关系 (考虑分类)

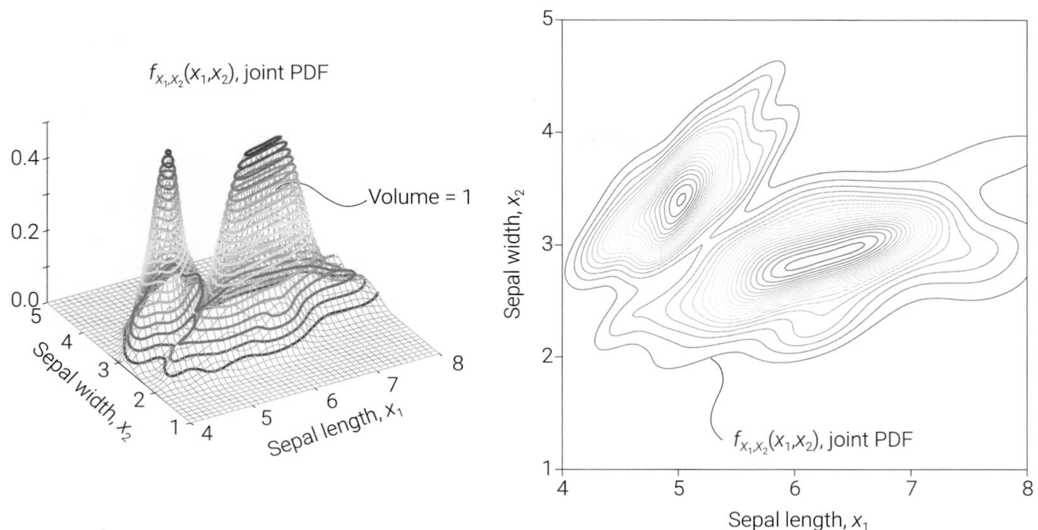

图2.12　联合概率密度函数$f_{X_1,X_2}(x_1, x_2)$三维等高线和二维等高线 (不考虑分类)

(a)　(b)

(c)　(d)

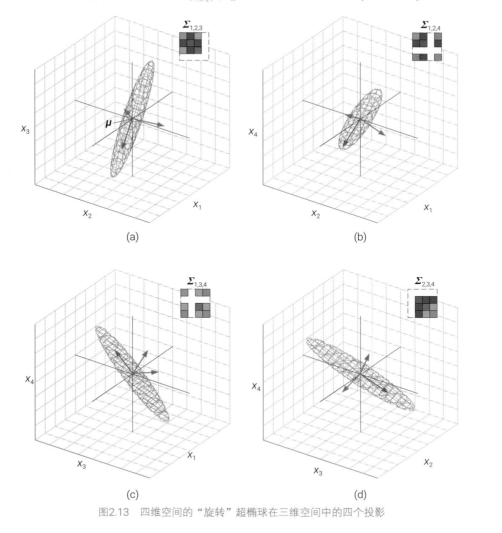

图2.13　四维空间的"旋转"超椭球在三维空间中的四个投影

(a) $f_{Y|X_1,X_2}(C_1|x_1,x_2)$, posterior
(b) $f_{Y|X_1,X_2}(C_2|x_1,x_2)$, posterior
(c) $f_{Y|X_1,X_2}(C_3|x_1,x_2)$, posterior
Sepal wi dth, x_2
Sepal width, x_2
Sepal width, x_2
Sepal length, x_1
Sepal length, x_1
Sepal length, x_1

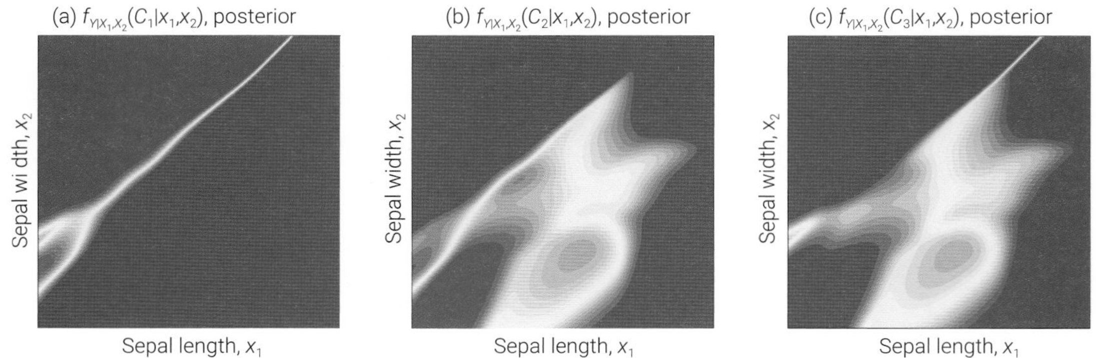

图2.14　比较三个后验概率曲面二维填充等高线

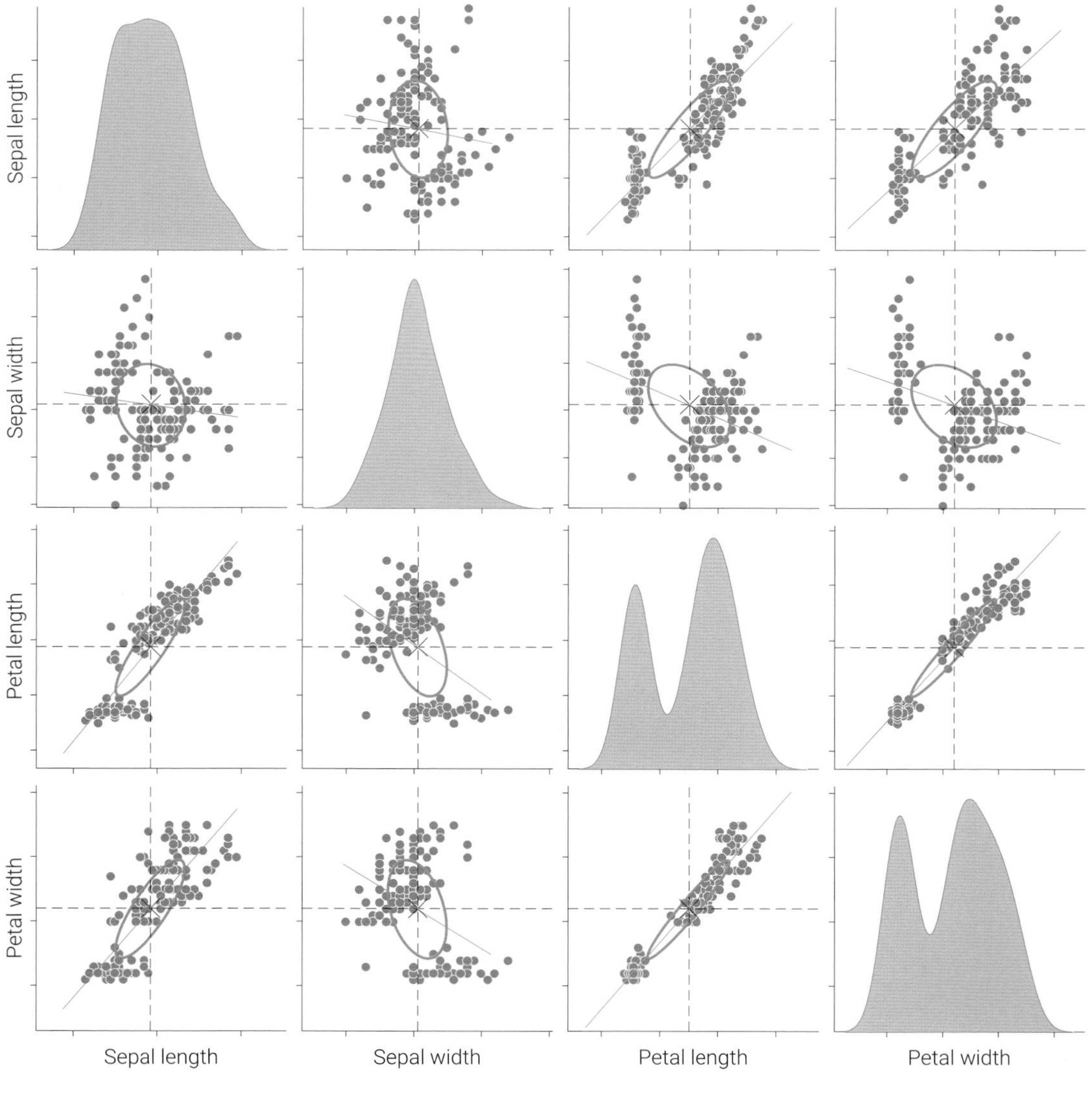

Sepal length
Sepal width
Petal length
Petal width
Sepal length
Sepal width
Petal length
Petal width

图2.15　鸢尾花数据成对特征图和回归关系

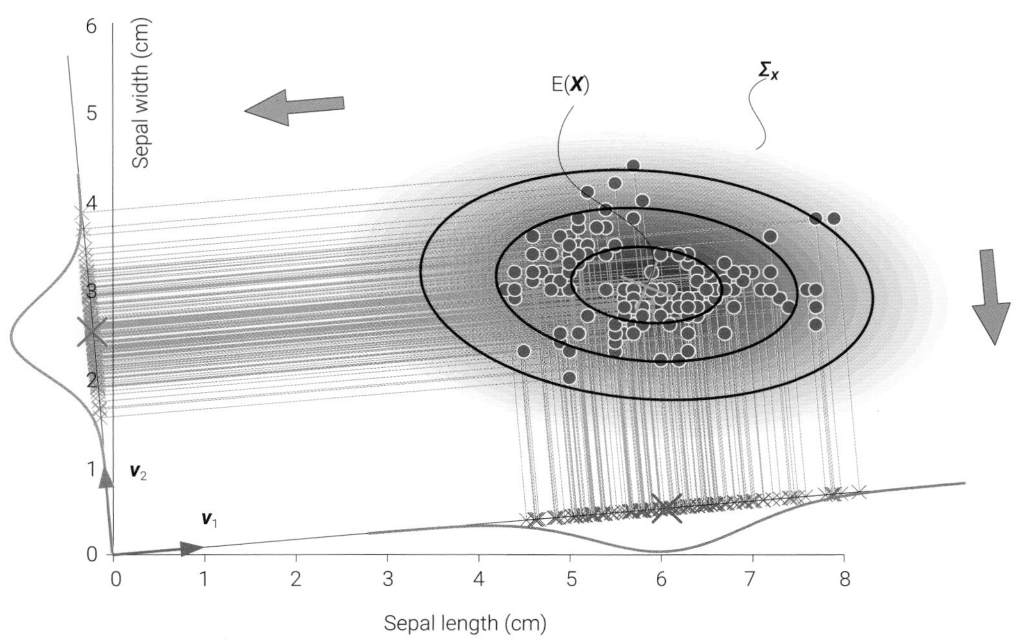

图2.16 鸢尾花数据正交系$\boldsymbol{V}$投影

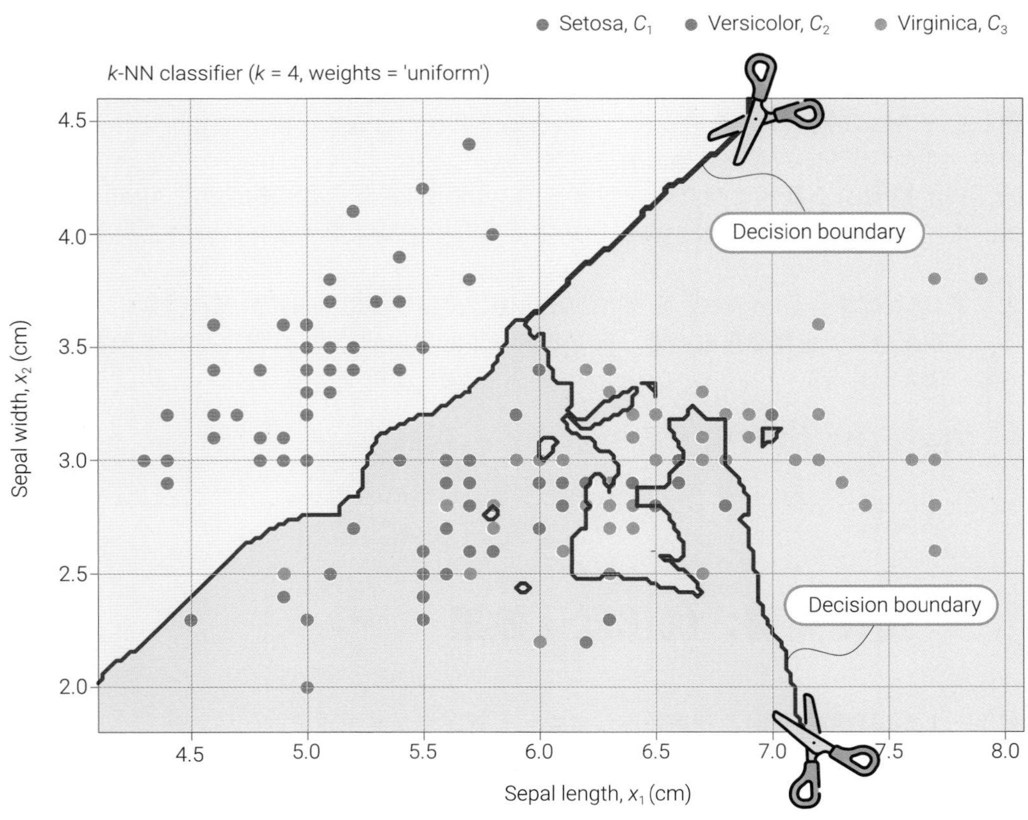

图2.17 k近邻分类，k = 4，采用2个特征 (花萼长度X_1和花萼宽度X_2) 分类三种鸢尾花

2.4 编程实现：Python有大作为

《可视之美》之所以选择Python作为编程语言，是因为Python提供的是“一站式”解决方案。也就是说，从数据处理、数学运算，到统计分析、机器学习，乃至本书关注的可视化方案，Python可谓应有尽有、一网打尽。

首先要强调的是，本书每一次使用Python编程完成可视化过程，都离不开数学工具；换个角度来看，创造各种不同可视化方案来分析同一个数学问题，或同一组数据的过程，都是一次次智力挑战。在这个过程中，我们不但画出了更有创意的图像，更好地掌握了编程技巧；更重要的是，提升了自己的几何思维、数学思维的能力。

请相信，经过你自己手写代码可视化的数学工具的图像大概率这辈子应该就刻在你脑子里，怕是抹不去了。当大家实践得越多，见识的数学、编程工具越多，掌握的可视化方案越丰富，就越可能创造出更多更富创意的图像。

Python拥有多种用于数据可视化的工具。以下是“鸢尾花书”中一些常用的可视化工具。

Matplotlib是Python中最流行的绘图库之一，提供了广泛的绘图功能，包括折线图、散点图、柱状图、饼图等。它具有灵活性和广泛的定制选项，可以用于创建静态、交互式和动态的图形。本书大部分的静态矢量图都是用Matplotlib库函数完成的；因此，大家大可不必抱怨Matplotlib出图效果，我们需要的是提高自己的编程技能。一根根墨黑的炭条，也能绘出不朽的画作。

Seaborn是建立在Matplotlib之上的高级统计数据可视化库。Seaborn提供了一组美观且具有统计意义的图表样式和绘图功能，使得数据的可视化变得更加简单和直观。

Plotly是一个交互式的可视化库，支持多种图表类型，包括线图、散点图、柱状图、热力图等。Plotly提供了丰富的交互功能，可以在网页中创建动态和可交互的图形。

图2.20 ~ 图2.22提供了一个速查表，用来帮助大家找到合适的可视化方案以及对应的Python函数。表中，“⁂”代表该可视化函数具有交互属性。

除了以上提到的工具，还有其他一些流行的Python可视化库，如Bokeh、Altair、ProPlot、Plotnine等，它们各自提供了不同的特点和功能，可以根据具体需求选择适合的工具来进行数据可视化。

本书第4章将简单介绍ProPlot，因为ProPlot出图效果特别类似《自然》等科技期刊。

如果可视化时，大家需要用到地图，可以使用ProPlot或Plotly。有关利用Plotly库绘制地图相关可视化方案，请大家参考：

```
https://plotly.com/python/maps/
```

2.5 美化完善：优化默认效果

利用Python编程可视化时，利用各种设置美化完善图像是其中重要的一环。

读过《编程不难》的读者对图2.18应该都不陌生。

如图2.18所示，一幅图的基本构成部分包括以下几个部分。

◀**图片对象** (figure)：整个绘图区域的边界框，可以包含一个或多个子图。
◀**子图对象** (axes)：实际绘图区域，包含若干坐标轴、绘制的图像和文本标签等。
◀**坐标轴** (axis)：显示子图数据范围并提供刻度标记和标签的对象。
◀**图脊** (spine)：连接坐标轴和图像区域的线条，通常包括上、下、左、右四条。
◀**标题** (title)：描述整个图像内容的文本标签，通常位于图像的中心位置或上方，用于简要概括图像的主题或内容。
◀**刻度** (tick)：刻度标记，表示坐标轴上的数据值。
◀**标签** (label)：用于描述坐标轴或图像的文本标签。
◀**图例** (legend)：标识不同数据系列的图例，通常用于区分不同数据系列或数据类型。
◀**艺术家** (artist)：在Matplotlib中，所有绘图元素都被视为艺术家对象，包括图像区域、子图区域、坐标轴、刻度、标签、图例等。

美化完善时，以上组成部分都可以调整，以便获得更好的可视化效果。本书下一板块专门介绍如何美化完善图像。

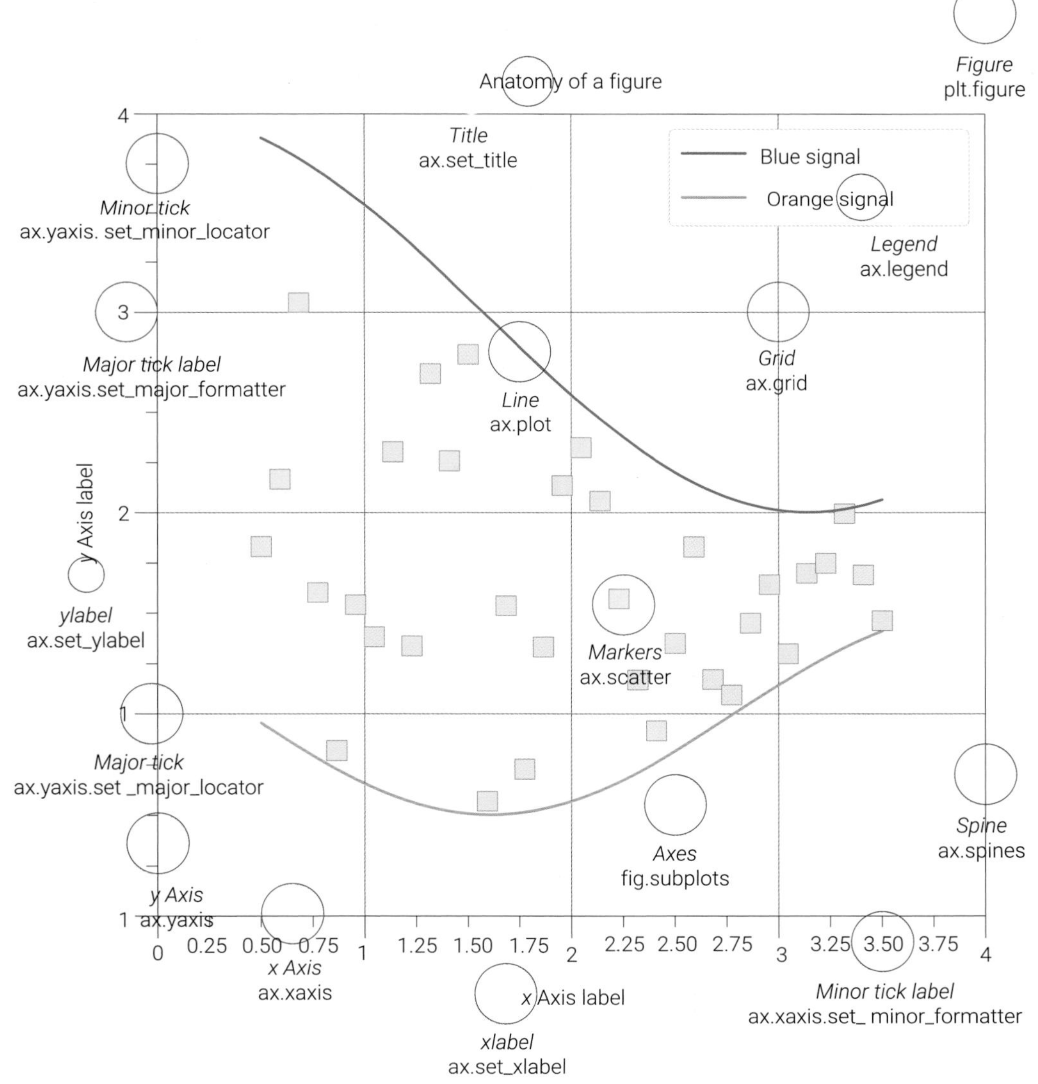

图2.18　解剖一幅图 (图片来源：https://matplotlib.org/stable/gallery/showcase/anatomy.html)

2.6 后期制作：丰富图片细节

后期制作是可视化重要环节之一。以“鸢尾花书”为例，用Python导出的矢量图不会被直接用到书稿中。每一幅都至少经过两个软件后期处理之后才会使用。常用的后期制作软件包括：Adobe Illustrator、Adobe Photoshop、Inkscape (免费)、Microsoft Visio等。

为什么需要后期制作？下面给出几个理由。

◀ **美学设计**：尽管Python库可以生成基本的图表，但在美学设计方面可能有一些限制。使用其他软件，如Adobe Illustrator、Photoshop或Inkscape等，可以提供更多的自定义选项，使图表更专业。

◀ **复杂效果**：某些特殊效果可能在Python库中难以实现。其他软件通常提供更高级的图形处理功能。这些效果可以为图表增加视觉吸引力。

◀ **排版和注释**：在生成图表后，可能需要添加额外的注释、标题、图例或其他文本元素；而编程增加这些元素可能耗时耗力，而且效果差、可编辑性差。其他软件通常提供更灵活的排版选项，以更好地控制这些元素的位置和外观。

◀ **合并图表**：如果需要将多个图表组合在一起，或者将图表与其他图像、照片或文本元素进行合并，其他软件通常提供更强大的合并和布局功能。

总之，尽管Python库提供了很多绘图功能，但有时候使用其他软件进行后期制作可以提供更大的自由度和更复杂的效果，以满足特定的需求。

注意，美化修饰没有问题，但是篡改数据必须坚决杜绝。

2.7 发布传播：到什么山上唱什么歌

经过了解规则、头脑风暴、编程实现、美化完善、后期制作等环节，一幅图算是诞生了，现在就差一步——发布传播媒介。

媒介是指传达信息和知识的工具或方式，它们以形式和技术将信息传递给受众。大家如果现在是通过正式出版图书阅读这段内容，那么媒介就是纸质。如果大家现在读的是PDF文件，那么媒介就是电子书。

以下是一些常见的知识传播媒介。

- ◀**纸质**是传统的知识传播媒介，如报纸杂志、论文、书籍等。纸质以印刷的方式将文字和图像展示在纸张上。纸质书具有持久性和便携性的优点，可以在没有电力或网络连接的情况下阅读。
- ◀**电子书**是以电子形式存在的书籍，如PDF、EPDB、LaTeX等。电子书可以在电子设备电子终端上阅读。电子书可以通过互联网下载或通过数字媒体载体传递。
- ◀**幻灯片**通常用于演示和演讲，可以包含文字、图像、图表和动画等内容。
- ◀**网页**是互联网上的文档，使用HTML（超文本标记语言）编写。网页可以包含文本、图像、音频、视频和链接等多种元素，通过浏览器访问。
- ◀**视频**，如MP4、MOV、GIF等，是通过捕捉、录制和编辑连续图像帧来呈现动态场景的媒介。特别地，GIF（图形交换格式）支持动画和短视频片段。GIF图像可以通过循环播放一系列图像帧来呈现动画效果。
- ◀**App应用**，提供丰富的交互功能，增强了用户的参与和学习体验。《编程不难》介绍过利用Streamlit制作App应用的方法。

Python中常见的绘图工具，如Matplotlib、Seaborn、Plotly，都可以生成各种格式的图片。这些图片可以用在纸质书、电子书、幻灯片、网页、视频等各种媒体。

Matplotlib可以通过matplotlib.pyplot.savefig() 函数保存图片。《编程不难》介绍过Matplotlib导出的图片格式，下面简单盘点5种最常用的图片格式。

- ◀SVG (Scalable Vector Graphics)，扩展名为.svg，是基于XML的矢量图格式，可以无损缩放和编辑。这也是“鸢尾花书”系列最常用的图片导出格式。
- ◀PDF (Portable Document Format)，扩展名为.pdf，是通用的跨平台文档格式，支持矢量图和位图，并能保留图形的高质量，适用于打印、展示和共享。大家如果要用LaTeX写文章，可能会用到这种图片格式。
- ◀PNG (Portable Network Graphics)，扩展名为.png，是无损的位图格式，支持透明度和高质量压缩。
- ◀JPEG (Joint Photographic Experts Group)，扩展名为.jpg或.jpeg，是常见的有损压缩格式，特别适用于存储和传输照片和复杂图像。注意，JPG/JPEG不支持图像的透明度，这一点没有PNG方便。
- ◀EPS (Encapsulated PostScript)，扩展名为.eps，是基于PostScript语言的矢量图格式，支持高质量的打印输出，常用于出版和印刷领域。Adobe Illustrator可以很轻松地处理EPS格式图形。

此外，Matplotlib还可以生成MP4、GIF格式的视频文件。特别地，Plotly支持交互图形可视化和dashboard搭建。

本章最后给大家提几个建议。

◀千万别抄袭！引用注明出处。
◀图片除了要美，还要有效，每一幅图都要服务于一条完整故事链。
◀控制时间成本。和数值相关的可视化部分，建议用编程实现；美化元素建议后期软件处理。
◀使用清晰的标签、标题和图例。轴标签、数值、单位、解说文字等尽量齐全。
◀某个可视化方案大量出图，建议写成通用函数。
◀风格尽量统一，如颜色、线型、字体、字号、标注等。
◀保持可视化的简洁明了。避免冗余装饰，确保重点和主要信息清晰可见。
◀将可视化放入适当的上下文中，以便更好地理解和解释数据和信息。提供相关背景信息、注释和说明，帮助观众理解可视化的含义和重要性。
◀选择适当的颜色和配色方案，以增强可视化的视觉吸引力和可读性。确保颜色的使用符合信息的含义，避免使用过多的颜色，以免造成混乱。
◀在电子媒体出版时，考虑为可视化添加交互性和动态效果，以增加用户参与和理解。例如，可以使用交互式工具让用户自由探索数据，或者使用动画效果展示变化和趋势。
◀倾听反馈，迭代升级。不断提高可视化技能。

艺术可以将数学工具、数据转化为生动的可视化方案，帮助人们更好地理解和解释数学原理、挖掘数据背后的故事。

在数学工具、创意编程、数据科学、机器学习、人工智能等应用场景，优质的“数学 + 艺术”可视化方案可以让人们发现数学之美、数据之美，甚至爱上数学。本书关注的正是这一点。

掌握编程可视化的过程可能会跌宕起伏，当然也会惊喜不断。与其抱怨工具不好用，不如把简单工具用好！

下面，正式邀请大家踏上本书的“数学 + 艺术”的美学动手实操之旅！

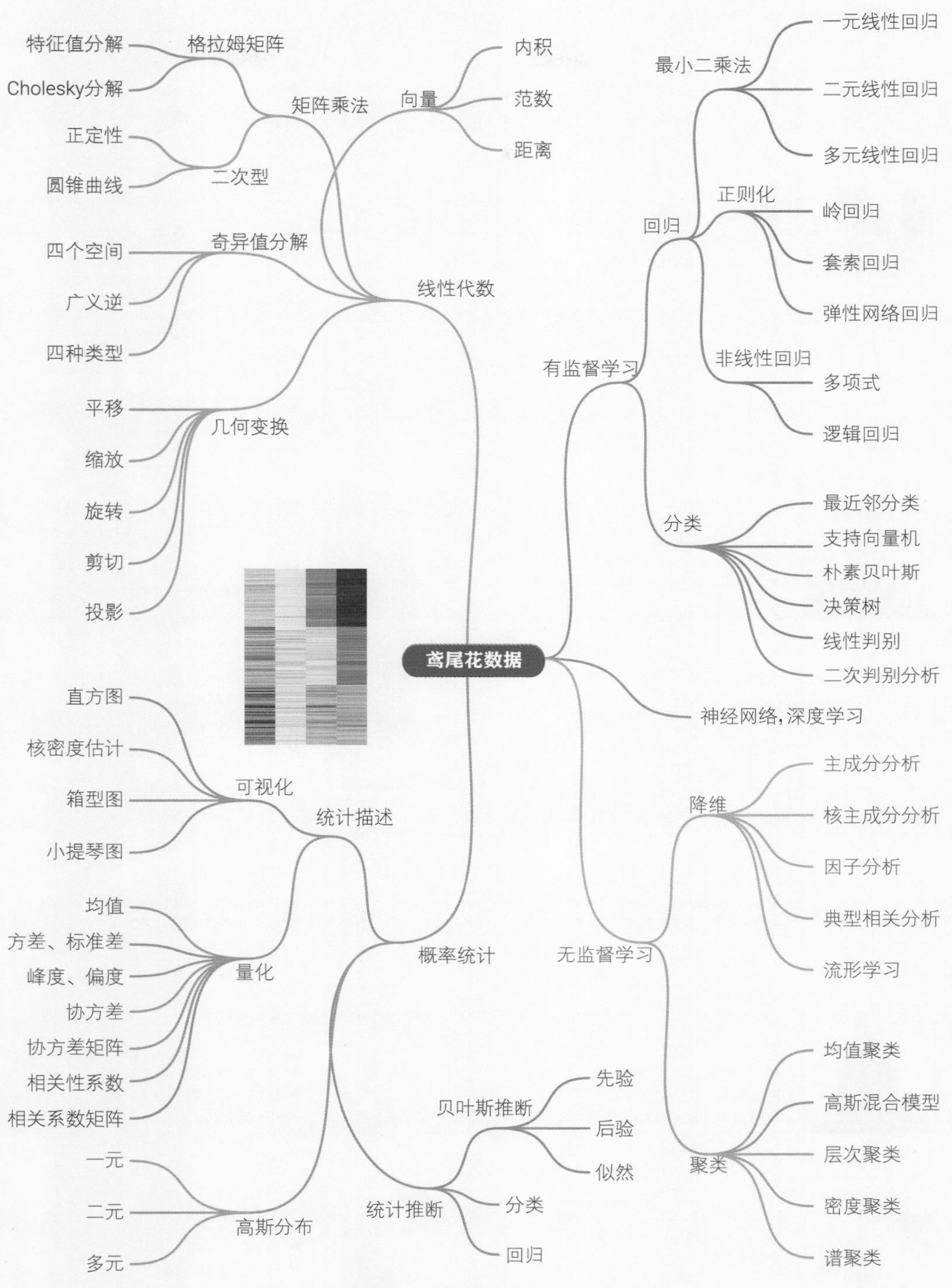

鸢尾花数据
线性代数
矩阵乘法
格拉姆矩阵
特征值分解
Cholesky分解
二次型
正定性
圆锥曲线
向量
内积
范数
距离
奇异值分解
四个空间
广义逆
四种类型
几何变换
平移
缩放
旋转
剪切
投影
概率统计
统计描述
可视化
直方图
核密度估计
箱型图
小提琴图
量化
均值
方差、标准差
峰度、偏度
协方差
协方差矩阵
相关性系数
相关系数矩阵
高斯分布
一元
二元
多元
统计推断
贝叶斯推断
先验
后验
似然
分类
回归
有监督学习
回归
最小二乘法
一元线性回归
二元线性回归
多元线性回归
正则化
岭回归
套索回归
弹性网络回归
非线性回归
多项式
逻辑回归
分类
最近邻分类
支持向量机
朴素贝叶斯
决策树
线性判别
二次判别分析
神经网络，深度学习
无监督学习
降维
主成分分析
核主成分分析
因子分析
典型相关分析
流形学习
聚类
均值聚类
高斯混合模型
层次聚类
密度聚类
谱聚类

图2.19　有关鸢尾花数据的可视化“头脑风暴”

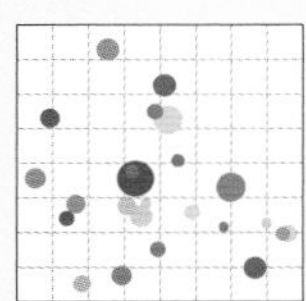

二维散点图
(scatter plot)

- ▶ matplotlib.pyplot.scatter()
- ▶ plotly.express.scatter()
- ▶ seaborn.scatterplot()

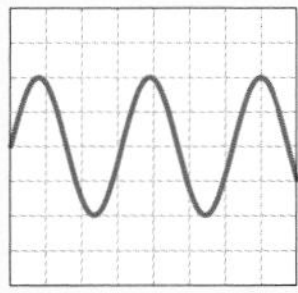

线图(line plot)

- ▶ matplotlib.pyplot.plot()
- ▶ seaborn.lineplot()
- ▶ plotly.express.line()

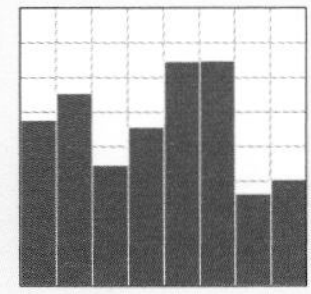

柱状图
(bar chart)

- ▶ matplotlib.pyplot.bar()
- ▶ seaborn.barplot()
- ▶ plotly.express.bar()

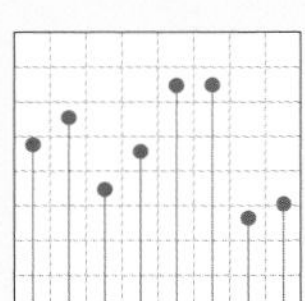

火柴图
(stem plot)

- ▶ matplotlib.pyplot.stem()

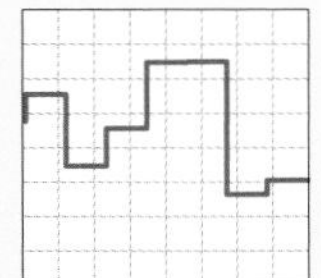

阶跃图
(step plot)

- ▶ matplotlib.pyplot.step()

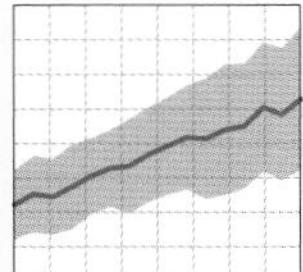

填充
(filled area)

- ▶ matplotlib.pyplot.fill_between()

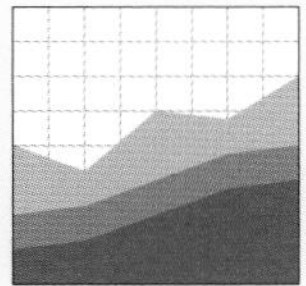

堆叠面积图
(stacked area)

- ▶ matplotlib.pyplot.stackplot()

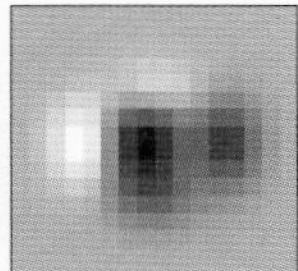

显示图片
(image display)

- ▶ matplotlib.pyplot.imshow()
- ▶ plotly.express.imshow()

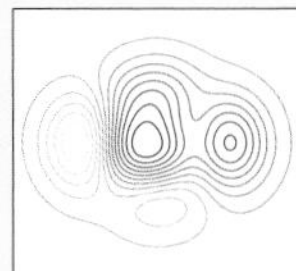

二维等高线
(2D contour)

- ▶ matplotlib.pyplot.contour()
- ▶ plotly.graph_objects.Contour()

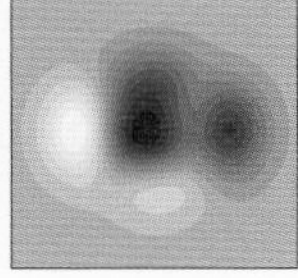

二维填充等高线
(2D filled contour)

- ▶ matplotlib.pyplot.contourf()
- ▶ plotly.graph_objects.Contour()

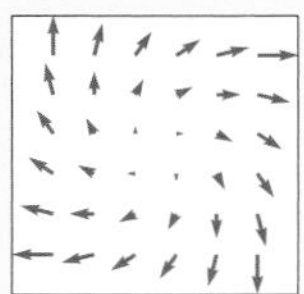

箭头图
(quiver plot)

- ▶ matplotlib.pyplot.quiver()
- ▶ plotly.figure_factory.create_quiver()

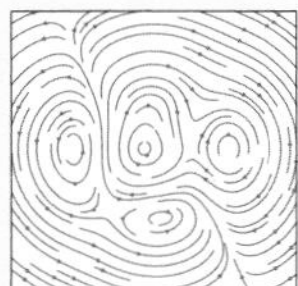

水流图
(stream plot)

- ▶ matplotlib.pyplot.streamplot()
- ▶ plotly.figure_factory.create_streamline()

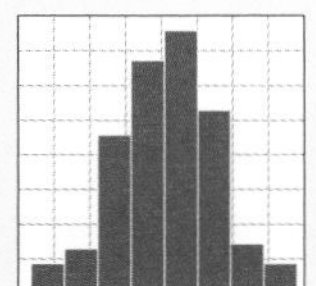

直方图
(histogram)

- ▶ matplotlib.pyplot.hist()
- ▶ seaborn.histplot()
- ▶ plotly.express.histogram()

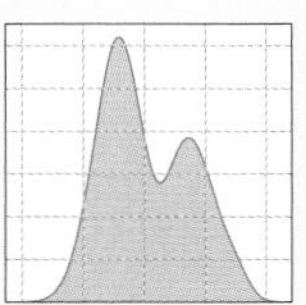

核密度估计
(KDE plot)

- ▶ seaborn.kdeplot()
- ▶ plotly.figure_factory.create_distplot()

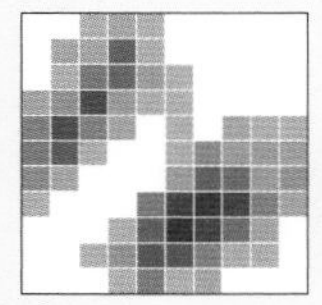

二元直方热图
(2D histogram)

- ▶ matplotlib.pyplot.hist2d()
- ▶ seaborn.histplot()
- ▶ plotly.express.density_heatmap()

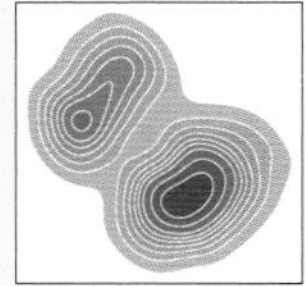

核密度估计
(2D KDE contour)

- ▶ seaborn.kdeplot()
- ▶ plotly.express.density_contour()

图2.20 “鸢尾花书”常用可视化方案目录，第1组

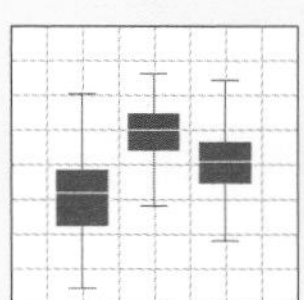

箱型图
(box plot)

- ▶ matplotlib.pyplot.boxplot()
- ▶ seaborn.boxplot()
- ▶ plotly.express.plot()

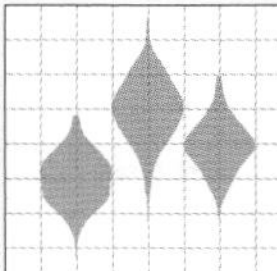

小提琴图
(violin plot)

- ▶ matplotlib.pyplot.violinplot()
- ▶ seaborn.violinplot()
- ▶ plotly.express.violin()

山脊图
(ridge plot)

- ▶ joypy.joyplot()

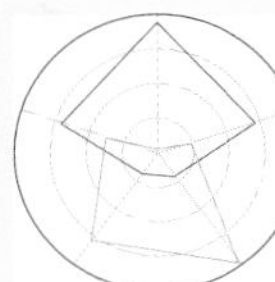

雷达图
(radar plot)

- ▶ plotly.express.line_polar (line_close = True)

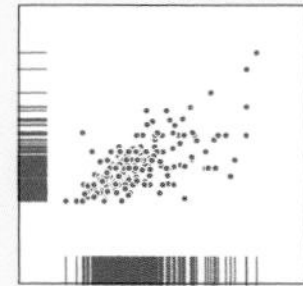

毛毯图
(rug plot)

- ▶ seaborn.rugplot()

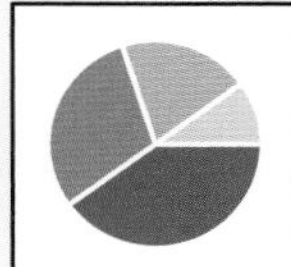

饼图
(pie chart)

- ▶ matplotlib.pyplot.pie()
- ▶ plotly.express.pie()

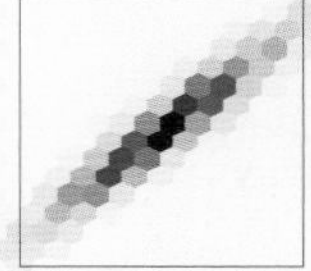

六边形二维直方图
(hex 2D histogram)

- ▶ matplotlib.pyplot.hexbin()
- ▶ seaborn.jointplot (..., kind = 'hex')

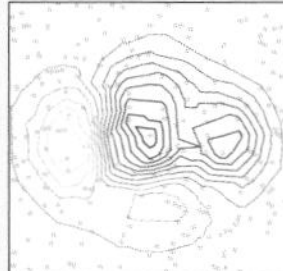

三角剖分等高线图
(triangular grid contour)

- ▶ matplotlib.pyplot.tricontour()

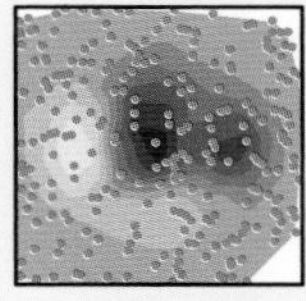

三角剖分等高线图
(triangular filled contour)

- ▶ matplotlib.pyplot.tricontourf()

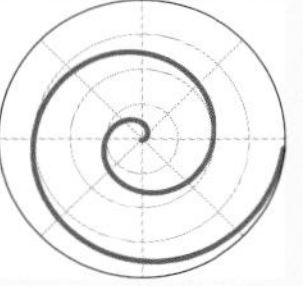

极坐标线图
(polarlineplot)

- ▶ matplotlib.pyplot.tripcolor()

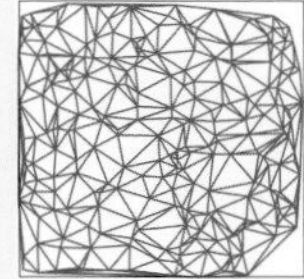

三角剖分网格图
(triangular grid line plot)

- ▶ matplotlib.pyplot.triplot()

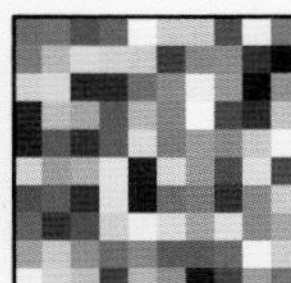

热图
(heatmap)

- ▶ matplotlib.pyplot.pcolor()
- ▶ seaborn.heatmap()

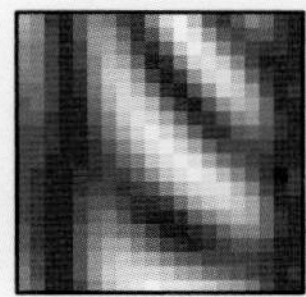

网格伪彩色图
(rectangular pseudocolor plot)

- ▶ matplotlib.pyplot.pcolormesh()

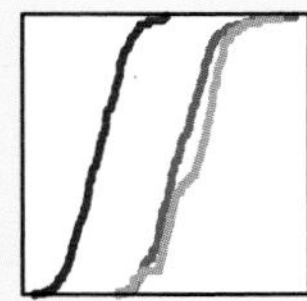

经验累积分布函数
(ECDF plot)

- ▶ seaborn.ecdfplot()

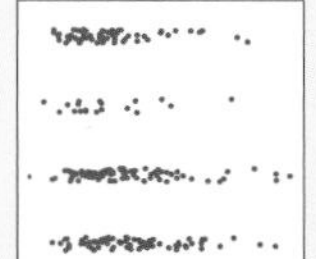

分散点图
(strip plot)

- ▶ seaborn.stripplot()

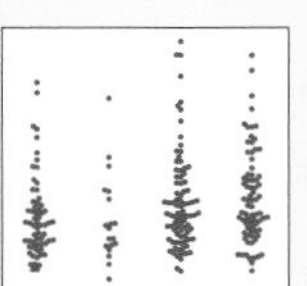

蜂群图
(swarm plot)

- ▶ seaborn.swarmplot()

图2.21 “鸢尾花书”常用可视化方案目录，第2组

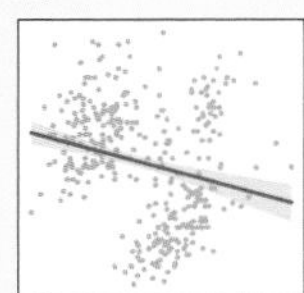

线性回归图
(linear regression)

► seaborn.lmplot()

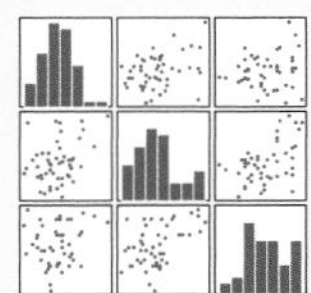

成对特征散点图
(pairwise scatter)

► seaborn.pairplot()

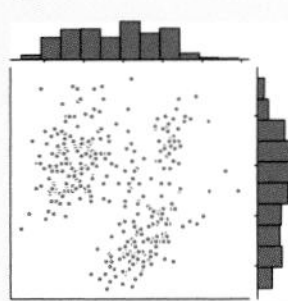

联合分布+边缘分布
(joint + marginal)

► seaborn.jointplot()

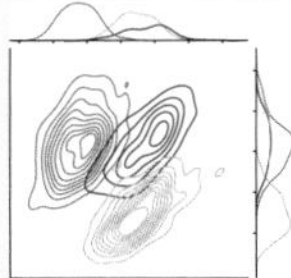

联合分布+ 边缘分布
(joint + marginal)

► seaborn.jointplot()

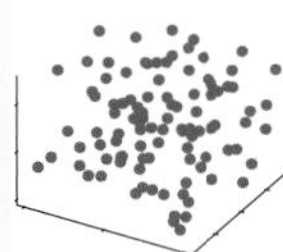

三维散点图
(3D scatter plot)

► Axes3D.scatter()

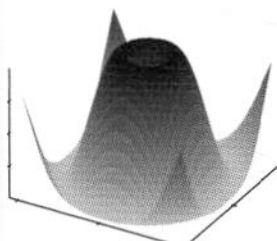

网格曲面图
(mesh surface)

► Axes3D.plot_surface()
► plotly.graph_objects.Surface()

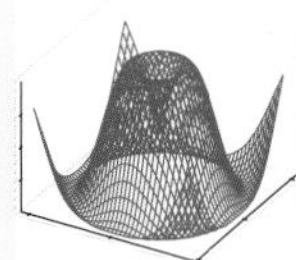

线框图
(wireframe plot)

► Axes3D.plot_wireframe()
► plotly.graph_objects.Mesh3d()

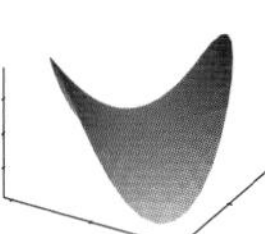

三角剖分网格曲面
(triangular grid surface)

► Axes3D.plot_trisurf()
► plotly.figure_factory.
create_trisurf()

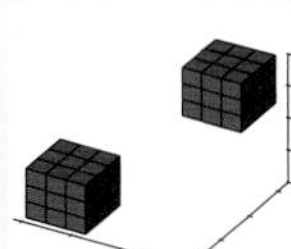

体素体积图
(voxel volumetric plot)

► Axes3D.voxels()
► plotly.graph_objects.Volume()

三维柱状图
(3D bar plot)

► Axes3D.bar3d()

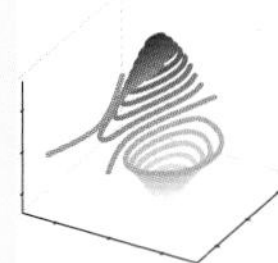

三维等高线
(3D contour plot)

► Axes3D.contour()

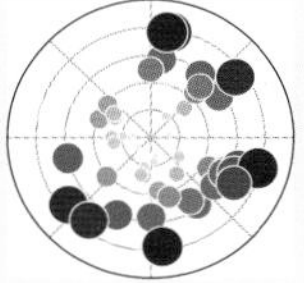

极坐标散点图
(polar scatter plot)

► matplotlib.polar_ax.scatter()
► plotly.express.scatter_polar()

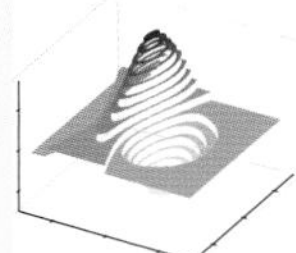

三维填充等高线
(3D filled contour plot)

► Axes3D.contourf()

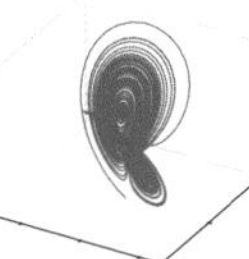

三维线图
(3D line plot)

► Axes3D.plot()
► plotly.express.line_3d()

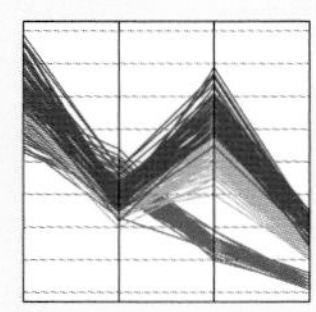

平行坐标图
(parallel coordinates plot)

► pandas.plotting.
parallel_coordinates()
► plotly.express.
parallel_coordinates()

三维火柴梗图
(3D stem plot)

► Axes3D.stem()

图2.22 “鸢尾花书”常用可视化方案目录，第3组

02 Section 02 美 化

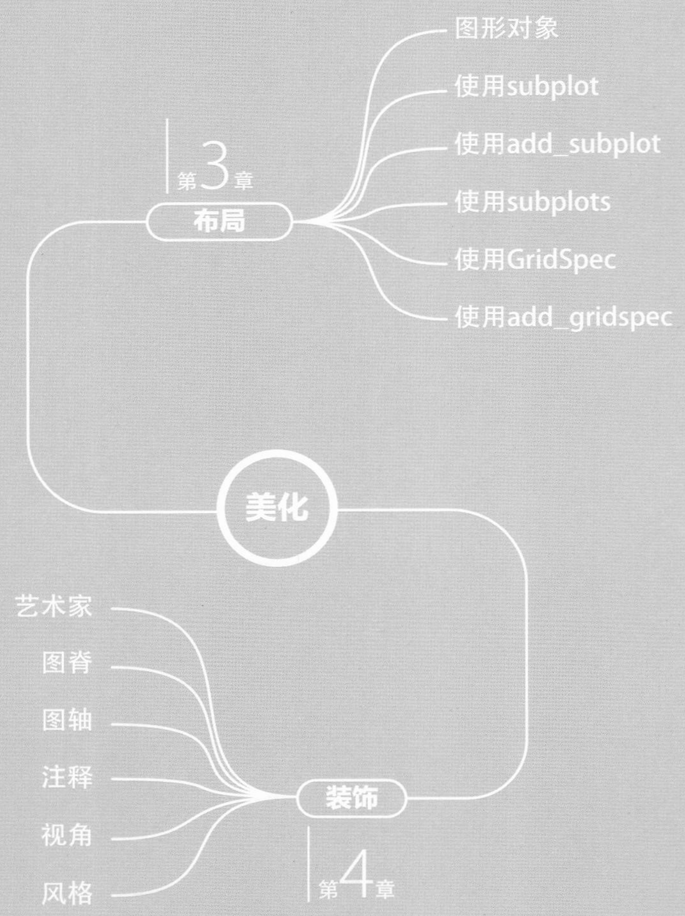
图形对象
使用subplot
使用add_subplot
第3章
布局
使用subplots
使用GridSpec
使用add_gridspec
美化
艺术家
图脊
图轴
注释
装饰
视角
第4章
风格

学习地图 | 第2板块

Layout of A Figure

布局

各种子图布局方案

艺术洗涤心灵的浮尘。

Art washes away from the soul the dust of everyday life.

—— 巴勃罗·毕加索 (Pablo Picasso) | 西班牙艺术家 | 1881 — 1973年

- `matplotlib.gridspec.GridSpec()` 创建和配置复杂的子图网格布局，以便在一个图形窗口中放置多个子图
- `matplotlib.gridspec.SubplotSpec` 用于定义和控制子图在网格布局中的位置和大小
- `matplotlib.pyplot.contour()` 绘制等高线图
- `matplotlib.pyplot.contourf()` 绘制填充等高线图
- `matplotlib.pyplot.figure()` 创建一个新的图形窗口或图表对象，以便在其上进行绘图操作
- `matplotlib.pyplot.rcParams` 获取或设置全局绘图参数的默认值，如图形尺寸、字体大小、线条样式等
- `matplotlib.pyplot.scatter()` 绘制散点图
- `matplotlib.pyplot.subplot()` 用于在当前图形窗口中创建一个子图，并定位该子图在整个图形窗口中的位置
- `matplotlib.pyplot.subplots()` 一次性创建一个包含多个子图的图形窗口，并返回一个包含子图对象的元组
- `numpy.linspace()` 在指定的间隔内，返回固定步长的数据
- `numpy.meshgrid()` 产生网格化数据
- `numpy.random.multivariate_normal()` 用于生成多元正态分布的随机样本
- `numpy.vstack()` 返回竖直堆叠后的数组
- `scipy.stats.gaussian_kde()` 高斯核密度估计
- `statsmodels.api.nonparametric.KDEUnivariate()` 构造一元 KDE

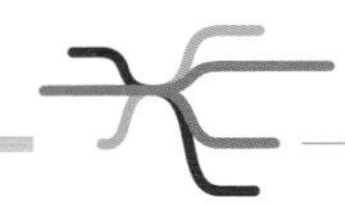

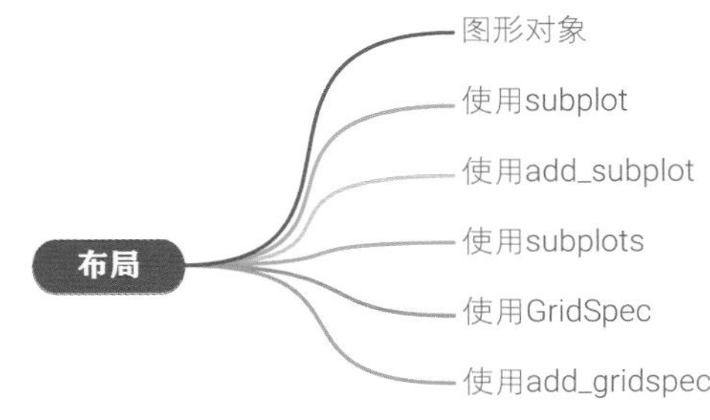

3.1 图形对象

本节先聊一聊图形对象基本规格。

大小尺寸

Matplotlib中默认图片尺寸为：宽为6.4英寸，高为4.8英寸。1 **英寸** (inch) 约为2.54 **厘米** (cm)。也就是说默认图片尺寸为，宽约为16 cm，高约为12 cm。我们可以使用figure函数，并指定figsize参数来设置图像的宽度和高度。figsize参数接受一个元组 (宽度, 高度)，单位为英寸。

比如，利用import matplotlib.pyplot as plt; plt.figure(figsize=(3, 3)) 将图像尺寸修改为3英寸 × 3英寸。图3.7上图所示为3英寸 × 3英寸图片真实大小。图3.7下图为换算为cm的图片。

分辨率

默认图片以一个dpi (dots per inch，每英寸点数) 为100的分辨率显示。利用import matplotlib.pyplot as plt将绘图模块导入后，可以利用plt.rcParams['figure.dpi'] = 300将图像dpi提高到300。

如果想保存图像到文件，可以使用savefig函数，并通过设置dpi参数来指定分辨率。例如，如果希望保存图像为300dpi的高质量PNG文件，可以用plt.savefig('plot_name.png', dpi=300)。

对于Seaborn，可以在利用import seaborn as sns导入库后，设置sns.set(rc={"figure.dpi":300, 'savefig.dpi':300}) 修改图片分辨率。

当然，如果情况允许尽量导出矢量图，比如SVG格式。

边距

一张图少不了上下左右留白，这个留白就是**边距** (margin)。在Matplotlib默认情况下，图像周围边距为：

```
figure.subplot.left: 0.125
figure.subplot.right: 0.9
```

```
figure.subplot.top: 0.88
figure.subplot.bottom: 0.11
```

如图3.1所示，这些参数的值为0～1之间的浮点数，相当于图像的宽度或高度的百分比。(0, 0) 表示图形左下角，(1, 1) 表示图形右上角。

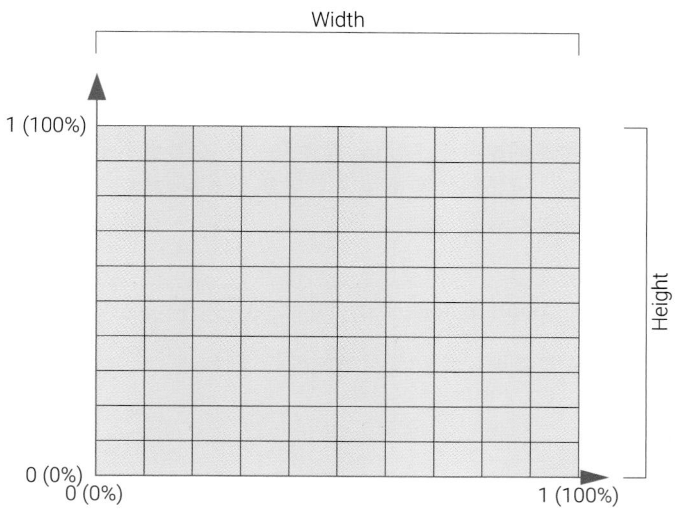

图3.1　图片宽度、高度百分比

如图3.8所示，默认情况下，宽度方向来看，left = 0.125表示图片的左边位于图像宽度的12.5%处，right = 0.9表示右边位于图像宽度的90%处。

高度方向来看，top = 0.88 表示图片的顶边位于图片高度的88%处。而bottom = 0.1表示图片的底边位于图像高度的10%处。

此外，绘制“图中图”时也需要类似的定位方式，具体如图3.11所示。

从图3.8、图3.11中，我们可以看到一个Figure中可以有不止一幅子图。子图是指将整个图形区域划分为多个小的绘图区域，而每个小区域可以用于绘制不同的图形。下面我们就介绍Matplotlib常用的子图布局方法。

3.2 使用subplot

在Matplotlib中，matplotlib.pyplot.subplot (简写作subplot) 是一个函数，用于创建和管理图形中的子图。它的基本语法为subplot(nrows, ncols, index)。其中，nrows为子图的行数，ncols为子图的列数，index为当前子图的索引 (从1开始，按先行后列顺序递增)。

图3.9给出示例介绍如何用subplot() 绘制子图，并分别修饰子图。这个例子来自于*Scientific Visualization: Python & Matplotlib*。

> 注意：这幅图中的文本 (英文、数字) 已经**扁平化** (flatten)。在矢量图中，“flatten”通常指的是将文本对象转换为矢量线条，以便更好地支持艺术处理。当文本以矢量形式表示时，它由数学定义的几何形状组成。

比较plt.plot() 和 ax.plot()

以绘制二维线图为例，大家肯定会看到plt.plot() 和 ax.plot() 这两种不同方法，它俩有一些区别需要大家注意。

简单来说，plt.plot() 相当于“提笔就画”。plt.plot() 是使用 matplotlib 的 pyplot 接口中的函数。它以一种简便的方式来创建图形并进行快速绘图。当我们只需要创建一个简单的图形时，可以直接使用 plt.plot() 函数，它会自动创建一个图形窗口并在该窗口中绘制图形。如果在同一个图形窗口中绘制多个图形，可以连续多次调用 plt.plot() 函数。

ax.plot() 基于一个 Axes 对象来绘制图形，Axes 对象是一个图形窗口中的一个独立坐标系。使用面向对象接口时，需要显式地创建一个 Figure 对象和一个或多个 Axes 对象，并在指定的 Axes 对象上调用 plot() 方法进行绘图。比如，如果事先定义了两个 Axes对象，ax1、ax2，ax1.plot() 指定在ax1上绘图，而ax2.plot() 则指定在ax2上绘图。

注意：使用plt时，需要先利用import matplotlib.pyplot as plt导入库。

ax.plot() 适合更复杂的绘图需求，并且具有更高的灵活性。

3.3 使用add_subplot

使用add_subplot() 函数可以在图形中添加子图。add_subplot() 的基本语法为fig.add_subplot(nrows, ncols, index)。其中，fig为fig = plt.figure() 产生的Figure对象，nrows为子图的行数，ncols为子图的列数，index为当前子图的索引 (从1开始，先行后列顺序递增)。

add_subplot() 返回一个AxesSubplot对象，它表示创建的子图。我们可以使用此对象进行进一步的图形操作，如绘制数据、设置轴标签和标题等。

比较add_subplot() 和subplot()

add_subplot() 和subplot() 在功能上是相似的，都可以用于创建和管理图形中的子图。它们的主要区别在于使用方式和语法。

add_subplot() 是Figure对象的方法，用于在特定的Figure上添加子图。add_subplot() 语法为fig.add_subplot(nrows, ncols, index)。因此，使用add_subplot() 方法时，首先需要创建一个Figure对象，然后调用该方法来添加子图，并将子图对象存储在变量中以进行后续的操作。

subplot()是pyplot模块的函数，用于在当前的图形中添加子图。subplot() 语法为plt.subplot(nrows, ncols, index)。使用subplot()函数时，不需要显式地创建Figure对象，可以直接调用subplot()函数，并在同一个代码块中添加多个子图。

混合二维、三维

图3.10中子图混合了二维和三维可视化方案。大家可以在配套代码中看到如何分别指定每个子图轴的投影方式。

此外，我们还可以使用inset_axes()和add_axes()在指定位置插入特定宽高的图像。位置、宽高这四个数值均为0 ~ 1之间的浮点数，代表百分比。inset_axes()是Figure对象的方法，用于在指定位置插入轴。add_axes()是Figure对象或Subplot对象的方法，用于在指定的图形或子图中添加轴。图3.11给出了两个例子。

本章利用了很多对图轴、图脊的操作，这些内容将在下一章系统讲解。

3.4 使用subplots

在Matplotlib中，subplots函数用于创建一个包含多个子图的图形布局，并返回一个包含子图对象的元组。以下是使用subplots函数的基本步骤。

- 利用import matplotlib.pyplot as plt导入绘图模块。
- 使用subplots函数创建子图，它的基本语法为fig, axes = plt.subplots(nrows, ncols)，其中nrows和ncols是整数，分别表示子图行和列的数量。
- axes[i, j]表示在第i行第j列位置上的子图对象。

此外，可以对每个子图进行布局调整和美化。

下面我们用subplots可视化极坐标和直角坐标转化。

如图3.2左图所示，O是极坐标的**极点** (pole)，从O向右引一条射线作为**极轴** (polar axis)，规定逆时针角度为正。这样，平面上任意一点P的位置可以由线段OP的长度r和极轴到OP的角度θ来确定。(r, θ) 就是P点的极坐标。

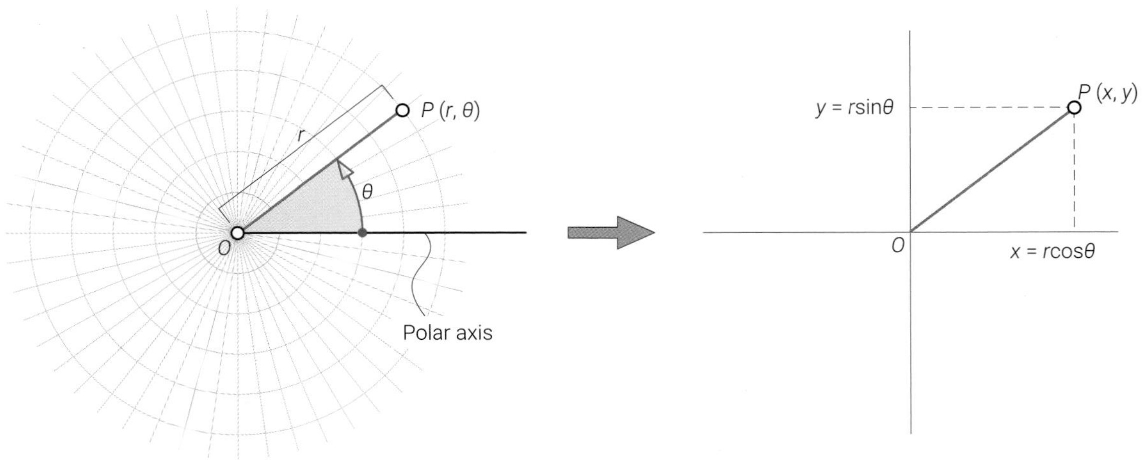

图3.2　从极坐标系到平面直角坐标系

一般，r称为**极径** (radial coordinate或radial distance)，θ称为**极角** (angular coordinate或polar angle或azimuth)。

如图3.2所示，平面上，极坐标 (r, θ) 可以转化为直角坐标系坐标 (x, y)。

换个角度来看，如图3.3所示，余弦值作为横坐标，正弦值作为纵坐标，画在一幅图上，我们便可以得到圆心位于原点、半径为1的正圆，也叫**单位圆** (unit circle)。

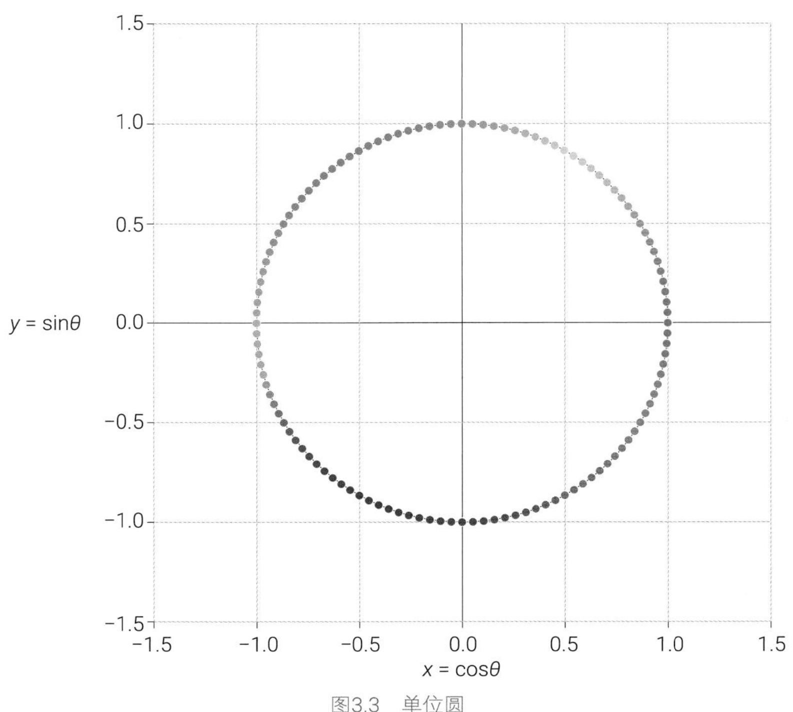

图3.3　单位圆

我们可以通过代码3.1绘制图3.3，下面讲解其中关键语句。

ⓐ利用matplotlib.pyplot.cm.hsv()，简写作plt.cm.hsv()，生成满足HSV颜色映射的一组颜色。np.linspace(0, 1, len(cos_y)) 使用NumPy库的linspace() 函数生成一个0 ~ 1的等间距数组，数组的长度与cos_y数组的长度相同。

ⓑ利用matplotlib.pyplot.subplots()，简写作plt.subplots()，创建图形对象fig、轴对象ax。参数figsize=(6, 6) 指定了图像的大小为6英寸 × 6英寸。

ⓒ在轴对象ax上，用plot()方法绘制线图。

cos_y和sin_y分别表示x轴和y轴上的坐标。

zorder = 1指定了图形的层次顺序。zorder值越大，图形就越靠前，即越置顶。

color = 'k'指定了线的颜色。在这里，'k'代表黑色。本书后续会专门介绍颜色。

lw = 0.25是线的宽度参数，lw是linewidth的简称，指定了绘制的线的粗细程度。

ⓓ在轴对象ax上，用scatter()方法绘制散点图。

marker = '.'指定了用于标记散点的符号。

s = 88是散点的大小参数。

c=colors是散点的颜色参数，指定了每个散点的颜色。colors是之前生成的包含一系列HSV颜色的数组。

edgecolor='w'指定了散点边缘的颜色，这里是白色'w'。

zorder = 2表示将散点图置于之前绘制的线图之上。

ⓔ用axhline()在轴对象ax上绘制水平参考线。

ⓕ用axvline()在轴对象ax上绘制竖直参考线。

ⓖ将图像四周图脊隐去，即不显示。本书下一章将专门介绍图像美化。

请大家在JupyterLab中自行实践代码3.1。

代码3.1 绘制单位圆

```
# 导入包
import numpy as np
import matplotlib.pyplot as plt

# 生成数据
theta_array = np.linspace(0, 2*np.pi, 120, endpoint=False)
sin_y = np.sin(theta_array)
cos_y = np.cos(theta_array)
# 用HSV色谱产生一组渐变色，颜色种类和散点数相同
colors = plt.cm.hsv(np.linspace(0, 1, len(cos_y)))    ⓐ

# 设置图片大小
fig, ax = plt.subplots(figsize =(6, 6))    ⓑ

# 绘制正圆，横轴坐标为cos，纵轴坐标为sin
ax.plot(cos_y, sin_y,    ⓒ
        zorder=1, color='k', lw=0.25)
ax.scatter(cos_y, sin_y, marker='.', s=88,    ⓓ
           c=colors, edgecolor='w', zorder=2)
ax.axhline(0, c='k', zorder=1)    ⓔ
ax.axvline(0, c='k', zorder=1)    ⓕ
ax.set_xlabel(r'$x = cos(\theta)$')
ax.set_ylabel(r'$y = sin(\theta)$')

# 设置横轴和纵轴范围
ax.set_xlim(-1.5, 1.5)
ax.set_ylim(-1.5, 1.5)
ax.grid(True)
# 横纵轴采用相同的scale
ax.set_aspect('equal')

ax.spines['top'].set_visible(False)    ⓖ
ax.spines['right'].set_visible(False)
ax.spines['bottom'].set_visible(False)
ax.spines['left'].set_visible(False)
```

我们可以通过代码3.2 ~ 代码3.5绘制图3.4。大家可以发现这幅图有四幅子图，下面分别讲解每幅子图对应的代码。

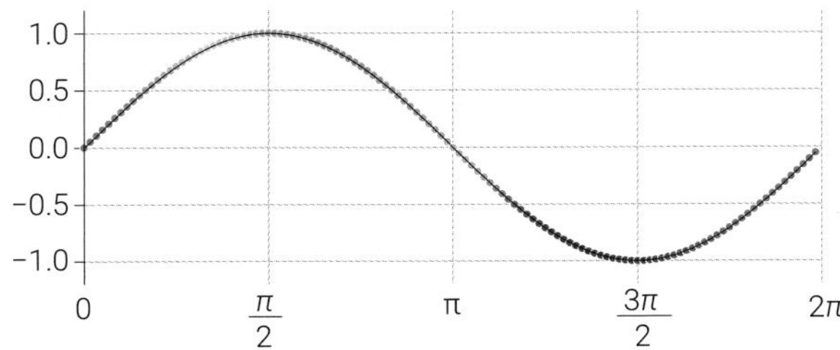

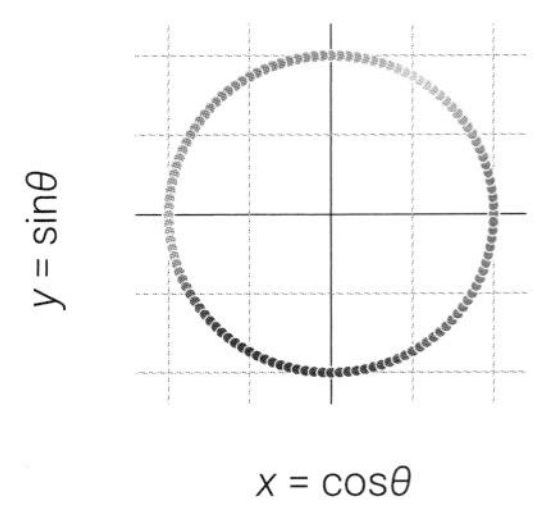

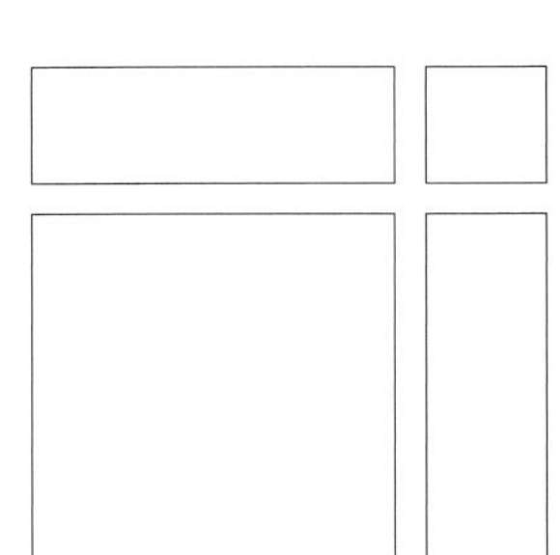

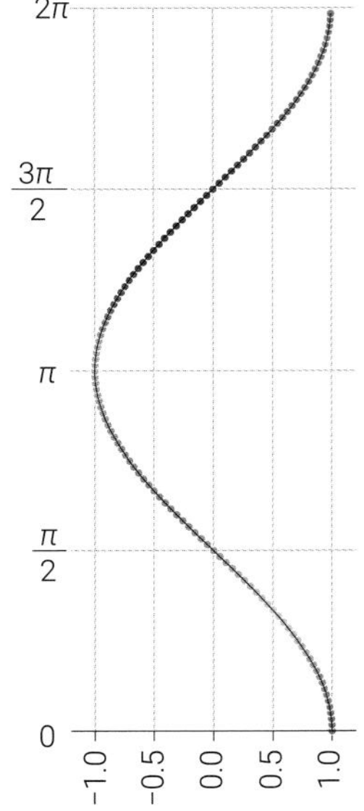

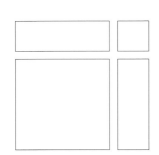

图3.4　极坐标中单位圆原理

代码3.2生成数据，并设置子图布局。

ⓐ用matplotlib.pyplot.subplots()创建图形对象fig和2 × 2子图对象axes。

参数2, 2表示要创建2行2列的子图。

figsize=(8, 8)指定了整个图表的大小为8英寸 × 8英寸。

gridspec_kw用于指定子图的网格规格。通过'width_ratios':[3, 1]和'height_ratios':[1, 3]分别指定了列和行的宽高比。这表示第1列的宽度是第2列的3倍，第2行的高度是第1行的3倍。这样可以创建不同宽高比的子图。

axes中有四个子图对象，axes[0,0] 为左上角子图，axes[1,0] 为左下角子图，axes[0,1] 为右上角子图，axes[1,1] 为右下角子图。

ⓑ关闭左下角子图，对应的索引为 [1,0]。

代码3.2　生成数据，设置子图布局

```
# 导入包
import numpy as np
import matplotlib.pyplot as plt

# 生成数据
theta_array = np.linspace(0, 2*np.pi, 120, endpoint = False)
sin_y = np.sin(theta_array)
cos_y = np.cos(theta_array)
colors = plt.cm.hsv(np.linspace(0, 1, len(cos_y)))
```

```
# 设置子图长宽比例
fig, axes = plt.subplots(2, 2, figsize=(8,8),
                         gridspec_kw={
                             'width_ratios':[3, 1],
                             'height_ratios':[1, 3]})
# 刻度
radian_ticks = np.arange(0, 2*np.pi+np.pi/2, np.pi/2)
radian_ticklabels = [r'$0$', r'$\frac{\pi}{2}$',
                     r'$\pi$', r'$\frac{3\pi}{2}$',
                     r'$2\pi$']
level_ticks = [-1, -0.5, 0, 0.5, 1]

# 关闭左下角子图
axes[1,0].axis('off')
```

在代码3.3中，我们在左上角子图轴对象axes[0,0] 上可视化正弦图像。

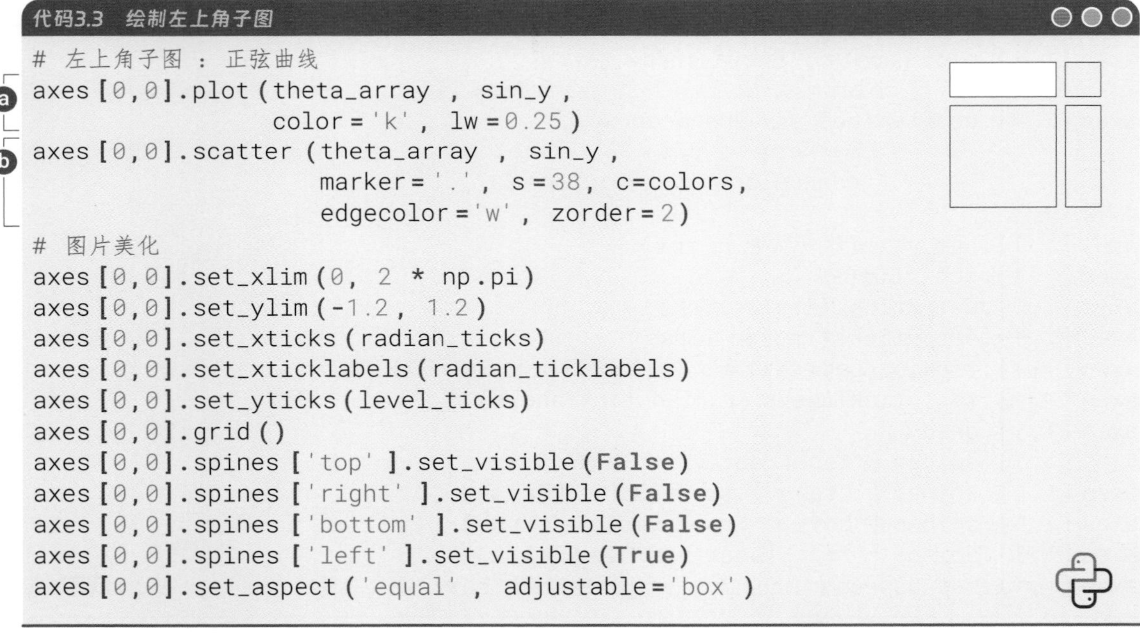

代码3.3 绘制左上角子图

```
# 左上角子图 : 正弦曲线
axes[0,0].plot(theta_array, sin_y,
               color='k', lw=0.25)
axes[0,0].scatter(theta_array, sin_y,
                  marker='.', s=38, c=colors,
                  edgecolor='w', zorder=2)
# 图片美化
axes[0,0].set_xlim(0, 2 * np.pi)
axes[0,0].set_ylim(-1.2, 1.2)
axes[0,0].set_xticks(radian_ticks)
axes[0,0].set_xticklabels(radian_ticklabels)
axes[0,0].set_yticks(level_ticks)
axes[0,0].grid()
axes[0,0].spines['top'].set_visible(False)
axes[0,0].spines['right'].set_visible(False)
axes[0,0].spines['bottom'].set_visible(False)
axes[0,0].spines['left'].set_visible(True)
axes[0,0].set_aspect('equal', adjustable='box')
```

代码3.4在右上角子图轴对象axes[0,1] 上可视化单位圆图像。

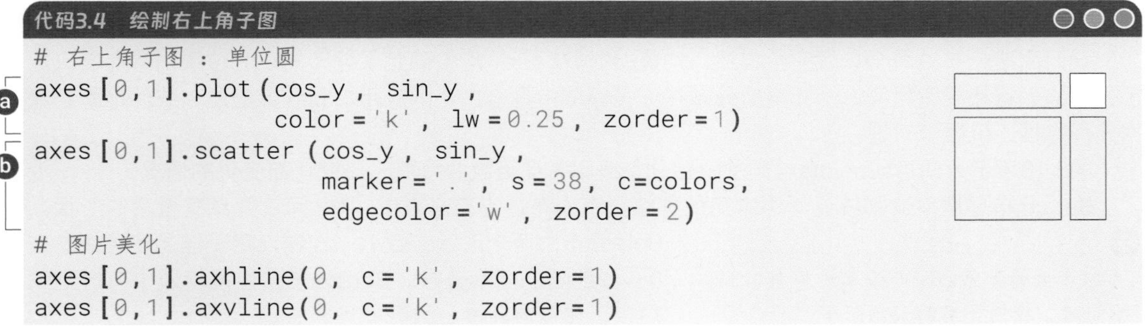

代码3.4 绘制右上角子图

```
# 右上角子图 : 单位圆
axes[0,1].plot(cos_y, sin_y,
               color='k', lw=0.25, zorder=1)
axes[0,1].scatter(cos_y, sin_y,
                  marker='.', s=38, c=colors,
                  edgecolor='w', zorder=2)
# 图片美化
axes[0,1].axhline(0, c='k', zorder=1)
axes[0,1].axvline(0, c='k', zorder=1)
```

```
axes [0,1].set_xlim(-1.2, 1.2)
axes [0,1].set_ylim(-1.2, 1.2)
axes [0,1].set_xticks(level_ticks)
axes [0,1].set_yticks(level_ticks)
axes [0,1].set_xticklabels([])
axes [0,1].set_yticklabels([])
axes [0,1].set_xlabel(r'$x=cos(\theta)$')
axes [0,1].set_ylabel(r'$y=sin(\theta)$')
axes [0,1].grid()
axes [0,1].set_aspect('equal' , adjustable='box')
axes [0,1].spines ['top'].set_visible(False)
axes [0,1].spines ['right'].set_visible(False)
axes [0,1].spines ['bottom'].set_visible(False)
axes [0,1].spines ['left'].set_visible(False)
```

代码3.5在右下角子图轴对象axes[1,1] 上可视化余弦图像。

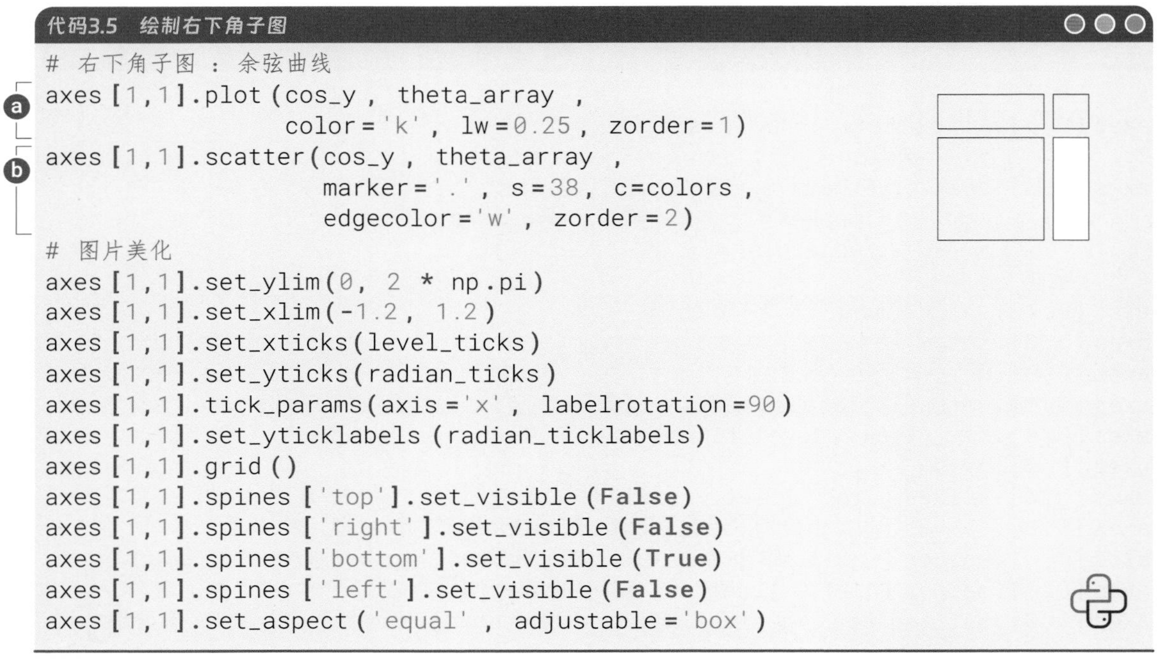

代码3.5　绘制右下角子图

```
# 右下角子图 : 余弦曲线
axes [1,1].plot (cos_y , theta_array ,
               color='k' , lw=0.25 , zorder=1)
axes [1,1].scatter(cos_y , theta_array ,
                 marker='.' , s=38, c=colors ,
                 edgecolor='w' , zorder=2)
# 图片美化
axes [1,1].set_ylim(0, 2 * np.pi)
axes [1,1].set_xlim(-1.2, 1.2)
axes [1,1].set_xticks(level_ticks)
axes [1,1].set_yticks(radian_ticks)
axes [1,1].tick_params(axis='x' , labelrotation=90)
axes [1,1].set_yticklabels (radian_ticklabels)
axes [1,1].grid()
axes [1,1].spines ['top'].set_visible (False)
axes [1,1].spines ['right'].set_visible (False)
axes [1,1].spines ['bottom'].set_visible (True)
axes [1,1].spines ['left'].set_visible (False)
axes [1,1].set_aspect ('equal' , adjustable='box')
```

图3.12所示为利用subplots绘制的一元高斯分布概率密度函数曲线随μ、σ变化而变化的情况。高斯分布，也被称为正态分布，是概率论和统计学中一种常见的连续概率分布。一元高斯分布以钟形曲线的形式表示，具有对称的特点。

一元高斯分布由两个参数完全描述：均值μ和标准差σ。均值确定了分布的中心位置，标准差决定了分布的形状和展宽程度。一元高斯分布在许多领域中具有广泛的应用，如统计描述、统计推断、数据分析建模、机器学习等。

图3.13所示为使用subplots绘制的Beta分布概率密度函数曲线随α、β变化而变化的情况。

Beta分布是概率论和统计学中常见的连续概率分布，它定义在0 ~ 1之间，并具有灵活的形状。Beta分布由两个形状参数α、β控制，用于描述随机变量在0 ~ 1之间的概率分布。Beta分布在许多领域中有广泛的应用，如概率建模、贝叶斯推断等。

《统计至简》第20 ~ 22章讲解贝叶斯推断时，我们会用到Beta分布。

比较subplots() 和 subplot()

在 Matplotlib 中，subplots() 和 subplot() 都是用于创建子图的函数，但它们有一些区别。

subplots() 是 pyplot 接口中的函数，用于创建包含多个子图的图形窗口。它返回一个包含所有子图的 Figure 对象和一个包含每个子图的 Axes 对象数组。比如，fig, axes = plt.subplots(2, 2) 创建2行2列子图布图，axes含有四个轴对象。

subplot() 是在面向对象接口中使用的函数，用于在一个图形窗口中创建单个子图。它接受三个整数参数：行数、列数和当前子图的索引。通过这些参数，可以在图形窗口中创建一个网格布局，并在指定的位置上放置子图。比如，ax1 = plt.subplot(2, 2, 1) 或ax1 = plt.subplot(221) 创建了2行2列子图的第1个 (左上角) 的轴。

3.5 使用GridSpec

在Matplotlib中，GridSpec是一个可以灵活地布局子图的工具。它允许在绘图区域中创建规则的网格，并指定每个子图的大小、位置和跨越的行列数。

使用GridSpec，可以用更高级的方式组织和排列多个子图，而不是使用默认的单行单列布局。这对于创建复杂的图形布局非常有用，例如在一个绘图区域中显示多个子图，并使它们具有不同的大小和位置。

图3.5所示为4 × 4网格中两种子图布局。大家可能已经发现这利用了《编程不难》中介绍的索引和切片。图3.5中蓝色子图为主图，主图分别位于右上、左下。图3.14所示为使用GridSpec绘制的满足二元高斯分布的随机数散点图和边缘分布直方图。此外，还可以通过GridSpec定义子图的宽度比例、高度比例，如图3.6所示。图3.15可视化Dirichlet分布、边缘Beta分布，子图的宽度比例、高度比例都是3：1。

本章后文还会介绍如何用add_gridspec函数完成类似的可视化方案。

此外，请大家思考通过怎样索引和切片布置能够让主图位于右下、左上。

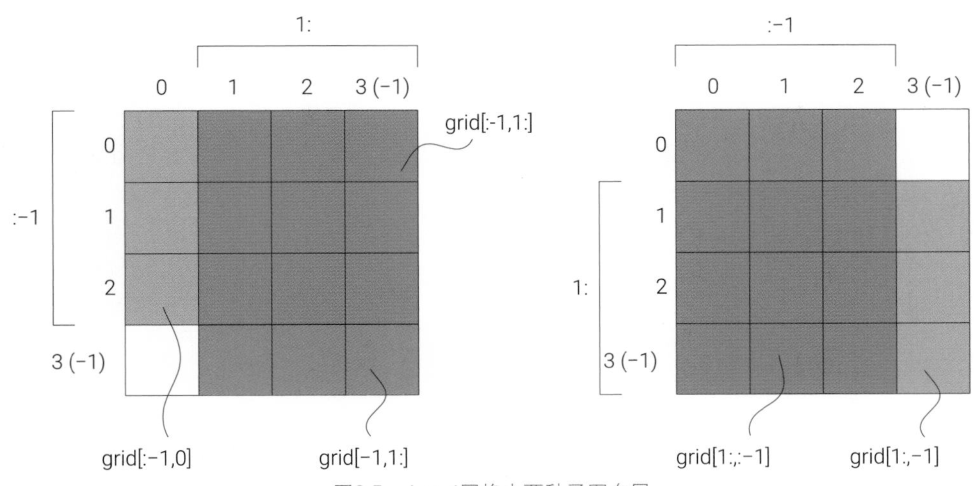

图3.5　4 × 4网格中两种子图布局

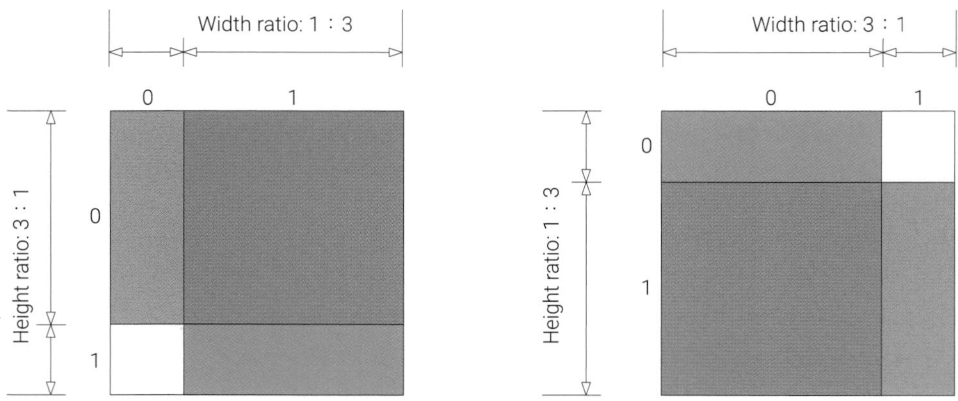

图3.6　2 × 2网格中两种子图布局以及宽高比例调整

3.6 使用add_gridspec

在Matplotlib中，add_gridspec函数可以用来创建复杂的图形布局。它允许我们在图形中创建多个子图，并指定它们的位置和大小。使用add_gridspec函数的基本步骤如下。

- 首先利用import matplotlib.pyplot as plt导入库。
- 然后创建一个Figure对象fig = plt.figure()。
- 再创建一个GridSpec对象gs = fig.add_gridspec(nrows, ncols)，其中nrows和ncols是整数，分别表示行和列的数量。
- 最后可以使用GridSpec对象创建子图，gs[i, j]表示在第i行第j列位置创建一个子图。此外，可以使用切片语法来指定多个位置。

在使用add_gridspec函数绘制子图时同样可以设定轴类型，比如三维、极坐标等。

在Matplotlib中，subgridspec函数用于创建一个更细粒度的子图网格布局，即嵌套子图。它允许我们在一个更大的图形布局中创建具有不同大小和位置的子图。图3.16所示为利用subgridspec函数创建的嵌套子图，这个例子来自Matplotlib官网。

Matplotlib最近还推出了**马赛克** (mosaic) 函数用来完成子图布置，请大家自行学习。

```
https://matplotlib.org/stable/users/explain/axes/mosaic.html
```

本章介绍了Matplotlib中常见子图方案。此外请大家注意，Plotly和Seaborn有自己安排子图布局的方法，请大家自行学习。

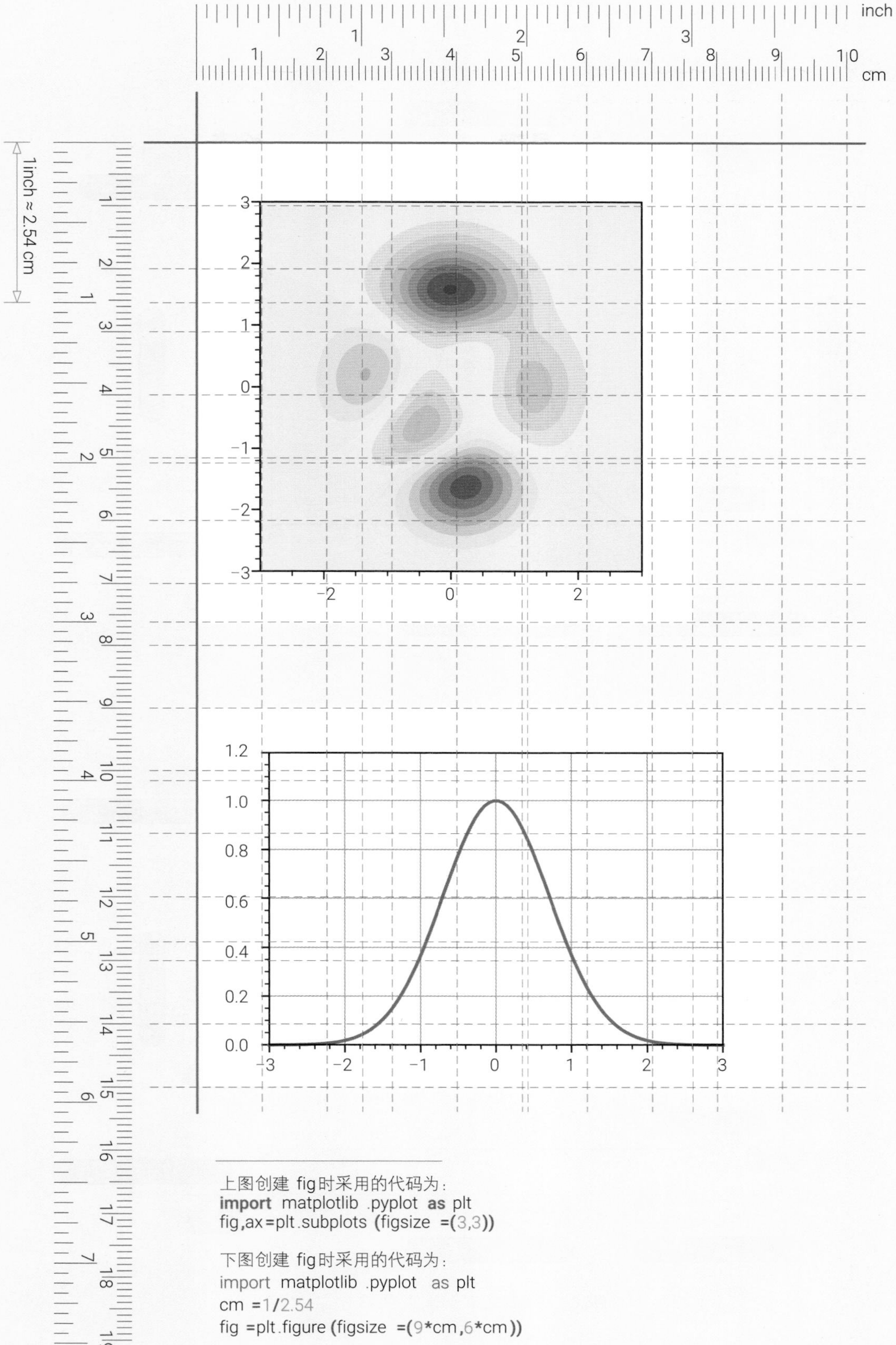

inch
cm
1inch ≈ 2.54 cm
上图创建 fig时采用的代码为：
import matplotlib .pyplot as plt
fig,ax=plt.subplots (figsize =(3,3))
下图创建 fig时采用的代码为：
import matplotlib .pyplot as plt
cm =1/2.54
fig =plt.figure (figsize =(9*cm,6*cm))

图3.7 自定义图片尺寸 | Bk_2_Ch03_01.ipynb

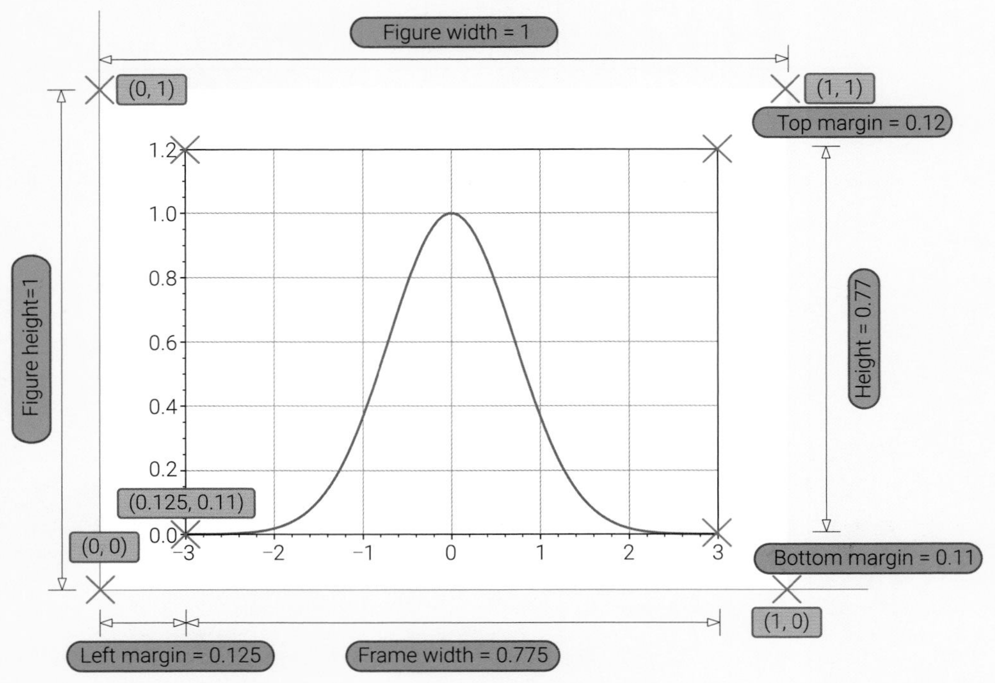

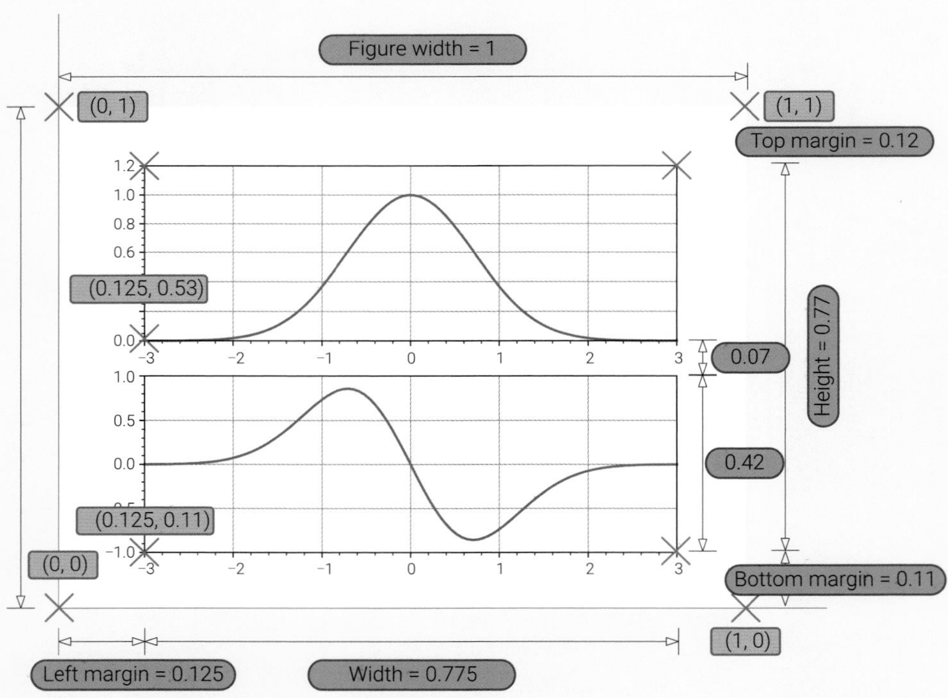

图3.8　图片边距 | Bk_2_Ch03_01.ipynb

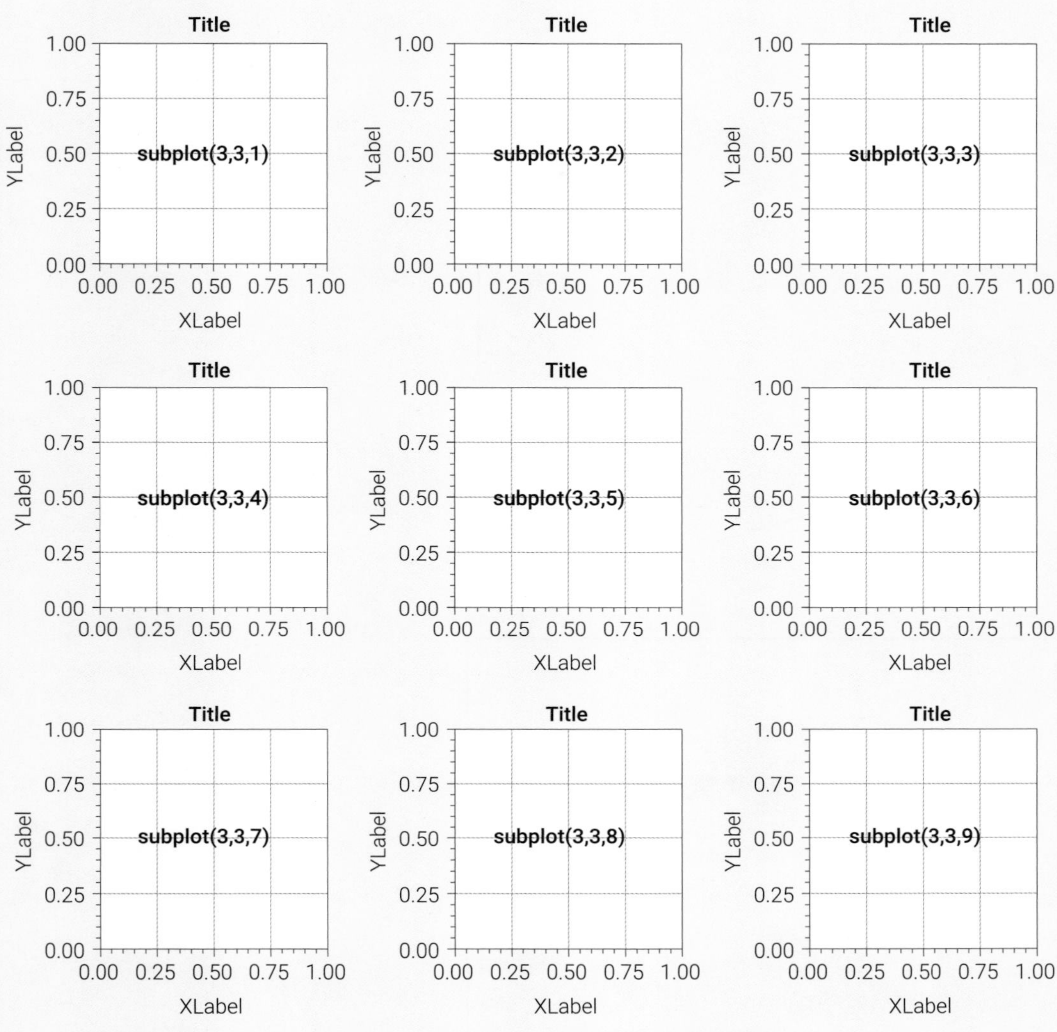

利用subplot()函数创建3×3子图:

```
import matplotlib.pyplot as plt
fig = plt.figure()
ax1 = plt.subplot(3, 3, 1)
ax2 = plt.subplot(3, 3, 2)
ax3 = plt.subplot(3, 3, 3)
ax4 = plt.subplot(3, 3, 4)
ax5 = plt.subplot(3, 3, 5)
ax6 = plt.subplot(3, 3, 6)
ax7 = plt.subplot(3, 3, 7)
ax8 = plt.subplot(3, 3, 8)
ax9 = plt.subplot(3, 3, 9)
```

图3.9 使用subplot()函数完成子图设置(来源：https://github.com/rougier/scientific-visualization-book)

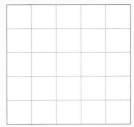

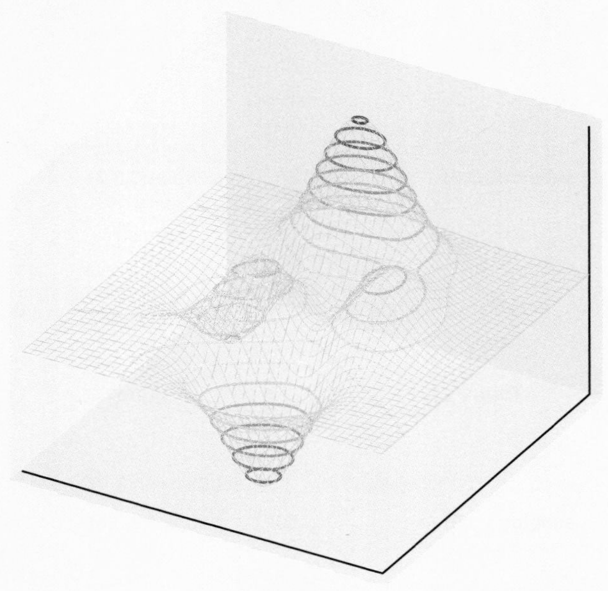

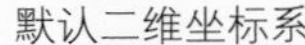

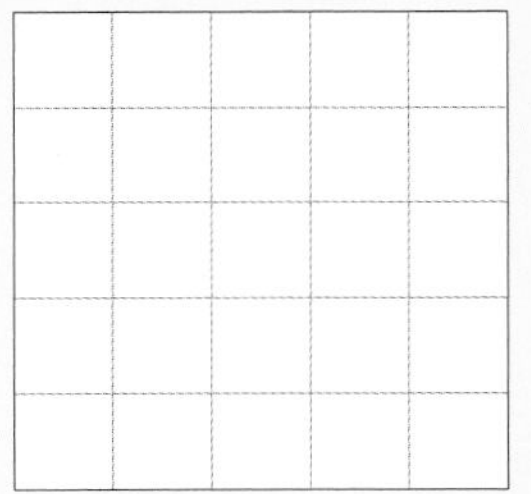

创建三维坐标系轴对象
projection = '3D'

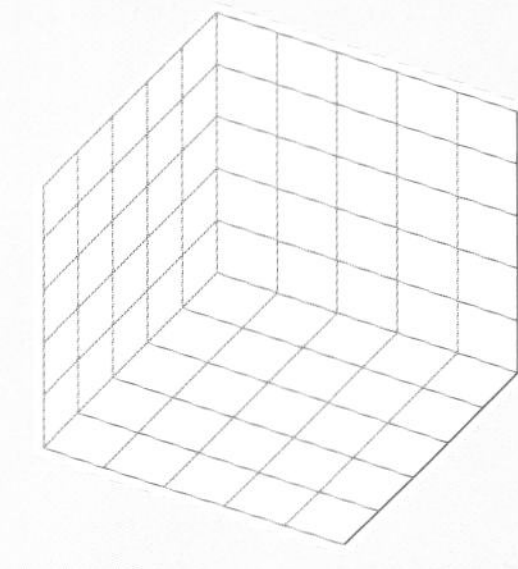

创建极坐标系轴对象
projection = 'polar'

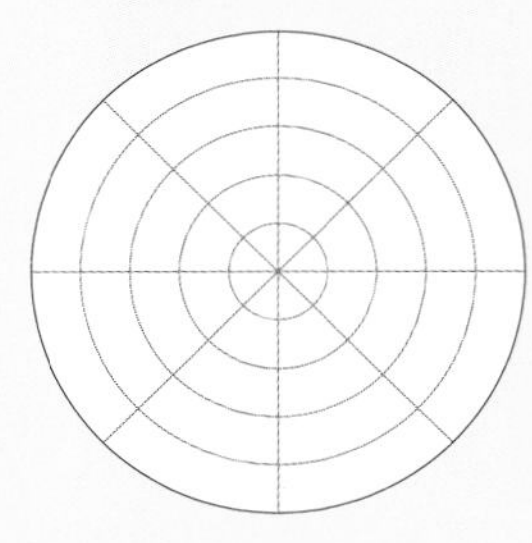

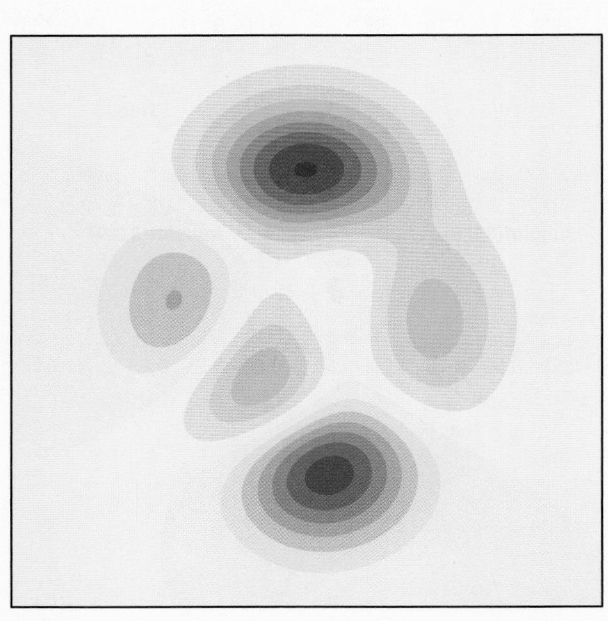

利用subplot()函数创建2×1子图布局。上图为三维坐标系，下图为二维坐标系。

```
import matplotlib.pyplot as plt
fig = plt.figure(figsize=(5,10))
ax_3d = fig.add_subplot(2, 1, 1, projection = '3d')
ax_2d = fig.add_subplot(2, 1, 2) # default
```

图3.10　使用add_subplot()混合二维、三维可视化方案 | Bk_2_Ch03_02.ipynb

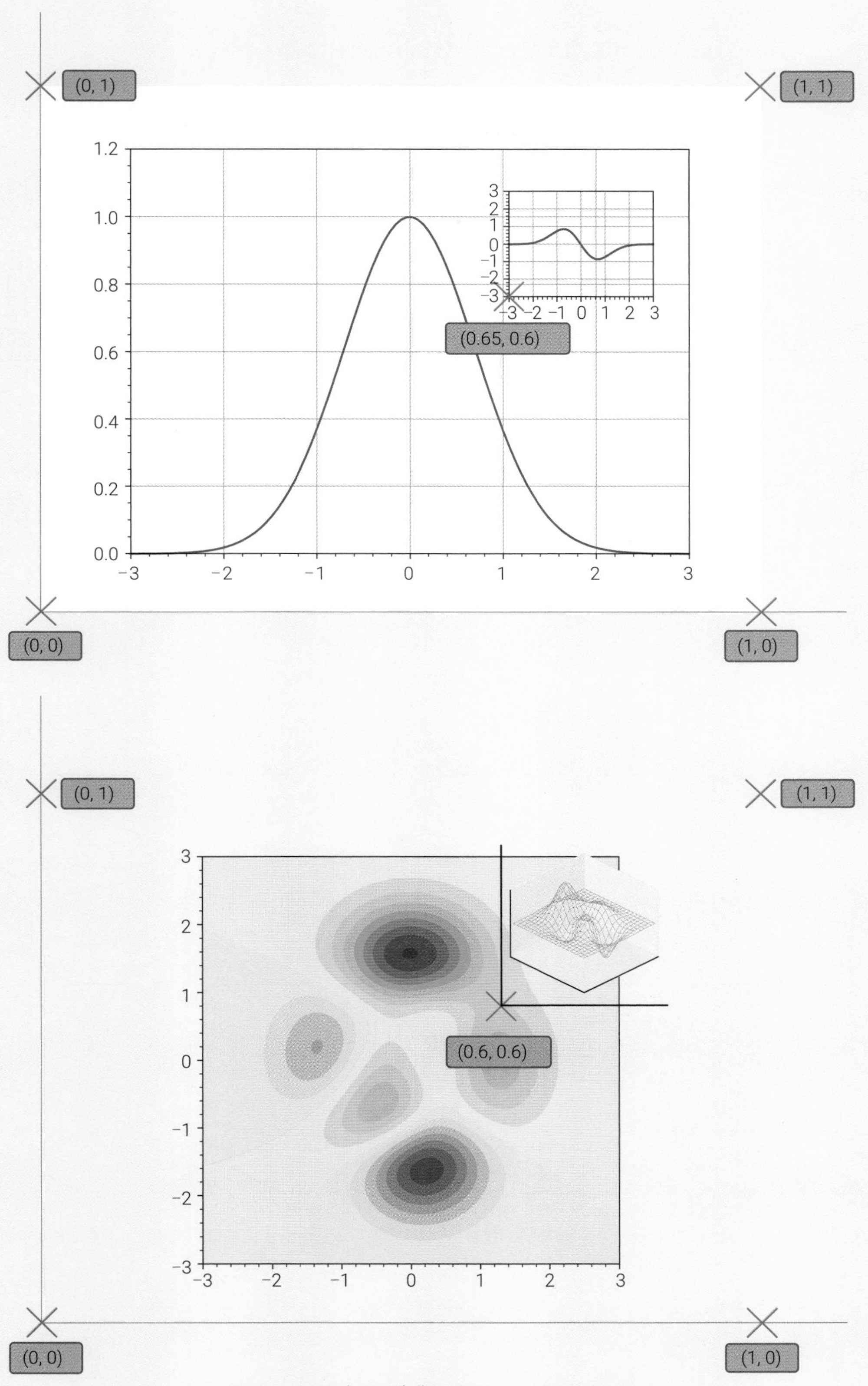

图3.11 “图中图”定位 | Bk_2_Ch03_01.ipynb

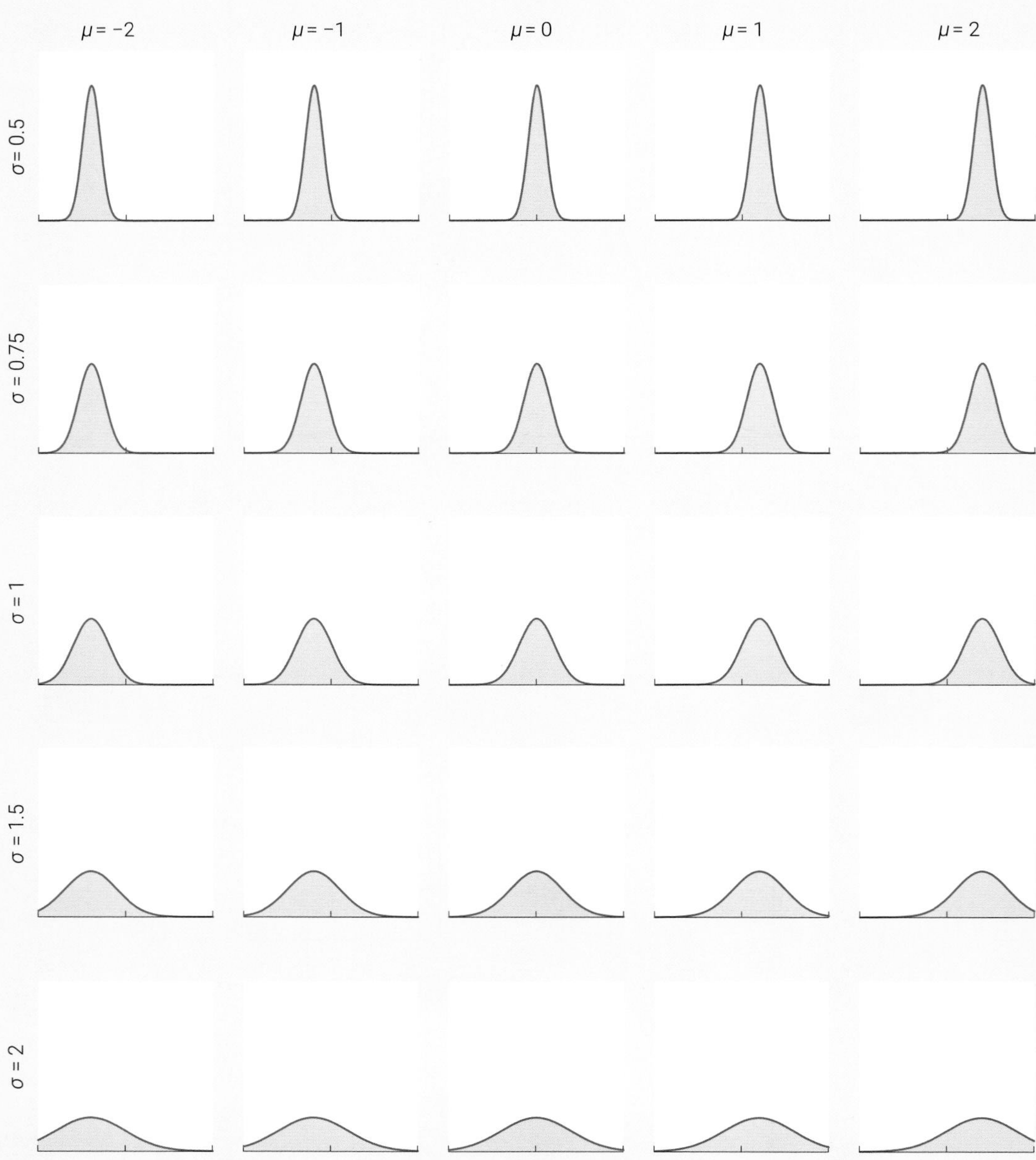

图3.12　使用subplots绘制的一元高斯分布概率密度函数曲线随μ、σ变化而变化的情况 | Bk_2_Ch03_03.ipynb

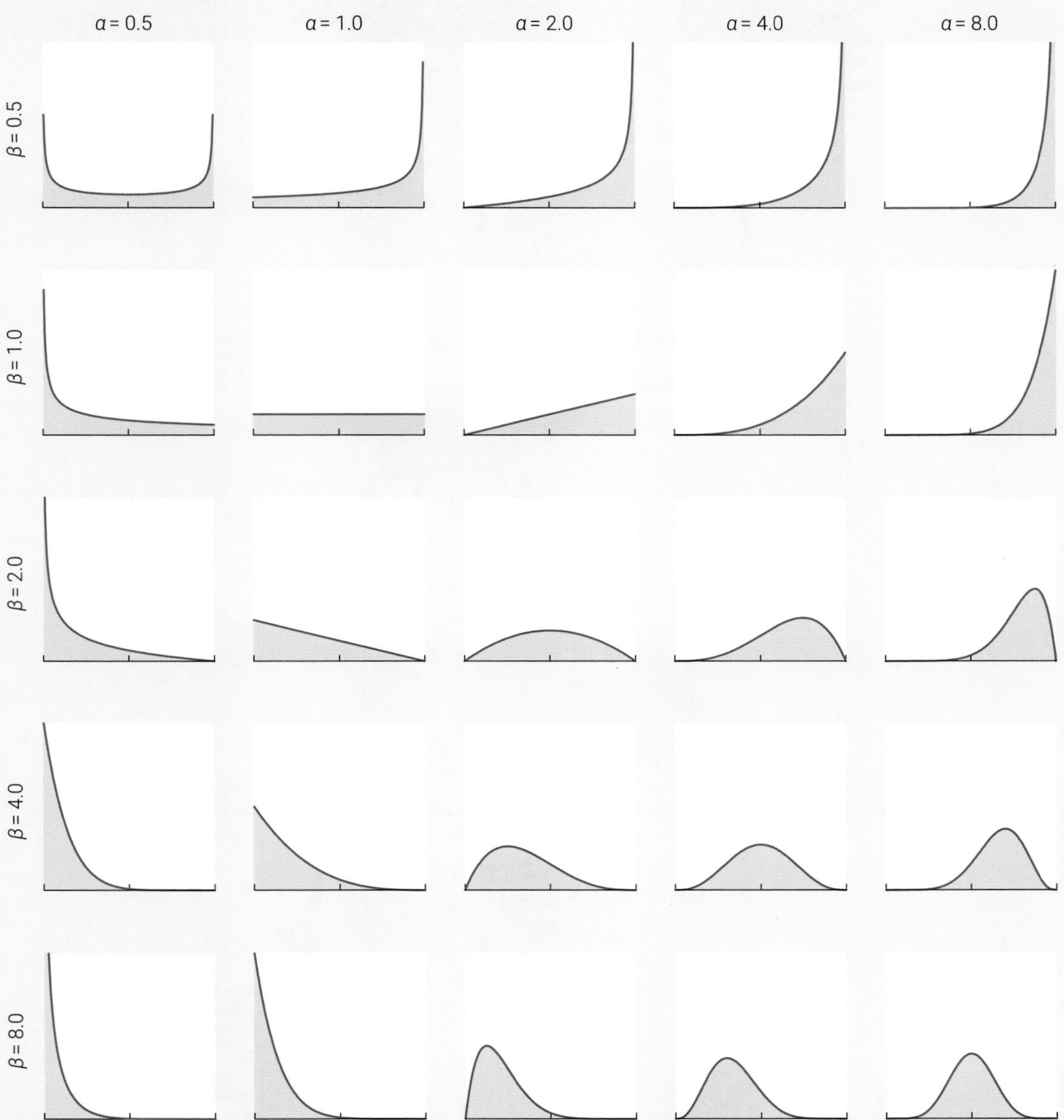

图3.13　使用subplots绘制的Beta分布概率密度函数曲线随α、β变化而变化的情况 | ⊕ Bk_2_Ch03_04.ipynb

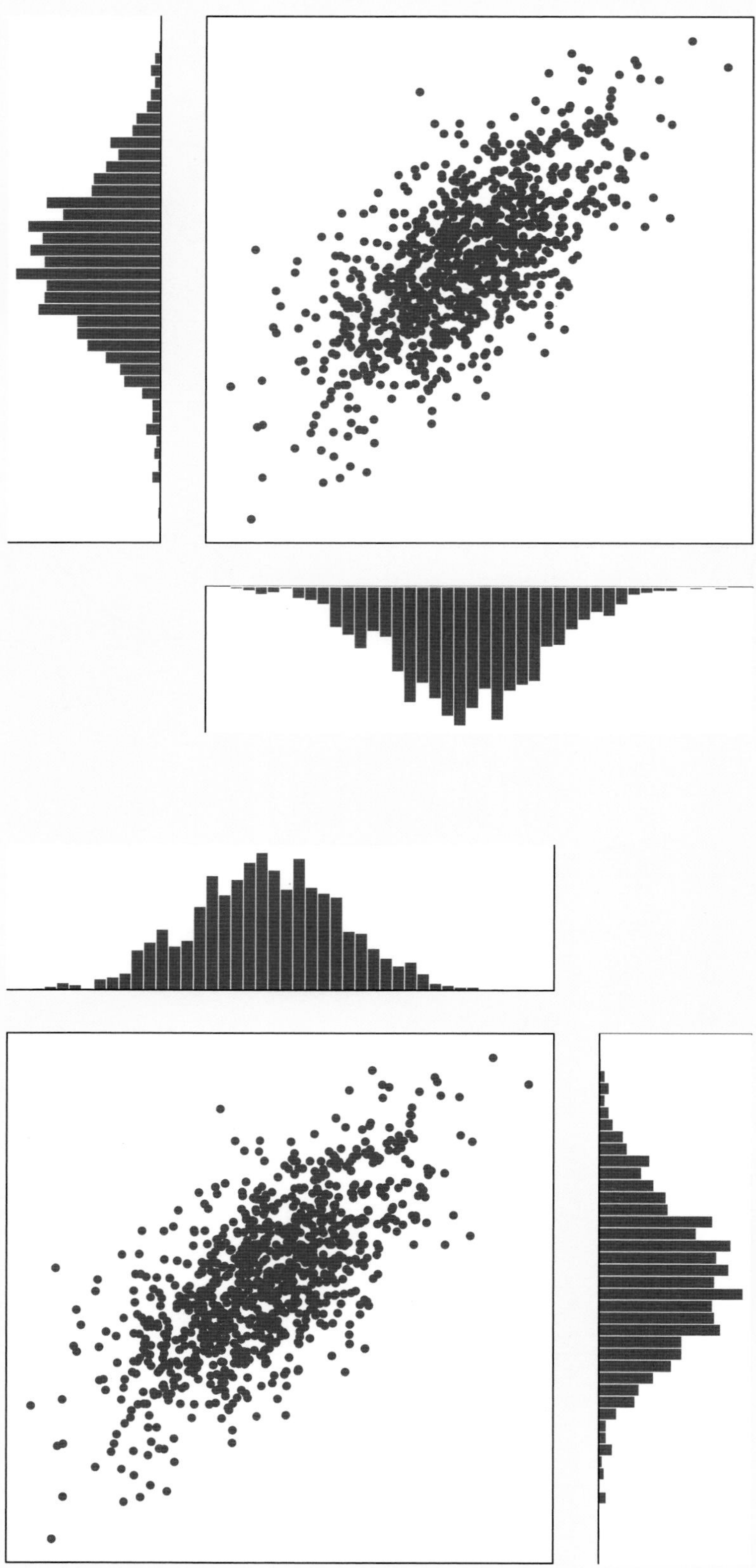

图3.14 使用GridSpec绘制的满足二元高斯分布的随机数散点图和边缘分布直方图 | Bk_2_Ch03_05.ipynb

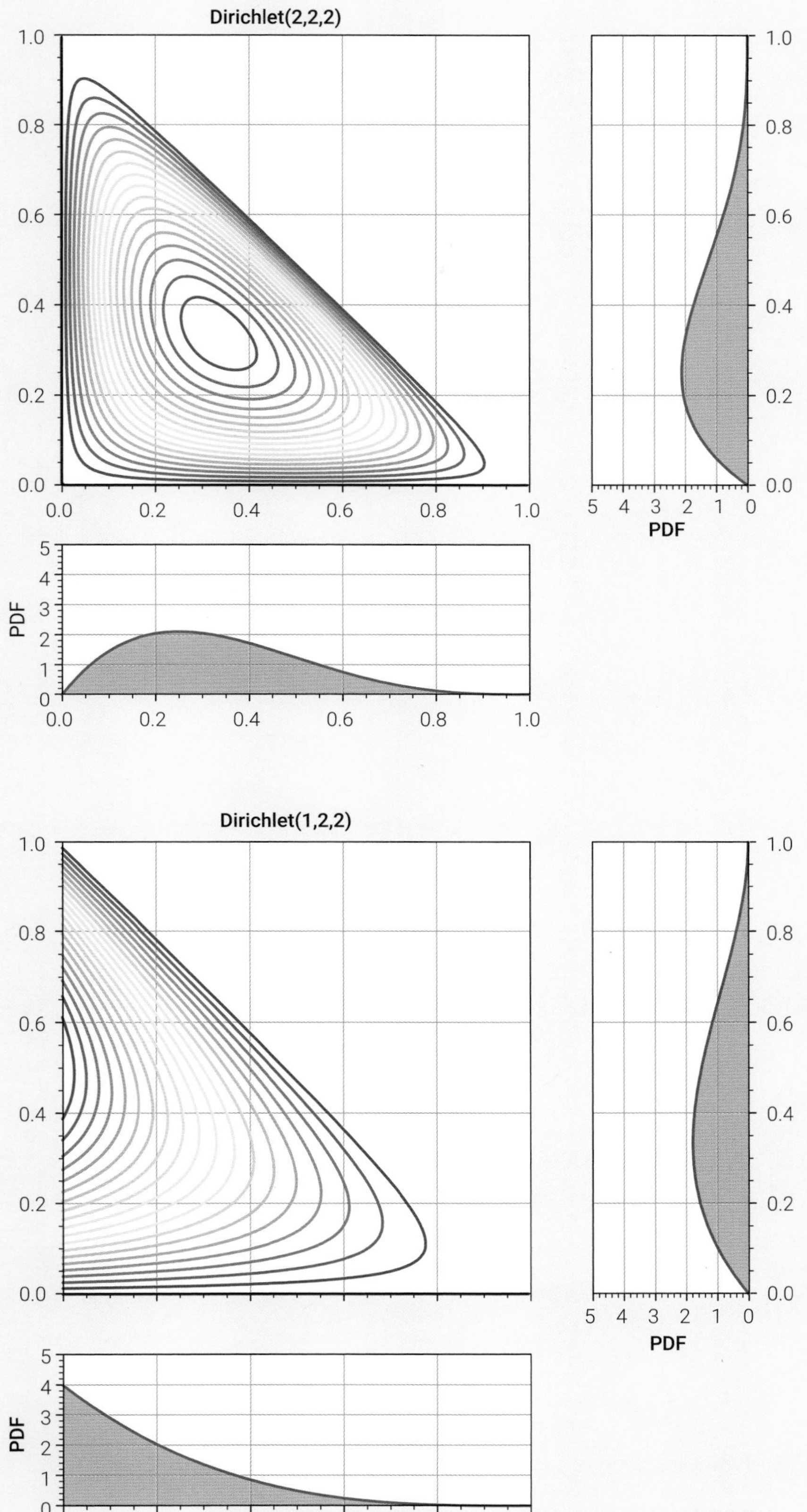

图3.15　使用GridSpec绘制的Dirichlet分布和边缘Beta分布 | Bk_2_Ch03_06.ipynb

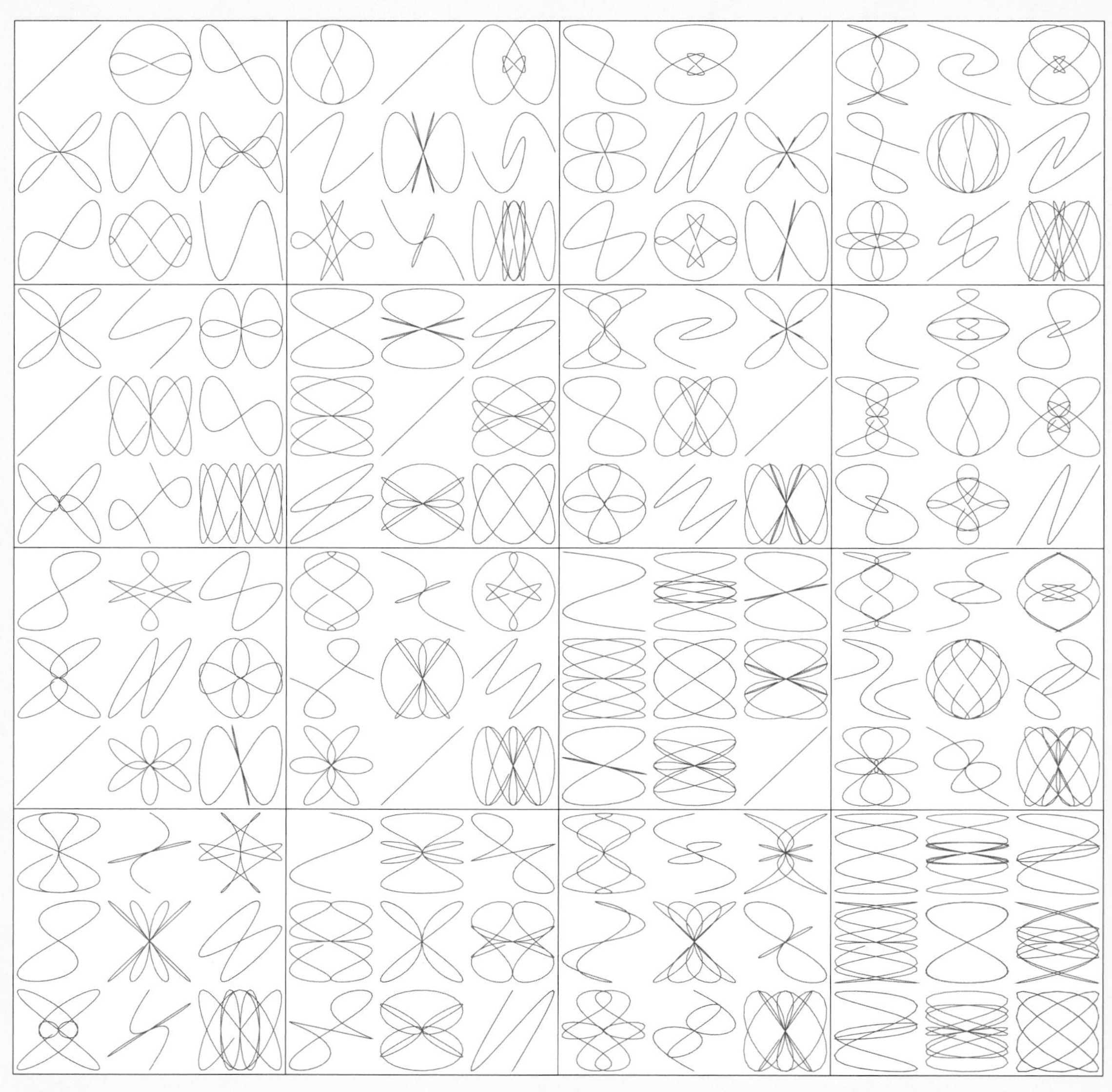

图 3.16 利用subgridspec函数创建的嵌套子图 | Bk_2_Ch03_07.ipynb

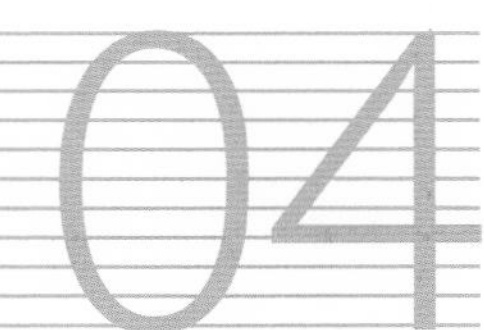

Decorations

装饰

图脊、图轴、网格、线条、标注等个个都是艺术家

这个世界就是我们想象力的画布。

This world is but a canvas to our imagination.

—— 亨利 · 戴维 · 梭罗 (Henry David Thoreau) | 作家、诗人 | 1817 — 1862年

- matplotlib.gridspec.GridSpec() 创建一个规则的子图网格布局
- matplotlib.pyplot.grid() 在当前图表中添加网格线
- matplotlib.pyplot.plot() 绘制折线图
- matplotlib.pyplot.subplot() 用于在一个图表中创建一个子图，并指定子图的位置或排列方式
- matplotlib.pyplot.subplots() 创建一个包含多个子图的图表，返回一个包含图表对象和子图对象的元组
- matplotlib.pyplot.title() 设置当前图表的标题，等价于ax.set_title()
- matplotlib.pyplot.xlabel() 设置当前图表x轴的标签，等价于ax.set_xlabel()
- matplotlib.pyplot.xlim() 设置当前图表x轴显示范围，等价于ax.set_xlim()
- matplotlib.pyplot.xticks() 设置当前图表x轴刻度位置，等价于ax.set_xticks()
- matplotlib.pyplot.ylabel() 设置当前图表y轴的标签，等价于ax.set_ylabel()
- matplotlib.pyplot.ylim() 设置当前图表y轴显示范围，等价于ax.set_ylim()
- matplotlib.pyplot.yticks() 设置当前图表y轴刻度位置，等价于ax.set_yticks()
- numpy.arange() 创建一个具有指定范围、间隔和数据类型的等间隔数组
- numpy.exp() 计算给定数组中每个元素的e的指数值
- numpy.linspace() 用于在指定的范围内创建等间隔的一维数组，可以指定数组的长度
- numpy.sin() 用于计算给定弧度数组中每个元素的正弦值

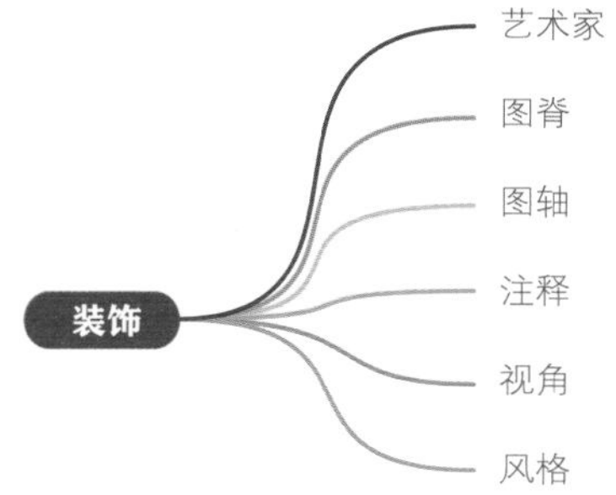

4.1 艺术家

在Matplotlib中，**艺术家** (artist) 是指图形的每个可见 (甚至没那么明显的) 元素，如图脊、图轴、坐标轴、标题、标签、图例、线条、网格、色块等。每个艺术家对象都有自己的默认属性和方法，用于控制其外观和行为。

如图4.1所示，图形艺术家构成了一个层级结构。艺术家是**图形对象** (figure object)，它包含了所有其他艺术家。图形外框是**图脊** (frame)，图形对象之下是**图轴** (axis)，用于绘制数据和刻度线。图轴各种其他艺术家，包括刻度线、刻度标签和轴标题。图4.4所示为一幅二维等高线中艺术家的层级结构。

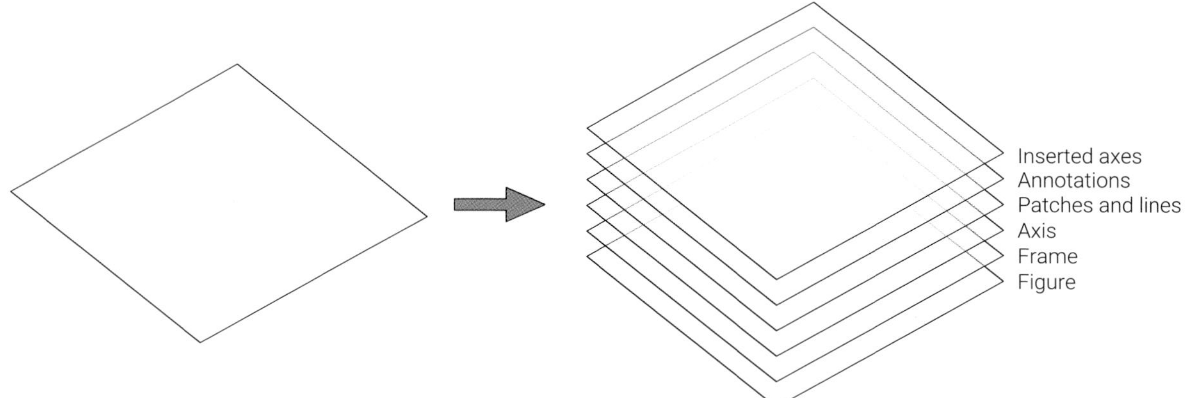

图4.1　一张图片的层级结构

绘图时，可以用参数zorder控制艺术家在层级结构中的放置顺序。

本章首先介绍图脊、图轴、注释这三个艺术家。

4.2 图脊

在Matplotlib中，**图脊** (spine) 是指图形中的边框线，用于界定图形的边界。图脊由四条边框线组成：**上脊** (top spine)、**下脊** (bottom spine)、**左脊** (left spine) 和**右脊** (right spine)。这些脊线可以通过Matplotlib的Axes.spines属性进行访问和定制。

表4.1所示为一些修改图脊设计方案，本章不展开讲解表中这些设置，也不要求大家死记硬背。用到的时候，再来自行学习Bk_2_Ch04_01.ipynb即可。

此外，Bk_2_Ch04_02.ipynb还给出几种背景网格样式设计方案，如表4.2所示。

建议大家对表4.1和表4.2代码逐行注释。

表4.1　图脊设计 | Bk_2_Ch04_01.ipynb

图脊设计	代码
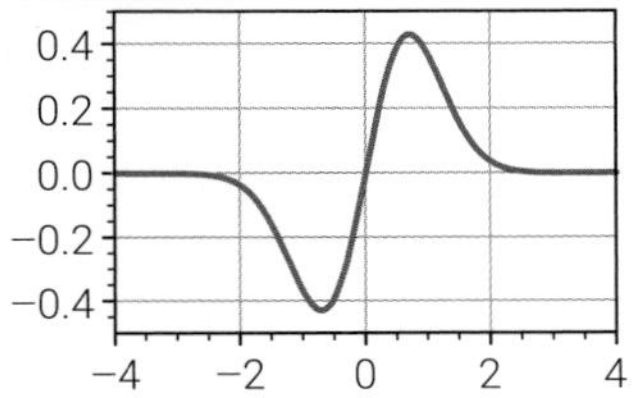	ax.set_xlim(-4,4); ax.set_ylim(-0.5, 0.5);

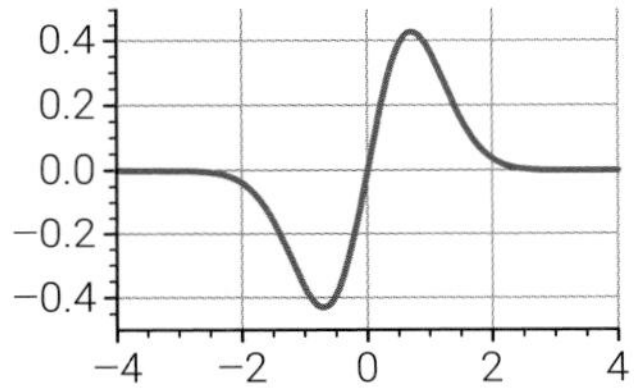	ax.set_xlim(-4,4);
	ax.set_ylim(-0.5, 0.5);
	ax.spines['top'].set_color('none')
	ax.spines['right'].set_color('none')

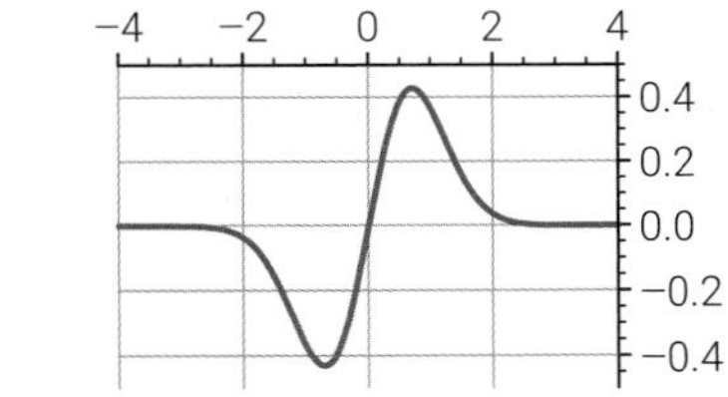	ax.set_xlim(-4,4);
	ax.set_ylim(-0.5, 0.5);
	ax.spines[['bottom', 'left']].set_visible(False)
	# 也可以采用：
	# ax.spines['bottom'].set_color('none')
	# ax.spines['left'].set_color('none')
	ax.yaxis.set_ticks_position('right')
	ax.xaxis.set_ticks_position('top')

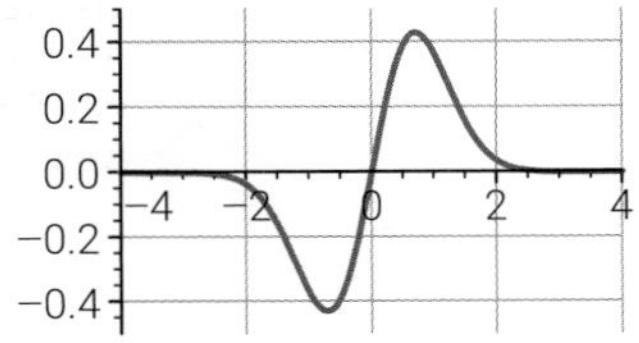	ax.set_xlim(-4,4);
	ax.set_ylim(-0.5, 0.5);
	ax.spines['bottom'].set_position(('data',0))
	ax.spines['right'].set_color('none')
	ax.spines['top'].set_color('none')

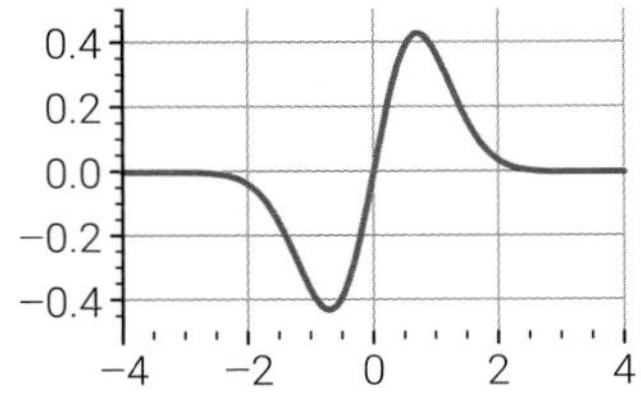	ax.set_xlim(-4,4);
	ax.set_ylim(-0.5, 0.5);
	ax.spines['bottom'].set_color('none')
	ax.spines['right'].set_color('none')
	ax.spines['top'].set_color('none')

图脊设计	代码

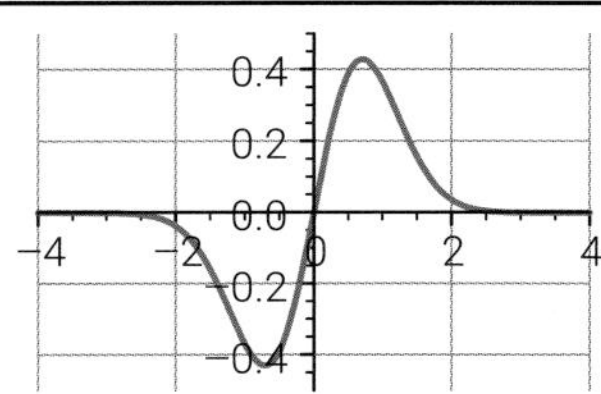	ax.set_xlim(-4,4);
	ax.set_ylim(-0.5, 0.5);
	ax.spines['bottom'].set_position(('data',0))
	ax.spines['left'].set_position(('data',0))
	ax.spines['right'].set_color('none')
	ax.spines['top'].set_color('none')

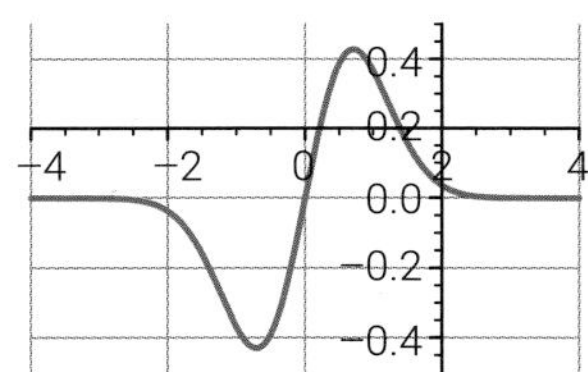	ax.set_xlim(-4,4);
	ax.set_ylim(-0.5, 0.5);
	ax.spines['bottom'].set_position(('data',0.2))
	ax.spines['left'].set_position(('data',2))
	ax.spines['right'].set_color('none')
	ax.spines['top'].set_color('none')

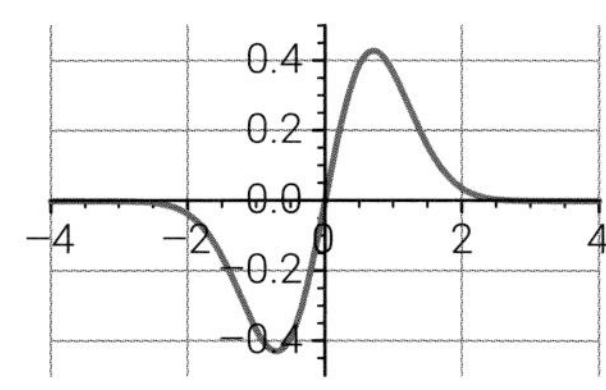	ax.set_xlim(-4,4);
	ax.set_ylim(-0.5, 0.5);
	ax.spines['bottom'].set_position(('axes',0.5))
	# 取值范围为 [0, 1], 0.5 代表中间
	ax.spines['left'].set_position(('axes',0.5))
	ax.spines['right'].set_color('none')
	ax.spines['top'].set_color('none')

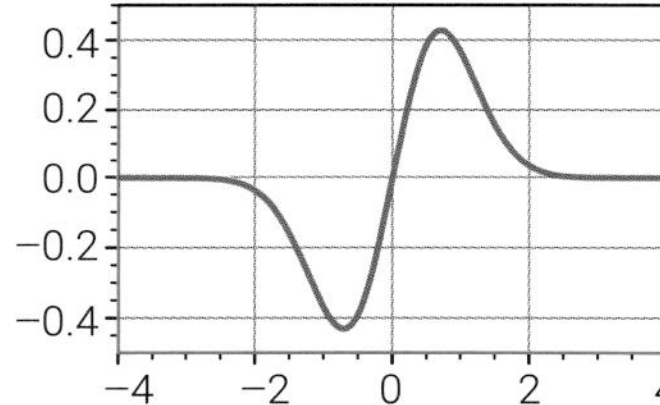	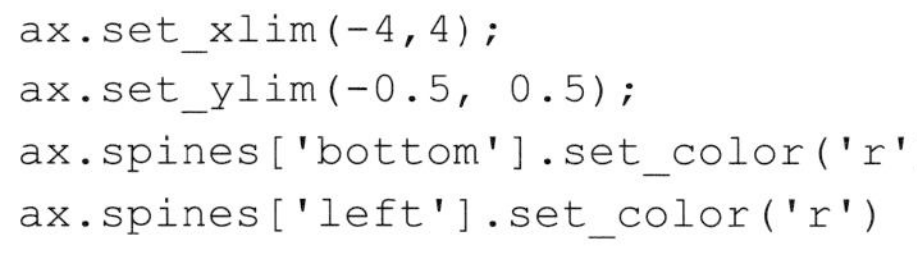
	ax.set_xlim(-4,4);
	ax.set_ylim(-0.5, 0.5);
	ax.spines['bottom'].set_color('r')
	ax.spines['left'].set_color('r')

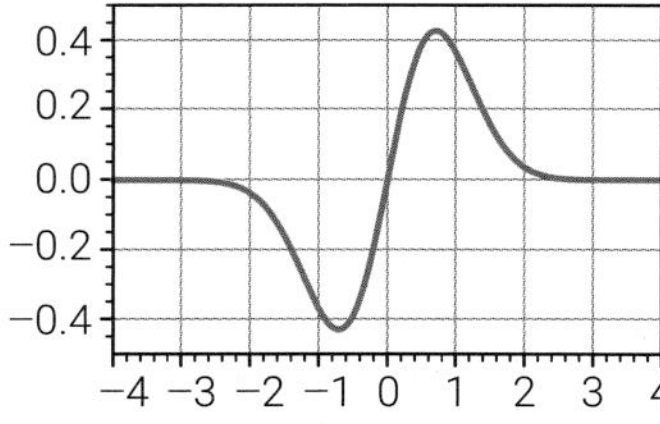	ax.set_xlim(-4,4);
	ax.set_ylim(-0.5, 0.5);
	ax.set_xticks(np.arange(-4,5))

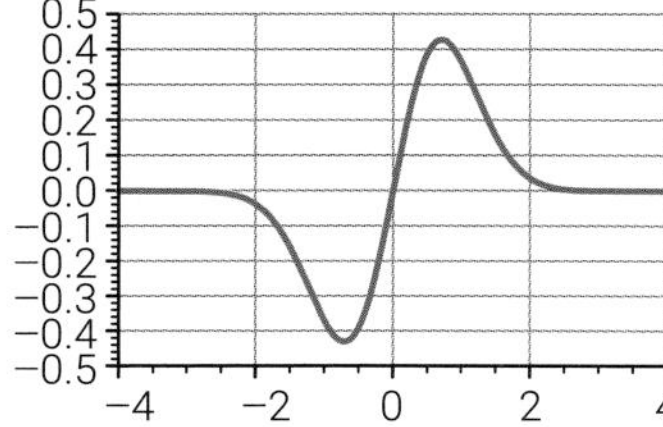	ax.set_xlim(-4,4);
	ax.set_ylim(-0.5, 0.5);
	ax.spines['right'].set(alpha = 0.2)
	ax.spines['top'].set(alpha = 0.2)
	ax.set_yticks(np.arange(-0.5,0.6,0.1))

图脊设计	代码

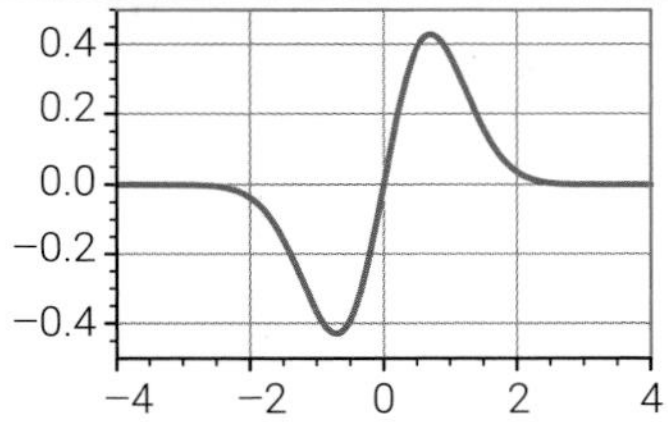	ax.set_xlim(-4,4);
	ax.set_ylim(-0.5, 0.5);
	ax.spines['right'].set(edgecolor = 'r')
	ax.spines['top'].set(edgecolor = 'r')

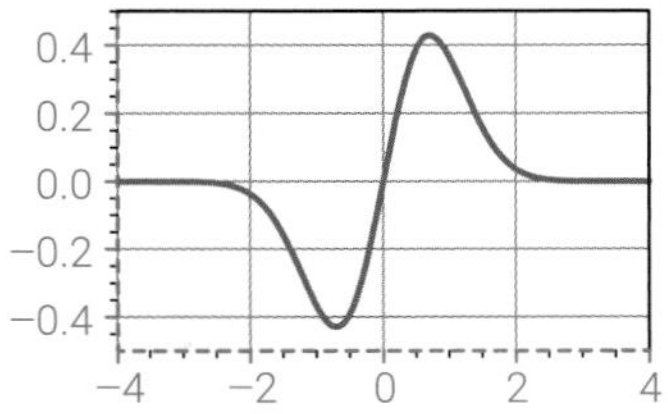	ax.set_xlim(-4,4); ax.set_ylim(-0.5, 0.5); ax.spines['bottom'].set(edgecolor = 'r', linestyle = '--', linewidth = 1) ax.spines['left'].set(edgecolor = 'r', linestyle = '--', linewidth = 1) ax.tick_params(axis='x', colors='red') ax.tick_params(axis='y', colors='red')
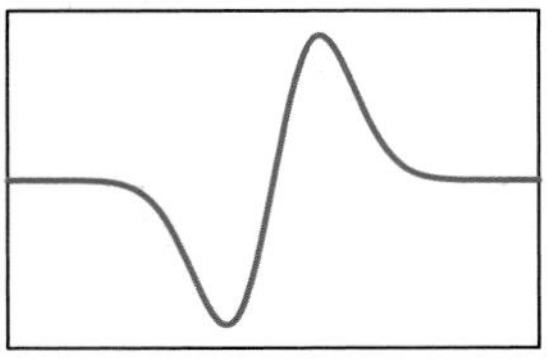	ax.set_xlim(-4,4); ax.set_ylim(-0.5, 0.5); ax.xaxis.set_ticks([]) ax.yaxis.set_ticks([])
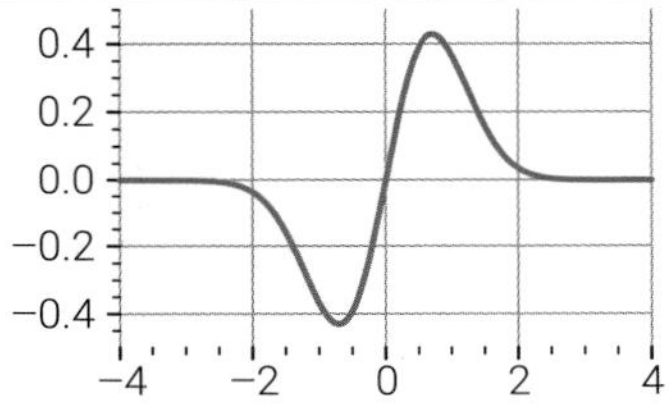	ax.set_xlim(-4,4); ax.set_ylim(-0.5, 0.5); ax.spines[:].set_color('none')
	ax.set_xlim(-4,4); ax.set_ylim(-0.5, 0.5); ax.axis('off')
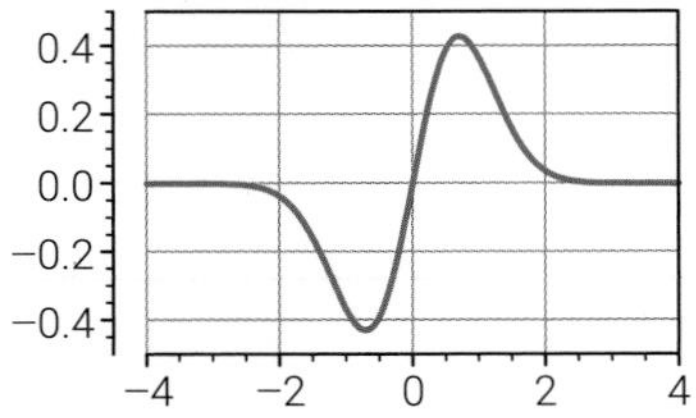	ax.set_xlim(-4,4); ax.set_ylim(-0.5, 0.5); ax.spines['left'].set_position(('outward', 10))
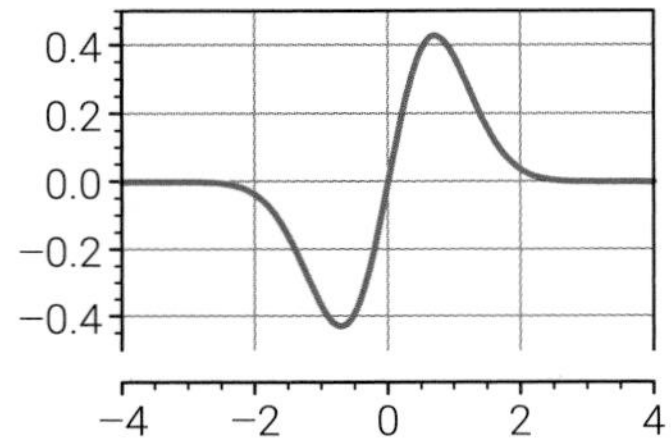	ax.set_xlim(-4,4); ax.set_ylim(-0.5, 0.5); ax.spines['bottom'].set_position(('outward', 10)) # 三个选择 'outward', 'axes', 'data'

表4.2　网格设计 | Bk_2_Ch04_02.ipynb

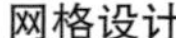

网格设计	代码

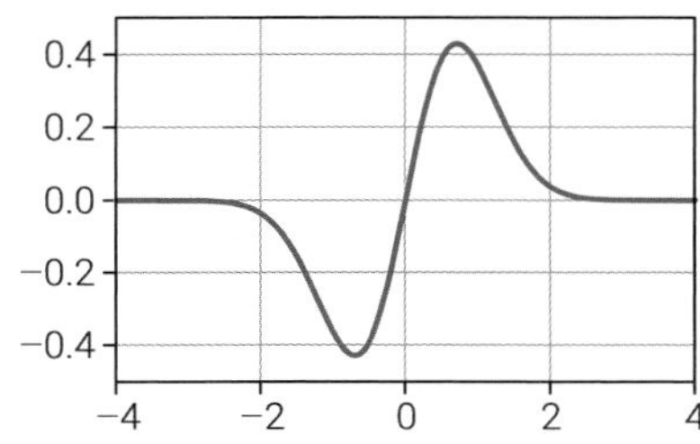


```
ax.set_xlim(-4,4);
ax.set_ylim(-0.5, 0.5);
ax.grid(True)
```

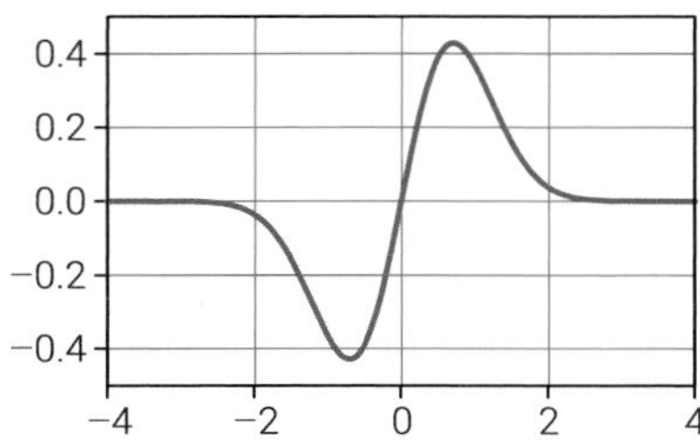


```
ax.set_xlim(-4,4);
ax.set_ylim(-0.5, 0.5);
ax.grid(linestyle='-',
        linewidth='0.5', color='red')
```

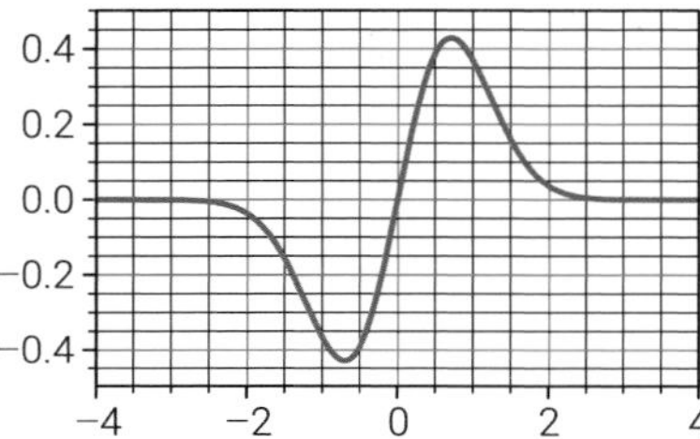


```
ax.set_xlim(-4,4);
ax.set_ylim(-0.5, 0.5);
ax.set_axisbelow(True)
ax.minorticks_on()
ax.grid(which='major', linestyle='-',
        linewidth='0.5', color='red')
ax.grid(which='minor', linestyle=':',
        linewidth='0.5', color='black')
```

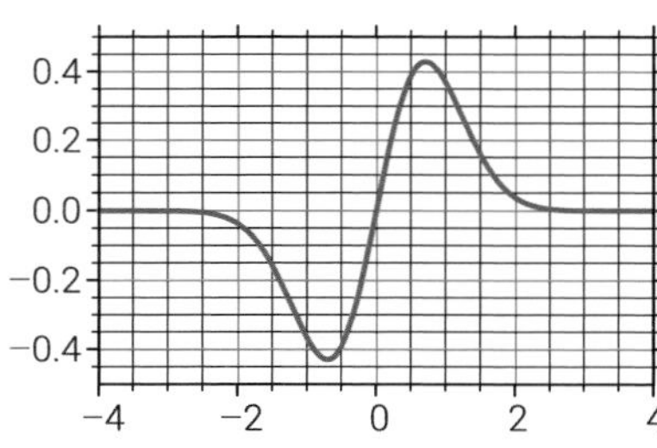


```
ax.set_xlim(-4,4);
ax.set_ylim(-0.5, 0.5);
ax.set_axisbelow(True)
ax.minorticks_on()
ax.grid(which='major', linestyle='-',
        linewidth='0.5', color='red')
ax.grid(which='minor', linestyle=':',
        linewidth='0.5', color='black')
ax.tick_params(which='both',
               top=False,
               left=False,
               right=False,
               bottom=False)
```

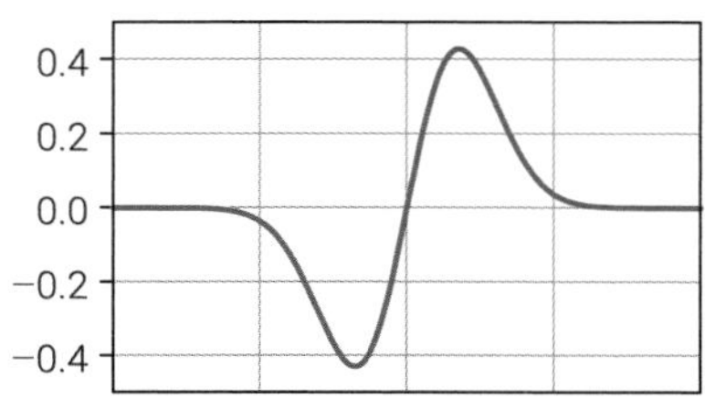


```
ax.set_xlim(-4,4);
ax.set_ylim(-0.5, 0.5);
ax.grid(True)
for tick in ax.xaxis.get_major_ticks():
    tick.tick1line.set_visible(False)
    tick.tick2line.set_visible(False)
    tick.label1.set_visible(False)
    tick.label2.set_visible(False)
```

续表

网格设计	代码

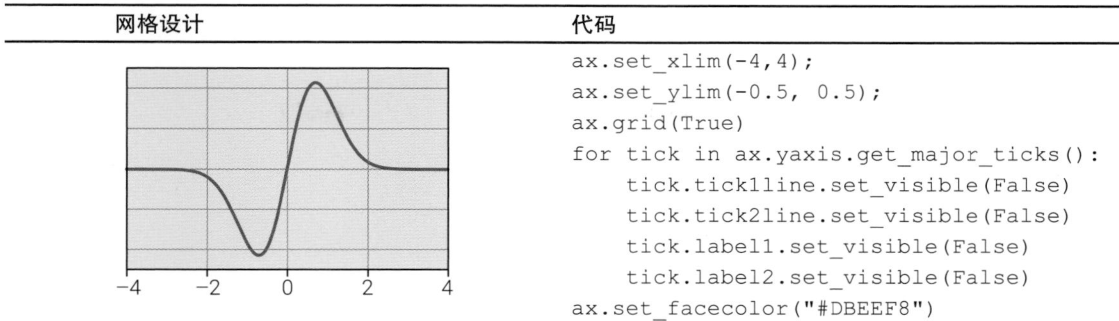	`ax.set_xlim(-4,4);`
	`ax.set_ylim(-0.5, 0.5);`
	`ax.grid(True)`
	`for tick in ax.yaxis.get_major_ticks():`
	`    tick.tick1line.set_visible(False)`
	`    tick.tick2line.set_visible(False)`
	`    tick.label1.set_visible(False)`
	`    tick.label2.set_visible(False)`
	`ax.set_facecolor("#DBEEF8")`

4.3 图轴

在Matplotlib中，**图轴** (axis) 是指图形中的坐标轴，用于表示数据的数值范围和刻度。图轴包括**轴线** (axis line)、**刻度** (tick)、**轴标签** (axis label) 等艺术家。如果一个图片对象包含多个轴对象，则每个轴对象都有自己的艺术家。

表4.3总结了图轴设计方案，请大家自行学习Bk_2_Ch04_03.ipynb。

图4.2所示为对数坐标，这幅图来自*Scientific Visualization: Python & Matplotlib*。请大家参考Bk_2_Ch04_04.ipynb自行学习。

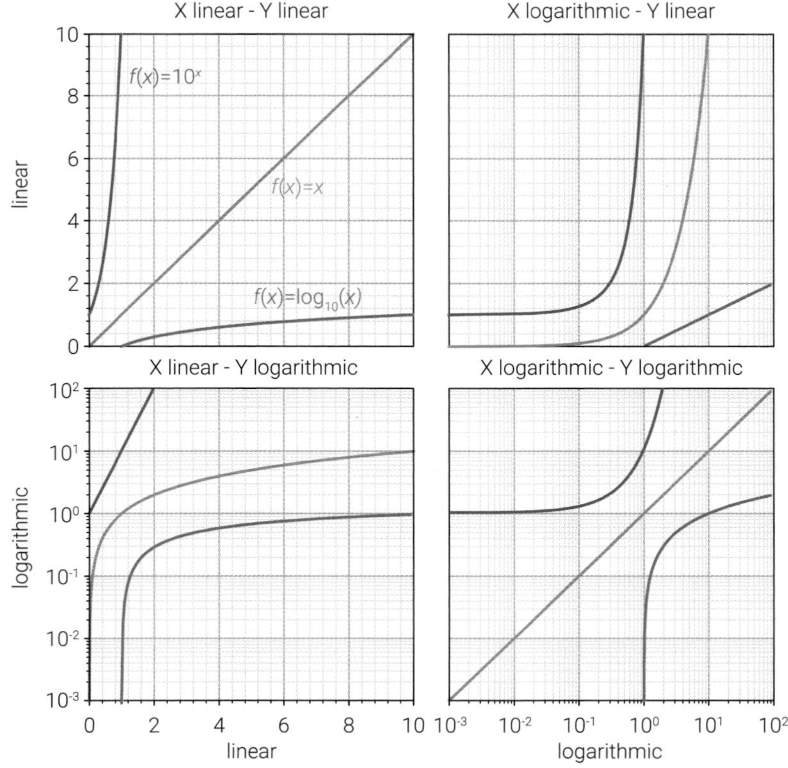

图4.2　对数坐标，代码参考*Scientific Visualization: Python & Matplotlib* | Bk_2_Ch04_04.ipynb

表4.3 图轴设计 | ⊕ Bk_2_Ch04_03.ipynb

图轴设计 | **代码**

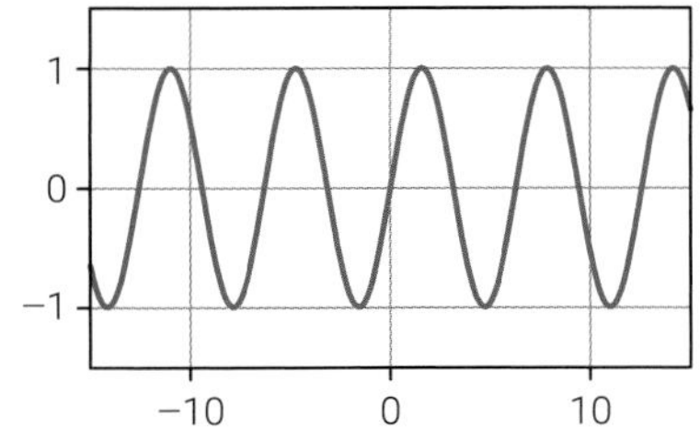


```
ax.set_xlim(-15,15);
ax.set_ylim(-1.5, 1.5);
```

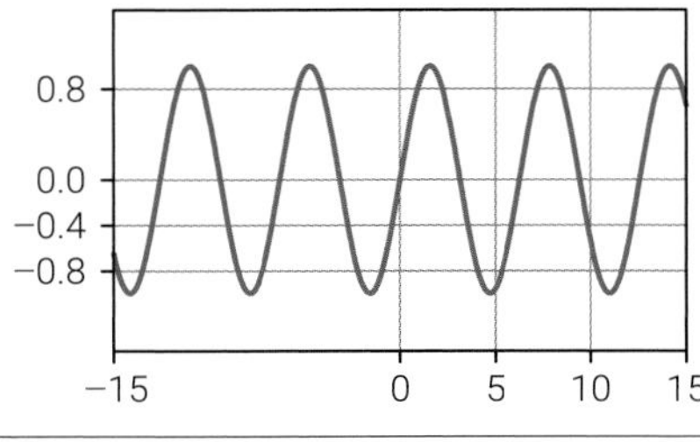


```
ax.set_xlim(-15,15); ax.set_ylim(-1.5, 1.5);
ax.set_xticks([-15, 0, 5, 10, 15])
# 可以用numpy.linspace()
ax.set_yticks([-0.8, -0.4, 0, 0.8])
```

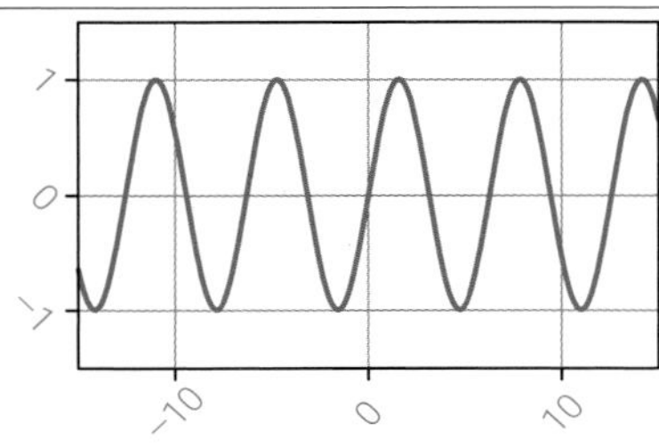


```
ax.set_xlim(-15,15); ax.set_ylim(-1.5, 1.5);
ax.tick_params(axis ='x', rotation = 45,
               labelcolor = 'r', labelsize = 10)
ax.tick_params(axis ='y', rotation =-45,
               labelcolor = 'r', labelsize = 10)
```

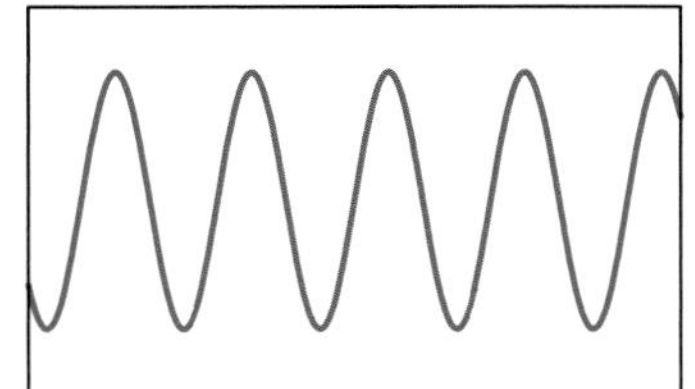

```
ax.set_xlim(-15,15); ax.set_ylim(-15, 15);
ax.axes.get_xaxis().set_visible(False)
ax.axes.get_yaxis().set_visible(False)
```

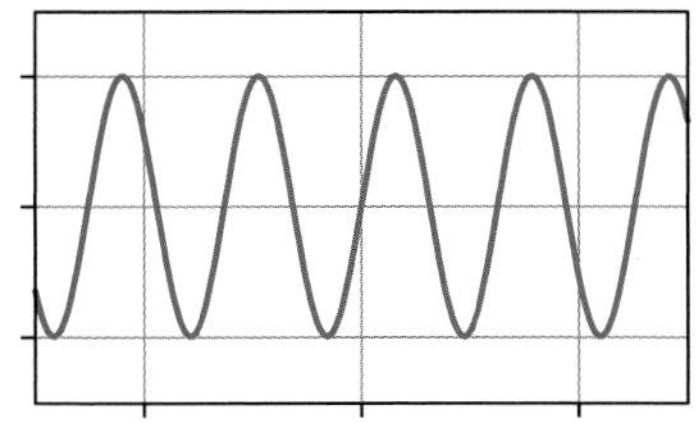

```
ax.set_xlim(-15,15); ax.set_ylim(-1.5, 1.5);
ax.yaxis.set_major_formatter(plt.NullFormatter())
ax.xaxis.set_major_formatter(plt.NullFormatter())
```

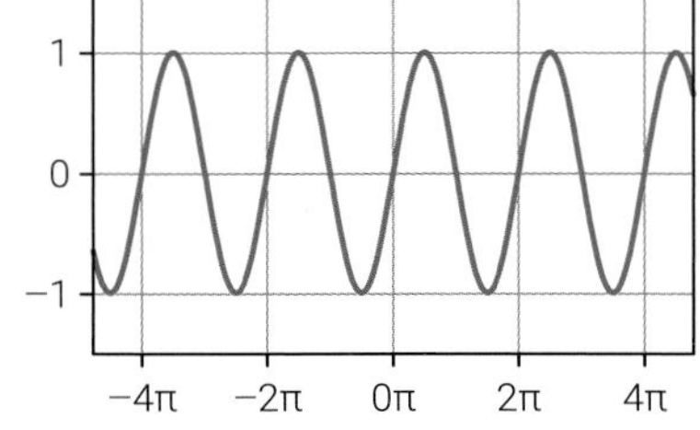


```
ax.set_xlim(-15,15); ax.set_ylim(-1.5, 1.5);
ax.set_xticks(np.linspace(-4*np.pi, 4*np.pi, 5))
ax.set_xticklabels([r'$-4\pi$',r'$-2\pi$',
                    r'$0\pi$',r'$2\pi$', r'$4\pi$'])
```

续表

图轴设计	代码
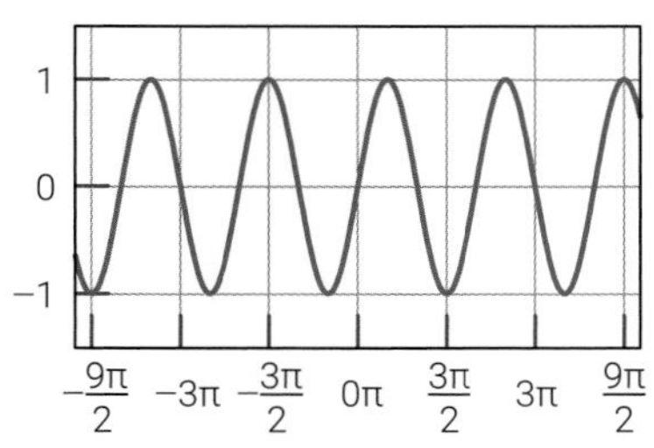	ax.set_xlim(-15,15); ax.set_ylim(-1.5, 1.5); ax.set_xticks(np.linspace(-9/2*np.pi, 9/2*np.pi, 7)) ax.tick_params(axis = 'x', direction = 'in', color = 'b', width = 1, length = 10) ax.tick_params(axis = 'y', direction = 'in', color = 'b', width = 1, length = 10) ax.set_xticklabels([r'$-\frac{9\pi}{2}$', r'-3π', r'$-\frac{3\pi}{2}$', r'0π', r'$\frac{3\pi}{2}$', r'3π', r'$\frac{9\pi}{2}$'])
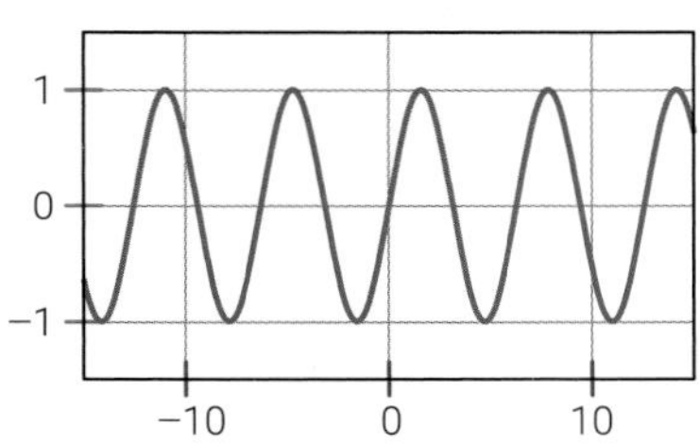	ax.set_xlim(-15,15); ax.set_ylim(-1.5, 1.5); ax.tick_params(axis = 'x', direction = 'inout', color = 'b', width = 1, length = 10) ax.tick_params(axis = 'y', direction = 'inout', color = 'r', width = 1, length = 10)
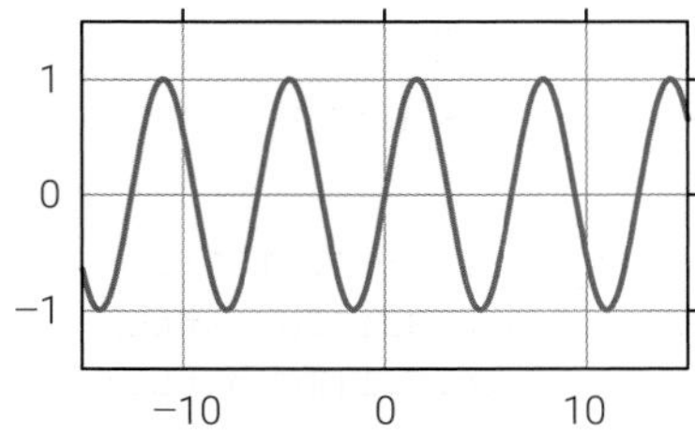	ax.set_xlim(-15,15); ax.set_ylim(-1.5, 1.5); ax.tick_params(bottom = False, top = True, left = False, right = True)
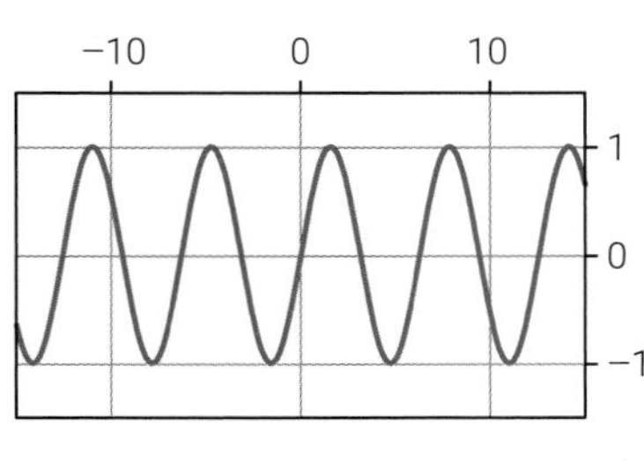	ax.set_xlim(-15,15); ax.set_ylim(-1.5, 1.5); ax.tick_params(bottom = False, top = True, left = False, right = True) ax.tick_params(labelbottom = False, labeltop = True, labelleft = False, labelright = True)

图轴设计	代码

	`ax.set_xlim(-15,15); ax.set_ylim(-1.5, 1.5);`
	`minor_locator = AutoMinorLocator(5)`
	`ax.xaxis.set_minor_locator(minor_locator)`
	`plt.grid(which='minor')`

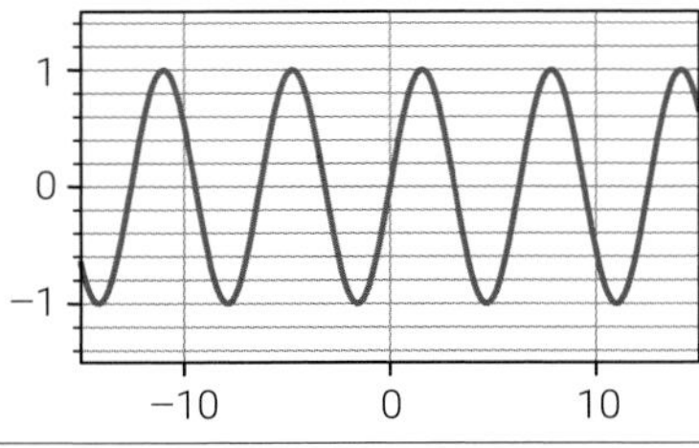	`ax.set_xlim(-15,15); ax.set_ylim(-1.5, 1.5);`
	`minor_locator = AutoMinorLocator(5)`
	`ax.yaxis.set_minor_locator(minor_locator)`
	`plt.grid(which='minor')`

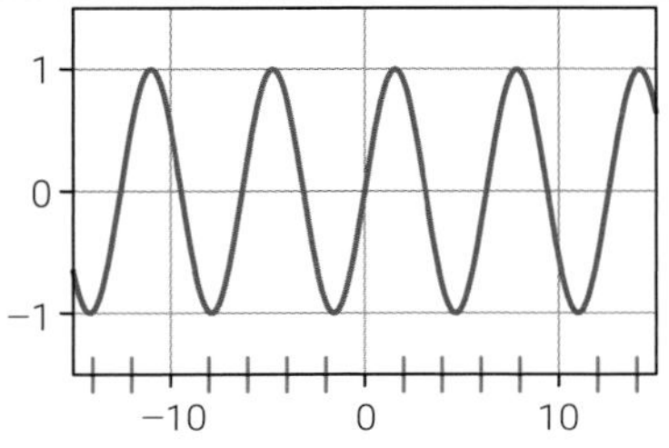	`ax.set_xlim(-15,15); ax.set_ylim(-1.5, 1.5);`
	`minor_locator = AutoMinorLocator(5)`
	`ax.xaxis.set_minor_locator(minor_locator)`
	`ax.tick_params(which="minor", axis="x", direction=`
	`        "inout",color = 'r', length = 10, width = 1)`

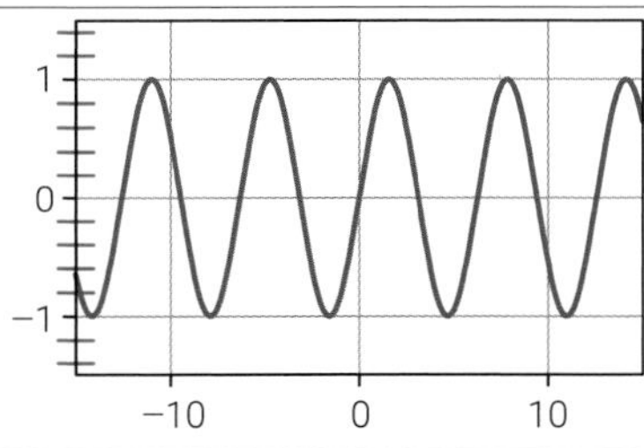	`ax.set_xlim(-15,15); ax.set_ylim(-1.5, 1.5);`
	`minor_locator = AutoMinorLocator(5)`
	`ax.yaxis.set_minor_locator(minor_locator)`
	`ax.tick_params(which="minor", axis="y", direction=`
	`        "inout",color = 'r', length = 10, width = 1)`

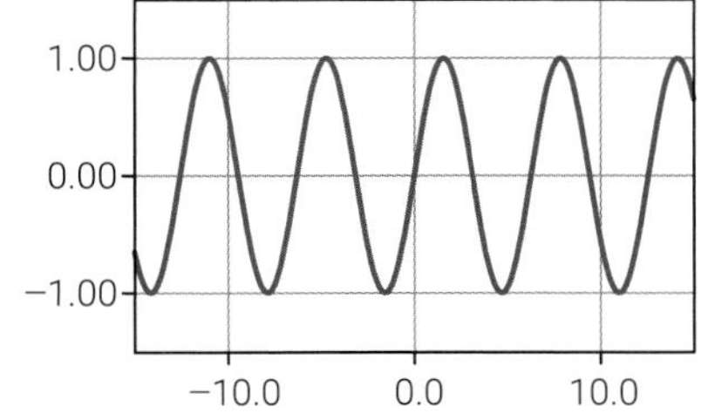	`ax.set_xlim(-15,15); ax.set_ylim(-1.5, 1.5);`
	`ax.yaxis.set_major_formatter(FormatStrFormatter('%.2f'))`
	`ax.xaxis.set_major_formatter(FormatStrFormatter('%.1f'))`

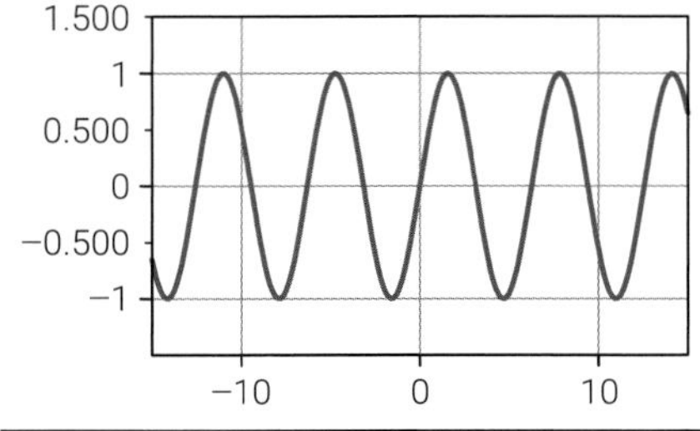	`ax.set_xlim(-15,15); ax.set_ylim(-1.5, 1.5);`
	`ax.set_yticks([-1, 0, 1])`
	`minor_locator = AutoMinorLocator(2)`
	`ax.yaxis.set_minor_locator(minor_locator)`
	`ax.yaxis.set_minor_formatter(FormatStrFormatter('%.3f'))`

<table>
<tr><th>图轴设计</th><th>代码</th></tr>
<tr><td>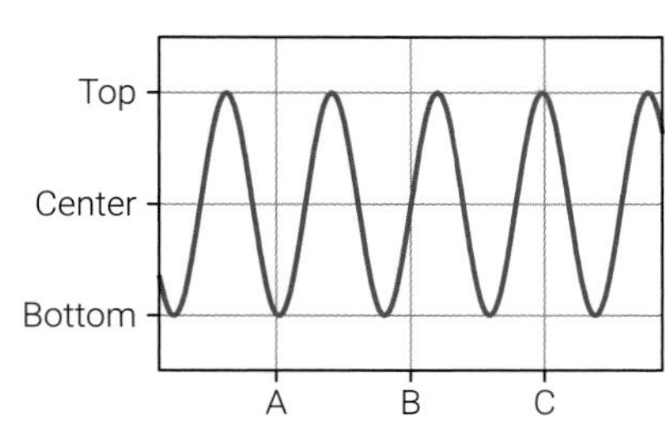</td><td><pre>ax.set_xlim(-15,15); ax.set_ylim(-1.5, 1.5);
from matplotlib.ticker import FixedLocator, FixedFormatter
x_formatter = FixedFormatter(["A", "B", "C"])
y_formatter = FixedFormatter(['Bottom', 'Center', 'Top'])
x_locator = FixedLocator([-8, 0, 8])
y_locator = FixedLocator([-1, 0, 1])
ax.xaxis.set_major_formatter(x_formatter)
ax.yaxis.set_major_formatter(y_formatter)
ax.xaxis.set_major_locator(x_locator)
ax.yaxis.set_major_locator(y_locator)</pre></td></tr>
<tr><td>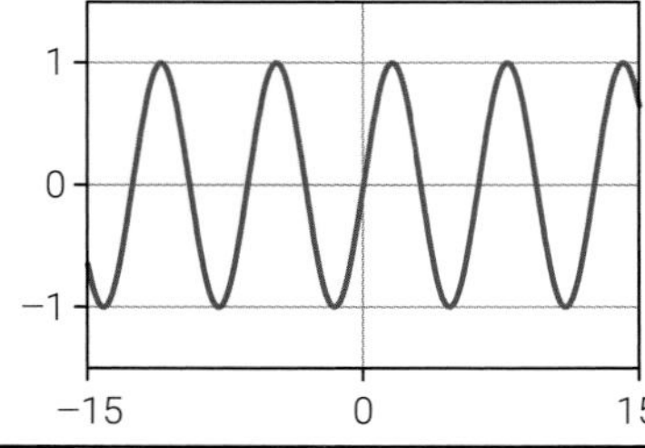</td><td><pre>ax.set_xlim(-15,15); ax.set_ylim(-1.5, 1.5);
ax.xaxis.set_major_locator(plt.MaxNLocator(3))
ax.xaxis.set_major_locator(plt.MaxNLocator(2))</pre></td></tr>
</table>

4.4 注释

一幅图的注释中有以下常见类型。

- ◀**标题** (title)，对应函数为matplotlib.pyplot.title() 或 ax.set_title()；
- ◀**横轴标题** (x axis label)，对应函数为matplotlib.pyplot.xlabel() 或 ax.set_xlabel()；
- ◀**纵轴标题** (y axis label)，对应函数为matplotlib.pyplot.ylabel() 或 ax.set_ylabel()；
- ◀**图例** (legend)，对应函数为matplotlib.pyplot.legend()；
- ◀**文字** (text)，对应函数为matplotlib.pyplot.text()；
- ◀**注解** (annotation)，对应函数为matplotlib.pyplot.annotate()。

图4.5给出了几种标题、轴标题、图例布置方案，请大家自行学习Bk_2_Ch04_05.ipynb。

本书不特别展开讲解如何通过编程添加文字或符号注释，请大家自行学习。

```
https://matplotlib.org/stable/api/_as_gen/matplotlib.pyplot.text.html
https://matplotlib.org/stable/users/explain/text/annotations.html
```

《编程不难》介绍过，考虑时间成本、美观效果、可编辑性等因素，如果后期制作加入各种注释更为方便的话，不建议大家耗费精力通过编程方式在图片中添加注释。

如若用二维散点或三维散点可视化样本数据，需要添加标签的话，建议使用plotly.express.scatter()或plotly.express.scatter_3d()。

4.5 视角

三维可视化方案是本书重要的组成部分。大家在本书中看到我们利用三维散点图、线图、网格曲面、等高线展示各种数学概念。

《编程不难》介绍过，在Matplotlib中，ax.view_init(elev, azim, roll) 方法用于设置三维坐标轴的视角，也叫相机照相位置。这个方法接受三个参数：elev、azim 和 roll，它们分别表示仰角、方位角和滚动角。

- **仰角** (elevation)：参数elev 定义了观察者与 xy平面之间的夹角，也就是观察者与 xy平面之间的旋转角度。当 elev 为正值时，观察者向上倾斜，负值则表示向下倾斜。
- **方位角** (azimuth)：参数azim 定义了观察者绕 z 轴旋转的角度。它决定了观察者在 xy平面上的位置。azim 的角度范围是 –180° ~ 180° ，其中正值表示逆时针旋转，负值表示顺时针旋转。
- **滚动角** (roll)：参数roll 定义了绕观察者视线方向旋转的角度。它决定了观察者的头部倾斜程度。正值表示向右侧倾斜，负值表示向左侧倾斜。

如图4.3所示，“鸢尾花书”中调整三维视图视角一般只会用elev、azim，几乎不使用roll。

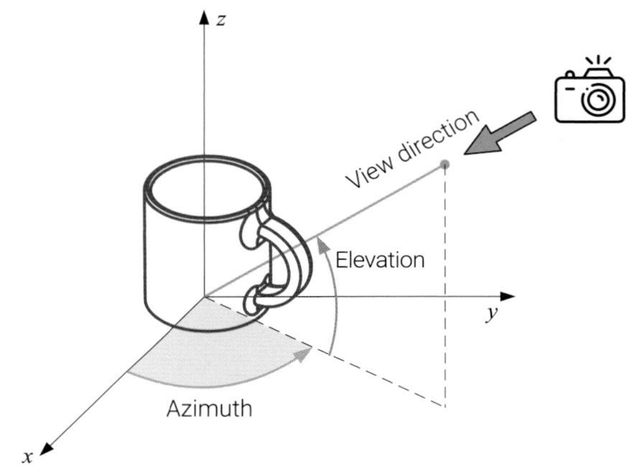

图4.3　仰角和方位角示意图

图4.6展示了各种常见视角，供大家参考。Bk_2_Ch04_06.ipynb中绘制了图4.6，请大家自行学习。

此外，我们还在《编程不难》提过，“鸢尾花书”一般采用正投影，即不考虑“近大远小”。对于三维轴对象会通过ax.set_proj_type('ortho') 设置正投影。

4.6 风格

图像的风格指的是图表的整体外观和样式，包括配色方案、线条类型、图脊、图轴、线条宽度、字体、标记符号等设计元素。

Matplotlib提供了一系列的预定义风格，可以通过设置来改变图表的外观。以下是Matplotlib中常用的一些图像风格类型。

◀ “default”是Matplotlib的默认风格，使用蓝色线条和绿色网格。
◀ “classic”是一种经典的Matplotlib风格，使用黑色线条和白色背景，类似于传统的Matplotlib版本。
◀ “ggplot”模仿了R语言中的ggplot库的外观，使用灰色网格和彩色线条。
◀ “fivethirtyeight”模仿了流行的数据新闻网站FiveThirtyEight的外观，使用红色和蓝色线条，以及灰色网格。
◀ “dark_background”使用深色背景和亮色线条，适合用于暗色主题的环境。
◀ “seaborn”模仿了Seaborn库的外观，使用柔和的颜色和灰色网格。

关于Matplotlib绘图风格，请大家参考：

```
https://matplotlib.org/stable/gallery/style_sheets/style_sheets_reference.html
```

使用过MATLAB绘图的读者一定忘不了其严肃，甚至有些呆板的图像风格。而用过R语言的ggplot的读者，换成Python的Matplotlib绘图时肯定会有各种视觉上的不适。

Python中Plotnine库的出图风格类似ggplot，本书不展开介绍，请大家自行学习。

```
https://plotnine.readthedocs.io/
```

对于科技制图风格设定，请大家关注SciencePlots这个开源项目。

```
https://pypi.org/project/SciencePlots/
```

作者认为有必要介绍ProPlot提供的可视化方案，因为这个绘图库的出图风格特别“像”科技三大刊——*Cell*、*Nature*和*Science*。

ProPlot建立在 Matplotlib 基础之上，提供了更简洁、更便于使用的科学绘图包。ProPlot支持各种常见的绘图类型，包括线图、散点图、等高线图、柱状图等，并且支持创建多个子图和面板图。

ProPlot 支持高分辨率的输出，可以生成矢量图形 (如 PDF、SVG) 和栅格图像 (如 PNG、JPEG) 等多种格式。

大家需要在科技期刊发表文章的话，可以学习使用ProPlot。ProPlot官网地址如下：

```
https://proplot.readthedocs.io/en/stable/
```

为了节省篇幅，本书不展示ProPlot官网提供的范例。大家可以在本章配套代码中找到范例和对应代码，请大家自行学习实践。

注意：ProPlot还在开发中，使用时可能会报错。目前这个可视化库在https://snyk.io/advisor/python中打分低于80分。

本章主要介绍了Matplotlib一些常见的装饰操作。不需要大家死记硬背，掌握这些技巧的唯一途径就是多尝试、多实践。

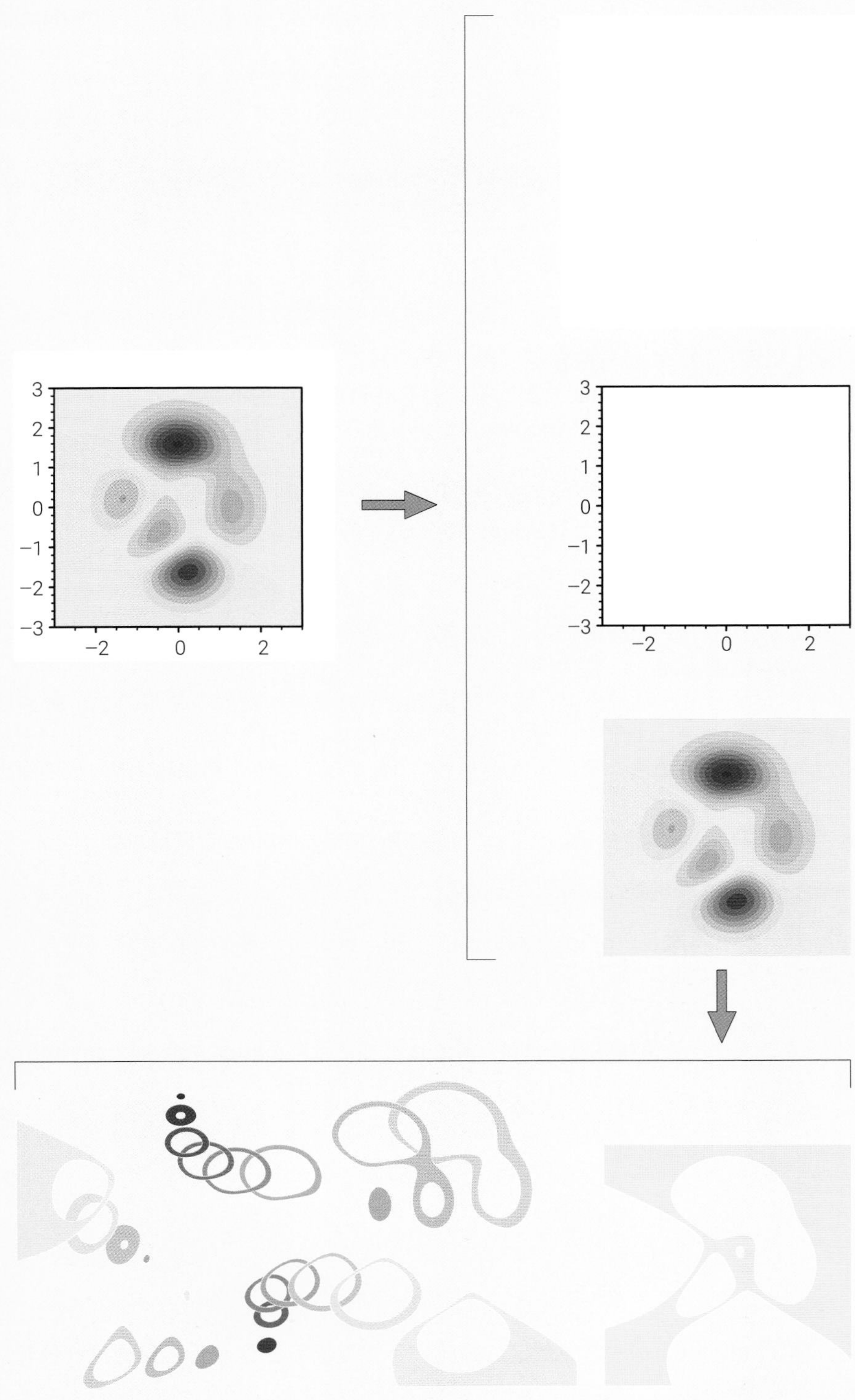

图4.4　一幅二维等高线图中艺术家的层级结构

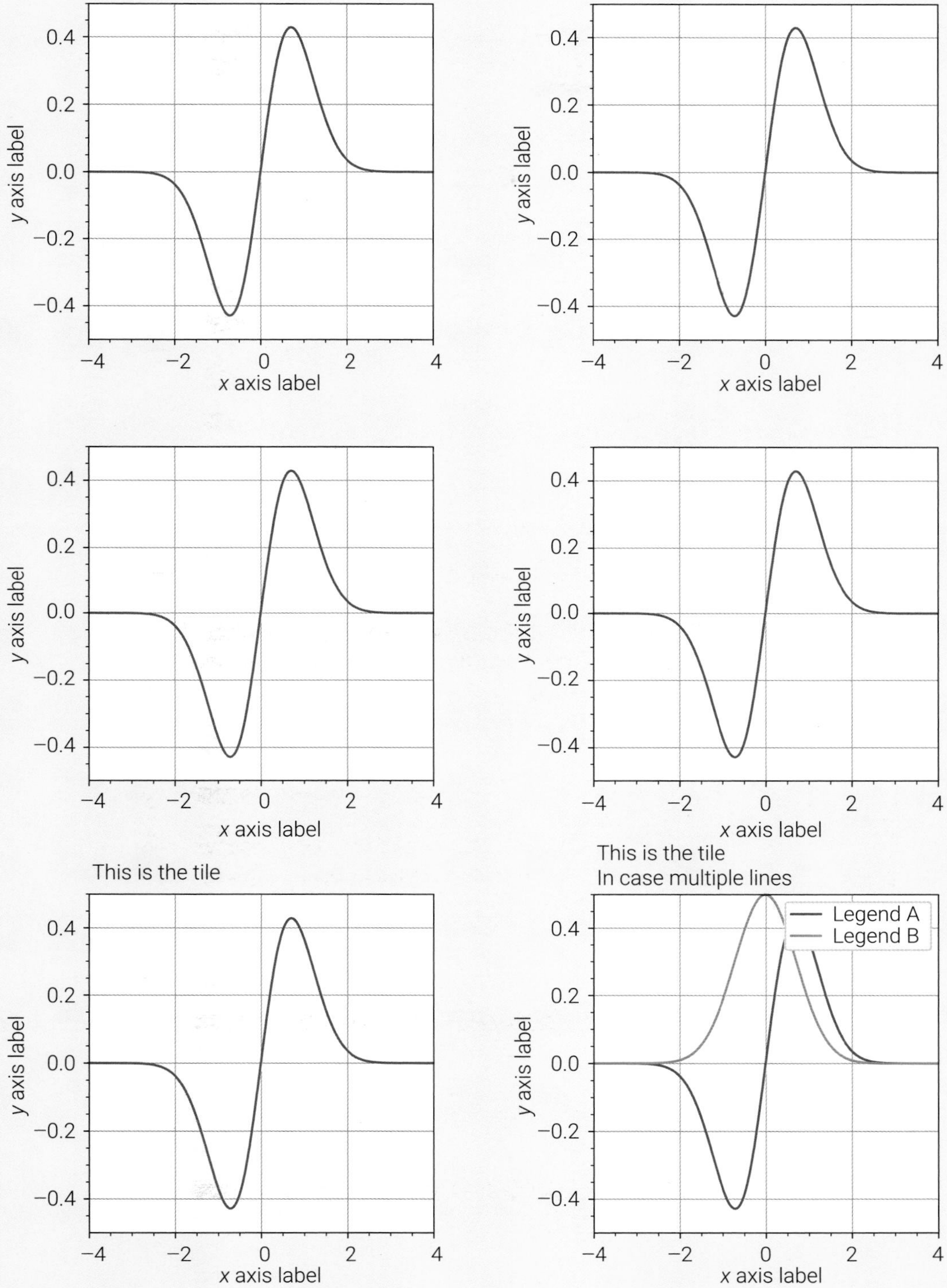

图4.5 标注 | Bk_2_Ch04_05.ipynb

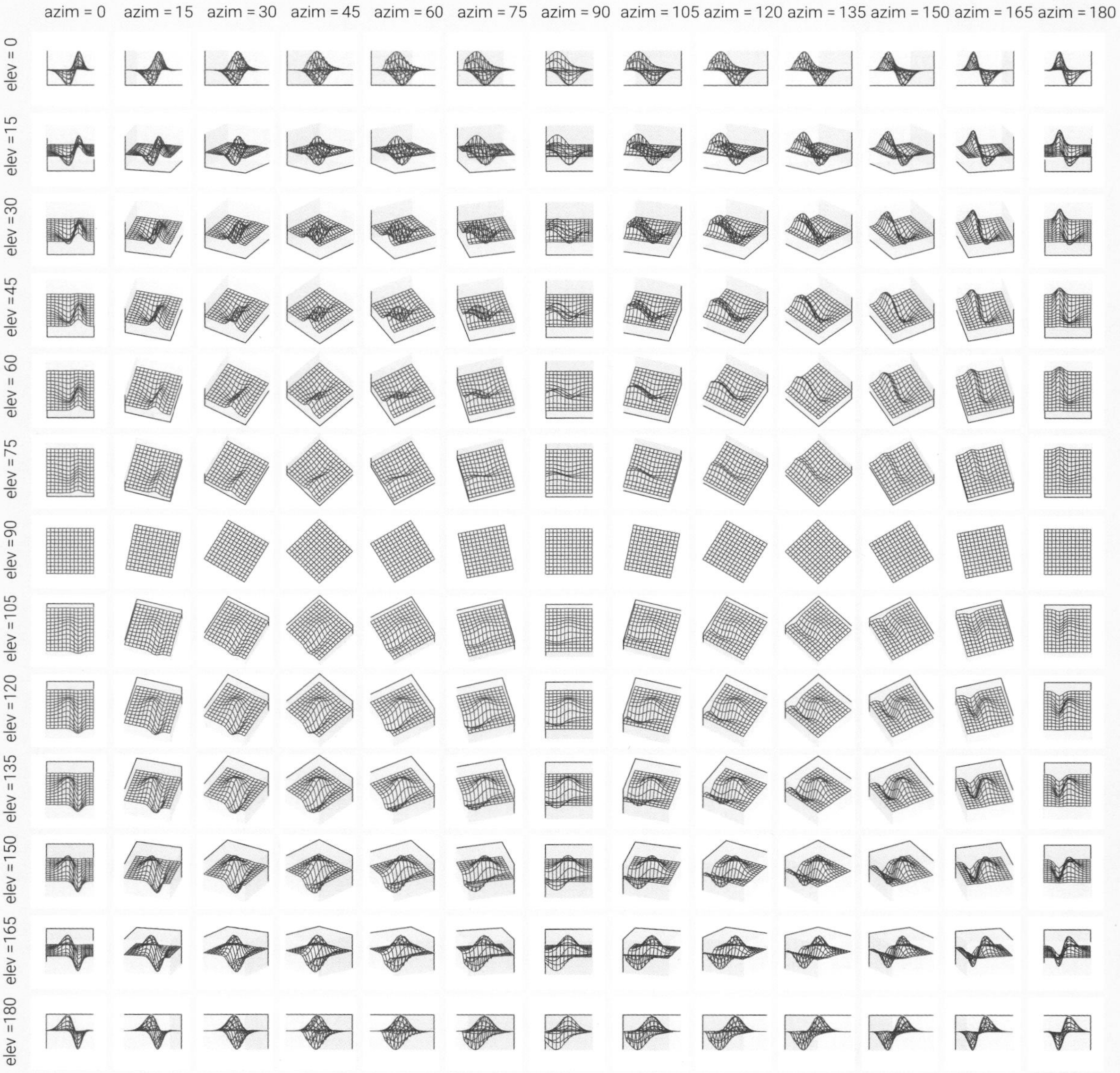

azim = 0 azim = 15 azim = 30 azim = 45 azim = 60 azim = 75 azim = 90 azim = 105 azim = 120 azim = 135 azim = 150 azim = 165 azim = 180

elev = 0
elev = 15
elev = 30
elev = 45
elev = 60
elev = 75
elev = 90
elev = 105
elev = 120
elev = 135
elev = 150
elev = 165
elev = 180

图4.6　利用add_gridspec() 函数绘制子图展示三维网格面随视角变化 | Bk_2_Ch04_06.ipynb

03 Section 03 色　彩

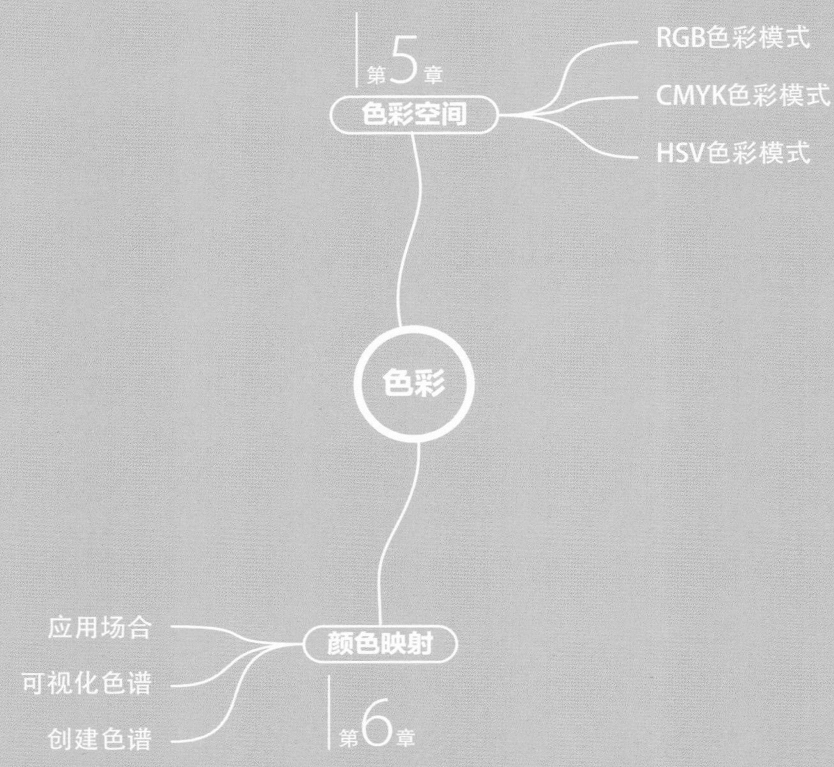

第5章
色彩空间
RGB色彩模式
CMYK色彩模式
HSV色彩模式
色彩
颜色映射
应用场合
可视化色谱
创建色谱
第6章

学习地图 | 第3板块

Colorful Spaces

05 色彩空间

红光、绿光、蓝光，色调、饱和度、明暗度

越是垂垂老矣、病痛缠身、捉襟见肘，我越想创造热情洋溢、井然有序、光彩照人的作品还以颜色。

The more ugly, old, nasty, ill, and poor I become the more I want to get my own back by producing vibrant, well-arranged, radiant colour.

—— 文森特·梵高 (Vincent van Gogh) | 荷兰后印象派画家 | 1853 — 1890年

- `colorsys.hsv_to_rgb()` 将HSV（色相、饱和度、亮度）颜色空间中的颜色值转换为RGB（红、绿、蓝）颜色空间中的颜色值
- `matplotlib.pyplot.scatter()` 绘制散点图
- `numpy.append()` 将给定的数组或值添加到另一个数组的末尾，返回一个新的数组，用于在NumPy中实现数组的扩展和拼接操作
- `numpy.column_stack()` 将两个矩阵按列合并
- `numpy.copy()` 创建给定数组的副本，返回一个新的数组，使得修改副本不会影响原始数组，用于实现在NumPy中进行数组的深拷贝
- `numpy.empty()` 创建指定形状NumPy空（未初始化）数组
- `numpy.linspace()` 在指定的间隔内，返回固定步长的数据
- `numpy.meshgrid()` 创建网格化数据
- `numpy.ones_like()` 用来生成和输入矩阵形状相同的全1矩阵
- `numpy.vstack()` 返回竖直堆叠后的数组
- `numpy.zeros_like()` 用来生成和输入矩阵形状相同的零矩阵

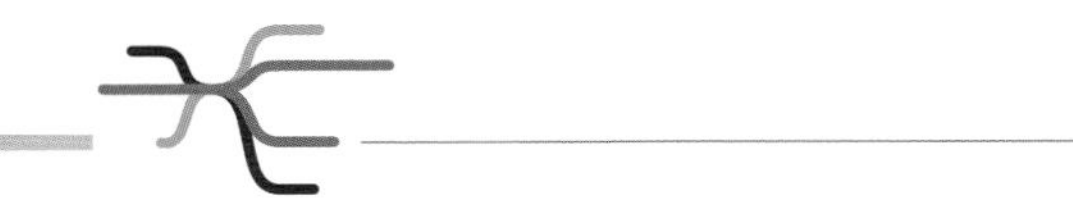

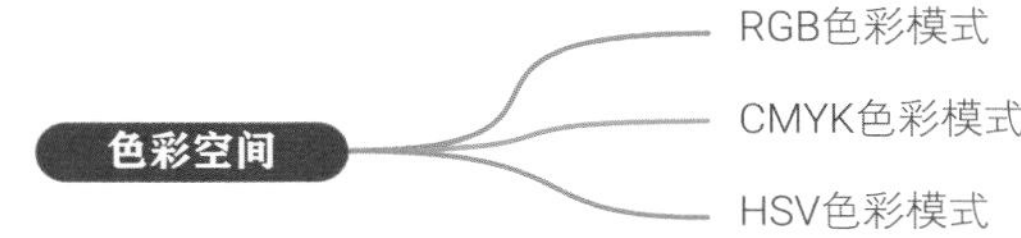

5.1 色彩

色彩是可见光在物体表面反射、折射或透射时产生的感知效果。人眼感知色彩的过程涉及视觉系统的不同组成部分。

人眼

人眼感知色彩的基本机制是通过视觉感受器官——眼睛的视网膜上的视锥细胞来完成的。视锥细胞包括三种类型：红色感受器、绿色感受器和蓝色感受器，它们分别对应于不同波长的光。当光线进入眼睛并刺激视网膜上的视锥细胞时，它们会产生相应的神经信号，传递到大脑的视觉皮层。大脑对这些信号进行解析和处理，最终形成我们对色彩的感知。

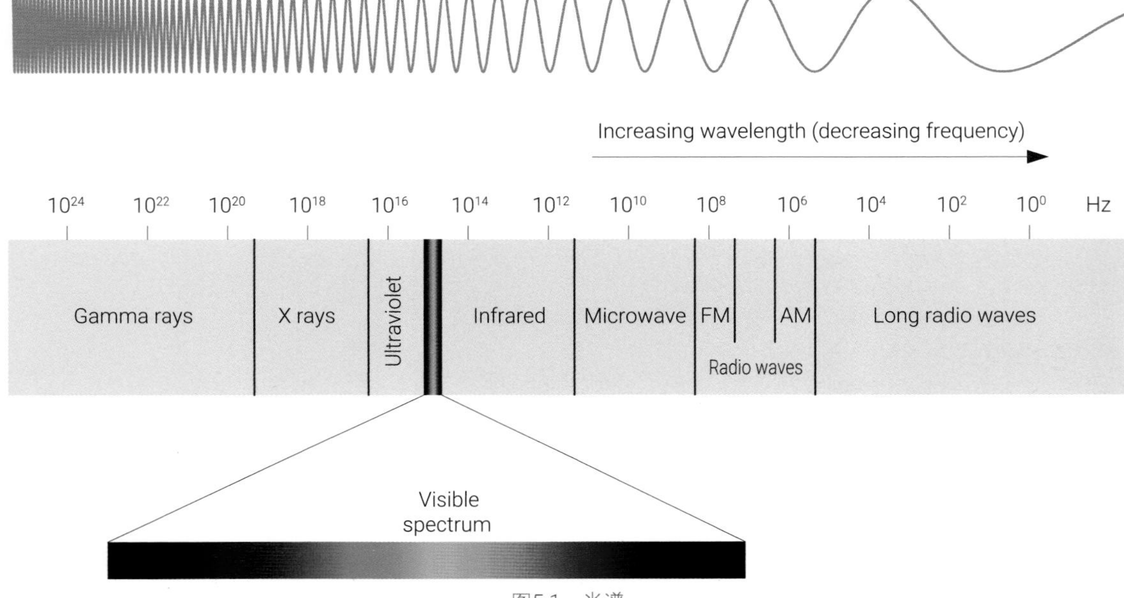

图5.1 光谱

如图5.1所示，可见光只是光谱中一小部分。光谱是指将电磁波按照频率或波长进行分类的方式。从高能量到低能量，光谱的构成包括以下几个部分。

- ◀伽马射线是电磁波谱中能量最高的部分，具有极短的波长和高频率。它们常常与核反应、天体物理事件以及放射治疗等相关。
- ◀X射线具有比紫外线更高的能量，波长短，频率高。X射线在医学成像、材料检测和科学研究等领域有广泛应用。
- ◀紫外线波长比可见光短，能量较高。
- ◀可见光是人眼能够感知的电磁波，波长较长。可见光谱从紫色、蓝色、绿色、黄色、橙色到红色。
- ◀红外线波长比可见光长，能量较低。红外线在夜视设备、红外热像仪和通信技术等方面有广泛应用。
- ◀广播电波具有非常长的波长和低能量，适合用于无线通信和广播传输。
- ◀长波指波长非常长的电磁波，如无线电波等，常用于无线通信和远程传输。

色彩心理学是研究色彩对人类情感和行为产生影响的学科。其中，冷暖色调是色彩的一种分类方式，如图5.2所示。冷色调如蓝色、绿色、紫色等给人以凉爽、安静、宁静的感觉，常用于创造宽松和放松的氛围。暖色调如红色、黄色、橙色等则给人以温暖、充满活力的感觉，常用于刺激和激发人们的情感和能量。

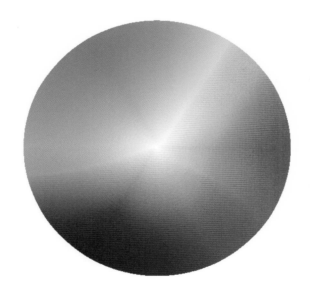

图5.2　冷暖色调色盘

色彩模式

常见的色彩模式有以下几种。

RGB模式：这是用于数字图像和显示器的最常见的色彩模式。它通过将红、绿、蓝三原色以不同的强度混合来创建各种色彩。本书后续将专门介绍RGB色彩模式。

CMYK模式：这是印刷行业常用的色彩模式。它使用青、洋红、黄和黑四种颜色的墨水混合来创建各种色彩。

HSL/HSV模式 (色调、饱和度、亮度/明度)：这是一种基于人类感知的色彩模式。色调表示色彩的位置，饱和度表示色彩的纯度，亮度/明度表示色彩的亮暗程度。

RGB颜色模型

如图5.3所示，**三原色光颜色模型**（RGB color model）将**红**（red）、**绿**（green）、**蓝**（blue）色光以不同比例混合得到不同的颜色。在Matplotlib中大家也会见到RGBA，其中A代表透明度alpha。

本章后文将用各种可视化方案给大家展示RGB颜色模型的色彩空间。

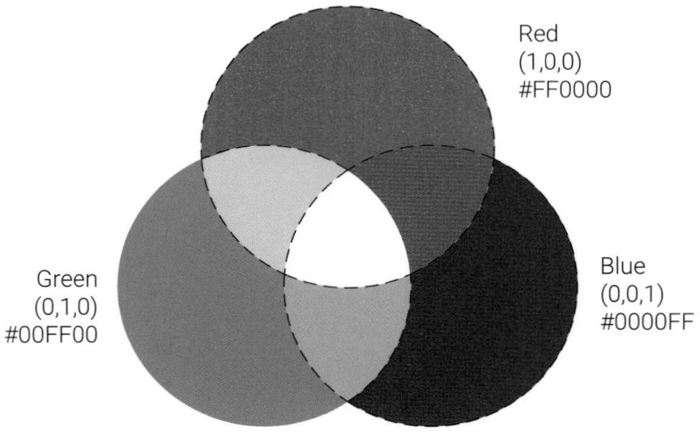

Red
(1,0,0)
#FF0000

Green
(0,1,0)
#00FF00

Blue
(0,0,1)
#0000FF

图5.3 RGB三原色模型

Matplotlib中定义颜色

Matplotlib中，RGB颜色可以用数组（色号）、**十六进制**（hexadecimal，hex）、名称等来表示。比如，绘制一条纯蓝色线，可以采取以下方式之一设置。

```
color=(0, 0, 1) # 元组
# (red, green, blue)
color=(0, 0, 1, 0.5)
# (red, green, blue, alpha)
# alpha的含义是透明度
color=[0, 0, 1] # list
color='#0000FF' # 十六进制Hex
color='blue'    # 颜色名称
color='b'       # 颜色名称简写
```

注意：有些软件中颜色采用三个0～255的数值，比如MS Word。

常用颜色

表5.1所示为常用颜色的设置方式。

表5.1 常用颜色

	数组	简称	全称	Hex
	[1, 0, 0]	'r'	'red'	'#FF0000'
	[0, 1, 0]	'g'	'green'	'#00FF00'
	[0, 0, 1]	'b'	'blue'	'#0000FF'
	[1, 1, 0]	'y'	'yellow'	'#FFFF00'
	[1, 0, 1]	'm'	'magenta'	'#FF00FF'
	[0, 1, 1]	'c'	'cyan'	'#00FFFF'
	[0, 0, 0]	'k'	'black'	'#000000'
	[1, 1, 1]	'w'	'white'	'#FFFFFF'

Matplotlib中，'g'和'green'几乎相同，'g'的RGB色号为 [0.0, 0.5, 0.0]，'green'的Hex色号为 #008000；'y'的RGB色号实际上是 [0.75, 0.75, 0.0]，而'yellow' 的色号为 [1.0, 1.0, 0.0]；'m' 的色号为 [0.75, 0.0, 0.75]，而'magenta'的色号为 [1.0, 0.0, 1.0]；'c' 的色号为 [0.0, 0.75, 0.75]，而'cyan' 的色号为 [0.0, 1.0, 1.0]。

图5.15所示为Matplotlib中已定义名称的颜色。图5.15参考了以下代码，请大家自行学习：

```
https://matplotlib.org/stable/gallery/color/named_colors.html
```

此外，我们还可以用 [0, 1] 的数值定义不同深浅的灰色。如图5.4所示，color = '0' 代表纯黑，color = '1' 代表纯白，color = '0.5' 代表50%灰。注意，必须使用引号，否则会报错。

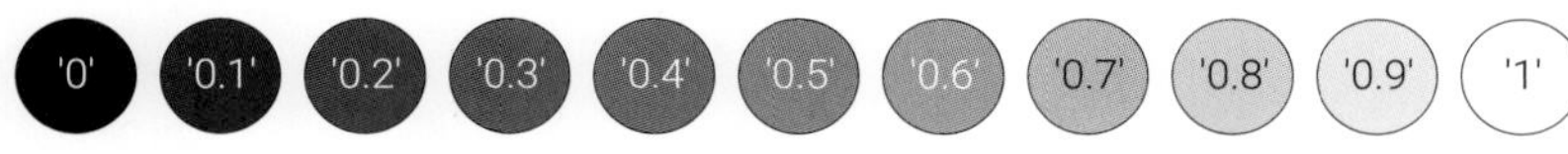

图5.4　灰度

图5.16所示为几组渐变色和对应的十六进制值。图5.16参考了*Scientific Visualization: Python + Matplotlib*。下载地址为：

```
https://github.com/rougier/scientific-visualization-book
```

CMYK颜色模型

图5.5所示为RGB中任意两个颜色混合得到的三种颜色：**青色** (cyan)、**品红** (magenta)、**黄色** (yellow)。这便是CMYK色彩模型的基础。K代表**黑色** (black)。

如图5.6所示，CMYK调色盘中，红、绿、蓝三色颜料均匀调色得到黑色。CMYK一般用在印刷领域，本书不展开讲解。

图5.5　RGB中两个颜色混合

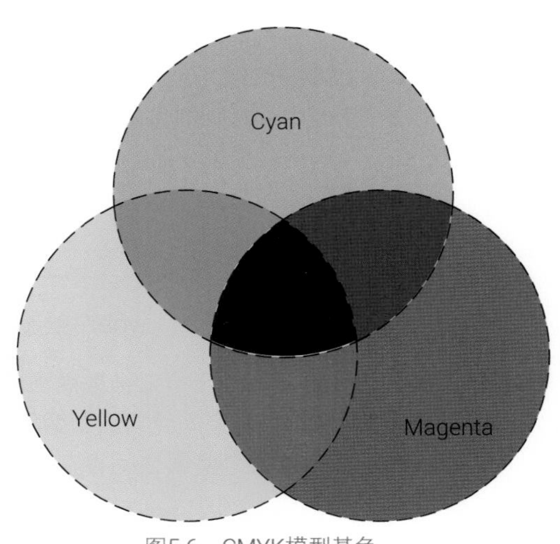

图5.6　CMYK模型基色

5.2 RGB色彩空间

如图5.7所示，当红、绿、蓝取不同值时，我们便可以得到一个五彩斑斓的RGB颜色空间。这个空间可以看成是一个“实心”三维立方体。

这一节，我们将利用二维和三维散点图可视化RGB色彩空间。

《矩阵力量》将用RGB色彩空间讲解线性代数中的向量空间。

如图5.7的右图所示，我们仅仅看到RGB空间中最鲜亮的三个立面，更多颜色都隐藏在这三个立面之下，比如黑色 (0, 0, 0) 就隐藏在角落里。稍后，我们会用“切片”可视化空间内部的颜色分布。

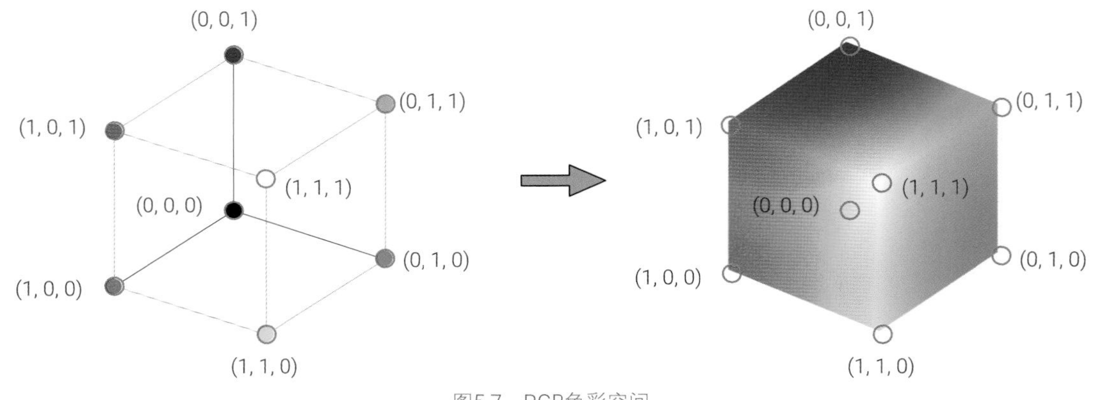

图5.7　RGB色彩空间

六个外立面

我们可以用二维散点图可视化RGB色彩空间的六个外立面，具体如图5.17所示。

画一个二维散点图时，我们首先用numpy.linspace(0, 1, 21) 生成 [0, 1] 的等差数列。然后，用numpy.meshgrid() 将两个等差数列展成二维数据网格。

举个例子，绘制图5.17 (a) 中蓝绿渐变平面时，蓝色、绿色在 [0, 1] 渐变，而红色则为用numpy.zeros_like() 生成的全0。绘制散点图时，我们直接指定每个散点的色号。

对于图5.17 (a) 中蓝绿色平面，将红色色号加1，便得到图5.17 (b)。几何角度来看，这相当于平面平移。

Jupyter笔记BK_2_Ch05_01.ipynb中绘制了图5.17子图。

有了上面的经验，下一步用三维散点图绘制RGB色彩空间的六个外立面。

图5.18所示为RGB色彩空间外侧三个颜色最为鲜艳的外立面，而图5.19所示为其内侧三个外立面。

如图5.20所示，这六个侧面之间存在成对平移关系。绘制这三幅三维散点图时，我们也是指定每个散点的色号。

Jupyter笔记BK_2_Ch05_02.ipynb中绘制了图5.18、图5.19、图5.20三幅图子图。

图5.8所示为利用Streamlit搭建的展示RGB色彩空间的App。

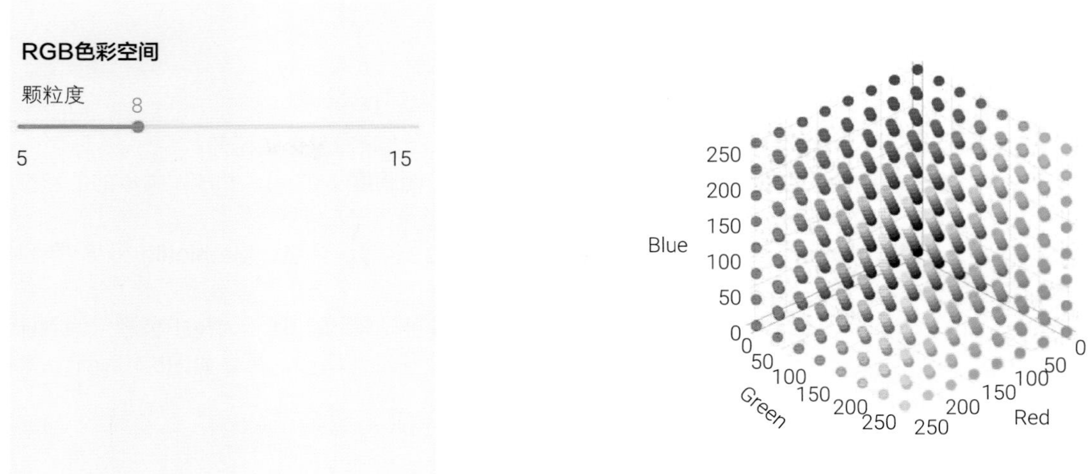

图5.8 展示RGB色彩空间的App，Streamlit搭建 | Streamlit_RGB_Space.py

切豆腐

为了看清RGB色彩空间的内部，我们采用“切豆腐”式可视化方案，如图5.9所示。

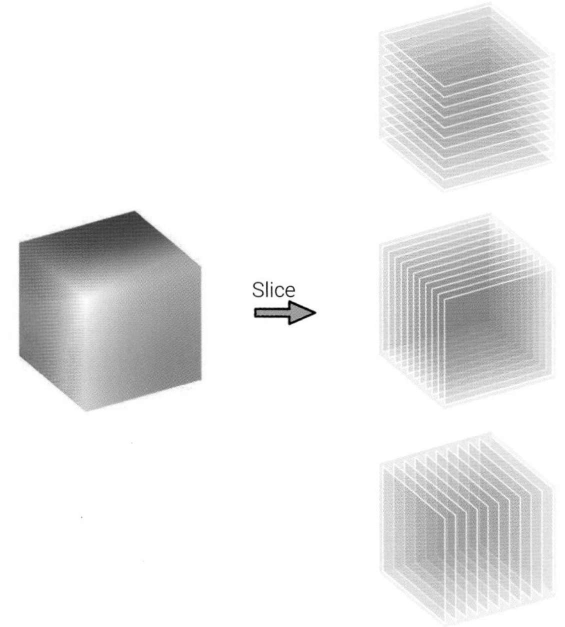

图5.9 三种不同切取RGB立方体方式

图5.21就是用“切豆腐”方法可视化RGB空间这个实心立方体的内部。这幅图的子图有3列，每一列子图分别展示红、绿、蓝取特定值0.0、0.2、0.4、0.6、0.8、1.0时的情况。

Jupyter笔记BK_2_Ch08_3.ipynb中绘制了图5.21子图。

5.3 HSV色彩空间

RGB和CMYK颜色模型都是面向硬件的，而HSV模型更贴合人眼对颜色的感知。

HSV三个字母分别代表**色调** (hue)、**饱和度** (saturation)、**明暗度** (value)。和HSV类似的色彩空间叫HSL；HSL中的L代表**亮度** (lightness)。

matplotlib.colors.hsv_to_rgb() 可以将HSV色号转换为RGB色号。注意，Matplotlib中HSV色号的三个数值也都是在 [0, 1] 上的。

matplotlib.colors.rgb_to_hsv() 则将RGB色号转换为HSV色号。图5.22所示为RGB色彩空间到HSV和HSL色彩空间的转换示意图。特别值得我们关注的是旋转、投影这两步，具体如图5.10所示。本书第27章专门讲解三维空间的几何变换。

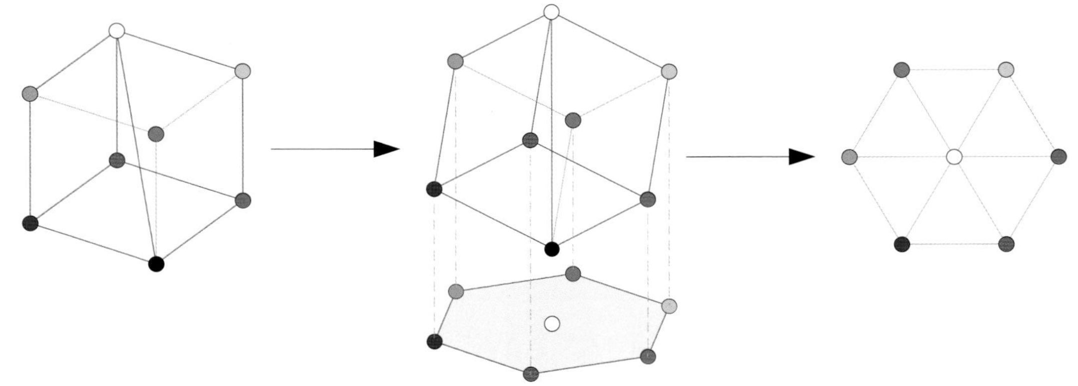

图5.10　RGB色彩空间的旋转和投影 (图片改编自Wikipedia)

色调

HSV中的H代表**色调** (hue)。色调一般用角度度量，取值范围为0°～360°。

如图5.11所示，从红色开始按逆时针方向计算，红色为0°，绿色为120°，蓝色为240°。红绿蓝的补色分别是黄色 (60°)、青色 (180°)、品红 (300°)。图5.11采用的就是本书前文介绍的极坐标系。

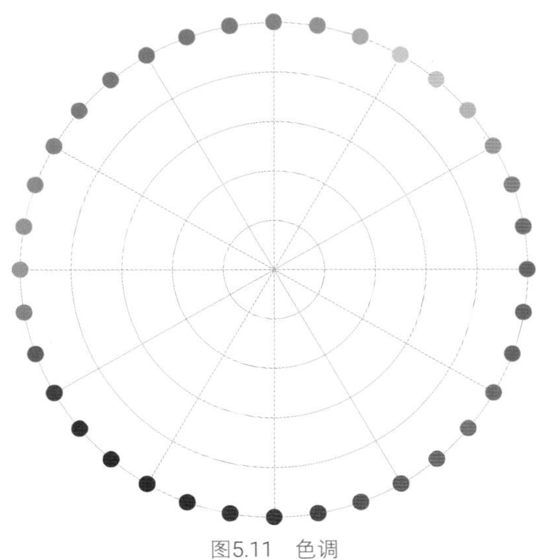

图5.11　色调

饱和度

S代表**饱和度** (saturation)。饱和度的取值范围为0% ~ 100%，这个值越大，颜色越艳丽，如图5.12所示。从极坐标角度来看，H就是极角，S就是极径。

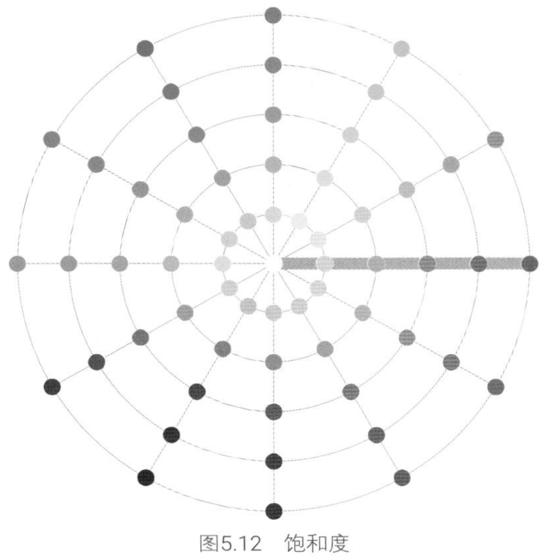

图5.12　饱和度

《数学要素》第5章介绍极坐标系。

明暗度

V代表**明暗度** (value)。V通常取值范围为0% (黑) ~ 100%。如图5.13所示，引入V，我们可以将平面极坐标系延展成三维圆柱坐标系。

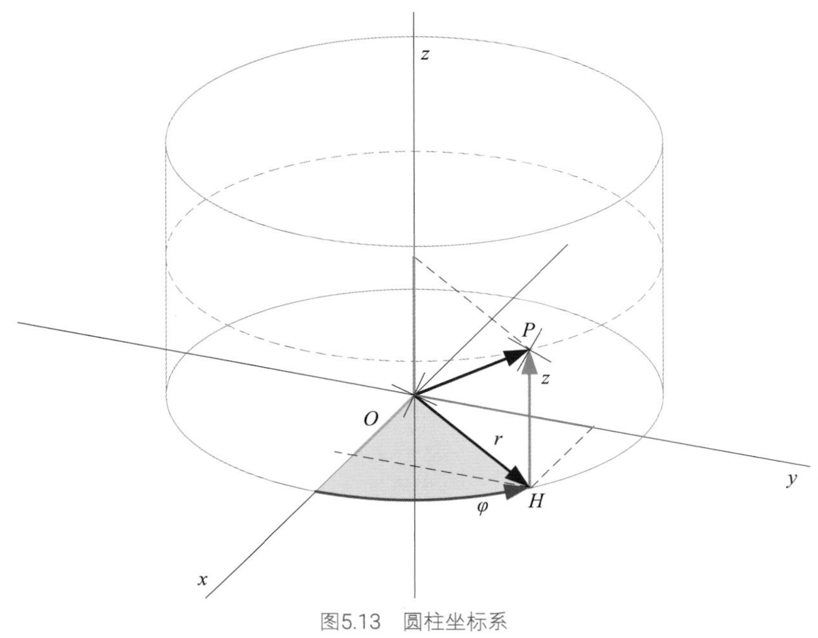

图5.13　圆柱坐标系

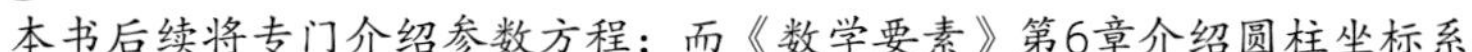

本书后续将专门介绍参数方程；而《数学要素》第6章介绍圆柱坐标系。

两种可视化方案

如果说RGB色彩空间是一个实心立方体的话，那么HSV色彩空间则是一个实心圆柱体；也就是说，其背后的数学工具是圆柱坐标系。下面，我们将讨论HSV色彩空间的两种可视化方案，具体如图5.14所示。

图5.14 (a) 所示为极坐标网格，图5.23所示为V取不同值时HSV色彩空间"切片"。容易发现，这种可视化方案的缺点是，内外圈的散点数量一样多，越往内圈，散点越密。

而图5.14 (b) 这个可视化方案能够解决这一问题，每一层圆圈散点数和圆圈半径成正比。这样整幅图的散点看上去类似均匀分布。图5.24便是采用这种方案绘制的可视化方案。

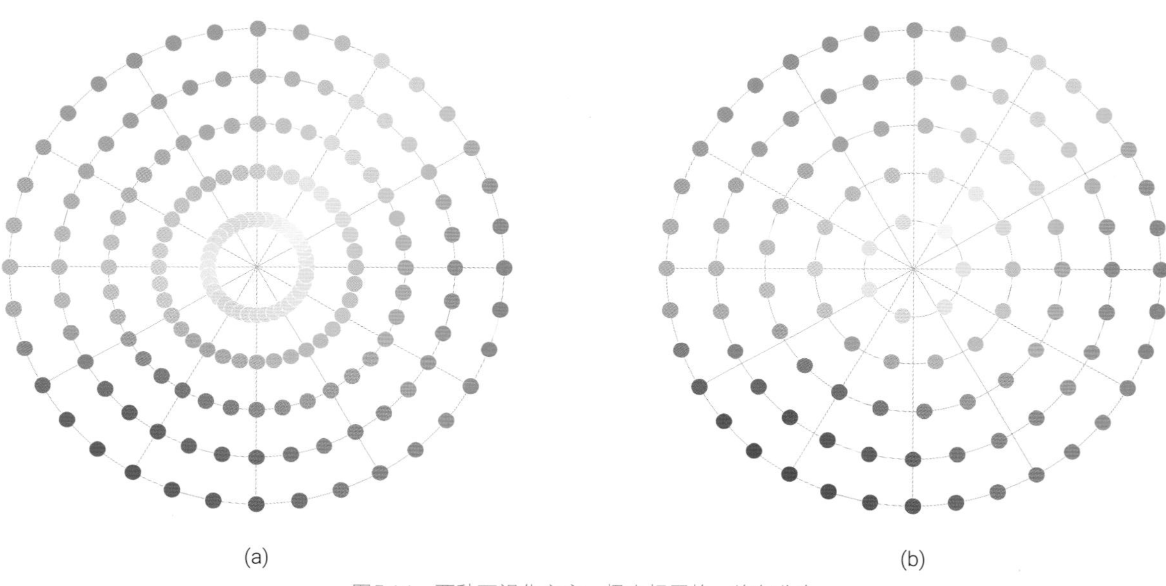

图5.14　两种可视化方案：极坐标网格、均匀分布

Jupyter笔记BK_2_Ch05_04.ipynb和BK_2_Ch05_05.ipynb中分别绘制了图5.23、图5.24子图。

本章的关键是各种可视化RGB色彩空间、HSV色彩空间的方案。请大家务必掌握"切豆腐"这种有趣的可视化方案，本书后续还会用到它。本章用到的作图技巧主要是二维散点图和三维散点图。核心数学工具有极坐标系和圆柱坐标系。

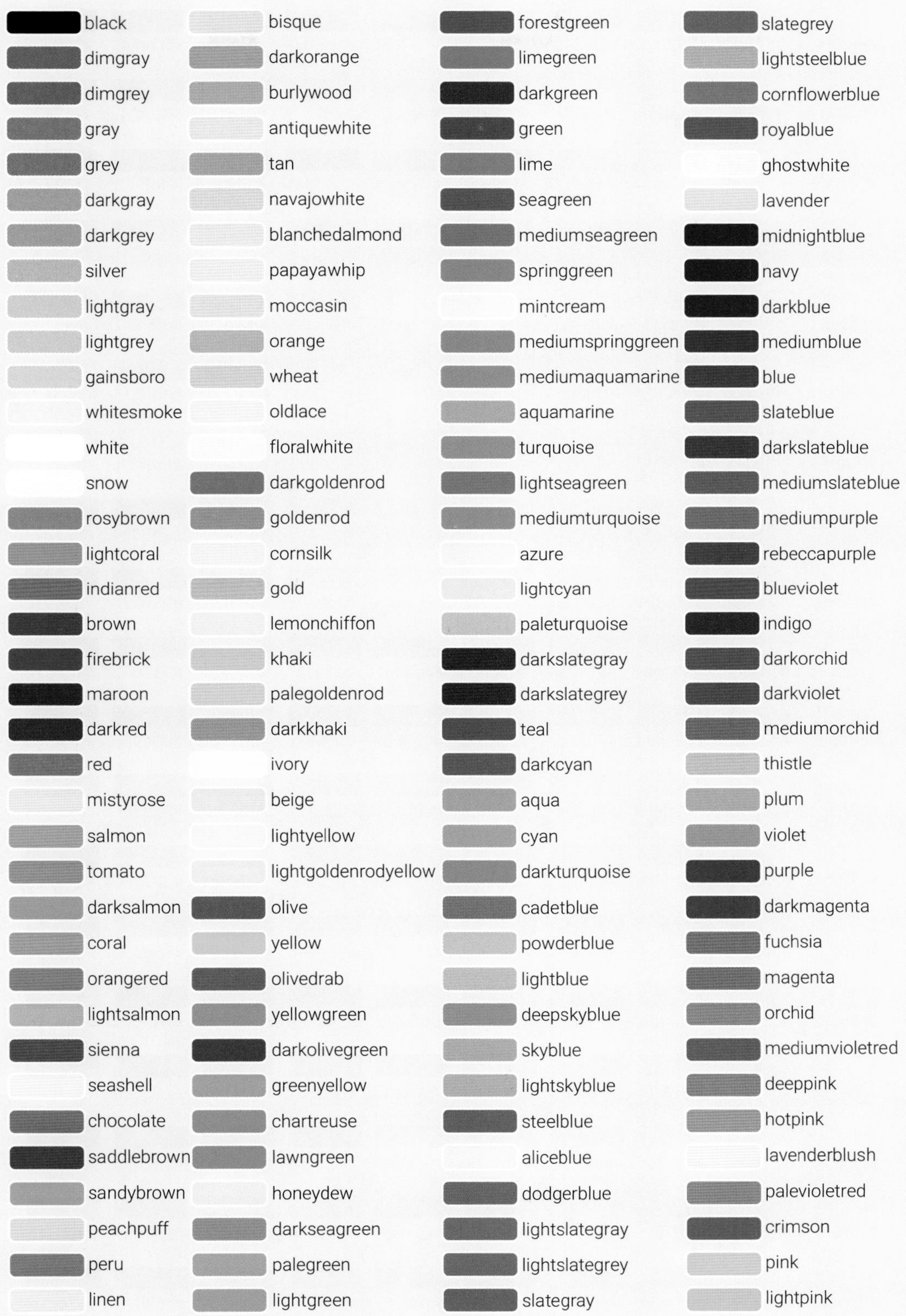
black
dimgray
dimgrey
gray
grey
darkgray
darkgrey
silver
lightgray
lightgrey
gainsboro
whitesmoke
white
snow
rosybrown
lightcoral
indianred
brown
firebrick
maroon
darkred
red
mistyrose
salmon
tomato
darksalmon
coral
orangered
lightsalmon
sienna
seashell
chocolate
saddlebrown
sandybrown
peachpuff
peru
linen
bisque
darkorange
burlywood
antiquewhite
tan
navajowhite
blanchedalmond
papayawhip
moccasin
orange
wheat
oldlace
floralwhite
darkgoldenrod
goldenrod
cornsilk
gold
lemonchiffon
khaki
palegoldenrod
darkkhaki
ivory
beige
lightyellow
lightgoldenrodyellow
olive
yellow
olivedrab
yellowgreen
darkolivegreen
greenyellow
chartreuse
lawngreen
honeydew
darkseagreen
palegreen
lightgreen
forestgreen
limegreen
darkgreen
green
lime
seagreen
mediumseagreen
springgreen
mintcream
mediumspringgreen
mediumaquamarine
aquamarine
turquoise
lightseagreen
mediumturquoise
azure
lightcyan
paleturquoise
darkslategray
darkslategrey
teal
darkcyan
aqua
cyan
darkturquoise
cadetblue
powderblue
lightblue
deepskyblue
skyblue
lightskyblue
steelblue
aliceblue
dodgerblue
lightslategray
lightslategrey
slategray
slategrey
lightsteelblue
cornflowerblue
royalblue
ghostwhite
lavender
midnightblue
navy
darkblue
mediumblue
blue
slateblue
darkslateblue
mediumslateblue
mediumpurple
rebeccapurple
blueviolet
indigo
darkorchid
darkviolet
mediumorchid
thistle
plum
violet
purple
darkmagenta
fuchsia
magenta
orchid
mediumvioletred
deeppink
hotpink
lavenderblush
palevioletred
crimson
pink
lightpink

图5.15 Matplotlib中已定义名称的颜色

#eceff1 #cfd8dc #b0bec5 #90a4ae #78909c #607d8b #546e7a #455a64 #37474f #263238

#fafafa #f5f5f5 #eeeeee #e0e0e0 #bdbdbd #9e9e9e #757575 #616161 #424242 #212121

#efebe9 #d7ccc8 #bcaaa4 #a1887f #8d6e63 #795548 #6d4c41 #5d4037 #4e342e #3e2723

#fbe9e7 #ffccbc #ffab91 #ff8a65 #ff7043 #ff5722 #f4511e #e64a19 #d84315 #bf360c

#fff3e0 #ffe0b2 #ffcc80 #ffb74d #ffa726 #ff9800 #fb8c00 #f57c00 #ef6c00 #e65100

#fff8e1 #ffecb3 #ffe082 #ffd54f #ffca28 #ffc107 #ffb300 #ffa000 #ff8f00 #ff6f00

#fffde7 #fff9c4 #fff59d #fff176 #ffee58 #ffeb3b #fdd835 #fbc02d #f9a825 #f57f17

#f9fbe7 #f0f4c3 #e6ee9c #dce775 #d4e157 #cddc39 #c0ca33 #afb42b #9e9d24 #827717

#f1f8e9 #dcedc8 #c5e1a5 #aed581 #9ccc65 #8bc34a #7cb342 #689f38 #558b2f #33691e

#e8f5e9 #c8e6c9 #a5d6a7 #81c784 #66bb6a #4caf50 #43a047 #388e3c #2e7d32 #1b5e20

#e0f2f1 #b2dfdb #80cbc4 #4db6ac #26a69a #009688 #00897b #00796b #00695c #004d40

#e0f7fa #b2ebf2 #80deea #4dd0e1 #26c6da #00bcd4 #00acc1 #0097a7 #00838f #006064

#e1f5fe #b3e5fc #81d4fa #4fc3f7 #29b6f6 #03a9f4 #039be5 #0288d1 #0277bd #01579b

#e3f2fd #bbdefb #90caf9 #64b5f6 #42a5f5 #2196f3 #1e88e5 #1976d2 #1565c0 #0d47a1

#e8eaf6 #c5cae9 #9fa8da #7986cb #5c6bc0 #3f51b5 #3949ab #303f9f #283593 #1a237e

#ede7f6 #d1c4e9 #b39ddb #9575cd #7e57c2 #673ab7 #5e35b1 #512da8 #4527a0 #311b92

#f3e5f5 #e1bee7 #ce93d8 #ba68c8 #ab47bc #9c27b0 #8e24aa #7b1fa2 #6a1b9a #4a148c

#fce4ec #f8bbd0 #f48fb1 #f06292 #ec407a #e91e63 #d81b60 #c2185b #ad1457 #880e4f

#ffebee #ffcdd2 #ef9a9a #e57373 #ef5350 #f44336 #e53935 #d32f2f #c62828 #b71c1c

图5.16　几组渐变色和它们的hex值 (参考：https://github.com/rougier/scientific-visualization-book)

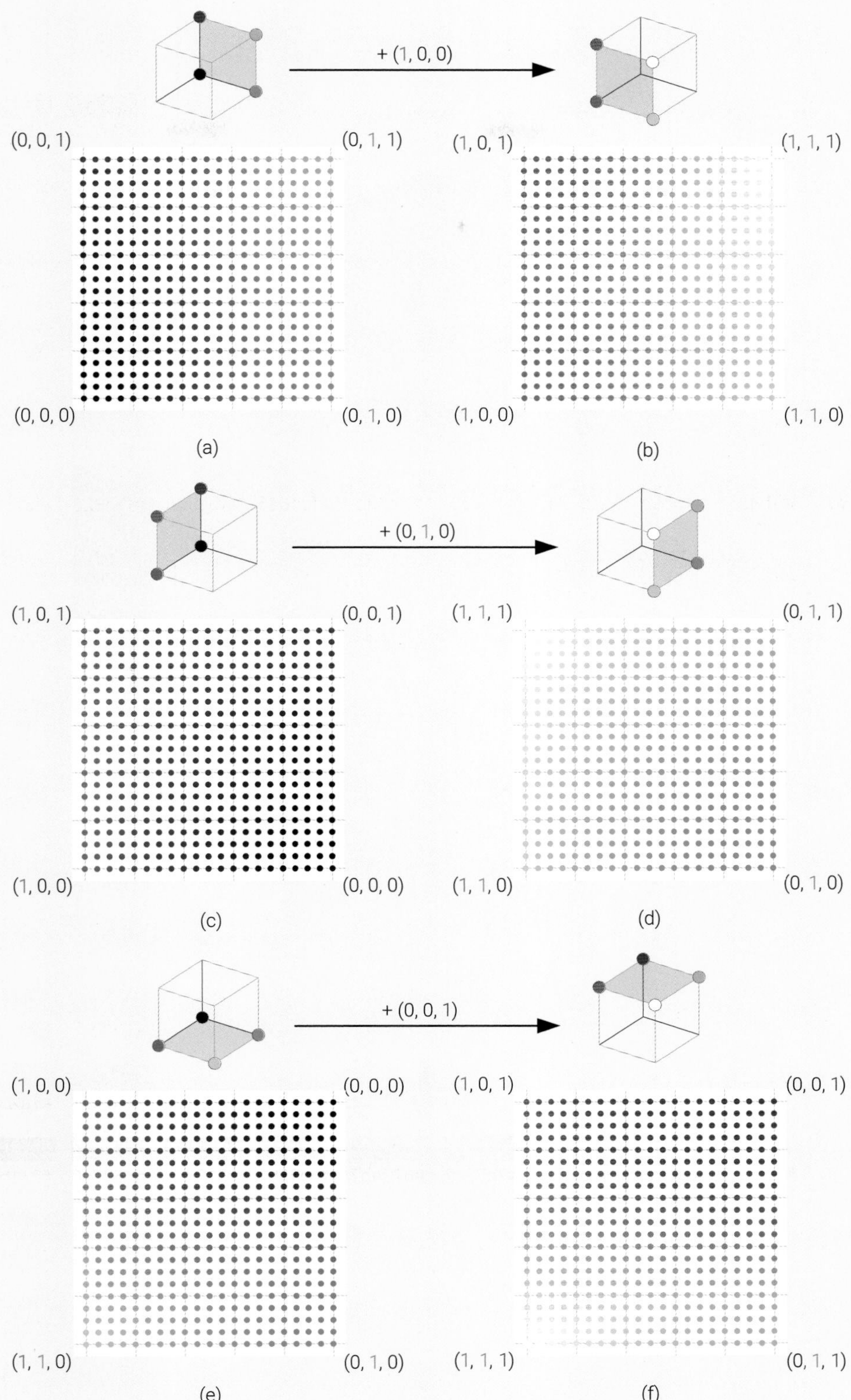

图5.17　用指定色号和二维散点图可视化RGB色彩空间的六个侧面 | BK_2_Ch05_01.ipynb

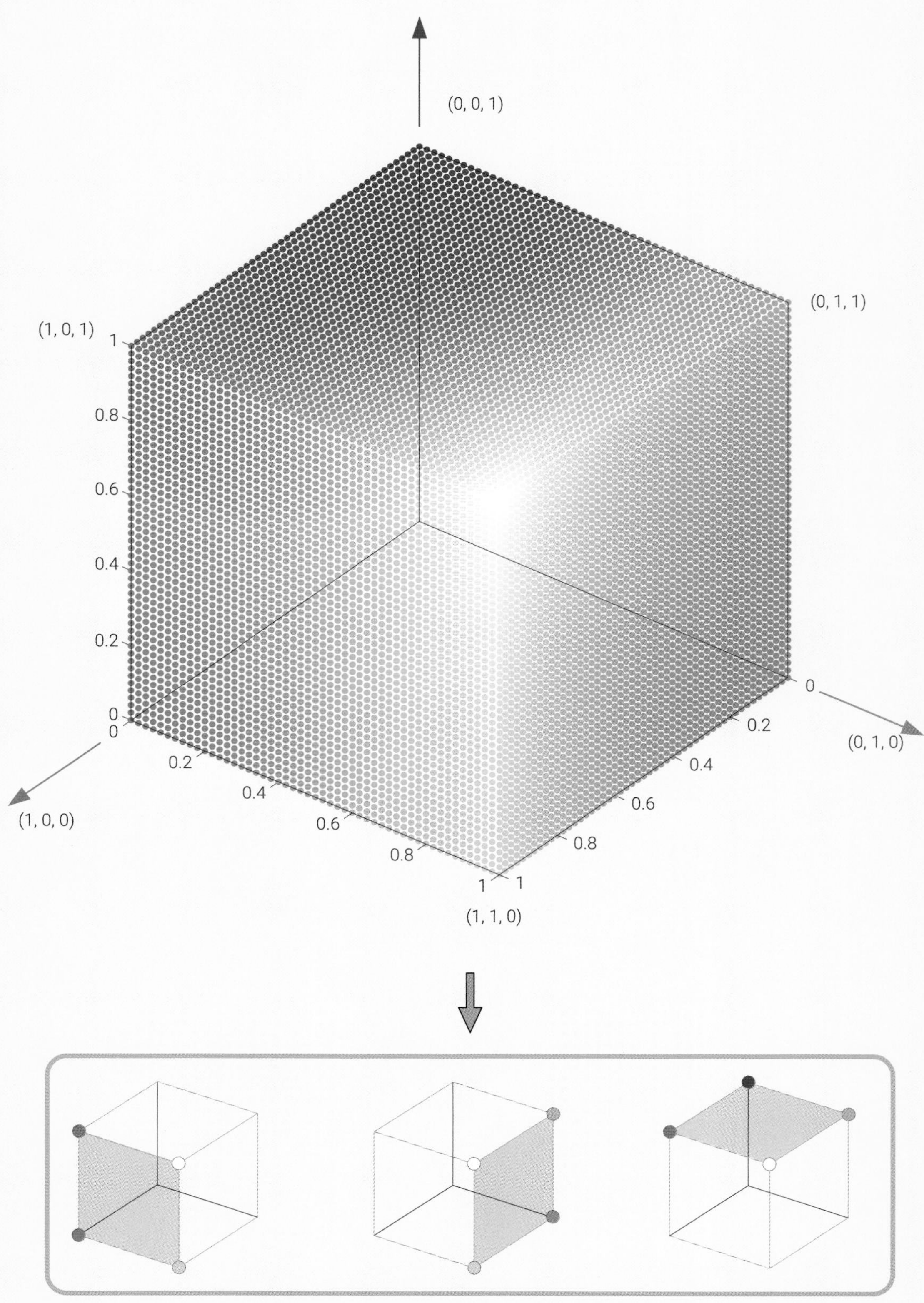

图5.18　三原色张成的彩色空间，外侧三个外立面 | BK_2_Ch05_02.ipynb

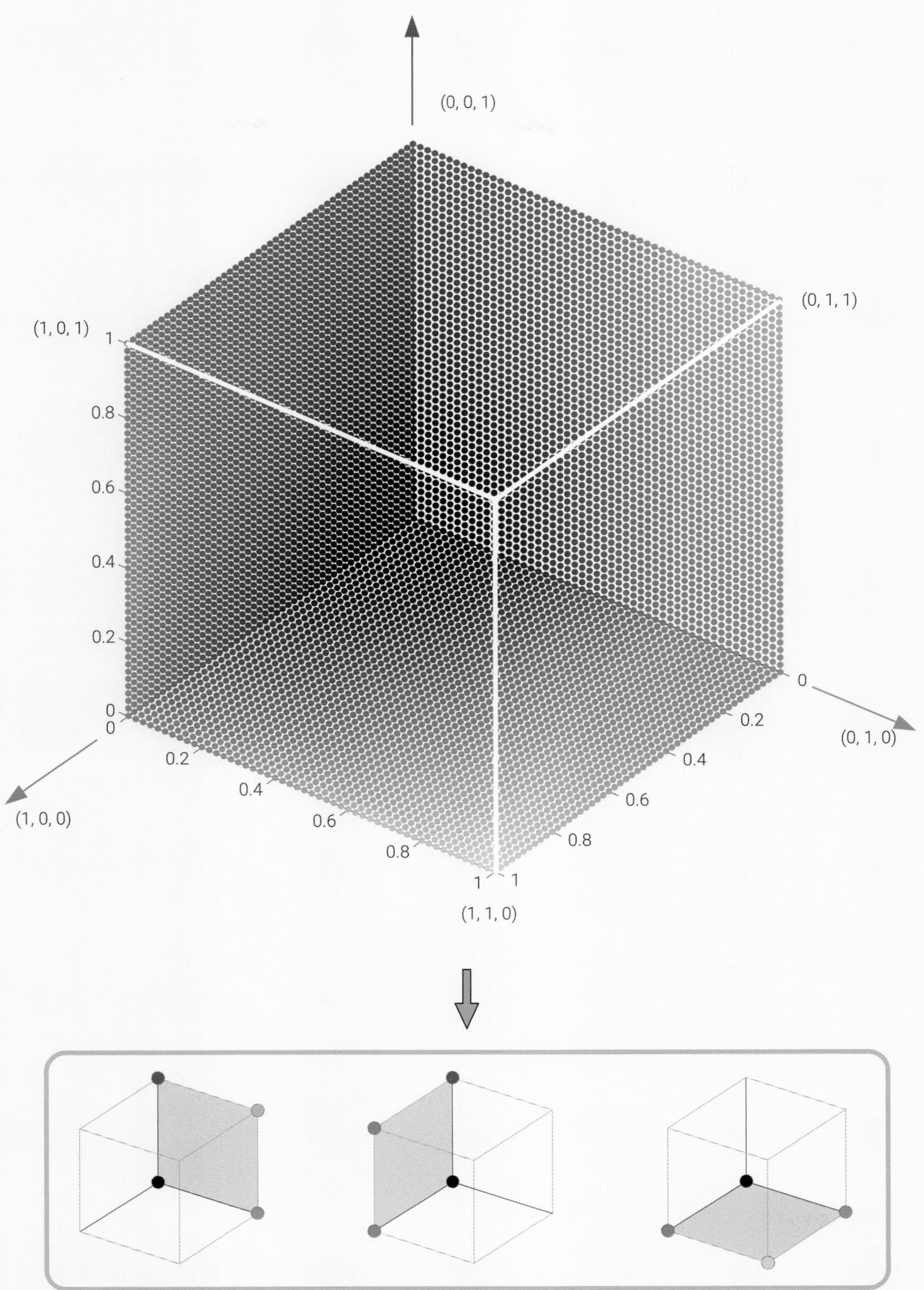

图5.19　三原色张成的彩色空间，内侧三个外立面 | BK_2_Ch05_02.ipynb

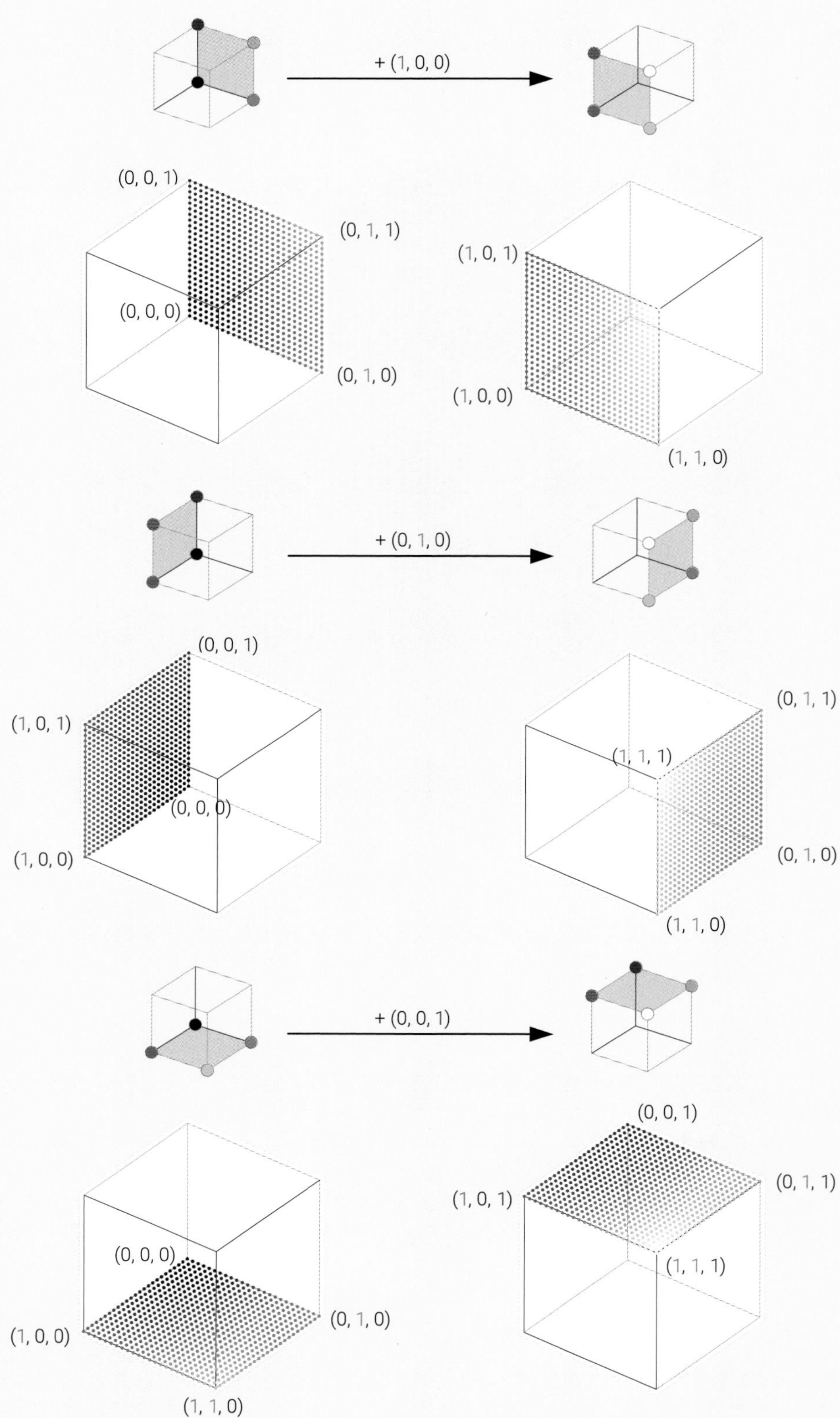

图5.20　三原色张成的彩色空间的六个侧面之间的平移关系 | BK_2_Ch05_02.ipynb

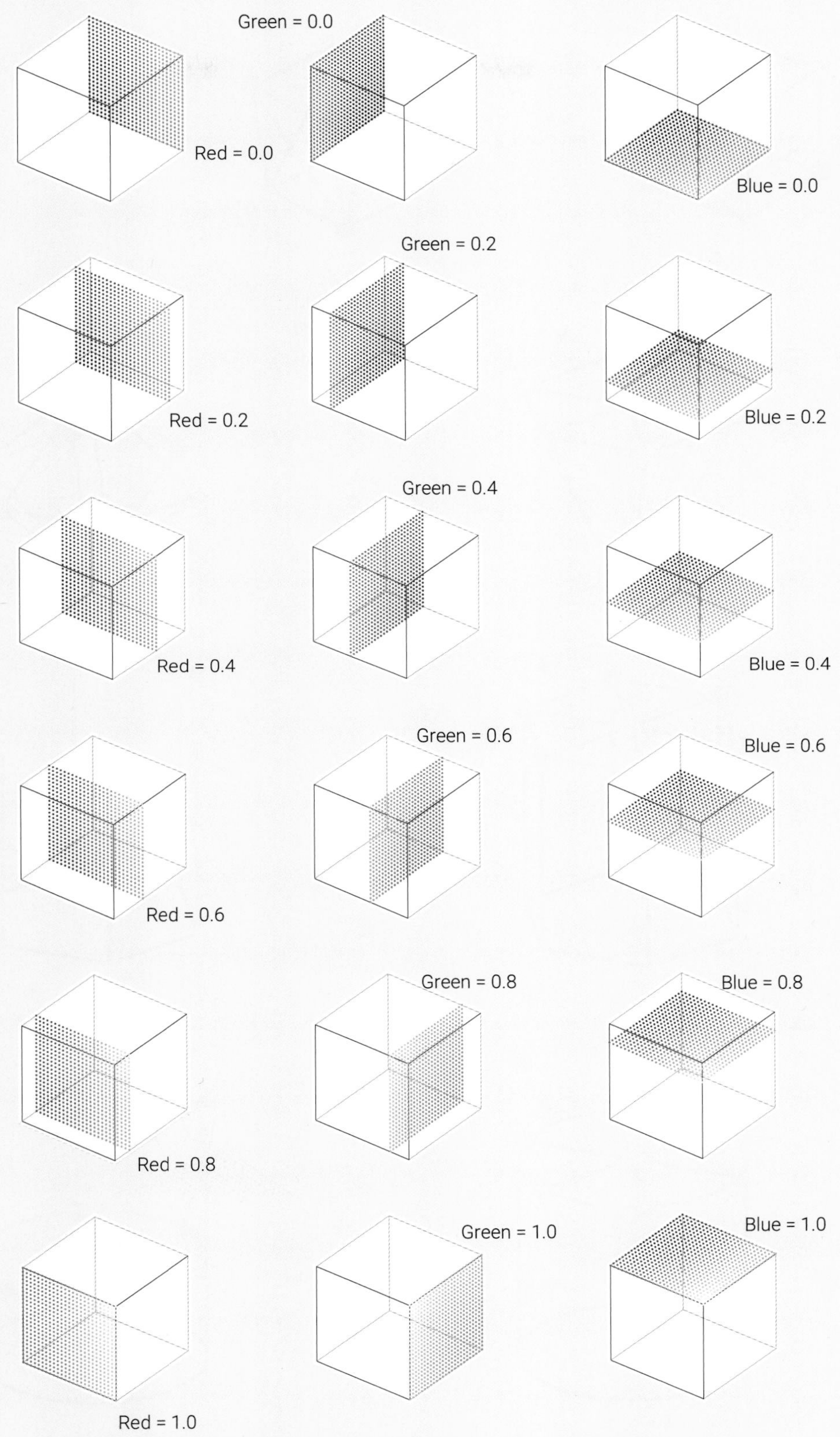

图5.21 “切豆腐”式可视化RGB空间内部 | BK_2_Ch05_03.ipynb

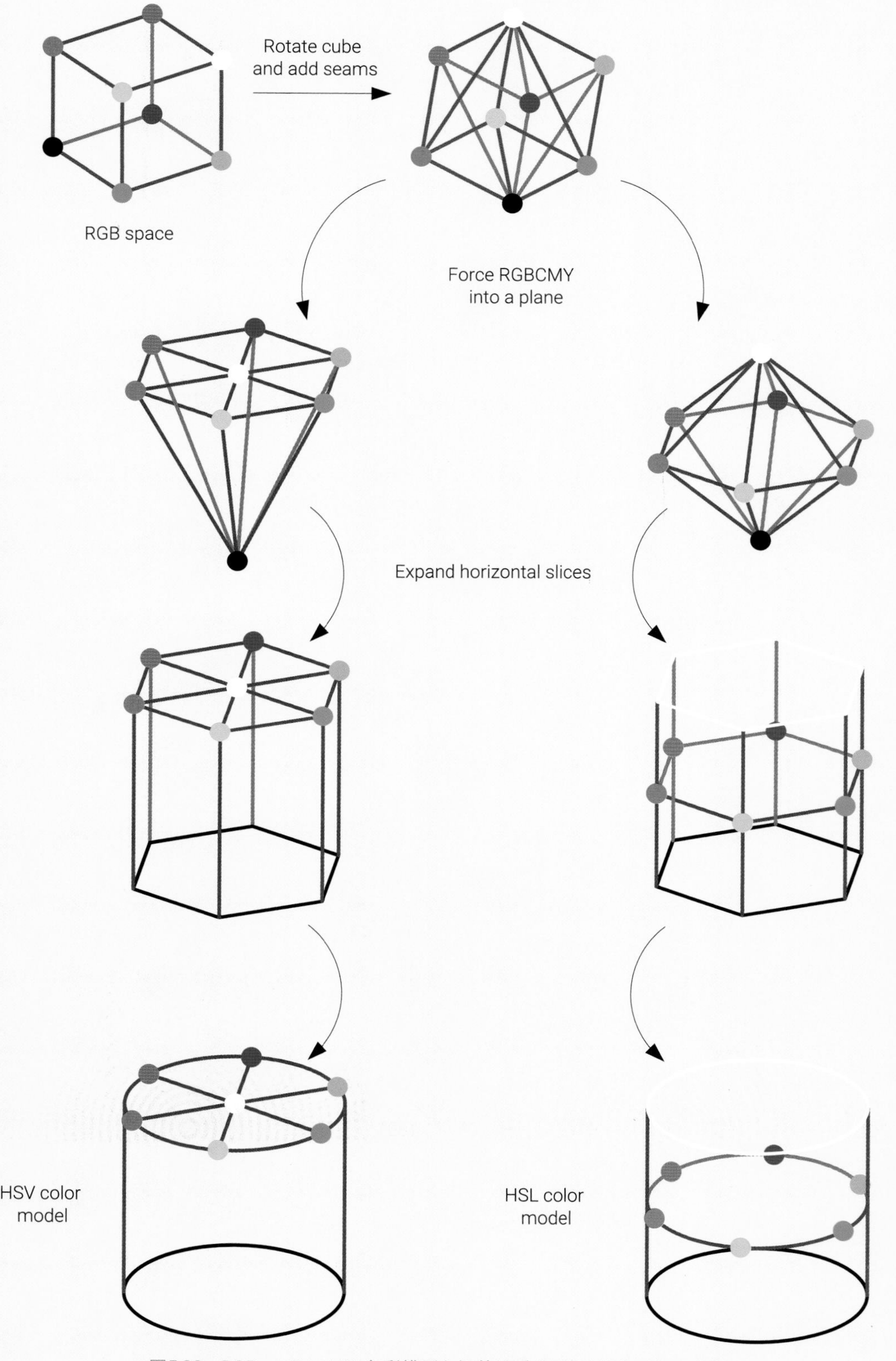

图5.22　RGB、HSV、HSL色彩模型之间的关系 (图片改编自Wikipedia)

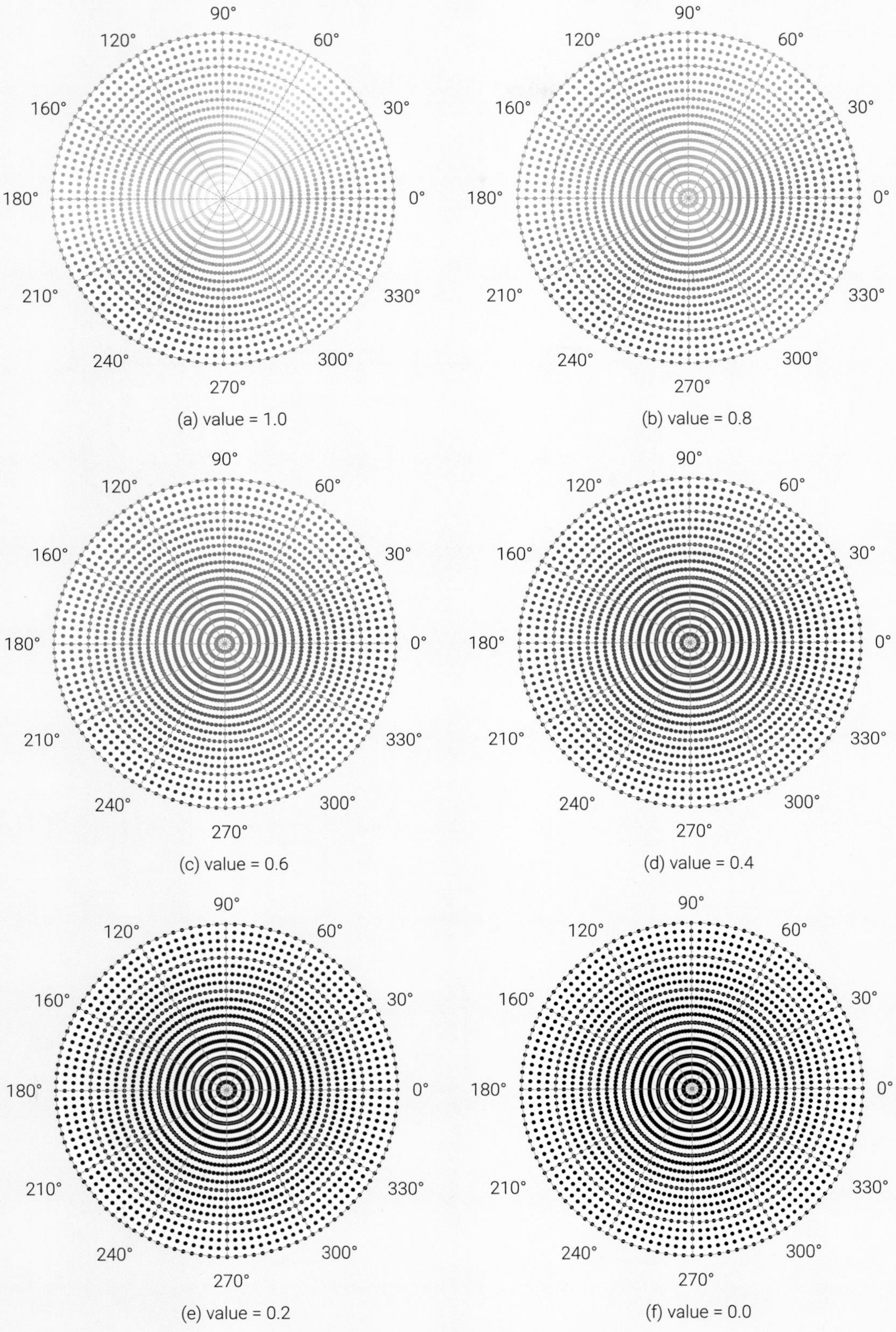

(a) value = 1.0

(b) value = 0.8

(c) value = 0.6

(d) value = 0.4

(e) value = 0.2

(f) value = 0.0

图5.23 HSV色彩空间，极坐标网格数据 | BK_2_Ch05_04.ipynb

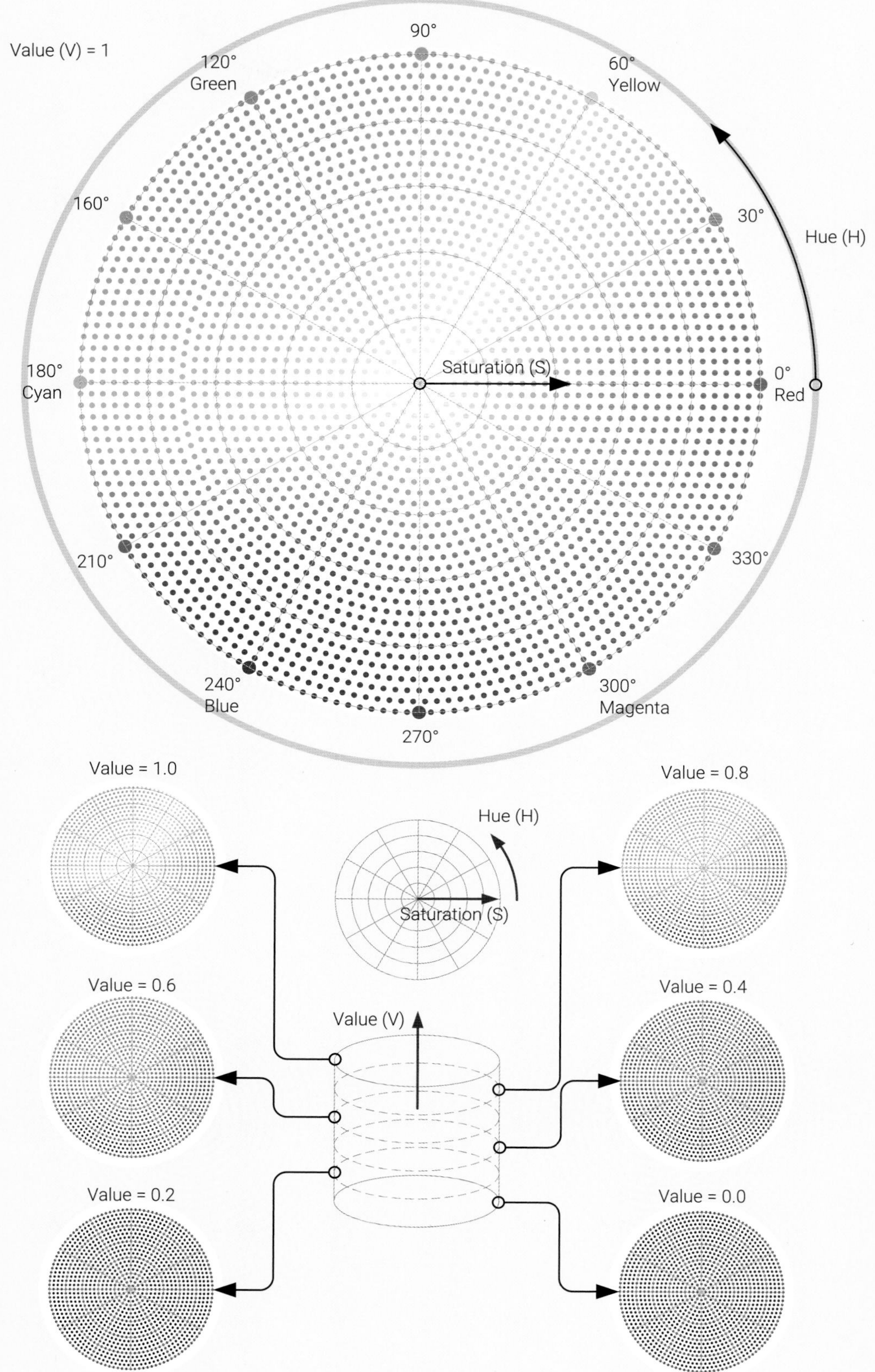

图5.24　HSV色彩空间，散点均匀 | ⊕ BK_2_Ch05_05.ipynb

Colormaps

颜色映射

一种将数据映射到颜色的方式

一位画家应该在每块画布上都从黑色的底色开始，因为自然界中的一切事物都是黑暗的，只有在被光线照射的地方才会显现出明亮。

A painter should begin every canvas with a wash of black, because all things in nature are dark except where exposed by the light.

—— 列奥纳多·达·芬奇 (Leonardo da Vinci) | 文艺复兴三杰之一 | 1452 — 1519年

- ◀ `matplotlib.pyplot.colormaps()` 获取所有可用的颜色映射的名称列表
- ◀ `matplotlib.pyplot.get_cmap()` 获取指定名称的颜色映射对象，可用于将数据值映射到对应的颜色
- ◀ `matplotlib.pyplot.cm.RdYlBu_r()` 返回 RdYlBu 颜色映射的倒置版本
- ◀ `seaborn.heatmap()` 绘制热图
- ◀ `enumerate()` 用于在迭代过程中同时获取元素的索引和值，返回一个包含索引和值的元组的迭代器
- ◀ `sympy.lambdify()` 将 SymPy 表达式转换为可进行数值计算的 Python 函数
- ◀ `sympy.diff()` 对符号表达式进行求导，返回导数的表达式
- ◀ `matplotlib.colors.rgb_to_hsv()` 将 RGB 颜色表示转换为 HSV 颜色
- ◀ `matplotlib.colors.LinearSegmentedColormap` 创建自定义连续颜色映射
- ◀ `matplotlib.colors.ListedColormap` 创建自定义离散颜色映射

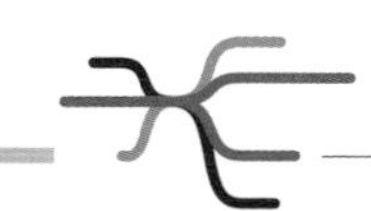

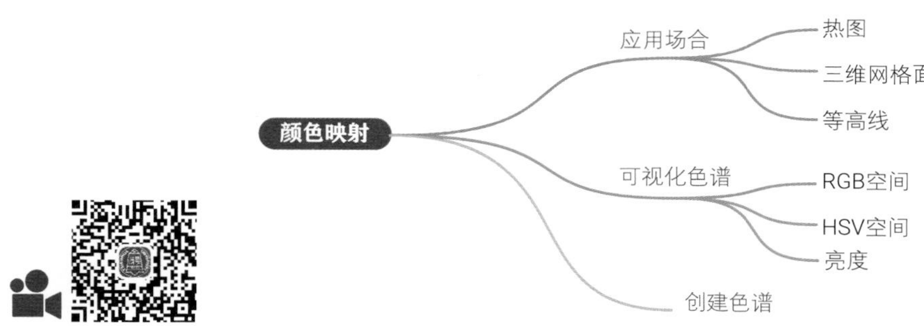

6.1 颜色映射

颜色映射，也叫色谱、色图，是指将数值映射到颜色的一种关系。图6.1所示为Matplotlib常见的几种色谱。Matplotlib默认的色谱为viridis。

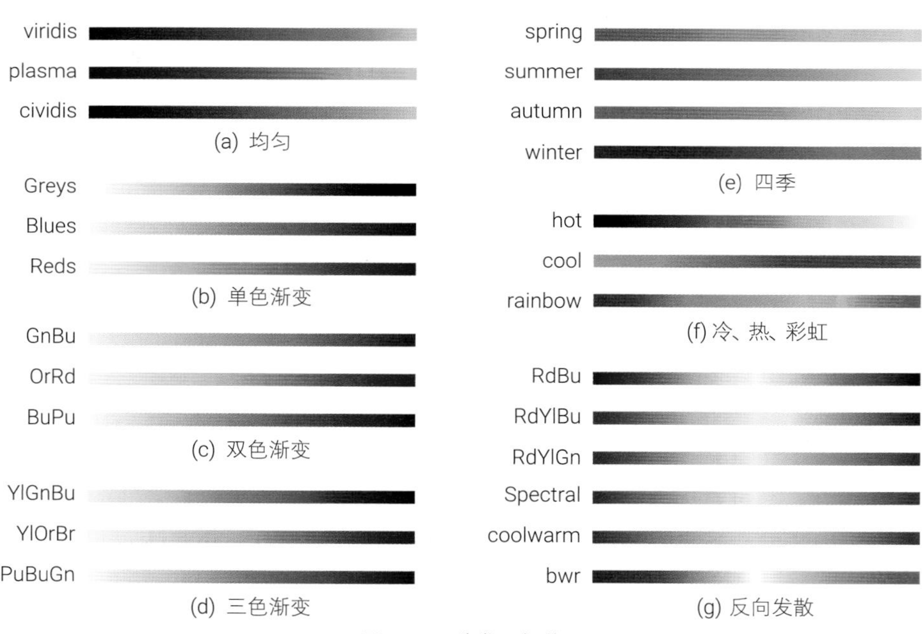

图6.1　几种常用色谱

“鸢尾花书”中最常见色谱是图6.1 (g) 中RdYlBu。图6.2所示为颜色映射的原理。图6.3将 [0,1] 区间数值映射到RdYlBu_r颜色映射。RdYlBu_r是将RdYlBu颜色翻转。

> 请大家注意，Seaborn和Plotly库还有自己特殊定制的颜色映射。颜色映射的应用很广泛，如三维网格面、等高线、热图等。

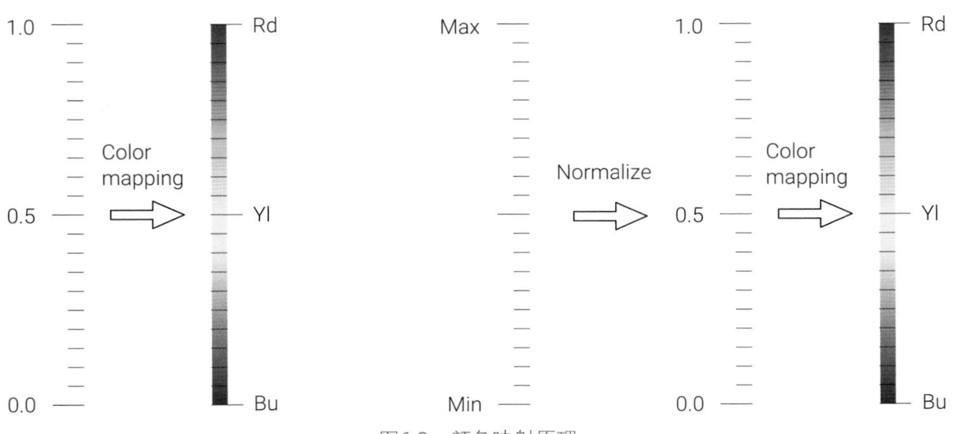

图6.2　颜色映射原理

RGB: (165, 0, 38)	1.0
RGB: (214, 47, 38)	0.9
RGB: (244, 109, 67)	0.8
RGB: (252, 172, 96)	0.7
RGB: (254, 224, 144)	0.6
RGB: (254, 254, 190)	0.5
RGB: (224, 243, 247)	0.4
RGB: (169, 216, 232)	0.3
RGB: (116, 173, 209)	0.2
RGB: (68, 15, 179)	0.1
RGB: (49, 54, 149)	0.0

RGB: (165, 0, 38)	1.0
RGB: (188, 22, 38)	0.95
RGB: (214, 47, 38)	0.9
RGB: (229, 77, 52)	0.85
RGB: (244, 109, 67)	0.8
RGB: (248, 139, 81)	0.75
RGB: (252, 172, 96)	0.7
RGB: (253, 198, 120)	0.65
RGB: (254, 224, 144)	0.6
RGB: (254, 239, 167)	0.55
RGB: (254, 254, 190)	0.5
RGB: (239, 249, 218)	0.45
RGB: (224, 243, 247)	0.4
RGB: (196, 229, 240)	0.35
RGB: (169, 216, 232)	0.3
RGB: (144, 195, 221)	0.25
RGB: (116, 173, 209)	0.2
RGB: (92, 144, 194)	0.15
RGB: (68, 15, 179)	0.1
RGB: (58, 83, 163)	0.05
RGB: (49, 54, 149)	0.0

图6.3　将 [0,1] 区间数值映射到RdYlBu_r颜色映射 | BK_2_Ch06_01.ipynb

三维网格面

图6.18采用色谱可视化二元函数的取值。图6.18 (a) 和 (b) 是利用plot_surface() 函数绘制的，分别采用了RdYlBu和Blues两种色谱。

图6.18 (a) 和 (b) 上还加上了**色谱条** (color bar) 用来指示不同颜色对应的函数值。有关colorbar的布置，大家可以参考：

> 《数学要素》第13章讲解二元函数。

```
https://matplotlib.org/stable/users/explain/axes/constrainedlayout_guide.html
```

加上"_r"之后，RdYlBu_r和Blues_r，色谱的顺序发生调转，如图6.18 (c) 和 (d) 所示。

图6.18 (e) 和 (f) 则仅仅保留三维网格色谱。这种网格透视效果更好。

等高线

图6.19所示为用几种不同色谱绘制的二维填充等高线、无填充等高线。

本系列丛书中，像Blues这种单色渐变色谱，经常用来可视化概率密度函数。因为概率密度函数取值大于等于0。

本书中，大家还会在线图、热图、分类标签等各种可视化应用场景中看到色谱。

更多有关色谱的探讨，请参考：

```
https://matplotlib.org/stable/tutorials/colors/colormaps.html
```

此外，图6.1也参考了上述例子。

Jupyter笔记BK_2_Ch06_02.ipynb和BK_2_Ch06_03.ipynb中分别绘制了图6.18、图6.19子图。

下面，我们将用三个视角可视化色谱。这三个视角分别是：RGB色彩空间、HSV色彩空间、亮度。

6.2 可视化色谱

在RGB空间的位置

RdYlBu在我们眼里是一组渐变的颜色，而每个颜色对应一个RGB色号。因此，类似RdYlBu的色谱实际上就是RGB空间的一组坐标。

利用生成的 [0, 1] 长度为100的等差数列，我们可以从制定的色谱上取得100个连续色号。这100个色号便对应RGB空间中的100个坐标。绘制三维散点时，我们同时给它们赋值对应的色号，图6.20、图6.21所示为八个选定的色谱在RGB空间的“轨迹”。为了更好地观察，我们设定4个观察视角。

特别地，如图6.20 (d) 所示，我们发现色谱cool实际上就是cyan和magenta之间的线性插值。

图6.21这四个图谱颜色都很艳丽，但是通过RGB这个可视化方案，我们发现四个色谱的差异很明显。

《数据有道》专门介绍插值。

rainbow的颜色变化较为平滑，而jet则多数在RGB立方体的三个最鲜亮的立面上。turbo的两个端点的红色和蓝色色号都更靠近原点。也就是说，颜色相对较深。但是turbo色号散点轨迹是四个色谱中最平滑的一个，因此颜色过渡均匀。HSV色谱很特殊，首先它首尾封闭，HSV起点和终点都是红色。再者，HSV所有颜色几乎都在HSV色系的饱和度为1的边缘上，这一点在HSV色彩空间更容易看到。此外，jet和HSV都可以看成是由线段构成的。

Jupyter笔记BK_2_Ch06_04.ipynb中绘制了图6.20、图6.21子图。
Jupyter笔记BK_2_Ch06_05.ipynb中绘制了图6.22、图6.23子图。

在HSV空间的位置

前文提过，RGB色彩空间相当于三维直角坐标系，而HSV色彩空间相当于圆柱坐标系。既然可以在RGB空间可视化色谱，我们也可以在HSV色彩空间可视化色谱，具体如图6.22、图6.23所示。

用matplotlib.colors.rgb_to_hsv()，我们把RGB色号转化为HSV色号。**H** (色调)、**S** (饱和度)、**V** (明暗度) 三个值都在 [0, 1] 之内。而H相当于极角，我们需要将其转化成 [0, 2π] 的值。然后将极坐标转化为直角坐标。V值本身就是竖轴值。

亮度

图6.4可视化八个色谱的亮度。这幅图参考了如下Matplotlib官方例子：

```
https://matplotlib.org/stable/tutorials/colors/colormaps.html
```

请大家自行学习，并绘制图6.4。

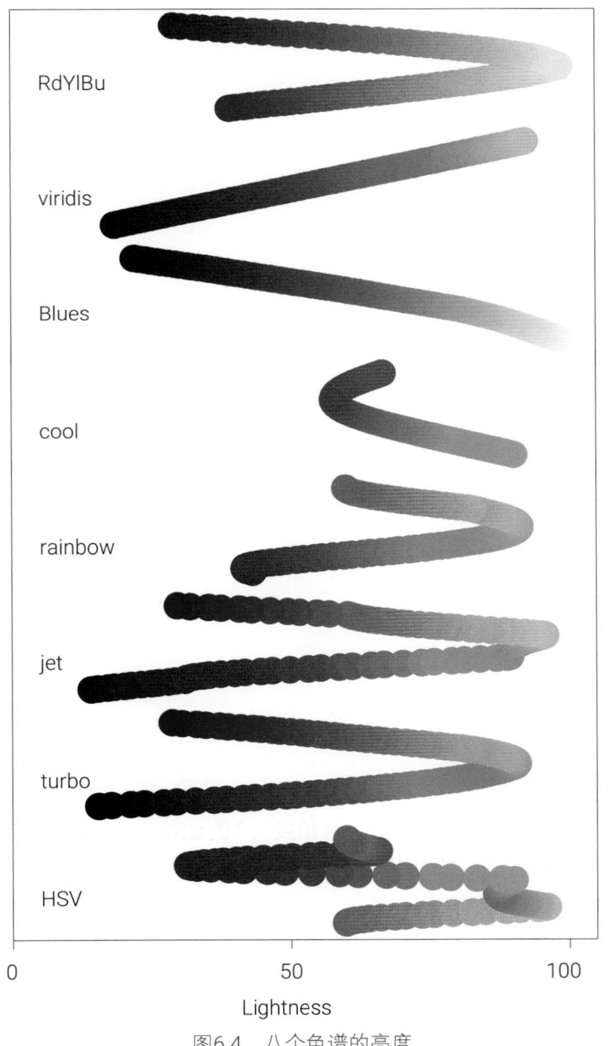

图6.4　八个色谱的亮度

6.3 创建色谱

本节聊聊如何在Matplotlib中创建、使用色谱。

两个节点

在Matplotlib中创建色谱，至少需要两个颜色作为节点。上一节，大家已经见过cool这个色谱的两端有两个颜色——cyan和magenta，具体如图6.5所示。色谱的左端节点用0表示，右侧节点用1表示。

图6.5　两个节点，左侧节点 (0.0) 为cyan，右侧节点 (1.0) 为magenta

下面，我们将左侧节点替换为深蓝色 darkblue，得到的色谱如图6.6所示。图6.24 (a) 所示为这个色谱在RGB空间的具体位置。

图6.6　两个节点，左侧节点 (0.0) 为darkblue，右侧节点 (1.0) 为magenta

三个节点

下面，我们在图6.6色谱的中间 (0.5) 处加一个白色，得到如图6.7所示色谱。这个色谱显然对称。图6.24 (b) 所示为这个色谱在RGB空间的具体位置。

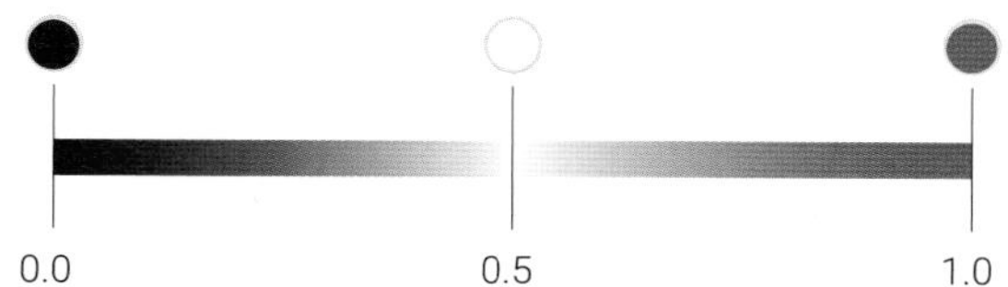

图6.7　三个节点，左侧节点 (0.0) 为darkblue，正中间节点 (0.5) 为white，右侧节点 (1.0) 为magenta

我们可以用同样的三个颜色构造如图6.8所示的非对称色谱，白色移动到0.75处。

图6.8　三个节点，左侧节点 (0.0) 为darkblue，中间节点 (0.75) 为white，右侧节点 (1.0) 为magenta

五个节点

为了让自定义色谱的颜色渐变更加丰富，我们在图6.7基础上再增加两个节点 (skyblue 和 pink)，得到如图6.9所示色谱。这五个节点均匀布置。这个色谱在RGB色彩空间位置如图6.24 (c) 所示。将正中间的白色换成黄色，我们便得到图6.10所示色谱。这个色谱在RGB色彩空间位置如图6.24 (d) 所示。

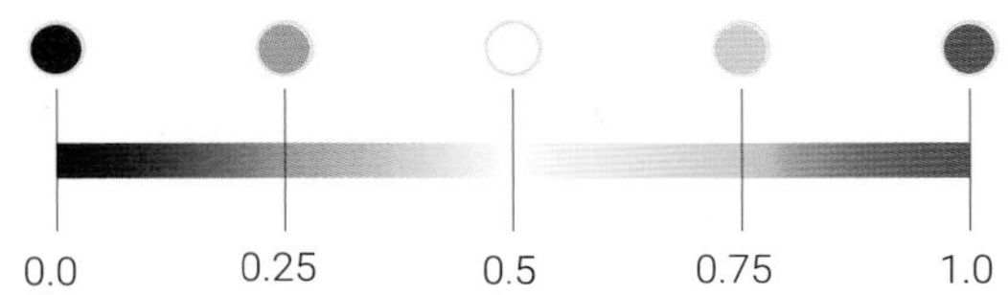

图6.9　五个节点，左侧节点 (0.0) 为darkblue，中间有三个节点，右侧节点 (1.0) 为magenta，均匀布置

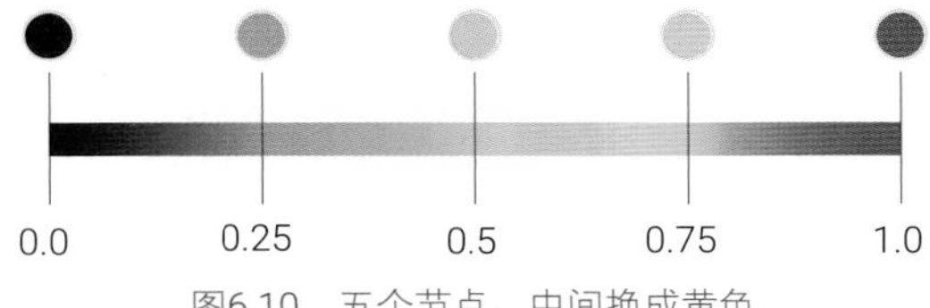

图6.10　五个节点，中间换成黄色

将图6.9的天蓝色、粉色节点分别向两端靠近，我们便得到如图6.11所示色谱。

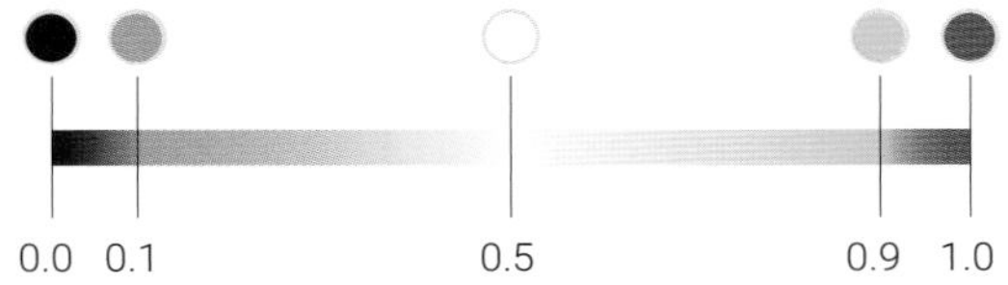

图6.11　五个节点，左侧节点 (0.0) 为darkblue，中间有三个节点，右侧节点 (1.0) 为magenta，不均匀布置

RGB色谱

下面，我们用RGB三个基色构造一个均匀色谱，具体如图6.12所示。

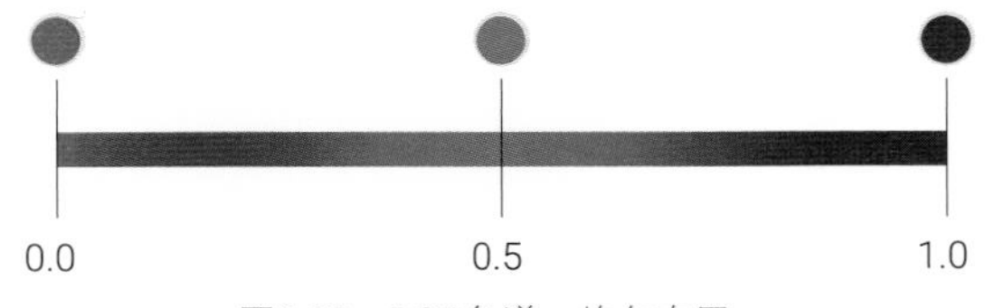

图6.12　RGB色谱，均匀布置

图6.13则展示了一个首尾连接的循环色谱，这个色谱有四个节点，它们在RGB空间的位置如图6.25 (a) 所示。这个色谱显得很“暗沉”。我们可以看出，这个色谱线性插值得到的颜色很多都靠近黑色。

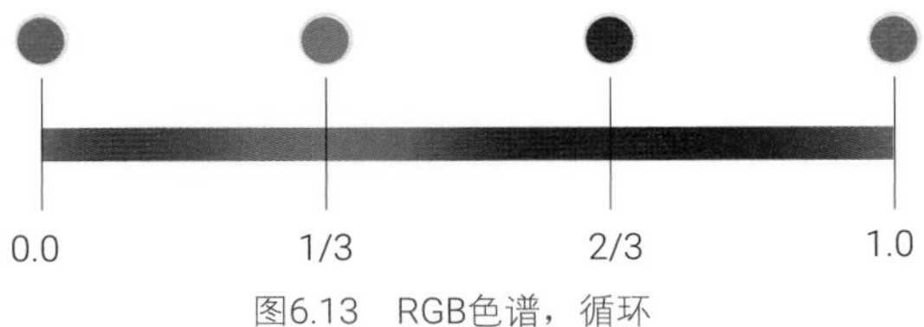

图6.13　RGB色谱，循环

CMY色谱

作为对比，我们再用CMY三个基色构造如图6.14所示色谱。这个色谱的色调显然明亮很多。如图 6.25 (b) 所示，这个色谱插值得到的颜色都在RGB立方体的三个最鲜亮的立面上。

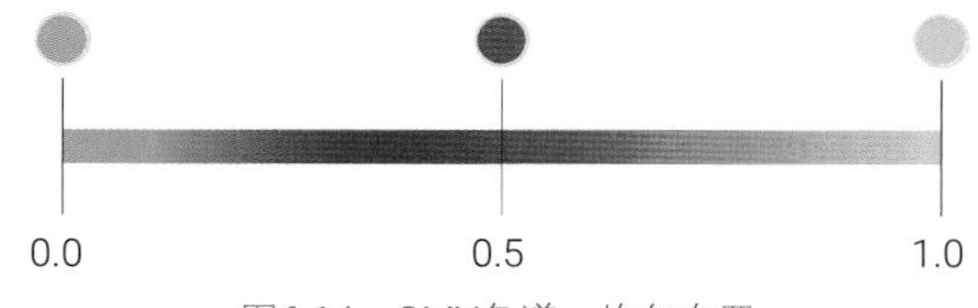

图6.14 CMY色谱，均匀布置

如图6.15所示，我们构造了一个循环色谱。这个色谱有四个节点，它们的位置如图6.25 (c) 所示。从HSV色彩空间视角来看，这个色谱的所有颜色饱和度 (S) 并非最高。

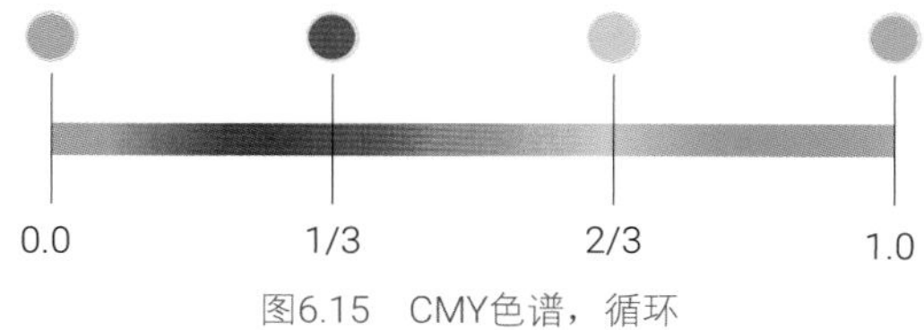

图6.15 CMY色谱，循环

仿造HSV色谱

前文中，大家都见过HSV色谱，下面我们自己仿造一个类似色谱。如图6.16所示，这个色谱一共有7个节点，首尾循环、均匀布置。色谱在RGB色彩空间位置如图6.25 (d) 所示。这个色谱所有颜色在HSV饱和度最高。

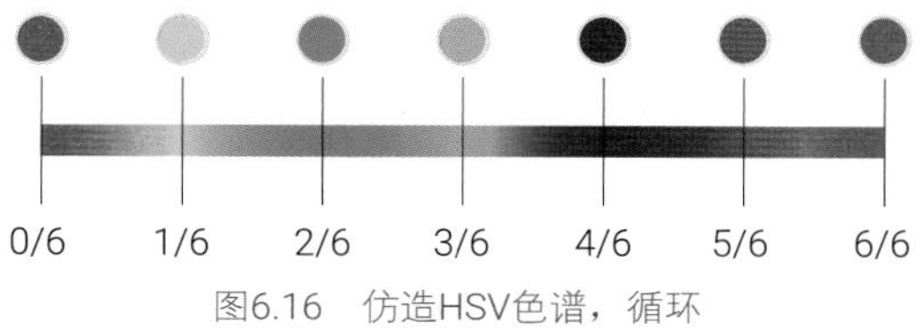

图6.16 仿造HSV色谱，循环

Jupyter笔记BK_2_Ch06_06.ipynb中绘制了图6.24、图6.25子图。

热图

下面，我们用自定义色谱和热图可视化随机数。我们用seaborn.heat() 绘制随机数，随机数则满足标准正态分布。

图6.26 (a) 热图采用图6.9所示色谱。为了突出极大、极小的随机数 (可能存在的离群值)，我们可以采用图6.11所示色谱，并得到图6.26 (b) 所示热图。

图6.26 (c) 则较为特殊，采用自定义的离散色谱，如图6.17所示。大家可能已经发现，热图变化不再连续。比如，[−1, 1] 上的随机数都用白色表示。

图6.17　自定义离散色谱

Jupyter笔记BK_2_Ch06_07.ipynb中绘制了图6.26子图。

颜色映射是一种将数值映射到颜色的方法，使得图表更具可视化效果。Matplotlib中颜色映射都是基于不同的色彩模型设计的，例如RGB或HSV。我们会在散点图、线图、热图、曲面图、等高线等可视化方案中用到颜色映射。

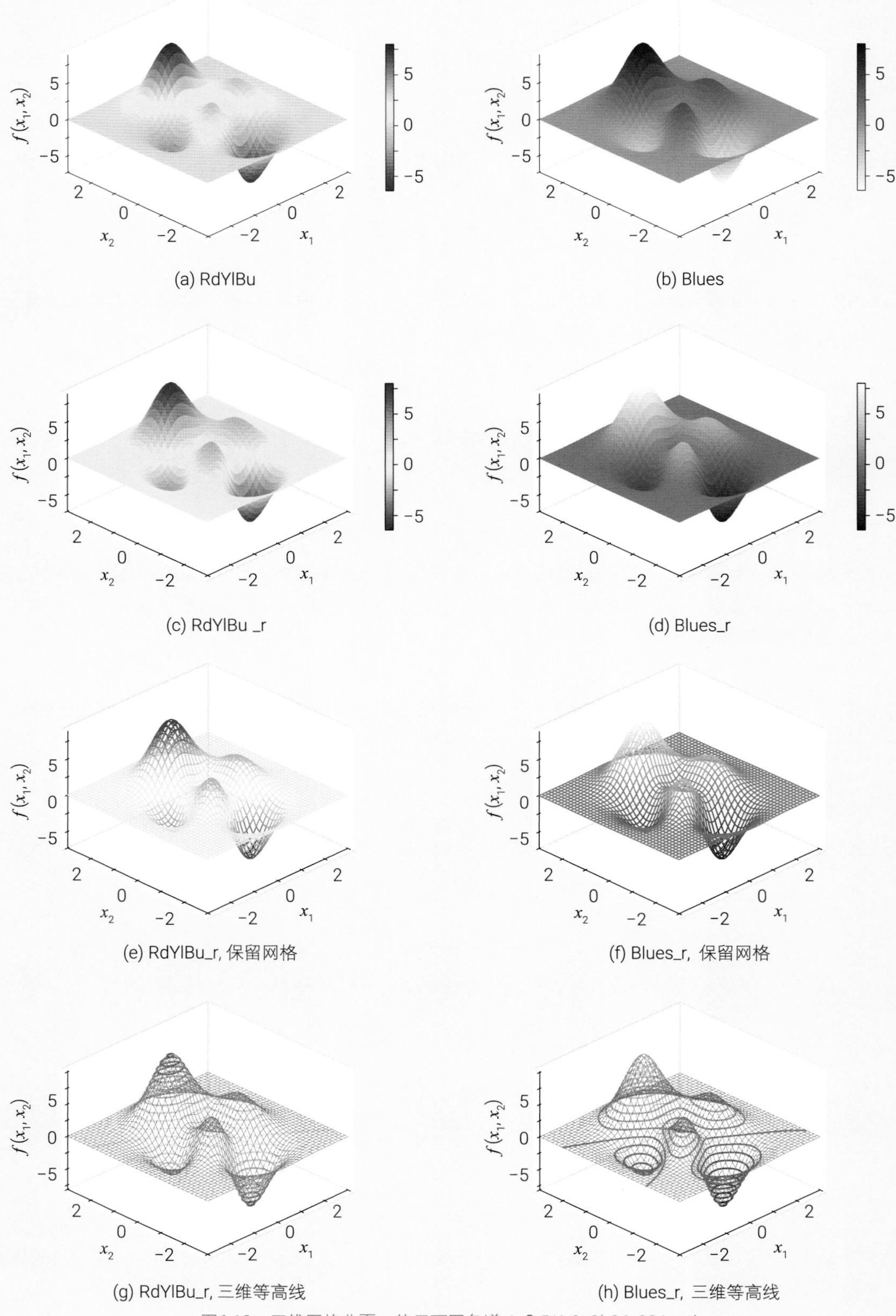

图6.18　三维网格曲面，使用不同色谱 | ⊕ BK_2_Ch06_02.ipynb

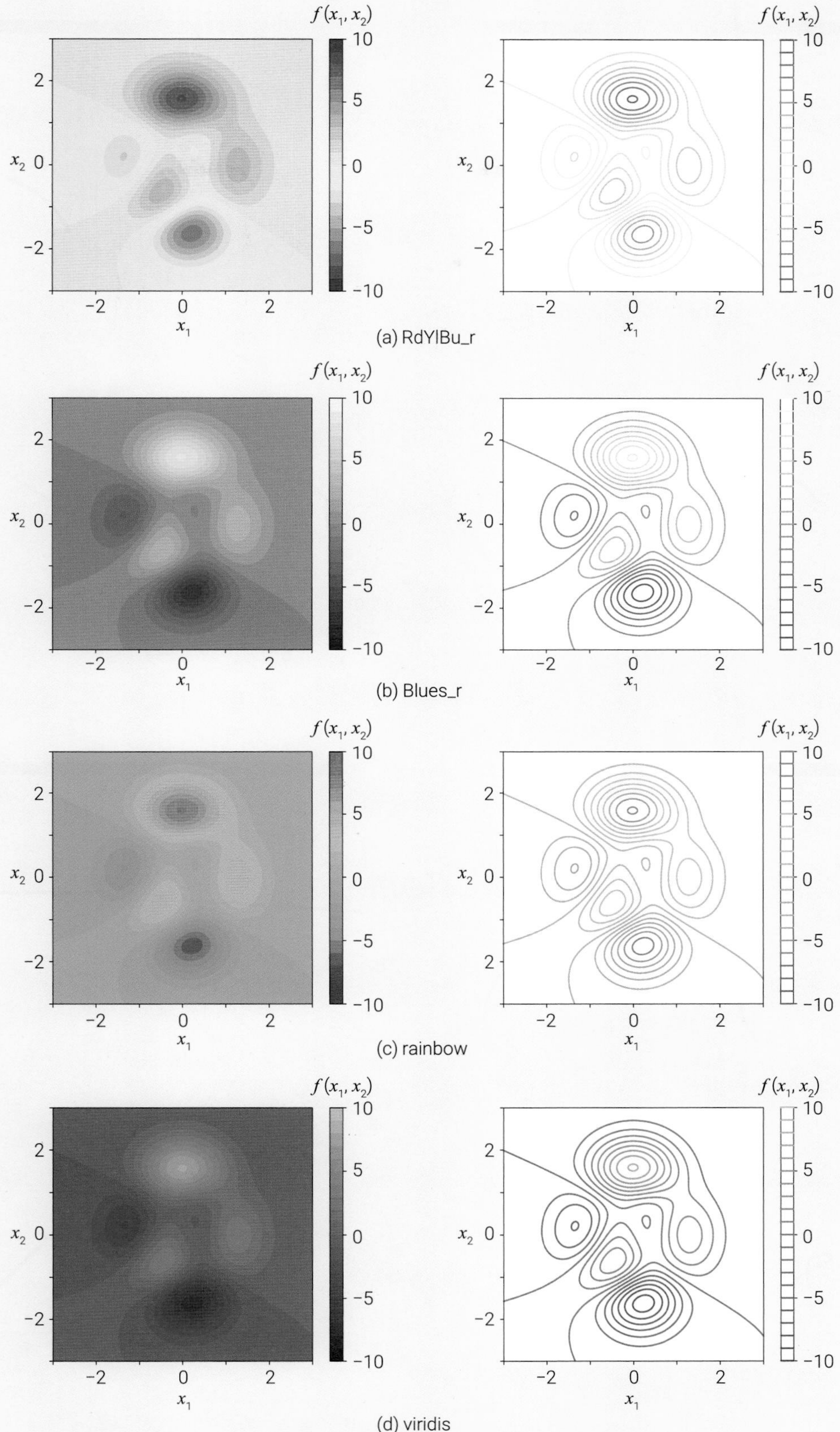

(a) RdYlBu_r

(b) Blues_r

(c) rainbow

(d) viridis

图6.19　二维等高线，使用不同色谱 | BK_2_Ch06_03.ipynb

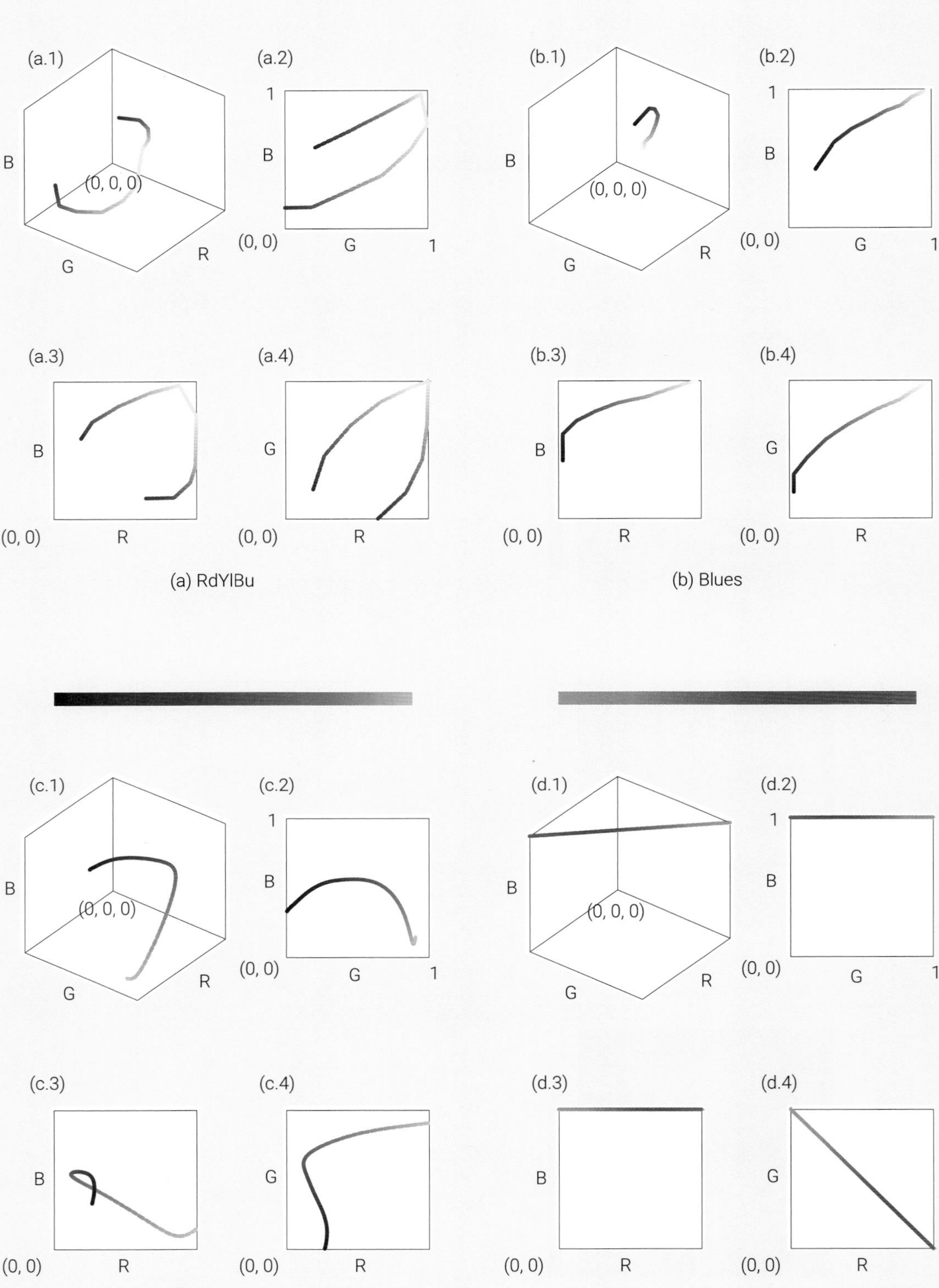

图6.20　在RGB空间看RdYlBu、Blues、viridis、cool四个色谱 | BK_2_Ch06_04.ipynb

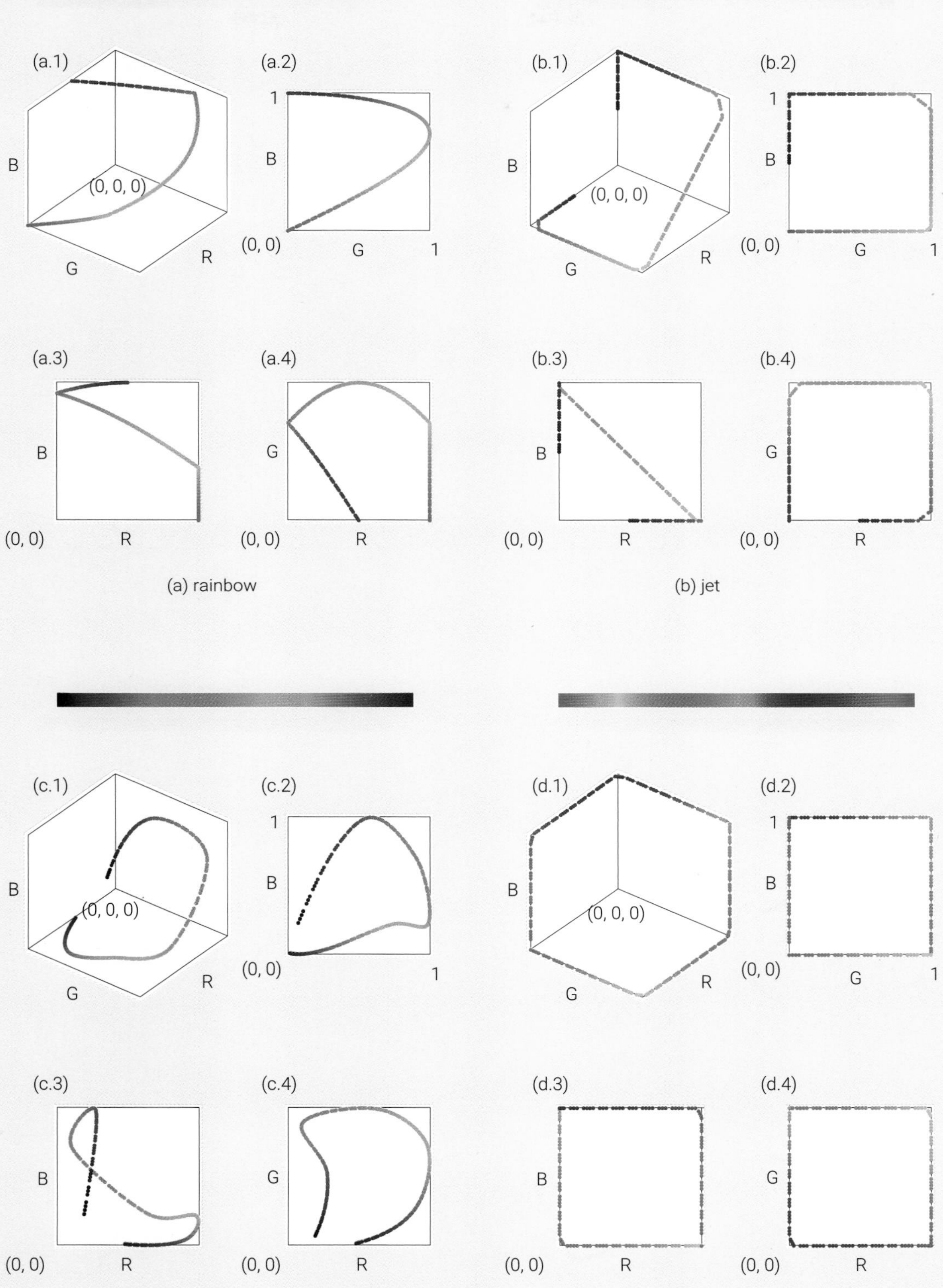

图6.21　在RGB空间看rainbow、jet、turbo、hsv四个色谱 | BK_2_Ch06_04.ipynb

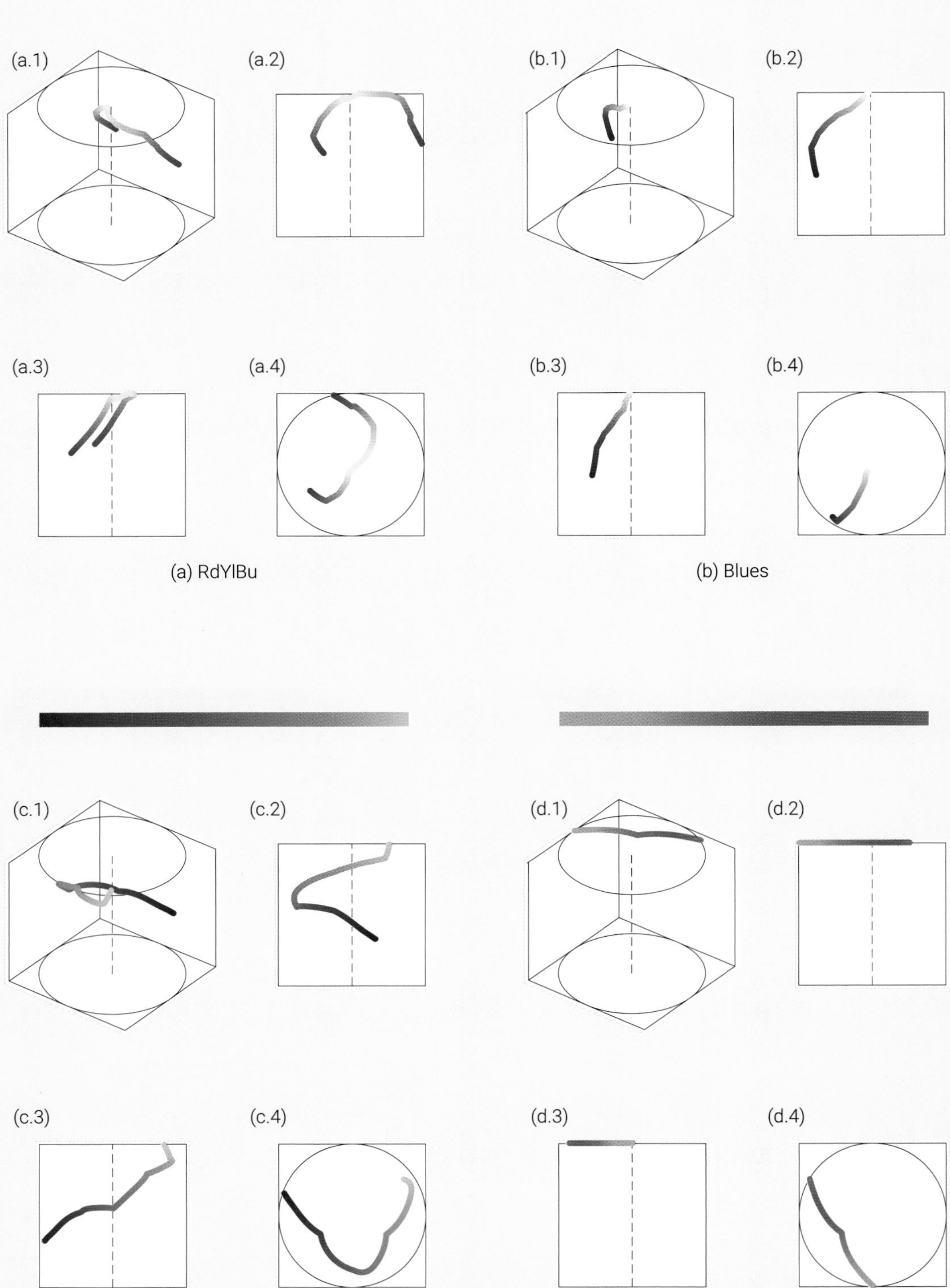

图6.22　在HSV空间看RdYlBu、Blues、viridis、cool四个色谱 | BK_2_Ch06_05.ipynb

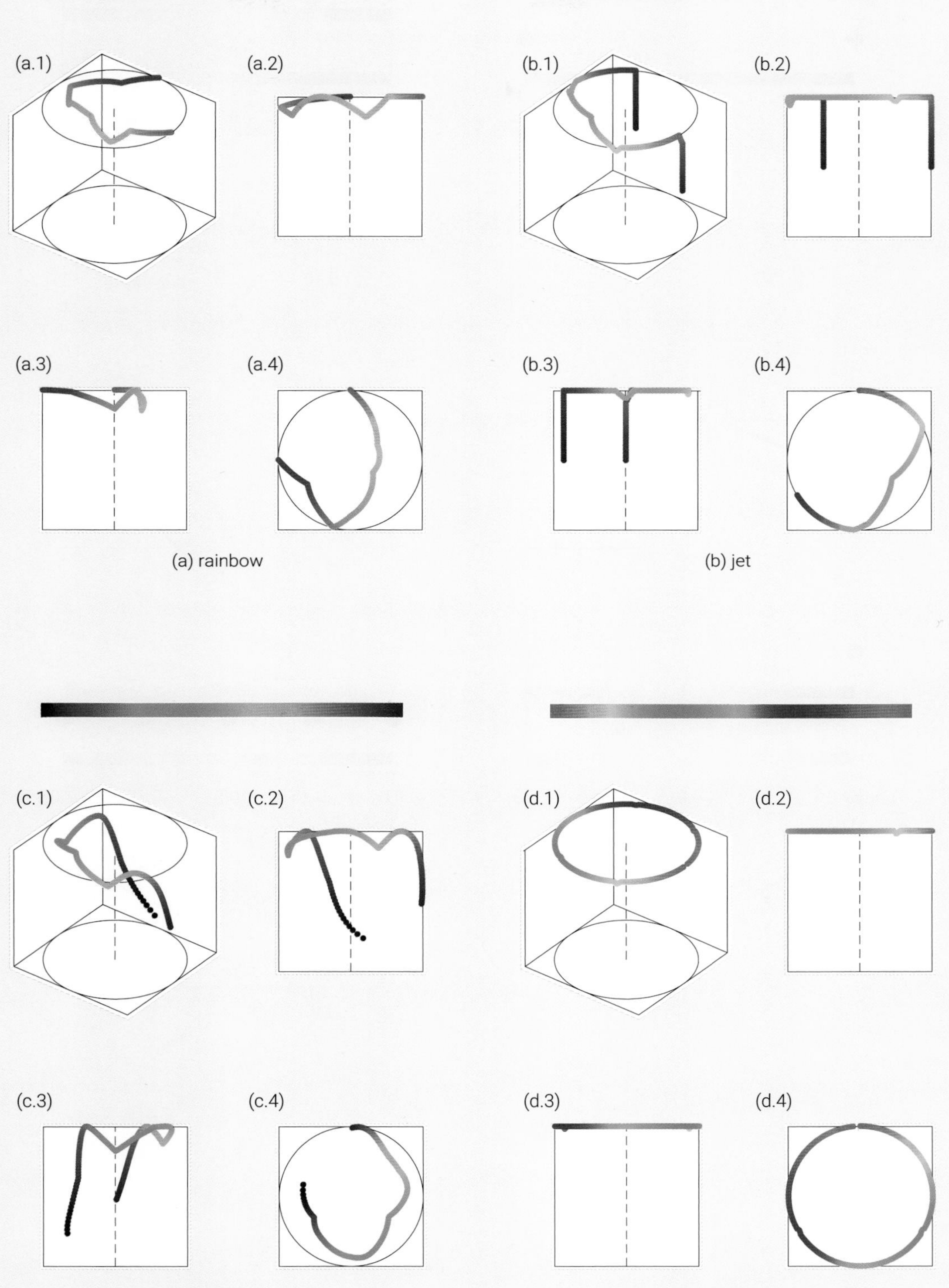

图6.23　在HSV空间看rainbow、jet、turbo、hsv四个色谱 | BK_2_Ch06_05.ipynb

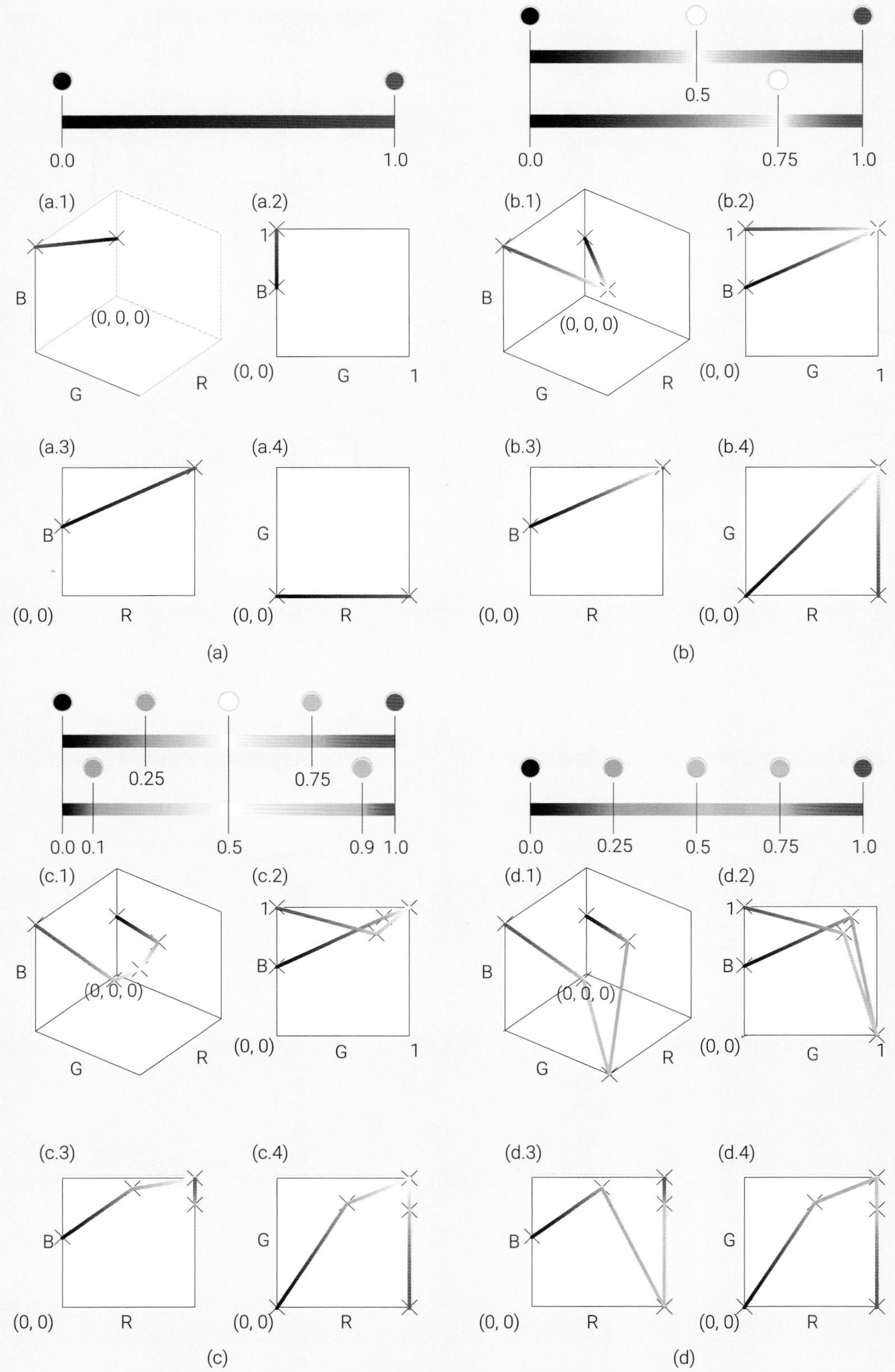

图6.24　自定义色谱在RGB色彩空间位置，第1组 | BK_2_Ch06_06.ipynb

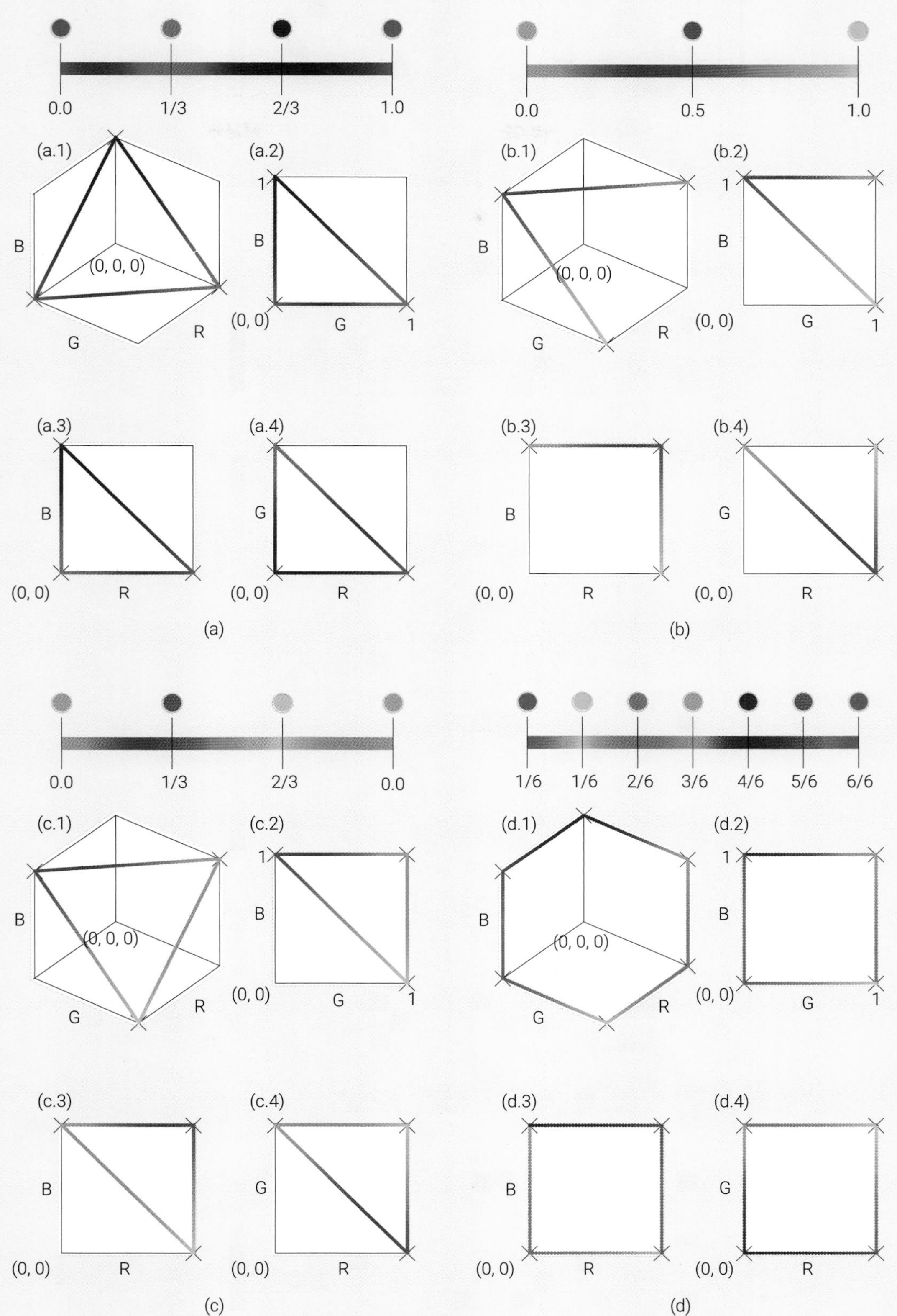

图6.25 自定义色谱在RGB色彩空间位置，第2组 | BK_2_Ch06_06.ipynb

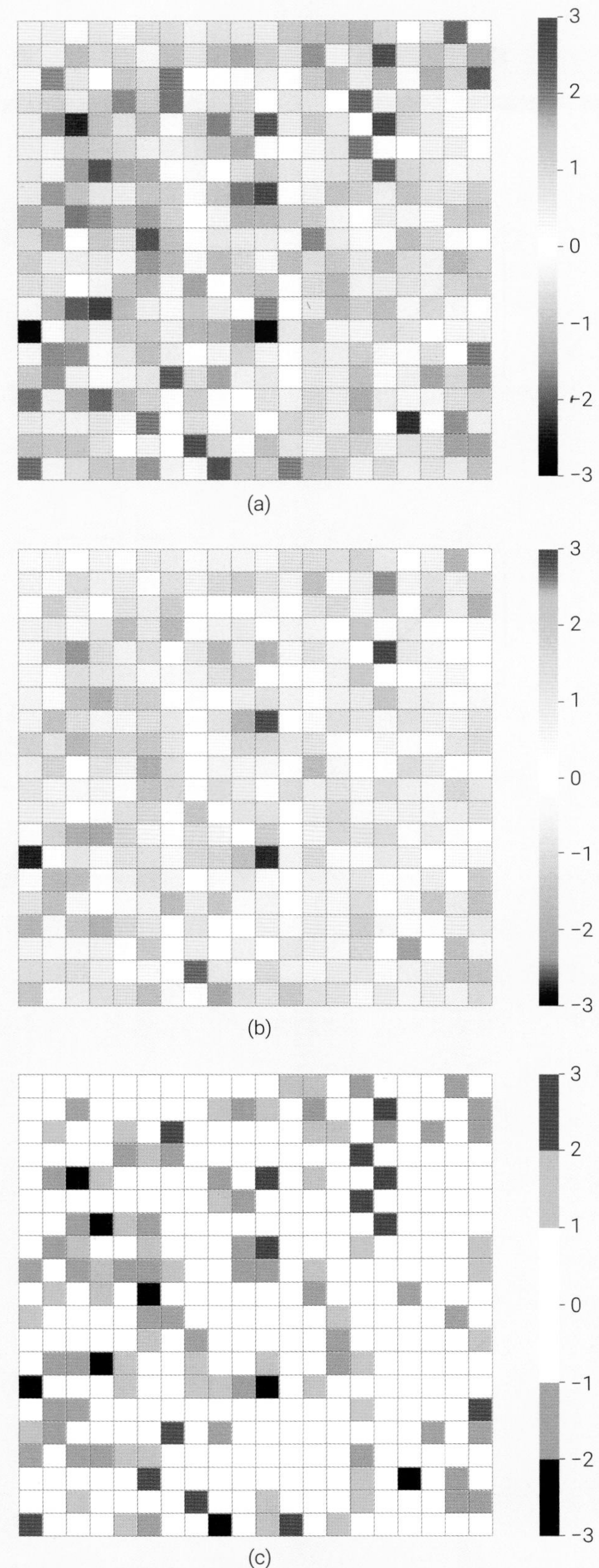

图6.26　热图，使用自定义色谱 | BK_2_Ch06_07.ipynb

04 Section 04 二　维

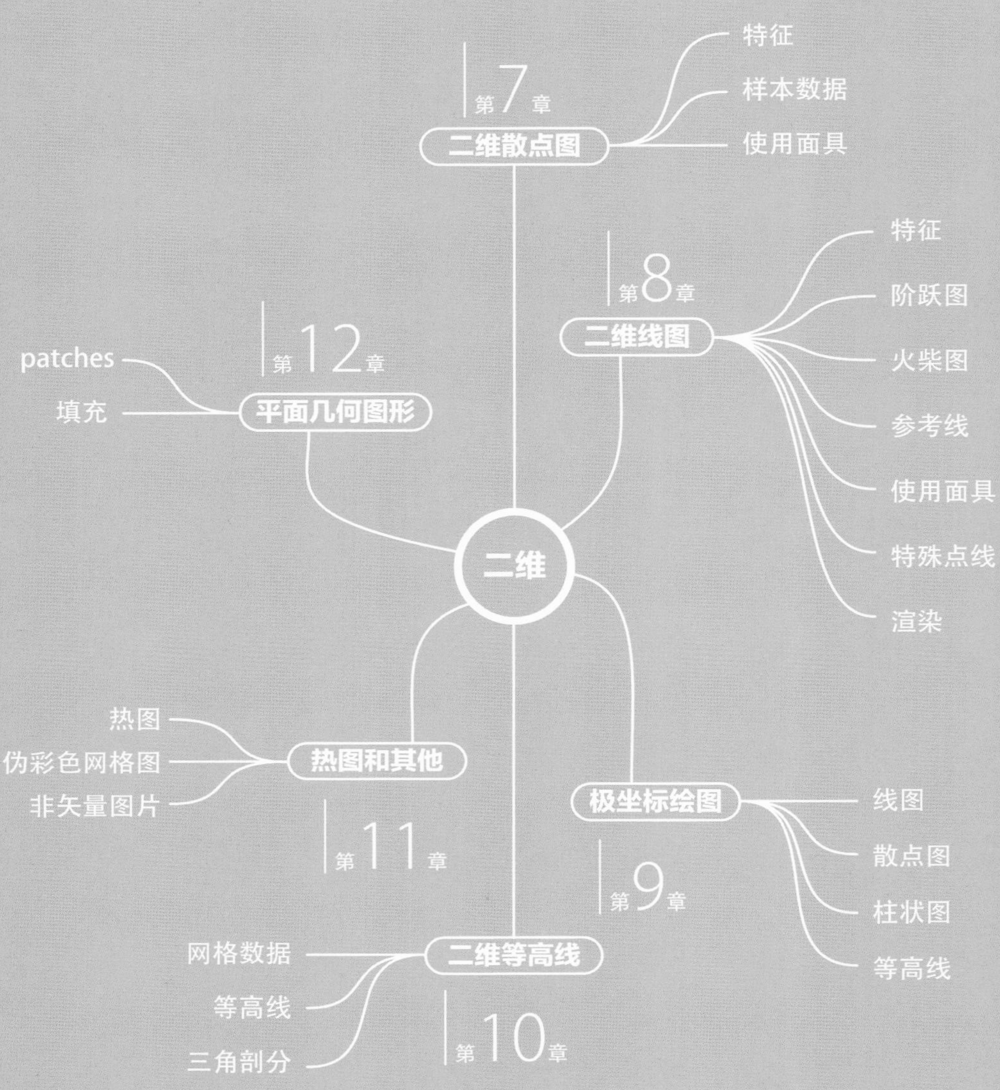

第7章
二维散点图
特征
样本数据
使用面具
第8章
二维线图
特征
阶跃图
火柴图
参考线
使用面具
特殊点线
渲染
第12章
平面几何图形
patches
填充
二维
热图和其他
热图
伪彩色网格图
非矢量图片
第11章
极坐标绘图
线图
散点图
柱状图
等高线
第9章
二维等高线
网格数据
等高线
三角剖分
第10章

学习地图 | 第4板块

2D Scatter Plots 二维散点图

请注意Plotly的气泡图，一种散点图的变体

理论上可以用科学描述一切，但这没有意义；这就像把贝多芬的交响乐描述为一组声波，毫无意义。

It would be possible to describe everything scientifically, but it would make no sense; it would be without meaning, as if you described a Beethoven symphony as a variation of wave pressure.

—— 阿尔伯特·爱因斯坦 (Albert Einstein) | 理论物理学家 | 1879 — 1955年

- `matplotlib.patches.Circle()` 创建正圆图形
- `matplotlib.pyplot.scatter()` 绘制散点图
- `numpy.exp()` 计算括号中元素的自然指数
- `numpy.linspace()` 在指定的间隔内，返回固定步长的数据
- `numpy.meshgrid()` 创建网格化数据
- `numpy.random.rand()` 生成满足均匀分布的随机数
- `numpy.random.randn()` 生成满足标准正态分布的随机数
- `seaborn.scatterplot()` 绘制散点图
- `sklearn.neighbors.KernelDensity()` 概率密度估计函数

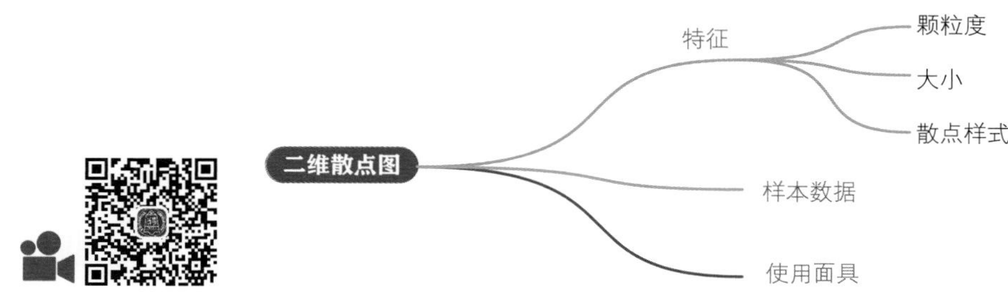

7.1 二维散点图

如图7.1所示，点动成线，线动成面，面动成体。本章介绍如何在平面上绘制最基本的散点图。本书后文中，大家会发现，线图也是散点的连线；等高线、曲面也离不开点。

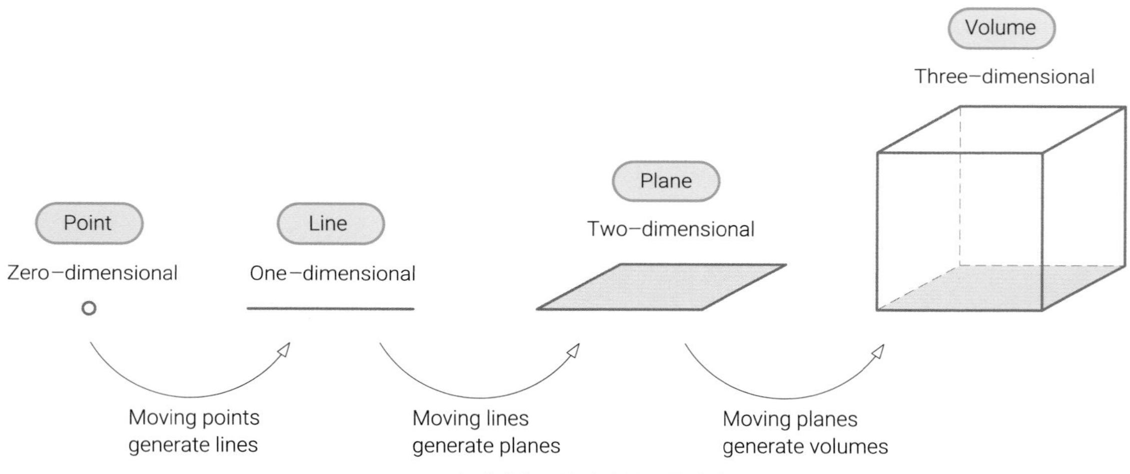

图7.1　点动成线，线动成面，面动成体

二维 (平面)散点图是重要的可视化工具。如图7.2 (a) 所示，在二维网格散点基础上用颜色渲染可以可视化3D数据。进一步提高颗粒度，我们可以得到更加丰满的平面图像，如图7.2 (b) 所示。这一点，我们在本书后文三维散点图中还会看到。

如图7.2 (c) 所示，除了颜色，我们还可以用散点大小展示数据特征。

此外，我们还可以控制散点的样式来展示不同的标签。表7.1所示为各种常用marker类型。

更多有关marker类型资料，请大家参考：

```
https://matplotlib.org/stable/api/markers_api.html
https://matplotlib.org/stable/gallery/lines_bars_and_markers/marker_reference.html
```

表7.1 常见各种marker类型

marker	散点样式	marker	散点样式	marker	散点样式
“.”	●	“|”	|	“o”	●
“v”	▼	“^”	▲	“<”	◀
“>”	▶	“s”	■	“x”	×
“_”	–	“D”	♦	“+”	+

除了规则网格散点，我们更常用二维散点可视化随机散点，如图7.2 (d) 所示。因此，二维散点常用来可视化样本数据。

(a) (b)

(c) (d)

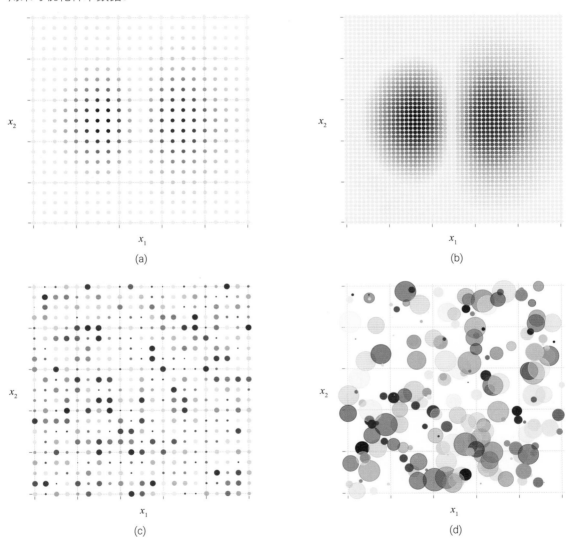

图7.2 使用matplotlib.pyplot.scatter() 绘制二维散点图 | BK_2_Ch07_01.ipynb

Jupyter笔记BK_2_Ch07_01.ipynb中绘制了图7.2。

7.2 样本数据

如图7.9所示，用二维散点可视化了鸢尾花样本数据。图7.9这些子图中，我们用颜色、大小、标记符号可视化了更多特征，这里就不展开讲解了，请大家自行在JupyterLab中实践。

Jupyter笔记BK_2_Ch07_02.ipynb中绘制了图7.9。

BK_2_Ch07_03.ipynb中绘制了图7.3。值得注意的是，BK_2_Ch07_03.ipynb这段代码中用到了scipy.spatial.ConvexHull()，通过这个函数能在给定的坐标点周围绘制一个凸多边形，数学上叫**凸包**(convex hull)。然后，再利用matplotlib.pyplot.Polygan()创建多边形对象。

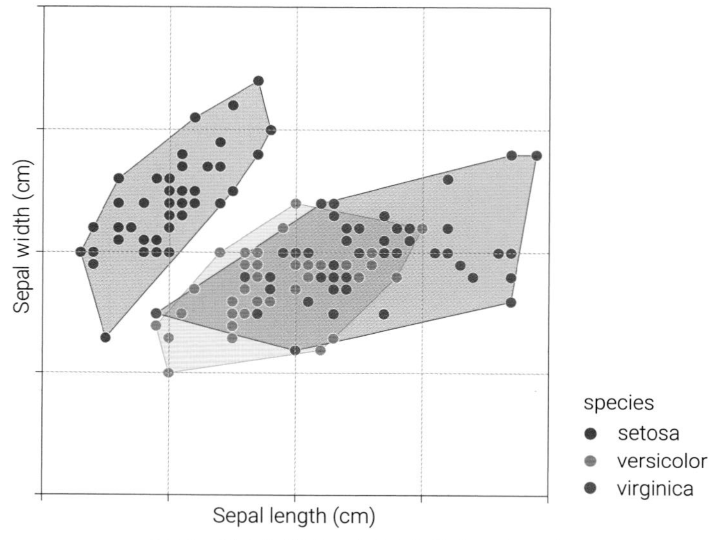

图7.3　散点包络线 | BK_2_Ch07_03.ipynb

Plotly还提供plotly.express.scatter()用来绘制具有可交互属性的散点图，请大家参考BK_2_Ch07_04.ipynb。图7.4仅仅展示了这段代码中绘制的三幅子图，更多可视化方案请大家移步到配套代码。

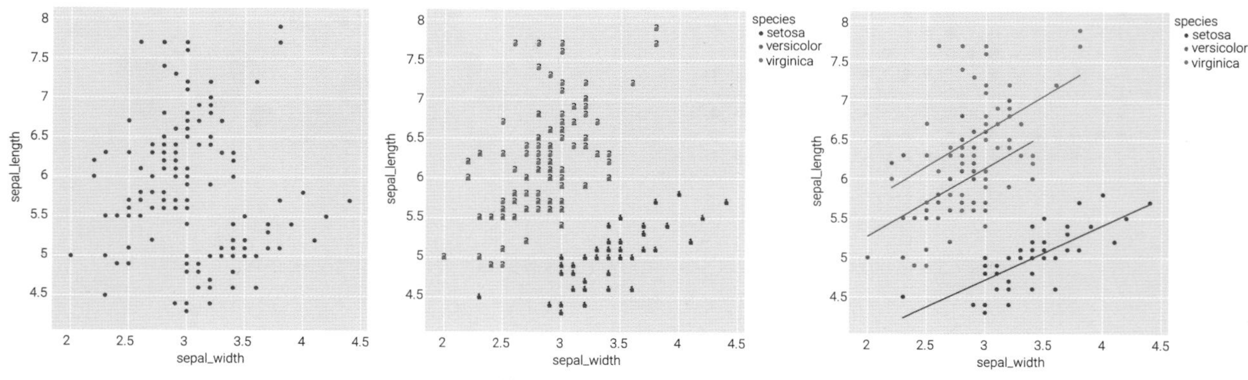

图7.4　Plotly绘制散点图 | BK_2_Ch07_04.ipynb

图7.5所示为用Streamlit创建的展示鸢尾花数据集的App。

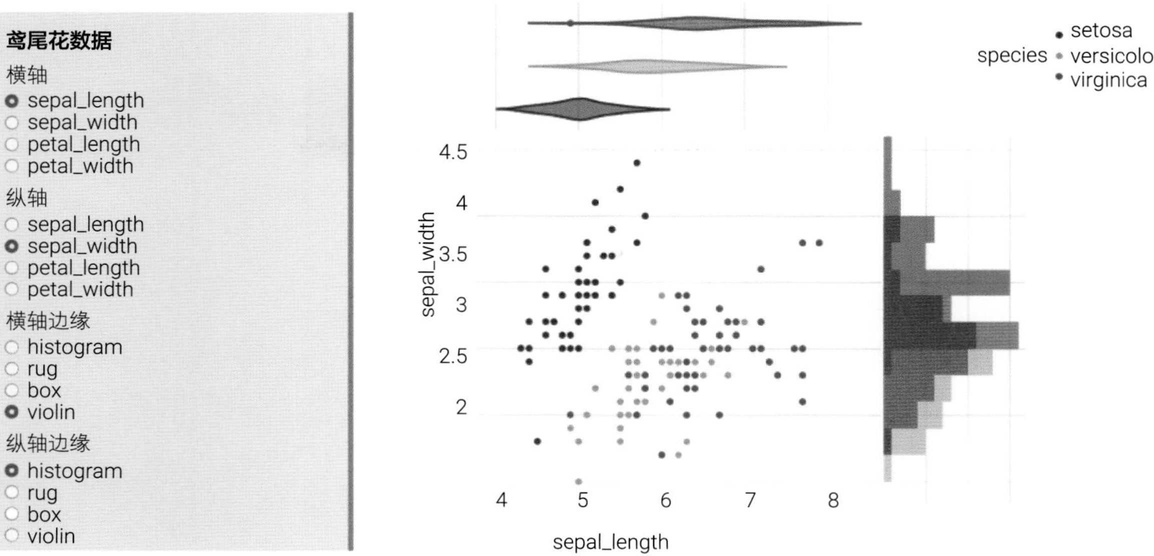

图7.5　展示鸢尾花数据集的App，Streamlit搭建 | Streamlit_Scatter_Iris_Marginal.py

此外，还可以用plotly.express.scatter()呈现气泡图，如图7.6所示。这幅图的横轴为人均GDP，纵轴为人均预期寿命，散点 (气泡) 大小代表人口规模。图7.7所示为用Streamlit搭建的展示气泡图动画的App。请大家自行学习BK_2_Ch07_05.ipynb。

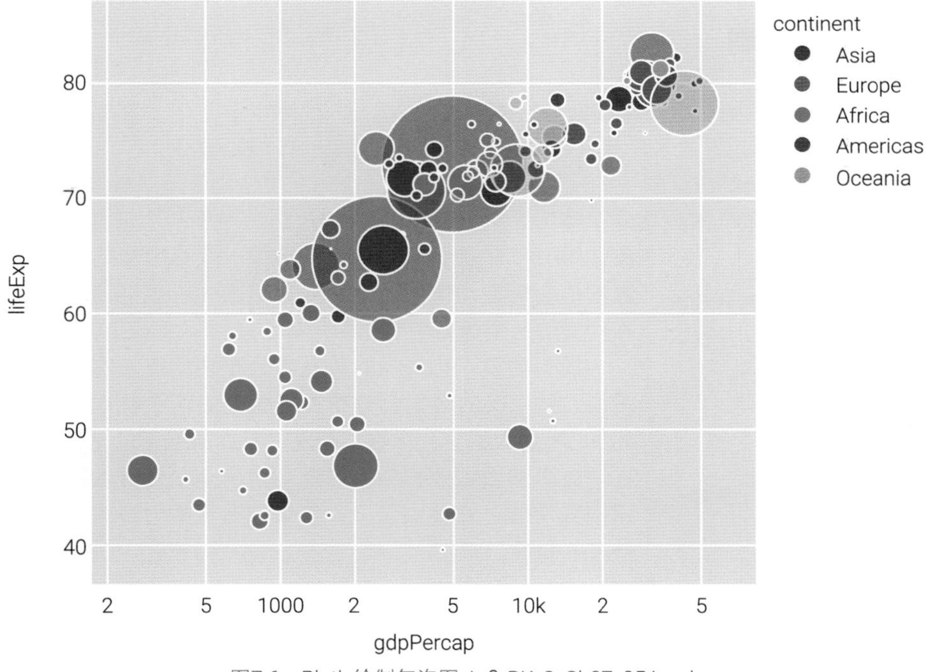

图7.6　Plotly绘制气泡图 | BK_2_Ch07_05.ipynb

《数据有道》还会用这个数据集向大家展示如何用统计可视化讲故事。

气泡图

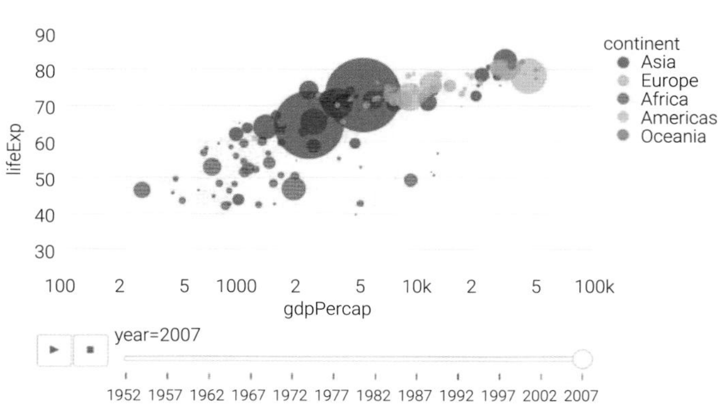

图7.7　气泡图动画的App，Streamlit搭建 | Streamlit_Bubble_Chart.py

7.3 使用面具

如图7.10、图7.11所示，可以用**面具** (mask)，也叫蒙皮，区分满足不同条件的散点。

68–95–99.7法则

图7.10中，大家会看到一组服从高斯分布的散点。以0 ± 2为界，[–2, 2] 上的散点用圆点“●”展示；[–2, 2] 之外的散点用叉“×”代表。这体现的实际上是68–95–99.7法则。

68–95–99.7法则是一种统计学中的规则，也被称为“三个标准差法则”或“标准差法则”。该法则用于描述服从高斯分布样本数据分布情况。根据68–95–99.7法则，对于一个符合正态分布的数据集，约68% 的数据值会落在均值的一个标准差范围内；约95% 的数据值会落在均值的两个标准差范围内；约99.7% 的数据值会落在均值的三个标准差范围内。

换句话说，约68%的数据会分布在均值左右一个标准差的范围内，约95%的数据会分布在均值左右两个标准差的范围内，而约99.7%的数据会分布在均值左右三个标准差的范围内。这个法则在统计学和数据分析中被广泛应用，用于估计数据的分布情况和识别异常值。它提供了一种简单而有用的方法来理解和描述正态分布的特性。

注意：图7.10中样本数据的均值为0，标准差为1。[–2, 2] 区间之内约有95%的样本数据。

《统计至简》第9章专门讲解一元高斯分布。

Jupyter笔记BK_2_Ch07_06.ipynb中绘制了图7.10。请大家想办法区分68–95–99.7对应的不同区间。

蒙特卡罗模拟估算圆周率

蒙特卡罗模拟 (Monte Carlo simulation) 是一种使用随机抽样的方法来估算数值的技术，可以用于估算圆周率。下面是使用蒙特卡罗模拟来估算圆周率的一般步骤。

◀假设有一个边长为2的正方形，其中包含一个半径为1的圆。
◀在正方形内部随机生成一组点，可以通过在正方形内均匀抽样得到。每个点都有一个x和y坐标，均在[–1, 1]上。
◀对于每个生成的点，计算其到原点的距离。
◀如果距离小于等于1，表示该点在圆内或圆上，否则在圆外。
◀统计在圆内的点的数量和在正方形内生成的总点数。

估算圆周率的值可以通过以下公式计算：$\pi \approx (4 \times \text{圆内点的数量}) / (\text{正方形内生成的总点数})$。

图7.8所示为用Streamlit搭建的估算圆周率的App。随着生成的点数增多，根据蒙特卡罗模拟的原理，估算得到的圆周率值会逐渐接近真实值π。因此，增加生成的点数可以提高估算的准确性。

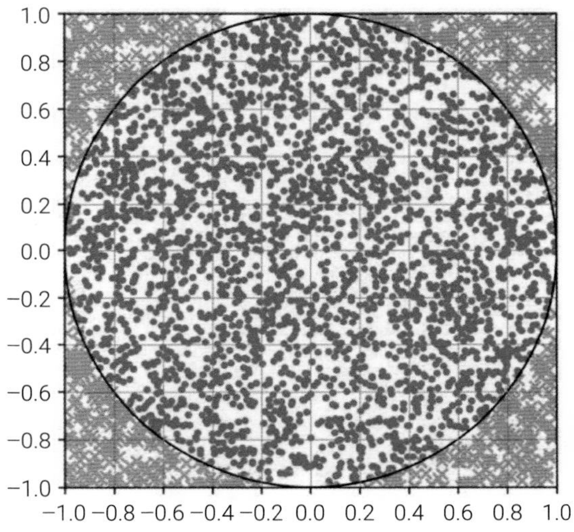

图7.8 估算圆周率的App，Streamlit搭建 | ⊕ Streamlit_Estimate_Pi.py

需要注意的是，蒙特卡罗模拟是一种概率估算方法，结果的准确性取决于随机性和抽样点的数量。在实际应用中，通常需要生成大量的点才能得到比较准确的估算结果。

《统计至简》第15章专门讲解蒙特卡罗模拟。

Jupyter笔记BK_2_Ch07_07.ipynb中绘制了图7.11。

本章简单介绍了二维散点图，请大家格外注意如何用二维散点图展示样本数据；此外，散点图还经常和直方图、小提琴图、概率密度曲线、概率密度等高线等统计可视化方案一起探索样本数据的统计规律。《编程不难》专门介绍过这些统计可视化方案，请大家回顾。

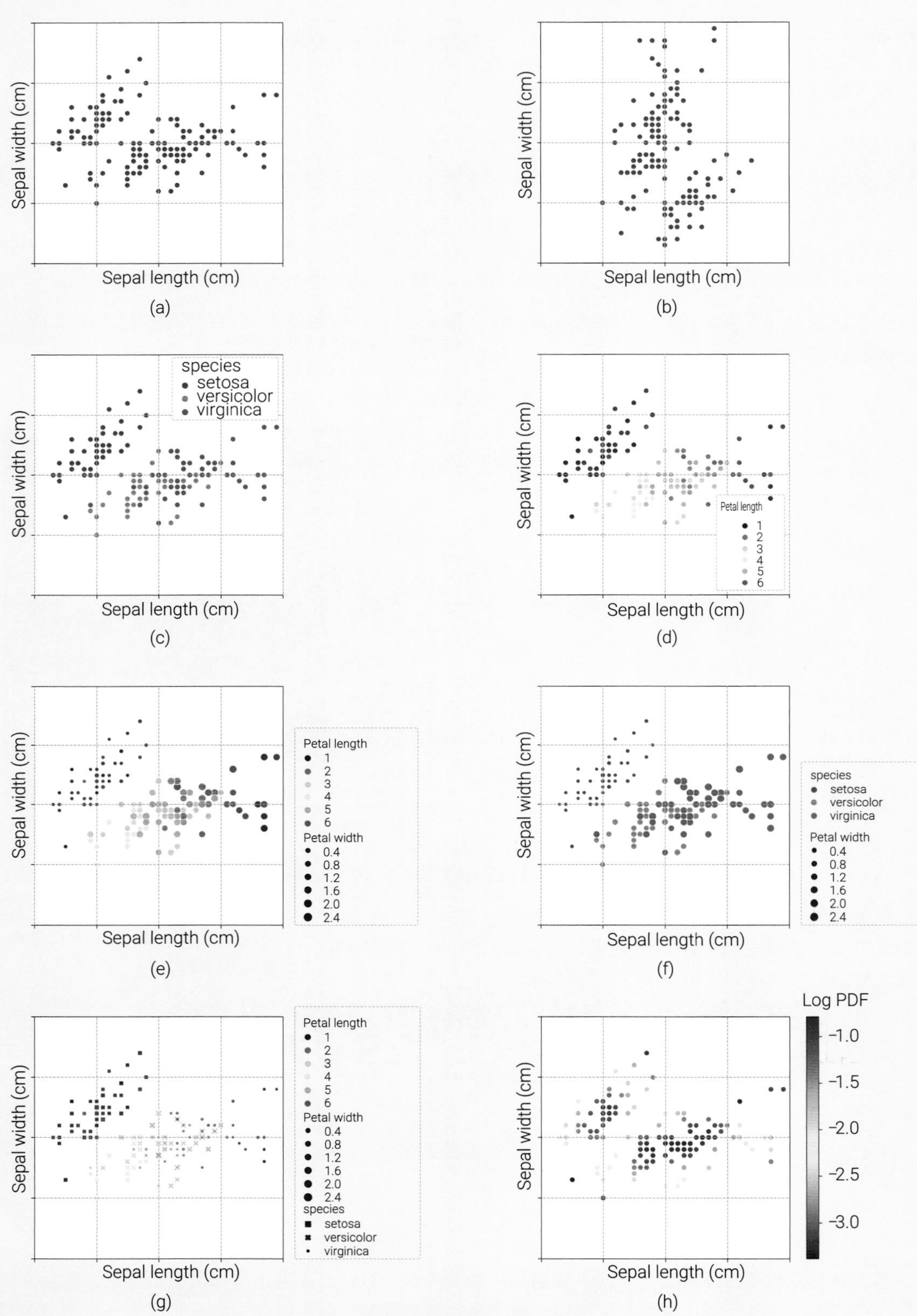

图7.9　用二维散点图可视化鸢尾花数据 | BK_2_Ch07_02.ipynb

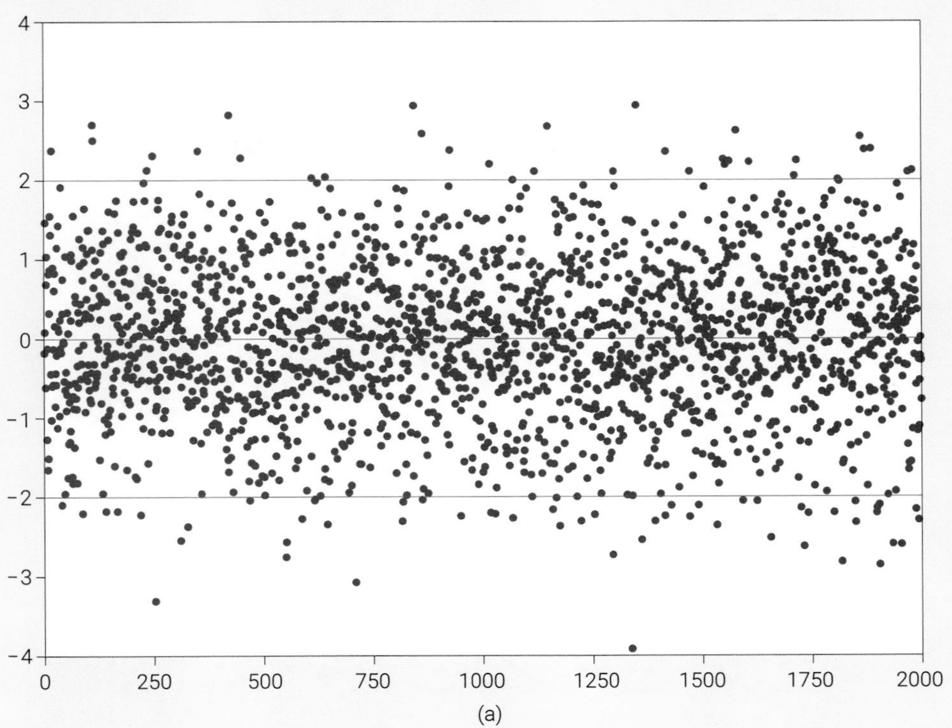

(a)

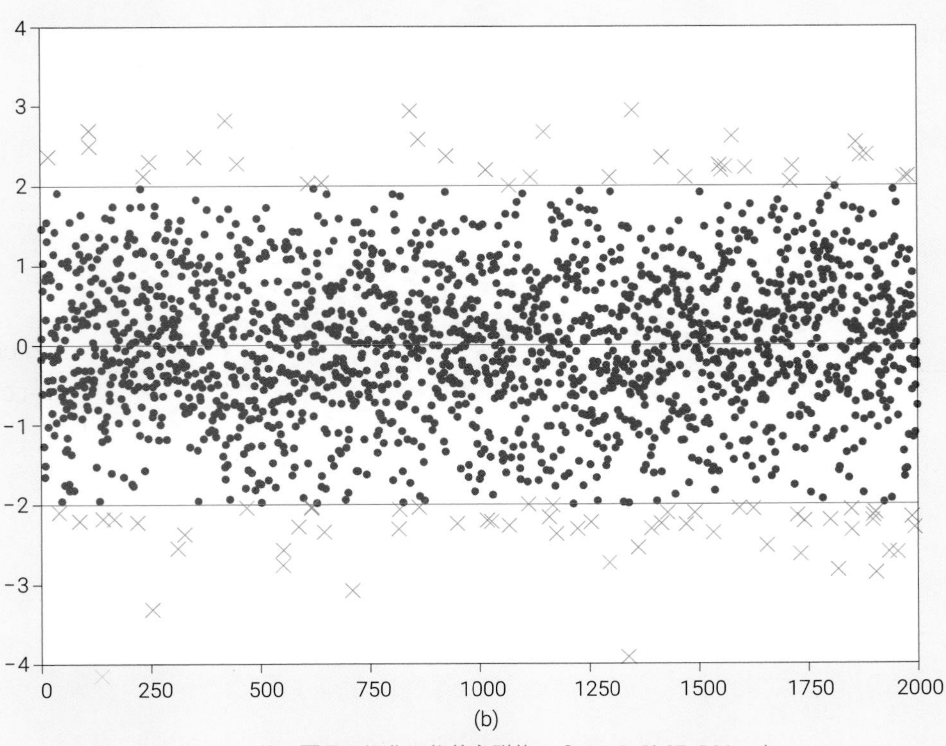

(b)

图7.10　使用面具可视化可能的离群值 | BK_2_Ch07_06.ipynb

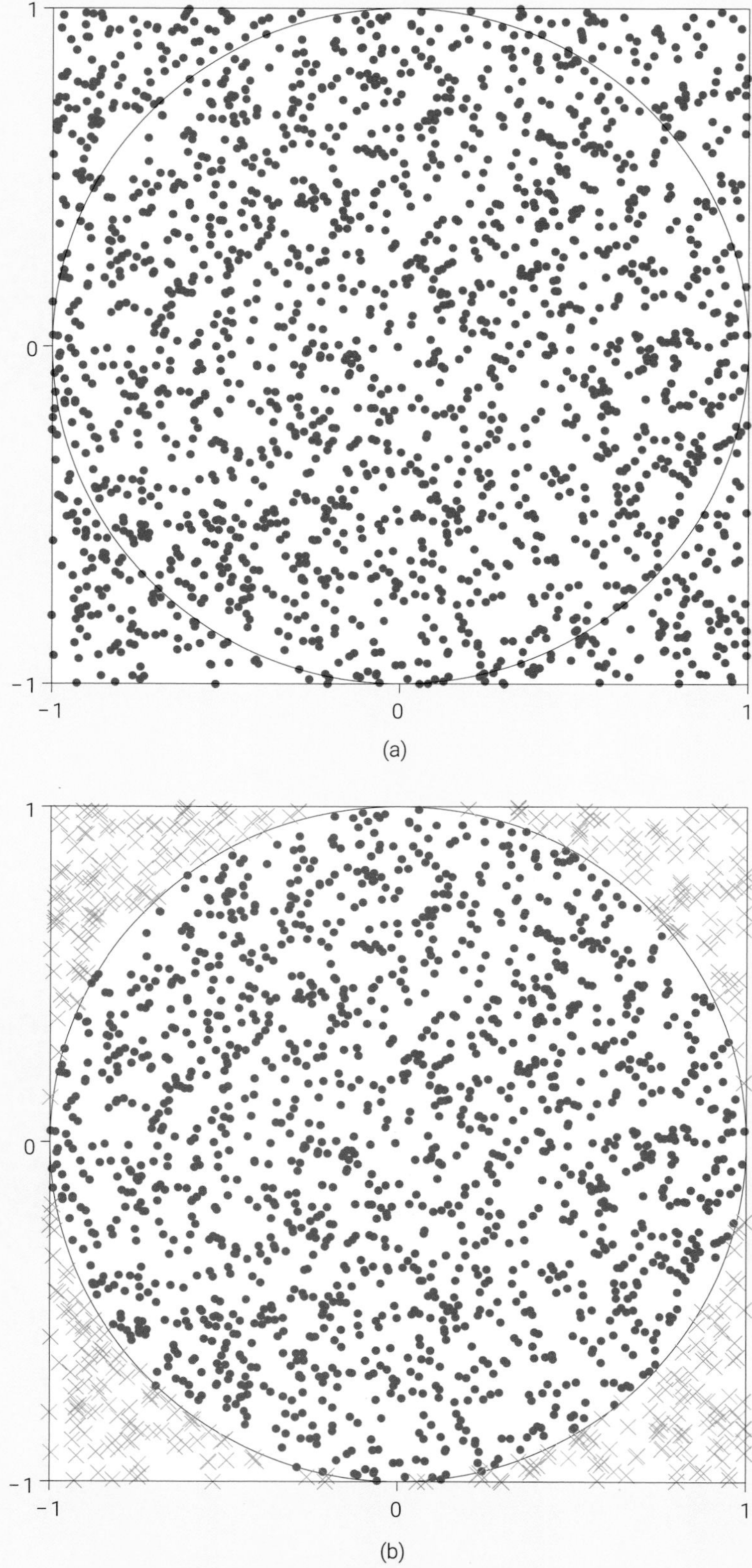

图7.11　使用蒙特卡罗模拟估算圆周率 | BK_2_Ch07_07.ipynb

2D Line Plots

二维线图

实际上也是散点顺序相连的折线图

艺术的目的不在于展示事物外在的美，而是其内在的价值。

The aim of art is to represent not the outward appearance of things, but their inward significance.

—— 亚里士多德 (Aristotle) | 古希腊哲学家 | 前384 — 前322年

- `matplotlib.collections.LineCollection()` Matplotlib中的一个集合对象，用于绘制多条线段的集合
- `matplotlib.pyplot.axhline()` 绘制水平线
- `matplotlib.pyplot.axvline()` 绘制竖直线
- `matplotlib.pyplot.Normalize()` 用于将数据归一化或标准化到指定的范围内的函数
- `matplotlib.pyplot.stem()` 绘制火柴图
- `numpy.arange()` 根据指定的范围以及设定的步长，生成一个等差数组
- `numpy.argwhere()` 返回一个数组中满足指定条件的元素的索引
- `numpy.concatenate()` 将多个数组进行连接
- `numpy.cumsum()` 计算累计求和
- `numpy.linspace()` 在指定的间隔内，返回固定步长的数据
- `numpy.log()` 底数为e自然对数函数
- `numpy.log10()` 底数为10对数函数
- `numpy.log2()` 底数为2对数函数
- `numpy.random.normal()` 生成满足高斯分布的随机数
- `numpy.sign()` 返回一个数组中每个元素的符号值
- `numpy.sin()` 计算正弦值
- `numpy.vstack()` 返回竖直堆叠后的数组
- `zip(*)` 用于将可迭代的对象作为参数，将对象中对应的元素打包成一个个元组，然后返回由这些元组组成的列表。*代表解包，返回的每一个都是元组类型，而并非是原来的数据类型

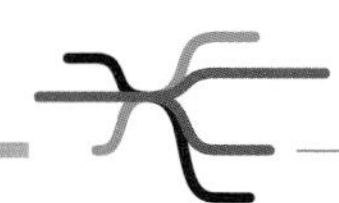

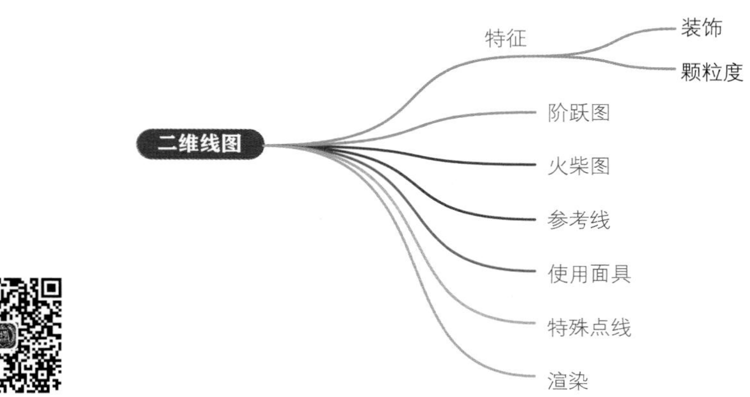

8.1 点动成线

点动成线，线动成面。散点顺序连线的结果就是线图，所以用Python第三方库绘制的曲线本质上也是折线图。

线条装饰

《编程不难》介绍过，在用matplotlib.pyplot.plot() 绘制二维（平面）线图时，我们可以调整**粗细**（linewidth，lw）、**样式**（linestyle，ls）、**颜色**（color，c）、**标记**（marker）、**透明度**（alpha）等。这些内容相对简单，本章不再重复。

有关线条样式，请大家参考：

```
https://matplotlib.org/stable/gallery/lines_bars_and_markers/linestyles.html
```

标记marker还可以调整其**大小**（markersize，ms）、**边缘颜色**（markeredgecolor，mec）、**边缘线宽度**（markeredgewidth，mew）、**标记填充颜色**（markerfacecolor，mfc）等。此外，我们还可以用参数markevery显示特定数据点，请大家参考：

```
https://matplotlib.org/stable/gallery/lines_bars_and_markers/markevery_demo.html
```

值得一提的是图8.1。大家在《编程不难》已经见过这幅图。在绘制线图时，如果不指定具体颜色，在绘制若干线图时，会采用如图8.1右侧所示由上至下颜色依次渲染的方式。颜色不够用时，重复颜色序列循环。如果大家不满意这些默认颜色，可以对轴对象采用ax.set_prop_cycle() 方法来修改颜色序列循环，比如ax.set_prop_cycle(color=['red','orange','yellow'])。

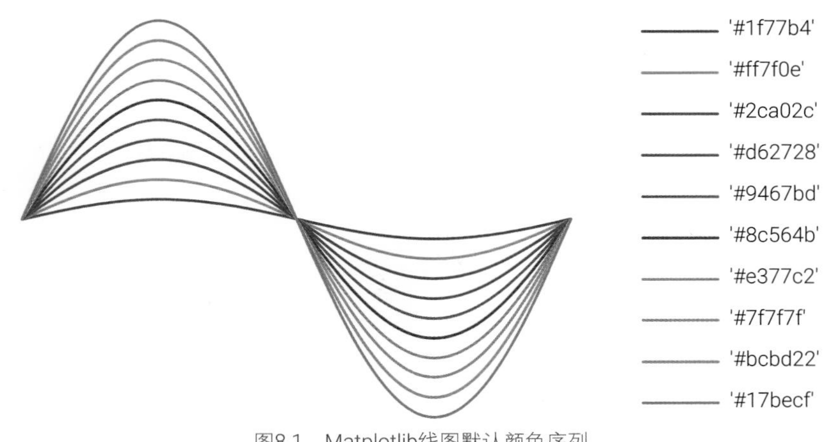

图8.1　Matplotlib线图默认颜色序列

颗粒度

绘制线图时，大家首先注意**颗粒度** (granularity)，即采样。

多数情况下，在绘制一元函数线图时，我们用numpy.linspace() 生成自变量的等差数列。图8.2的两幅图中的散点都来自于正弦函数$f(x) = \sin x$。显然，颗粒度粗糙时，用线图可视化一元函数可能会误导读者。

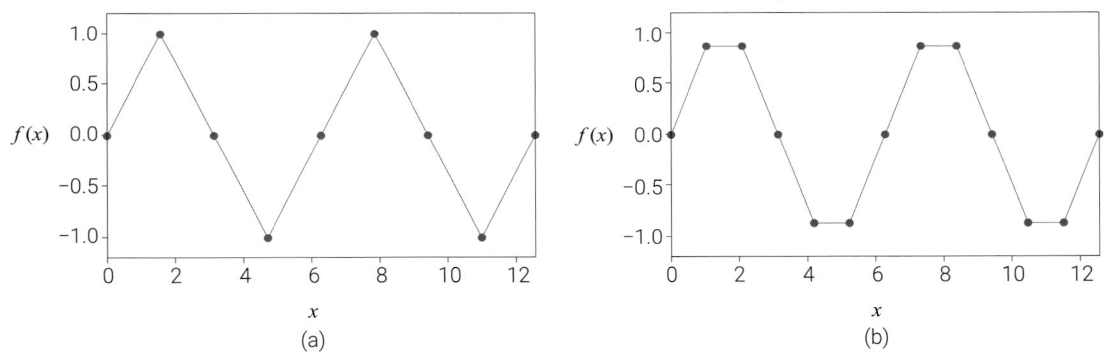

图8.2　颗粒度粗糙 | BK_2_Ch08_01.ipynb

等差数列的公差越小，曲线的颗粒度越高，这样二维线图会看上去更“光滑”。如图8.3 (a) 所示，等差数列有101个元素。将这些散点顺序连接便得到图8.3 (b)。对于$f(x) = \sin x$ 这个并不复杂的一元函数，图8.3 (a) 的颗粒度显然足够用了。

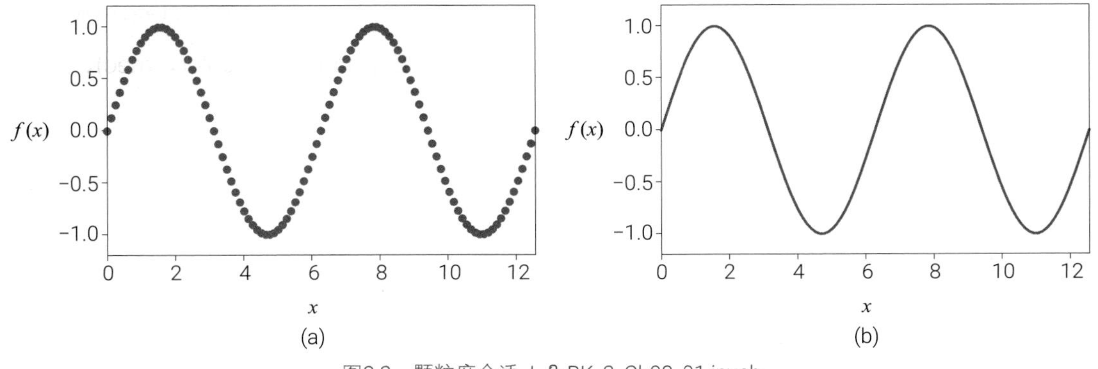

图8.3　颗粒度合适 | BK_2_Ch08_01.ipynb

如图8.4所示，为了可视化$f(x) = \sin(1/x)$ 在靠近0附近的振荡，我们需要极其细腻的颗粒度。

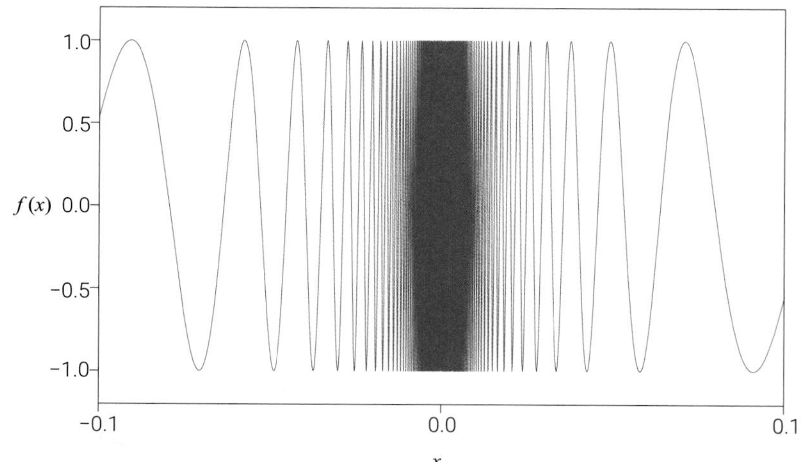

图8.4　特殊函数需要极其细腻的颗粒度 | BK_2_Ch08_01.ipynb

但是，颗粒度过高也不可取，也就是等差数列的公差过小，会增大计算量。这一点在一元函数上并不明显，但是用numpy.meshgrid() 生成网格时，大家就会发现**维数灾难** (curse of dimensionality)。

维数灾难是指在高维空间中，数据变得非常稀疏，而且距离变得非常远，使得许多常用的数据分析技术和算法无法有效地处理和分析数据。通俗地讲，假设我们有一个只有两个特征 (比如，鸢尾花花萼长度、宽度) 的数据集，我们可以很容易地将其可视化成二维平面上的点。但是如果我们有许多特征，比如几百个，那么我们将无法在三维或更高维空间中可视化数据。

如果绘图采用对数坐标，建议采用numpy.logspace() 生成数列。

此外，保持每个特征的采样数量，当维度增加时会导致数据量急剧增长。比如，单一维度的采样点数为100，两个特征的网格点数就变成了10000 (100^2)，三个特征的网格点数就增大到了惊人的1000000 (100^3)。本书后文还会遇到这个问题。

Jupyter笔记BK_2_Ch08_01.ipynb中绘制了图8.2、图8.3、图8.4。

8.2 阶跃图

再次强调，在绘制线图时，默认散点之间两点顺序连线。这就意味着，任意顺序两点之间的线段是通过**线性插值** (linear interpolation) 方法得到的。

但是，在很多场合，我们需要避免“线性插值”，而采用阶跃方法绘制线图。

matplotlib.pyplot.plot() 函数本身可以设定阶跃绘图。此外，matplotlib.pyplot.step() 函数是专门绘制阶跃线图的函数。这个函数有三种设置：`'pre'`、`'post'`、`'mid'`。

连接两点的插值方法有很多，《数据有道》第5章专门介绍。此外，本书后文会介绍**贝塞尔曲线** (Bézier curve)。贝塞尔曲线是一种平滑曲线，在计算机图形学、工程和设计领域中广泛应用。

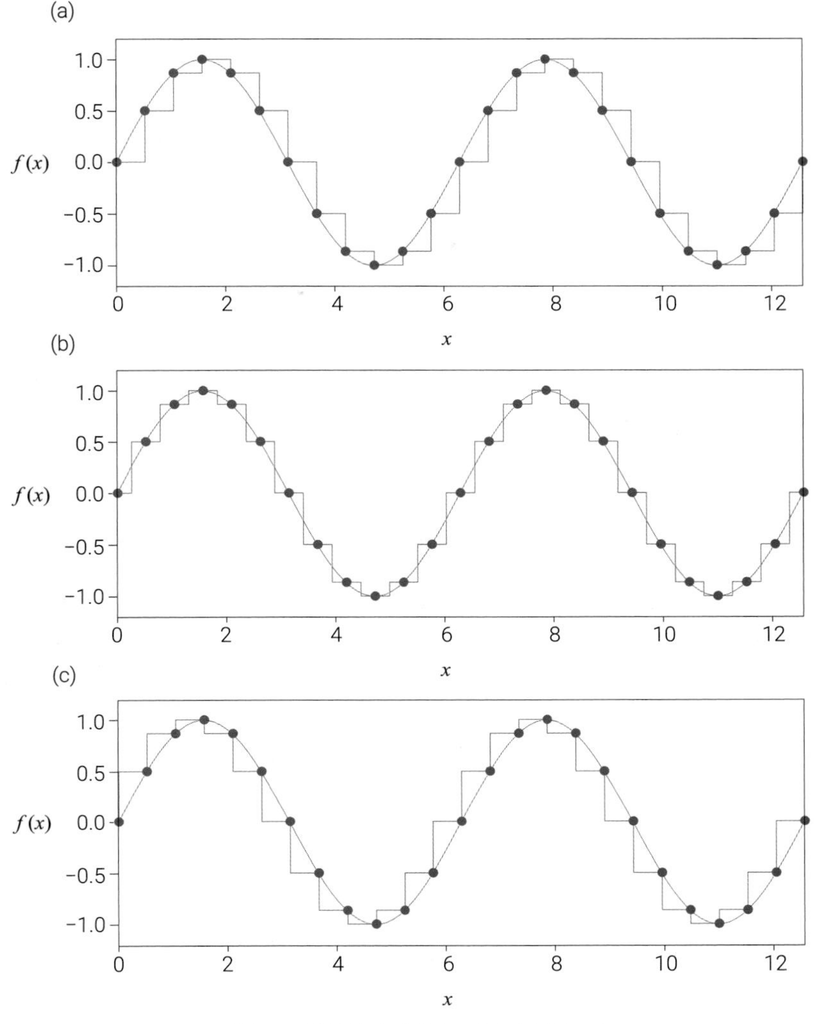

图8.5　三种阶跃 | BK_2_Ch08_02.ipynb

举个例子，贝塞尔二次曲线由三个控制点组成，其中两个控制点定义曲线的端点，第三个控制点定义曲线在端点之间的弯曲。

Jupyter笔记BK_2_Ch08_02.ipynb中绘制了图8.5。

8.3 火柴图

火柴图 (stem plot)，也称火柴梗图、脊柱图，常用来可视化离散数据序列和趋势。火柴图垂直线所在横轴位置代表样本点的位置，圆点纵轴高度表示样本点的值。

本系列图册中，火柴图常用来可视化数列、离散随机变量**概率质量函数** (Probability Mass Function，PMF)，如图8.6所示。

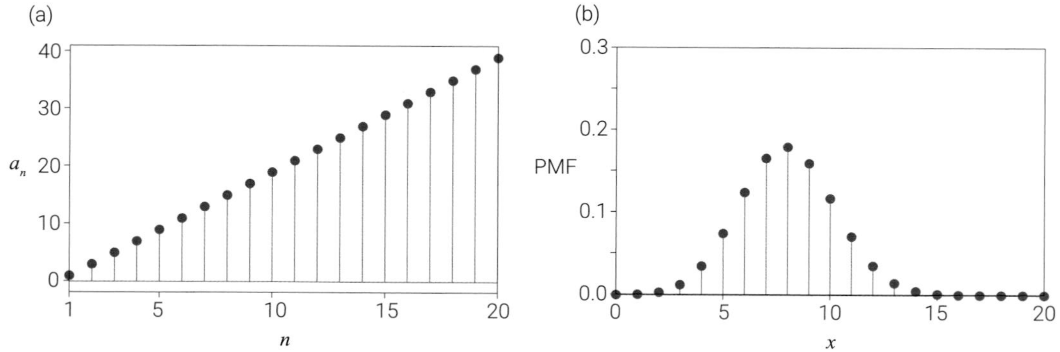

图8.6　火柴图可视化数列、概率质量函数 | BK_2_Ch08_03.ipynb

图8.6的两个子图都可以看成是离散函数。而前文的$f(x)$ = sin$x$ 则是连续函数。离散函数、连续函数的主要区别在于自变量取值方式不同。离散函数自变量只能取有限或可数无限个值。也就是说，离散函数的函数图像是一系列散点。

例如，一个函数 $f(x)$ 表示了投掷一枚骰子后得到点数。因为骰子点数是有限的，所以自变量 x 的取值为1、2、3、4、5、6这几个离散值。而连续函数的定义域是一个连续的区间，比如 $(-\infty, \infty)$、$[0, 2]$。

Jupyter笔记BK_2_Ch08_03.ipynb中绘制了图8.6。

8.4 参考线

二维线图中，我们经常需要添加水平或竖直参考线。图8.7所示为两种不同绘制参考线的方法。

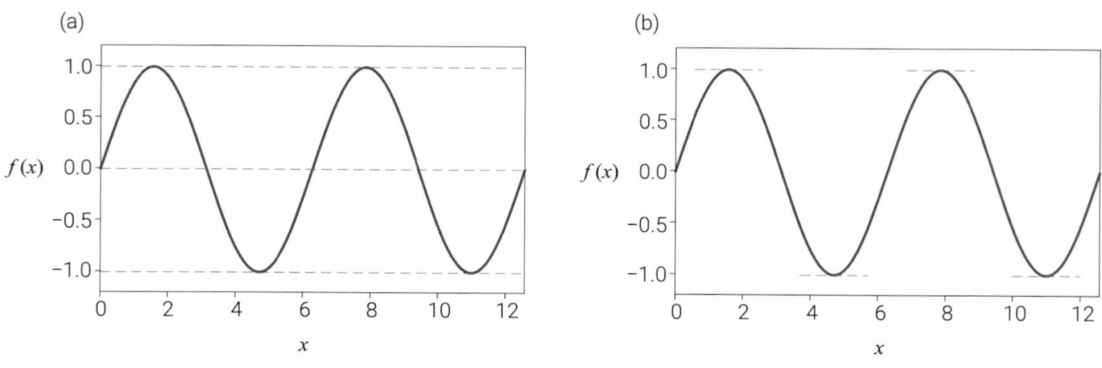

图8.7　两种不同绘制参考线的方法 | BK_2_Ch08_04.ipynb

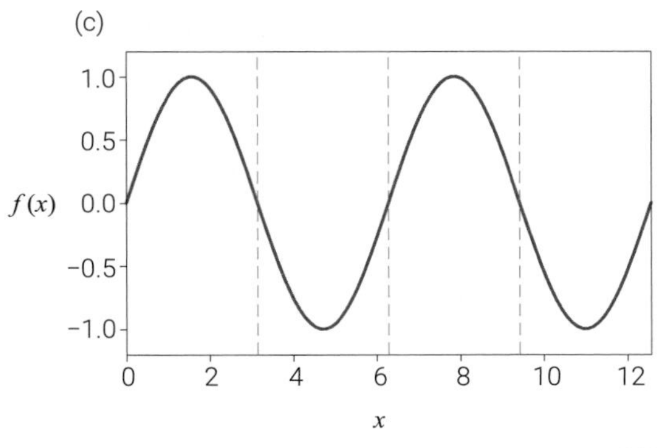

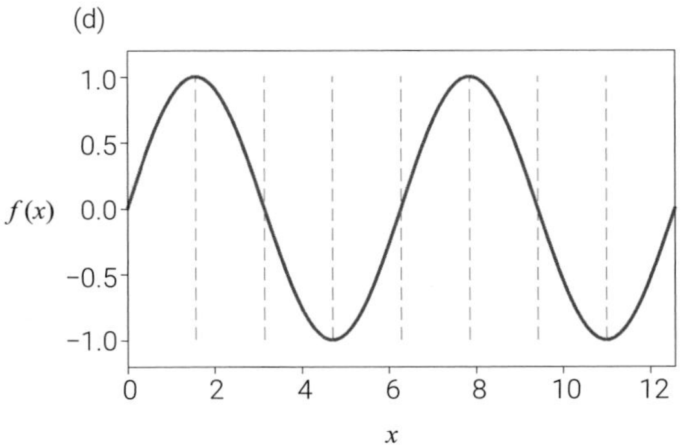

图8.7 （续）

Jupyter笔记BK_2_Ch08_04.ipynb中绘制了图8.7。

8.5 使用面具

图8.8所示为使用**面具** (mask) 分段渲染的线图。采用的方法和上一章一致。

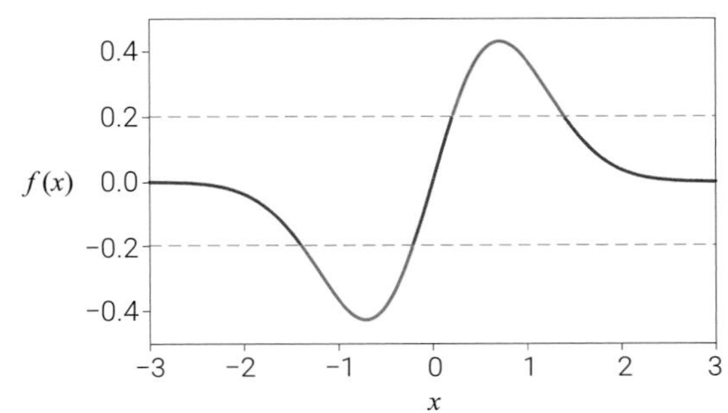

图8.8 分段渲染线图 | BK_2_Ch08_05.ipynb

Jupyter笔记BK_2_Ch08_05.ipynb中绘制了图8.8。

8.6 特殊点线

交点

如图8.9所示，通过寻找 $f_1(x) - f_2(x)$ 的正负号变号的位置，我们可以估计$f_1(x)$、$f_2(x)$ 的交点。

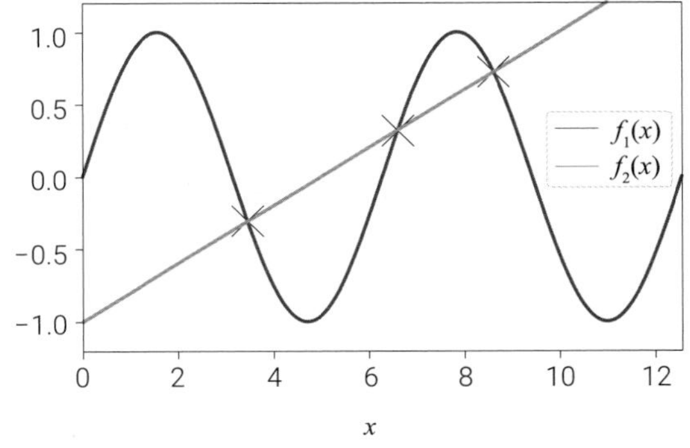

图8.9 可视化交点 | BK_2_Ch08_06.ipynb

Jupyter笔记BK_2_Ch08_06.ipynb中绘制了图8.9。

极大、极小值

通过numpy.argmax()、numpy.argmin() 可以寻找数组中的极大、极小值，如图8.10所示。

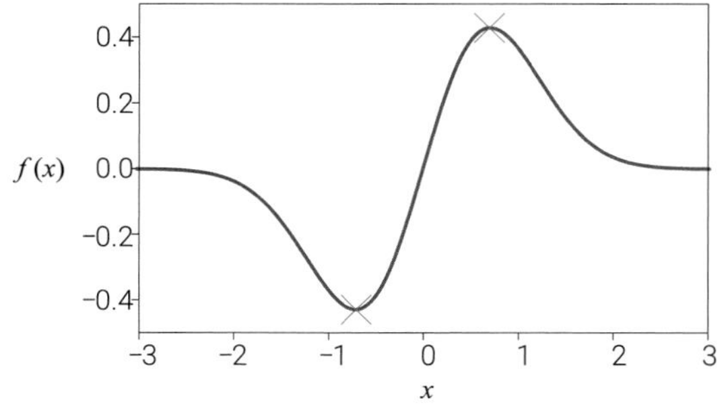

图8.10　可视化极值点 | BK_2_Ch08_07.ipynb

Jupyter笔记BK_2_Ch08_07.ipynb中绘制了图8.10。

8.7 渲染

渲染一组曲线着色

图8.13所示为用色谱给一组曲线着色的三种方法。其中，图8.13 (a) 采用for循环，分别给每一条曲线着色。

具体来说，调用RdYlBu色谱，用sigma数量产生若干连续色号。然后用for循环分别绘制每条曲线，曲线依次调用连续色号。

图8.13 (b) 用LineCollection() 分别渲染每条曲线，并添加色谱条展示sigma变化。

图8.13 (c) 则用set_prop_cycle() 修改默认线图颜色。

图8.13中曲线为一元高斯分布的概率密度函数。《统计至简》第9章专门讲解一元高斯分布。

Jupyter笔记BK_2_Ch08_08.ipynb中绘制了图8.13子图。

分段渲染曲线

下面，我们用颜色映射和LineCollection() 渲染一条曲线的不同分段。

如图8.11所示，我们先将一条线段打散成一系列线段。然后用LineCollection()，用RdYlBu_r色谱分别给每条线段分别着色。这幅图中四幅子图用来渲染的依据完全不同，请大家自行学习。

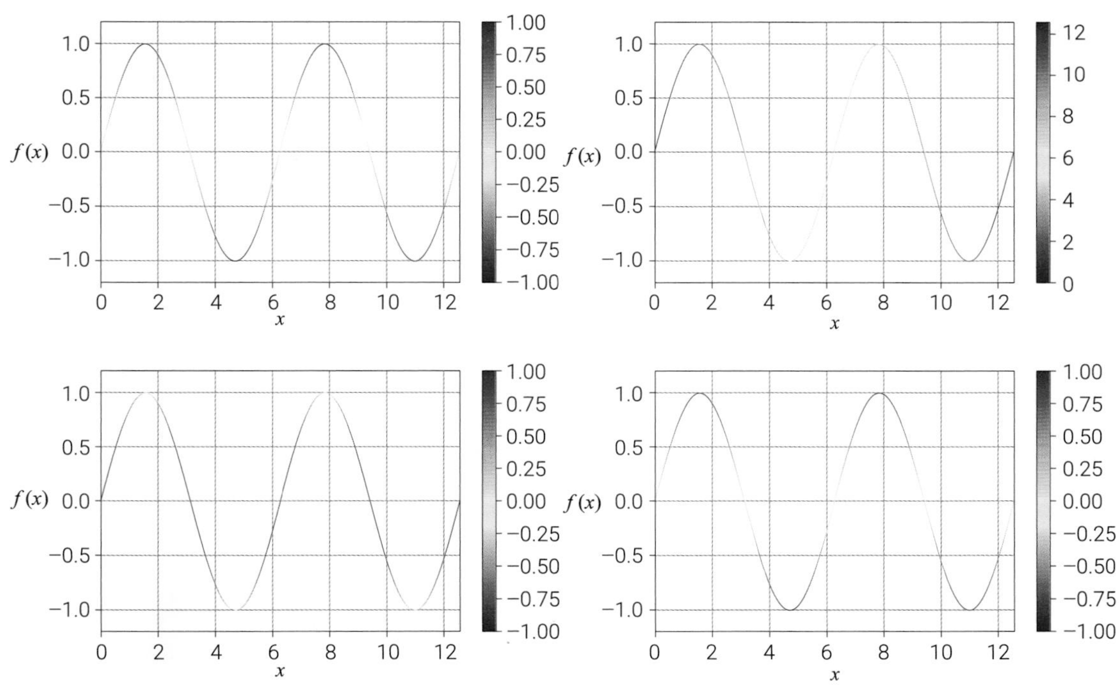

图8.11　分段渲染 | BK_2_Ch08_09.ipynb

绘制网格

图8.12所示为利用plot() 两点连线绘制，并采用rainbow色谱分段着色渲染的正方方格。图8.14所示为在此基础上可视化的线性、非线性变换。

图8.15 ~ 图8.17所示为利用线条创建的生成艺术。这些图背后的数学工具实际上是线性插值。

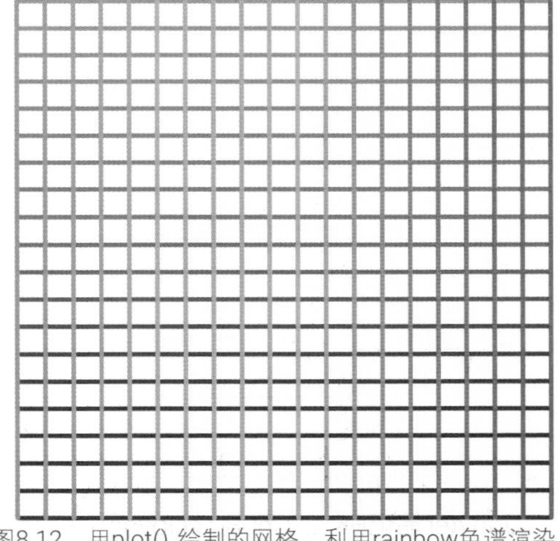

图8.12　用plot() 绘制的网格，利用rainbow色谱渲染 | BK_2_Ch08_010.ipynb

本章总结了Matplotlib中绘制线图的各种技巧。此外，Plotly和Seaborn也有绘制线图的函数，请大家自行学习探索。

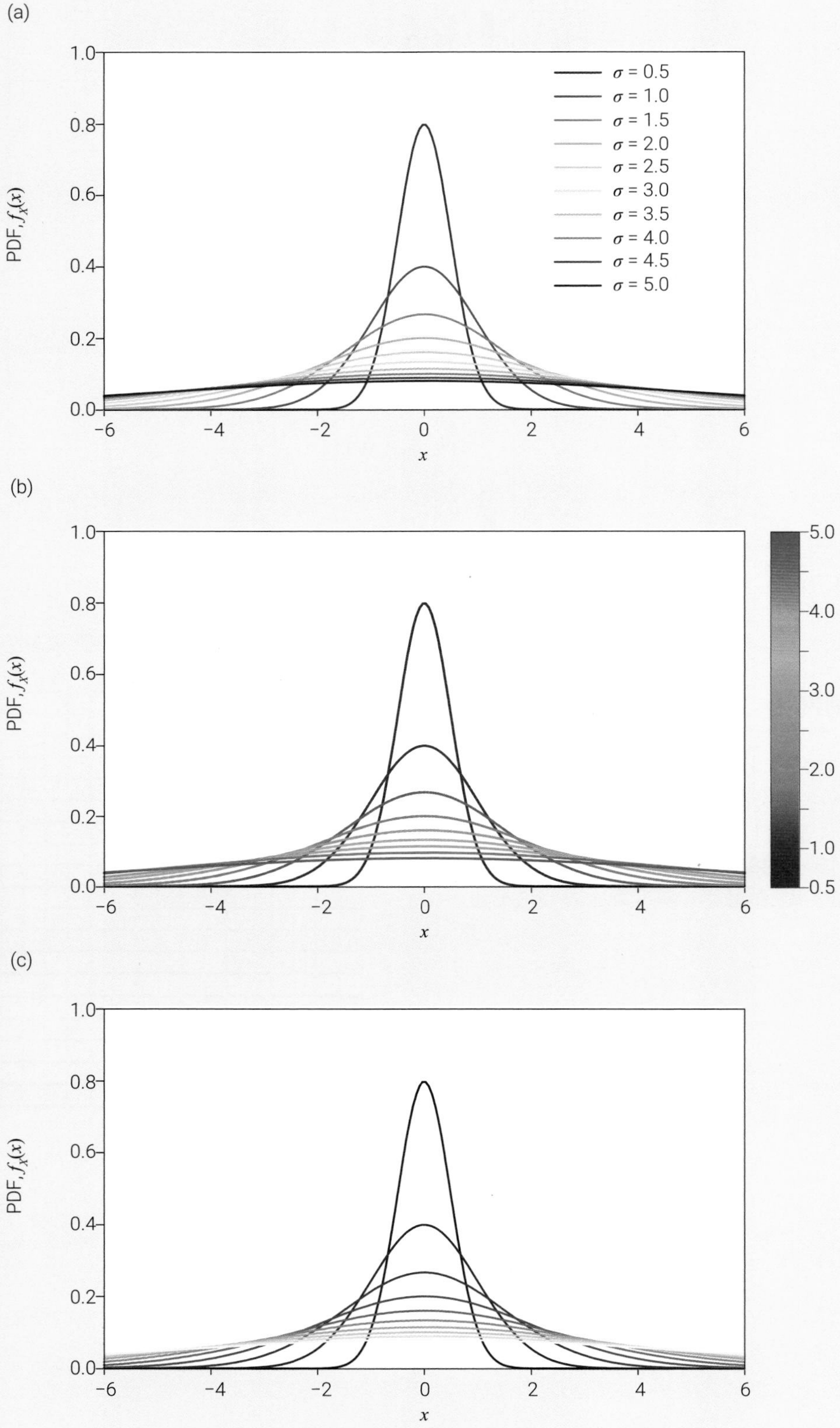

(a)

(b)

(c)

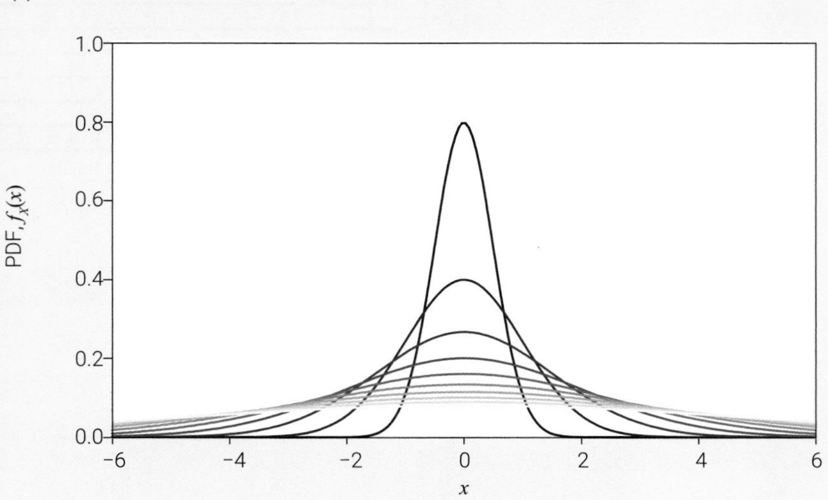

图8.13　用色谱渲染曲线 | BK_2_Ch08_08.ipynb

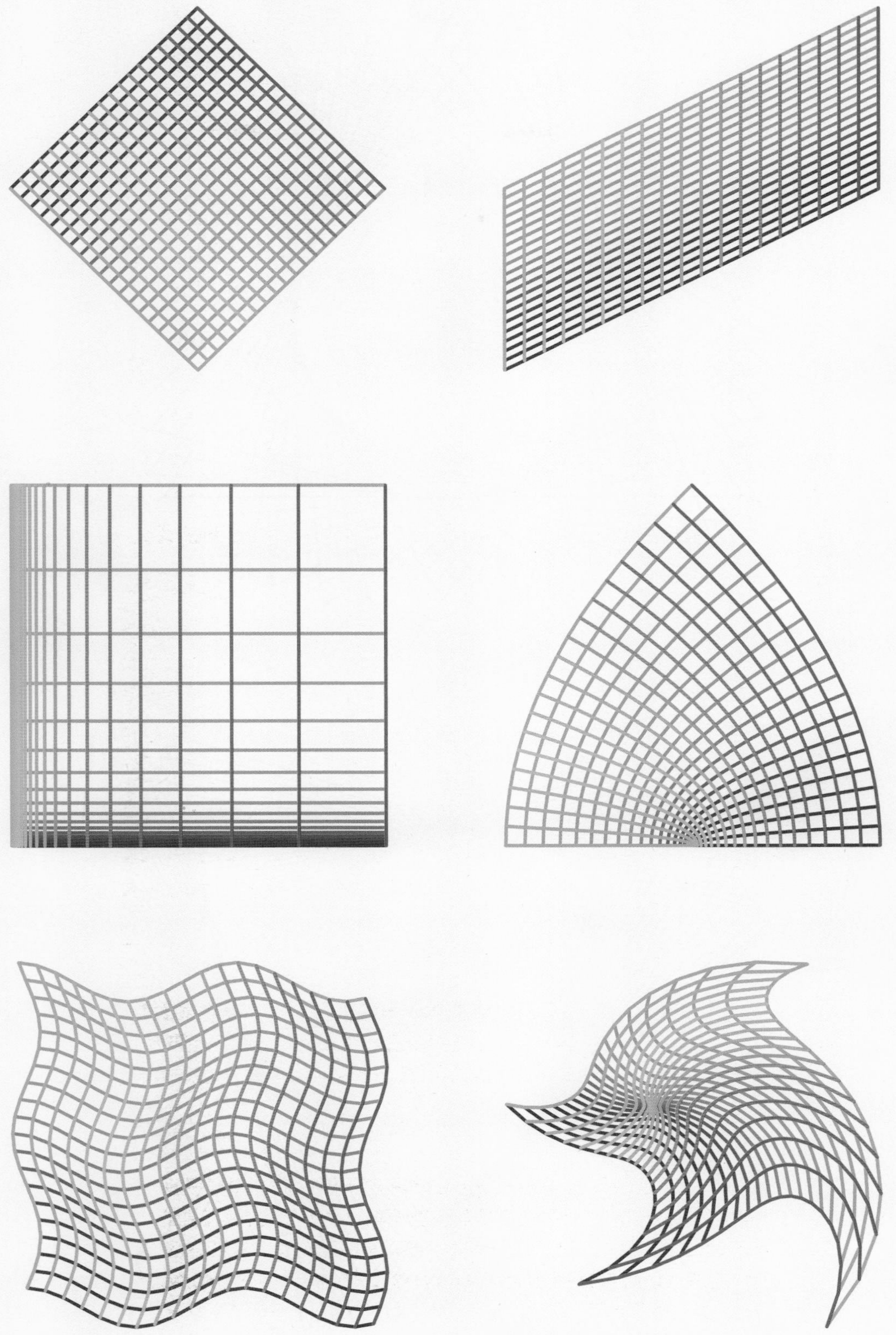

图8.14　可视化线性、非线性变换 | BK_2_Ch08_10.ipynb

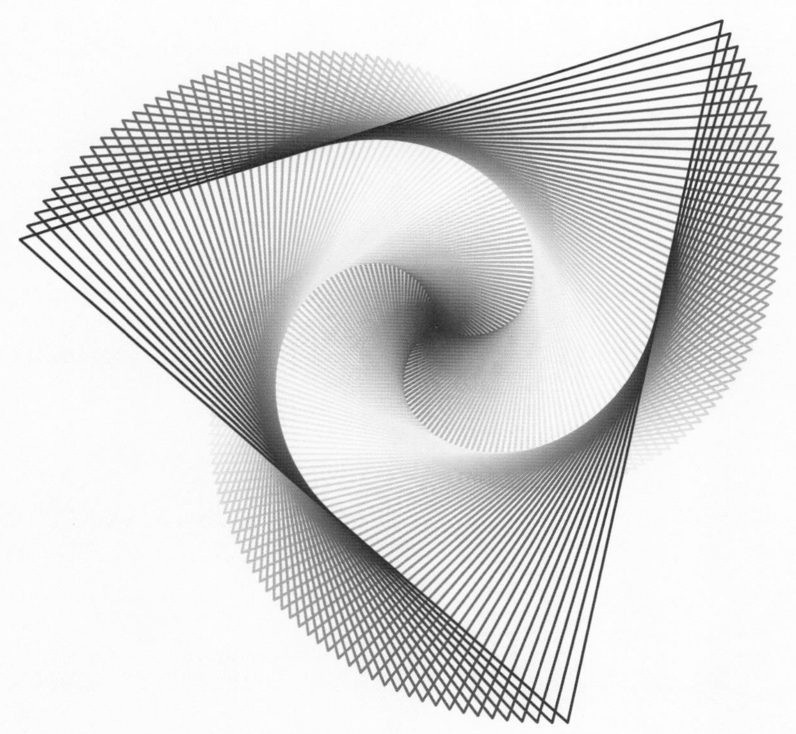

图8.15　两组旋转三角形 | BK_2_Ch08_11.ipynb

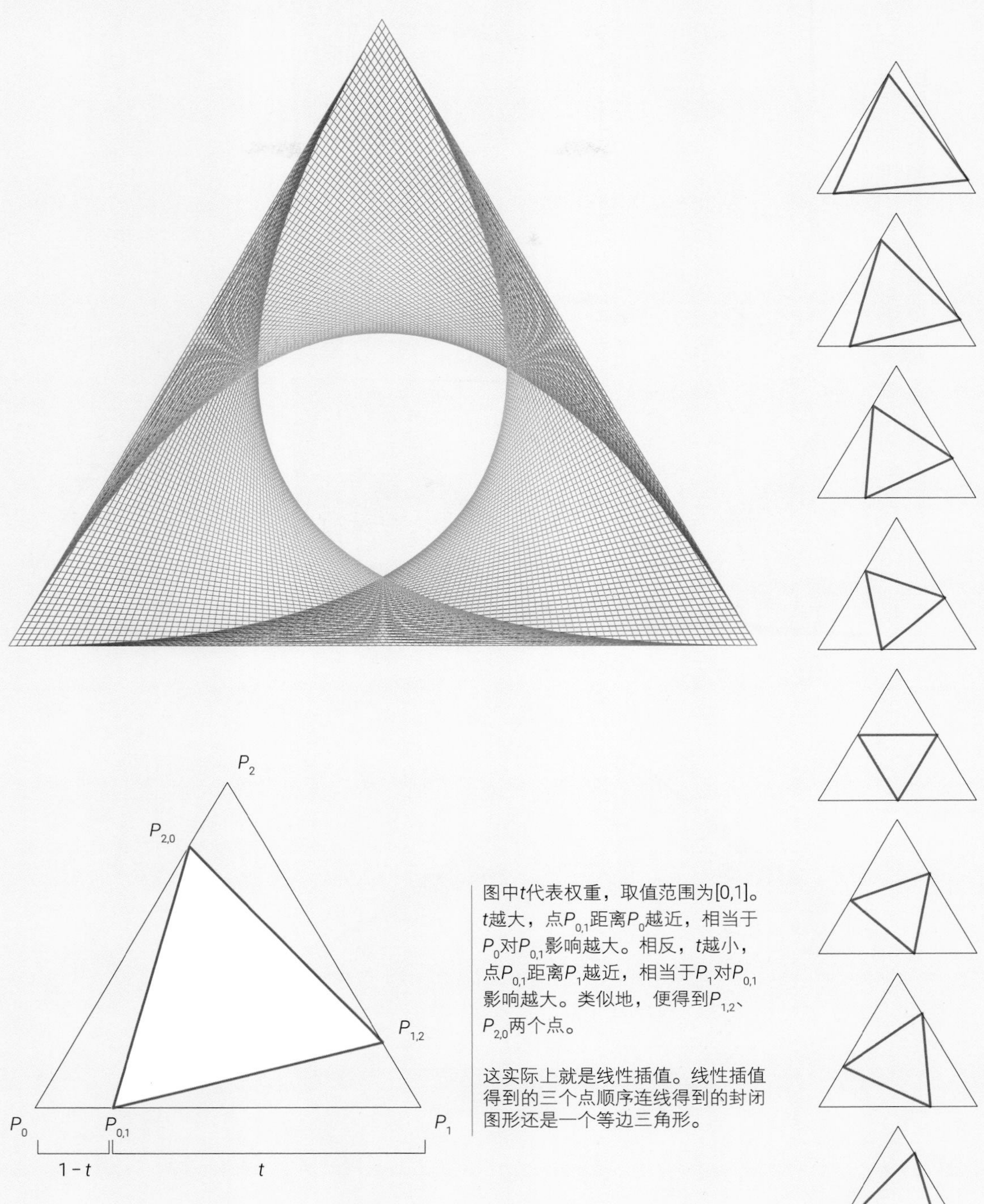

图中t代表权重，取值范围为[0,1]。t越大，点$P_{0,1}$距离P_0越近，相当于P_0对$P_{0,1}$影响越大。相反，t越小，点$P_{0,1}$距离P_1越近，相当于P_1对$P_{0,1}$影响越大。类似地，便得到$P_{1,2}$、$P_{2,0}$两个点。

这实际上就是线性插值。线性插值得到的三个点顺序连线得到的封闭图形还是一个等边三角形。

图8.16　线性插值，等边三角形 | BK_2_Ch08_12.ipynb

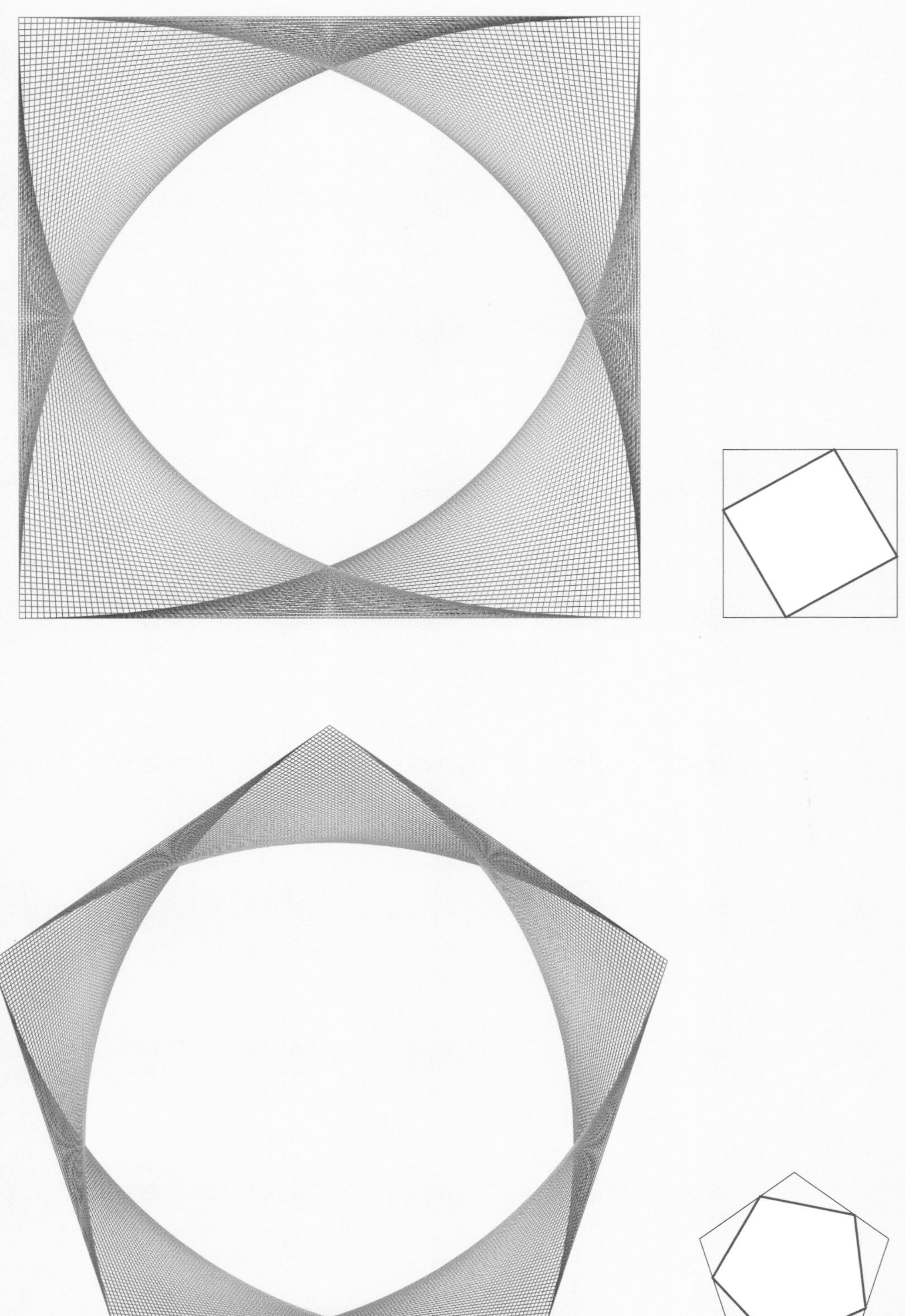

图8.17　线性插值，正方形、正五边形 | BK_2_Ch08_12.ipynb

Polar Plots

极坐标绘图

以距离和夹角描述点位置的坐标系统

我们只是一颗普通恒星的小行星上的高级猴子品种。但我们可以理解宇宙，这让我们变得非常特别。

We are just an advanced breed of monkeys on a minor planet of a very average star. But we can understand the Universe. That makes us something very special.

—— 史蒂芬·霍金 (Stephen Hawking) | 英国理论物理学家、宇宙学家 | 1942 — 2018年

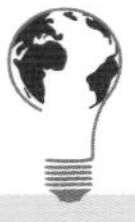

- `matplotlib.pyplot.bar()` 绘制柱状图
- `matplotlib.pyplot.cm` Matplotlib 库中的一个模块，用于处理和管理色谱
- `matplotlib.pyplot.fill()` 绘制封闭填充图形
- `numpy.linspace()` 在指定的间隔内，返回固定步长的数据
- `numpy.random.rand()` 返回一个介于 0 和 1 之间的服从均匀分布的随机数

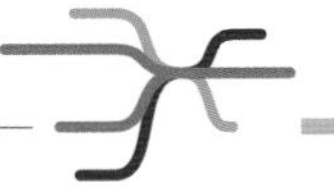

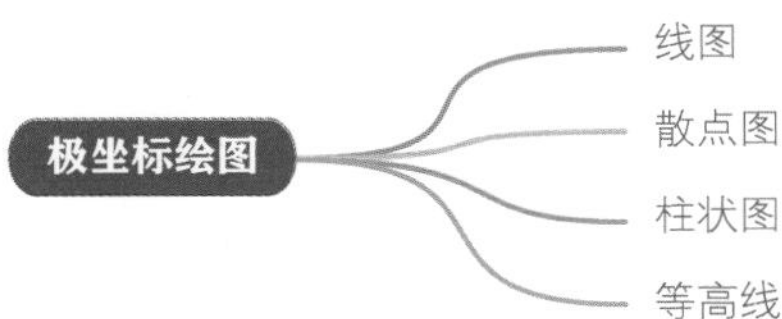

9.1 线图

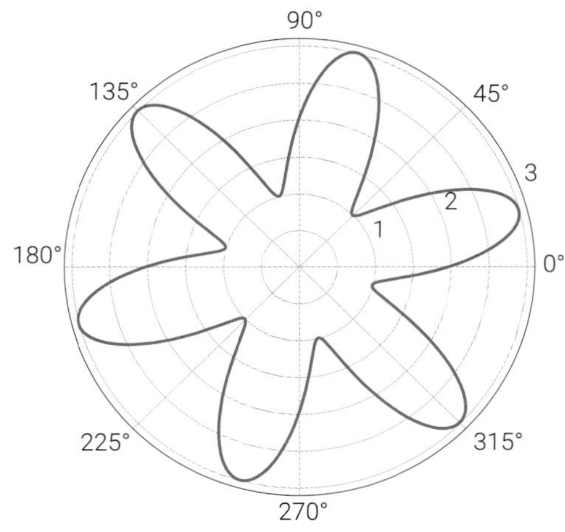

图9.1　极坐标线图 | BK_2_Ch09_01.ipynb

通过本书前文的学习，相信大家对极坐标这个概念已经并不陌生。简单来说，极坐标系统是描述平面上点位置的一种方式，它使用了两个参数：极径和极角。

在极坐标系统中，点的位置由它与原点之间的距离和从某个参考方向 (通常是x轴正半轴) 逆时针旋转的角度决定。极径表示点到原点的距离。极角表示点到原点的连线与参考方向的夹角，它的单位通常是弧度制。

图9.1所示为极坐标下绘制的线图。我们首先生成了极角、极轴两个数组。然后，创建极坐标子图，并使用ax.plot()方法绘制极坐标图。如果想要设置极坐标图中的半径范围，需要使用ax.set_rlim() 方法。

图9.5展示了更多的极坐标线图，请大家参考BK_2_Ch09_02.ipynb。

Jupyter笔记BK_2_Ch09_01.ipynb中绘制了图9.1。

9.2 散点图

要绘制极坐标下的散点图，需要在创建Axes对象时将参数projection设置为'polar'。然后使用scatter() 函数来添加散点。如图9.2所示，我们也可以指定散点的大小、颜色。此外，ax.set_rorigin() 用来改变极轴原点坐标。ax.set_rlabel_position() 用于指定 r-label 的位置相对于轴线的偏移量。

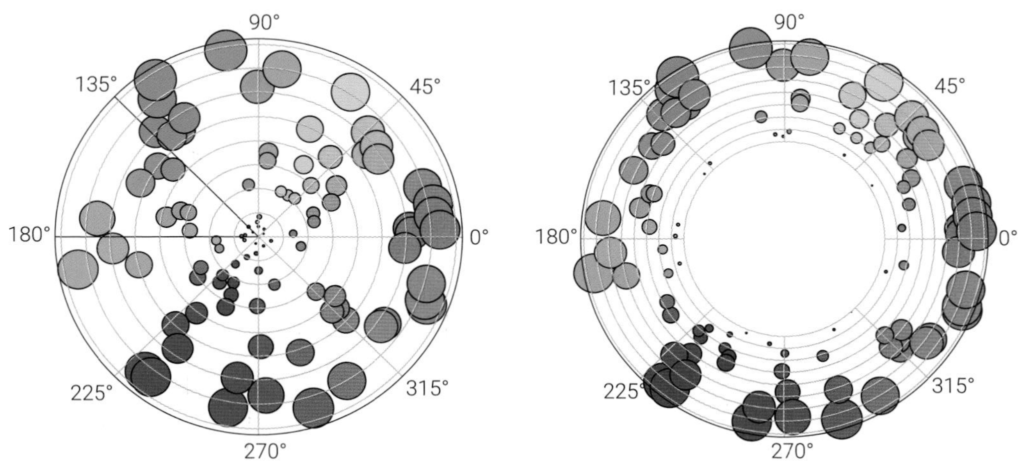

图9.2　极坐标散点图 | BK_2_Ch09_03.ipynb

Jupyter笔记BK_2_Ch09_03.ipynb中绘制了图9.2。此外，我们还可以利用set_thetamin()和set_thetamax()设定极角绘制扇形极坐标图像，请大家参考BK_2_Ch09_04.ipynb。

9.3 柱状图

在极坐标中，我们还可以绘制如图9.3所示的柱状图，BK_2_Ch09_05.ipynb为对应的代码文件。很遗憾，目前matplotlib中还没有方便绘制雷达图的工具。想要画雷达图的话，可以参考BK_2_Ch09_06.ipynb。

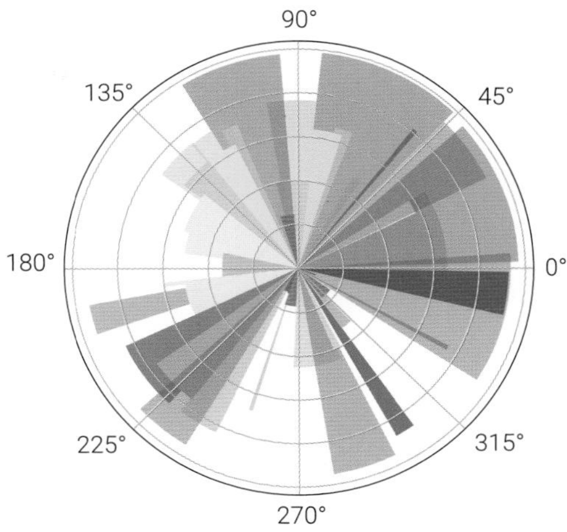

图9.3　极坐标柱状图 | BK_2_Ch09_05.ipynb

9.4 等高线

我们还可以把等高线绘制到极坐标上。如图9.4 (a) 所示，现在θ-r平面绘制等高线；然后再将结果展示在极坐标中，如图9.4 (b) 所示。

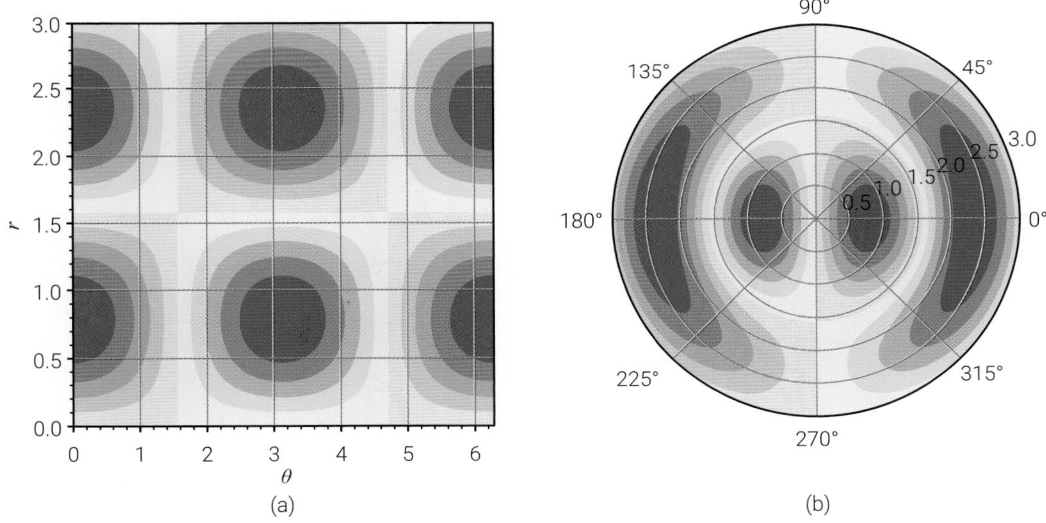

图9.4　极坐标中绘制的等高线 | BK_2_Ch09_07.ipynb

图9.6和图9.7所示为利用极坐标设计的生成艺术，请大家自行学习。

本章简单介绍了绘制在极坐标系中的线图、散点图、柱状图、等高线等。背后的核心数学工具是直角坐标系和极坐标系的转换。

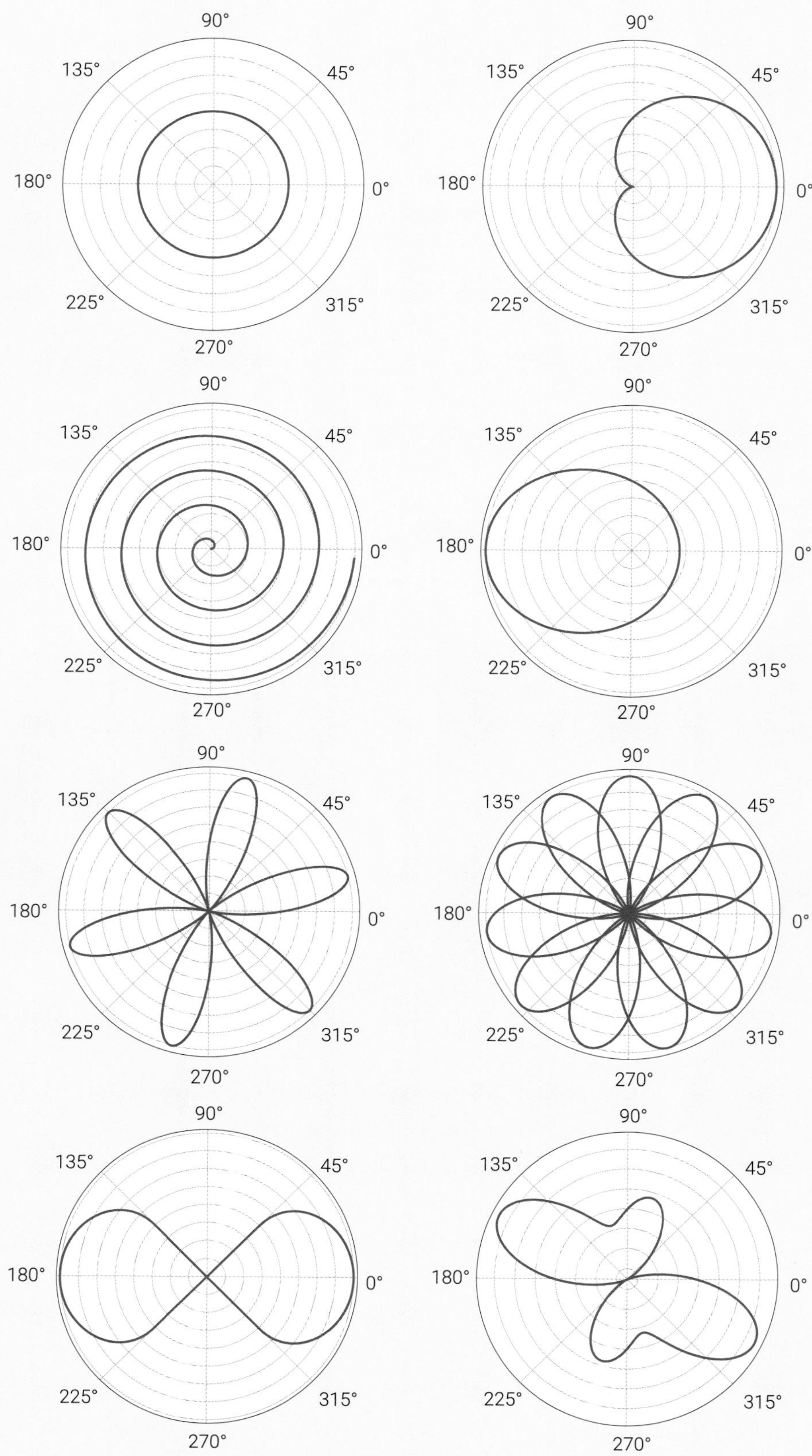

图9.5　更多极坐标线图 | BK_2_Ch09_02.ipynb

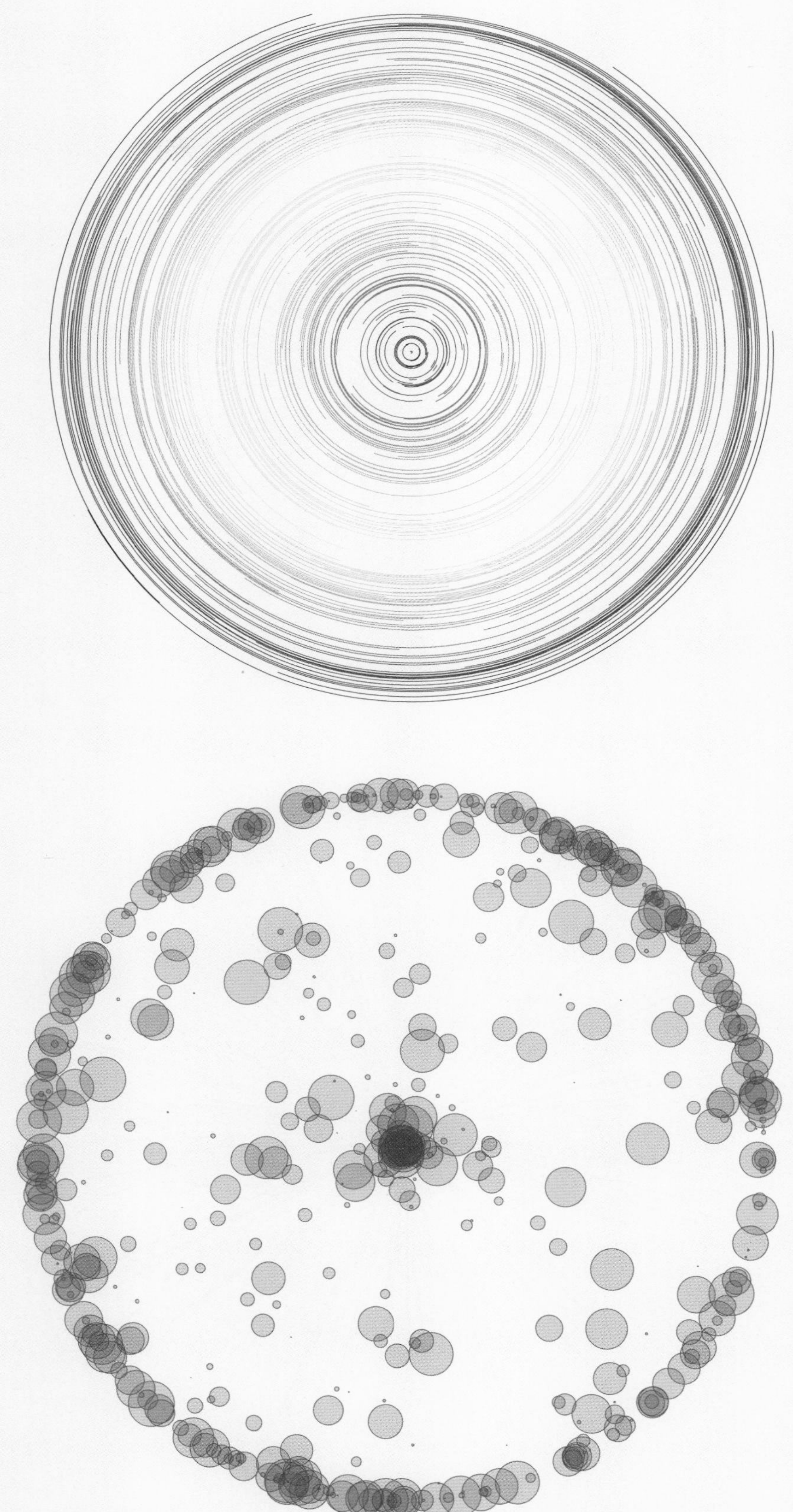

图9.6　基于随机数发生器的极坐标创意编程，第1组 | BK_2_Ch09_08.ipynb

图9.7　基于随机数发生器的极坐标创意编程，第2组 | BK_2_Ch09_09.ipynb

2D Contours

10 二维等高线

每条曲线上的不同点具有相同的数值

征服你自己，而不是世界。

Conquer yourself rather than the world.

—— 勒内·笛卡儿 (René Descartes) | 法国哲学家、数学家、物理学家 | 1596 — 1650年

- `matplotlib.pyplot.contour()` 绘制等高线图
- `matplotlib.pyplot.contourf()` 绘制二维填充等高线
- `matplotlib.pyplot.plot_trisurf()` 在三角形网格上绘制平滑的三维曲面图
- `matplotlib.pyplot.plot_wireframe()` 绘制线框图
- `matplotlib.pyplot.scatter()` 绘制散点图
- `matplotlib.pyplot.tricontourf()` 在三角形网格上绘制填充的等高线图
- `matplotlib.pyplot.triplot()` 在三角形网格上绘制线条
- `matplotlib.tri.Triangulation()` 生成三角剖分对象
- `matplotlib.tri.UniformTriRefiner()` 对三角形网格进行均匀细化，生成更密集的三角形网格，以提高绘制的精细度和准确性
- `numpy.asarray()` 将输入数据，如列表、元组等，转换为 NumPy 数组
- `numpy.column_stack()` 将两个矩阵按列合并
- `numpy.concatenate()` 将多个数组进行连接
- `numpy.cos()` 计算余弦值
- `numpy.linalg.det()` 计算行列式值
- `numpy.linalg.inv()` 矩阵求逆
- `numpy.linspace()` 在指定的间隔内，返回固定步长的数据
- `numpy.meshgrid()` 产生网格化数据
- `numpy.ones_like()` 用来生成和输入矩阵形状相同的全 1 矩阵
- `numpy.sin()` 计算正弦值
- `numpy.sqrt()` 计算平方根
- `numpy.vstack()` 返回竖直堆叠后的数组
- `numpy.zeros_like()` 用来生成和输入矩阵形状相同的零矩阵
- `scipy.spatial.Delaunay()` 生成一个点集的 Delaunay 三角剖分
- `scipy.stats.dirichlet.pdf()` 计算 Dirichlet 分布的概率密度函数
- `sympy.diff()` 求解符号导数和偏导解析式
- `sympy.exp()` 符号自然指数
- `sympy.lambdify()` 将符号表达式转化为函数

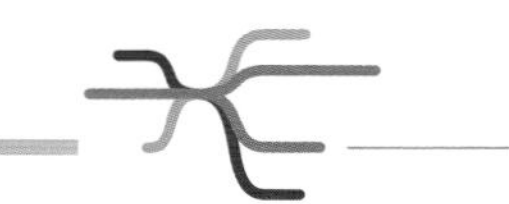

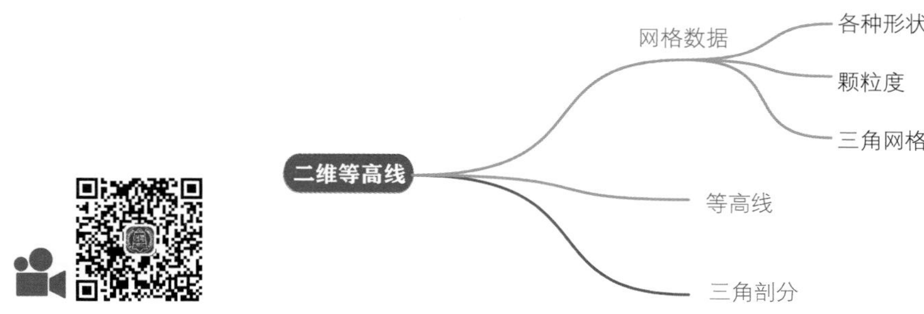

10.1 网格数据

在介绍二维（平面）等高线之前，我们先回顾一下网格数据。

相信大家已经对numpy.meshgrid()函数并不陌生。NumPy中的meshgrid()函数用于生成网格状的坐标点矩阵，其作用是将两个或多个一维数组转换为多维数组。具体来说，meshgrid()函数接受两个或多个一维数组作为参数，返回多维坐标矩阵。图10.1所示为生成二维网络状坐标的原理。

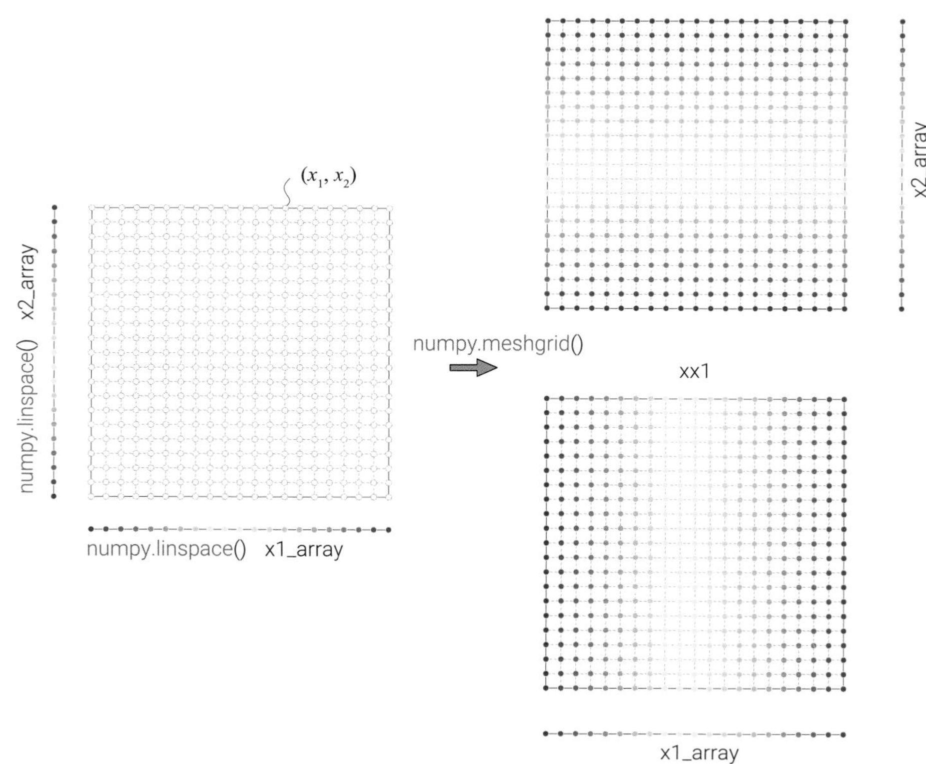

图10.1 用numpy.meshgrid()生成二维网络数据

图10.2所示为从三维空间视角看到的二维网络状散点。

网格状坐标的用途

numpy.meshgrid() 产生的二维网络状坐标通常用于绘制网格曲面、等高线等场景。图10.3所示为用网格曲面和散点可视化二元函数$f(x_1, x_2)$的图像。

本书后续，大家会看到我们用网格状坐标绘制的等高线。

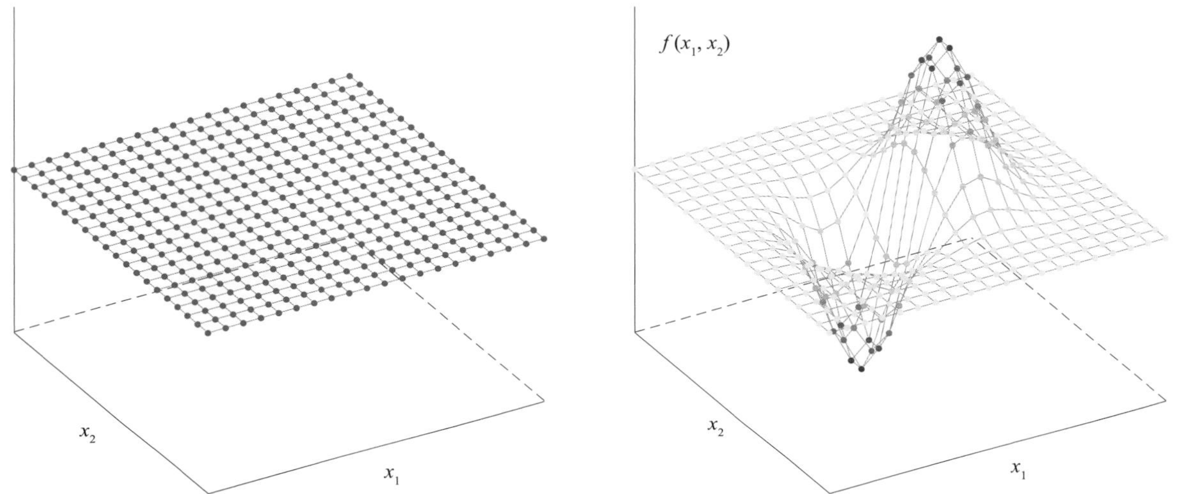

图10.2　三维空间看二维网络状坐标 | BK_2_Ch10_01.ipynb　　图10.3　二维网络状坐标可视化二元函数 | BK_2_Ch10_01.ipynb

颗粒度

类似二维线图，利用网络状坐标可视化数据时，也会遇到颗粒度的问题。如图10.4、图10.5所示，颗粒度过低、过高都会导致可视化效果不理想。本书后文将分别从等高线、网格曲面等几个角度继续讨论颗粒度这个话题。

使用面具

类似前文线图，对于网格我们也可以使用**面具** (mask)。图10.6所示的两个例子为满足特定条件的部分网格数据。

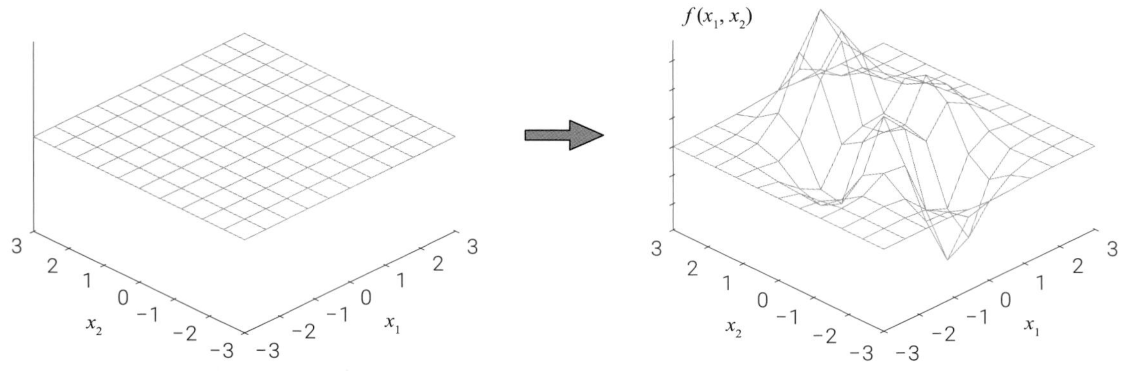

图10.4　颗粒度过低 | BK_2_Ch10_01.ipynb

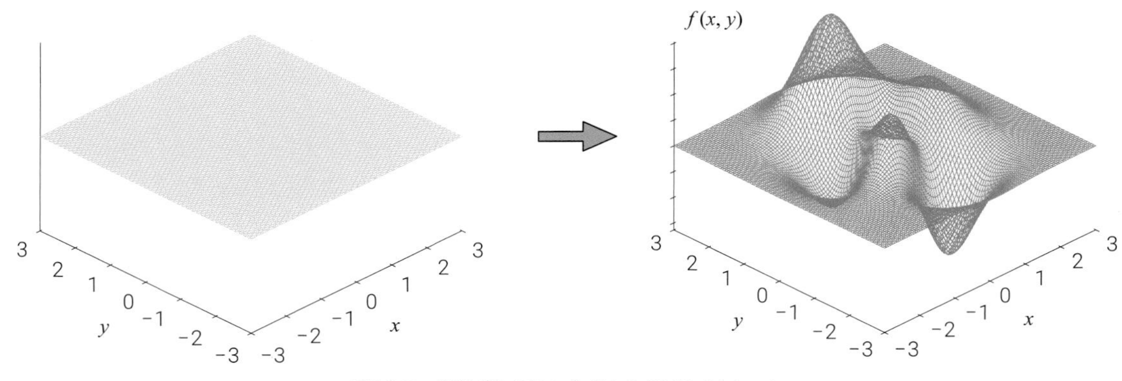

图10.5　颗粒度过高 | BK_2_Ch10_01.ipynb

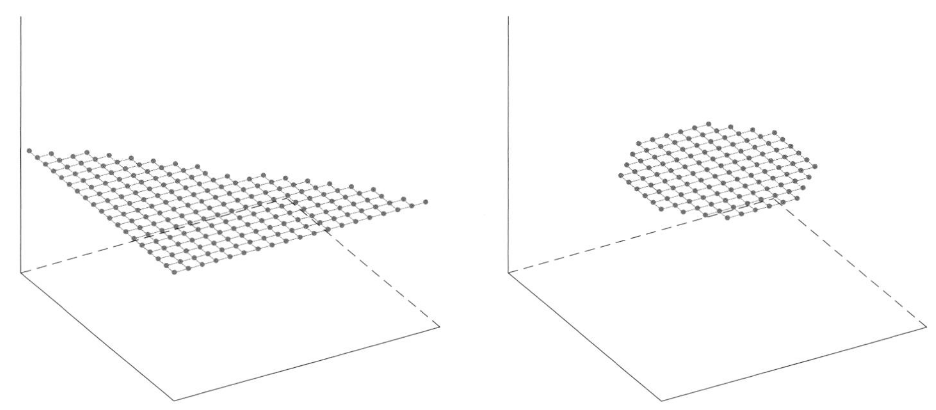

图10.6　使用面具 | BK_2_Ch10_01.ipynb

三维网格

此外，大家对图10.7所示三维网格也应该不陌生。我们在色彩模型中用过它。此外，本书后文还会继续用三维网格散点提供更为丰富的可视化方案。

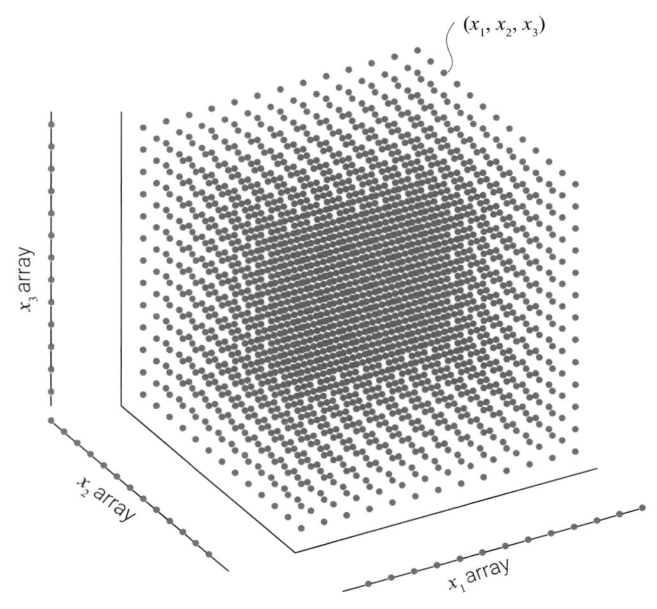

图10.7　三维网格 | BK_2_Ch10_01.ipynb

除了方方正正的网格，本系列丛书还会用到极坐标网格。生成如图10.8所示的极坐标网格很容易。首先利用numpy.linspace() 生成极角、极轴的数组，然后用numpy.meshgrid() 生成极坐标网格坐标，最后再将其从极坐标转化为平面直角坐标系坐标。

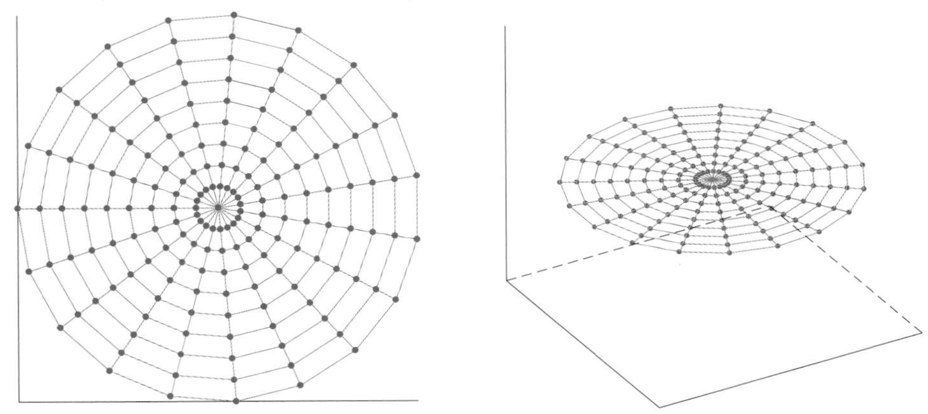

图10.8　极坐标网格 | BK_2_Ch10_01.ipynb

本章最后还会使用三角网格完成特定的可视化方案。三角形网格是由一系列三角形所组成的网格结构。在计算机图形学和计算机模拟等领域，三角形网格常被用于表示复杂的几何体，如曲面、体细胞等，它可以通过三角形边界的拼接来逼近这些复杂的几何形状。三角形网格也常被用于数值计算中，如有限元分析等，因为三角形具有良好的性质，如易于计算、几何尺寸不变等。

三角形网格可以由多种方式生成，其中最常见的是 Delaunay 三角剖分，该方法可以将给定的点集分割成一组不重叠、不交叉的三角形。在 Delaunay 三角剖分中，对于任意三角形，其外接圆不包含其他点，这种性质可以保证三角形的质量较高，从而使得数值计算更加准确和稳定。

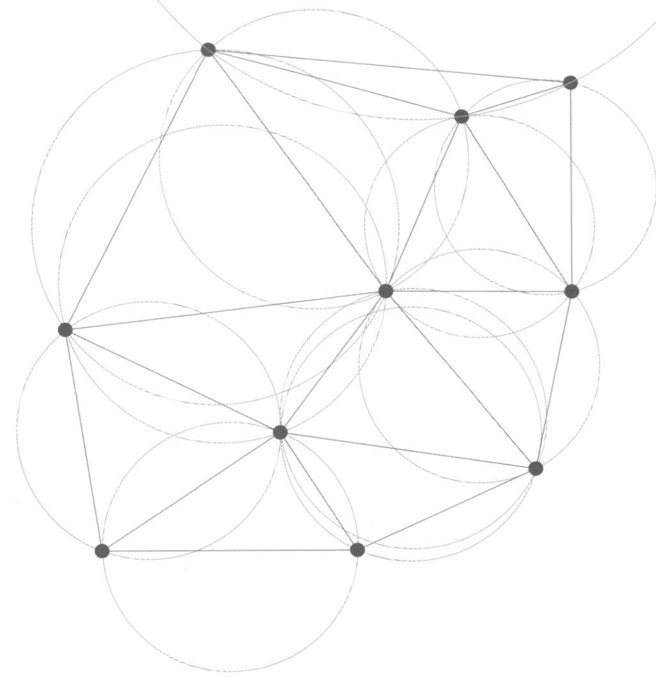

图10.9　Delaunay三角剖分法

matplotlib.tri 是一个 Python 库，用于创建和操作三角形网格。它提供了许多用于可视化和分析三角形网格的功能。

matplotlib.tri可以创建三角形网格。可以使用 Triangulation 类从给定的点集中创建一个三角形网格，也可以使用其他函数生成各种类型的网格，如 Delaunay 三角剖分等，如图10.9所示。

matplotlib.tri还可以可视化三角形网格。可以使用 tripcolor、tricontour 等函数在三角形网格上绘制颜色填充、等高线图等。

matplotlib.tri也可以操作三角形网格。比如，可以使用 TriAnalyzer、TriInterpolator 等类对三角形网格进行分析、插值等操作。

总的来说，matplotlib.tri 为处理三角形网格提供了很多方便的工具和函数，使得用户可以方便地进行可视化和分析。

图10.10所示为三种常见三角网格。本书后文还将深入介绍三角形网格及其应用场景。

图10.10 三角网格 | BK_2_Ch10_01.ipynb

大家如果对Delaunay三角剖分法感兴趣的话，可以参考：

```
https://mathworld.wolfram.com/DelaunayTriangulation.html
```

10.2 等高线

二维等高线、三维等高线是“鸢尾花书”中非常重要的可视化方案。我们常用等高线可视化二元乃至多元函数、概率密度函数、机器学习中的决策边界等。

这一节主要介绍二维等高线，本书后文将专门介绍三维等高线。

等高线原理

等高线图是一种展示三维数据的方式，其中相同数值的数据点被连接成曲线，形成轮廓线。

形象地说，二元函数相当于一座山峰，如图10.11所示。在平行于x_1x_2平面的特定高度切一刀，得到的轮廓线就是一条等高线。这是一条三维空间等高线。然后，将等高线投影到x_1x_2平面，我们便得到一条二维等高线。

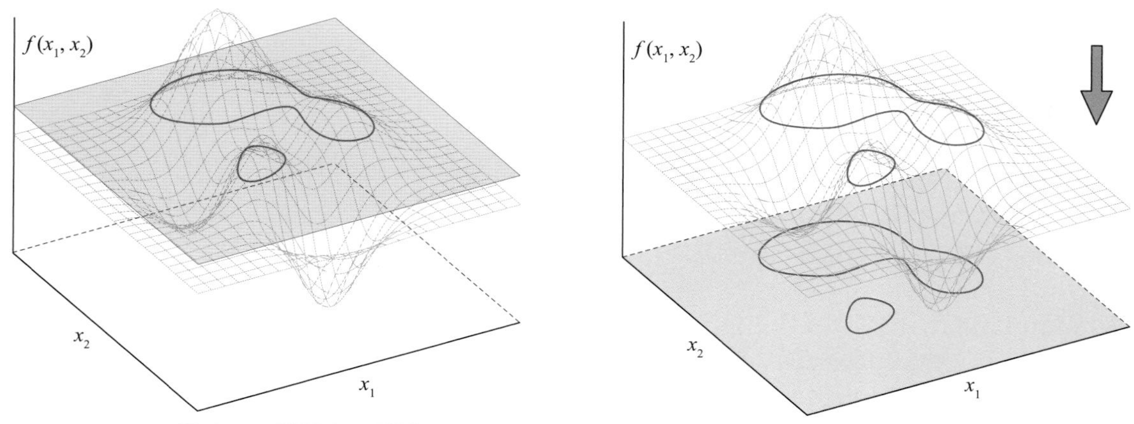

图10.11 平行于x_1x_2平面切$f(x_1, x_2)$，然后再投影到x_1x_2平面 | BK_2_Ch10_02.ipynb

一系列轮廓线的高度一般用不同的颜色或线型表示，这使得我们可以通过视觉化方式看到数据的分布情况。如图10.12所示，将一组不同高度的等高线投影到平面便得到如图10.13所示的二维等高线。图10.13的右侧还增加了色谱条，用来展示不同等高线对应的具体高度。这一系列高度可以是一组用户输入的数值。大家可能已经发现，等高线图和海拔高度图原理完全相同。类似的图还有，等温线、等降水线、等距线等。

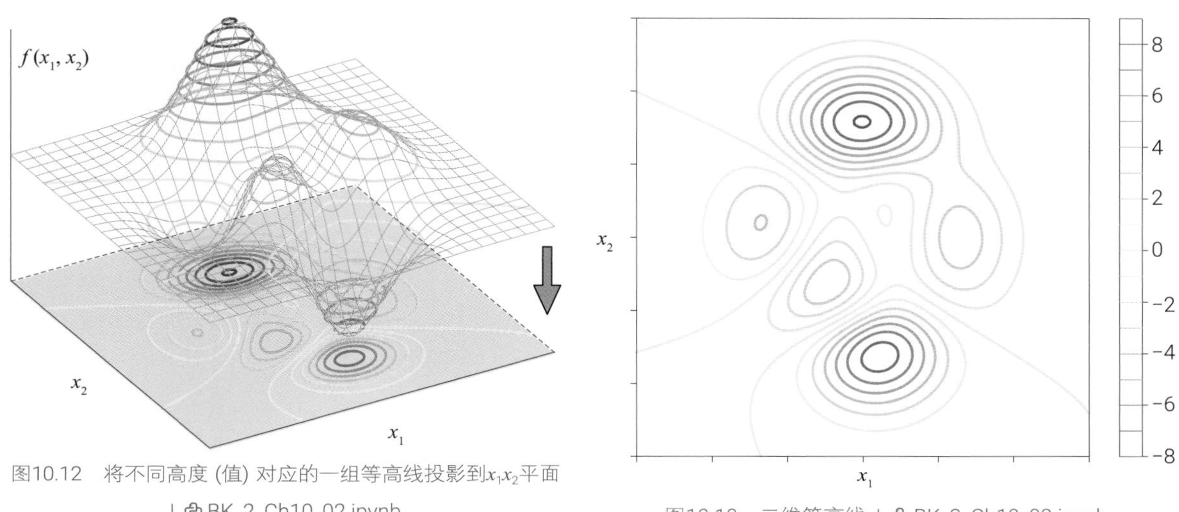

图10.12　将不同高度 (值) 对应的一组等高线投影到x_1x_2平面 | BK_2_Ch10_02.ipynb

图10.13　二维等高线 | BK_2_Ch10_02.ipynb

步骤

具体来说，在Matplotlib中绘制等高线图需要以下步骤：

①准备数据：等高线图需要的数据是一个二维数组，其中每个元素都表示一个点的数值。通常这个二维数组被称为“网格”。

②计算轮廓线：Matplotlib会通过对数据进行插值，计算出一组轮廓线的值，并把它们绘制在二维平面上。轮廓线的数量取决于我们指定的等高线的数量。

③绘制轮廓线：Matplotlib会根据轮廓线的高度在不同的颜色或线型中表示，使得我们可以通过视觉化方式看到数据的分布情况。通常使用plt.contour() 函数进行绘制。

等高线设置

Matplotlib还提供了许多与等高线图相关的函数和选项，例如设置轮廓线的样式、标签、标记等。这些选项可以帮助我们更好地展示数据。

图10.14所示为给每条等高线增加的高度注释。图10.15所示为单色等高线，matplotlib会用虚线代表负值。

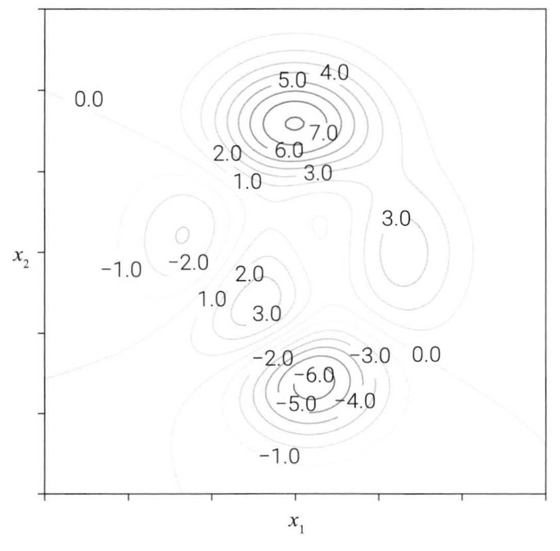

图10.14 给等高线加注释 | ⊕ BK_2_Ch10_02.ipynb

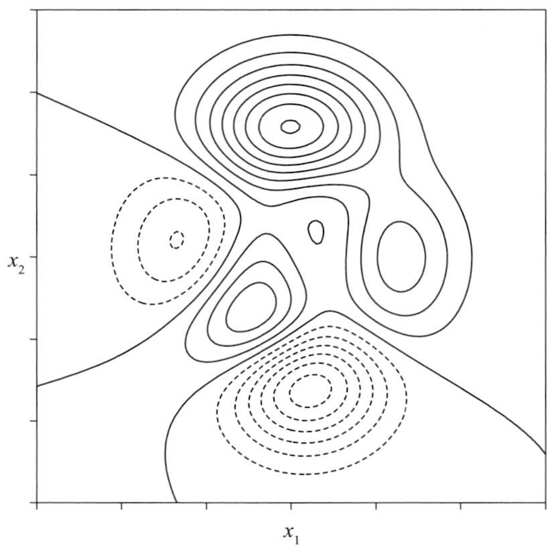

图10.15 单色等高线 | ⊕ BK_2_Ch10_02.ipynb

填充等高线

matplotlib.pyplot.contourf()，简写作contourf，是 Matplotlib 库中用于绘制填充等高线图的函数。其原理是通过将数据转换为等高线线段的集合，然后通过填充线段之间的空隙来创建颜色填充图。具体地说，contourf 函数首先根据数据生成一组等高线，这些等高线可以使用 contour 函数绘制。然后 contourf 函数会根据这些等高线，将图像中每个等高线所围成的区域填充上颜色。填充的颜色根据指定的 colormap 进行选择，可以通过设置参数 cmap 来控制。

如图10.16所示，在三维空间中，我们可以把填充等高线想象成是“梯田”。每个颜色代表一定的高度区间。将图10.16所示填充等高线画在水平面上，我们便得到图10.17。在图10.17中，我们还绘制了一条指定高度 (0.0) 的等高线。

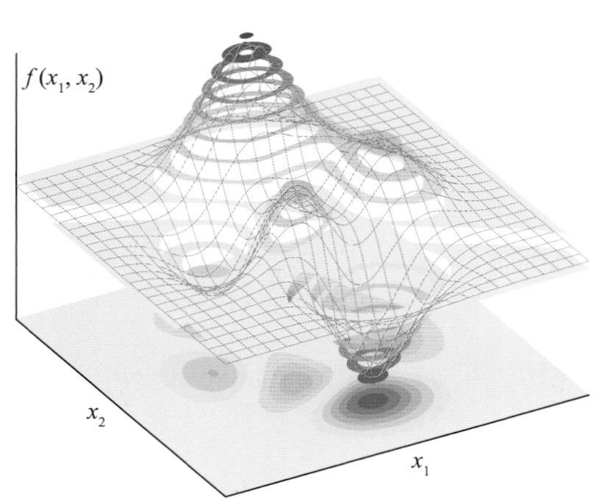

图10.16 填充等高线原理 | ⊕ BK_2_Ch10_02.ipynb

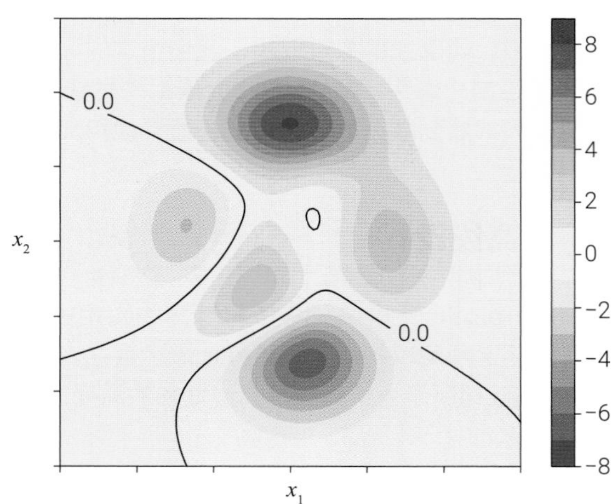

图10.17 二维填充等高线 | ⊕ BK_2_Ch10_02.ipynb

此外，contourf 还可以通过调整填充级别的数量和间隔来控制填充效果，可以通过设置参数 levels 来控制填充级别的数量和大小。此外，还可以通过设置参数 alpha 来控制填充颜色的透明度，以及通过设置参数 extend 来控制 levels 范围之外的值。

在机器学习中，填充等高线常被用来绘制决策边界。图10.23所示为用决策树、朴素贝叶斯两种方法分类鸢尾花数据集的决策边界，请大家自行学习BK_2_Ch10_03.ipynb。

颗粒度

前文提过，绘制连续等高线基于插值，因此等高线是否“平滑”，也取决于网格数据的颗粒度是否足够细腻。

如图10.18所示，绘制等高线采用的网格数据显然过于粗糙，这导致不管是三维等高线，还是二维等高线都非常毛糙。

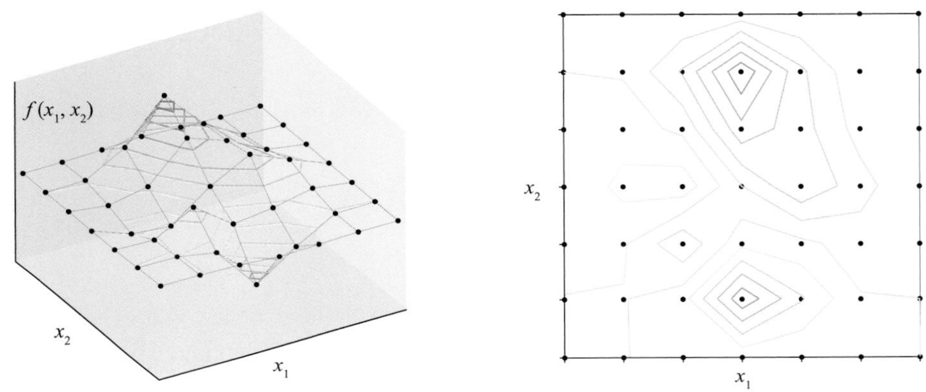

图10.18　颗粒度粗糙 | BK_2_Ch10_04.ipynb

图10.19则采用更为细腻的网格数据。显然，插值得到的三维等高线、二维等高线看上去更加平滑。而网格不是越密越好。网格能够取多密，还受到算力制约。本书后文还会介绍等高线更广泛的用途。

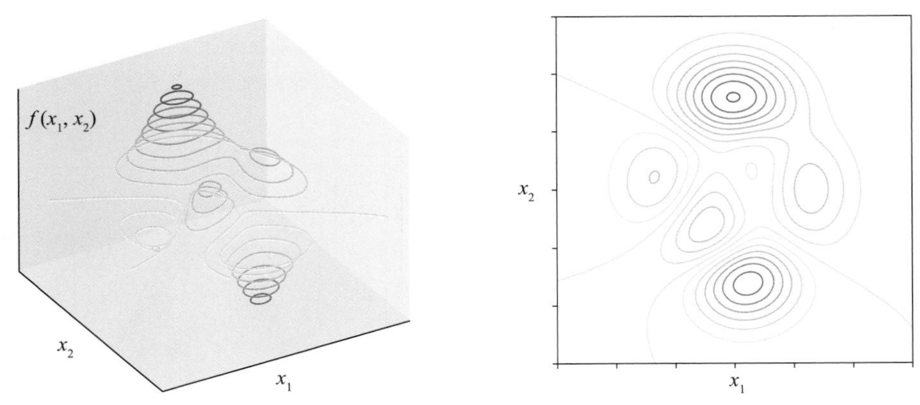

图10.19　颗粒度细腻 | BK_2_Ch10_04.ipynb

Jupyter笔记BK_2_Ch10_04.ipynb中绘制了图10.18、图10.19。

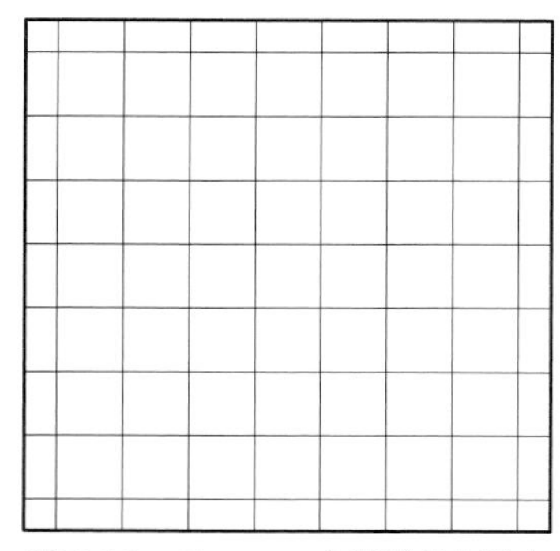

图10.20　用contour() 函数绘制的方格 | BK_2_Ch10_05.ipynb

如图10.20所示，利用contour() 函数还可以绘制网格。图10.24、图10.25展示了几种线性、非线性变换，图中网格均用contour() 绘制。其中几幅图用到了复数函数，本书后文还会展示其他可视化方案呈现复数函数。此外，本书后文还会专门讲解线性变换、仿射变换。

复数 (complex number) 是数学中的一个概念，用来表示具有实部和虚部的数。复数通常表示为$a + b$i的形式，其中a是实部，b是虚部，i是虚数单位。实部和虚部都可以是实数。复数的集合用C表示。

复数函数是定义在复数域上的函数，即将复数作为输入并产生复数作为输出的函数。复数函数可以包含各种数学操作和运算，如加法、减法、乘法、除法、指数函数、对数函数等。

10.3 三角剖分

Delaunay**三角剖分** (Delaunay triangulation) 是计算几何学中的一个重要概念，用于将给定的几何形状划分为一组不重叠的三角形。它的名字来源于它的发明者Boris Delaunay。

详细来说，三角剖分的目标是将一个多边形或多边形的集合分解成一组互不相交的三角形，使得这些三角形的顶点恰好是原始几何形状的顶点，并且任意两个三角形之间的交集只能是共享一个边或顶点。Delaunay三角剖分是计算机图形学、计算几何和计算机视觉中常用的技术之一，它在三维重建、图像处理、自然语言处理、机器学习等领域都有广泛的应用。

matplotlib.tri是Matplotlib中的一个模块，提供了三角剖分的绘图功能。scipy.spatial中的Delaunay类可以生成一个点集的Delaunay三角剖分，它可以用于构建三角形网格、寻找最近邻等。

图10.21 (a) 所示的网格可以手动设定，也可以自动生成。自动生成的三角网格采用Delaunay三角剖分。三角网格可以帮助我们绘制各种类型的三角形网格，如等高线图、三角形色块图和三角形曲面图等。图10.21 (b) 所示为三角网格等高线图。

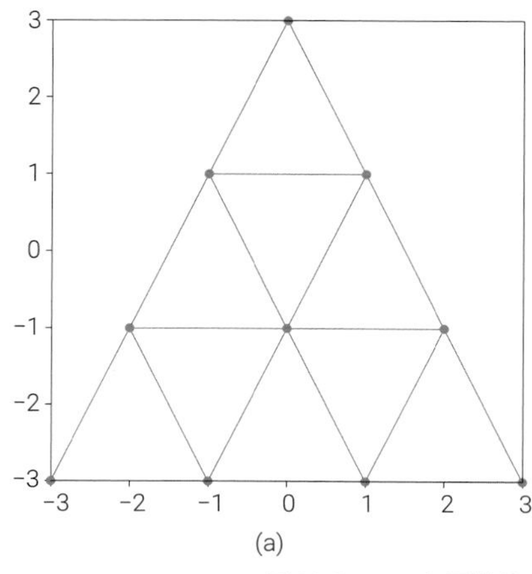

(a)

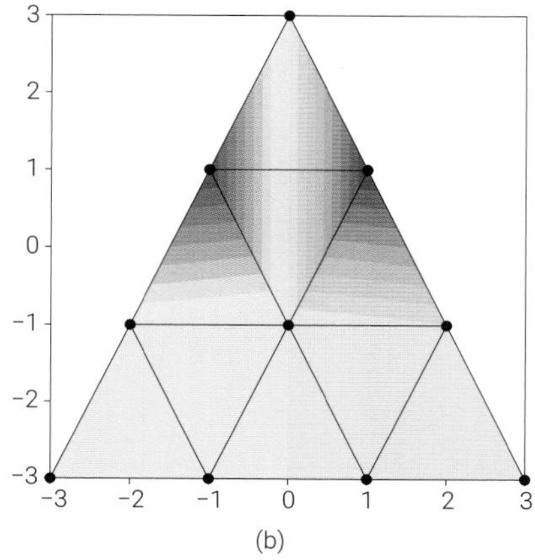

(b)

图10.21　三角网格和等高线 | BK_2_Ch10_06.ipynb

我们可以通过代码10.1绘制图10.21 (a)，下面讲解其中关键语句。注意，图中三角形是等腰三角形，不是等边三角形。

ⓐ从scipy.spatial导入Delaunay对象，Delaunay用于三角剖分。

ⓑ创建Delaunay的一个实例。输入points是前文代码定义的一组坐标，结果是对这些点进行Delaunay三角剖分。

ⓒ在轴对象ax上用triplot()方法绘制三角剖分图。

points[:,0] 和 points[:,1] 是代表给定散点的 x 坐标和 y 坐标。

tri_from_scipy.simplices 是 Delaunay 对象的一个属性，它包含了三角形的顶点索引，这将被用于定义三角剖分的连接关系。

ⓓ绘制红色圆点代表points具体位置。

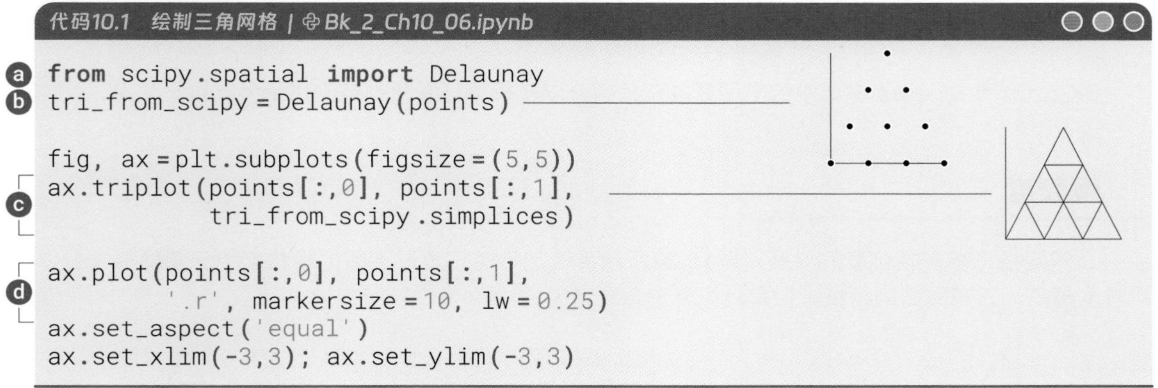

代码10.1 绘制三角网格 | ⊕ Bk_2_Ch10_06.ipynb

```
ⓐ from scipy.spatial import Delaunay
ⓑ tri_from_scipy = Delaunay(points)

fig, ax = plt.subplots(figsize = (5,5))
ⓒ ax.triplot(points[:,0], points[:,1],
             tri_from_scipy.simplices)

ⓓ ax.plot(points[:,0], points[:,1],
          '.r', markersize = 10, lw = 0.25)
ax.set_aspect('equal')
ax.set_xlim(-3,3); ax.set_ylim(-3,3)
```

我们可以通过代码10.2绘制图10.21 (b)，下面讲解其中关键语句。

ⓐ将matplotlib.tri导入，简写作mtri。这个模块提供了很多处理和可视化三角剖分工具。这一句被注释掉，是因为在BK_2_Ch10_06.ipynb中，模块已经在前文导入。

ⓑ利用matplotlib.tri 模块中的 Triangulation根据给定的坐标点自动构建三角剖分。

ⓒ利用tricontourf()在轴对象ax上绘制一个基于三角剖分的等高线填充图。

triang_auto是之前创建的Triangulation 对象示例，它定义了三角剖分的结构。

f_fcn() 是代码前文定义的一个二元函数。函数值将用于确定填充图中每个三角形的颜色。

cmap='RdYlBu_r' 指定了使用的颜色映射。

levels=20 指定了等高线层数。

ⓓ用triplot()在轴对象ax上绘制三角剖分线条图。

'ko-' 是线条图的样式设置，其中 'k' 表示黑色，'o' 表示在每个顶点处用圆圈标记，'-' 表示连接线样式。

代码10.2 绘制三角网格等高线 | Bk_2_Ch10_06.ipynb

```
# import matplotlib.tri as mtri
triang_auto = mtri.Triangulation(x_tri, y_tri)

fig, ax = plt.subplots(figsize = (5,5))

# 基于三角剖分网格绘制等高线
ax.tricontourf(triang_auto, f_fcn(x_tri, y_tri),
               cmap = 'RdYlBu_r',
               levels = 20)
ax.triplot(triang_auto, 'ko-')
ax.set_aspect('equal')
ax.set_xlim(-3,3); ax.set_ylim(-3,3)
```

BK_2_Ch10_06.ipynb笔记中给出了更多三角剖分以及相关可视化的范例，请大家自行学习。

颗粒度

三角网格也存在颗粒度的问题。图10.22所示为给定等边三角形不同的颗粒度的三角网格剖分。颗粒度越高，三角网格越细腻，但是计算量也急剧增大。

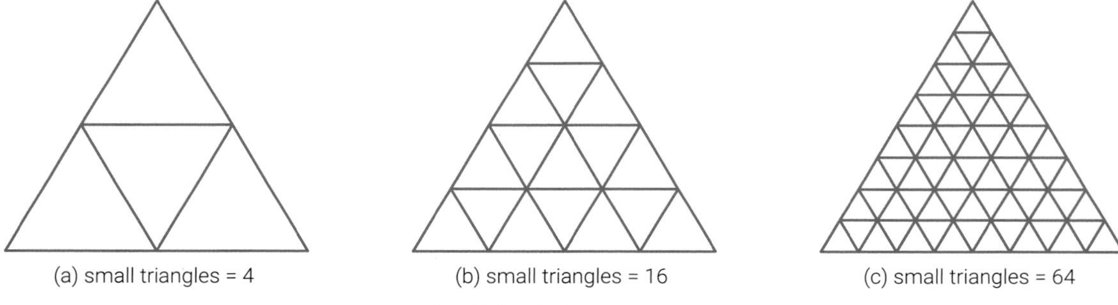

图10.22 三角网格的颗粒度 | BK_2_Ch10_07.ipynb

我们可以通过代码10.3绘制图10.22。下面讲解其中关键语句。

ⓐ利用matplotlib.tri.Triangulation()，简写作tri. Triangulation()，根据给定的坐标点自动构建三角剖分。corners中有三个点，它们是等边三角形的三个顶点。

ⓑ利用matplotlib.tri.UniformTriRefiner()，简写作tri.UniformTriRefiner()，创建三角网格均匀细化对象实例。

ⓒ利用refine_triangulation()方法对ⓑ中创建的refiner进行细分操作。

参数subdiv=subdiv_idx指定三角形边的细化次数，通过此我们可以控制细化程度，以便生成更精细的三角形网格。

ⓓ利用matplotlib.pyplot.subplot()，简写作plt.subplot()，创建1行4列子图，并选择当前操作的子图序号idx。注意，idx从1开始编号，这是因为for循环中使用enumerate()时，加入了1这个参数。

ⓔ利用matplotlib.pyplot.triplot()，简写作plt.triplot()，绘制三角剖分线条图。

代码10.3 提高三角网格颗粒度 | ⊕ Bk_2_Ch10_07.ipynb

```
# import matplotlib.tri as tri
corners = np.array([[0, 0], [1, 0], [0.5,0.75**0.5]])
# 定义等边三角形的三个顶点

triangle = tri.Triangulation(corners[:, 0], corners[:, 1])
# 构造三角形剖分对象

refiner = tri.UniformTriRefiner(triangle)
#对三角形网格进行均匀细化
subdiv_array = [1,2,3,4]

fig, ax = plt.subplots(figsize = (12,3))

for idx, subdiv_idx in enumerate(subdiv_array,1):

    trimesh_idx = refiner.refine_triangulation(subdiv=subdiv_idx)
    # 等边三角形被细化成 4**subdiv 个三角形

    plt.subplot(1,4, idx)

    plt.triplot(trimesh_idx)
    plt.axis('off'); plt.axis('equal')
    plt.title('Small triangles = ' + str(4**subdiv_idx))
```

本章回顾了各种网格数据，然后介绍了二维等高线原理。本章最后又聊了聊三角剖分，这部分内容对于理解本书后文介绍的重心坐标系很重要，请大家格外注意。

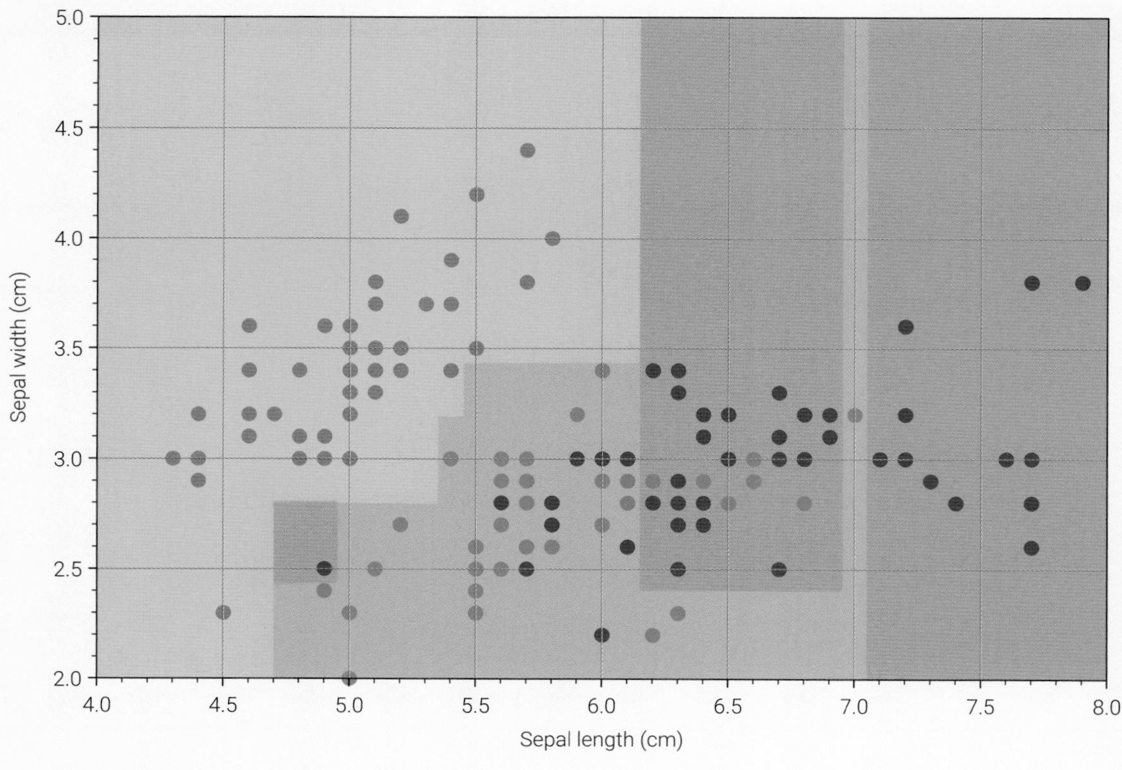

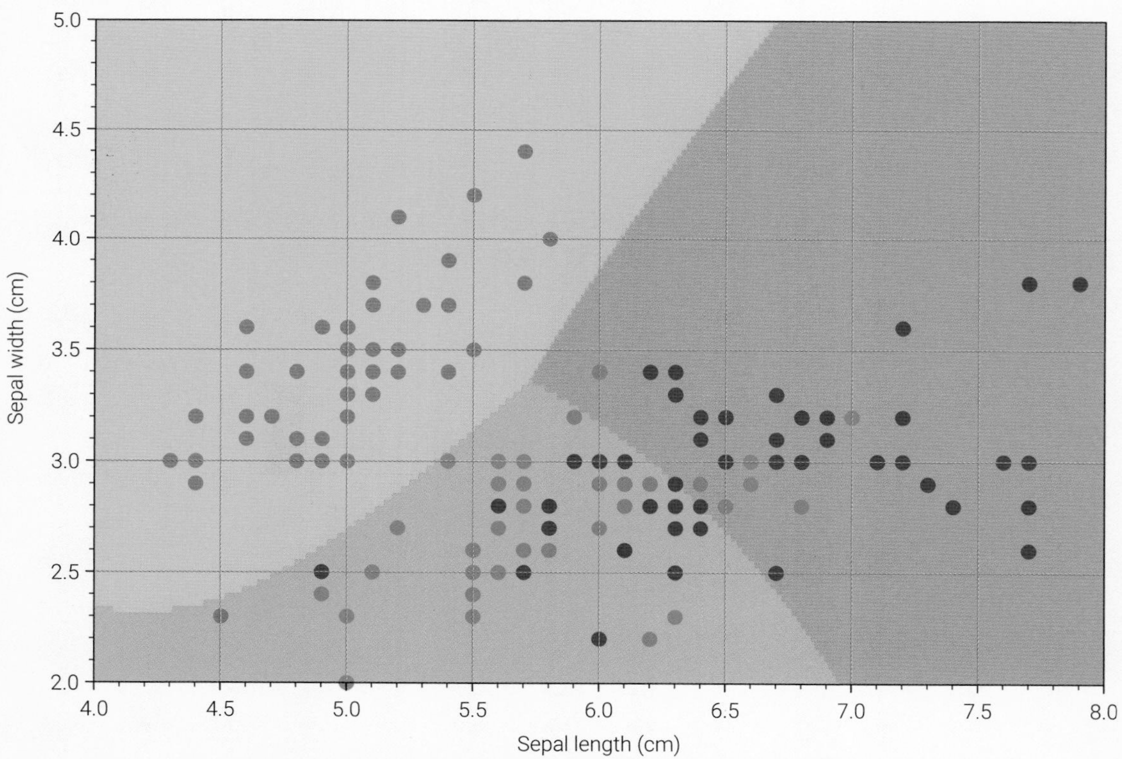

图10.23　利用contourf() 绘制的决策边界等高线 | ⊕ BK_2_Ch10_03.ipynb

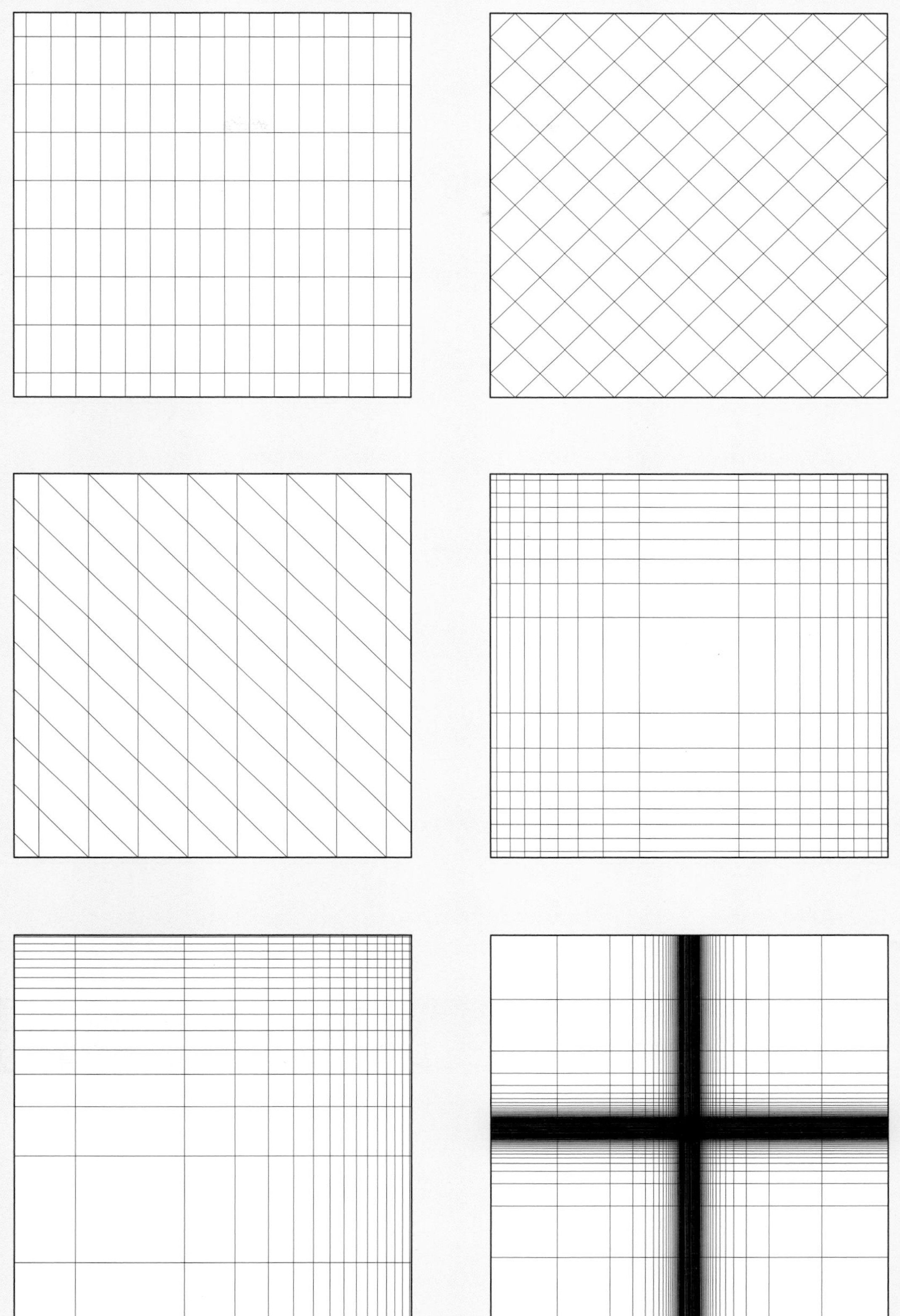

图10.24　线性、非线性变换，利用contour绘制，第1组 | BK_2_Ch10_05.ipynb

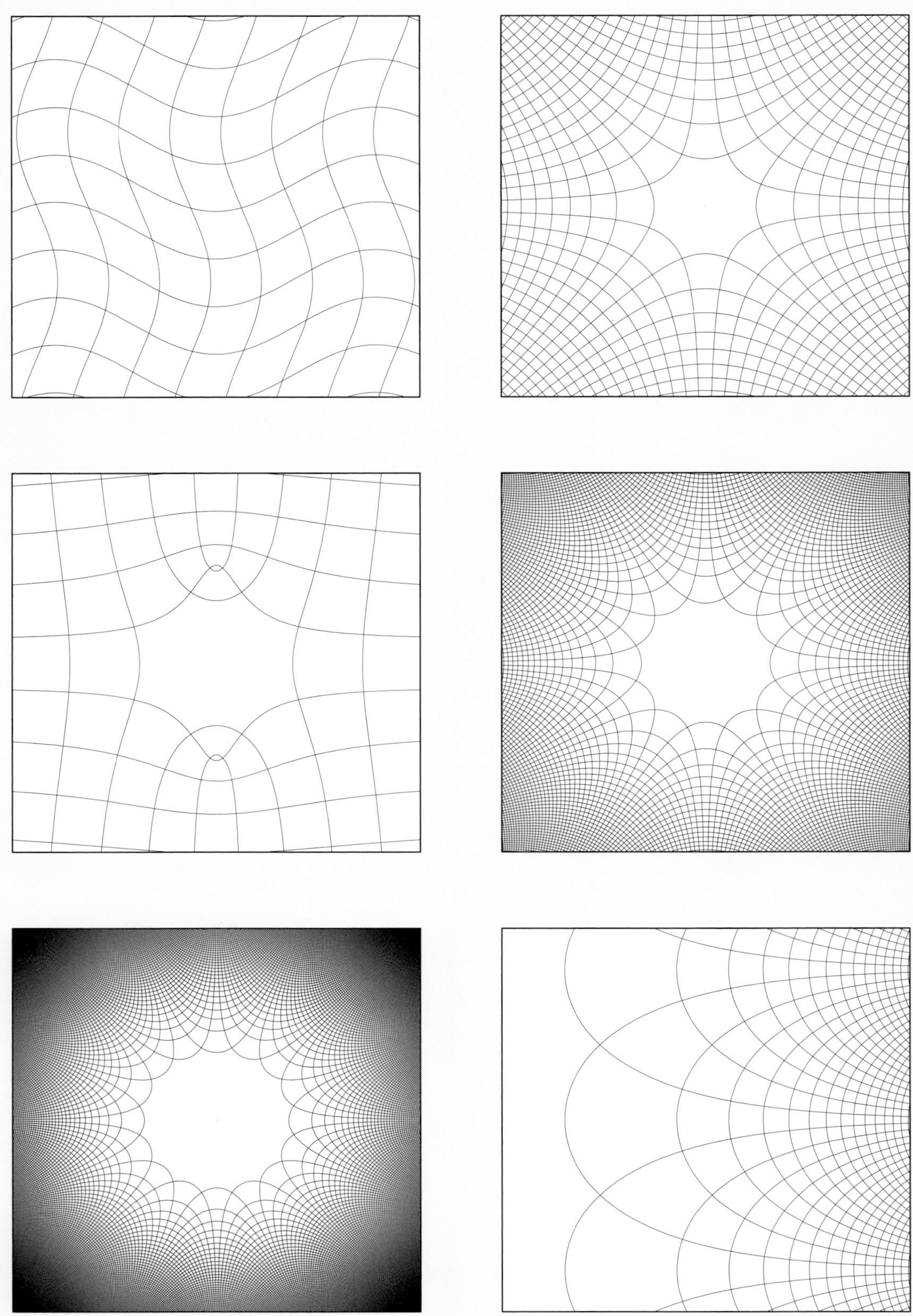

图10.25　线性、非线性变换，利用contour绘制，第2组 | ⊕ BK_2_Ch10_05.ipynb

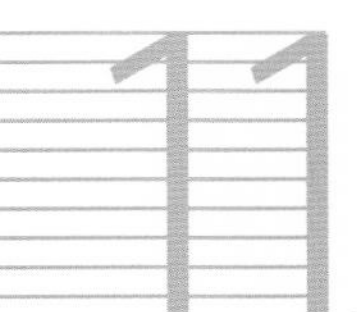

Heatmap and Others

热图和其他

“鸢尾花书”常用可视化矩阵运算

每个孩子都是艺术家。问题在于他长大后如何保持艺术家的本质。

Every child is an artist. The problem is how to remain an artist once he grows up.

—— 巴勃罗·毕加索 (Pablo Picasso) | 西班牙艺术家 | 1881 — 1973年

- numpy.linalg.cholesky() Cholesky分解
- numpy.linalg.eig() 特征值分解
- numpy.linalg.svd() 奇异值分解
- numpy.zeros_like() 用来生成和输入矩阵形状相同的零矩阵
- seaborn.clustermap() 绘制聚类热图
- seaborn.heatmap() 绘制热图
- sklearn.datasets.load_iris() 加载鸢尾花数据
- matplotlib.image.imread() 读取图像文件并返回对应的图像数据
- matplotlib.pyplot.hist() 绘制直方图
- matplotlib.pyplot.imshow() 显示图像数据
- numpy.zeros() 返回给定形状和类型的新数组，用零填充
- skimage.color.rgb2gray() 将彩色图像转换为灰度图像
- skimage.io.imread() 读取图像文件并返回对应的图像数据

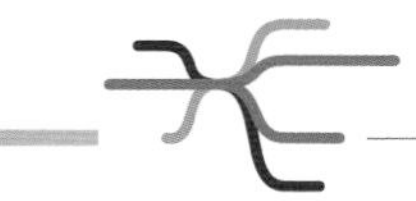

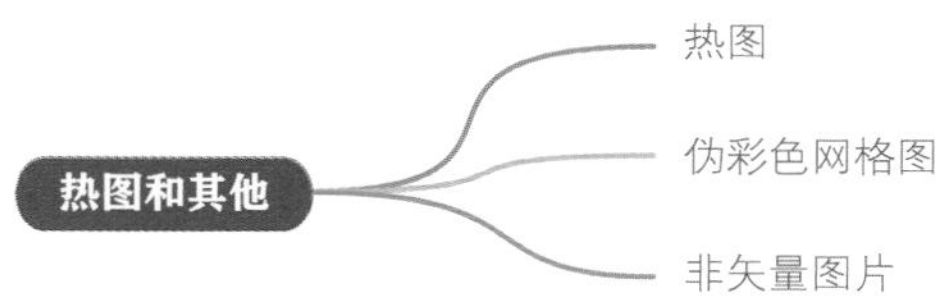

11.1 热图

Seaborn中的热图

热图 (heatmap)，也叫热力图，是“鸢尾花书”中极为常见的可视化方案。特别是在展示数据、矩阵分解时，我们常用热图可视化矩阵。

虽然，matplotlib中也有绘制热图的工具；但是，推荐大家使用seaborn中的heatmap函数。因为，用这个函数绘制热图更方便。

Seaborn是一款基于matplotlib的数据可视化库，其中包括了各种绘图函数，其中之一就是heatmap。使用Seaborn的heatmap函数可以让大家快速而方便地可视化矩阵数据，使得数据分析更加直观和易于理解。

热图可以用于可视化二维数组。图11.1所示为用热图可视化鸢尾花四个量化特征数据的图像。在Jupyter notebook中，大家可以看到我们用cmap控制色谱，用xticklabels、yticklabels分别控制横轴、纵轴标签，用cbar_kws设置色谱条位置，并用vmin、vmax控制色谱条起止位置。

Seaborn中的heatmap函数还包括许多其他参数，用于自定义热图的外观和行为。例如，大家可以使用参数annot在热图中显示数值，使用参数fmt指定数字格式，使用参数linewidths调整单元格边框宽度，等等。

聚类热图

Seaborn中，clustermap是一个用于绘制聚类热图的函数，其原理是将矩阵中的行和列进行聚类，并以聚类后的顺序重新排列矩阵的行和列。这样可以将具有相似特征的行和列放在一起，从而更容易地发现它们之间的相似性和差异性。图11.2所示为鸢尾花数据的聚类热图。

“鸢尾花书”的《机器学习》将专门讲解各种聚类算法。

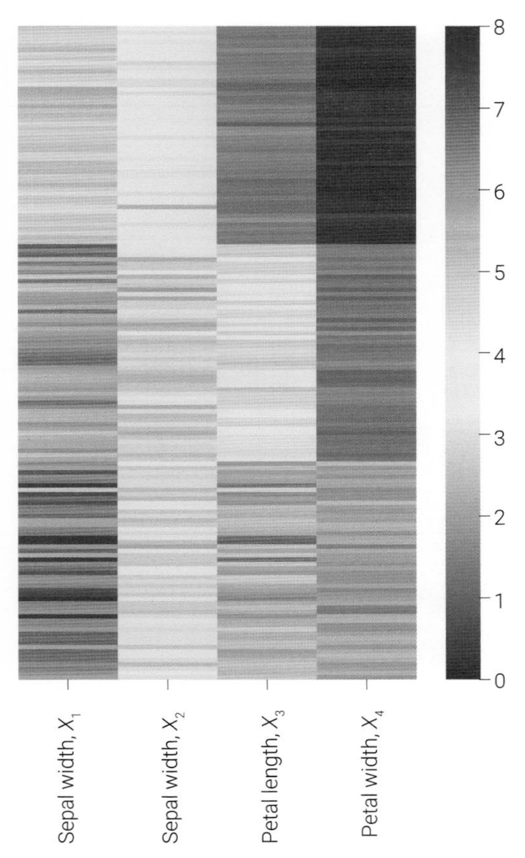

图11.1　热图可视化鸢尾花数据 | ⊕ BK_2_Ch11_01.ipynb

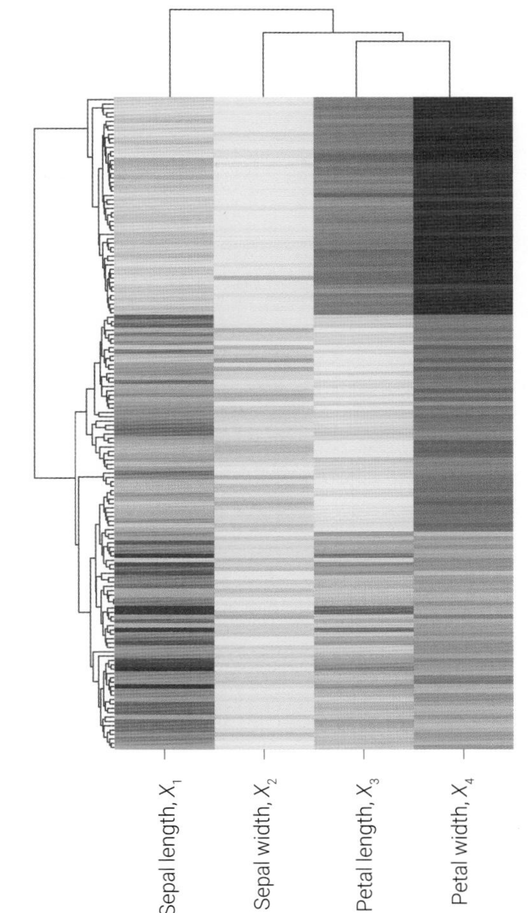

图11.2　聚类热图可视化鸢尾花数据 | ⊕ BK_2_Ch11_01.ipynb

矩阵运算

"鸢尾花书"中，大家会经常看到用一组热图可视化矩阵运算，特别是矩阵分解。图11.15所示为常见的几个矩阵运算。注意，后期制作时，对热图的形状做了修改。

《矩阵力量》一册将从代数、数据、线性组合、优化、几何、统计等角度和大家讨论这些矩阵运算。此外，大家还会看到我们用热图可视化协方差矩阵、相关系数矩阵，以及这些矩阵对应的线性代数运算。本节就不再展开讨论了。

11.2 伪彩色网格图

在Matplotlib中，pcolormesh函数用于创建一个伪彩色网格图——类似热图，如图11.3所示。它可以用于绘制二维数据的色彩填充图，其中每个数据点的颜色根据其对应的数值进行映射。

在pcolormesh函数中，可以使用参数rasterized来控制将图形渲染为矢量图形还是光栅图像。参数rasterized是一个布尔值，用于指定是否将图形渲染为光栅图像。当设置为True时，图形将以光栅化的形式保存，这在包含大量数据点或复杂图形时可以提高渲染性能和文件大小。默认情况下，参数rasterized的值为False，即图形以矢量格式渲染。

如图11.16所示，pcolormesh函数还常用来绘制分类算法的决策边界。此外，pcolormesh函数可以绘制网格，并用来可视化线性、非线性变换，具体如图11.4、图11.17所示。

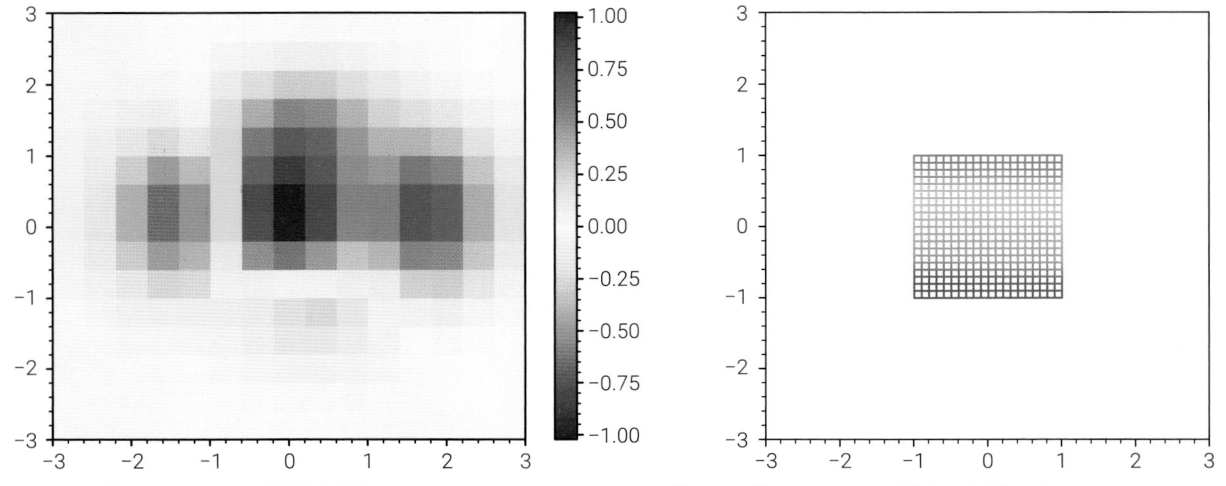

图11.3　利用pcolormesh绘制的伪彩色图 | ⊕ BK_2_Ch11_02.ipynb　图11.4　利用pcolormesh绘制方正网格 | ⊕ BK_2_Ch11_04.ipynb

pcolor函数也是matplotlib库中的函数，用于绘制伪彩色图，效果和pcolormesh类似。与pcolor相比，pcolormesh在效率上更高，特别适用于绘制大型数据集。

11.3 非矢量图片

本章最后再聊聊非矢量图片。matplotlib.image模块提供了读取和处理图像的函数，其中最常用的函数是 imread。 imread 函数可以读取图像文件，并将其解码为一个三维的 numpy 数组。

matplotlib.pyplot.imshow() 是 matplotlib 中用于显示图像的函数。将如图11.5所示鸢尾花照片导入后，容易发现这幅图像实际上是一个 2990 × 2714 × 3的数组。

图片**像素** (pixel) 是图片的基本单位，是构成图片的最小元素。它是一个有限的、离散的、二维的点，有着特定的位置、颜色和亮度值。在数字图像中，每个像素都有一个确定的坐标和值。图片中的像素数量越多，图片的分辨率就越高，进而图片的清晰度和细节也就越好。

像素的颜色通常使用RGB值 (红、绿、蓝三种颜色的强度组合) 表示。每个像素都有一个红、绿、蓝三个通道的值。红、绿、蓝可以分别被编码为一个数字，例如8位的数字可以表示256种颜色。

也就是说，图11.5中每个像素首先分解成红、绿、蓝三个数值。这些数值的取值范围都在 [0, 255]。换个角度来说，图11.5可以理解成是由三幅图片叠加而成的，如图11.6所示。

此外，我们可以获得如图11.7所示的红、绿、蓝颜色的分布。越靠近0，颜色越靠近黑，越靠近255颜色越靠近纯色。本书前文已经和大家聊过 [0, 0, 0] 代表纯黑，[255, 255, 255] 代表纯白。注意，在matplotlib中 [1, 1, 1] 代表纯白。

在彩色图像中，每个像素的颜色可以由三个8位数字 (红、绿、蓝) 组成，因此彩色图像中的每个像素可以表示$2^{3\times8}$种不同的颜色，约为1600万种。

在数字图像处理中，对图像进行各种操作，如缩放、旋转、裁剪、调整亮度和对比度等，都会涉及像素的处理和修改。

图11.5 鸢尾花照片 | BK_2_Ch11_05.ipynb

图11.6 鸢尾花照片分解成红绿蓝三个通道 | BK_2_Ch11_05.ipynb

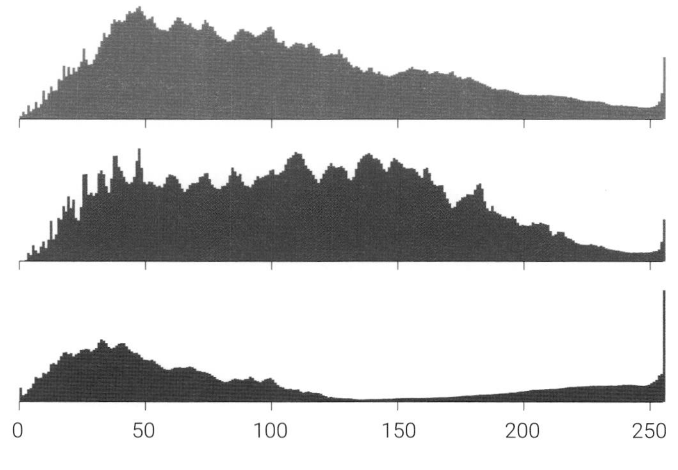

图11.7　鸢尾花照片红、绿、蓝颜色分布

红、绿、蓝三个通道

图11.8给出的三幅子图，每幅图仅保留两色通道，另外一个通道数值全部置零。

图11.8　鸢尾花照片，只保留两色通道 | BK_2_Ch11_05.ipynb

色谱

imshow 函数可以用来显示二维数组或图像文件中的图像，且其有很多参数可以控制图像的外观。例如，可以使用参数 cmap 指定要使用色谱。图11.9所示为使用色谱展示的红色通道。Jupyter notebook中还给出了更多范例。

灰度

Scikit-image (skimage) 是一个用于图像处理和计算机视觉的Python包。它提供了一系列算法、函数和工具，可用于图像处理，包括图像滤波、几何变换、色彩空间转换、图像分割、特征提取等。具体来说，skimage可以用于：①加载和保存图像；②调整图像大小、旋转、裁剪等几何变换；③进行图像滤波和增强；④在不同颜色空间之间进行转换；⑤检测边缘和角点；⑥进行图像分割和分析；⑦进行特征提取和图像匹配。

如图11.10所示，使用skimage将彩色图片转化为灰度图片。注意图片的每个像素的取值在 [0, 1] 上。此外，图像识别一般都使用灰度图像。

图11.9　使用色谱展示的红色通道 | BK_2_Ch11_05.ipynb

图11.10　将彩色图片转化为灰度图片 | BK_2_Ch11_05.ipynb

修改部分像素

由于图片本身就是一个数组，我们可以通过修改数组的具体值来修改图片。如图11.11所示，我们将灰度照片的左上角 500 × 500 的像素变为白色。

降低像素

图11.12所示为通过采样降低图像像素。图11.5的像素大小为2990 × 2714。如果每200个像素采样一个像素，我们便得到图11.12。这幅图的像素为15 × 14，很明显图片的颗粒度很粗糙。

图11.11　修改图片像素 | BK_2_Ch11_05.ipynb

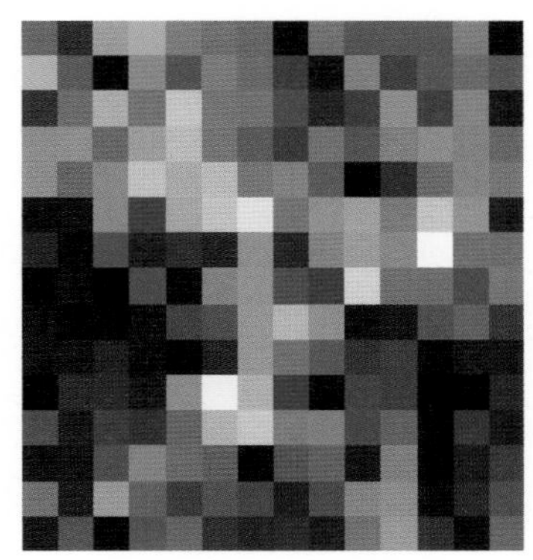

图11.12　采样降低像素 | BK_2_Ch11_05.ipynb

插值

当图像像素较低时，为了让图片看上去更细腻，我们可以采用插值。

imshow() 函数中，我们可以通过设置参数 interpolation 来控制如何在图像像素之间进行插值，以生成更平滑的图像。

imshow() 函数中，参数 interpolation 的默认值是 'antialiased'，它使用反走样技术来平滑图像，使其在缩放时更加清晰。这意味着在缩放图像时，imshow() 函数会自动对图像进行插值，以获得更平滑的外观。

除默认 'antialiased' 插值，imshow() 函数还支持其他插值方法，包括 'nearest'、'bilinear'、'bicubic' 等。这些插值方法可以通过参数 interpolation 来设置。例如，'nearest' 插值只是在最近的像素值之间进行插值，而 'bicubic' 插值使用更复杂的算法来生成更平滑的图像。图11.13所示为图11.12的两种插值结果。本节的Jupyter notebook中给出了更多插值方法。

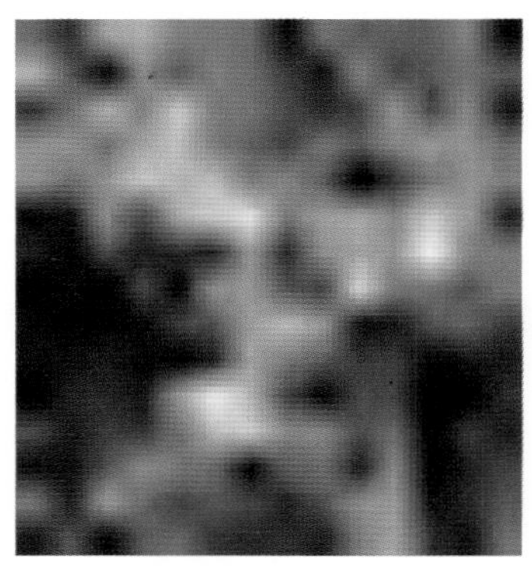

(a) bilinear

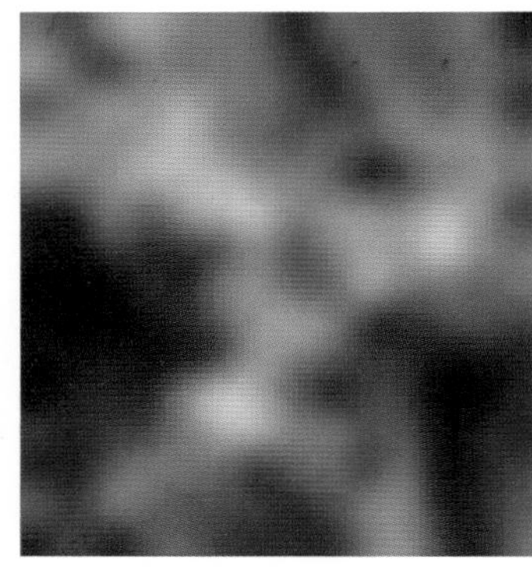

(b) bicubic

图11.13　插值平滑 | BK_2_Ch11_05.ipynb

《数据有道》一册将详细讲解常见插值算法。

选择不同的插值方法会影响图像的视觉效果，因此选择合适的插值方法可以使图像更清晰或更平滑，更符合数据的视觉表达。

仿射变换

图11.14所示为对图片采取的各种仿射变换。本章后文将专门介绍各种平面、立体几何变换。

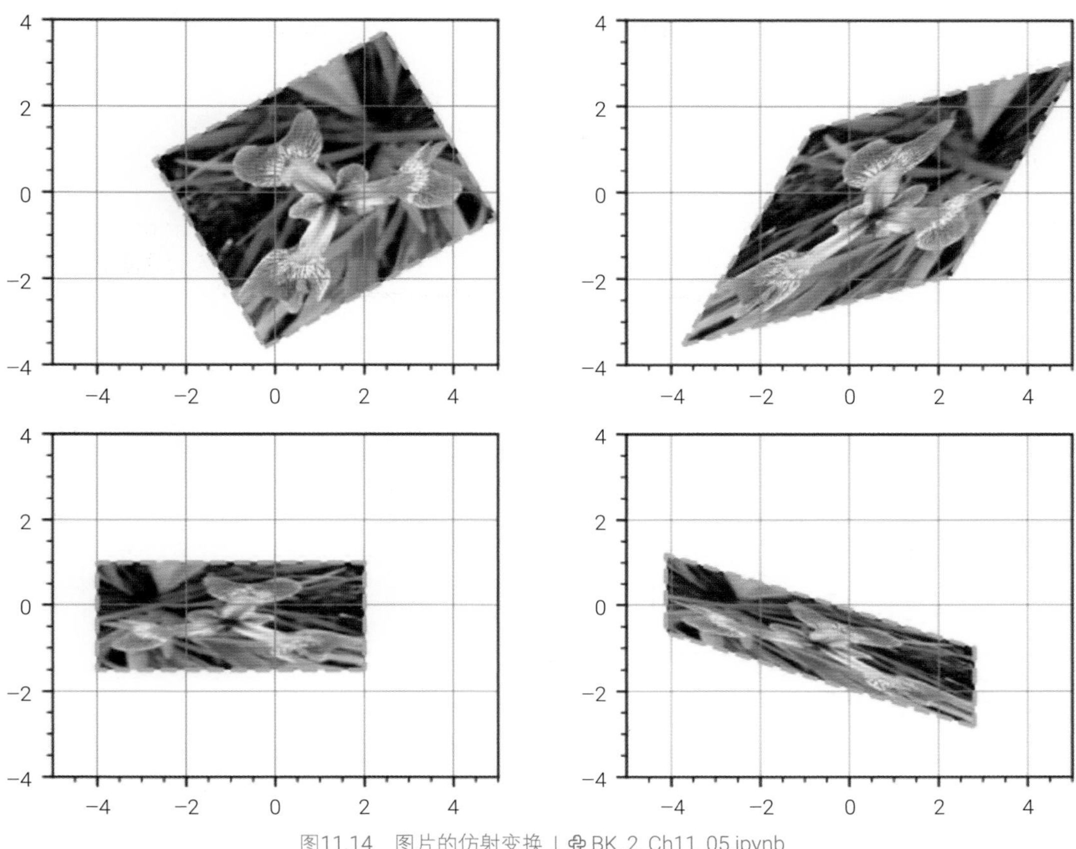

图11.14　图片的仿射变换 | BK_2_Ch11_05.ipynb

本章介绍了三种可视化方案，热图、伪彩色网格图、非矢量图片。“鸢尾花书”常用seaborn中的heatmap展示各种矩阵运算，需要大家格外留意。

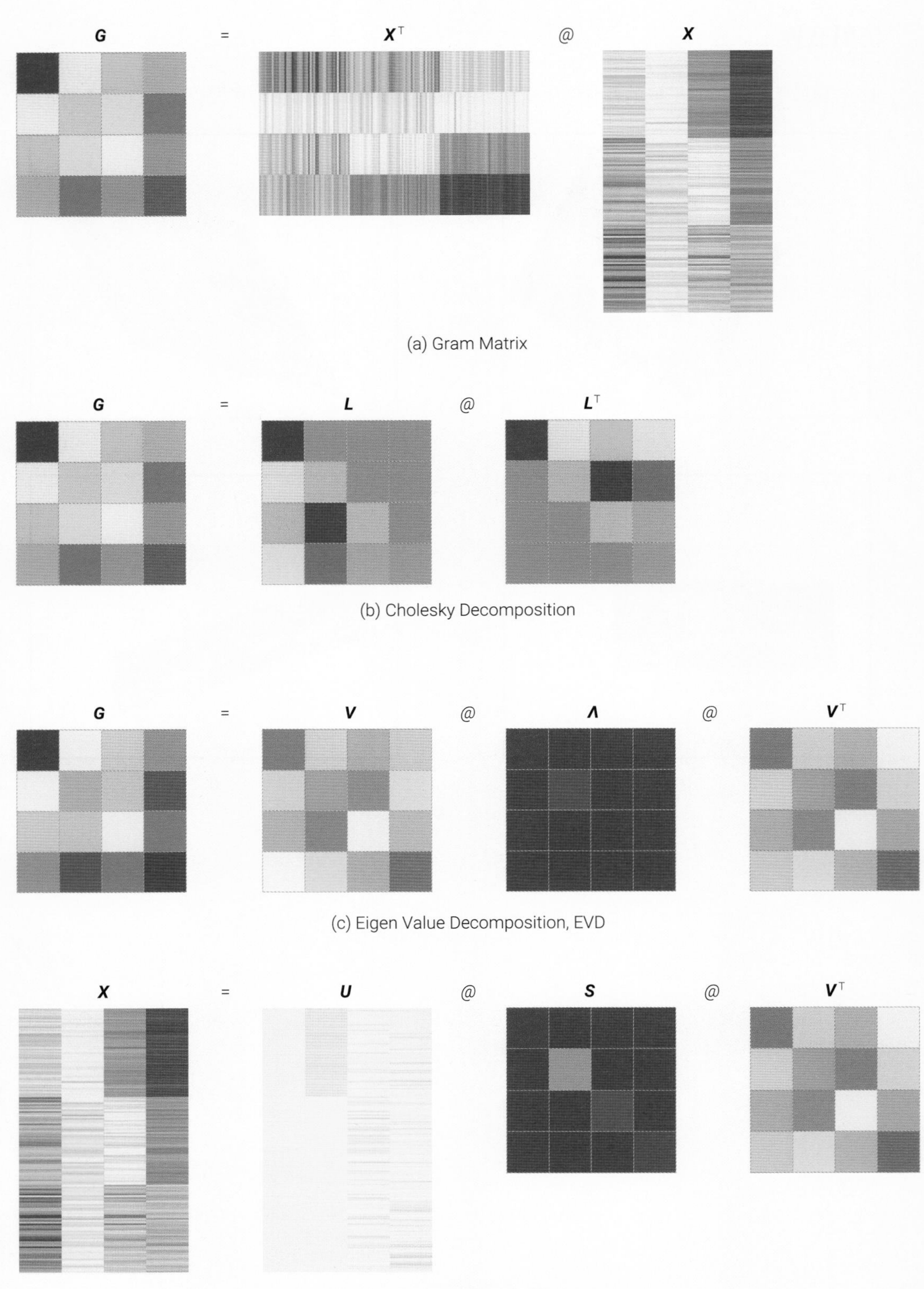

图11.15 用热图可视化矩阵运算 | BK_2_Ch11_01.ipynb

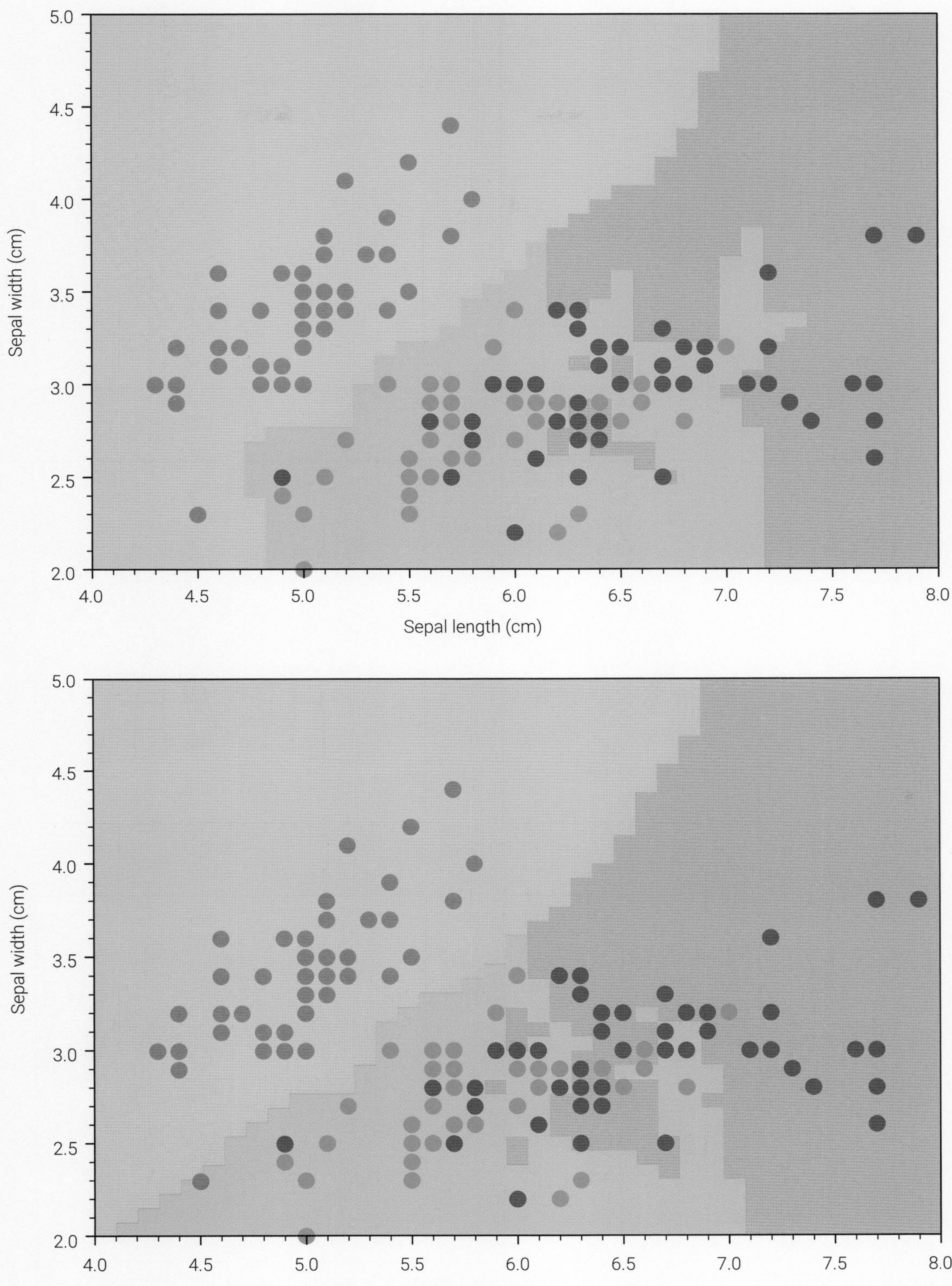

图11.16　用pcolormesh函数绘制分类算法的决策边界 | ⊕ BK_2_Ch11_03.ipynb

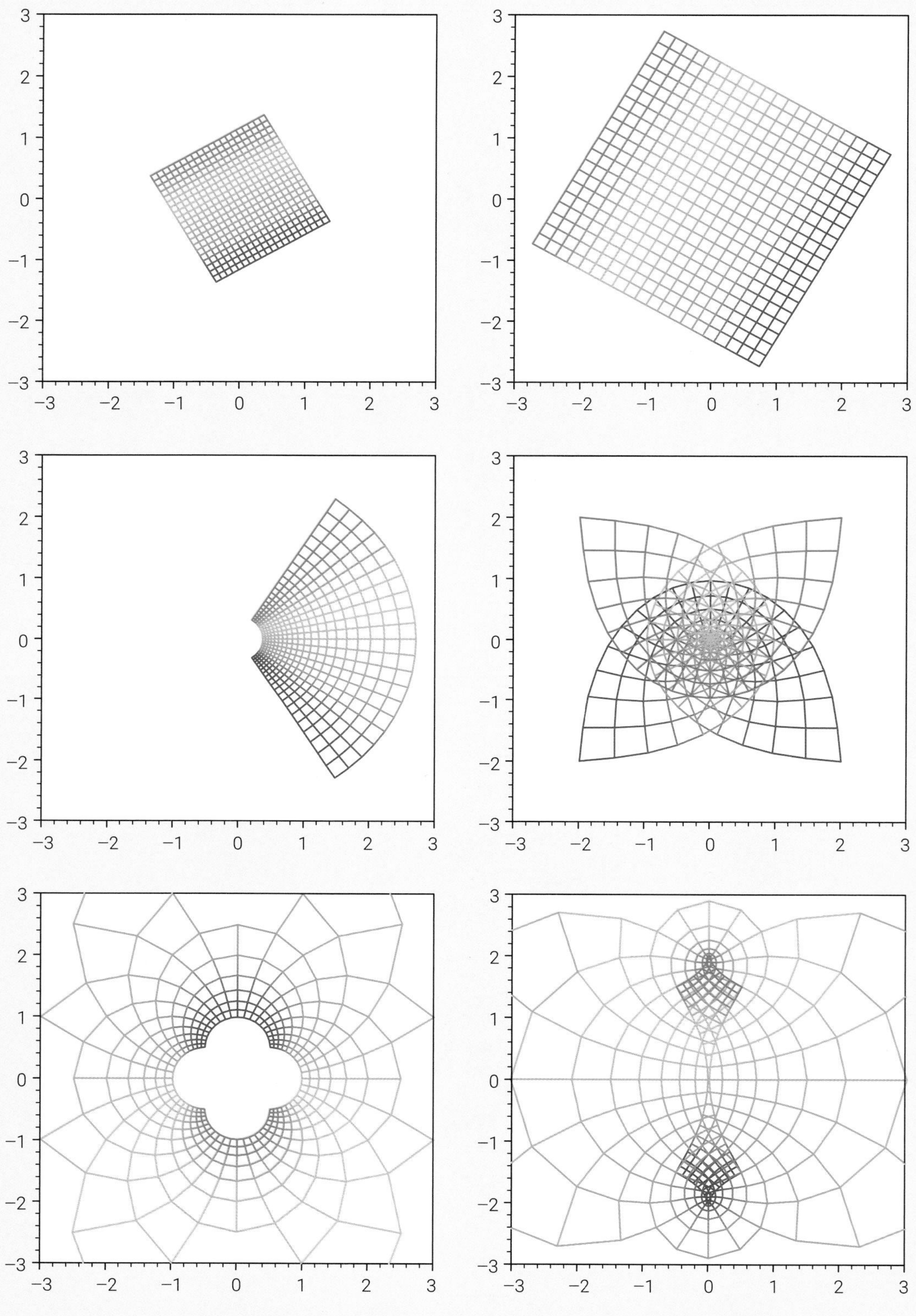

图11.17　用pcolormesh函数可视化线性、非线性变换 | BK_2_Ch11_04.ipynb

Plane Geometry

平面几何图形

用Matplotlib绘制各种平面几何形状

艺术就是谎言，但艺术让我们看清真相。

Art is the lie that enables us to realize the truth.

—— 巴勃罗·毕加索 (Pablo Picasso) | 西班牙艺术家 | 1881 — 1973年

- matplotlib.patches.Arc() 绘制弧线
- matplotlib.patches.Arrow() 绘制箭头
- matplotlib.patches.Circle() 绘制正圆
- matplotlib.patches.Ellipse() 绘制椭圆
- matplotlib.patches.FancyBboxPatch() 绘制Fancy矩形框
- matplotlib.patches.Polygon() 绘制多边形
- matplotlib.patches.Rectangle() 绘制长方形
- matplotlib.patches.RegularPolygon() 绘制正多边形
- matplotlib.pyplot.cm 提供各种预定义色谱方案，比如matplotlib.pyplot.cm.rainbow
- matplotlib.pyplot.contour() 绘制二维等高线
- matplotlib.pyplot.contourf() 绘制填充等高线图
- numpy.cos() 计算余弦值
- numpy.diag() 如果A为方阵，numpy.diag(A)函数提取对角线元素，以向量形式输入结果；如果a为向量，numpy.diag(a)函数将向量展开成方阵，方阵对角线元素为a向量元素
- numpy.dot() 计算向量标量积。值得注意的是，如果输入为一维数组，numpy.dot()输出结果为标量积；如果输入为矩阵，numpy.dot()输出结果为矩阵乘积，相当于矩阵运算符@
- numpy.linalg.inv() 矩阵求逆
- numpy.linalg.norm() 计算范数
- numpy.meshgrid() 创建网格化数据
- numpy.sin() 计算正弦值
- numpy.sqrt() 计算平方根
- matplotlib.patches.Rectangle() Matplotlib中的一个图形对象，用于绘制矩形形状
- matplotlib.pyplot.axhspan() 用于在水平方向创建一个跨越指定y值范围的色块
- matplotlib.pyplot.axvspan() 用于在垂直方向创建一个跨越指定x值范围的色块
- matplotlib.pyplot.fill() 用于绘制多边形，并在其中填充颜色，创建一个封闭区域的图形效果
- matplotlib.pyplot.fill_between() 用于在两条曲线之间填充颜色，创建一个区域的图形效果
- matplotlib.pyplot.fill_betweenx() 用于在两条垂直于x轴的水平线之间填充颜色，创建一个区域的图形效果
- numpy.linspace() 在指定的间隔内，返回固定步长的数据

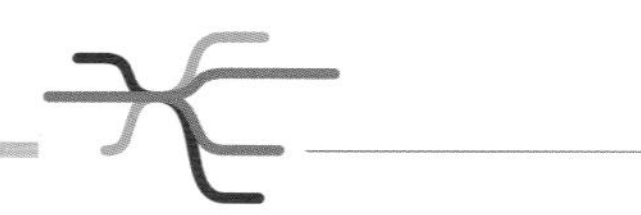

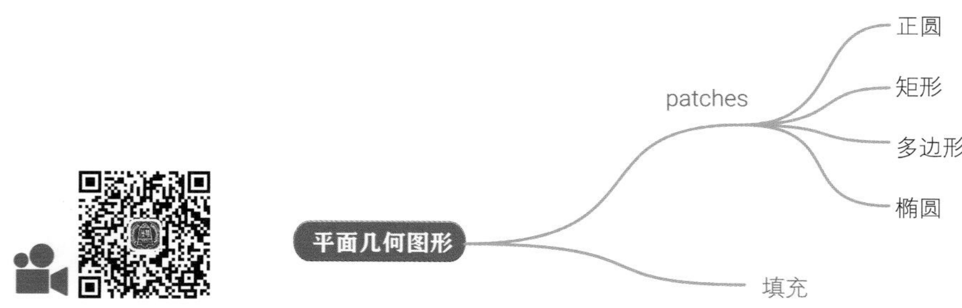

12.1 使用patches绘制平面几何形状

相信大家对matplotlib.patches 已经不陌生了。matplotlib.patches 是 Matplotlib 库中的一个模块，可以使用它来绘制如图12.1所示圆形、矩形、多边形、箭头等。

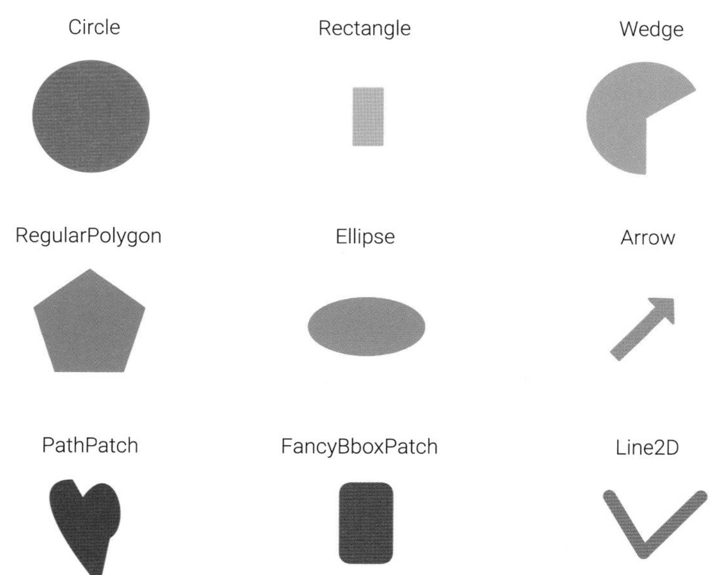

图12.1　matplotlib.patches中常见的几何图形 | BK_2_Ch12_01.ipynb

图12.1参考了Matplotlib官方示例，请大家自行学习Bk_2_Ch12_01.ipynb。

图12.2所示为利用matplotlib.patches绘制的一组**单位圆内接正多边形** (inscribed regular polygon in a unit circle)、**单位圆外切正多边形** (circumscribed regular polygons on a unit circle)。

举个例子，利用patches.Circle可以创建一个圆形对象。这个对象可以具有不同的参数，如位置、大小、边框颜色、填充颜色、阴影线等。

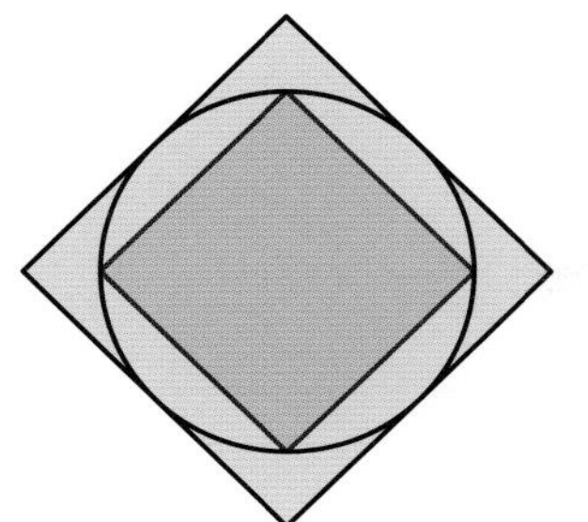 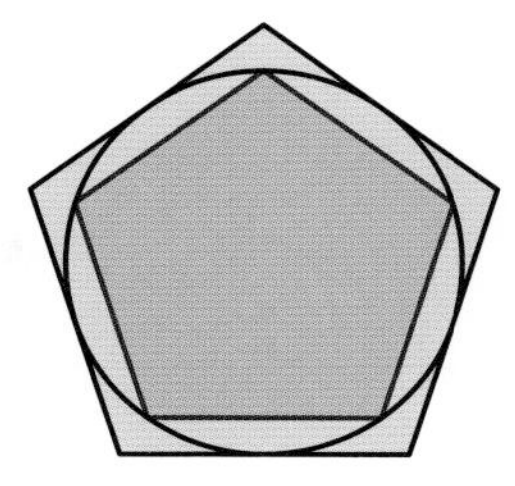 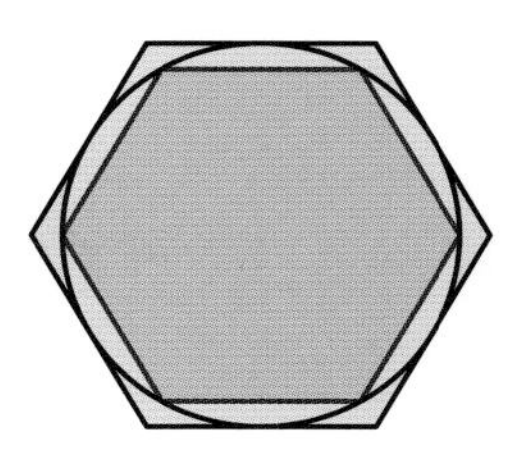 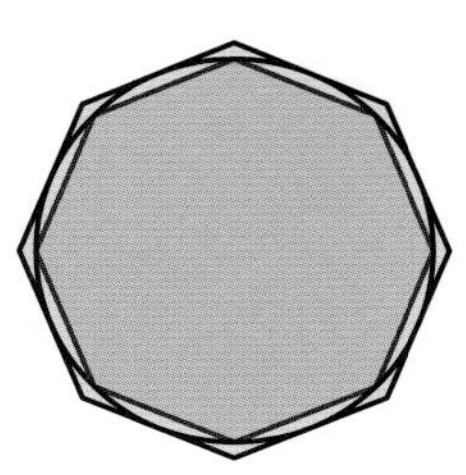

图12.2　利用patches绘制正圆，以及外切、内接正多边形 | Bk2_Ch24_02.ipynb

《数学要素》第3章中，大家会看到我们如何利用图12.2估算圆周率。

我们可以通过代码12.1绘制图12.2，下面讲解其中关键语句。

ⓐ从matplotlib.patches导入RegularPolygon和Circle。其中，RegularPolygon用来绘制**正多边形** (regular polygan)，Circle用来绘制正圆形。

ⓑ用matplotlib.pyplot.subplots()，简写作plt.subplots()，创建一个包含1行4列的子图布局。返回一个图像对象fig和一个包含各个子图轴对象的数组axs。

ⓒ在for循环中使用zip函数，将两个可迭代对象 [4, 5, 6, 8] 和 axs.ravel() 组合在一起，然后通过for循环对它们进行迭代。

[4, 5, 6, 8] 元素代表正多边形的**顶点数** (number of vertices)。

axs.ravel() 将之前创建的包含Axes对象的数组展平成一个一维数组。

在每次for循环遍历中，num_vertices 获取了 [4, 5, 6, 8] 中的当前值，而 ax 获取了 axs.ravel() 中的对应元素，即当前子图轴对象。

ⓓ用RegularPolygon创建正多边形对象实例。

(0,0) 指定了多边形的中心坐标。

numVertices=num_vertices 指定了多边形的顶点数。

radius=1设置了多边形的外切正多边形的圆半径。图12.3展示了其背后的数学原理。

alpha=0.2 设置了多边形的透明度。

edgecolor='k' 设置多边形的边框颜色为黑色。

ⓔ用add_patch() 方法将hexagon_inner图形对象添加到子图中。

add_patch 是 matplotlib 库中 Axes 对象的一个方法，用于向一个子图中添加一个图形元素。这个方法可以添加多种不同类型的图形元素，如矩形、多边形、圆形、椭圆、箭头等。在使用 add_patch 方法前，需要先创建一个对应的图形元素对象，如Circile、Rectangle、Polygon、Ellipse、Arrow 等。然后，可以使用 add_patch 方法将这个对象添加到指定的子图中。在添加完成后，可以使用 set_* (如set_edgecolor、set_linewidth) 方法或属性来设置图形元素的属性，如填充颜色、边框颜色、边框宽度等。

ⓕ也用RegularPolygon创建正多边形实例。

radius=1/np.cos(np.pi/num_vertices) 设置了多边形的外切正多边形的圆半径。图12.3展示了其背后的数学原理。

ⓖ也用add_patch() 方法添加图形对象。

ⓗ用Circle创建圆对象实例。

(0,0) 指定了圆的中心坐标。radius=1 设置了圆的半径为1。facecolor='none' 设置了圆的填充颜色为透明。edgecolor='k'设置了圆的边框颜色为黑色。

ⓘ用add_patch() 方法添加圆形对象。

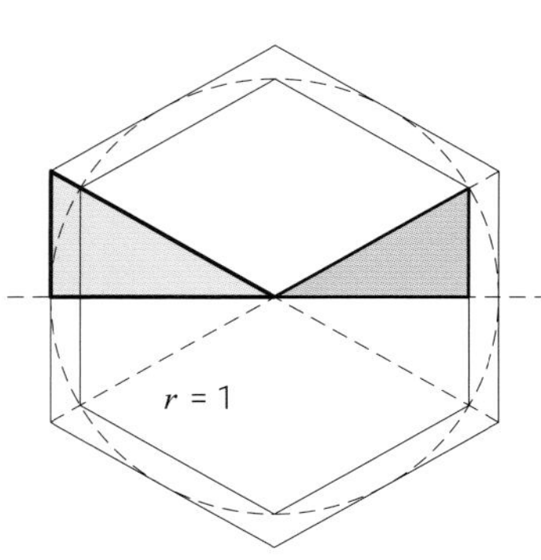

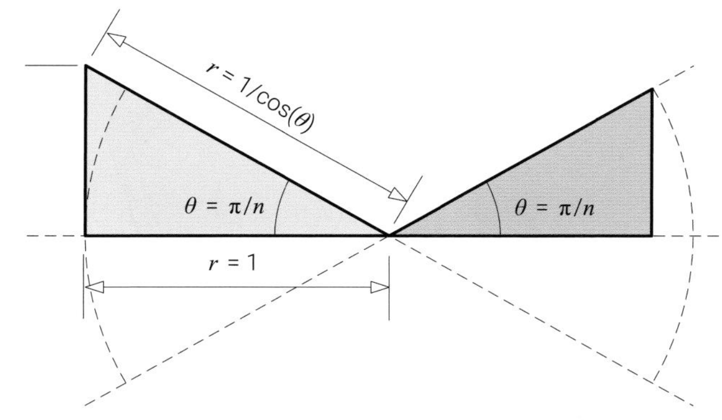

图12.3　圆形内接和外接多边形

代码12.1　利用patches绘制正圆，以及外切、内接正多边形 | ⊕ Bk_2_Ch12_02.ipynb

```
# 导入包
import matplotlib.pyplot as plt
from matplotlib.patches import RegularPolygon, Circle
import numpy as np

# 可视化
fig, axs = plt.subplots(nrows = 1, ncols = 4)

for num_vertices, ax in zip([4,5,6,8], axs.ravel()):

    hexagon_inner = RegularPolygon((0,0),
                          numVertices = num_vertices,
                          radius = 1, alpha = 0.2,
                          edgecolor = 'k')
    ax.add_patch(hexagon_inner)
    # 绘制正圆内接多边形

    hexagon_outer = RegularPolygon((0,0),
                        numVertices = num_vertices,
                        radius = 1/np.cos(np.pi/num_vertices),
                        alpha = 0.2, edgecolor = 'k')
    ax.add_patch(hexagon_outer)
    # 绘制正圆外切多边形

    circle = Circle((0,0),
                    radius = 1,
                    facecolor = 'none',
                    edgecolor = 'k')
    ax.add_patch(circle)
    # 绘制正圆

    ax.set_xlim(-1.5,1.5); ax.set_ylim(-1.5,1.5)
    ax.set_aspect('equal', adjustable = 'box'); ax.axis('off')
```

图12.11 ~ 图12.14所示为利用patches中各种图形创作的生成艺术，相关代码留给大家自行学习。

12.2 填充

沿横轴填充

fill_between() 是 matplotlib.pyplot库中的一个函数，用于绘制两个曲线之间的填充区域。

fill_between(x, y_1, y_2, ⋯) 函数可以接受两个数组 x 和 y_1，以及另外一个数组 y_2，它们都是相同长度的。这个函数会将 y_1和 y_2之间的区域填充，并在 x 上绘制。

图12.4所示为展示曲线和水平线之间沿横轴填充的三个例子。fill_between() 可以使用参数 where 来指定 y_1 和 y_2 之间的填充区域，使用参数 facecolor 来指定填充颜色，使用参数 alpha 来指定填充区域的透明度。

如图12.5所示，通过设置条件，我们还可以给满足不同条件的区域填充不同颜色。图12.6还给出两个例子，展示两条曲线之间沿横轴填充。

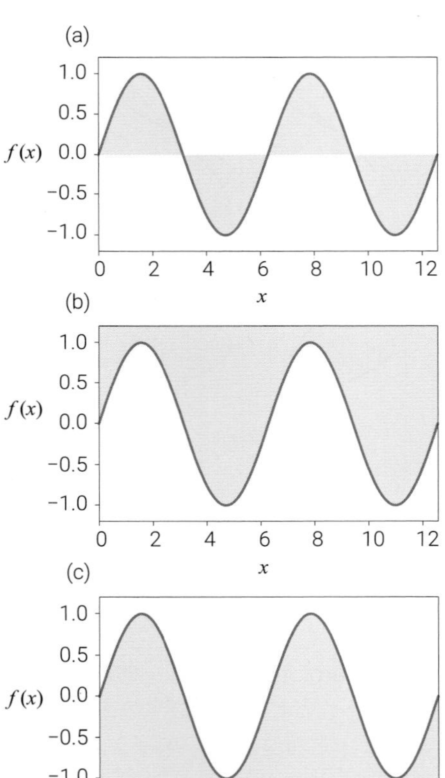

图12.4 曲线和水平线之间沿横轴填充 | BK_2_Ch12_07.ipynb

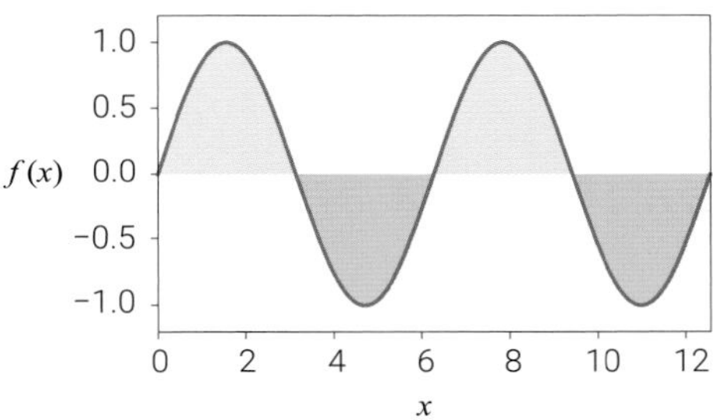

图12.5 曲线和水平线之间沿横轴填充，不同颜色 | BK_2_Ch12_07.ipynb

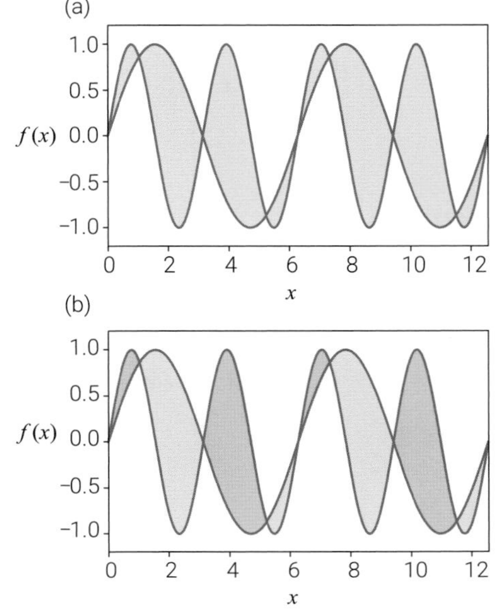

图12.6 两条曲线之间沿横轴填充 | BK_2_Ch12_07.ipynb

Jupyter笔记Bk_2_Ch12_07.ipynb中绘制了图12.4、图12.5、图12.6。

沿纵轴填充

fill_betweenx则可以用来绘制两个曲线在 y 轴方向之间的填充区域。fill_betweenx(y, x_1, x_2, ⋯) 函数接受两个数组 y 和 x_1，以及另外一个数组 x_2，它们都是相同长度的。这个函数会将 x_1 和 x_2 之间的区域填充，并在 y 上绘制。图12.7所示为沿纵轴方向填充的6个例子。

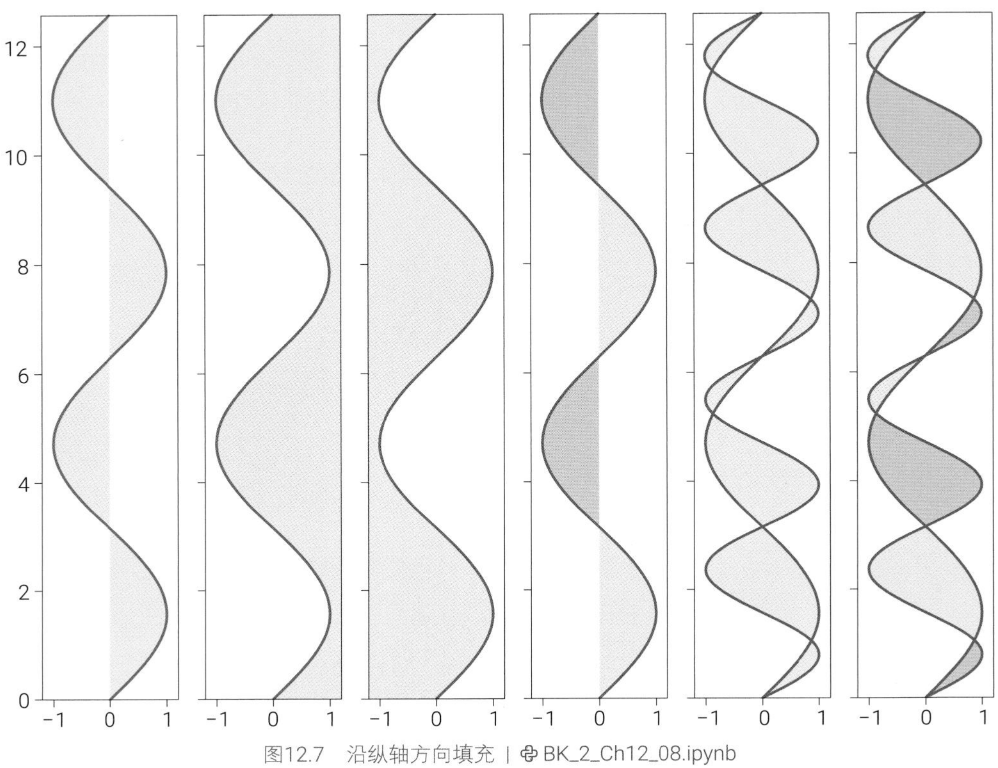

图12.7　沿纵轴方向填充 | BK_2_Ch12_08.ipynb

填充阴影线

Matplotlib中我们还可以用hatch给各种填充增加阴影线。hatch 是 Matplotlib 库中的一个属性，用于给某些图形元素添加填充图案。要使用 hatch 属性，需要将它设置为一个字符串，该字符串描述了所需的填充图案类型。Matplotlib 库中提供了多种不同的填充图案类型，下面给出几个例子。

```
'/'  : 斜杠填充
'\\' : 反斜杠填充
'.'  : 点状填充
'o'  : 圆形填充
'-'  : 横向线性填充
'+'  : 十字线填充
'x'  : 斜十字线填充
'|'  : 纵向线性填充
```

BK_2_Ch12_09.ipynb给出了几种常见的阴影线，请大家自行学习。也请大家在前两个Jupyter笔记使用不同的填充阴影线。

参考填充色块

本书前文介绍过如何绘制水平、竖直参考线，类似地，我们也可以绘制参考填充色块。axhspan 是 matplotlib 库中的一个函数，用于在一个子图中绘制一个水平的矩形。

这个函数通常用于强调某个区域的范围或表示一个特定的数据区间，如图12.8 (a) 所示。

axhspan 函数接受四个参数：ymin、ymax、xmin 和 xmax。其中，ymin 和 ymax 表示矩形的纵向范围，xmin 和 xmax 表示矩形的横向范围。类似地，axvspan可以绘制竖直方向参考填充色块，如图12.8 (b) 所示。

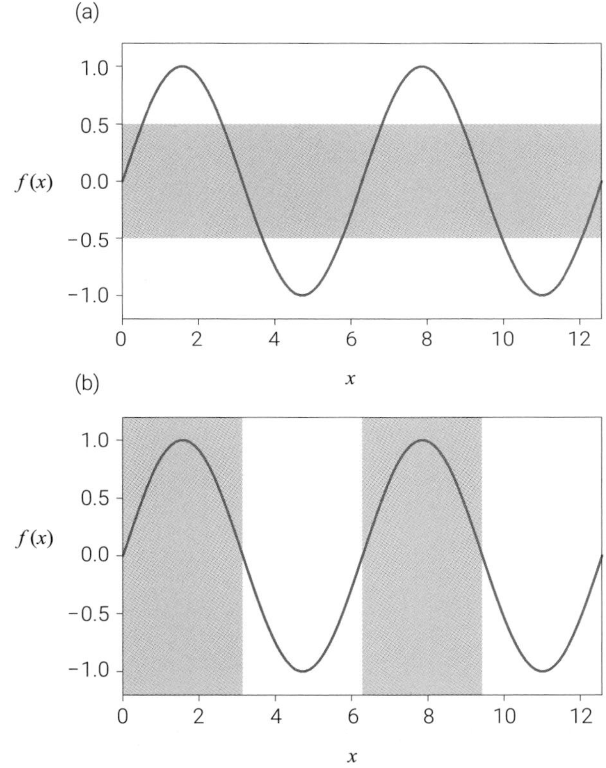

图12.8 参考填充色块 | BK_2_Ch12_10.ipynb

用fill填充

fill 是 matplotlib 库中常用的一个函数，用于绘制填充区域。使用 fill 函数可以将一个多边形区域填充成指定的颜色。

fill 函数接受两个参数：x 坐标数组和 y 坐标数组，用于指定要填充的多边形区域的顶点坐标。x 和 y 的长度必须相同，且每个元素都对应一个多边形的顶点。图12.9给出的例子还用到了旋转，《矩阵力量》会介绍如何利用线性代数工具完成旋转操作。

图12.10所示为利用正方形可视化最小二乘回归原理。

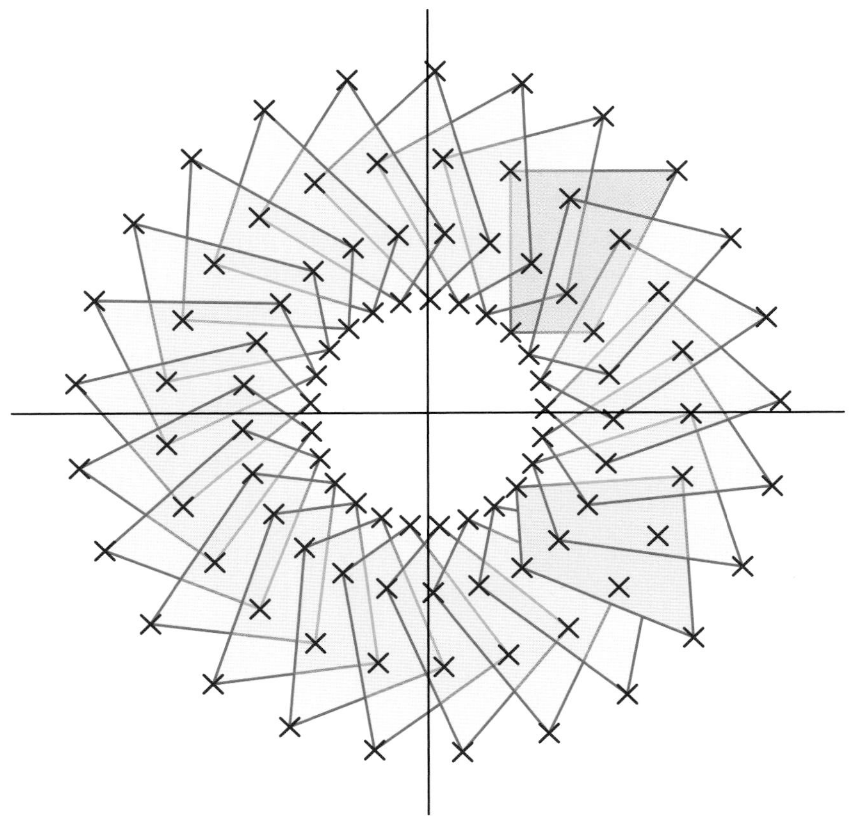

图12.9 用fill首尾连接封闭填充 | BK_2_Ch12_11.ipynb

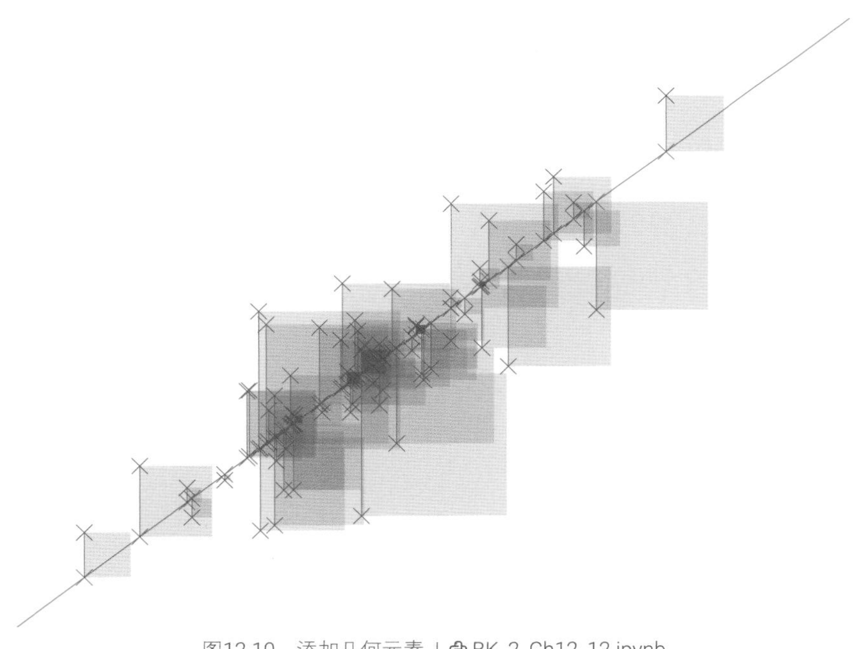

图12.10 添加几何元素 | BK_2_Ch12_12.ipynb

图12.15所示为利用网格和填充平面几何形状展示的平面仿射变换。这背后的数学工具会在《矩阵力量》揭示。

想要理解如何用patches绘制各种几何图形，大家可以参考：

```
https://matplotlib.org/stable/api/patches_api.html
```

本章介绍了绘制平面几何图形的几种方法。请大家格外注意几种常见仿射变换。此外，本书后文还会用二维等高线方法呈现平面几何图形，请大家注意对比学习。

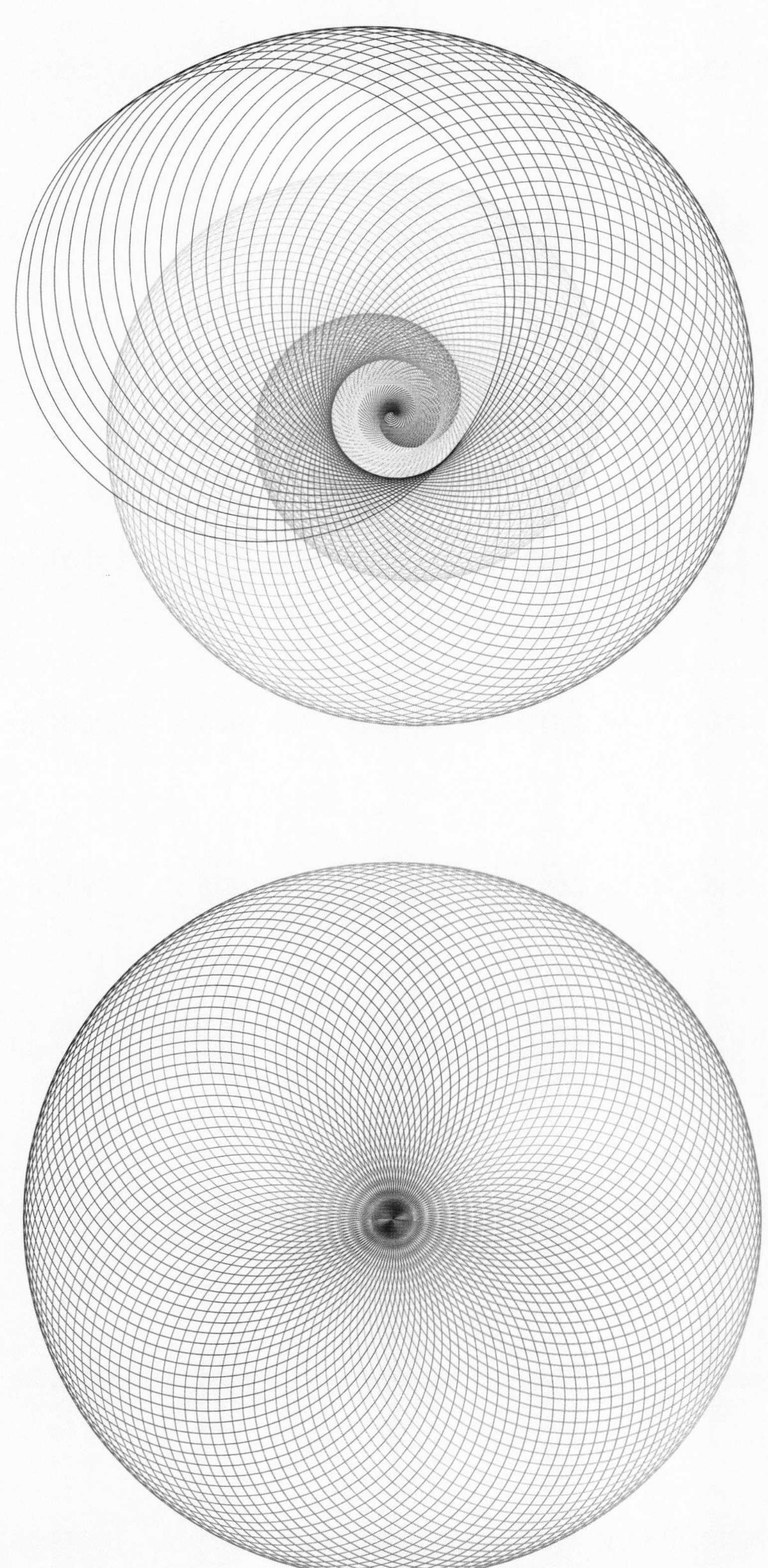

图12.11　两组旋转正圆 | BK_2_Ch12_03.ipynb

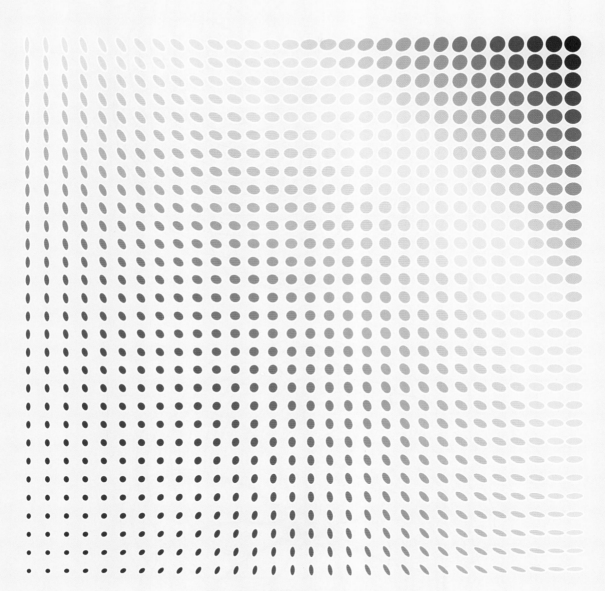

图12.12　一组旋转椭圆 | ⊕ BK_2_Ch12_04.ipynb

图12.13　两组旋转椭圆 | BK_2_Ch12_05.ipynb

图12.14　两组旋转正方形 | BK_2_Ch12_06.ipynb

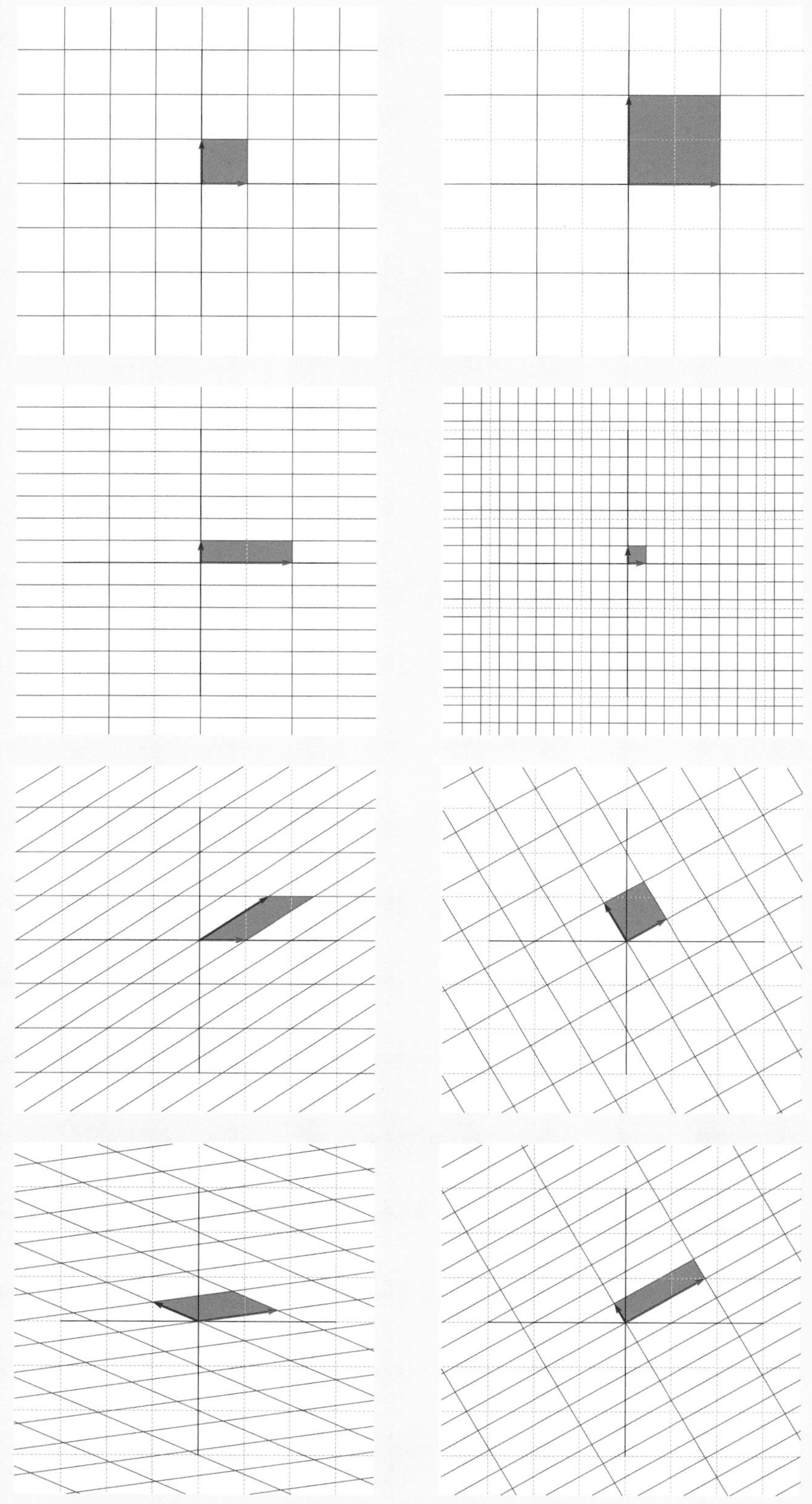

图12.15　几何变换 | BK_2_Ch12_13.ipynb

05 Section 05 三　维

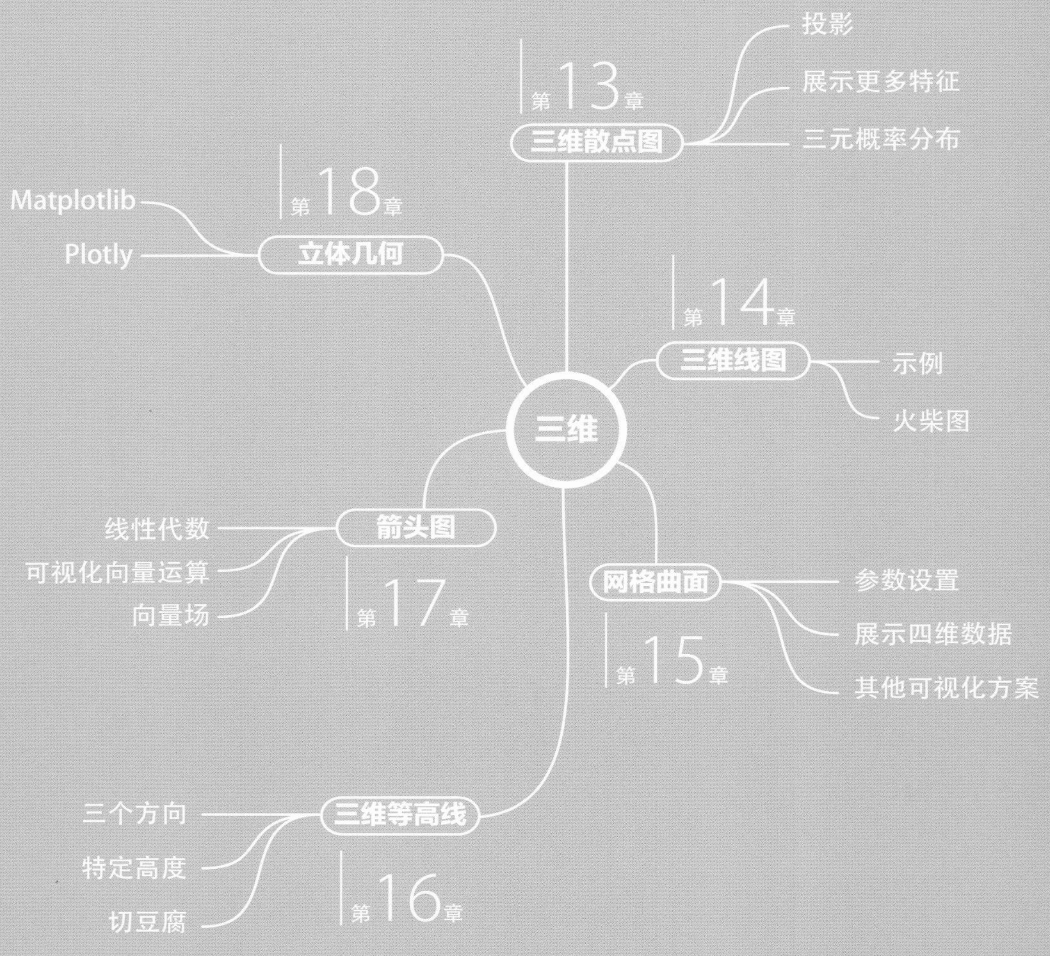

三维
第13章
三维散点图
投影
展示更多特征
三元概率分布
第14章
三维线图
示例
火柴图
第15章
网格曲面
参数设置
展示四维数据
其他可视化方案
第16章
三维等高线
三个方向
特定高度
切豆腐
第17章
箭头图
线性代数
可视化向量运算
向量场
第18章
立体几何
Matplotlib
Plotly

学习地图 | 第5板块

13 3D Scatter Plot 三维散点图

利用颜色、大小可视化其他特征

当一扇门关闭时，另一扇门打开；但是我们望眼欲穿、死死紧盯那扇关闭的门，看不到为我们打开的门。

When one door closes, another door opens; but we so often look so long and regretfully upon the closed door, that we do not see the ones which open for us.

—— 亚历山大 · 贝尔 (Alexander Bell) | 发明家、企业家 | 1847 — 1922年

- matplotlib.pyplot.scatter() 绘制散点图
- numpy.dot() 计算向量标量积。值得注意的是，如果输入为一维数组，numpy.dot() 输出结果为标量积；如果输入为矩阵，numpy.dot() 输出结果为矩阵乘积，相当于矩阵运算符 @
- numpy.linalg.det() 计算行列式值
- numpy.linalg.inv() 矩阵求逆
- numpy.meshgrid() 创建网格化数据
- numpy.reshape() 用于重塑一个数组的形状，而不改变其数据内容
- numpy.where() 根据给定的条件返回输入数组中满足条件的元素的索引或值
- scipy.stats.dirichlet.pdf() Dirichlet分布概率密度函数
- scipy.stats.multinomial.pmf() 多项分布概率质量函数

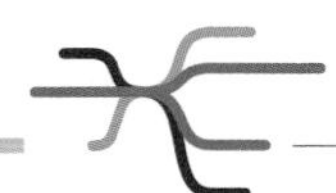

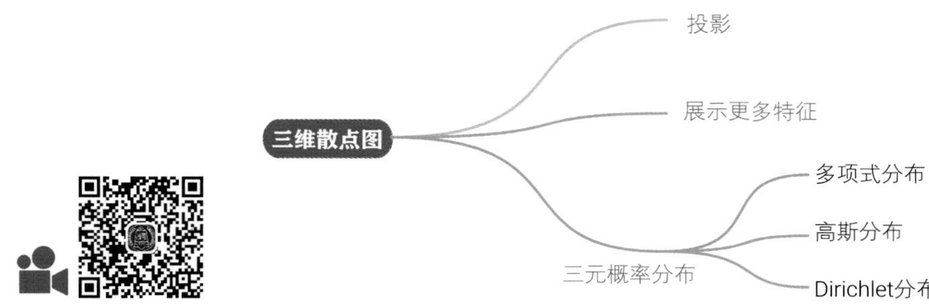

13.1 三维散点图

前文已经出现过用散点图可视化RGB色彩空间。本章深入聊一下用三维散点图可视化各种场景。

绘制三维散点图

我们首先用三维散点图可视化鸢尾花数据，如图13.1所示。其中，x轴代表花萼长度，y轴代表花萼宽度，z轴代表花瓣长度。

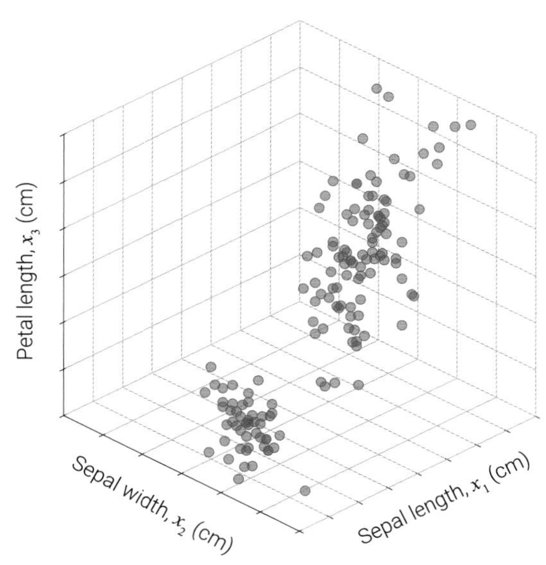

图13.1　三维散点图可视化样本数据 | BK_2_Ch13_01.ipynb

BK_2_Ch13_1.ipynb中绘制了本节和下一节散点图，下面首先讲解代码13.1。

ⓐ用matplotlib.pyplot.figure()，简写作plt.figure()，创建图形对象fig。

ⓑ用add_subplot()在fig上添加三维轴对象，参数设置projection='3d'。

ⓒ美化三维轴对象，请大家逐行注释。

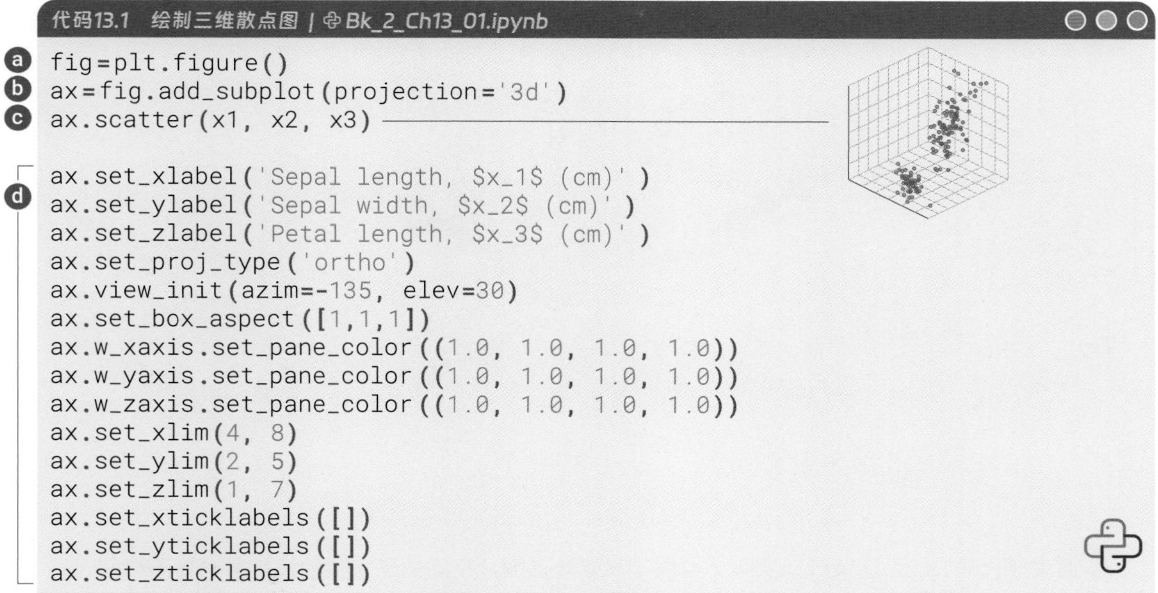

代码13.1 绘制三维散点图 | Bk_2_Ch13_01.ipynb

```
fig=plt.figure()
ax=fig.add_subplot(projection='3d')
ax.scatter(x1, x2, x3)

ax.set_xlabel('Sepal length, $x_1$ (cm)' )
ax.set_ylabel('Sepal width, $x_2$ (cm)' )
ax.set_zlabel('Petal length, $x_3$ (cm)' )
ax.set_proj_type('ortho')
ax.view_init(azim=-135, elev=30)
ax.set_box_aspect([1,1,1])
ax.w_xaxis.set_pane_color((1.0, 1.0, 1.0, 1.0))
ax.w_yaxis.set_pane_color((1.0, 1.0, 1.0, 1.0))
ax.w_zaxis.set_pane_color((1.0, 1.0, 1.0, 1.0))
ax.set_xlim(4, 8)
ax.set_ylim(2, 5)
ax.set_zlim(1, 7)
ax.set_xticklabels([])
ax.set_yticklabels([])
ax.set_zticklabels([])
```

在不同平面上的投影

三维散点可以投影到不同平面上。图13.2所示为三维散点投影在$x_3 = 1$平面上，即$z = 1$。图13.3 (a) 所示为散点投影在$x_1 = 8$平面上，即$x = 8$。图13.3 (b) 所示为散点投影在$x_2 = 5$平面上，即$y = 5$。

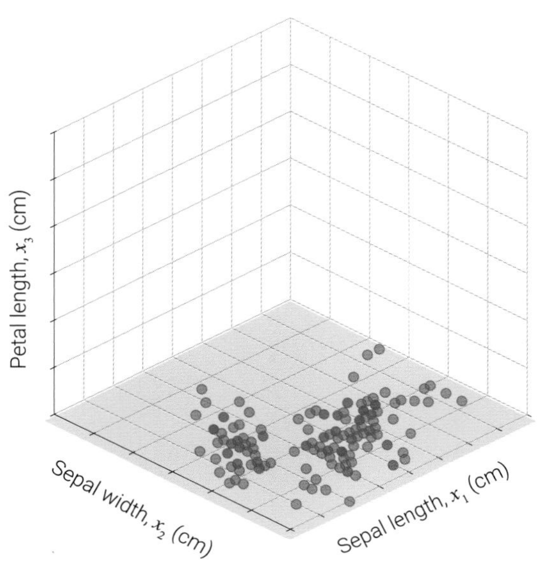

图13.2 三维散点投影在$x_3 = 1$ ($z = 1$)

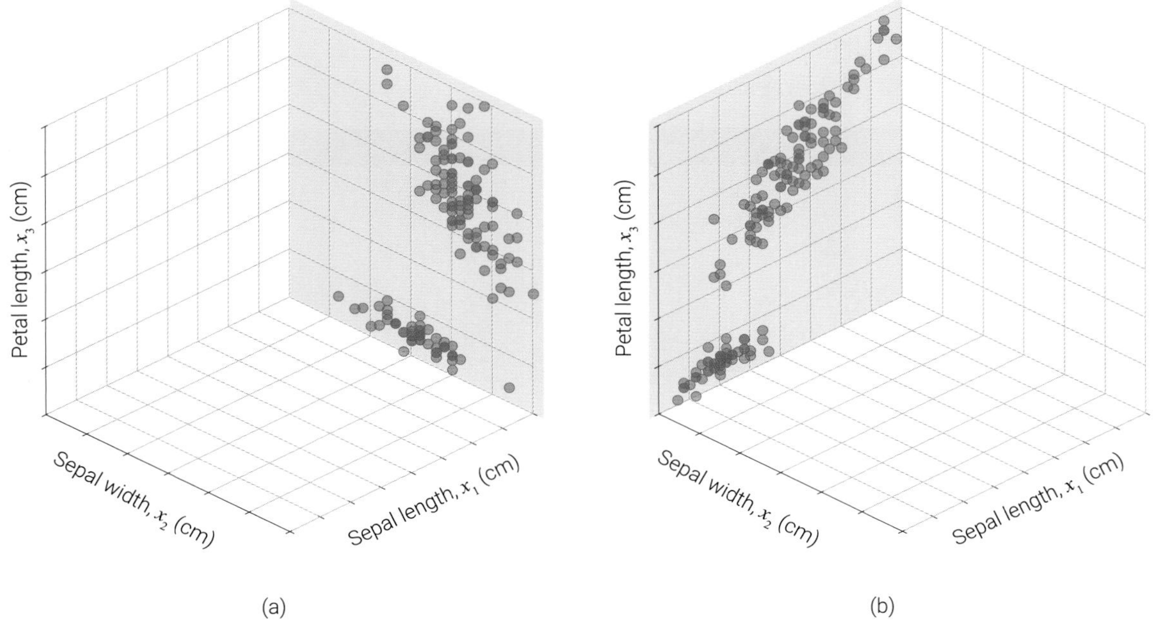

图13.3　三维散点投影在x_1 = 8 (x = 8)、x_2 = 5 (y = 5)

下面讲解代码13.2。这段代码实际上绘制了三幅散点图，不同的是它们的投影方向各不相同。

ⓐ在三维轴对象ax上用scatter()绘制散点图。设定zdir='z'表示在z轴特定高度上绘制散点图。zs=1表示所有散点都将位于z轴高度为1的平面上。

这个过程相当于将三维散点投影到z = 1平面上。

ⓑ使用scatter()绘制散点图时，设定zdir='y'和zs = 5在y = 5平面上绘制散点。

ⓒ使用scatter()绘制散点图时，设定zdir='x'和zs = 8在x = 8平面上绘制散点。

本书后文在绘制网格曲面、三维等高线等图像时，我们还会用到相似的投影方法，请大家注意。

代码13.2　绘制三维散点图，在三个平面上投影 | Bk_2_Ch13_01.ipynb

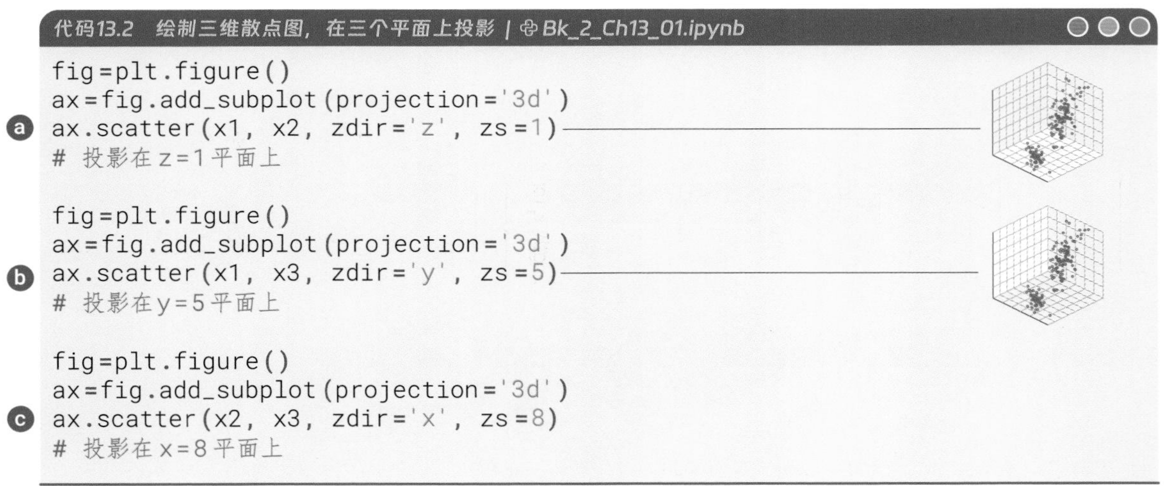

```
fig=plt.figure()
ax=fig.add_subplot(projection='3d')
ax.scatter(x1, x2, zdir='z', zs=1)   # ⓐ
# 投影在 z=1 平面上

fig=plt.figure()
ax=fig.add_subplot(projection='3d')
ax.scatter(x1, x3, zdir='y', zs=5)   # ⓑ
# 投影在 y=5 平面上

fig=plt.figure()
ax=fig.add_subplot(projection='3d')
ax.scatter(x2, x3, zdir='x', zs=8)   # ⓒ
# 投影在 x=8 平面上
```

13.2 展示更多特征

Matplotlib

类似二维散点图，我们可以用散点大小、颜色可视化更多特征。图13.4所示为用散点大小可视化鸢尾花花瓣宽度。

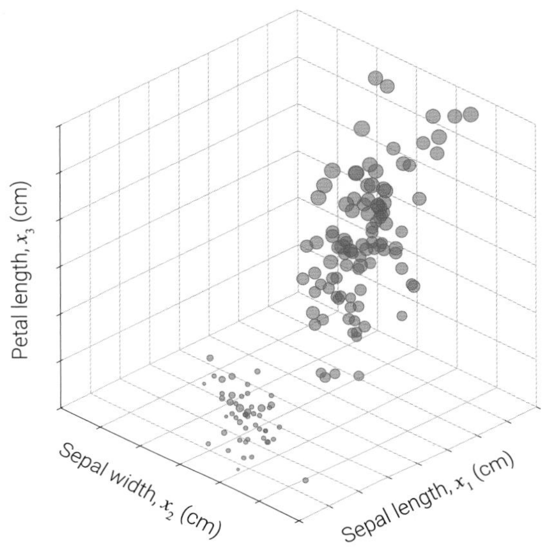

图13.4　用散点大小可视化鸢尾花花瓣宽度

图13.5所示为用颜色可视化鸢尾花类别。结合图13.4、图13.5，我们便得到图13.6。图13.6可视化了鸢尾花四个特征和分类标签。

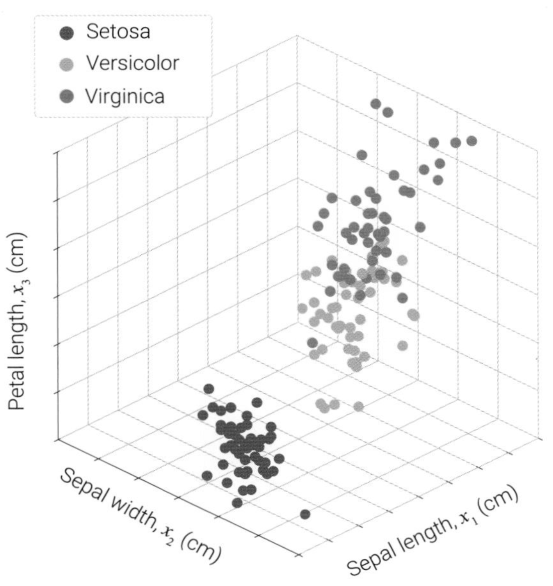

图13.5　用颜色可视化鸢尾花类别

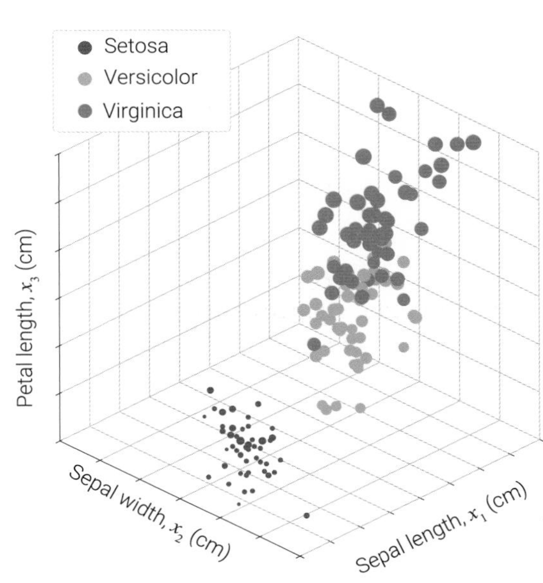

图13.6　同时可视化鸢尾花花瓣宽度、类别

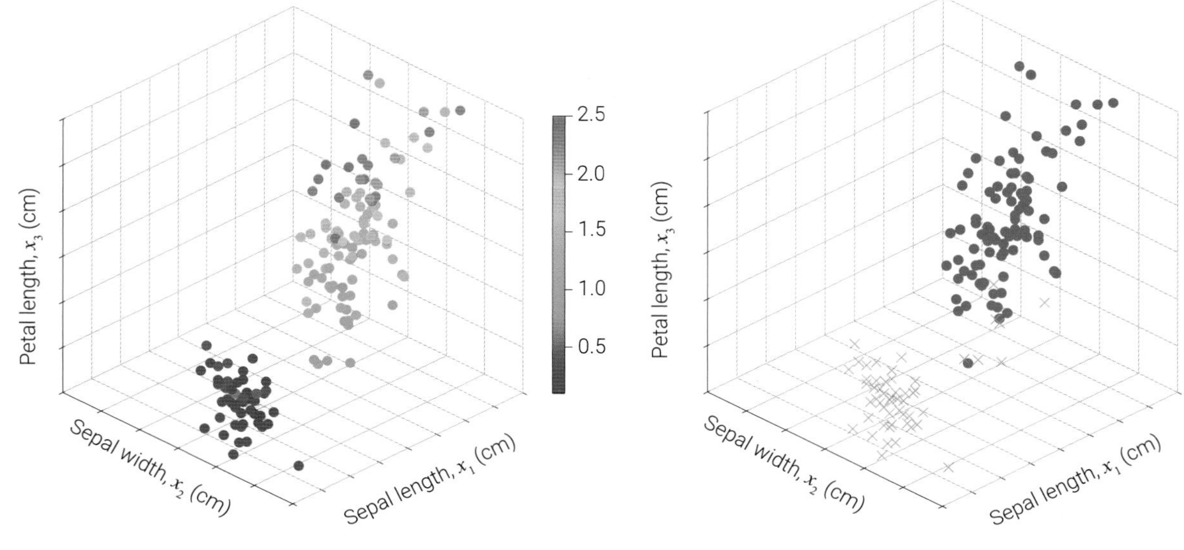

图13.7　用色谱可视化鸢尾花花瓣宽度　　　　图13.8　用标记类型展示特征

下面讲解BK_2_Ch13_01.ipynb中代码13.3。

ⓐ在使用scatter()绘制三维散点图时，设置s=x4*20表示每个散点的大小由x4决定，并且通过乘以20进行缩放。

ⓑ中，参数c=labels表示使用labels数组的值来确定每个散点的颜色。labels是一个包含鸢尾花样本数据标签信息的数组。cmap=rainbow指定了颜色映射，它是一个从标签值到颜色的映射关系。

注意：目前Seaborn只能绘制二维散点图，还不支持三维散点图。

ⓒ则结合ⓐ和ⓑ。

ⓓ通过设置c = x4，用渐变颜色映射展示花瓣宽度样本数值，如图13.7所示。

ⓔ实际上是两个散点图，满足x4 > 1的用marker='o'来展示散点；满足x4<=1的数据则用marker='x'来展示，如图13.8所示。

代码13.3　绘制三维散点图，用颜色、大小等展示更多特征 | ⊕ Bk_2_Ch13_01.ipynb 

```
# 利用散点大小展示第四个特征
fig = plt.figure()
ax = fig.add_subplot(projection='3d')
ax.scatter(x1, x2, x3,
           s=x4*20)
# 利用颜色展示分类标签
fig = plt.figure()
ax = fig.add_subplot(projection='3d')
scatter_h=ax.scatter(x1, x2, x3,
                     c = labels,
                     cmap=rainbow)
# 颜色分类 + 散点大小
fig = plt.figure()
ax = fig.add_subplot(projection='3d')
ax.scatter(x1, x2, x3,
           s = x4*20,
           c = labels,
           cmap=rainbow)
```

```
# 利用色谱展示第四个特征
fig = plt.figure()
ax = fig.add_subplot(projection='3d')
scatter_plot = ax.scatter(x1, x2, x3,
                          c = x4,
                          cmap=rainbow)
# 用标记类型展示特征
fig = plt.figure()
ax = fig.add_subplot(projection='3d')
ax.scatter(x1[x4>1],  x2[x4>1],  x3[x4>1],
           marker='o')
ax.scatter(x1[x4<=1], x2[x4<=1], x3[x4<=1],
           marker='x')
```

Plotly

在Plotly中，我们可以用plotly.express.scatter_3d()绘制三维散点图。这个可视化工具有很多好处。第一，图像就有可交互性；第二，展示标签很方便，特别是机器学习中展示样本标签时；第三，函数直接支持Pandas DataFrame类型数据。

图13.9所示为利用Plotly绘制的三维散点图。

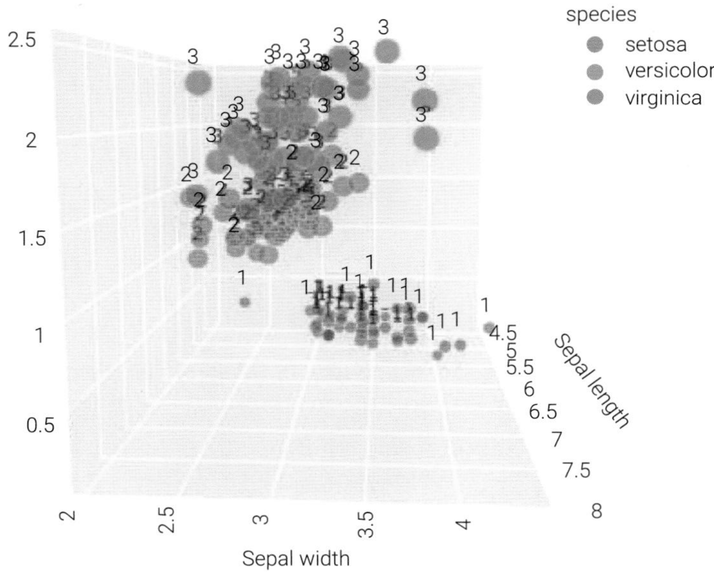

图13.9　利用Plotly绘制的三维散点图

下面讲解代码13.4。

ⓐ利用plotly.express.data.iris()，简写作px.data.iris()，来导入鸢尾花数据。

ⓑ用plotly.express.scatter_3d()，简写作px.scatter_3d()，绘制散点图。

df是一个保存鸢尾花数据的Pandas DataFrame。

参数x='sepal_length'、y='sepal_width'、z='petal_width'指定三维散点图中使用的三个坐标轴，分别是花萼长度、花萼宽度和花瓣宽度。

参数color='species'表示按照鸢尾花的种类来给每个散点着色。不同的物种将有不同的颜色。

参数size='petal_length'决定了每个散点的大小，即散点大小由花瓣长度决定。

参数text='species_id'指定每个散点上显示的文本信息，这里显示的是鸢尾花的类别数字标识。

参数size_max=28规定了散点的最大大小，设置为28。

参数opacity=0.58控制了散点的透明度，设置为0.58。

代码13.4 用Plotly绘制三维散点图 | Bk_2_Ch13_01.ipynb

```
import plotly.express as px
# 导入数据
df = px.data.iris()
df.head()

# 用三维散点可视化
fig = px.scatter_3d(df,
                    x='sepal_length',
                    y='sepal_width',
                    z='petal_width',
                    color='species',
                    size = 'petal_length',
                    text='species_id',
                    size_max=28,opacity = 0.58)
fig.update_layout(autosize=False, width=600, height=600)
fig.show()
```

13.3 可视化三元概率分布

至此，我们已经掌握了很多可视化一元、二元概率分布的绘图方案。本节要介绍如何用三维散点展示三元概率分布。本书后文还会介绍更多展示三元概率分布的可视化方案。

多项分布

图13.15所示为用三维散点可视化多项分布。**多项分布** (Multinomial Distribution) 是一种离散型概率分布，用于描述在多项试验中各个可能结果出现次数的概率分布。多项试验是指在一个试验中，每次试验有多个可能的结果，每个结果出现的概率是固定的。

图13.15所示的多项分布中，x_1、x_2、x_3的取值范围为 [0, 20] 的整数。我们用散点的颜色代表多项分布的概率质量值。

《统计至简》第5章将讲解多项分布。

Jupyter笔记BK_2_Ch13_02.ipynb中绘制了图13.15，请大家自行分析代码。

高斯分布

三元高斯分布 (trivariate Gaussian distribution) **概率密度函数** (Probability Density Function, PDF) 本质上是四维数据。如图13.16所示，分层散点图可以可视化三元高斯分布。打个比方，如图13.10所示，这种可视化方法相当于断层扫描来观察不同截面数据。更通俗地说，就好比用不同刀法切豆腐。本书后文还会用“切豆腐”可视化更多数据，请大家特别注意。

注意：对于三元高斯分布PDF，x_1、x_2、x_3的取值范围均为 $(-\infty, \infty)$。

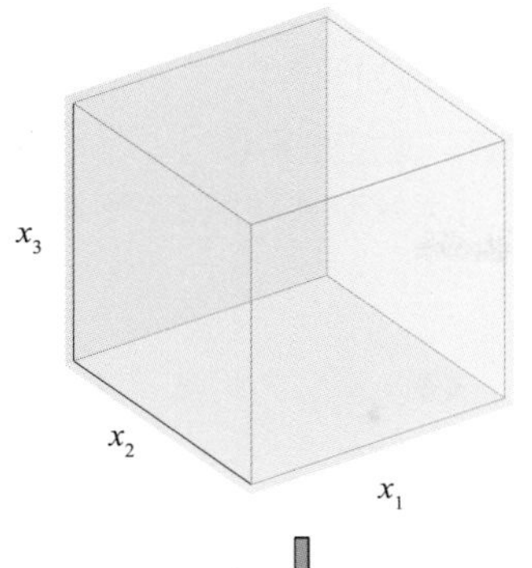

Along x_1

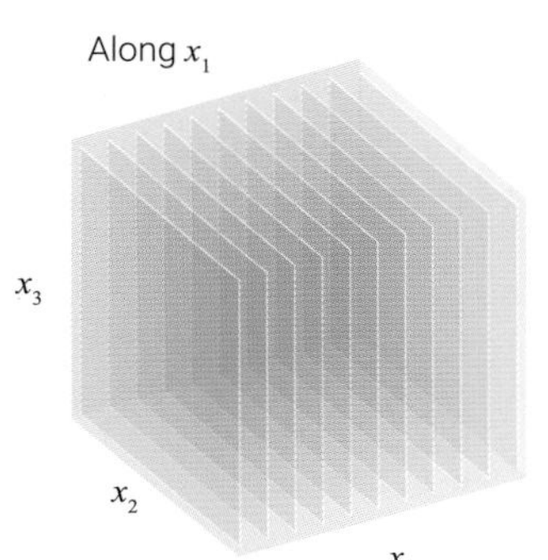

Along x_2

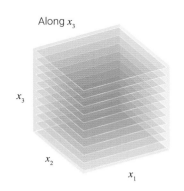

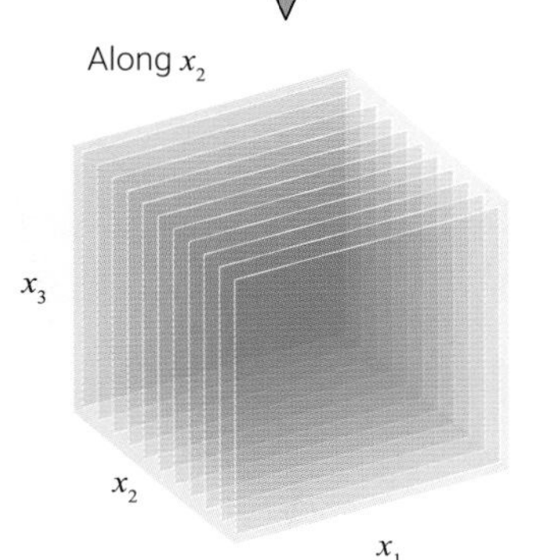

Along x_3

x_3 x_2 x_1

图13.10　三种不同刀法“切豆腐”

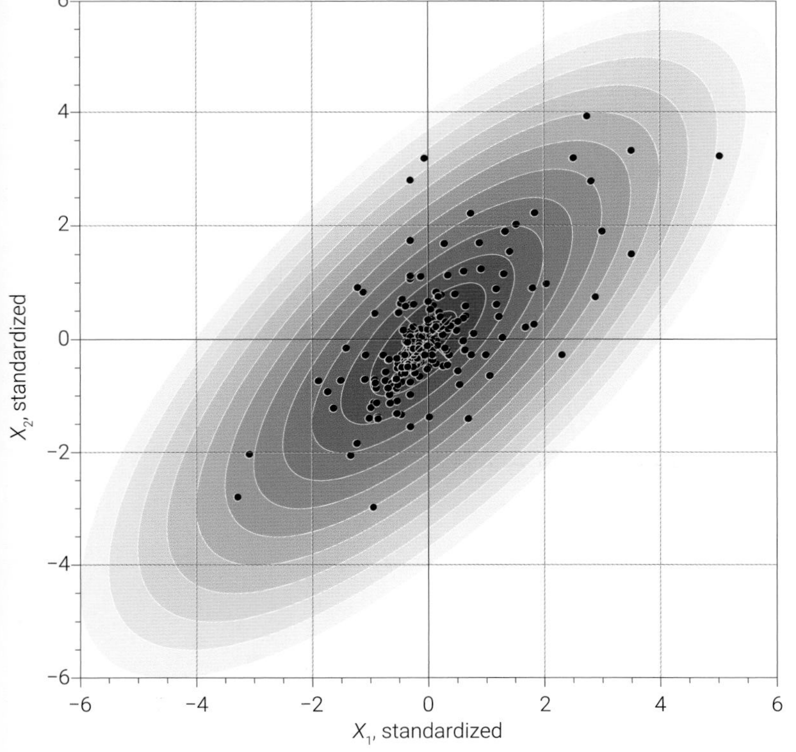

图13.11　标准化数据的散点图，等高线为马氏距离

《矩阵力量》第20章专门从线性代数运算角度展开讲解如何理解多元高斯分布PDF。《统计至简》第11章专门讲解多元高斯分布。

本书后文会用分层等高线可视化三元高斯分布的PDF。

Jupyter笔记BK_2_Ch13_03.ipynb中绘制了图13.16，我们有必要讲解代码13.5和代码13.6这两个自定义函数。

读过《编程不难》的同学，对马氏距离应该不陌生。大家应该已经清楚，平面上，欧氏距离等高线为正圆，而马氏距离等高线多为旋转椭圆。图13.11来自《编程不难》第31章，我们用这幅图中数据讲过**主成分分析** (Principal Component Analysis，PCA) 这种降维算法。图13.11中的等高线就是马氏距离。很容易发现，马氏距离考虑了数据分布的形态。

首先看代码13.5，它用来计算马氏距离。我们借助图13.12和图13.13来帮助我们理解马氏距离运算过程。

ⓐ首先完成中心化；从几何角度来看，这就是平移。

ⓑ计算协方差矩阵$\boldsymbol{\Sigma}$的逆，得到$\boldsymbol{\Sigma}^{-1}$。大家想要理解$\boldsymbol{\Sigma}^{-1}$到底起到怎样作用的话，就要移步《矩阵力量》深入学习各种线性代数工具了。

对于单一坐标点$\boldsymbol{x}=\begin{bmatrix}x_1\\x_2\\x_3\end{bmatrix}$（列向量），ⓒ计算马氏距离平方$d^2=(\boldsymbol{x}-\boldsymbol{\mu})^{\mathrm{T}}\boldsymbol{\Sigma}^{-1}(\boldsymbol{x}-\boldsymbol{\mu})$，对应的计算过程如图13.12所示。

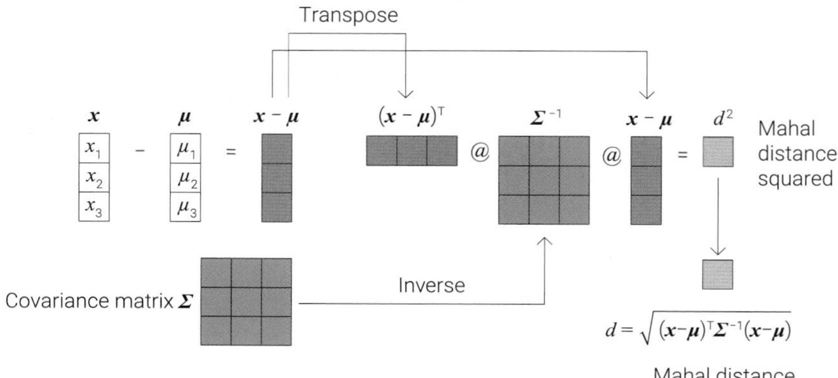

图13.12 计算单一点马氏距离过程

对于一组坐标点，为了方便运算向量化，我们采用了图13.13。

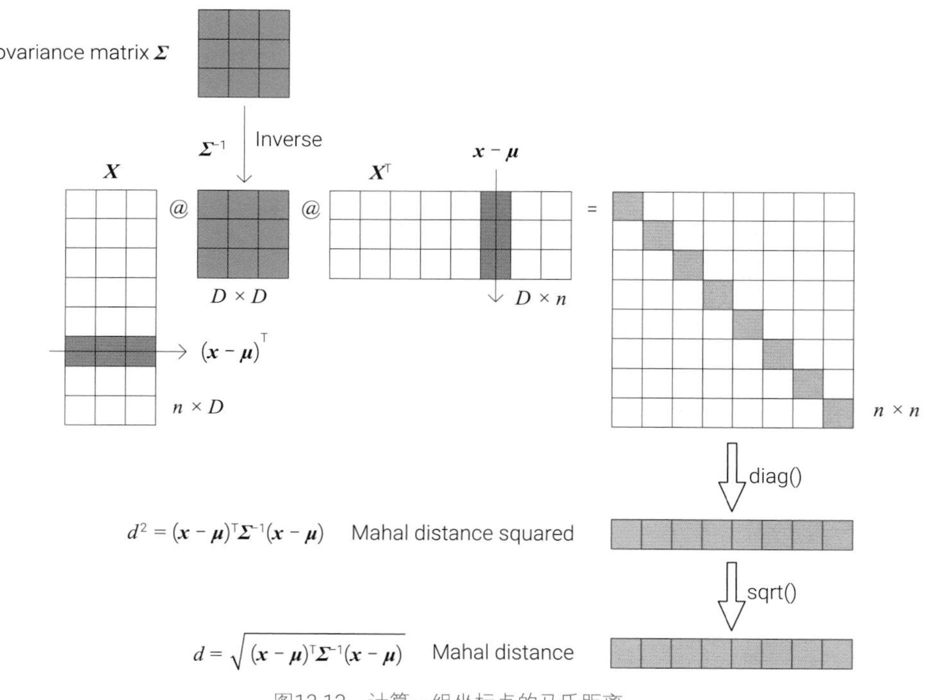

图13.13 计算一组坐标点的马氏距离

在图13.13中，矩阵$\boldsymbol{X}$是n个行向量$(\boldsymbol{x}-\boldsymbol{\mu})^{\mathrm{T}}$构成的矩阵。换个角度来看，$\boldsymbol{X}$的每一行都是一个 (中心化) 坐标点；而转置后$\boldsymbol{X}^{\mathrm{T}}$的每一列代表一个坐标点。对于矩阵$\boldsymbol{X}$，ⓒ计算的结果为$n \times n$方阵。

如图13.14所示，这个方阵主对角线上的元素才是我们想要的马氏距离平方。

ⓓ提取主对角线元素，即马氏距离平方。

ⓔ开平方得到一组马氏距离；后文代码还会用numpy.reshape() 将其重塑为合适的形状，以便后续可视化。

本书后文在介绍如何可视化**瑞利商** (Rayleigh quotient) 时，也会用到类似运算，请大家务必掌握。此外，本书后文还会可视化包括马氏距离在内的其他距离度量。

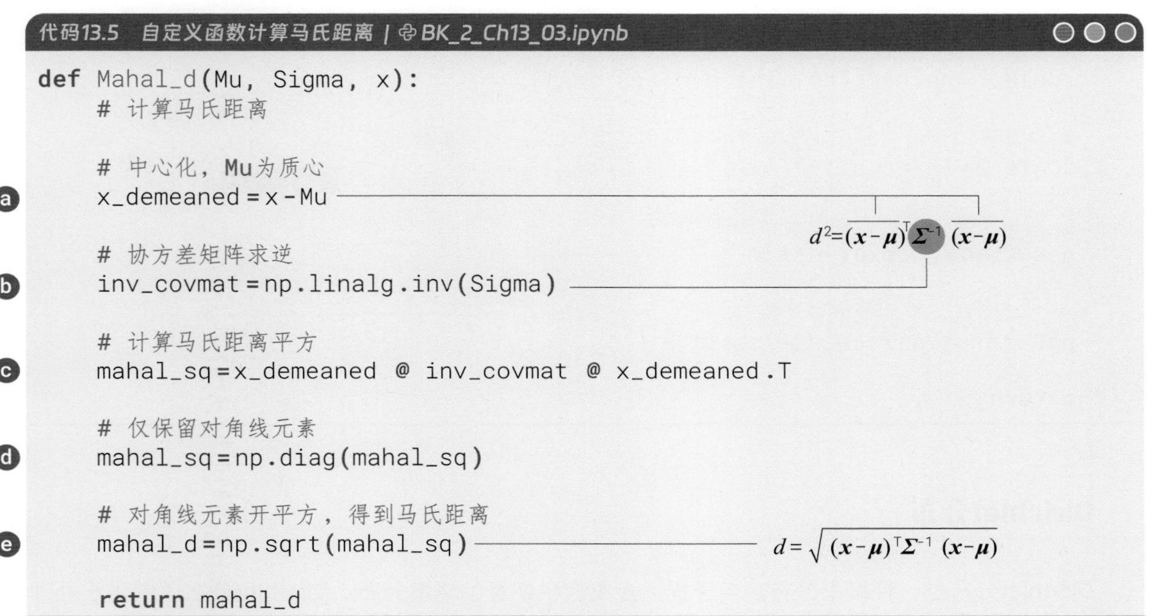
代码13.5　自定义函数计算马氏距离 | BK_2_Ch13_03.ipynb

```
def Mahal_d(Mu, Sigma, x):
    # 计算马氏距离

    # 中心化，Mu为质心
    x_demeaned = x - Mu                                        # a

    # 协方差矩阵求逆
    inv_covmat = np.linalg.inv(Sigma)                          # b

    # 计算马氏距离平方
    mahal_sq = x_demeaned @ inv_covmat @ x_demeaned.T          # c

    # 仅保留对角线元素
    mahal_sq = np.diag(mahal_sq)                               # d

    # 对角线元素开平方，得到马氏距离
    mahal_d = np.sqrt(mahal_sq)                                # e

    return mahal_d
```


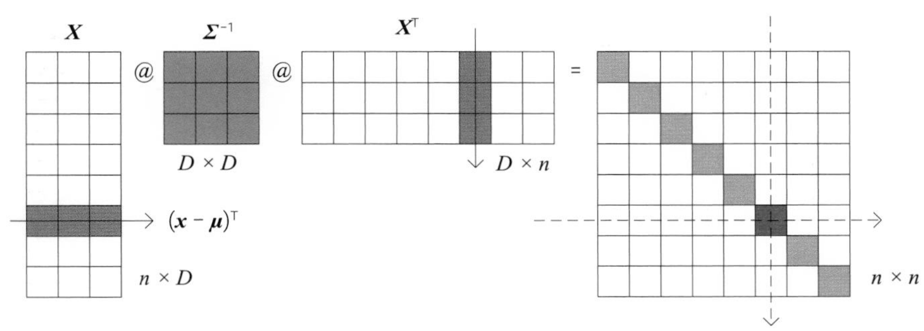

图13.14　主对角线上的元素为马氏距离平方

此外，我们可以通过代码13.6中自定义函数计算马氏距离，下面讲解其中关键语句。

ⓐ计算缩放因子$\sqrt{|\boldsymbol{\Sigma}|}$。$|\boldsymbol{\Sigma}|$表示对协方差矩阵计算**行列式** (determinant)。从几何角度来看，$|\boldsymbol{\Sigma}|$和几何变换过程的缩放有关。《矩阵力量》第20章专门介绍这个知识点。

ⓑ计算缩放因子$\sqrt{(2\pi)^D}$。其中，本例中$D = 3$，代表三元高斯分布。$\sqrt{(2\pi)^D}$和高斯函数积分有关，这个因子完成概率归一化。《数学要素》会专门介绍高斯函数和高斯函数积分。而概率归一化这个知识点将在《统计至简》中讲解。

ⓒ利用高斯函数将马氏距离转化为亲近度，《矩阵力量》第20章也会介绍这个知识点。

ⓓ将算式各个部分整合起来计算多元高斯分布的概率密度函数PDF。

这两段代码看上去简单，但是每一句背后都是一个个数学工具在支撑运算。

这个例子再次告诉我们，“调包”是不够的，仅仅会码代码也是不够的，数学、逻辑这些内核的工具才是知识的内核。

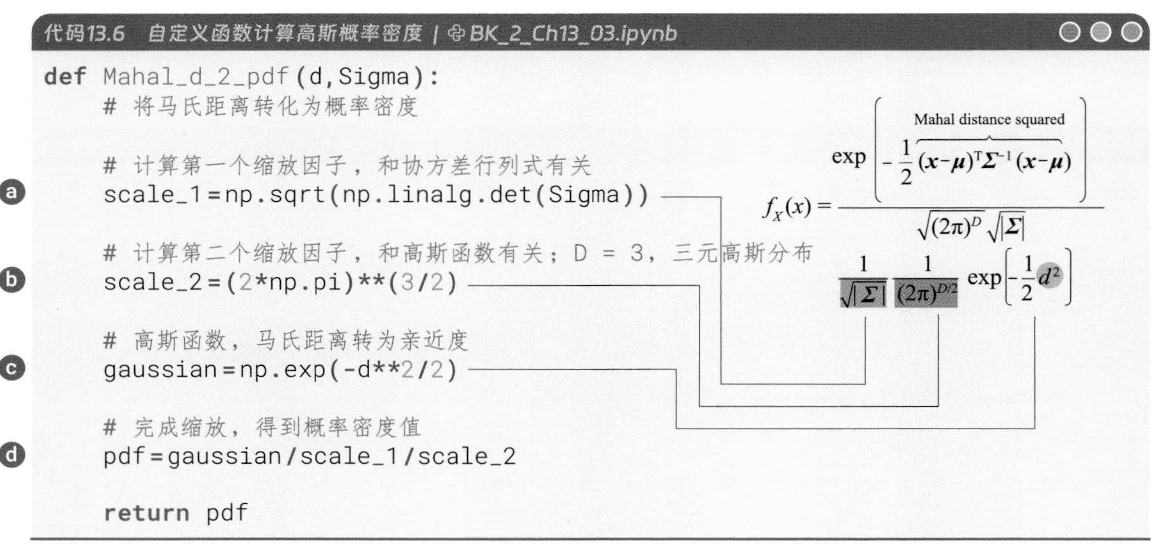

代码13.6 自定义函数计算高斯概率密度 | BK_2_Ch13_03.ipynb

```
def Mahal_d_2_pdf(d,Sigma):
    # 将马氏距离转化为概率密度

    # 计算第一个缩放因子，和协方差行列式有关
    scale_1=np.sqrt(np.linalg.det(Sigma))

    # 计算第二个缩放因子，和高斯函数有关；D = 3，三元高斯分布
    scale_2=(2*np.pi)**(3/2)

    # 高斯函数，马氏距离转为亲近度
    gaussian=np.exp(-d**2/2)

    # 完成缩放，得到概率密度值
    pdf=gaussian/scale_1/scale_2

    return pdf
```

a
b
c
d
Mahal distance squared
$f_X(x) = \frac{\exp\left(-\frac{1}{2}(x-\mu)^T\Sigma^{-1}(x-\mu)\right)}{\sqrt{(2\pi)^D}\sqrt{|\Sigma|}}$
$\frac{1}{\sqrt{|\Sigma|}} \frac{1}{(2\pi)^{D/2}} \exp\left(-\frac{1}{2}d^2\right)$

Dirichlet分布

Dirichlet分布是一种概率分布，用于描述多维随机变量的概率分布。Dirichlet分布通常用于处理多元分类和多元回归问题，是多项分布的共轭先验分布。

Dirichlet分布的定义域是D维单位超立方体，即所有分量都在 [0,1] 上且它们之和等于1；也就是说这些散点都在$\theta_1 + \theta_2 + \theta_3 = 1$平面上。如图13.17所示，$\theta_1$、$\theta_2$、$\theta_3$的取值范围为 [0, 1] 的实数。

图13.18所示为利用三维散点图可视化满足特定Dirichlet分布的随机数。

Jupyter笔记BK_2_Ch13_04.ipynb中绘制了图13.17，BK_2_Ch13_05.ipynb中绘制了图13.18，请大家自行分析这两个代码文件。

本章利用三维散点图这个很普通的可视化方案做了很多有趣的案例。请大家格外关注多项分布、高斯分布、Dirichlet分布。特别地，本书后文会专门讲解Dirichlet分布。

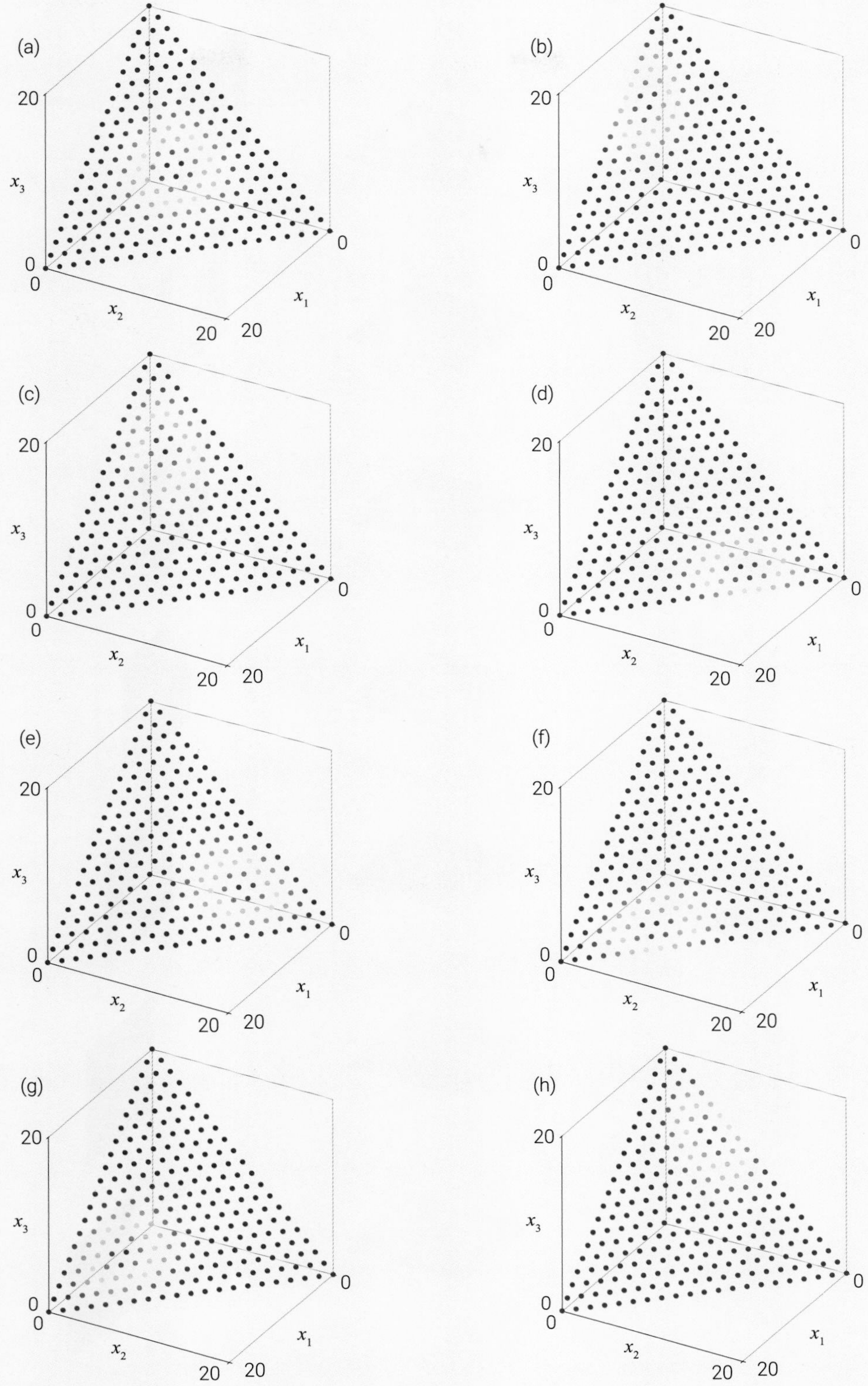

图13.15　用三维散点可视化多项分布 | BK_2_Ch13_02.ipynb

图13.16　用三维散点切片可视化高斯分布 | ⊕ BK_2_Ch13_03.ipynb

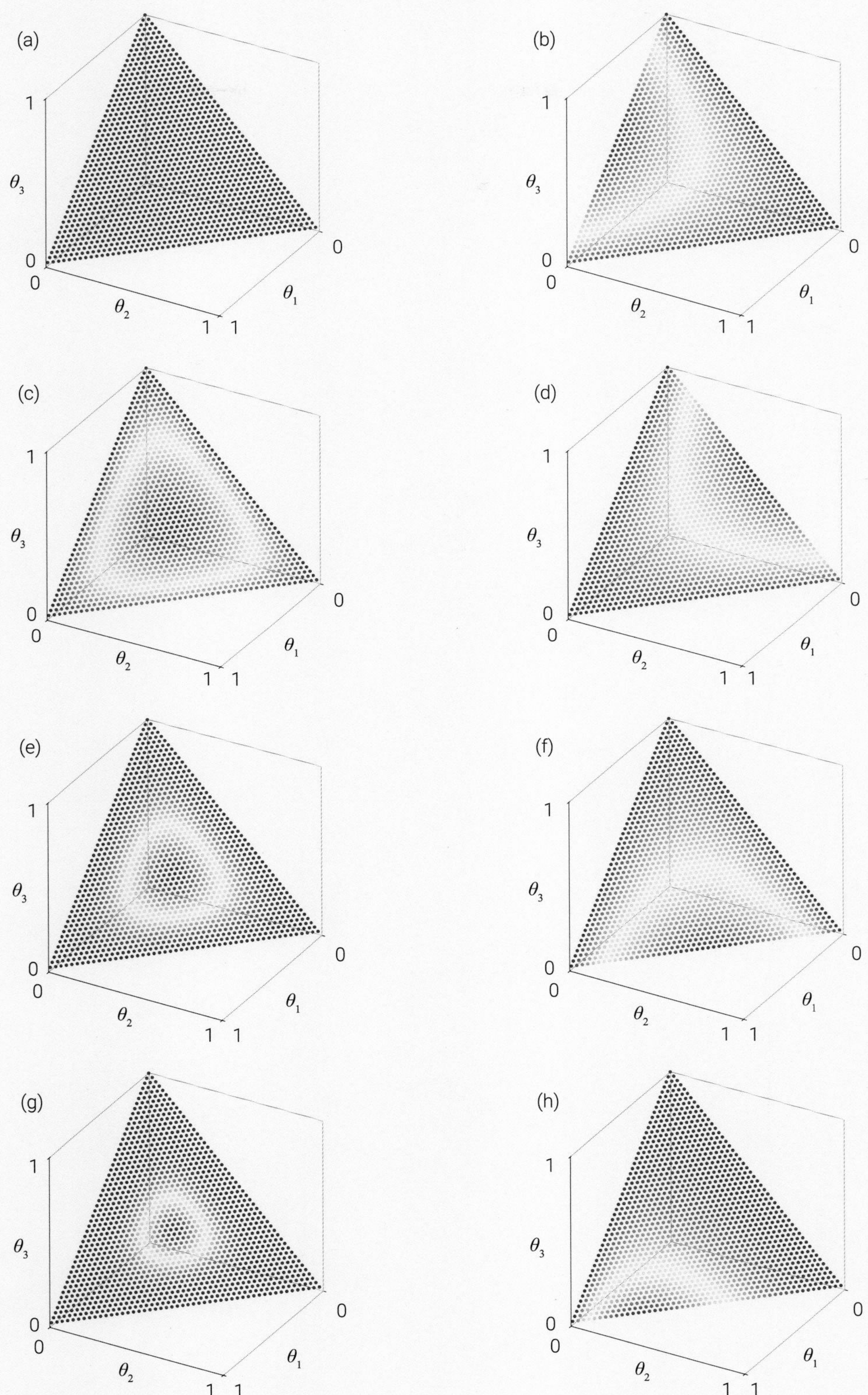

图13.17　用三维散点可视化Dirichlet分布 | BK_2_Ch13_04.ipynb

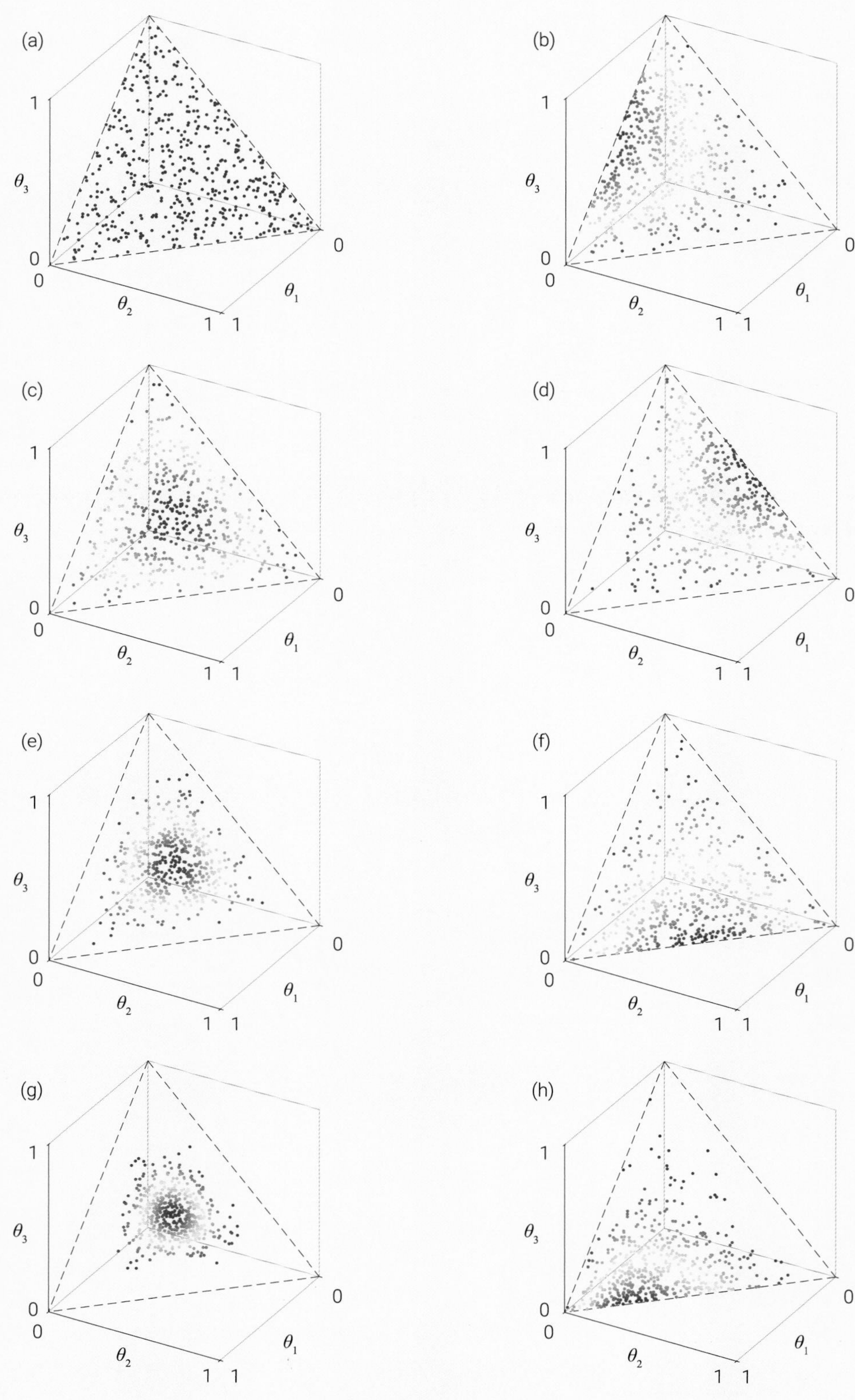

图13.18　用三维散点可视化满足Dirichlet分布的随机数 | BK_2_Ch13_05.ipynb

14 3D Line Plot 三维线图

将三维散点顺序连线

一、记住要仰望星空，而不是低头看脚。二、永不放弃工作。工作赋予你意义和目的，没有它，生活会变得空虚。三、如果你有幸找到爱情，记住它就在那里，要珍视。

One, remember to look up at the stars and not down at your feet. Two, never give up work. Work gives you meaning and purpose and life is empty without it. Three, if you are lucky enough to find love, remember it is there and don't throw it away.

—— 史蒂芬·霍金 (Stephen Hawking) | 英国理论物理学家、宇宙学家 | 1942 — 2018年

- ◀ `matplotlib.pyplot.plot_wireframe()` 绘制线框图
- ◀ `matplotlib.pyplot.scatter()` 绘制散点图
- ◀ `matplotlib.pyplot.stem()` 绘制火柴图
- ◀ `matplotlib.pyplot.text()` 在图片上打印文字
- ◀ `numpy.arange()` 根据指定的范围以及设定的步长，生成一个等差数组
- ◀ `numpy.exp()` 计算括号中元素的自然指数
- ◀ `numpy.linspace()` 在指定的间隔内，返回固定步长的数据
- ◀ `numpy.meshgrid()` 创建网格化数据

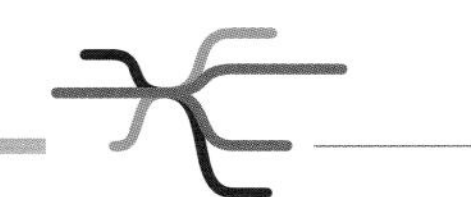

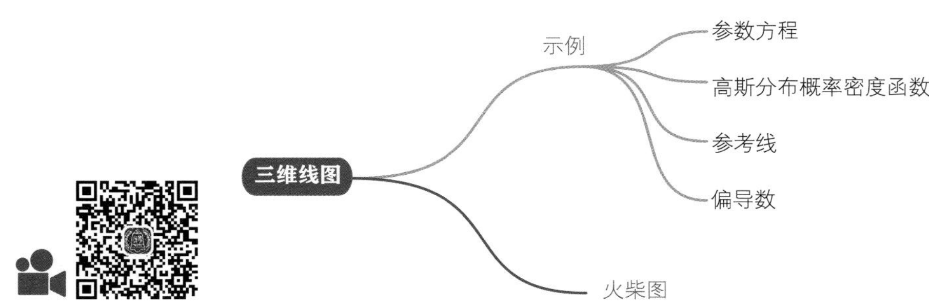

14.1 线图

如图14.1所示，在Matplotlib中绘制的三维线图实际上也是三维散点顺序连线得到的“折线”。因此，在绘制三维线图时，大家也需要注意颗粒度的问题。比如，图14.2所示的两个三维线图颗粒度较为细腻。

本书前文已经介绍过二维线图中颗粒度这个话题，本章不再展开。

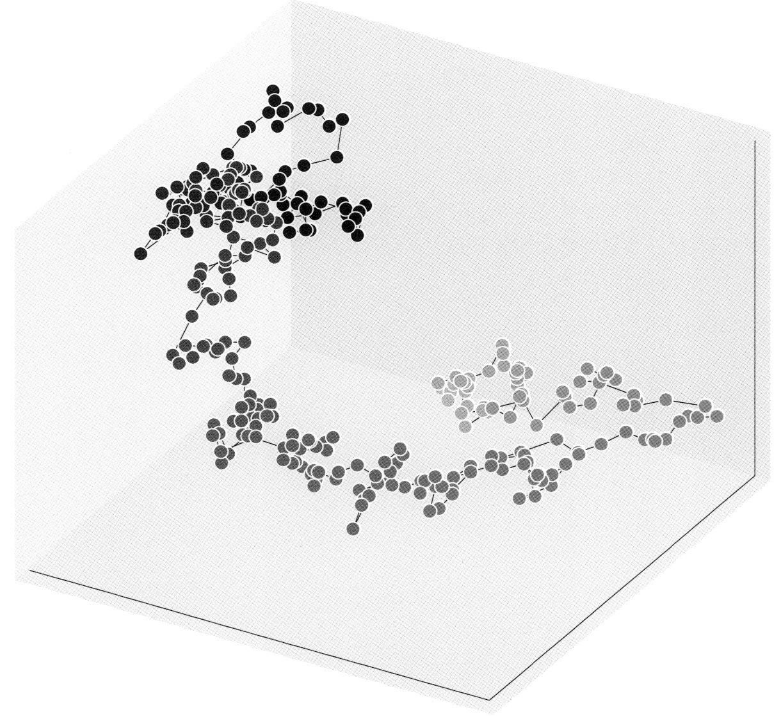

图14.1　用Matplotlib绘制微粒随机漫步线图 (图片来源：《编程不难》)

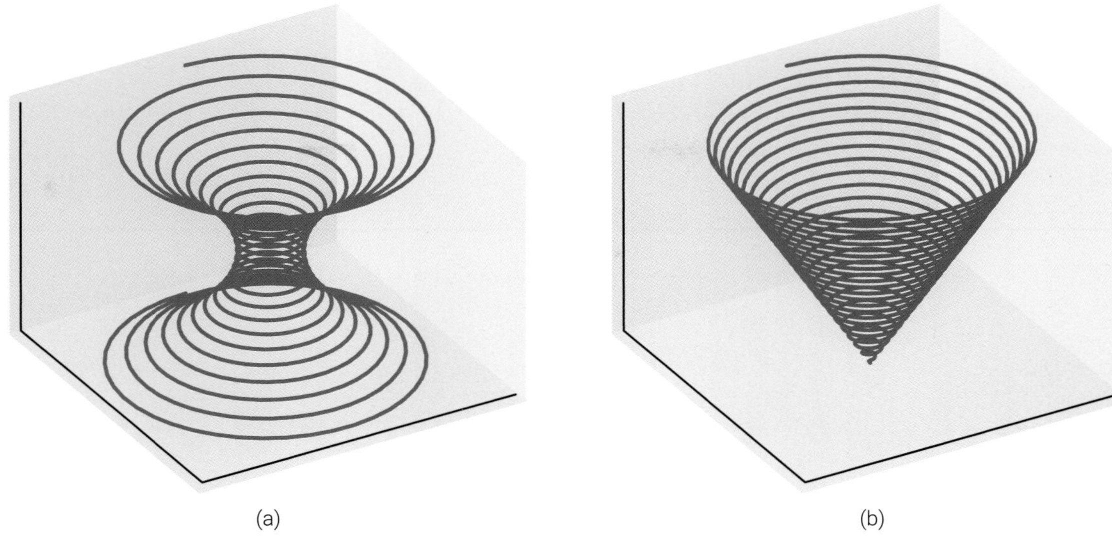

图14.2　颗粒度细腻的三维线图 | BK_2_Ch14_01.ipynb

BK_2_Ch14_01.ipynb中绘制了图14.2；代码14.1绘制图14.2 (a)，下面讲解其中关键语句。

ⓐ用numpy.linspace()，简写作np.linspace()，生成 $[-24\pi, 24\pi]$ 区间内弧度数组。

ⓑ获得曲线z轴坐标。

ⓒ和ⓓ利用参数方程获得曲线的x和y轴坐标。

ⓔ用matplotlib.pyplot.figure()，简写作plt.figure()，创建图形对象fig。

ⓕ在fig上用add_subplot()增加一个三维轴对象。

ⓖ利用plot()方法在三维轴对象ax上绘制三维线图。

ⓗ对三维轴对象进行装饰。

此外，我们还可以用ax.view_init(elev=elev, azim=azim) 设置视角，从不同角度观察三维线图，如图14.3所示。请大家在BK_2_Ch14_01.ipynb查看完整代码。

代码14.1　绘制三维线图 | BK_2_Ch14_01.ipynb

```
# 导入包
import numpy as np
import matplotlib.pyplot as plt

# 弧度数组
theta=np.linspace(-24 * np.pi, 24 * np.pi, 1000)   ⓐ
# 曲线z轴坐标
z=np.linspace(-2, 2, 1000)   ⓑ
# 半径
r=z**2 + 1
# 参数方程
x=r * np.sin(theta) # 曲线x轴坐标   ⓒ
y=r * np.cos(theta) # 曲线y轴坐标   ⓓ

# 可视化三维线图
fig = plt.figure(figsize=(5,5))   ⓔ
ax = fig.add_subplot(projection='3d')   ⓕ
# 绘制三维线图
ax.plot(x, y, z)   ⓖ
```

```
ax.set_proj_type('ortho')
# 正投影
ax.set_xticks([])
ax.set_yticks([])
ax.set_zticks([])
ax.grid(False)
plt.show()
```

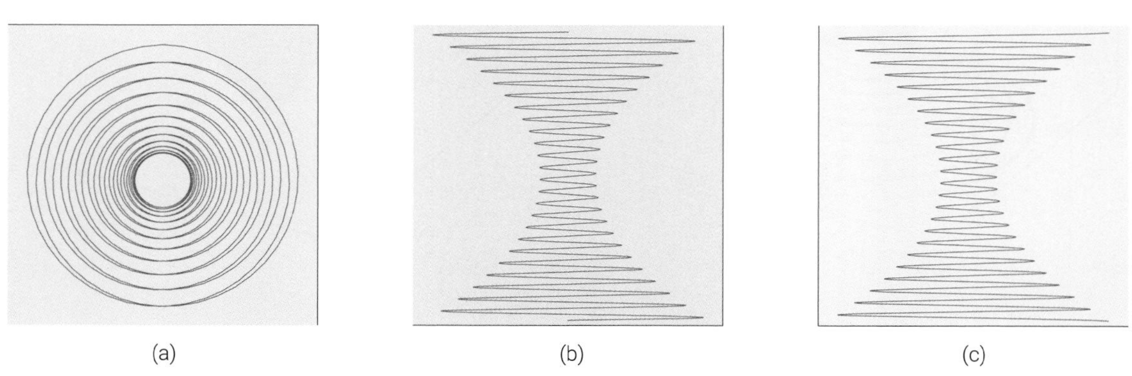

图14.3 三个视角观察三维线图 | BK_2_Ch14_01.ipynb

渲染

matplotlib.pyplot.plot() 可以用来绘制二维线图，也可以用来绘制三维线图。

图14.4 (a) 所示为一元高斯分布概率密度函数曲线随μ的变化而变化的图像。图14.4 (b) 所示为一元高斯分布概率密度函数曲线随σ的变化而变化的图像。

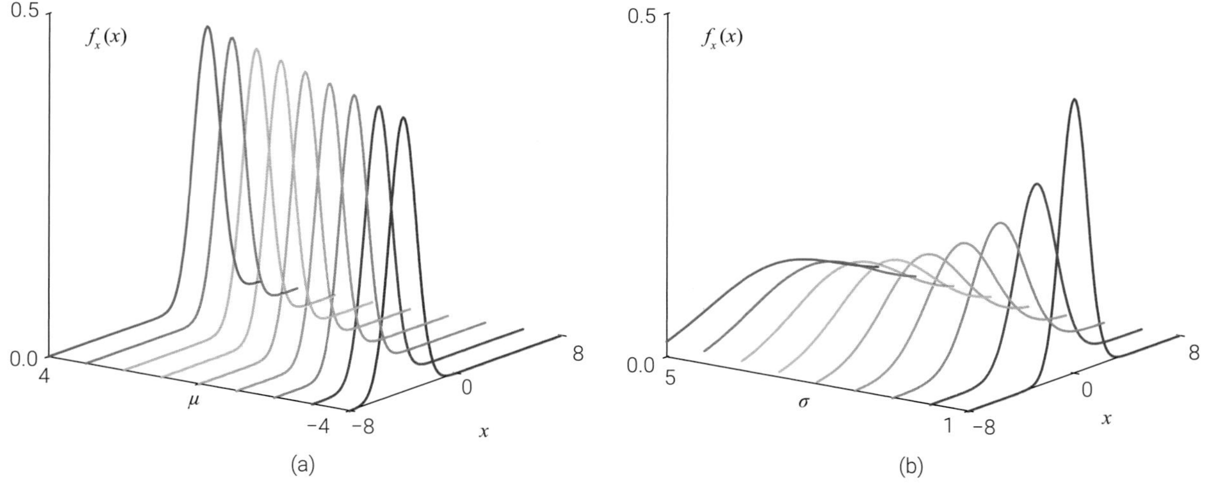

图14.4 一元高斯密度函数分别随μ、σ变化 | BK_2_Ch14_02.ipynb

BK_2_Ch14_02.ipynb中绘制了图14.4；代码相对比较简单，我们仅仅讲解代码14.2。

ⓐ利用matplotlib.cm.rainbow()，简写作cm.rainbow()，将一组[0,1]的数组映射到rainbow色谱上，结果是一组渐变色号，存在colors中。colors中颜色数量和图14.4 (a) 中三维曲线数量一致。

ⓑ用for循环，每次迭代绘制一条三维曲线。zip() 函数让我们可以同时迭代两个可迭代对象 mu_array 和 colors。

❸中x_array*0 + mu_idx，用来生成一个和x_array元素相同的数组；数组中元素的值均为mu_idx。其中，gaussian_1D为自定义的一元高斯分布概率密度函数。

BK_2_Ch14_02.ipynb中注释掉的代码还提供了另外一种方法可视化这些曲线，请大家自行学习。

代码14.2　渲染三维线图 | ⊕ BK_2_Ch14_02.ipynb

```
fig, ax=plt.subplots(subplot_kw={'projection': '3d'})

colors=cm.rainbow(np.linspace(0,1,num_lines))
# 选定色谱，并产生一系列色号

for mu_idx, color_idx in zip(mu_array, colors):

    ax.plot(x_array,                           # x 坐标
            x_array*0 + mu_idx,                # y 坐标
            gaussian_1D(x_array, mu_idx, 1),   # z 坐标
            color=color_idx)
```

投影

类似上一章的散点图，我们也可以在三维空间的特定平面绘制三维线图。

图14.5所示为两个例子。图14.5 (a) 的蓝色线图绘制在x_1 = 3平面上，而橘色线图绘制在x_2 = 3平面上。

图14.5 (b) 的蓝色线图绘制在x_1 = –3平面上，而橘色线图绘制在x_2 = –3平面上。

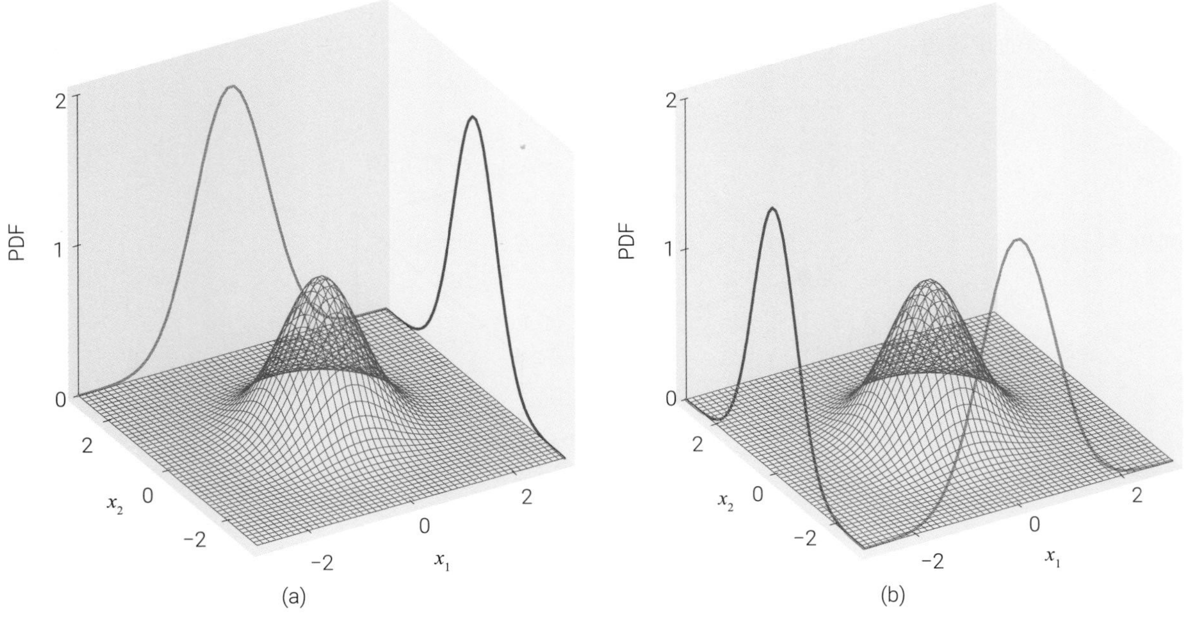

图14.5　投影到背平面、前平面 | ⊕ BK_2_Ch14_03.ipynb

BK_2_Ch14_03.ipynb中绘制了图14.5，下面讲解代码14.3。

❶在三维轴对象上用plot_wireframe()绘制网格曲面可视化二元高斯函数。本书后文会专门介绍如何绘制网格曲面。

❷在使用plot()绘制三维线图时，通过设置zs=3和zdir='x' 将三维曲线沿着 x = 3 (即x_1 = 3) 方向展开，对应图14.5 (a) 中的蓝色曲线。

类似地，ⓒ使用plot()绘制三维线图时，通过设置zs=3和zdir='y'将三维曲线沿着 $y = 3$ (即$x_2 = 3$)方向展开，对应图14.5 (a) 中的橘色曲线。

请大家自行分析BK_2_Ch14_03.ipynb中剩余代码。

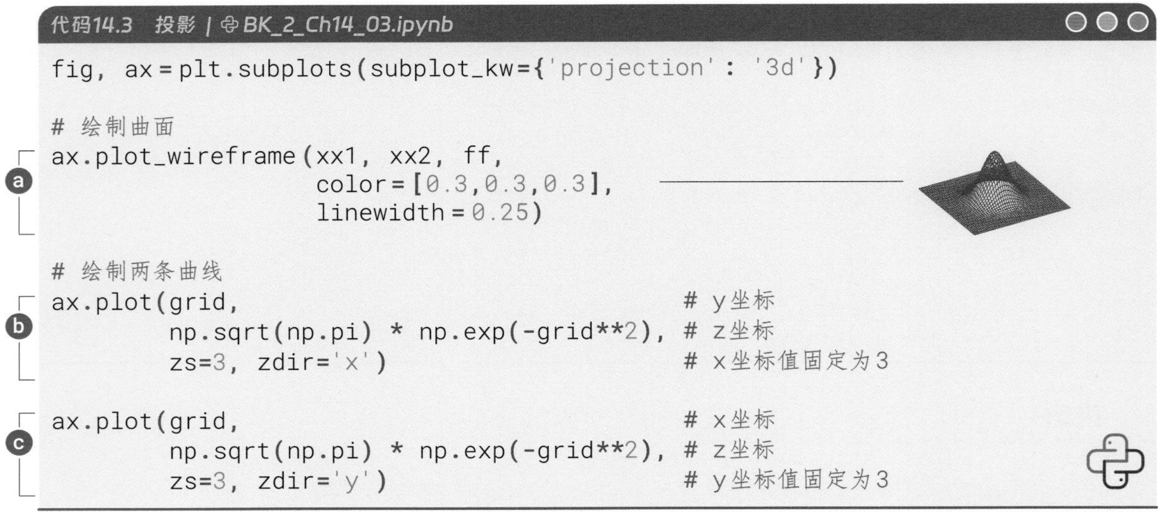

代码14.3 投影 | BK_2_Ch14_03.ipynb

```
fig, ax = plt.subplots(subplot_kw={'projection': '3d'})

# 绘制曲面
ax.plot_wireframe(xx1, xx2, ff,
                  color = [0.3,0.3,0.3],
                  linewidth = 0.25)

# 绘制两条曲线
ax.plot(grid,                                  # y坐标
        np.sqrt(np.pi) * np.exp(-grid**2),     # z坐标
        zs=3, zdir='x')                        # x坐标值固定为3

ax.plot(grid,                                  # x坐标
        np.sqrt(np.pi) * np.exp(-grid**2),     # z坐标
        zs=3, zdir='y')                        # y坐标值固定为3
```

参考线

图14.6所示的单位立方体有8个顶点。我们可以用三维散点绘制这些顶点，用两点连线绘制这个单位立方体的12条边。

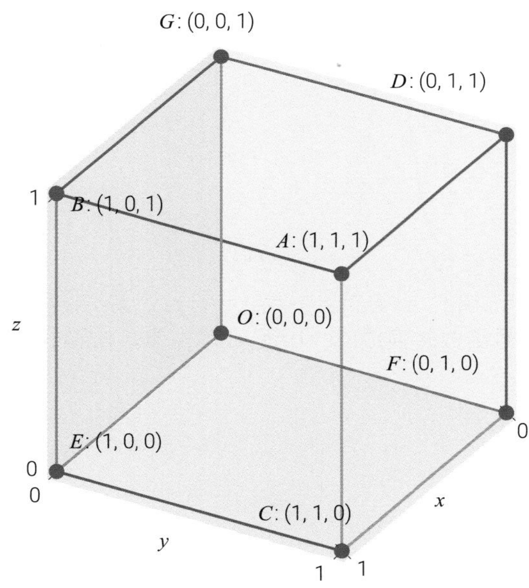

图14.6 单位正方体的12条边 | BK_2_Ch14_04.ipynb

BK_2_Ch14_04.ipynb中绘制了图14.6，请大家自行分析。

偏导数

如图14.7所示，简单来说，对于一个二元函数$f(x,y)$，我们可以用网格曲面来可视化这个函数。

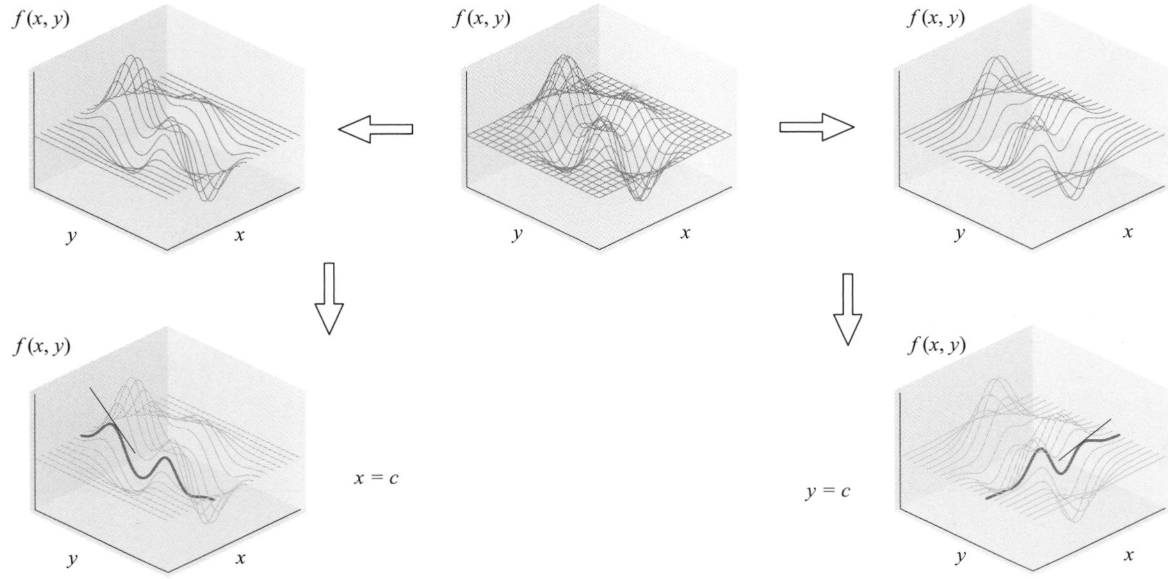

图14.7　理解偏导数

如果这个曲面光滑，偏导数则告诉我们曲面沿不同方向切线斜率。这一点在图14.9上看得更清楚。在图14.9中，每一个“小彩灯”代表光滑曲面上的一个点，我们可以沿着x和y方向绘制曲面在特定“小彩灯”处切线。

需要大家特别注意的是，如果整个曲面光滑，我们可以在曲面上任意点处找到沿x和y方向的切线斜率，即**偏导数** (partial derivative)。也就是说，这些切线斜率 (偏导数) 本身也是二元函数，即随着x和y变化。

《数学要素》第16章专门介绍偏导数。

BK_2_Ch14_05.ipynb中绘制了图14.9，下面讲解代码14.4。

ⓐ用sympy.diff()，简写作diff()，计算符号函数对于符号变量x的偏导数。

sympy.lambdify()将符号函数转换成Python函数。注意，对x的偏导数也是一个关于x和y二元函数。

ⓑ计算 (x_t, y_t) 点处的沿x方向切线斜率。

ⓒ计算切点z轴位置，即二元函数值。

ⓓ计算切线坐标数组。

ⓔ在三维轴对象上绘制三维线图代表切线。

ⓕ绘制切点。

请大家自行分析BK_2_Ch14_05.ipynb中剩余代码。

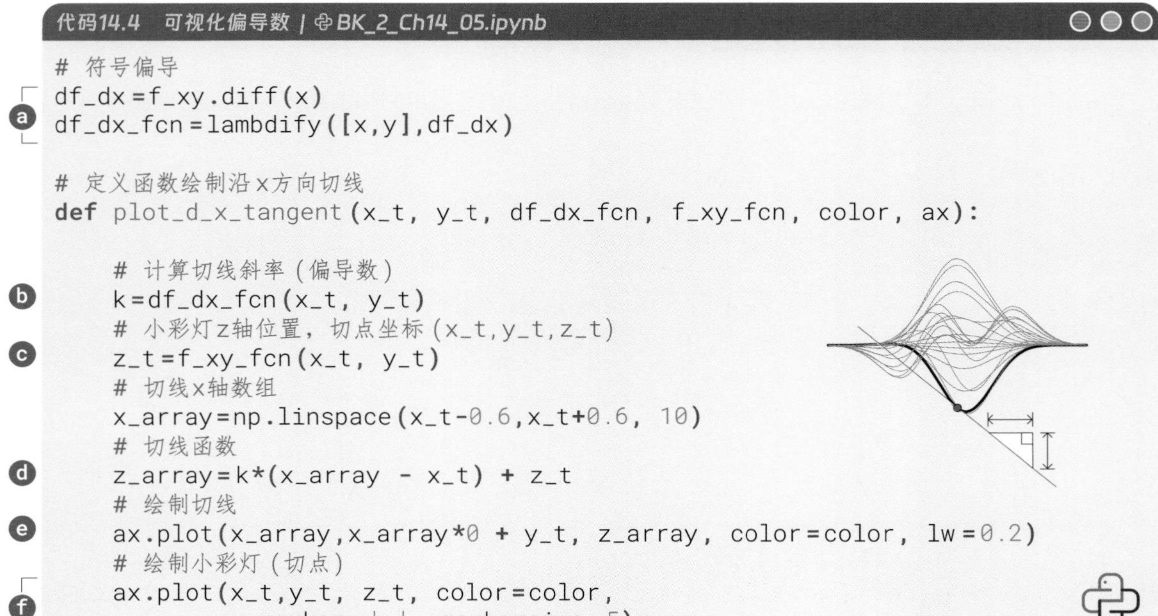

代码14.4 可视化偏导数 | ⊕ BK_2_Ch14_05.ipynb

```
# 符号偏导
df_dx = f_xy.diff(x)
df_dx_fcn = lambdify([x,y],df_dx)

# 定义函数绘制沿x方向切线
def plot_d_x_tangent(x_t, y_t, df_dx_fcn, f_xy_fcn, color, ax):

    # 计算切线斜率 (偏导数)
    k = df_dx_fcn(x_t, y_t)
    # 小彩灯z轴位置，切点坐标 (x_t,y_t,z_t)
    z_t = f_xy_fcn(x_t, y_t)
    # 切线x轴数组
    x_array = np.linspace(x_t-0.6,x_t+0.6, 10)
    # 切线函数
    z_array = k*(x_array - x_t) + z_t
    # 绘制切线
    ax.plot(x_array,x_array*0 + y_t, z_array, color=color, lw=0.2)
    # 绘制小彩灯 (切点)
    ax.plot(x_t,y_t, z_t, color=color,
            marker='.', markersize=5)
```

14.2 火柴图

类似平面直角坐标系，在三维直角坐标系中我们也可以用火柴图可视化二元离散函数。图14.8 (a) 所示为用火柴图可视化多项分布。火柴图也可以调整投影方向，如图14.8 (b) 所示。

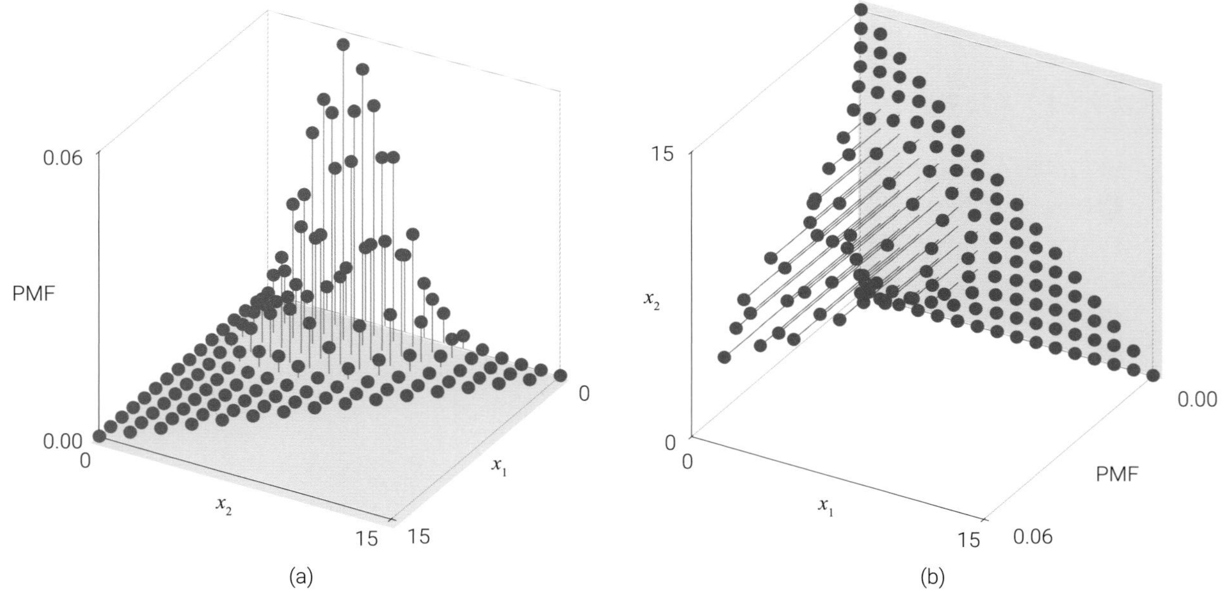

图14.8 沿z轴、x轴方向的火柴图 | ⊕ BK_2_Ch14_06.ipynb

BK_2_Ch14_06.ipynb中绘制了图14.8，请大家自行分析这段代码。

大家还可以用plotly.express.line_3d()绘制具有交互属性的三维线图，请大家参考：

```
https://plotly.com/python/3d-line-plots/
```

本章介绍了如何用三维线图可视化参数方程曲线、高斯概率密度函数、投影线、参考线、偏导数等，还介绍了火柴图。请大家务必掌握如何将三维曲线在特定方向上投影这种可视化方案。本章重要的数学工具是偏导数，请大家理解偏导数背后的几何直觉。

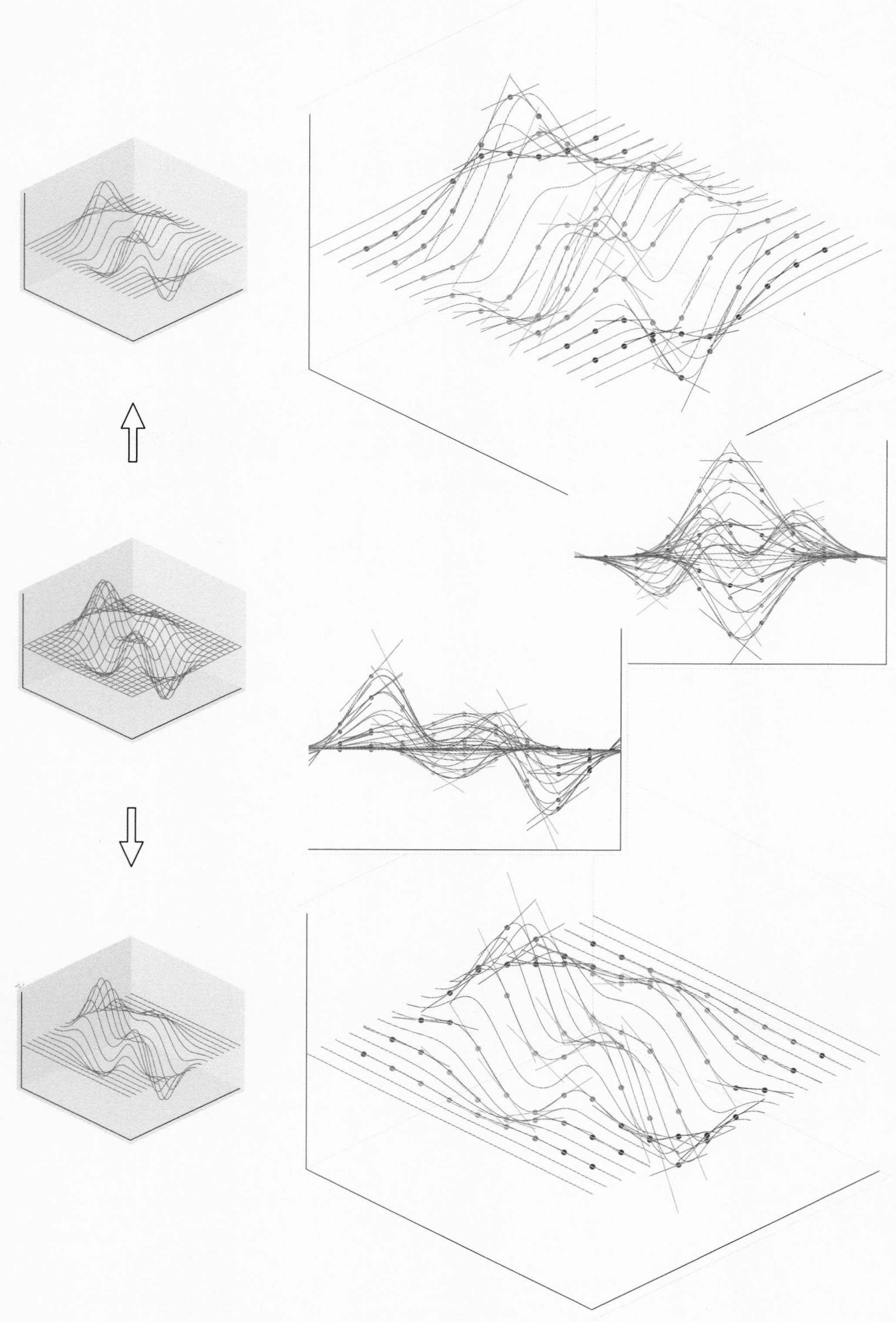

图14.9　可视化偏导数 | BK_2_Ch14_06.ipynb

Mesh Surface

网格曲面

沿着两个维度的曲线织成的曲面

画家把太阳画成黄点；艺术家把黄点变成太阳。

There are painters who transform the sun to a yellow spot, but there are others who with the help of their art and their intelligence, transform a yellow spot into sun.

—— 巴勃罗·毕加索 (Pablo Picasso) | 西班牙艺术家 | 1881 — 1973年

- ◀ matplotlib.pyplot.contour() 绘制等高线图
- ◀ matplotlib.pyplot.contourf() 绘制二维填充等高线
- ◀ matplotlib.pyplot.plot_wireframe() 绘制线框图
- ◀ matplotlib.pyplot.scatter() 绘制散点图
- ◀ numpy.diag() 如果A为方阵，numpy.diag(A)函数提取对角线元素，以向量形式输入结果；如果a为向量，numpy.diag(a)函数将向量展开成方阵，方阵对角线元素为a向量元素
- ◀ numpy.dot() 计算向量标量积。值得注意的是，如果输入为一维数组，numpy.dot()输出结果为标量积；如果输入为矩阵，numpy.dot()输出结果为矩阵乘积，相当于矩阵运算符@
- ◀ numpy.linalg.det() 计算行列式值
- ◀ numpy.linalg.inv() 矩阵求逆
- ◀ numpy.meshgrid() 创建网格化数据
- ◀ numpy.outer() 计算两个向量的外积、张量积
- ◀ numpy.sqrt() 计算平方根
- ◀ numpy.vstack() 返回竖直堆叠后的数组
- ◀ numpy.zeros_like() 用来生成和输入矩阵形状相同的零矩阵
- ◀ scipy.stats.dirichlet.pdf() 计算Dirichlet分布的概率密度函数
- ◀ scipy.stats.multivariate_normal.pdf() 多元高斯分布概率密度函数
- ◀ sympy.diff() 求解符号导数和偏导解析式
- ◀ sympy.exp() 符号自然指数
- ◀ sympy.lambdify() 将符号表达式转化为函数

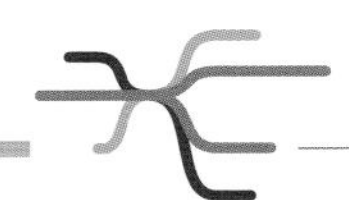

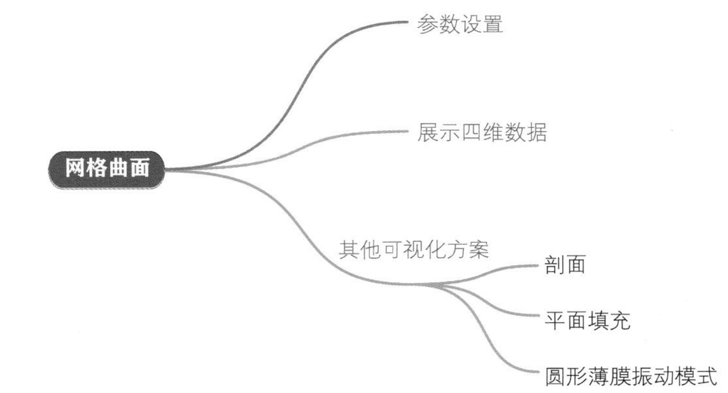

15.1 网格曲面

颗粒度

在绘制网格曲面时，我们也会碰到颗粒度问题。如图15.1 (a) 所示，当网格稀疏时，生成的网格曲面很粗糙。

另外一个极端，如图15.1 (b) 所示，当颗粒度过高时，生成的网格过于绵密，虽然线条变得光滑很多，但是整个曲面变化趋势的辨识度反而降低。

解决这个问题的办法很简单，在使用Axes3D.plot_wireframe() 绘制网格曲面时，可以使用图15.1 (b) 这种颗粒度很高的网格面，同时设置rstride、cstride来调节步幅。如图15.1 (c) 所示，增加单一维度上的步幅，可以保证线条的光滑程度，而且网格面看上去更清爽。

使用Axes3D.plot_wireframe() 时，如果不提供rstride、cstride，函数会自动设置步幅。但是，为了保证质量可控，建议大家预先设置rstride、cstride。

绘制沿特定方向曲线

对于Axes3D.plot_wireframe()，我们可以分别将rstride、cstride设置为0，从而绘制沿单一方向曲线，如图15.2 (a)、(c) 所示。这种可视化方案很适合分析二元函数。这两种曲面可以投影在平面上，如图15.2 (b)、(d) 所示。

进一步变形

在网格曲面基础之上，我们还可以绘制并强调特定曲线，如图15.2 (e)、(f) 所示。在网格曲面上，我们可以绘制等高线，也可以绘制散点，如图15.2 (g)、(h) 所示。

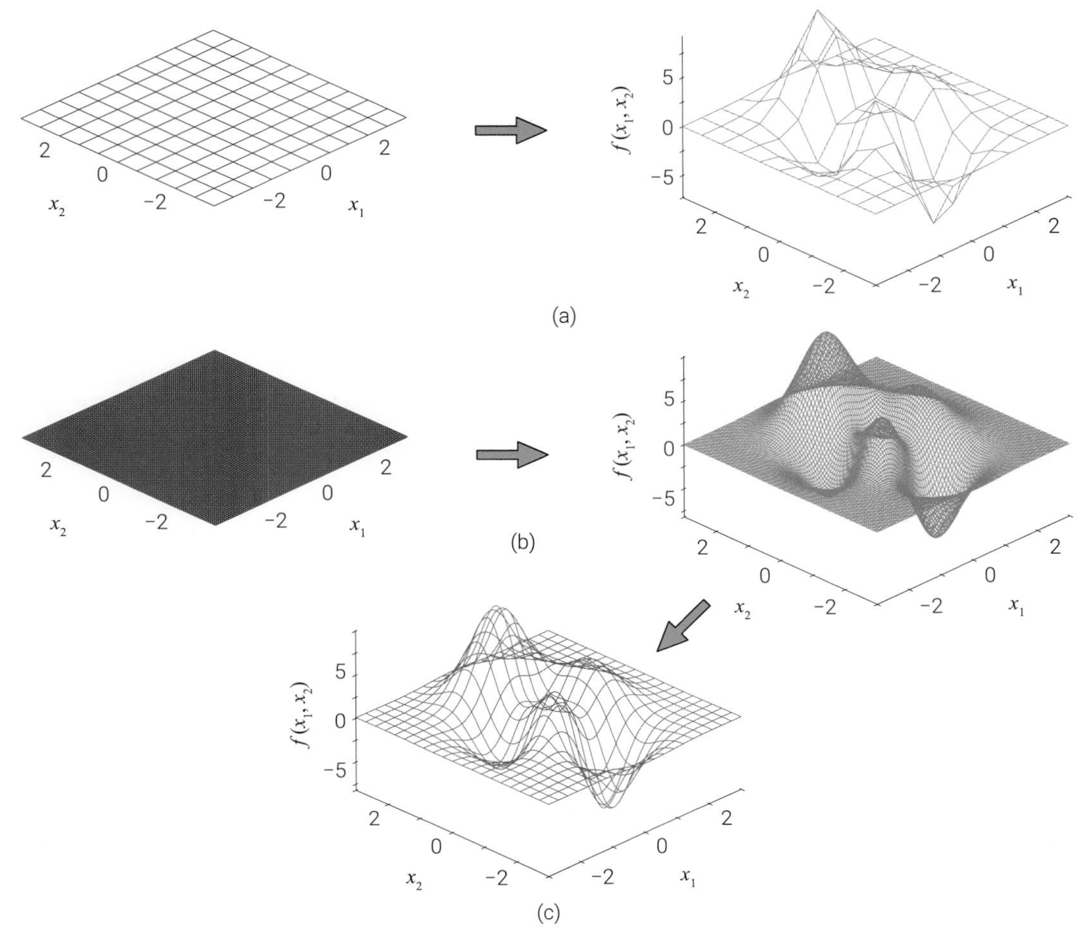

图15.1　网格颗粒度 | BK_2_Ch15_01.ipynb

聊聊代码

Jupyter笔记BK_2_Ch15_01.ipynb中绘制了图15.1和图15.2所有子图，下面讲解其中关键语句。

代码15.1在使用plot_wireframe()绘制网格曲面时，设定步幅。

ⓐ利用matplotlib.pyplot.subplots()，简写作plt.subplots()，创建图形对象和轴对象。

subplot_kw={'projection': '3d'} 是通过关键字参数来指定子图的属性；其中 'projection': '3d' 表示创建一个3D坐标轴对象。

ⓑ利用plot_wireframe()在三维轴对象上绘制网格曲面。

xx, yy, ff 是要绘制的三维网格曲面的坐标。xx 和 yy 表示网格的 x 和 y 坐标，而 ff 表示在这些坐标点上的二元函数值。在BK_2_Ch15_01.ipynb中，我们利用sympy符号变量定义二元函数，然后将其转化为Python函数。

color='#0070C0' 指定网格曲面颜色。在这里，'#0070C0'是一个十六进制表示法的RGB值，对应于蓝色。

rstride=5, cstride=5 控制绘制的步幅。rstride 是行步幅，cstride 是列步幅。这两个参数指定在网格上跳过多少行和列来绘制线。

ⓒ将投影模式设置为正投影。

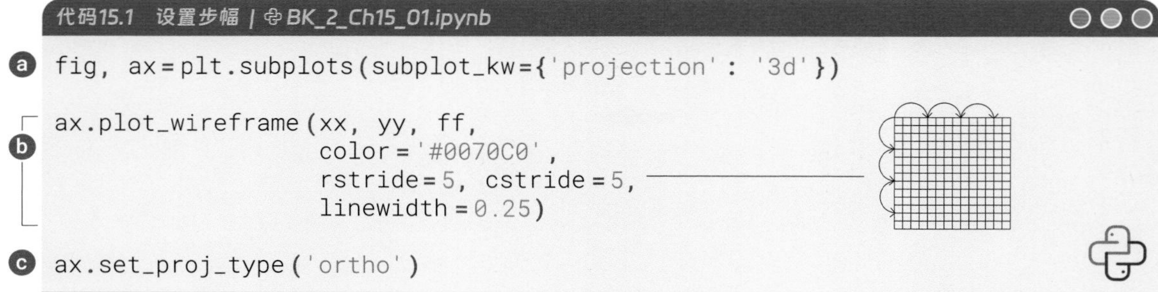

代码15.1 设置步幅 | BK_2_Ch15_01.ipynb

```python
fig, ax = plt.subplots(subplot_kw={'projection': '3d'})

ax.plot_wireframe(xx, yy, ff,
                  color = '#0070C0',
                  rstride=5, cstride=5,
                  linewidth = 0.25)

ax.set_proj_type('ortho')
```

如果把图15.1 (c)比作一块布的话，它相当于由两组织线交织而成。而图15.2 (a)、(c)仅仅展示其中一组织线。对于二元函数来说，我们可以用这种可视化方案展示偏导数。代码15.2完成这种可视化方案。

ⓐ还是利用plt.subplots()创建图形对象和轴对象。

ⓑ利用plot_wireframe()绘制网格曲面时，设置cstride=0，这意味着不显示列方向数据 (y方向织线)。

ⓒ设置视角，呈现效果为三维。

ⓓ设置视角，呈现效果为xz平面投影。

ⓔ利用plot_wireframe()绘制网格曲面时，设置rstride=0，这意味着不显示行方向数据 (x方向织线)。

ⓕ设置视角，呈现效果为yz平面投影。

请大家自行分析BK_2_Ch15_01.ipynb其他可视化方案对应代码。

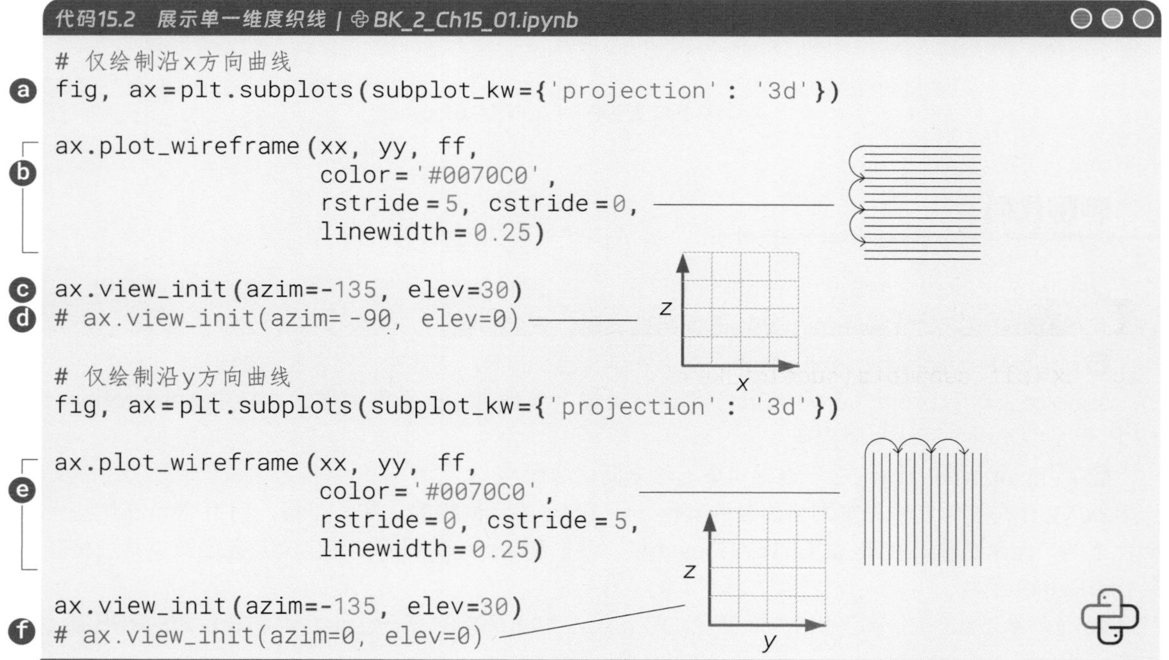

代码15.2 展示单一维度织线 | BK_2_Ch15_01.ipynb

```python
# 仅绘制沿x方向曲线
fig, ax = plt.subplots(subplot_kw={'projection': '3d'})

ax.plot_wireframe(xx, yy, ff,
                  color = '#0070C0',
                  rstride = 5, cstride = 0,
                  linewidth = 0.25)

ax.view_init(azim=-135, elev=30)
# ax.view_init(azim= -90, elev=0)

# 仅绘制沿y方向曲线
fig, ax = plt.subplots(subplot_kw={'projection': '3d'})

ax.plot_wireframe(xx, yy, ff,
                  color = '#0070C0',
                  rstride = 0, cstride = 5,
                  linewidth = 0.25)

ax.view_init(azim=-135, elev=30)
# ax.view_init(azim=0, elev=0)
```

15.2 在三维平面展示四维数据

一般情况下，用 Axes3D.plot_surface() 函数绘制三维曲面$f(x, y)$ 时，渲染曲面的颜色也会根据 $f(x, y)$ 取值，如图15.3 (a) 所示。

如果渲染三维曲面$f(x, y)$ 时采用另外一组数据$V(x, y)$，我们便得到图15.3 (b)。

举个例子，(x, y) 代表经纬度，三维曲面$f(x, y)$ 代表一座山峰的海拔高度，而 $V(x, y)$ 代表山峰不同位置某个时刻的温度值。

反过来，我们也可以用$V(x, y)$ 构造曲面，而用$f(x, y)$ 作为依据渲染曲面，具体如图15.3 (c) 所示。

Jupyter笔记BK_2_Ch15_02.ipynb中绘制了图15.3所有子图；其中代码15.3绘制图15.3 (b)，下面讲解这段代码。

ⓐ使用matplotlib.pyplot.Normalize()，简写作plt.Normalize()，创建了一个**归一化** (normalization) 对象，用于将数据映射到颜色映射范围内。

V.min() 和 V.max() 分别是二元函数 V(x,y) 数据数组中的最小值和最大值。

plt.Normalize() 接受两个参数，即映射的最小值和最大值。这些参数用来规范化数据，确保它们在颜色映射范围内。

函数的结果norm_plt为一个归一化对象。

ⓑ利用matplotlib.cm.turbo()，简写作cm.turbo()，将归一化数组映射到一系列颜色值。

cm.turbo 是Matplotlib中的一个内置颜色映射。

norm_plt(V) 使用之前创建的归一化对象 norm_plt 来对数据数组 V 进行归一化处理。这一句确保数据在颜色映射范围内。

最终结果，colors为一个包含颜色信息的数组，其形状与原始数据数组相同。

ⓒ利用plot_surface()在三维轴对象上绘制颜色渲染网格曲面图。

默认情况下，这个函数会根据f_xy_zz具体数值来渲染曲面。

但是，由于设置了facecolors=colors，我们便可以使用之前生成的颜色数组 colors 来为曲面的各个面指定颜色。而colors直接和函数V(x,y)值对应，这样我们便将第四维度投影到了网格曲面上。

linewidth=1 设置曲面上线的宽度为1。

shade=False 表示禁用阴影效果。

ⓓ利用set_facecolor((0, 0, 0, 0)) 将曲面的表面颜色设置为透明，这样仅仅显示曲线。

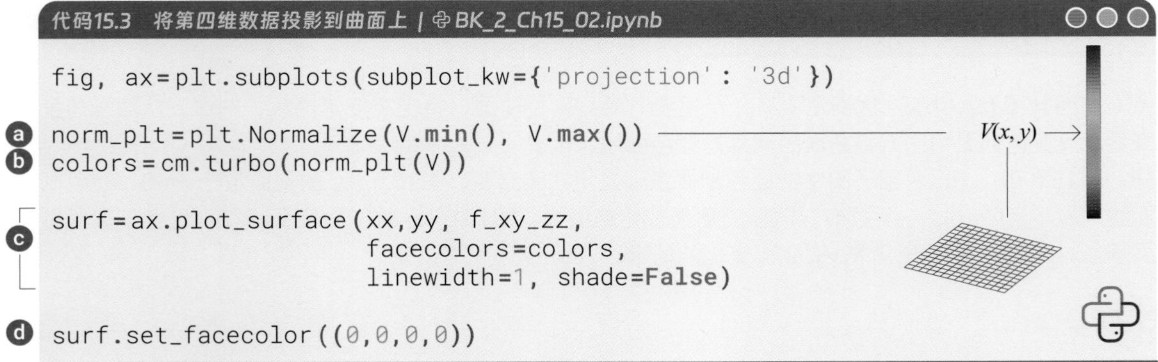
代码15.3 将第四维数据投影到曲面上 | BK_2_Ch15_02.ipynb

```
fig, ax = plt.subplots(subplot_kw={'projection': '3d'})

norm_plt = plt.Normalize(V.min(), V.max())        # a
colors = cm.turbo(norm_plt(V))                     # b

surf = ax.plot_surface(xx,yy, f_xy_zz,             # c
                       facecolors=colors,
                       linewidth=1, shade=False)

surf.set_facecolor((0,0,0,0))                      # d
```

Dirichlet分布

图15.4所示为用这种方案可视化Dirichlet分布。这个分布中θ_1、θ_2、θ_3的取值范围都是 [0, 1]，且满足$\theta_1 + \theta_2 + \theta_3 = 1$。给定不同分布参数$\alpha_1$、$\alpha_2$、$\alpha_3$，将不同位置Dirichlet分布概率密度值映射到$\theta_1 + \theta_2 + \theta_3 = 1$平面上，我们便得到图15.4。

实际上，$\theta_1 + \theta_2 + \theta_3 = 1$起到的作用是降维，将三维空间降低到二维平面。

本书后文还会用重心坐标系可视化Dirichlet分布。此外，《统计至简》第7章专门讲解Dirichlet分布。

Bk_2_Ch15_03.ipynb中绘制了图15.4所有子图，请大家自行分析这段代码。

15.3 其他可视化方案

本章最后一节再给出几种和网格曲面有关的可视化方案，有了前文的详细讲解，这些可视化方案就留给大家自行学习了。

绘制剖面

我们可以用Axes3D.plot_wireframe() 绘制剖面。如图15.5所示，剖面可以平行于xy、xz、yz平面。结合线图，这些剖面可以用来可视化剖面线。

Jupyter笔记BK_2_Ch15_04.ipynb中绘制了图15.5子图，请大家自行学习。

绘制剖面线

如图15.6 (a) 所示，这幅图中有几个重要元素：网格曲面、特定高度等高线、剖面。从数学角度来看，浅蓝色剖面切割网格曲面的结果是红色曲线。

图15.6 (b)、(c) 两幅子图中的红色剖面线则是用线图绘制。图15.6 (b) 的剖面位于$y = 0$，红色剖面线则展示当$y = 0$时，函数$f(x, y)$ 随x变化而变化的情况。图15.6 (c) 的剖面位于$x = 0$，红色剖面线则展示当$x = 0$时，函数$f(x, y)$ 随y变化而变化的情况。

Jupyter笔记BK_2_Ch15_05.ipynb中绘制了图15.6子图，请大家自行学习。

平面填充

图15.7两个子图所示为二元高斯分布的概率密度函数曲面。为了可视化x_1、x_2分别取不同值时函数曲线下方的面积，我们可以采用Axes3D.add_collection3d() 函数在三维空间可视化填充对象。

《统计至简》第10章专门讲解二元高斯分布。

Jupyter笔记BK_2_Ch15_06.ipynb中绘制了图15.7子图，请大家自行学习。

可视化圆形薄膜振动模式

图15.8 ~ 图15.10可视化各种圆形薄膜振动模式；当然，本书的目的仅仅是展示这些现象，解释这些现象背后的数学、物理机理就要靠大家自己了。

此外，大家如果对振动模式感兴趣，可以自己查找阅读文献，并绘制矩形薄膜的振动模式。

Jupyter笔记BK_2_Ch15_07.ipynb中绘制了图15.8 ~ 图15.10，请大家自行学习。

本章以网格曲面为基础，向大家展示了各种丰富的可视化方案。请大家特别注意如何用三维平面展示四维数据。

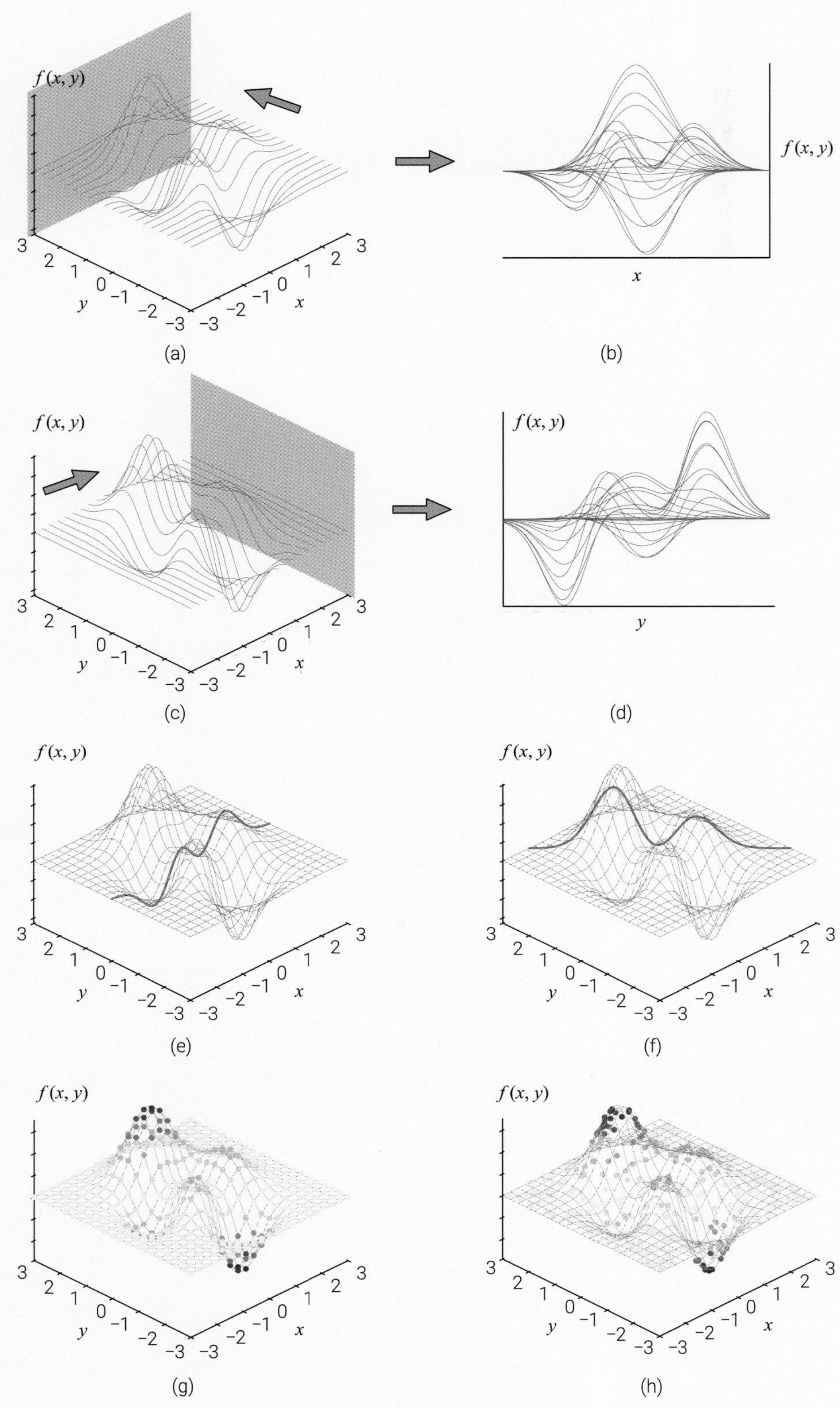

图15.2　网格曲面的进一步变形 | BK_2_Ch15_01.ipynb

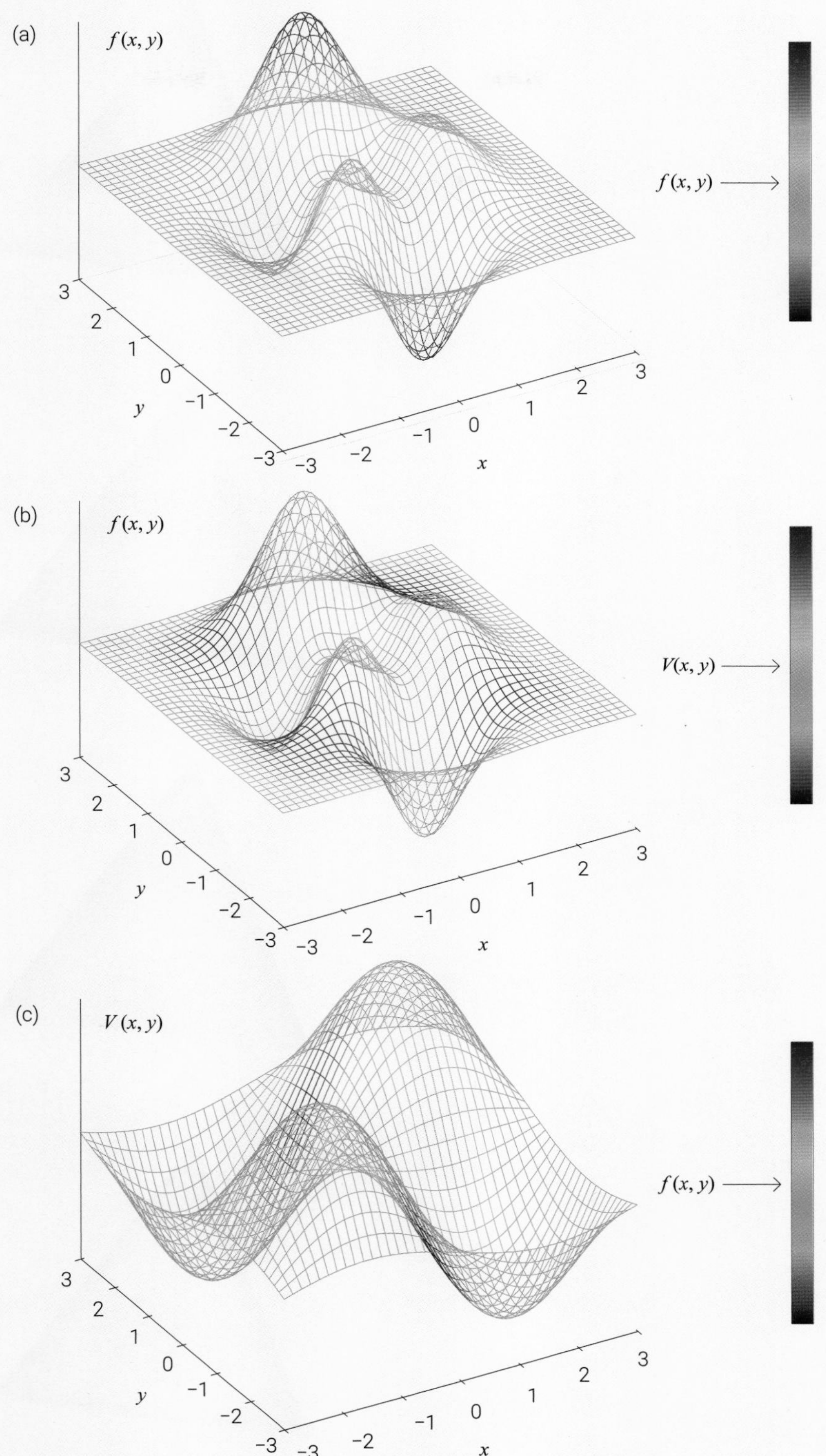

图15.3　渲染三维曲面 | BK_2_Ch15_02.ipynb

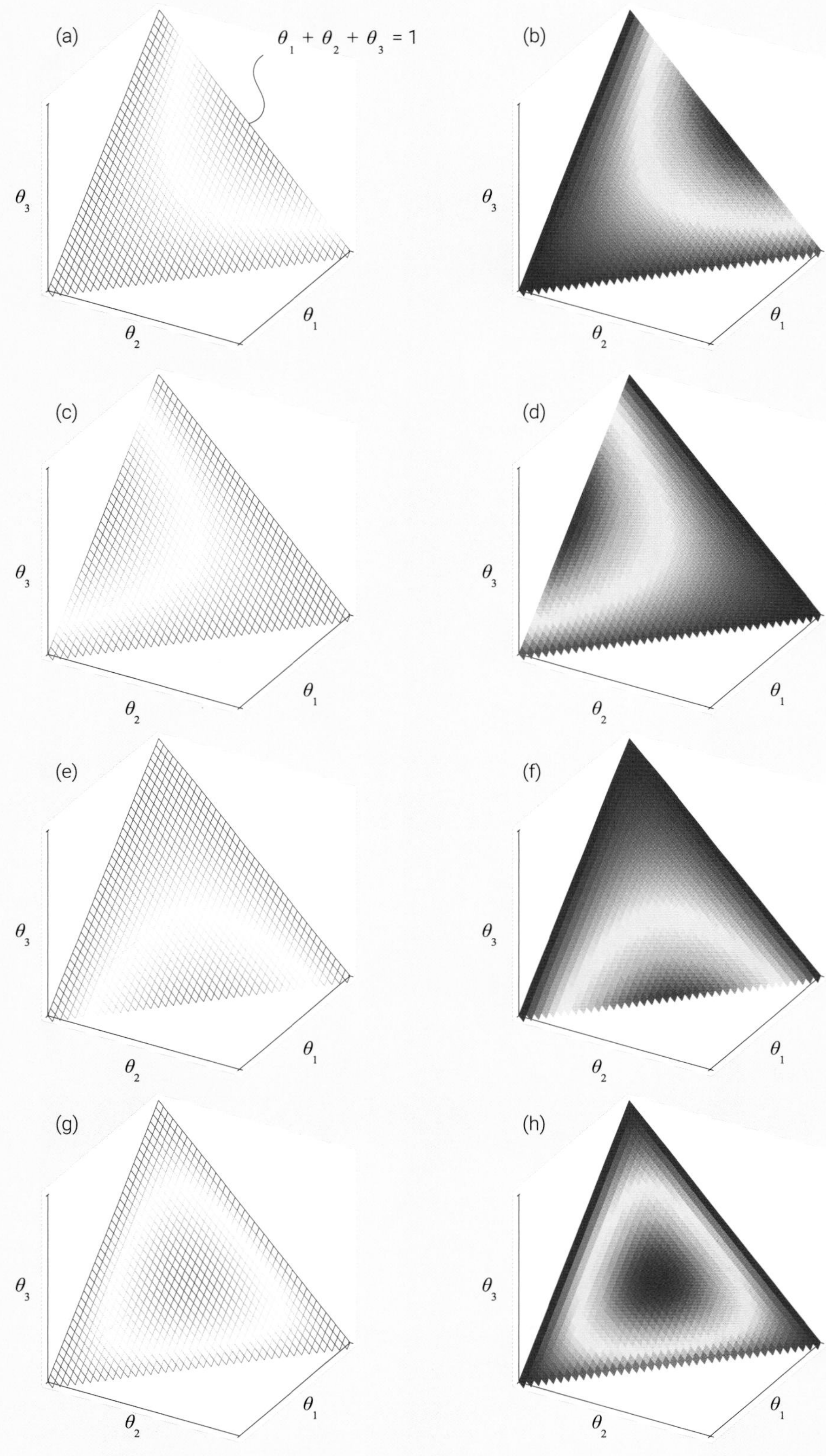

图15.4　Dirichlet分布 | BK_2_Ch15_03.ipynb

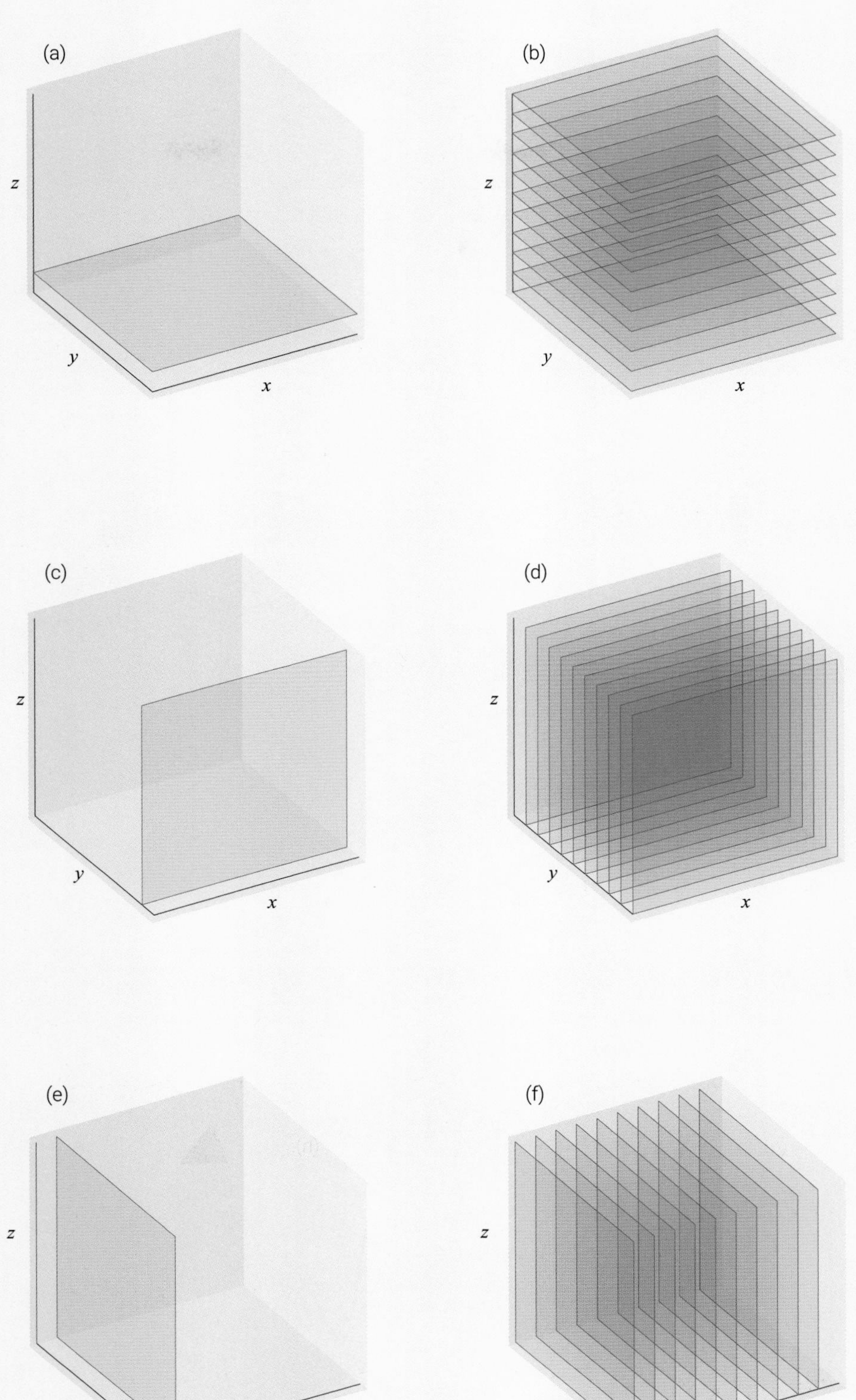

图15.5　平行于不同平面的剖面 | BK_2_Ch15_04.ipynb

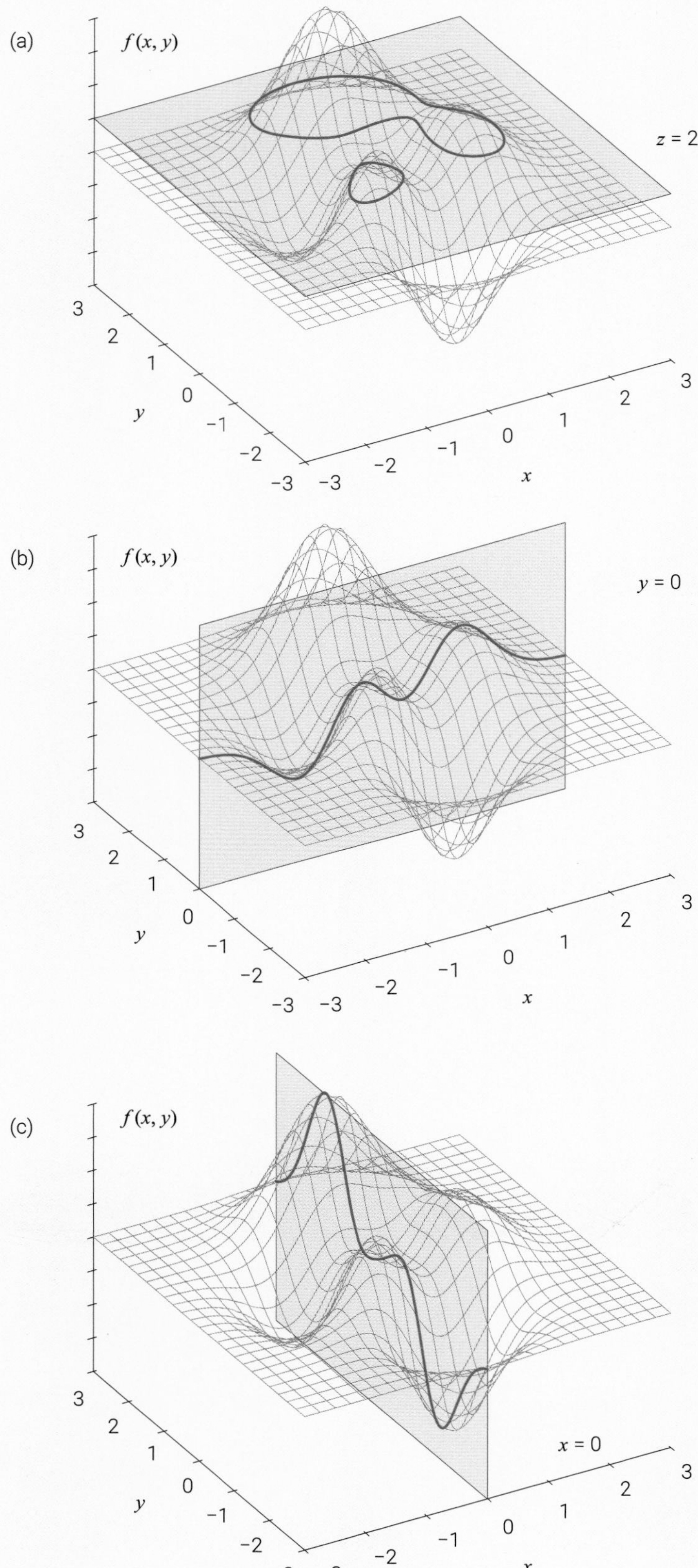

图15.6　二元函数在三个不同剖面上的剖面线 | BK_2_Ch15_05.ipynb

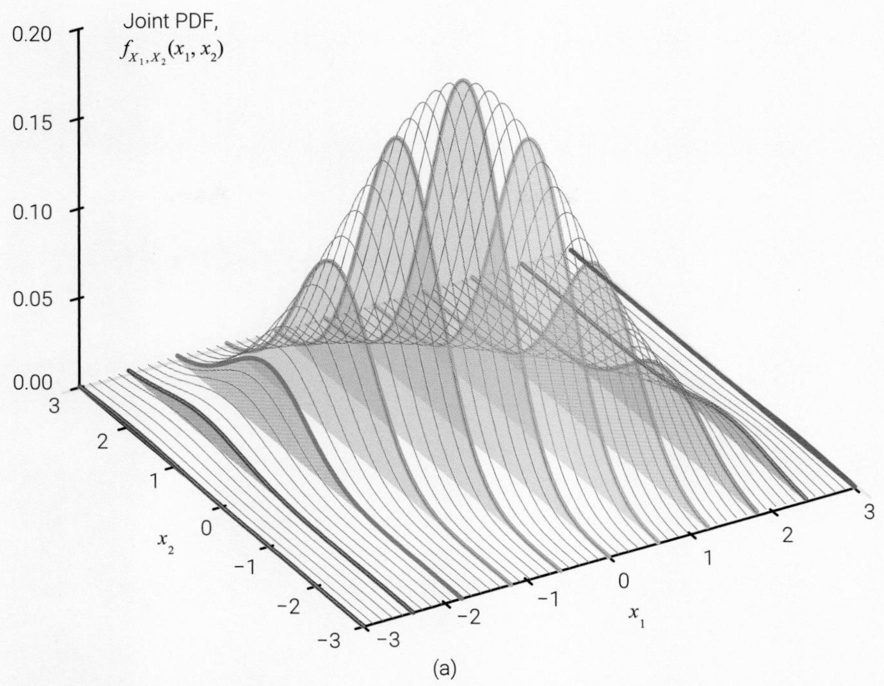

(a)

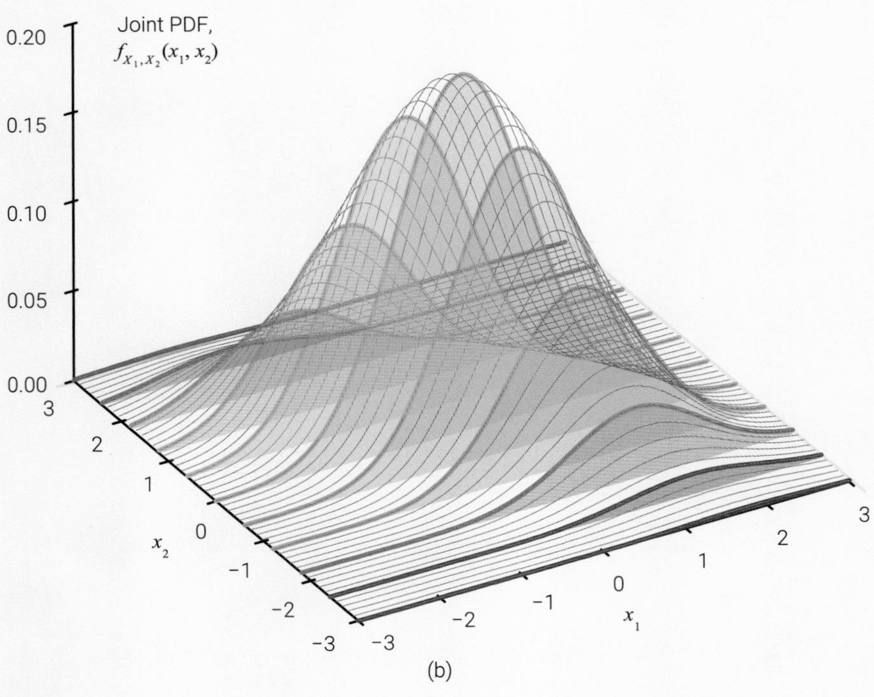

(b)

图15.7　三维线图的平面填充 | BK_2_Ch15_06.ipynb

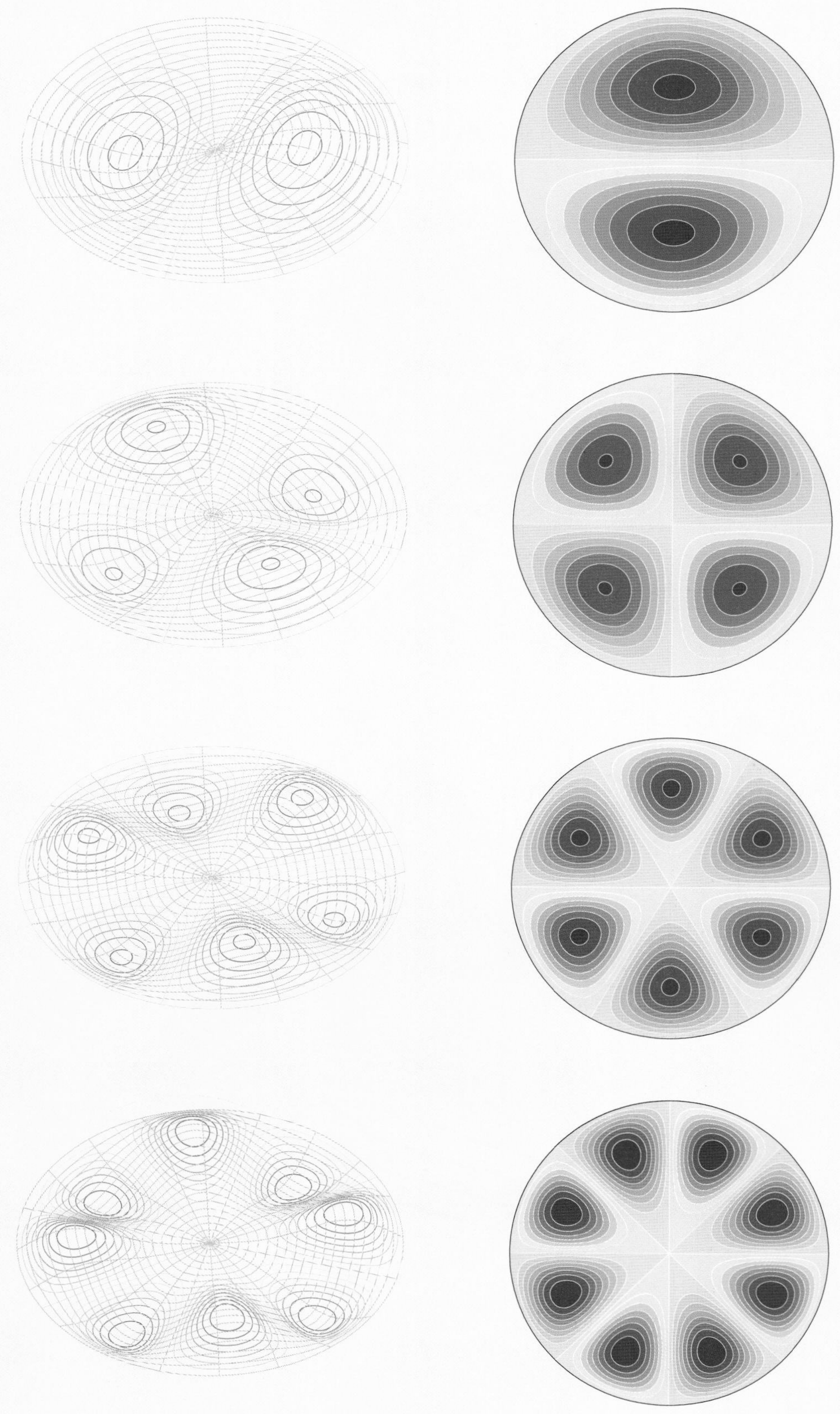

图15.8　圆形薄膜振动模式，第1组 | ⊕ BK_2_Ch15_07.ipynb

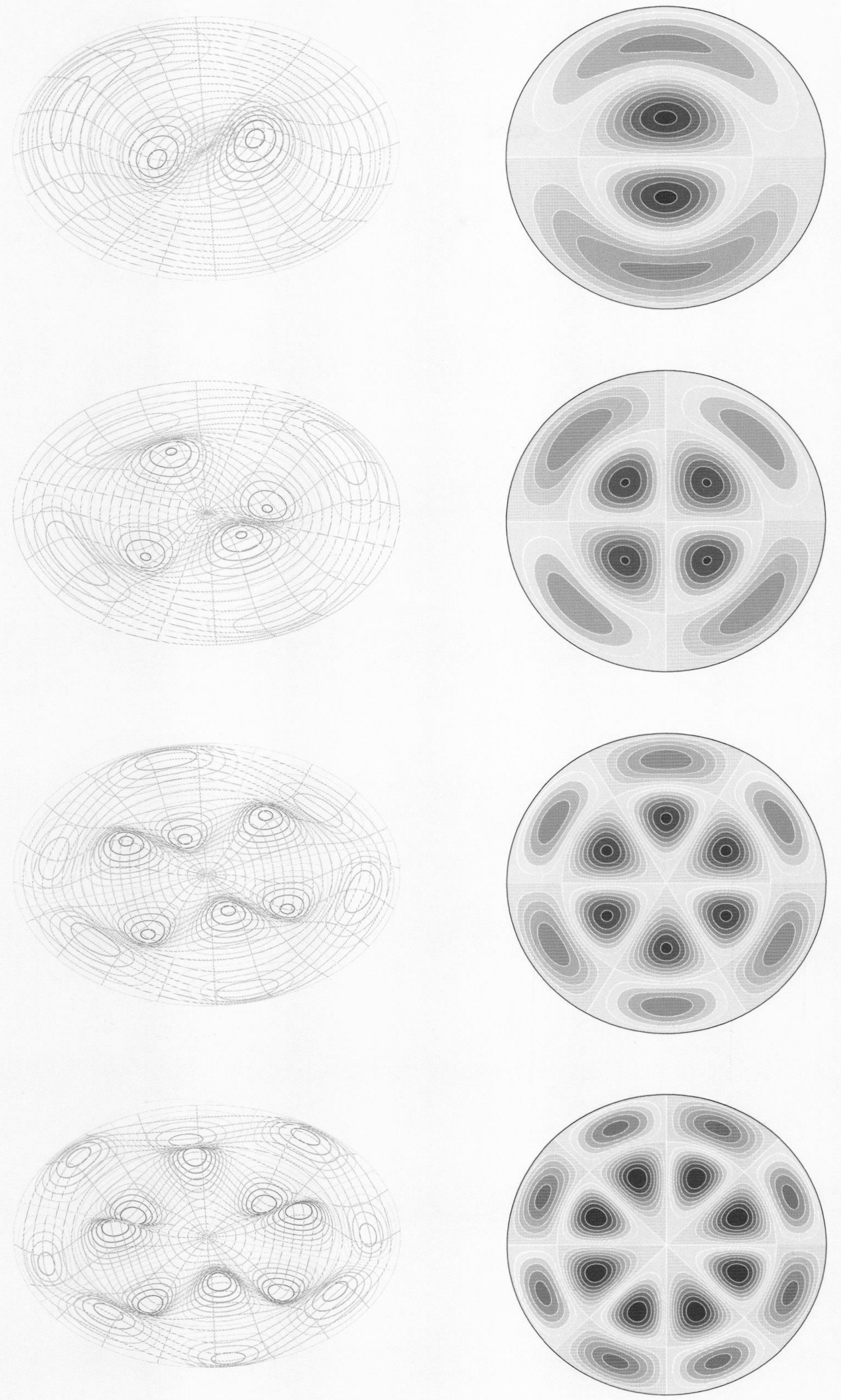

图15.9　圆形薄膜振动模式，第2组 | ⊕ BK_2_Ch15_07.ipynb

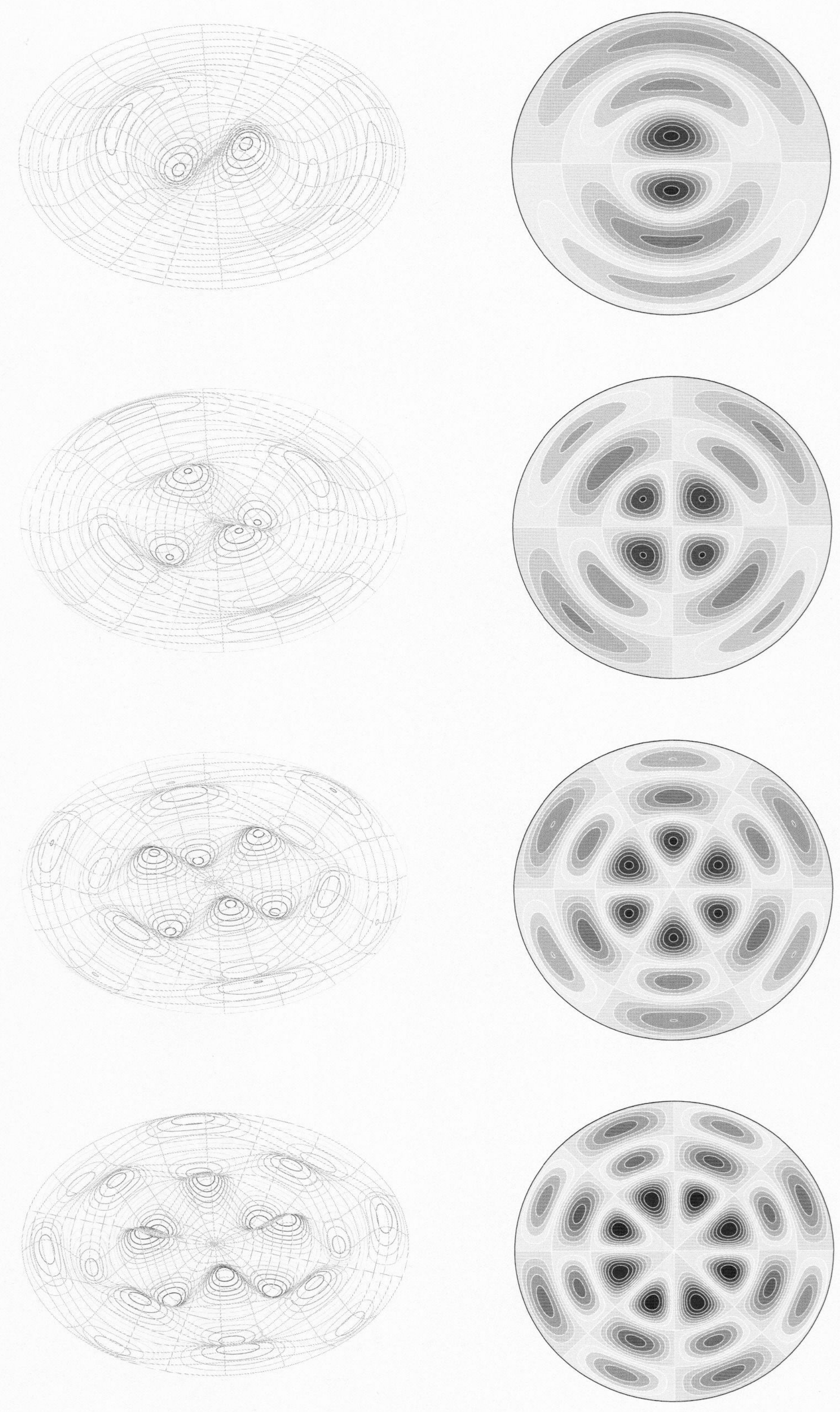

图15.10　圆形薄膜振动模式，第3组 | BK_2_Ch15_07.ipynb

3D Contours

三维等高线

可视化应用极为灵活，特别是在展示隐函数方面

真正的艺术家不是被启发，而是启发别人。

A true artist is not one who is inspired, but one who inspires others.

—— 萨尔瓦多·达利 (Salvador Dali) | 西班牙超现实主义画家 | 1904 — 1989年

- ◀ `matplotlib.pyplot.contour()` 绘制等高线图
- ◀ `matplotlib.pyplot.contourf()` 绘制二维填充等高线
- ◀ `matplotlib.pyplot.plot_wireframe()` 绘制线框图
- ◀ `numpy.dot()` 计算向量标量积。值得注意的是，如果输入为一维数组，`numpy.dot()` 输出结果为标量积；如果输入为矩阵，`numpy.dot()` 输出结果为矩阵乘积，相当于矩阵运算符 @
- ◀ `numpy.linalg.det()` 计算行列式值
- ◀ `numpy.linalg.inv()` 矩阵求逆
- ◀ `numpy.meshgrid()` 创建网格化数据
- ◀ `numpy.sqrt()` 计算平方根
- ◀ `numpy.vstack()` 返回竖直堆叠后的数组
- ◀ `sympy.diff()` 求解符号导数和偏导解析式
- ◀ `sympy.exp()` 符号自然指数
- ◀ `sympy.lambdify()` 将符号表达式转化为函数

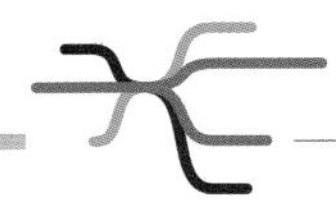

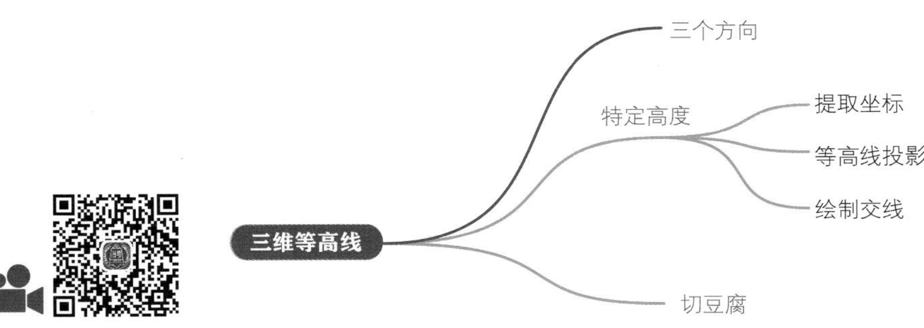

16.1 沿三个方向获取等高线

如图16.1所示，Matplotlib中三维等高线和填充等高线实际上可以指定三个不同方向；这种灵活性可以帮助我们设计很多有趣的可视化方案。

下面，我们首先分别介绍这三种获取等高线的方向。

沿z方向

大家已经非常熟悉的是其默认竖直方向，即z方向，具体如图16.9 (a)、(b) 所示。

此外，matplotlib.pyplot.contour() 和 matplotlib.pyplot.contourf() 中还可以通过设置offset指定绘制所有等高线的具体高度。图16.9剩下几幅子图绘制的等高线高度不同。

Bk_2_Ch16_01.ipynb中绘制了图16.9所有子图。下面讲解其中关键语句 (见代码16.1)。

ⓐ用matplotlib.pyplot.subplots()，简写作plt.subplots()，创建了图形对象fig和三维轴对象ax。

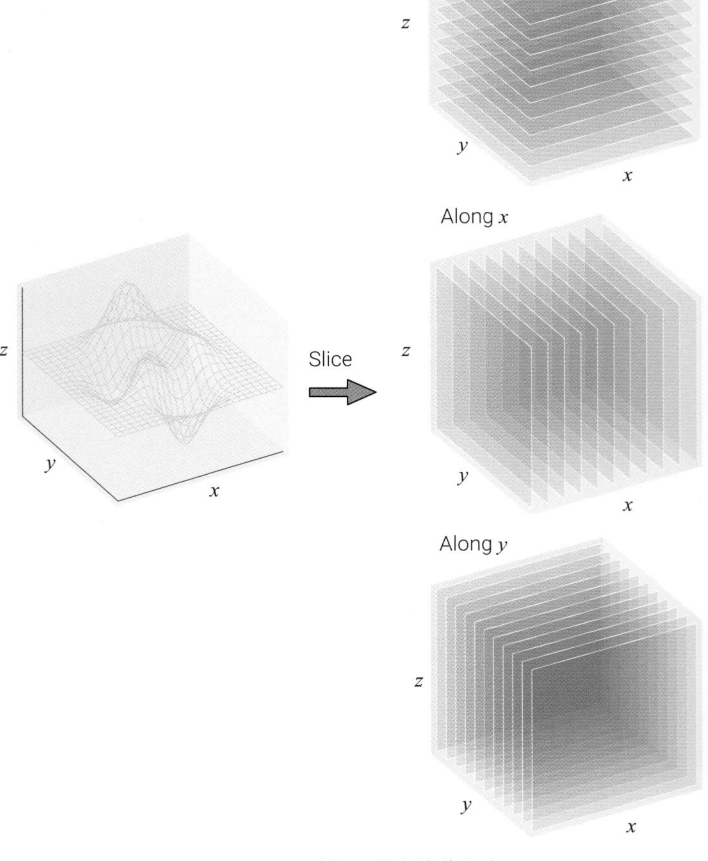

图16.1　三种切取等高线的方式

❺在三维轴对象ax上用plot_wireframe()绘制单色网格，网格颜色为灰色。参数rstride、cstride控制数组采样步长。

❻在三维轴对象ax上用contour()绘制三维等高线。

xx, yy, ff用于定义等高线图的横坐标、纵坐标和高度值 (二元函数值)。

zdir='z'指定了等高线图的投影方向。在这里，'z'表示在z轴特定高度上绘制等高线。

更形象地说，我们在z轴不同值上切割曲面，结果是一系列剖面线，具体如图16.2所示。

offset=8指定了等高线图的偏移值。它将整个图形沿着z轴方向上移，以防止与其他元素重叠。

levels=20指定了等高线的层数。

cmap='RdYlBu_r'指定颜色映射的参数。

❼对ax进行各种美化设置，请大家自行分析这些语句。

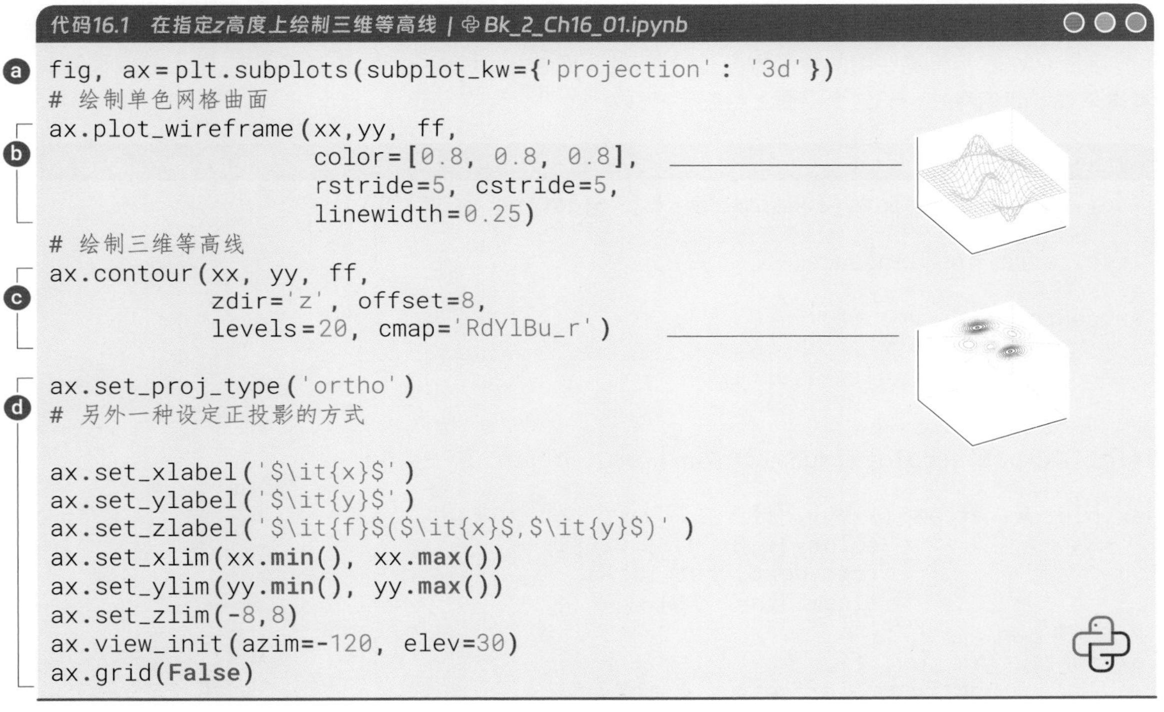
代码16.1　在指定z高度上绘制三维等高线 | Bk_2_Ch16_01.ipynb

```python
fig, ax = plt.subplots(subplot_kw={'projection': '3d'})
# 绘制单色网格曲面
ax.plot_wireframe(xx,yy, ff,
                  color=[0.8, 0.8, 0.8],
                  rstride=5, cstride=5,
                  linewidth=0.25)
# 绘制三维等高线
ax.contour(xx, yy, ff,
           zdir='z', offset=8,
           levels=20, cmap='RdYlBu_r')

ax.set_proj_type('ortho')
# 另外一种设定正投影的方式

ax.set_xlabel('$\it{x}$')
ax.set_ylabel('$\it{y}$')
ax.set_zlabel('$\it{f}$($\it{x}$,$\it{y}$)')
ax.set_xlim(xx.min(), xx.max())
ax.set_ylim(yy.min(), yy.max())
ax.set_zlim(-8,8)
ax.view_init(azim=-120, elev=30)
ax.grid(False)
```

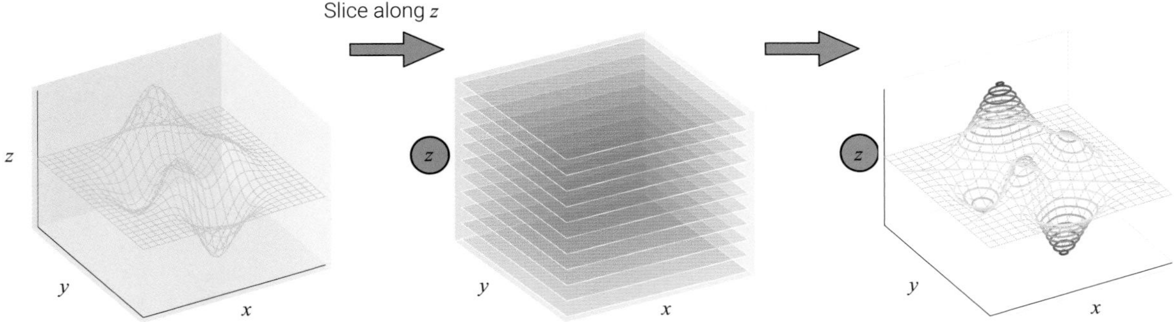

图16.2　在指定z轴高度上切割曲面，等高线垂直于z轴，平行于xy平面

沿x方向

通过设置zdir='x'，我们可以绘制沿x轴方向的等高线，如图16.10 (a) 所示。注意，只有在3D轴的条件下，这个设置才会生效。同时通过设定offset，我们可以在不同位置绘制这些等高线，如图16.10 (c)、(e)、(g) 所示。

BK_2_Ch16_02.ipynb中绘制了图16.10所有子图，下面讲解代码16.2这几句关键语句。

ⓐ用numpy.linspace()，简写作np.linspace()，生成等差数组，对应等高线的具体高度值。

ⓑ用contour()在三维轴对象ax上绘制等高线。和前文不同的是，zdir='x'指定等高线图的投影方向是沿着x轴，且在x取不同值时切割曲面，如图16.3所示。之前的例子则是在特定z轴高度上切割曲面。

ⓒ是在另外一个三维轴对象ax上用plot_wireframe()绘制网格曲面。

ⓓ也是用contour()在三维轴对象ax上绘制等高线。

zdir='x'表示等高线图的投影方向是沿着x轴。而参数offset=3指定等高线图在x轴上的偏移值。具体来说，我们将在x = 3这个平面上绘制等高线。

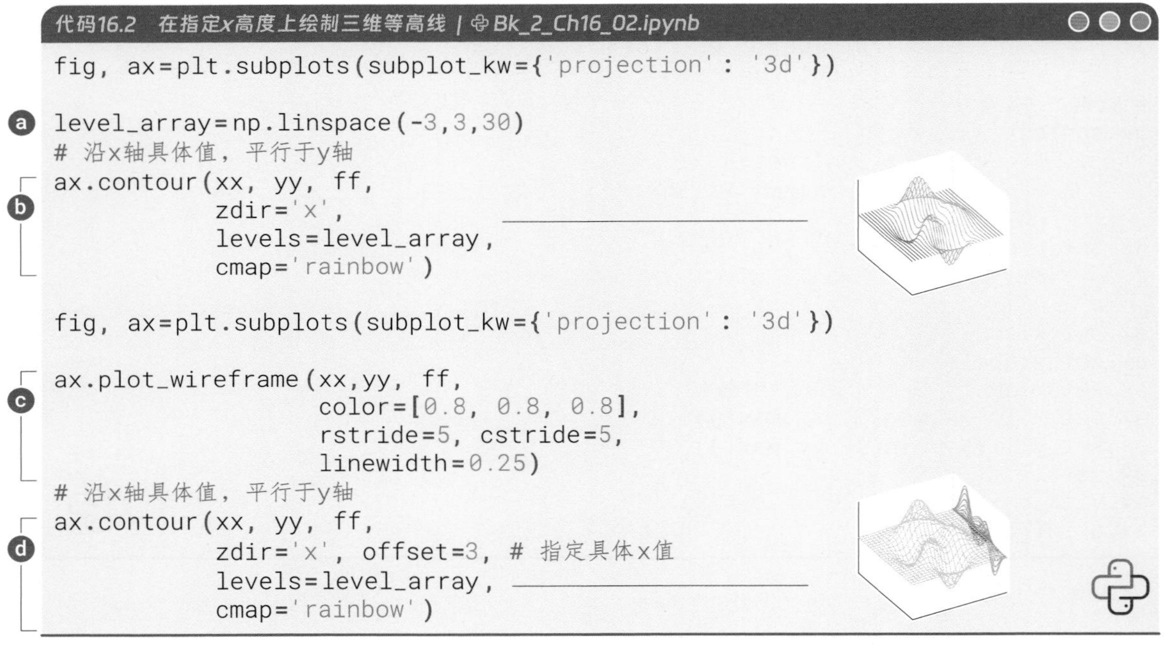

代码16.2　在指定x高度上绘制三维等高线 | ⊕ Bk_2_Ch16_02.ipynb

```
fig, ax=plt.subplots(subplot_kw={'projection' : '3d'})

level_array=np.linspace(-3,3,30)                      # ⓐ
# 沿x轴具体值，平行于y轴
ax.contour(xx, yy, ff,                                # ⓑ
           zdir='x',
           levels=level_array,
           cmap='rainbow')

fig, ax=plt.subplots(subplot_kw={'projection' : '3d'})

ax.plot_wireframe(xx,yy, ff,                          # ⓒ
                  color=[0.8, 0.8, 0.8],
                  rstride=5, cstride=5,
                  linewidth=0.25)
# 沿x轴具体值，平行于y轴
ax.contour(xx, yy, ff,                                # ⓓ
           zdir='x', offset=3, # 指定具体x值
           levels=level_array,
           cmap='rainbow')
```

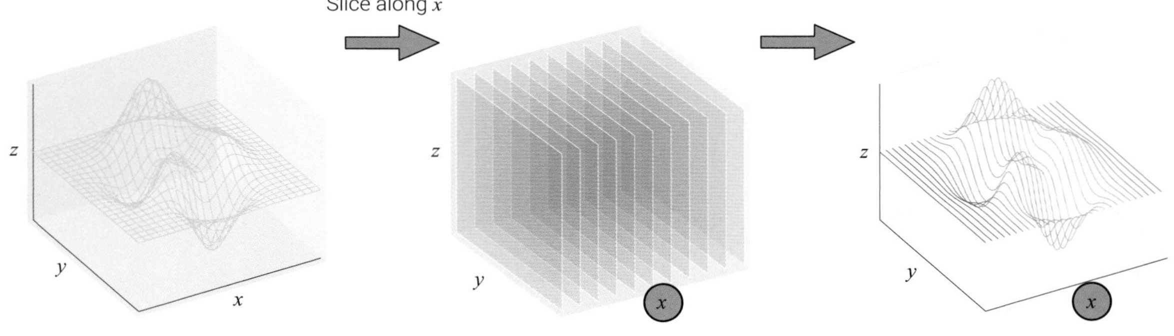

图16.3　在指定x轴高度上切割曲面，等高线垂直于x轴，平行于yz平面

沿y方向

类似地，如图16.4所示，设置zdir='y'和不同offset值，我们可以绘制沿y轴方向的等高线，如图16.10 (b)、(d)、(f)、(h) 所示。

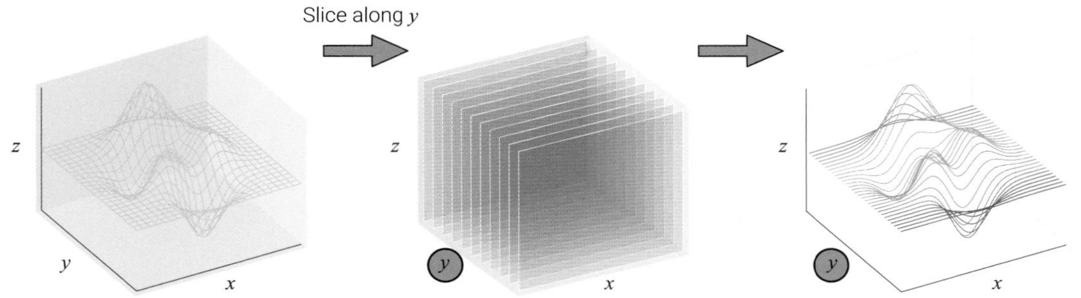

图16.4　在指定y轴高度上切割曲面，等高线垂直于y轴，平行于xz平面

Bk_2_Ch16_02.ipynb中还绘制了图16.11、图16.12这两组曲面剖面线，请大家自行分析。

通过调整视角我们还可以绘制如图16.5所示二维等高线，请大家自行学习BK_2_Ch16_03.ipynb。

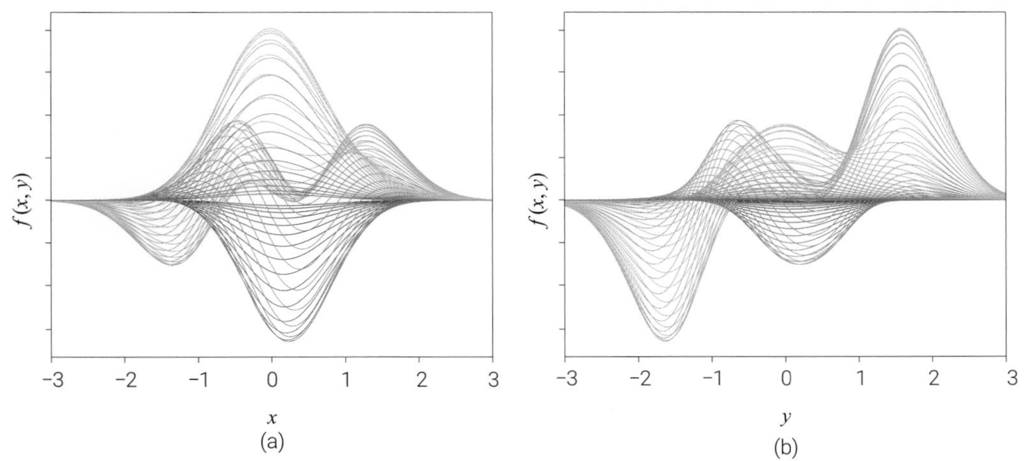

图16.5　通过改变视角绘制两组二维等高线 | Bk_2_Ch16_03.ipynb

16.2 特定等高线

提取特定等高线数值

将满足单位圆 ($x_1^2 + x_2^2 = 1$) 的坐标映射到不同二次曲面，我们可以得到如图16.13、图16.14所示的几个子图。我们用的是极坐标方法产生单位圆的坐标。

对于单位圆，我们可以用极坐标系很容易获得满足条件的一系列坐标 (x_1, x_2)。然后再用三维线图绘制 $(x_1, x_2, f(x_1, x_2))$。

Bk_2_Ch16_04.ipynb中绘制了图16.13、图16.14所有子图。

图16.13、图16.14这几幅图和正定性、瑞利商有关。《矩阵力量》一册将介绍这两个概念。

下面首先分析代码16.3。读过《编程不难》的话，大家应该对这部分代码很熟悉了，下面简单讲解如下。

ⓐ自定义函数计算二次型函数值。

ⓑ定义符号变量列向量 $\boldsymbol{x} = \begin{bmatrix} x_1 \\ x_2 \end{bmatrix}$。

ⓒ计算二次型 $f(\boldsymbol{x}) = \boldsymbol{x}^{\mathrm{T}} \boldsymbol{Q} \boldsymbol{x}$ 符号解析式。

ⓓ将符号解析式转换为Python函数。

ⓔ计算网格坐标二元函数值。

代码16.3　二次型自定义函数 | Bk_2_Ch16_04.ipynb

```
x1, x2 = symbols('x1 x2')
# 自定义函数计算二次型函数值
def quadratic(Q, xx1, xx2):          # ⓐ

    x = np.array([[x1],              # ⓑ
                  [x2]])

    # 二次型，符号
    f_x1x2 = x.T @ Q @ x             # ⓒ

    f_x1x2_fcn = lambdify([x1,x2],f_x1x2[0][0])    # ⓓ
    # 将符号函数表达式转换为Python函数

    ff = f_x1x2_fcn(xx1, xx2)        # ⓔ
    # 计算二元函数值

    return ff,simplify(f_x1x2[0][0])
```

代码16.4中自定义函数可视化二次型。

ⓐ利用自定义函数根据给定的函数输入计算二元函数值。

ⓑ利用极坐标获得单位圆坐标。

ⓒ用add_subplot()在图形对象fig上增加第1幅子图轴对象ax，默认为平面轴对象。

ⓓ用contourf()绘制填充等高线。

ⓔ用plot()绘制单位圆。

ⓕ用add_subplot()在图形对象fig上增加第2幅子图轴对象ax，并设定为三维轴对象。

ⓖ在三维轴对象上用plot_wireframe()绘制网格曲面，可视化二次型。

ⓗ用contour()绘制三维等高线。

ⓘ计算单位圆上一组坐标点对应的二次型坐标。

ⓙ用plot()绘制线图展示，单位圆在二次型曲面的投影。

代码16.4 自定义函数可视化二次型 | Bk_2_Ch16_04.ipynb

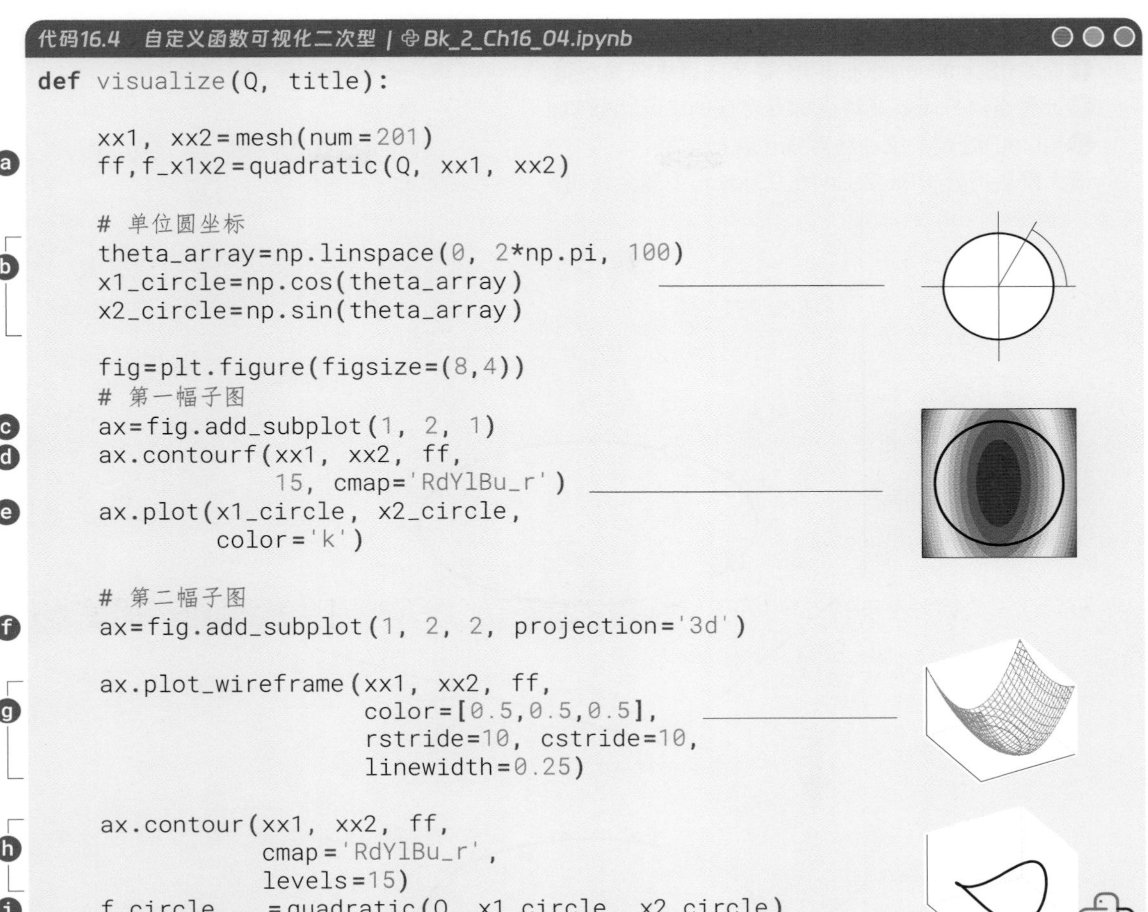

```
def visualize(Q, title):

    xx1, xx2=mesh(num=201)
a   ff,f_x1x2=quadratic(Q, xx1, xx2)

    # 单位圆坐标
b   theta_array=np.linspace(0, 2*np.pi, 100)
    x1_circle=np.cos(theta_array)
    x2_circle=np.sin(theta_array)

    fig=plt.figure(figsize=(8,4))
    # 第一幅子图
c   ax=fig.add_subplot(1, 2, 1)
d   ax.contourf(xx1, xx2, ff,
                15, cmap='RdYlBu_r')
e   ax.plot(x1_circle, x2_circle,
            color='k')

    # 第二幅子图
f   ax=fig.add_subplot(1, 2, 2, projection='3d')

g   ax.plot_wireframe(xx1, xx2, ff,
                      color=[0.5,0.5,0.5],
                      rstride=10, cstride=10,
                      linewidth=0.25)

h   ax.contour(xx1, xx2, ff,
               cmap='RdYlBu_r',
               levels=15)
i   f_circle, _=quadratic(Q, x1_circle, x2_circle)
j   ax.plot(x1_circle, x2_circle, f_circle, color='k')
```

提取特定等高线数值

下面我们将了解一种相对更为方便的可视化方案。如图16.6所示，我们可以先绘制 $g(x_1,x_2)=x_1^2+x_2^2$。然后找到满足 $g(x_1,x_2)=1$ 的等高线坐标，再将它们映射到 $f(x_1, x_2)$ 曲面上。

这种方式的好处是，我们可以避免上一种方法用极坐标生成数据点坐标。

提取特定等高线数值的方法很适合处理较为复杂的等式。如图16.15所示，利用提取等高线数值的方法，我们可以很容易获得满足 $\frac{\partial f}{\partial x_1}=0$ 或 $\frac{\partial f}{\partial x_2}=0$ 的坐标点。然后，再将其映射到特定曲面。

Bk_2_Ch16_05.ipynb中绘制了图16.15所有子图，下面讲解代码16.5这几句。

ⓐ这句提取偏导数 $\frac{\partial f}{\partial x_2}=0$ 对应的等高线，之前提过，$\frac{\partial f}{\partial x_2}=0$ 本质上也是个二元函数。

ⓑ用cla()清除当前轴对象上的艺术家，即等高线。因为我们并不想绘制等高线，而是提取藏在CS_x中的坐标值，即CS_x.allsegs[0]。请大家查看CS_x.allsegs[0]具体数据。

ⓒ用plot_wireframe()绘制网格曲面，可视化二元函数。

ⓓ用contour()绘制三维等高线。

本例中CS_x.allsegs[0]藏有三条分段等高线数据，我们用❺的for循环，遍历每一条分段等高线。

❻提取CS_x.allsegs[0][i]第i段等高线横纵轴坐标值。

❼计算当前分段等高线坐标点对应的二元函数值。

❽用plot()绘制三维曲线可视化映射结果。

请大家自行分析Bk_2_Ch16_05.ipynb中剩余代码。

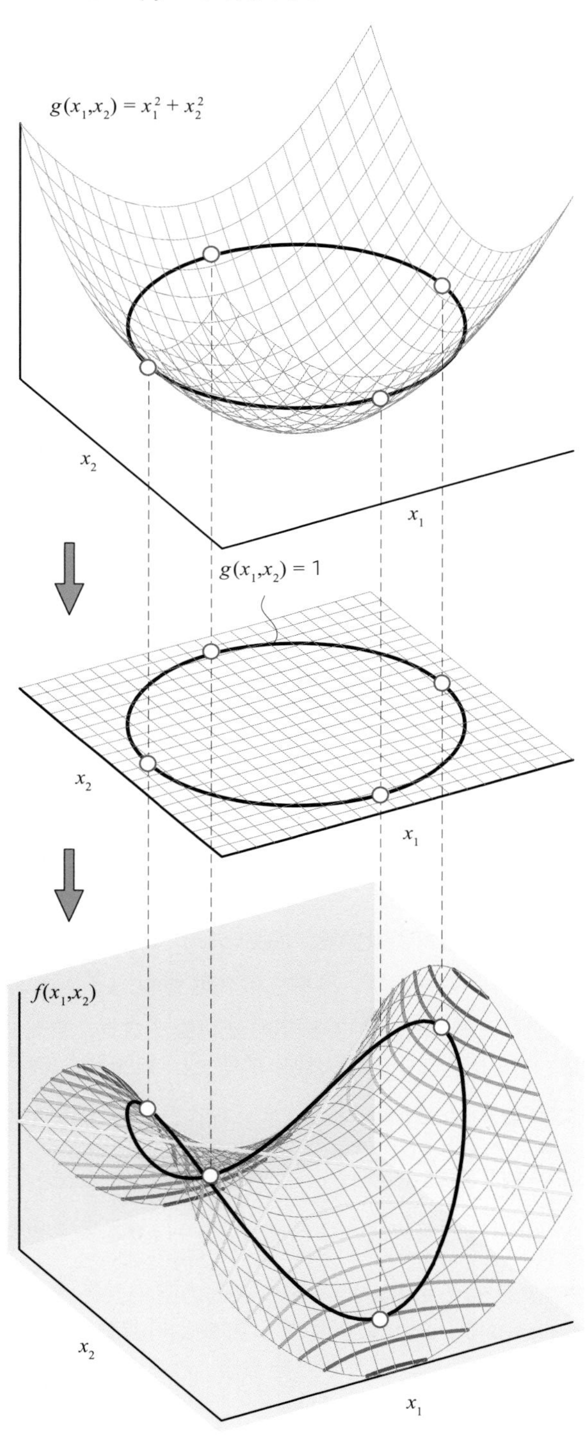

图16.6　提取特定等高线坐标点

代码16.5 将特定等高线横纵轴坐标映射到另外一个曲面上 | Bk_2_Ch16_05.ipynb

```
fig, ax=plt.subplots(subplot_kw={'projection': '3d'})

CS_x=ax.contour(xx1, xx2,
                df_dx2_zz,
                levels=[0])
# 提取等高线
ax.cla()

ax.plot_wireframe(xx1, xx2, ff,
                  color=[0.5,0.5,0.5],
                  rstride=5, cstride=5,
                  linewidth=0.25)

colorbar=ax.contour(xx1, xx2, ff,20,
                    cmap='RdYlBu_r')

# 在for循环中，分别提取等高线数值
for i in range(0,len(CS_x.allsegs[0])):

    contour_points_x_y=CS_x.allsegs[0][i]

    # 计算黑色等高线对应的f(x1,x2)值
    contour_points_z=f_x1x2_fcn(contour_points_x_y[:,0],
                                contour_points_x_y[:,1])

    # 绘制映射结果
    ax.plot(contour_points_x_y[:,0],
            contour_points_x_y[:,1],
            contour_points_z,
            color='k',
            linewidth=1)
```

绘制交线

类似地，我们可以用提取等高线的方法绘制如图16.16所示曲面和平面的交线。Bk_2_Ch16_06.ipynb中绘制了图16.16所有子图，请大家自行分析这段代码。

16.3 可视化四维数据

等高线还可以完成很多有趣的可视化方案，这节介绍如何用分层等高线可视化四维数据，我们将这个可视化方案叫作“切豆腐”。本节用到的四维数据是三元高斯分布概率密度函数$f_{X_1,X_2,X_3}(x_1, x_2, x_3)$。它本质上是个三元函数。

x_1, x_2, x_3的取值范围都是 $(-\infty, +\infty)$。为了方便可视化，我们给x_1, x_2, x_3设定的取值范围是 $[-2, 2]$。

这样，我们便得到如图16.7左图所示的“豆腐块”。豆腐块表面的“纹理”就是概率密度$f_{X_1,X_2,X_3}(x_1, x_2, x_3)$，第四维数据。

《统计至简》第10章介绍二元高斯分布，第11章介绍多元高斯分布。

显然，这块豆腐内部每一点都对应一个概率密度。为了可视化这些概率密度值，我们采用“切豆腐”的方法来观察剖面上的概率密度等高线。大家对这种方法应该不陌生，我们在本书前文已经看到过好几次。

图16.7右侧三幅子图展示的是三种切豆腐的“手法”。

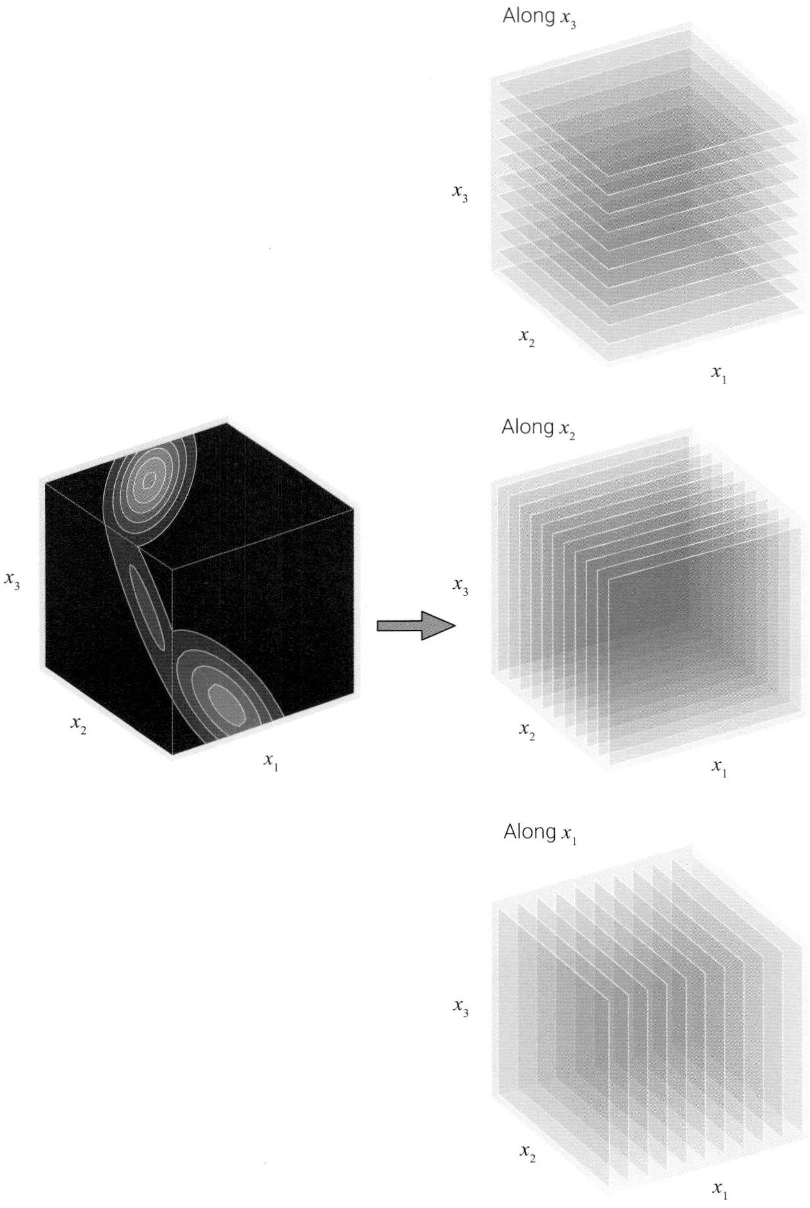

图16.7　三种不同切“豆腐”的手法

举个例子，如图16.8所示，垂直于x_3轴切豆腐，意味着绘制等高线时，x_3固定在某个特定值c，即$x_3 = c$。我们这次用等高线可视化$f_{X_1,X_2,X_3}(x_1, x_2, x_3 = c)$。

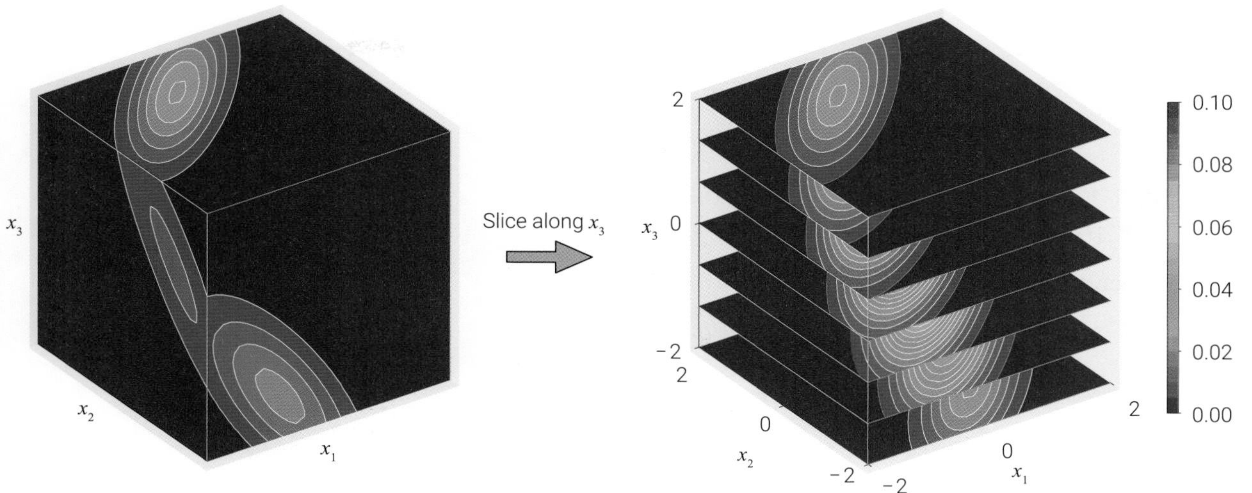

图16.8　垂直于x_3轴切豆腐

为了看到等高线的全貌，我们采用单独子图的可视化方案。图16.17所示为沿着三个不同方向切豆腐的结果。

本书后文还会用这个“切豆腐”的可视化方案可视化更多三元函数。

Bk_2_Ch16_07.ipynb中绘制了图16.17所有子图，下面讲解代码16.6这几句。

ⓐ用contourf()填充等高线绘制了豆腐的上立面，数据的切片方式为 [:, :, −1]。代码中，大家可以看到我们用zdir指定投影方向，用offset指定绘制填充等高线的位置。

然后，还用contour()给等高线描了白色的边。

ⓑ用contourf()填充等高线绘制了豆腐的前立面，数据的切片方式为 [0, :, :]。

ⓒ用contourf()填充等高线绘制了豆腐的左立面，数据的切片方式为 [:, 0, :]。

请大家自行分析Bk_2_Ch16_07.ipynb中剩余代码。

本章利用Matplotlib中等高线的投影设置完成了很多有趣的可视化方案。请大家务必掌握以下几个作图技巧：① 提取特定等高线坐标；② 用“切豆腐”的方法可视化三元函数。

代码16.6 绘制“豆腐”的三个立面 | ⊕ Bk_2_Ch16_07.ipynb

```
fig = plt.figure(figsize=(6,6))
ax = fig.add_subplot(111, projection='3d')

# 绘制三维等高线，填充
ax.contourf(xxx1[:, :, -1],
            xxx2[:, :, -1],
            pdf_zz[:, :, -1],
            levels = levels_PDF,
            zdir='z', offset=xxx3.max(),
            cmap = 'turbo') # RdYlBu_r

ax.contour(xxx1[:, :, -1],
           xxx2[:, :, -1],
           pdf_zz[:, :, -1],
           levels = levels_PDF,
           zdir='z', offset=xxx3.max(),
           linewidths = 0.25,
           colors = '1')

ax.contourf(xxx1[0, :, :],
            pdf_zz[0, :, :],
            xxx3[0, :, :],
            levels=levels_PDF,
            zdir='y',
            cmap = 'turbo',
            offset=xxx2.min())

ax.contour(xxx1[0, :, :],
           pdf_zz[0, :, :],
           xxx3[0, :, :],
           levels = levels_PDF,
           zdir='y',
           colors = '1',
           linewidths = 0.25,
           offset=xxx2.min())

CS = ax.contourf(pdf_zz[:, 0, :],
                 xxx2[:, 0, :],
                 xxx3[:, 0, :],
                 levels = levels_PDF,
                 cmap = 'turbo',
                 zdir='x',
                 offset=xxx1.min())

ax.contour(pdf_zz[:, 0, :],
           xxx2[:, 0, :],
           xxx3[:, 0, :],
           levels = levels_PDF,
           zdir='x',
           colors = '1',
           linewidths = 0.25,
           offset=xxx1.min())
```

a b c

[:, :, -1]

[0, :, :]

[:, 0, :]

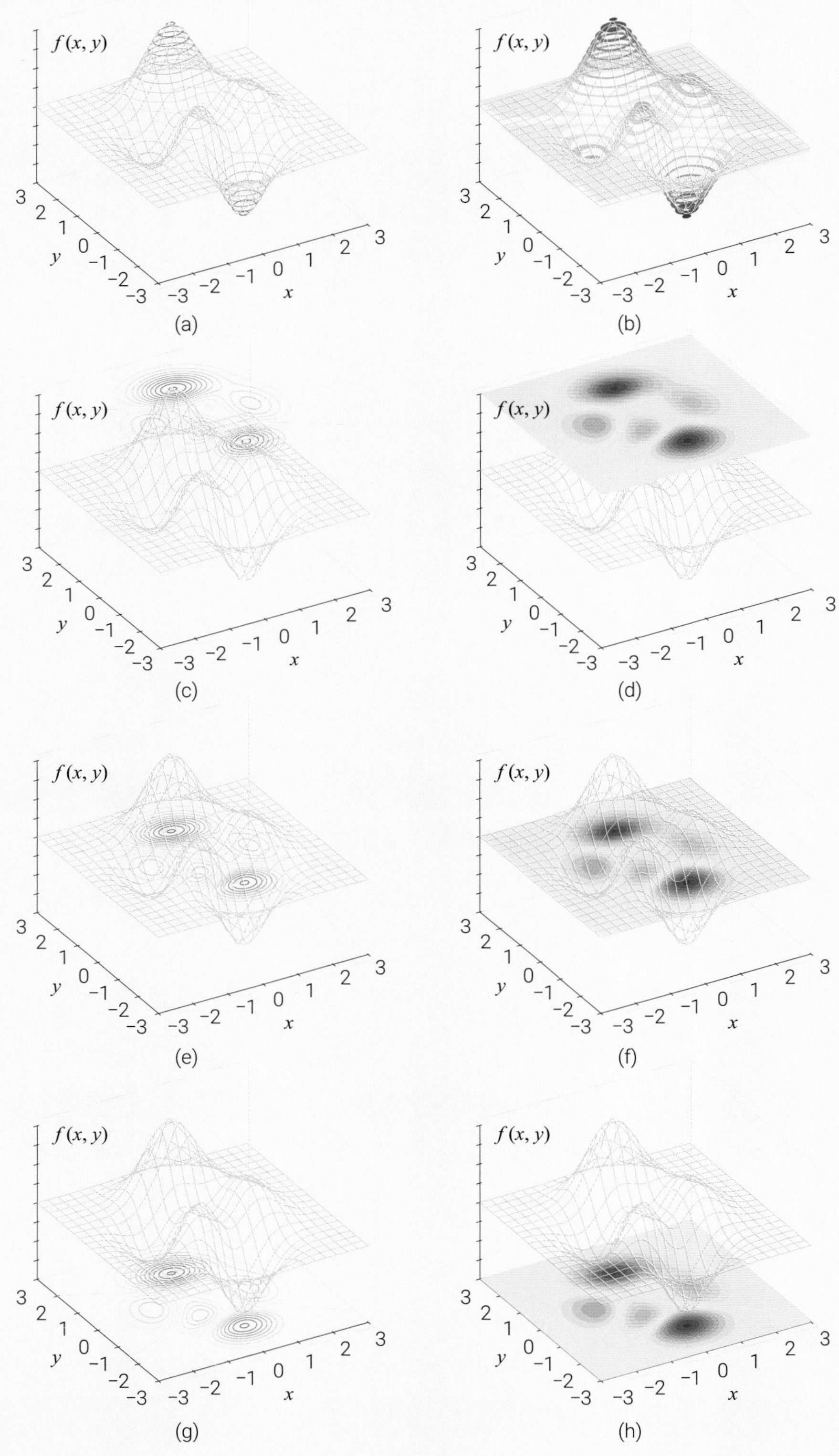

图16.9 沿z方向获取等高线 | Bk_2_Ch16_01.ipynb

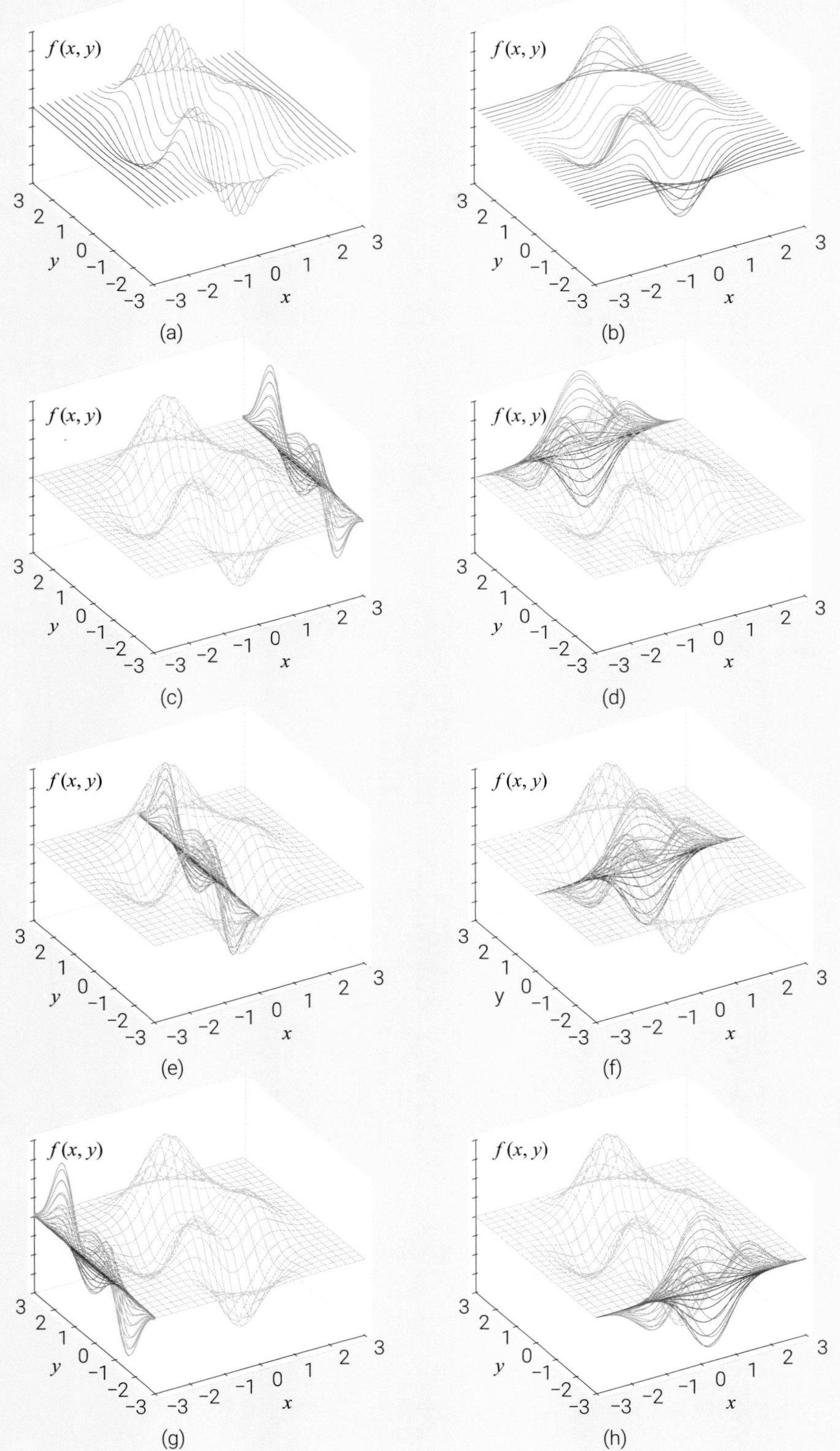

图16.10　沿x、y方向获取等高线 | Bk_2_Ch16_02.ipynb

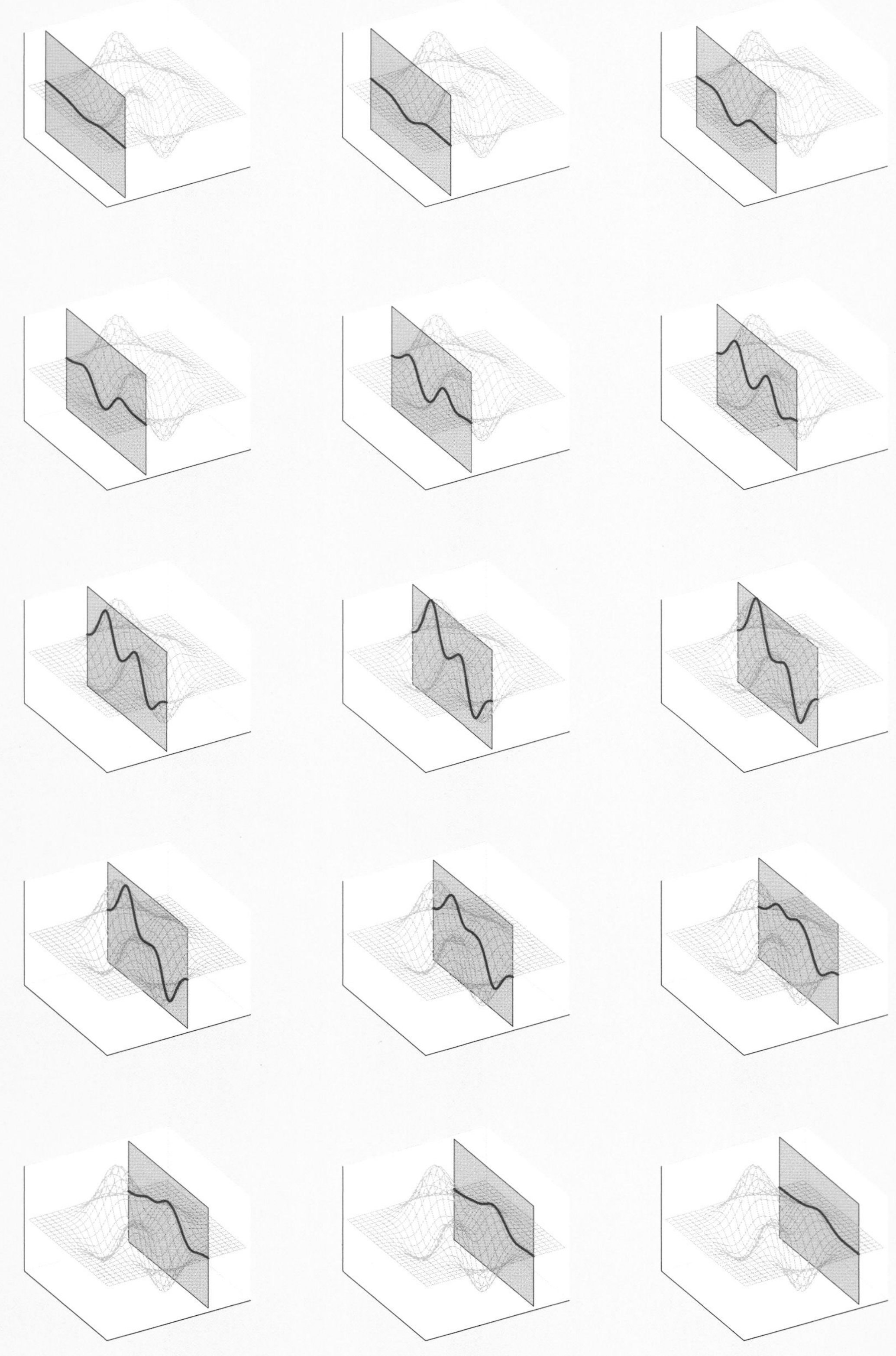

图16.11　可视化二元函数切片，指定x值 | Bk_2_Ch16_02.ipynb

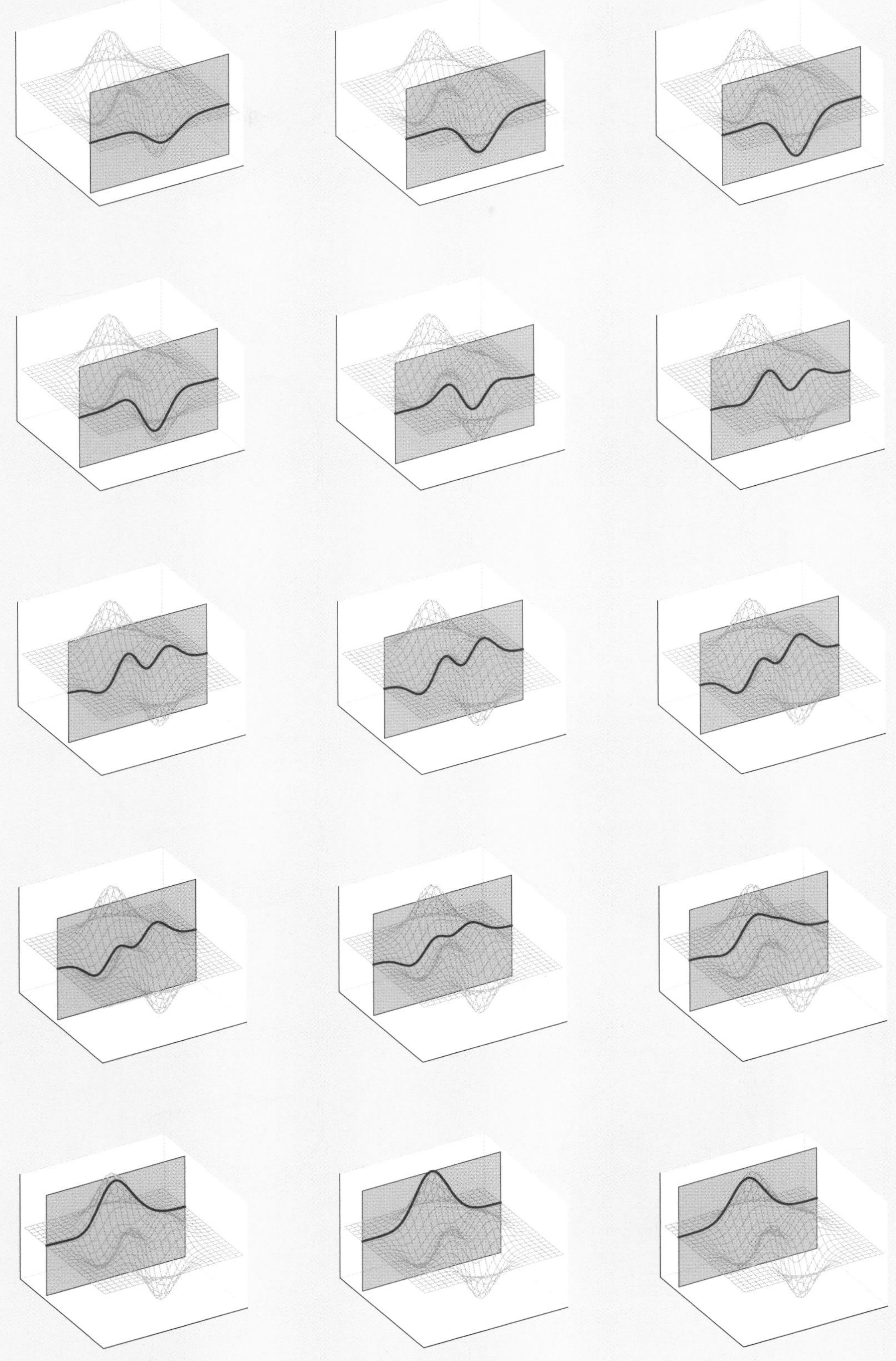

图16.12 可视化二元函数切片，指定y值 | Bk_2_Ch16_02.ipynb

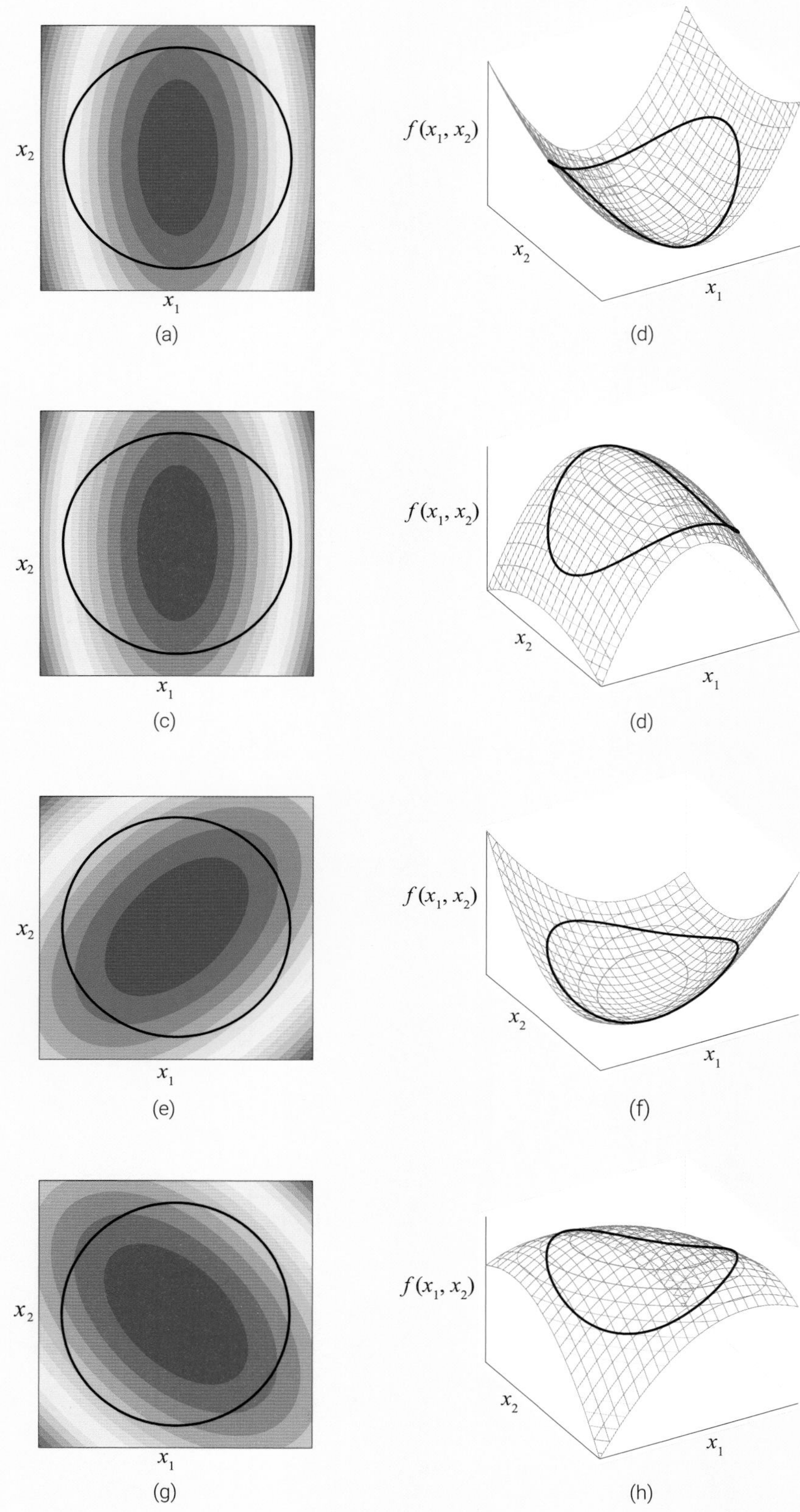

图16.13　将单位圆对应坐标映射到特定曲面，前四个例子 | ⊕ Bk_2_Ch16_04.ipynb

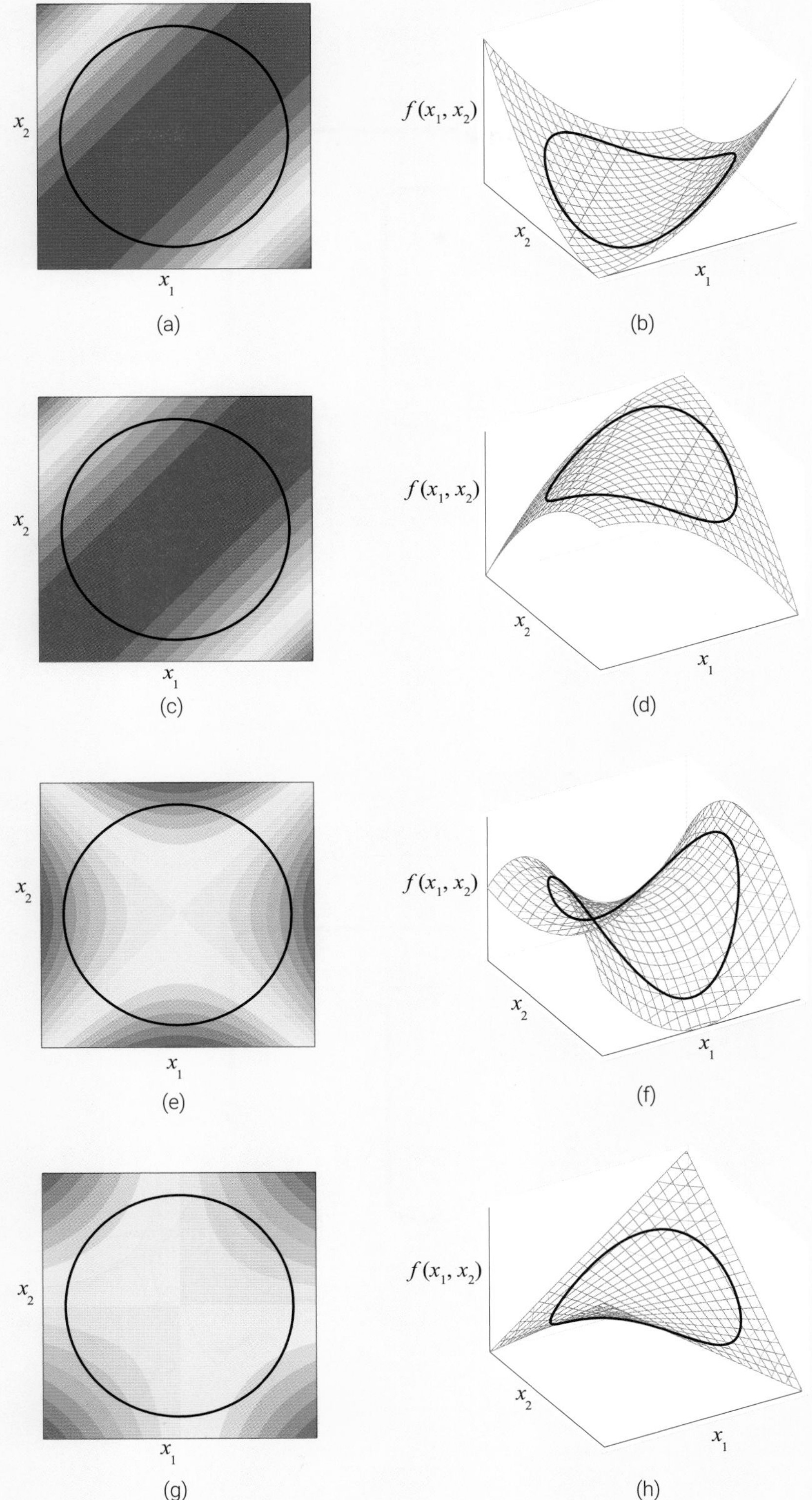

图16.14　将单位圆对应坐标映射到特定曲面，后四个例子 | Bk_2_Ch16_04.ipynb

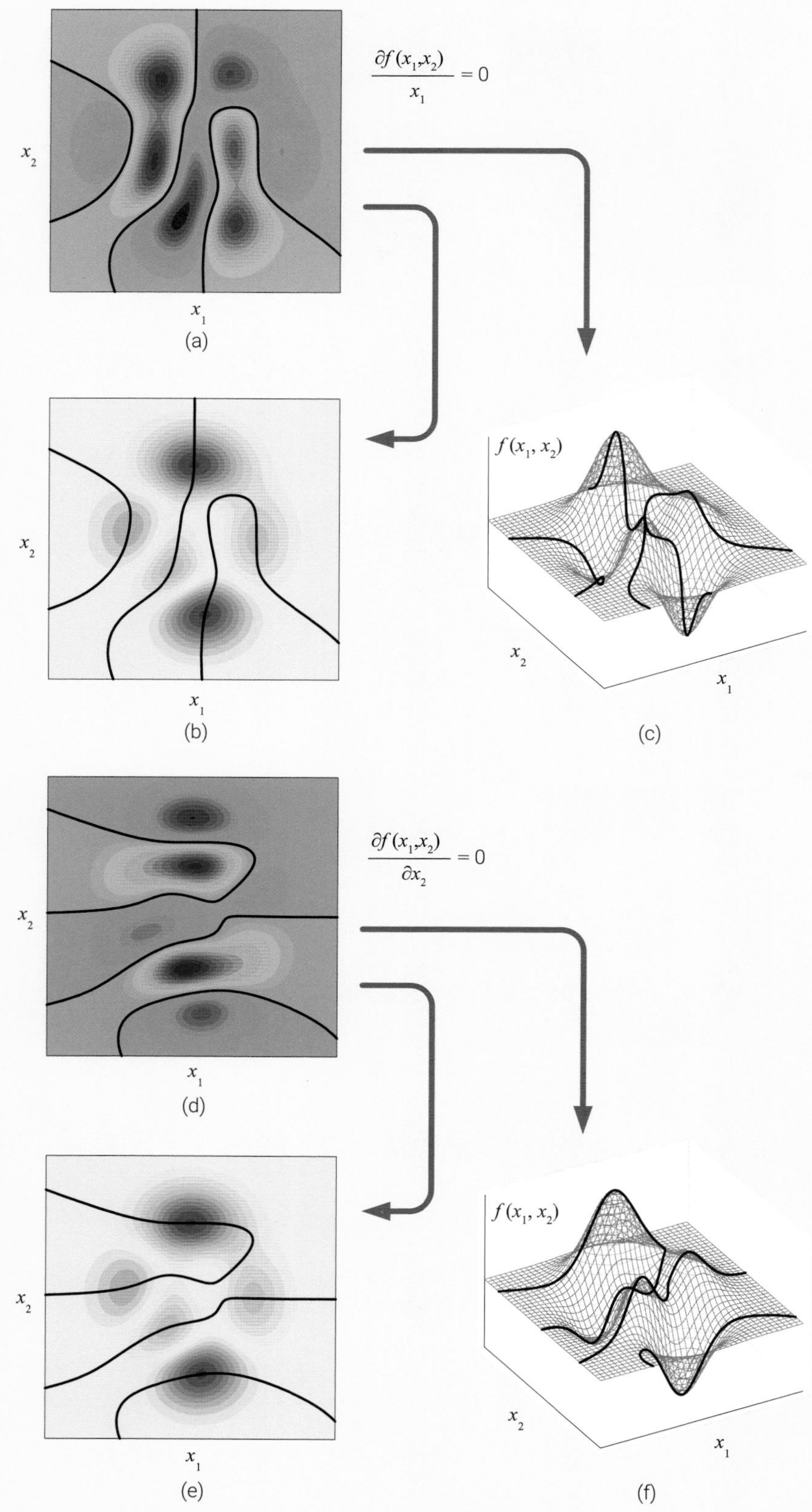

图16.15　提取等高线坐标 | Bk_2_Ch16_05.ipynb

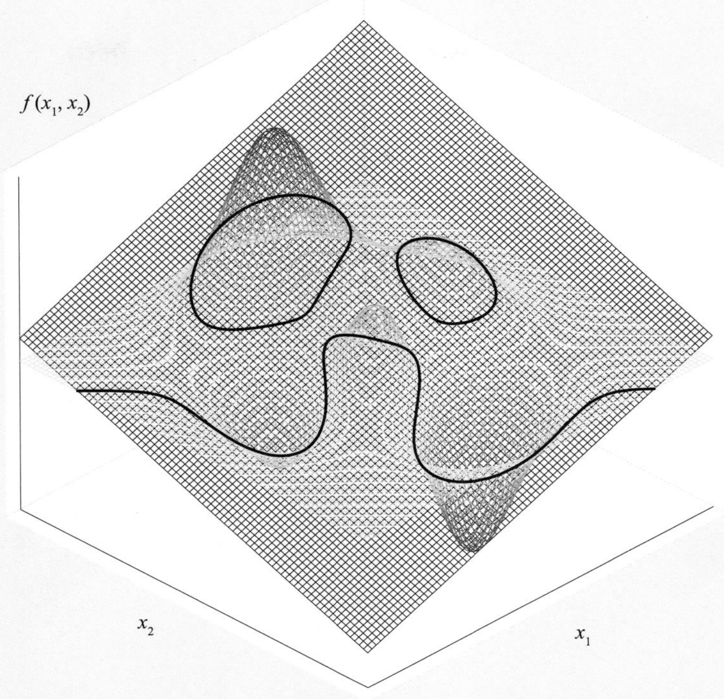

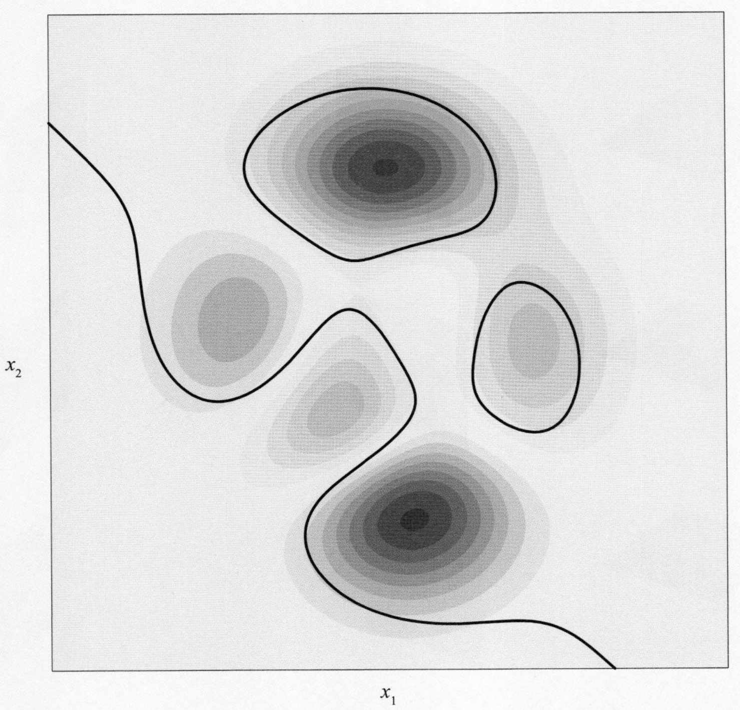

图16.16　用等高线绘制交线 | ⊕ Bk_2_Ch16_06.ipynb

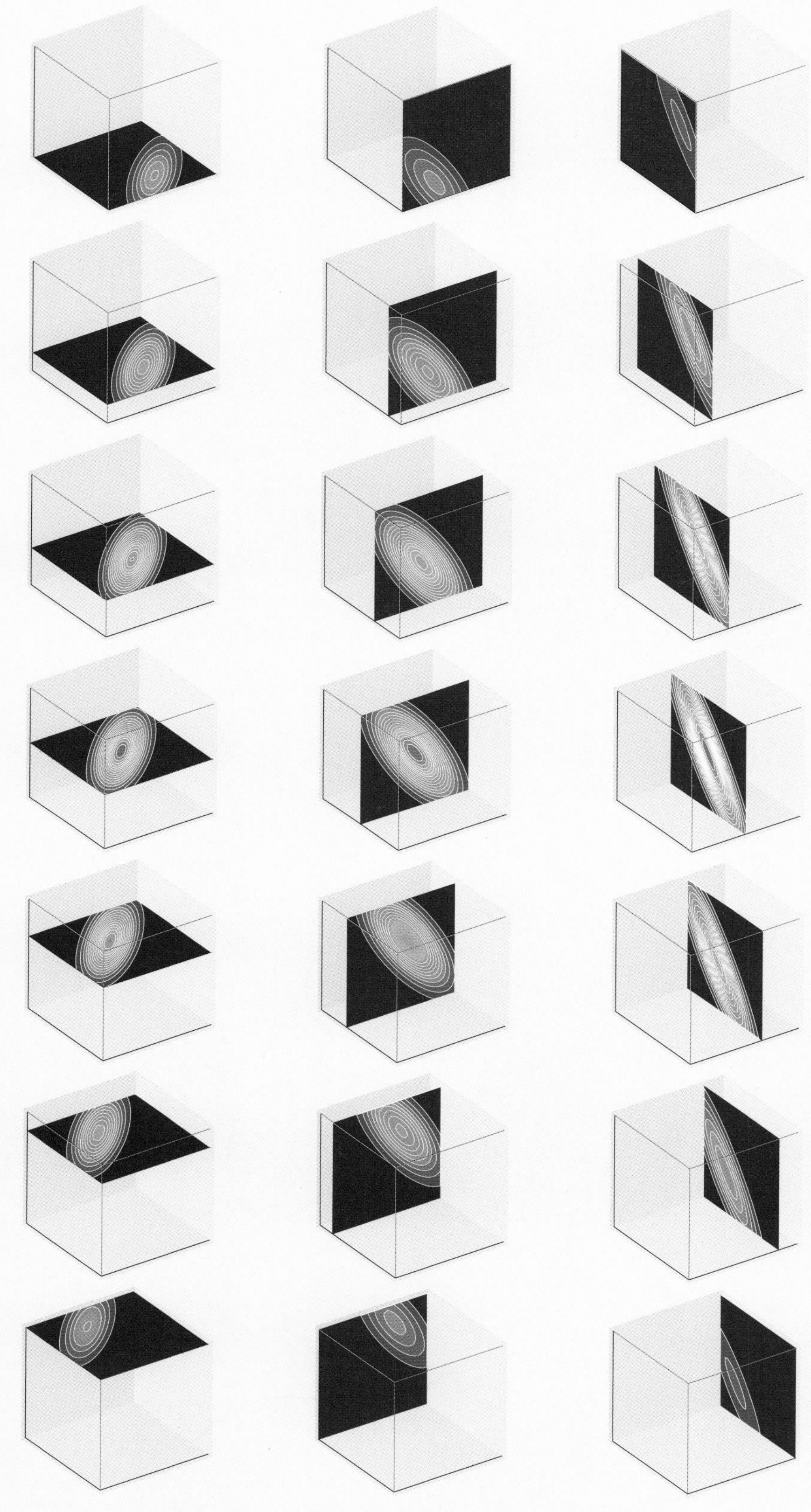

图16.17　沿三个不同方向切豆腐 | Bk_2_Ch16_07.ipynb

17 Quiver Plots 箭头图

有大小、有方向

生存还是死亡，这是一个问题：
要想活得高贵，到底是该忍气吞声
接受厄运的捶打，
还是该拿起武器痛击无尽的烦恼，
打败一切？

To be, or not to be, that is the question:
Whether 'tis nobler in the mind to suffer
The slings and arrows of outrageous fortune,
Or to take arms against a sea of troubles,
And by opposing end them?

—— 威廉·莎士比亚 (William Shakespeare) | 英国剧作家 | 1564 — 1616年

- matplotlib.pyplot.axhline() 绘制水平线
- matplotlib.pyplot.axvline() 绘制竖直线
- matplotlib.pyplot.fill_between() 区域填充颜色
- matplotlib.pyplot.plot() 绘制线图
- matplotlib.pyplot.quiver() 绘制箭头图
- matplotlib.pyplot.scatter() 绘制散点图
- matplotlib.pyplot.text() 在图片上打印文字
- numpy.flip() 指定轴翻转数组
- numpy.fliplr() 左右翻转数组
- numpy.flipud() 上下翻转数组
- numpy.meshgrid() 创建网格化数据
- numpy.prod() 指定轴的元素乘积
- sympy.diff() 求解符号导数和偏导解析式
- sympy.lambdify() 将符号表达式转化为函数
- sympy.symbols() 定义符号变量

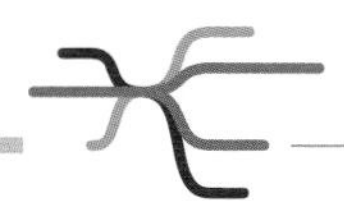

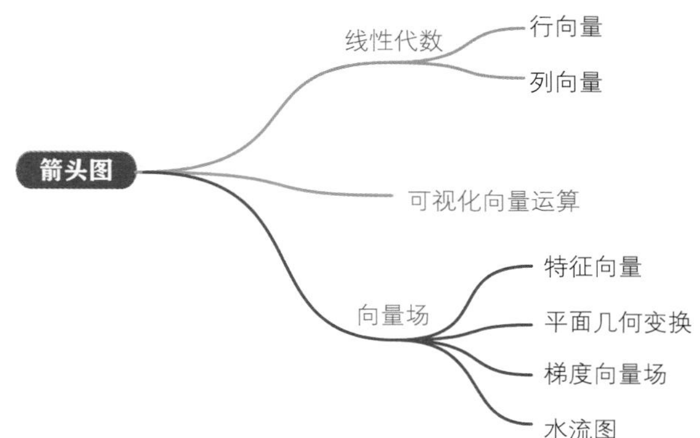

17.1 向量

《编程不难》专门介绍过向量这个概念。简单来说，**向量** (vector) 可以用有向线段表示，具有方向和大小两个属性。而**标量** (scalar) 只有大小这一个属性。

在二维空间中，一个向量可以表示为一个有序的数对 (x, y)、$[x, y]$、$[x, y]^{\mathrm{T}}$。如图17.1所示，向量也可以用一个有向线段来表示，线段的起点为原点 (0, 0)，终点为 (x, y)。其中，x表示向量在x轴上的投影的长度，y表示向量在y轴上的投影的长度，也称为向量的横、纵坐标。

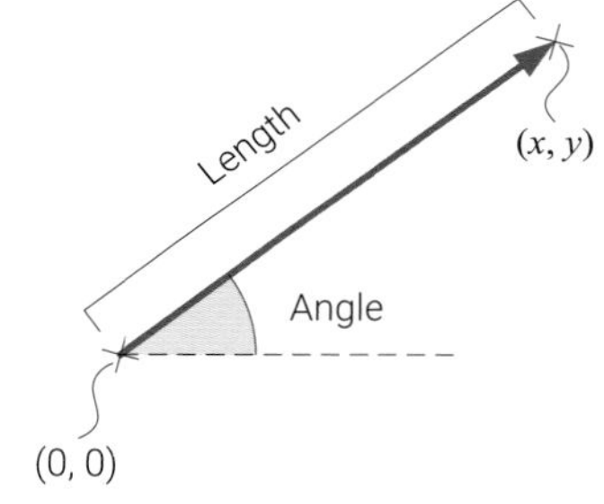

图17.1　向量起点、终点、大小和方向

类似地，在三维空间中，一个向量可以表示为 (x, y, z)、$[x, y, z]$、$[x, y, z]^{\mathrm{T}}$。三维向量也可以用一个有向线段来表示，线段的起点为原点 (0,0,0)，终点为 (x, y, z)。其中，x、y和z分别表示向量在x轴、y轴和z轴上的投影长度，也称为向量的三个坐标。

行向量 (row vector) 是由一系列数字或符号排列成的一行序列。**列向量** (column vector) 是由一系列数字或符号排列成的一列序列。

如图17.2所示，矩阵$\boldsymbol{A}$可以视作由一组行向量、列向量构造而成。

而$\boldsymbol{A}$的行向量$\boldsymbol{a}^{(1)}$、$\boldsymbol{a}^{(2)}$、$\boldsymbol{a}^{(3)}$，可以看成是平面中的三个箭头，而$\boldsymbol{A}$的列向量$\boldsymbol{a}_1$、$\boldsymbol{a}_2$，可以看成是三维空间中的两个箭头。

图17.3所示为$\boldsymbol{B} = \boldsymbol{A}^{\mathrm{T}}$的行、列向量。而$\boldsymbol{B}$的行向量是三维空间的两个箭头，$\boldsymbol{B}$的列向量是平面中的三个箭头。

本章将介绍如何用箭头图可视化向量、向量运算。

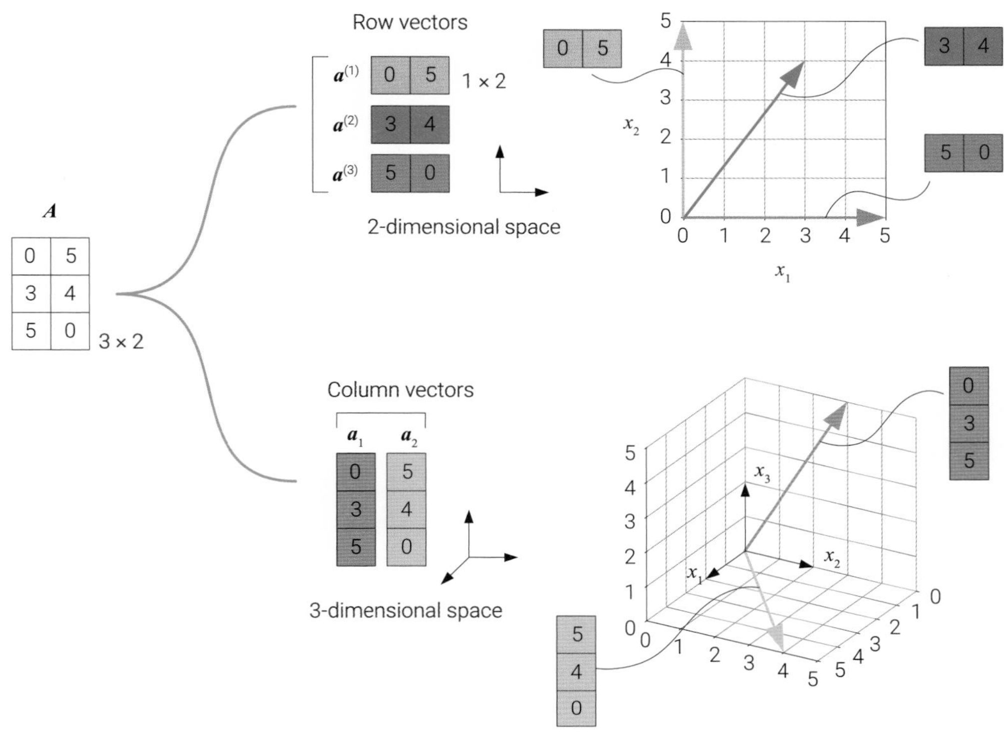

图17.2　行向量和列向量 (图片来源：《编程不难》)

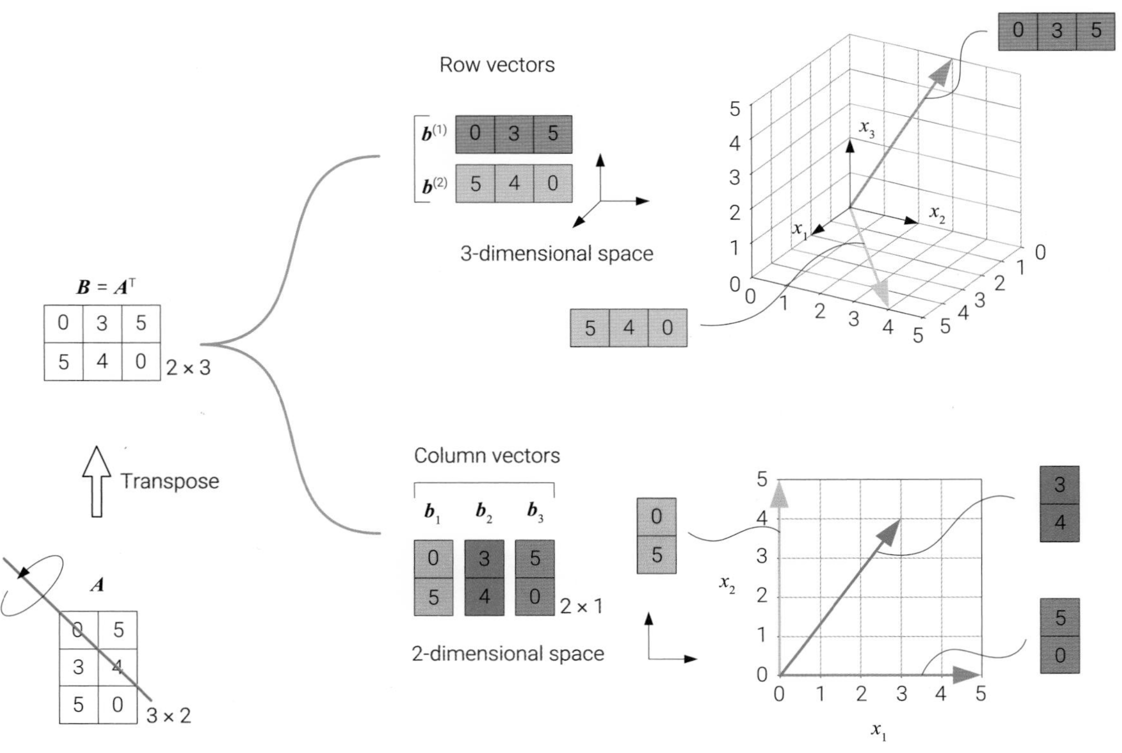

图17.3　转置之后矩阵的行向量和列向量 (图片来源：《编程不难》)

17.2 箭头

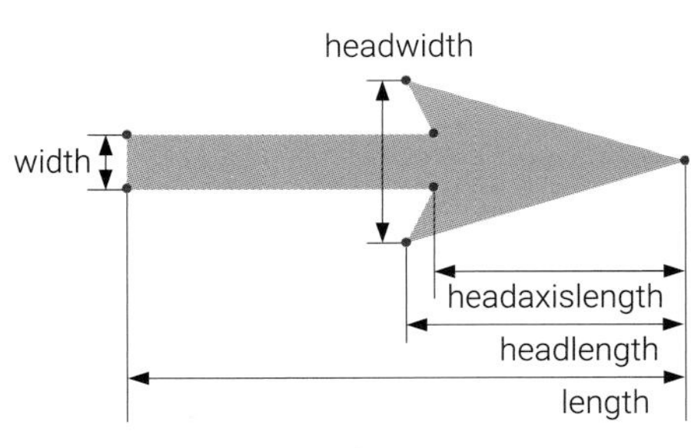

图17.4　箭头的参数

quiver 是 matplotlib.pyplot模块中的一个函数，用于绘制二维、三维箭头图。二维箭头图的函数和基本参数为matplotlib.pyplot.quiver(x, y, u, v, scale=1)。

其中，x 和 y 是箭头起始点的坐标，u 和 v 是箭头在两个方向的投影量。默认情况下，箭头的长度是按照输入数据的比例来绘制的，即通过参数 scale 进行调整。图17.4所示为quiver箭头的常用参数。

可视化向量运算

图17.5所示为利用箭头图可视化向量加法；图17.6所示为利用箭头图展示向量长度，即**模**(norm)；图17.7所示为利用箭头图可视化向量减法；图17.8所示为利用箭头图可视化标量乘向量。

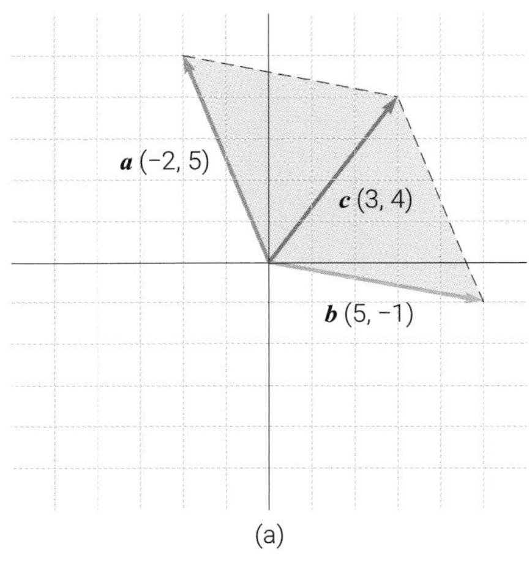

(a)

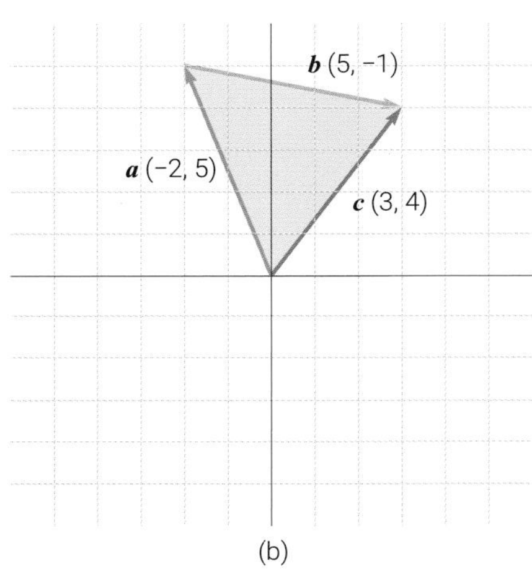

(b)

图17.5　可视化二维向量加法 | Bk_2_Ch17_01.ipynb

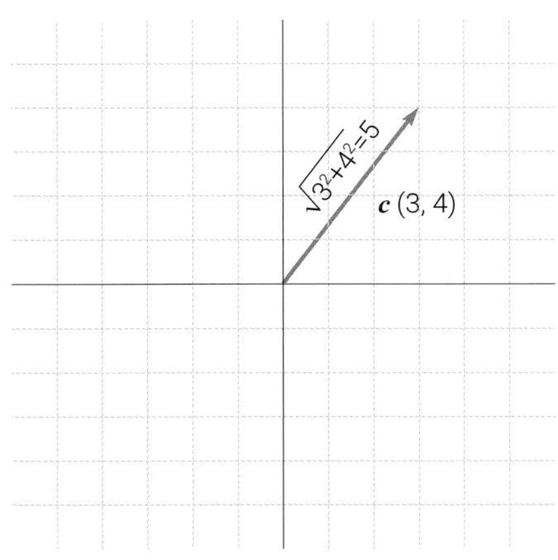

图17.6　可视化二维向量长度 | Bk_2_Ch17_01.ipynb

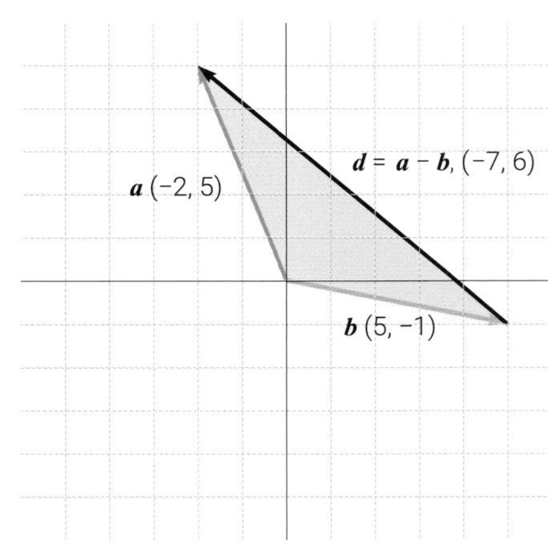

图17.7　可视化二维向量减法 | Bk_2_Ch17_01.ipynb

Bk_2_Ch17_01.ipynb中绘制了上述箭头图，其中代码17.1绘制图17.5 (a)，下面讲解其中关键语句。

ⓐ在轴对象ax上用quiver()方法绘制平面箭头图，表达向量$\boldsymbol{a}$。

(0, 0) 代表向量起点坐标。a[0] 代表向量在x轴上的投影，a[1] 代表向量在y轴上的投影。参数angles='xy'指定箭头应该以x和y轴的角度来表示。

参数scale_units='xy'指定箭头的比例应该根据x和y轴的单位来缩放。

参数scale=1指定箭头的长度应该乘以的比例因子。在这里，箭头的长度将乘以1，保持原始长度。本书在绘制平面箭头图时，一般都会用angles='xy', scale_units='xy', scale=1这组设置。

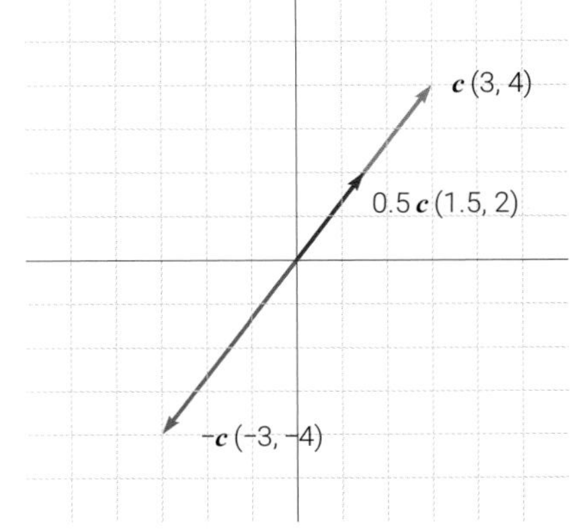

图17.8　可视化标量乘向量 | Bk_2_Ch17_01.ipynb

> 请大家自己想办法将angles='xy', scale_units='xy', scale=1保存在一个变量里，然后在绘制箭头图时调用这个变量。

ⓑ在轴对象ax上用text()方法创建文本注释。

(−3, 2.5)是文本注释的具体坐标。

'$a (−2, 5)$'是要显示的文本内容。“$”符号会让文本被解释为数学表达。

fontsize=10设置文本字体大小。

ⓒ和ⓓ用箭头图表达向量$\boldsymbol{b}$，并注释。ⓔ和ⓕ用箭头图表达向量$\boldsymbol{c}$，并注释。

ⓖ用plot()绘制向量$\boldsymbol{a}$、向量$\boldsymbol{c}$终点连线，颜色c为黑色，线型ls为划线。

ⓗ用plot()绘制向量$\boldsymbol{b}$、向量$\boldsymbol{c}$终点连线。

ⓘ是首尾相连封闭坐标点，每一行代表一个平面坐标点。

ⓙ用matplotlib.pyplot.fill()，简写作plt.fill()，来填充多边形。

X[:,0]和X[:,1] 分别是要填充的多边形顶点横、纵坐标。注意，X中最后一行和第一行重复；实际上，X最后一行数据可以删除，也能绘制封闭填充形状。

color=fill_color指定填充颜色。

edgecolor=None设定多边形边缘的颜色，设置为None表示不绘制边缘。

alpha=0.5指定填充颜色的透明度，取值范围为0 (完全透明) 到1 (完全不透明)。

请大家自行分析Bk_2_Ch17_01.ipynb中剩余代码。

代码17.1　可视化向量加法 | Bk_2_Ch17_01.ipynb

```
fig, ax = plt.subplots(figsize=(5, 5))

# 绘制向量a
ax.quiver(0, 0, a[0], a[1],                          ⓐ
          angles='xy', scale_units='xy', scale=1,
          color='#92D050')
ax.text(-3, 2.5, '$a (-2, 5)$', fontsize=10)          ⓑ

# 绘制向量b
ax.quiver(0, 0, b[0], b[1],                          ⓒ
          angles='xy', scale_units='xy', scale=1,
          color='#FFC000')
ax.text(1.5, -1.5, '$b (5, -1)$', fontsize=10)        ⓓ
```

```
# 绘制向量c
ax.quiver(0, 0, c[0], c[1],
          angles='xy', scale_units='xy', scale=1,
          color='#0099FF')
ax.text(2, 2, '$c (3, 4)$', fontsize=10)

# 绘制a、c终点连线
ax.plot([a[0], c[0]], [a[1], c[1]],
        c='k', ls='--')

# 绘制b、c终点连线
ax.plot([b[0], c[0]], [b[1], c[1]],
        c='k', ls='--')

# 添加阴影填充
fill_color=np.array([219,238,243])/255

X=np.array([[0, 0],
            [-2, 5],
            [3, 4],
            [5, -1],
            [0, 0]])

plt.fill(X[:,0], X[:,1],
         color=fill_color,
         edgecolor=None, alpha=0.5)
```

三维向量

图17.9所示为利用三维箭头图可视化三维向量加法。图17.10所示为三维向量投影到*xy*平面、*xz*平面、*yz*平面。图17.11所示为向量投影到*x*轴、*y*轴、*z*轴。

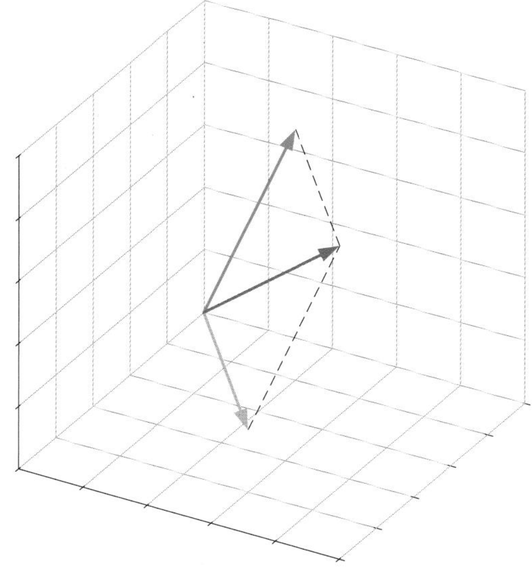

图17.9　可视化三维向量加法 | Bk_2_Ch17_02.ipynb

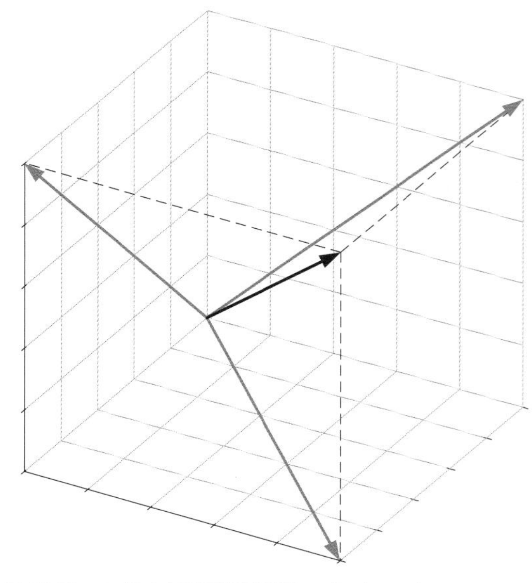

图17.10　三维向量投影到平面 | Bk_2_Ch17_02.ipynb

Bk_2_Ch17_02.ipynb中绘制了图17.9 ~ 图17.11，代码相对比较简单，我们仅仅介绍代码17.2中这几句。

ⓐ用matplotlib.pyplot.figure()，简写作plt.figure()，创建图形对象fig。

ⓑ用add_subplot()在fig上添加三维轴对象ax。

ⓒ用quiver()方法在三维轴对象ax上绘制箭头图，代表三维向量。

(0, 0, 0) 代表向量起点坐标。

a[0]、a[1]、a[2]分别为向量在x、y、z轴上的分量。

color='#92D050'表示箭头的颜色。

normalize=False表示不对箭头进行归一化；如果设置为 True，箭头长度将被归一化为1。

arrow_length_ratio=.07表示箭头头部的长度与整个箭头长度的比例。

linestyles='solid'设置箭头的线条样式，这里是实线。

linewidths=1设置箭头的线条宽度。

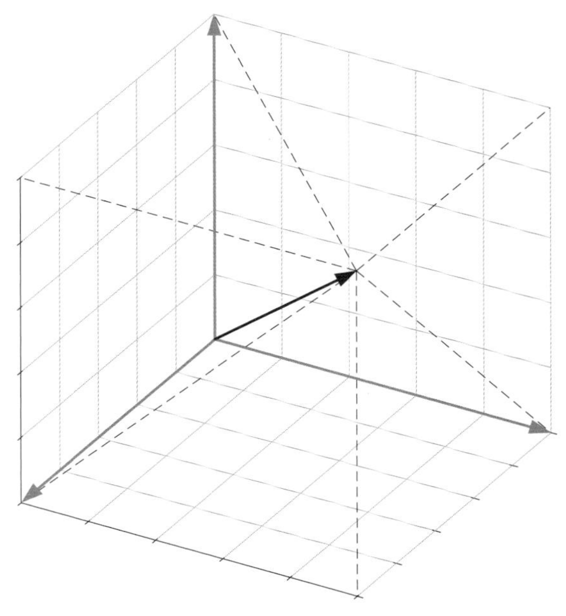

图17.11　三维向量投影到轴 | Bk_2_Ch17_02.ipynb

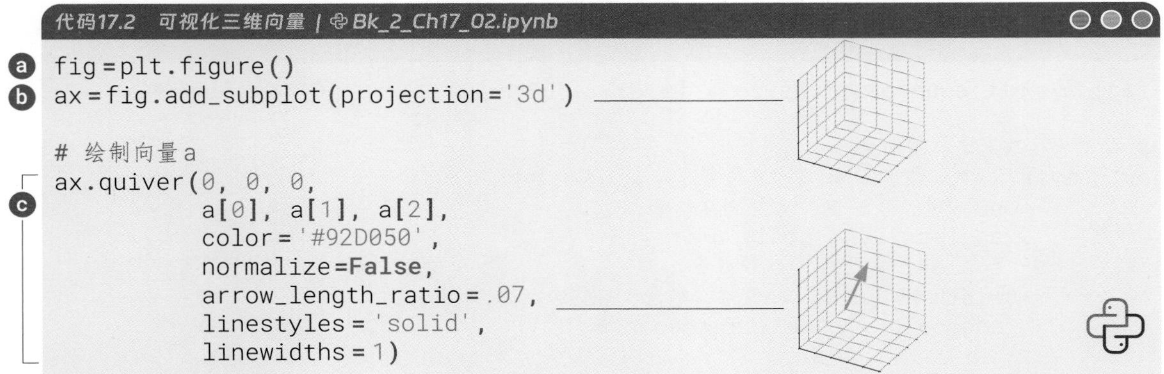

代码17.2　可视化三维向量 | Bk_2_Ch17_02.ipynb

```
ⓐ fig = plt.figure()
ⓑ ax = fig.add_subplot(projection='3d')

# 绘制向量a
ⓒ ax.quiver(0, 0, 0,
            a[0], a[1], a[2],
            color = '#92D050',
            normalize=False,
            arrow_length_ratio = .07,
            linestyles = 'solid',
            linewidths = 1)
```

Bk_2_Ch17_02.ipynb中还绘制了图17.14。图17.14中红色箭头代表起点为原点的x轴正方向单位向量，绿色箭头为y轴正方向单位向量，蓝色箭头为z轴正方向单位向量。本书前文用过类似代码生成图 17.14子图布局，请大家回顾。

17.3 向量场

除了单独绘制箭头图，我们还可以绘制向量场。向量场是指在空间中的每一个点都存在一个向量的集合。在数学中，向量场通常用函数来描述，这个函数将每个点映射到该点处的向量。这个函数被称为向量场的场函数或者向量场的定义式。向量场可以用来描述许多物理现象，例如流体力学中的速度场，电场、磁场、水流、风向等。

可视化特征向量

图17.15所示为利用向量场可视化特征向量。

图17.15 (a) 中每一个蓝色箭头代表一个特定方向的单位向量$\boldsymbol{v}$。给定矩阵$\boldsymbol{A}$，图中的红色箭头代表$\boldsymbol{Av}$的计算结果。特别地，如果$\boldsymbol{v}$和$\boldsymbol{Av}$在同一方向上，即满足$\boldsymbol{Av} = \lambda\boldsymbol{v}$，则$\boldsymbol{v}$叫作$\boldsymbol{A}$的**特征向量** (eigen vector)，λ叫作$\boldsymbol{A}$的**特征值** (eigen value)。

《矩阵力量》专门介绍特征值分解、特征向量、特征值这些概念。

图17.15 (a) 中每一对向量 ($\boldsymbol{v}$和$\boldsymbol{Av}$) 都有自己特定的起点。

图17.15 (b) 也用来展示特征值分解，不同的是这幅图中，每一对向量 ($\boldsymbol{v}$和$\boldsymbol{Av}$) 的起点完全相同，都是原点 (0,0)。而且，图17.15 (b) 的每一对向量用特定的颜色渲染。这幅图中，我们还看到**单位圆** (unit circle) 转化为旋转椭圆。

Bk_2_Ch17_03.ipynb中绘制了图17.15两幅图，代码比较简单，我们只分析代码17.3这一段。

ⓐ绘制用向量场展示线性映射之前的所有向量，即图17.15 (a) 中所有蓝色箭头。大家查看代码时会发现，xx1、xx2、uu、vv均为二维数组，而且形状相同。xx1、xx2分别代表所有蓝色箭头的起点横、纵坐标；uu、vv分别代表所有蓝色箭头在横、纵轴方向投影。

ⓑ也用向量场展示线性映射之后所有向量，即图17.15 (a) 中所有红箭头。

请大家自行分析Bk_2_Ch17_03.ipynb剩余代码。

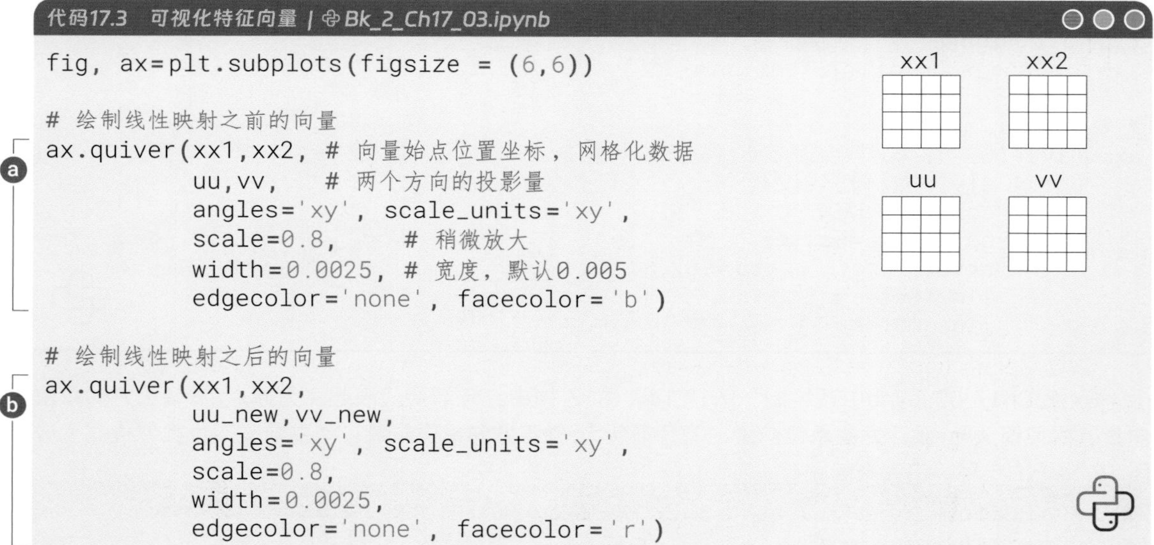

代码17.3　可视化特征向量 | Bk_2_Ch17_03.ipynb

```
fig, ax=plt.subplots(figsize = (6,6))

# 绘制线性映射之前的向量
ax.quiver(xx1,xx2, # 向量始点位置坐标，网格化数据
          uu,vv,   # 两个方向的投影量
          angles='xy', scale_units='xy',
          scale=0.8,     # 稍微放大
          width=0.0025, # 宽度，默认0.005
          edgecolor='none', facecolor='b')

# 绘制线性映射之后的向量
ax.quiver(xx1,xx2,
          uu_new,vv_new,
          angles='xy', scale_units='xy',
          scale=0.8,
          width=0.0025,
          edgecolor='none', facecolor='r')
```


平面几何变换

图17.16所示为利用平面箭头图可视化平面几何变换。

这幅图的特殊之处是，我们用色谱渲染不同箭头。颜色映射的依据是图17.16 (a) 箭头的角度值。

Bk_2_Ch17_04.ipynb中绘制了图17.16，下面讲解代码17.4中语句。

ⓐ构造复数，1j为虚数单位。本书第32章会专门介绍如何可视化复数和复数函数。

ⓑ用numpy.angle()计算复数辐角，即对应向量和x轴正方向夹角。

ⓒ用numpy.zeros_like()产生全0数组，用作向量场中所有向量起点坐标。

ⓓ用matplotlib.pyplot.quiver()，简写作plt.quiver()，绘制向量场。

值得注意的是，第5个函数输入参数zz_angle_为角度值，充当颜色映射的依据。

参数cmap指定颜色映射为'hsv'。

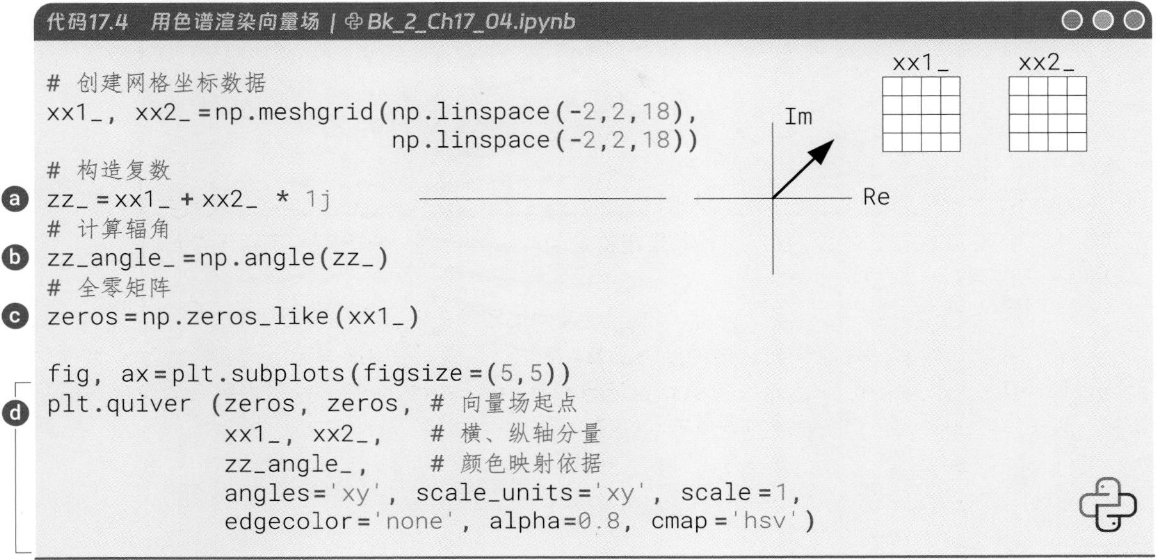

代码17.4 用色谱渲染向量场 | Bk_2_Ch17_04.ipynb

```
# 创建网格坐标数据
xx1_, xx2_ = np.meshgrid(np.linspace(-2,2,18),
                         np.linspace(-2,2,18))
# 构造复数
zz_ = xx1_ + xx2_ * 1j
# 计算辐角
zz_angle_ = np.angle(zz_)
# 全零矩阵
zeros = np.zeros_like(xx1_)

fig, ax = plt.subplots(figsize = (5,5))
plt.quiver (zeros, zeros, # 向量场起点
            xx1_, xx2_,   # 横、纵轴分量
            zz_angle_,    # 颜色映射依据
            angles='xy', scale_units='xy', scale = 1,
            edgecolor='none', alpha=0.8, cmap = 'hsv')
```


梯度向量场

图17.17所示为利用向量场二元、三元函数的梯度向量场。

简单来说，对于多元函数，**梯度** (gradient) 表示函数在特定点变化最快的方向。

如图17.17 (a) 所示，对于二元函数，如果梯度向量长度越大，说明该处越陡峭。如果梯度向量长度很小，说明该处越平缓。特别地如果梯度向量长度为0，说明该处切面平行于水平面。

Bk_2_Ch17_05.ipynb中绘制了图17.17 (a)；此外，其中代码17.5还绘制了图17.12。

ⓐ将plotly.figure_factory导入，简写作ff；这个模块提供了很多特殊的可视化方案。

ⓑ调用plotly.figure_factory.create_quiver()，简写作ff.create_quiver()，绘制向量场，且所绘图像具有交互属性。

ⓒ设置图像宽度和高度。

代码17.5 用plotly.figure_factory.create_quiver() 绘制平面向量场 | Bk_2_Ch17_05.ipynb

```
import plotly.figure_factory as ff

fig = ff.create_quiver(xx1_, xx2_,
                       V[0], V[1],
                       scale=0.38,
                       arrow_scale = .28,
                       line_width = 1)

fig.update_layout(autosize=False,
                  width=500, height=500)
fig.show()
```

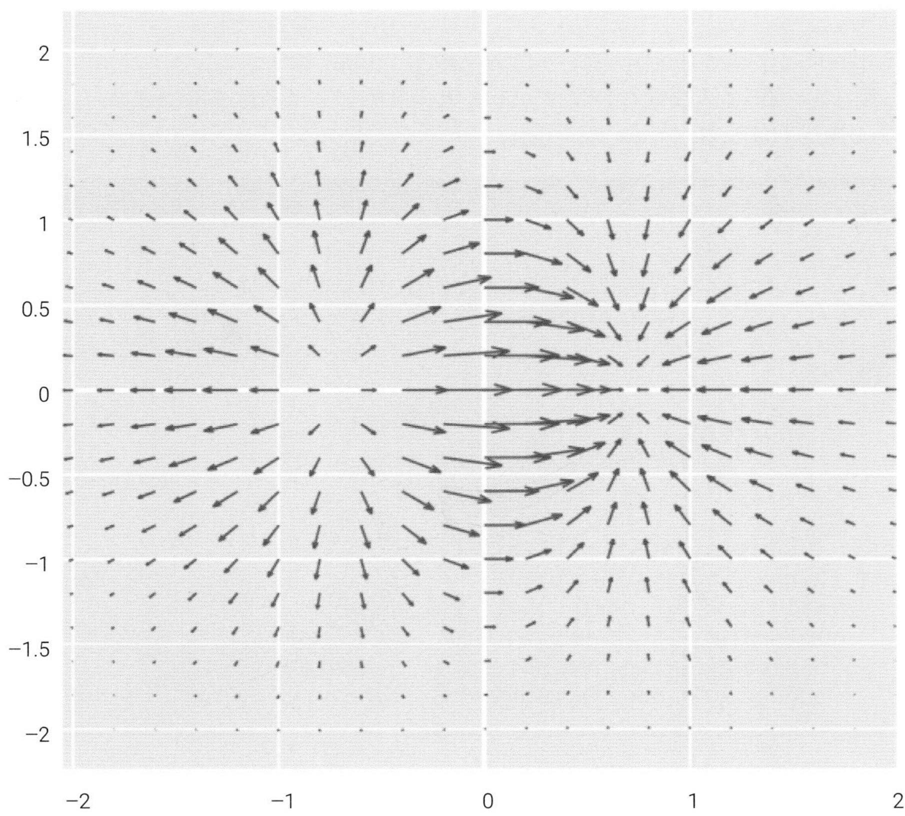

图17.12　用plotly.figure_factory.create_quiver() 绘制平面向量场 | Bk_2_Ch17_05.ipynb

图17.17 (b) 所示为三元函数$f(x_1, x_2, x_3) = x_1^2 + x_2^2 + x_3^2$的三维空间梯度向量场。

Bk_2_Ch17_06.ipynb中绘制了图17.17 (b)；此外，其中代码17.6还绘制了图17.13，图中用圆锥代表向量。

代码17.6　用plotly.graph_objects.Cone()绘制三维向量场 | Bk_2_Ch17_05.ipynb

```
a import plotly.graph_objects as go

b fig=go.Figure(data=go.Cone(
      x=xxx1.ravel(),
      y=xxx2.ravel(),
      z=xxx3.ravel(),
      u=V[0].ravel(),
      v=V[1].ravel(),
      w=V[2].ravel(),
      colorscale='RdYlBu',
      sizemode="absolute",
      sizeref=18))

c fig.update_layout(autosize=False,
                    width=600, height=600)
  fig.show()
```

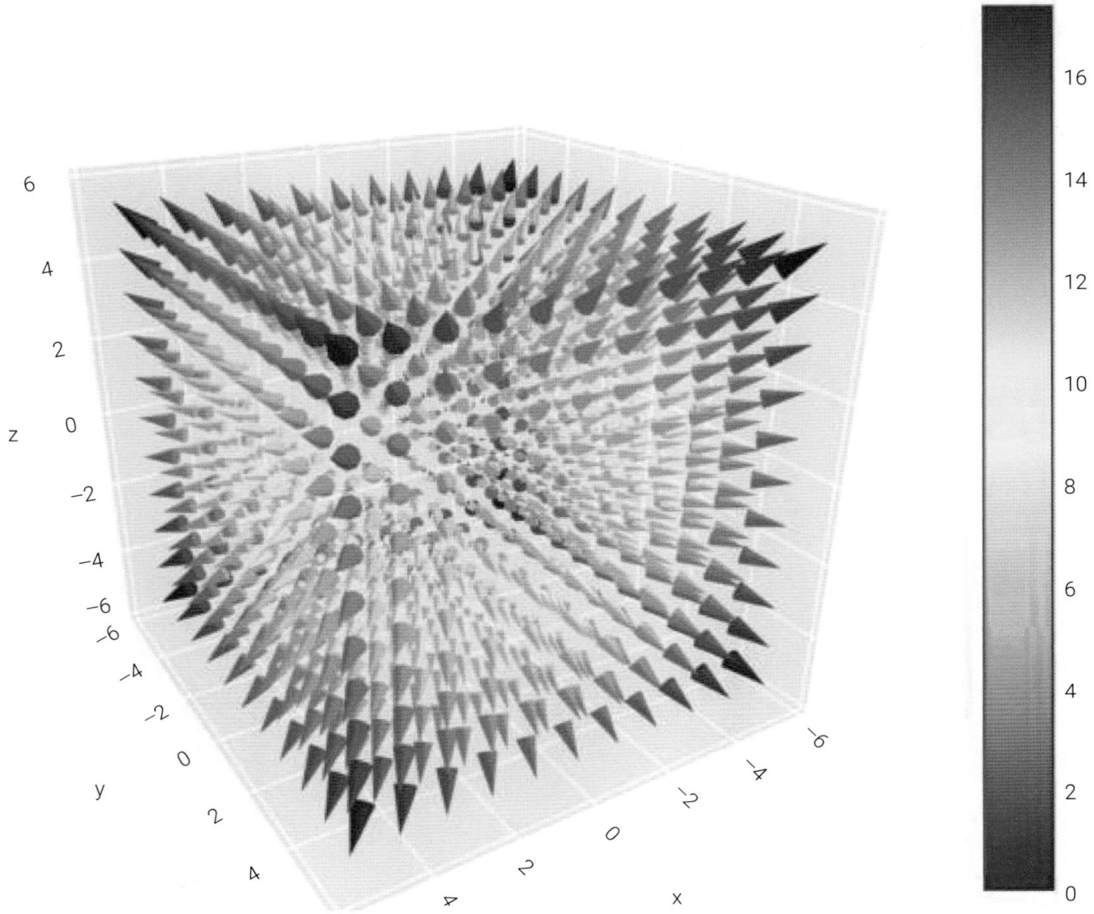

图17.13　用plotly.graph_objects.cone() 绘制三维向量场 | ⊕Bk_2_Ch17_06.ipynb

水流图

图17.18所示为用matplotlib.pyplot.streamplot() 绘制的水流图。这个函数的用法和quiver()颇为相似。Bk_2_Ch17_07.ipynb中绘制了图17.18。

这段代码还介绍用plotly.figure_factory.create_streamline()绘制具有交互属性的水流图，请大家自行学习这段代码。

本章介绍了箭头图、向量场、水流图等可视化方案，重要的数学工具是向量和梯度。请大家格外注意数据、矩阵、行向量、列向量之间的关系，以及数据背后的几何直觉。

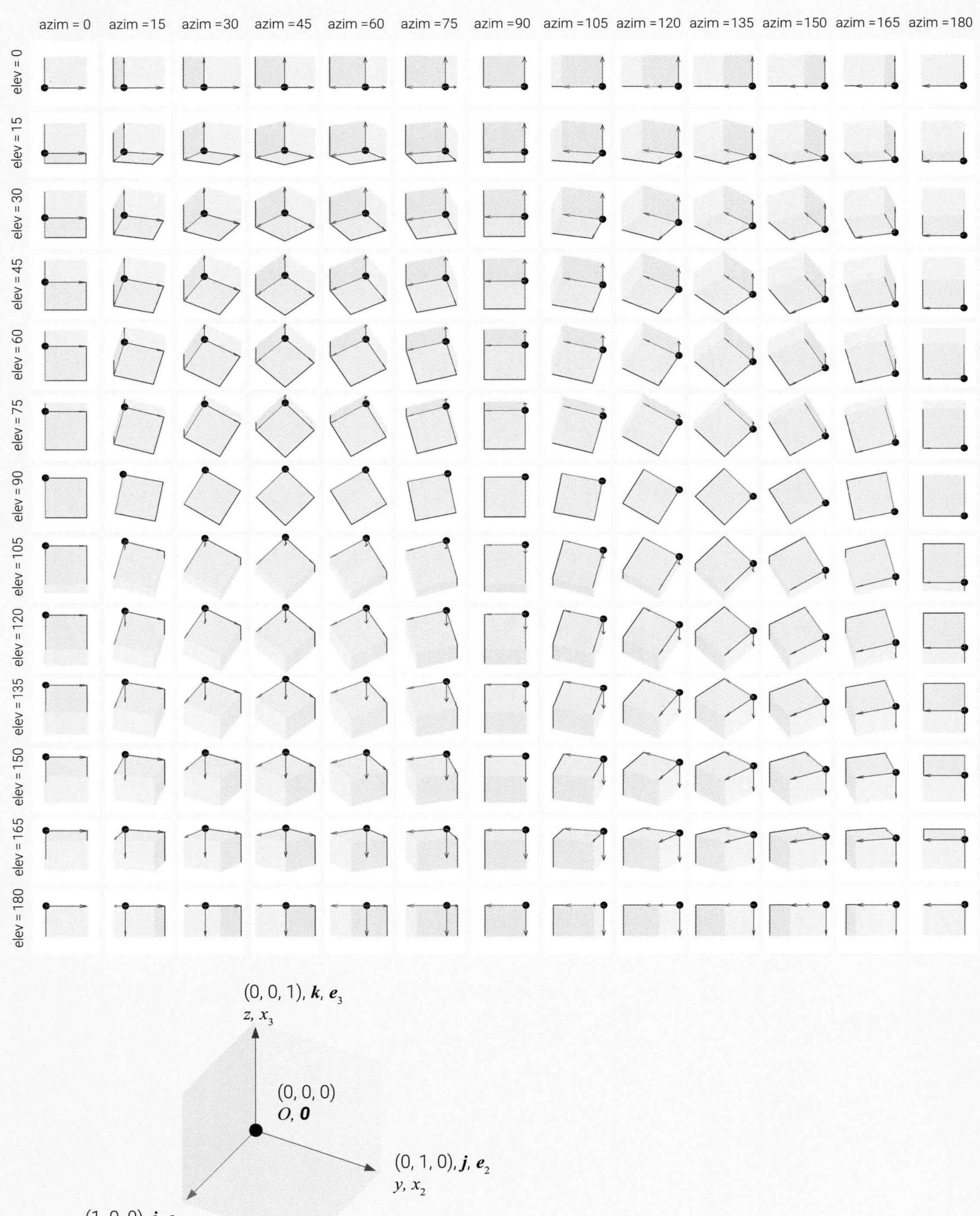

图17.14　不同视角下观察“红绿蓝”单位向量 | Bk_2_Ch17_02.ipynb

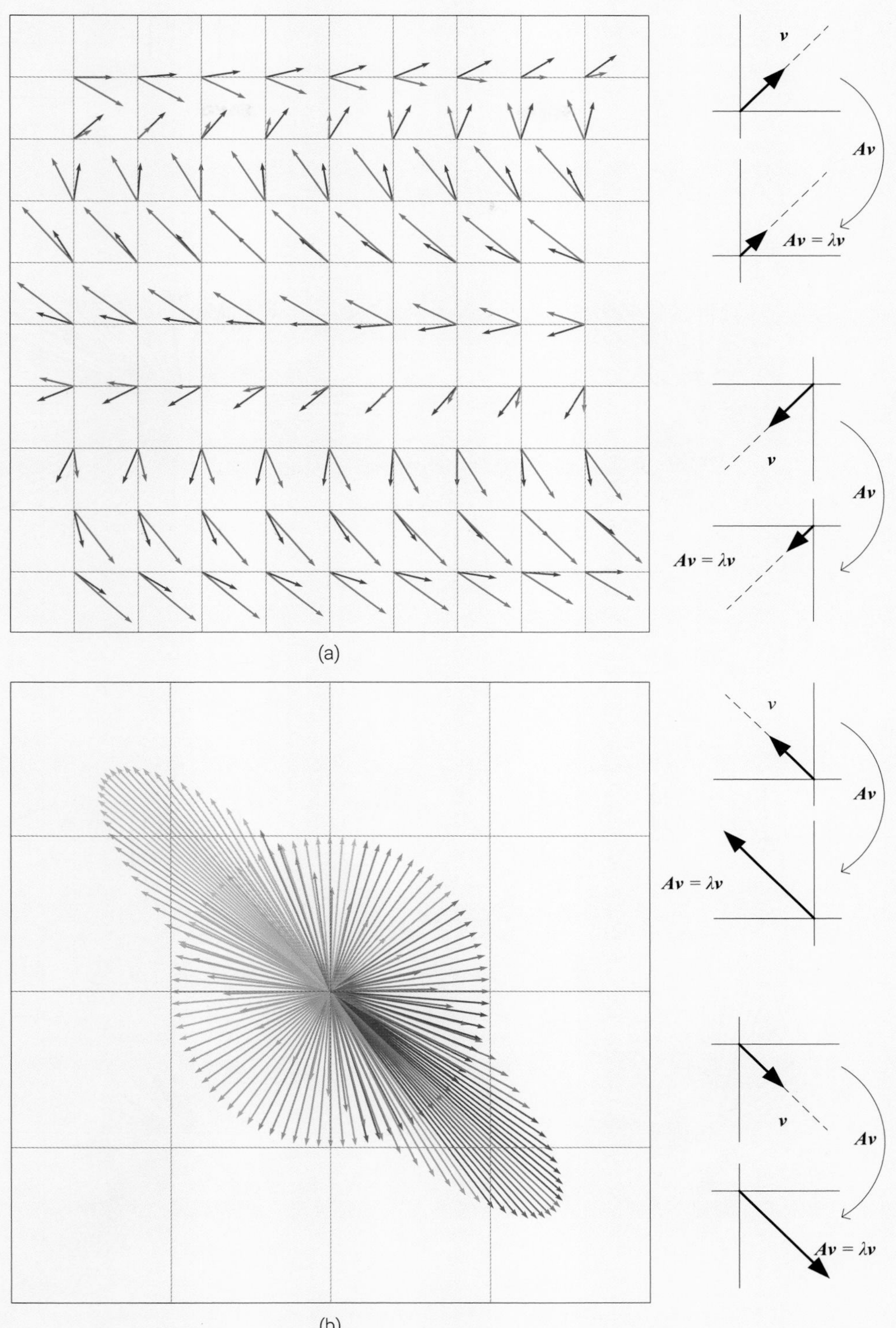

图17.15　可视化特征向量 | Bk_2_Ch17_02.ipynb

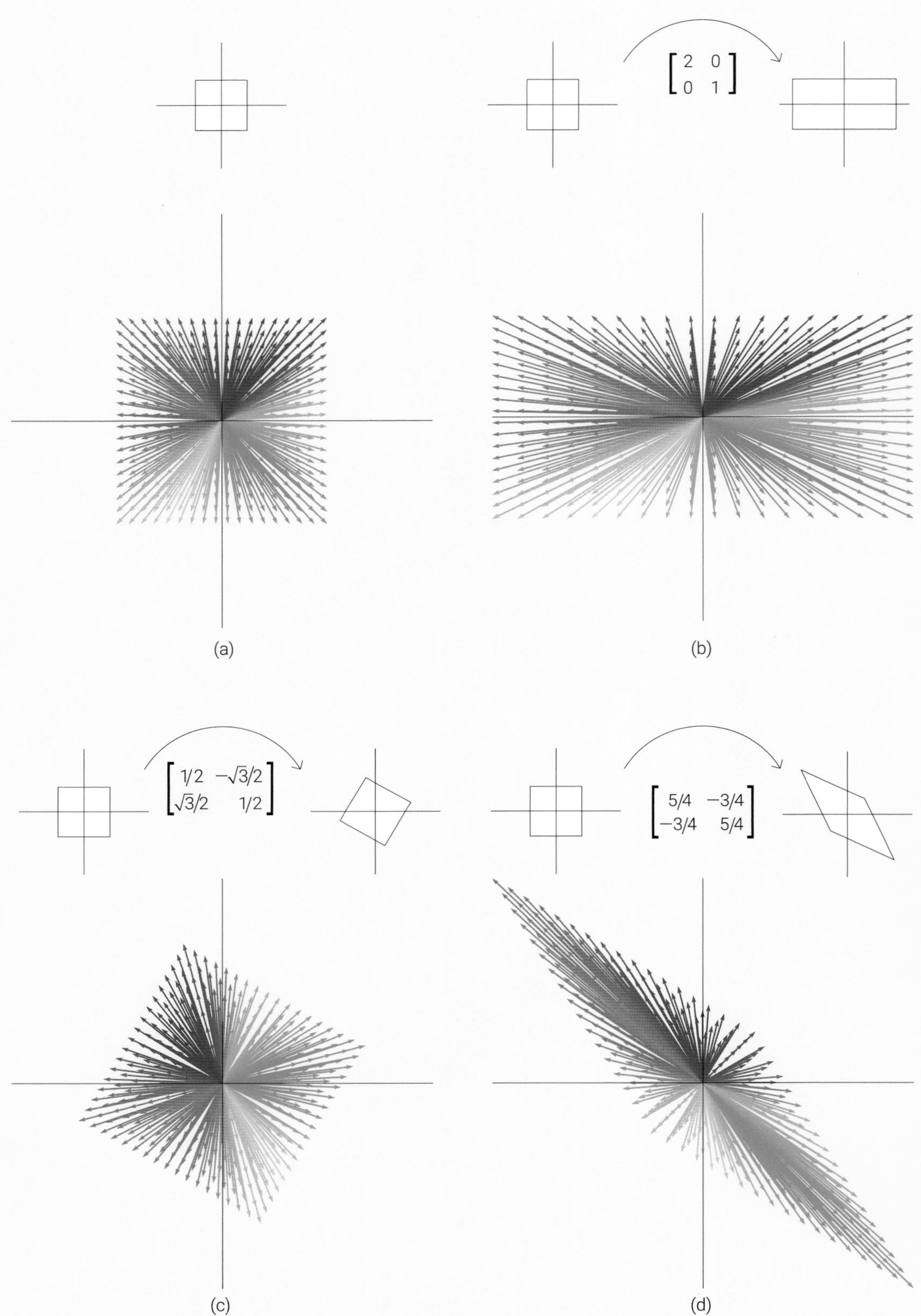

图17.16 可视化几何变换 | Bk_2_Ch17_04.ipynb

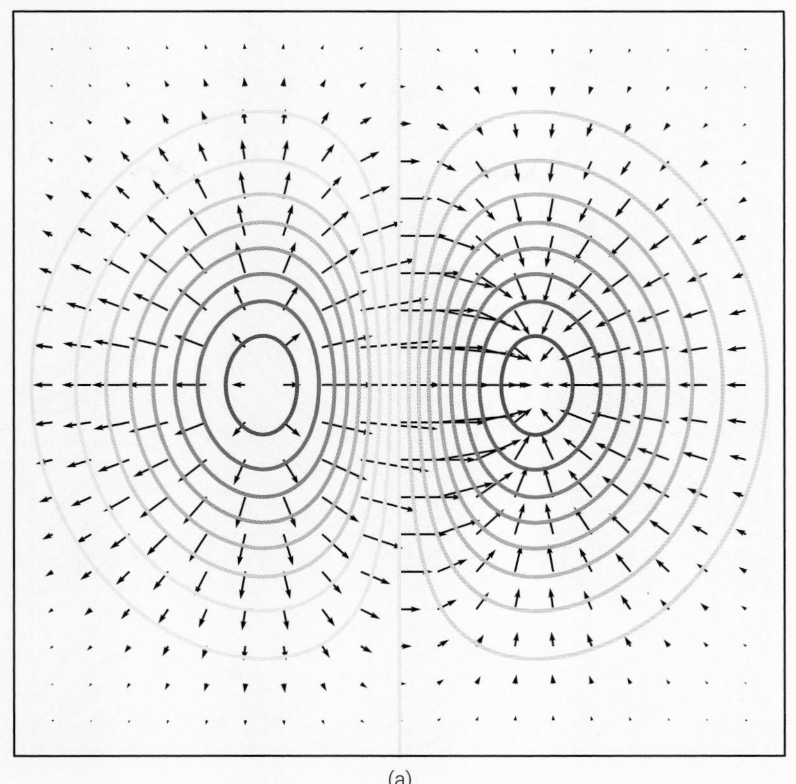

(a)

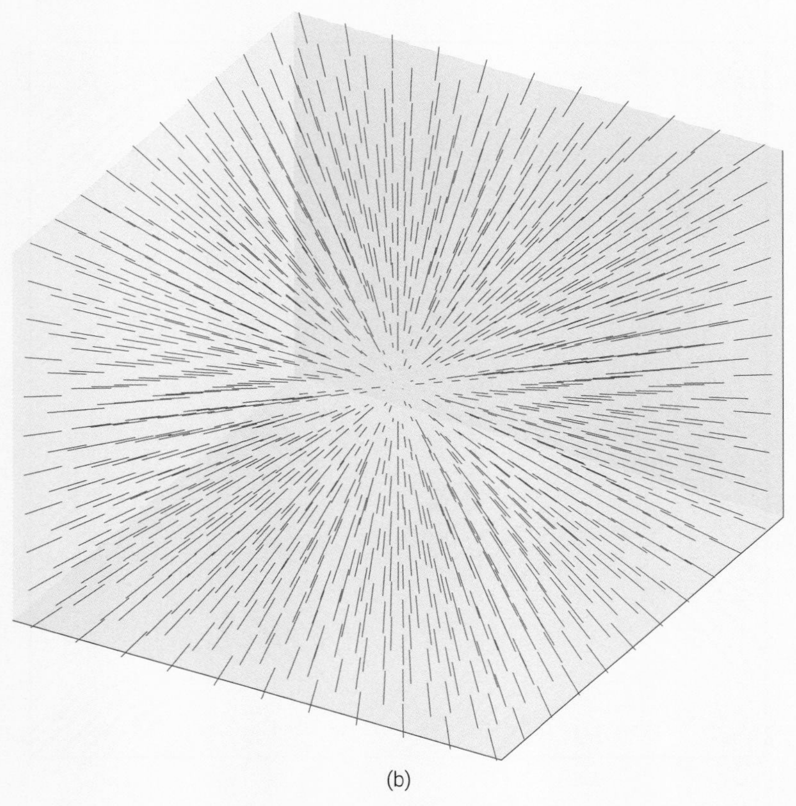

(b)

图17.17　可视化梯度向量场

(a)

(b)

图17.18 水流图 | Bk_2_Ch17_07.ipynb

Solid Geometry 立体几何

用Matplotlib和Plotly绘制立体几何形状

艺术家，胸怀宇宙，手握繁星。

The painter has the Universe in his mind and hands.

—— 列奥纳多·达·芬奇 (Leonardo da Vinci) | 文艺复兴三杰之一 | 1452 — 1519年

- Axes3D.bar3d() 绘制三维柱状图
- Axes3D.plot_surface() 绘制三维曲面
- Axes3D.voxels() 绘制三维Voxels图
- matplotlib.pyplot.contour() 绘制等高线图
- matplotlib.pyplot.plot_trisurf() 在三角形网格上绘制平滑的三维曲面图
- plotly.graph_objects.Isosurface() 绘制三维等值面
- plotly.graph_objects.Surface() 绘制三维几何体
- plotly.figure_factory.create_trisurf() 绘制三角网格几何体
- plotly.graph_objects.Volume() 绘制三维体积图
- sympy.symbols() 定义符号变量

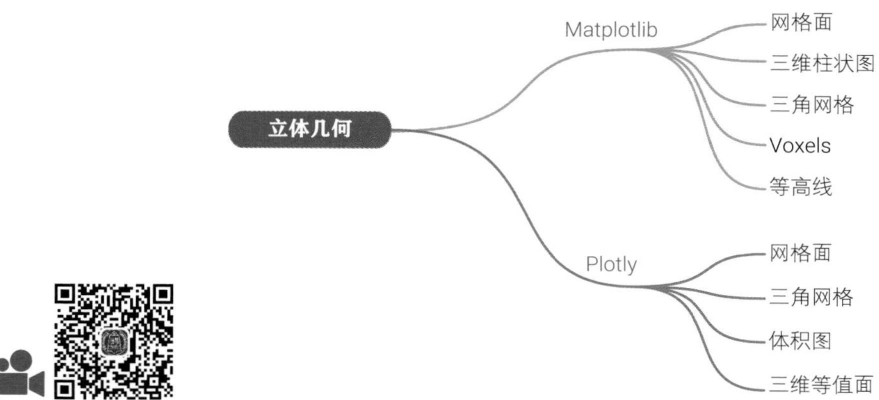

18.1 绘制几何体的几种方法

本书前文介绍过利用散点图、线图、等高线、网格面等三维空间可视化方案，而本章将专门介绍如何可视化三维几何体。

用网格面

图18.1和图18.12所示为利用**参数方程** (parametric equation) 绘制的四个几何体。参数方程是一种描述几何对象运动或位置的方式，使用参数表示对象随时间变化的轨迹。相比直角坐标系，参数方程更灵活，适用于复杂曲线或曲面的描述。通过引入参数，可以将对象的位置与时间或其他因素关联起来，使得描述更为简便直观。

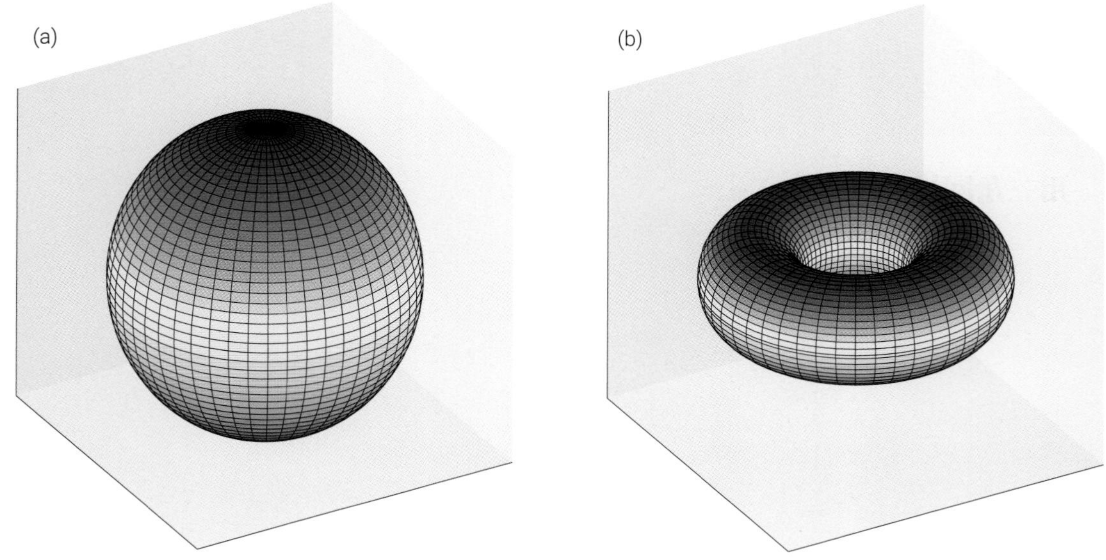

图18.1 用网格面绘制几何体，参数方程，第1组 | BK_2_Ch18_01.ipynb

绘制图18.1用到的是三维轴对象上的plot_surface()方法。请大家格外注意图18.1 (a)，这幅图用到了**球坐标** (spherical coordinate system)。

Bk_2_Ch18_01.ipynb中绘制了图18.1和图18.12，请大家自行学习。

本书后文会专门介绍如何用参数方程绘制平面、立体几何图形。

用三维柱状图

图18.2所示为利用三维柱状图绘制的几何体，请大家自行学习Bk_2_Ch18_02.ipynb。

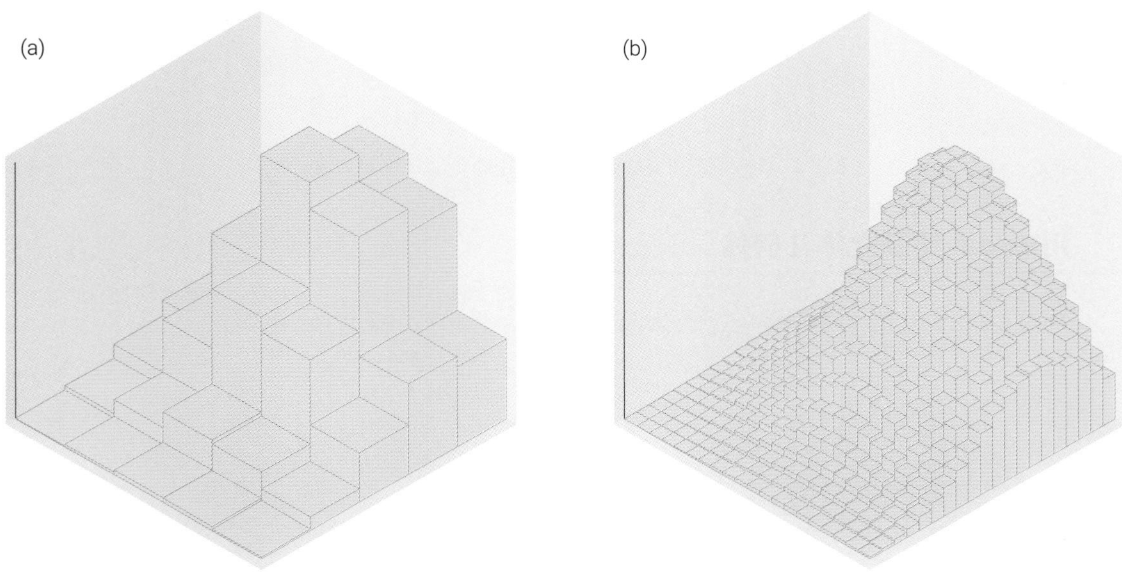

图18.2　用柱状图绘制几何体 | BK_2_Ch18_02.ipynb

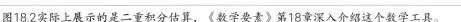

图18.2实际上展示的是二重积分估算，《数学要素》第18章深入介绍这个数学工具。

用三角网格

图18.3所示为空间三角网格绘制的圆球体和游泳圈。图18.13 (a) 所示为用规则三角网格可视化**莫比乌斯带** (Möbius strip)。莫比乌斯带是一种特殊的拓扑结构，具有只有一个面和一个边的特点。它通过在带状物体上引入半圈扭曲而成，这使得表面上的内外变得连续。莫比乌斯带展示了拓扑学中奇异而有趣的性质，即在没有割裂的情况下改变物体的性质。这独特的几何形状经常被用来展示拓扑学的概念，引起人们对空间和形状的非直观思考。

图18.13 (b) 所示为用不规则三角网格展示正球体。

Bk_2_Ch18_03.ipynb中绘制了图18.3和图18.13，请大家自行学习。

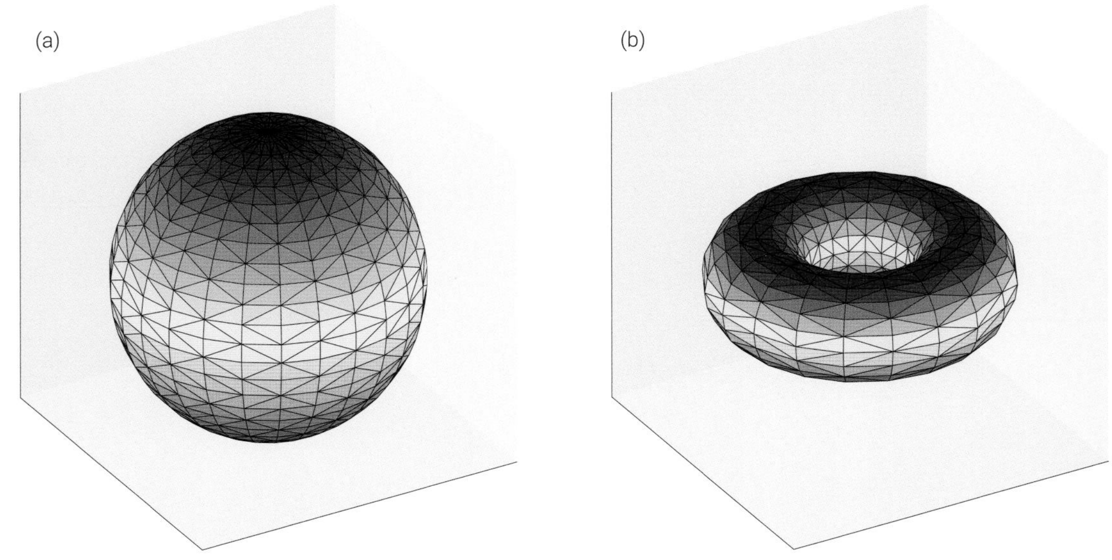

图18.3　用规则三角网格绘制几何体 | BK_2_Ch18_03.ipynb

用Voxels绘制立体几何体

图18.4所示为利用Voxels绘制的立方体方块，请大家自行学习Bk_2_Ch18_04.ipynb。

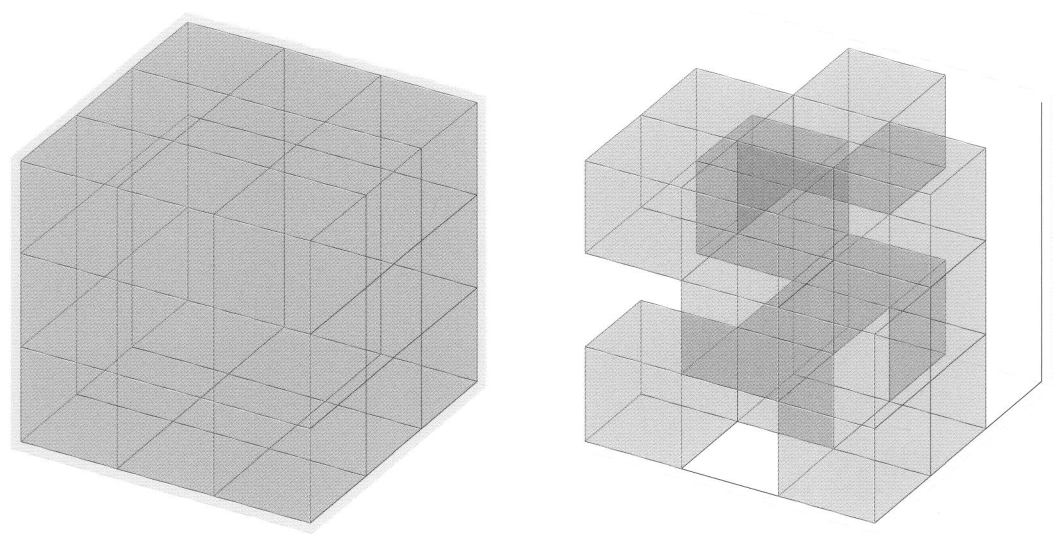

图18.4　用Voxels绘制几何体 | BK_2_Ch18_04.ipynb

Matplotlib中的Voxels是一种用于三维数据可视化的功能。它将三维数据集表示为一系列的小方块，其中每个方块的位置、大小和颜色都可以自定义。通过使用Voxels，可以直观地展示复杂的三维数据结构，如体积数据、分子模型等。Voxels支持不同的绘制样式，包括实心方块和透明方块，可以根据需要进行调整。此外，还可以添加轴标签、标题和图例等来增强可视化效果。

图18.14所示为利用Voxels可视化RGB和CMYK色彩空间，请大家自行学习Bk_2_Ch18_05.ipynb。

18.2 用等高线绘制三维几何体

图18.5所示为一种有趣的绘制三维几何体的方法。我们用三个方向空间等高线“织成”一个三维网面，这种可视化方法非常适合展示三元隐函数。**隐函数** (implicit function) 是指在方程中未显式表示的函数，其变量间的关系通过方程隐含。通常，隐函数的表达形式不容易直接解出某个变量。解析求解难以实现时，可通过数值或近似方法找到满足方程的点。图18.5对应的隐函数为$x + y + z = 1$。

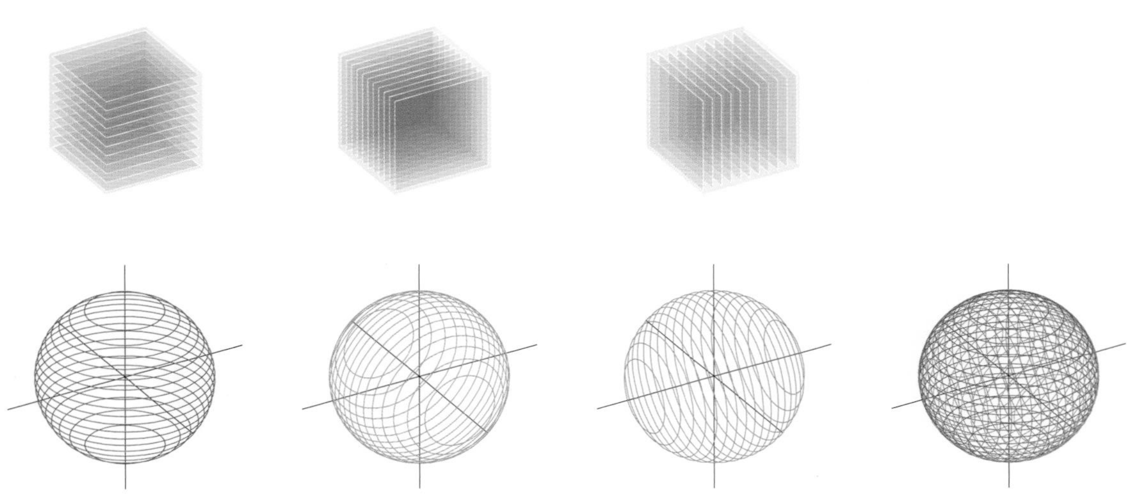

图18.5 用三维等高线绘制几何体 | BK_2_Ch18_06.ipynb

图18.15所示为单位球体不同的几何变换。本书后文会专门介绍二维和三维几何变换。

图18.16所示为一个旋转**椭球** (ellipsoid) 在三个不同平面的投影。注意，这个椭球不是一般的椭球，它代表了一个3 × 3的协方差矩阵的马氏距离为1的“等距线”。

图18.17所示为图18.16旋转椭球“摆正”后的椭圆，及其在三个平面的投影。也就是说，图18.16和图18.17中两个椭球大小完全一致，只是空间旋转角度不同而已。

《矩阵力量》《统计至简》会详细介绍相关数学工具。

18.3 Plotly的三维可视化方案

Plotly提供很多三维可视化方案，本节简单总结如下。

图18.6所示为利用plotly.graph_objects.Surface()绘制的正球体和游泳圈。请大家格外注意图中颜色映射渲染的依据。

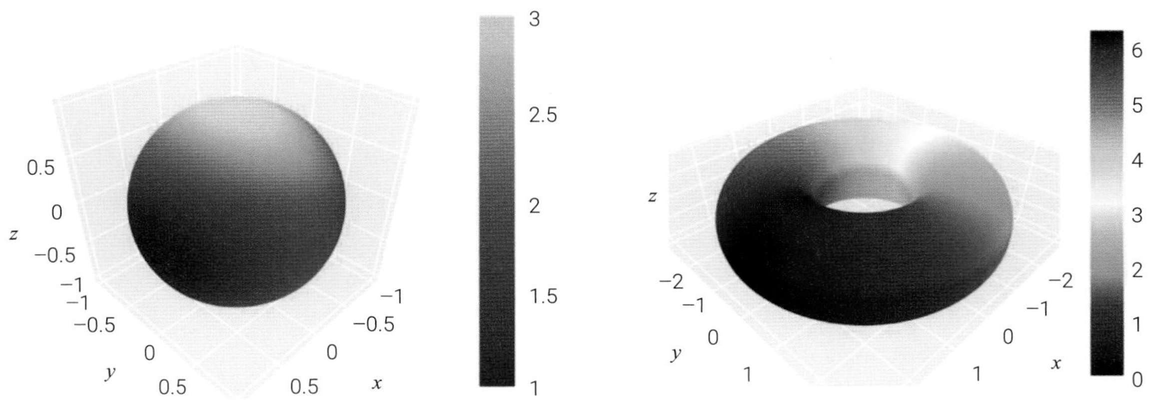

图18.6　使用plotly.graph_objects.Surface()绘制三维几何体 | BK_2_Ch18_08.ipynb

图18.7所示为利用plotly.figure_factory.create_trisurf()绘制的三角网格几何体。

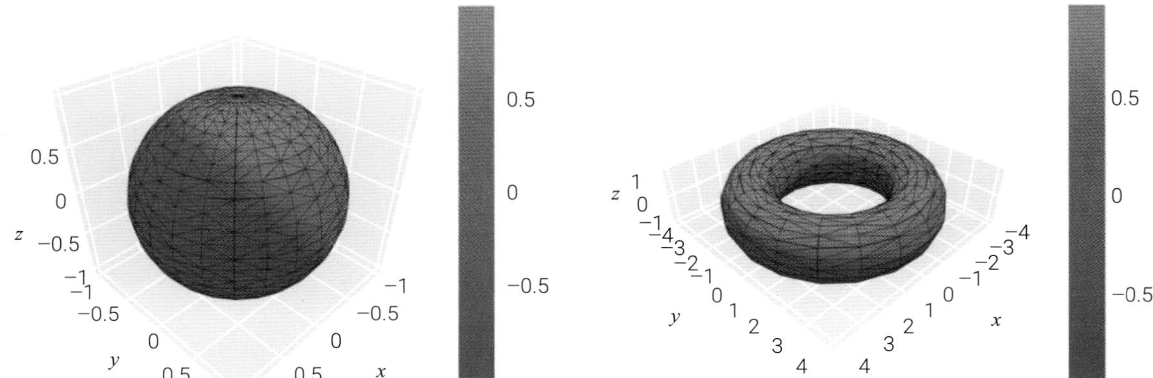

图18.7　使用plotly.figure_factory.create_trisurf()绘制三角网格几何体 | BK_2_Ch18_09.ipynb

图18.8所示为利用plotly.graph_objects.Volume()绘制的三维体积图。图18.9所示为用Streamlit创建的展示Plotly体积图的App。

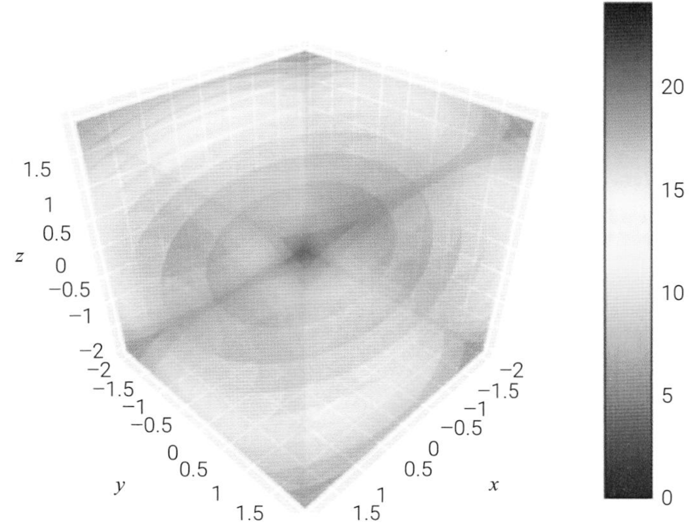

图18.8　使用plotly.graph_objects.Volume()绘制三维体积图 | BK_2_Ch18_10.ipynb

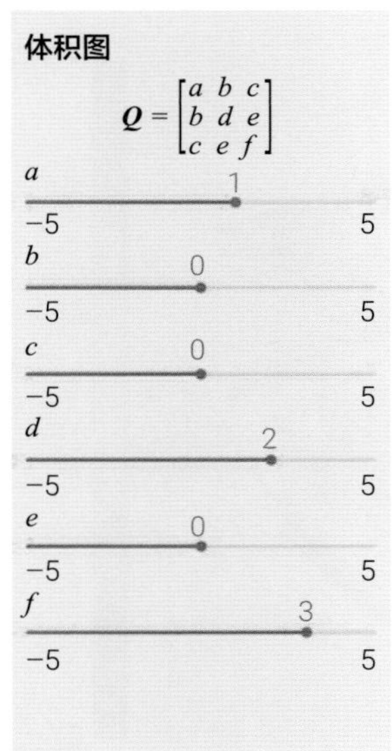

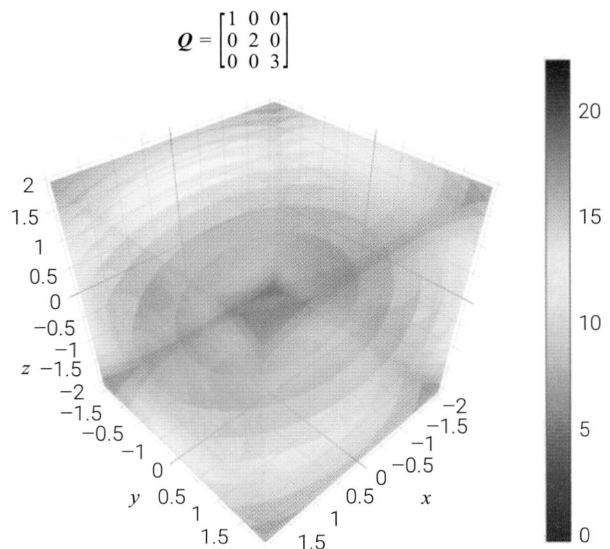

图18.9　展示Plotly体积图的App，Streamlit搭建 | ⊕ Streamlit_3D_Volume.py

图18.10所示为使用plotly.graph_objects.Isosurface()绘制的三维等值面。图18.11所示为用Streamlit创建的展示三维等值面的App。

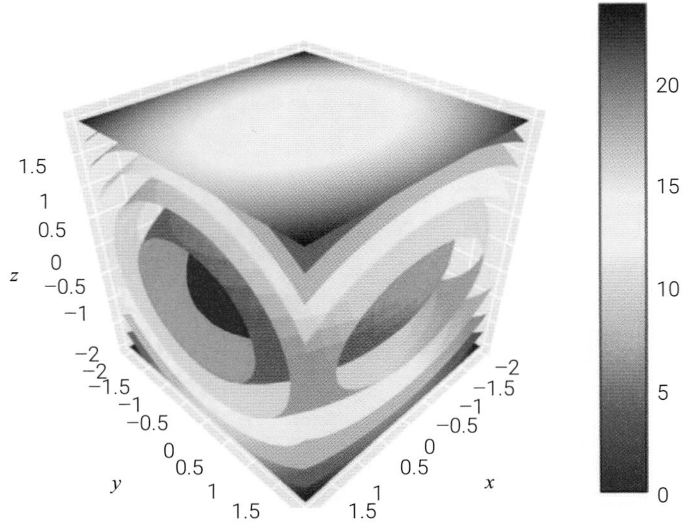

图18.10　使用plotly.graph_objects.Isosurface()绘制三维等值面 | ⊕ BK_2_Ch18_11.ipynb

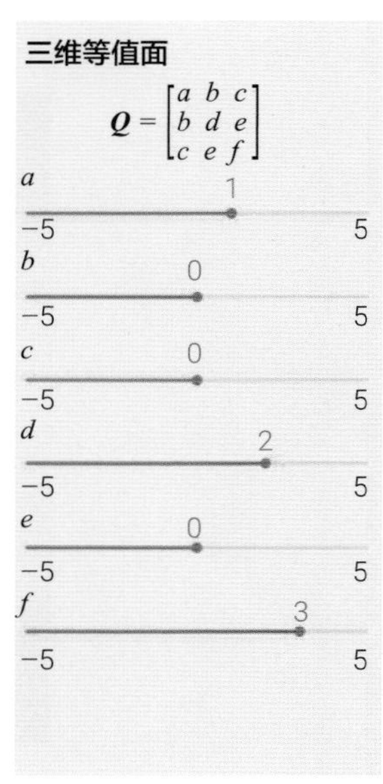

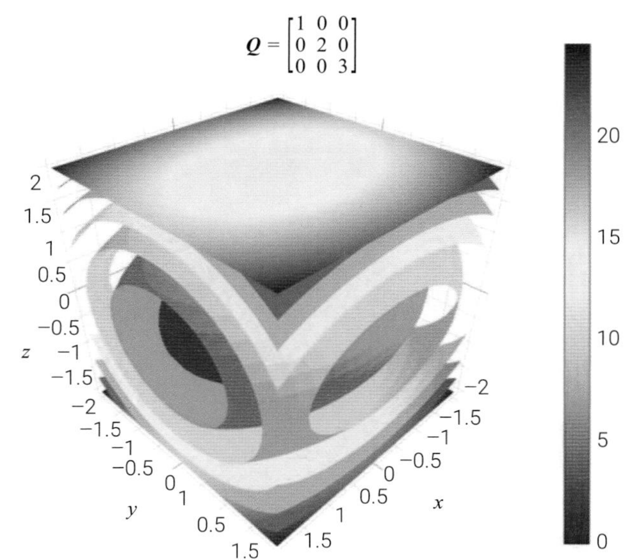

图18.11　展示Plotly三维等值面的App，Streamlit搭建 | Streamlit_3D_Isosurface.py

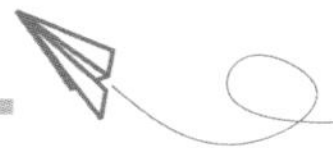

本章总结了常用的立体几何可视化方案。请大家格外注意参数方程，还有Plotly中的几种方案，以及如何使用三维等高线“织成”三维几何体。本书后文还会专门介绍隐函数、参数方程、几何变换等数学概念。

(a)

(b)

图18.12　用网格面绘制几何体，参数方程，第2组 | ⊕ BK_2_Ch18_01.ipynb

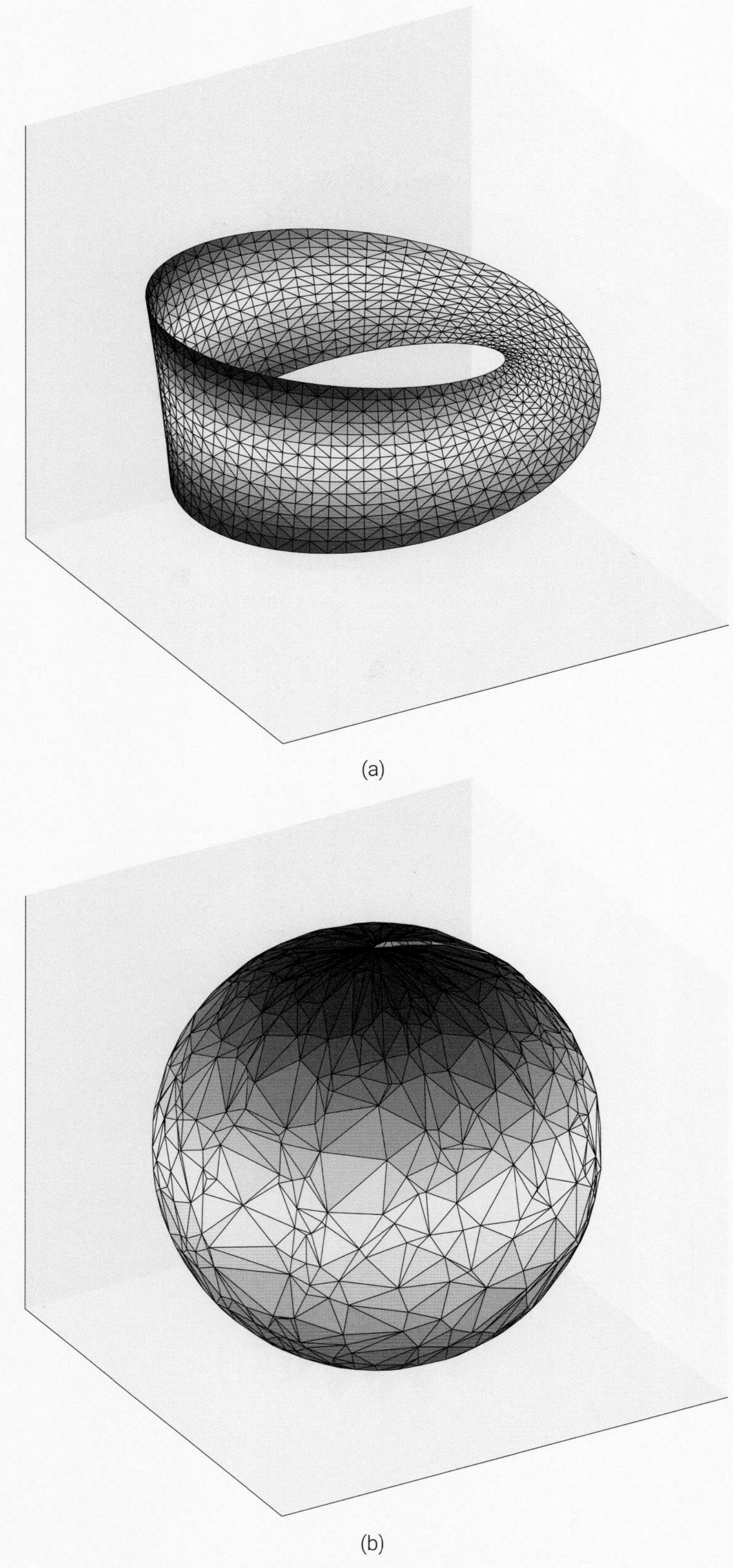
(a)
(b)

图18.13　用三角网格绘制几何体 | BK_2_Ch18_03.ipynb

(a)

(b)

图18.14　用voxels绘制几何体，RGB、CMYK色彩空间 | ⊕ BK_2_Ch18_05.ipynb

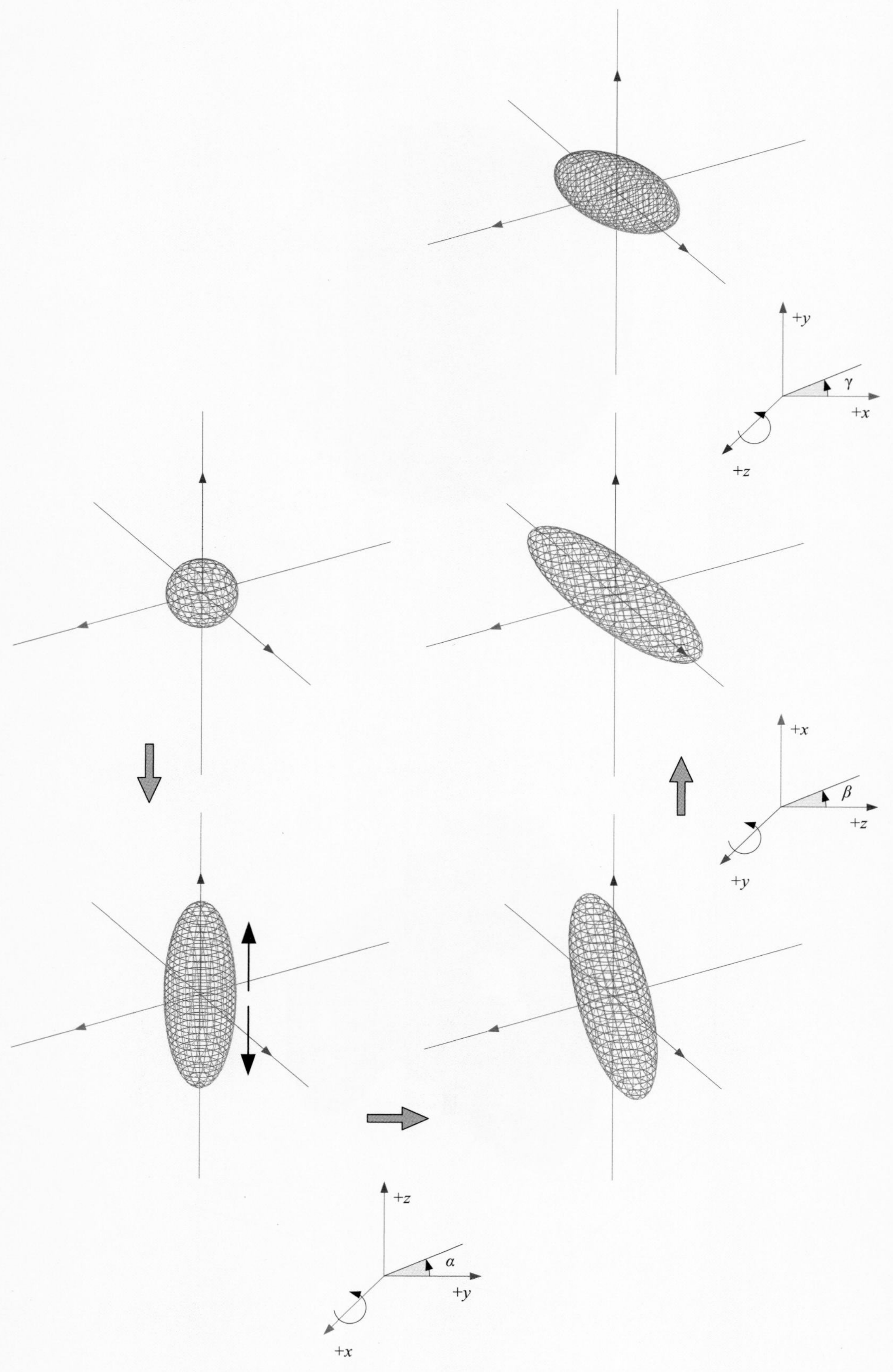

图18.15　从单位球到旋转椭球 | BK_2_Ch18_06.ipynb

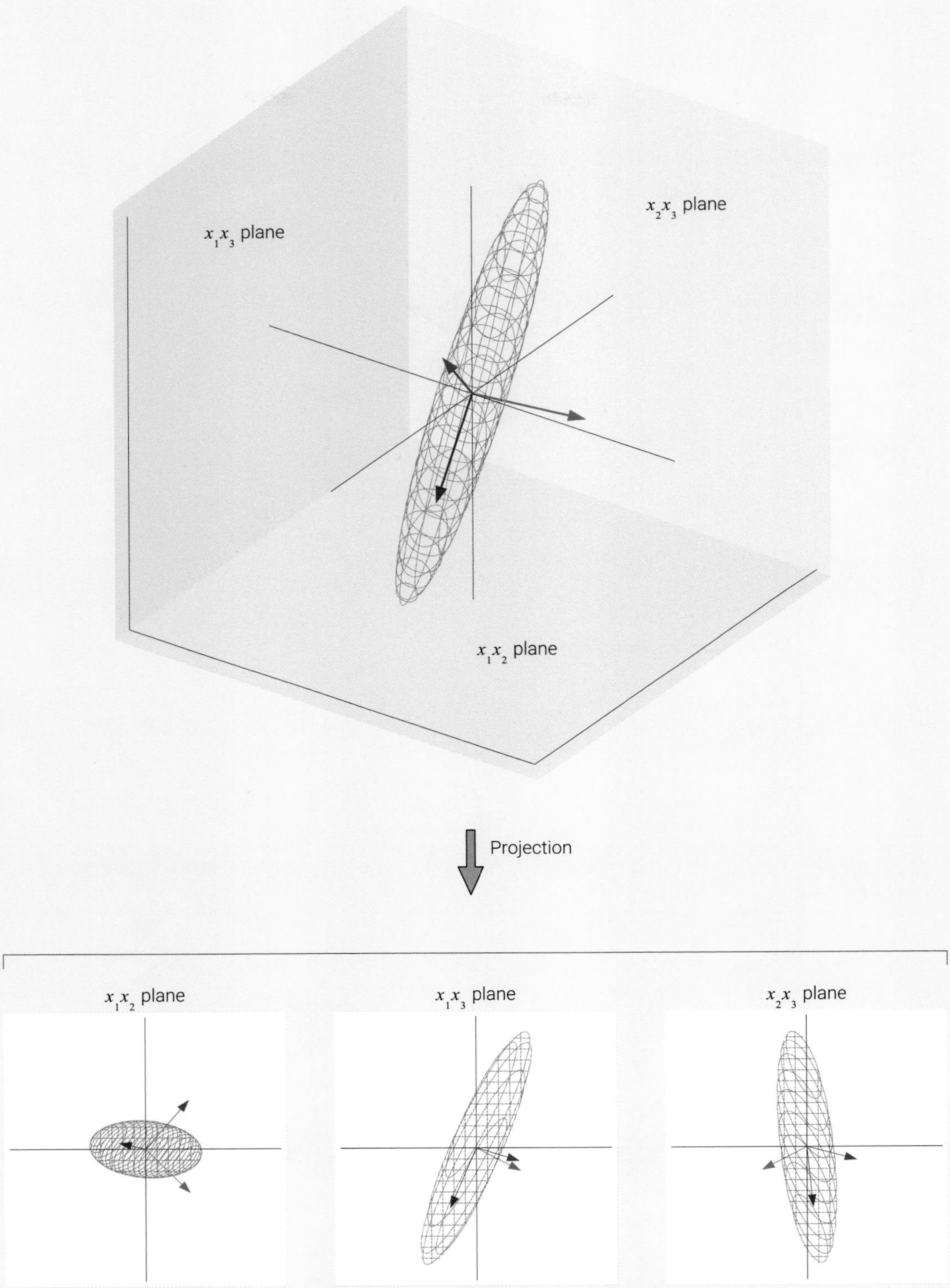

x_1x_3 plane

x_2x_3 plane

x_1x_2 plane

Projection

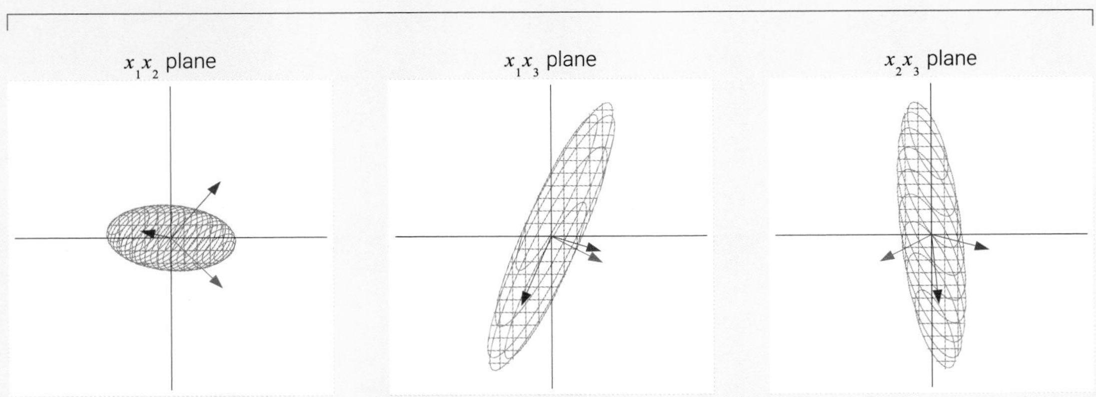

图18.16　旋转椭球在三个平面的投影 | BK_2_Ch18_07.ipynb

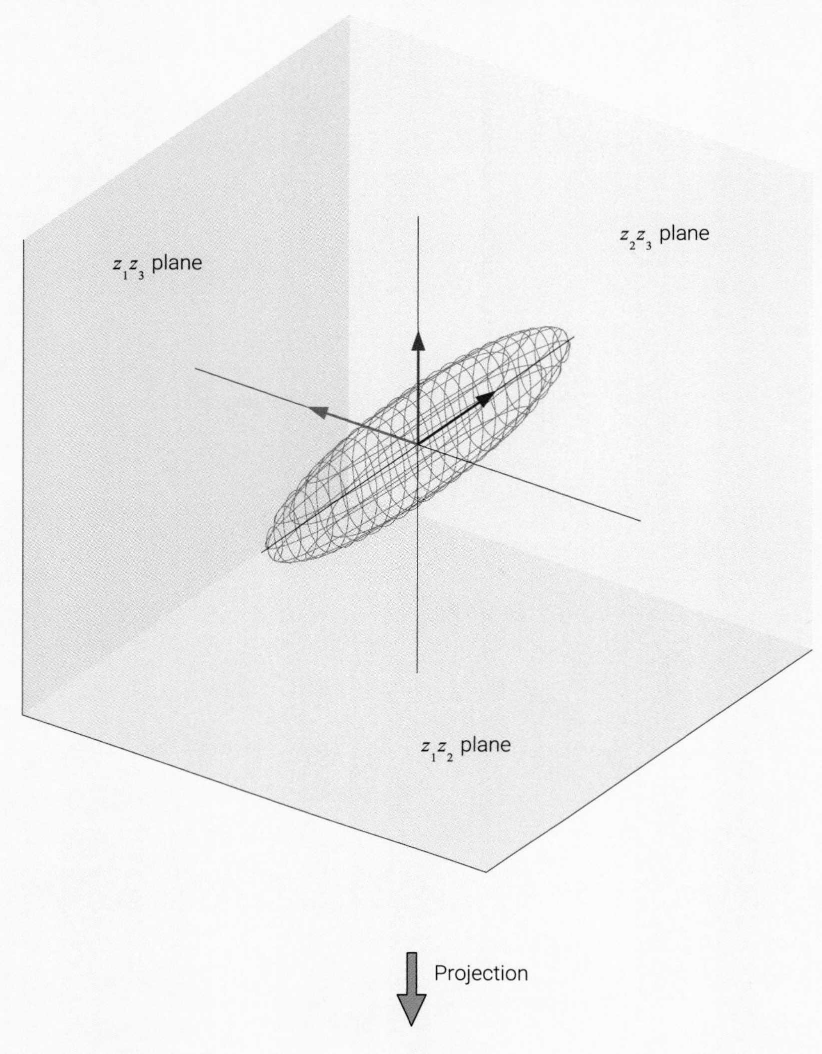

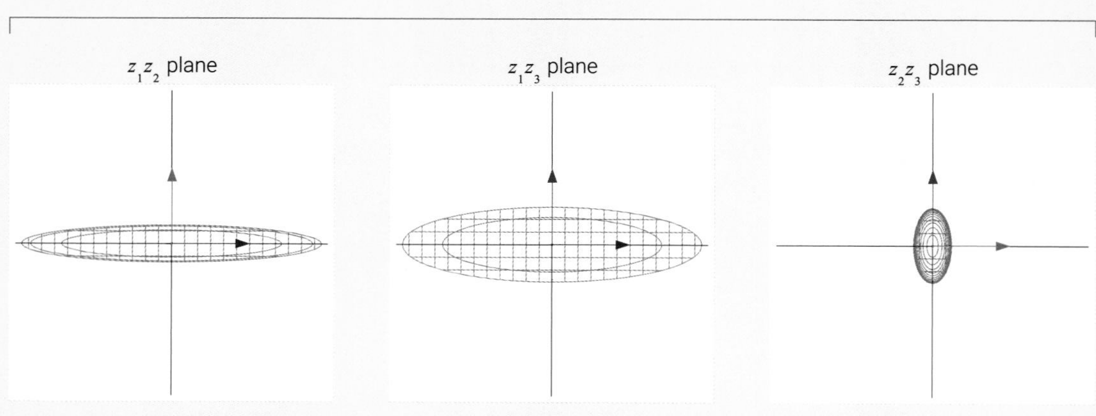

图18.17　正椭球在三个平面的投影 | BK_2_Ch18_07.ipynb

06 Section 06 代　数

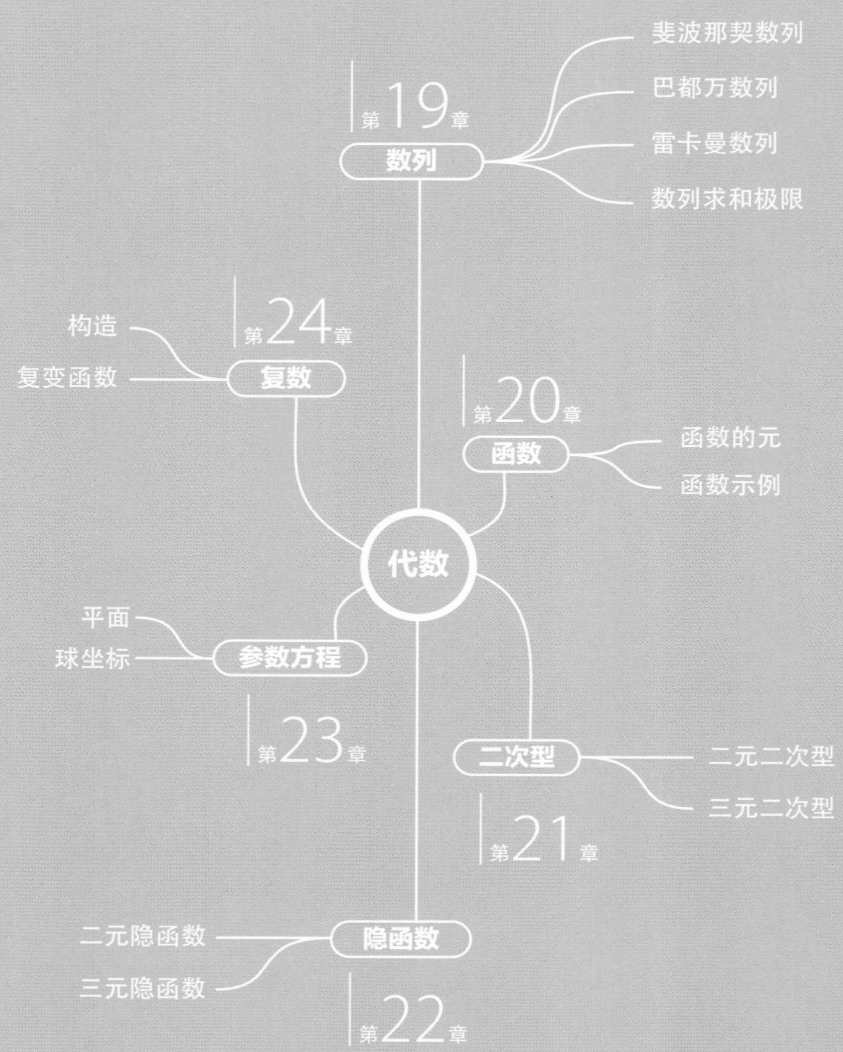
代数
第19章
数列
斐波那契数列
巴都万数列
雷卡曼数列
数列求和极限
第20章
函数
函数的元
函数示例
第21章
二次型
二元二次型
三元二次型
第22章
隐函数
二元隐函数
三元隐函数
第23章
参数方程
平面
球坐标
第24章
复数
构造
复变函数

学习地图 | 第6板块

Sequences

数列

用几何可视化手段展示数列和极限

我把心和灵魂投入到绘画中，并在这个过程中失去了理智。

I put my heart and my soul into my work, and have lost my mind in the process.

—— 文森特·梵高 (Vincent van Gogh) | 荷兰后印象派画家 | 1853—1890年

- ◄ `matplotlib.patches.Polygon` 多边形对象
- ◄ `matplotlib.pyplot.Rectangle()` 矩形对象
- ◄ `matplotlib.transforms.Affine2D` 完成对象的二维仿射变换，如平移、缩放、旋转等几何操作
- ◄ `numpy.cumsum()` 计算累计求和
- ◄ `numpy.insert()` 在数组特定位置插入数值

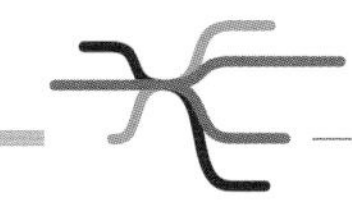

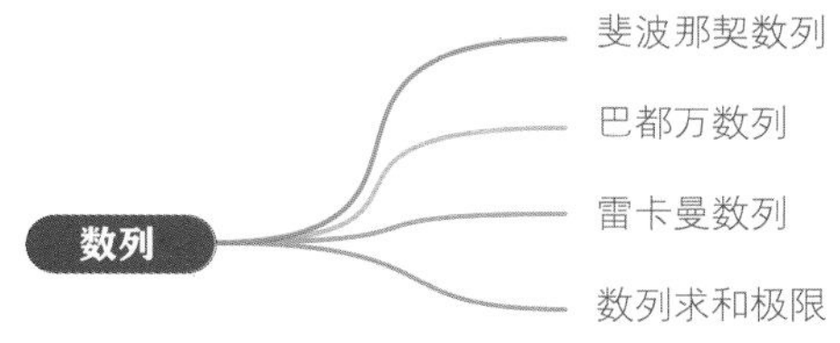

19.1 什么是数列？

数列是按照一定规律排列的数字集合。常见类型包括**等差数列** (arithmetic progression或arithmetic sequence)、**等比数列** (geometric progression或geometric sequence)、**斐波那契数列** (Fibonacci sequence) 等。

本质上，数列也是一种特殊函数。在机器学习中，数列常用于表示数据序列，如时间序列预测等。

一般情况下，我们可以通过折线图、火柴图、热图展示数列趋势和模式。而本章将用几何视角展示数列和数列求和极限。

19.2 斐波那契数列

《编程不难》介绍过斐波那契数列。我们可以在自然界中找到很多斐波那契数列的例子，如植物的分枝结构、蜂窝的排列方式等。图19.1所示为斐波那契数列的一种可视化方案。

Bk2_Ch19_01.ipynb中绘制了图19.1，下面讲解代码19.1中关键语句。

ⓐ用matplotlib.pyplot.cm，简写作plt.cm，生成一组渐变色。plt.cm.Blues_r根据np.linspace(0, 1, num + 1) 数值生成一组蓝色渐变色。

ⓑ为正方形的旋转角度。

ⓒ为正方形的边长。

ⓓ为正方形“锚点”的坐标。不考虑旋转的话，锚点为矩形左下角顶点的位置坐标。

ⓔ用plt.Rectangle() 矩形对象创建“正方形”实例。

rec_loc_idx 是矩形左下角的位置坐标。

width=side_idx 和 height=side_idx 分别设置了矩形的宽度和高度。

facecolor=colors[i + 1] 设置了矩形的填充颜色。

edgecolor='k' 设置了矩形的边框颜色为黑色。

transform 参数用于指定矩形的变换方式，这里使用了仿射变换 (affine transformation)。

Affine2D().rotate_deg_around(x_array[i], y_array[i], rotate_i) 是一个仿射变换，表示绕 (x_array[i], y_array[i]) 点旋转 rotate_i 度。

ax.transData 表示将变换应用于数据坐标系。

ⓕ在轴对象ax添加图形对象。

代码19.1 可视化斐波那契数列 | BK2_Ch19_01.ipynb

```
fig, ax=plt.subplots(figsize=(8,8))

colors=plt.cm.Blues_r(np.linspace(0,1,num+1))

for i in idx_array:
    rotate_i=rotation[i]
    side_idx=fibonacci_array_from_1 [i]
    rec_loc_idx=np.array([x_array[i], y_array[i]])

    rec = plt.Rectangle(rec_loc_idx,
                        width=side_idx,
                        height=side_idx,
                        facecolor=colors[i + 1],
                        edgecolor='k',
                        transform=Affine2D().rotate_deg_around(
                           x_array[i], y_array[i], rotate_i)
                        + ax.transData)
    ax.add_patch(rec)

ax.set_aspect('equal')
ax.plot(0, 0,  color='r', marker='x', markersize=10)
ax.axis('off')
plt.show()
```

Bk2_Ch19_02.ipynb中绘制了图19.2。图19.2在图19.1基础上增加了螺旋线，请大家自行分析。

19.3 巴都万数列

图19.3可视化了**巴都万数列** (Padovan Sequence)。巴都万数列前15项为1, 1, 1, 2, 2, 3, 4, 5, 7, 9, 12, 16, 21, 28, 37, 49。

大家可以发现，这个数列的前3项均为1，之后的数值递推关系定义为$P(n) = P(n-2) + P(n-3)$。

$n > 6$时，巴都万数列也可以写成$P(n) = P(n-1) + P(n-5)$。这是本例可视化用的公式。

Bk2_Ch19_03.ipynb中绘制了图19.3。

这个代码中，作图技巧是采用matplotlib.patches.Polygon() 绘制正三角形。代码用到的重要数学工具是平面旋转。请大家自行分析这段代码。

19.4 雷卡曼数列

在数学和计算机科学中，**雷卡曼数列** (Recamán sequence) 通常使用递归的方式来定义。雷卡曼数列前20项为0, 1, 3, 6, 2, 7, 13, 20, 12, 21, 11, 22, 10, 23, 9, 24, 8, 25, 43, 62。

图19.4用圆弧方式展示了雷卡曼数列的前60列。Bk2_Ch19_04.ipynb中绘制了图19.4，并给出了通项公式。

19.5 数列求和极限

图19.5和图19.6则用几何方式展现了数列求和极限。当项数逐渐增加，且数列求和无限接近某个值时，这个值被称为数列求和极限。

如图19.5所示，数列求和1/4 + 1/16 + 1/64 + 1/256 + ⋯ 趋向于1/3。

Bk2_Ch19_05.ipynb中绘制了图19.5，请大家自行分析代码。

如图19.6所示，数列求和1/2 + 1/4 + 1/8 + 1/16 + ⋯ 趋向于1。

Bk2_Ch19_06.ipynb中绘制了图19.6，请大家自行分析代码。

本章讲解了如何可视化斐波那契数列、巴都万数列、雷卡曼数列，以及数列求和极限。《数学要素》将介绍数列、极限背后的数学工具，并由其引出微积分相关知识点。

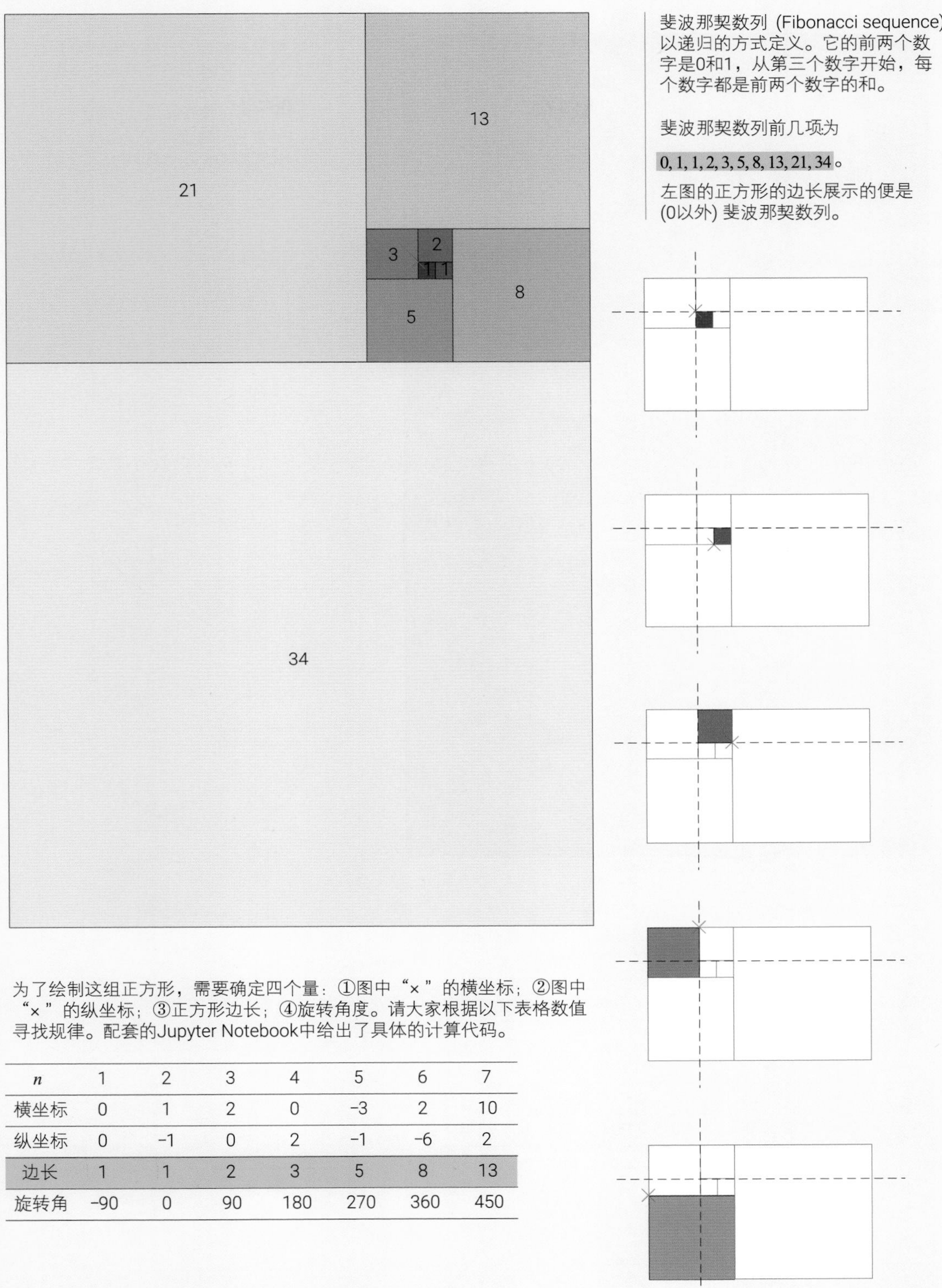

斐波那契数列 (Fibonacci sequence) 以递归的方式定义。它的前两个数字是0和1，从第三个数字开始，每个数字都是前两个数字的和。

斐波那契数列前几项为

0, 1, 1, 2, 3, 5, 8, 13, 21, 34。

左图的正方形的边长展示的便是(0以外) 斐波那契数列。

为了绘制这组正方形，需要确定四个量：①图中“×”的横坐标；②图中“×”的纵坐标；③正方形边长；④旋转角度。请大家根据以下表格数值寻找规律。配套的Jupyter Notebook中给出了具体的计算代码。

n	1	2	3	4	5	6	7
横坐标	0	1	2	0	−3	2	10
纵坐标	0	−1	0	2	−1	−6	2
边长	1	1	2	3	5	8	13
旋转角	−90	0	90	180	270	360	450

图19.1　可视化斐波那契数列 | ⊕ BK2_Ch19_01.ipynb

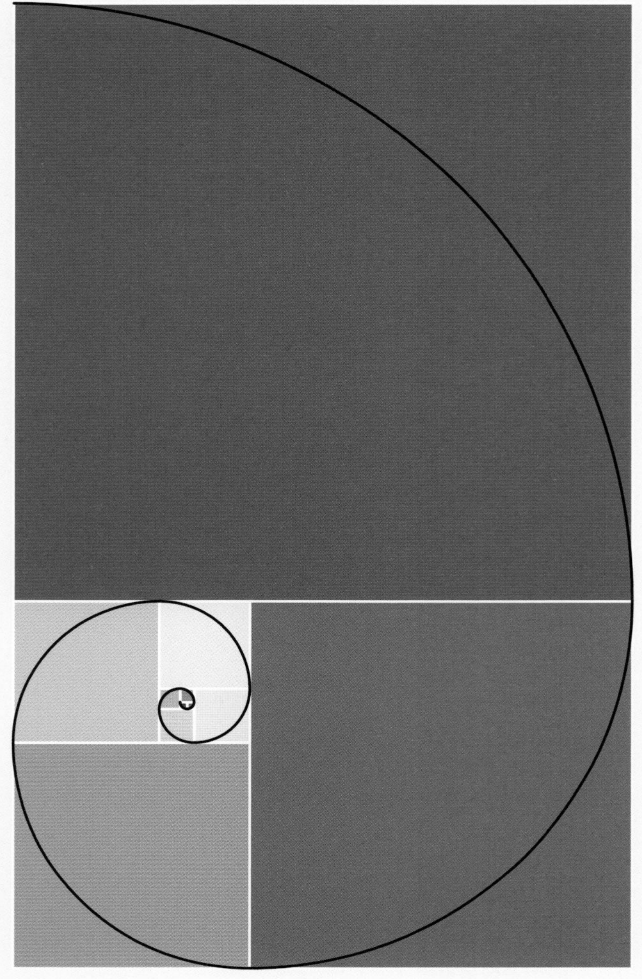

斐波那契螺旋线基于斐波那契数列。它的构造方式基于上一页的正方形，用1/4圆弧(90°) 连接图中"×"，最终形成一个螺旋线。斐波那契螺旋线可以用来近似黄金螺旋 (golden spiral)。

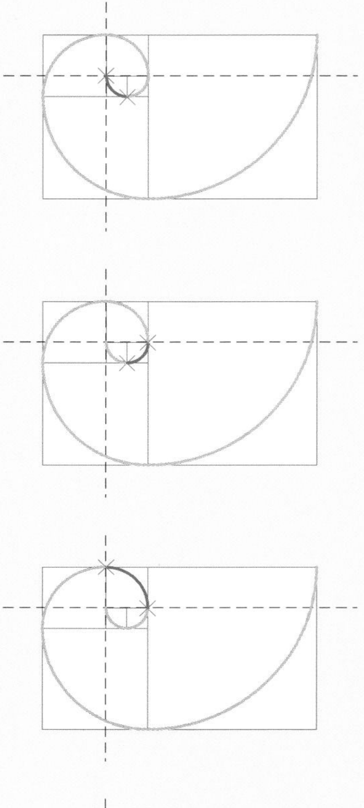

为了绘制斐波那契螺旋线，需要确定四个量：① 圆心横坐标；② 圆心纵坐标；③ 半径；④ 1/4圆弧起始角。请大家根据以下表格数值寻找规律。配套的Jupyter Notebook中给出了具体的计算代码。

n	1	2	3	4	5	6	7
横坐标	1	1	0	0	2	2	−3
纵坐标	0	0	0	−1	−1	2	2
半径	1	1	2	3	5	8	13
起始角	2 × 90	3 × 90	4 × 90	5 ×90	6 × 90	7 × 90	8 ×90

代码中还用到了以下三角波。

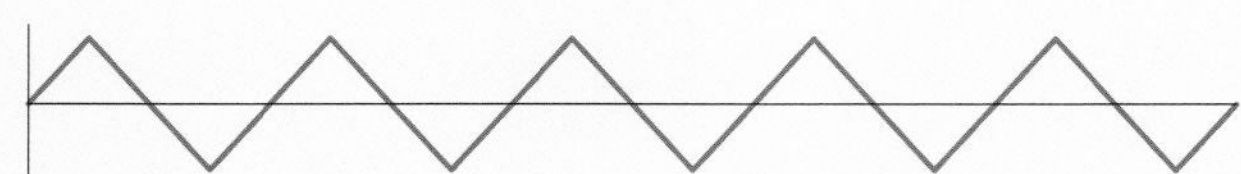

图19.2　可视化斐波那契螺旋线 | BK2_Ch19_02.ipynb

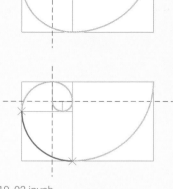

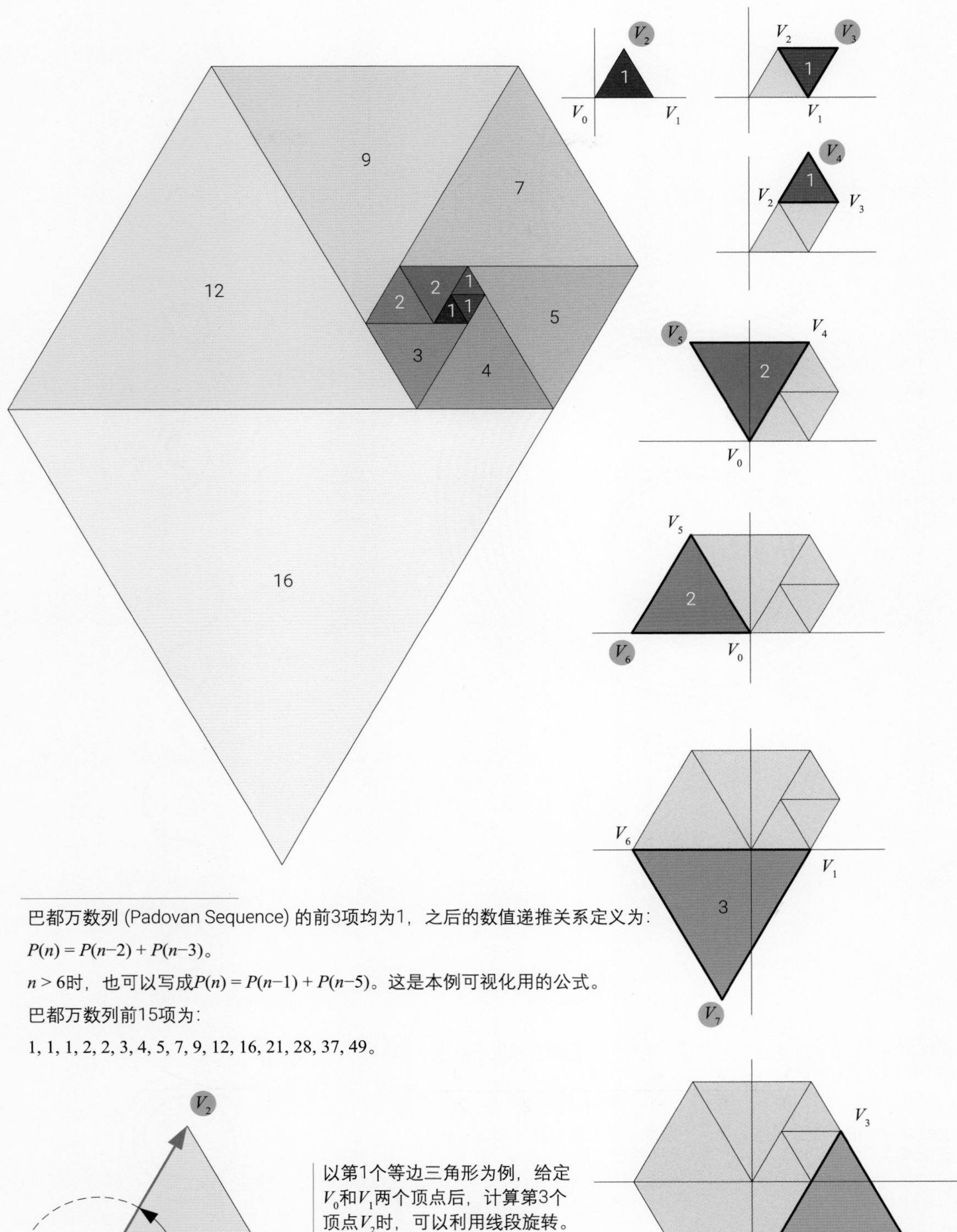

巴都万数列 (Padovan Sequence) 的前3项均为1，之后的数值递推关系定义为：

$P(n) = P(n-2) + P(n-3)$。

$n > 6$时，也可以写成$P(n) = P(n-1) + P(n-5)$。这是本例可视化用的公式。

巴都万数列前15项为：

1, 1, 1, 2, 2, 3, 4, 5, 7, 9, 12, 16, 21, 28, 37, 49。

以第1个等边三角形为例，给定V_0和V_1两个顶点后，计算第3个顶点V_2时，可以利用线段旋转。V_0V_1绕V_0逆时针旋转60°便得到V_0V_2线段，从而得到V_2坐标。

图19.3　可视化巴都万数列 | BK2_Ch19_03.ipynb

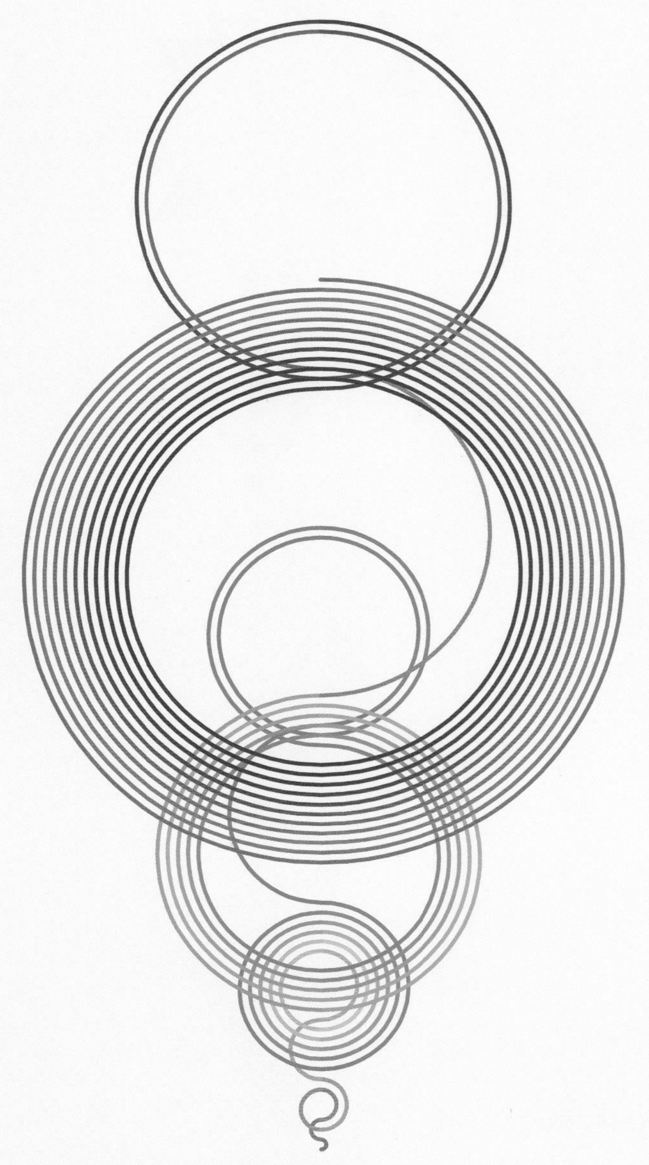

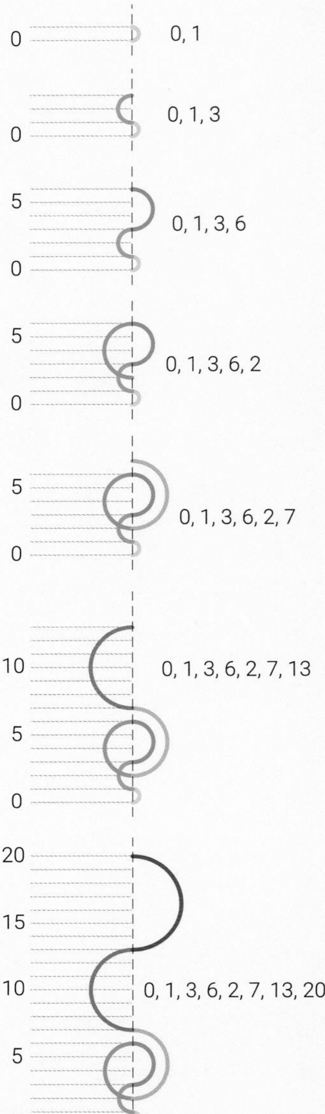

在数学和计算机科学中，雷卡曼 (Recamán) 数列通常使用递归的方式来定义。雷卡曼数列前20项为：

0, 1, 3, 6, 2, 7, 13, 20, 12, 21, 11, 22, 10, 23, 9, 24, 8, 25, 43, 62。

上图可视化雷卡曼数列前60项。下图展示雷卡曼数列前1000项的变化趋势。配套的Jupyter Notebook中给出了通项公式。

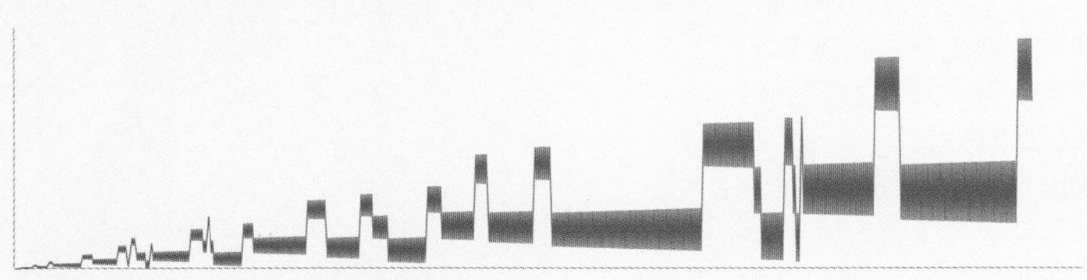

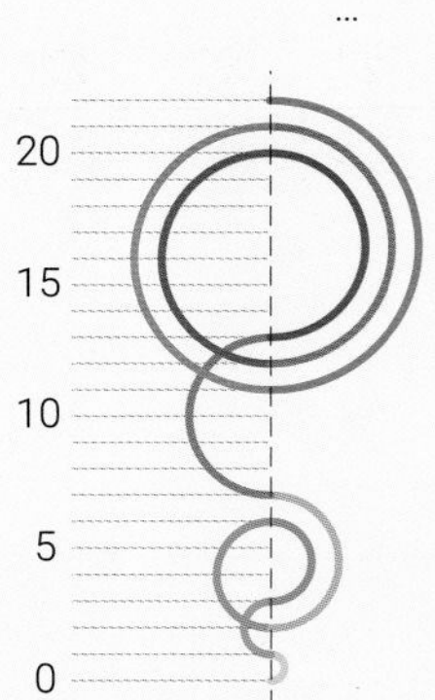

图19.4 可视化雷卡曼数列 | BK2_Ch19_04.ipynb

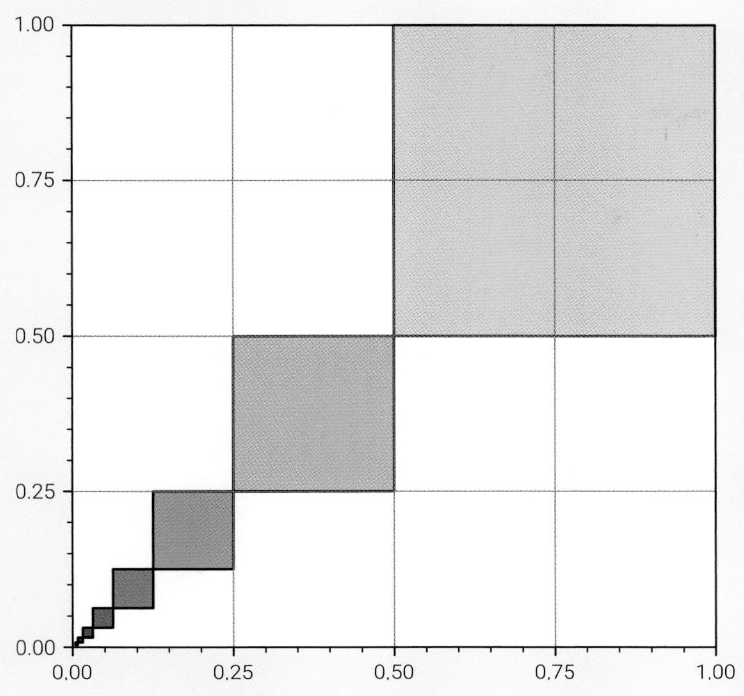

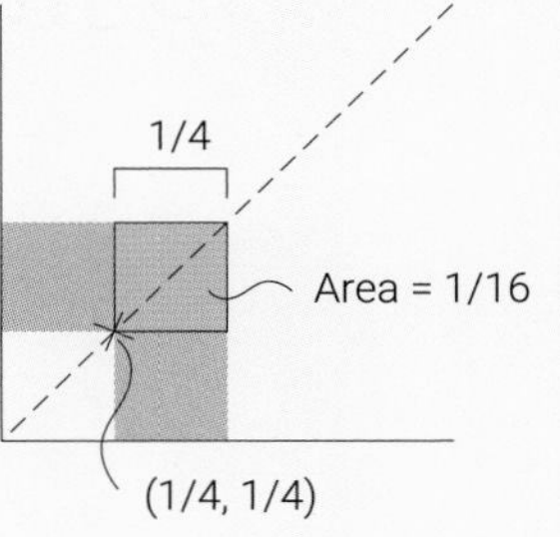

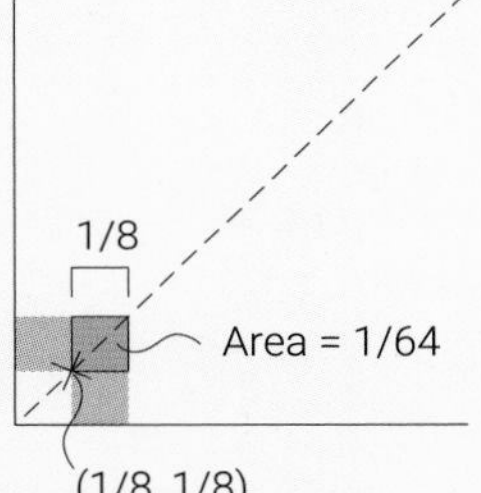

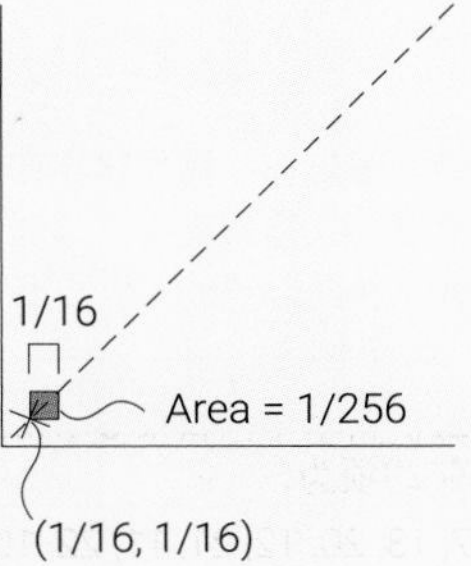

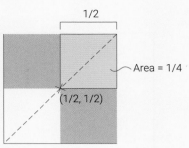

当项数逐渐增加，且数列求和无限接近某个值时，这个值被称为数列求和极限。比如，

$$1/4 + 1/16 + 1/64 + 1/256 + \cdots \rightarrow 1/3$$

也就是说

$$2^{-2} + 2^{-4} + 2^{-8} + 2^{-16} + \cdots \rightarrow 1/3$$

图解方法来看，上图的蓝色正方形的面积之和为1/3。

为了绘制上图中的正方形，需要确定三个量：①横坐标；②纵坐标；③边长。请大家根据以下表格数值寻找规律。配套的Jupyter Notebook中给出了具体的计算代码。

n	1	2	3	4	5	6	7
横坐标	2^{-1}	2^{-2}	2^{-3}	2^{-4}	2^{-5}	2^{-6}	2^{-7}
纵坐标	2^{-1}	2^{-2}	2^{-3}	2^{-4}	2^{-5}	2^{-6}	2^{-7}
边长	2^{-1}	2^{-2}	2^{-3}	2^{-4}	2^{-5}	2^{-6}	2^{-7}

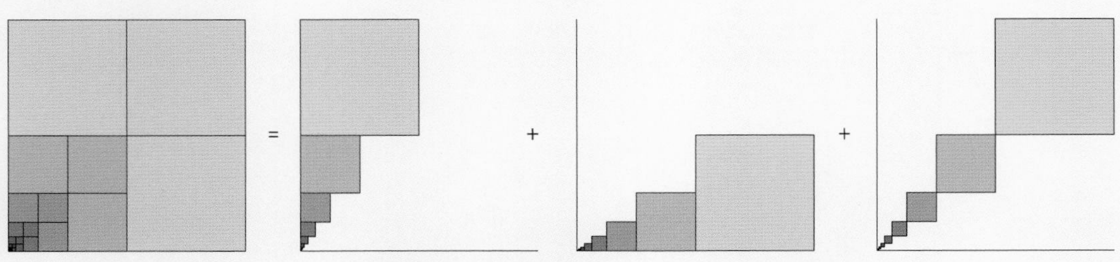

图19.5　可视化数列之和极限，第1组 | BK2_Ch19_05.ipynb

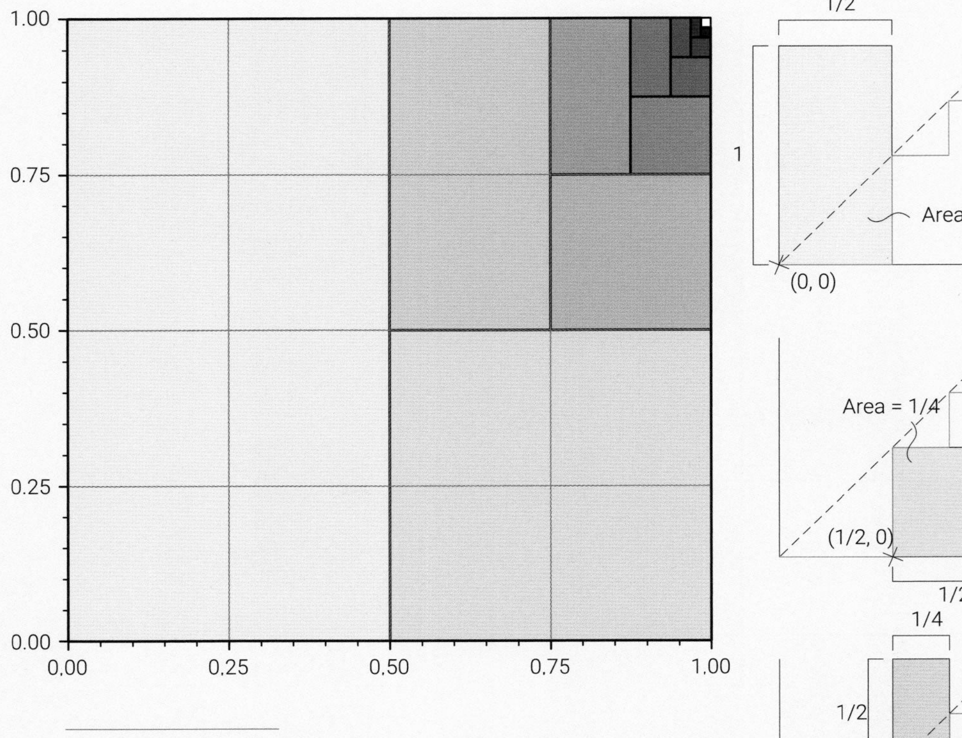

以下数列和的极限为

$1/2 + 1/4 + 1/8 + 1/16 + \cdots \to 1$

也就是说

$2^{-1} + 2^{-2} + 2^{-3} + 2^{-4} + \cdots \to 1$

图解方法来看，上图的蓝色正方形的面积之和为1。

反向来看，就是日取其半，万世不竭。

为了绘制上图矩形，需要确定四个量：①横坐标；②纵坐标；③矩形宽度；④矩形高度。请大家根据以下表格数值寻找规律。配套的Jupyter Notebook中给出了具体的计算代码。

n	1	2	3	4	5	6	7
横坐标	0	1/2	1/2	3/4	3/4	7/8	7/8
纵坐标	0	0	1/2	1/2	3/4	3/4	7/8
宽度	1/2	1/2	1/4	1/4	1/8	1/8	1/16
高度	1	1/2	1/2	1/4	1/4	1/8	1/8

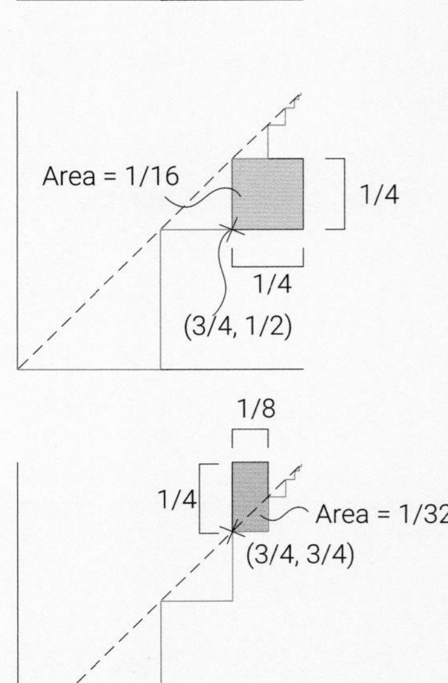

图19.6　可视化数列之和极限，第2组 | BK2_Ch19_06.ipynb

Function

函数

可视化一元、二元、三元函数

至暗深夜也必然结束，太阳终将升起。

Even the darkest night will end and the sun will rise.

—— 维克多·雨果 (Victor Hugo) | 法国文学家 | 1802—1885年

- `matplotlib.pyplot.contour()` 绘制等高线图
- `matplotlib.pyplot.contourf()` 绘制填充等高线图
- `matplotlib.pyplot.plot_wireframe()` 绘制线框图
- `numpy.linspace()` 在指定的间隔内，返回固定步长的数据
- `numpy.meshgrid()` 创建网格化数据

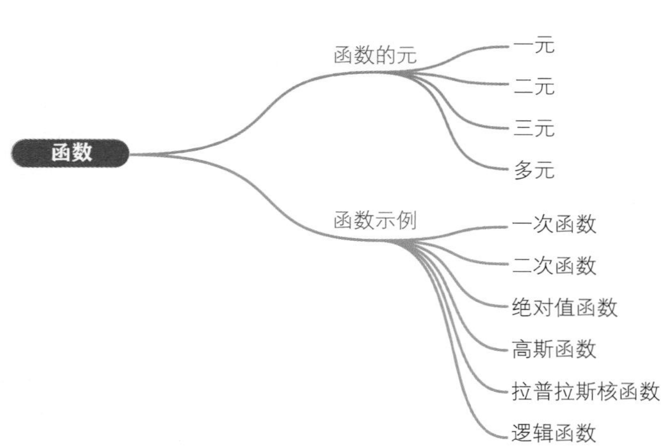

20.1 函数

在数学中，函数的**元** (arity) 指的是函数接受的参数个数。常见的函数元数包括以下几类。

- **一元函数** (unary function) 接受一个参数。例如，$f_1(x) = x$ 是一个一元函数，它接受一个参数 x。
- **二元函数** (binary function) 接受两个参数。例如，$f_2(x_1, x_2) = x_1 + x_2$ 是一个二元函数，它接受两个参数 x_1 和 x_2。
- **三元函数** (ternary function) 接受三个参数。例如，$f_3(x_1, x_2, x_3) = x_1 + x_2 + x_3$是一个三元函数，它接受三个参数 x_1、x_2 和 x_3。
- **多元函数** (n-ary function) 接受 n 个参数。多元函数的参数个数可以是任意多个，例如$f_n(x_1, x_2, \cdots, x_n) = x_1 + x_2 + \cdots + x_n$是一个多元函数，它接受任意$n$个参数 x_1、x_2、…、x_n。

《编程不难》第8章简述函数概念，请大家回顾。

一元、二元、三元、多元函数的映射如图20.1所示。

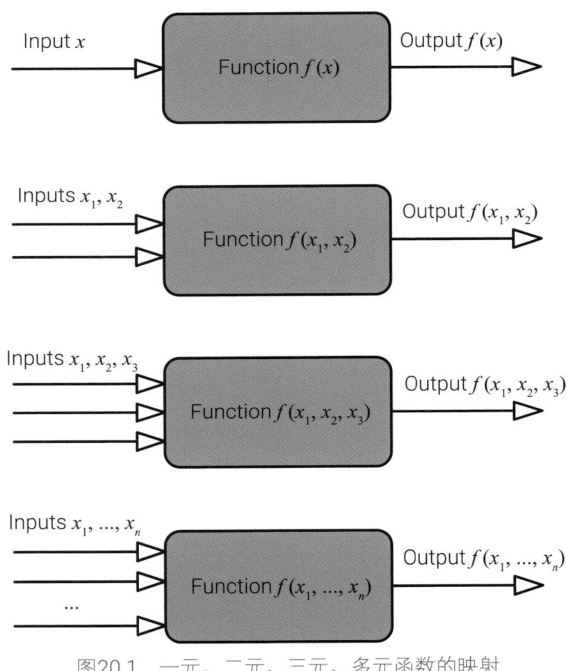

图20.1　一元、二元、三元、多元函数的映射

下面我们就来聊聊如何利用本书前文介绍的各种可视化方案展示一元、二元、三元函数。

20.2 一次函数

一元**一次函数** (linear function) 是一种形式为$f(x) = ax + b$的函数，a和b是实数常数，且a不为零。它是最简单的线性函数，描述了一个直线的斜率和截距。图20.3、图20.4所示为一元、二元、三元一次函数的几种可视化方案。

请大家思考如何可视化四元函数，比如$f(x_1, x_2, x_3, x_4) = x_1 + x_2 + x_3 + x_4$。

一次函数在数学和实际应用中非常有用。在统计学中，它被广泛用于线性回归分析，其中通过拟合一条直线来描述自变量与因变量之间的关系。这可以帮助我们预测和解释数据的变化趋势。

《数学要素》专门介绍一次函数。

此外，一次函数还在分类决策面中扮演重要角色。在机器学习和模式识别中，一次函数可以用来划分特征空间，将数据点分为不同的类别。

Bk2_Ch20_01.ipynb中绘制了图20.3中一元一次函数$f_1(x) = x$。代码很简单，下面讲解其中可视化语句 (见代码20.1)。

ⓐ在轴对象ax上用plot()绘制一元函数线图，x1_array为横坐标，f1_array为纵坐标。

ⓑ将坐标轴的纵横比设置为相等。

ⓒ隐藏四个**图脊** (spines)。

代码20.1　可视化一元一次函数 | Bk2_Ch20_01.ipynb

```
fig, ax=plt.subplots()

ax.plot(x1_array, f1_array)

ax.set_xlabel('x'); ax.set_ylabel('f(x)')
ax.set_xticks(ticks_array); ax.set_yticks(ticks_array);
ax.set_aspect('equal', adjustable='box')
ax.set_xlim(x1_array.min(),x1_array.max());
ax.set_ylim(x1_array.min(),x1_array.max());
ax.spines['top'].set_visible(False)
ax.spines['right'].set_visible(False)
ax.spines['bottom'].set_visible(False)
ax.spines['left'].set_visible(False)
ax.grid(linestyle='--', linewidth=0.25, color=[0.5,0.5,0.5])
plt.show()
```

Bk2_Ch20_02.ipynb中绘制了图20.3中二元一次函数。代码20.2绘制网格面，下面讲解其中关键语句。

ⓐ在图形对象fig上用add_subplot(projection = '3d') 方法增加一个三维轴对象。

ⓑ在三维轴对象ax上用plot_wireframe() 绘制网格面，展示二元函数$f(x_1, x_2) = x_1 + x_2$。

rstride指定网格数据行之间的跨度，表示在行的方向上将线绘制多少行之后跳过一行。

cstride指定网格数据列之间的跨度，表示在列的方向上将线绘制多少列之后跳过一列。

请大家尝试将rstride、cstride设置为其他正整数，并观察效果。

linewidth指定网格面线宽，即线的粗细。

ⓒ利用set_proj_type()设置三维图形的投影方式为正投影。本书前文介绍过正投影，简单来说，正投影不考虑“近大远小”这种视觉效果。

ⓓ利用view_init()设定视角。参数elev为仰角，参数azim为方位角。

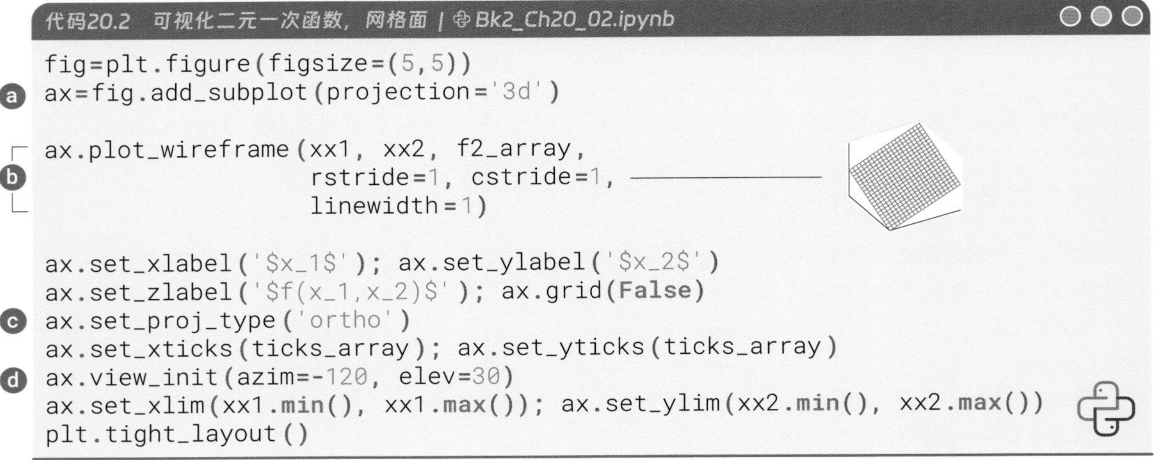

代码20.2　可视化二元一次函数，网格面 | ⊕ Bk2_Ch20_02.ipynb

```
fig=plt.figure(figsize=(5,5))
ax=fig.add_subplot(projection='3d')                                    # a

ax.plot_wireframe(xx1, xx2, f2_array,                                  # b
                  rstride=1, cstride=1,
                  linewidth=1)

ax.set_xlabel('$x_1$'); ax.set_ylabel('$x_2$')
ax.set_zlabel('$f(x_1,x_2)$'); ax.grid(False)
ax.set_proj_type('ortho')                                              # c
ax.set_xticks(ticks_array); ax.set_yticks(ticks_array)
ax.view_init(azim=-120, elev=30)                                       # d
ax.set_xlim(xx1.min(), xx1.max()); ax.set_ylim(xx2.min(), xx2.max())
plt.tight_layout()
```

代码20.2绘制的网格面，相当于用“经纬线”织布。而代码20.3则只绘制单一维度织线。我们在本书第15章介绍过这种可视化方案，请大家回顾。

ⓐ利用plot_wireframe()时，设置cstride=0，不显示数据column列方向织线。

ⓑ利用plot_wireframe()时，设置rstride=0，不显示数据row行方向织线。

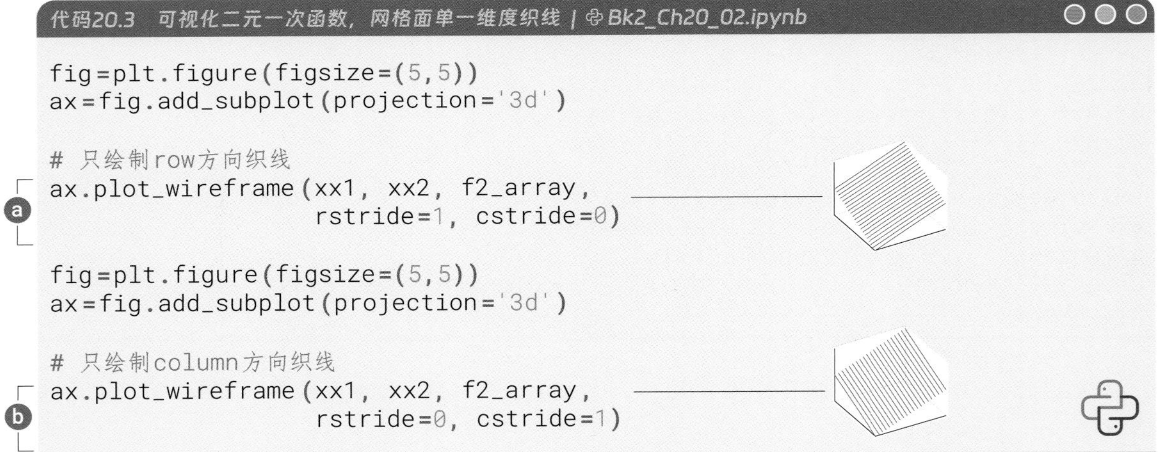

代码20.3　可视化二元一次函数，网格面单一维度织线 | ⊕ Bk2_Ch20_02.ipynb

```
fig=plt.figure(figsize=(5,5))
ax=fig.add_subplot(projection='3d')

# 只绘制row方向织线
ax.plot_wireframe(xx1, xx2, f2_array,                                  # a
                  rstride=1, cstride=0)

fig=plt.figure(figsize=(5,5))
ax=fig.add_subplot(projection='3d')

# 只绘制column方向织线
ax.plot_wireframe(xx1, xx2, f2_array,                                  # b
                  rstride=0, cstride=1)
```

代码20.4采用“网格面 + 三维等高线”方式可视化二元函数。请大家自行分析代码。

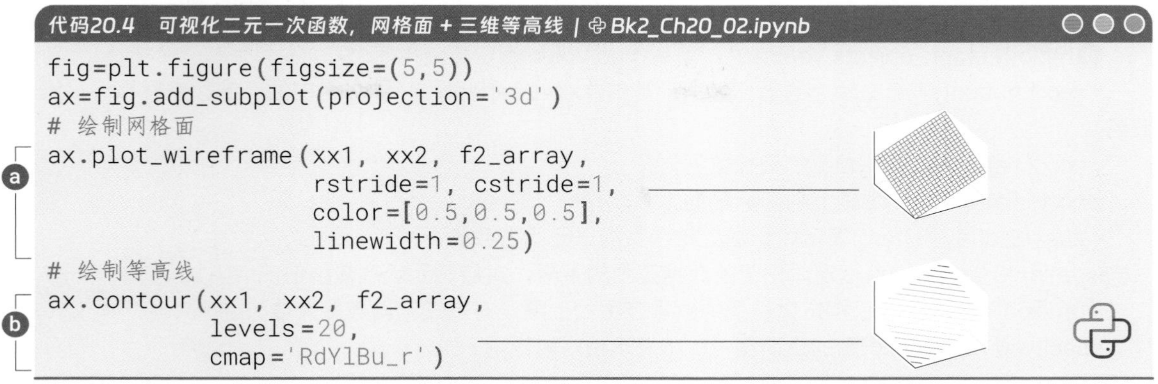

代码20.4　可视化二元一次函数，网格面＋三维等高线 | ⊕Bk2_Ch20_02.ipynb

```
fig=plt.figure(figsize=(5,5))
ax=fig.add_subplot(projection='3d')
# 绘制网格面
ax.plot_wireframe(xx1, xx2, f2_array,
                  rstride=1, cstride=1,
                  color=[0.5,0.5,0.5],
                  linewidth=0.25)
# 绘制等高线
ax.contour(xx1, xx2, f2_array,
           levels=20,
           cmap='RdYlBu_r')
```

代码20.5分别采用二维等高线、二维填充等高线可视化二元函数，请大家自行分析。

Bk2_Ch20_02.ipynb还给出其他几种可视化方案，请大家自行分析。

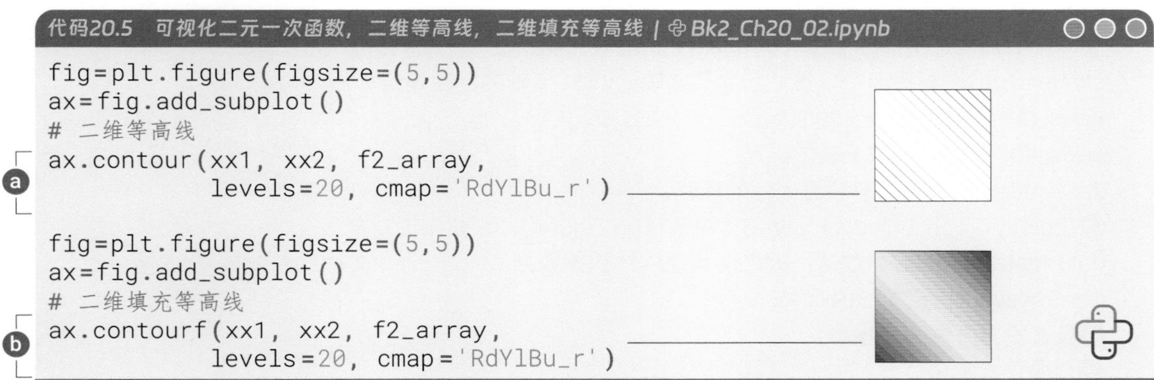

代码20.5　可视化二元一次函数，二维等高线，二维填充等高线 | ⊕Bk2_Ch20_02.ipynb

```
fig=plt.figure(figsize=(5,5))
ax=fig.add_subplot()
# 二维等高线
ax.contour(xx1, xx2, f2_array,
           levels=20, cmap='RdYlBu_r')

fig=plt.figure(figsize=(5,5))
ax=fig.add_subplot()
# 二维填充等高线
ax.contourf(xx1, xx2, f2_array,
            levels=20, cmap='RdYlBu_r')
```

Bk2_Ch20_03.ipynb主要用“切豆腐”方法可视化三元函数，我们已经在本书前文介绍过相关代码，请大家自行分析。

如图20.2所示，利用Plotly的Volume图 (体积图) 可视化三元函数。在JupyterLab中，大家可以旋转、缩放这幅图。

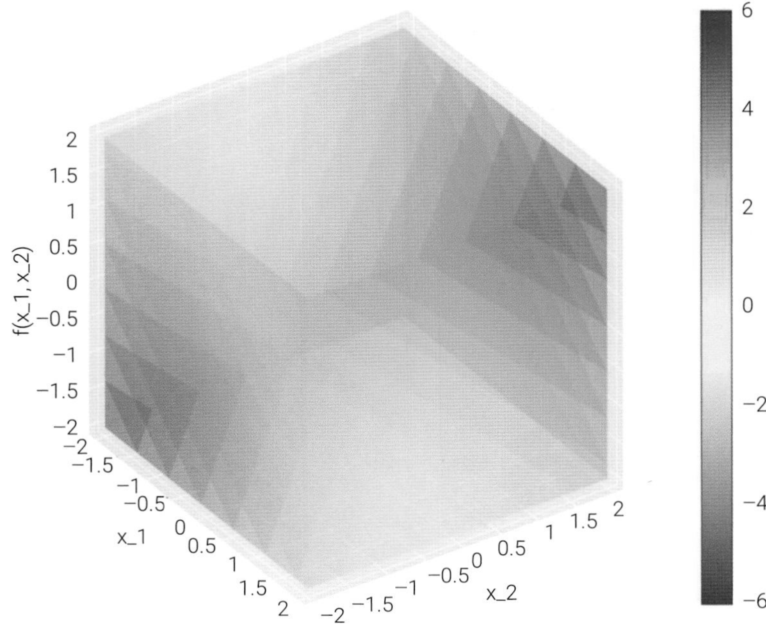

图20.2　用Plotly的Volume图可视化三元一次函数 | ⊕Bk2_Ch20_03.ipynb

下面，我们讲解绘制图20.2的核心代码 (见代码20.6)。

ⓐ用plotly.graph_objects.Volume()，简写作go.Volume()，绘制体积图。

x=xxx1.flatten()表示 x 轴上的坐标数据。其中，xxx1.flatten() 是将 xxx1 中的三维数组展平成一维数组。

y=xxx2.flatten()表示 y 轴上的坐标数据。

z=xxx3.flatten()表示 z 轴上的坐标数据。

value=f3_array.flatten()表示体积图上每个点的三元函数数值。

isomin=f3_array.min()指定体积图的数据范围的下限，对应三元函数最小值。

isomax=f3_array.max()指定体积图的数据范围的上限，对应三元函数最大值。

opacity=0.25设置体积图的透明度，0.25表示相对较透明。

colorscale='RdYlBu_r'指定体积图的颜色映射。

surface_count=20表示体积图中显示的曲面数量。

ⓑ用plotly.graph_objects.Layout()，简写作go.Layout()，设置图形属性。

width=800设定图形的宽度为800像素。

height=800设定图形的高度为800像素。

scene=dict()设置图形中场景，包含了 x 轴、y 轴、z 轴的标题等信息。

xaxis_title='x_1'设置 x 轴的标题。

yaxis_title='x_2'设置 y 轴的标题。

zaxis_title='f(x_1,x_2)'设置 z 轴的标题。

ⓒ用plotly.graph_objects.Figure()，简写作go.Figure()，创建图形对象。

data=data指定图形的数据，即之前创建的体积图数据。

layout=layout指定图形的布局。

ⓓ设置投影方式为正投影。

ⓔ和ⓕ设置视角位置。

代码20.6 用Plotly的volume | Bk2_Ch20_03.ipynb

```python
import plotly.graph_objects as go
data=go.Volume(                          # a
    x=xxx1.flatten(),
    y=xxx2.flatten(),
    z=xxx3.flatten(),
    value=f3_array.flatten(),
    isomin=f3_array.min(),
    isomax=f3_array.max(),
    opacity=0.25,
    colorscale='RdYlBu_r',
    surface_count=20)

# 布局设置
layout=go.Layout(                        # b
    width=800, height=800,
    scene=dict(
        xaxis_title='x_1',
        yaxis_title='x_2',
        zaxis_title='f(x_1,x_2)'))
```

```python
# 创建图形对象
fig = go.Figure(data=data, layout=layout)
fig.layout.scene.camera.projection.type = "orthographic"
camera = dict(eye=dict(x=0.6, y=-1, z=0.5))
fig.update_layout(scene_camera=camera)
fig.show()
```

20.3 其他几个函数示例

请大家自行修改Bk2_Ch20_01.ipynb、Bk2_Ch20_02.ipynb、Bk2_Ch20_03.ipynb，自行绘制以下几个函数的可视化方案。

二次函数

一元**二次函数** (quadratic function) 是一种形式为$f(x) = ax^2 + bx + c$的函数，其中a、b、c是实数常数，且a不为零。图20.5、图20.6所示为一元、二元、三元二次函数的几种可视化方案。

二次函数在数学和实际应用中有广泛的应用。在数学领域，二次函数是研究代数和解析几何的重要对象，它们具有丰富的性质和特征。

在实际应用中，二次函数可以用于建模和预测各种现象。例如，在物理学中，二次函数可以描述自由落体运动的高度随时间变化的关系。此外，二次函数还用于优化问题和曲线拟合。

例如，在最优化领域，通过分析二次函数的性质，可以找到最小值或最大值的位置；在曲线拟合中，可以利用二次函数来逼近实际数据，并进行预测和插值。

《数学要素》专门介绍二次函数。

绝对值函数

绝对值函数 (absolute value function) 是一种形式为$f(x) = a|x - b|$的函数，a和b是实数常数。图20.7、图20.8所示为一元、二元、三元绝对值函数的几种可视化方案。

绝对值函数在数学和实际应用中都具有重要的作用。在数学中，绝对值函数是一种特殊的分段函数，具有简单的图像和性质。它在不等式和绝对值相关的问题中经常出现。

绝对值函数可以用于测量误差或距离的绝对值，使得结果不受正负号影响。在优化问题中，绝对值函数常用于表示目标函数或约束条件，帮助找到最优解。此外，绝对值函数还在统计学和数据分析中发挥作用。它可以用于计算绝对误差或残差，评估模型的拟合程度。

《数学要素》专门介绍不同绝对值函数。

高斯函数

图20.9、图20.10所示为一元、二元、三元**高斯函数** (Gaussian function) 的几种可视化方案。

高斯函数常用于高斯分布，因此高斯函数在统计学和概率论中广泛应用。高斯函数在数据分析和模型拟合中非常有用。它可以用来描述数据集的分布情况，并进行概率推断和统计推断。

在机器学习中，高斯函数常用于聚类算法、异常检测和生成模型。此外，高斯函数还在信号处理中广泛应用，如图像处理和滤波。它可以用来平滑信号、降噪和边缘检测。

《统计至简》专门介绍高斯分布。

拉普拉斯核函数

拉普拉斯核函数 (Laplacian kernel function) 是一种常用的非线性核函数，用于**支持向量机** (Support Vector Machine，SVM) 和其他机器学习算法中的非线性分类和回归任务。图20.11、图20.12所示为一元、二元、三元拉普拉斯核函数的几种可视化方案。

拉普拉斯核函数可以将数据映射到高维特征空间，从而在低维空间中实现非线性分类。与其他核函数相比，拉普拉斯核函数在决策边界附近具有更陡峭的变化，因此对异常点更敏感，使其能够更好地捕捉数据中的局部结构。

《机器学习》专门介绍支持向量机。

拉普拉斯核函数在图像识别、文本分类、生物信息学等领域广泛应用。它具有良好的分类性能，并且在处理高维数据和处理小样本问题时表现出色。

逻辑函数

逻辑函数 (logistic function) 是一种常用的非线性函数，也称为Sigmoid函数或逻辑曲线。逻辑函数的取值范围在0 ~ 1之间，具有平滑的S形曲线。图20.13、图20.14所示为一元、二元、三元逻辑函数的几种可视化方案。

逻辑函数在机器学习、神经网络和统计学中广泛应用。它主要用于将输入值映射到概率值，将连续变量转换为概率分布。在二元分类任务中，逻辑函数可以将输入的线性组合转化为0 ~ 1之间的概率值，用于判断样本属于某一类别的概率。

逻辑函数在逻辑回归模型中扮演重要角色，用于建立分类模型和进行概率预测。它能够对数据进行非线性建模，拟合复杂的分类决策边界。

《数据有道》专门介绍逻辑回归。

此外，逻辑函数还用于激活函数，如在神经网络中，逻辑函数可用于将神经元的输出转化为非线性响应，提高模型的表达能力。

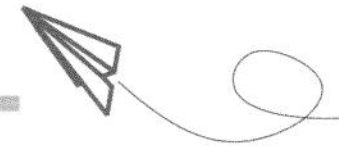

函数是代数、机器学习中极为重要的数学概念。通常，我们看到最多的是一元函数的图像；而本章利用各种可视化方案，向大家展示了二元、三元函数图像。

下一章，我们还会用类似本章的可视化方案展示二次型，二次型是在优化问题、机器学习算法中重要的数学概念。

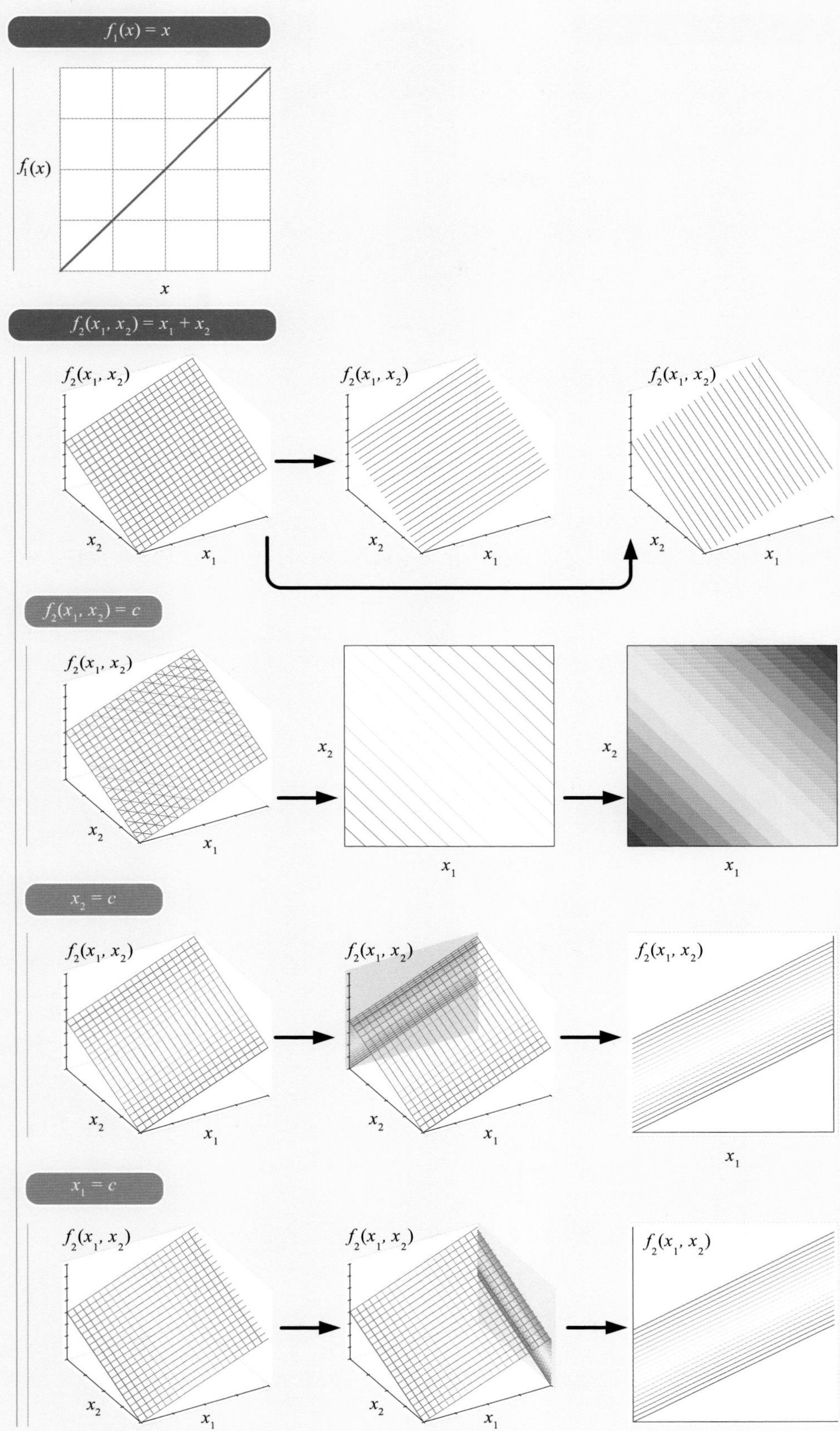

图20.3　一次函数，一元、二元 | Bk2_Ch20_01.ipynb | Bk2_Ch20_03.ipynb

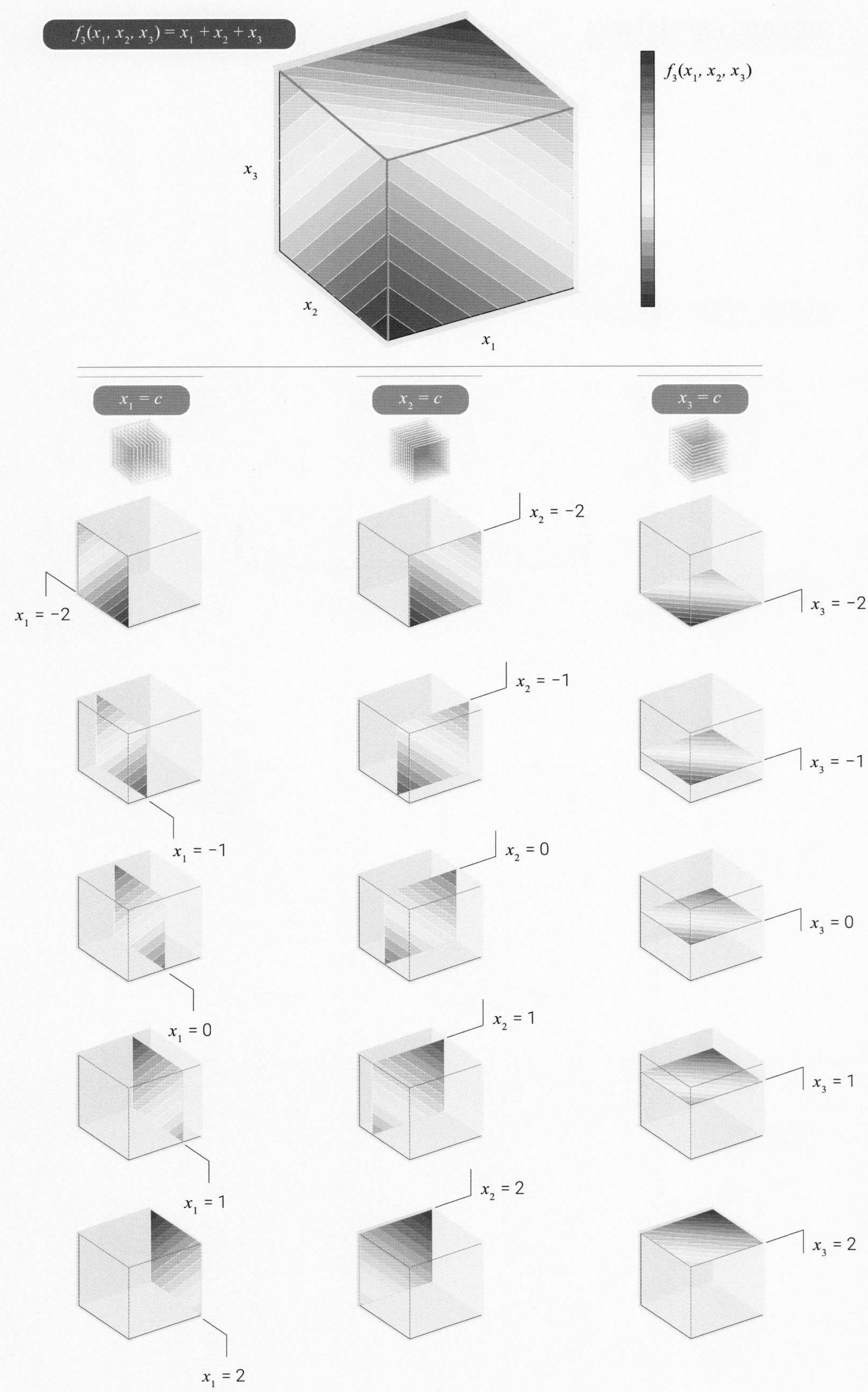

图20.4　一次函数，三元 | Bk2_Ch20_03.ipynb

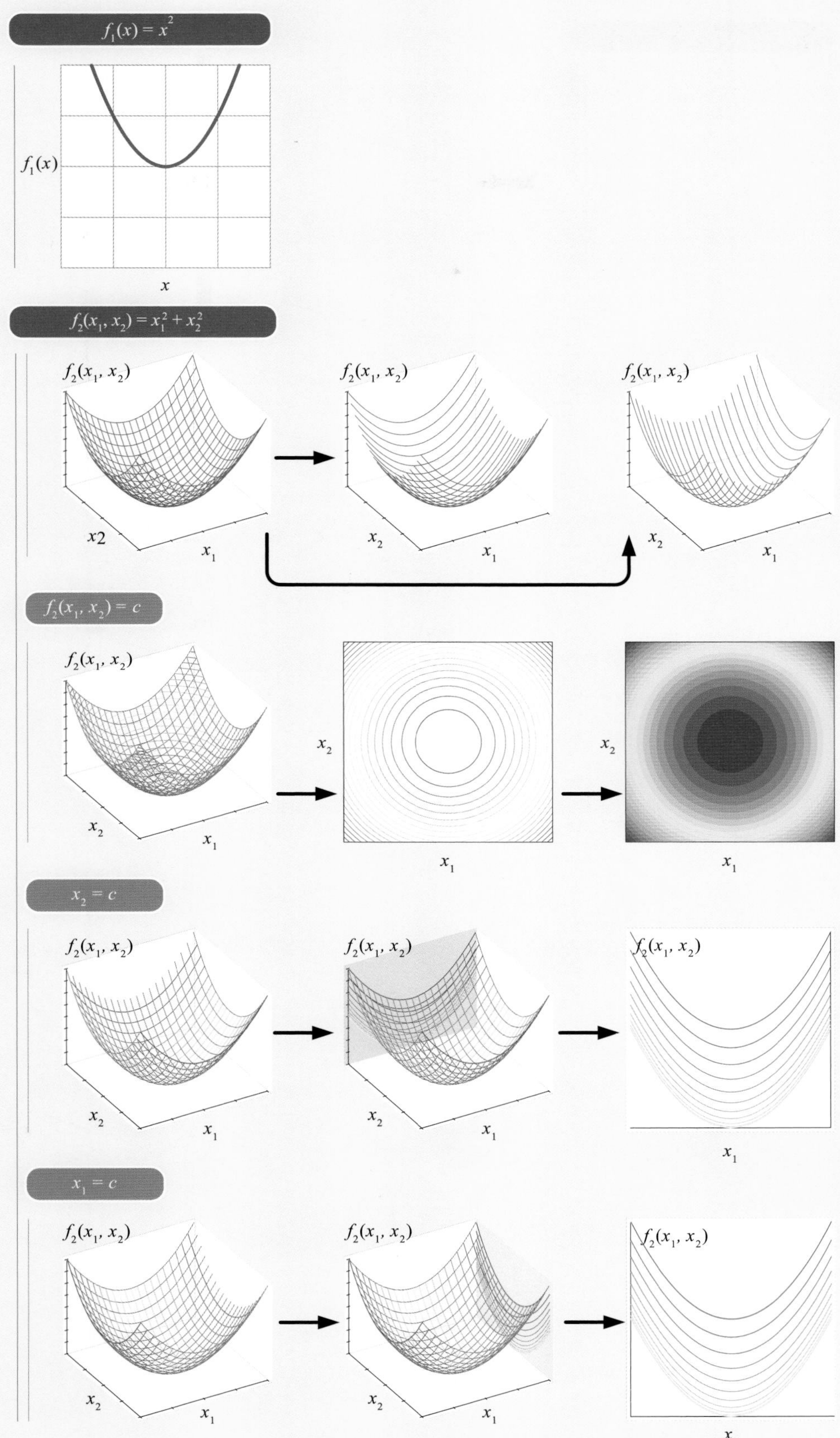

图20.5　二次函数，一元、二元

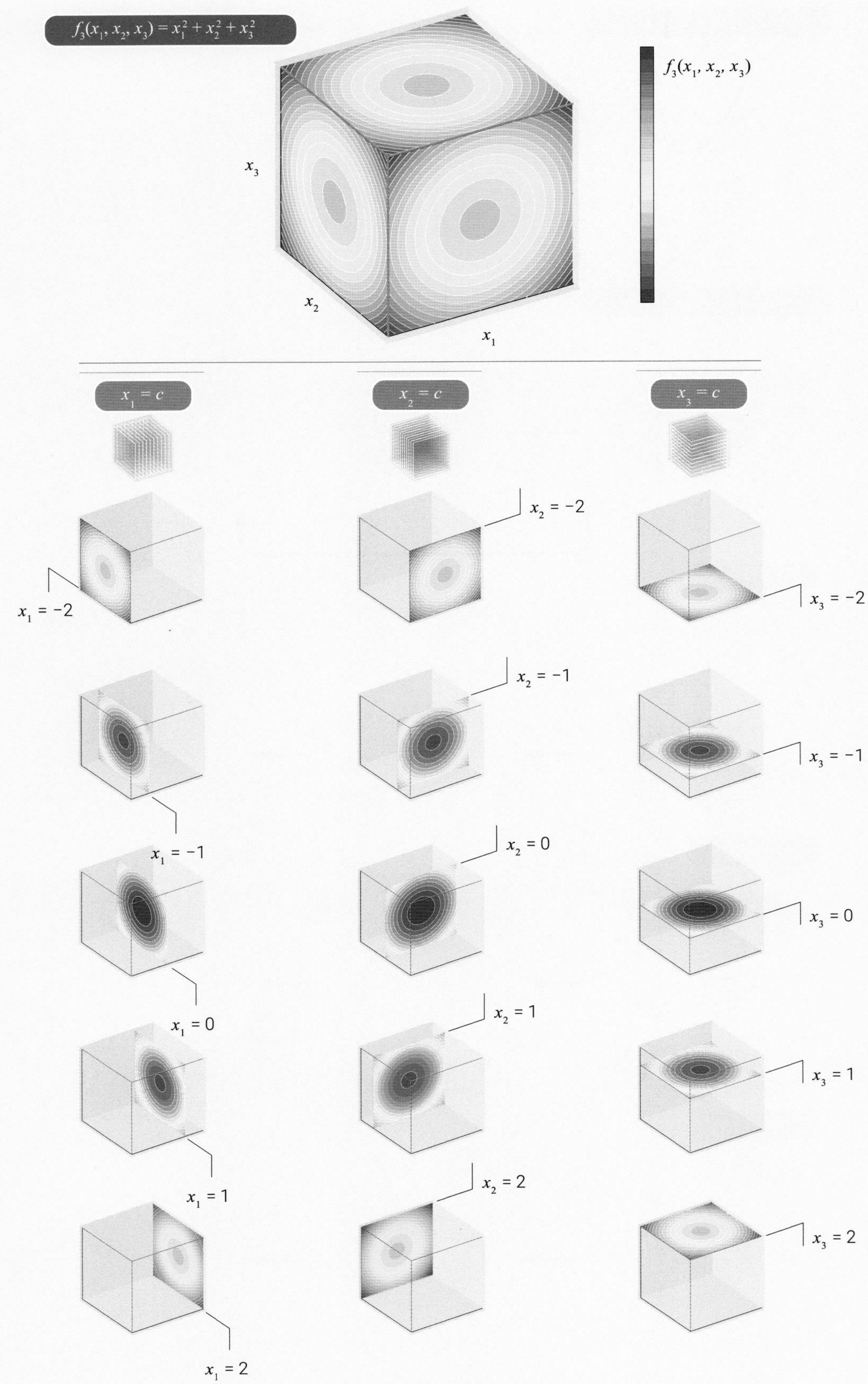

$f_3(x_1, x_2, x_3) = x_1^2 + x_2^2 + x_3^2$
$f_3(x_1, x_2, x_3)$
x_3
x_2
x_1
$x_1 = c$
$x_2 = c$
$x_3 = c$
$x_1 = -2$
$x_1 = -1$
$x_1 = 0$
$x_1 = 1$
$x_1 = 2$
$x_2 = -2$
$x_2 = -1$
$x_2 = 0$
$x_2 = 1$
$x_2 = 2$
$x_3 = -2$
$x_3 = -1$
$x_3 = 0$
$x_3 = 1$
$x_3 = 2$

图20.6　二次函数，三元

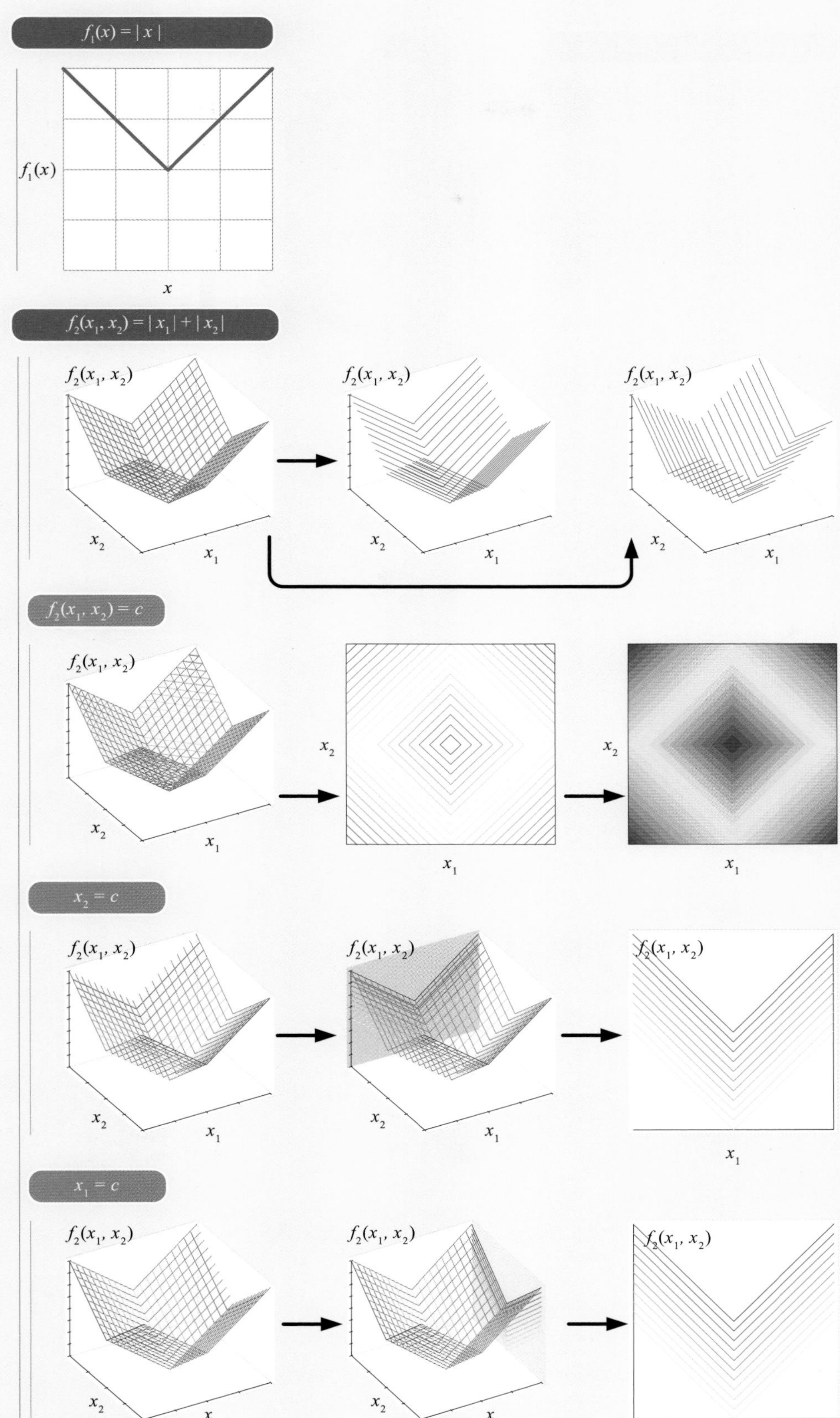

图20.7　绝对值函数，一元、二元

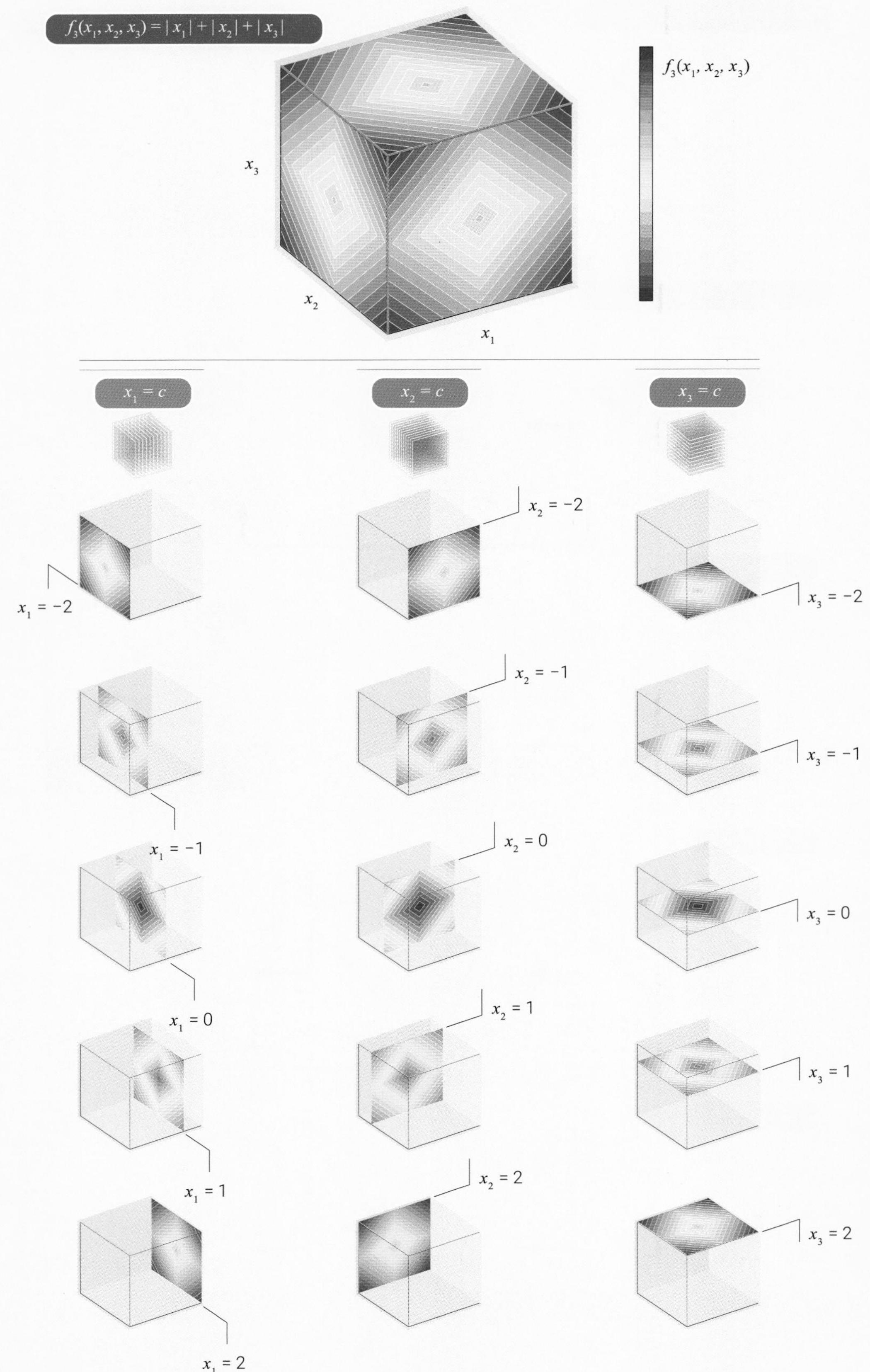

图20.8　绝对值函数，三元

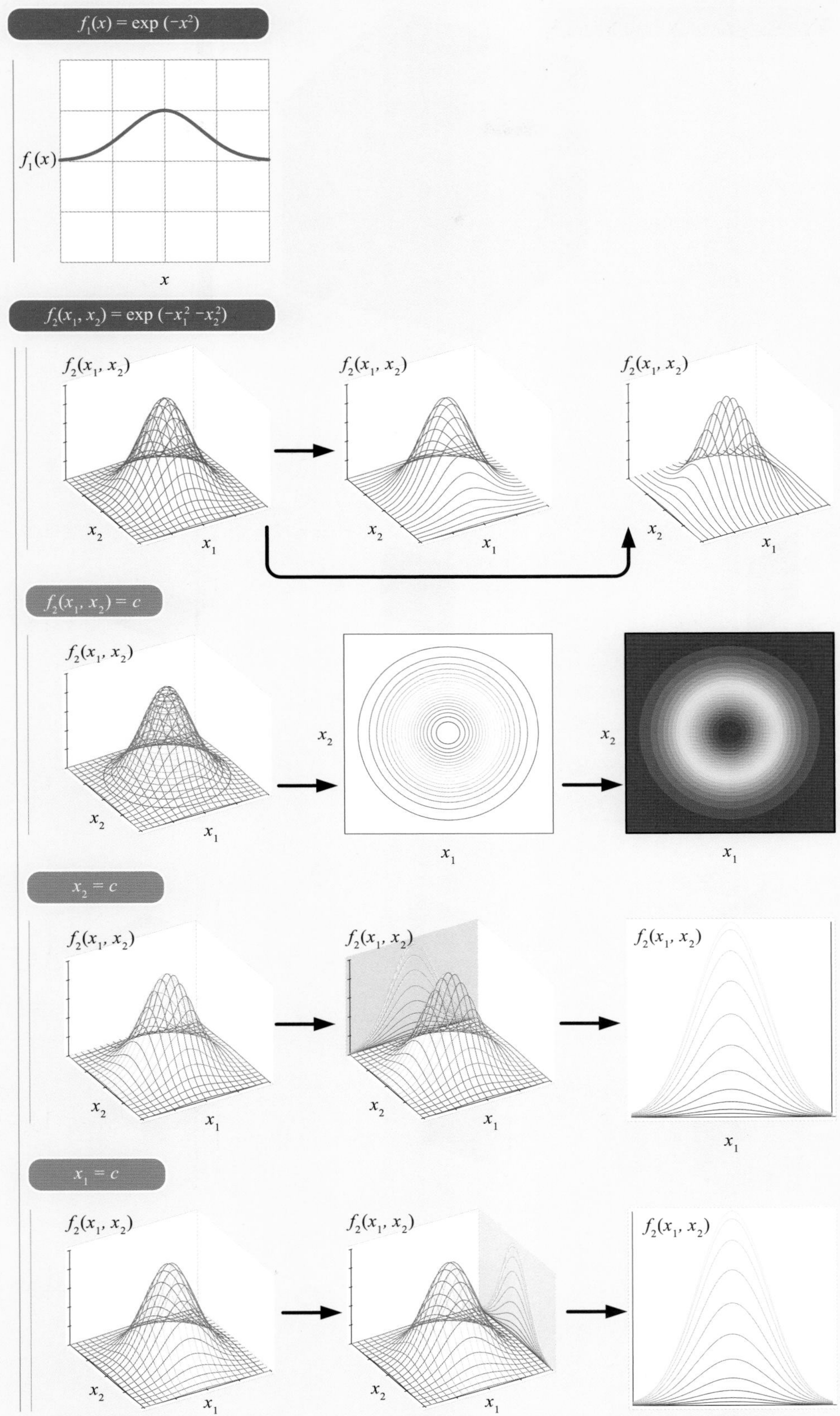

图20.9　高斯函数，一元、二元

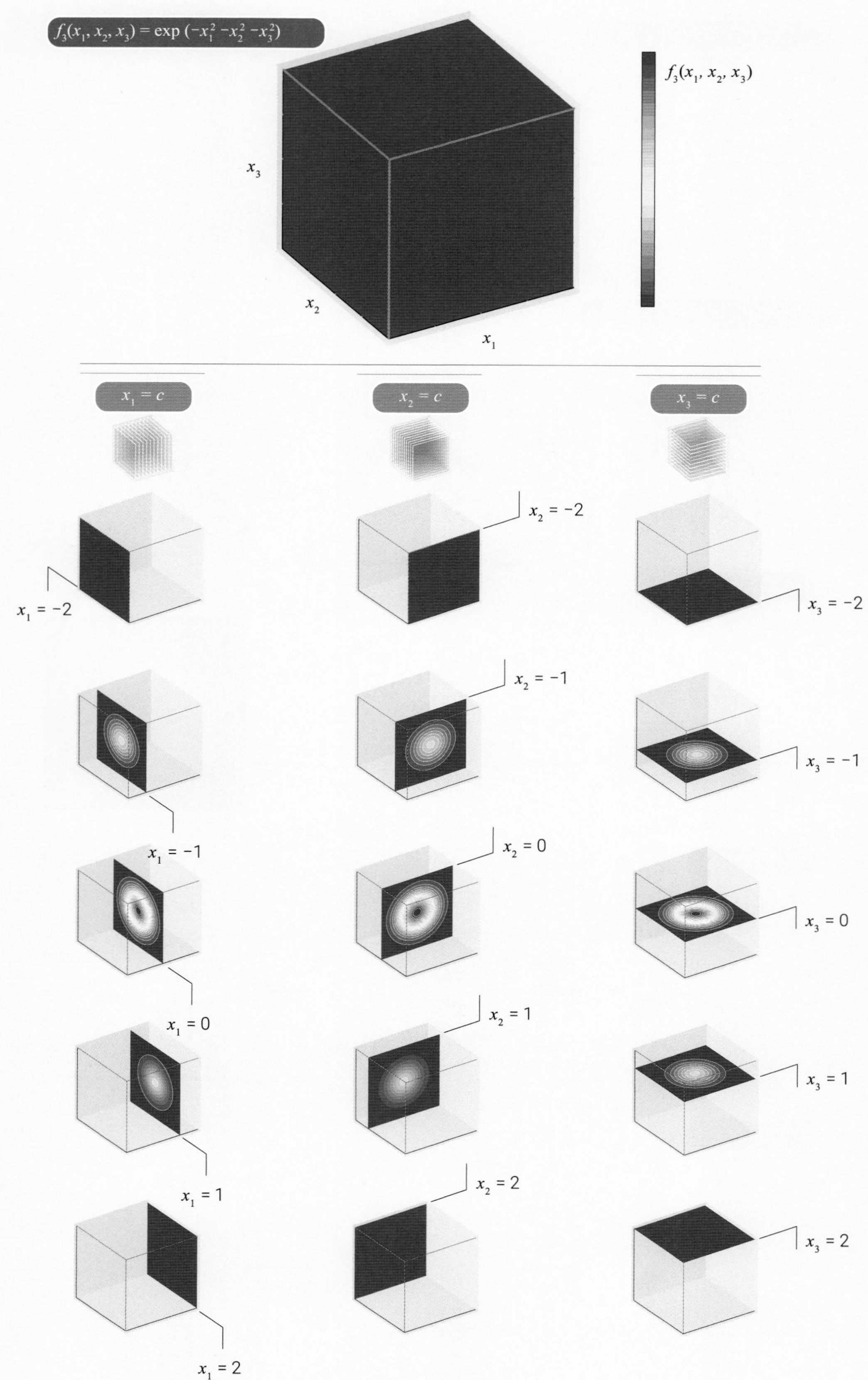

图20.10　高斯函数，三元

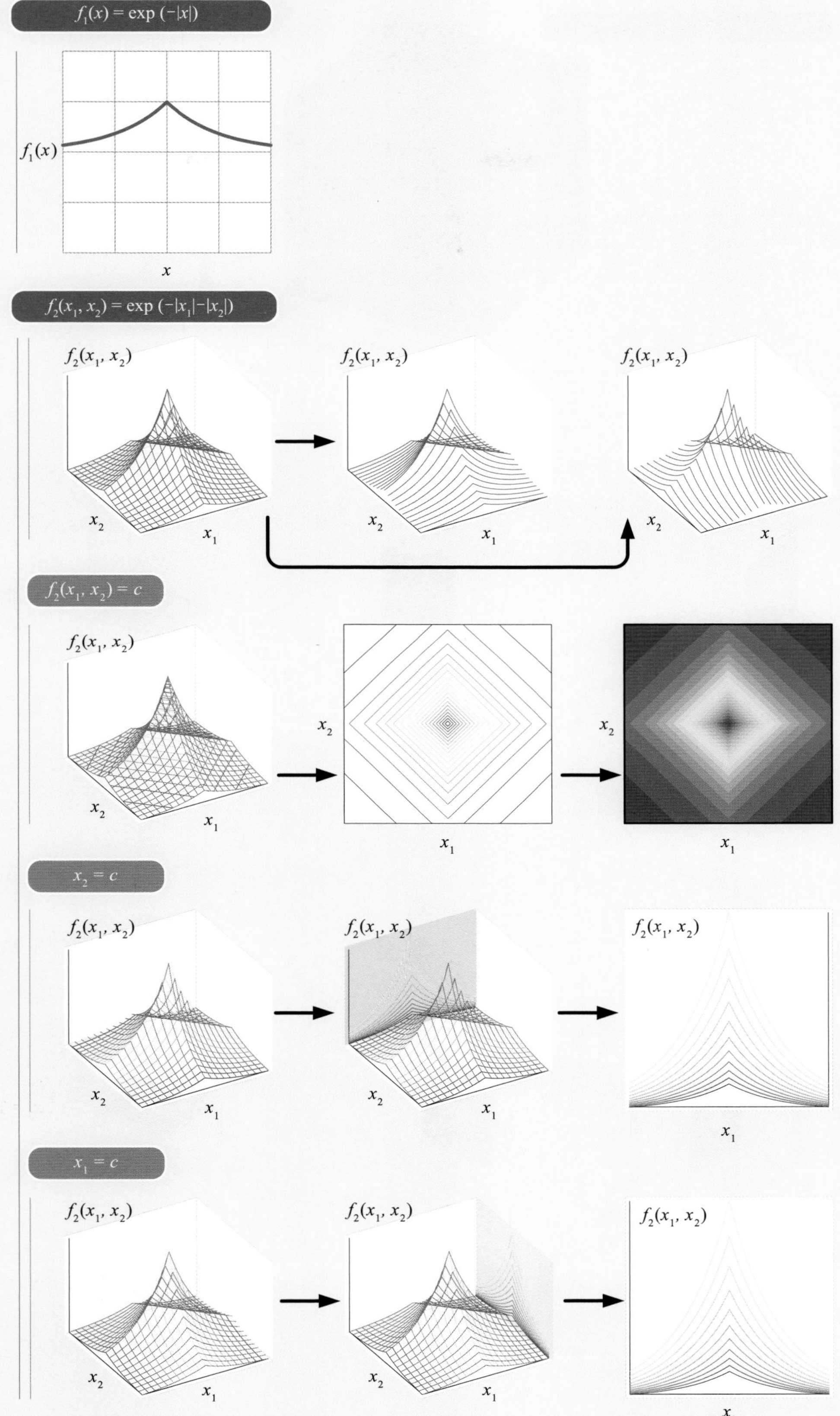

图20.11　拉普拉斯核函数，一元、二元

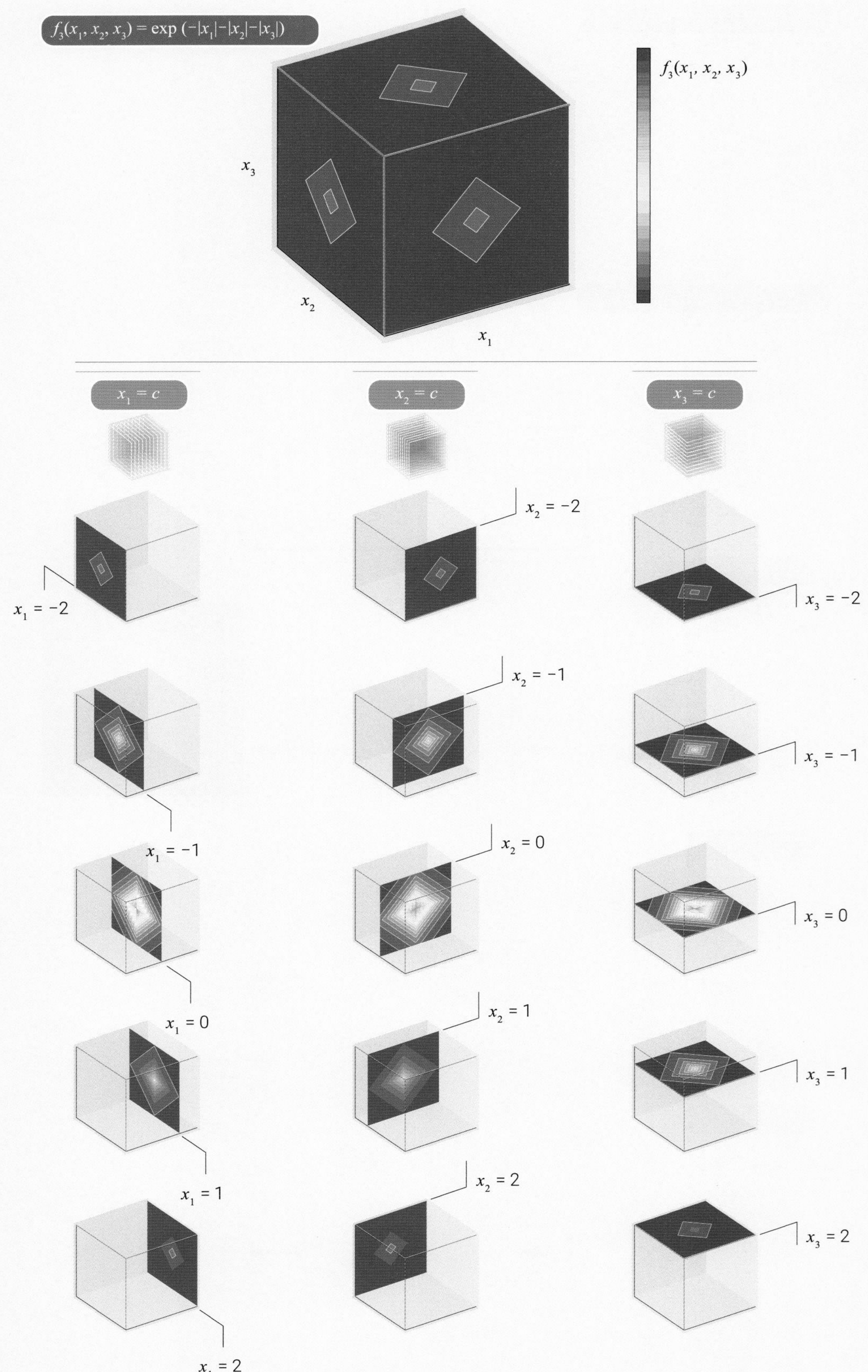

图20.12　拉普拉斯核函数，三元

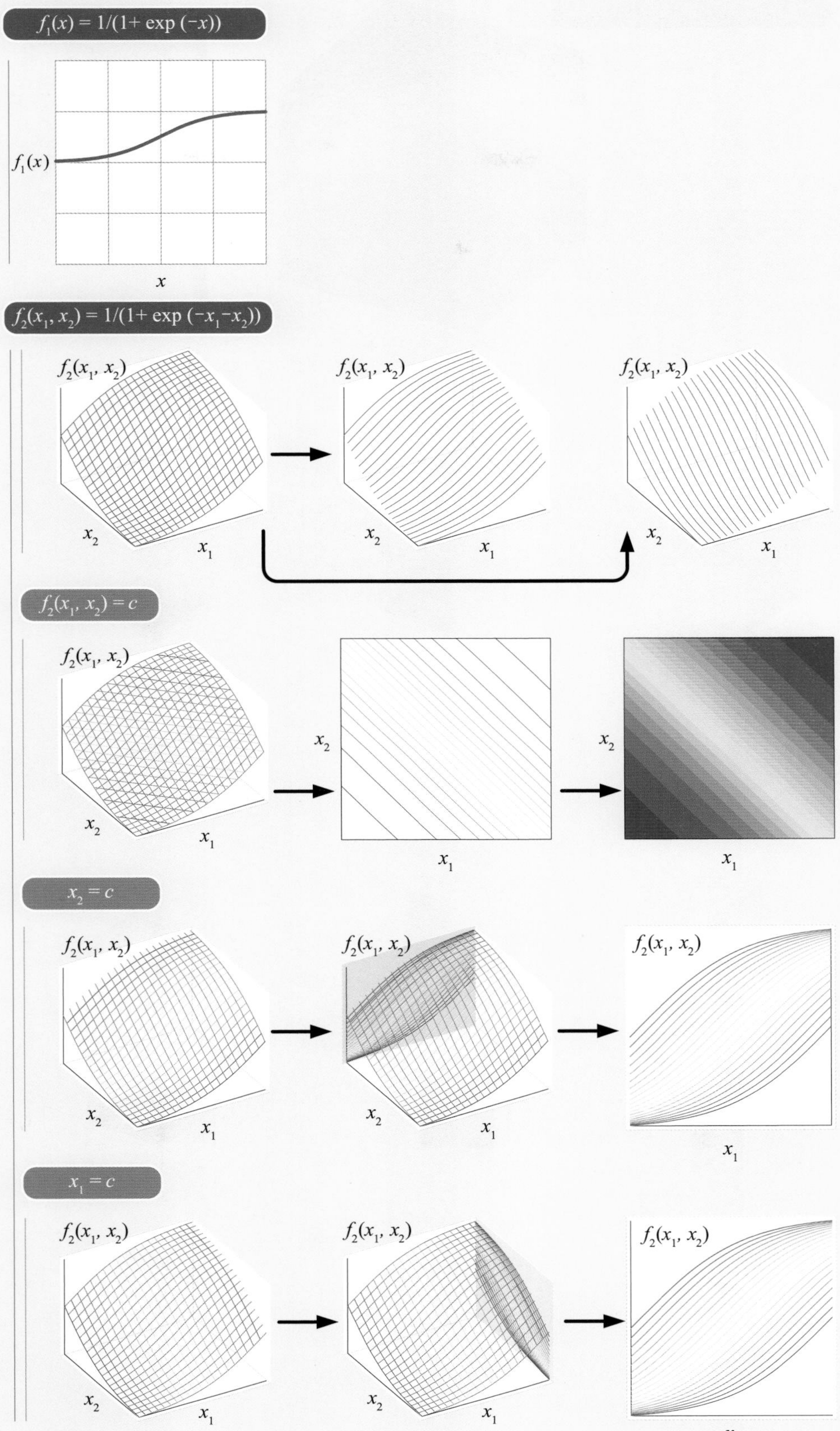

图20.13　逻辑函数，一元、二元

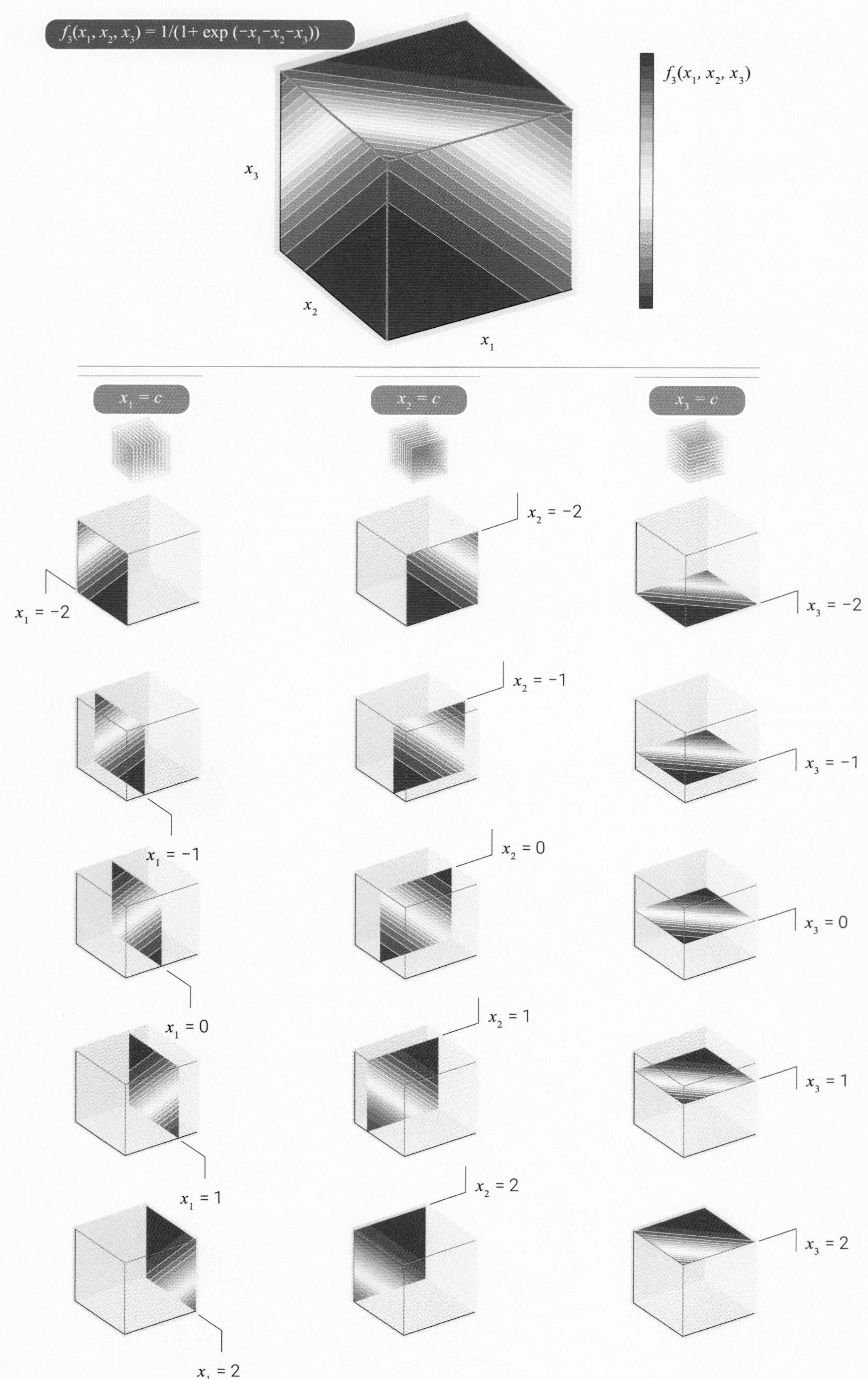

图20.14　逻辑函数，三元

21 Quadratic Form 二次型

可视化二元、三元二次型正定性

别怕完美，因为我们永远也达不到。

Have no fear of perfection - you'll never reach it.

—— 萨尔瓦多·达利 (Salvador Dali) | 西班牙超现实主义画家 | 1904—1989年

- `matplotlib.pyplot.contour()` 绘制等高线图
- `matplotlib.pyplot.contourf()` 绘制填充等高线图
- `matplotlib.pyplot.plot_wireframe()` 绘制线框图
- `matplotlib.pyplot.quiver()` 绘制箭头图
- `numpy.linspace()` 在指定的间隔内，返回固定步长的数据
- `numpy.meshgrid()` 创建网格化数据
- `sympy.diff()` 求解符号导数和偏导解析式
- `sympy.expand()` 展开代数式
- `sympy.lambdify()` 将符号表达式转化为函数
- `sympy.simplify()` 简化代数式
- `sympy.symbols()` 定义符号变量

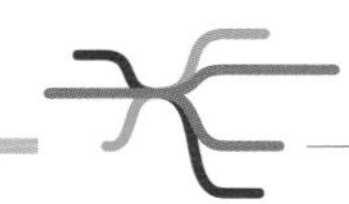

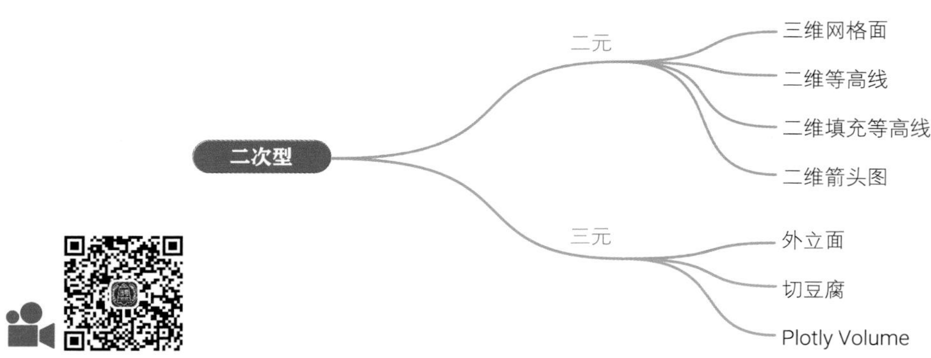

21.1 二元二次型

读过《编程不难》的读者对**二次型** (quadratic form) 这个概念应该不陌生。

简单来说，二次型是一个二次多项式函数，通常表示为$Q(\boldsymbol{x}) = \boldsymbol{x}^{\mathrm{T}}$ @ $\boldsymbol{A}$ @ $\boldsymbol{x}$，其中$\boldsymbol{x}$是一个向量 $\boldsymbol{x} = [x_1, x_2, \cdots, x_n]^{\mathrm{T}}$，$\boldsymbol{A}_{n\times n}$是一个实对称矩阵。

举例来说，对于一元函数，$f(x) = x^2$就是一个二次型；对于二元函数，$f(x_1, x_2) = x_1x_2$也是个二次型。

通过**特征值** (eigen value)和**特征向量** (eigen vector) 的分析，我们揭示矩阵的性质和行为，特别是**正定性** (positive definiteness)。二次型在矩阵分析、优化方法、机器学习中具有重要意义。通过研究二次型，我们可以深入理解多元函数的形式和特点，为解决实际问题提供数学基础。

请大家回顾《编程不难》第25章有关二次型内容；此外，《矩阵力量》第21章专门讲解二次型。

说到二次型，就必须要聊聊正定性。《编程不难》用图解法介绍过$\boldsymbol{A}_{2\times 2}$正定性。下面我们逐一回顾。

正定

如图21.1所示，一个矩阵$\boldsymbol{A}_{2\times 2}$是**正定** (positive definite)，意味着$f(\boldsymbol{x}) = \boldsymbol{x}^{\mathrm{T}}$ @ $\boldsymbol{A}_{2\times 2}$ @ $\boldsymbol{x}$是个开口朝上的抛物面，形状像碗。

除了 (0, 0)，$f(\boldsymbol{x}) = \boldsymbol{x}^{\mathrm{T}}$ @ $\boldsymbol{A}_{2\times 2}$ @ $\boldsymbol{x}$均大于0。(0, 0) 为最小值，图中箭头都背离 (0, 0)。

半正定

如图21.2所示，一个矩阵$\boldsymbol{A}_{2\times 2}$是**半正定** (positive semi-definite)，意味着$f(\boldsymbol{x}) = \boldsymbol{x}^{\mathrm{T}}$ @ $\boldsymbol{A}_{2\times 2}$ @ $\boldsymbol{x}$是个开口朝上的山谷面。

除了 (0, 0)，$f(\boldsymbol{x}) = \boldsymbol{x}^{\mathrm{T}}$ @ $\boldsymbol{A}_{2\times 2}$ @ $\boldsymbol{x}$均大于等于0。山谷的谷底都是极小值，图中箭头都背离谷底所在直线。

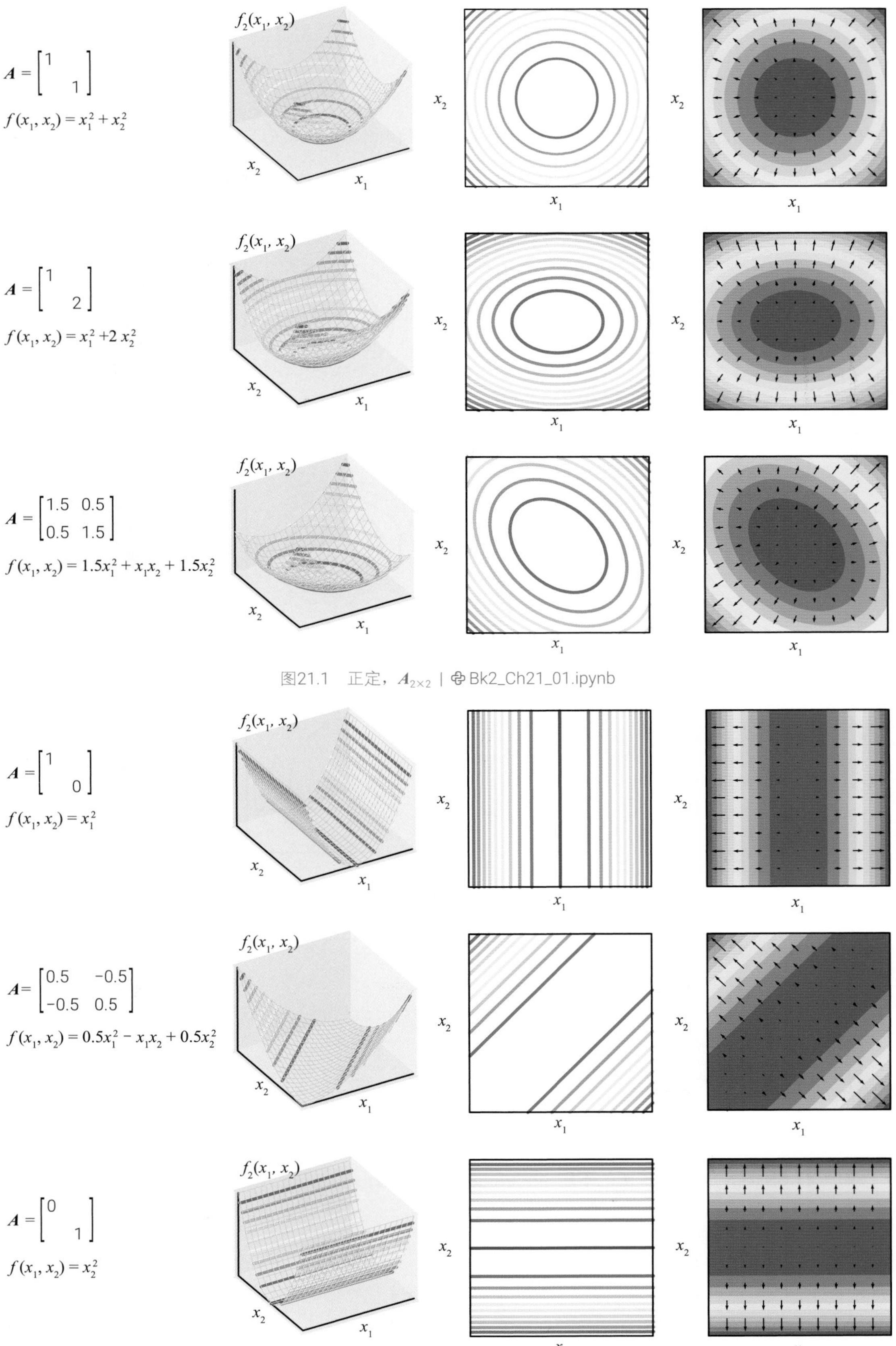

$A = \begin{bmatrix} 1 & \\ & 1 \end{bmatrix}$
$f(x_1, x_2) = x_1^2 + x_2^2$
$A = \begin{bmatrix} 1 & \\ & 2 \end{bmatrix}$
$f(x_1, x_2) = x_1^2 +2\ x_2^2$
$A = \begin{bmatrix} 1.5 & 0.5 \\ 0.5 & 1.5 \end{bmatrix}$
$f(x_1, x_2) = 1.5x_1^2 + x_1x_2 + 1.5x_2^2$
$A = \begin{bmatrix} 1 & \\ & 0 \end{bmatrix}$
$f(x_1, x_2) = x_1^2$
$A = \begin{bmatrix} 0.5 & -0.5 \\ -0.5 & 0.5 \end{bmatrix}$
$f(x_1, x_2) = 0.5x_1^2 - x_1x_2 + 0.5x_2^2$
$A = \begin{bmatrix} 0 & \\ & 1 \end{bmatrix}$
$f(x_1, x_2) = x_2^2$
$f_2(x_1, x_2)$
x_1
x_2

图21.1　正定，$A_{2\times2}$ | ⊕ Bk2_Ch21_01.ipynb

图21.2　半正定，$A_{2\times2}$ | ⊕ Bk2_Ch21_01.ipynb

负定

如图21.3所示，一个矩阵$\boldsymbol{A}_{2\times2}$是**负定** (negative definite)，意味着$f(\boldsymbol{x}) = \boldsymbol{x}^{\mathrm{T}}$ @ $\boldsymbol{A}_{2\times2}$ @ $\boldsymbol{x}$是个开口朝下的抛物面。

除了 (0, 0)，$f(\boldsymbol{x}) = \boldsymbol{x}^{\mathrm{T}}$ @ $\boldsymbol{A}_{2\times2}$ @ $\boldsymbol{x}$均小于0。(0, 0) 为最大值，图中箭头都指向 (0, 0)。

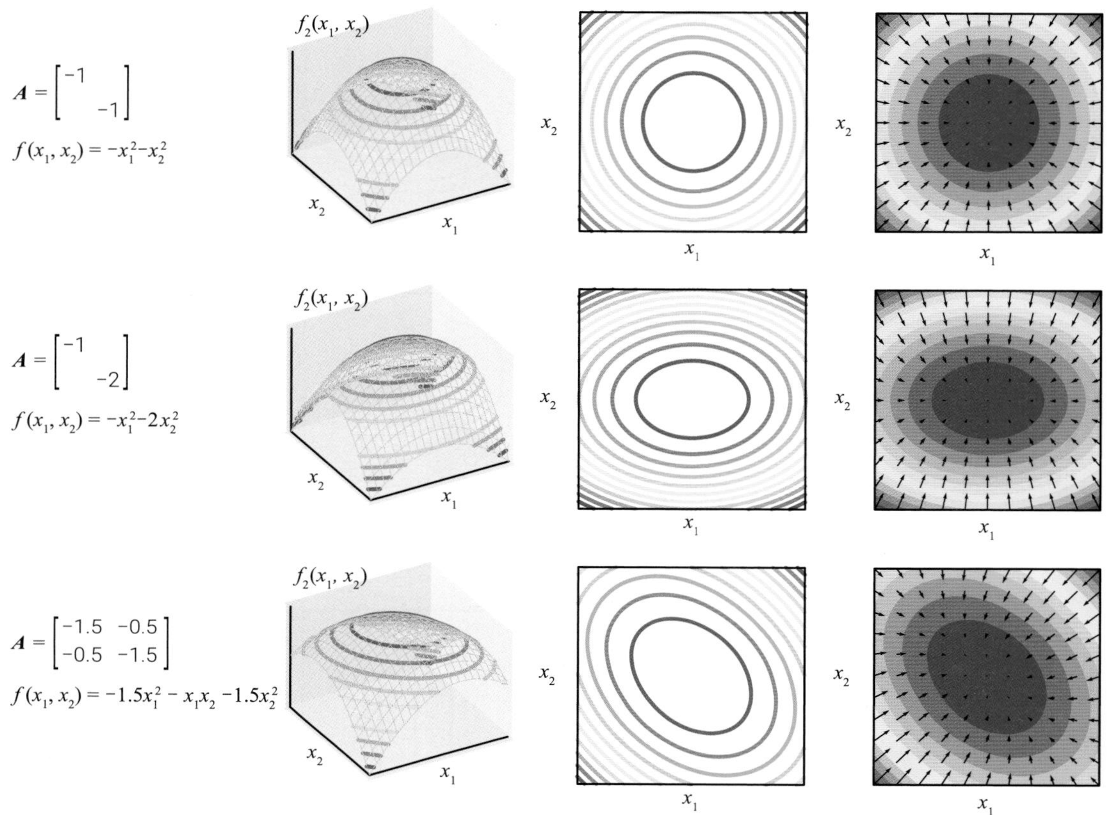

图21.3　负定，$\boldsymbol{A}_{2\times2}$ | Bk2_Ch21_01.ipynb

半负定

如图21.4所示，一个矩阵$\boldsymbol{A}_{2\times2}$是**半负定** (negative semi-definite)，意味着$f(\boldsymbol{x}) = \boldsymbol{x}^{\mathrm{T}}$ @ $\boldsymbol{A}_{2\times2}$ @ $\boldsymbol{x}$是个开口朝下的山脊面。除了 (0, 0)，$f(\boldsymbol{x}) = \boldsymbol{x}^{\mathrm{T}}$ @ $\boldsymbol{A}_{2\times2}$ @ $\boldsymbol{x}$均小于等于0。

山脊的顶端都是极大值，图中箭头指向山脊顶端所在直线。

不定

如图21.5所示，一个矩阵$\boldsymbol{A}_{2\times2}$**不定** (indefinite)，意味着$f(\boldsymbol{x}) = \boldsymbol{x}^{\mathrm{T}}$ @ $\boldsymbol{A}_{2\times2}$ @ $\boldsymbol{x}$是个马鞍面，(0, 0) 为鞍点。$f(\boldsymbol{x}) = \boldsymbol{x}^{\mathrm{T}}$ @ $\boldsymbol{A}_{2\times2}$ @ $\boldsymbol{x}$符号不定。

图中有些箭头背离 (0, 0)，有些指向 (0, 0)。

请大家用numpy.linalg.eig()计算图21.1~图21.5中不同矩阵$\boldsymbol{A}_{2\times2}$的特征值和特征向量，并试着总结规律。

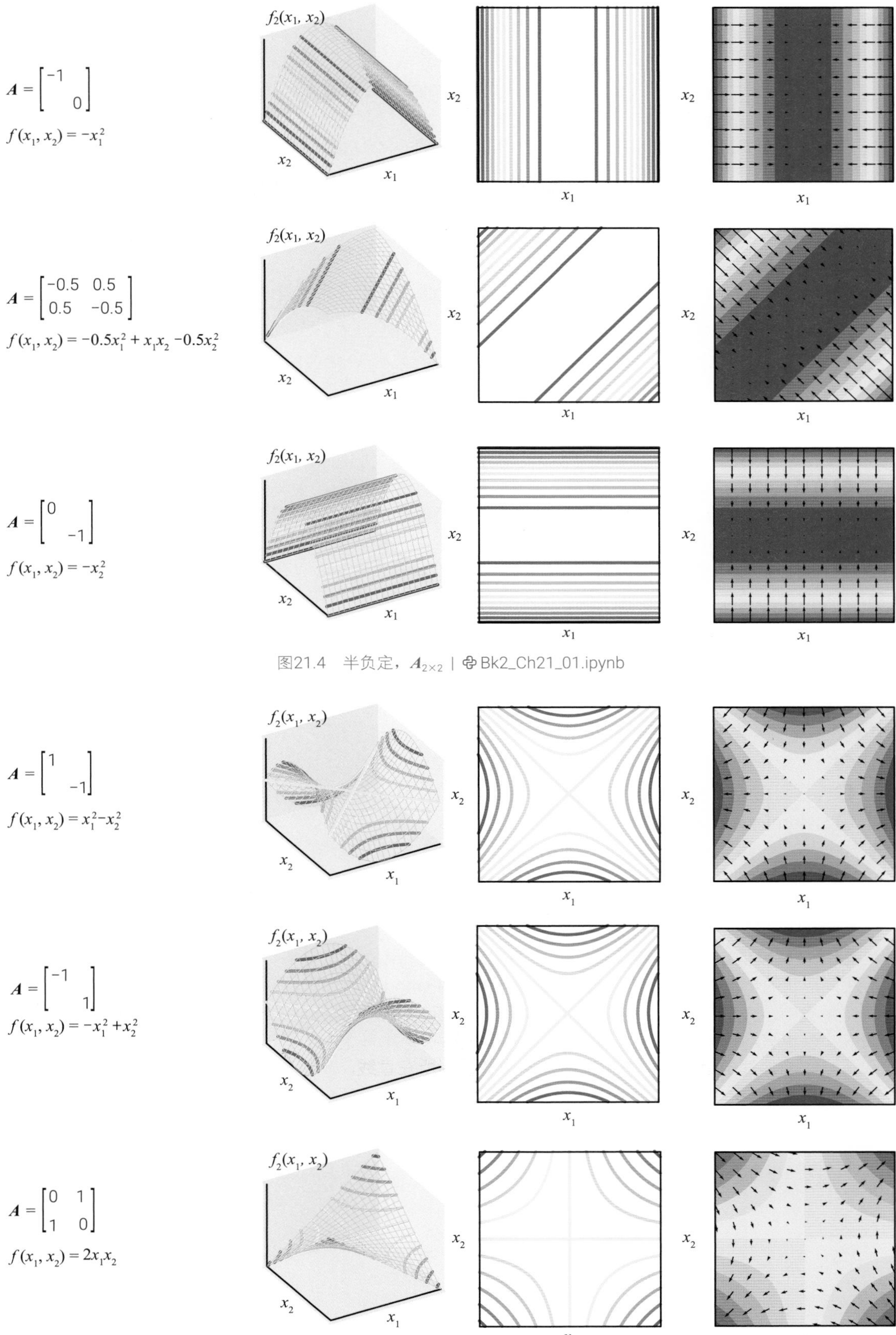

$A = \begin{bmatrix} -1 & \\ & 0 \end{bmatrix}$
$f(x_1, x_2) = -x_1^2$
$A = \begin{bmatrix} -0.5 & 0.5 \\ 0.5 & -0.5 \end{bmatrix}$
$f(x_1, x_2) = -0.5x_1^2 + x_1x_2 - 0.5x_2^2$
$A = \begin{bmatrix} 0 & \\ & -1 \end{bmatrix}$
$f(x_1, x_2) = -x_2^2$
$A = \begin{bmatrix} 1 & \\ & -1 \end{bmatrix}$
$f(x_1, x_2) = x_1^2 - x_2^2$
$A = \begin{bmatrix} -1 & \\ & 1 \end{bmatrix}$
$f(x_1, x_2) = -x_1^2 + x_2^2$
$A = \begin{bmatrix} 0 & 1 \\ 1 & 0 \end{bmatrix}$
$f(x_1, x_2) = 2x_1x_2$
$f_2(x_1, x_2)$
x_1
x_2

图21.4 半负定，$A_{2\times2}$ | Bk2_Ch21_01.ipynb

图21.5 不定，$A_{2\times2}$ | Bk2_Ch21_01.ipynb

Bk2_Ch21_01.ipynb中绘制了上述图像，请在JupyterLab查看完整代码。

下面，我们讲解Bk2_Ch21_01.ipynb核心代码。

代码21.1自定义函数，用来计算网格坐标数据 (xx1, xx2) 的二元函数值 (ff_x) 和梯度值 (V)。

简单来说，对于二元函数，在函数曲面上任意一点的**梯度** (gradient) 告诉我们在给定点上函数增长最快的方向，也就是"上山"最陡峭的方向。如果我们沿着梯度的方向走，函数瞬时值会增加最快；反过来，梯度的反方向就是"下山"最快的方向。当然，我们每走一步，随着位置变化，梯度值一般也会随之变化。

ⓐ利用sympy.symbols()，简写作symbols()，定义了两个符号变量x1、x2。

ⓑ相当于构造符号列向量 $\boldsymbol{x}=\begin{bmatrix} x_1 \\ x_2 \end{bmatrix}$。

ⓒ计算二次型 $\boldsymbol{x}^{\mathrm{T}}\boldsymbol{A}\boldsymbol{x}$。举个例子，如果 $\boldsymbol{A}=\begin{bmatrix} a & b \\ c & d \end{bmatrix}$，则 $\boldsymbol{x}^{\mathrm{T}}\boldsymbol{A}\boldsymbol{x}=ax_1^2+(b+c)x_1x_2+dx_2^2$。f_x的结果是二维数组，f_x[0][0]取出其中符号代数式。

ⓓ利用列表生成式获得梯度向量。其中，利用sympy.diff()，简写作diff()，完成**偏导数** (partial derivative) 计算。也就是说，这一句分别完成二元函数对x1和x2的偏导数，然后将它们构造成一个梯度向量。

简而言之，偏导数衡量了函数在某个特定点上在特定方向上的变化率，或者说切线斜率。

《数学要素》第16章专门介绍偏导数这个概念。

ⓔ利用sympy.lambdify()，简写作lambdify()，将符号代数式转化为Python函数，用来完成数值运算。具体来说，我们的符号表达式保存在 f_x中，这个表达式涉及符号变量 x1 和 x2。lambdify([x1, x2], f_x) 将 f_x 转换为Python函数。

ⓕ计算网格坐标 (xx1,xx2) 的二元函数值。

ⓖ也是利用sympy.lambdify()，简写作lambdify()，将梯度向量符号表达式也转换为Python函数。

ⓗ对NumPy Array进行采样，每隔20个元素选取1个。

《编程不难》第14章专门讲过NumPy Array索引和切片，请大家回顾。

ⓘ计算网格坐标 (xx1_,xx2_) 的二元函数梯度。

ⓙ修复梯度值。这几句检查梯度值 V 中的元素，如果发现其中某个元素是整数，就将其替换为与xx1_相同形状的全零数组。其中，isinstance() 是一个 Python 内置函数，用于检查一个对象是否是指定类或类型的实例。比如，isinstance(1,int) 判断1是否是整数int，结果为True；isinstance(1.0,int) 判断1.0是否是整数int，结果为False。

代码21.1　二元二次型函数和梯度向量 | ⊕ Bk2_Ch21_01.ipynb

```
def fcn_n_grdnt(A, xx1, xx2):

a       x1,x2=symbols('x1 x2')
        # 符号向量
b       x=np.array([[x1,x2]]).T
        # 二次型
c       f_x=x.T@A@x; f_x=f_x[0][0]

        # 计算梯度，符号
d       grad_f=[diff(f_x,var) for var in (x1,x2)]

        # 计算二元函数值 f(x1, x2)
e       f_x_fcn=lambdify([x1,x2],f_x)
f       ff_x=f_x_fcn(xx1,xx2)

        # 梯度函数
g       grad_fcn=lambdify([x1,x2],grad_f)

        # 采样，降低颗粒度
h       xx1_=xx1[::20,::20]; xx2_=xx2[::20,::20]

        # 计算梯度
i       V=grad_fcn(xx1_,xx2_)

        # 修复梯度值
j       if isinstance(V[1], int):
            V[1]=np.zeros_like(xx1_)
        if isinstance(V[0], int):
            V[0]=np.zeros_like(xx1_)

        return ff_x, V
```

代码21.2定义了可视化二元二次型函数。可视化方案为1行3列子图。

ⓐ用matplotlib.pyplot.figure()，简写作plt.figure()，创建图形对象fig。参数figsize=(6,3) 指定了图形窗口的尺寸，其中 (6, 3) 表示宽度为 6 英寸，高度为 3 英寸。

ⓑ使用 add_subplot() 方法在fig对象上添加第1幅子图对象。

其中，第一个参数1表示子图行数为1行，第二个参数3表示子图列数为3列，第三个参数1表示当前子图的索引位置，即第1个子图。

参数projection='3d'指定子图的投影方式为 3D，表示这是一个三维的子图。

ⓒ在三维轴对象ax上用plot_wireframe()绘制网格曲线。

参数rstride 和 cstride 分别表示网格线的行和列的步长，即每隔多少行和列绘制一条线。

参数color=[0.8,0.8,0.8] 指定了网格线的颜色，这里用的是灰色。

参数linewidth=0.25 指定了网格线的宽度。

ⓓ在三维轴对象ax上用contour()绘制三维等高线。参数levels用来指定等高线数量。cmap指定了等高线的颜色映射。

ⓔ使用 add_subplot() 方法在fig对象上添加第2幅子图对象，默认为2D轴对象。

ⓕ在二维轴对象上用contour()绘制二维等高线。

ⓖ也是使用 add_subplot() 方法在fig对象上添加第3幅子图对象。

ⓗ在二维轴对象上用contourf()绘制二维填充等高线。

ⓘ用quiver()绘制向量场，代表梯度。

代码21.2　二元二次型可视化函数 | Bk2_Ch21_01.ipynb

```
# 可视化函数
def visualize(xx1,xx2,f2_array,gradient_array):
    fig=plt.figure(figsize=(6,3))                                   # ⓐ
    # 第一幅子图
    ax=fig.add_subplot(1, 3, 1, projection='3d')                    # ⓑ
    ax.plot_wireframe(xx1, xx2, f2_array,                           # ⓒ
                      rstride=10, cstride=10,
                      color=[0.8,0.8,0.8],
                      linewidth=0.25)
    ax.contour(xx1, xx2, f2_array,                                  # ⓓ
               levels=12,
               cmap='RdYlBu_r')
    # ......
    # 第二幅子图
    ax=fig.add_subplot(1, 3, 2)                                     # ⓔ
    ax.contour(xx1, xx2, f2_array,                                  # ⓕ
               levels=12,
               cmap='RdYlBu_r')
    # ......
    # 第三幅子图
    ax=fig.add_subplot(1, 3, 3)                                     # ⓖ
    ax.contourf(xx1, xx2, f2_array,                                 # ⓗ
                levels=12,
                cmap='RdYlBu_r')
    ax.quiver(xx1_, xx2_, gradient_array[0], gradient_array[1],     # ⓘ
              angles='xy', scale_units='xy',
              edgecolor='none', alpha=0.8)
    # ......
```

21.2 三元二次型

二元二次型不是本章可视化的核心，本章想要聊聊三元二次型有哪些有趣的特征。图21.6 ~ 图 21.21 给出了若干种三元二次型，请大家逐个分析。特别注意等高线变化趋势、极值位置、剖面等高线的几何形状 (正圆、椭圆、旋转椭圆、平行线、抛物线、双曲线)，并试着解释为什么会出现这些几何形状。

请大家也用numpy.linalg.eig()计算图21.6~图21.21中不同矩阵$\boldsymbol{A}_{3\times3}$的特征值和特征向量，并试着总结规律。

文件Bk2_Ch21_02.ipynb中绘制了图21.6 ~图21.21，请在JupyterLab查看完整代码。

下面，我们讲解Bk2_Ch21_02.ipynb核心代码。

代码21.3自定义三元二次型函数。

ⓐ利用sympy.symbols()，简写作symbols()，定义了三个符号变量x1、x2、x3。

ⓑ相当于构造符号列向量$\boldsymbol{x}=\begin{bmatrix}x_1\\x_2\\x_3\end{bmatrix}$。

ⓒ计算三元二次型$\boldsymbol{x}^{\mathrm{T}}\boldsymbol{A}\boldsymbol{x}$。

ⓓ利用sympy.lambdify()，简写作lambdify()，将符号代数式转化为Python函数。

ⓔ计算网格坐标 (xxx1,xxx2,xxx3) 的二元函数值。

代码21.3 三元二次型函数 | Bk2_Ch21_02.ipynb

```
# 定义三元二次型
def fcn_3(A,xxx1,xxx2,xxx3):
    x1,x2,x3=symbols('x1 x2 x3')                      # a

    x=np.array([[x1,x2,x3]]).T                         # b

    f_x=x.T@A@x                                        # c
    print(simplify(expand(f_x[0][0])))

    f_x_fcn=lambdify([x1,x2,x3],f_x[0][0])             # d

    fff=f_x_fcn(xxx1,xxx2,xxx3)                        # e

    return fff
```

本书前文已经介绍过这种“切豆腐”的可视化方案，本章不再重复。

请大家思考如何用Plotly的体积图和三维等值面可视化三元二次型。答案在第18章。

有关Plotly中Volume图，请大家参考：

```
https://plotly.com/python/3d-volume-plots/
```

本章在《编程不难》第25章基础上又深入介绍了二次型和正定性。在可视化二元二次型时，我们采用了三维网格面、三维等高线、二维等高线、二维箭头图等可视化方案。

展示三元二次型时，我们用了“切豆腐”的方法，通过在三个不同方向切片，我们可以清楚地看到三元函数的变化趋势。此外，强烈建议大家尝试使用Plotly中Volume图可视化三元函数。

当然，要想真正理解二次型和正定性，我们就需要利用线性代数工具，这是《矩阵力量》要解决的问题。

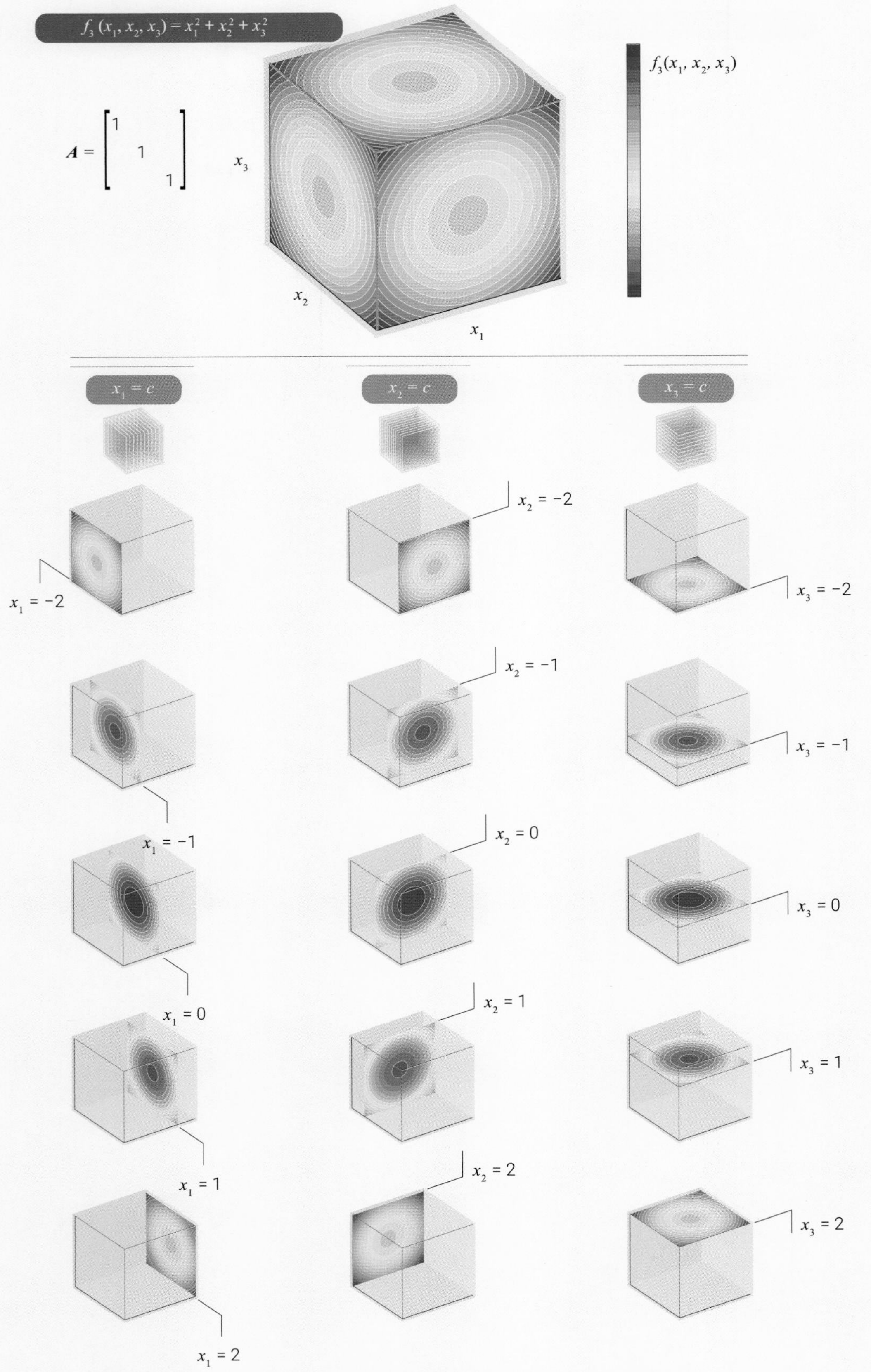

图21.6　三元二次型，正定，情况A | BK2_Ch21_02.ipynb

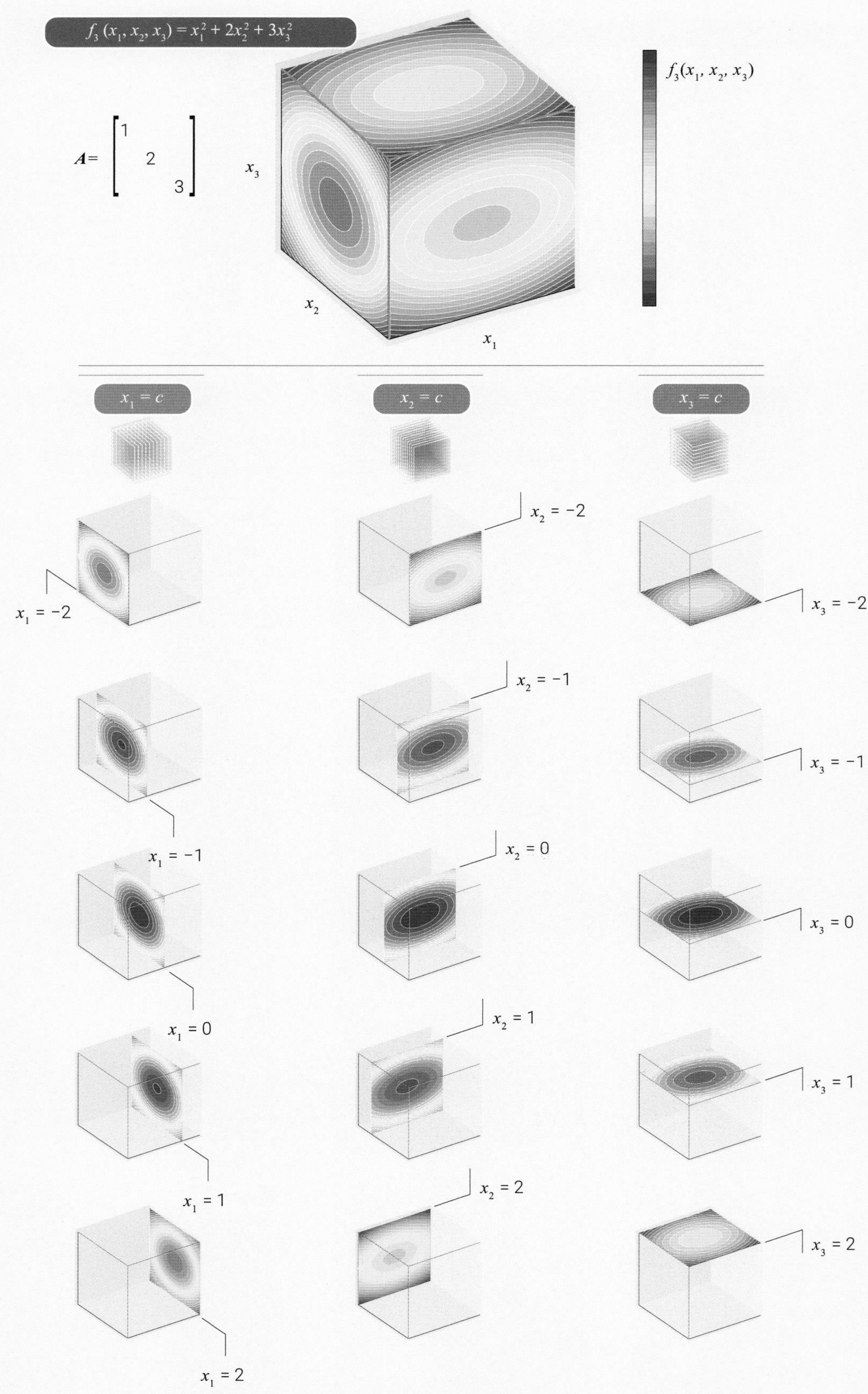

图21.7　三元二次型，正定，情况B | Bk2_Ch21_02.ipynb

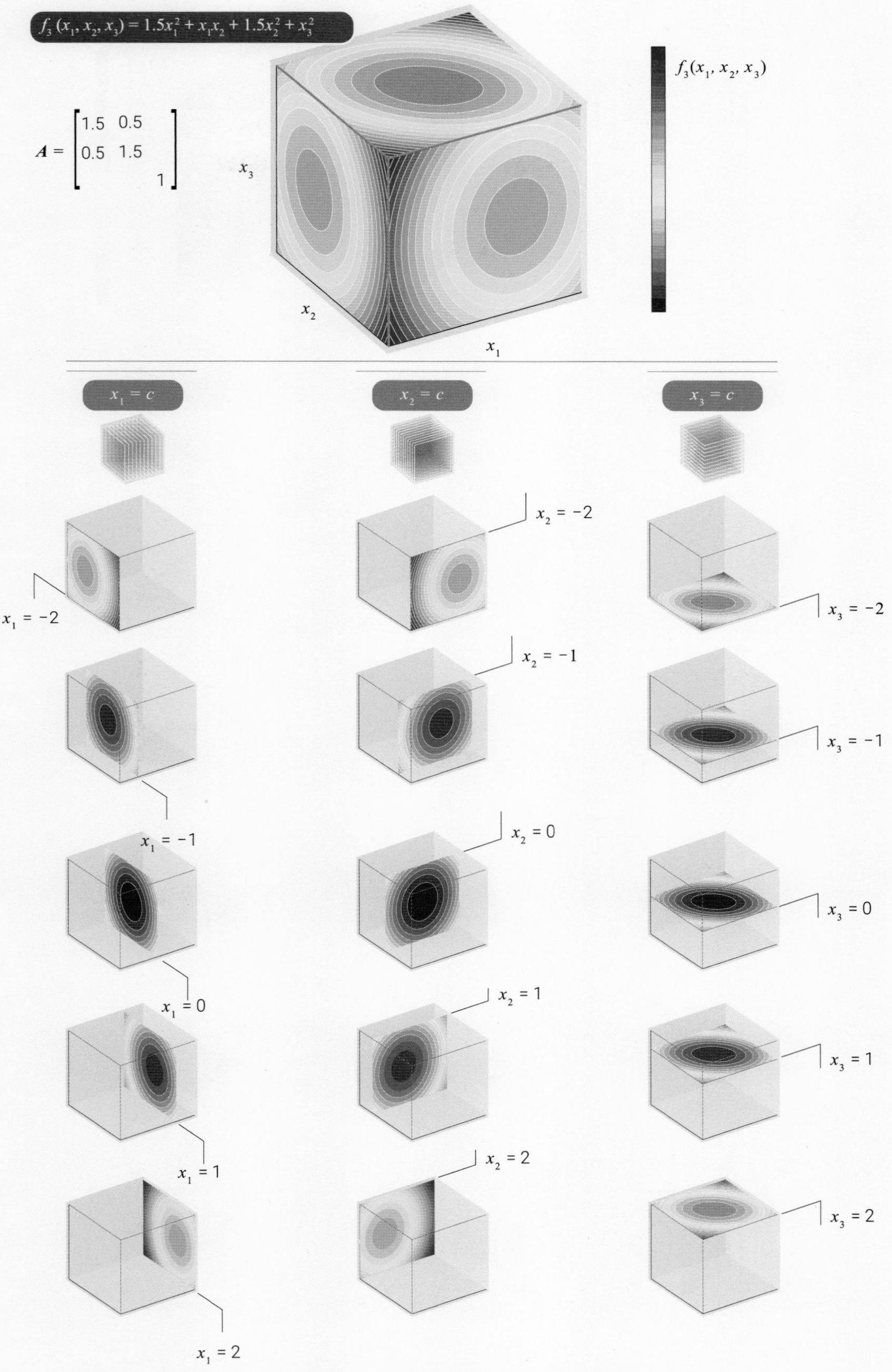

图21.8　三元二次型，正定，情况C | Bk2_Ch21_02.ipynb

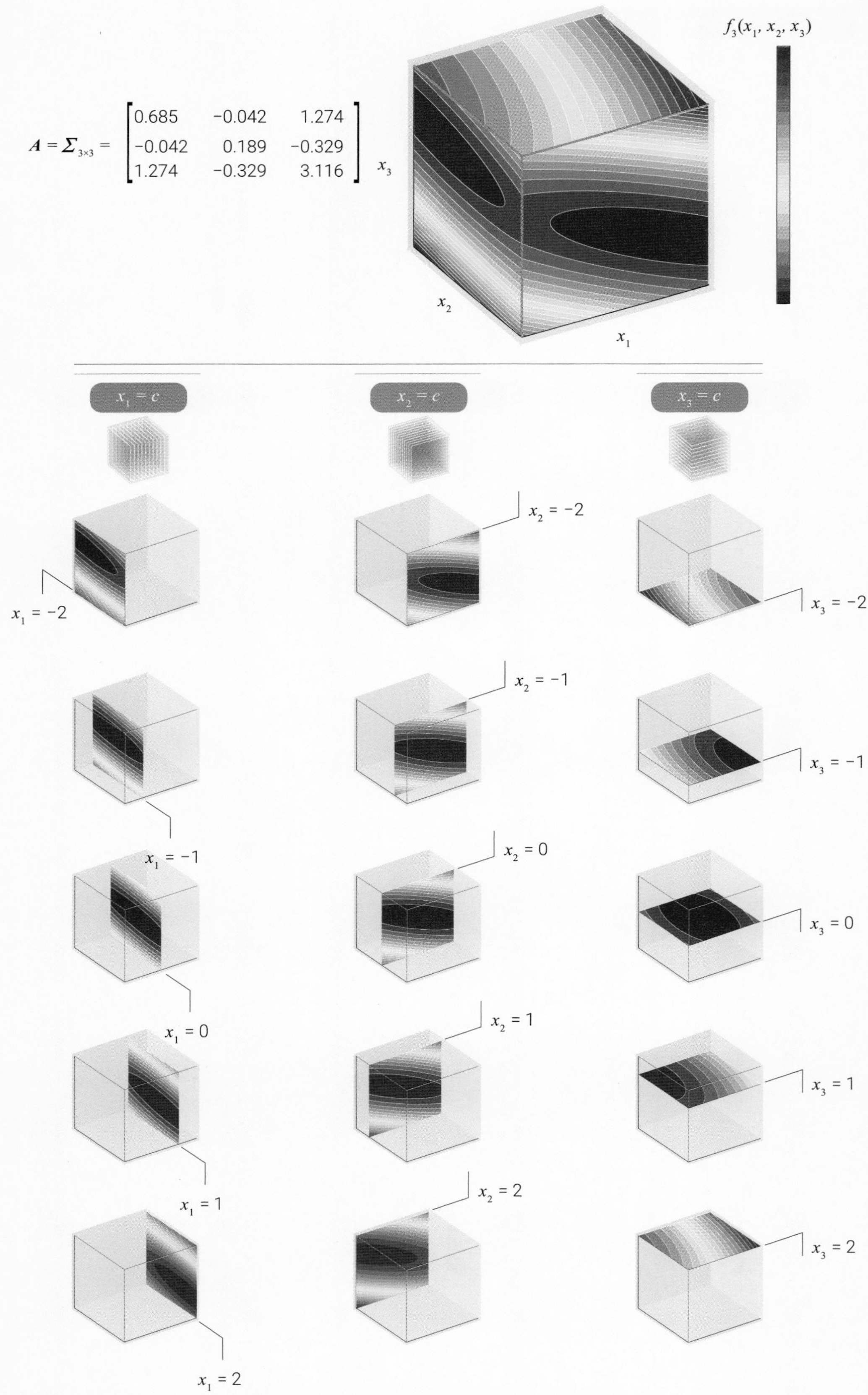

图21.9　三元二次型，正定，情况D (鸢尾花数据前三个特征的协方差矩阵) | ⊕ Bk2_Ch21_02.ipynb

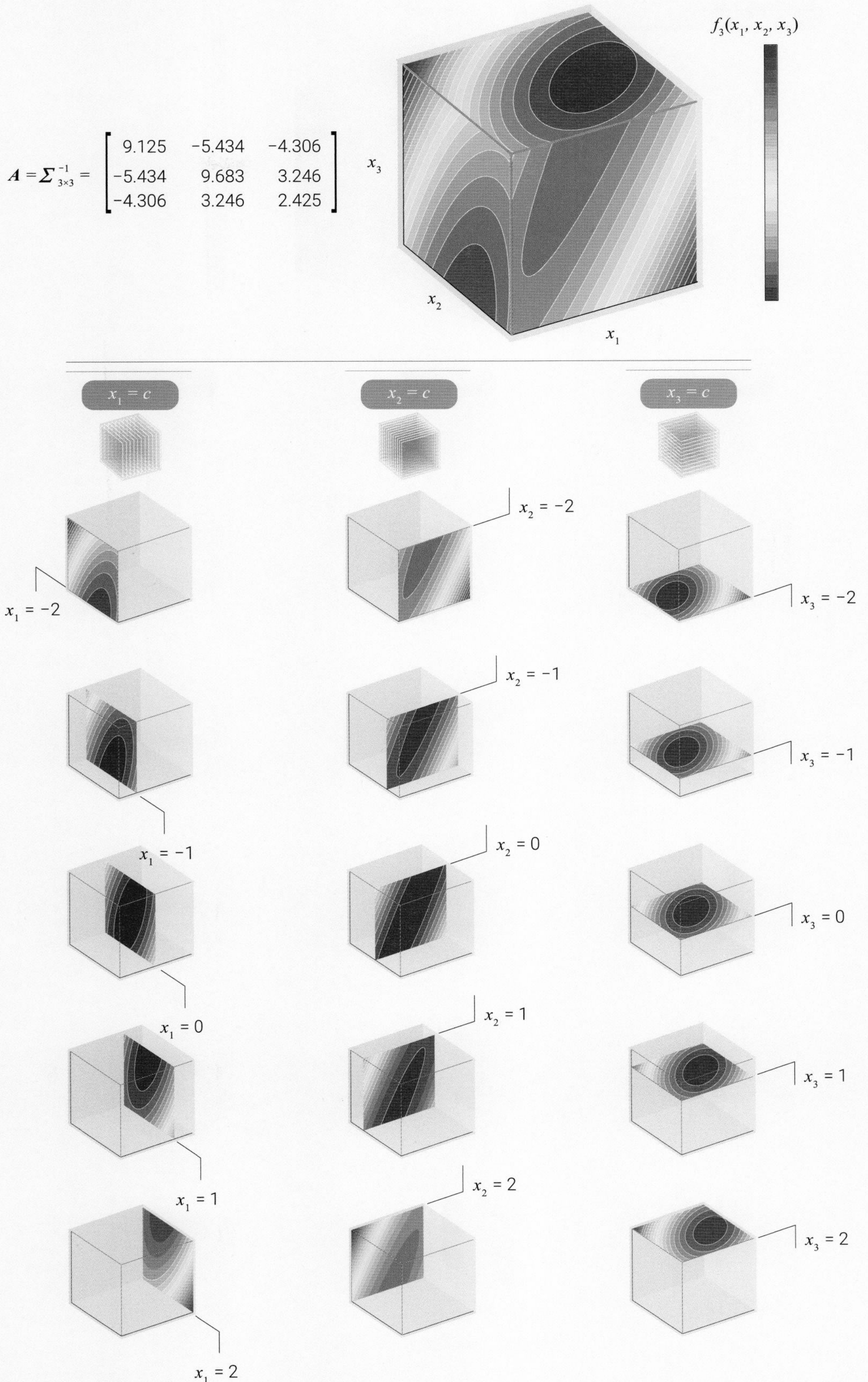

图21.10　三元二次型，正定，情况E (鸢尾花数据前三个特征的协方差矩阵逆矩阵) | Bk2_Ch21_02.ipynb

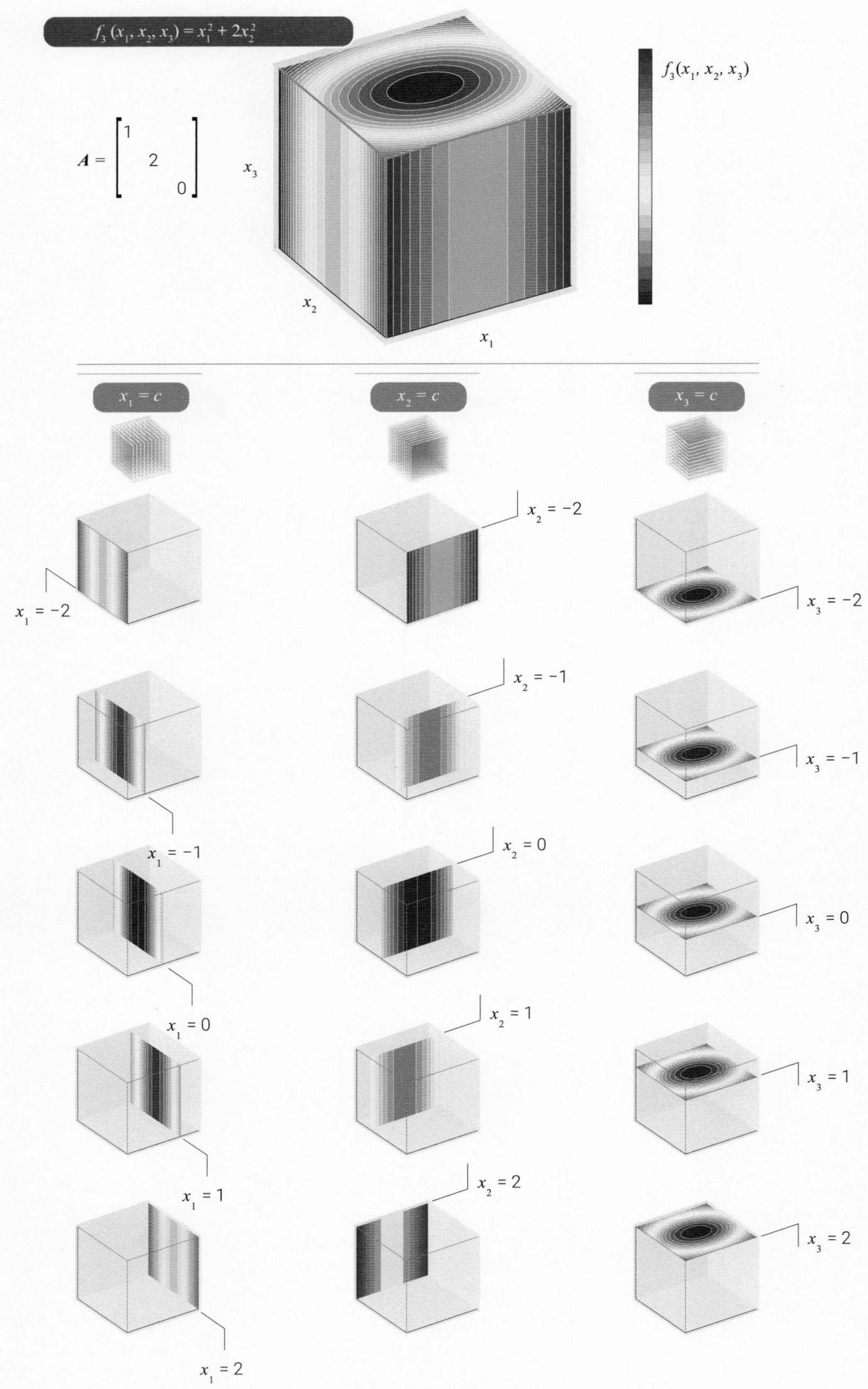

图21.11　三元二次型，半正定，情况F | Bk2_Ch21_02.ipynb

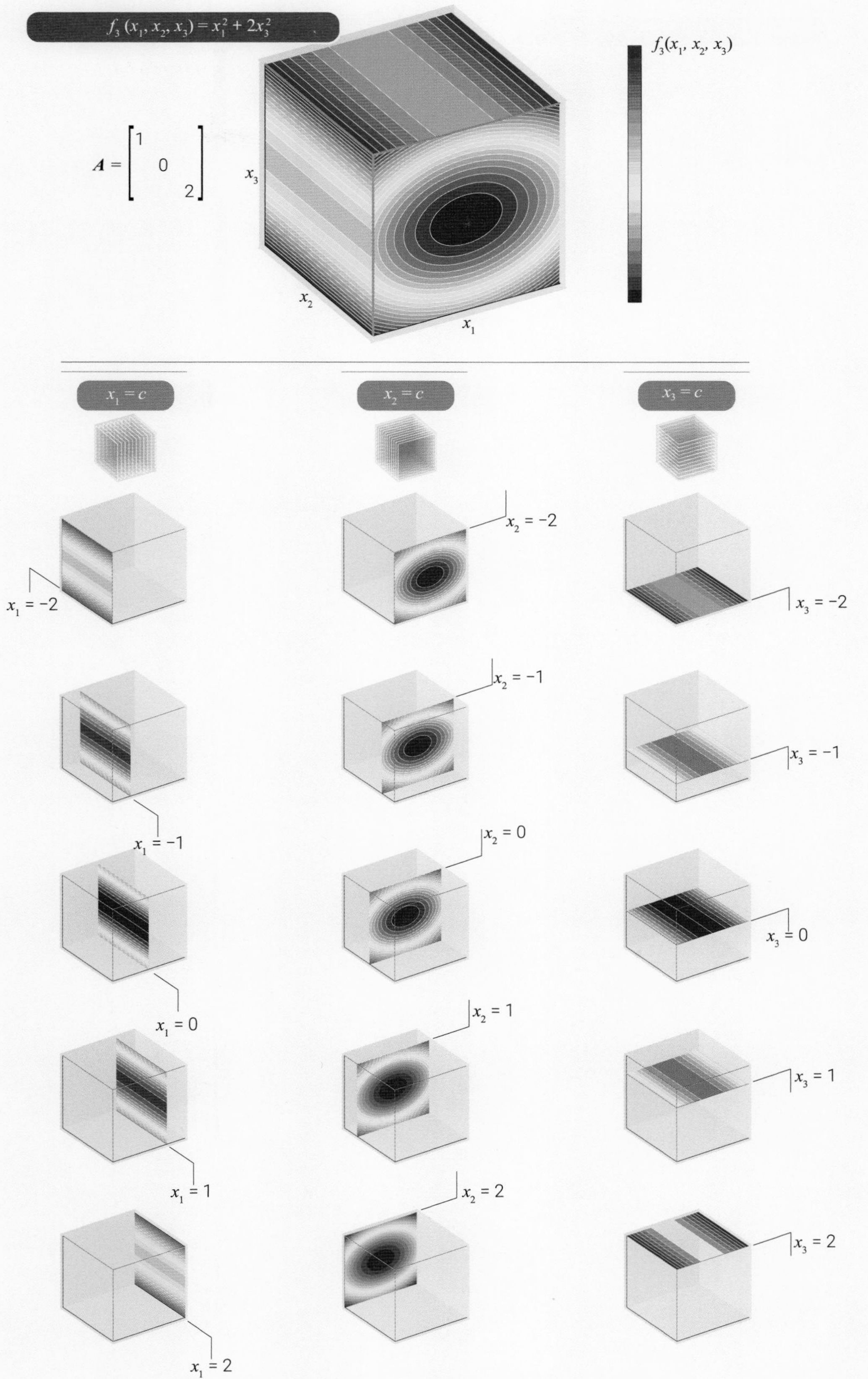

图21.12　三元二次型，半正定，情况G | ⊕ Bk2_Ch21_02.ipynb

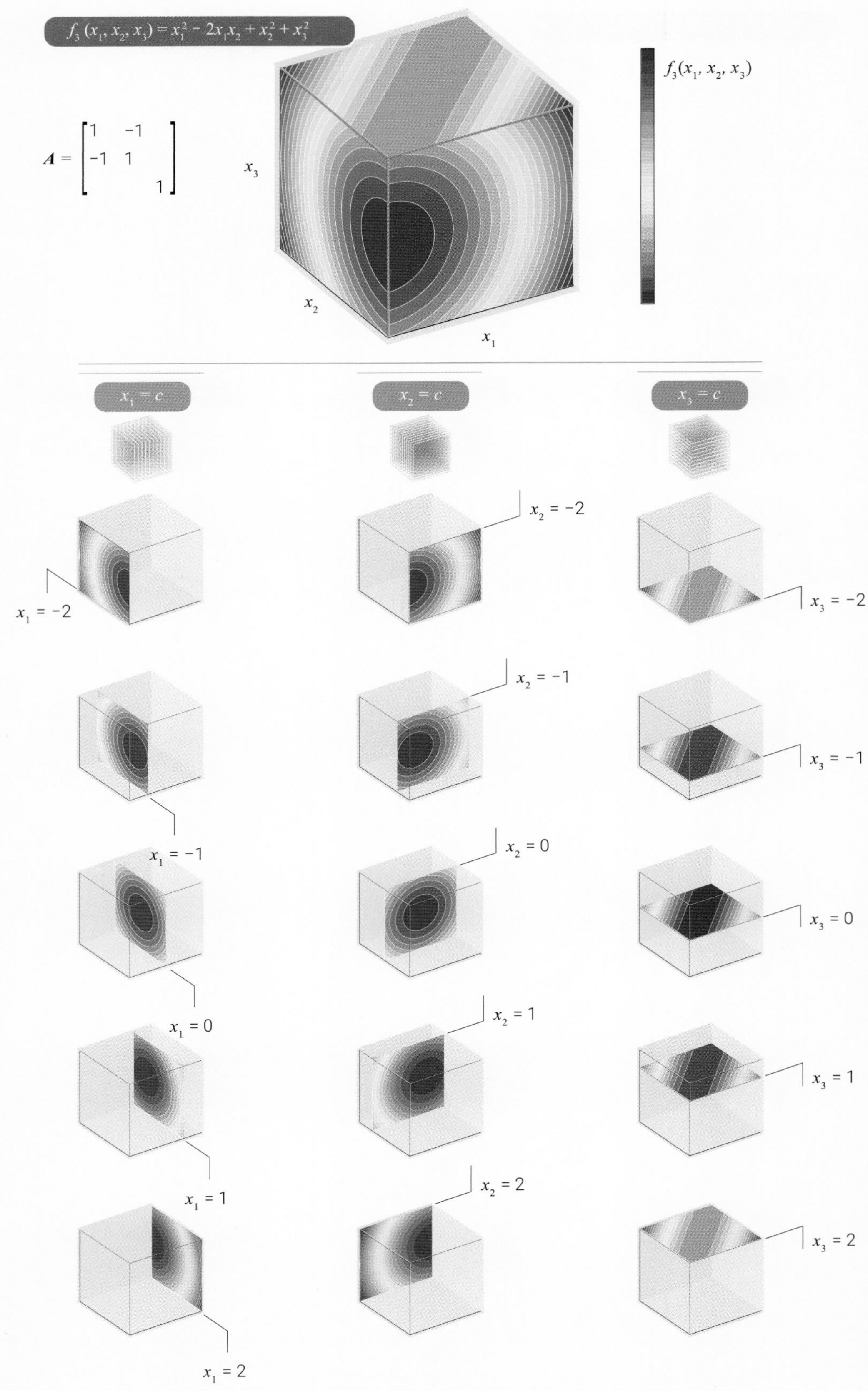

图21.13　三元二次型，半正定，情况H | Bk2_Ch21_02.ipynb

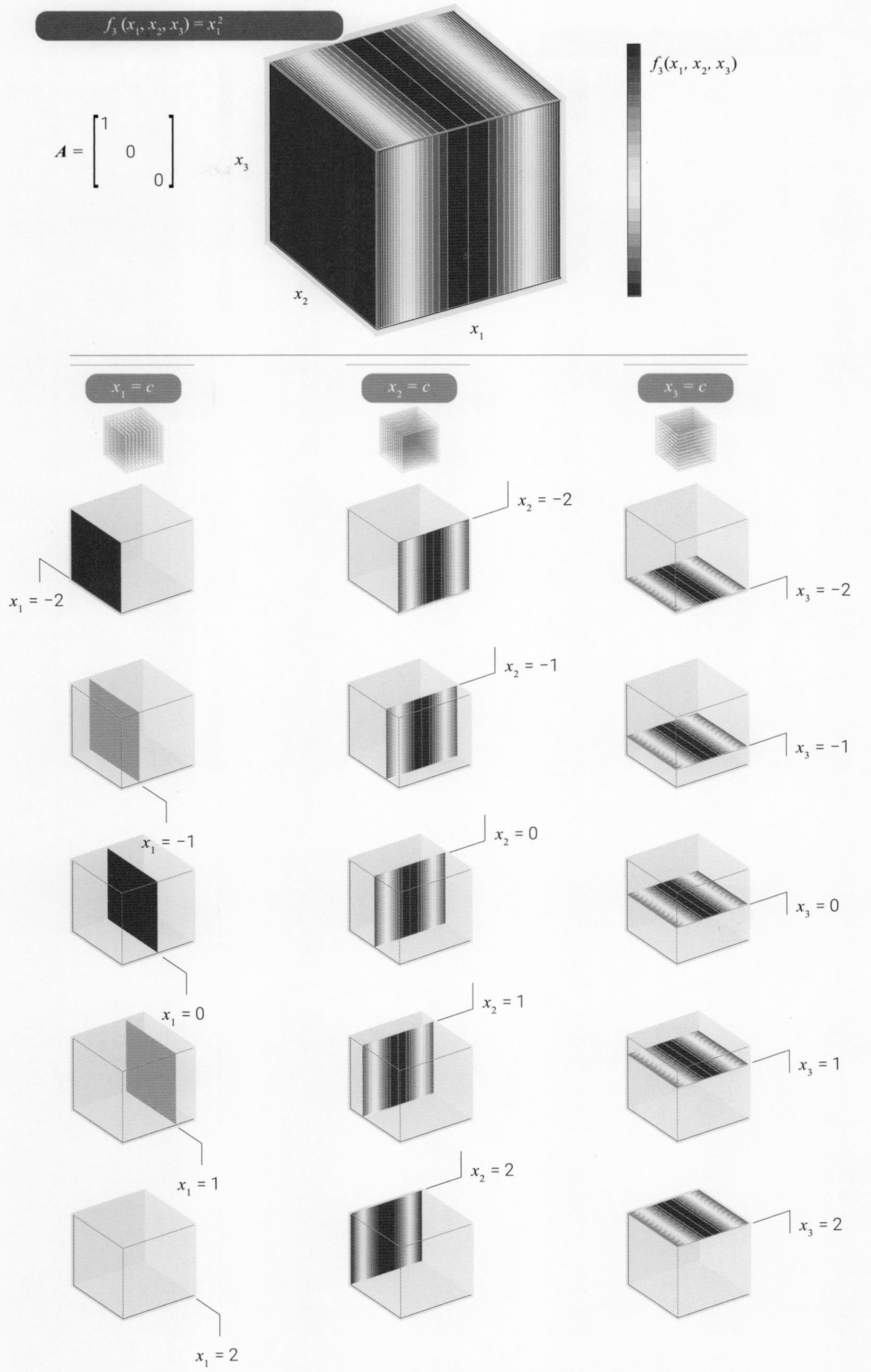

图21.14　三元二次型，半正定，情况I | ⊕ Bk2_Ch21_02.ipynb

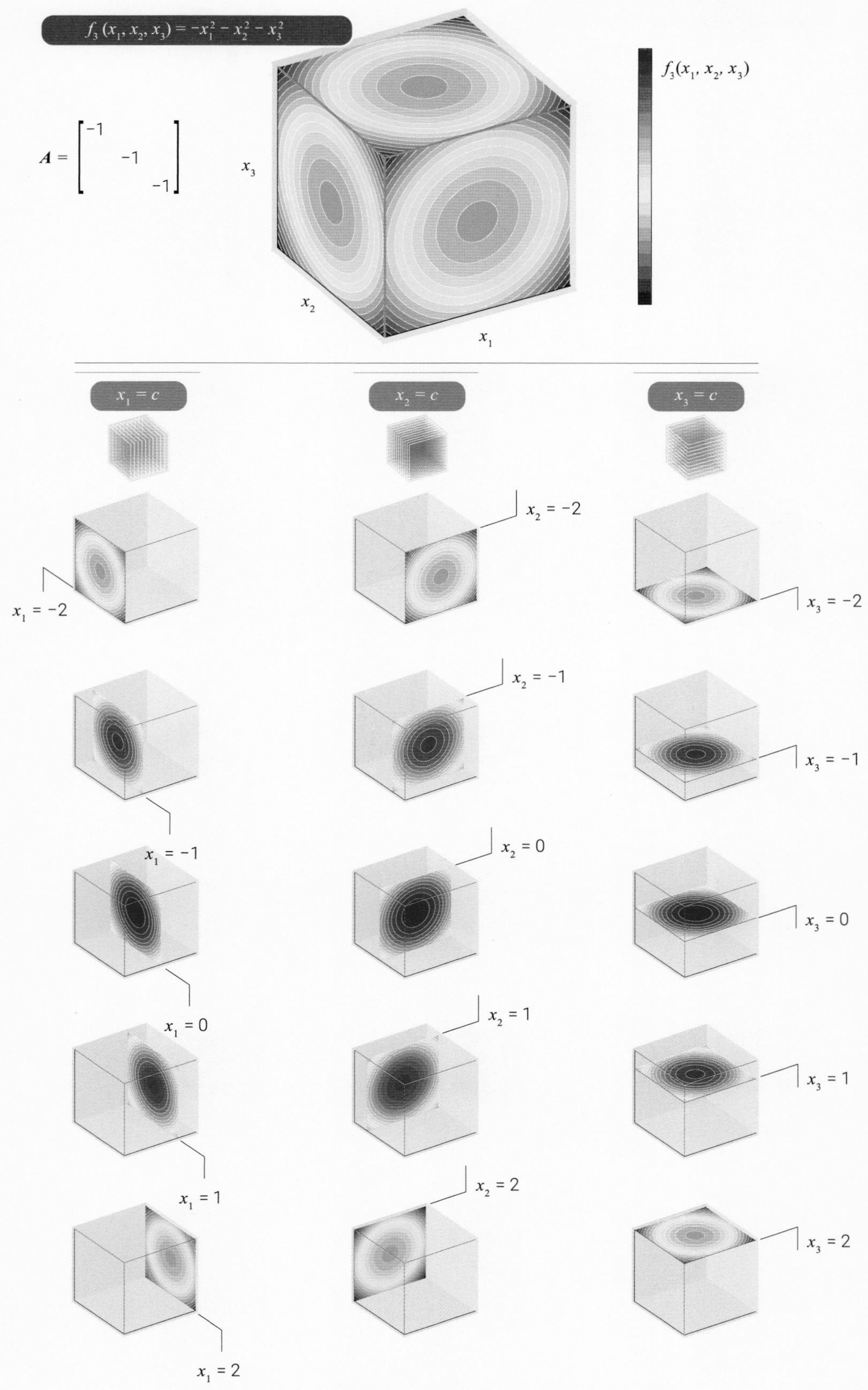

图21.15　三元二次型，负定，情况J | ⊕ Bk2_Ch21_02.ipynb

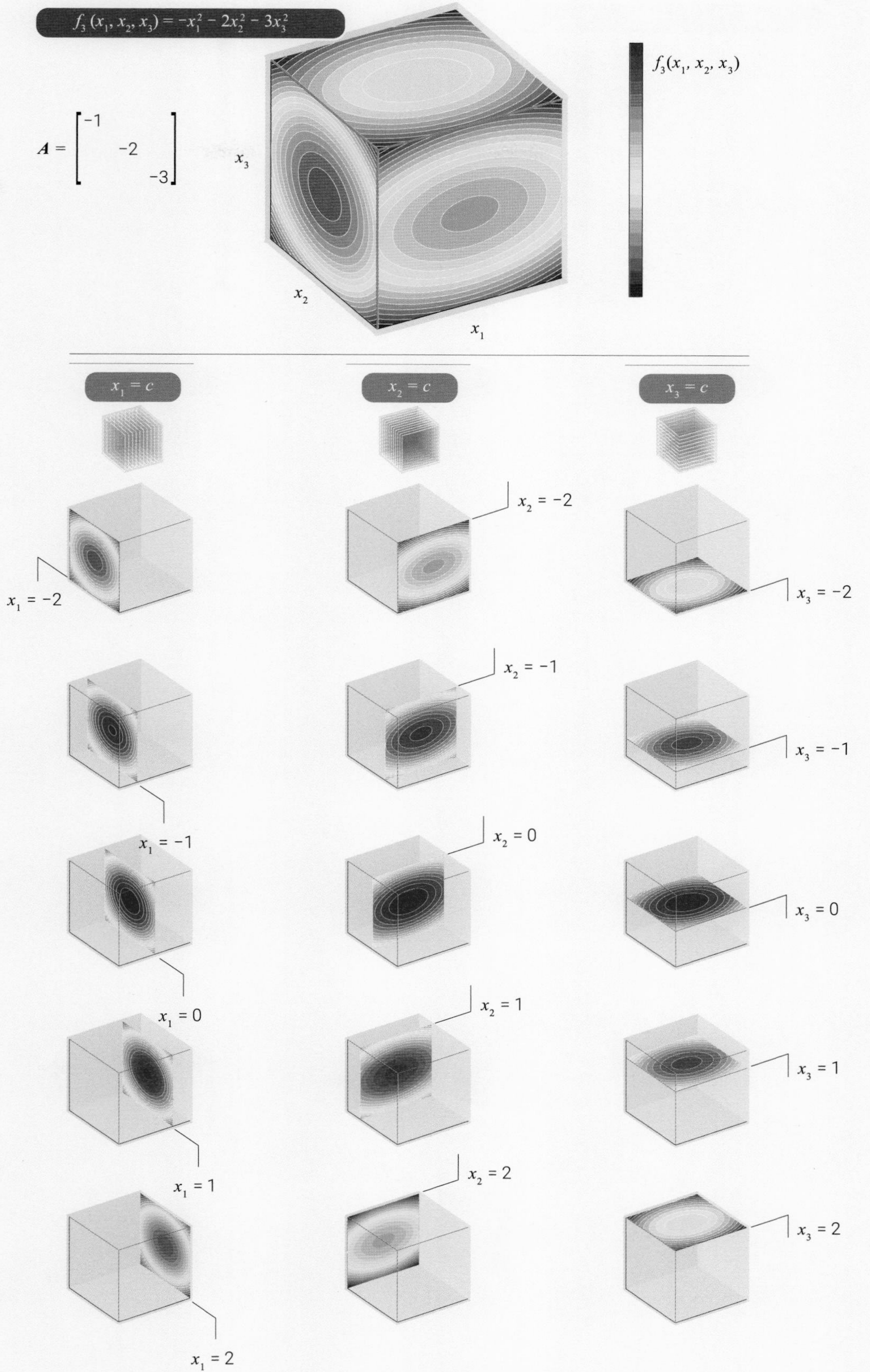

图21.16　三元二次型，负定，情况K | ⊕ Bk2_Ch21_02.ipynb

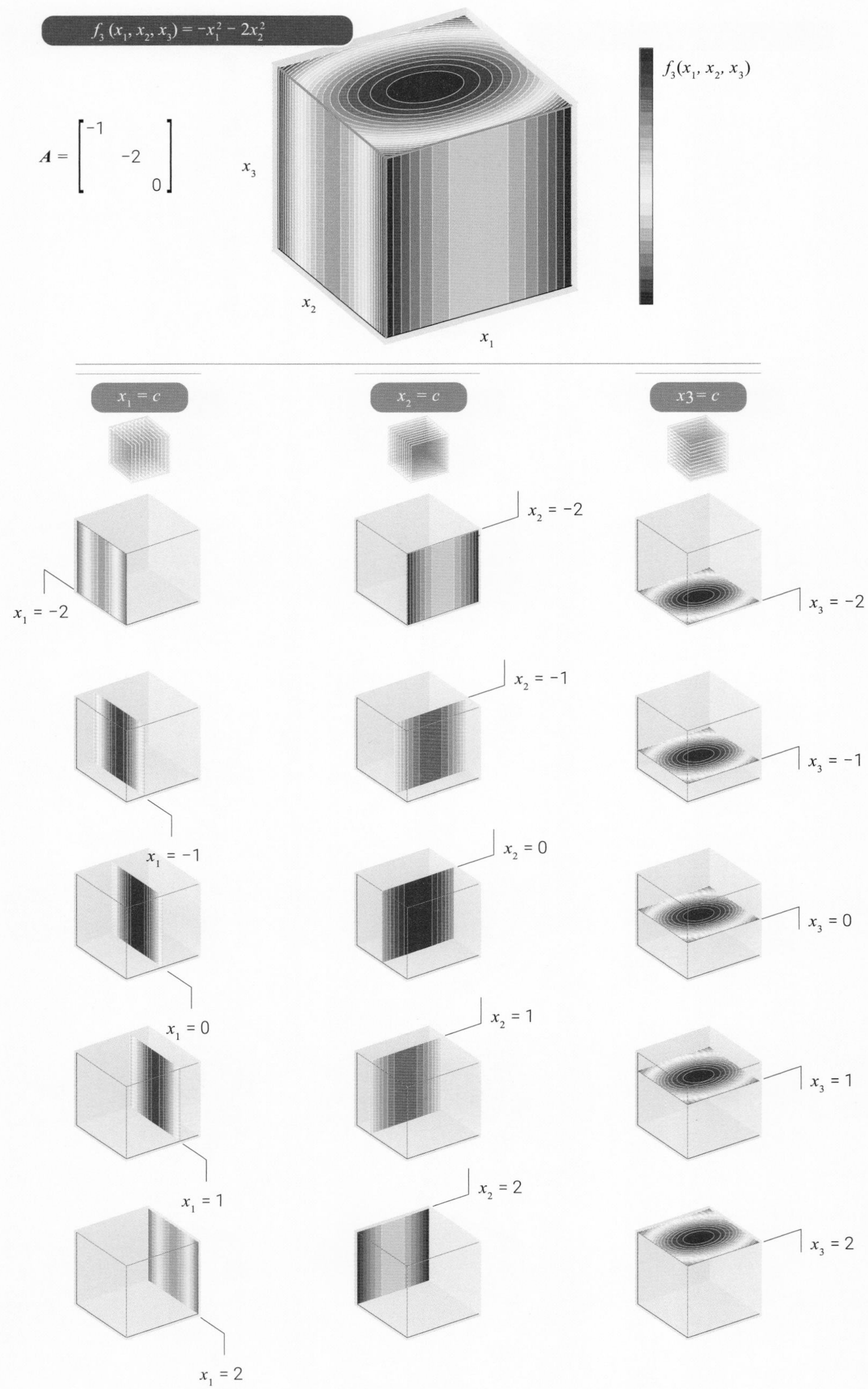

图21.17　三元二次型，半负定，情况L | Bk2_Ch21_02.ipynb

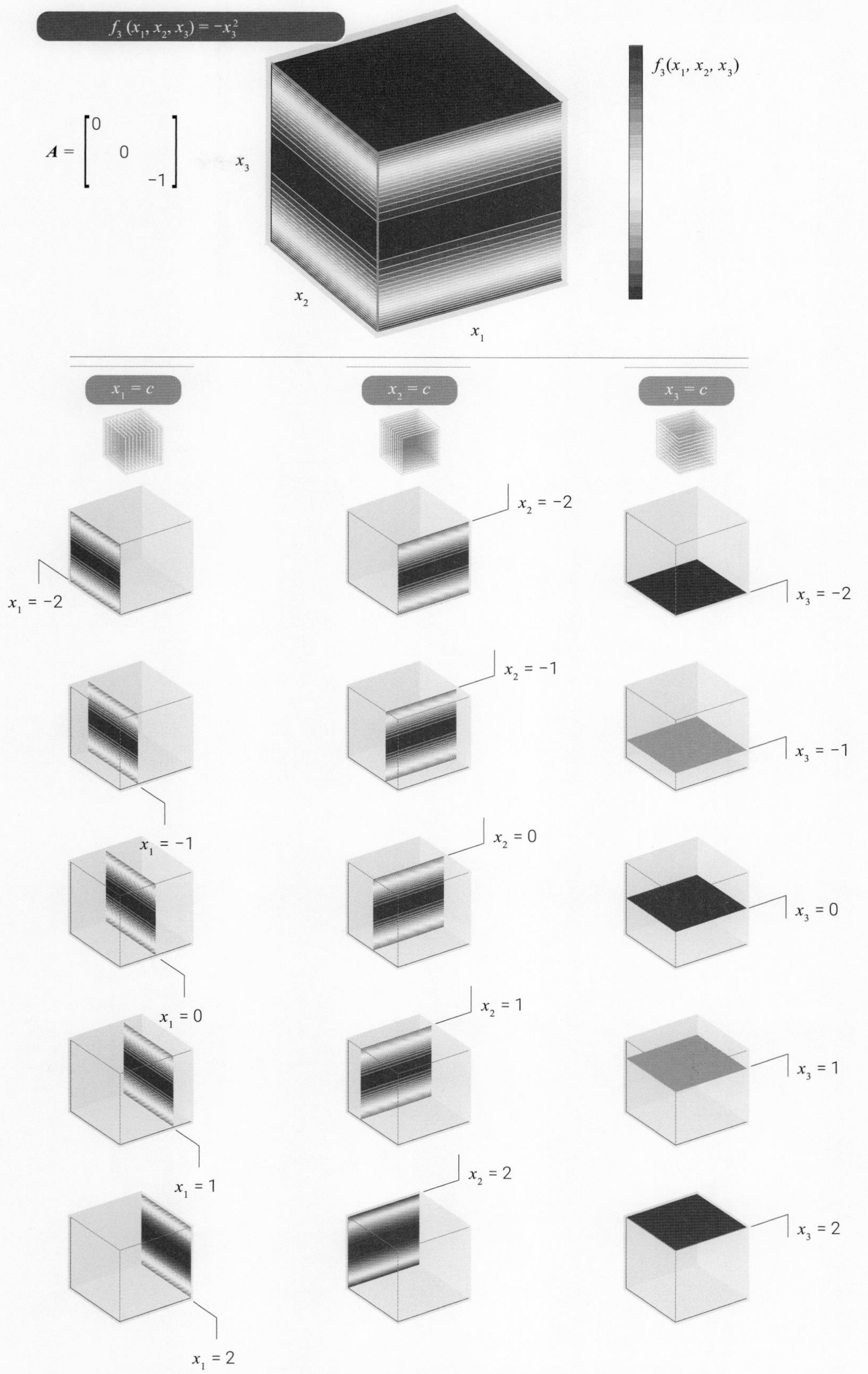

图21.18　三元二次型，半负定，情况M | Bk2_Ch21_02.ipynb

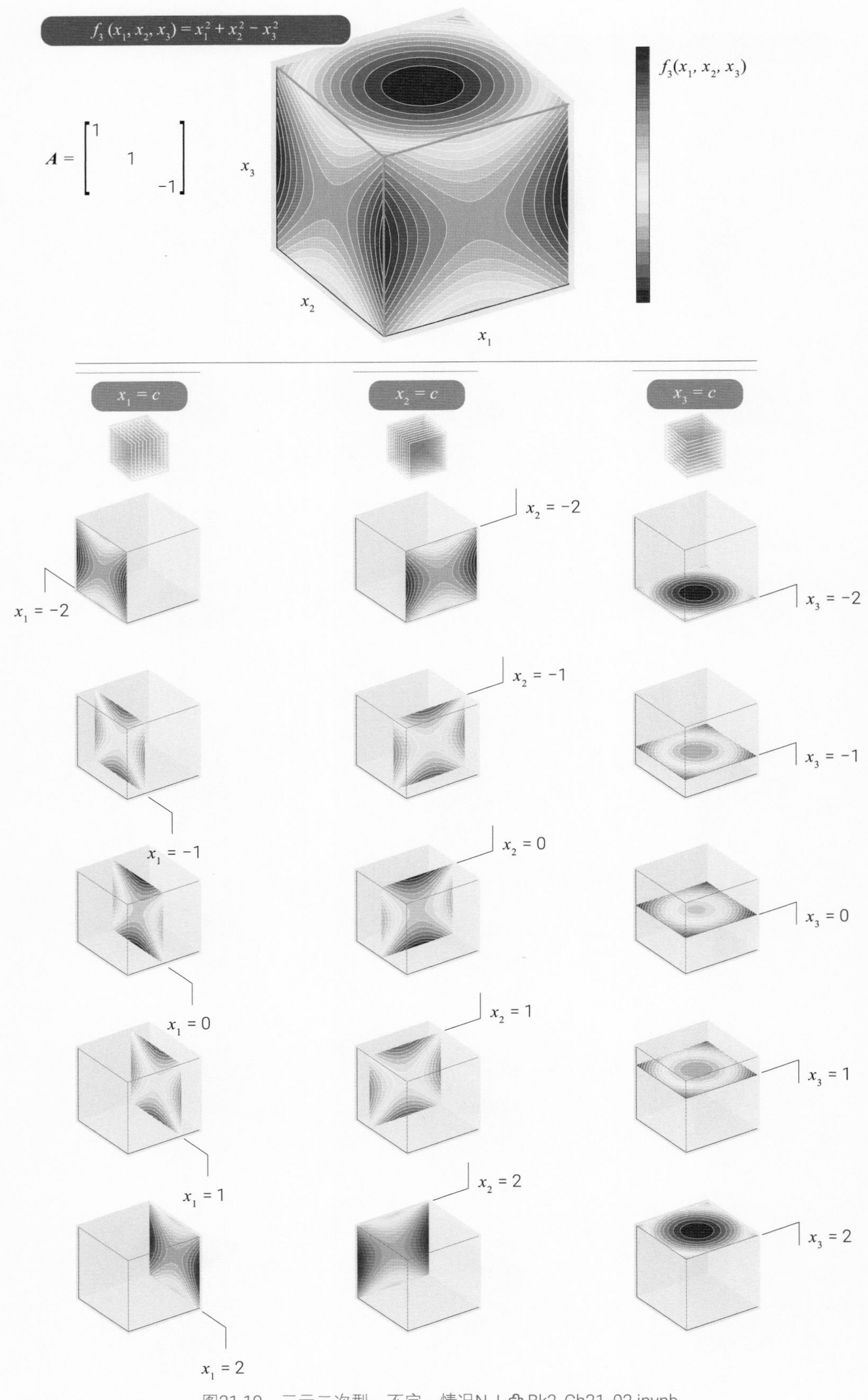

图21.19　三元二次型，不定，情况N | Bk2_Ch21_02.ipynb

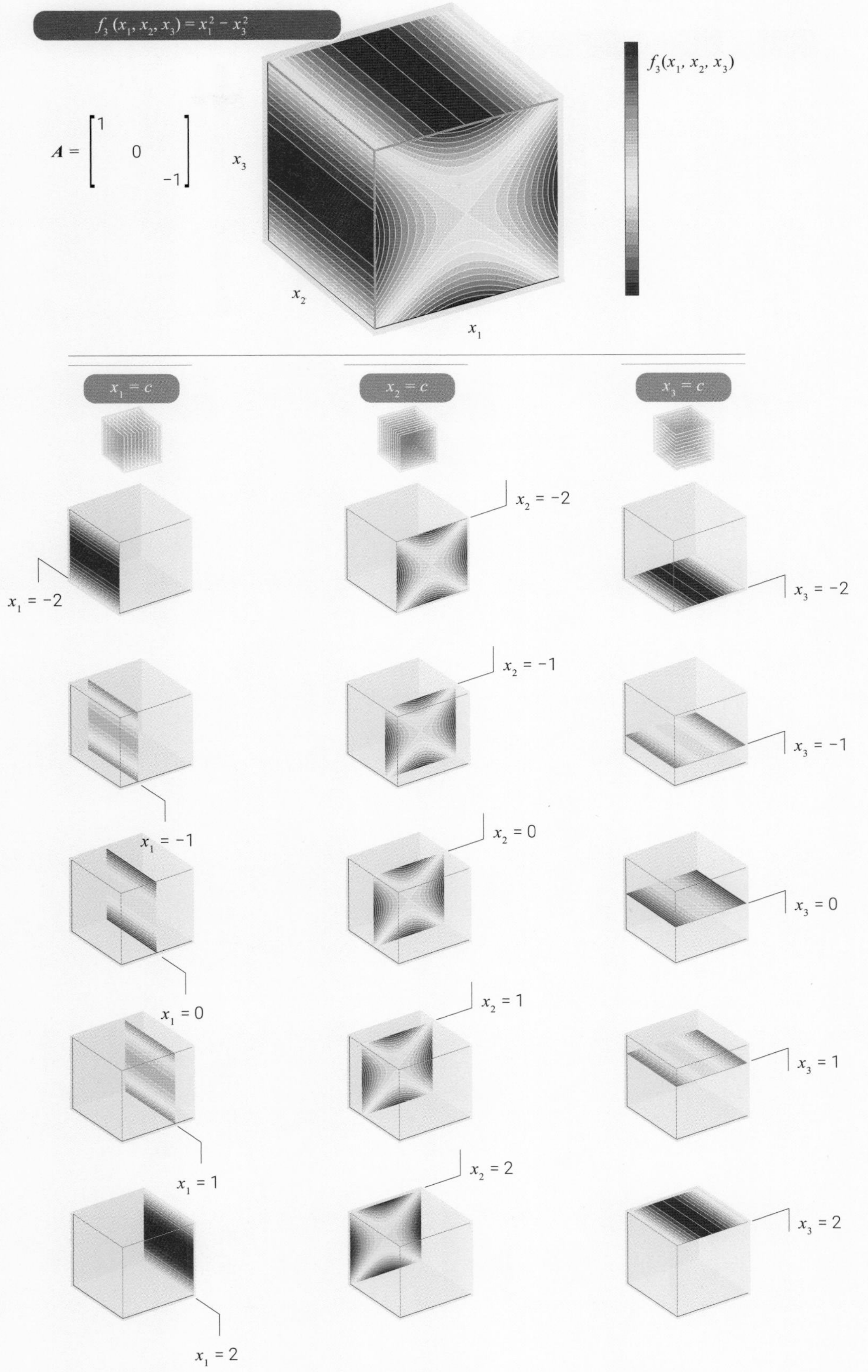

图21.20　三元二次型，不定，情况O | Bk2_Ch21_02.ipynb

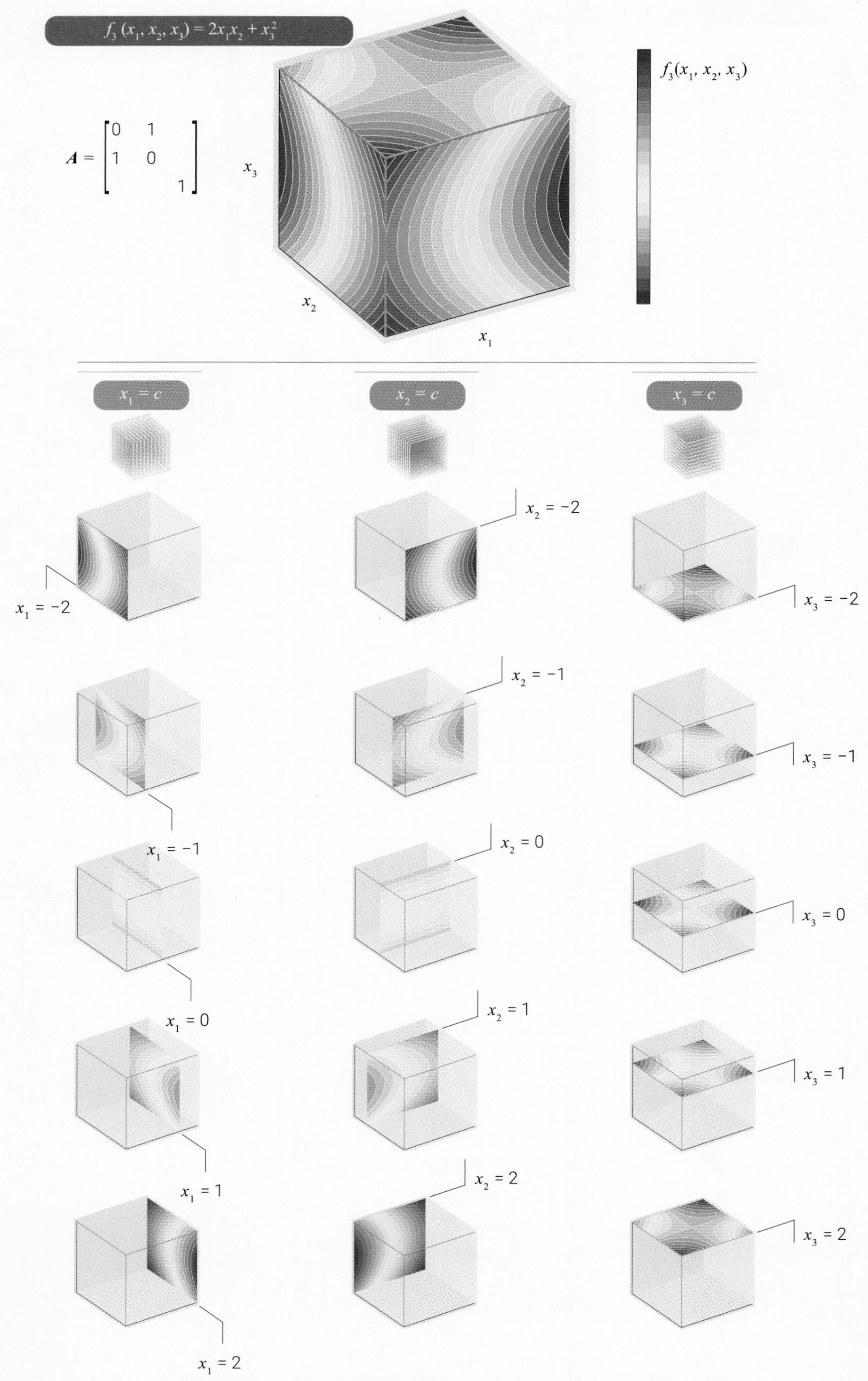

图21.21　三元二次型，不定，情况P | Bk2_Ch21_02.ipynb

22 Implicit Functions 隐函数

提供绘制平面、立体几何形状的新思路

做你自己。其他人设，早已名花有主。

Be yourself; everyone else is already taken.

—— 奥斯卡·王尔德 (Oscar Wilde) | 爱尔兰作家 | 1854—1900年

- `numpy.linspace()` 在指定的间隔内，返回固定步长的数据
- `numpy.meshgrid()` 创建网格数据
- `matplotlib.pyplot.contour()` 绘制等高线
- `matplotlib.patches.Rectangle()` 添加矩形图形对象
- `matplotlib.transforms.Affine2D` 图形对象仿射变换
- `numpy.linalg.inv()` 计算矩阵逆

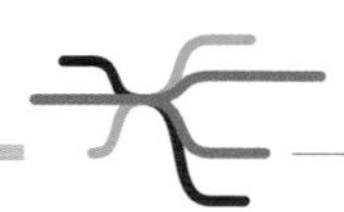

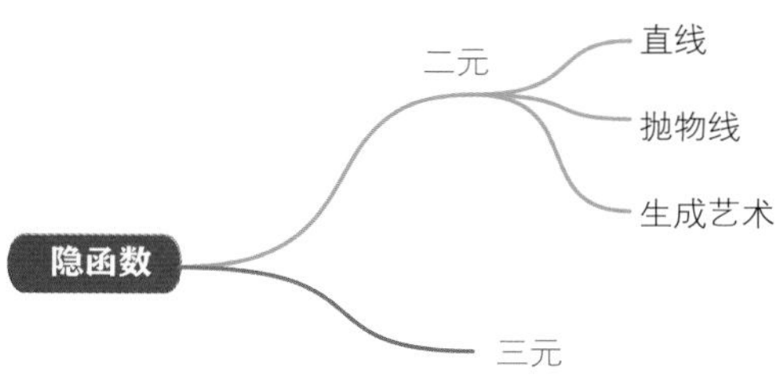

22.1 二元隐函数

简单来说，隐函数是一种不显式表示变量关系的函数。比如，函数$y = x + 1$可以写成隐函数形式$x - y + 1 = 0$。再比如，函数$y = x^2 + 1$可以写成隐函数形式$x^2 - y + 1 = 0$。更有意思的是，隐函数可以描述一些函数无法表达的关系，比如单位圆$x^2 + y^2 - 1 = 0$。隐函数这种形式让我们可以采用等高线来可视化各种等式，下面首先介绍二元隐函数。

直线

隐函数给了我们可视化直线的新方法。本书前文，一般通过构造函数来呈现直线。而图22.1所示为利用等高线绘制直线。显然，图22.1 (e) 并不是函数，但是我们依然可以用等高线可视化这组隐函数。

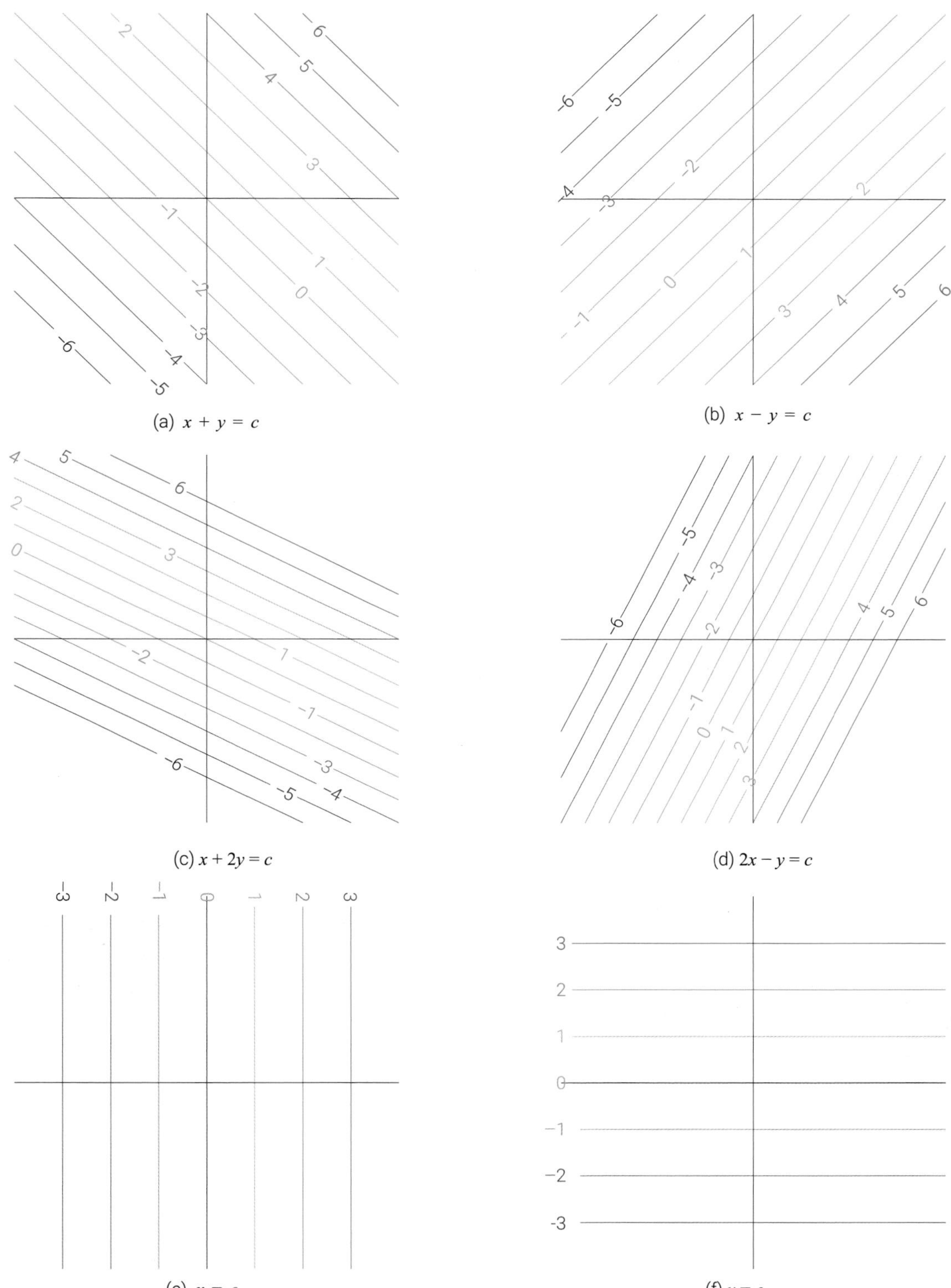

图22.1　用等高线绘制直线 | BK_2_Ch22_01.ipynb

抛物线

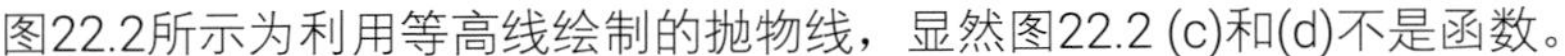

图22.2所示为利用等高线绘制的抛物线，显然图22.2 (c)和(d)不是函数。

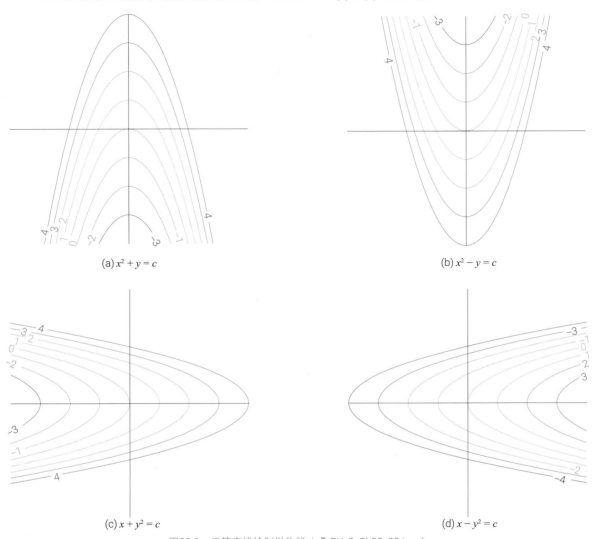

(a) $x^2 + y = c$

(b) $x^2 - y = c$

(c) $x + y^2 = c$

(d) $x - y^2 = c$

图22.2　用等高线绘制抛物线 | BK_2_Ch22_02.ipynb

生成艺术

“鸢尾花书”中，我们更常见的是利用二维等高线可视化平面几何形状。

图22.3上图所示为利用等高线绘制的一组圆锥曲线。通过在 [0, 3] 范围之内改变离心率，圆锥曲线从正圆、椭圆，最终变成双曲线。绘制每条曲线时，我们先设置离心率，然后利用网格数据生成特定圆锥曲线的数据。绘制等高线时，仅仅绘制等高线值为1的那一条曲线。并且，利用色谱生成一组连续变化的颜色，分别渲染每一条圆锥曲线。

《数学要素》第9章介绍如何通过设定离心率改变圆锥曲线类型。

图22.3下图绘制的是给定椭圆上不同点处的切线。绘制这幅图时需要用到椭圆切线的解析式，《矩阵力量》第20章专门讲解这一话题。

下面我们看两个更复杂的例子。如图22.4上图所示，给定矩形，绘制一组和矩形相切的椭圆。图中的矩形用matplotlib.patches绘制。而椭圆采用等高线绘制。

《数学要素》第9章专门讲解这组椭圆的性质。

如图22.4下图所示，给定旋转椭圆，绘制一组和椭圆相切的矩形。椭圆采用参数方程绘制，而矩形采用matplotlib.patches。

绘制矩形还用到了**仿射变换** (affine transformation)。本书后文将专门讲解二维、三维仿射变换。

《统计至简》第14章讲解图22.4下图用到的数学工具。

图22.5中这些椭圆则有一个有趣的性质——长半轴平方、短半轴平方之和为定值。图22.6则是用等高线绘制的**星形曲线** (astroid)。

22.2 三元隐函数

如图22.7 ~ 图22.11所示，用三个方向等高线织成的图形展示三元隐函数。

请大家查看BK_2_Ch22_09.ipynb，并将隐函数等式写在对应图形上方。

本章介绍如何用等高线展示二元、三元隐函数，这是“鸢尾花书”中常用的一种可视化二维、三维图形的重要方法。下一章将介绍另外一种可视化几何图形的重要数学工具——参数方程。

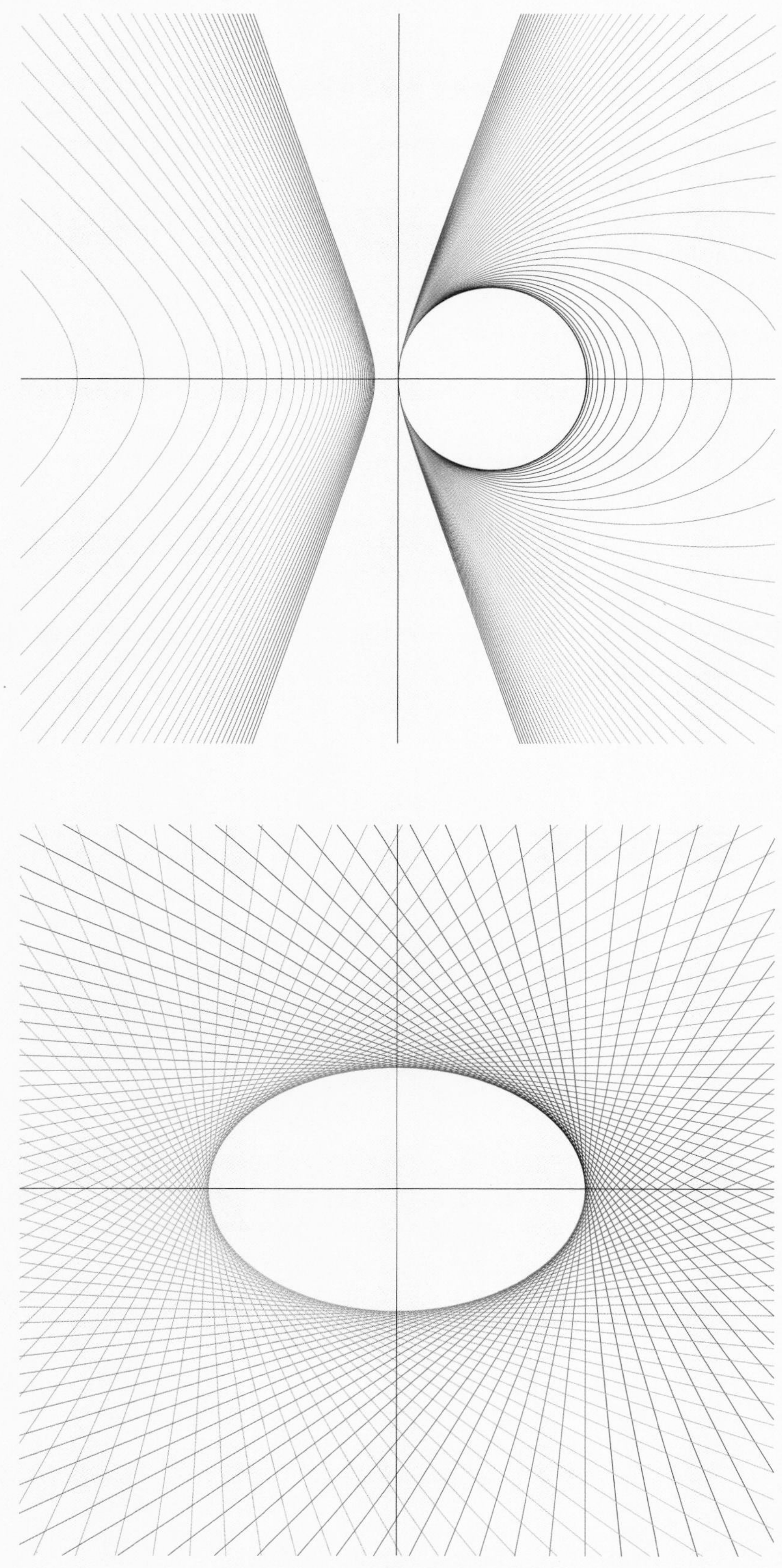

图22.3　利用等高线绘制圆锥曲线、椭圆切线

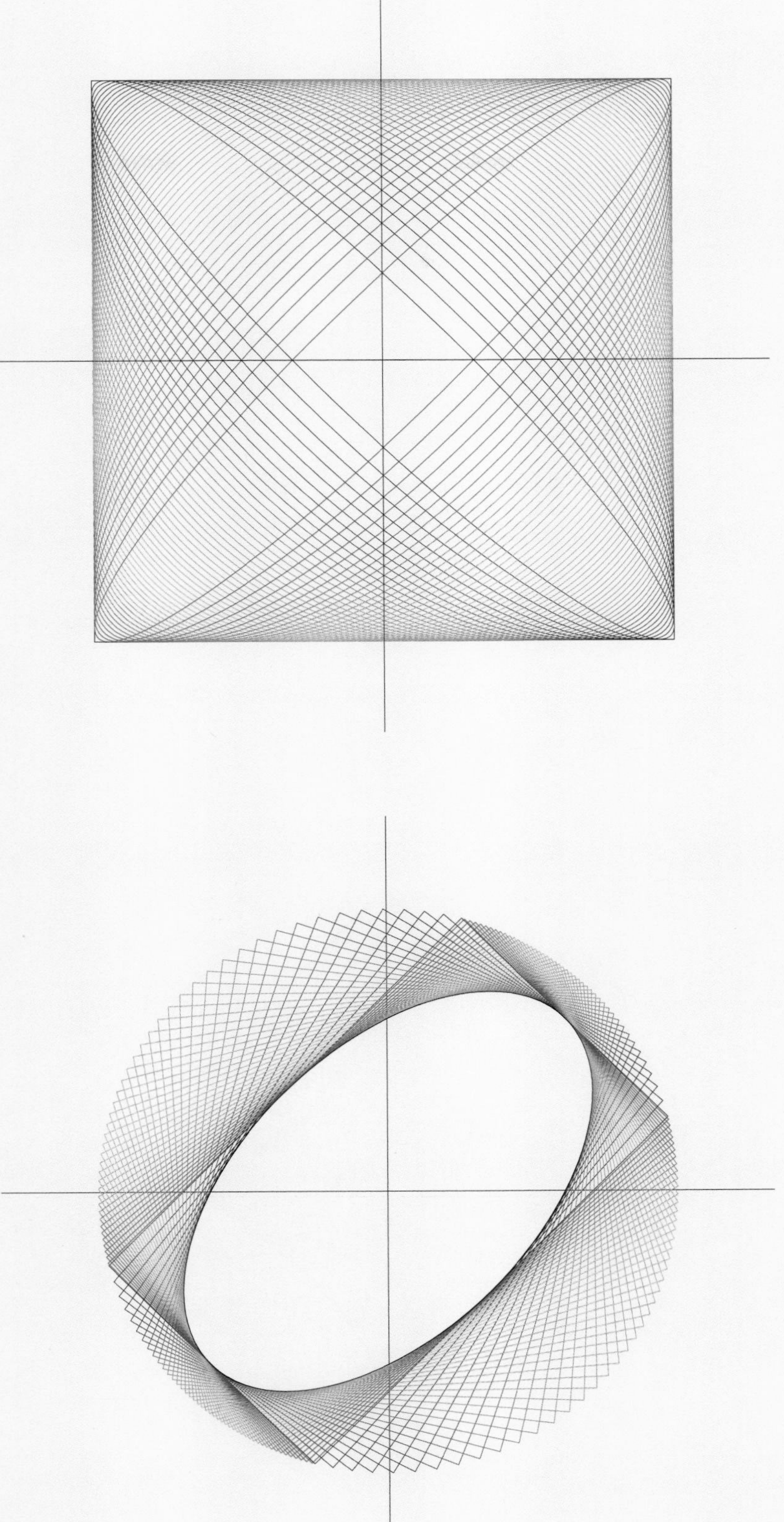

图22.4　给定矩形相切的一组椭圆、给定椭圆相切的一组矩形

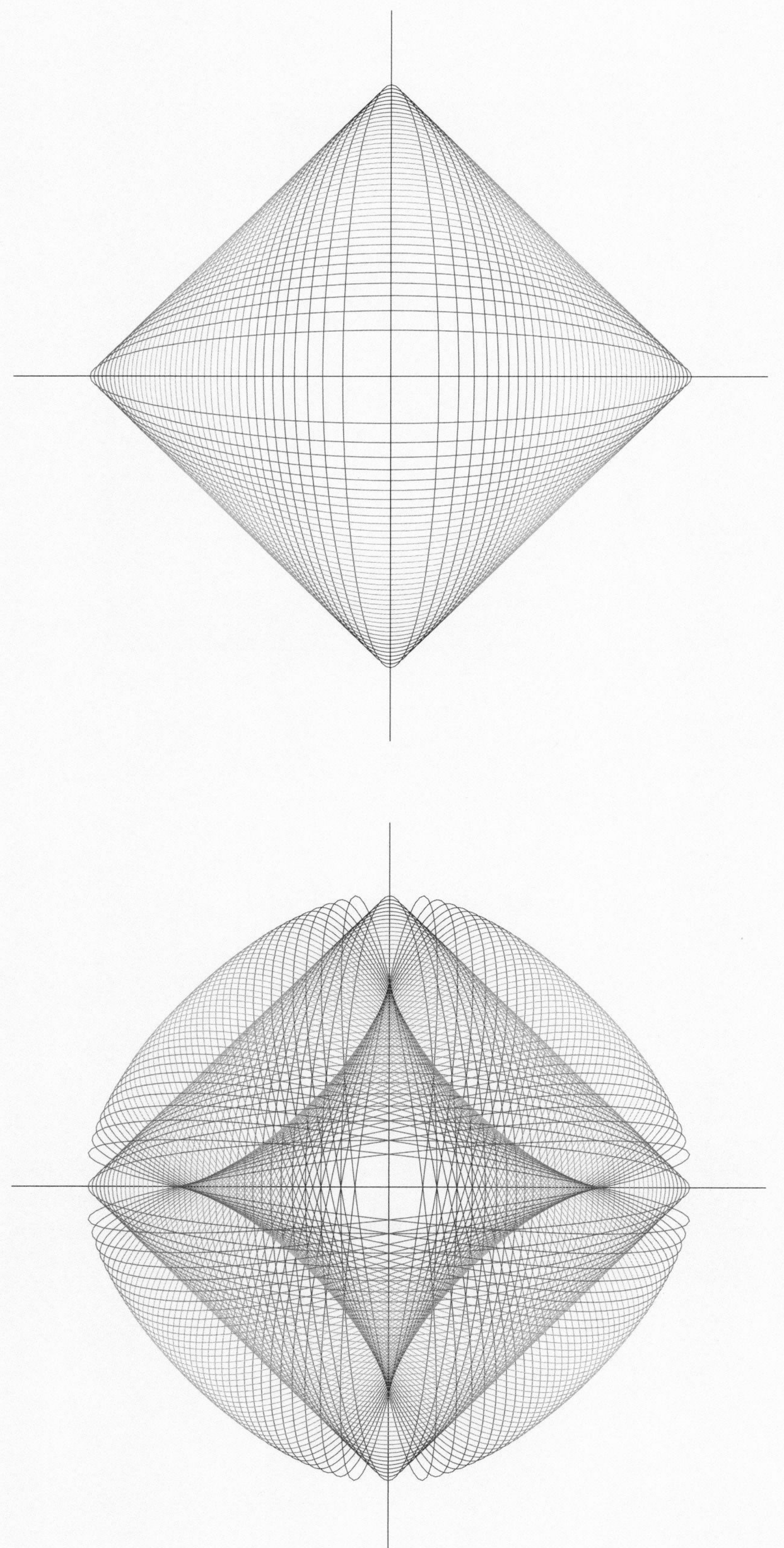

图22.5　一组椭圆，长半轴平方、短半轴平方之和为定值

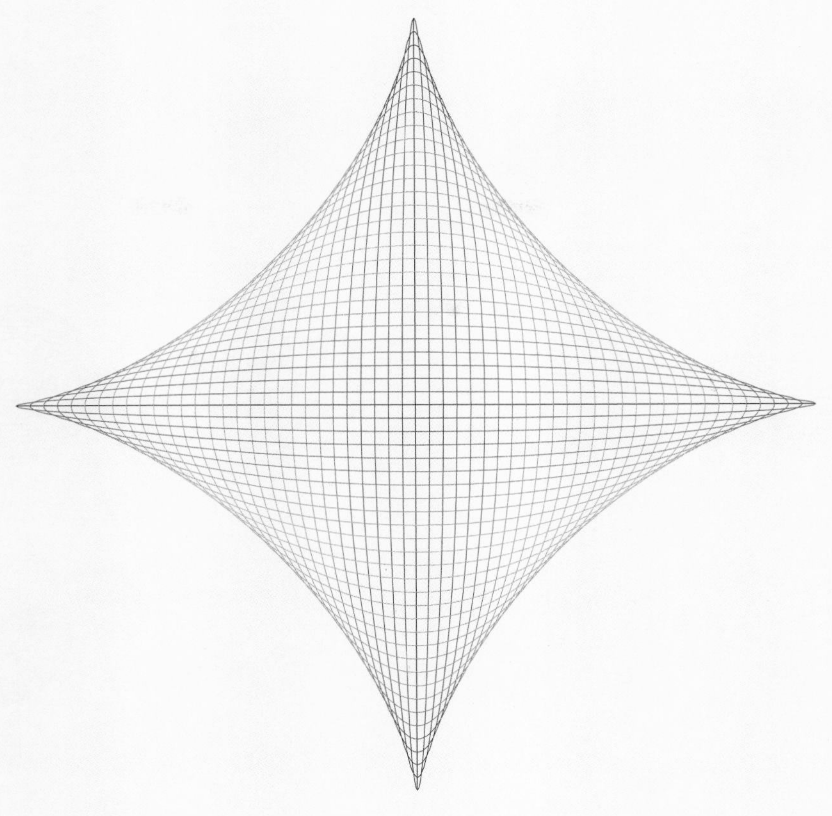

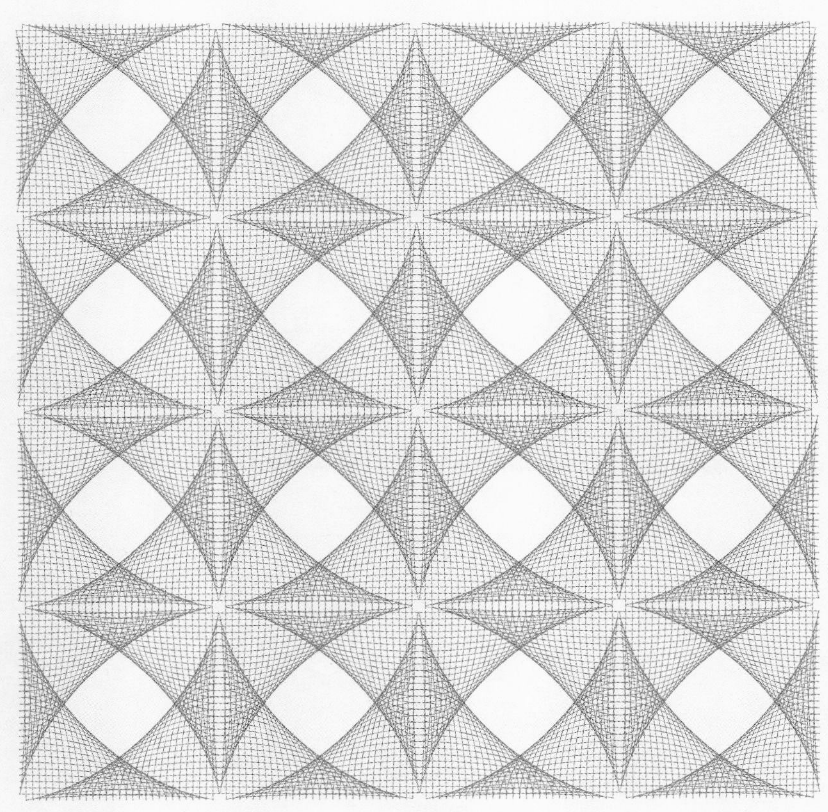

图22.6　星形曲线

图22.7　用等高线可视化隐函数曲面，第1组图形

图22.8　用等高线可视化隐函数曲面，第2组图形

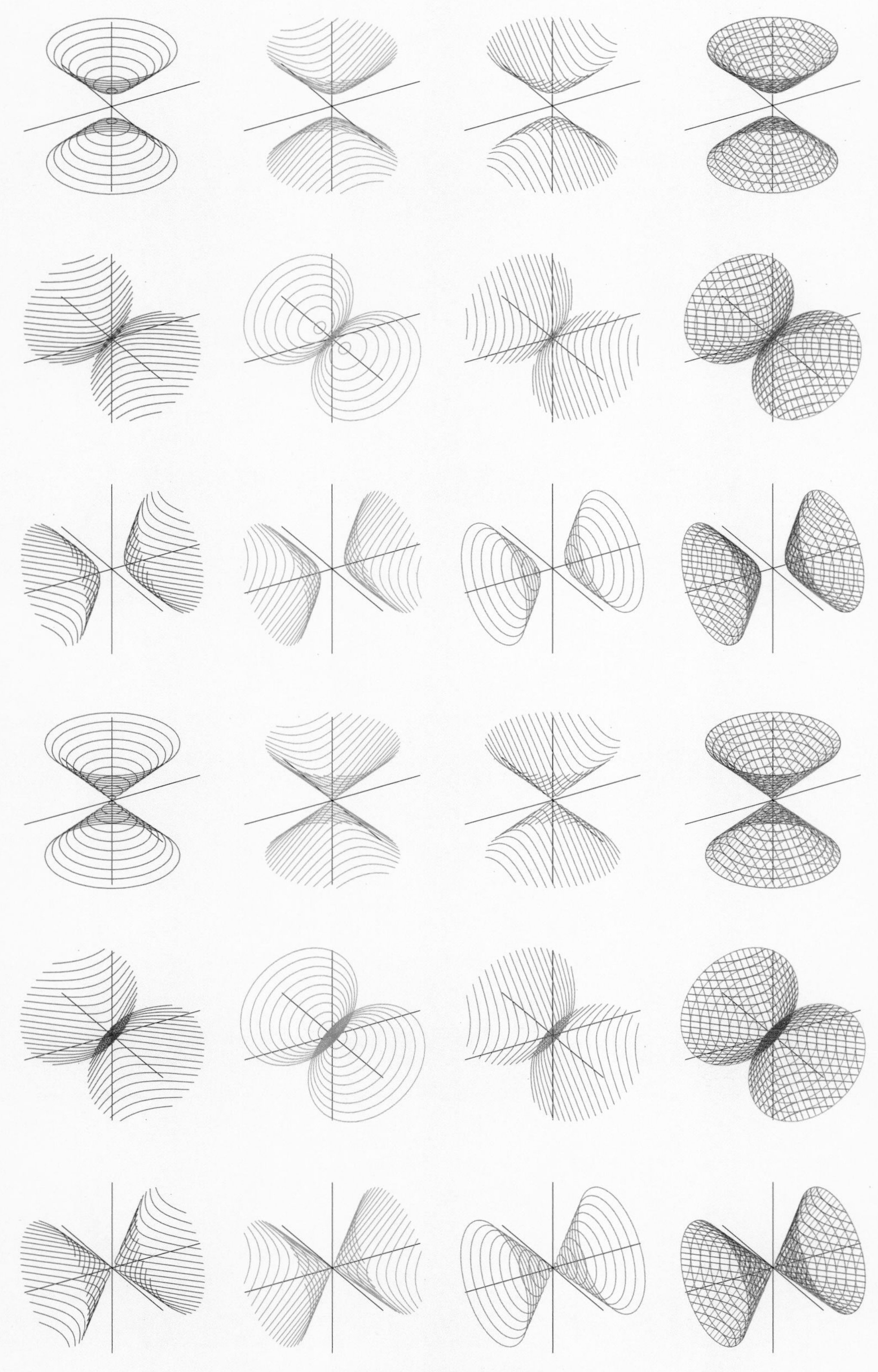

图22.9　用等高线可视化隐函数曲面，第3组图形

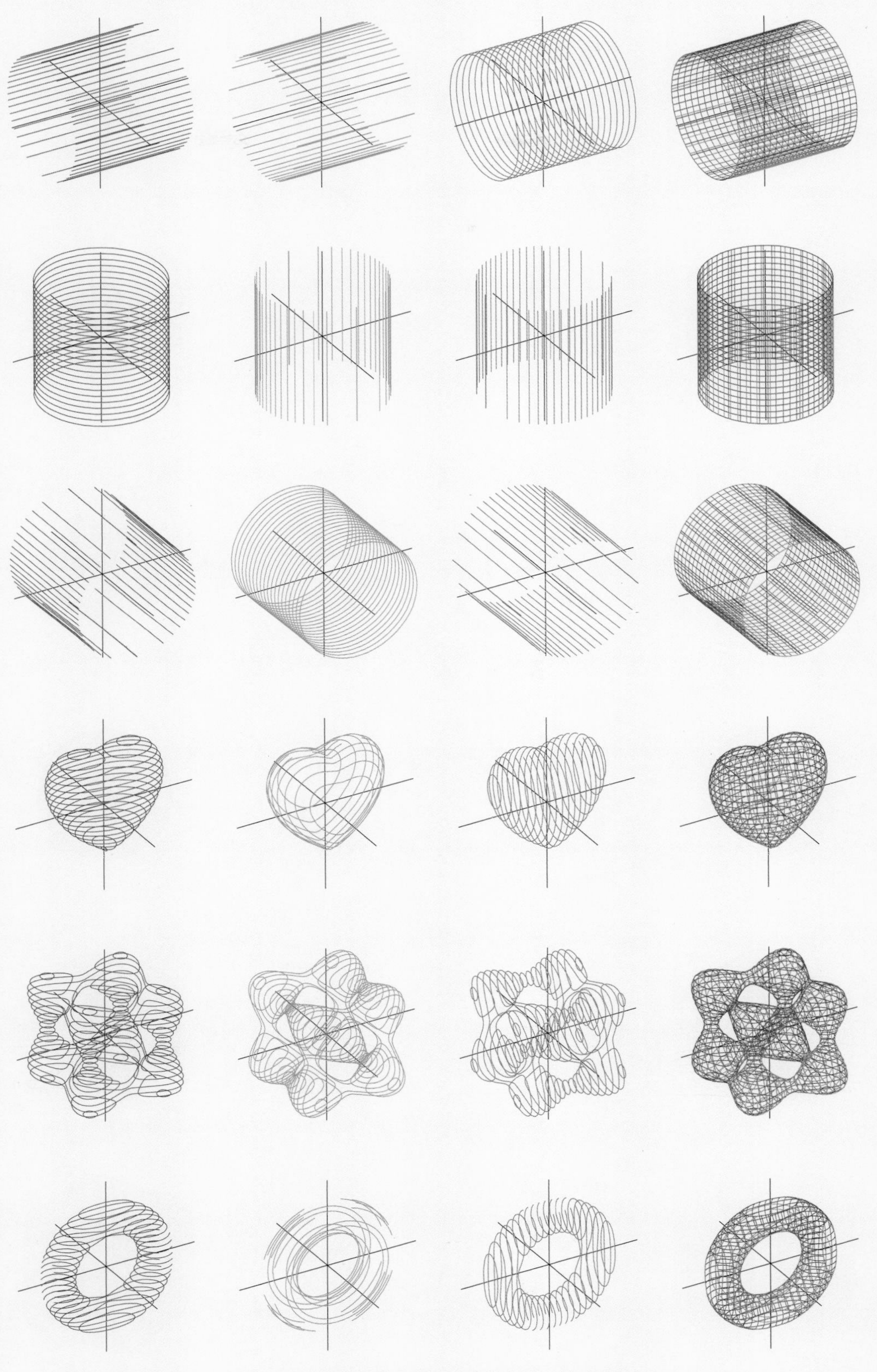

图22.10　用等高线可视化隐函数曲面，第4组图形

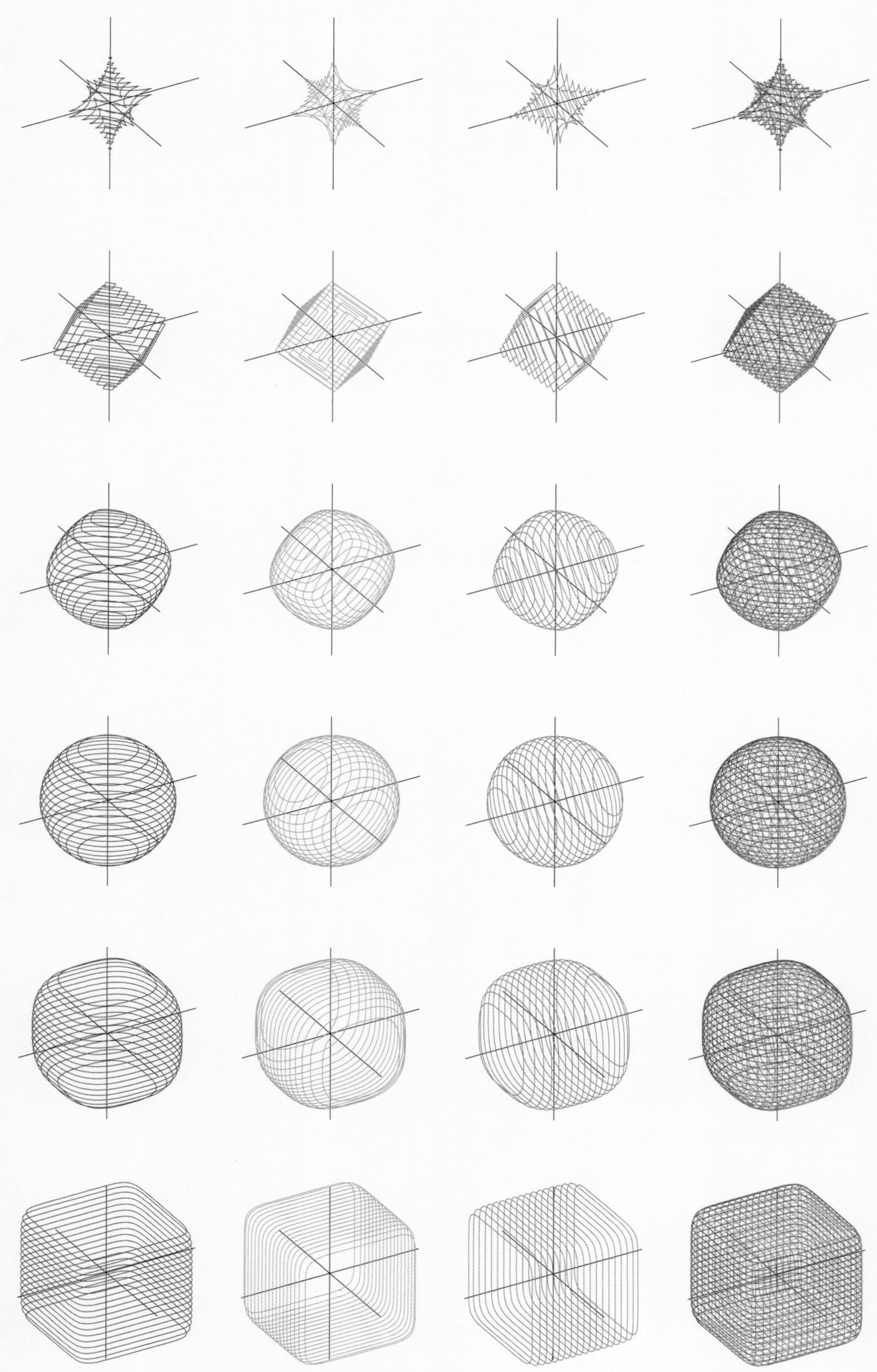

图22.11　用等高线可视化隐函数曲面，第5组图形

23 Parametric Equations 参数方程

又一种绘制平面、立体几何形状思路

生如夏花，逝如秋叶。

Let life be beautiful like summer flowers, and death like autumn leaves.

—— 拉宾德拉纳特·泰戈尔 (Rabindranath Tagore) | 印度诗人 | 1861—1941年

- ◄ `matplotlib.pyplot.plot_wireframe()` 绘制线框图
- ◄ `numpy.linspace()` 在指定的间隔内，返回固定步长的数据
- ◄ `numpy.outer()` 计算外积，张量积
- ◄ `plotly.graph_objects.Surface()` 创建三维曲面

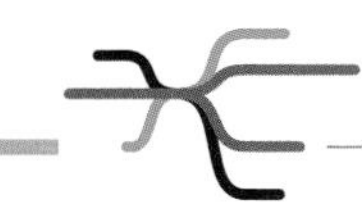

23.1 参数方程

上一章，我们介绍如何用等高线可视化二元、三元隐函数。本章介绍如何用参数方程可视化二元、三元几何形状。简单来说，**参数方程** (parametric equation) 是描述曲线或曲面的一种数学表示方法。其实，大家对参数方程应该不陌生。如图23.1所示，在绘制单位圆时，我们就用过参数方程。

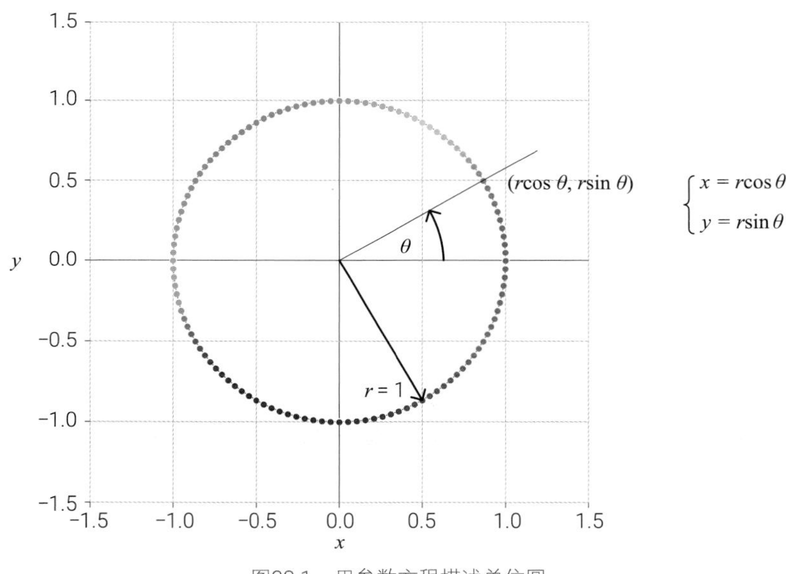

图23.1　用参数方程描述单位圆

第9章介绍极坐标时，我们也聊到了如何用参数方程绘制各种曲线。第10章还介绍了极坐标网格。第18章我们用参数方程和网格面可视化了球体和游泳圈等三维几何形状。请大家回顾这些内容。

我们可以用参数方程可视化更复杂的图形，下面再介绍几个例子。

心形线

图23.2所示为利用参数方程绘制的**心形线** (cardioid)。心形线得名于其形状类似于心脏。

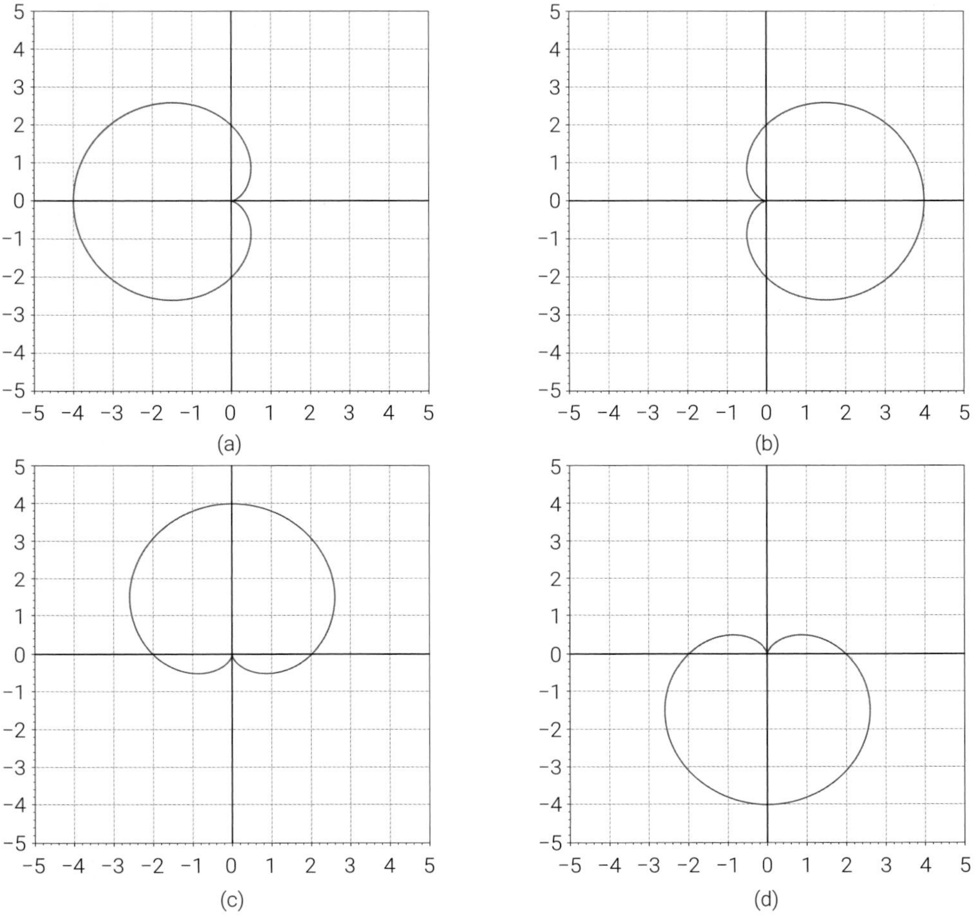

(a) (b)

(c) (d)

图23.2 用参数方程描述心形线

BK_2_Ch23_01.ipynb中绘制了图23.2，请大家查看代码将图23.2每幅子图对应的参数方程写到书上。

本书第30章专门介绍心形线；此外，在本书第34章介绍繁花曲线时，大家还会看到心形线。

利萨茹曲线

图23.9、图23.10、图23.11所示为利萨茹曲线随n_x、n_y、k变化而变化的情况。BK_2_Ch23_02.ipynb中绘制了这三组图像，请大家查看代码将参数方程写到书上。

利萨茹曲线 (Lissajous curve) 是一种在平面上生成的特殊曲线，它由两个正弦函数的振幅和频率组合而成。利萨茹曲线通常以参数方程的形式表示。当两个振幅和频率的比例不同或相位差不同时，曲线的形状会发生变化。图23.3所示为利用Streamlit创建的展示利萨茹曲线的App。

利萨茹曲线的形状取决于两个振幅和频率的关系，它可以展示出丰富的几何图案，包括直线、椭圆、环形等。利萨茹曲线具有美观和艺术性。因此，利萨茹曲线常被用作数学教学、科学可视化和艺术创作的工具。

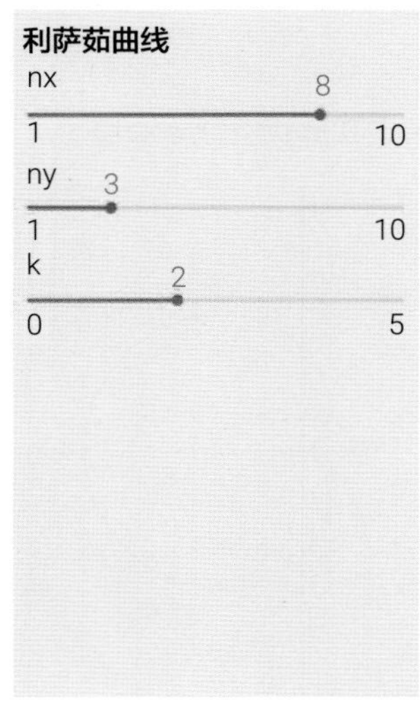

图23.3　展示利萨茹曲线的App，Streamlit搭建 | Streamlit_Lissajous_curve.py

23.2 球坐标

本节特别展开介绍如何用**球坐标** (spherical coordinate system) 绘制单位球体。

球坐标

如图23.4所示，球坐标系相当于由两个平面极坐标系构造。

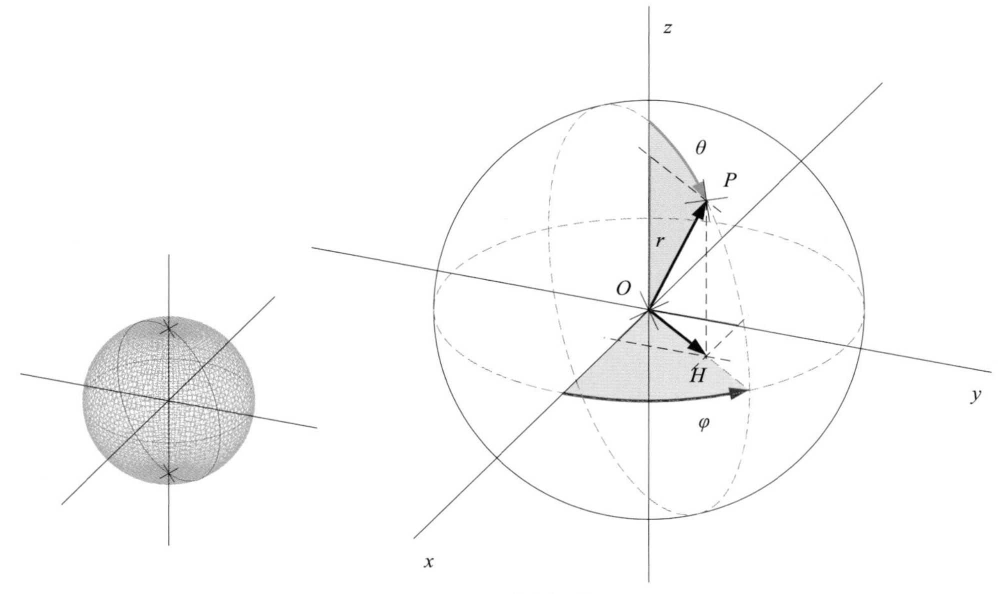

图23.4　球坐标系

球坐标系中定位点P用的是球坐标 (r, θ, φ)。其中，r是P与原点O之间距离，也叫**径向距离** (radial distance)；θ是OP连线和z轴正方向夹角，叫作**极角** (polar angle)；OP连线在xy平面投影线为OH，φ是OH和x轴正方向夹角，叫作**方位角** (azimuth angle)。球坐标系中θ和φ取值范围如图23.5所示。

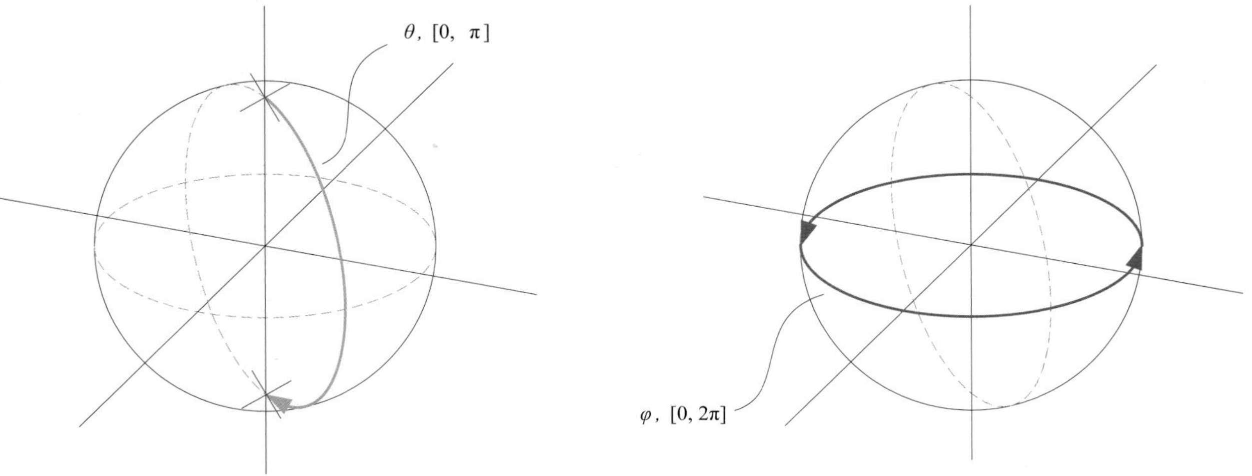

图23.5　球坐标系中θ和φ取值范围

大家可能已经发现球坐标系和本书前文介绍的三维图形视角设置密切相关。

代码23.1将球坐标 (r, θ, φ) 转换为三维直角坐标 (x, y, z)，并生成单位球网格数据。

ⓐ设置步数，为了保证网格经纬方向疏密合适。

ⓑ球坐标θ数据间隔数，数据点数在此基础上加1。

ⓒ球坐标φ数据间隔数，数据点数在此基础上加1。

ⓓ用numpy.linspace()创建球坐标θ数据数组，取值范围为 $[0, \pi]$。

ⓔ用numpy.linspace()创建球坐标φ数据数组，取值范围为 $[0, 2\pi]$。

ⓕ设定正球体半径，当r=1时，我们便得到**单位球** (unit sphere)。

很容易发现，单位球球面任意一点 (x_1, x_2, x_3) 距离中心的距离相同，即 $r=\sqrt{x_1^2+x_2^2+x_3^2}=1$ 。换个角度来看，三维空间中，距离特定点为定值的所有点构成正球面。

再换个角度，等式 $x_1^2+x_2^2+x_3^2=1$ 这个约束条件也是一种降维，将满足条件的点固定在中心位于原点的单位球面上。

比较来看 $x_1+x_2+x_3=1$ 这个约束条件将散点固定在一个平面上，相当于线性降维。和 $x_1+x_2+x_3=1$ 不同，$x_1^2+x_2^2+x_3^2=1$ 这种降维是非线性的。

ⓖ相当于获取球面上点的z轴坐标，即完成图23.6中第1步。numpy.outer()用于计算两个向量的外积，结果是一个二维数组即矩阵。这种数学运算和笛卡儿积背后的数学思想几乎一致。

《编程不难》第7章介绍过笛卡儿积，请大家回顾。

ⓗ和ⓘ则分别获取球面上点的x和y轴坐标，即完成图23.6中第2步。观察图23.6，我们可以发现球面坐标到三维直角坐标转换中利用了四次投影。

代码23.1 用参数方程生成单位球坐标

```
# 设置步数
intervals=50
ntheta=intervals
nphi=2*intervals

# 单位球，球坐标
# theta取值范围为 [0, pi]
theta=np.linspace(0, np.pi*1, ntheta+1)

# phi取值范围为 [0, 2*pi]
phi=np.linspace(0, np.pi*2, nphi+1)

# 单位球半径
r=1

# 球坐标转化为三维直角坐标
# z轴坐标网格数据
Z=np.outer(r*np.cos(theta), np.ones(nphi+1))

# x轴坐标网格数据
X=np.outer(r*np.sin(theta), np.cos(phi))

# y轴坐标网格数据
Y=np.outer(r*np.sin(theta), np.sin(phi))
```

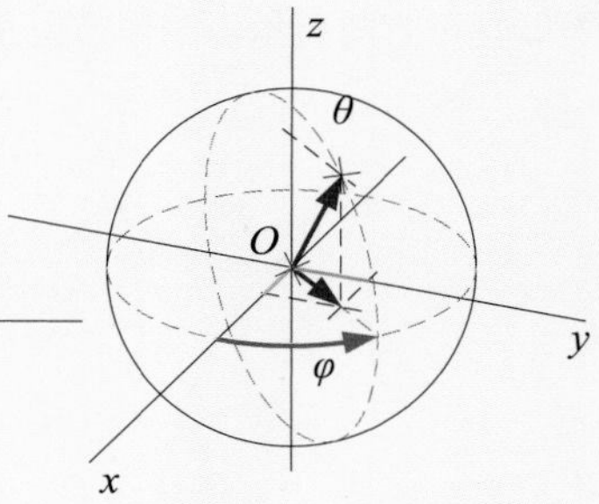

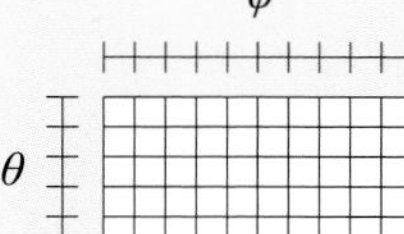

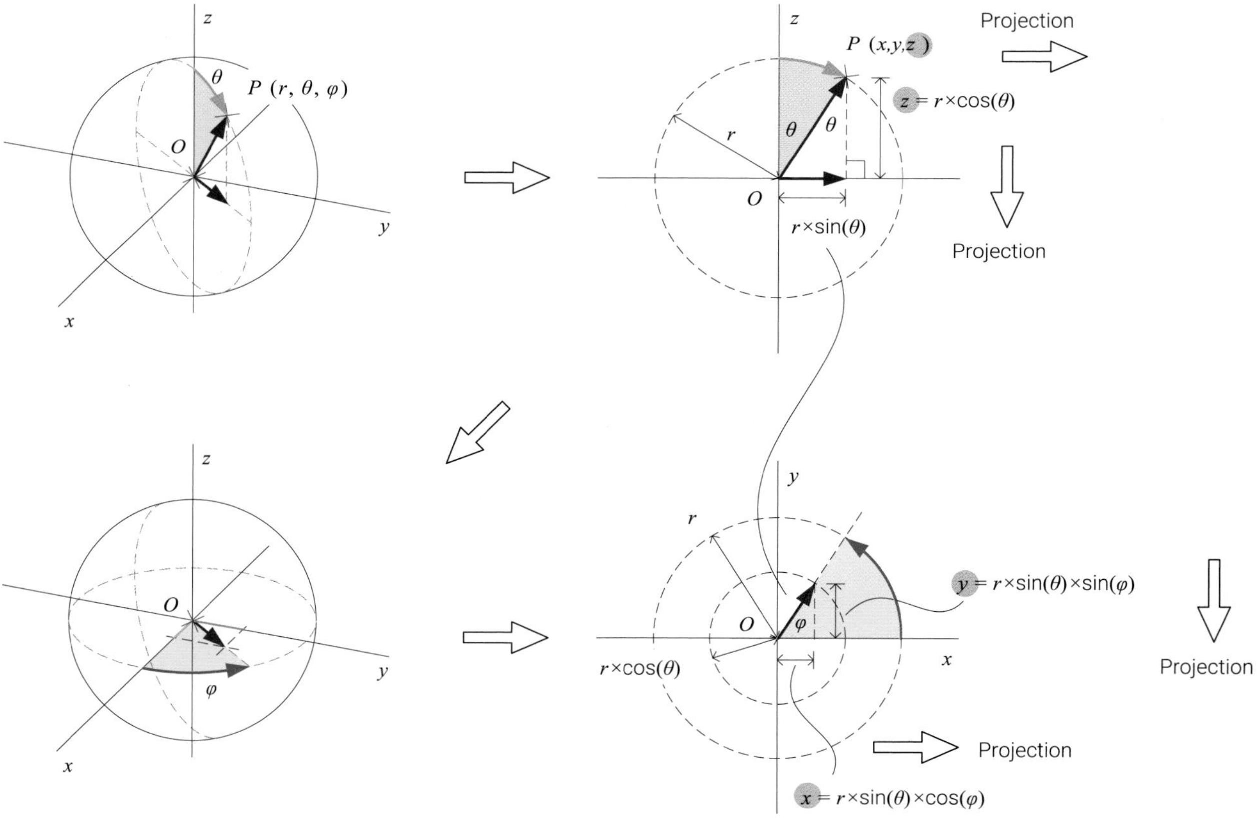

图23.6 从球坐标到三维直角坐标

总结来说，代码23.1的目的就是创建图23.7所示的单位球面上的一组坐标点。

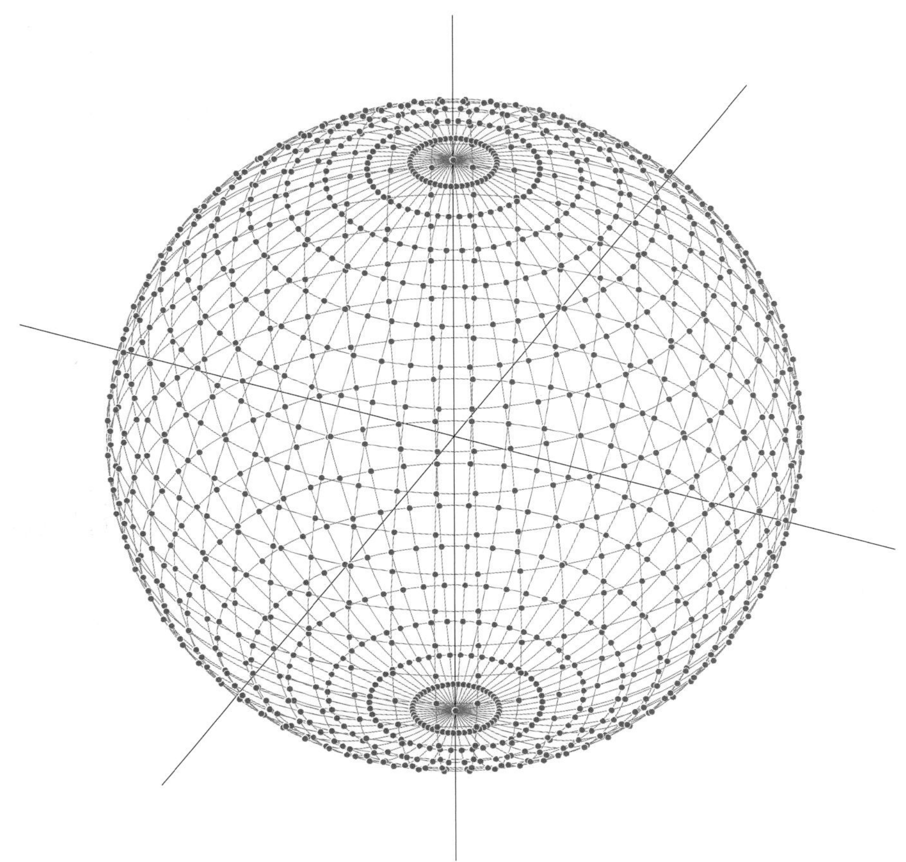

图23.7 单位球面上创建的一组坐标点 | BK_2_Ch20_4.ipynb

图23.8告诉我们曲面网格相当于由经线、纬线交织而成。此外，这幅图还告诉我们坐标数据 (x,y,z) 和θ、φ存在直接的映射关系。通过这种关系，我们还可以使用代码23.2进行坐标转换。

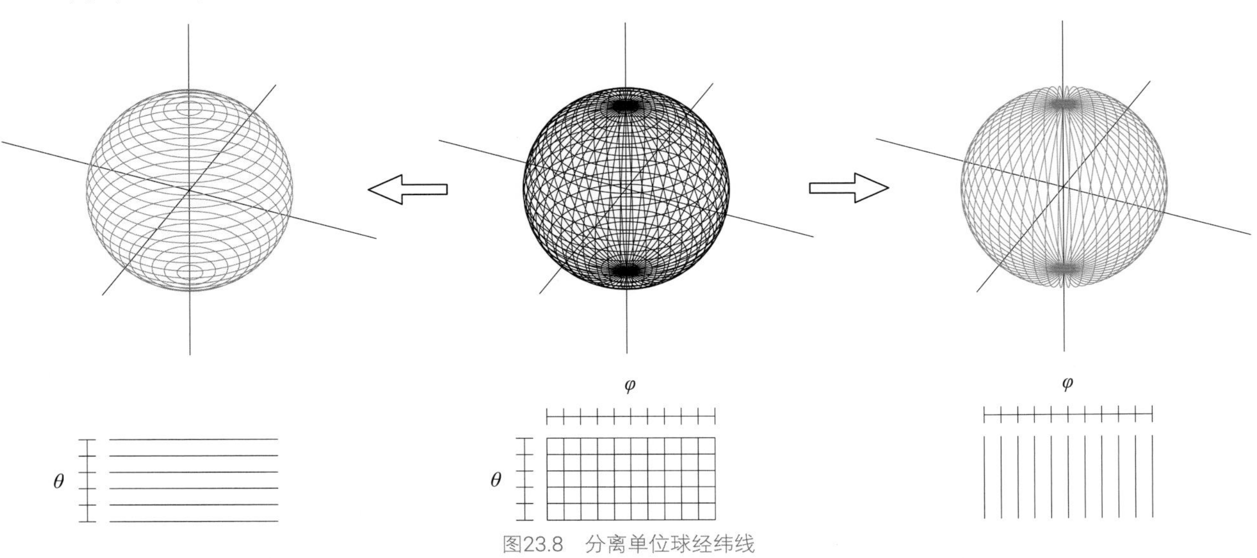

图23.8 分离单位球经纬线

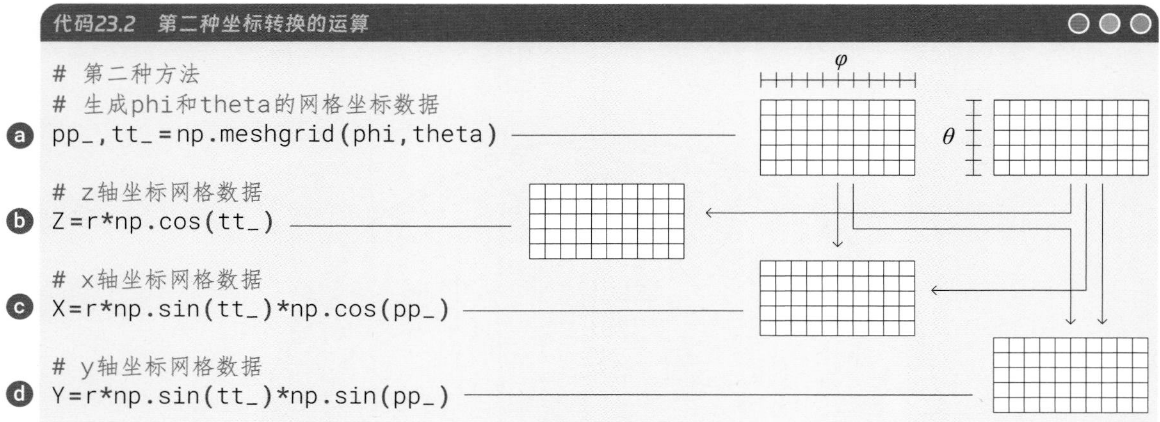

代码23.2　第二种坐标转换的运算

```
# 第二种方法
# 生成phi和theta的网格坐标数据
pp_,tt_=np.meshgrid(phi,theta)

# z轴坐标网格数据
Z=r*np.cos(tt_)

# x轴坐标网格数据
X=r*np.sin(tt_)*np.cos(pp_)

# y轴坐标网格数据
Y=r*np.sin(tt_)*np.sin(pp_)
```

请大家自行在JupyterLab中实践代码23.1和代码23.2。BK_2_Ch23_03.ipynb中还绘制了图23.12中几个曲面，请大家自行学习。

本章介绍的参数方程是可视化二维、三维几何形状的另一种途径。本书在第29章讲解瑞利商可视化方案时会用到本节介绍的球坐标。

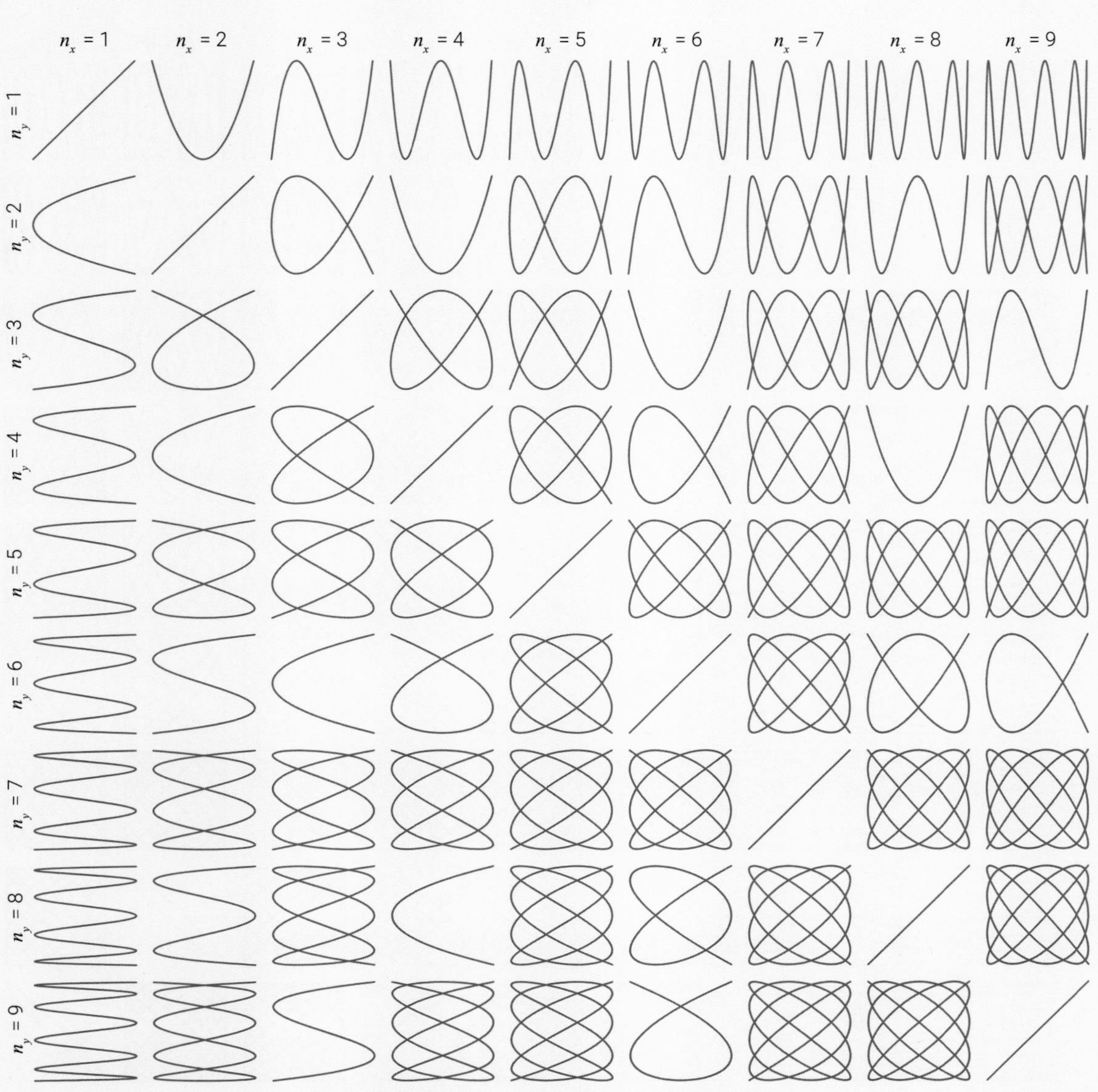

图23.9　利萨茹曲线，$k = 0$ | BK_2_Ch23_02.ipynb

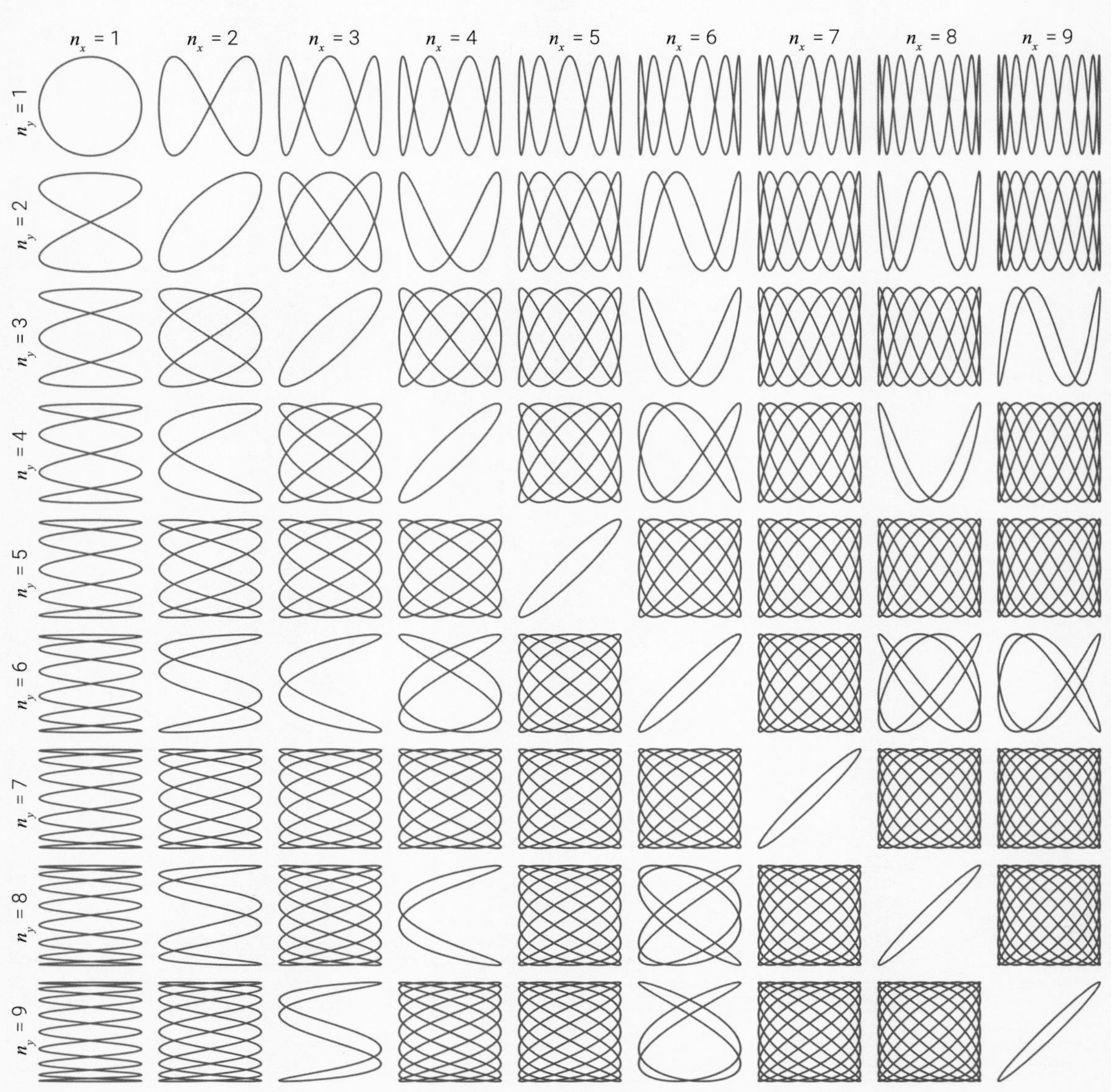

图23.10　利萨茹曲线，$k = 2$ | BK_2_Ch23_02.ipynb

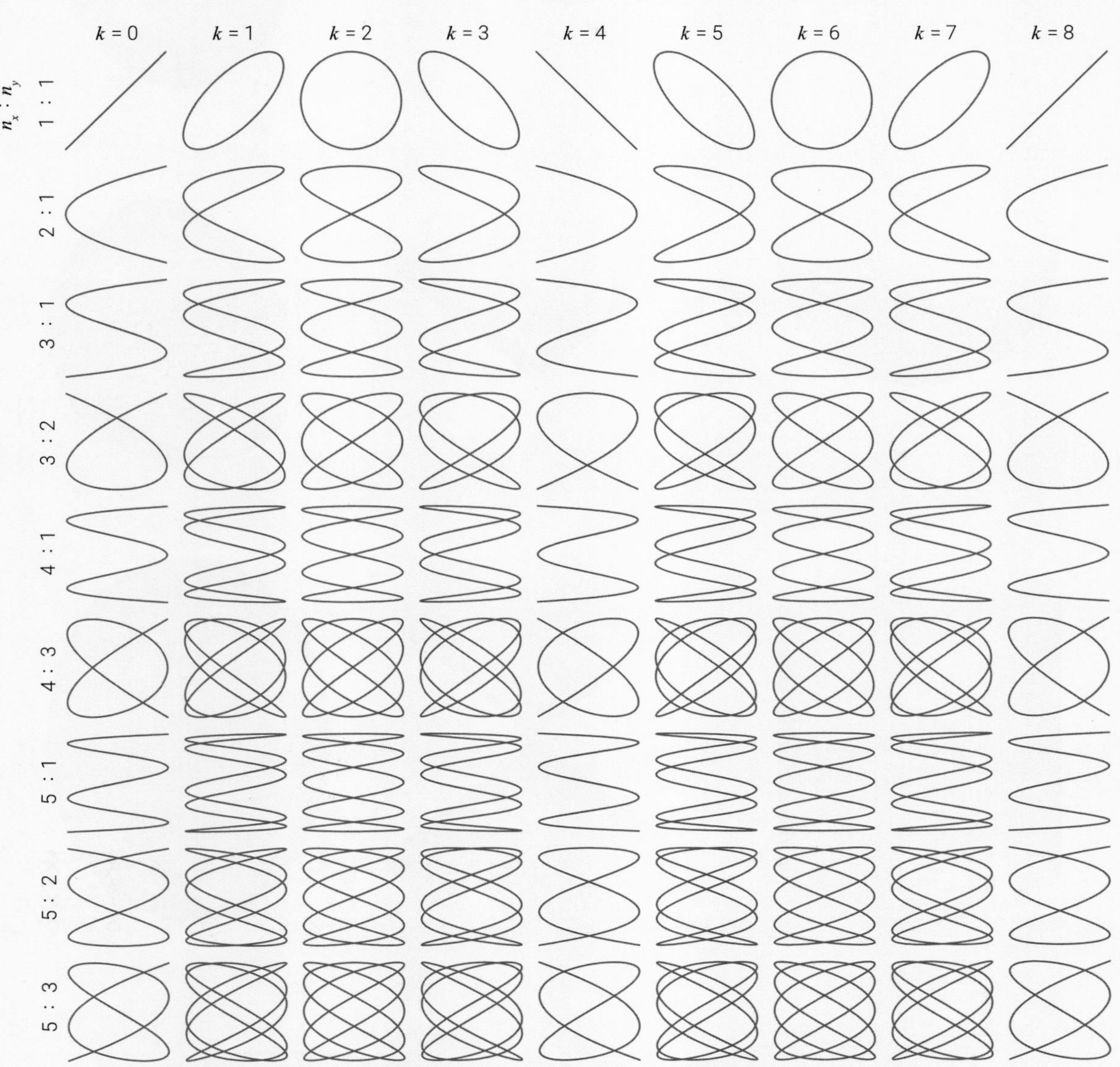

图23.11 利萨茹曲线，k变化 | BK_2_Ch23_02.ipynb

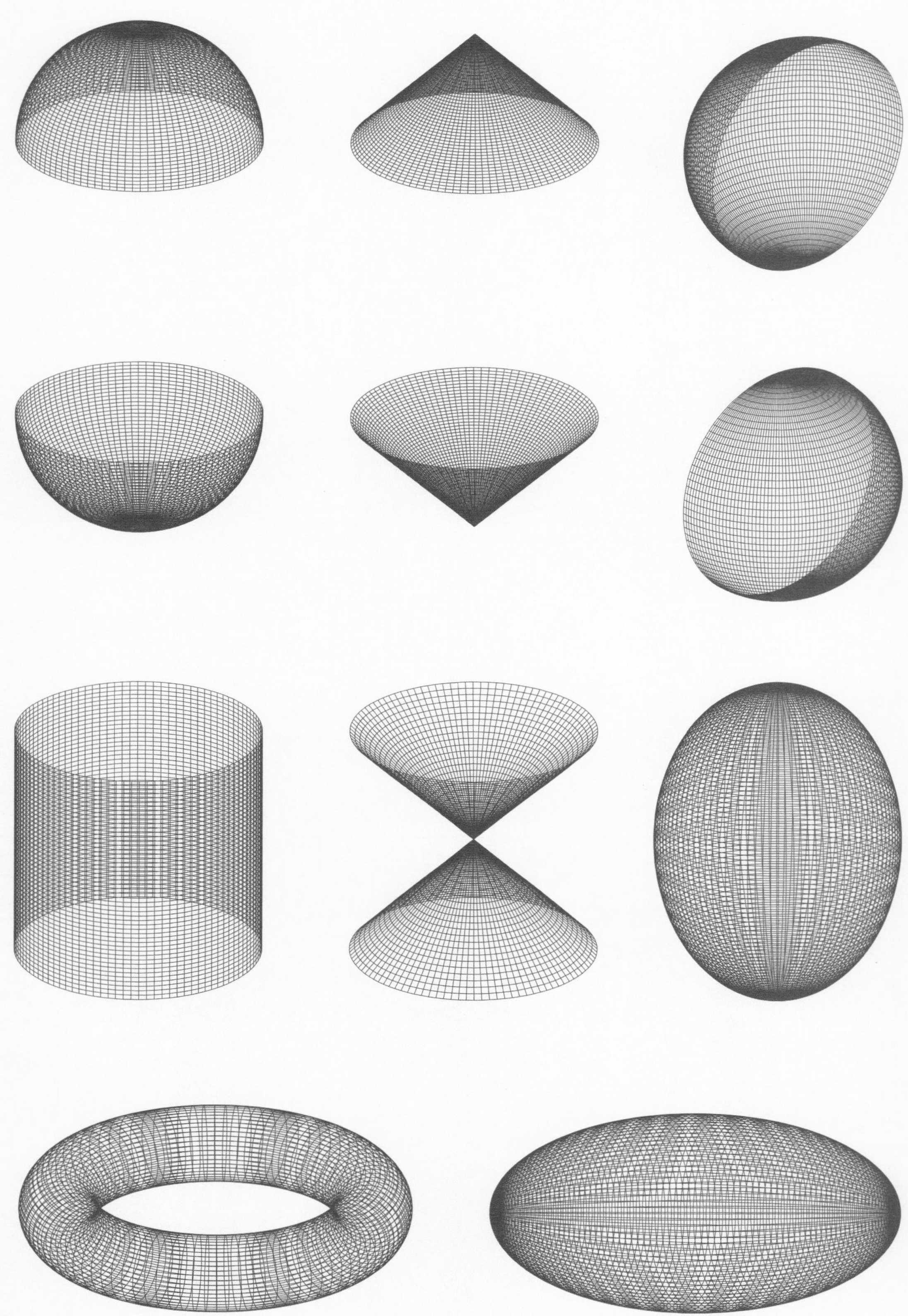

图23.12　更多参数方程曲面 | BK_2_Ch23_03.ipynb

24 Visualize Complex Functions 复数

丰富且美丽的线性、非线性变换

我内心燃烧着一团巨大的火焰，但没有人停下来用它取暖，路人只看到一缕烟雾。

A great fire burns within me, but no one stops to warm themselves at it, and passers-by only see a wisp of smoke.

—— 文森特·梵高 (Vincent van Gogh) | 荷兰后印象派画家 | 1853—1890年

- `matplotlib.pyplot.axhline()` 绘制水平线
- `matplotlib.pyplot.axvline()` 绘制竖直线
- `matplotlib.pyplot.contour()` 绘制等高线图
- `matplotlib.pyplot.contourf()` 绘制填充等高线图
- `matplotlib.pyplot.pcolormesh()` 绘制二维网格数据的伪彩色图
- `matplotlib.pyplot.quiver()` 绘制箭头图
- `matplotlib.pyplot.scatter()` 绘制散点图
- `numpy.abs()` 计算复数模
- `numpy.angle()` 计算复数辐角
- `numpy.meshgrid()` 创建网格化数据
- `numpy.zeros_like()` 用来生成和输入矩阵形状相同的零矩阵

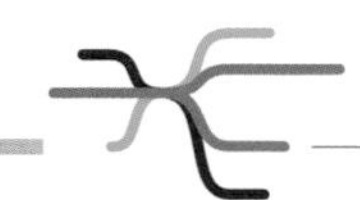

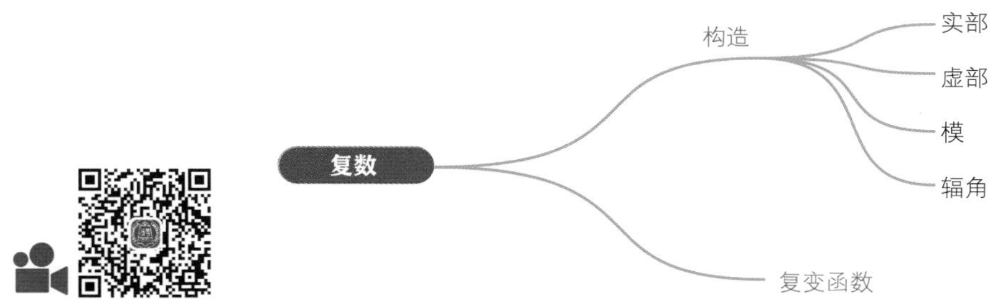

24.1 复数

什么是复数?

复数 (complex number) 是由**实部** (real) 和**虚部** (imaginary) 组成的数。实部表示复数在实轴上的投影，虚部表示复数在虚轴上的投影。复数可以用形如$a + b$i的形式表示，其中a是实部，b是虚部，i是**虚数单位** (imaginary unit)，满足$i^2 = -1$。

复平面

复平面 (complex plane) 是一个用于表示复数的平面，其中实轴和虚轴分别对应平面上的横轴和纵轴。

如图24.1所示，在复平面上，每个复数可以表示为一个点 (a, b)，其中实部a对应于点在实轴上的投影，虚部b对应于点在虚轴上的投影。复数的实部和虚部可以用来确定平面上的点位置。

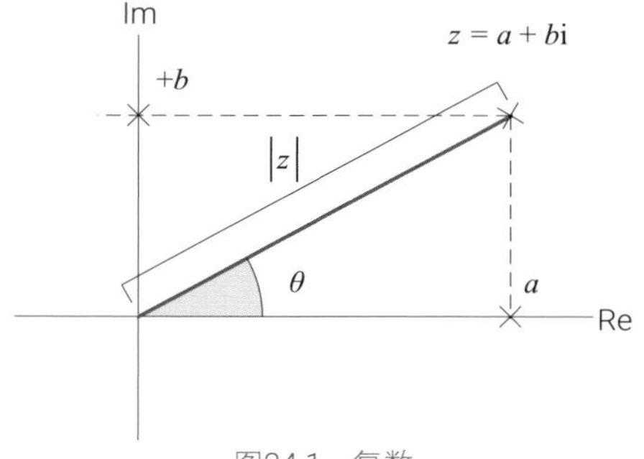

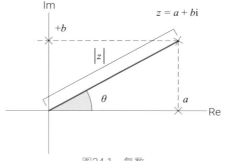

图24.1 复数

不同于**笛卡儿坐标系** (Cartesian coordinate system)，复平面的横轴为实数轴，纵轴表示纯虚数轴。

通过复平面，可以直观地理解复数的性质和运算。例如，复数的加减法对应于在复平面上的向量相加和相减，复数的乘除法对应于向量的伸缩和旋转。

如图24.2所示，复平面上一系列点可以看成是一组“箭头”。

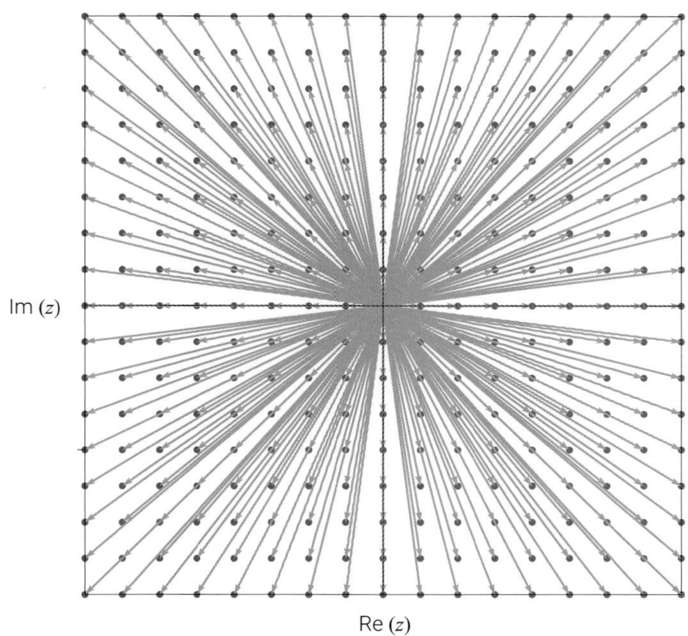

图24.2　复平面上，一系列“箭头” | Bk2_Ch24_01.ipynb

下面，我们聊聊生成图24.2的代码。

代码24.1用来生成复数数据。

ⓐ用numpy.meshgrid()，简写作np.meshgrid()，生成网格坐标数据。这一组网格数据颗粒度极高，用来生成细腻等高线，也用来渲染。

ⓑ用来生成复数数据，1j为虚数单位。实部是 xx1，虚部是 xx2 乘以虚数单位1j。

ⓒ使用numpy.angle()，简写作np.angle()，计算复数的辐角。

ⓓ使用numpy.abs()，简写作np.abs()，计算复数的模。

ⓔ也用numpy.meshgrid()生成网格坐标数据，不同的是颗粒度很低；这些数据用来绘制复数箭头图。为了有更好的可视化效果，我们选择了奇数17作为一维数组数据点个数。大家可以尝试使用其他个数，并观察图像变化。

ⓕ用numpy.zeros_like()，简写作np.zeros_like()，创建了一个与 xx1_ 具有相同形状的全零数组。这些数据用作复数向量的起点坐标。

代码24.1　生成复数数据 | Bk2_Ch24_01.ipynb

```
# 颗粒度高，用来颜色渲染
xx1, xx2 = np.meshgrid(np.linspace(-2,2,2048),
                       np.linspace(-2,2,2048))
zz = xx1 + xx2 * 1j
zz_angle = np.angle(zz)
zz_norm = np.abs(zz)

# 颗粒度低，用来绘制箭头图
xx1_, xx2_ = np.meshgrid(np.linspace(-2,2,17),
                         np.linspace(-2,2,17))
zz_ = xx1_ + xx2_ * 1j
zz_angle_ = np.angle(zz_)
zz_norm_ = np.abs(zz_)

# 向量起始点 (0,0)
zeros = np.zeros_like(xx1_)
```

代码24.2用来绘制箭头图。

ⓐ用scatter()方法在轴对象ax上绘制散点图，用来代表复数 (a, b) 的具体位置。

ⓑ用quiver() 方法绘制二维箭头图。

参数zeros 和 zeros是箭头的起点的 x 和 y 坐标。由于这里都是零，所以箭头的起点是从原点开始的。

参数xx1_ 和 xx2_是箭头的终点的 x 和 y 坐标。它们代表了矢量场中每个箭头的目标位置。

参数color=[0.6, 0.6, 0.6] 指定箭头的颜色。这里使用 RGB 色号，[0.6, 0.6, 0.6] 表示灰色。

参数angles='xy'指定箭头的角度指向为(x, y)到$(x + u, y + v)$。

参数scale_units='xy'指定矢量场图中箭头的比例是相对于 x 和 y 轴的。

参数scale=1指定箭头的比例因子，即箭头的长度乘以这个比例因子。

参数edgecolor='none'指定箭头的边缘颜色，设置为 'none' 表示没有边缘。

ⓒ先用axhline()在轴对象ax上绘制水平线，水平线的高度为y = 0，c = 'k' 设定颜色为黑色。半角分号 “;” 分割两句。下一句，用axvline()绘制竖直线，位置为x = 0。

代码24.2 绘制复数箭头图 | Bk2_Ch24_01.ipynb

```
fig, ax=plt.subplots(figsize=(5,5))
ax.scatter(xx1_, xx2_, marker='.')
ax.quiver (zeros, zeros, xx1_, xx2_,
           color=[0.6, 0.6, 0.6],
           angles='xy', scale_units='xy', scale=1,
           edgecolor='none')
ax.axhline(y=0, c='k'); ax.axvline(x=0, c='k')
ax.set_xlim(-2,2); ax.set_ylim(-2,2)
ax.set_xticks(np.arange(-2,3)); ax.set_yticks(np.arange(-2,3))
ax.set_xlabel("$Re(z)$"); ax.set_ylabel("$Im(z)$")
plt.show()
```

复数模、辐角

复平面的**极坐标** (polar coordinate system) 形式也很常见，其中复数可以表示为**模** (modulus或magnitude或absolute value) 和**辐角** (angle) 的组合。

在极坐标形式下，复数的模对应于从原点到点的距离，辐角对应于从正实轴**逆时针** (counter-clockwise) 旋转到点的角度。

复数模是指复数的绝对值或者长度，表示从原点到复数在复平面上的距离。对于一个复数 $z = a + bi$，其模可以用 $|z| = \sqrt{a^2 + b^2}$ 计算。图24.3所示为两种可视化复数模的方案，本书后文采用二维等高线。

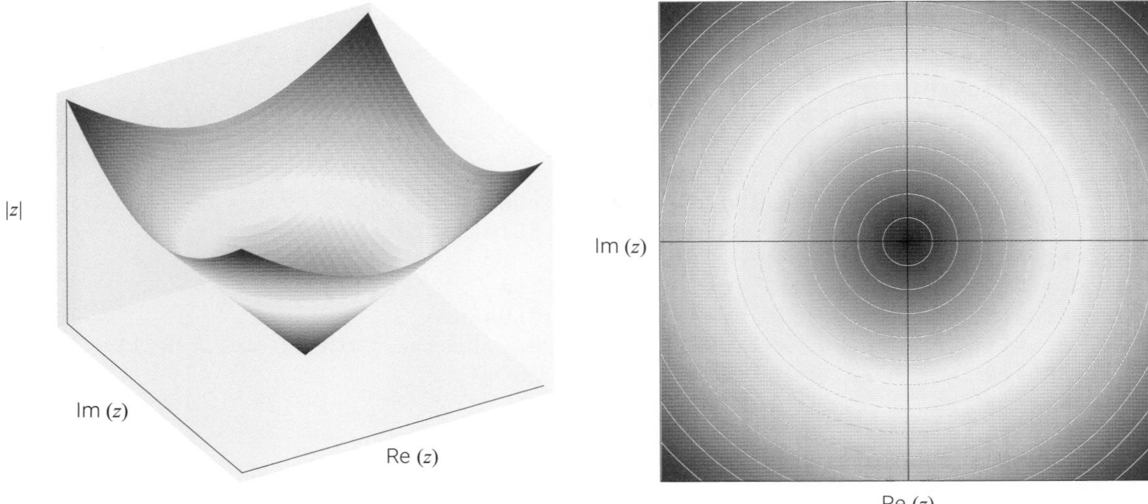

图24.3　可视化复数的模 | ⊕ Bk2_Ch24_01.ipynb

我们可以通过代码24.3绘制图24.3两幅子图，下面讲解其中关键语句。

ⓐ利用matplotlib.pyplot.figure()，简写作plt.figure()，创建图形对象fig。

大家对ⓑ这一句应该很熟悉了；但是，本着“重复 + 精进”原则，我们还是要聊一下。

ⓑ利用add_subplot在fig上增加一个三维轴对象。

参数111 表示将图形分成 1 行 1 列的子图网格，且当前操作的是第1个子图。

参数projection="3d" 表示这是一个三维子图。

ax 是返回的子图三维轴对象，我们可以使用它来进行进一步的绘图操作。

ⓒ在三维轴对象ax上用plot_surface() 绘制曲面图。

xx1 和 xx2代表网格数据的x 和 y 坐标。

zz_norm为曲面图上每个点的 z 坐标。

cmap="RdYlBu_r"指定用于渲染的颜色映射。"RdYlBu_r"表示红黄蓝的颜色映射，"_r" 表示颜色映射的反转，即蓝黄红。

参数shade=True指定是否对表面进行阴影处理，以增强立体感。

参数alpha=1指定图形的透明度，alpha=1代表不透明。

ⓓ用contour()在平面坐标轴对象上绘制二维等高线。

参数levels=np.linspace(0, 5, 26) 指定等高线高度位置。

colors=[[0.8, 0.8, 0.8, 1]] 指定等高线的颜色。这里使用 RGBA 表示法，[0.8, 0.8, 0.8, 1] 表示灰色，最后的 1 表示完全不透明。

ⓔ利用pcolormesh()方法在二维平面上绘制一个伪彩色网格。

zz_normy用来指定伪彩色网格上每个点的颜色。

cmap='RdYlBu_r'指定伪彩色图的颜色映射。

shading='auto'指定着色方式。使用 'auto' 表示由 Matplotlib 自动选择最合适的渲染方式。

rasterized=True指定是否对图形进行光栅化处理。光栅化的结果为像素图，可以提高图形的显示性能，特别是对于大型数据集。

代码24.3 绘制复数箭头图 | ⊕ Bk2_Ch24_01.ipynb

```
# 三维曲面渲染
fig=plt.figure(figsize=(5,5))
ax=fig.add_subplot(111, projection="3d")

ax.plot_surface(xx1, xx2, zz_norm,
                cmap="RdYlBu_r", shade=True, alpha=1)
ax.set_xlabel("$Re(z)$"); ax.set_ylabel("$Im(z)$")
ax.set_proj_type('ortho')
ax.set_xticks([]); ax.set_yticks([]); ax.set_zticks([])
ax.view_init(azim=-120, elev=30); ax.grid(False)
ax.set_xlim(xx1.min(), xx1.max());  ax.set_ylim(xx2.min(), xx2.max())
plt.show()

# 平面投影
fig, ax=plt.subplots(figsize=(5,5))

plt.contour(xx1, xx2, zz_norm,
            levels=np.linspace(0,5,26),
            colors=[[0.8, 0.8, 0.8, 1]])
plt.pcolormesh(xx1, xx2, zz_norm, cmap='RdYlBu_r',
               shading='auto', rasterized=True)
ax.set_xlim(-2,2); ax.set_ylim(-2,2)
ax.axhline(y=0, c='k'); ax.axvline(x=0, c='k')
ax.set_xticks(np.arange(-2,3)); ax.set_yticks(np.arange(-2,3))
plt.show()
```

辐角，或幅角，是指从正实轴逆时针旋转到复数所在位置的角度。可以使用三角函数来计算角度。对于一个非零复数 $z = a + bi$，其角度可以用θ = arctan(b, a) 计算。arctan() 是一个可以返回带符号角度的反正切函数。角度的单位通常是弧度。

图24.4所示为在复平面上用hsv色谱可视化辐角，这是因为hsv色谱为循环色谱，首尾颜色咬合。

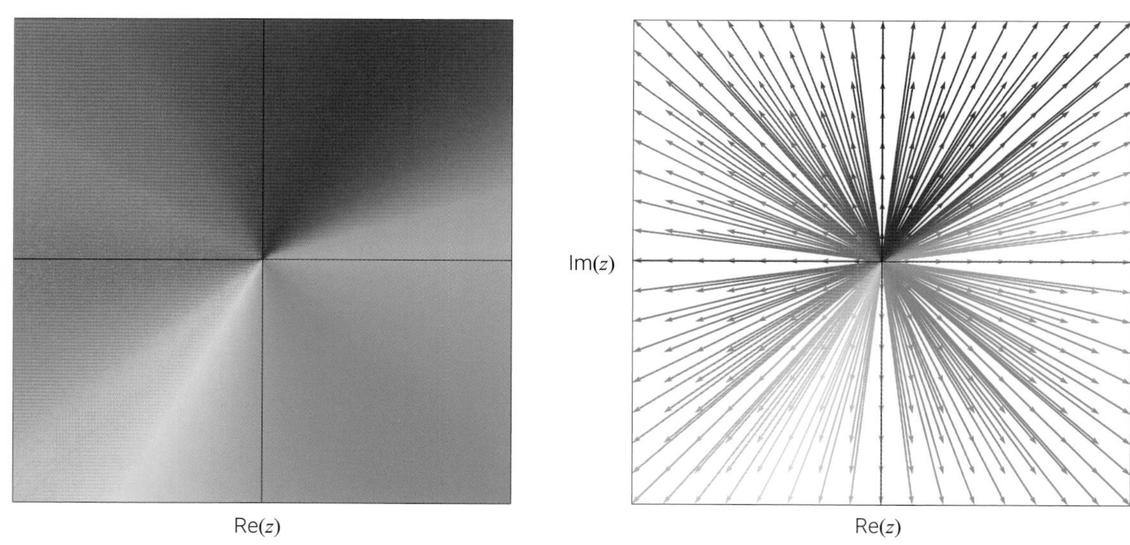

图24.4　复平面上，用hsv色谱可视化辐角 | ⊕ Bk2_Ch24_01.ipynb

复数的模和角度提供了对复数在复平面上的位置和特征的描述。它们在复数的运算、变换和表示中都起着重要的作用。可以使用模和角度来进行复数的乘法、除法、幂运算等操作，并且它们还可以方便地表示复数的极坐标形式。

我们可以通过代码24.4绘制图24.4，下面讲解其中关键语句。

ⓐ用pcolormesh()绘制伪彩色网格图展示辐角。

辐角zz_angle决定了伪彩色网格上每个点的颜色。

cmap='hsv'指定颜色映射。

ⓑ用quiver()绘制二维箭头图。不同的是，我们用zz_angle_确定每条箭头的颜色，指定的颜色映射是'hsv'。

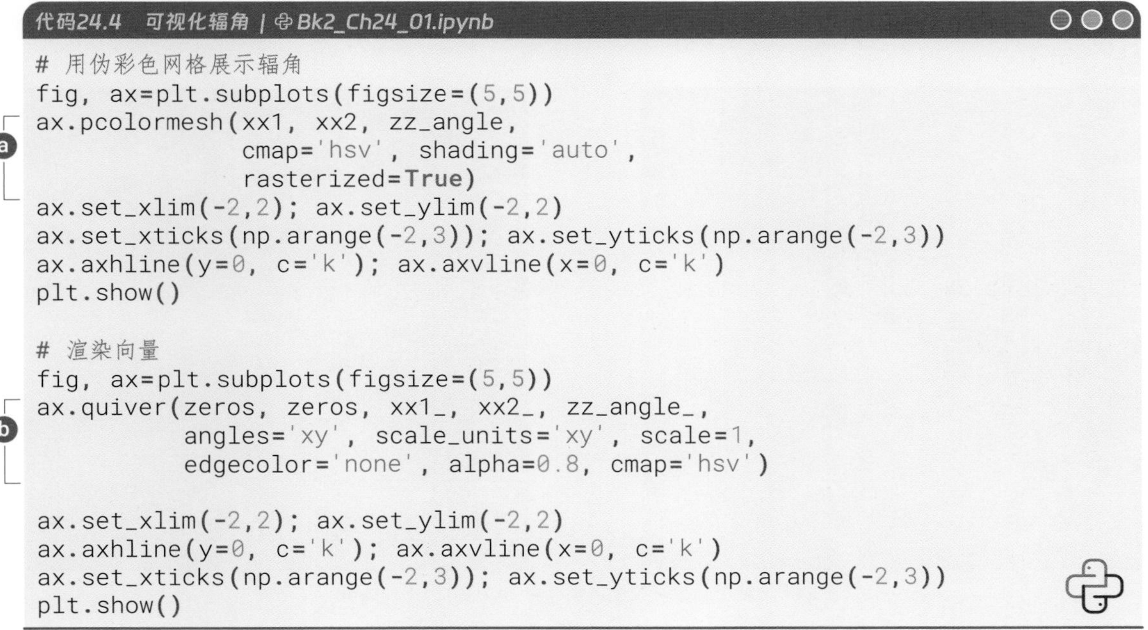

代码24.4 可视化辐角 | Bk2_Ch24_01.ipynb

```
# 用伪彩色网格展示辐角
fig, ax=plt.subplots(figsize=(5,5))
ax.pcolormesh(xx1, xx2, zz_angle,
              cmap='hsv', shading='auto',
              rasterized=True)
ax.set_xlim(-2,2); ax.set_ylim(-2,2)
ax.set_xticks(np.arange(-2,3)); ax.set_yticks(np.arange(-2,3))
ax.axhline(y=0, c='k'); ax.axvline(x=0, c='k')
plt.show()

# 渲染向量
fig, ax=plt.subplots(figsize=(5,5))
ax.quiver(zeros, zeros, xx1_, xx2_, zz_angle_,
          angles='xy', scale_units='xy', scale=1,
          edgecolor='none', alpha=0.8, cmap='hsv')

ax.set_xlim(-2,2); ax.set_ylim(-2,2)
ax.axhline(y=0, c='k'); ax.axvline(x=0, c='k')
ax.set_xticks(np.arange(-2,3)); ax.set_yticks(np.arange(-2,3))
plt.show()
```

Bk2_Ch24_01.ipynb中还给出了可视化复数的其他方案，请大家自行学习。

24.2 复变函数

复变函数是指接受复数作为输入并返回复数作为输出的函数。复变函数可以将一个或多个复数作为参数，然后根据特定的规则进行计算，并返回一个或多个复数作为结果。

复变函数可以涉及各种数学运算和操作，如加法、减法、乘法、除法、幂运算、三角函数、指数函数、对数函数等。这些函数在复数领域中扮演着重要的角色，因为复数具有实部和虚部，可以进行各种运算和转换。

一些常见的复变函数包括以下几种。

- ◀复数加法和减法函数：将两个或多个复数相加或相减。
- ◀复数乘法和除法函数：将两个或多个复数相乘或相除。
- ◀复数幂函数：计算一个复数的幂，其中指数可以是实数或复数。
- ◀复数三角函数：包括正弦、余弦、正切等，可以用来计算复数的三角函数值。
- ◀复数指数函数和对数函数：计算复数的指数和对数值。

本章重点内容就是可视化复变函数。本章选定图24.5所示两个可视化方案展示复变函数。图24.5 (a) 背景是辐角，等高线为复数模；图24.5 (b) 的黑色网格用来可视化复变函数导致的线性或非线性几何变换。本书前文介绍过如何用等高线绘制这种网格。

(a)

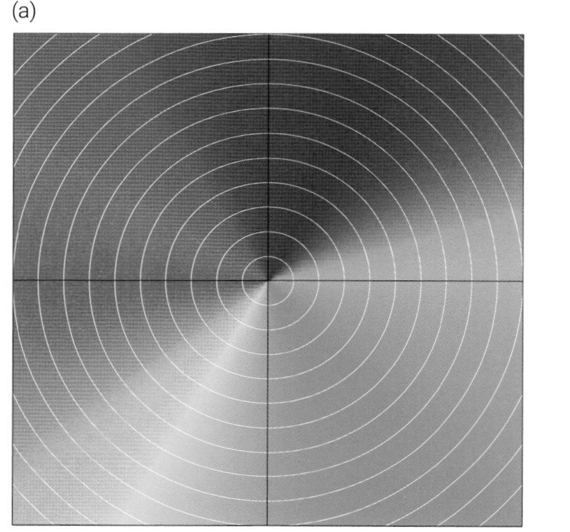

(b)

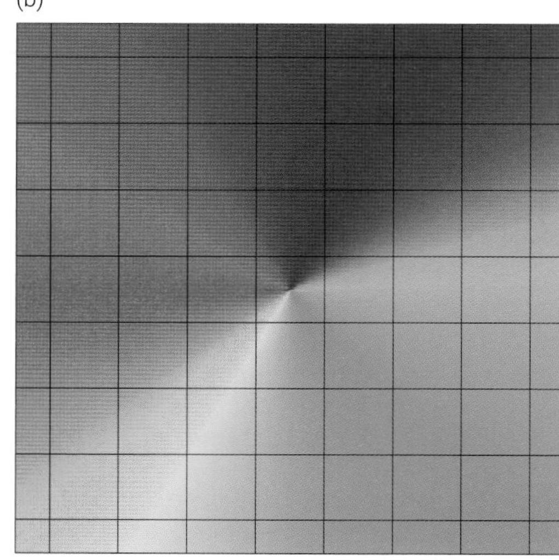

图24.5　复变函数可视化方案 | Bk2_Ch24_01.ipynb

Bk2_Ch24_02.ipynb中绘制了图24.6 ~ 图24.14。下面讲解其中关键语句 (见代码24.5)。

ⓐ这两句分别计算复数模和辐角。

ⓑ分离复数的实部和虚部。

ⓒ用pcolormesh()绘制为彩色网格可视化复数辐角。

ⓓ用contour()绘制等高线可视化复数模。

ⓔ还是用pcolormesh()绘制为彩色网格可视化复数辐角。

ⓕ用黑色网格可视化线性、非线性几何变换。

代码24.5　可视化复变函数 | Bk2_Ch24_02.ipynb

```
def visualize(xx1, xx2, cc):

    # 计算复数模、辐角
ⓐ   cc_norm=np.abs(cc); cc_angle=np.angle(cc)
    # 分离实部、虚部
ⓑ   cc_xx1=cc.real; cc_xx2=cc.imag
    levels=np.linspace(0,np.mean(cc_norm) + 5* np.std(cc_norm),31)
    fig=plt.figure(figsize=(6,3))
    # 第一幅子图
```

```python
    ax=fig.add_subplot(1, 2, 1)
    ax.pcolormesh(xx1, xx2, cc_angle, cmap='hsv',
                  shading='auto', rasterized=True)
    ax.contour(xx1, xx2, cc_norm,
               levels=levels,
               colors='w', linewidths=0.25)
    ax.set_xlim(-2,2); ax.set_ylim(-2,2)
    ax.set_xticks([]); ax.set_yticks([])
    ax.axhline(y=0, c='k'); ax.axvline(x=0, c='k')
    ax.set_aspect('equal')
    # 第二幅子图
    ax=fig.add_subplot(1, 2, 2)
    ax.pcolormesh(cc_angle, cmap='hsv',
                  shading='auto', rasterized=True)
    ax.contour(np.abs(cc_xx1 - np.round(cc_xx1)),
               levels=1, colors="black", linewidths=0.25)
    ax.contour(np.abs(cc_xx2 - np.round(cc_xx2)),
               levels=1, colors="black", linewidths=0.25)
    ax.set_xticks([]); ax.set_yticks([])
    ax.set_aspect('equal')
```

有关复数基本运算，请大家参考：

```
https://mathworld.wolfram.com/ComplexNumber.html
```

复数在许多领域有广泛的应用。在物理学中，复数用于描述交流电路中的电压和电流。在工程学中，复数在信号处理和控制系统中起着重要作用。在数学领域，复数广泛用于解析几何和复变函数等领域。

此外，在机器学习领域，复数也有一些应用。例如，复数神经网络是一种利用复数权重和激活函数的神经网络模型。这种模型可以更好地处理复杂的信号和数据，特别是在音频和图像处理等领域。复数神经网络在语音识别、图像处理和模式识别等任务中取得了一定的成功。

相信读完本章，哪怕之前对复变函数不感兴趣的读者，也不得不为复变函数展现出来的数学之美所震撼。数学之美其实无处不在，我们用丰富的创意和合适的可视化工具，就可以把数学之美立体地展现在大家面前。

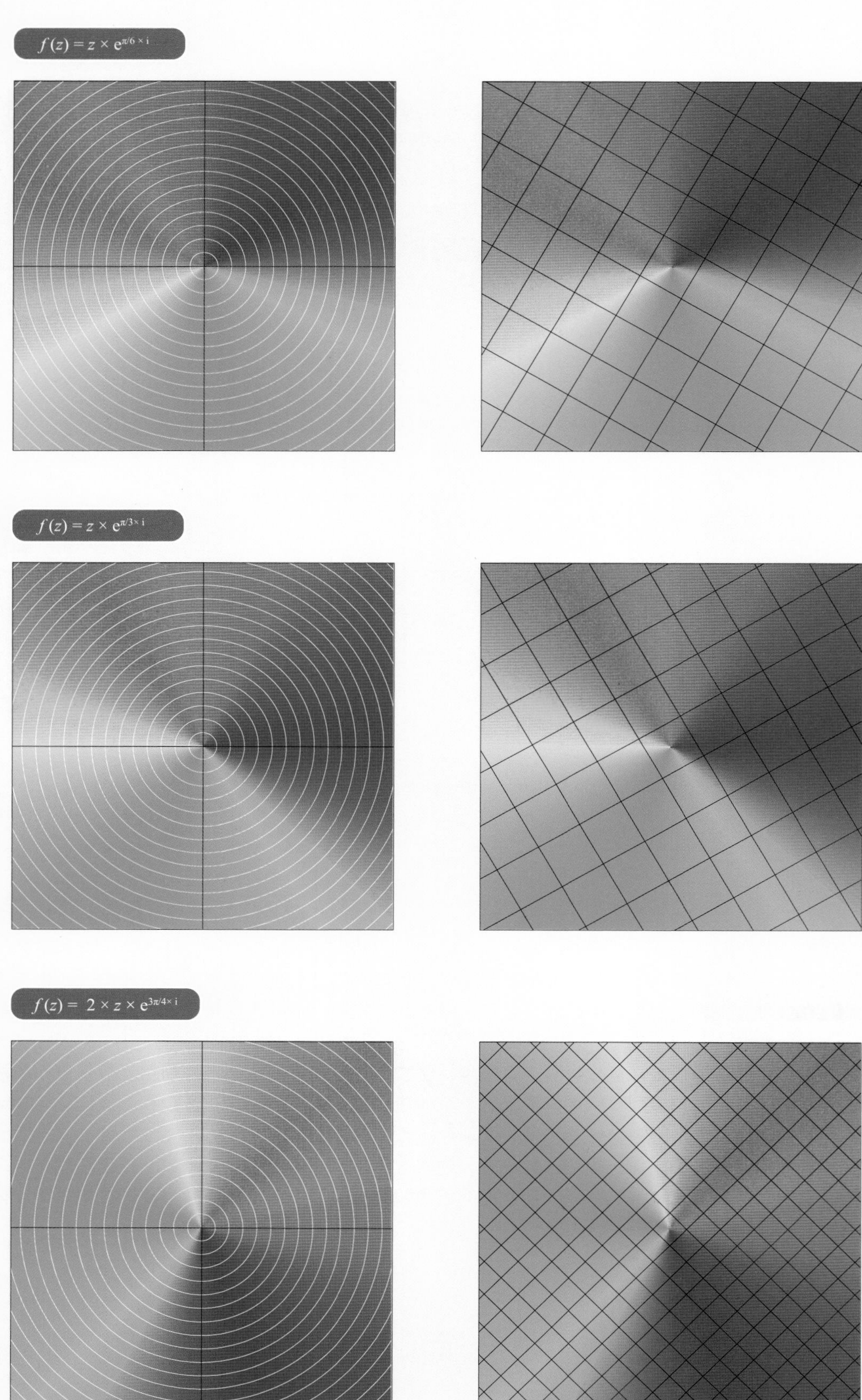

图24.6　旋转、缩放 | Bk2_Ch24_02.ipynb

$f(z)=z^2$

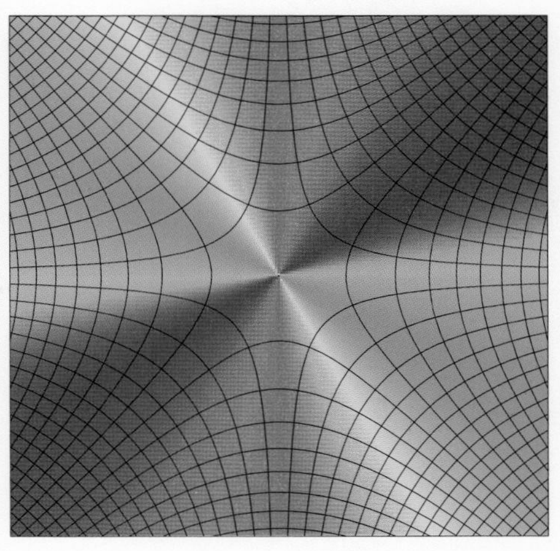

$f(z)=z^3$

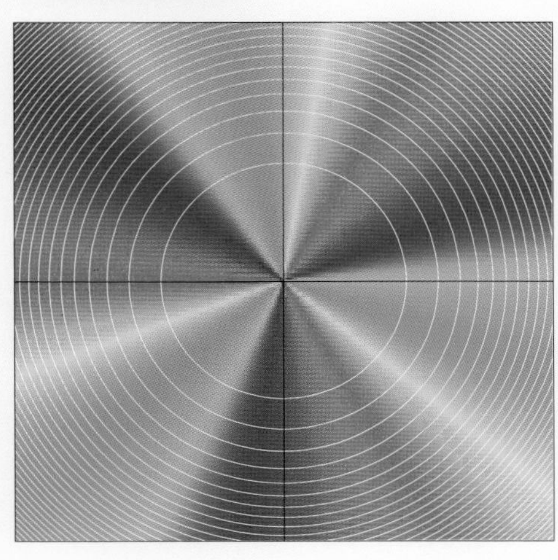
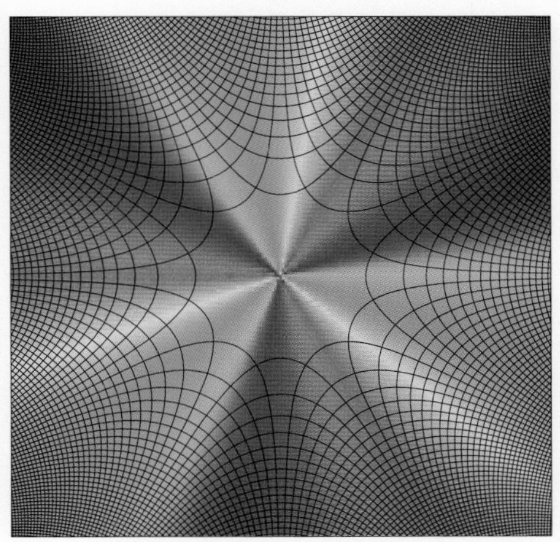

$f(z)=z^3+z^2+1$

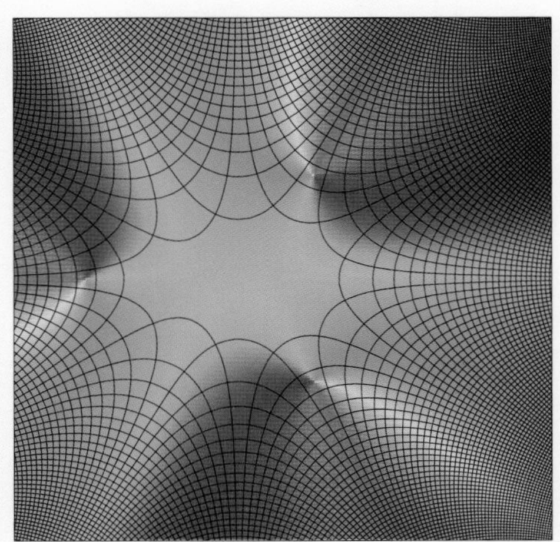

图24.7　多项式 | Bk2_Ch24_02.ipynb

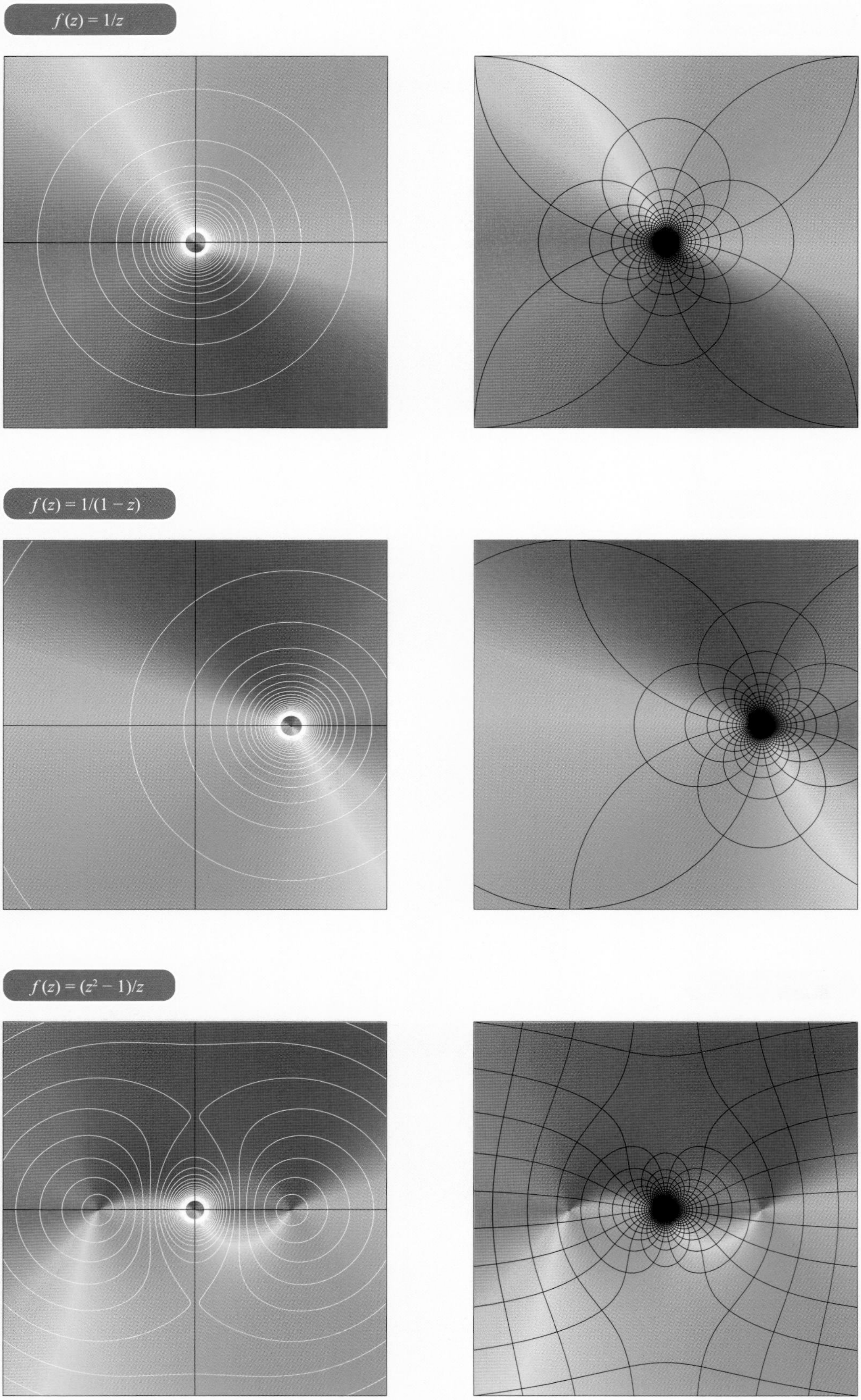

$f(z) = 1/z$

$f(z) = 1/(1-z)$

$f(z) = (z^2-1)/z$

图24.8　分式，第1组 | Bk2_Ch24_02.ipynb

$f(z) = 1/(z^2 - 1)$

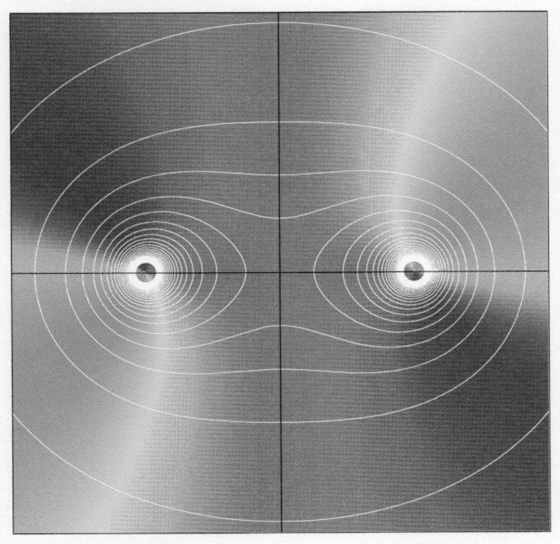

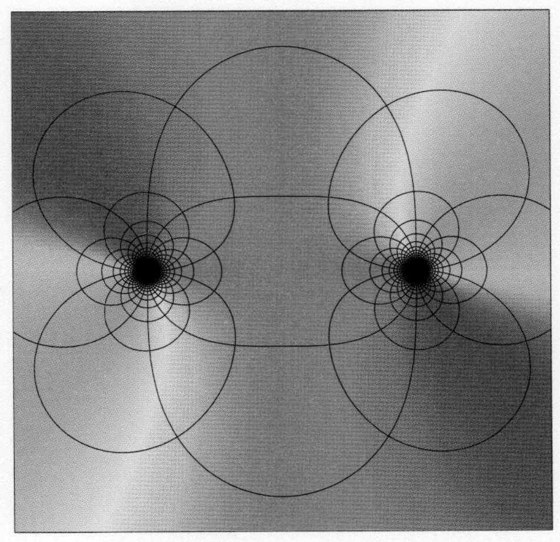

$f(z) = 1/(z^4 + 1)$

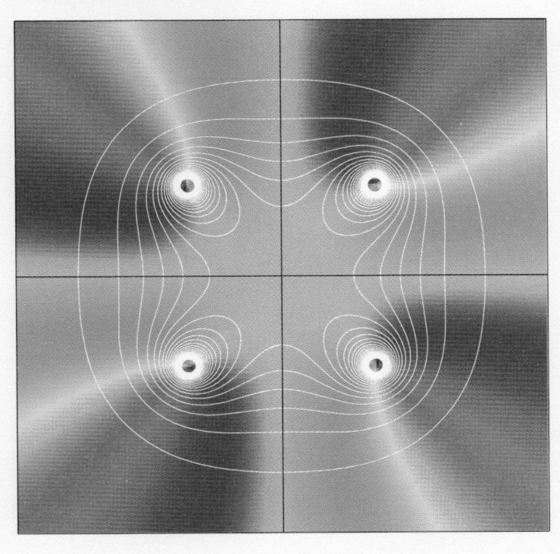

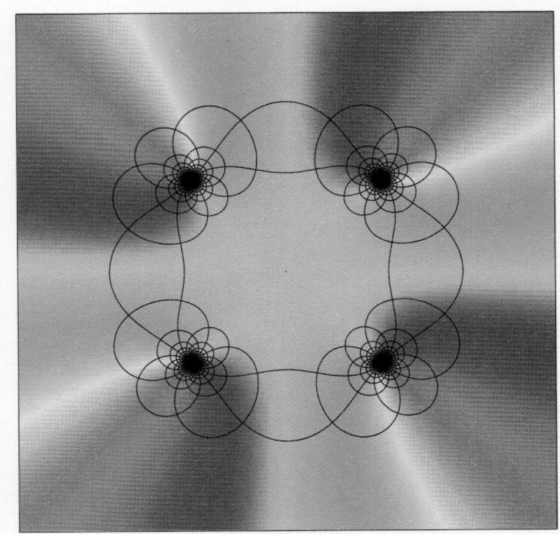

$f(z) = z/(z^2 + z + 1)$

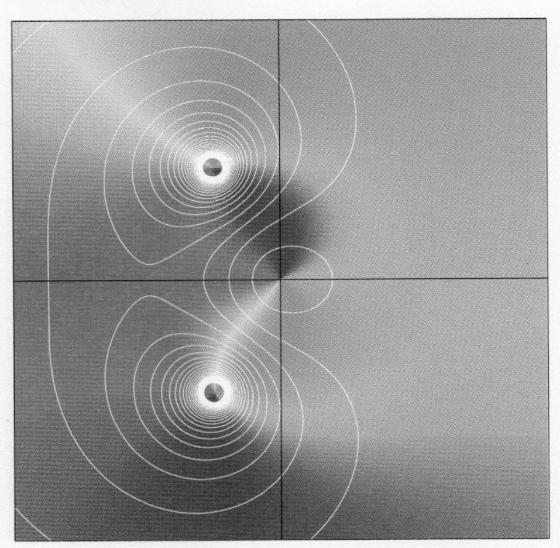

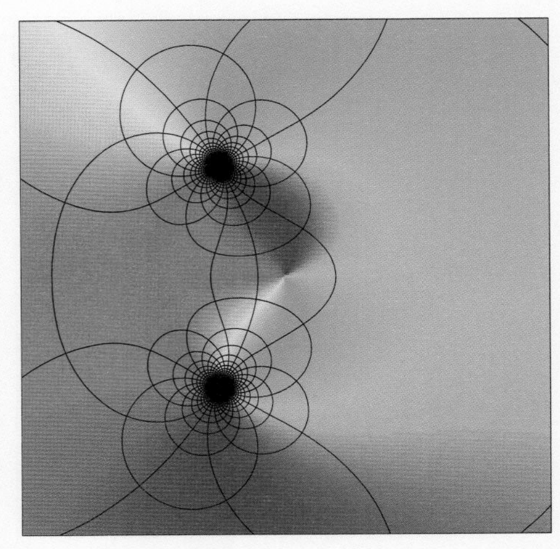

图24.9　分式，第2组 | ⊕ Bk2_Ch24_02.ipynb

$f(z) = \sqrt{z+1}$

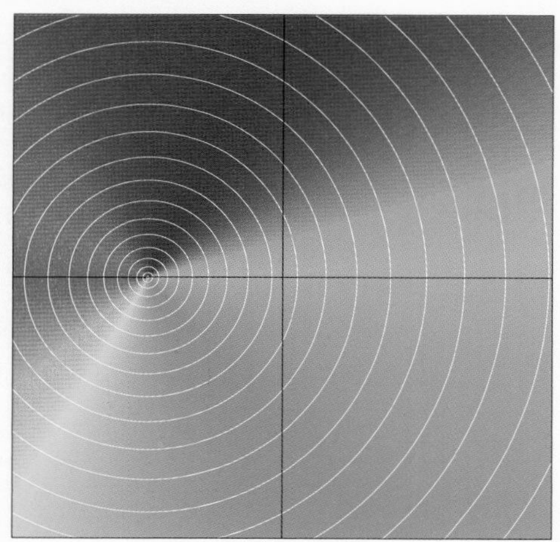

$f(z) = \sqrt{z^2+1}$

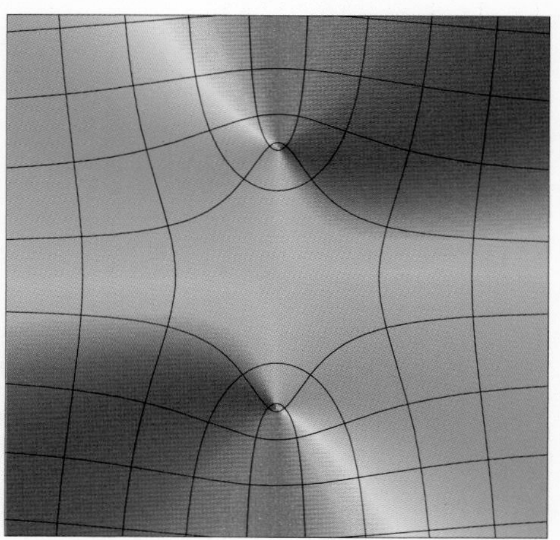

$f(z) = 1/\sqrt{z^3+1}$

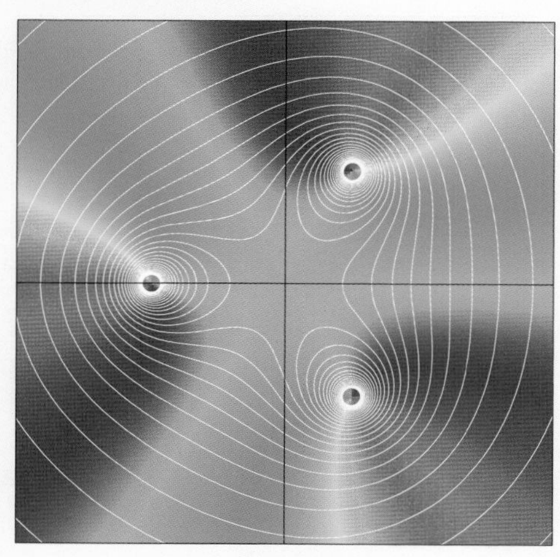

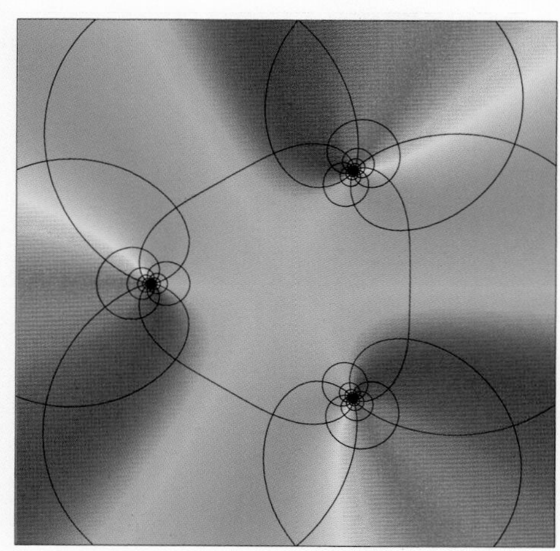

图24.10　根式 | Bk2_Ch24_02.ipynb

$f(z) = \sin(z)$

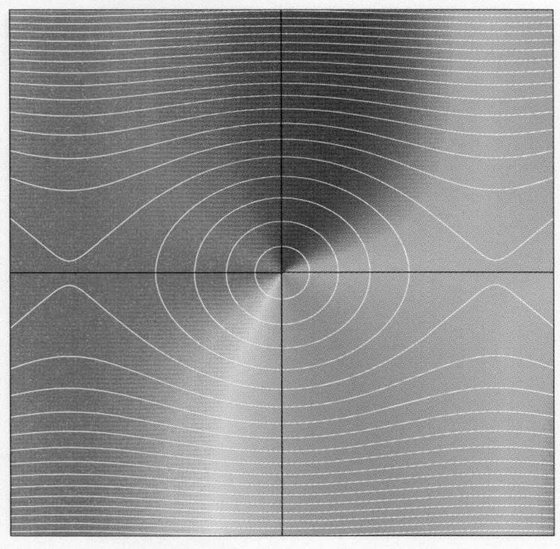

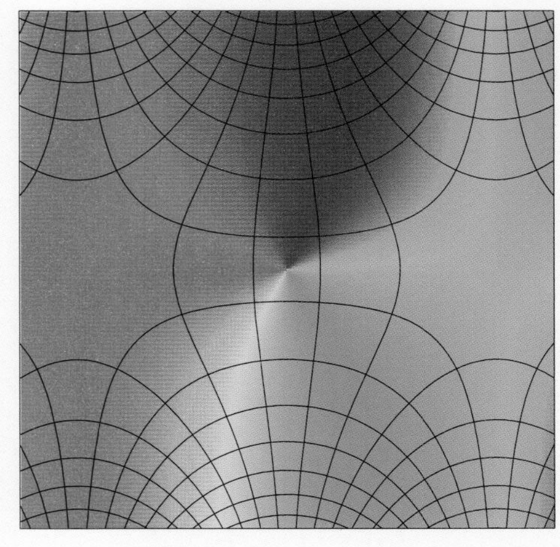

$f(z) = \sin(1/z)$

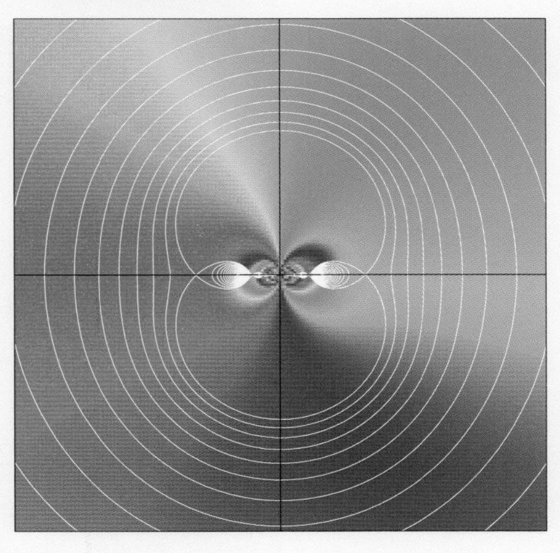

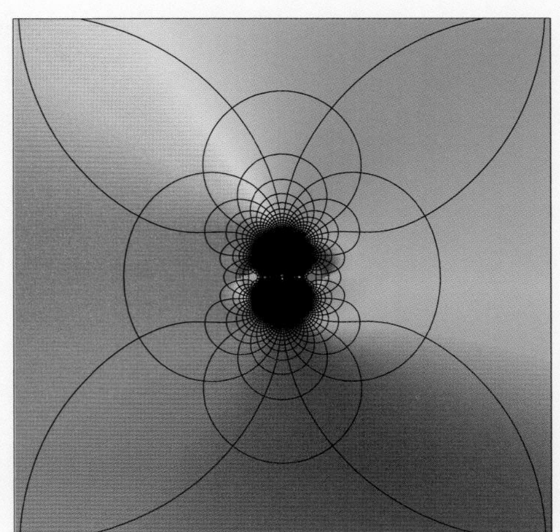

$f(z) = z \times \sin(1/z)$

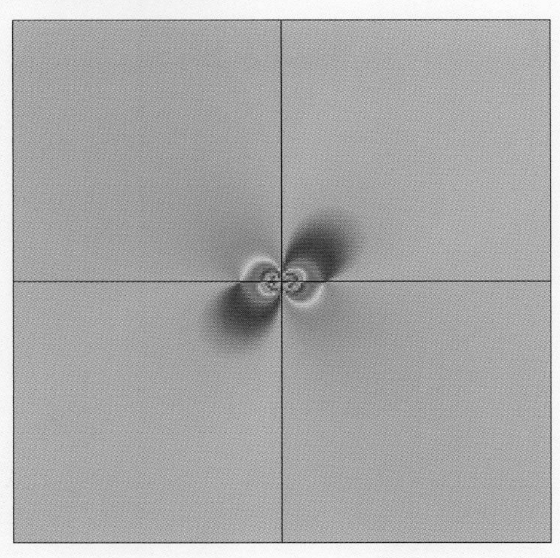

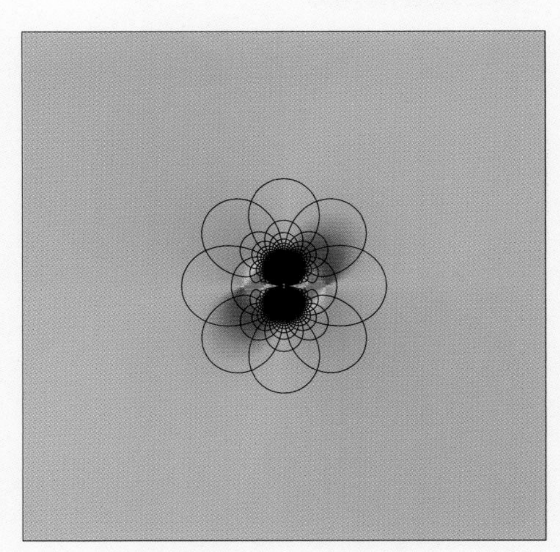

图24.11　三角正弦 | Bk2_Ch24_02.ipynb

$f(z)=z^z$

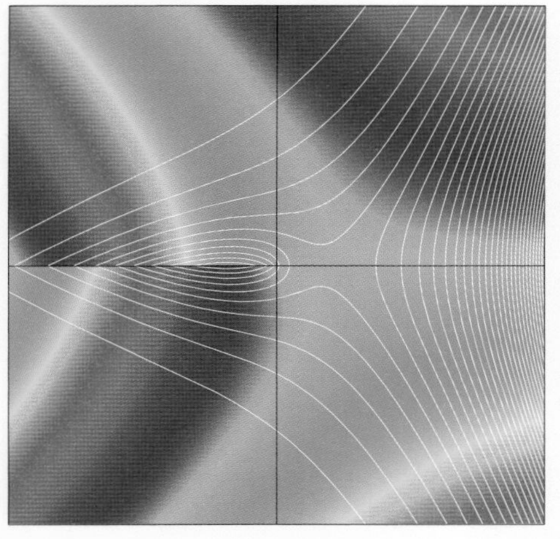

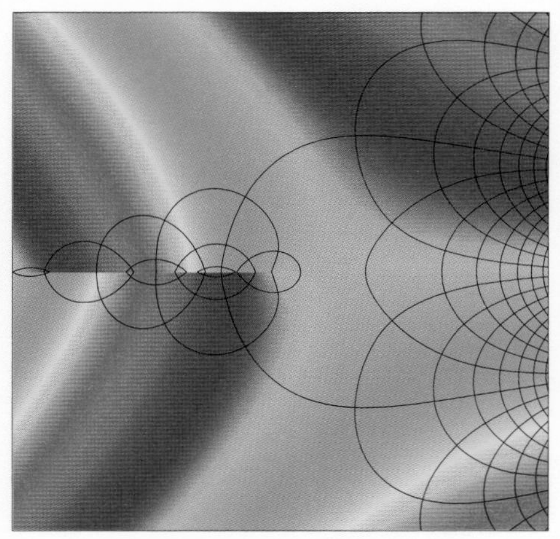

$f(z)=(1/z)^z$

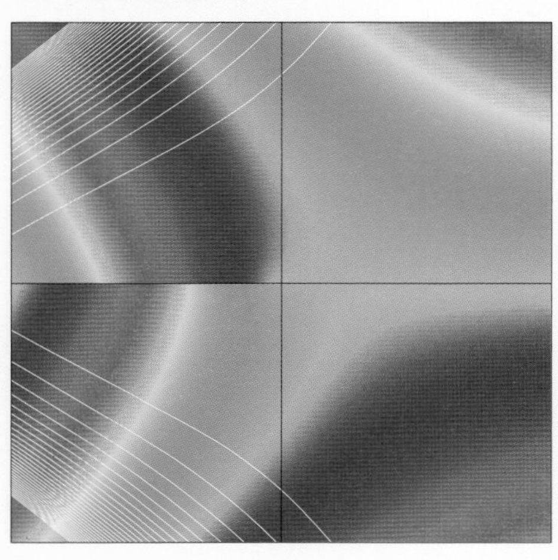

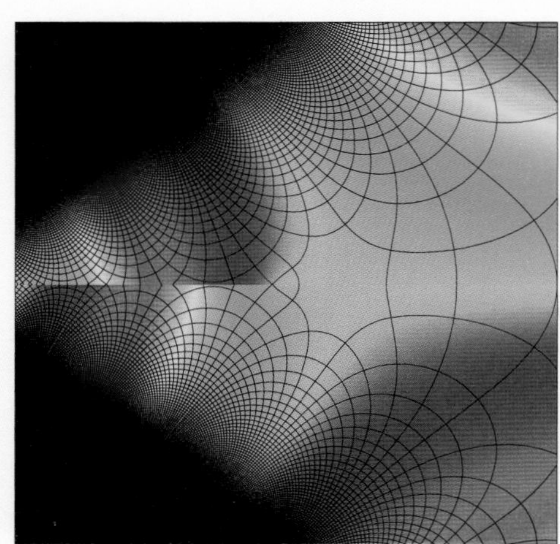

$f(z)=z^{1/z}$

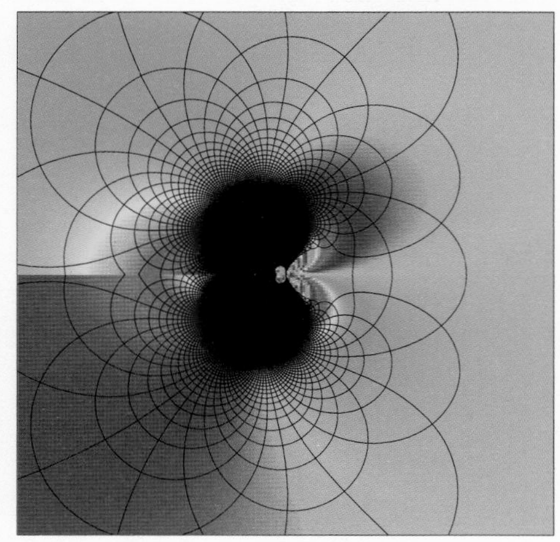

图24.12 乘幂 | Bk2_Ch24_02.ipynb

$f(z) = \exp(z)$

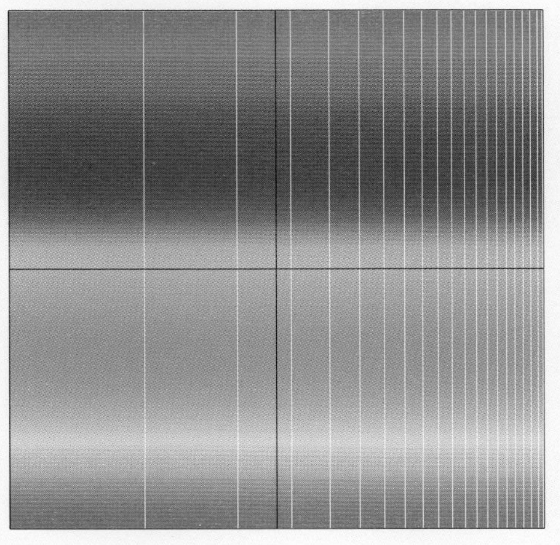

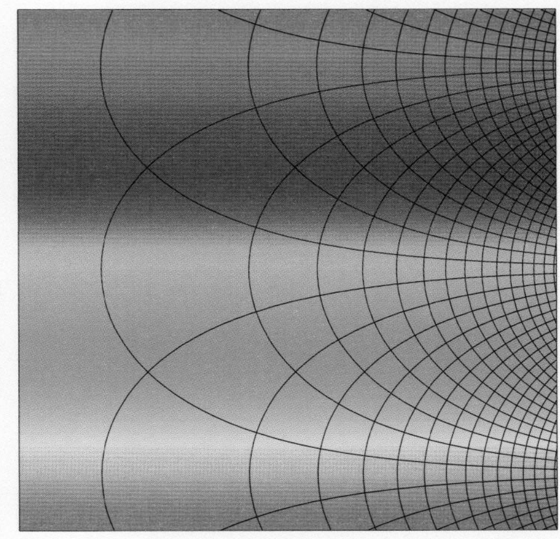

$f(z) = \exp(-z^2)$

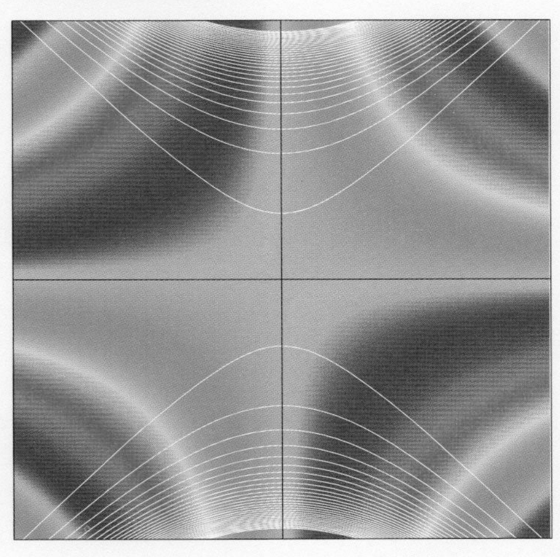

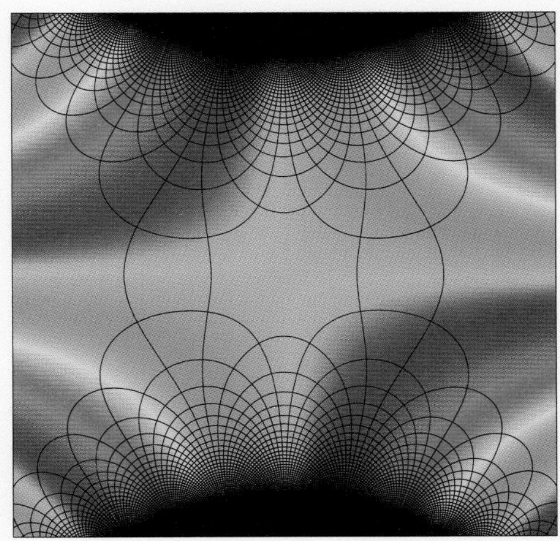

$f(z) = \exp(1/z)$

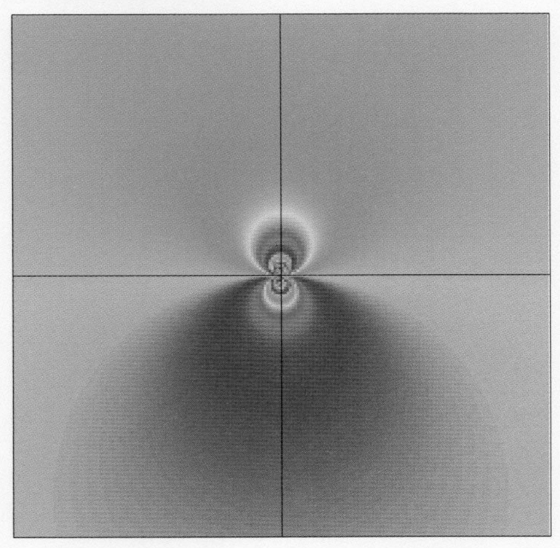

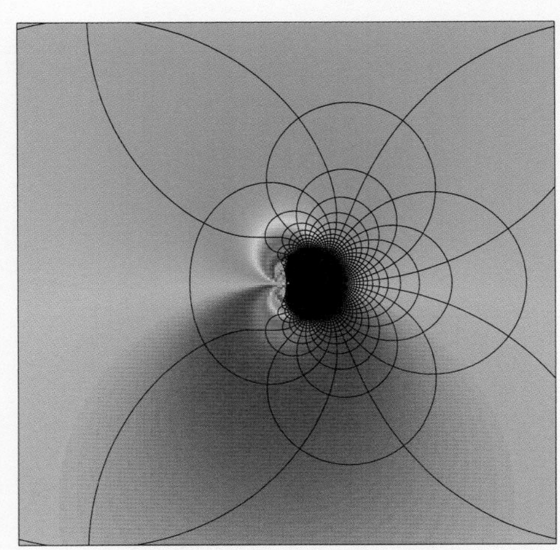

图24.13 指数 | Bk2_Ch24_02.ipynb

$f(z)=\ln(z)$

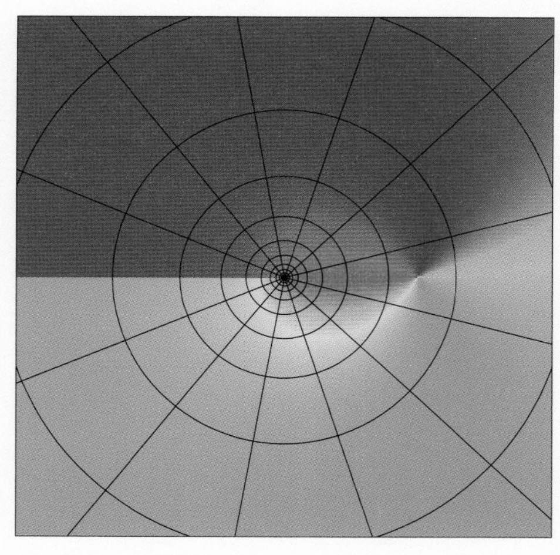

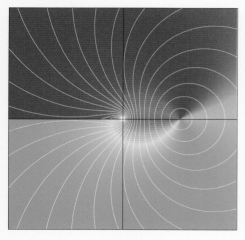

$f(z)=\ln(z^2-1)$

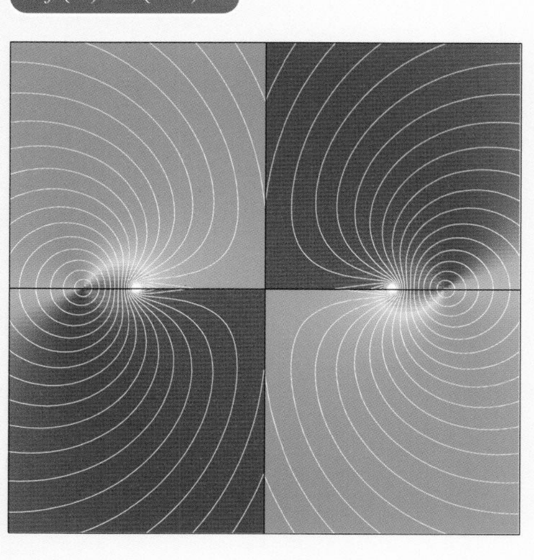

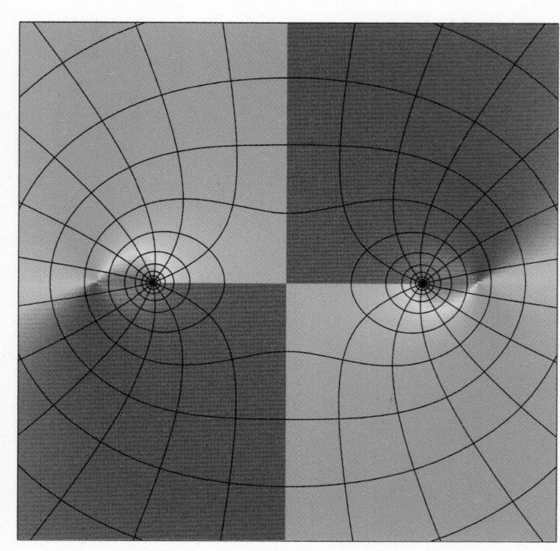

$f(z)=\ln(z^4+1)$

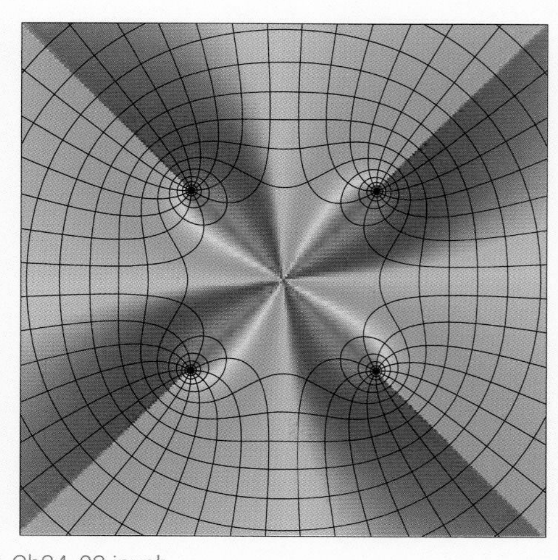

图24.14 对数 | Bk2_Ch24_02.ipynb

07 Section 07 几 何

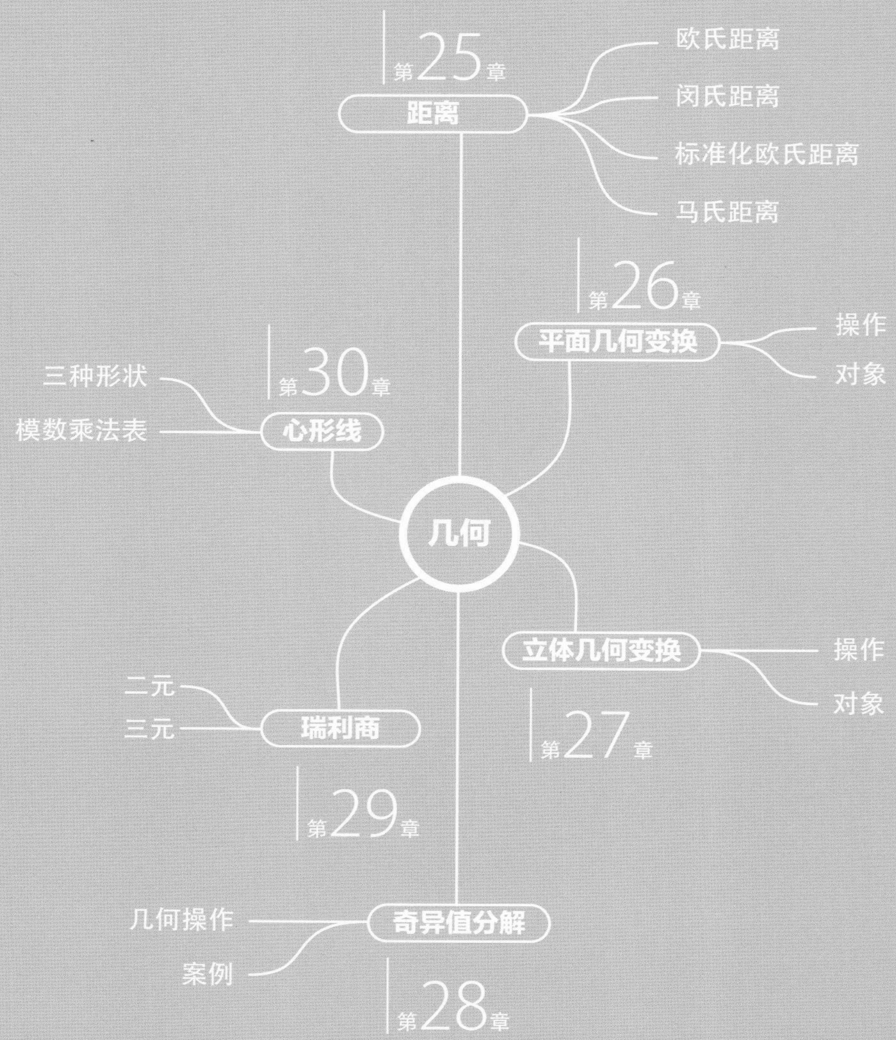
第25章
距离
欧氏距离
闵氏距离
标准化欧氏距离
马氏距离
第26章
平面几何变换
操作
对象
第30章
心形线
三种形状
模数乘法表
几何
立体几何变换
操作
对象
第27章
瑞利商
二元
三元
第29章
奇异值分解
几何操作
案例
第28章

学习地图 | 第7板块

Types of Distances

距离

两点连线、欧氏距离、闵氏距离、马氏距离

没有人会两次踏入同一条河流；江河川流不息，红尘物是人非。

No man ever steps in the same river twice. For it's not the same river and he's not the same man.

—— 赫拉克利特 (Heraclitus) | 古希腊哲学家 | 前535—前475年

- `numpy.diag()` 如果A为方阵，`numpy.diag(A)` 函数提取对角线元素，以向量形式输入结果；如果a为向量，`numpy.diag(a)` 函数将向量展开成方阵，方阵对角线元素为a向量元素
- `numpy.linalg.inv()` 计算逆矩阵
- `numpy.linalg.norm()` 计算范数
- `scipy.spatial.distance.chebyshev()` 计算切比雪夫距离
- `scipy.spatial.distance.cityblock()` 计算城市街区距离
- `scipy.spatial.distance.euclidean()` 计算欧氏距离
- `scipy.spatial.distance.mahalanobis()` 计算马氏距离
- `scipy.spatial.distance.minkowski()` 计算闵氏距离
- `scipy.spatial.distance.seuclidean()` 计算标准化欧氏距离
- `sklearn.metrics.pairwise.euclidean_distances()` 计算成对欧氏距离矩阵
- `sklearn.metrics.pairwise_distances()` 计算成对距离矩阵

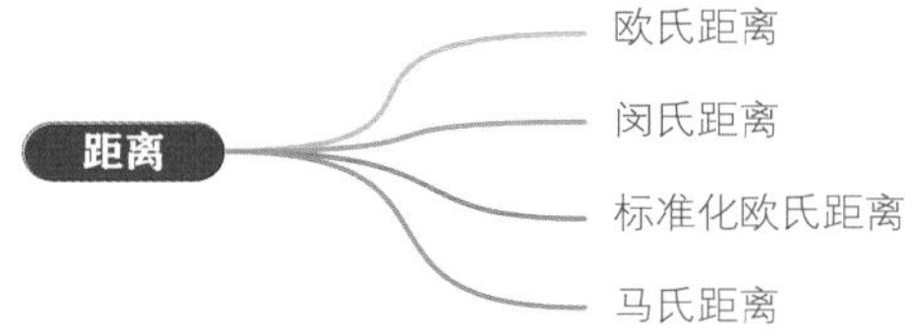

25.1 欧氏距离

在《编程不难》中，我们聊过有关距离度量相关Python函数。本章则和大家探讨各种距离的可视化方案。

欧氏距离，也叫**欧几里得距离** (Euclidean distance)，是最常见的距离度量方法，它计算两个点之间的线段距离。如图25.1所示，在一维数轴上，任意一点x到原点的距离就是x的绝对值 $|x|$。

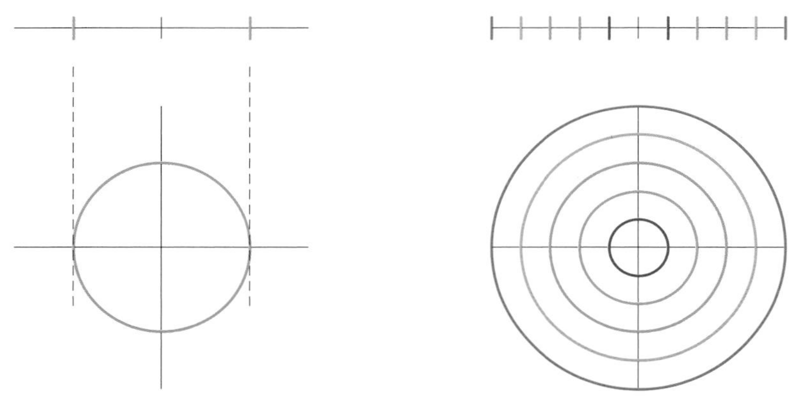

图25.1　数轴、平面直角坐标系上的欧氏距离等距线

对于平面直角坐标系，欧氏距离可以通过使用勾股定理来计算。平面上任意一点 (x_1, x_2) 和原点 (0, 0) 的距离为 $\sqrt{x_1^2 + x_2^2}$ 。如图25.2所示，欧氏距离的等距线为一系列同心圆。

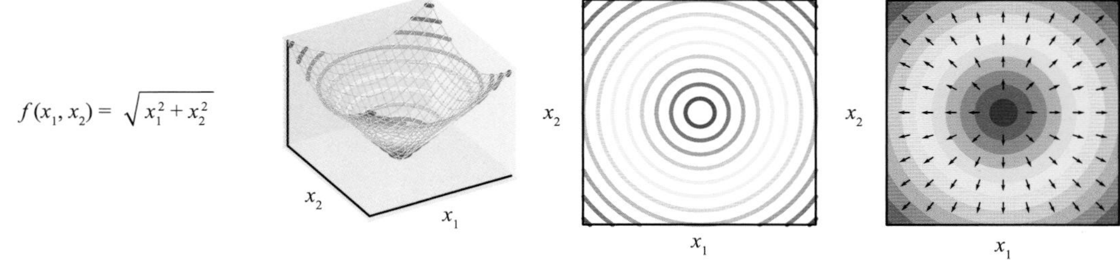

图25.2　平面上任意一点 (x_1, x_2) 和 (0, 0) 之间的欧氏距离的几种可视化方案 | BK_2_Ch25_02.ipynb

如图25.7所示为平面上常见的两点连线的可视化方案。

BK_2_Ch25_01.ipynb中绘制了图25.7，请大家自行学习这个代码文件。

图25.8所示为三维空间中的两点连线。BK_2_Ch25_03.ipynb中绘制了图25.8，代码也很简单，请大家自行学习。

如图25.3所示，在三维直角坐标系中，任意一点 (x_1, x_2, x_3) 和 (0, 0, 0) 之间的欧氏距离为 $\sqrt{x_1^2+x_2^2+x_3^2}$，其等距线为正球体。

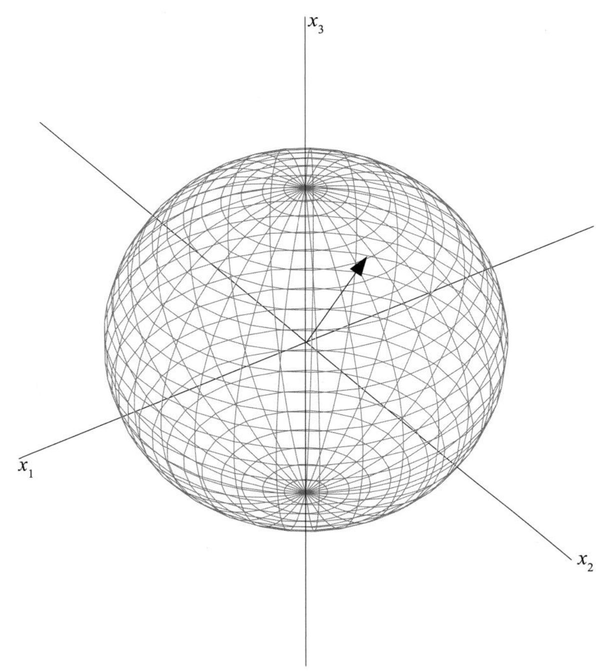

图25.3　三维直角坐标系上的欧氏距离等距线

图25.9所示为用“切豆腐”这种可视化方案展示三元欧氏距离。大家应该对“切豆腐”这种可视化方案并不陌生，本书后文还要用它展示各种三元函数。

图25.10所示为以欧氏距离为概念创作的两幅“生成艺术”。这幅图的概念十分简单，我们需要用颜色映射渲染欧氏距离远近。BK_2_Ch25_05.ipynb中绘制了图25.10，请大家自行学习这段代码。

25.2 其他距离度量

在机器学习中，距离不再仅仅是两点之间最短的线段。距离变成用于衡量两个对象或数据之间的相似性或差异性的概念。不同的距离度量方法可以基于不同的度量标准和算法来计算。以下是几种常见的距离度量方法。

如图25.4所示，在平面上，城市街区距离，也叫**曼哈顿距离** (Manhattan distance) 或L^1距离，通过沿着坐标轴的垂直和水平线段的长度之和来测量两个点之间距离。

《矩阵力量》第3章专门讲解向量L^p范数。

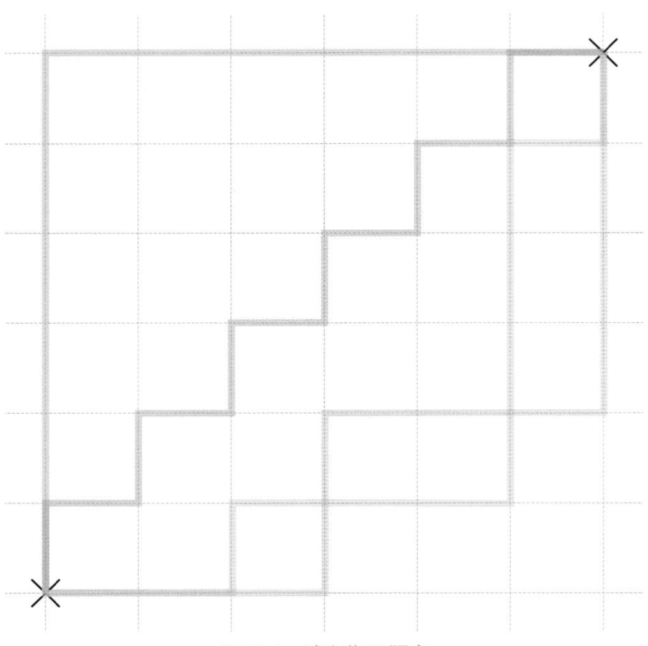

图25.4　城市街区距离

L^p范数是向量的一种度量方式，用来衡量向量中各个元素的大小。在L^p范数中，p是一个实数，并且p大于等于1。

L^p距离，也叫**闵氏距离** (Minkowski distance)，是使用L^p范数来度量两个向量之间的距离。图25.11所示为利用填充等高线可视化L^p距离度量。请大家格外关注图25.11等高线的形状。

图25.12则采用三维等高线织成的网面来呈现三维空间中的L^p距离“等距面”。

当p = 1时，得到的是城市街区距离；当 p = 2时，得到的是欧氏距离；当p趋近于无穷大时，得到的是**切比雪夫距离** (Chebyshev distance)。

图25.5所示为用Streamlit创作的展示二维L^p范数的App。图25.6所示为用Streamlit创作的展示三维L^p范数的App。

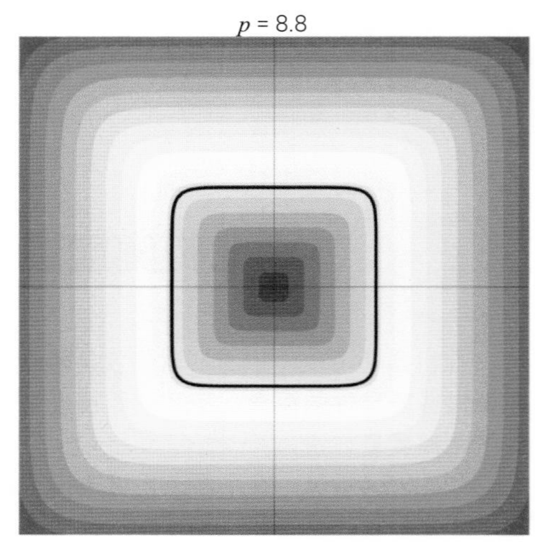

图25.5　展示二维L^p范数的App，Streamlit搭建 | Streamlit_2D_Lp_Norm.py

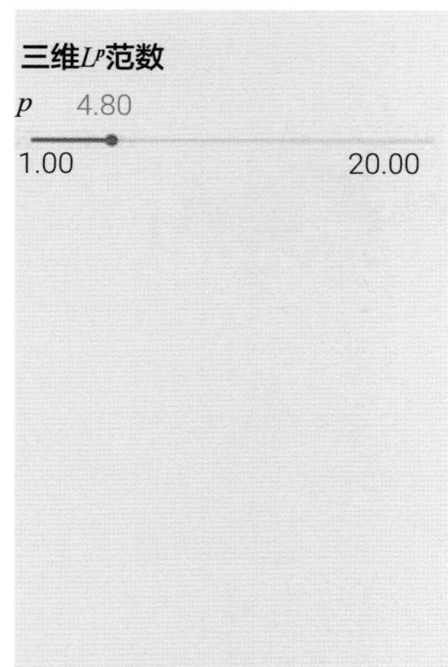

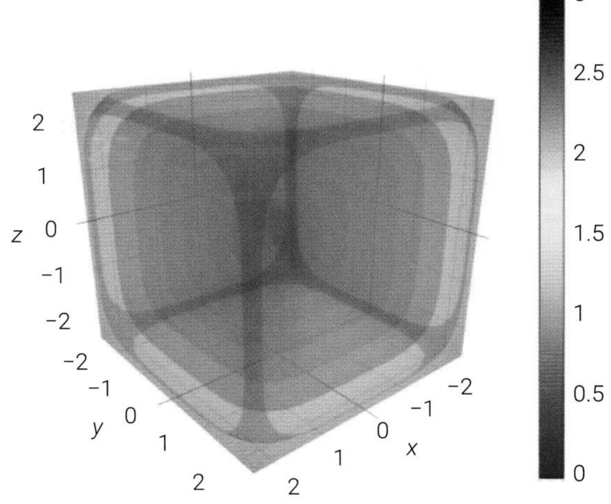

图25.6 展示三维L^p范数的App，Streamlit搭建 | Streamlit_3D_Lp_Norm.py

标准化欧氏距离 (Standardized Euclidean Distance) 是对欧氏距离进行标准化的一种方法。在计算标准化欧氏距离时，对每个维度的值进行标准化处理，然后再计算欧氏距离。

读到这里，大家应该对马氏距离并不陌生了。简单来说，**马氏距离** (Mahalanobis distance) 是一种考虑特征之间相关性的距离度量方法。它使用协方差矩阵来衡量特征之间的相关性，从而在计算距离时考虑到了特征之间的相关性。

特别建议大家回顾本书第13章介绍的马氏距离计算，以及多元高斯分布PDF计算过程。

图25.13所示为基于鸢尾花样本数据的六种距离度量的等高线。观察这幅图，大家可以看到各种距离度量的起点都是数据质心。除了散点图、等高线，这组图还用到了本书前文介绍的“网格”这种可视化方案。

本章可视化的对象是距离。我们用散点图、线图、等高线、填充等高线、网格面等可视化方案向大家展示距离不仅仅是两点一线。“鸢尾花书”不同分册还会从不同角度介绍距离，请大家留意。

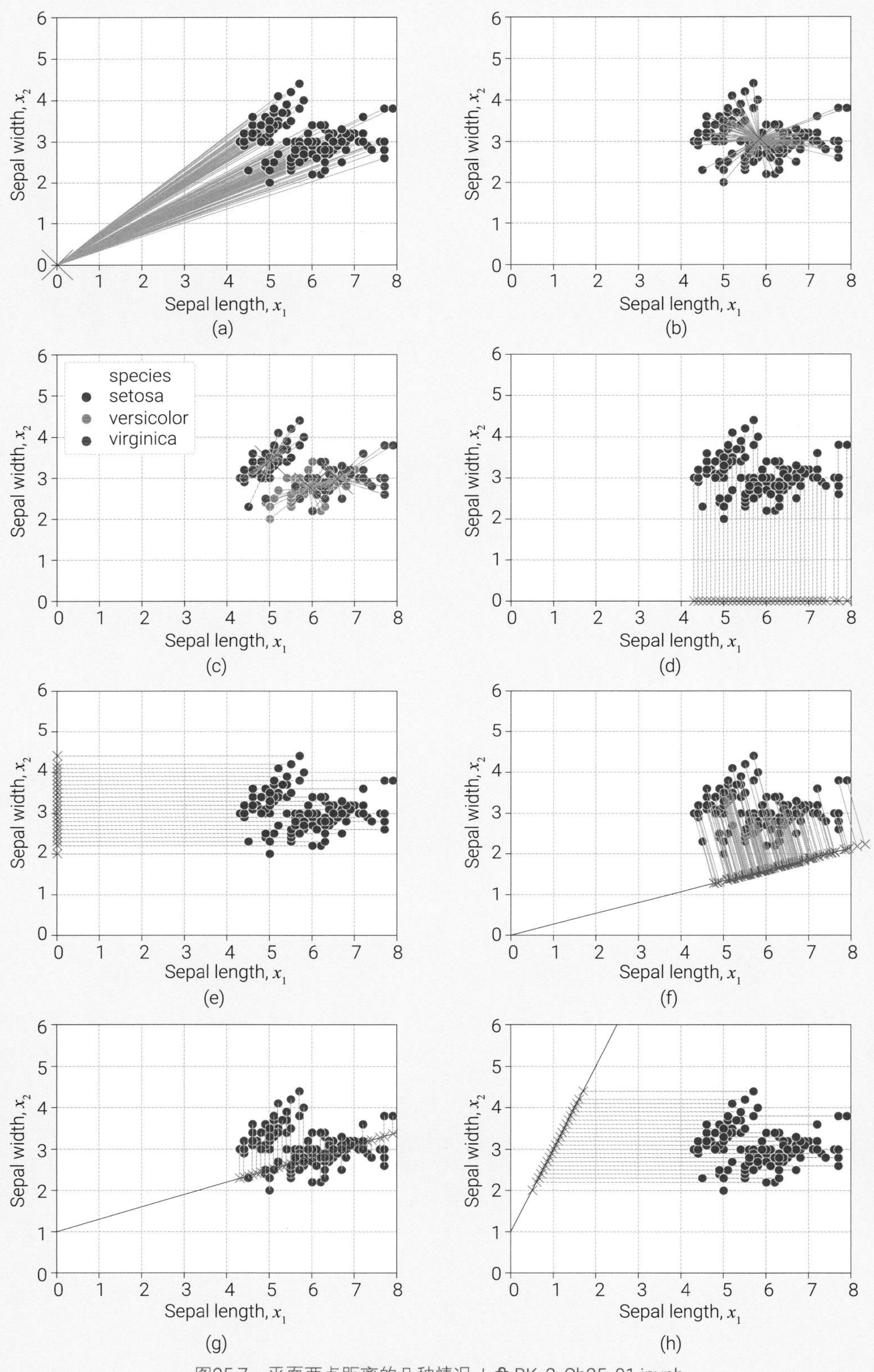

图25.7 平面两点距离的几种情况 | ⊕ BK_2_Ch25_01.ipynb

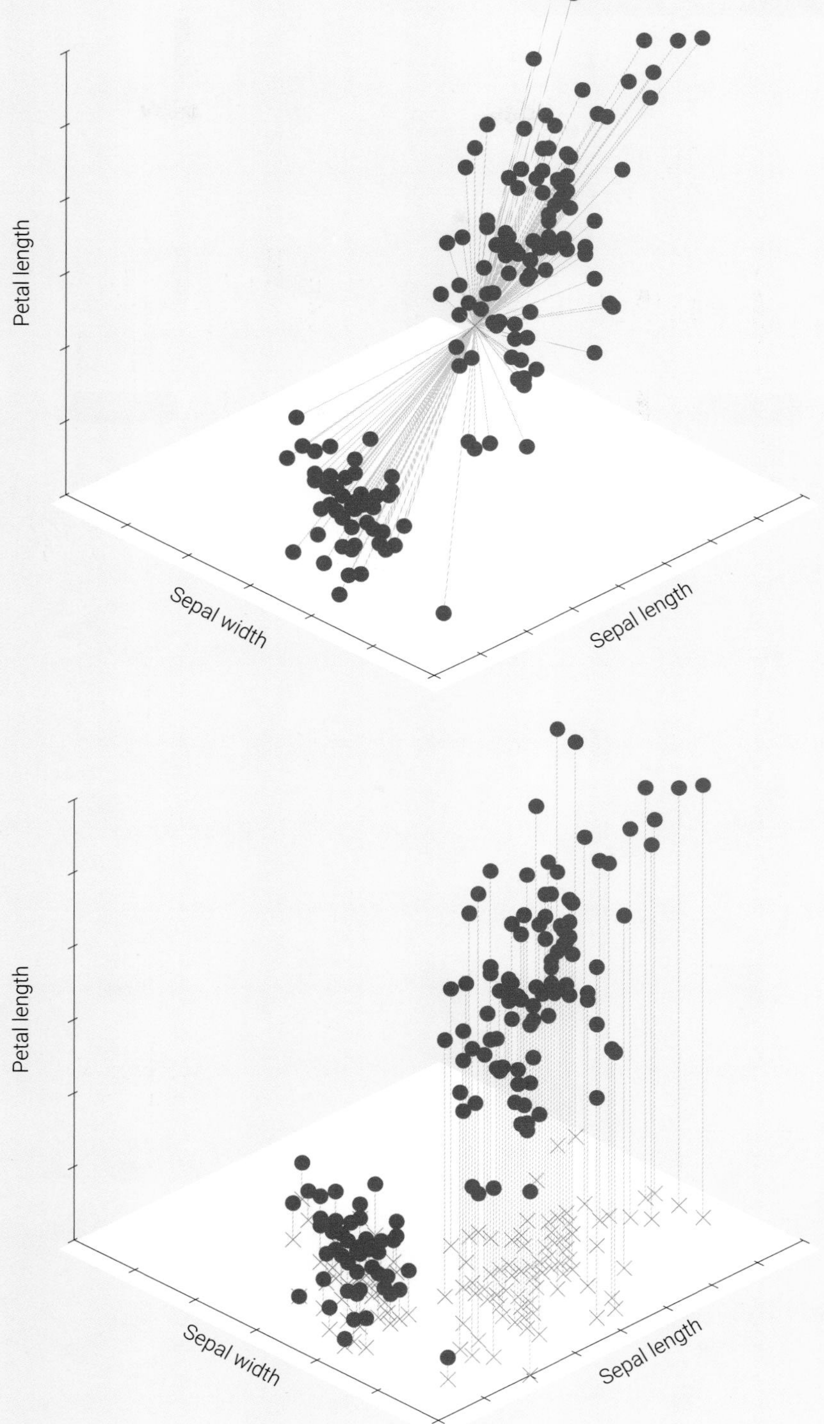

图25.8　三维空间距离 | BK_2_Ch25_03.ipynb

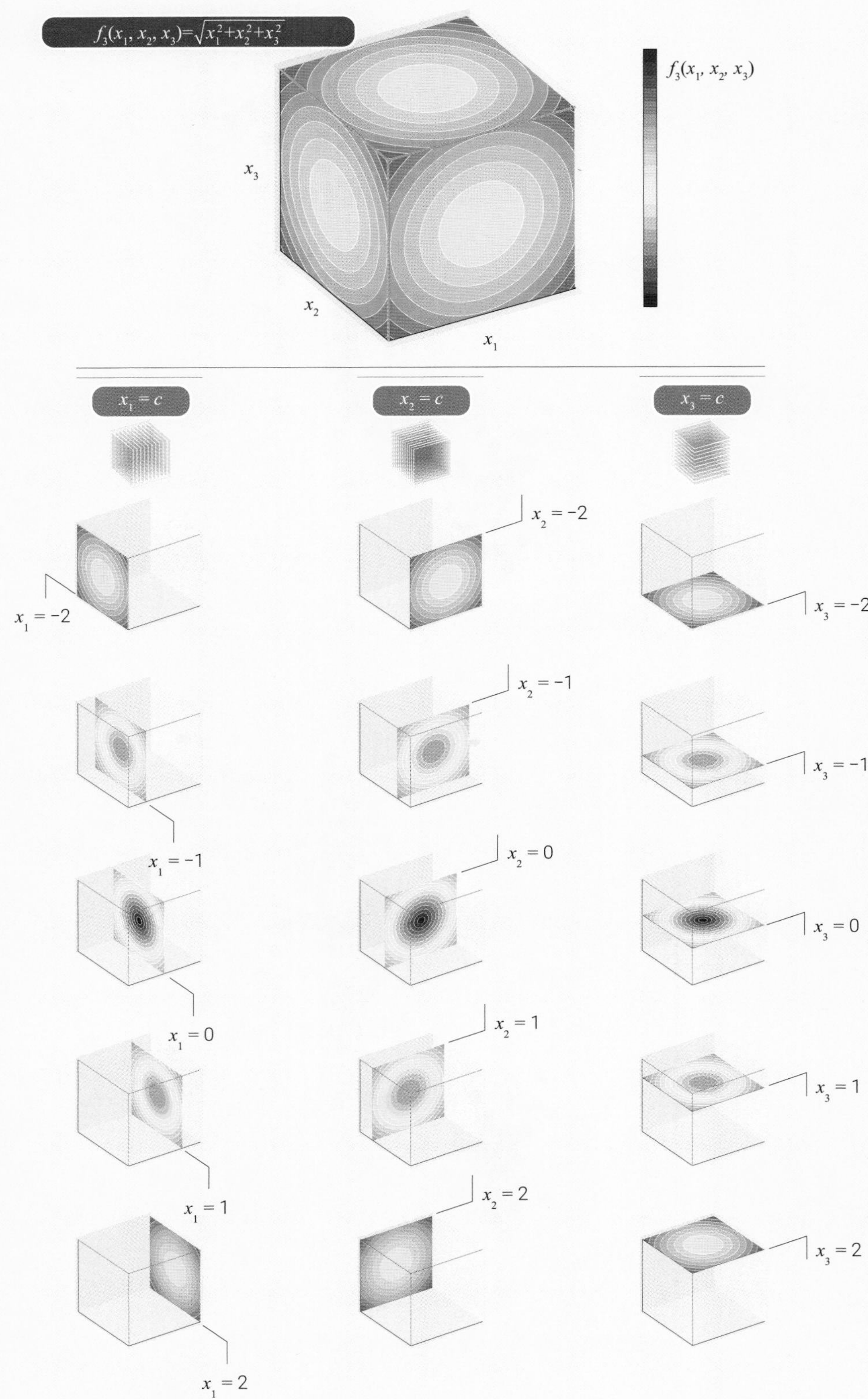

图25.9　三维直角坐标系中，任意一点 (x_1, x_2, x_3) 和 (0, 0, 0) 之间的欧氏距离 | BK_2_Ch25_04.ipynb

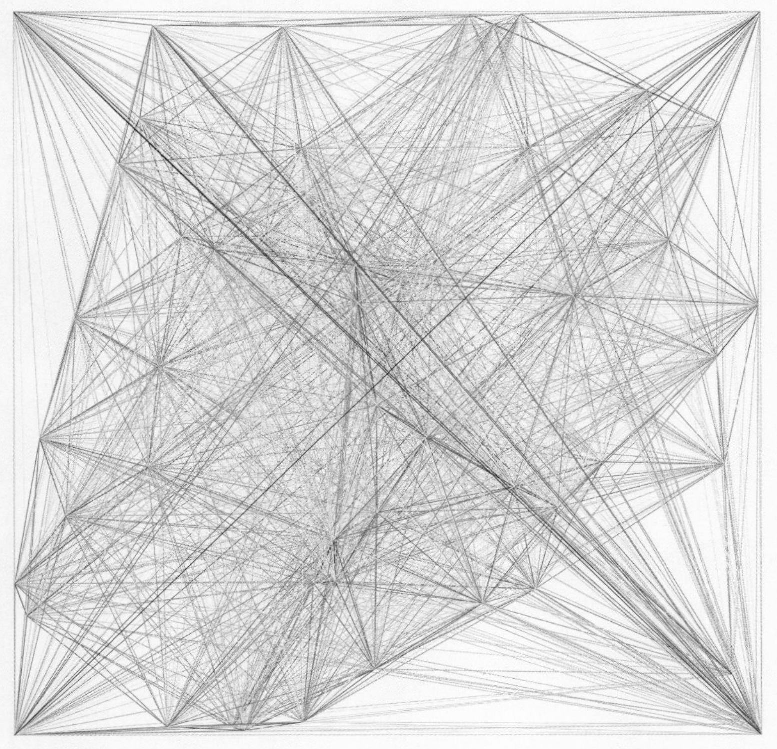

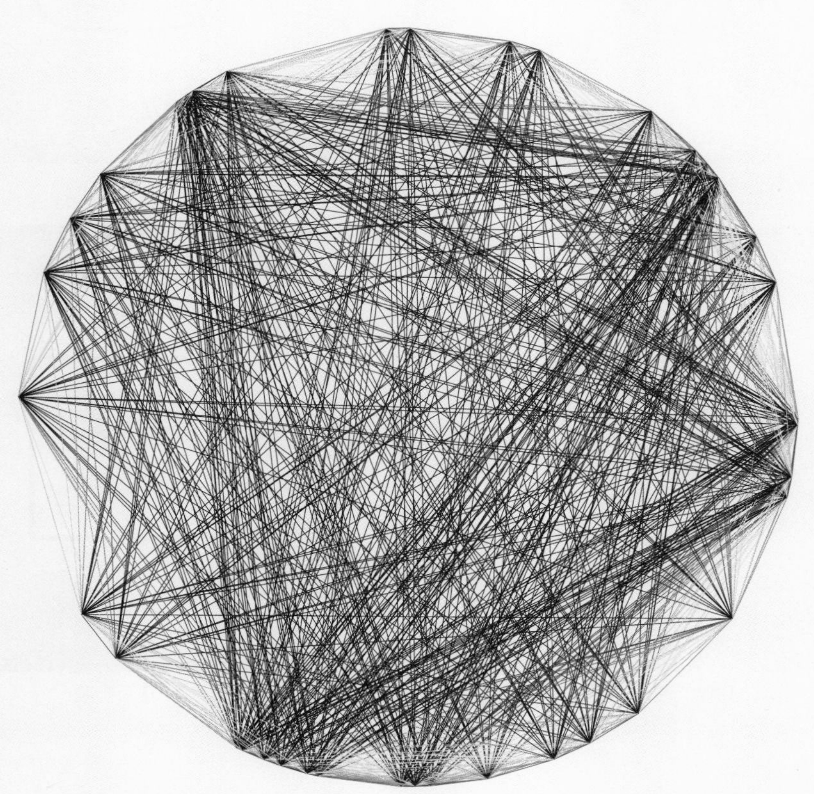

图25.10 根据欧氏距离远近渲染两点连线 | ⊕ BK_2_Ch25_05.ipynb

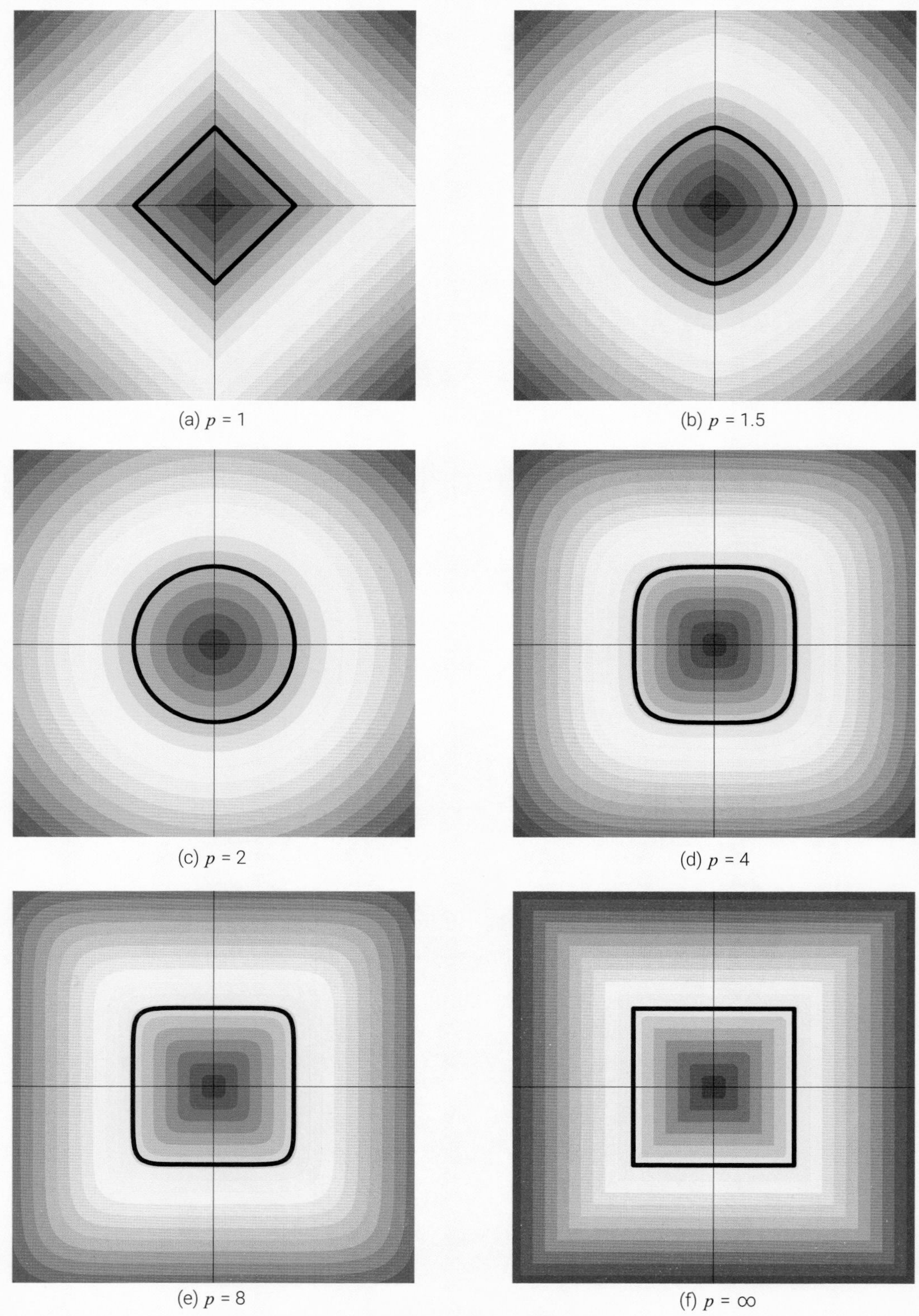

图25.11　向量范数，二维等高线 | BK_2_Ch25_06.ipynb

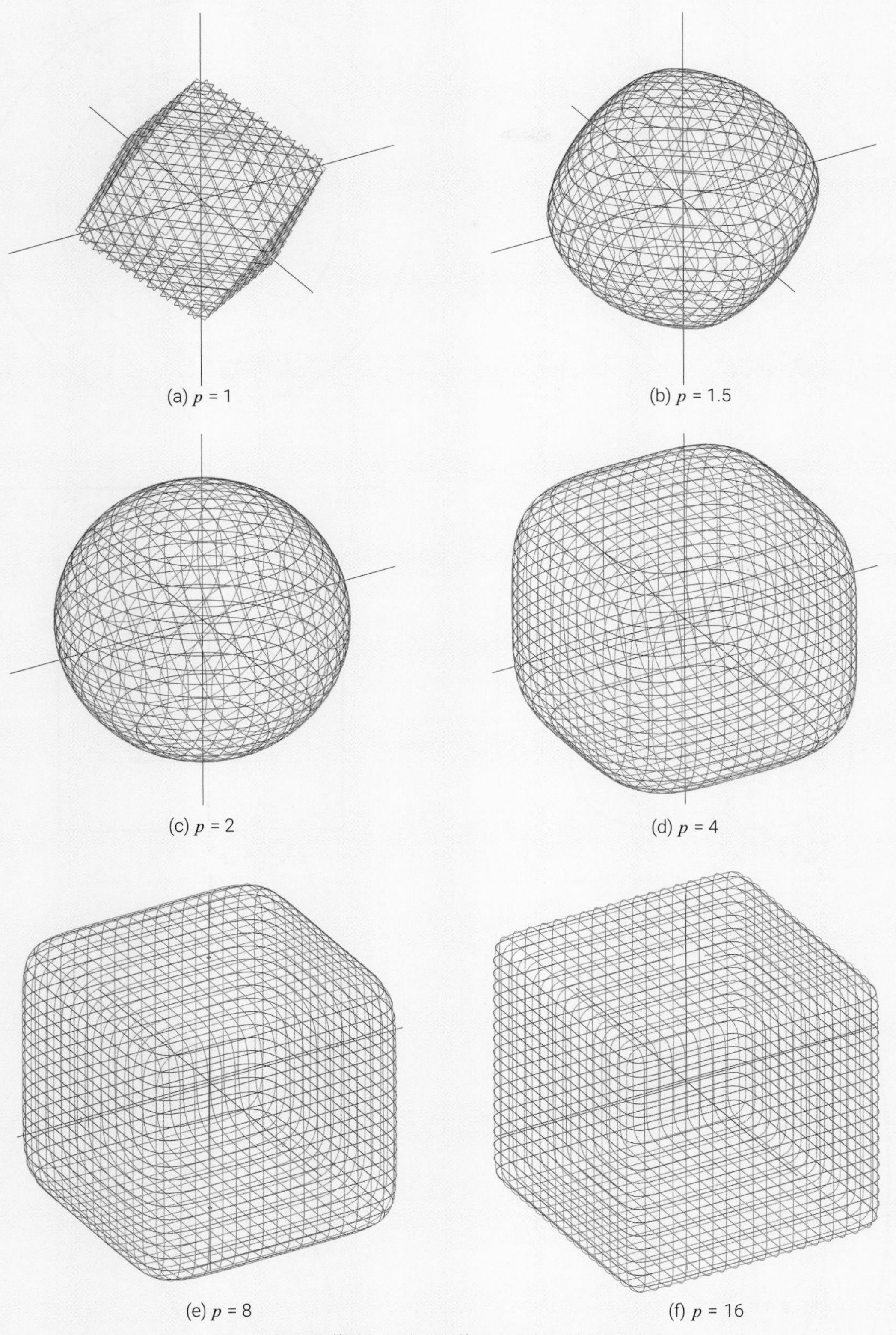

图25.12　向量范数，三维几何体 | BK_2_Ch25_07.ipynb

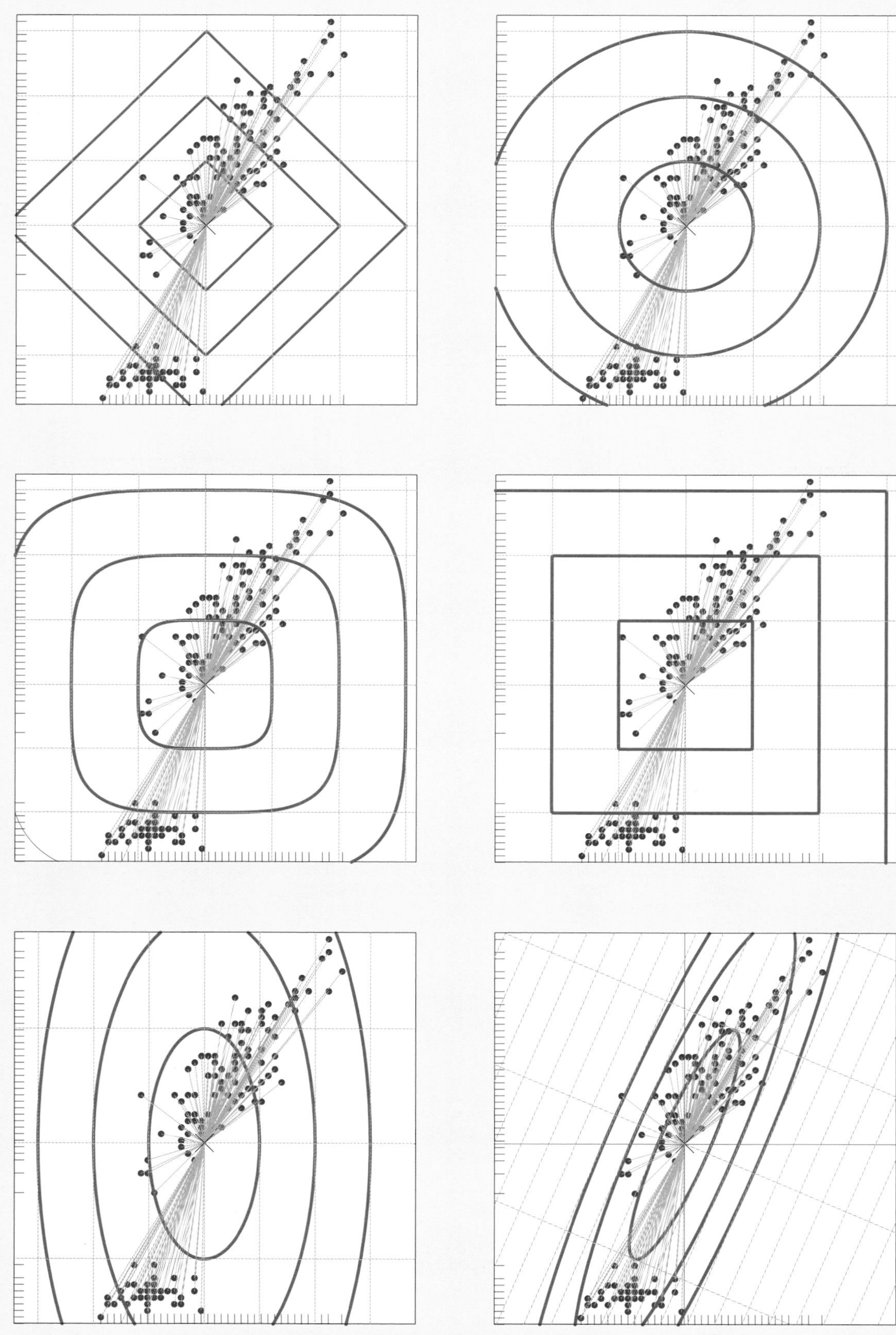

图25.13　基于鸢尾花数据的各种距离度量等高线 | BK_2_Ch25_08.ipynb

26 Geometric Transformations on a Plane
平面几何变换

平移、缩放、旋转、镜像、投影、剪切

哲学就是怀着一种乡愁的冲动到处去寻找家园。

Philosophy is properly home-sickness; the wish to be everywhere at home.

—— 诺瓦利斯 (Novalis) | 德国作家 | 1772—1801年

- `matplotlib.pyplot.axhline()` 绘制水平线
- `matplotlib.pyplot.axvline()` 绘制竖直线
- `matplotlib.pyplot.scatter()` 绘制散点图
- `numpy.arange()` 根据指定的范围以及设定的步长，生成一个等差数组
- `numpy.c_()` 用于按列连接数组的函数，用于快速组合多个数组成为一个新的二维数组
- `numpy.column_stack()` 将两个矩阵按列合并
- `numpy.exp()` 计算括号中元素的自然指数
- `numpy.linalg.cholesky()` 矩阵Cholesky分解
- `numpy.meshgrid()` 创建网格化数据
- `numpy.ravel()` 用于将多维数组展平为一维数组
- `numpy.reshape()` 用于重新调整数组的形状
- `numpy.sqrt()` 计算平方根
- `seaborn.load_dataset()` 加载Seaborn中数据集
- `sklearn.covariance.EmpiricalCovariance()` 估算协方差矩阵
- `sklearn.datasets.load_iris` 加载Scikit-Learn中鸢尾花数据

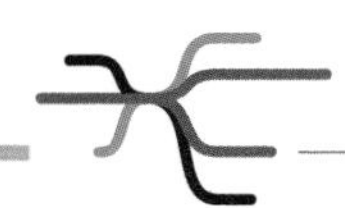

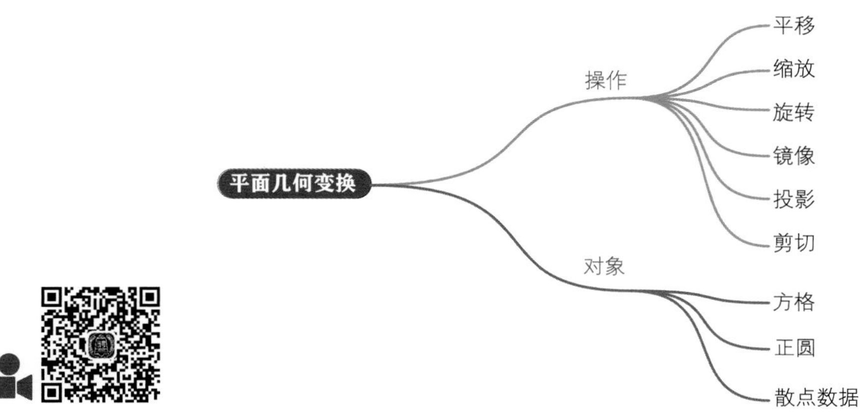

26.1 常见几何变换

图26.1所示为常见的几何变换。图26.1 (a) 所示为原始棋盘黑白格子。

图26.1 (b) 为**仿射变换** (affine transformation) 的结果。仿射变换是一种线性变换，它可以将一个二维或三维空间中的点映射到另一个二维或三维空间中的点。

在仿射变换中，原始对象的形状、大小、角度和比例等属性可能会发生变化，但它们之间的相对位置和平行关系将保持不变。仿射变换是本章的重点。

图26.1 (c) 所示为**投射变换** (projective transformation)，是一种将三维空间中的点映射到二维平面上的变换，也被称为**透视变换** (perspective transformation)。

图26.1 (d) 所示为**非线性变换** (nonlinear transformation) 的一种形式。本书前文用各种可视化方案展示过非线性变换，本书后文还要继续可视化非线性变换，比如复变函数。

(a) original

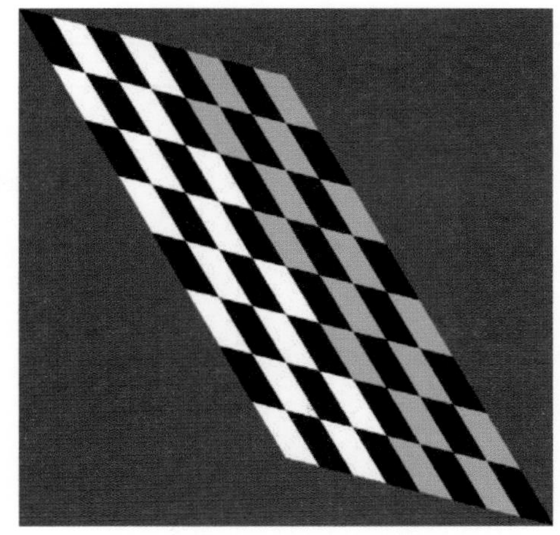

(b) affine transformation

(c) projective transformation

(d) nonlinear transformation

图26.1 常见几何变换

26.2 仿射变换

仿射变换可以应用于许多不同的领域，如计算机视觉、计算机图形学、机器学习等。在计算机视觉中，仿射变换可以用于图像的平移、缩放、旋转、对称、投影、剪切等操作。

表26.1总结了几种常见的仿射变换。

在计算机图形学中，仿射变换可以用于三维图形的变换和投影等操作。图26.7所示为对扁平化文字的各种仿射变换，请大家自行学习Bk_2_Ch26_01.ipynb。

在机器学习中，仿射变换可以用于特征提取、数据增强和数据对齐等操作。

表26.1　常见仿射变换

几何变换	示例
平移 (translation)	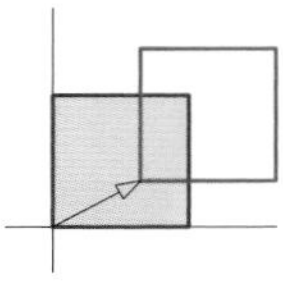
等比例缩放s倍 (equal scaling)	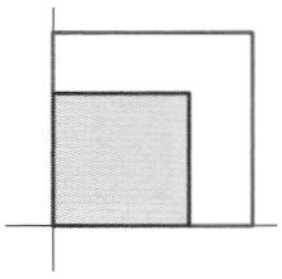
非等比例缩放 (unequal scaling)	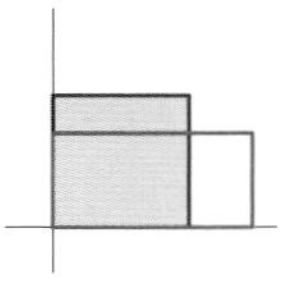
逆时针旋转 (counterclockwise rotation)	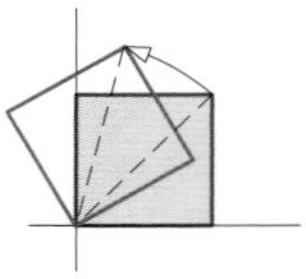
关于横轴镜像对称 (reflection along x-axis)	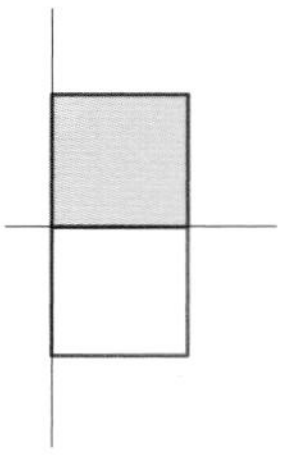
关于纵轴镜像对称 (reflection along y-axis)	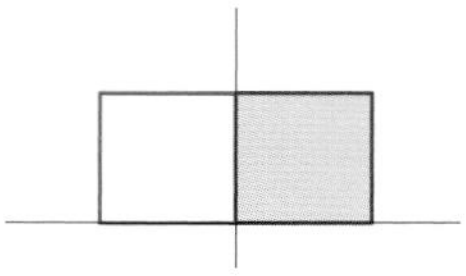
向通过原点直线投影 (orthogonal projection onto a line through origin)	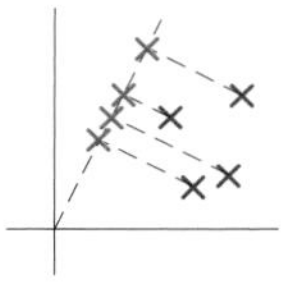
向横轴投影 (orthogonal projection onto x axis)	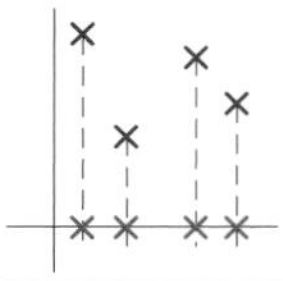
向纵轴投影 (orthogonal projection onto y axis)	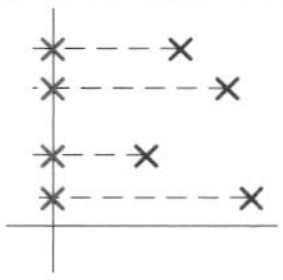

续表

几何变换	示例
沿水平方向剪切 (shear along x-axis)	
沿竖直方向剪切 (shear along y-axis)	

图26.2所示为原始网格散点。图26.8和图26.9所示为各种仿射变换及其组合的结果。请大家注意，多数情况下仿射变换先后影响结果。

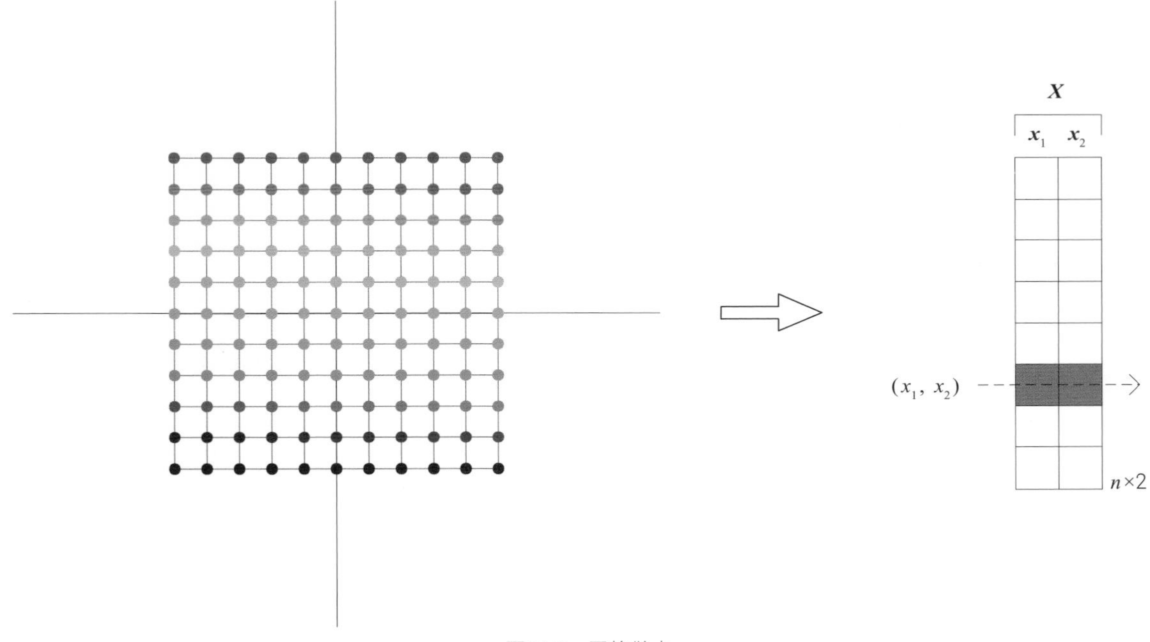

图26.2　网格散点

Jupyter笔记BK_2_Ch26_02.ipynb中绘制了图26.8和图26.9所有子图。

图26.3给出了第二个例子。我们在单位圆不同位置上用不同颜色标记位置，管它们叫“小彩灯”。然后，对这些“小彩灯”先旋转，再剪切。同时，相同颜色的“小彩灯”之间再绘制一条线段，用来标识运动轨迹。

如图26.10所示，当旋转角度不同时，经过“旋转 → 剪切”变化的小彩灯都在同一个椭圆上。但是显然，每幅子图的小彩灯位置不同。此外，我们也可以在这些图上利用大小两个正方形来可视化旋转。

请大家思考如何把图26.10变成一个Streamlit App。

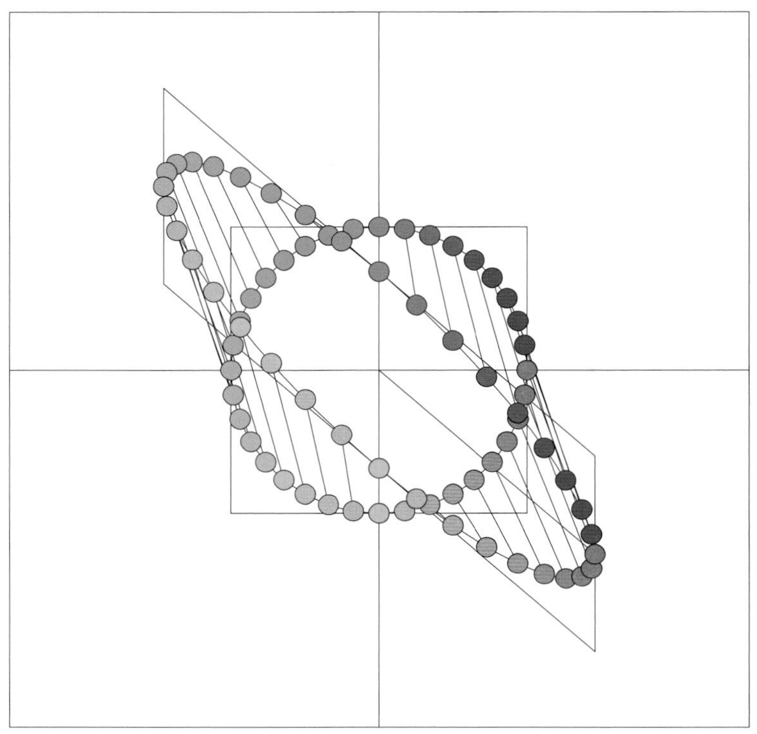

图26.3　正圆散点 | BK_2_Ch26_03.ipynb

《矩阵力量》专门讲解仿射变换中用到的一系列数学工具。《统计至简》会利用图26.10解析蒙特卡罗模拟产生的具有一定相关性的随机数。

Jupyter笔记BK_2_Ch26_03.ipynb中绘制了图26.10所有子图。

26.3 投影

一般情况下，投影是指将一个三维物体，比如图26.4所示的马克杯，映射到一个平面上的过程。在投影中，平面通常称为投影面，被投影的物体通常称为投影体。图26.5所示为马克杯在不同平面上的投影。

从数据角度来看，投影相当于一种数据降维。投影得到的像虽然可以“管窥一豹”，但是信息毕竟发生了“降维”压缩。因此仅仅透过某一个角度的投影的像不能完全获得投影体的全部原始细节。

《编程不难》中提过投影有不同的类型，其中最常见的包括**正投影** (orthographic projection) 和**透视投影** (perspective projection)。

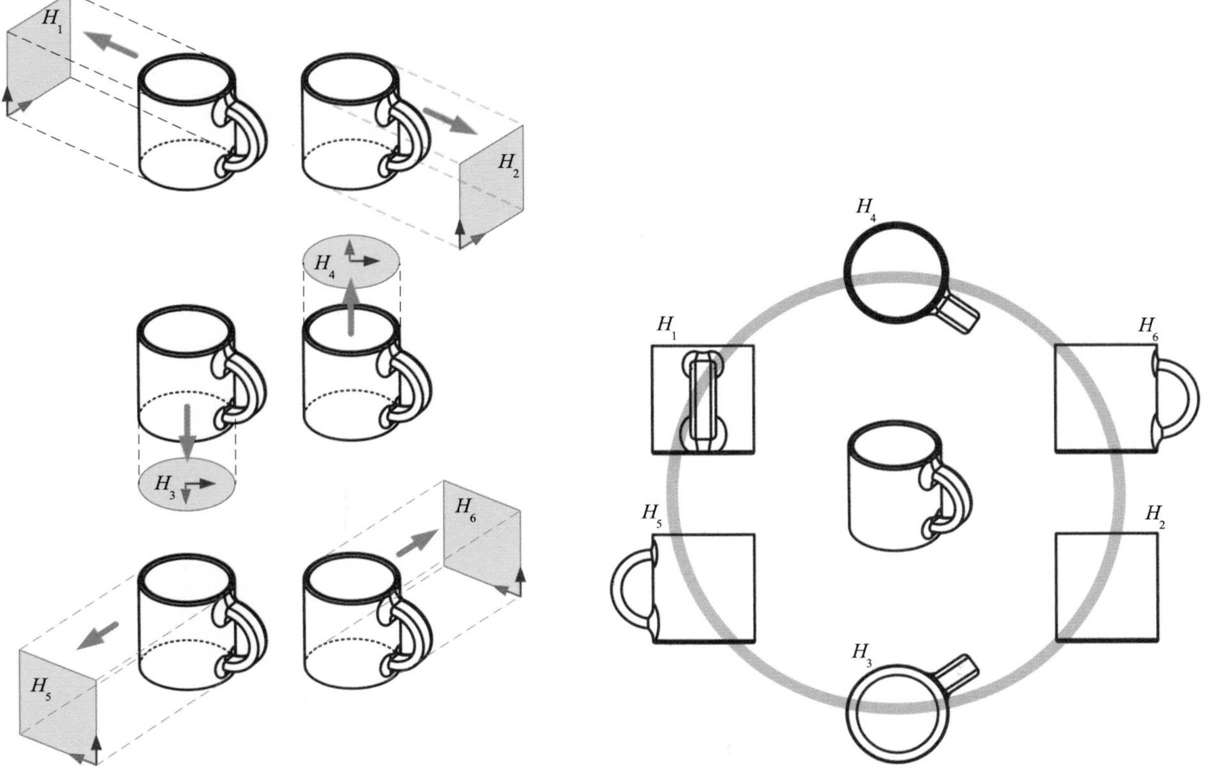

图26.4 马克杯六个投影方向

图26.5 马克杯在六个方向投影图像

在正投影中，物体被投影到一个平行于投影面的平面上，从而保留了物体的真实形状和大小。而在透视投影中，物体被投影到一个与投影面不平行的平面上，从而产生了一种远近透视的效果，使得远离投影面的物体部分看起来比靠近投影面的物体部分更小。

投影在许多领域中都有应用，如建筑设计、计算机图形学、视觉艺术等。在建筑设计中，投影通常用于绘制建筑平面图、立面图和剖面图。在计算机图形学中，投影用于创建三维场景的二维表示，以及在计算机游戏和虚拟现实中实现视觉效果。在视觉艺术中，投影可以用于创造一种深度感或透视效果，以增强画面的艺术效果。

本书前文提到，Matplotlib在绘制三维图形时，默认透视投影。本书建议科学技术作品中静态图形最好使用正投影。“鸢尾花书”系列作品中三维图形大多采用正投影。

图26.6所示为平面上的散点、曲线投影到横轴的结果。“鸢尾花书”中用这幅图正投影、马氏距离、数据分布、数据投影等数学概念。大家将会在《矩阵力量》《统计至简》两册看到相关的数学工具。

图26.11展示了更多不同角度的平面点线投影。

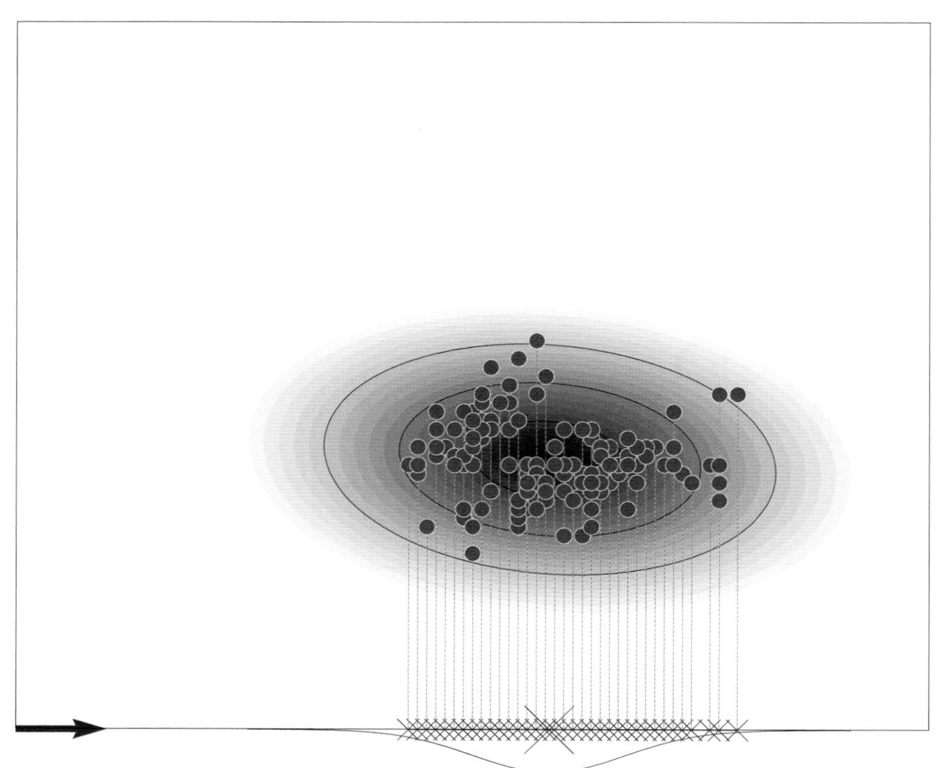

图26.6　平面投影 | BK_2_Ch26_04.ipynb

图26.12所示为将数据朝16个不同方向投影，并绘制投影数据对应的一元高斯PDF曲线。相信大家对图26.12已经不陌生，我们在《编程不难》中用这幅图展示过理解**主成分分析** (Principal Component Analysis，PCA)的方法。图26.12中最重要的数学工具是计算朝不过原点直线方向投影的结果。

Jupyter笔记BK_2_Ch26_04.ipynb中绘制了图26.11所有子图。Jupyter笔记BK_2_Ch26_05.ipynb绘制图26.12所有子图。

本章介绍了常见平面几何操作的可视化方案。下一章还要介绍三维空间的几何操作。本书后文还要用这些几何操作讲解奇异值分解等数学概念。此外，我们将会在《矩阵力量》中介绍这些几何操作背后的数学工具。

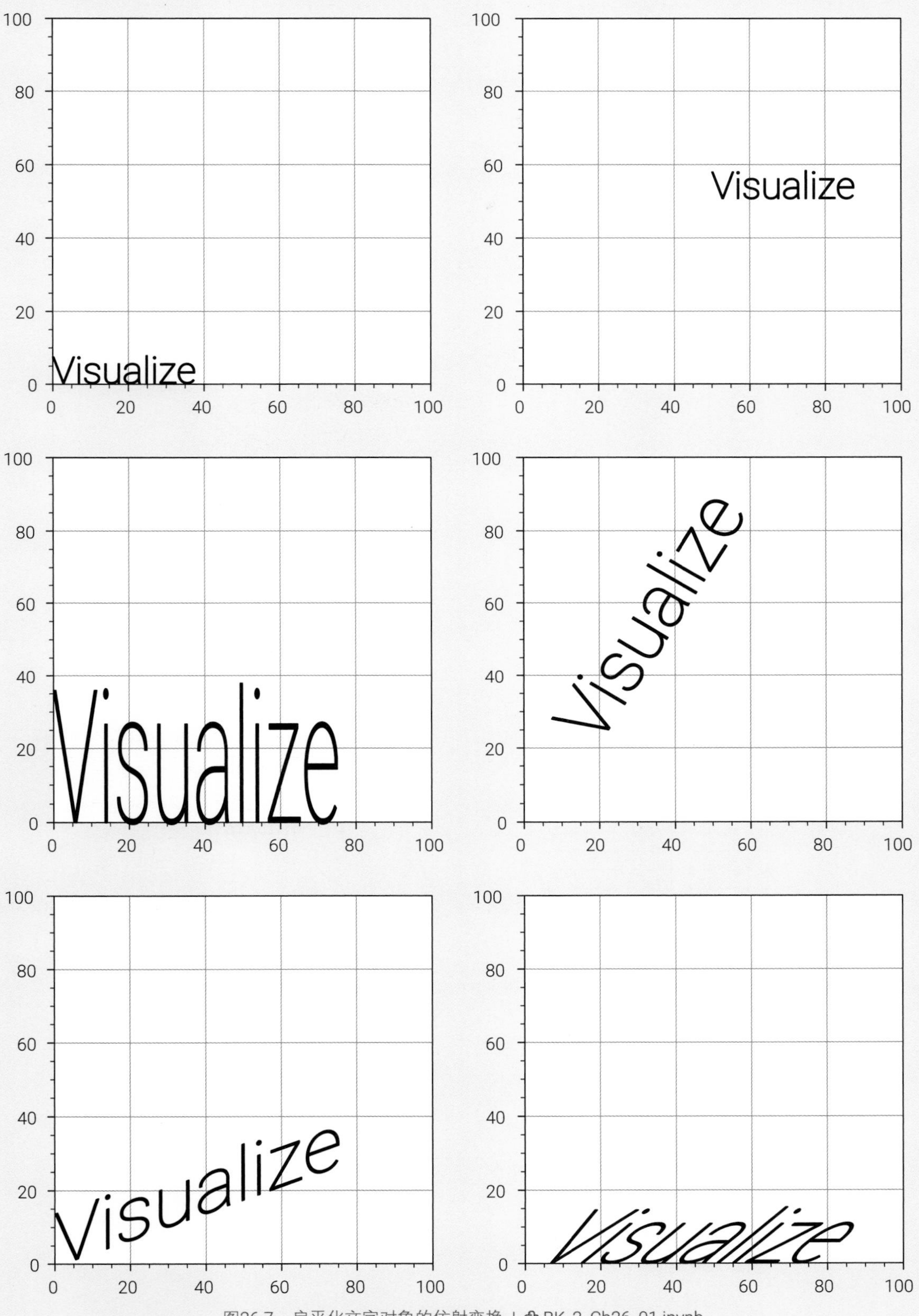

图26.7　扁平化文字对象的仿射变换 | BK_2_Ch26_01.ipynb

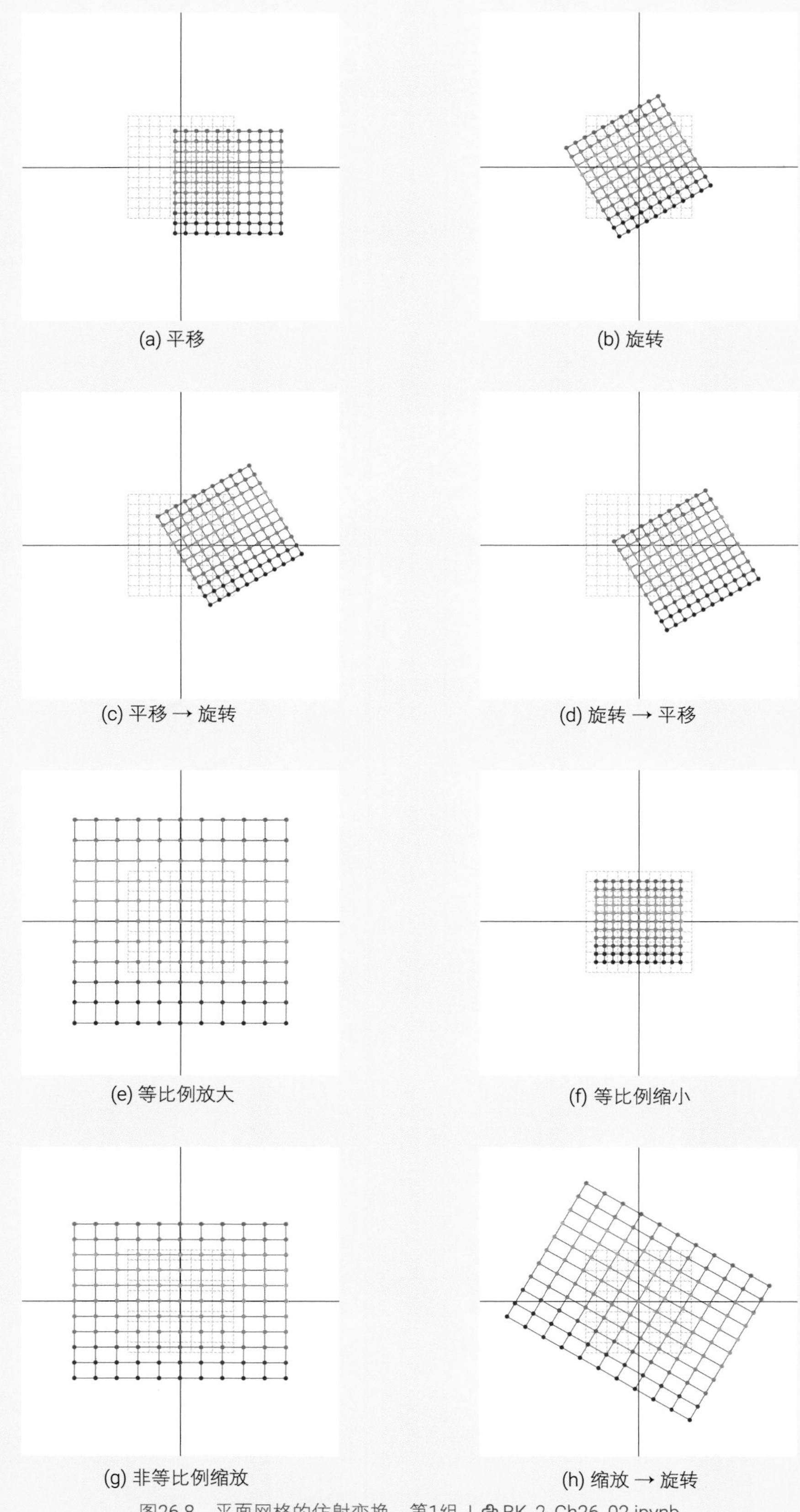

(a) 平移　(b) 旋转　(c) 平移 → 旋转　(d) 旋转 → 平移　(e) 等比例放大　(f) 等比例缩小　(g) 非等比例缩放　(h) 缩放 → 旋转

图26.8　平面网格的仿射变换，第1组 | BK_2_Ch26_02.ipynb

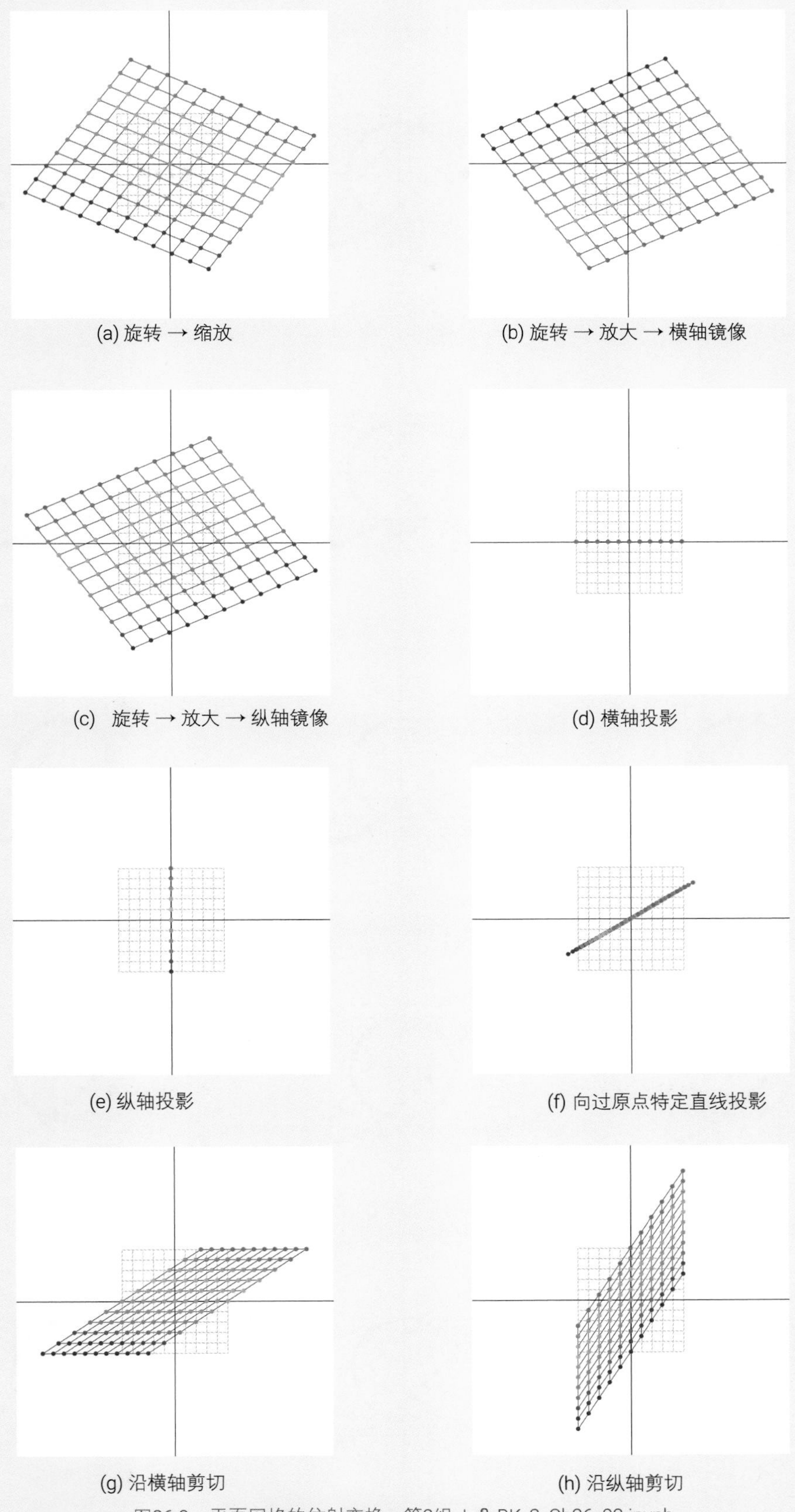

图26.9 平面网格的仿射变换，第2组 | BK_2_Ch26_02.ipynb

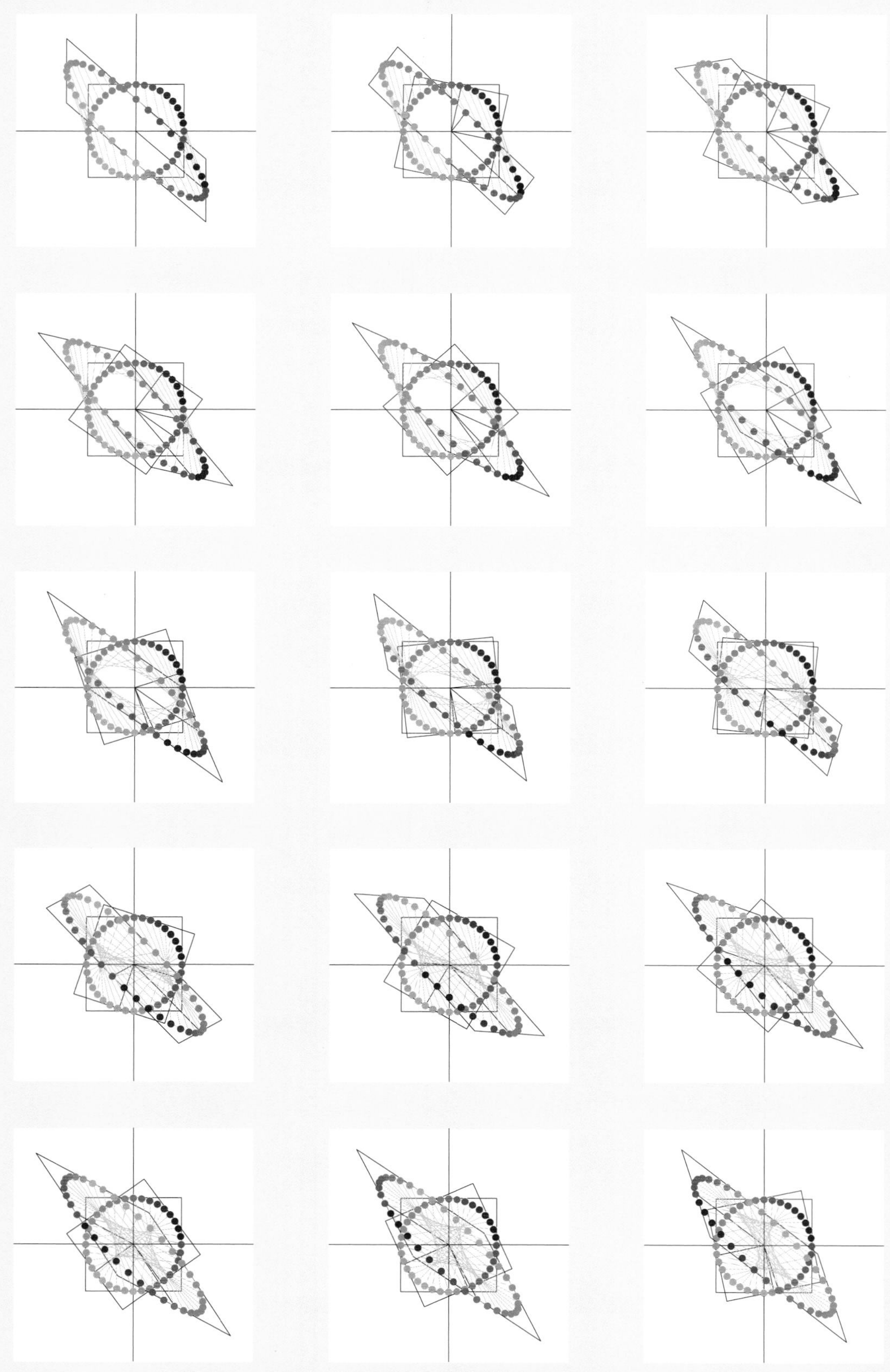

图26.10　正方形、单位圆剪切、旋转变换 | BK_2_Ch26_03.ipynb

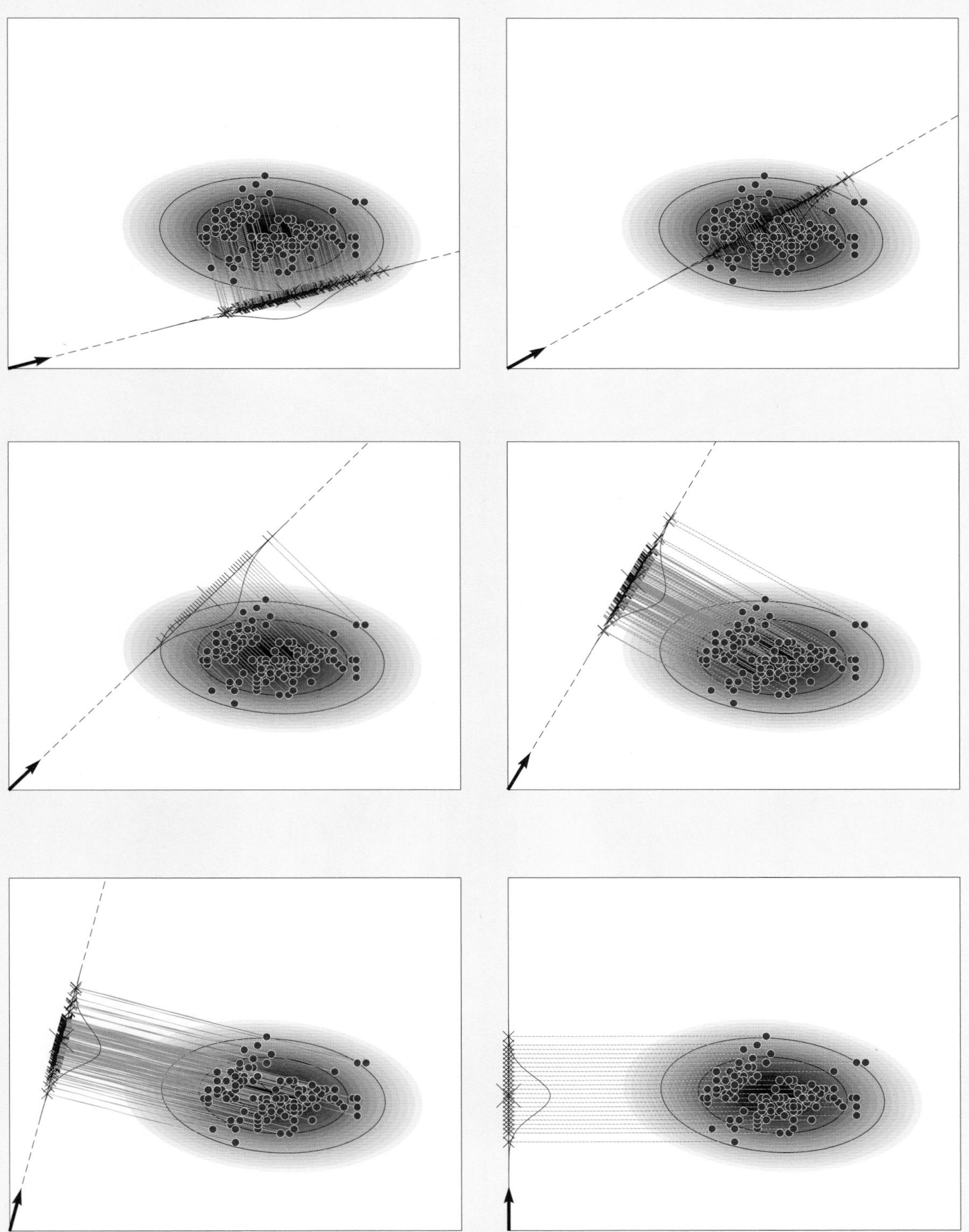

图26.11　平面上点、线投影 | BK_2_Ch26_04.ipynb

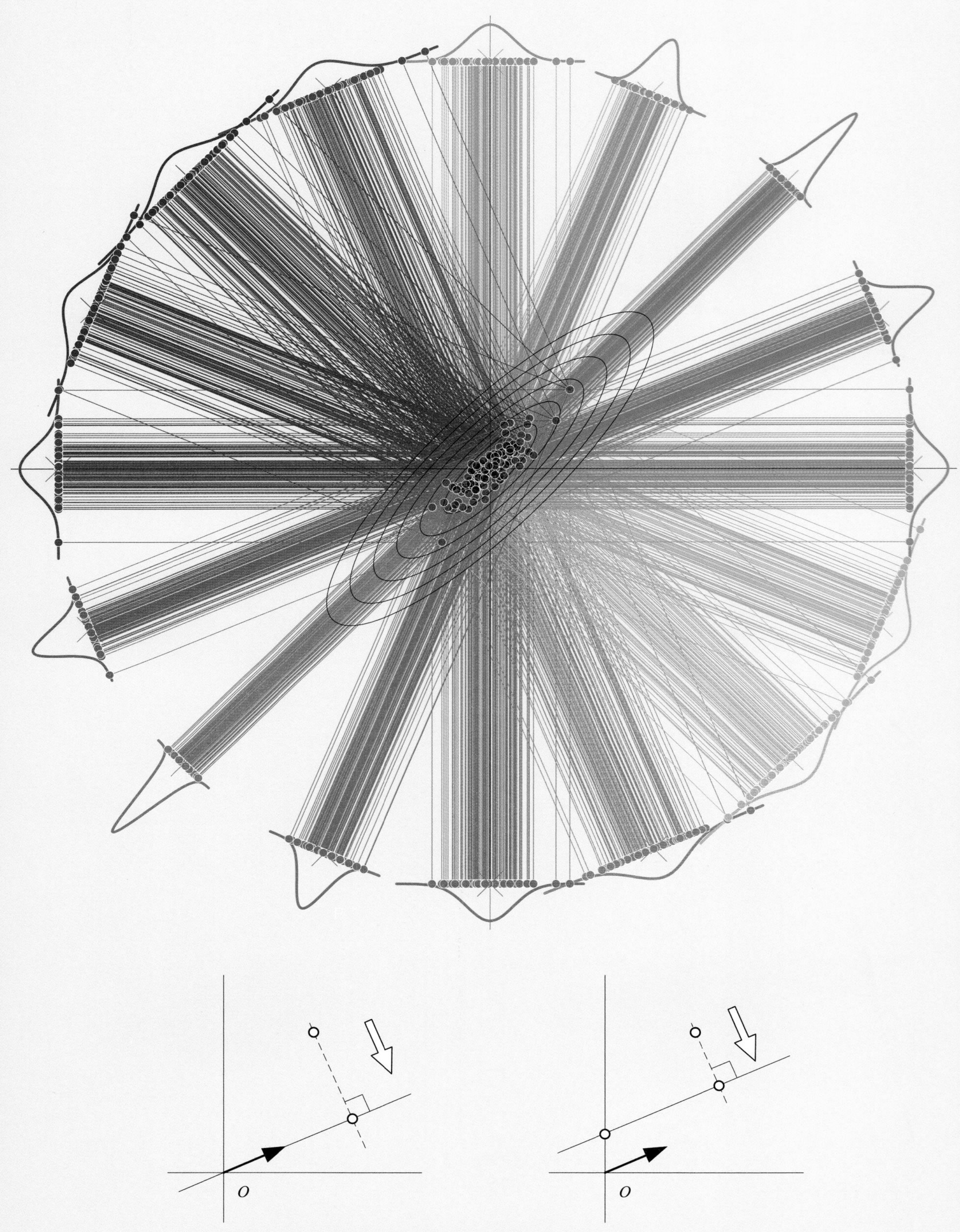

图26.12　二维数据分别朝16个不同方向投影 | BK_2_Ch26_05.ipynb

Geometric Transformations in 3D Space

立体几何变换

三维空间看平移、缩放、旋转、镜像、投影、剪切

超现实主义极具破坏力，它打破视觉的枷锁。

Surrealism is destructive, but it destroys only what it considers to be shackles limiting our vision.

—— 萨尔瓦多·达利 (Salvador Dali) | 西班牙超现实主义画家 | 1904—1989年

- ◀ `matplotlib.pyplot.quiver()` 绘制箭头图
- ◀ `matplotlib.pyplot.scatter()` 绘制散点图
- ◀ `numpy.column_stack()` 将两个矩阵按列合并
- ◀ `numpy.concatenate()` 将多个数组进行连接
- ◀ `numpy.cos()` 计算余弦
- ◀ `numpy.deg2rad()` 将角度转化为弧度
- ◀ `numpy.linspace()` 在指定的间隔内，返回固定步长的数据
- ◀ `numpy.ones_like()` 用来生成和输入矩阵形状相同的全1矩阵
- ◀ `numpy.roll()` 将数组中的元素按照指定的偏移量进行循环移动，并返回一个新的数组
- ◀ `numpy.sin()` 计算正弦
- ◀ `numpy.vstack()` 返回竖直堆叠后的数组

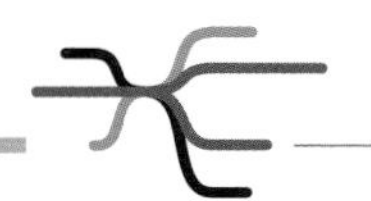

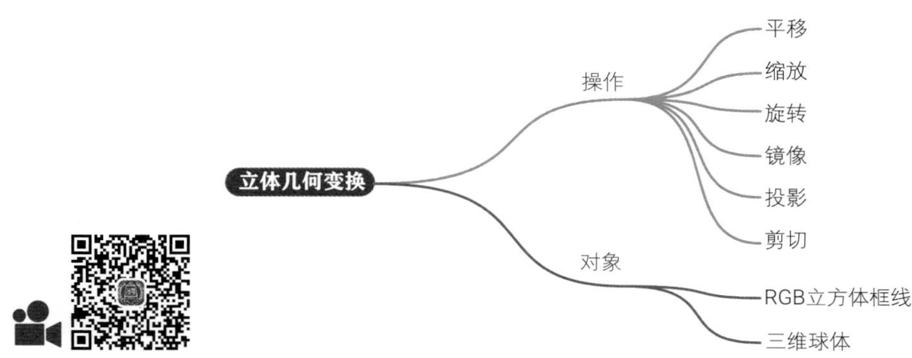

27.1 立体几何变换

上一章介绍的在平面上的几何变换 (平移、缩放、旋转、镜像、投影、剪切) 也可以用在三维空间中。本章就介绍如何在三维空间实现各种立体几何变换。

表27.1总结了常见的立体几何仿射变换。Bk_2_Ch27_01.ipynb中绘制了表中所有图像。

为了更好地展示各种立体几何变换过程，本章采用如图27.1所示的一组三维空间散点作为操作对象。

如图27.1所示，这个三维空间“小彩灯”实际上就是RGB的单位立方体的外框线。我们把这些小彩灯的坐标排列成矩阵形式。矩阵有3列，第1、2、3列分别代表小彩灯x、y、z坐标。也就是说，矩阵$\boldsymbol{X}$的每一行代表一个小彩灯。下一章后续还会用到这个可视化方案。

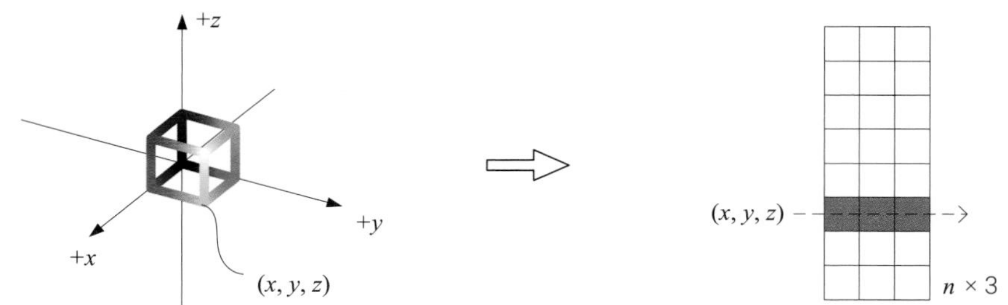

图27.1　RGB单位立方体外框线

本书最后还会使用图27.2作为几何变换的对象。图27.2所示为单位球体球面，所有坐标均用球坐标系生成。

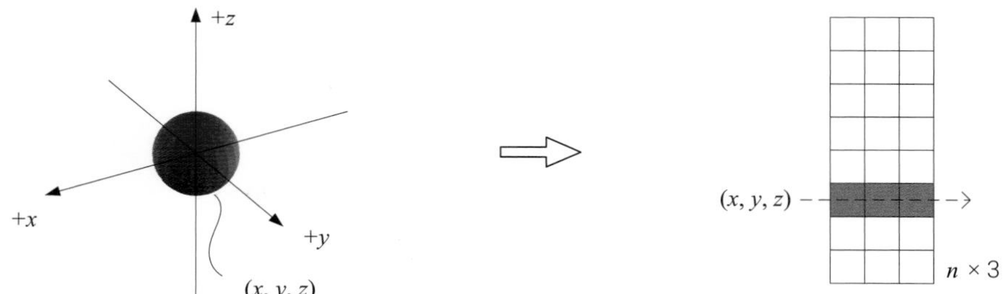

图27.2　单位球体球面坐标

虽然不要求大家掌握这些几何操作对应的数学工具；但是如果对相关内容感兴趣的话，大家可以根据Bk_2_Ch27_01.ipynb内容将数学工具写在表27.1中。

本章介绍的这些立体几何变换涉及的数学工具将在《矩阵力量》中展开讲解。

在“鸢尾花书”中，最常用的四种几何变换为平移、缩放、旋转、投影，下面我们逐个可视化这四种几何变换。

表27.1　常见仿射变换，立体几何 | Bk_2_Ch27_01.ipynb

几何变换	示例
平移 (translation)	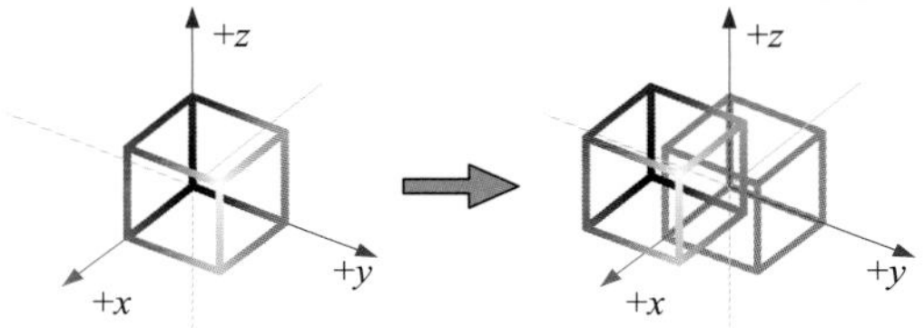
等比例缩放s倍 (equal scaling)	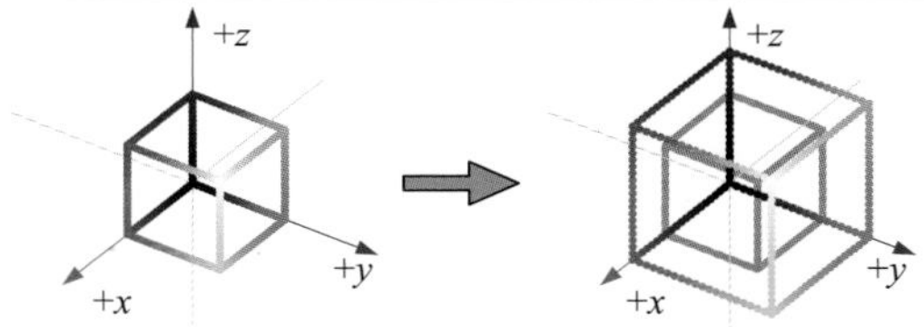
非等比例缩放 (unequal scaling)	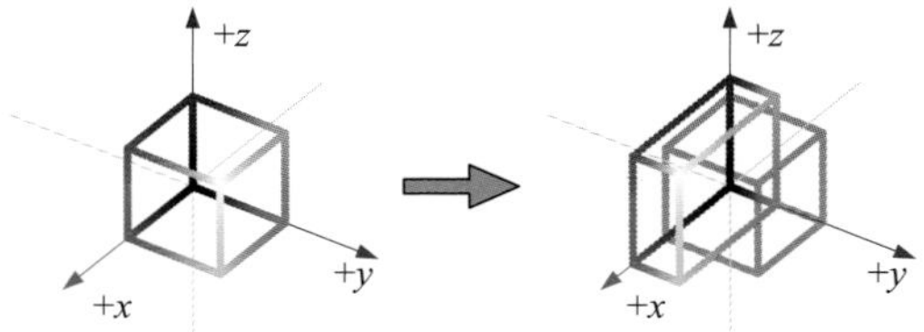
绕x轴逆时针旋转 (counterclockwise rotation around x-axis)	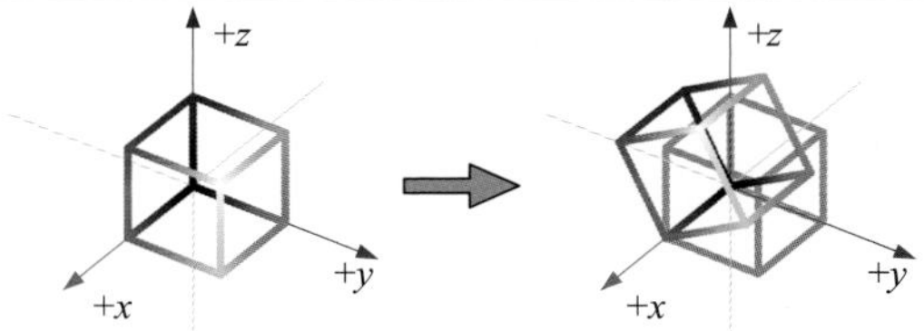
绕y轴逆时针旋转 (counterclockwise rotation around y-axis)	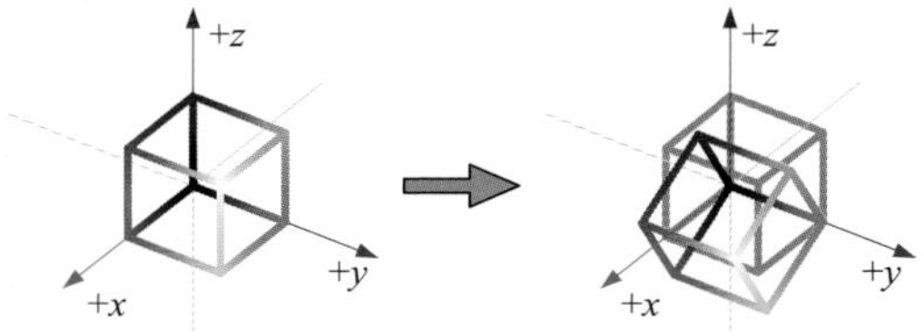

几何变换	示例
绕z轴逆时针旋转 (counterclockwise rotation around z-axis)	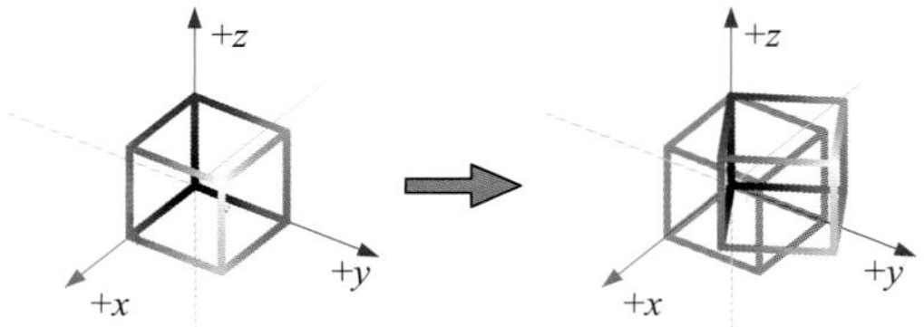
关于xy平面镜像对称 (reflection relative to xy plane)	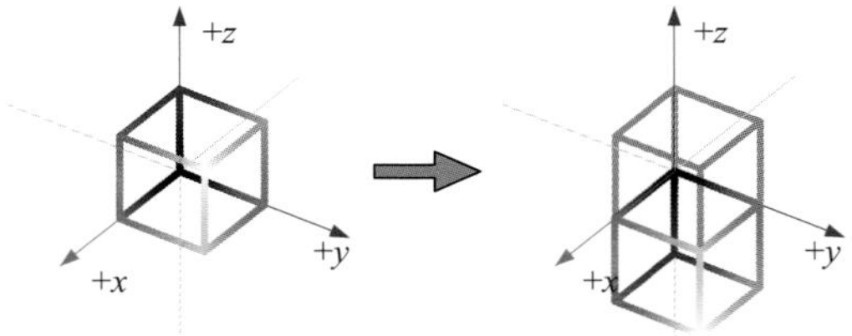
关于xz平面镜像对称 (reflection relative to xz plane)	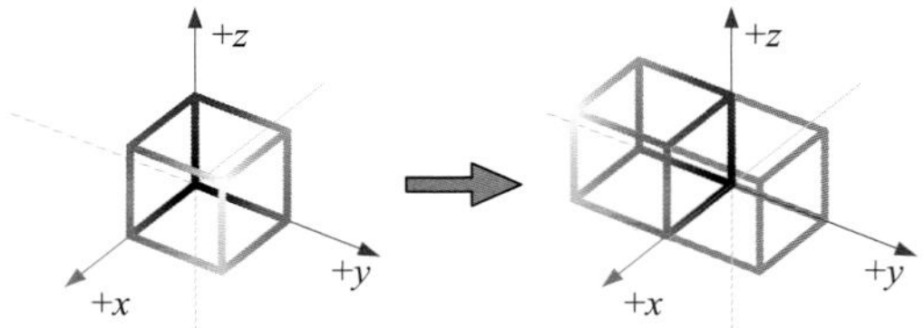
关于yz平面镜像对称 (reflection relative to yz plane)	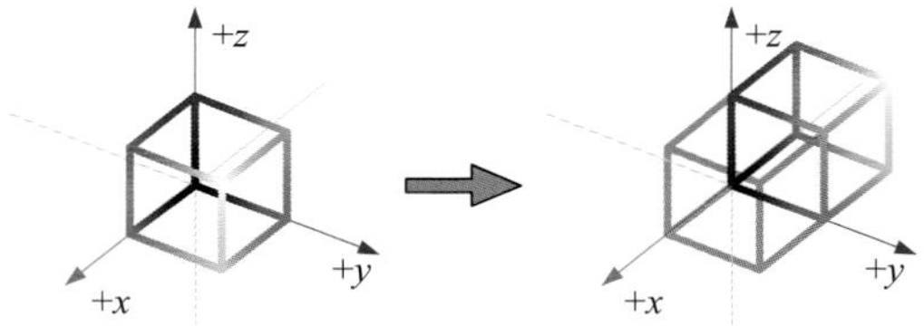
向xy平面投影 (projection to xy plane)	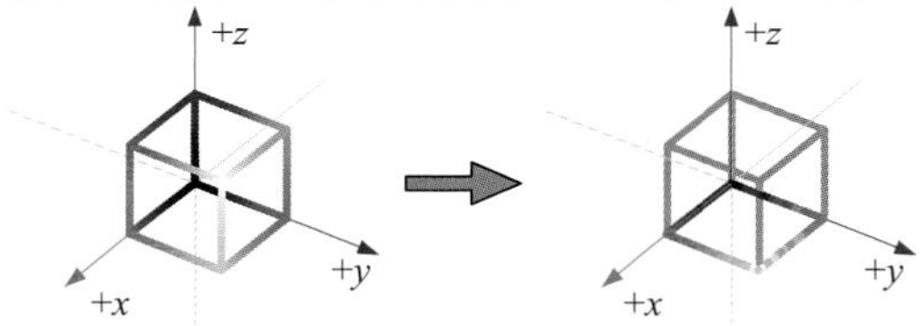
向xz平面投影 (projection to xz plane)	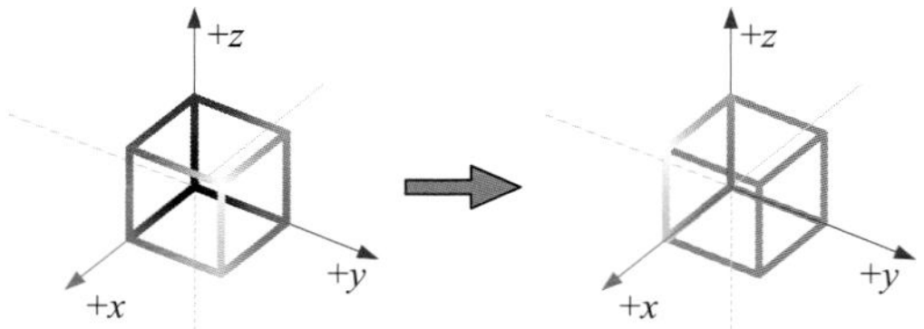
向yz平面投影 (projection to yz plane)	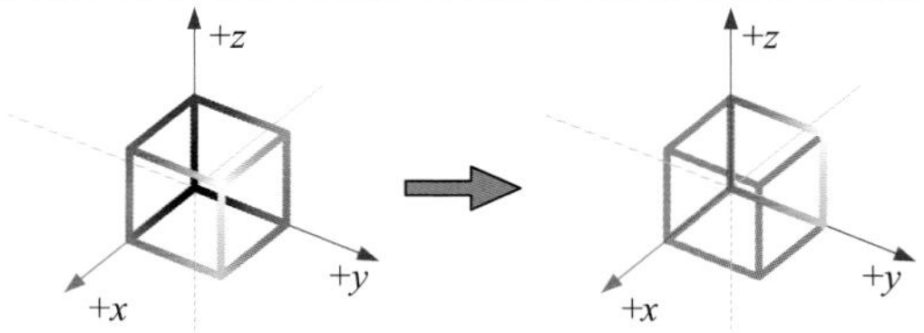

续表

几何变换	示例
向特定平面投影	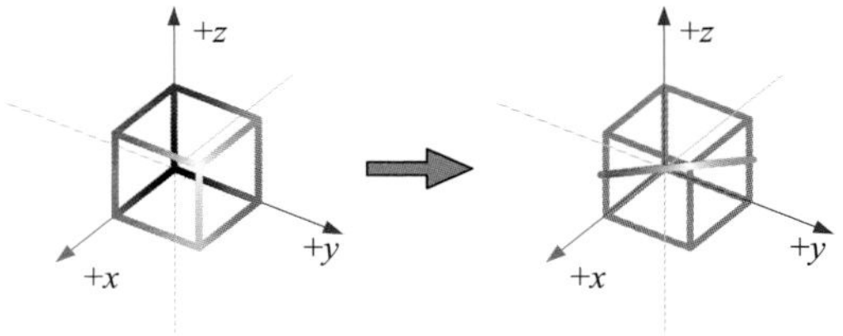 +z +y +x → +z +y +x
向x轴投影 (projection to x axis)	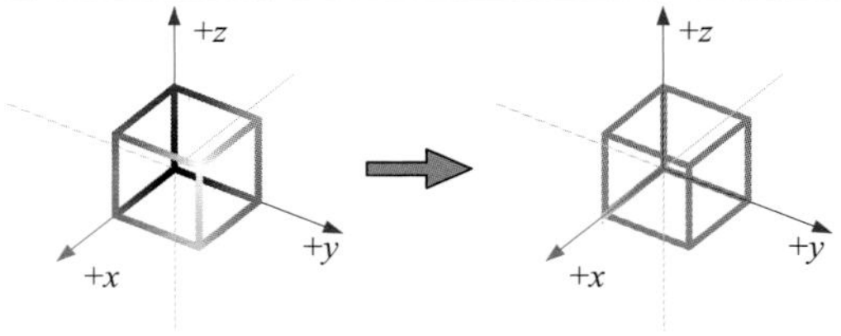 +z +y +x → +z +y +x
向y轴投影 (projection to y axis)	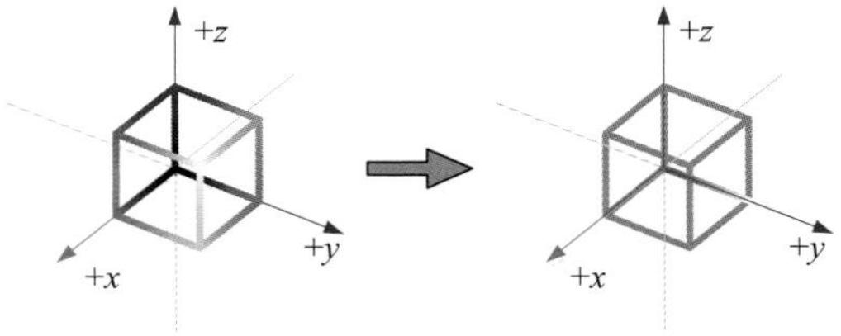 +z +y +x → +z +y +x
向z轴投影 (projection to z axis)	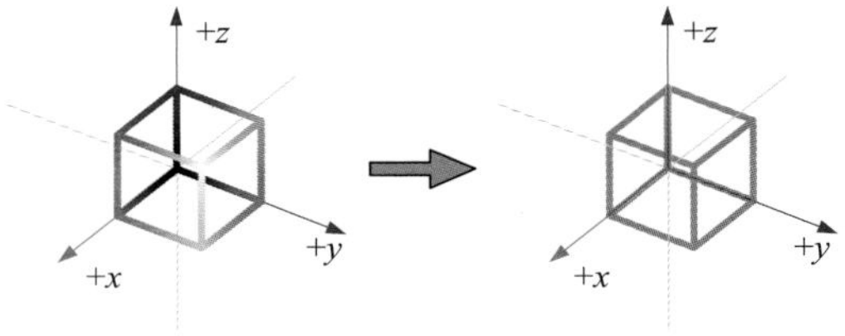 +z +y +x → +z +y +x
向特定直线投影	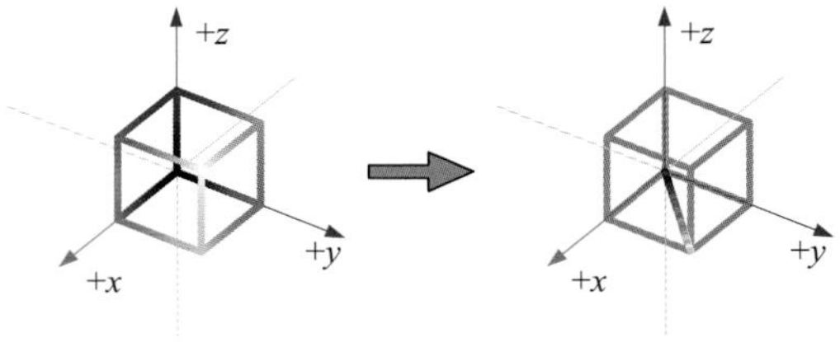 +z +y +x → +z +y +x
沿x轴剪切 (shear along x-axis)	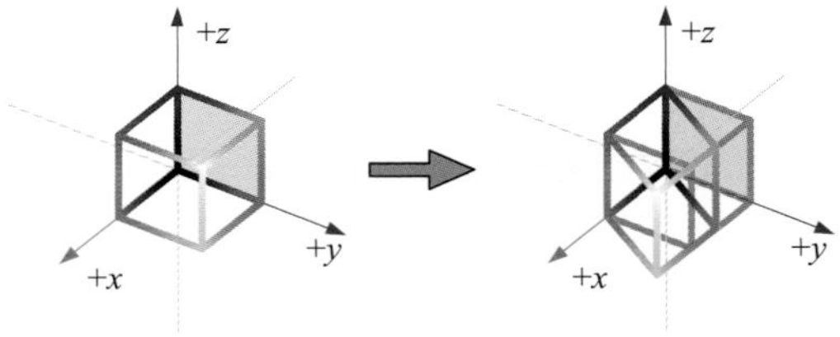 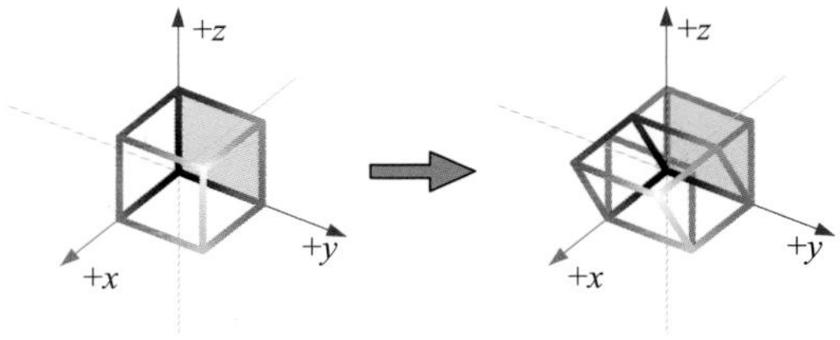 +z +y +x → +z +y +x +z +y +x → +z +y +x

续表

几何变换	示例
沿y轴剪切 (shear along y-axis)	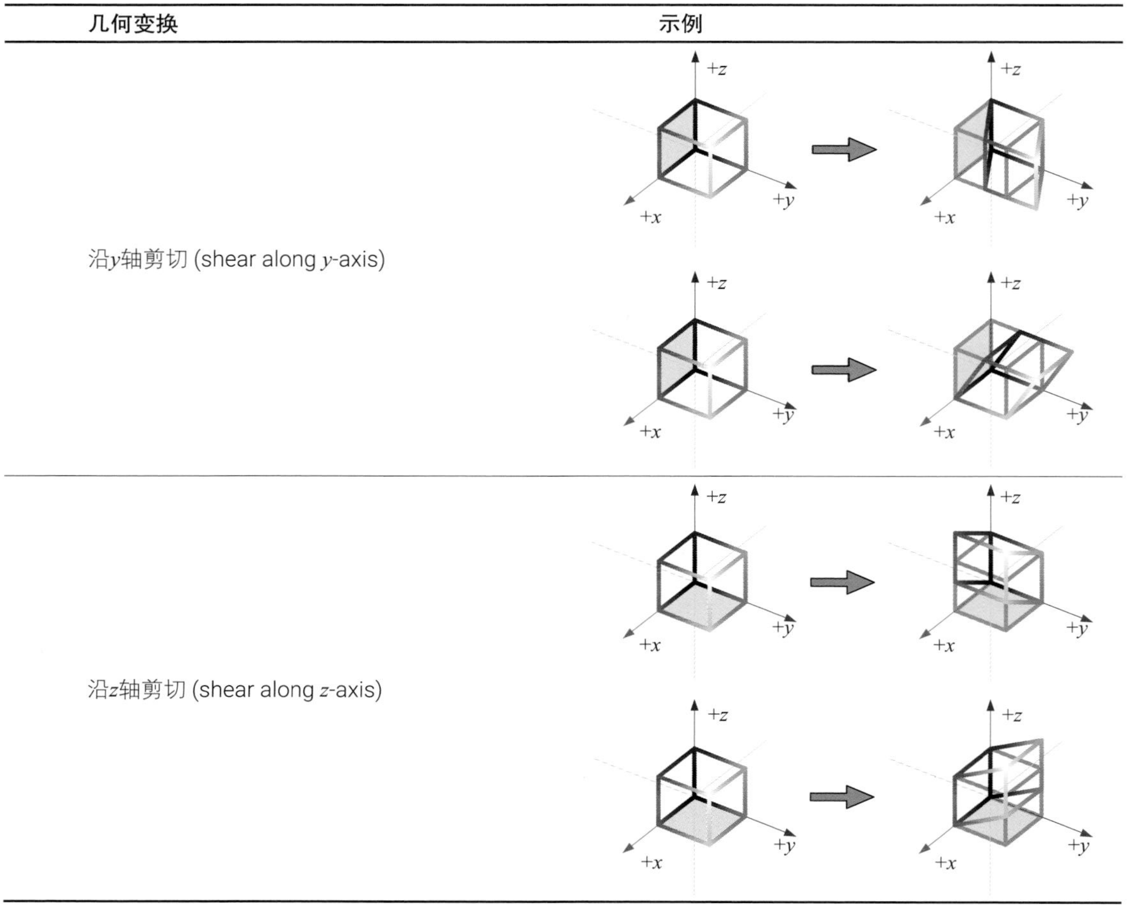
沿z轴剪切 (shear along z-axis)	

27.2 四种常用几何变换

为了方便可视化下文四种常用的立体几何变换，我们给出如图27.3所示的可视化方案。在图27.1基础上，图27.3又增加了三个视角，分别展示RGB框线在三个平面上的投影。这三个投影方向便于我们观察不同几何变换的具体坐标偏移。Bk_2_Ch27_02.ipynb中完成了本节的可视化方案。

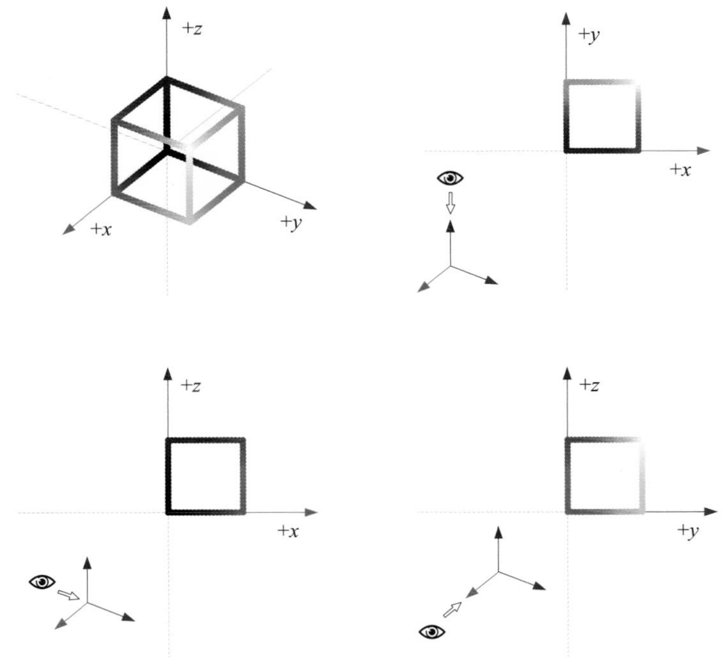

图27.3　原始数据，四个投影视角 | ⊕ Bk_2_Ch27_02.ipynb

平移

图27.4所示为从四个投影视角展示的平移。在三个不同平面的投影上，我们可以清楚地看到沿x、y、z轴的平移量。

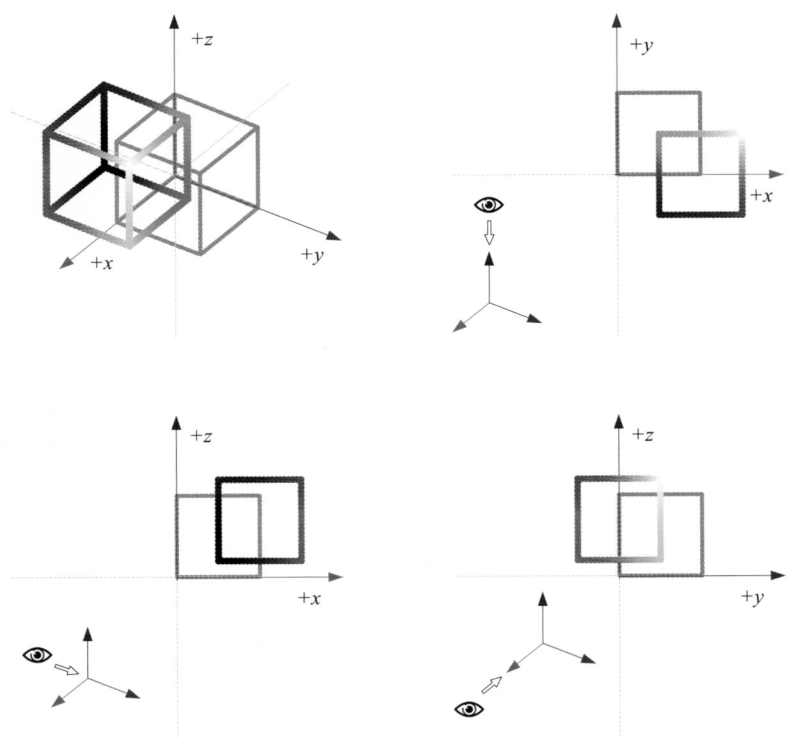

图27.4　平移，四个投影视角 | ⊕ Bk_2_Ch27_02.ipynb

缩放

图27.8所示为从四个投影视角展示的等比例缩放和非等比例缩放。

旋转

三维空间中，三个旋转角度和飞机姿态的三个角度密切相关。如图27.5所示，**翻滚角** (roll angle) 是飞机绕其纵轴旋转的角度，用于描述飞机的侧倾程度。当飞机向右侧倾斜时，翻滚角为正值；向左倾斜时，翻滚角为负值。

俯仰角 (pitch angle) 是飞机绕其横轴旋转的角度，用于描述飞机的仰角或俯角。当飞机向上抬头时，俯仰角为正值；向下俯冲时，俯仰角为负值。

偏航角 (yaw angle) 是飞机绕其垂直轴旋转的角度，用于描述飞机的航向偏转。当飞机顺时针旋转时，偏航角为正值；逆时针旋转时，偏航角为负值。

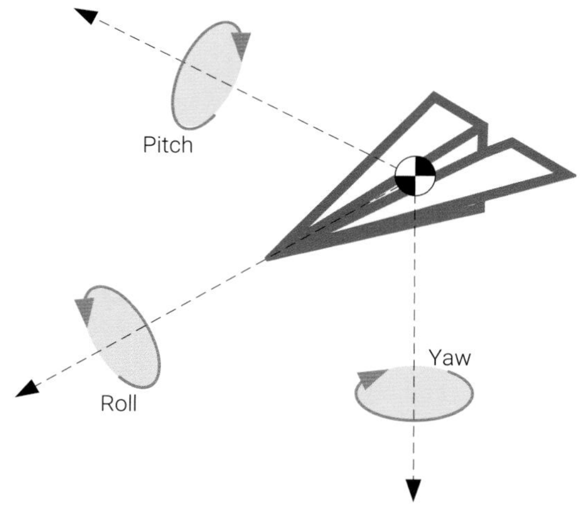

图27.5 飞机姿态的三个角度

如图27.6所示，这些角度通常使用**欧拉角** (Euler angles) 系统来表示，其中翻滚角、俯仰角和偏航角分别绕飞机的纵轴、横轴和垂直轴旋转。

图27.9、图27.10、图27.11所示为从四个投影视角展示的旋转操作。特别地，图27.11中正方体分别经过三个方向旋转。

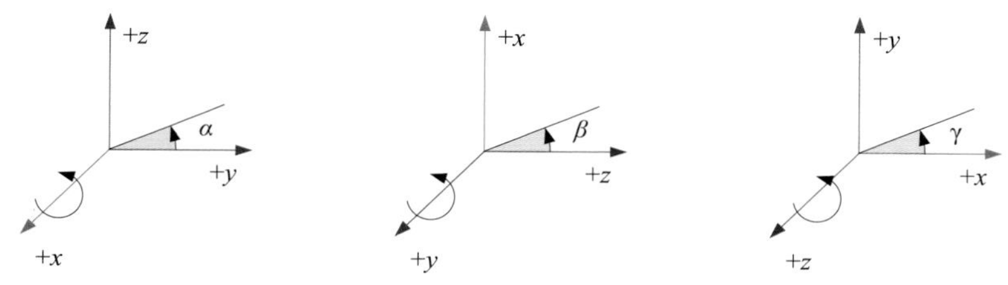

图27.6 三个旋转角度

图27.9 (a) 所示为RGB立方体框线绕x轴的旋转。在图27.9 (a.4) 所示的yz平面上，我们可以清楚地看到绕x轴旋转的角度。

图27.9 (b) 所示为RGB立方体框线绕y轴的旋转。在图27.9 (b.3) 所示的xz平面上，容易确定绕y轴旋转的角度。

图27.10 (a) 所示为RGB立方体框线绕z轴的旋转。在图27.10 (a.2) 所示的xy平面上，我们能够确定绕z轴旋转的角度。

图27.10 (b) 所示为RGB立方体框线先后绕x、y轴的旋转。在图27.10 (b.2) 所示的xy平面上，我们可以发现这幅图类似HSV颜色空间的布局。

图27.11中两组图像都是先后绕x、y、z轴旋转，不同的是沿z轴旋转的角度。

图27.7所示为用Streamlit创作的展示三维旋转的App。

?

图27.7中旋转顺序为先后绕x、y、z轴旋转，请大家在代码中修改旋转先后顺序，并思考是否影响旋转结果。

此外，请大家参考图27.7搭建展示其他三维几何变换的Streamlit App。

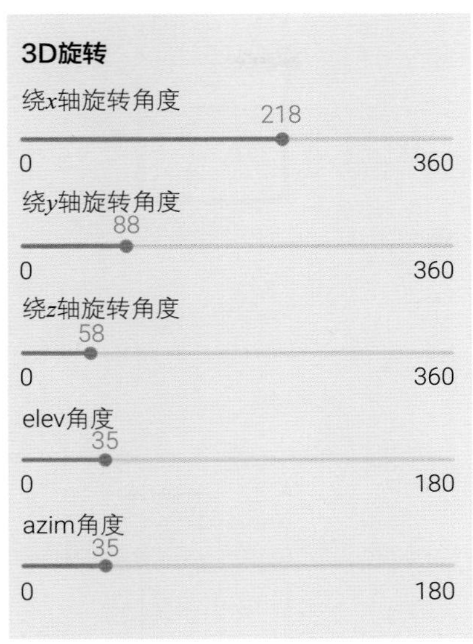

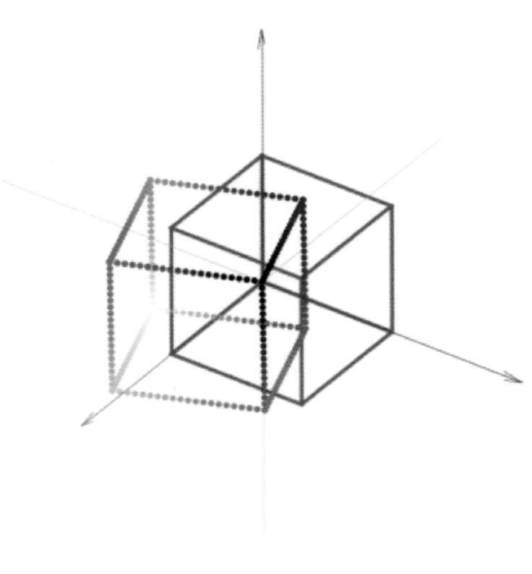

图27.7 展示三维旋转的App，Streamlit搭建 | Streamlit_3D_Rotation.py

投影

图27.12、图27.13所示为从四个投影视角展示的投影操作。

图27.12 (a) 所示为向xy平面投影，图27.12 (b) 所示为向xz平面投影。图27.13 (a) 所示为向yz平面投影。较为特殊的是图27.13 (b)，这幅图中我们将RGB立方体框线向特定平面投影。而这个平面是通过$\boldsymbol{v}_1$和$\boldsymbol{v}_2$这两个向量定义的，我们管这种投影叫作“二次投影”。

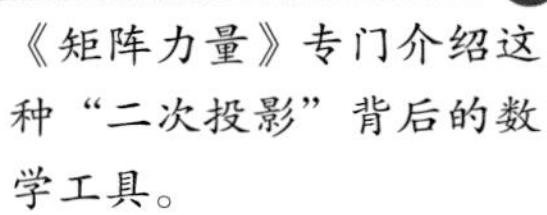

《矩阵力量》专门介绍这种“二次投影”背后的数学工具。

单位球体的立体几何变换

图27.14 (a) 展示单位球体的四个不同投影视角；图27.14 (b) 所示为单位球体的等比例放大。

图27.15 (a) 所示为单位球体在三个不同轴方向上的非等比例缩放。图27.15 (b) 所示为在y、z轴上放大，并在x轴上压扁，即降维。这也就是为什么在图27.15 (b.2) 和 (b.3) 上图像为一条线段的原因。

图27.16 (a) 所示为单位球体首先在z轴方向放大，然后绕x、y、z轴旋转。图27.16 (b) 所示为单位球体首先也是在z轴方向放大，然后沿x轴剪切。

本章分别以RGB立方体框线、单位球体为对象，通过各种可视化方案向大家展示了三维立体几何变换。请大家务必掌握平移、缩放、旋转、投影这几种几何变换。

我们将会在本书后文用缩放、旋转、投影解释奇异值分解。此外，这些几何变换在《矩阵力量》中扮演重要角色。

本章不要求大家掌握这些几何操作背后的数学工具，但是大家要知道这些操作背后都是线性代数工具在支撑运算。

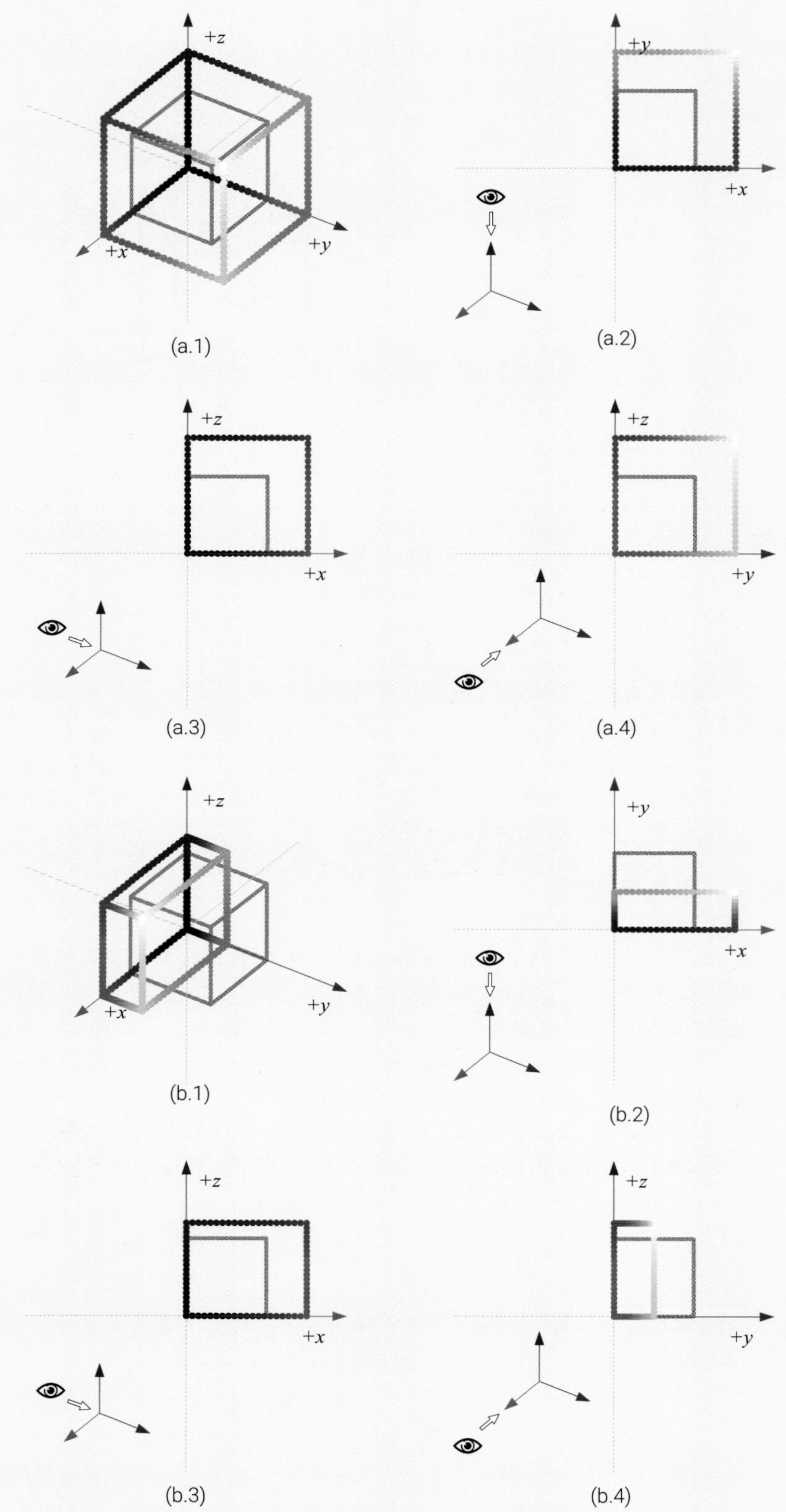

图27.8　RGB立方体框线：(a) 等比例缩放；(b) 非等比例缩放 | Bk_2_Ch27_02.ipynb

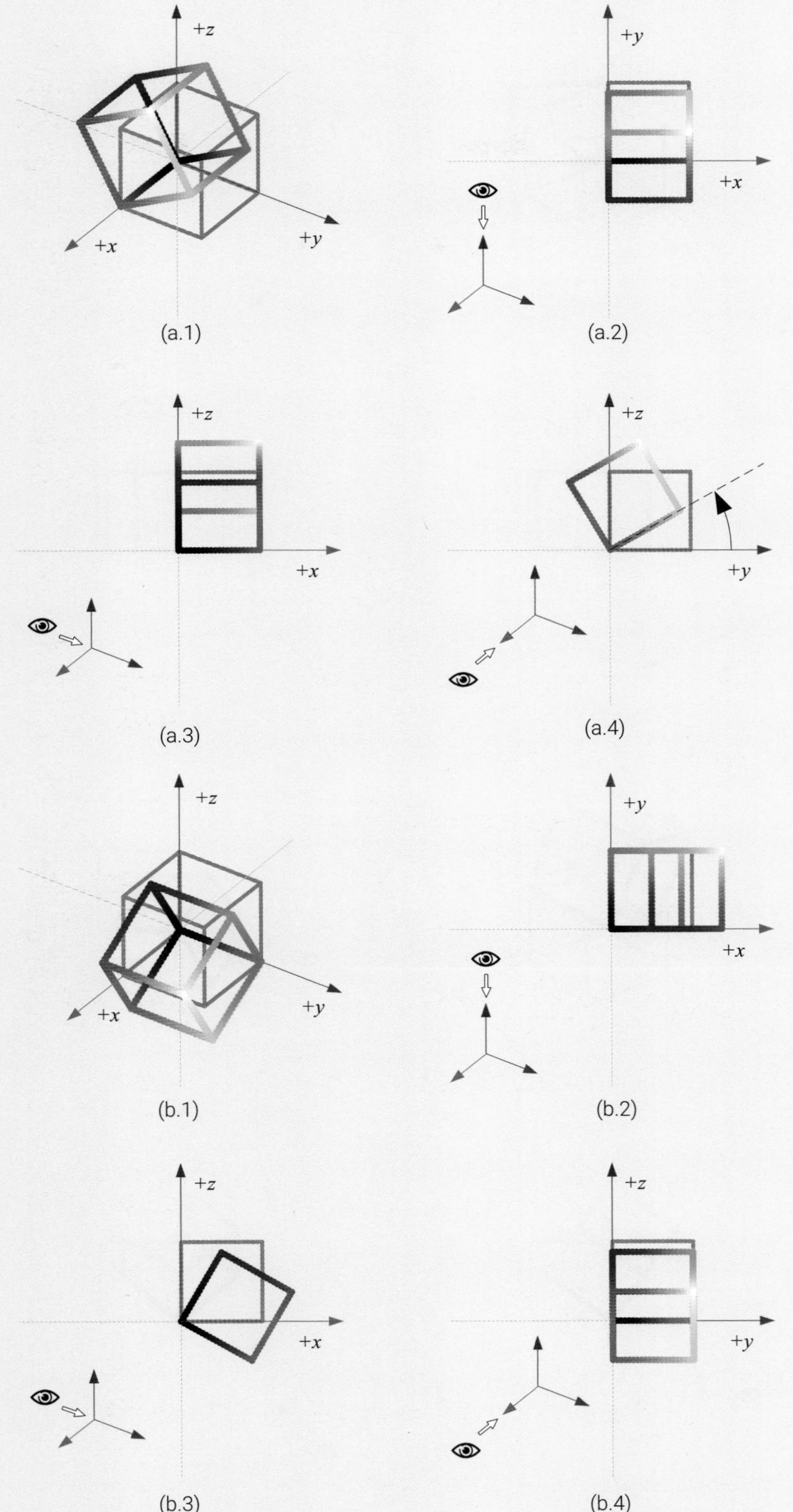

图27.9　RGB立方体框线；(a) 绕x轴旋转；(b) 绕y轴旋转 | Bk_2_Ch27_02.ipynb

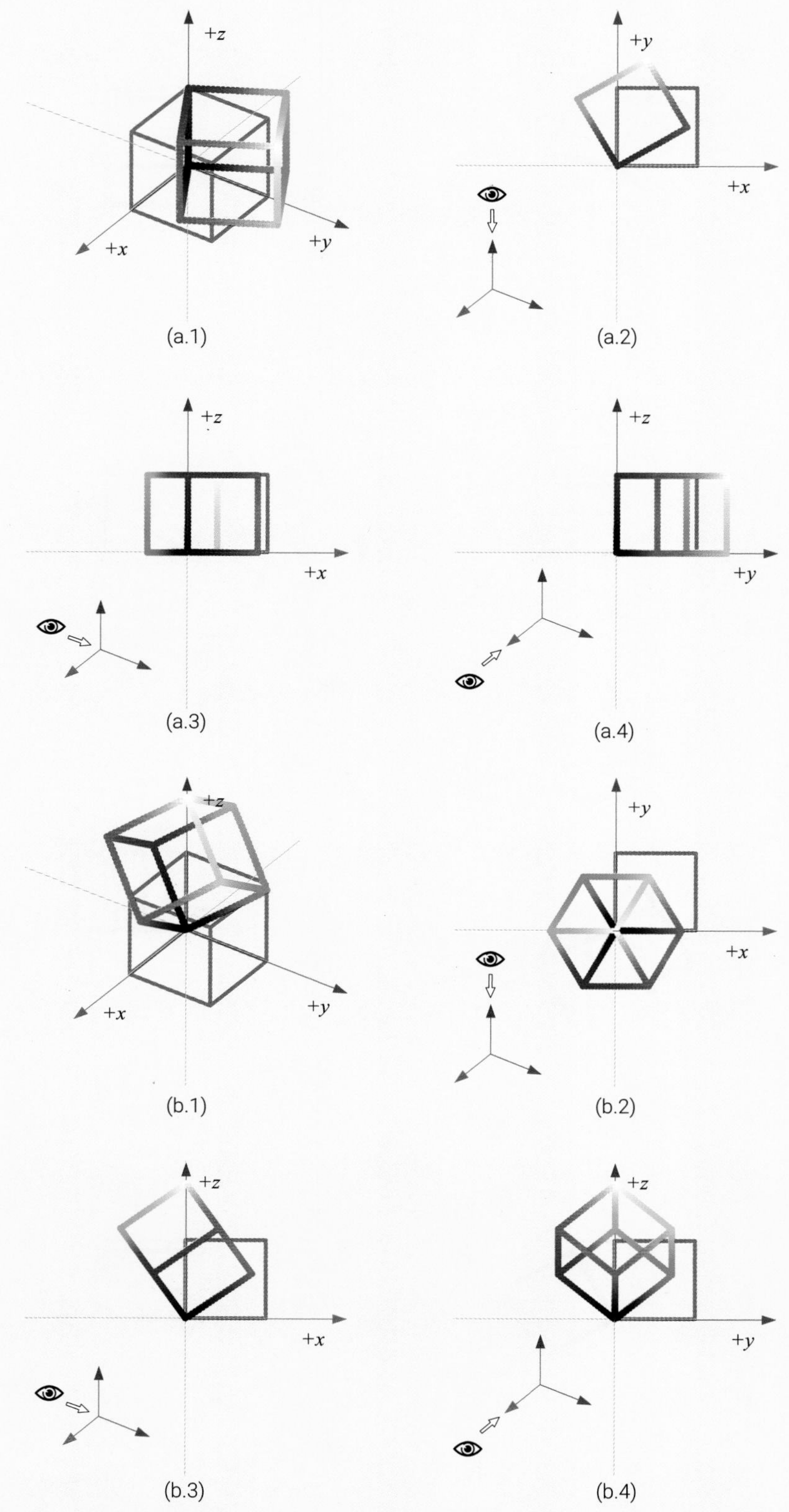

图27.10　RGB立方体框线；(a) 绕z轴旋转；(b) 先后绕x、y旋转 | Bk_2_Ch27_02.ipynb

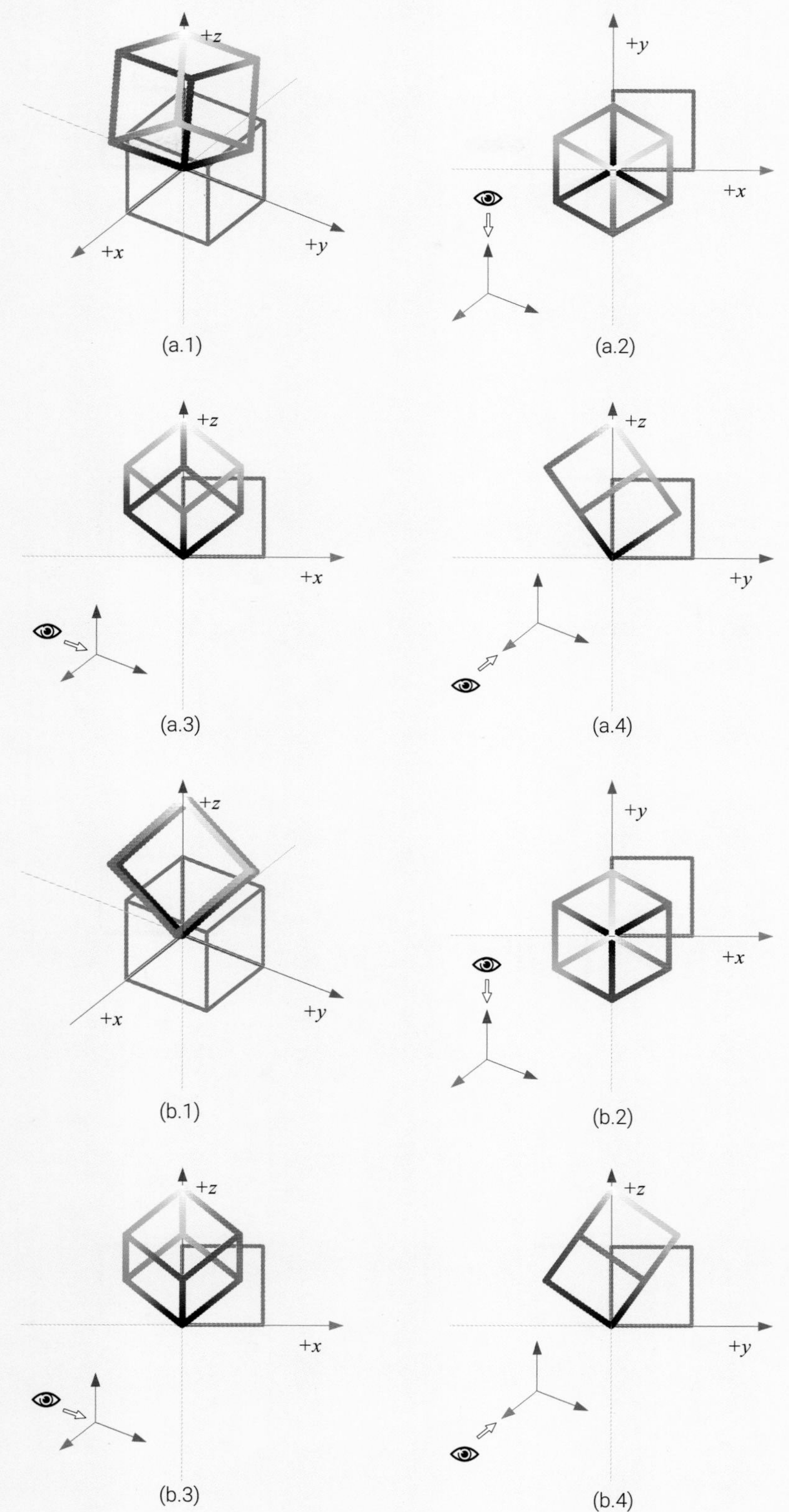

图27.11　RGB立方体框线；(a)和(b)都是先后绕x、y、z轴旋转 | ⊕ Bk_2_Ch27_02.ipynb

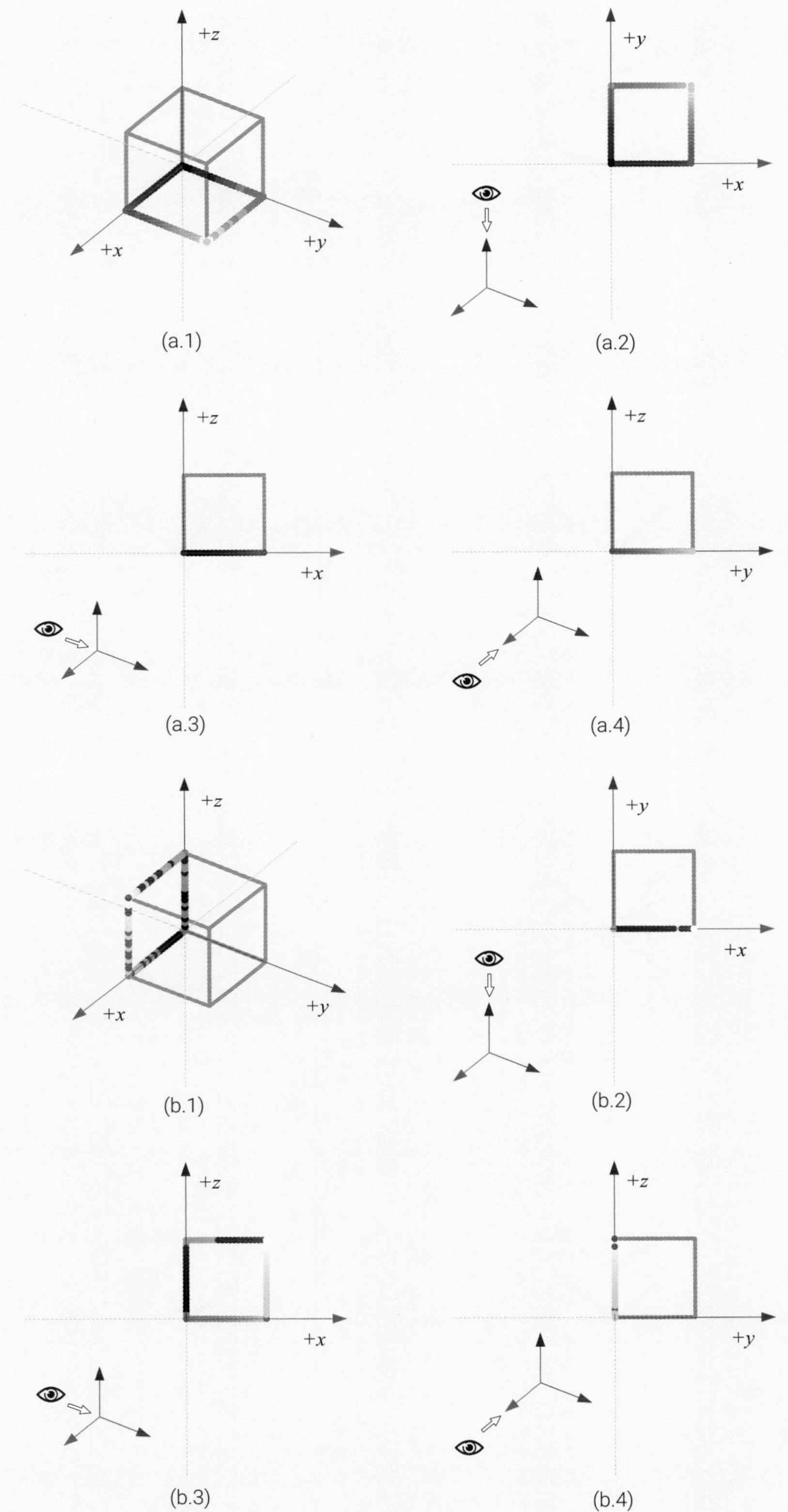

图27.12　RGB立方体框线：(a) 向xy平面投影；(b) 向xz平面投影 | Bk_2_Ch27_02.ipynb

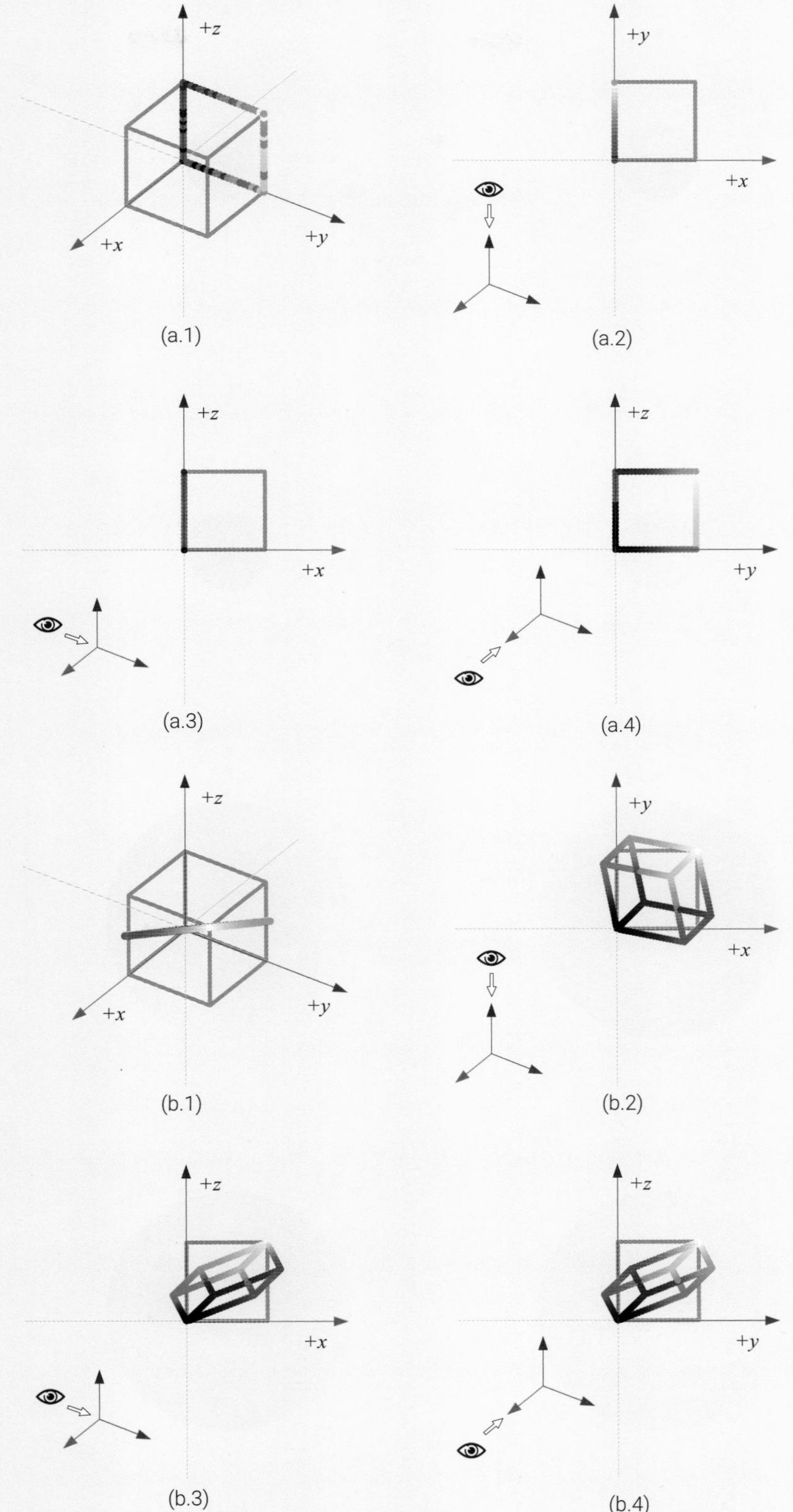

图27.13　RGB立方体框线：(a) 向yz平面投影；(b) 向特定平面投影 | Bk_2_Ch27_02.ipynb

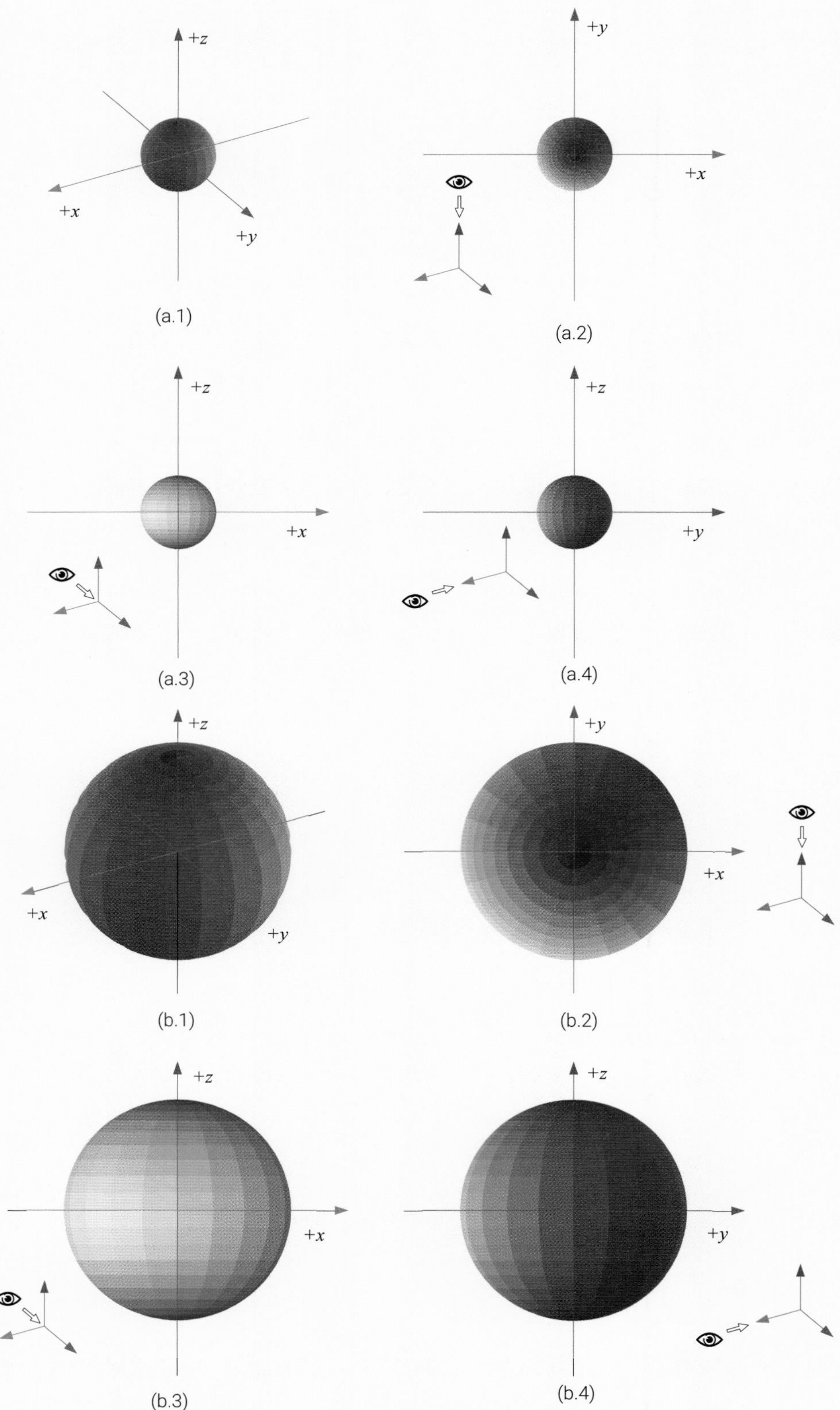

图25.14　单位球几何变换：(a) 单位球体；(b) 单位球等比例放大 | Bk_2_Ch27_03.ipynb

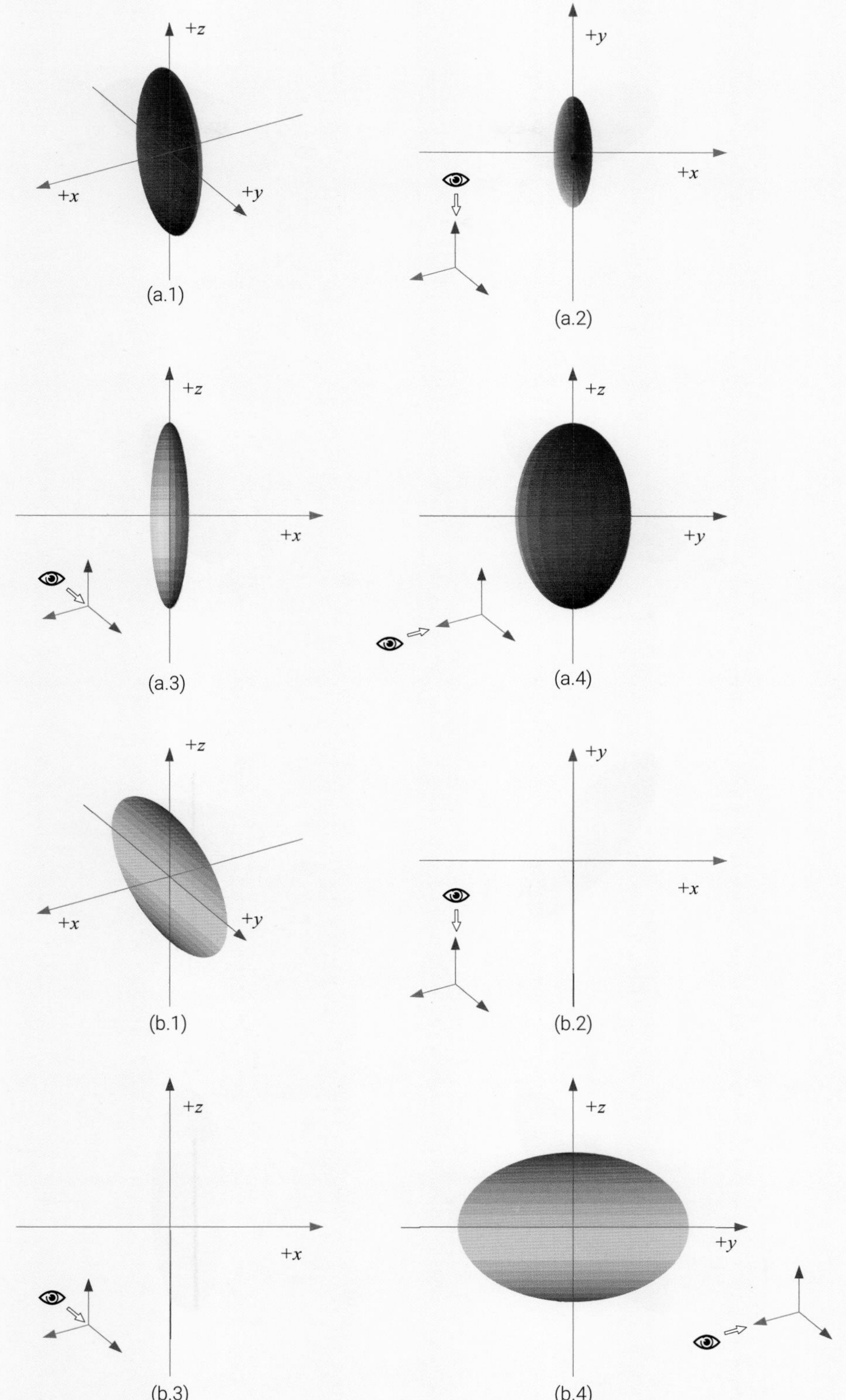

图25.15　单位球几何变换：(a) 非等比例缩放；(b) y、z方向放大，x方向压扁 | Bk_2_Ch27_03.ipynb

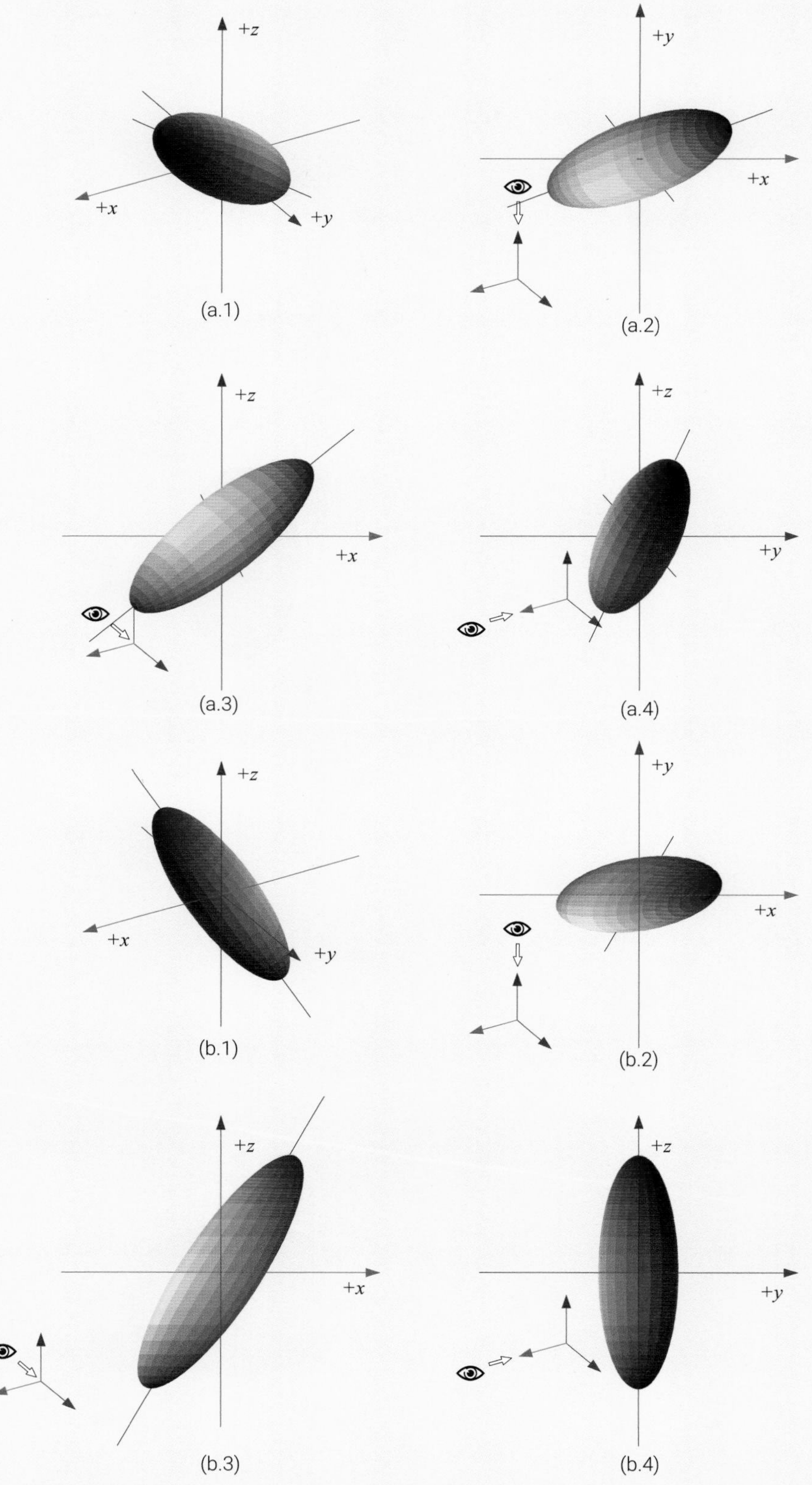

图25.16　单位球几何变换：(a) 先在z轴方向放大，再绕三轴旋转；(b) 先在z轴方向放大，再沿x轴剪切 | Bk_2_Ch27_03.ipynb

28 Singular Value Decomposition 奇异值分解

用图形视角展示奇异值分解的几何直觉

柏拉图我至亲，而真理价更高。

Plato is dear to me, but dearer still is truth.

—— 亚里士多德 (Aristotle) | 古希腊哲学家 | 前384—前322年

- ◀ numpy.ones_like() 用来生成和输入矩阵形状相同的全1矩阵
- ◀ numpy.zeros_like() 用来生成和输入矩阵形状相同的零矩阵
- ◀ numpy.column_stack() 将两个矩阵按列合并
- ◀ numpy.vstack() 返回竖直堆叠后的数组
- ◀ numpy.linalg.svd() 奇异值分解

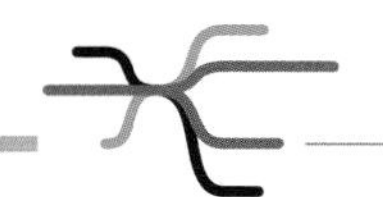

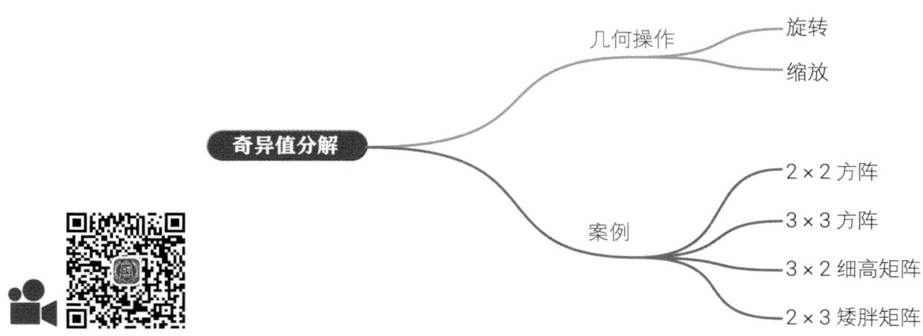

28.1 什么是奇异值分解？

矩阵分解可谓线性代数的核心工具之一；而奇异值分解可谓最重要的矩阵分解，没有之一。奇异值分解在线性代数、数据分析、机器学习中是一种无所不包的存在。

简单来说，**奇异值分解** (Singular Value Decomposition，SVD) 是一种将一个矩阵分解为三个矩阵乘积的线性代数工具。

给定一个矩阵$\boldsymbol{A}$，它可以表示为 $\boldsymbol{A} = \boldsymbol{U}\boldsymbol{S}\boldsymbol{V}^{\mathrm{T}}$，其中$\boldsymbol{U}$和$\boldsymbol{V}$是正交矩阵，$\boldsymbol{S}$是对角矩阵，对角线上的元素称为奇异值。奇异值分解的强大之处就是可以处理各种形状的矩阵。不管是方阵，还是细高、矮胖的矩阵，奇异值分解都可以兵来将挡水来土掩。

> 《编程不难》轻描淡写地介绍过奇异值分解，在《编程不难》中我们了解了NumPy (第17章) 和SymPy (第25章) 中完成奇异值分解的函数。

本章将利用如图28.1所示四个形状各异的矩阵通过几何视角帮助大家理解奇异值分解。图28.1 (a)和(b)为方阵；图28.1 (c) 叫作细高矩阵，图28.1 (d) 叫作矮胖矩阵。图28.1 (d) 是图28.1 (c) 的转置。

图28.1中每个形状矩阵对应一节，这些矩阵都叫矩阵$\boldsymbol{A}$，奇异值分解的结果也都是$\boldsymbol{U}$、$\boldsymbol{S}$、$\boldsymbol{V}^{\mathrm{T}}$，请大家注意区分。

此外，为了方便大家对比阅读，本章后续四节将采用几乎一致的编排结构。

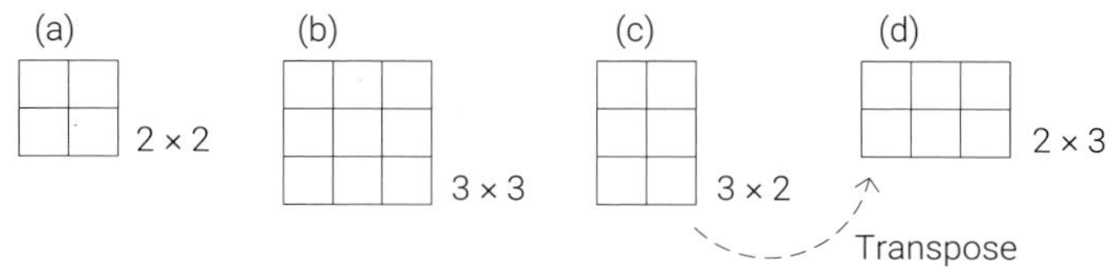

图28.1　四个不同的矩阵$\boldsymbol{A}$

这章内容非常重要。一方面，我们要通过这一节回顾二维、三维散点图的各种可视化技巧；另外一方面，我们要利用本书前两章介绍的平面、立体几何变换来展示奇异值分解。

特别希望大家通过本节学习能够建立起对奇异值分解的几何直觉。

28.2 2 × 2方阵

列向量

先从图28.2中展示的矩阵乘法$\boldsymbol{Ax}=\boldsymbol{y}$说起。

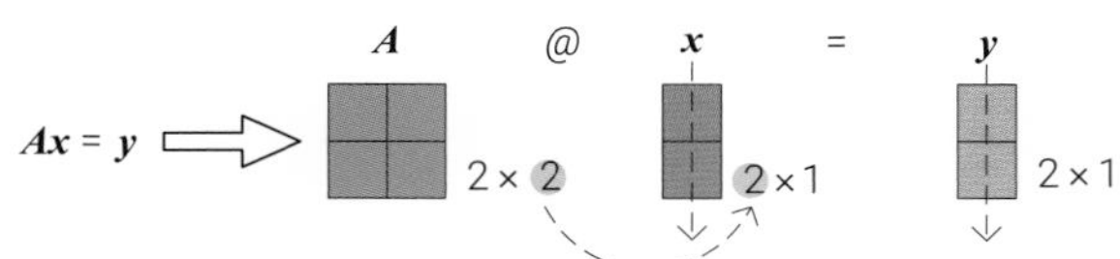

图28.2　列向量$\boldsymbol{x}$在2 × 2方阵$\boldsymbol{A}$映射下结果为列向量$\boldsymbol{y}$

图28.2中矩阵$\boldsymbol{A}$为2行2列，即形状为2 × 2；列向量$\boldsymbol{x}$为2行1列；结果列向量$\boldsymbol{y}$也为2行1列。从线性代数角度，矩阵$\boldsymbol{A}$完成了$\boldsymbol{x}$到$\boldsymbol{y}$的映射。

如图28.3所示，列向量$\boldsymbol{x}=\begin{bmatrix} x_1 \\ x_2 \end{bmatrix}$相当于平面直角坐标系中的一个点$(x_1, x_2)$；$\boldsymbol{x}=\begin{bmatrix} x_1 \\ x_2 \end{bmatrix}$也是平面上一个起点位于原点(0,0)，终点位于$(x_1, x_2)$的向量。

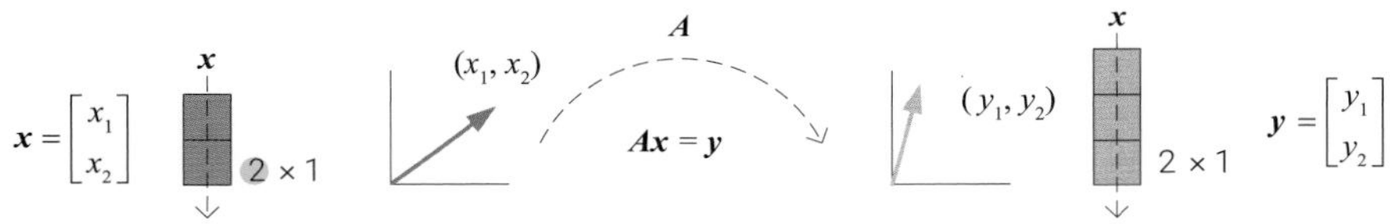

图28.3　2 × 2方阵$\boldsymbol{A}$映射关系

而列向量$\boldsymbol{y}=\begin{bmatrix} y_1 \\ y_2 \end{bmatrix}$也是平面直角坐标系中的一个点$(y_1, y_2)$；$\boldsymbol{y}=\begin{bmatrix} y_1 \\ y_2 \end{bmatrix}$也是平面直角坐标系中一个起点位于原点(0,0)，终点位于(y_1, y_2)的向量。大家可以回忆本书前文如何用箭头图可视化向量。

行向量

当然我们也可以把坐标点(x_1, x_2)写成行向量形式$\boldsymbol{x}^{\mathrm{T}}=\begin{bmatrix} x_1 \\ x_2 \end{bmatrix}^{\mathrm{T}}=\begin{bmatrix} x_1 & x_2 \end{bmatrix}$。

而结果(y_1, y_2)则跟着也写成行向量$\boldsymbol{y}^{\mathrm{T}}=\begin{bmatrix} y_1 \\ y_2 \end{bmatrix}^{\mathrm{T}}=\begin{bmatrix} y_1 & y_2 \end{bmatrix}$。

如图28.4所示，这时矩阵乘法写成$\boldsymbol{x}^{\mathrm{T}}\boldsymbol{A}^{\mathrm{T}}=\boldsymbol{y}^{\mathrm{T}}$。这实际上是矩阵乘法等式$\boldsymbol{Ax}=\boldsymbol{y}$左右转置的结果。大家需要注意顺序调换。

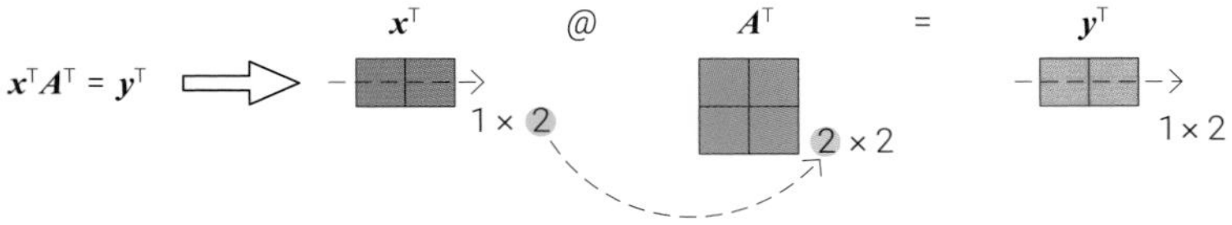

图28.4　行向量$\boldsymbol{x}^{\mathrm{T}}$在2 × 2方阵$\boldsymbol{A}$映射下结果为行向量$\boldsymbol{y}^{\mathrm{T}}$

数据矩阵

为了更好地展示$\boldsymbol{Ax}=\boldsymbol{y}$的映射过程，我们用平面上一组散点作为操作对象。

如图28.5所示，我们可以把这个平面上“小彩灯”的坐标排列成矩阵$\boldsymbol{X}$的形式。

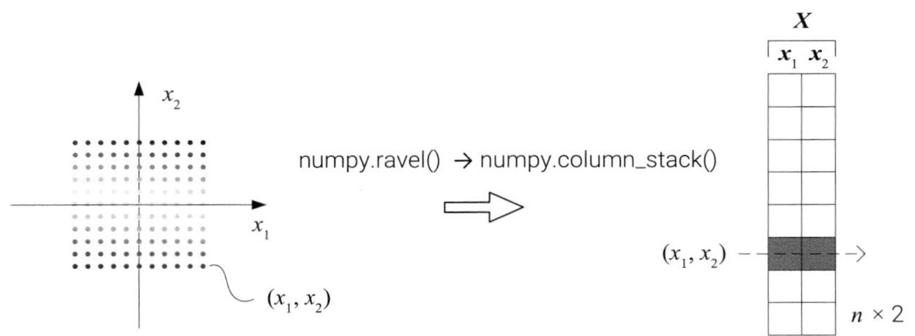

图28.5　用平面散点坐标创建矩阵$\boldsymbol{X}$

矩阵$\boldsymbol{X}$有2列，第1列代表小彩灯横轴坐标x_1，第2列代表小彩灯纵轴坐标x_2。也就是说，矩阵$\boldsymbol{X}$的每一行代表一个小彩灯。

如图28.6所示，在矩阵$\boldsymbol{A}$ ($\boldsymbol{A}^{\mathrm{T}}$) 映射下，$\boldsymbol{X}$转化成了$\boldsymbol{Y}$，即$\boldsymbol{XA}^{\mathrm{T}}=\boldsymbol{Y}$。注意，我们还是把$\boldsymbol{X}$的每行看作是坐标点；同时，$\boldsymbol{Y}$的每行代表一个二维平面坐标点。

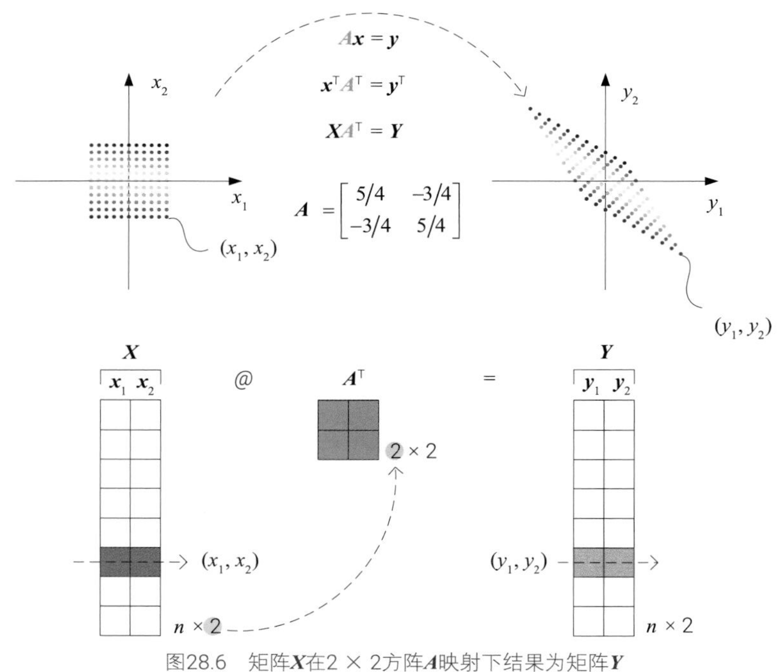

图28.6　矩阵$\boldsymbol{X}$在2 × 2方阵$\boldsymbol{A}$映射下结果为矩阵$\boldsymbol{Y}$

SVD分解

如图28.7所示，一个2 × 2方阵$\boldsymbol{A}=\begin{bmatrix}5/4 & -3/4\\ -3/4 & 5/4\end{bmatrix}$经过完全SVD分解得到的结果是三个矩阵的连乘。学过线性代数的读者肯定会发现，图28.7的SVD分解也是一个特征值分解；更确切地说，方阵$\boldsymbol{A}$

对称，图28.7中的矩阵分解也是一个谱分解。

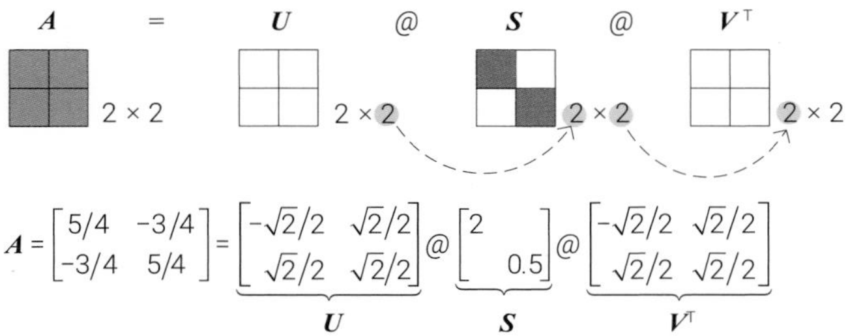

图28.7　对2 × 2方阵$\boldsymbol{A}$进行奇异值分解

如图28.26所示，$\boldsymbol{U}$、$\boldsymbol{S}$、$\boldsymbol{V}$ ($\boldsymbol{V}^{\mathrm{T}}$) 这三个矩阵每个都对应一种几何变换！

如图28.26所示，2 × 2方阵$\boldsymbol{A}=\begin{bmatrix}5/4 & -3/4\\ -3/4 & 5/4\end{bmatrix}$完成的几何操作可以分解成三步，即把等式$\boldsymbol{A}\boldsymbol{x}=\boldsymbol{y}$写成$\boldsymbol{U}\boldsymbol{S}\boldsymbol{V}^{\mathrm{T}}\boldsymbol{x}=\boldsymbol{y}$。根据矩阵乘法$\boldsymbol{U}\boldsymbol{S}\boldsymbol{V}^{\mathrm{T}}\boldsymbol{x}=\boldsymbol{y}$先后顺序，$\boldsymbol{V}^{\mathrm{T}}$先完成平面旋转。

然后，$\boldsymbol{S}$完成缩放，小彩灯排列成“菱形”。

最后，$\boldsymbol{U}$还是平面上的旋转。注意，这些小彩灯构成的图形还是个“菱形”！

第二个例子

图28.27给出了另外一个2 × 2方阵$\boldsymbol{A}$的几何操作。这个细高矩阵$\boldsymbol{A}$直接将小彩灯排列成平面的一条直线上！

参考图28.26，请大家根据BK_2_Ch28_01.ipynb将矩阵$\boldsymbol{A}$、$\boldsymbol{U}$、$\boldsymbol{S}$、$\boldsymbol{V}$ ($\boldsymbol{V}^{\mathrm{T}}$) 的具体值写到图 28.27上。

如果大家之前学过线性代数的话，可以自己算一下图28.27中矩阵$\boldsymbol{A}$的秩，并试着从这个角度解释为什么小彩灯会出现在一条直线上。

28.3 3 × 3方阵

这一节中，我们再聊一聊3 × 3方阵的奇异值分解。

列向量

如图28.8所示，矩阵$\boldsymbol{A}$为3行3列；列向量$\boldsymbol{x}$为3行1列；结果列向量$\boldsymbol{y}$为3行1列。类似前文，矩阵$\boldsymbol{A}$完成了$\boldsymbol{x}$到$\boldsymbol{y}$的映射。

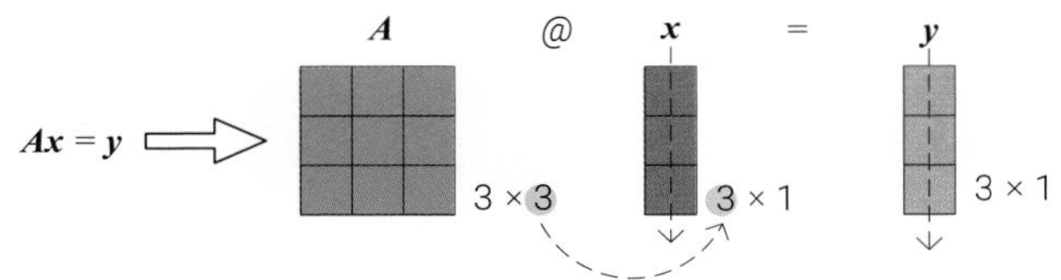

图28.8　列向量$\boldsymbol{x}$在3 × 3方阵$\boldsymbol{A}$映射下结果为列向量$\boldsymbol{y}$

如图28.9所示，列向量$\boldsymbol{x}=\begin{bmatrix}x_1\\x_2\\x_3\end{bmatrix}$是三维直角坐标系上一个点 (x_1, x_2, x_3)；$\boldsymbol{x}=\begin{bmatrix}x_1\\x_2\\x_3\end{bmatrix}$也是三维直角坐标系一个起点位于原点 (0,0,0)，终点位于 (x_1, x_2, x_3) 的向量。

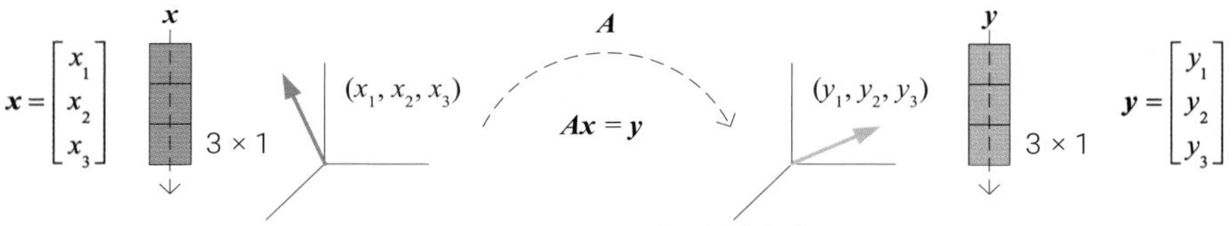

$$\boldsymbol{x}=\begin{bmatrix}x_1\\x_2\\x_3\end{bmatrix} \quad 3\times 1 \quad (x_1, x_2, x_3) \quad \xrightarrow[\boldsymbol{Ax}=\boldsymbol{y}]{\boldsymbol{A}} \quad (y_1, y_2, y_3) \quad 3\times 1 \quad \boldsymbol{y}=\begin{bmatrix}y_1\\y_2\\y_3\end{bmatrix}$$

图28.9　3 × 3方阵$\boldsymbol{A}$映射关系

列向量$\boldsymbol{y}=\begin{bmatrix}y_1\\y_2\\y_3\end{bmatrix}$则代表三维直角坐标系上一个点 (y_1, y_2, y_3)；$\boldsymbol{y}=\begin{bmatrix}y_1\\y_2\\y_3\end{bmatrix}$同样也是三维直角坐标系中一个起点位于原点 (0,0,0)，终点位于 (y_1, y_2, y_3) 的向量。

行向量

类似前文，我们也可以把坐标点 (x_1, x_2, x_3) 写成行向量形式$\boldsymbol{x}^{\mathrm{T}}=\begin{bmatrix}x_1\\x_2\\x_3\end{bmatrix}^{\mathrm{T}}=\begin{bmatrix}x_1 & x_2 & x_3\end{bmatrix}$。

坐标点 (y_1, y_2, y_3) 也写成$\boldsymbol{y}^{\mathrm{T}}=\begin{bmatrix}y_1\\y_2\\y_3\end{bmatrix}^{\mathrm{T}}=\begin{bmatrix}y_1 & y_2 & y_3\end{bmatrix}$。

如图28.10所示，矩阵乘法也可以写成$\boldsymbol{x}^{\mathrm{T}}\boldsymbol{A}^{\mathrm{T}}=\boldsymbol{y}^{\mathrm{T}}$，即$\boldsymbol{Ax}=\boldsymbol{y}$等式左右转置。

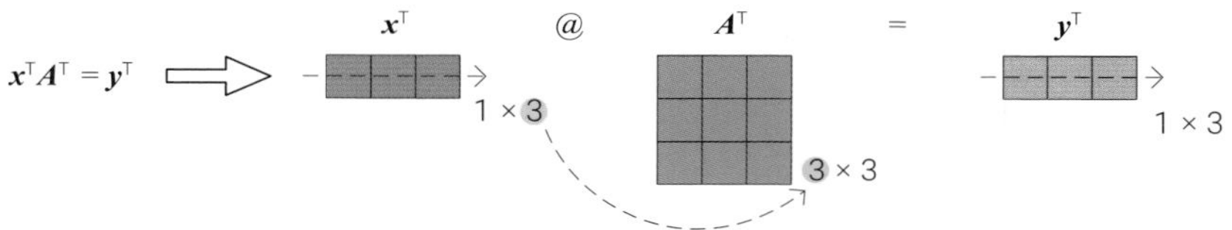

图28.10　行向量$\boldsymbol{x}^{\mathrm{T}}$在3 × 3方阵$\boldsymbol{A}$映射下结果为行向量$\boldsymbol{y}^{\mathrm{T}}$

数据矩阵

为了更好地展示$\boldsymbol{Ax}=\boldsymbol{y}$的映射过程，我们采用的操作对象是前文用过的RGB三维立方体的外框线。

如图28.11所示，这个三维空间“小彩灯”实际上就是RGB的单位立方体的外框线。我们把这些小彩灯的坐标排列成矩阵$\boldsymbol{X}$的形式。本书后续还会用到这个可视化方案。

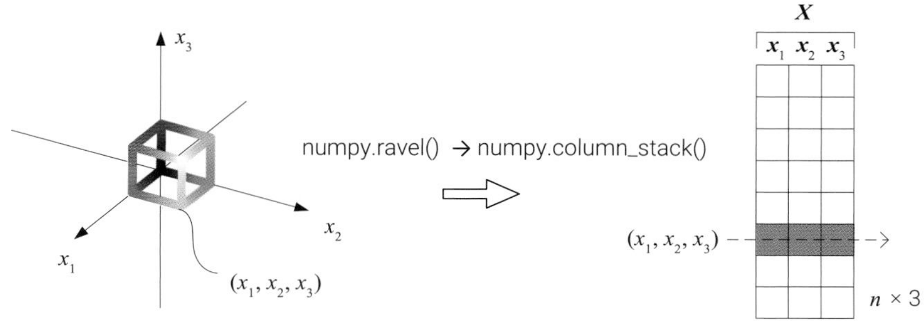

图28.11　用三维空间散点坐标创建矩阵$\boldsymbol{X}$

如图28.12所示，在矩阵$\boldsymbol{A}$ ($\boldsymbol{A}^{\mathrm{T}}$) 映射下，$\boldsymbol{X}$转化成了$\boldsymbol{Y}$，即$\boldsymbol{X}\boldsymbol{A}^{\mathrm{T}} = \boldsymbol{Y}$。图28.13所示为在四个不同视角条件下观察的结果$\boldsymbol{Y}$。

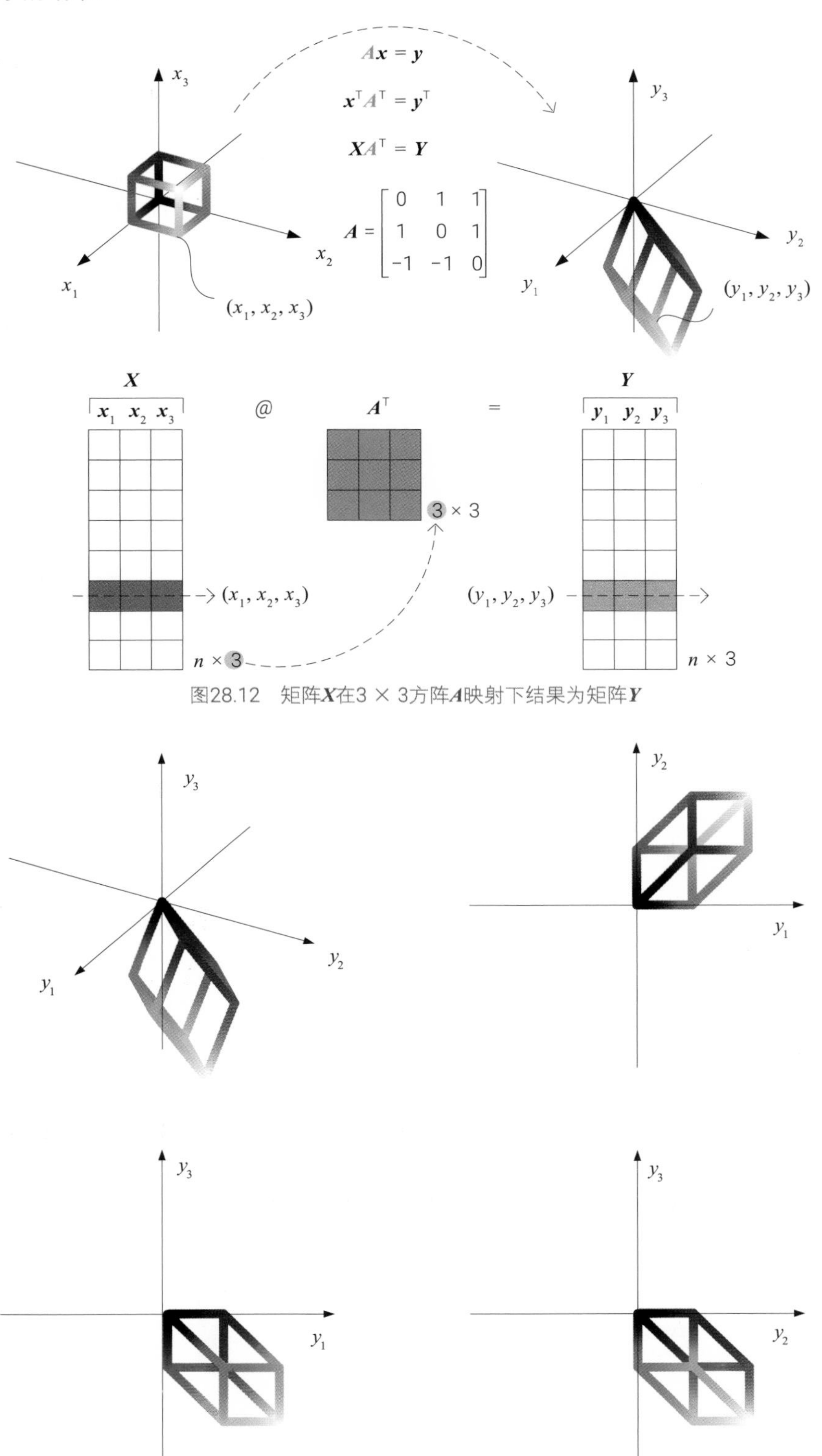

图28.12　矩阵$\boldsymbol{X}$在3 × 3方阵$\boldsymbol{A}$映射下结果为矩阵$\boldsymbol{Y}$

图28.13　四个不同视角下的矩阵$\boldsymbol{Y}$形状

SVD分解

如图28.14所示，一个3 × 3方阵A经过完全SVD分解的结果。

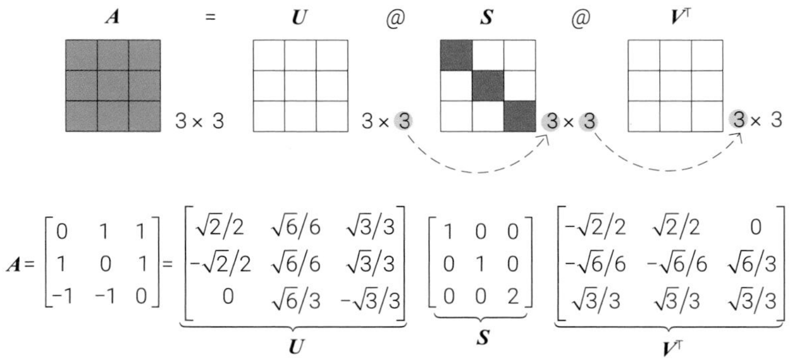

$$A=\begin{bmatrix}0&1&1\\1&0&1\\-1&-1&0\end{bmatrix}=\underbrace{\begin{bmatrix}\sqrt{2}/2&\sqrt{6}/6&\sqrt{3}/3\\-\sqrt{2}/2&\sqrt{6}/6&\sqrt{3}/3\\0&\sqrt{6}/3&-\sqrt{3}/3\end{bmatrix}}_{U}\underbrace{\begin{bmatrix}1&0&0\\0&1&0\\0&0&2\end{bmatrix}}_{S}\underbrace{\begin{bmatrix}-\sqrt{2}/2&\sqrt{2}/2&0\\-\sqrt{6}/6&-\sqrt{6}/6&\sqrt{6}/3\\\sqrt{3}/3&\sqrt{3}/3&\sqrt{3}/3\end{bmatrix}}_{V^{\mathrm{T}}}$$

图28.14　对3 × 3方阵A进行奇异值分解

如图28.28所示，3 × 3方阵 $A=\begin{bmatrix}0&1&1\\1&0&1\\-1&-1&0\end{bmatrix}$完成的几何操作也可以分解成三步。

根据矩阵乘法 $USV^{\mathrm{T}}x=y$ 先后顺序， V^{T} 先完成三维空间旋转。

然后， S 完成三维缩放。

最后， U 完成了三维空间的旋转。

第二个例子

图28.29给出了另外一个3 × 3方阵A对应奇异值分解的几何操作。请大家根据BK_2_Ch28_02.ipynb将矩阵A、U、S、V (V^{T}) 的具体值和几何操作写到图28.29上。

28.4 3 × 2细高矩阵

列向量

类似前文，我们也是先从图28.15中展示的矩阵乘法$Ax = y$说起。

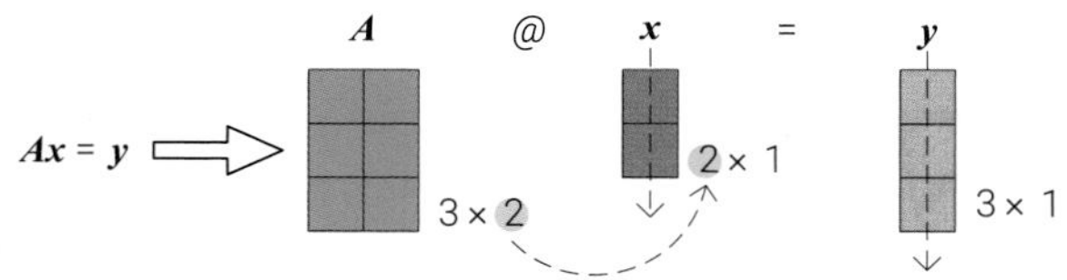

图28.15　列向量x在细高矩阵A映射下结果为列向量y

如图28.15所示，矩阵A为3行2列，我们管它叫“细高矩阵”；列向量x为2行1列；结果列向量y为3行1列。从线性代数角度，矩阵A完成了x到y的映射。

如图28.16所示，列向量$\boldsymbol{x}=\begin{bmatrix}x_1\\x_2\end{bmatrix}$相当于平面上一个点$(x_1, x_2)$；$\boldsymbol{x}=\begin{bmatrix}x_1\\x_2\end{bmatrix}$也是平面上一个起点位于原点(0,0)，终点位于$(x_1, x_2)$的向量。

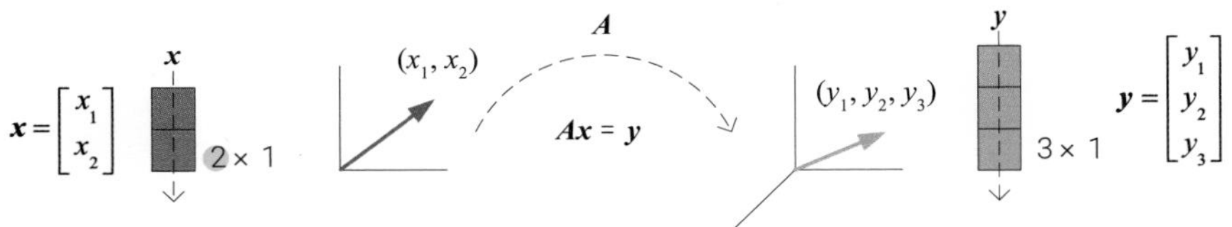

图28.16　细高矩阵$\boldsymbol{A}$映射关系

而列向量$\boldsymbol{y}=\begin{bmatrix}y_1\\y_2\\y_3\end{bmatrix}$相当于三维直角坐标系上一个点$(y_1, y_2, y_3)$；$\boldsymbol{y}=\begin{bmatrix}y_1\\y_2\\y_3\end{bmatrix}$也是三维直角坐标系中一个起点位于原点(0,0,0)，终点位于(y_1, y_2, y_3)的向量。

行向量

当然我们也可以把坐标点(x_1, x_2)写成行向量形式$\boldsymbol{x}^{\mathrm{T}}=\begin{bmatrix}x_1\\x_2\end{bmatrix}^{\mathrm{T}}=\begin{bmatrix}x_1 & x_2\end{bmatrix}$。

而结果(y_1, y_2, y_3)则跟着写成$\boldsymbol{y}^{\mathrm{T}}=\begin{bmatrix}y_1\\y_2\\y_3\end{bmatrix}^{\mathrm{T}}=\begin{bmatrix}y_1 & y_2 & y_3\end{bmatrix}$。

如图28.17所示，这时矩阵乘法写成$\boldsymbol{x}^{\mathrm{T}}\boldsymbol{A}^{\mathrm{T}}=\boldsymbol{y}^{\mathrm{T}}$。这实际上是矩阵乘法等式$\boldsymbol{Ax}=\boldsymbol{y}$左右转置的结果。大家需要注意顺序调换。

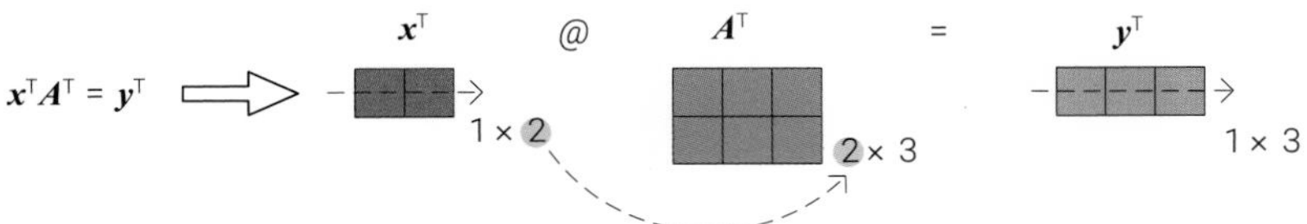

图28.17　行向量$\boldsymbol{x}^{\mathrm{T}}$在细高矩阵$\boldsymbol{A}$映射下结果为行向量$\boldsymbol{y}^{\mathrm{T}}$

数据矩阵

如图28.18所示，在矩阵$\boldsymbol{A}$ ($\boldsymbol{A}^{\mathrm{T}}$) 映射下，$\boldsymbol{X}$转化成了$\boldsymbol{Y}$，即$\boldsymbol{XA}^{\mathrm{T}}=\boldsymbol{Y}$。注意，我们还是把$\boldsymbol{X}$的每行看作是坐标点；同时，$\boldsymbol{Y}$的每行代表一个坐标点。

> 请大家思考图28.18中矩阵$\boldsymbol{A}$对应的几何操作是否可逆？

读到这，有读者可能会问，这和奇异值有什么关系？

答案就在图28.18中！

观察图28.18，我们会发现本来在x_1x_2平面中的排列整齐的小彩灯一下子跳到了三维空间中，完成了华丽的“升维”！

但是，仔细观察，我们发现三维空间中的小彩灯似乎还是在一个特殊平面中！

而且原本方方正正的排列，似乎变成了一个菱形。

矩阵$\boldsymbol{A}$到底施了怎样的“魔法”完成了图28.18的几何变换？

奇异值分解就能帮助我们回答这些问题！

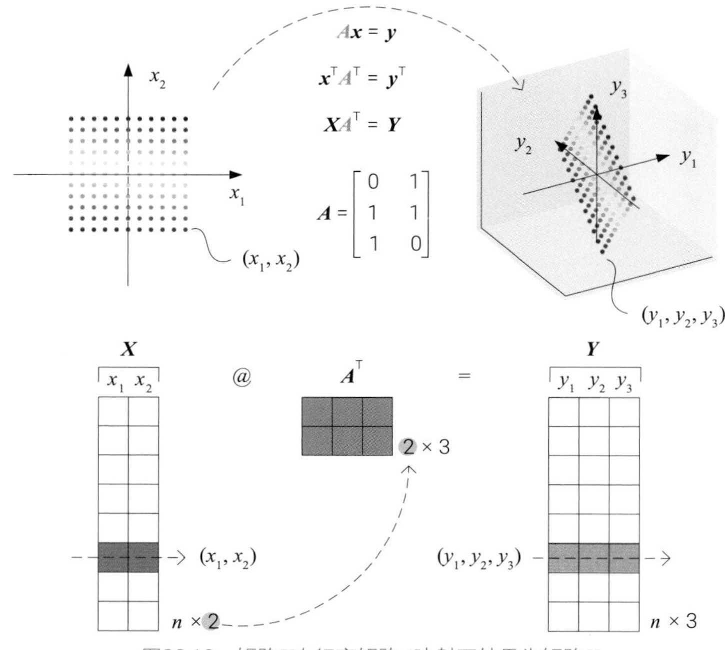

图28.18　矩阵$\boldsymbol{X}$在细高矩阵$\boldsymbol{A}$映射下结果为矩阵$\boldsymbol{Y}$

SVD分解

如图28.19所示，一个3 × 2的细高矩阵$\boldsymbol{A}$经过完全SVD分解得到的结果是三个矩阵的连乘。

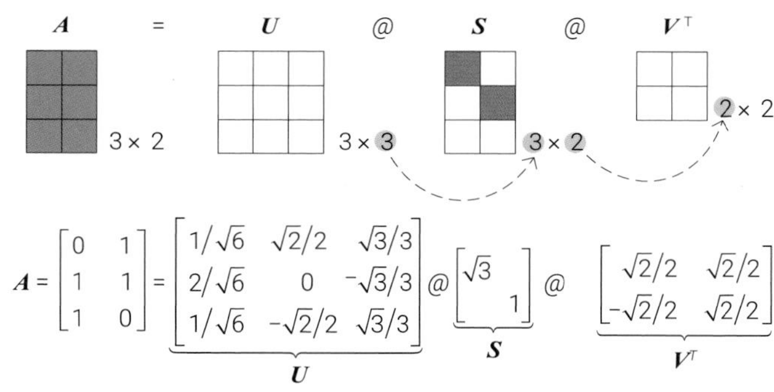

$$
\boldsymbol{A}=\begin{bmatrix}0 & 1\\ 1 & 1\\ 1 & 0\end{bmatrix}=\underbrace{\begin{bmatrix}1/\sqrt{6} & \sqrt{2}/2 & \sqrt{3}/3\\ 2/\sqrt{6} & 0 & -\sqrt{3}/3\\ 1/\sqrt{6} & -\sqrt{2}/2 & \sqrt{3}/3\end{bmatrix}}_{\boldsymbol{U}} @ \underbrace{\begin{bmatrix}\sqrt{3} & \\ & 1\\ & \end{bmatrix}}_{\boldsymbol{S}} @ \underbrace{\begin{bmatrix}\sqrt{2}/2 & \sqrt{2}/2\\ -\sqrt{2}/2 & \sqrt{2}/2\end{bmatrix}}_{\boldsymbol{V}^{\mathrm{T}}}
$$

图28.19　对细高矩阵$\boldsymbol{A}$进行奇异值分解

图28.19中$\boldsymbol{U}$、$\boldsymbol{S}$、$\boldsymbol{V}$ ($\boldsymbol{V}^{\mathrm{T}}$) 这三个矩阵每个都对应一种几何变换！

如图28.30所示，细高矩阵 $\boldsymbol{A}=\begin{bmatrix}0 & 1\\ 1 & 1\\ 1 & 0\end{bmatrix}$ 完成的几何操作可以分解成三步，即把等式 $\boldsymbol{A}\boldsymbol{x}=\boldsymbol{y}$ 写成 $\boldsymbol{U}\boldsymbol{S}\boldsymbol{V}^{\mathrm{T}}\boldsymbol{x}=\boldsymbol{y}$。

根据矩阵乘法 $\boldsymbol{U}\boldsymbol{S}\boldsymbol{V}^{\mathrm{T}}\boldsymbol{x}=\boldsymbol{y}$ 先后顺序，$\boldsymbol{V}^{\mathrm{T}}$ 先完成平面旋转。

然后，$\boldsymbol{S}$ 完成缩放和“升维”。

注意，“升维”打引号是因为数据维度并没有提高。大家查看配套Jupyter笔记BK_2_Ch28_03.ipynb就会发现经过$\boldsymbol{S}$变换后2列数据变成了3列数据，增加的第3列是一列0。在图28.20中，我们更容易看到$\boldsymbol{S}$是如何完成缩放这个几何操作的，我们同时看到了小彩灯构成的几何形状确实是“菱形”。

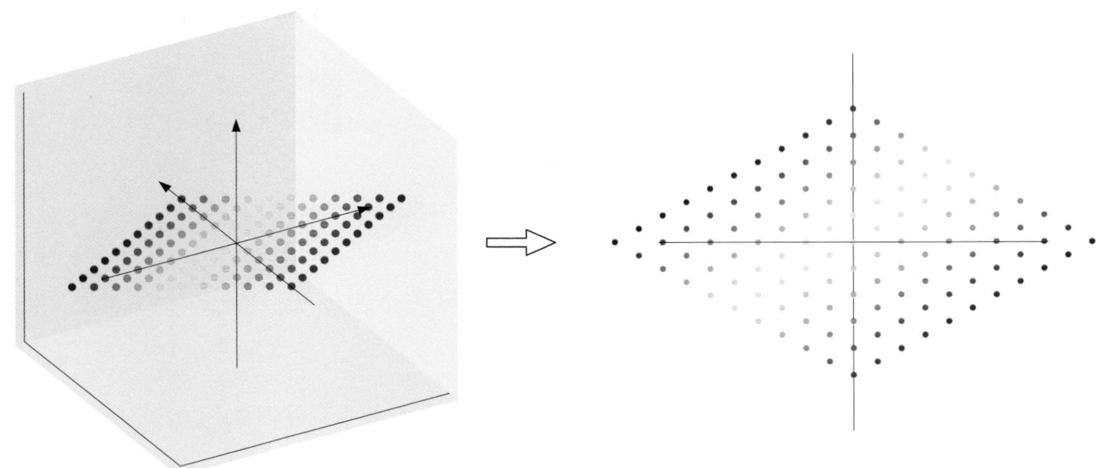

图28.20　增加了一列全0的“升维”

最后，$\boldsymbol{U}$完成了三维空间的旋转。这个三维旋转不会改变图形大小，也就是说在三维空间中，这些小彩灯构成的图形还是个“菱形”！

第二个例子

图28.31给出了另外一个细高矩阵$\boldsymbol{A}$的几何操作。这个细高矩阵$\boldsymbol{A}$直接将小彩灯排列成三维空间中的一条直线上！

> 注意：本章仅仅要求大家建立对$\boldsymbol{U}$、$\boldsymbol{S}$、$\boldsymbol{V}$ ($\boldsymbol{V}^{\mathrm{T}}$)的几何直觉，不需要大家掌握这三个矩阵的性质。相关展开讲解内容都在《矩阵力量》。

请大家根据BK_2_Ch28_03.ipynb将矩阵$\boldsymbol{A}$、$\boldsymbol{U}$、$\boldsymbol{S}$、$\boldsymbol{V}$ ($\boldsymbol{V}^{\mathrm{T}}$) 的具体值写到图28.31上。

如果大家之前学过线性代数的话，可以自己算一下这个细高矩阵$\boldsymbol{A}$的秩，并试着从这个角度解释为什么小彩灯会出现在一条直线上。

28.5 2 × 3矮胖矩阵

有了前文内容，理解图28.32和图28.33就不难了。但是本着“重复 + 精进”这个原则，为了让大家更深刻地理解奇异值分解的几何直觉，我们还是耐着性子按部就班地照着上文思路再分析一遍。

需要强调的是，这两组例子中矩阵的名称完全不变，但是它们完全不同。请大家试着把前文所有有关矩阵形状的记忆全部擦去，重新开始！

列向量

如图28.21所示，“矮胖”矩阵$\boldsymbol{A}$为2行3列；列向量$\boldsymbol{x}$为3行1列；结果列向量$\boldsymbol{y}$为2行1列。从线性代数角度，矮胖矩阵$\boldsymbol{A}$完成了$\boldsymbol{x}$到$\boldsymbol{y}$的映射。

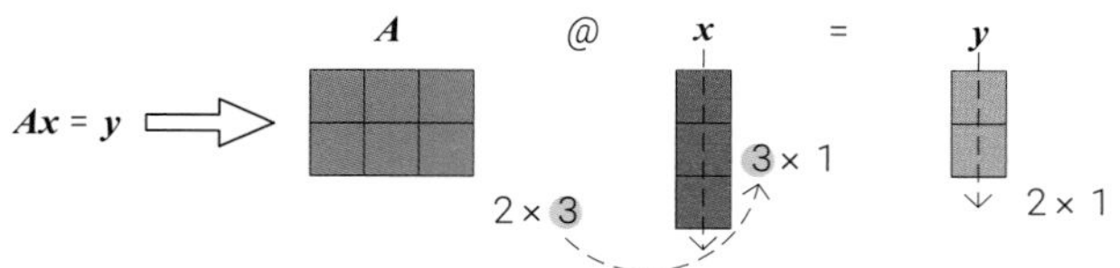

图28.21　列向量$\boldsymbol{x}$在矮胖矩阵$\boldsymbol{A}$映射下结果为列向量$\boldsymbol{y}$

如图28.22所示，列向量$\boldsymbol{x}=\begin{bmatrix}x_1\\x_2\\x_3\end{bmatrix}$相当于三维直角坐标系上一个点 (x_1, x_2, x_3)；$\boldsymbol{x}=\begin{bmatrix}x_1\\x_2\\x_3\end{bmatrix}$也是三维直角坐标系中一个起点位于原点 (0,0,0)，终点位于 (x_1, x_2, x_3) 的向量。

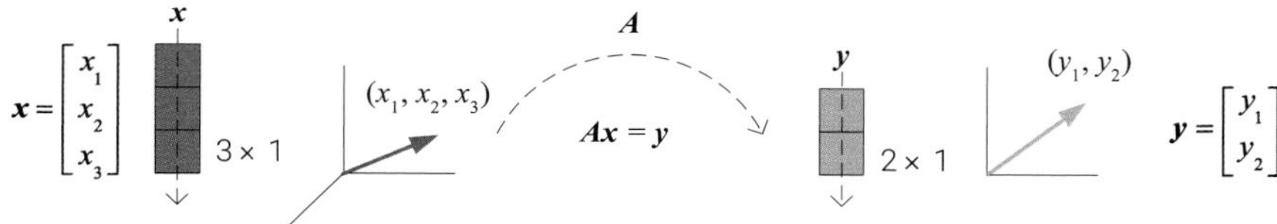

图28.22　矮胖矩阵$\boldsymbol{A}$映射关系

而列向量$\boldsymbol{y}=\begin{bmatrix}y_1\\y_2\end{bmatrix}$相当于平面直角坐标系上一个点 (y_1, y_2)；$\boldsymbol{y}=\begin{bmatrix}y_1\\y_2\end{bmatrix}$也是平面直角坐标系中一个起点位于原点 (0,0)，终点位于 (y_1, y_2) 的向量。

行向量

当然我们也可以把坐标点 (x_1, x_2, x_3) 写成行向量形式$\boldsymbol{x}^{\mathrm{T}}=\begin{bmatrix}x_1\\x_2\\x_3\end{bmatrix}^{\mathrm{T}}=\begin{bmatrix}x_1 & x_2 & x_3\end{bmatrix}$。

而结果 (y_1, y_2) 则跟着写成$\boldsymbol{y}^{\mathrm{T}}=\begin{bmatrix}y_1\\y_2\end{bmatrix}^{\mathrm{T}}=\begin{bmatrix}y_1 & y_2\end{bmatrix}$。

如图28.23所示，这时矩阵乘法写成$\boldsymbol{x}^{\mathrm{T}}\boldsymbol{A}^{\mathrm{T}}=\boldsymbol{y}^{\mathrm{T}}$。这实际上是矩阵乘法等式$\boldsymbol{Ax}=\boldsymbol{y}$左右转置的结果。大家需要注意顺序调换。

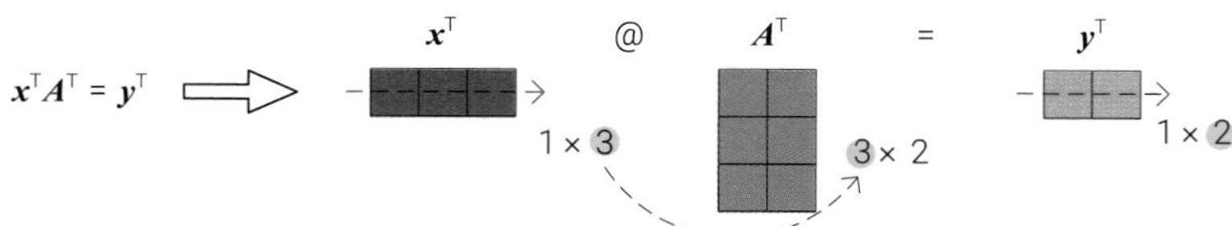

图28.23　行向量$\boldsymbol{x}^{\mathrm{T}}$在矮胖矩阵$\boldsymbol{A}$映射下结果为行向量$\boldsymbol{y}^{\mathrm{T}}$

数据矩阵

如图28.24所示，在矮胖矩阵A映射下，X转化成了Y，即$XA^{\mathrm{T}} = Y$。注意，我们还是把X的每行看作是坐标点；同时，Y的每行代表一个坐标点。

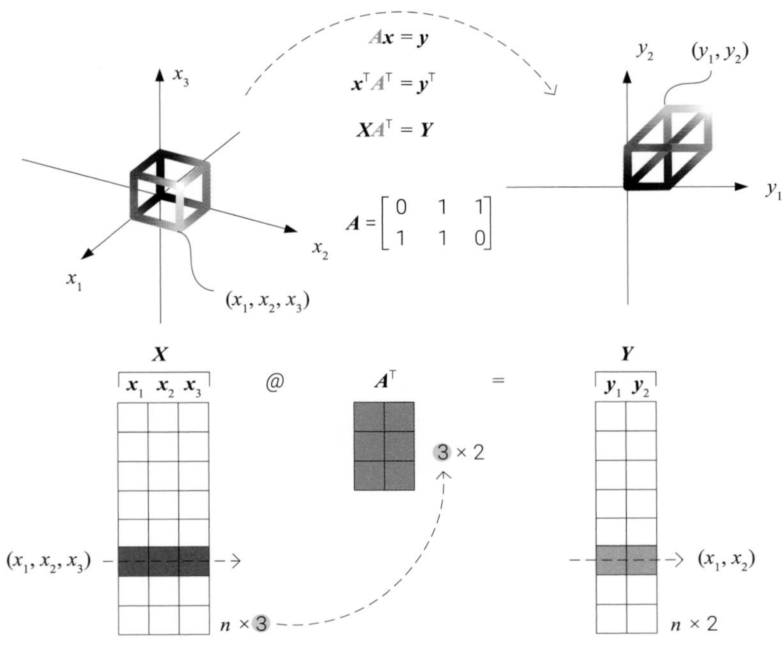

图28.24　矩阵X在矮胖矩阵A映射下结果为矩阵Y

观察图28.24，我们发现本来在三维空间中的RGB框线一下子“匍匐卧倒”在二维平面中，发生了坍塌式的“降维”！

下面，我们就利用奇异值分解来看看到底哪个几何变换环节导致了这次整列垮掉！

SVD分解

如图28.25所示，一个2 × 3的矮胖矩阵A经过完全SVD分解得到的结果是三个矩阵的连乘。

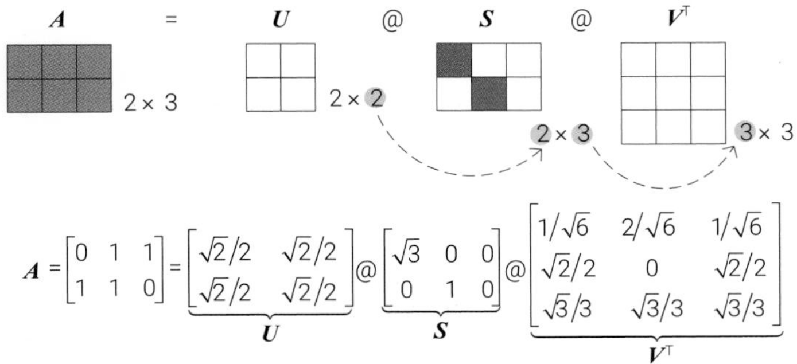

$$A = \begin{bmatrix} 0 & 1 & 1 \\ 1 & 1 & 0 \end{bmatrix} = \underbrace{\begin{bmatrix} \sqrt{2}/2 & \sqrt{2}/2 \\ \sqrt{2}/2 & \sqrt{2}/2 \end{bmatrix}}_{U} @ \underbrace{\begin{bmatrix} \sqrt{3} & 0 & 0 \\ 0 & 1 & 0 \end{bmatrix}}_{S} @ \underbrace{\begin{bmatrix} 1/\sqrt{6} & 2/\sqrt{6} & 1/\sqrt{6} \\ \sqrt{2}/2 & 0 & \sqrt{2}/2 \\ \sqrt{3}/3 & \sqrt{3}/3 & \sqrt{3}/3 \end{bmatrix}}_{V^{\mathrm{T}}}$$

图28.25　对细高矩阵A进行奇异值分解

图28.25中U、S、V (V^{T}) 这三个矩阵每个都对应一种几何变换！再次惊叹！

如图28.32所示，矮胖矩阵$\boldsymbol{A}$完成的几何操作可以分解成三步，即把等式 $\boldsymbol{Ax} = \boldsymbol{y}$ 写成 $\boldsymbol{USV}^{\mathrm{T}}\boldsymbol{x} = \boldsymbol{y}$。根据矩阵乘法 $\boldsymbol{USV}^{\mathrm{T}}\boldsymbol{x} = \boldsymbol{y}$ 先后顺序，$\boldsymbol{V}^{\mathrm{T}}$ 先完成三维空间旋转。

然后，$\boldsymbol{S}$ 完成缩放和“降维”。

最后，$\boldsymbol{U}$ 完成了二维平面的旋转。这个二维旋转不会改变图形大小！

第二个例子

图28.33给出了另外一个矮胖矩阵$\boldsymbol{A}$的几何操作。这个矮胖矩阵$\boldsymbol{A}$直接将RGB线框降维到平面的一条直线上！

请大家根据BK_2_Ch28_04.ipynb将矩阵$\boldsymbol{A}$、$\boldsymbol{U}$、$\boldsymbol{S}$、$\boldsymbol{V}$ ($\boldsymbol{V}^{\mathrm{T}}$) 的具体值写到图28.33上。

注意：本节有一个矩阵乘法细节希望大家一定要记住——$(\boldsymbol{AB})^{\mathrm{T}} = \boldsymbol{B}^{\mathrm{T}}\boldsymbol{A}^{\mathrm{T}}$。

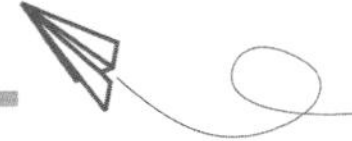

奇异值分解，可谓是宇宙第一矩阵分解，在线性代数中有着举足轻重的作用。

但凡大家对奇异值分解有一点点好奇，推荐大家首先回顾本章前文介绍的二维、三维空间中的几何变换。如果还觉得不过瘾的话，请大家移步《矩阵力量》！

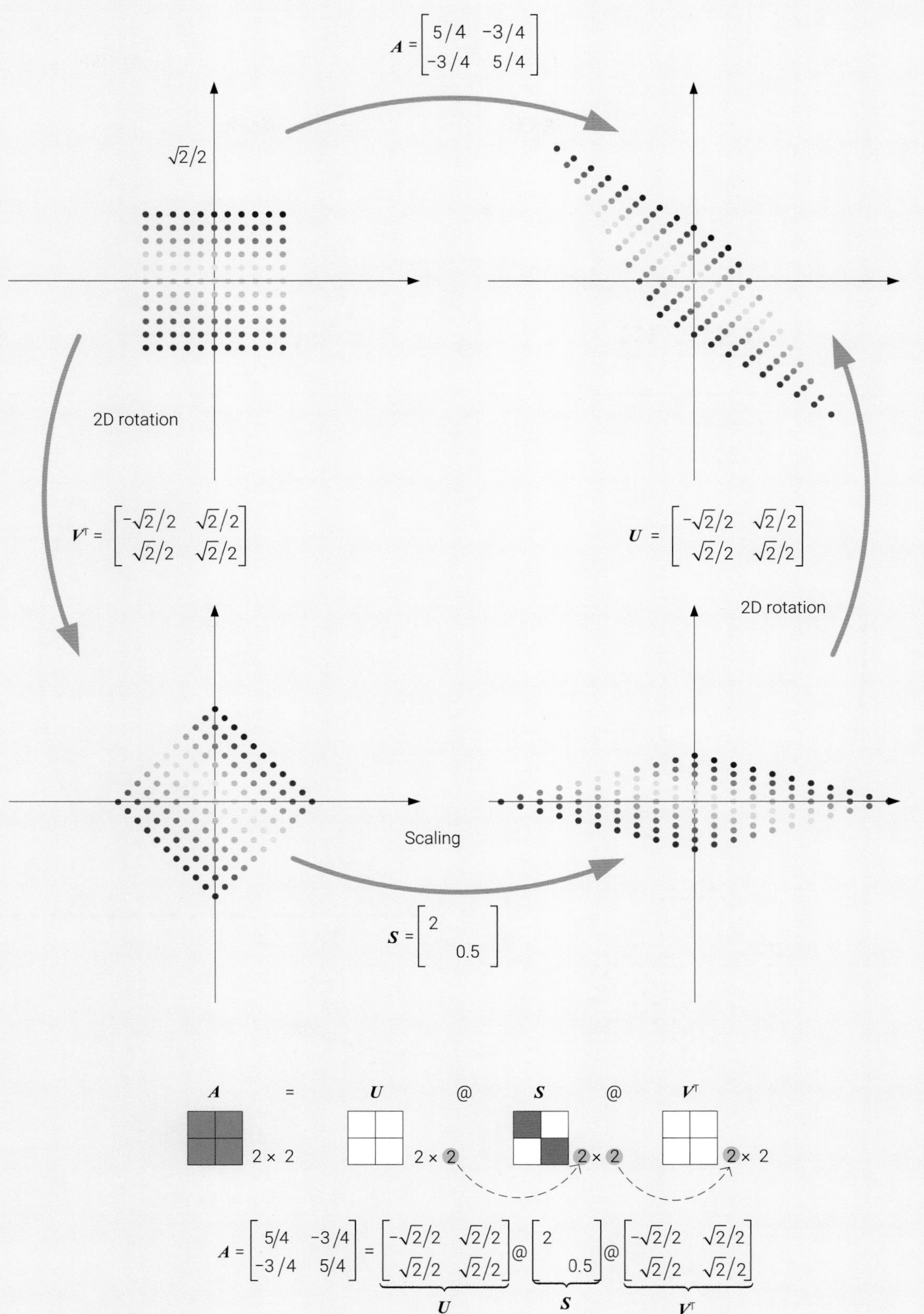
$A = \begin{bmatrix} 5/4 & -3/4 \\ -3/4 & 5/4 \end{bmatrix}$
$\sqrt{2}/2$
2D rotation
$V^T = \begin{bmatrix} -\sqrt{2}/2 & \sqrt{2}/2 \\ \sqrt{2}/2 & \sqrt{2}/2 \end{bmatrix}$
$U = \begin{bmatrix} -\sqrt{2}/2 & \sqrt{2}/2 \\ \sqrt{2}/2 & \sqrt{2}/2 \end{bmatrix}$
2D rotation
Scaling
$S = \begin{bmatrix} 2 & \\ & 0.5 \end{bmatrix}$
A = U @ S @ V^T
2 × 2
2 × 2
2 × 2
2 × 2
$A = \begin{bmatrix} 5/4 & -3/4 \\ -3/4 & 5/4 \end{bmatrix} = \underbrace{\begin{bmatrix} -\sqrt{2}/2 & \sqrt{2}/2 \\ \sqrt{2}/2 & \sqrt{2}/2 \end{bmatrix}}_{U} @ \underbrace{\begin{bmatrix} 2 & \\ & 0.5 \end{bmatrix}}_{S} @ \underbrace{\begin{bmatrix} -\sqrt{2}/2 & \sqrt{2}/2 \\ \sqrt{2}/2 & \sqrt{2}/2 \end{bmatrix}}_{V^T}$

图28.26 可视化奇异值分解，2 × 2方阵，第1组 | BK_2_Ch28_01.ipynb

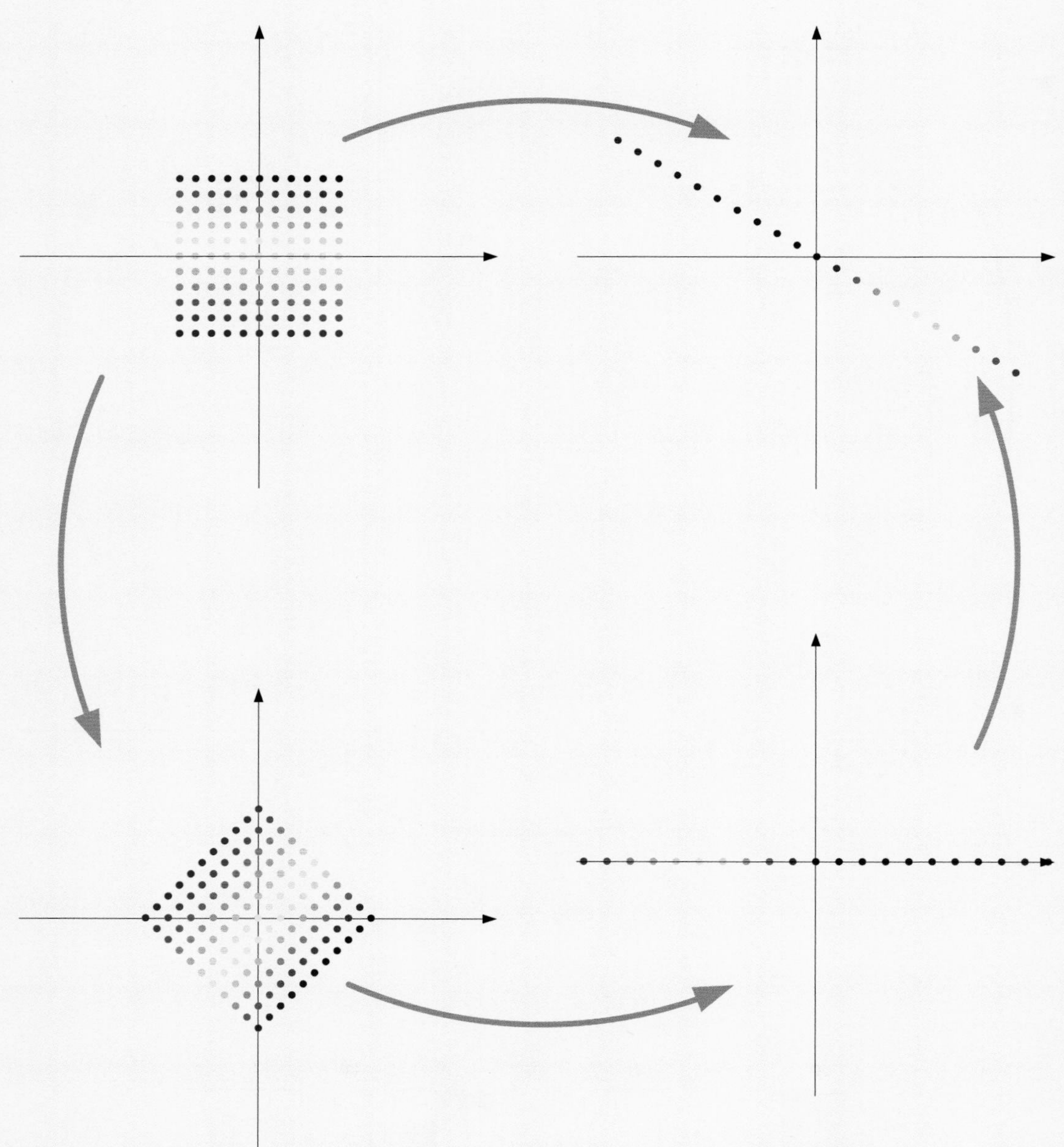

图28.27　可视化奇异值分解，2 × 2方阵，第2组 | ⊕ BK_2_Ch28_01.ipynb

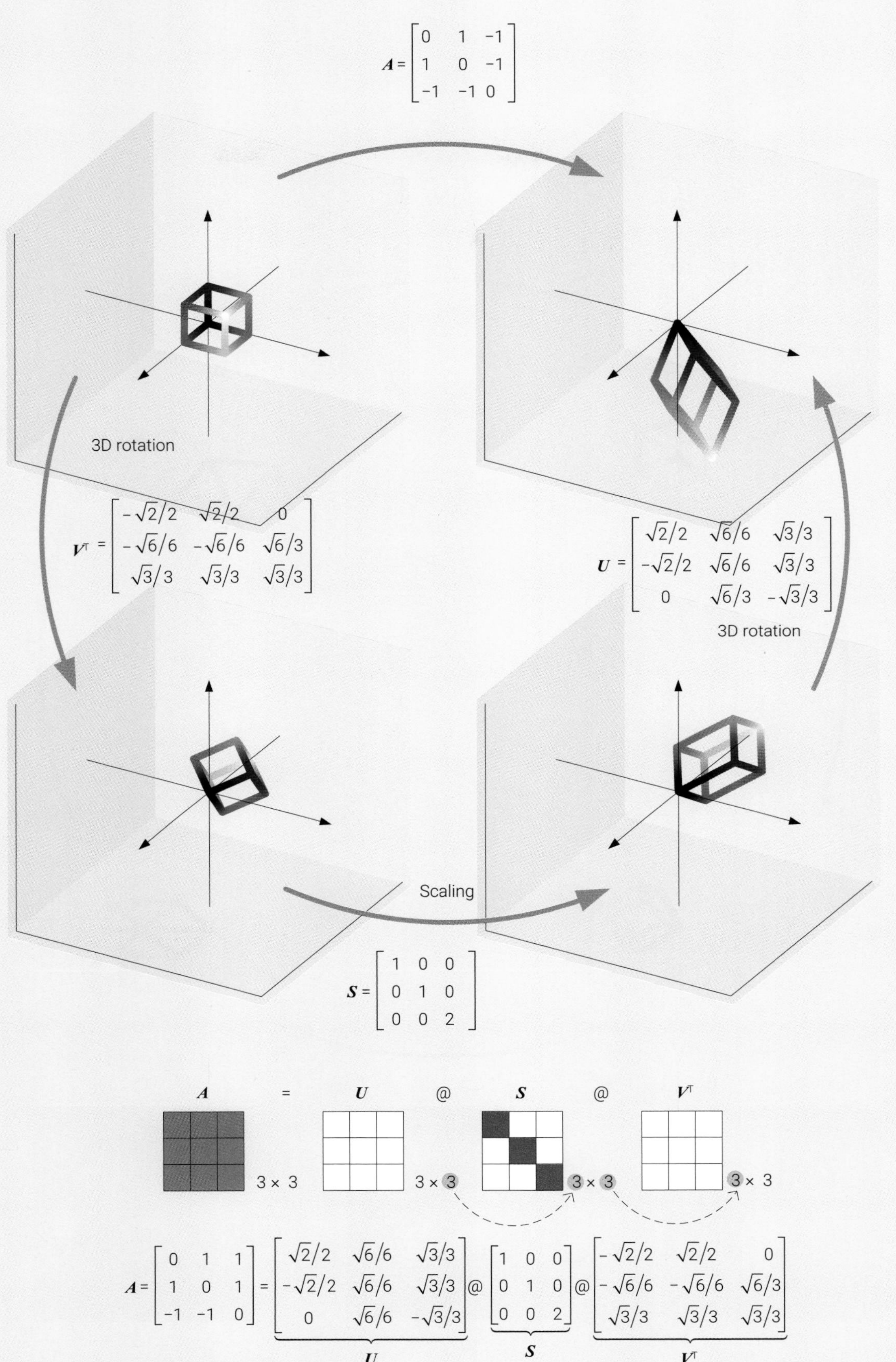

图28.28　可视化奇异值分解，3 × 3方阵，第1组 | BK_2_Ch28_02.ipynb

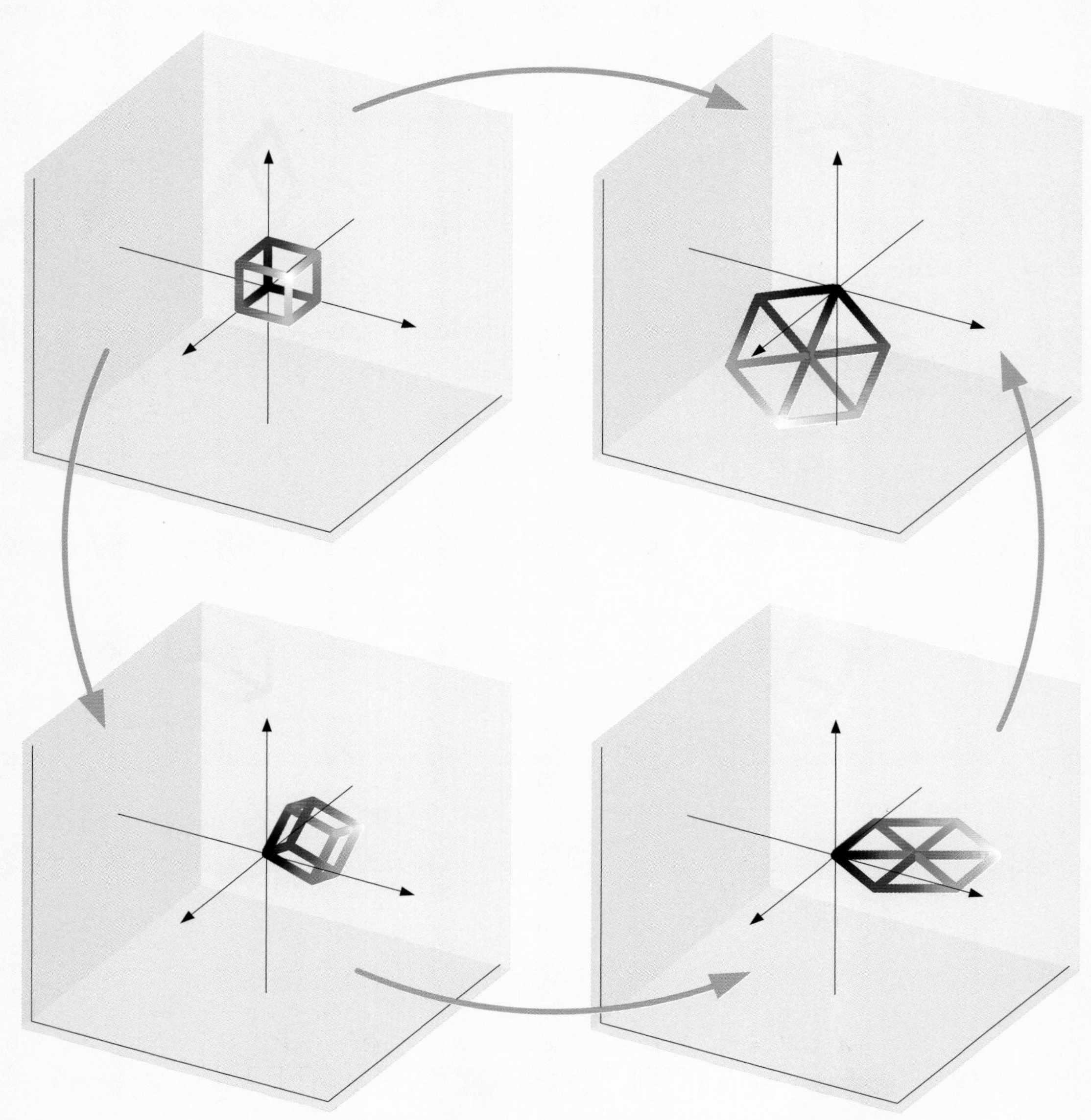

图28.29　可视化奇异值分解，3 × 3方阵，第2组 | ⊕ BK_2_Ch28_02.ipynb

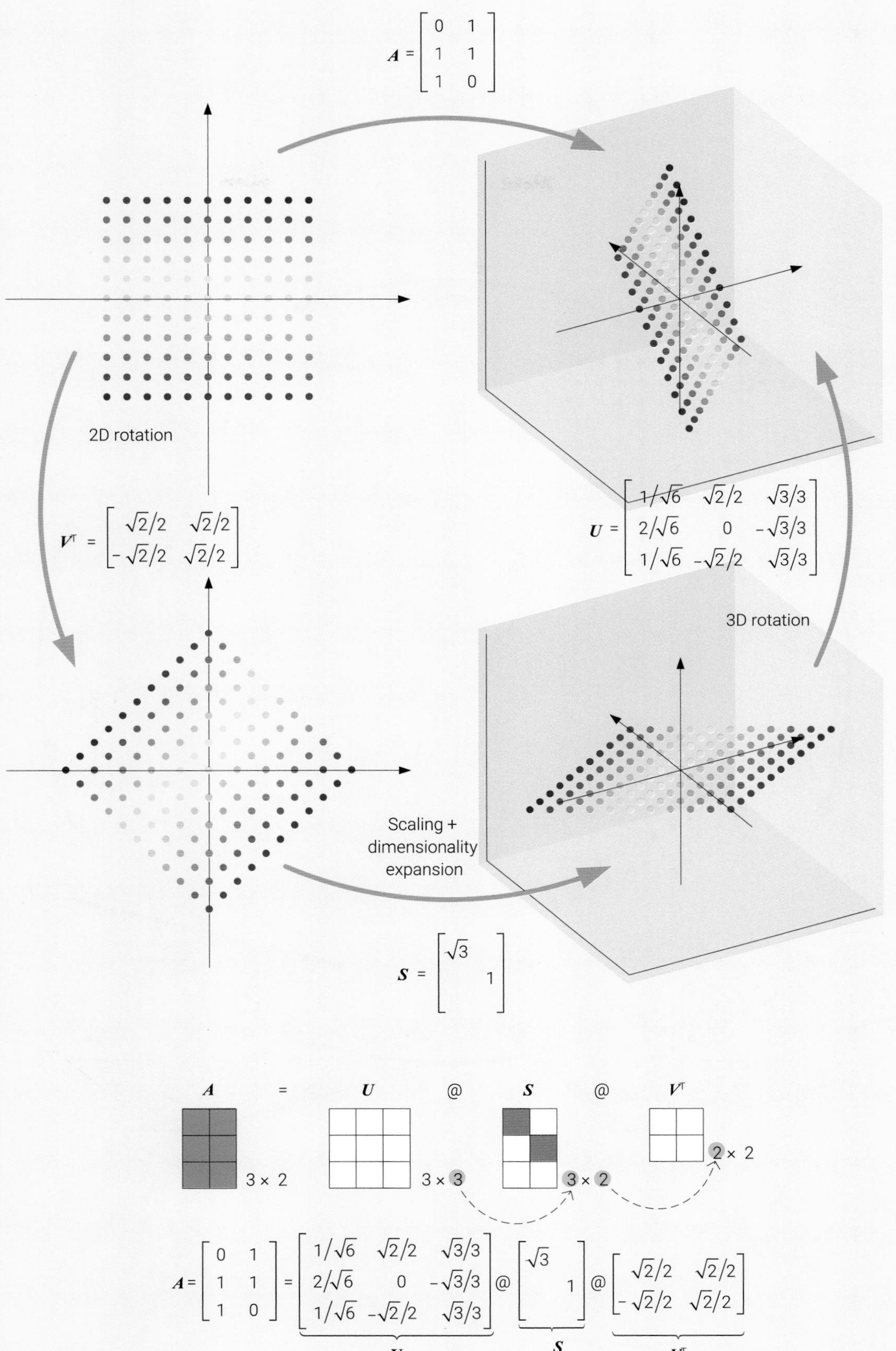

$$A=\begin{bmatrix}0&1\\1&1\\1&0\end{bmatrix}=\underbrace{\begin{bmatrix}1/\sqrt{6}&\sqrt{2}/2&\sqrt{3}/3\\2/\sqrt{6}&0&-\sqrt{3}/3\\1/\sqrt{6}&-\sqrt{2}/2&\sqrt{3}/3\end{bmatrix}}_{U}@\underbrace{\begin{bmatrix}\sqrt{3}&\\&1\\&\end{bmatrix}}_{S}@\underbrace{\begin{bmatrix}\sqrt{2}/2&\sqrt{2}/2\\-\sqrt{2}/2&\sqrt{2}/2\end{bmatrix}}_{V^{T}}$$

图28.30　可视化奇异值分解，细高矩阵，第1组 | BK_2_Ch28_03.ipynb

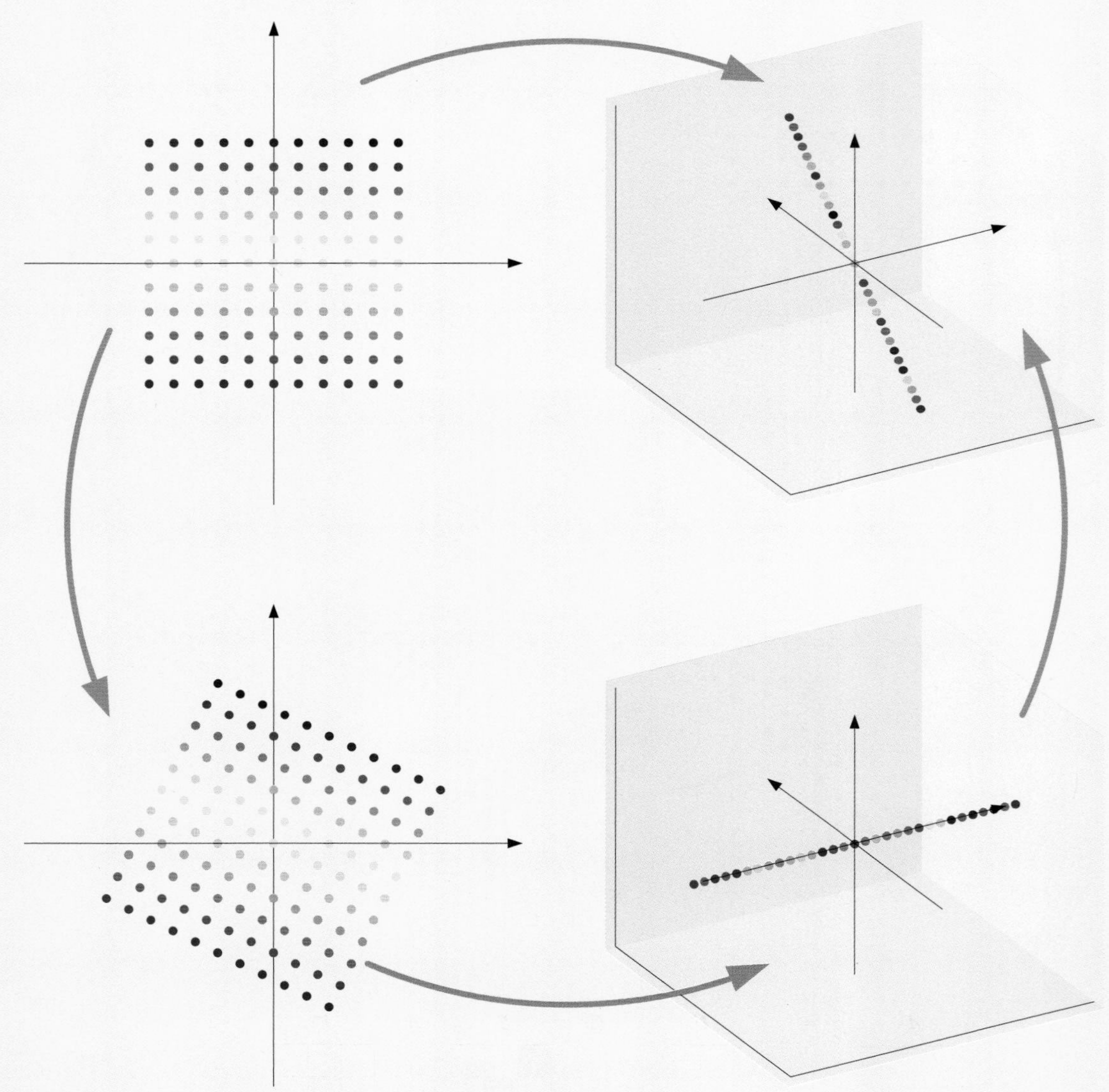

图28.31　可视化奇异值分解，细高矩阵，第2组 | BK_2_Ch28_03.ipynb

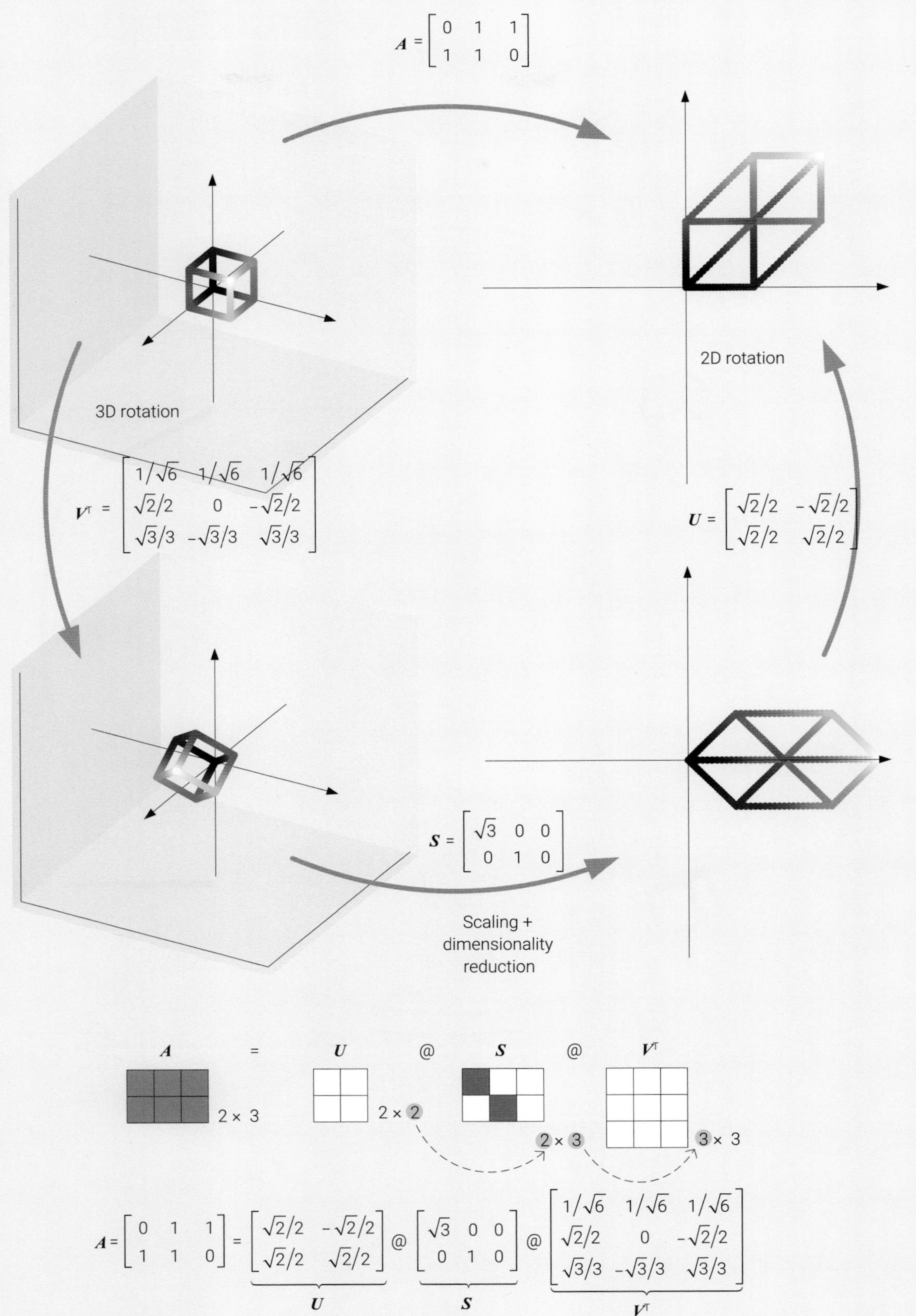

图28.32 可视化奇异值分解，矮胖矩阵，第1组 | BK_2_Ch28_04.ipynb

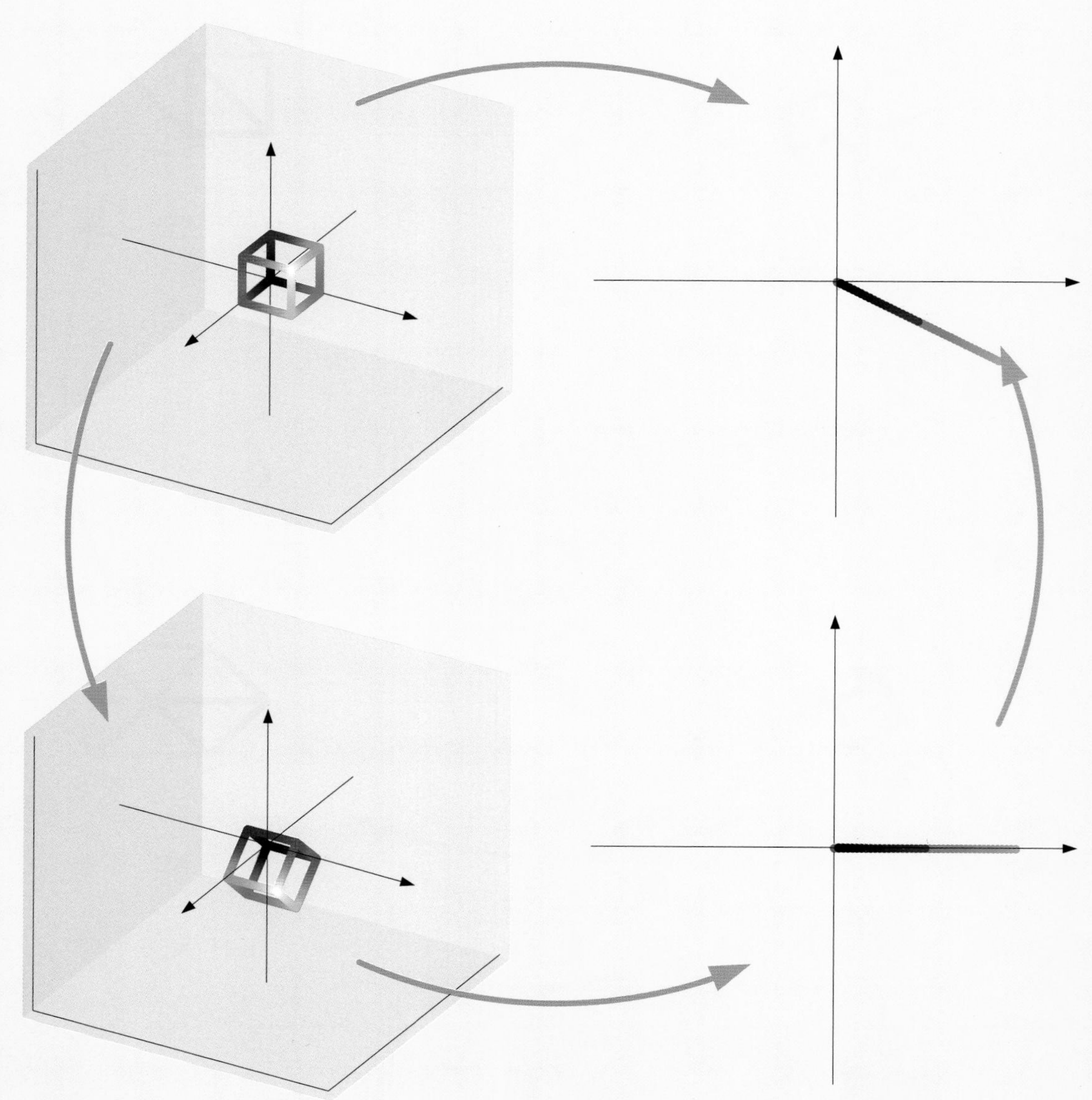

图28.33　可视化奇异值分解，矮胖矩阵，第2组 | BK_2_Ch28_04.ipynb

Rayleigh Quotient

瑞利商

用几何视角呈现一个“复杂”的线性代数概念

天地间唯一的英雄主义——参破尘世真相，依旧热爱生活。

There is only one heroism in the world: to see the world as it is, and to love it.

—— 罗曼·罗兰 (Romain Rolland) | 法国作家、诺贝尔文学奖得主 | 1866—1944年

- numpy.linalg.eig() 特征值分解
- sympy.abc import x　定义符号变量x
- sympy.cos() 符号运算中余弦
- sympy.exp() 符号自然指数
- sympy.lambdify() 将符号表达式转化为函数
- sympy.simplify() 简化代数式
- sympy.sin() 符号运算中正弦
- sympy.symbols() 定义符号变量

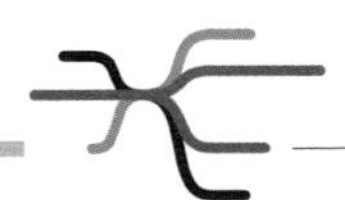

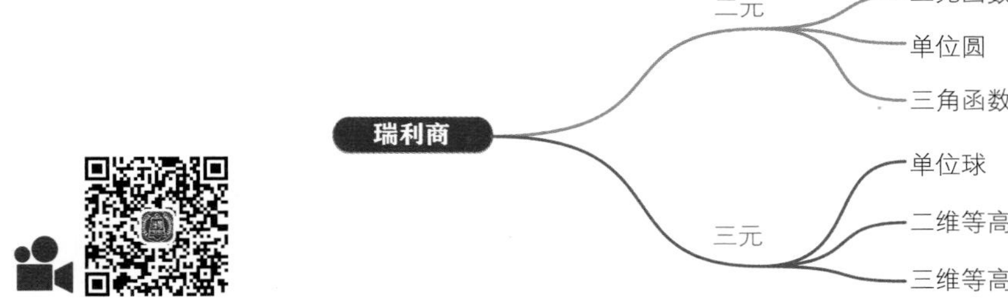

29.1 什么是瑞利商?

在线性代数众多工具中，**瑞利商** (Rayleigh quotient) 通常是个恐怖的存在。一方面，瑞利商的形式非常不友好 (见图29.1)；另外一方面，瑞利商又常常和特征值分解、优化问题等数学概念联系在一起，这给瑞利商又增加了一层神秘面纱。

《矩阵力量》第14章专门讲解瑞利商。

本章也是用几何视角给大家提供“观察”瑞利商的各种可视化方案，为大家揭秘这个看似复杂的数学概念背后简单的几何直觉！

假设$\boldsymbol{x}$为一个3行1列的列向量，即$\boldsymbol{x}=\begin{bmatrix} x_1 \\ x_2 \\ x_3 \end{bmatrix}$；矩阵$\boldsymbol{Q}$为3 × 3的**对称矩阵** (symmetric matrix)。如图29.1所示，分子上$\boldsymbol{x}^{\mathrm{T}}\boldsymbol{Q}\boldsymbol{x}$的结果是一个**标量** (scalar)；而分母上$\boldsymbol{x}^{\mathrm{T}}\boldsymbol{x}$也是一个标量。这样$R$也是一个标量。

举一个简单例子，如果$\boldsymbol{Q}=\begin{bmatrix} 1 & & \\ & 2 & \\ & & 3 \end{bmatrix}$，分子可以整理成$x_1^2+2x_2^2+3x_3^2$，而分母则为$x_1^2+x_2^2+x_3^2$；这样瑞利商则为分式$R=\dfrac{x_1^2+2x_2^2+3x_3^2}{x_1^2+x_2^2+x_3^2}$。

显然图29.1中分母不能为0，也就是说$\boldsymbol{x}=\begin{bmatrix} x_1 \\ x_2 \\ x_3 \end{bmatrix}\neq\begin{bmatrix} 0 \\ 0 \\ 0 \end{bmatrix}=\boldsymbol{0}$。也就是说$x_1$、$x_2$、$x_3$不能同时为0。这限制条件很重要。

下面，我们就先从二元的情况开始用几何视角深入理解瑞利商。

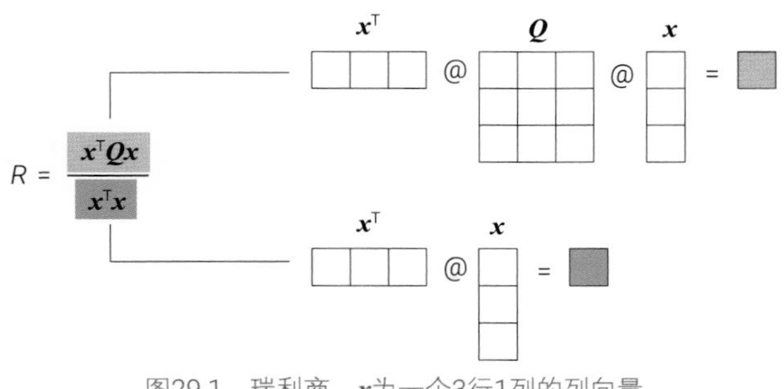

图29.1　瑞利商，$\boldsymbol{x}$为一个3行1列的列向量

29.2 二元瑞利商

显然，我们可以把瑞利商看成是一个函数。如果$\boldsymbol{x} = \begin{bmatrix} x_1 \\ x_2 \end{bmatrix}$，对于给定2 × 2对称矩阵$\boldsymbol{Q} = \begin{bmatrix} a & c \\ c & b \end{bmatrix}$，瑞利商可以看作是一个二元函数$f(x_1, x_2) = \dfrac{ax_1^2 + 2cx_1x_2 + bx_2^2}{x_1^2 + x_2^2}$！

如图29.14和图29.15所示，当矩阵$\boldsymbol{Q}$为不同值时，我们可以看到瑞利商二元函数$f(x_1, x_2)$的二维等高线和网格曲面的变化。

细心的读者可能已经发现，图29.14和图29.15中的矩阵$\boldsymbol{Q}$实际上展现的是不同的正定性。这些图的颜色映射对应的取值范围完全相同，都是[-2,2]。利用统一的颜色映射，我们可以看到不同矩阵$\boldsymbol{Q}$对应的二元函数$f(x_1, x_2)$的最大、最小值变化。

观察图29.14和图29.15中8幅子图，我们似乎发现了正定性和瑞利商之间的关系。举个例子，如图29.14 (a) 所示，对于正定矩阵，二元函数$f(x_1, x_2)$的取值都是正值。对于半正定矩阵，二元函数$f(x_1, x_2)$的取值大于等于0。

图29.2所示为用Streamlit搭建的展示二元瑞利商的App。

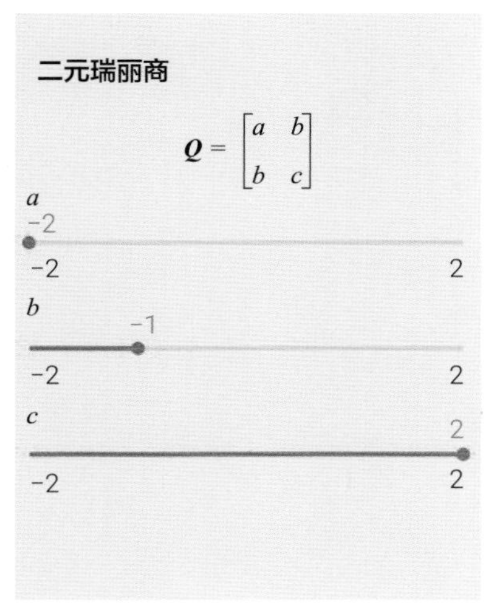

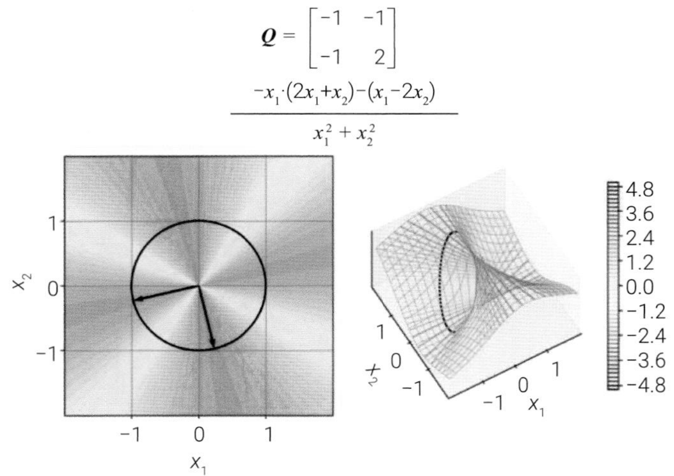

图29.2　展示二元瑞利商的App，Streamlit搭建 | Streamlit_Circle_Rayleigh_Quotient.py

大家在Bk_2_Ch29_01.ipynb中可以看到二元函数$f(x_1,x_2)$最大值和最小值直接对应矩阵$\boldsymbol{Q}$的**特征值** (eigenvalue)。而最大值和最小值的位置又和**特征向量** (eigen vector) 直接相关。这些观察背后的数学原理要留到《矩阵力量》这本书来讲解了。

29.3 在单位圆上看二元瑞利商

图29.14和图29.15中8幅子图给我们带来的惊喜还不止于此。

观察这8幅二维等高线，我们发现它们都呈现放射状。射线的中心位于原点。而二元函数$f(x_1,x_2)$ “似乎” 随着射线的角度变化。

为了印证这种猜测，我们在图29.14和图29.15所有子图中都绘制了单位圆。单位圆上的点满足$x_1^2+x_2^2=1$。由于我们猜测二元函数$f(x_1,x_2)$随着射线的角度变化，我们仅仅需要分析$x_1^2+x_2^2=1$上所有点的瑞利商。有了$x_1^2+x_2^2=1$这个约束条件，我们就可以把瑞利商简化为$f(x_1,x_2)=ax_1^2+2cx_1x_2+bx_2^2$！

更有趣的是$x_1^2+x_2^2=1$上的所有点都可以用极坐标$\begin{cases} x_1=\cos\theta \\ x_2=\sin\theta \end{cases}$来表示！

也就是说，我们可以把$f(x_1,x_2)=ax_1^2+2cx_1x_2+bx_2^2$写成一个关于角度$\theta$的一元函数！

这想想都让人兴奋！因为我们又多了一个视角来展示、分析瑞利商。

图29.16和图29.17印证了我们的猜测！

而更有趣的是，Bk_2_Ch29_02.ipynb还利用SymPy计算得到每一幅子图中的关于角度θ的一元函数。这样我们便直接建立了二元瑞利商和三角函数的关系。强烈建议大家把Bk_2_Ch29_02.ipynb中计算得到的特征值写在图29.16和图29.17中三角函数曲线的子图上。

请大家在这些三角函数图像找到最大、最小值的角度，并比较图29.14和图29.15向量的角度，看看是否一致。

上述案例中还存在“旋转”这种几何操作。比较图29.14 (a) 和 (b)，大家可以发现，这两个案例仅仅在角度上不同。比较图29.16 (a) 和 (b) 中的三角函数曲线，我们更容易看到角度关系。而特征值分解可以帮我们找到旋转角度。也请大家比较，图29.14 (c) 和 (d)，以及比较图29.16 (c) 和 (d)。

而比较图29.15 (c) 和 (d)，我们发现两个案例存在 “旋转 + 缩放”复合几何操作。在图29.17 (c) 和 (d) 上，这种几何操作可以更容易发现。

> 类似图29.2，请大家将BK_2_Ch29_02.ipynb转化为一个Streamlit App。

29.4 在单位球上看三元瑞利商

有了上一节的经验，我们便有了一个展示三元瑞利商的全新可视化思路——将三元瑞利商投射到 $x_1^2+x_2^2+x_3^2=1$ 这个单位球面上！

这就是图29.18！

打个比方，图29.18中单位球可以看作是一个球形“幕布”，而瑞利商就是投影在幕布上的影像。

在 $x_1^2+x_2^2+x_3^2=1$ 这个单位球体上，红色代表瑞利商大，而蓝色代表瑞利商小。

> 请大家想象一下，二元瑞利商是不是就是图29.18单位球上的套上一个单位圆的“圆环”？请大家试着用Python完成这个可视化方案。

BK_2_Ch29_03.ipynb中绘制了图29.18所有子图，下面选取其中几段代码聊聊。

图29.3所示为计算单位球面 $x_1^2+x_2^2+x_3^2=1$ 上单一点，列向量$\boldsymbol{x}$的瑞利商的方法。而图29.3中整个球面上所有的浅蓝色点是通过球坐标获得的。

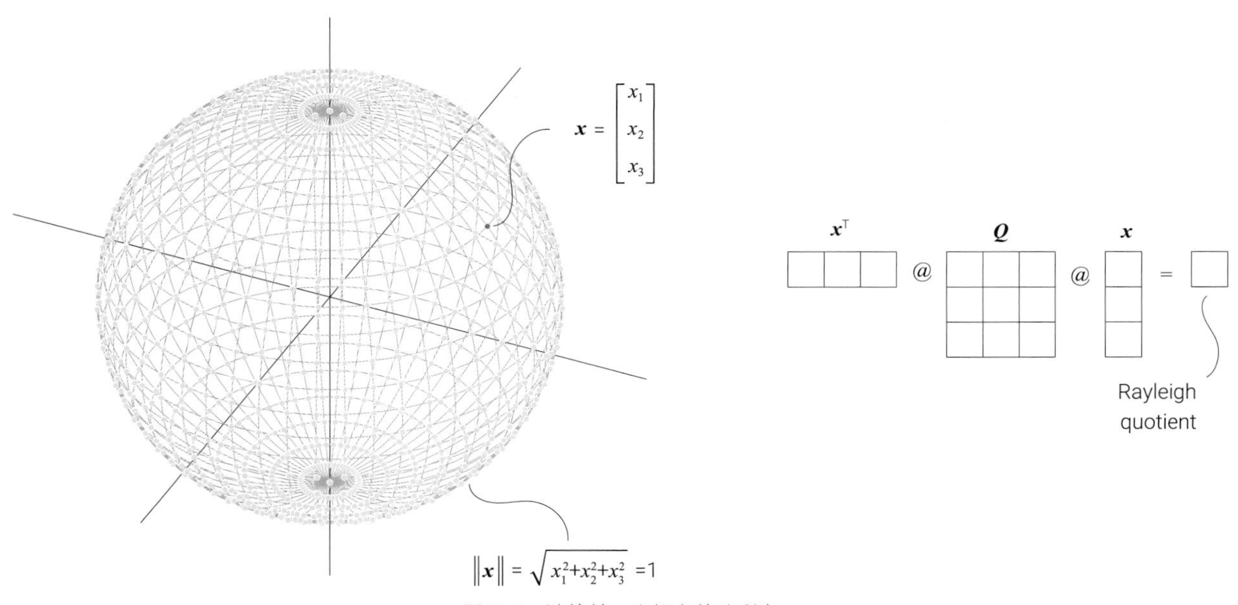

图29.3　计算单一坐标点的瑞利商

代码29.1则计算单位球面上一组点的瑞利商，下面讲解其中语句。

ⓐ用numpy.column_stack()构造坐标点矩阵。注意，每一行代表单位球面上特定点。

ⓑ定义矩阵$\boldsymbol{Q}$。对于瑞利商，矩阵$\boldsymbol{Q}$为对称矩阵，本章后文会介绍其他$\boldsymbol{Q}$对应的瑞利商。

ⓒ按照图29.4这个技术路线计算瑞利商。在这个向量化运算中，我们先用矩阵乘法得到一个大方阵；然后，再提取其中主对角线元素，这些元素就是瑞利商。图29.5告诉我们为什么我们只保留住对角线元素。

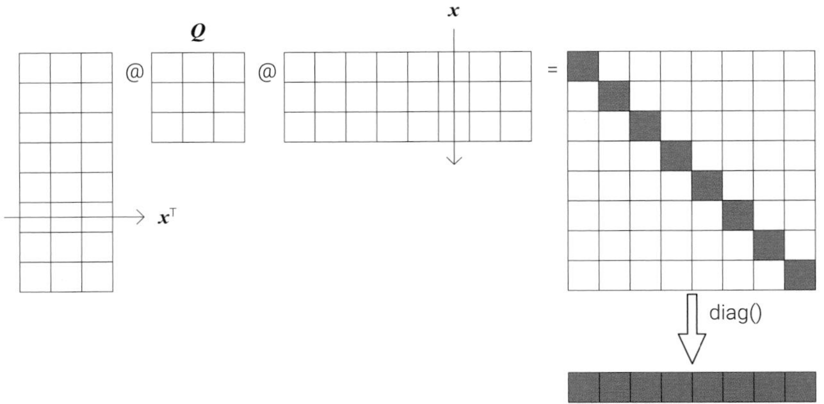

图29.4　计算一组坐标点的瑞利商

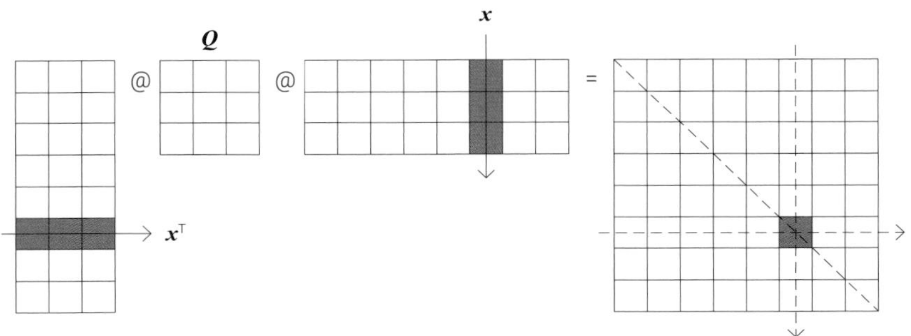

图29.5　为何只保留主对角线元素

大家可能已经发现，这个计算瑞利商的过程和本书前文介绍的计算马氏距离的技术路径几乎完全一致！

ⓓ将一维数组转化为和$\boldsymbol{x}$形状一致的二维数组，以便后续可视化。

代码29.1 计算瑞利商 | BK_2_Ch29_03.ipynb

```
# 每一行代表一个三维直角坐标系坐标点
# 所有坐标点都在单位球面上
Points=np.column_stack([X.ravel(), Y.ravel(), Z.ravel()])

# 定义矩阵Q
Q=np.array([[1, 0.5, 1],
            [0.5, 2, -0.2],
            [1, -0.2, 1]])
# 计算 xT @ Q @ x
Rayleigh_Q=np.diag(Points @ Q @ Points.T)
#
Rayleigh_Q_=np.reshape(Rayleigh_Q,X.shape)
```

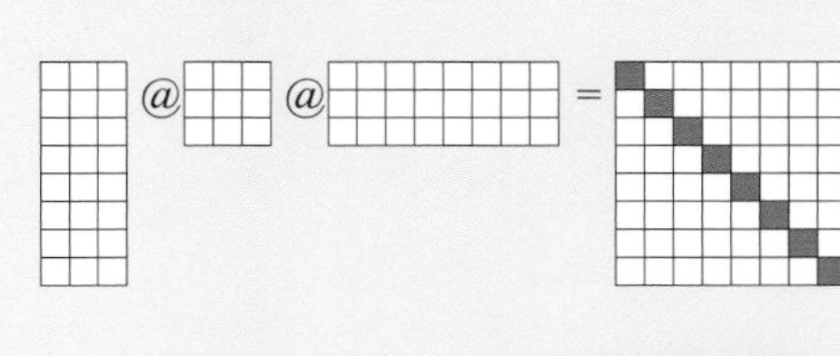

图29.6总结了代码29.1的作用，我们计算了单位球面上一组坐标的瑞利商。这些瑞利商用来完成颜色映射，也就是点亮了小彩灯。图29.18所示为利用plot_surface()可视化瑞利商，请大家在配套代码中自行学习。

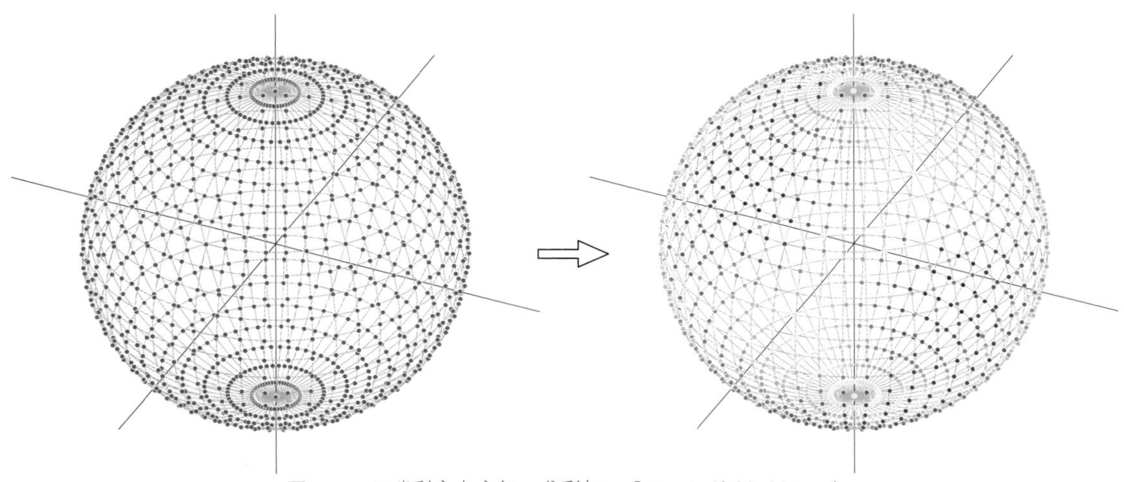

图29.6 用瑞利商点亮每一盏彩灯 | BK_2_Ch29_03.ipynb

BK_2_Ch29_03.ipynb还展示了如何用Plotly可视化瑞利商，如图29.7所示。图29.8所示为用Streamlit搭建的展示三元瑞利商的App。

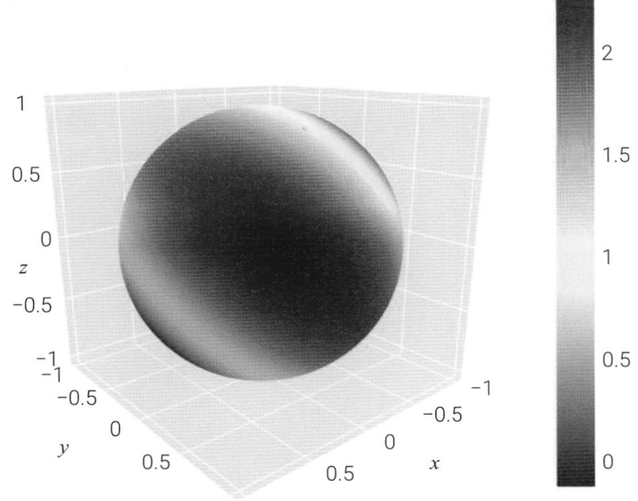

图29.7 用Plotly可视化瑞利商 | BK_2_Ch29_03.ipynb

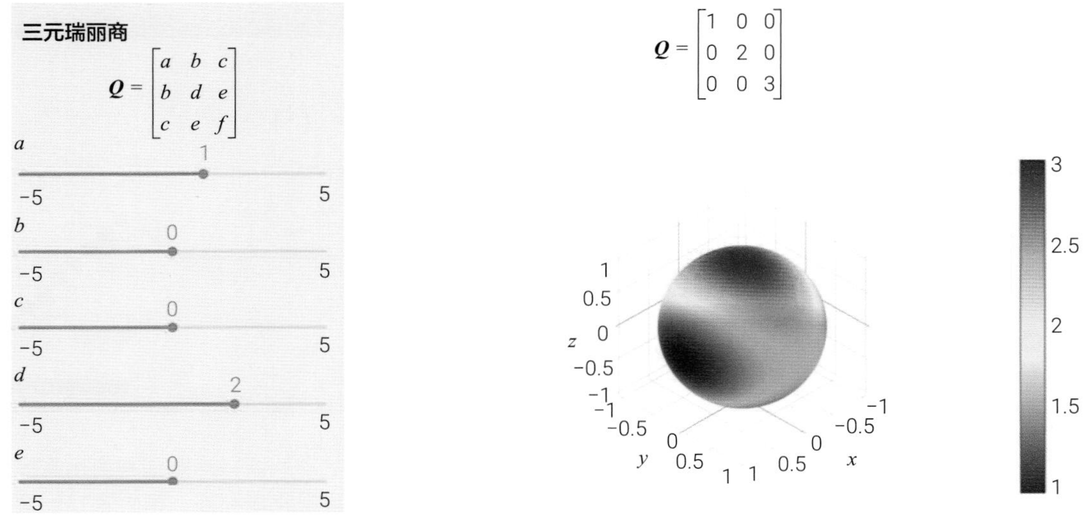

图29.8 展示三元瑞利商的App，Streamlit搭建 | Streamlit_Sphere_Rayleigh_Quotient.py

29.5 平面上看三元瑞利商

但是，我们并不满足于上述可视化方案。通过本书前文学习，我们知道球坐标中的θ、φ数据可以织成网格。由于球面半径为定值，这组网格也可以用来定位球面坐标。

如图29.9所示，我们在θ-φ平面上用散点展示瑞利商！

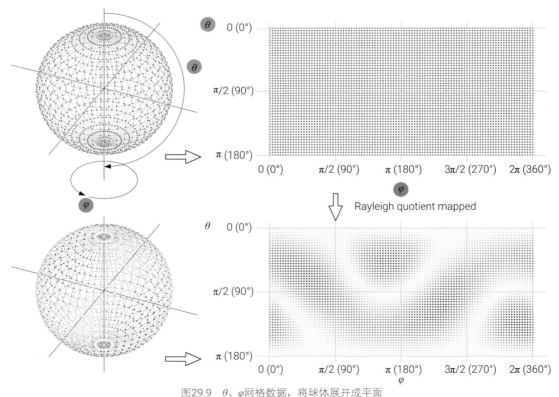

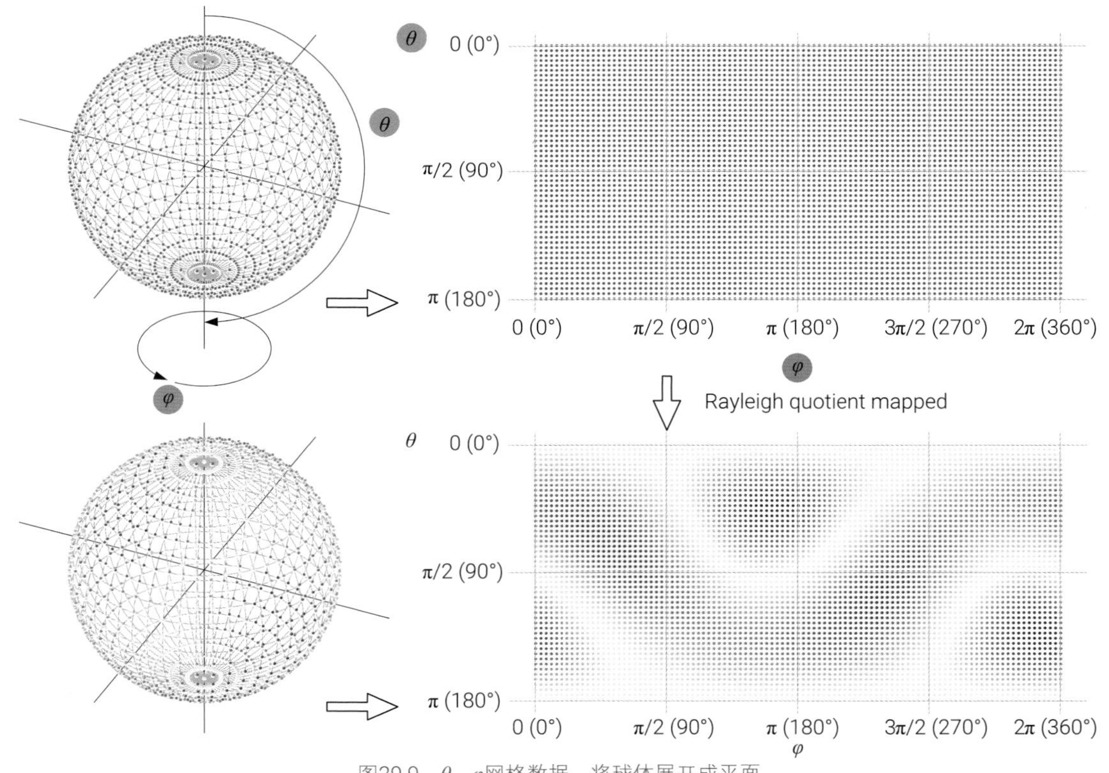

图29.9 θ、φ网格数据，将球体展开成平面

这类似于图29.10所示的圆柱形地图投影法。

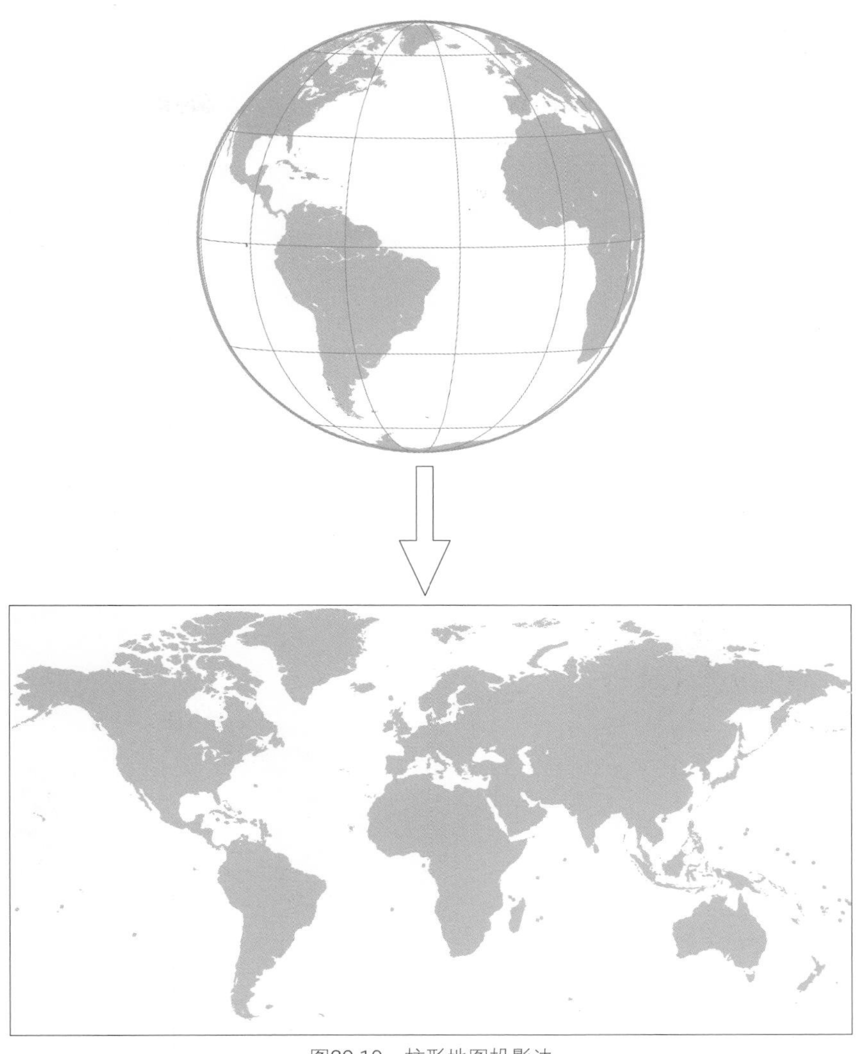

图29.10 柱形地图投影法

这实际上相当于降维，我们把球面上的数据投影到了平面上。这样，我们就可以用本书前文介绍的各种平面可视化方案展示瑞利商，具体如图29.11所示。

在图29.11上，我们清楚地看到了瑞利商的渐变过程，并可以很容易地确定瑞利商最大值、最小值的具体位置。

图29.12还用三维等高线和网格曲面展示了三元瑞利商。观察这幅图大家也可以找到瑞利商最大值、最小值的大概位置。

结合二维和三维可视化方案，我们可以呈现更多瑞利商，如图29.19、图20.20所示。

大家想象一下图29.19、图29.20这些颜色各异的圆球，是不是可以看作是本书第21章各种二次型“方木块”打磨成的“念珠”？

观察图29.11、图29.12，大家可能发现单位球面上的颜色也存在某种等高线，请大家思考我们该怎么绘制这种等高线。本章下一节会给出答案。

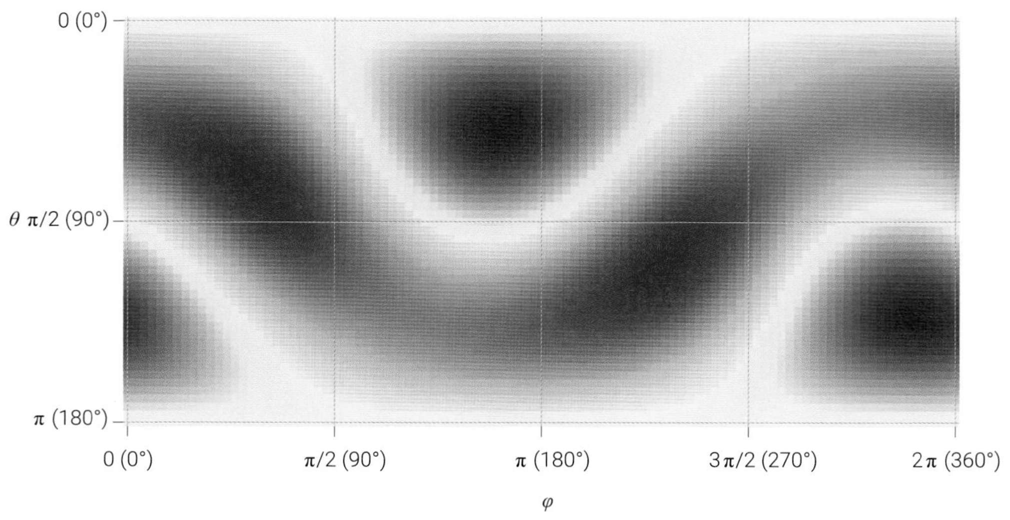

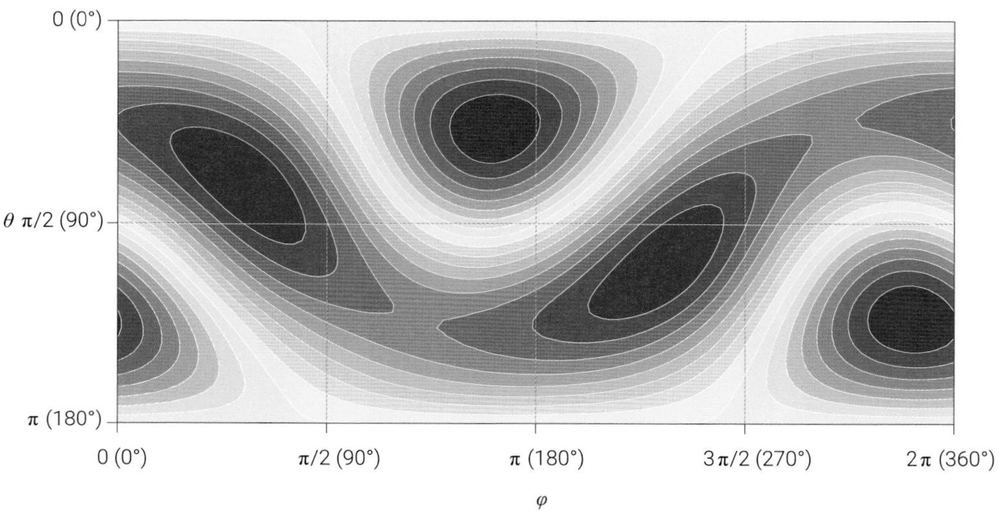

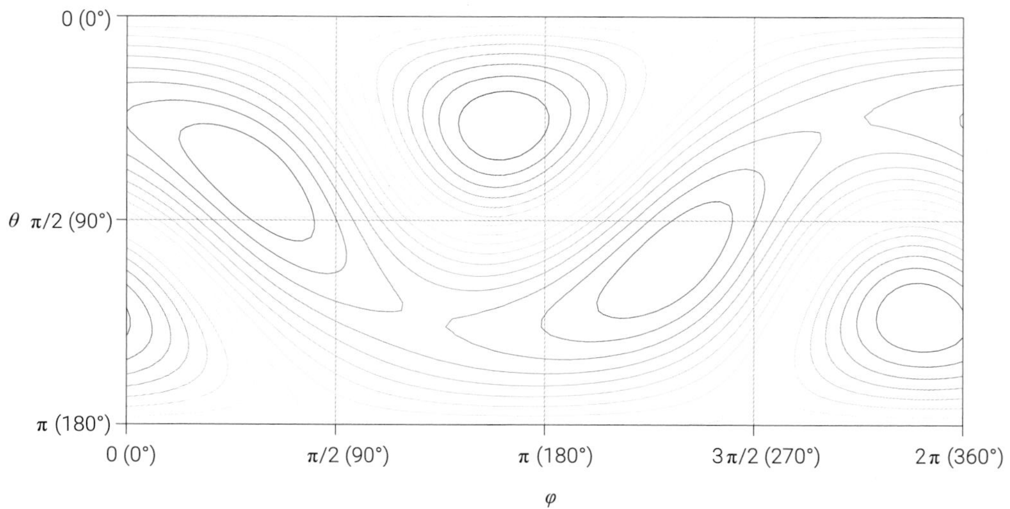

图29.11　用平面可视化方案展示瑞利商 | BK_2_Ch20_3.ipynb

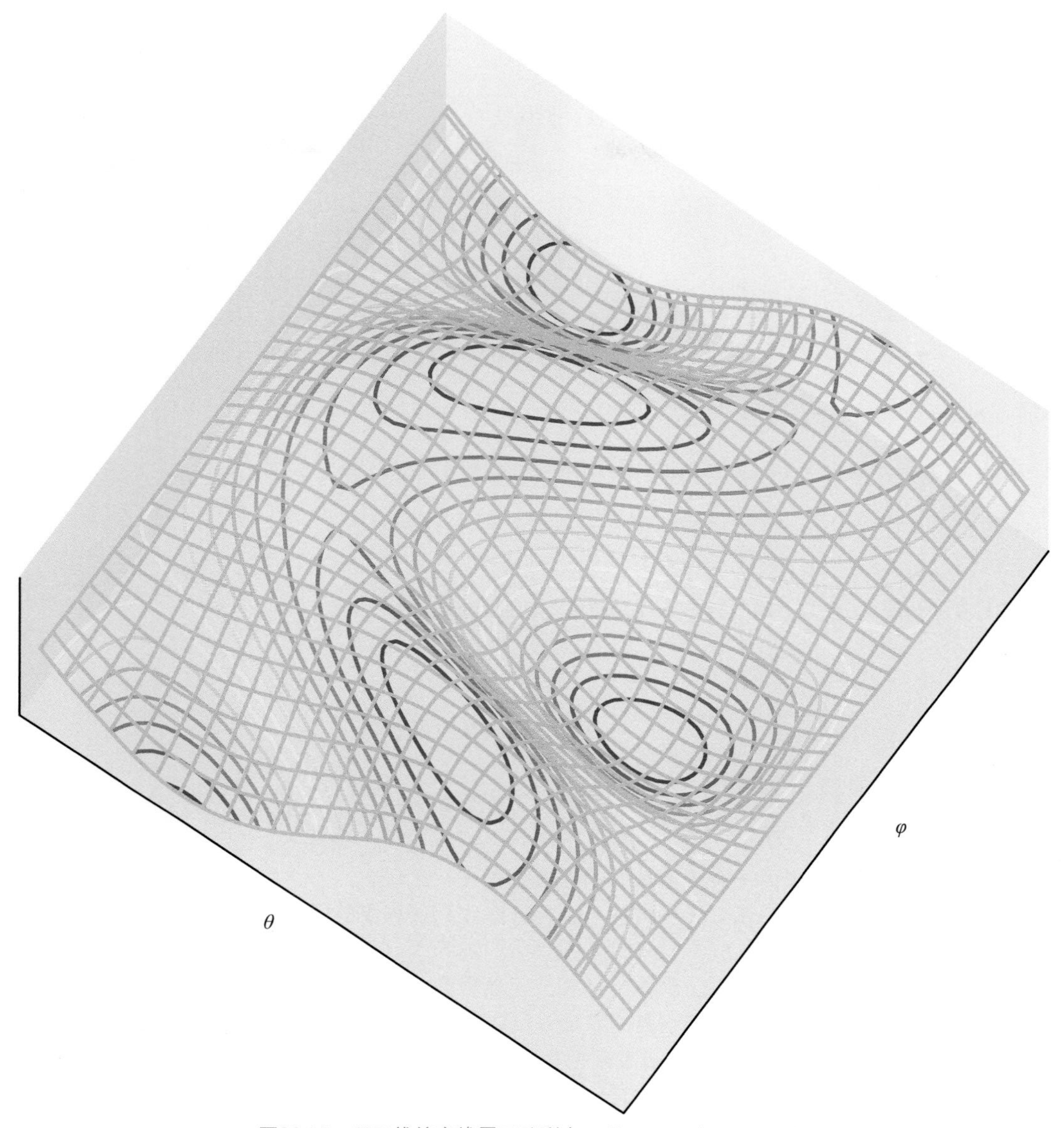

图29.12　用三维等高线展示瑞利商 | BK_2_Ch20_3.ipynb

29.6 球面等高线展示三元瑞利商

上一节在介绍利用网格曲面可视化瑞利商时，问过一个问题，我们能否在单位球球面上用等高线的形式展示瑞利商。本书前文讲解的提取特定高度等高线坐标可以帮助我们完成这个可视化任务。

如图29.13所示，我们先在φ-θ平面上提取瑞利商等高线坐标，然后再反向映射获得对应球面坐标(x,y,z)。

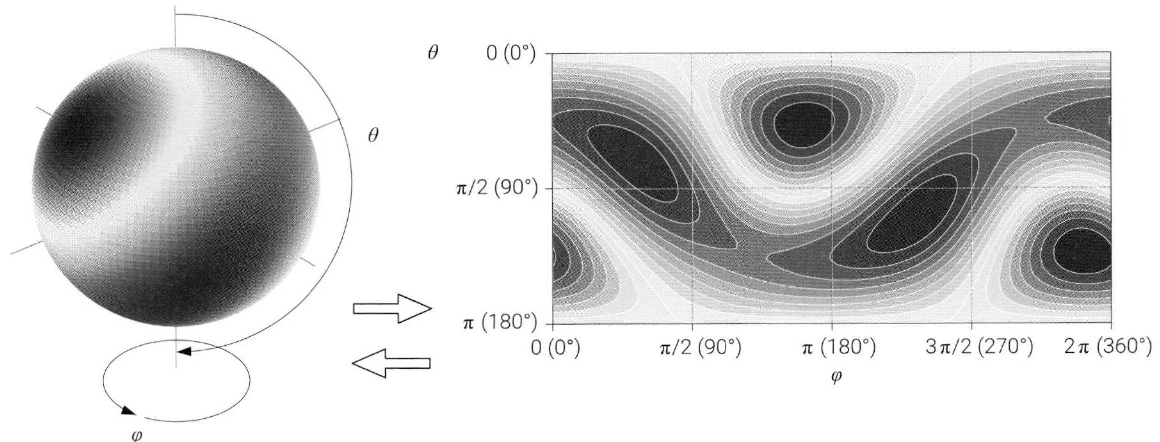

图29.13　提取φ-θ平面上瑞利商等高线坐标

Bk_2_Ch29_05.ipynb中绘制了图29.21，请大家自行学习代码文件。

请大家思考如何把φ-θ平面上瑞利商等高线坐标投影到圆柱面上？

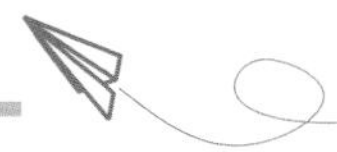

本章讲解了线性代数中另一个“难啃”的数学概念——瑞利商。

我们从二元瑞利商出发，用二元函数的可视化方案找到瑞利商的规律。并顺藤摸瓜，用单位圆和极坐标来展示二元瑞利商。

然后，我们进一步升维，在单位球体上呈现三元瑞利商；然后根据球坐标，用二维等高线来展示三元瑞利商。最后，我们又把三元瑞利商的等高线反向投影到单位球面上。

本章用Streamlit创建了两个App，请大家把其他展示瑞利商的可视化方案也做成瑞利商。

当然，为了掌握瑞利商，我们还需要进一步学习《矩阵力量》中的相关内容；但是，相信本章的各种分析过程和可视化方案已经把瑞利商这个概念揉碎，并且这些几何直觉已经铺平了大家学习瑞利商的道路。

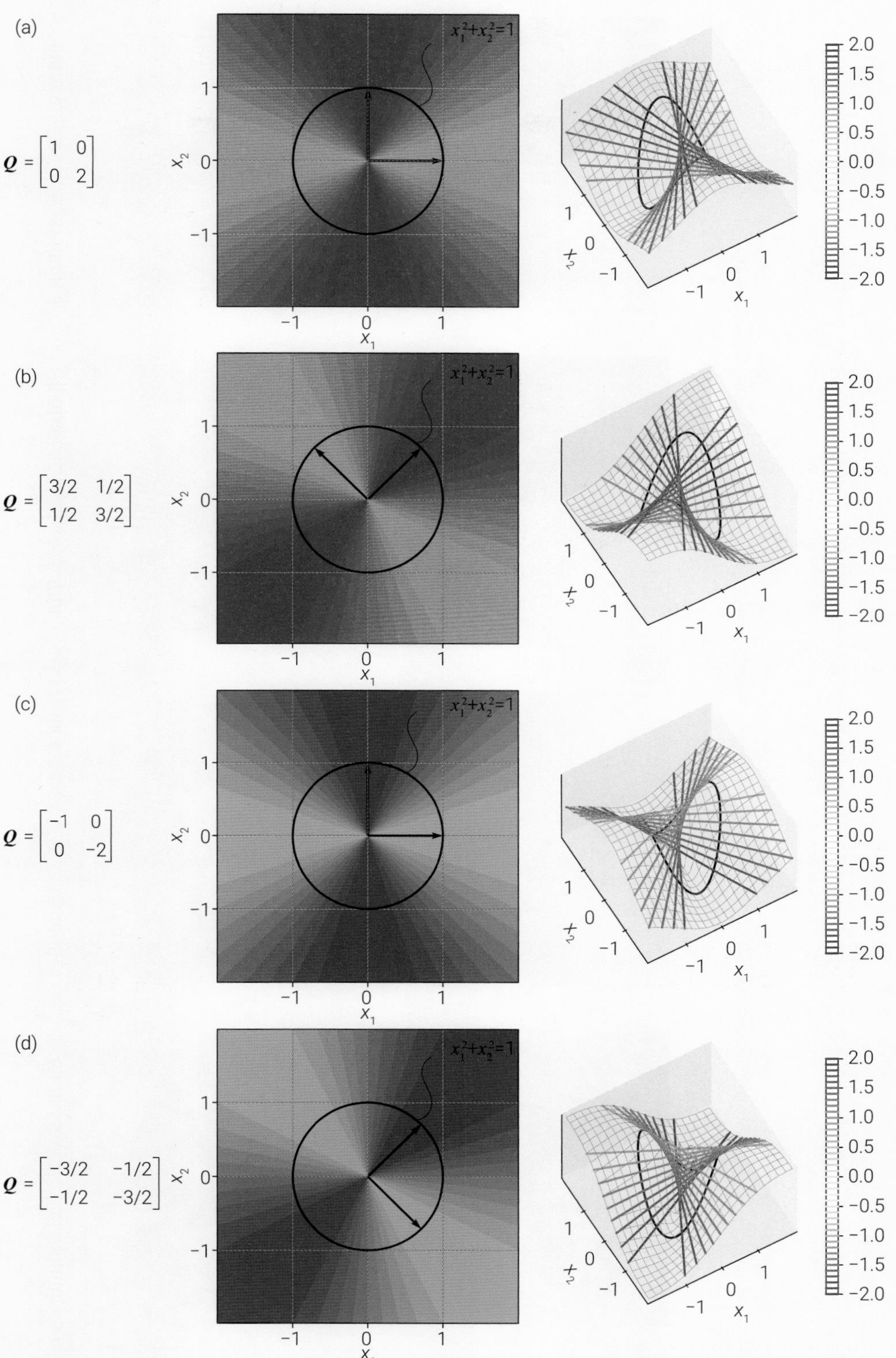

图29.14　二元瑞利商，第1组 | BK_2_Ch29_01.ipynb

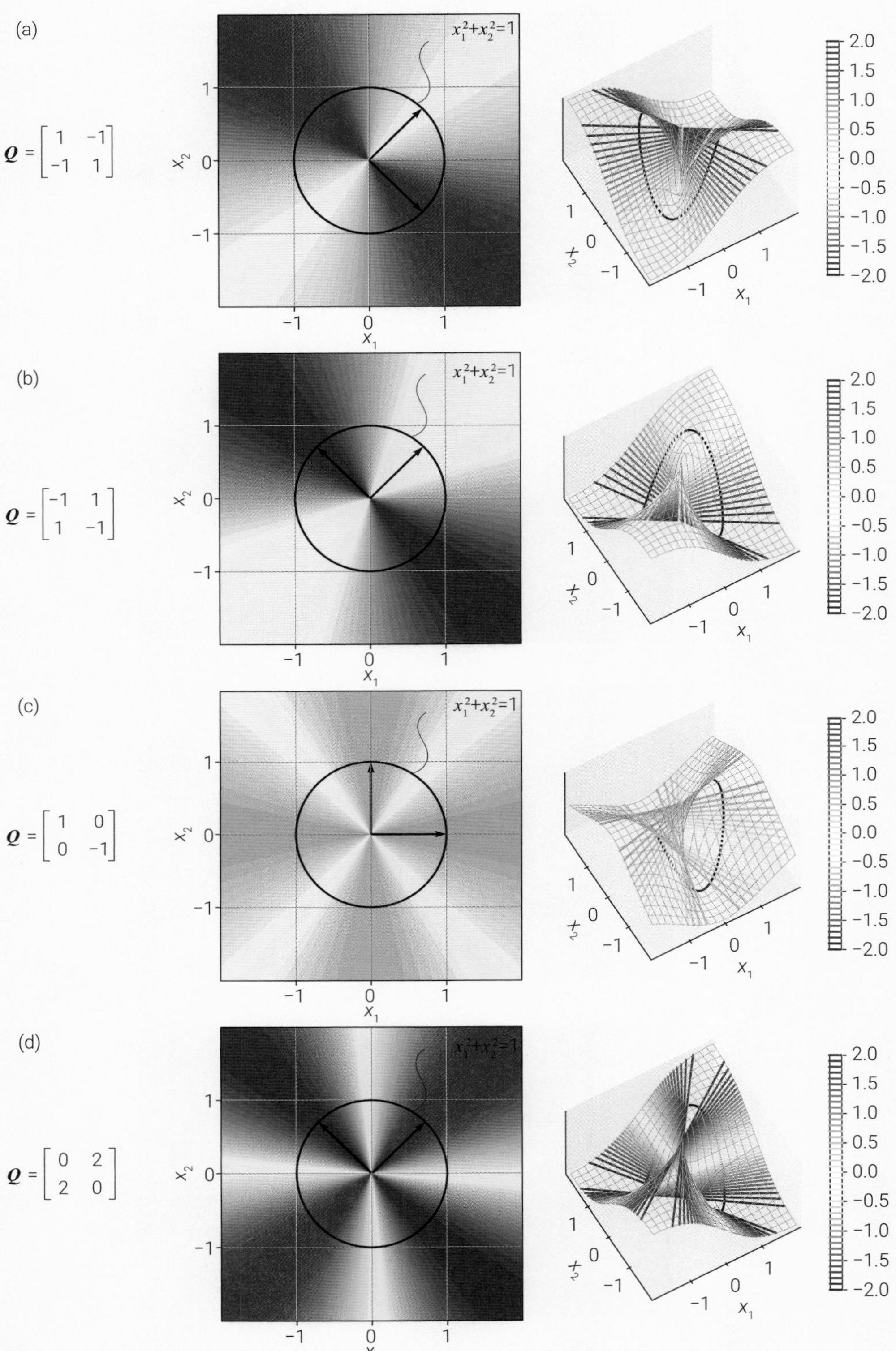

图29.15　二元瑞利商，第2组 | BK_2_Ch29_01.ipynb

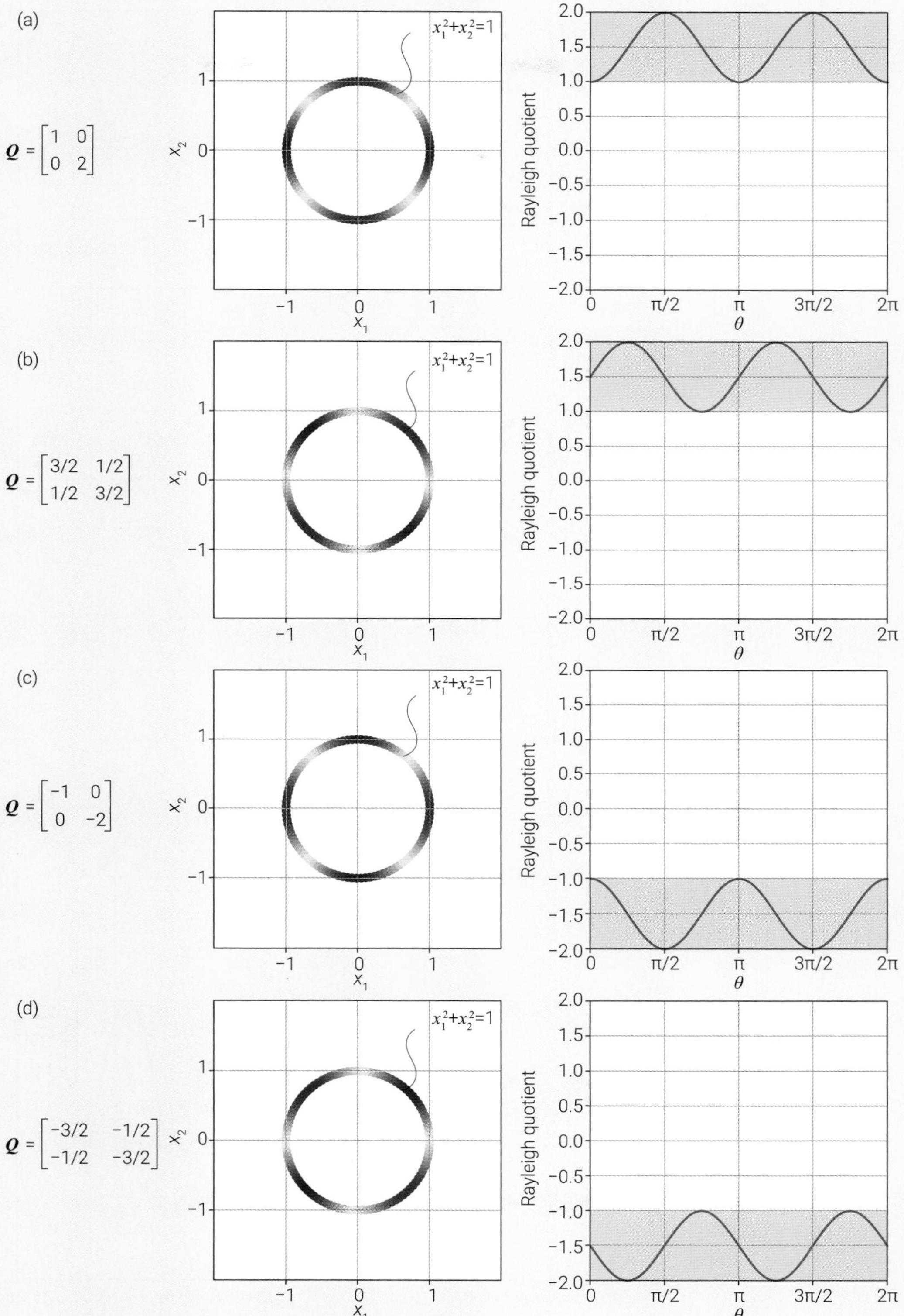

图29.16　单位圆上看二元瑞利商，第1组 | BK_2_Ch29_02.ipynb

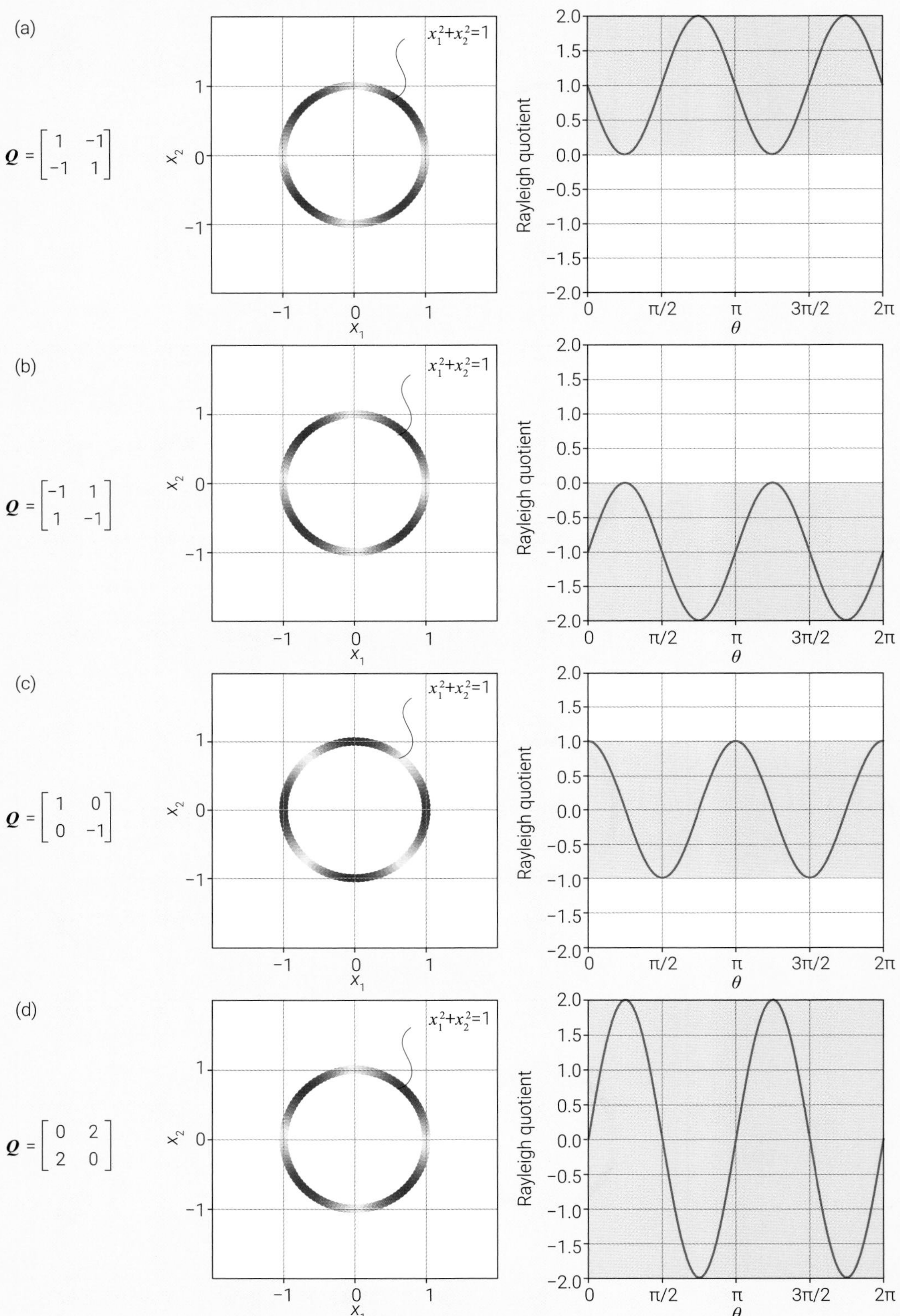

图29.17　单位圆上看二元瑞利商，第2组 | BK_2_Ch29_02.ipynb

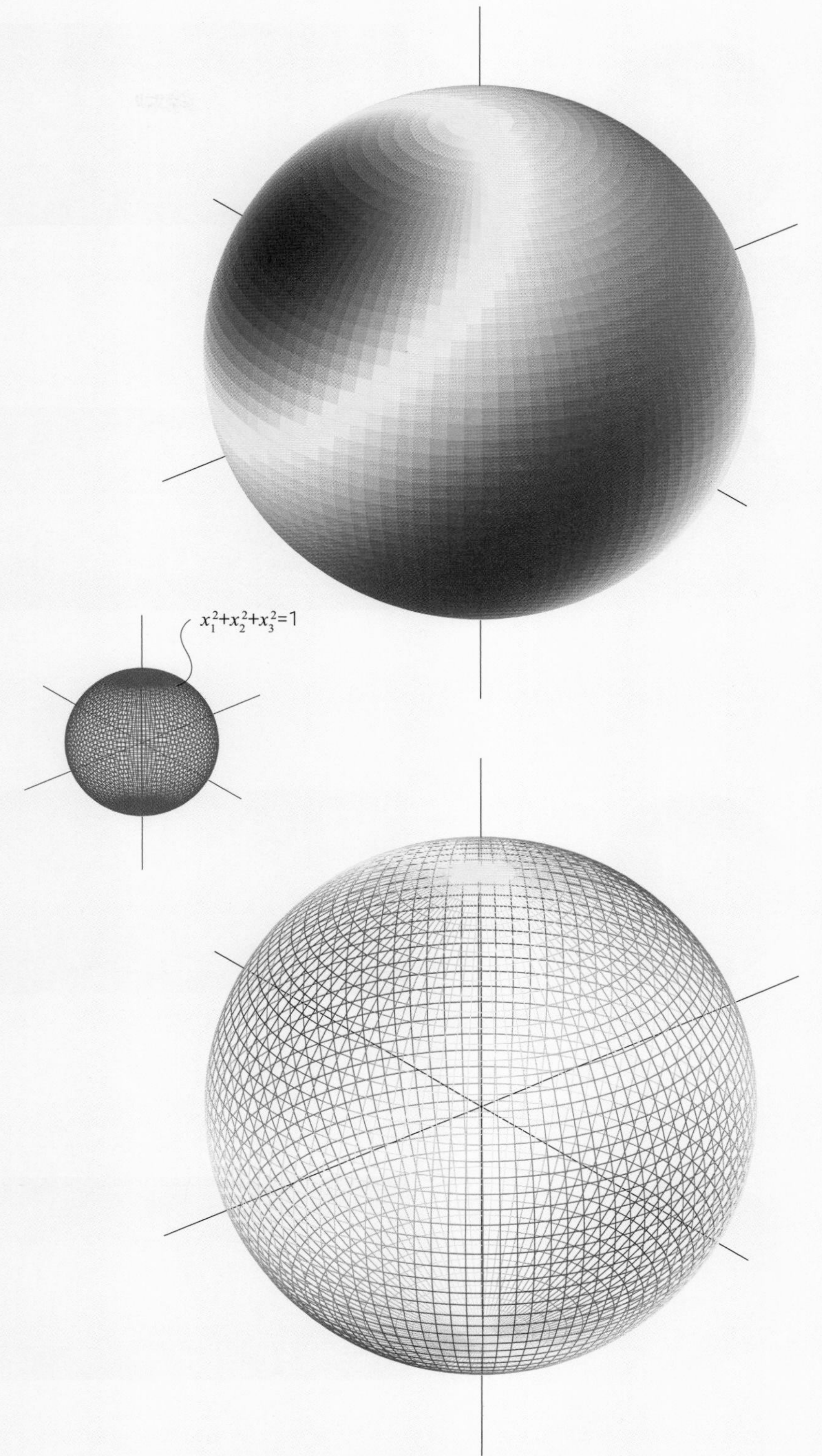

图29.18　单位球面上的瑞利商 | BK_2_Ch29_03.ipynb

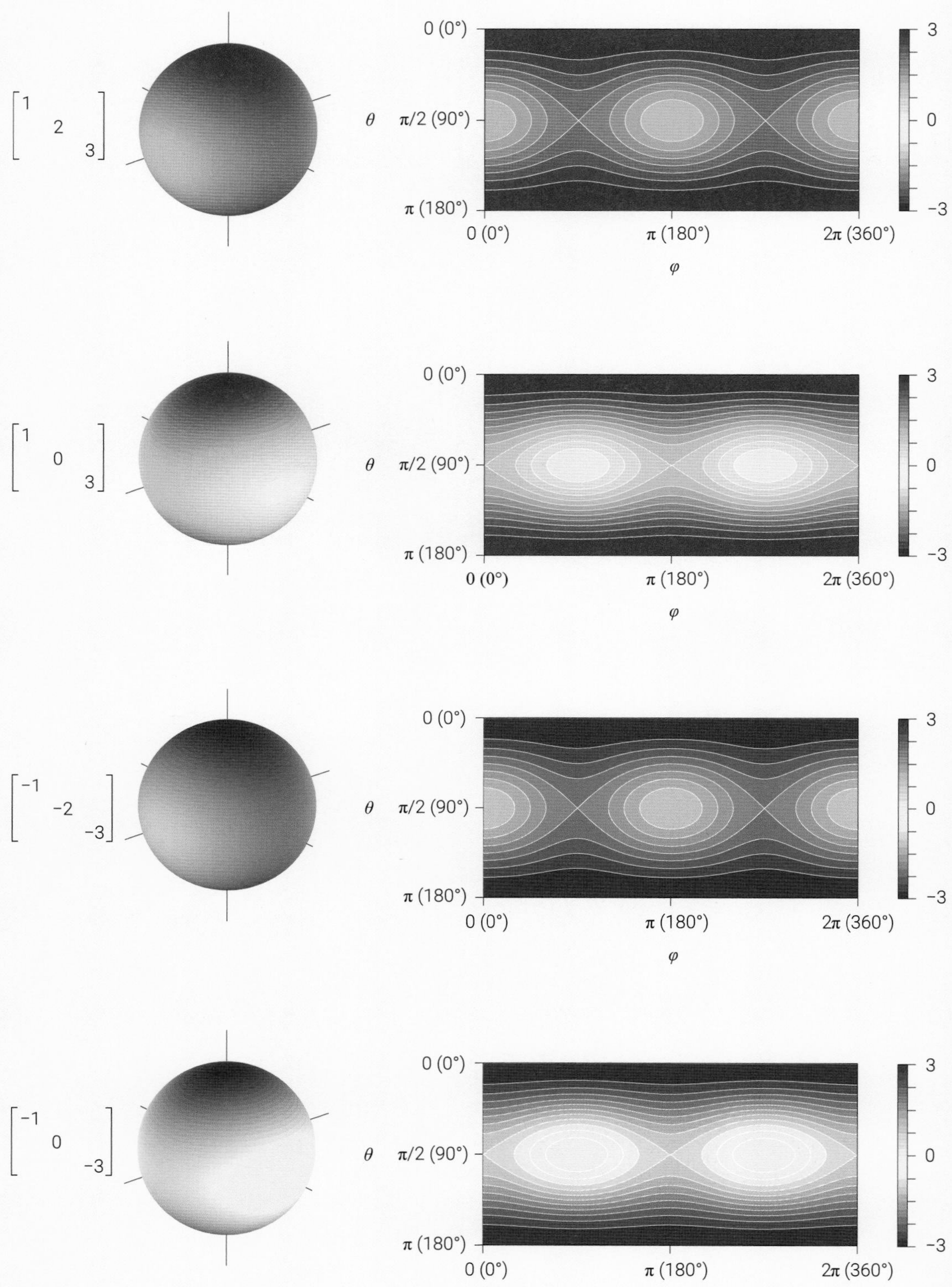

图29.19　单位球面上各种瑞利商，第1组 | BK_2_Ch29_04.ipynb

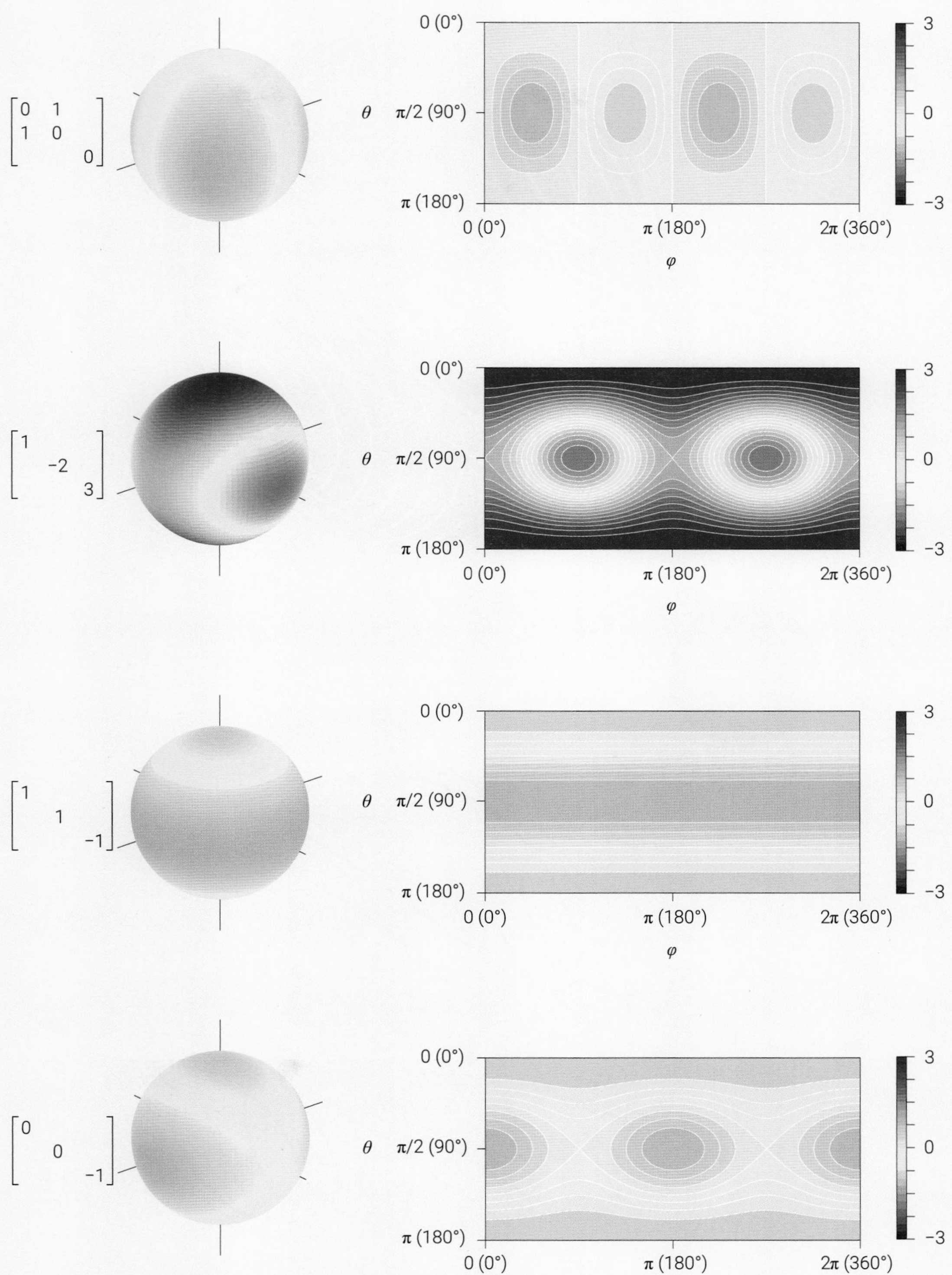

图29.20 单位球面上各种瑞利商，第2组 | BK_2_Ch29_04.ipynb

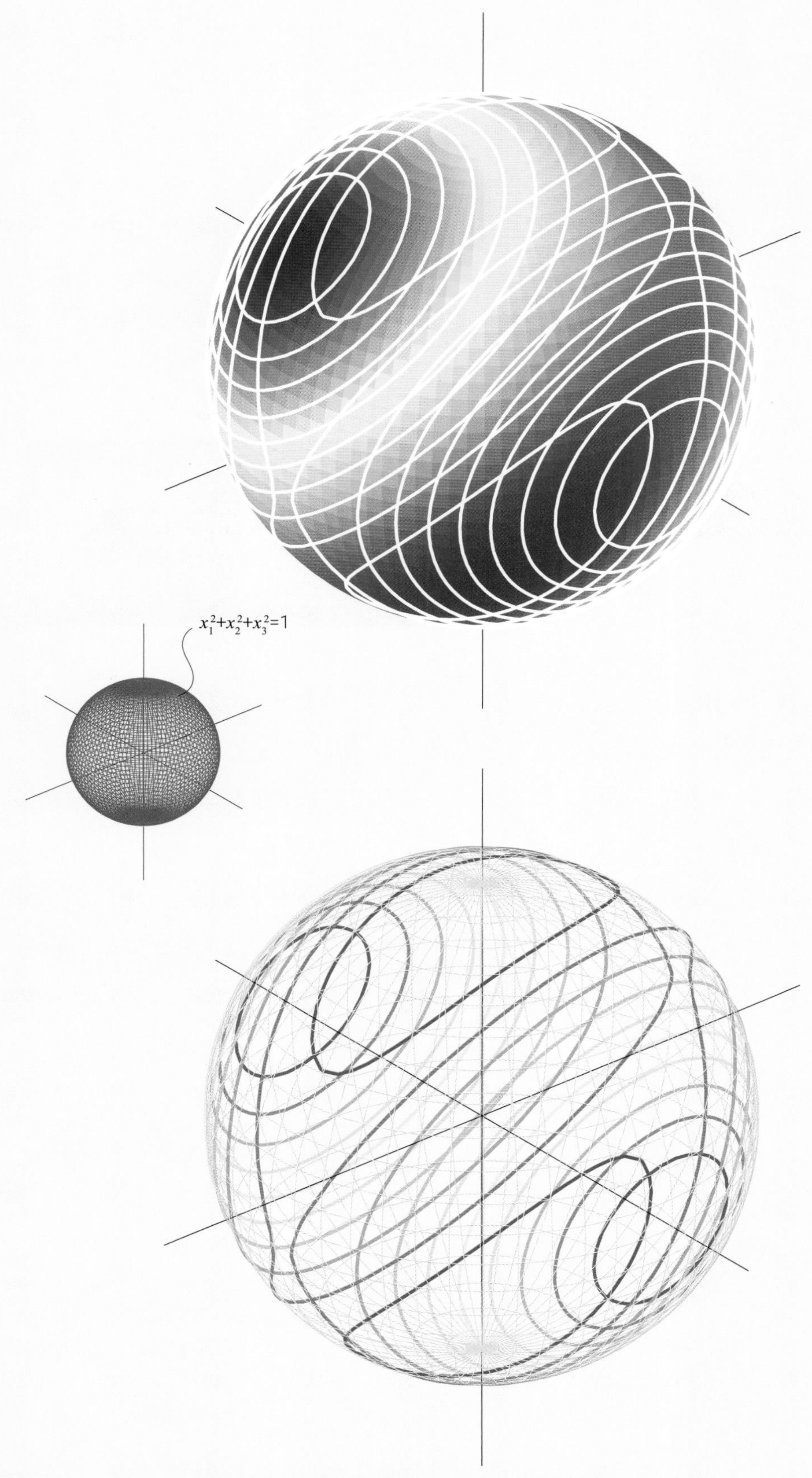

图29.21　球面上的瑞利商等高线 | BK_2_Ch29_05.ipynb

30 Cardioid 心形线

从心形线说起，展示模数乘法表之美

博爱是好事，因为真正的力量就蕴藏在其中。深爱之人会付出更多，做成更多事情，并且能够取得更大的成就。而在爱的驱使下所做的一切都会变得出色。

It is good to love many things, for therein lies the true strength, and whosoever loves much performs much, and can accomplish much, and what is done in love is well done.

—— 文森特·梵高 (Vincent van Gogh) | 荷兰后印象派画家 | 1853—1890年

- `%` 求余数（取模）
- `matplotlib.pyplot.cm` 提供各种预定义色谱方案，比如`matplotlib.pyplot.cm.rainbow`
- `numpy.column_stack()` 将两个数组列合并
- `pandas.DataFrame()` 创建数据帧
- `seaborn.heatmap()` 绘制热图

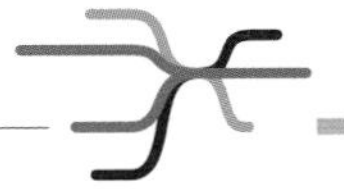

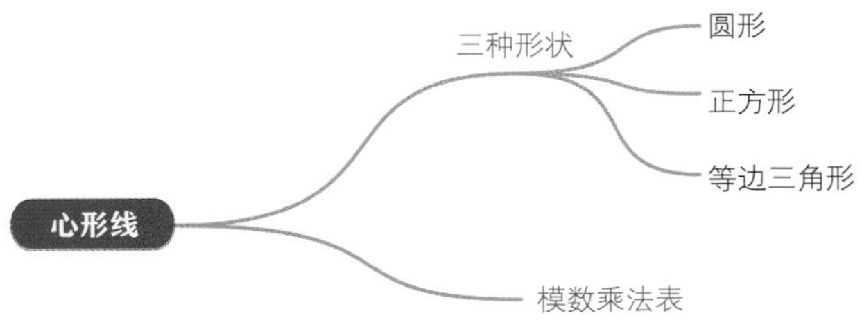

30.1 心形线

本书前文介绍过如何用参数方程绘制**心形线** (cardioid)。本章则要介绍一种全新的方法绘制心形线，并且以此为起点介绍更多类似可视化方案展示数学之美。

如图30.1所示，绘制一个正圆，将周长36等分，获得36个点，从0开始编号。

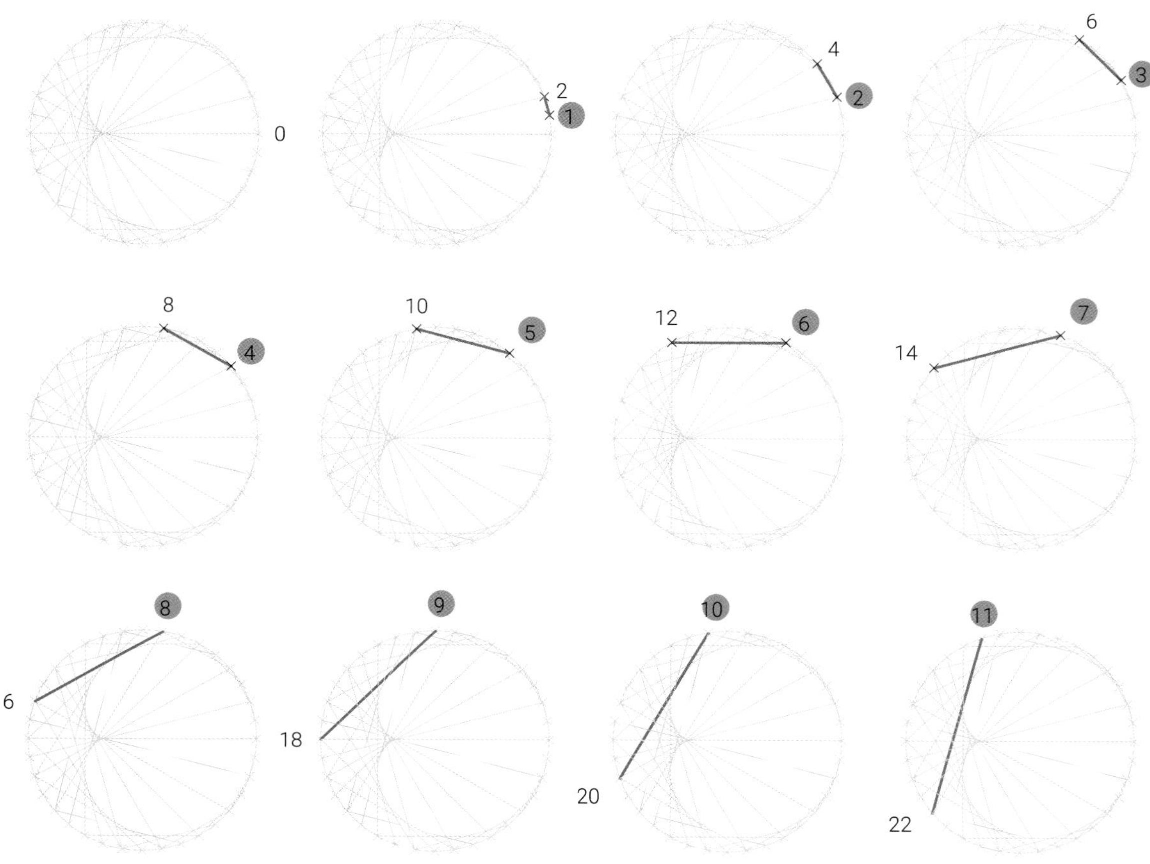

图30.1　用正圆一组弦呈现心形线

然后，开始绘制正圆的弦，(1,2)、(2,4)、(3,6)、(4,8)、(5,10) …… 大家可能已经发现弦的两端编号有简单的规律。第一个点对应的编号分别为1、2、3、4、5 ……；第二个点的编号的“旋转速度”是第一个点编号的两倍，故对应的编号分别为2、4、6、8、10 …… 这些弦构成的包络就是心形线。

大家可能会问，如果弦的第二个点编号的旋转速度是第一个点的“三倍”，形成的图形又会怎样？如果是四倍、五倍呢？

图30.5 ~ 图30.9可以帮我们回答这个问题。Bk2_Ch30_01.ipynb中绘制了这些子图，下面讲解代码30.1。

ⓐ用hsv颜色映射产生一组渐变色渲染弦线段。选hsv颜色映射的原因一方面是因为这个颜色映射首尾闭合；此外，hsv颜色非常鲜艳。

ⓑ为弦线段的第一个端点序号，即1、2、3、4、5…

ⓒ计算弦线段第二个端点序号。这句代码用到了取模运算。举个例子，当k = 2且N = 36时，如果i分别取1、2、3、4、5，计算结果为2、4、6、8、10。这符合图30.1要求。

顺着这个视角展开，图30.5 ~ 图30.9这几组图形本身展现的数学之美之外，它们还和**模数乘法表** (modular multiplication table) 有关，这是下一节要介绍的内容。

ⓓ绘制弦线段。

代码30.1 可视化心形线 | Bk2_Ch30_01.ipynb

```
def visualize(k=2):
    # 可视化
    fig, ax=plt.subplots(figsize=(8,8))
    # 用hsv颜色映射渲染每一条弦线段
    colors=plt.cm.hsv(np.linspace(0, 1, N+1))        # ⓐ

    # i为弦第一个点的序号
    for i in range(N+1):                              # ⓑ

        # j为弦第二个点的序号
        j = (i*k) % N                                 # ⓒ

        # 绘制弦线段，两个点分别为
        # points[i], points[j]
        plt.plot([points[i,0], points[j,0]],          # ⓓ
                 [points[i,1], points[j,1]],
                 lw=0.1,c=colors[i])

    ax.axis('off')
```

用类似的思路，我们还绘制了图30.10 ~ 图30.13 (正方形) 和图30.14 ~ 图30.17 (等边三角形) 这两组图像。请大家自行学习Bk2_Ch30_02.ipynb和Bk2_Ch30_03.ipynb。

此外，请大家根据Bk2_Ch30_02.ipynb和Bk2_Ch30_03.ipynb尝试创建两个类似图30.2的App。

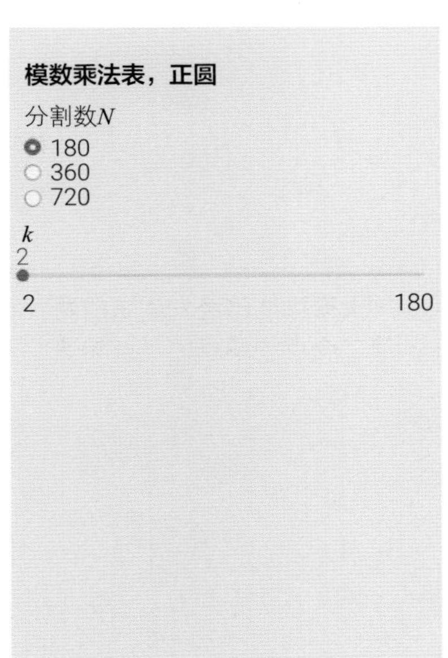

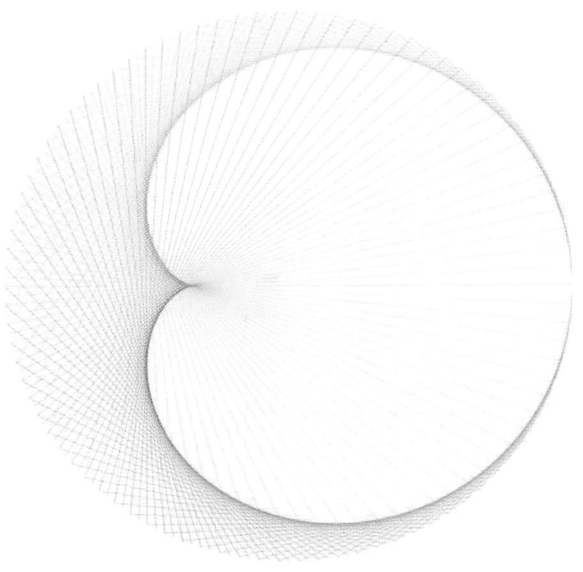

图30.2 用正圆展示模数乘法表的App，Streamlit搭建 | Streamlit_modular_multiplication_circle.py

30.2 模数乘法表

模数乘法表是一种数学工具，用于展示在模运算下的乘法结果。模运算通常是指取余数运算，图 30.3所示为在模5下的乘法表，其展示0 ~ 4的整数在乘法运算中的余数结果。

其实这个表很容易理解，以第1行第1列结果为例，对应的算式为(0 × 0) mod 5 = 0。也就是说，0对5取余 (取模) 结果为0。请大家注意，取余并不完全等同于取模。大家应该还记得Python中取模的运算符为%。请大家自己算一下图30.3中其余模数运算，以便加深理解。

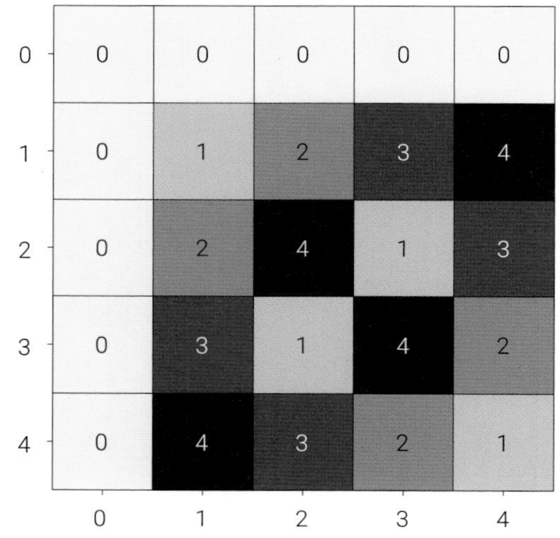

	0	1	2	3	4
0	0	0	0	0	0
1	0	1	2	3	4
2	0	2	4	1	3
3	0	3	1	4	2
4	0	4	3	2	1

图30.3 模数乘法表，mod 5 | Bk2_Ch30_04.ipynb

图30.4所示为在模36下的乘法表，其展示0 ~ 35的整数在乘法运算中的余数结果。请大家特别注意图30.4的第3行，它对应图30.1。

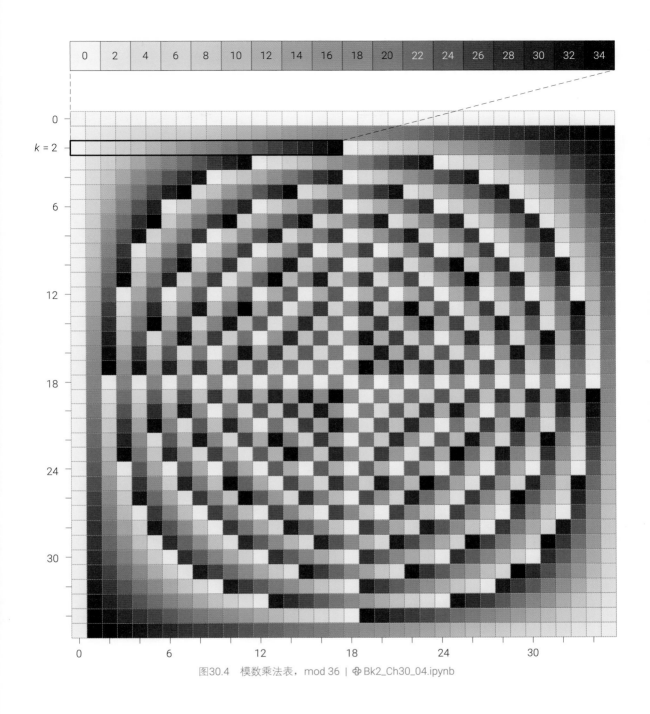

图30.4　模数乘法表，mod 36 | Bk2_Ch30_04.ipynb

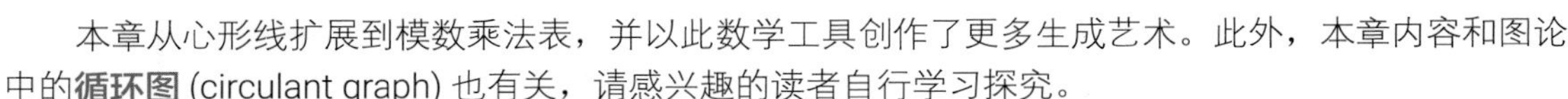

本章从心形线扩展到模数乘法表，并以此数学工具创作了更多生成艺术。此外，本章内容和图论中的**循环图** (circulant graph) 也有关，请感兴趣的读者自行学习探究。

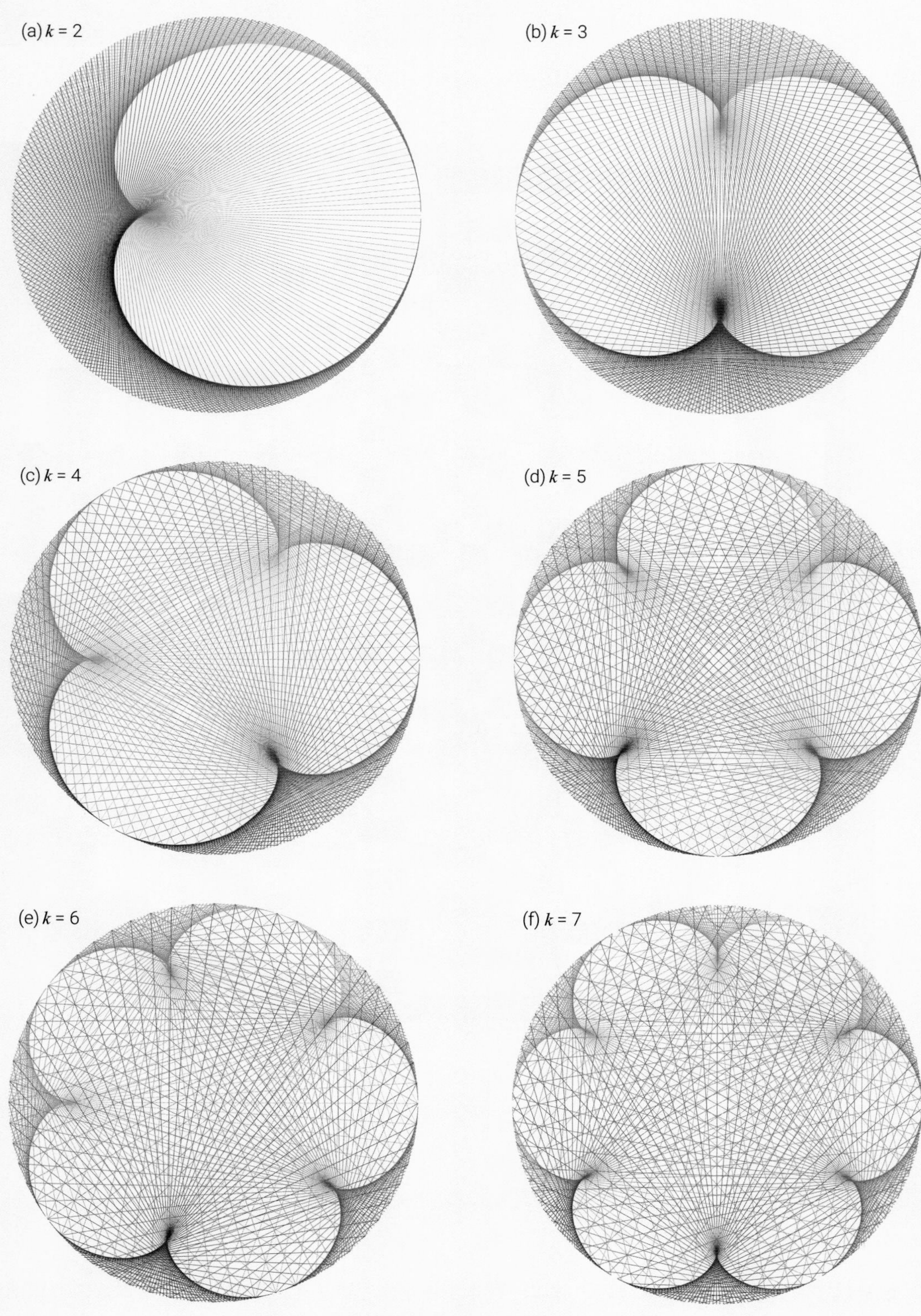

图30.5　心形线的扩展图形，第1组 | BK2_Ch30_01.ipynb

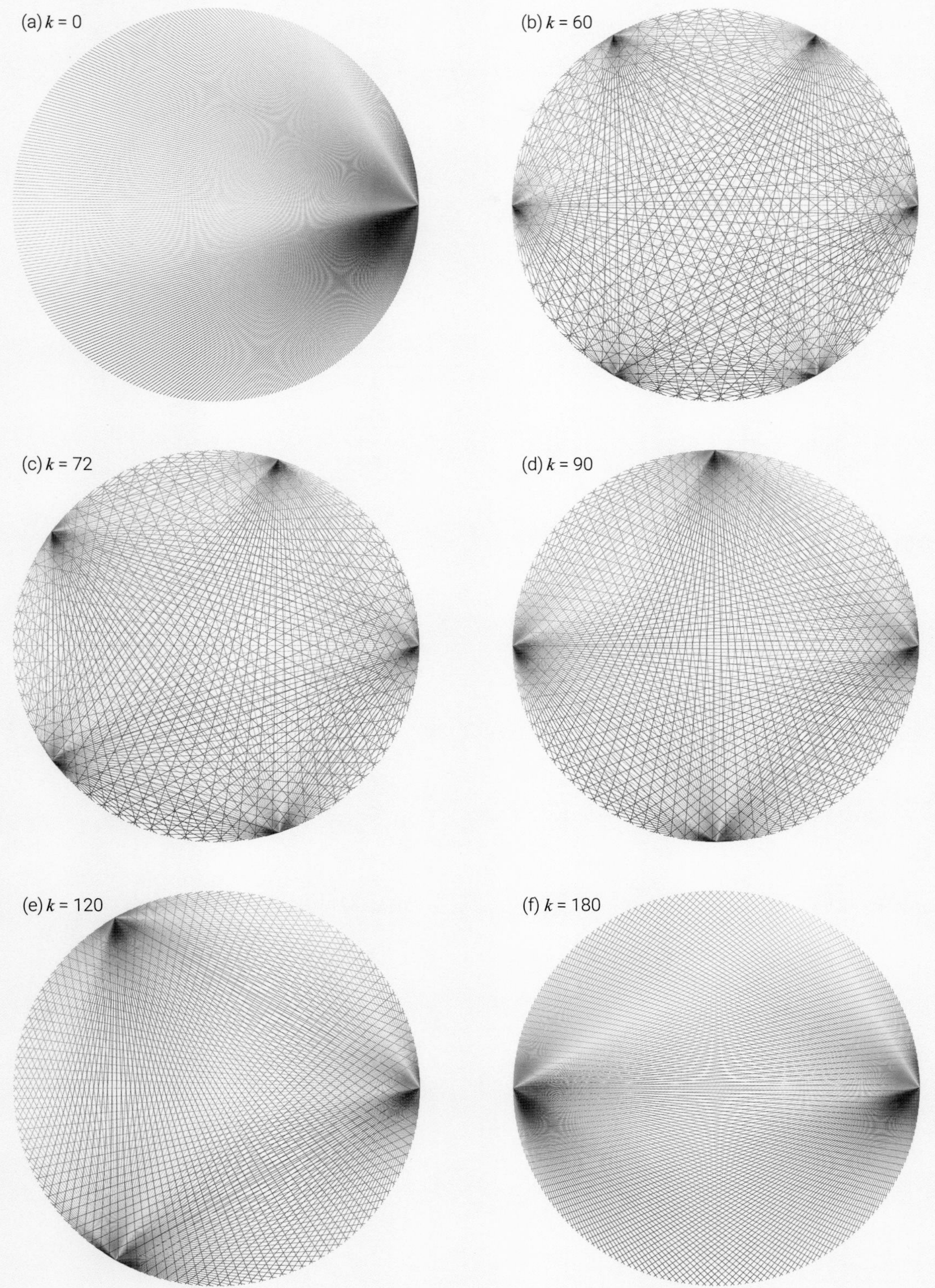

图30.6　心形线的扩展图形，第2组 | BK2_Ch30_01.ipynb

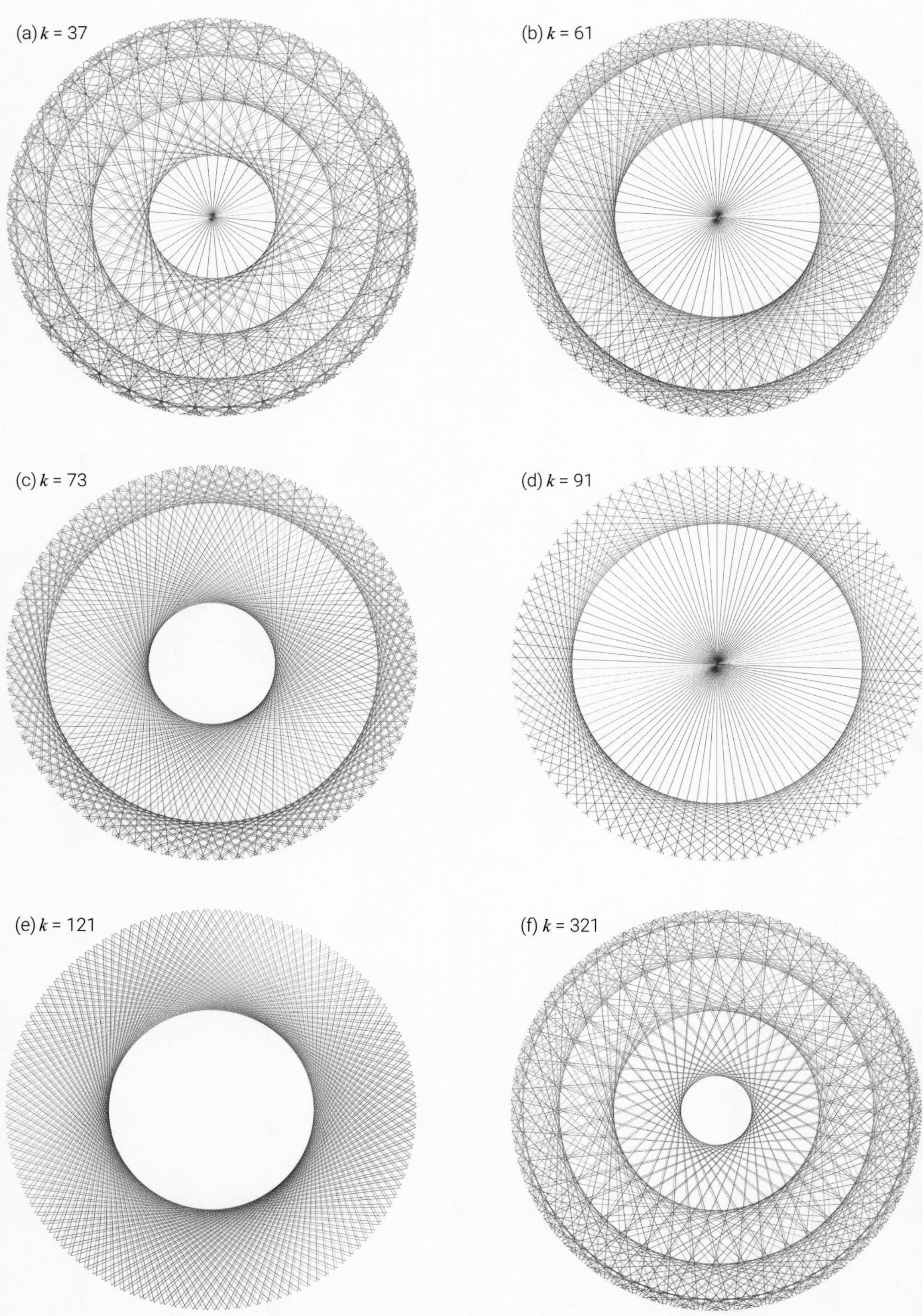

图30.7　心形线的扩展图形，第3组 | ⊕ BK2_Ch30_01.ipynb

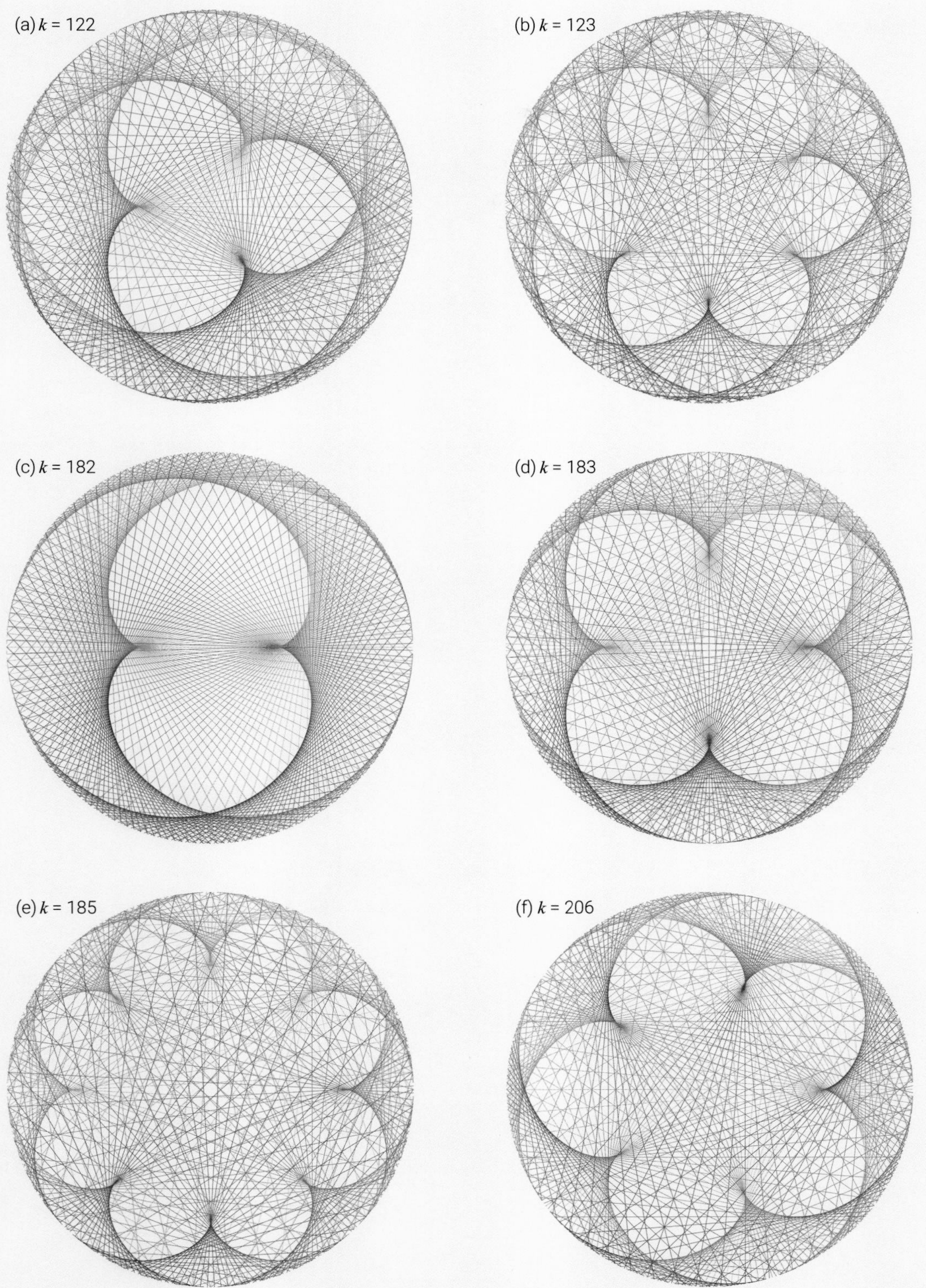

图30.8　心形线的扩展图形，第4组 | BK2_Ch30_01.ipynb

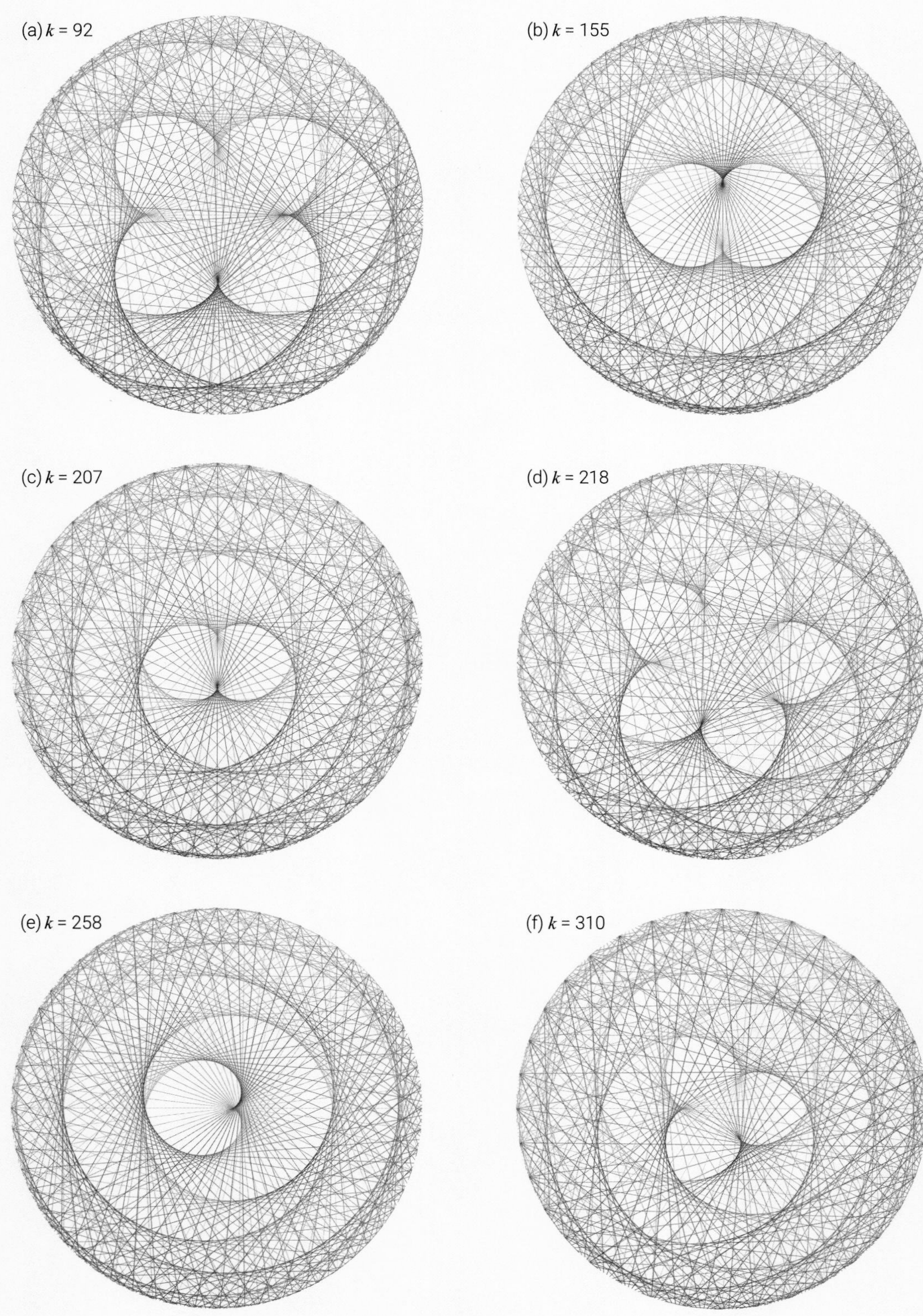

图30.9　心形线的扩展图形，第5组 | BK2_Ch30_01.ipynb

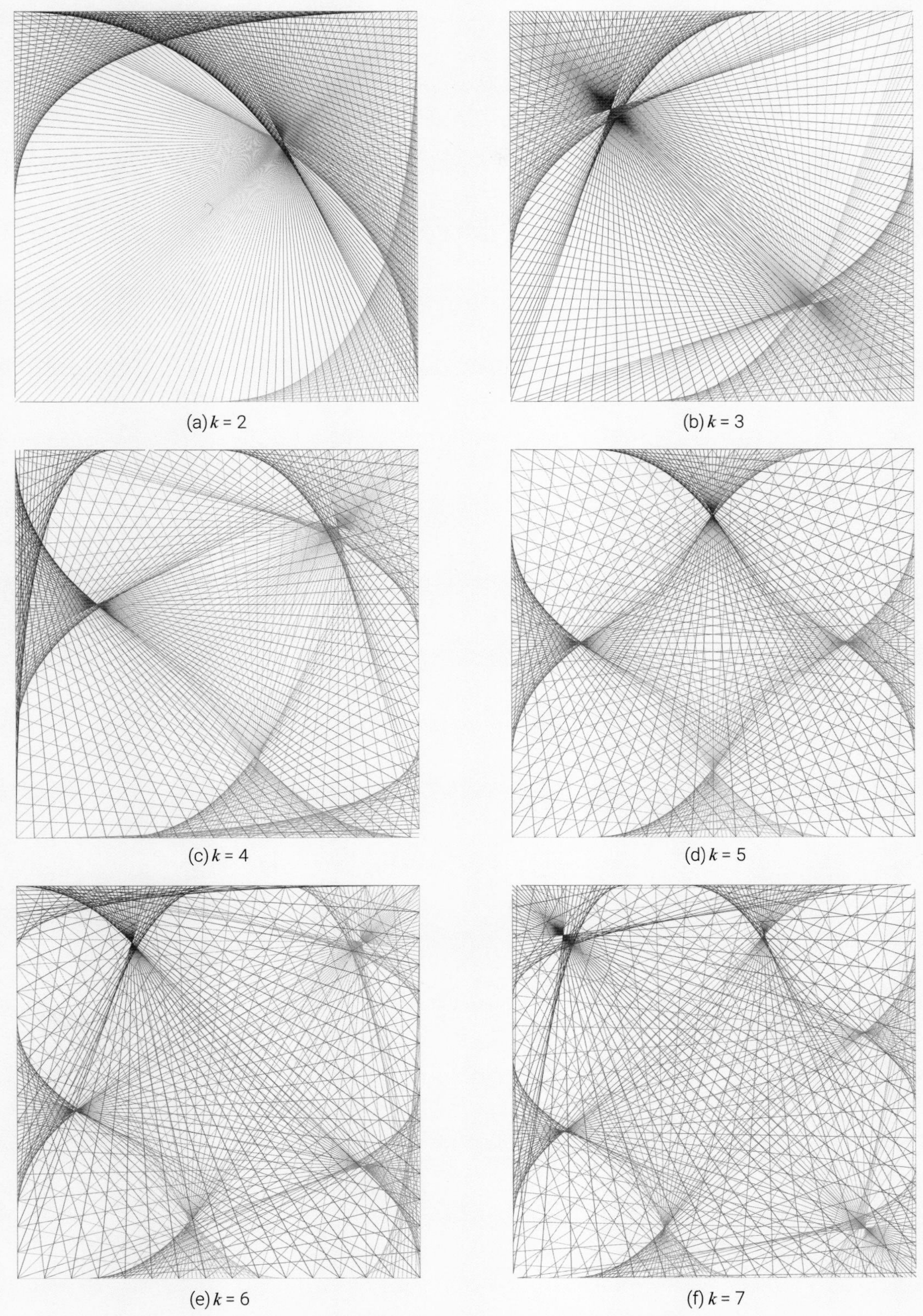

图30.10　可视化模数乘法，正方形，第1组 | BK2_Ch30_02.ipynb

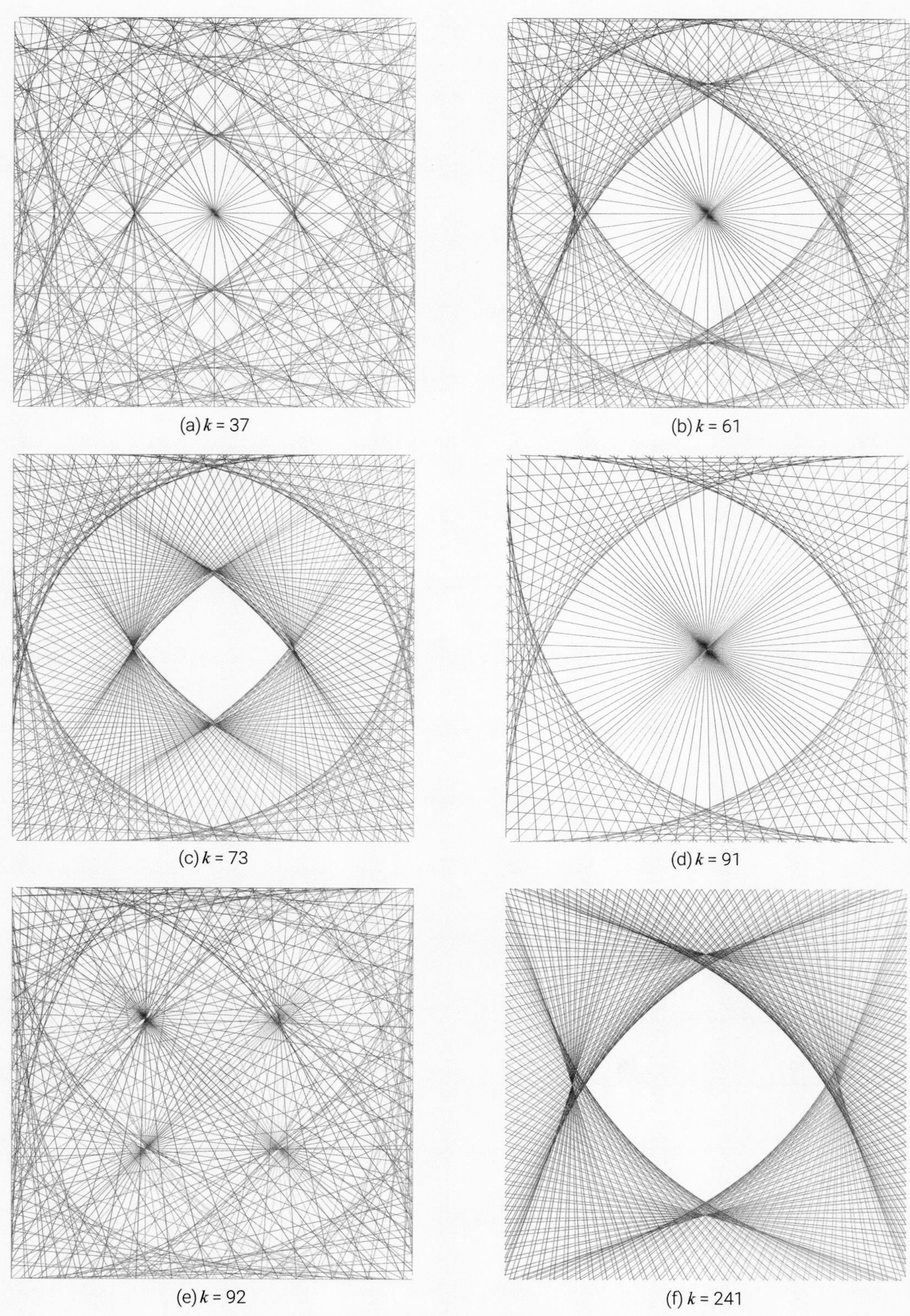

(a) k = 37　(b) k = 61　(c) k = 73　(d) k = 91　(e) k = 92　(f) k = 241

图30.11　可视化模数乘法，正方形，第2组 | BK2_Ch30_02.ipynb

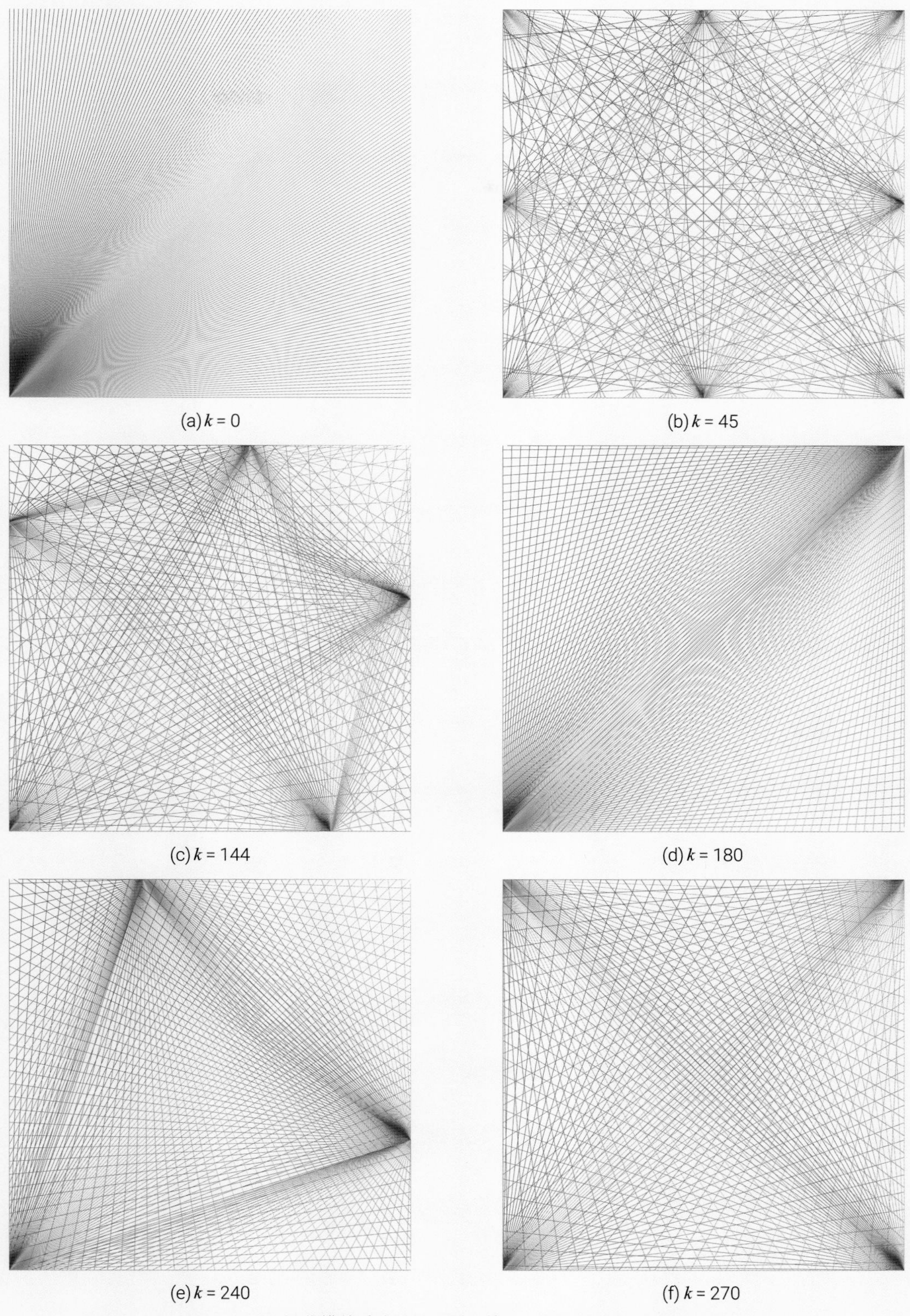

图30.12　可视化模数乘法，正方形，第3组 | BK2_Ch30_02.ipynb

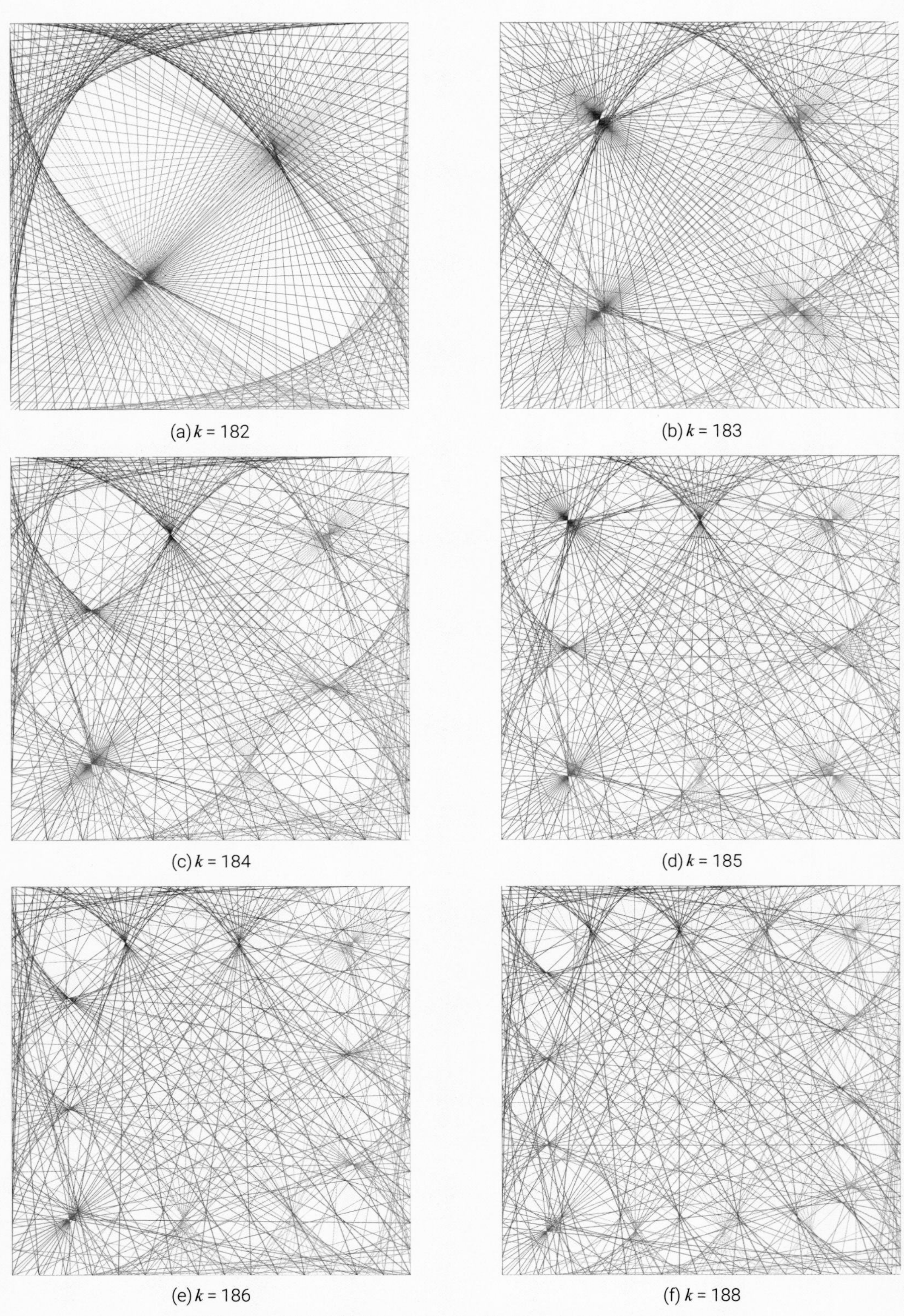

图30.13　可视化模数乘法，正方形，第4组 | BK2_Ch30_02.ipynb

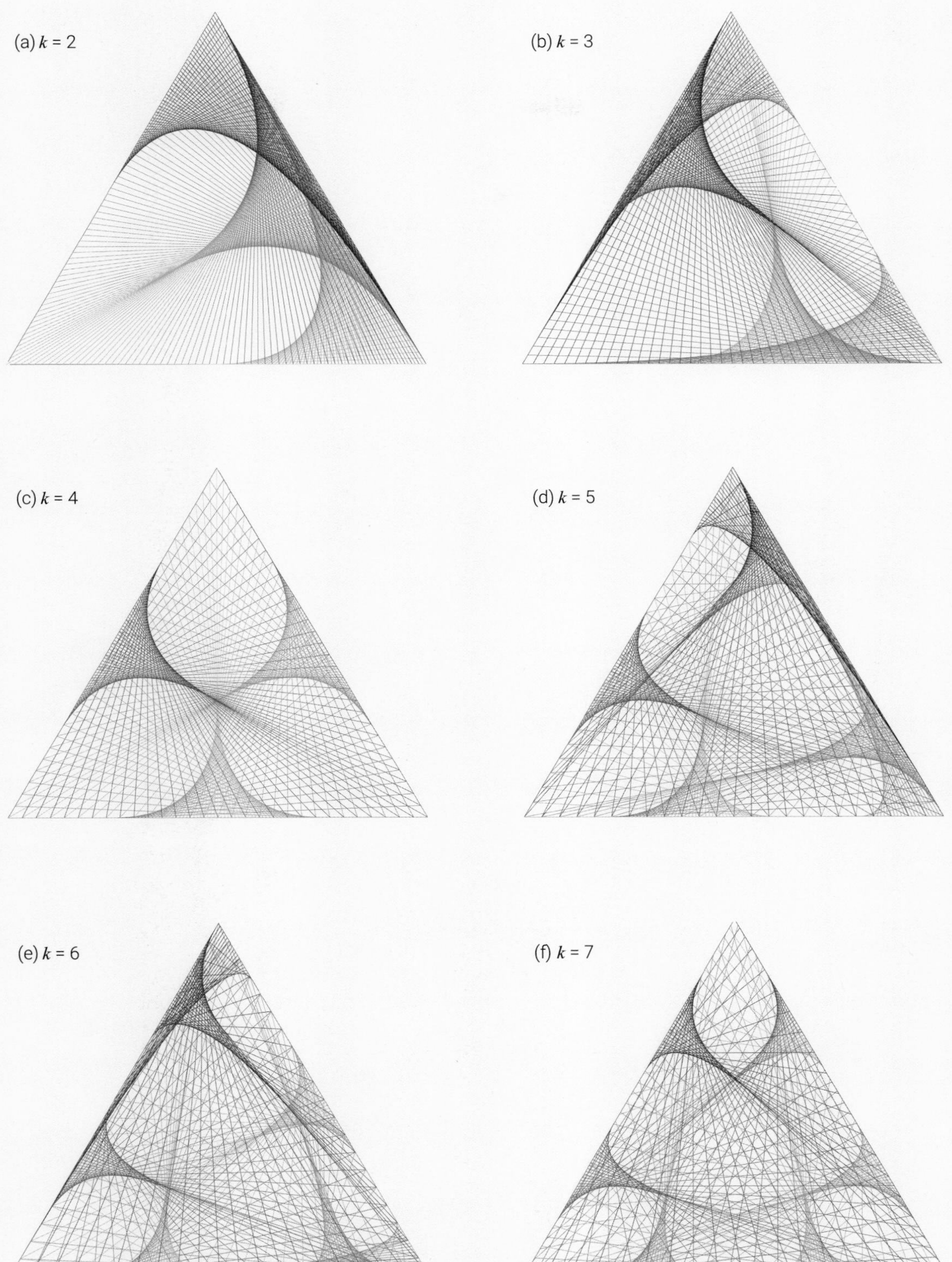

图30.14　可视化模数乘法，等边三角形，第1组 | BK2_Ch30_03.ipynb

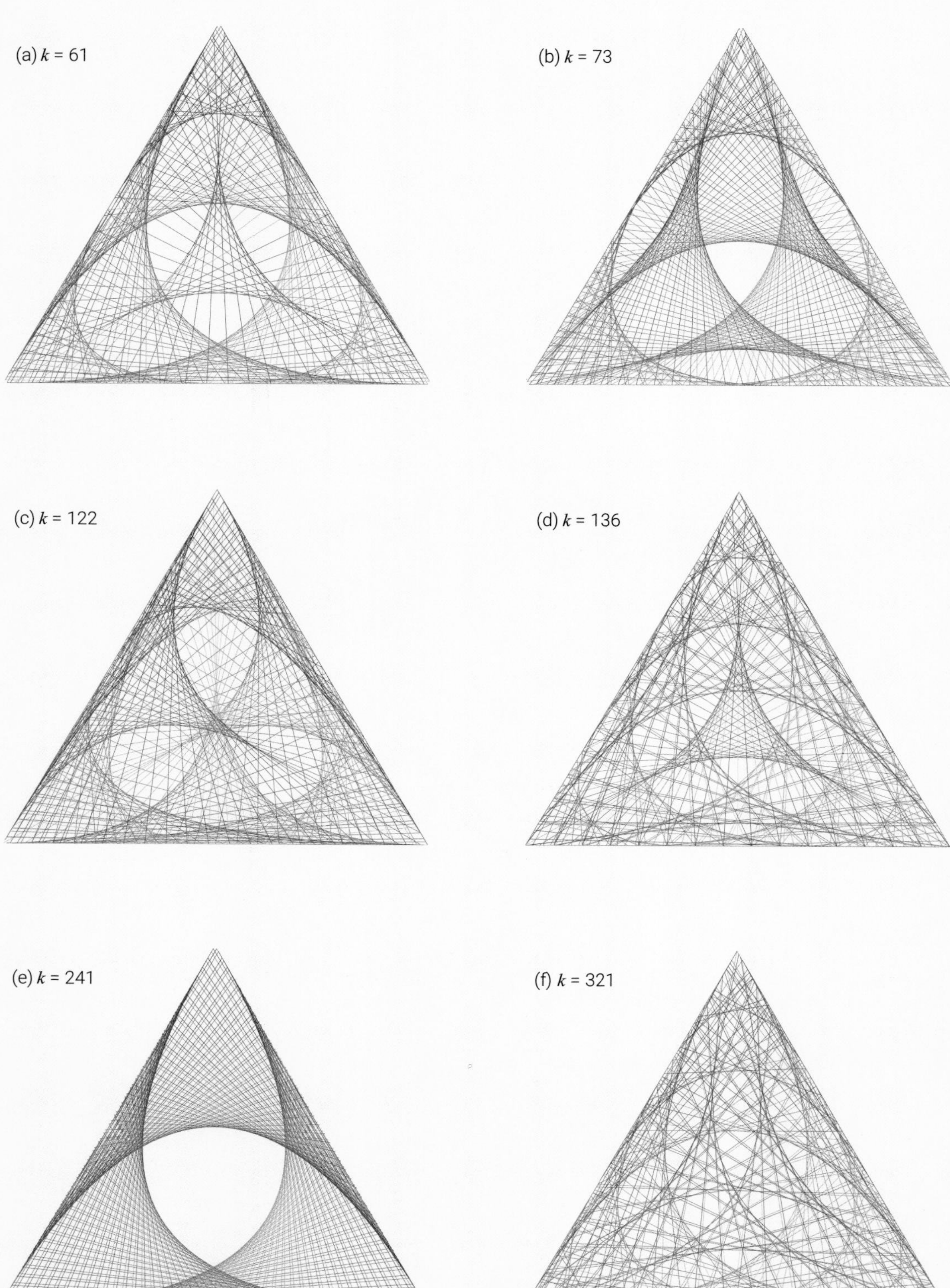

图30.15　可视化模数乘法，等边三角形，第2组 | ⊕ BK2_Ch30_03.ipynb

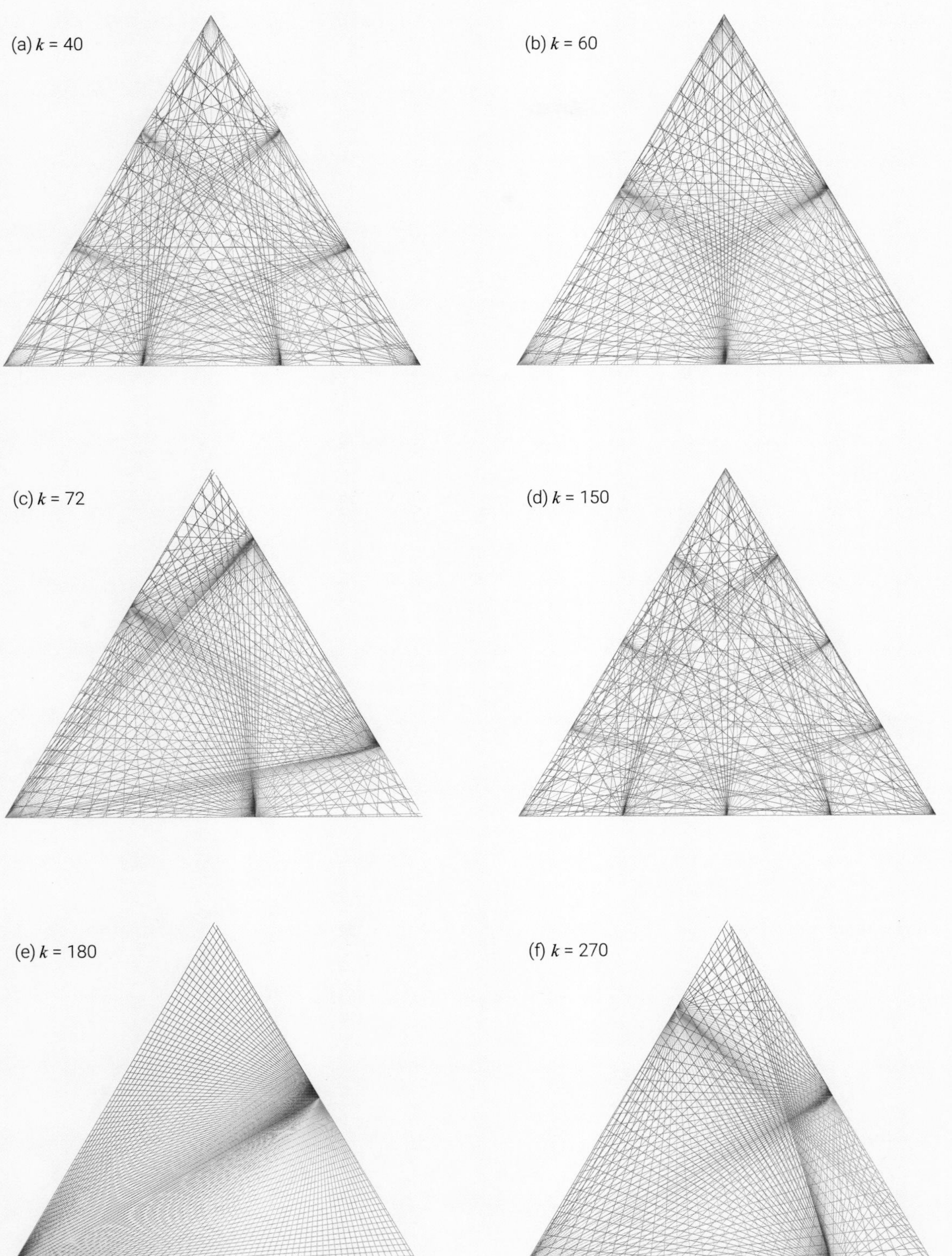

图30.16 可视化模数乘法，等边三角形，第3组 | BK2_Ch30_03.ipynb

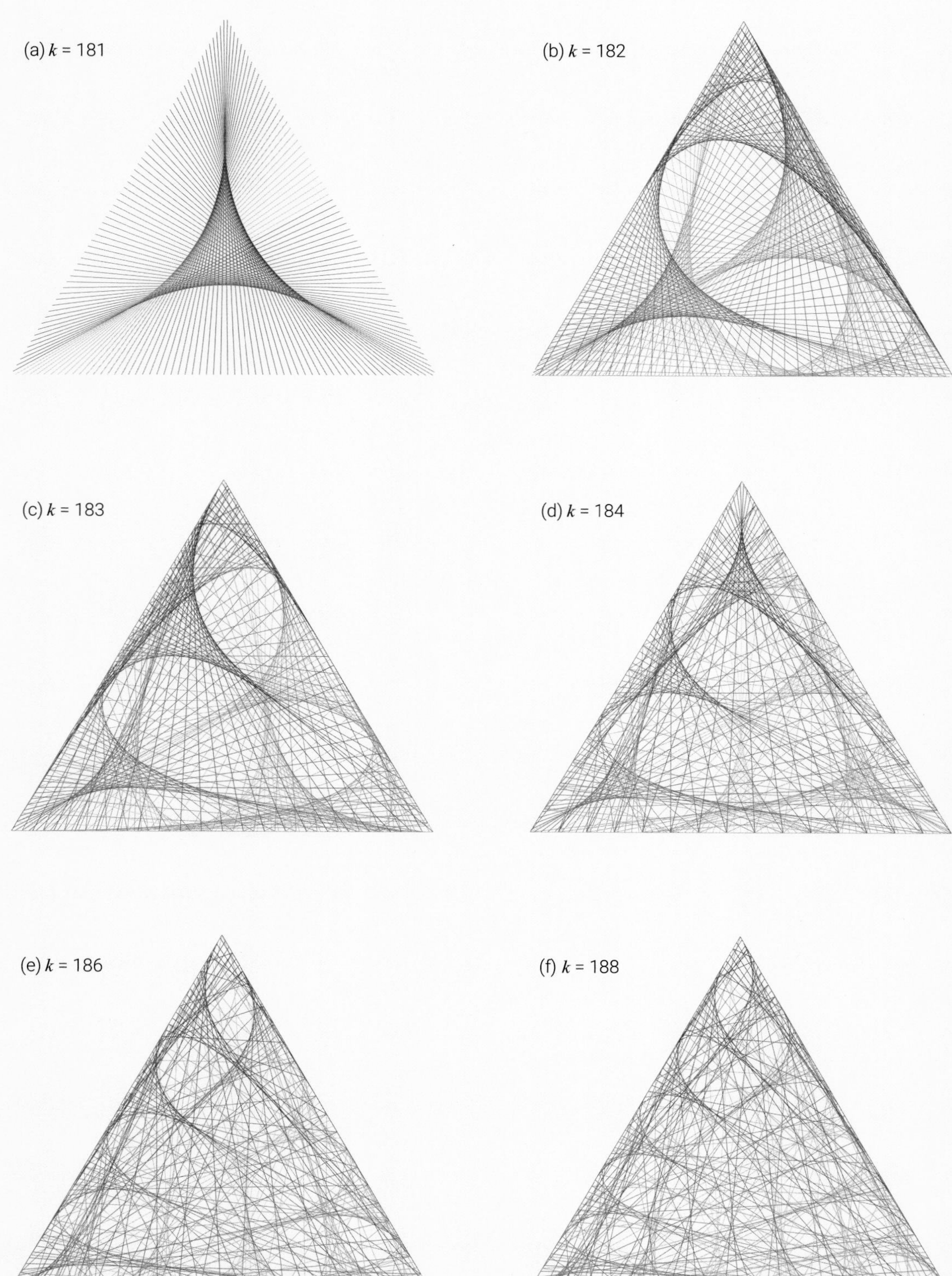

图30.17　可视化模数乘法，等边三角形，第4组 | BK2_Ch30_03.ipynb

08 Section 08 模式 + 随机

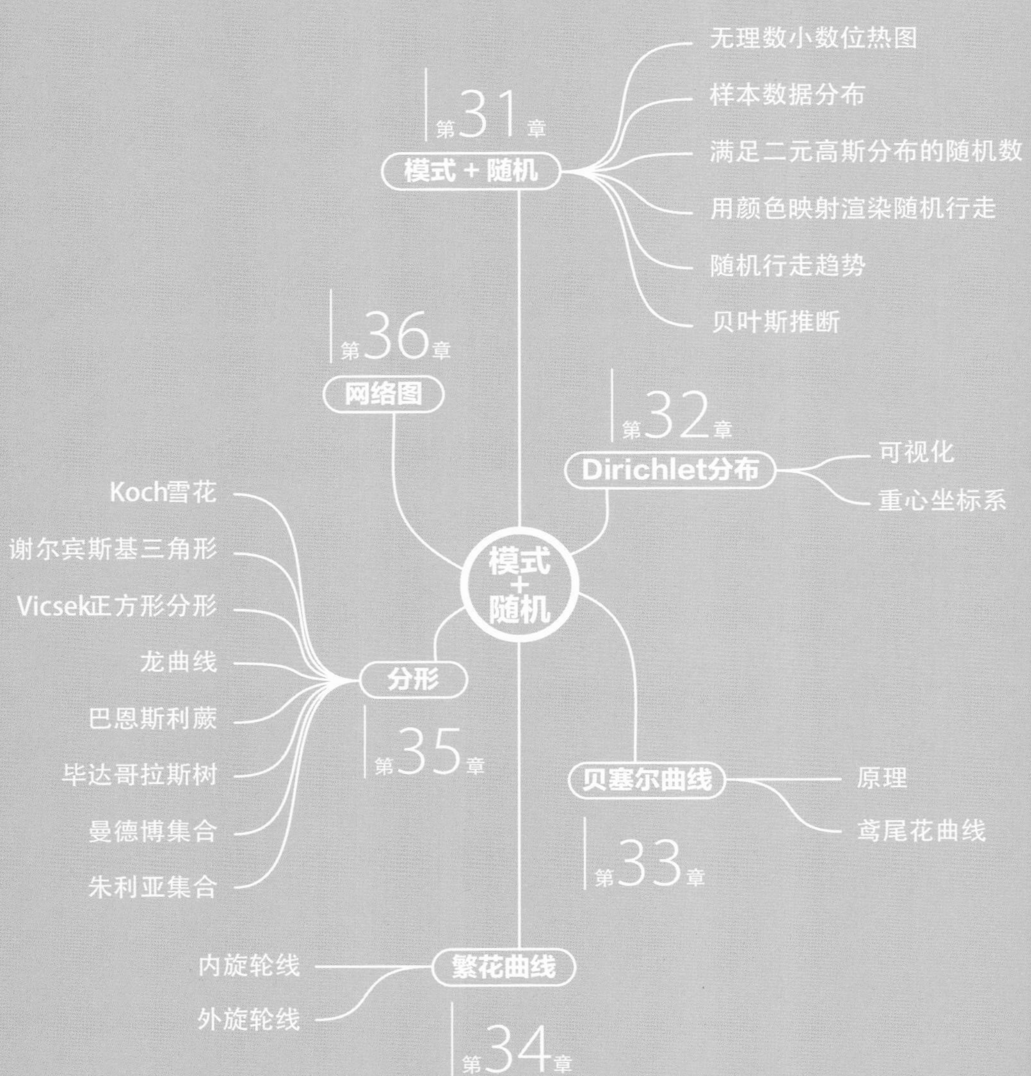
第31章
模式 + 随机
无理数小数位热图
样本数据分布
满足二元高斯分布的随机数
用颜色映射渲染随机行走
随机行走趋势
贝叶斯推断
第36章
网络图
第32章
Dirichlet分布
可视化
重心坐标系
模式
+
随机
Koch雪花
谢尔宾斯基三角形
Vicsek正方形分形
龙曲线
巴恩斯利蕨
毕达哥拉斯树
曼德博集合
朱利亚集合
分形
第35章
贝塞尔曲线
原理
鸢尾花曲线
第33章
繁花曲线
内旋轮线
外旋轮线
第34章

学习地图 | 第8板块

Pattern + Randomness
模式 + 随机

模式让世界充满秩序，随机让寰宇满是精彩

你能想象的所有东西都是真的。

Everything you can imagine is real.

—— 巴勃罗 • 毕加索 (Pablo Picasso) | 西班牙艺术家 | 1881—1973年

- matplotlib.patches.Circle() 绘制正圆
- matplotlib.pyplot.axhline() 绘制水平线
- matplotlib.pyplot.axvline() 绘制竖直线
- matplotlib.pyplot.contour() 绘制等高线图
- matplotlib.pyplot.contourf() 绘制填充等高线图
- mpmath.e mpmath 库中的欧拉数
- mpmath.pi mpmath 库中的圆周率
- mpmath.sqrt(2) mpmath 库计算 2 的平方根
- numpy.cumsum() 累加
- numpy.flipud() 上下翻转矩阵
- numpy.random.normal() 产生服从正态分布的随机数
- scipy.stats.multivariate_normal() 多元高斯分布
- scipy.stats.multivariate_normal.pdf() 多元高斯分布 PDF 函数
- seaborn.distplot() 绘制频率直方图和 KDE 曲线

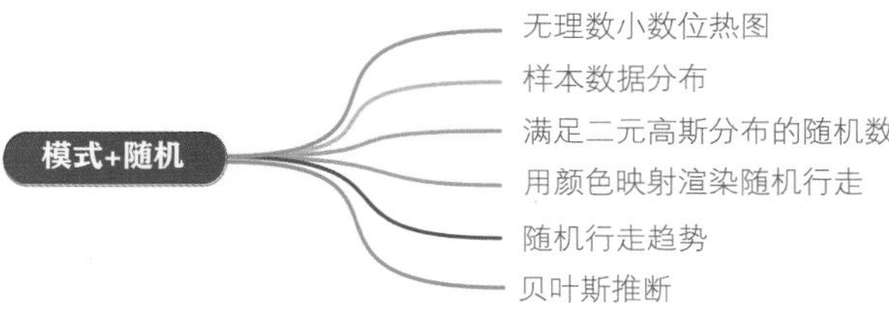

31.1 模式 + 随机

在雪花、树叶中，我们看到了分形和基本几何形状，这就是模式；世上没有两片完全一样的雪花，没有两片一样的叶子，这便是随机。

《道德经》中“道生一，一生二，二生三，三生万物”一句完美地描述了“模式 + 随机”。“道”就是“模式”，而万物生的繁复则来自于“随机”。

数学和艺术中，“模式 + 随机”更是无处不在。由图31.5、图31.6给出的圆周率π、自然对数底数e、$\sqrt{2}$、黄金分割比小数点后超过1000位0 ~ 9数字热图，我们似乎看不到任何规律；但是，统计之后，我们会发现0 ~ 9似乎分布均匀。虽然，目前数学上很难证明这四个数是**正规数** (normal number)。读者们如果热爱数学、艺术的话，这四幅热图又何尝不是完美的艺术品呢。

样本数据 (sample data) 是从整体中选取的一部分数据，用于进行统计分析和推断。样本是对整体的一种代表性抽样，以便更广泛地推断有关整体的性质。图31.7所示为利用概率密度估计展示样本数据的分布。

随机 (random) 是指在一系列事件或结果中没有可预测模式或规律性，无法通过已知信息准确预测的性质。**随机数发生器** (random number generator) 是一种用来生成随机数的工具或算法。它可以产生看似无规律、不可预测的数字序列。图31.8所示为满足不同相关性系数的二元高斯分布随机数，这些子图中我们可以看到随机数和椭圆的关系。

> 《编程不难》专门介绍过统计描述的可视化方案，请大家回顾。

图31.1所示为利用Streamlit搭建的展示二元高斯分布的App。

> ? 图31.8中的等高线为概率密度值，请大家想办法将其转化为马氏距离等高线。

二元高斯分布
x标准差
1.60
0.50 2.00
y标准差
1.00
0.50 2.00
相关性系数
0.38
-0.99 0.99

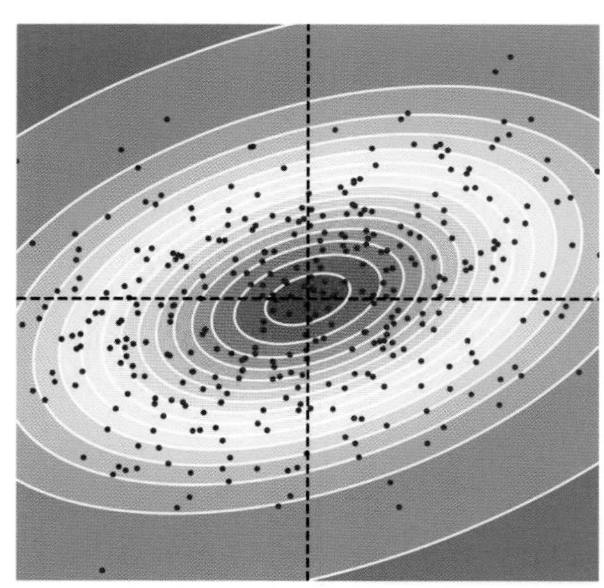

图31.1　展示二元高斯分布的App，Streamlit搭建 | Streamlit_Bivariate_Gaussian_distribution.py

蒙特卡罗模拟 (Monte Carlo simulation) 以概率和统计的原理为基础，通过大量的随机抽样实验来模拟系统的行为和结果，以获得对系统行为的估计或预测。图31.9所示为用颜色映射渲染的随机行走曲线。图31.2所示为用Streamlit创建的展示随机行走动画的App。

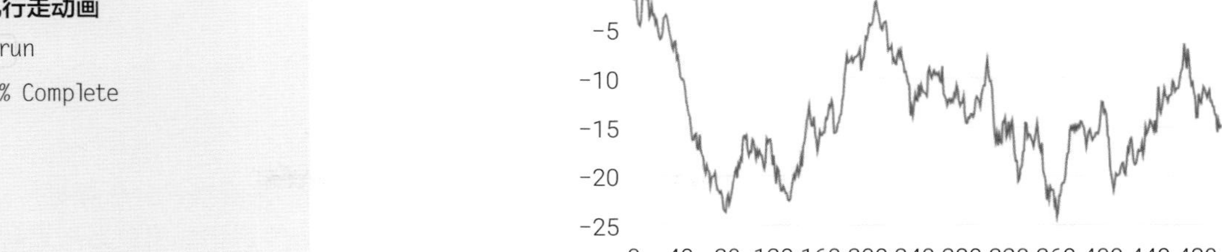

图31.2 展示随机行走动画的App，Streamlit搭建 | ⊕Streamlit_Random_Walk_Animation.py

图31.3所示为用Streamlit搭建的展示平面随机行走的App。注意，这些随机数都是“人造”的，并不是真正的随机！随机数种子是在生成随机数时起到一个初始值的作用。计算机生成的“随机”数实际上是经过算法计算的伪随机数，而不是真正意义上的完全随机。这个算法需要一个初始输入，即随机数种子，以确定生成的随机数序列。

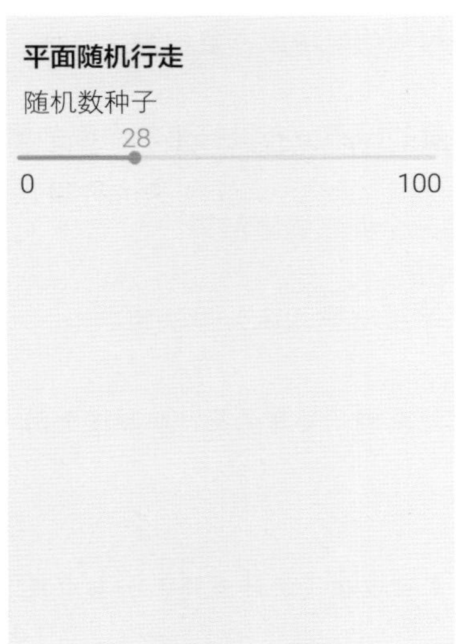

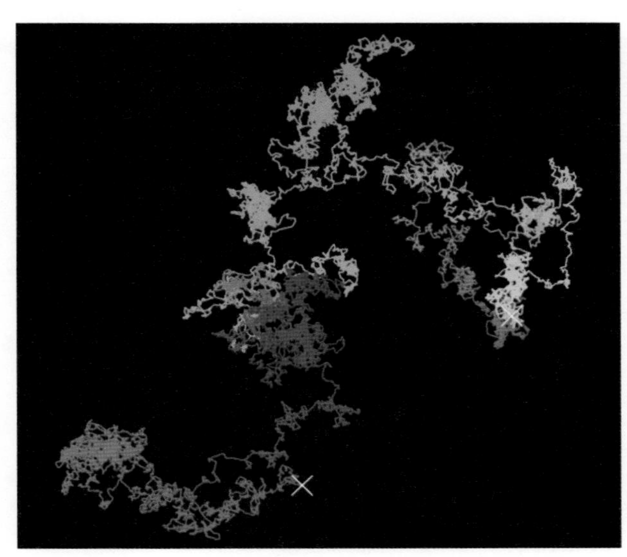

图31.3 展示平面随机行走的App，Streamlit搭建 | ⊕Streamlit_Random_Walk_Plane.py

如果使用相同的随机数种子，每次生成的随机数序列都会相同。这在调试、复现实验结果等情况下很有用。例如，如果我们编写一个程序，希望每次运行时得到相同的随机数，可以固定随机数种子。总的来说，随机数种子提供了一种可控的方法来生成“随机”数，使得结果可复刻。

请大家将图31.9(b)也创作成一个App，展示不同随机数种子条件下的随机行走。

图31.10所示为一维随机行走，三种不同的模式——向上、居中、向下。图31.4所示为利用Streamlit搭建的展示随机行走模式的App，大家可以看到标准差、均值对随机行走的影响。

随机行走模式

标准差

2.00

0.50 2.00

均值

0.50

-0.50 0.50

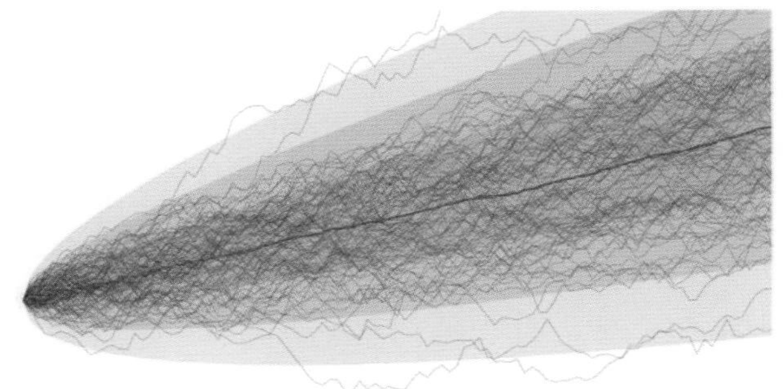

图31.4 展示随机行走模式的App，Streamlit搭建 | ⊕Streamlit_Random_Paths_Pattern.py

31.2 贝叶斯推断

本节引入一个全新视角，**贝叶斯推断** (Bayesian statistical inference)，来观察、分析数据。

贝叶斯统计推断是一种基于贝叶斯定理的统计推断方法。它利用先验知识和观测数据来更新对未知量的信念或概率分布，并计算后验概率。

以下是与贝叶斯统计推断相关的一些关键概念。

贝叶斯定理描述了在已知先验概率和条件概率的情况下，如何计算后验概率。条件概率指在某个条件下某事件发生的概率。

似然概率 (likelihood probability) 是在特定条件下，观测数据出现的概率。如图31.11、图31.12所示，给定鸢尾花的分类条件下，估计样本数据分布得到的结果便是似然概率。图31.11采用二元高斯分布估算似然概率，等高线为椭圆。图31.12采用高斯核函数估计似然概率。

本章中，**证据因子** (evidence) 描述鸢尾花数据的分布，证据因子根据似然概率计算得到。具体计算方法请大家参考《统计至简》第18、19章。

后验概率 (posterior probability) 是在考虑了观测数据后，对未知量的概率分布进行更新得到的概率分布。

图31.13、图31.14、图31.15所示为利用二元高斯分布估算得到的三个似然概率结果。

图31.16为利用图31.13、图31.14、图31.15计算得到的证据因子结果。

图31.17、图31.18、图31.19所示为计算得到的后验概率结果。后验概率常用来分类决策。

比如，给定某朵鸢尾花花萼长度为5 cm、花萼宽度3 cm条件下，它最可能是哪一类鸢尾花？回答这个问题就可以用后验概率的具体值。

本章不会展开讨论这些统计学概念。只给定性描述，不会定量计算。大家可以在《统计至简》一书中找到相关的数学工具具体介绍。

图31.20、图31.21、图31.22为利用二元高斯核密度估计估算得到的三个似然概率结果。

图31.23为利用图31.20、图31.21、图31.22计算得到的证据因子结果。

图31.24、图31.25、图31.26所示为计算得到的后验概率结果。

BK_2_Ch31_06.ipynb中绘制了本节大部分图像，请大家自行学习。

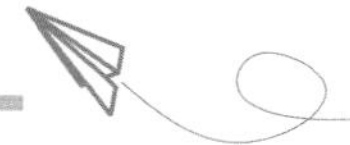

阅读完本章后，特别建议大家回顾《编程不难》中有关统计可视化相关内容。统计可以帮助我们揭示随机背后的“模式”。本书后文还会展示更多精彩的“模式”，而这些“模式”无处不在展示着数学之美。

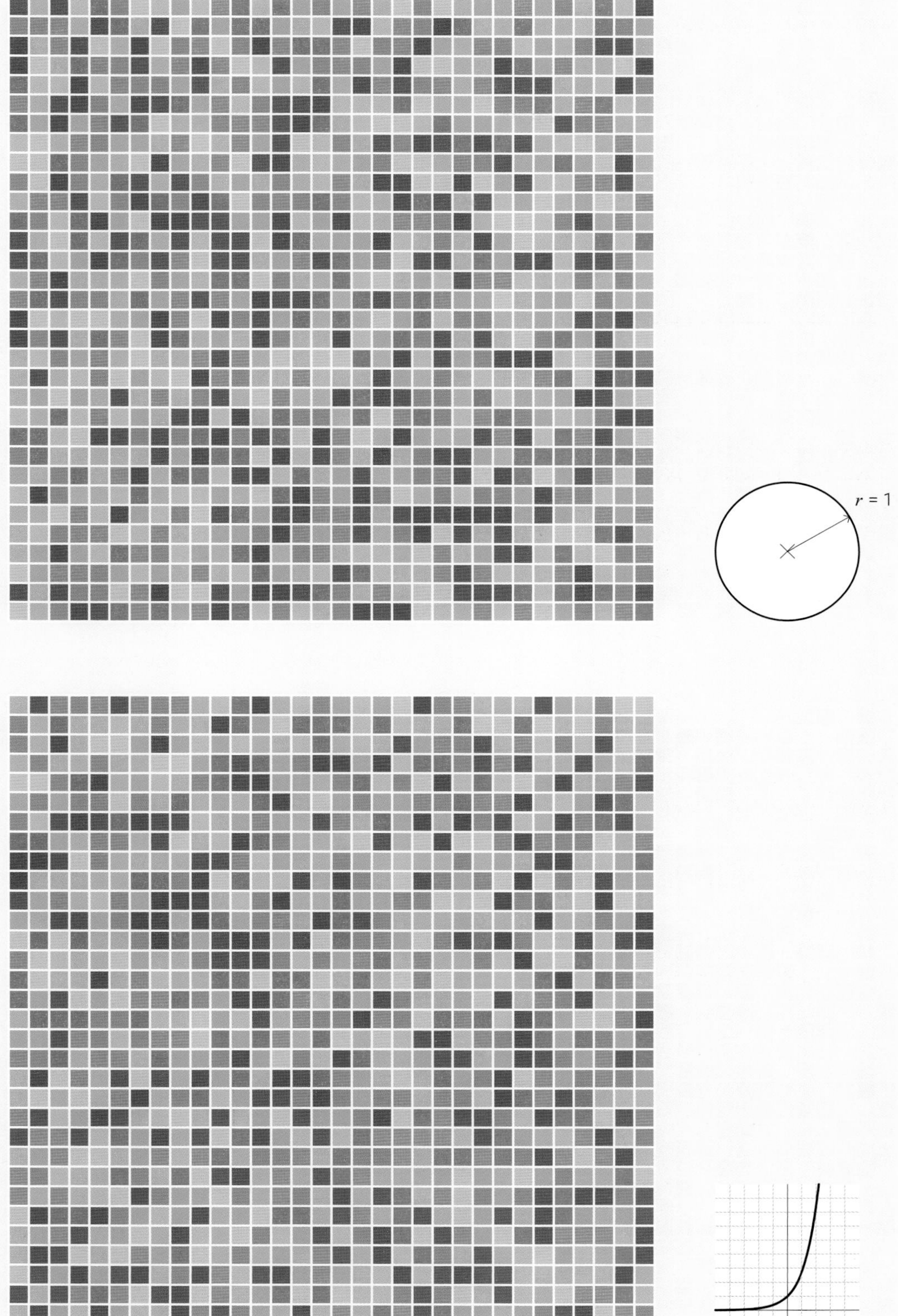

图31.5　圆周率π、自然对数底数e，小数点后1024位热图 | BK_2_Ch31_01.ipynb

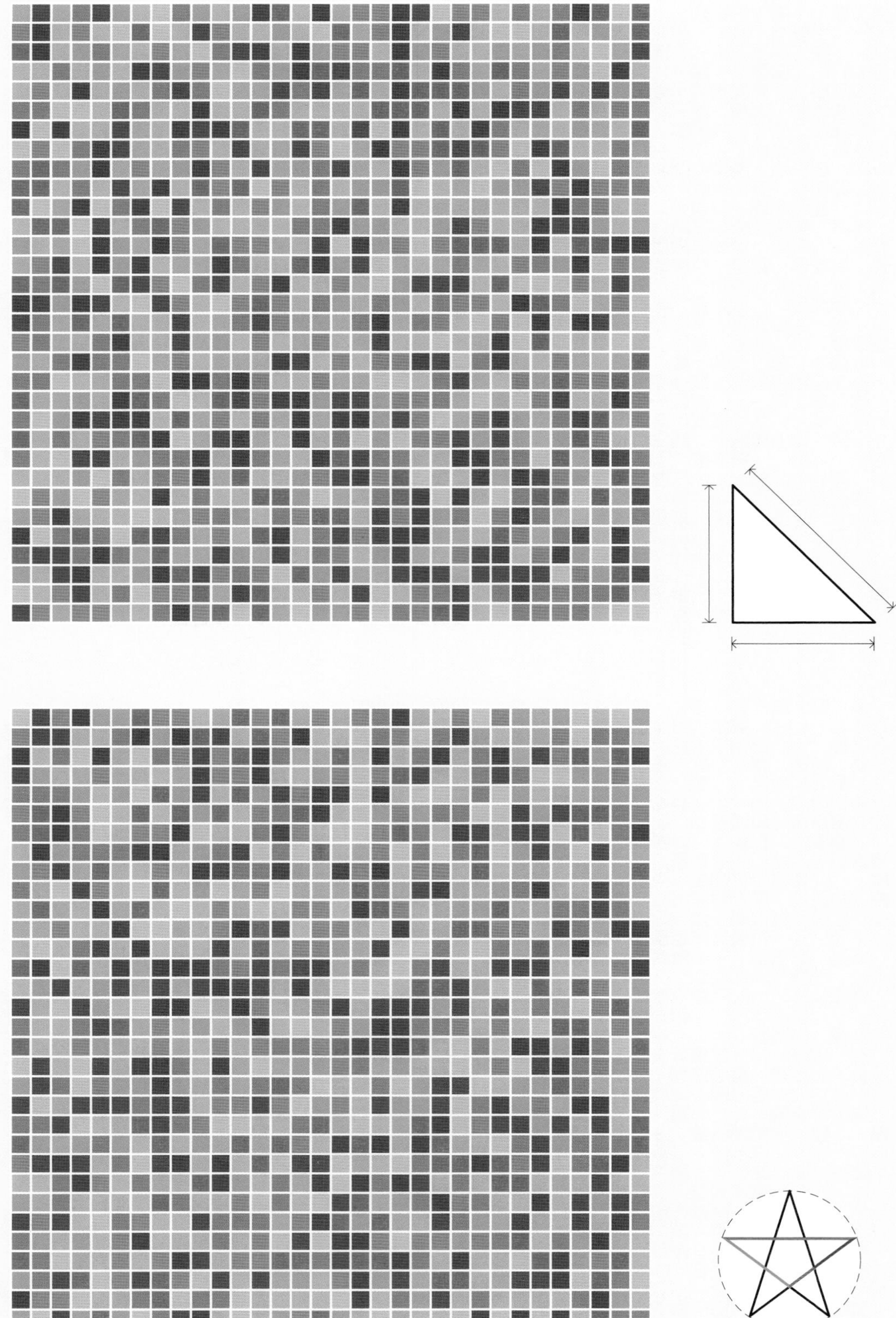

图31.6 $\sqrt{2}$、黄金分割比，小数点后1024位热图 | BK_2_Ch31_01.ipynb

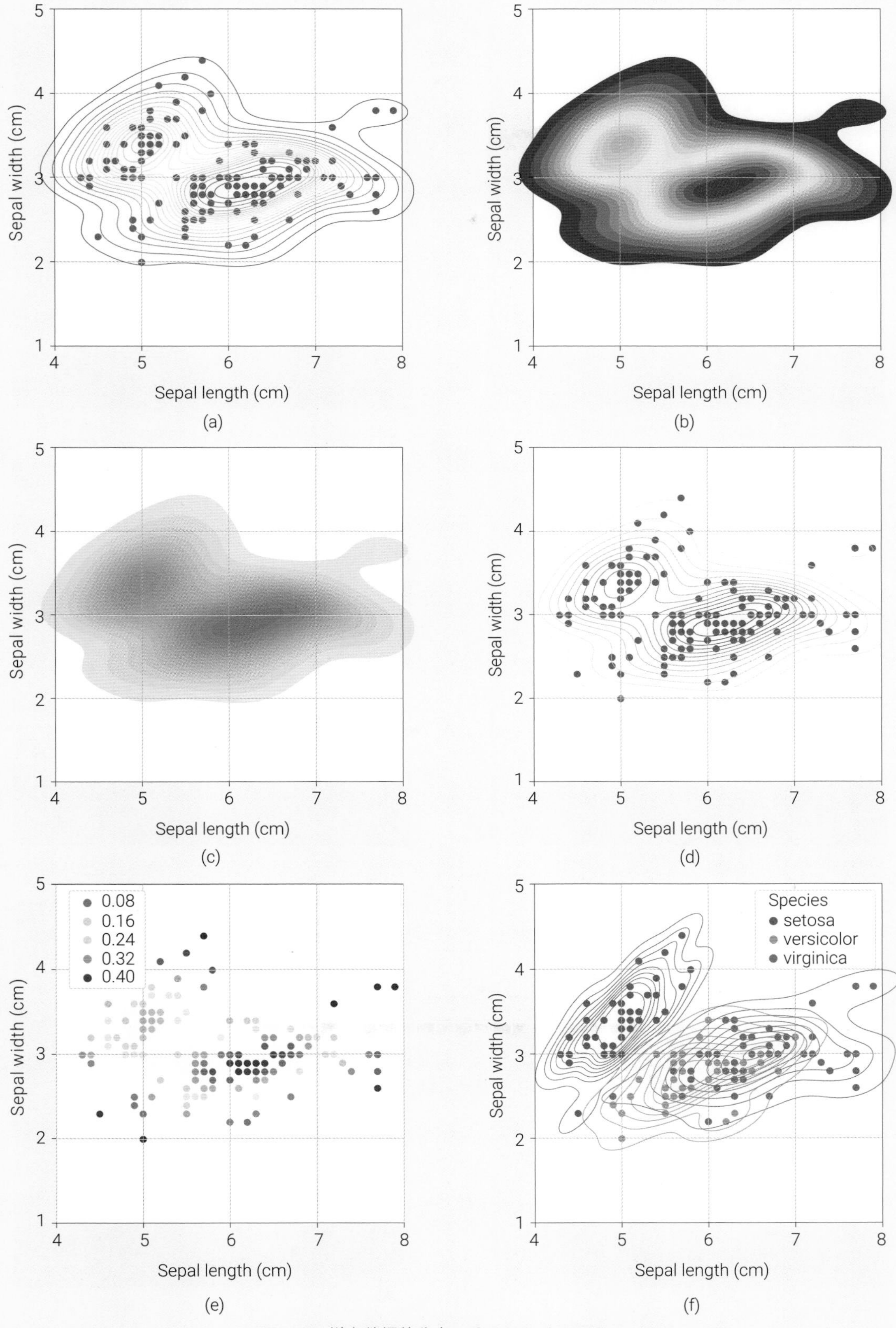

图31.7　样本数据的分布 | BK_2_Ch31_02.ipynb

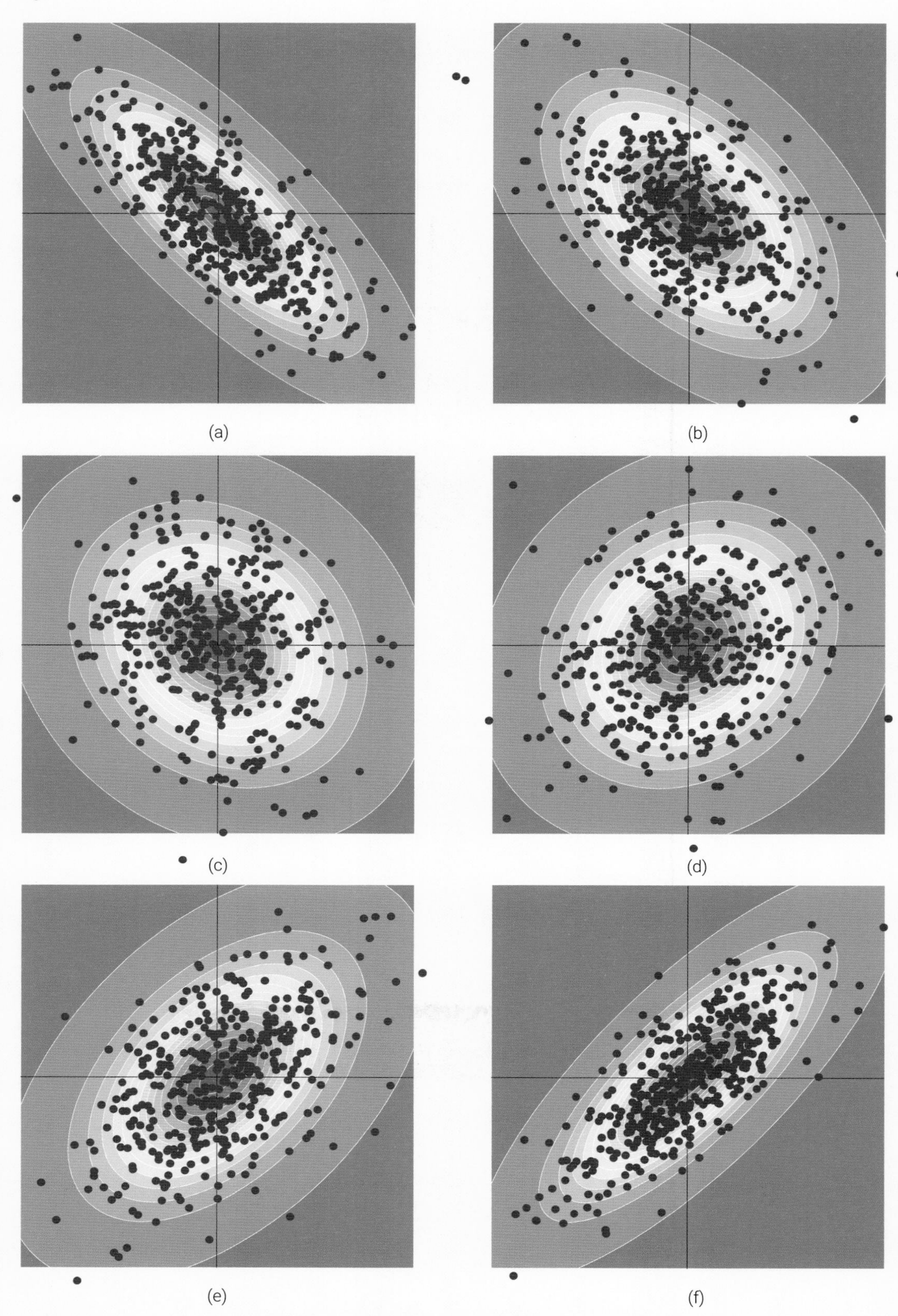

图31.8　满足二元高斯分布的随机数 | ⊕ BK_2_Ch31_03.ipynb

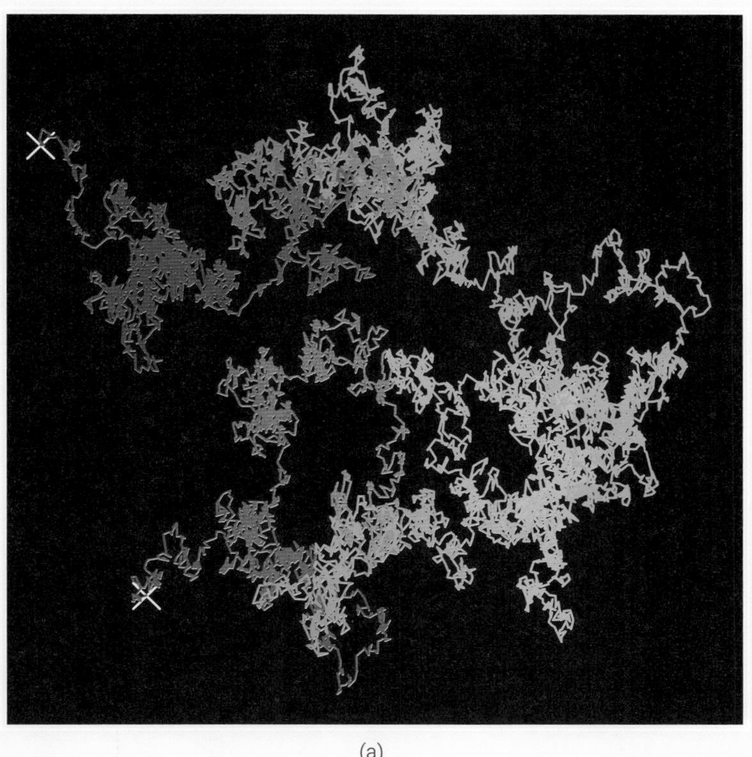

(a)

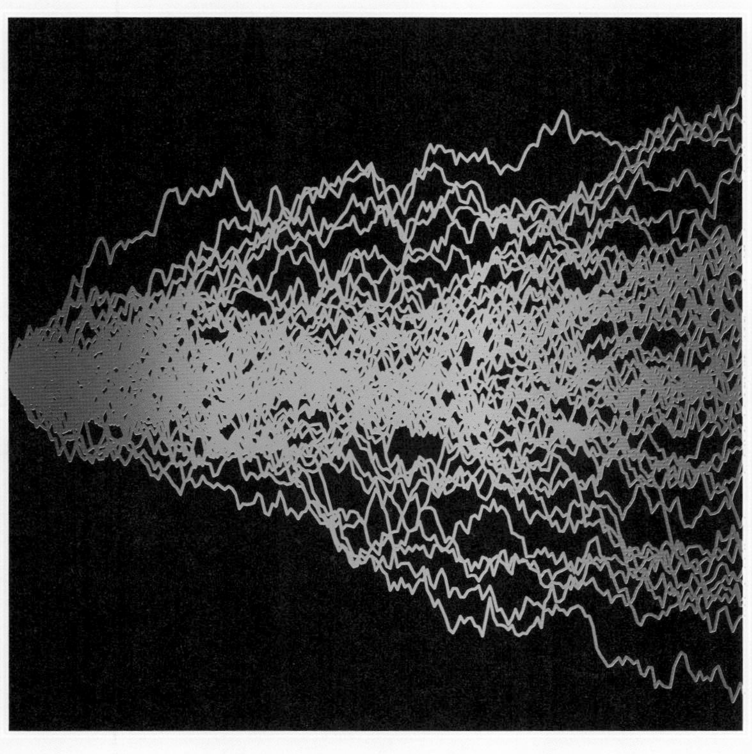

(b)

图31.9 用颜色映射渲染随机行走曲线 | ⊕ BK_2_Ch31_04.ipynb

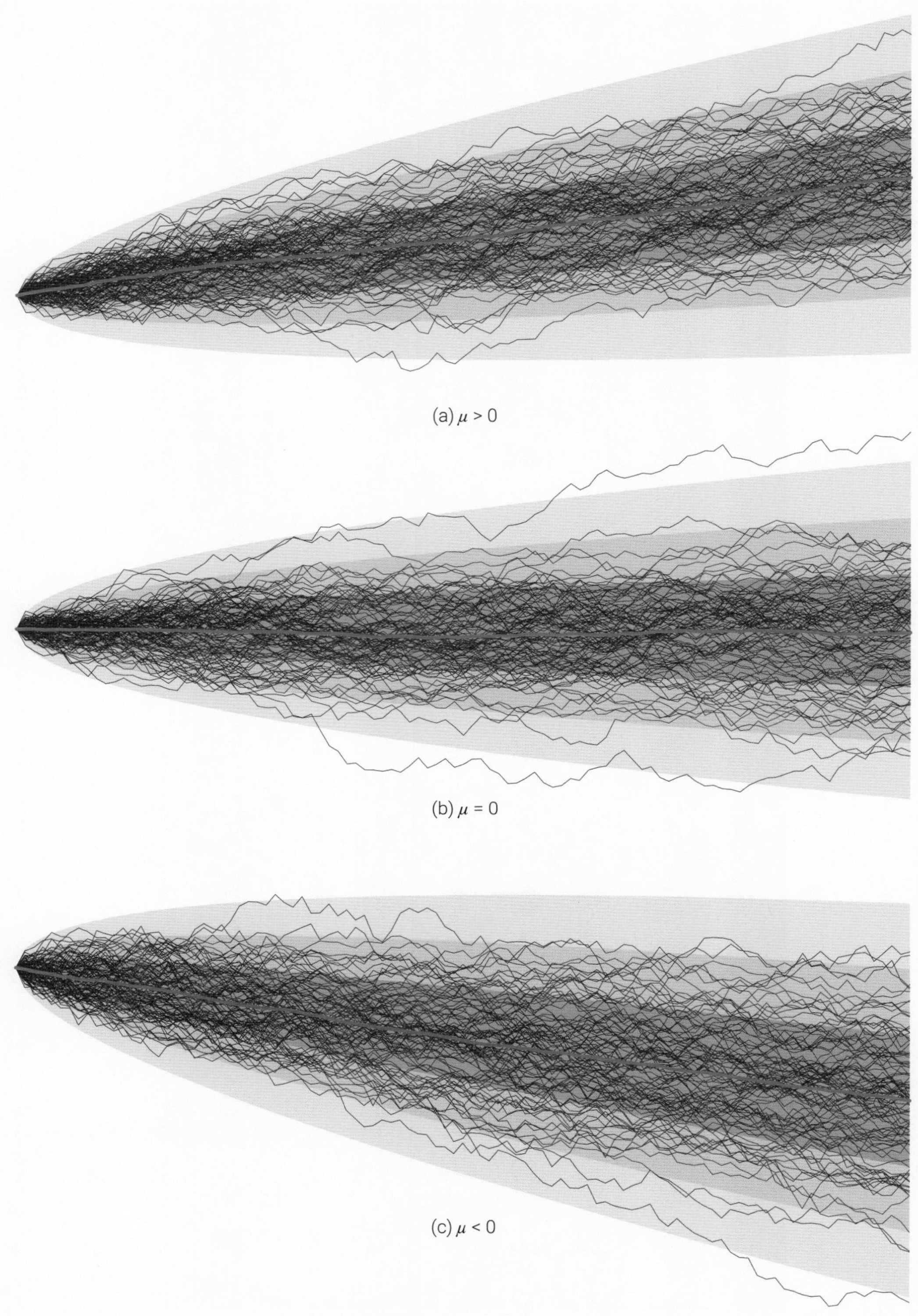

图31.10　一维随机行走的趋势，100条轨迹 | BK_2_Ch31_05.ipynb

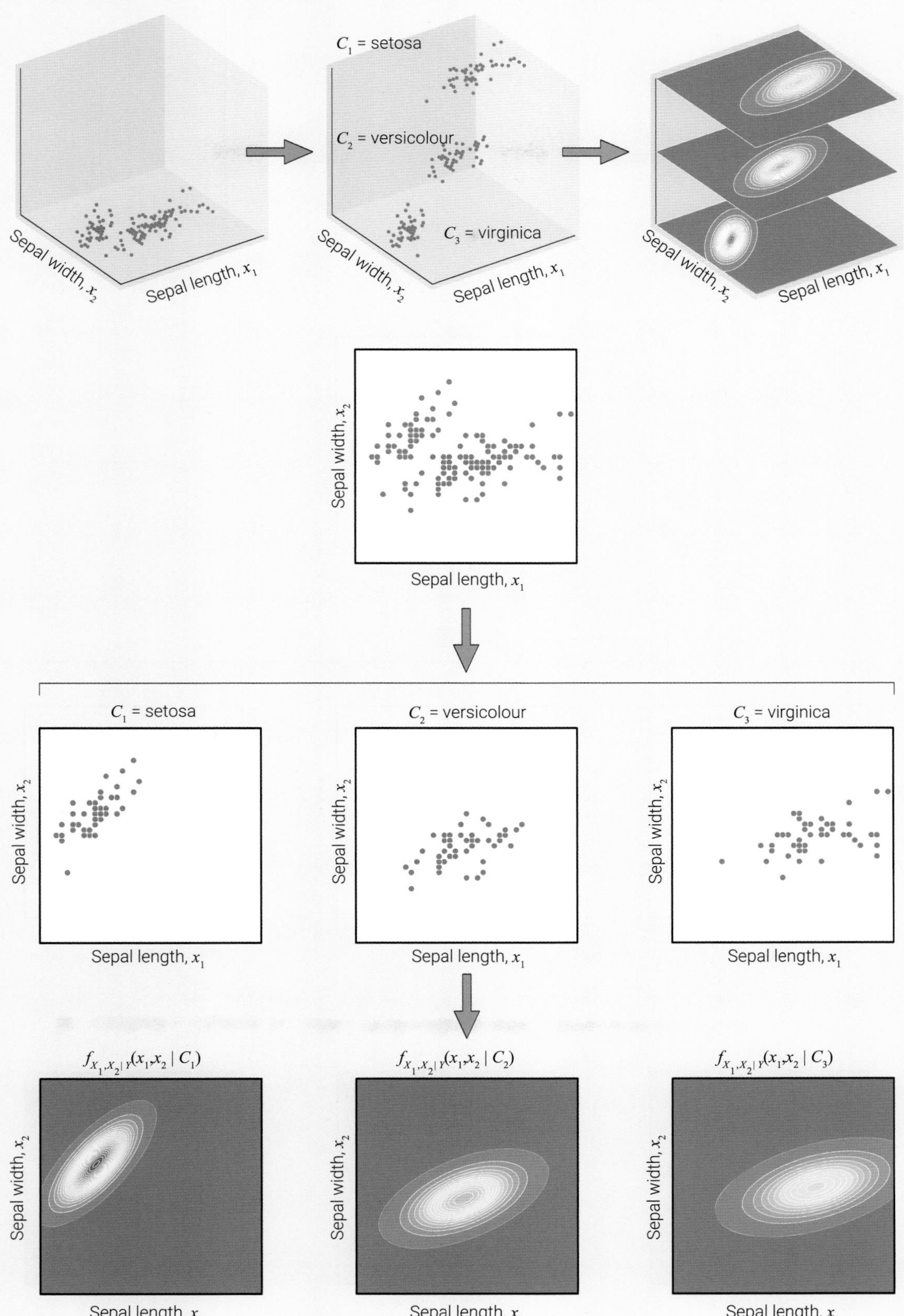

图31.11　似然概率可视化方案，似然概率基于高斯分布

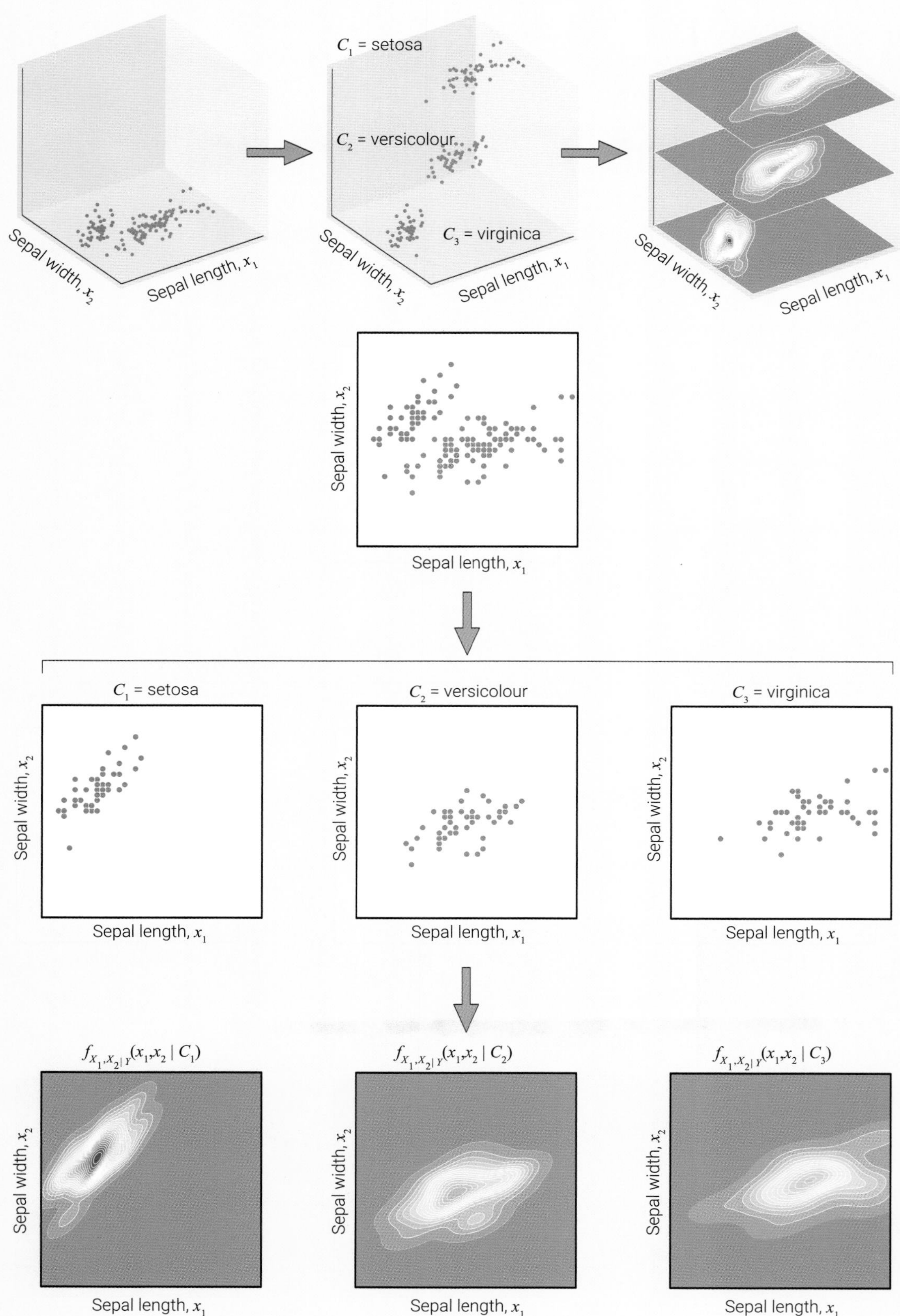

图31.12　似然概率可视化方案，似然概率基于高斯核密度估计

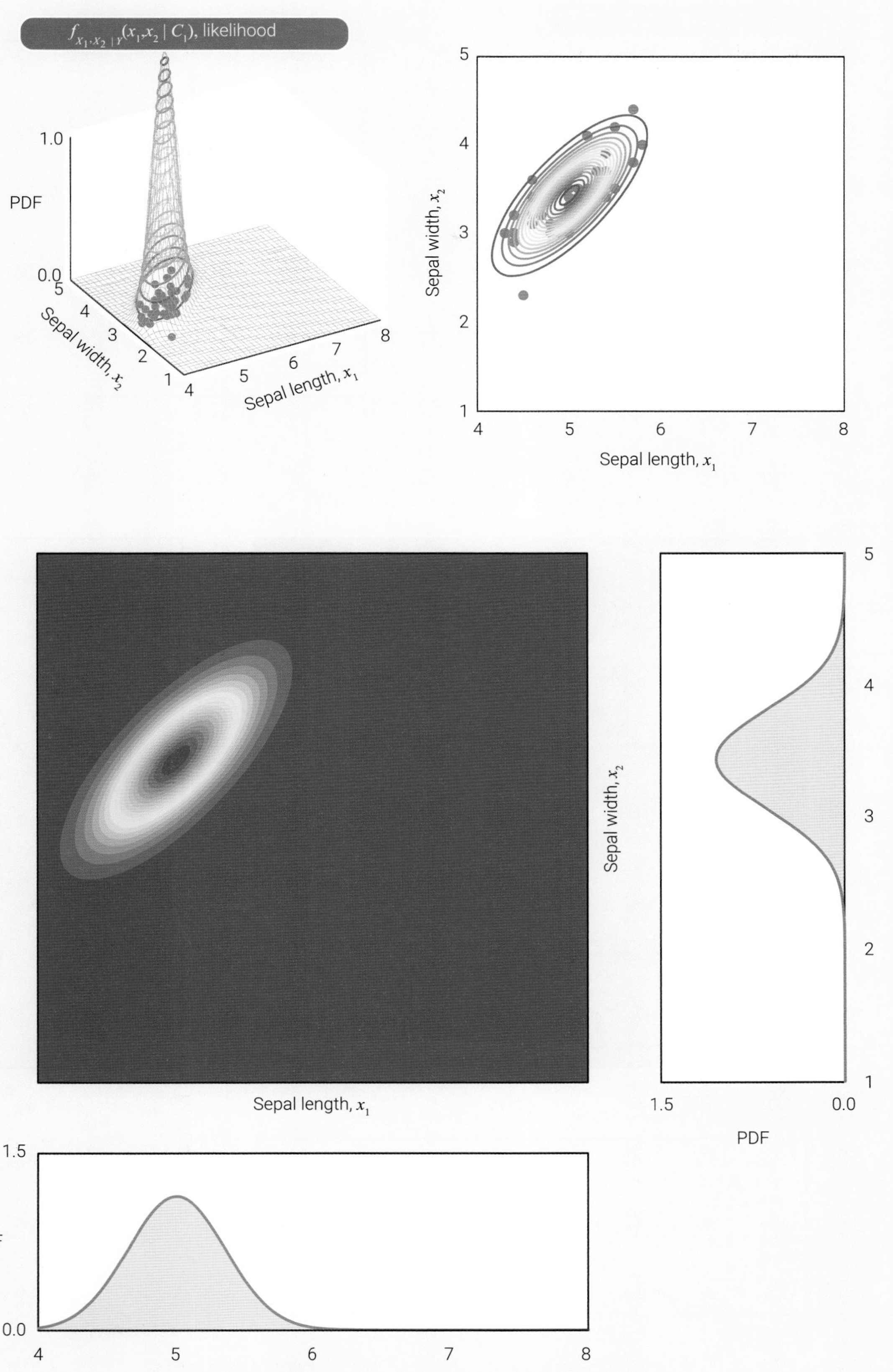

图31.13　似然概率，$f_{X_1,X_2|Y}(x_1, x_2 | C_1)$，似然概率基于高斯分布

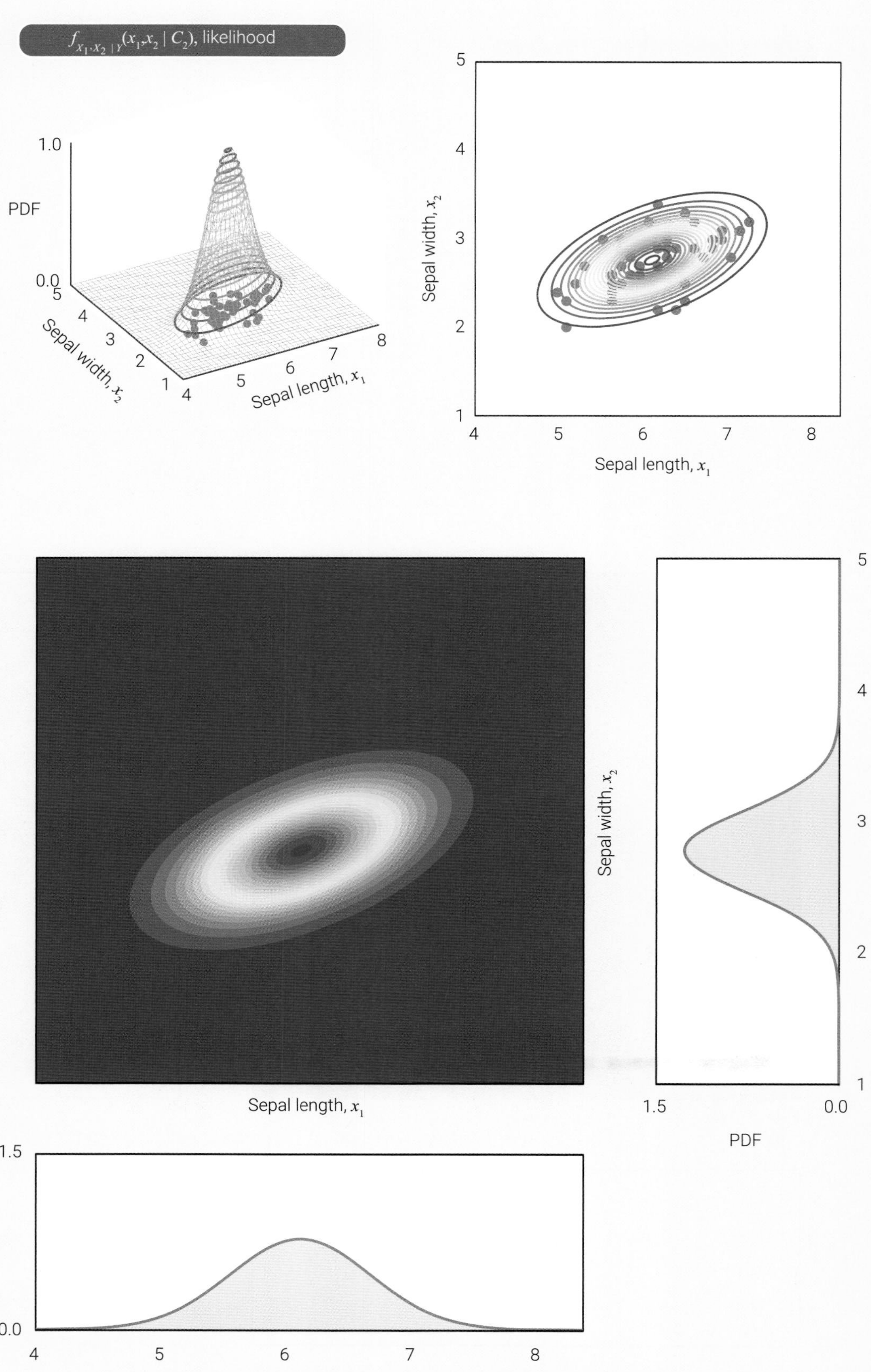

图31.14　似然概率，$f_{X_1,X_2 \mid Y}(x_1, x_2 \mid C_2)$，似然概率基于高斯分布

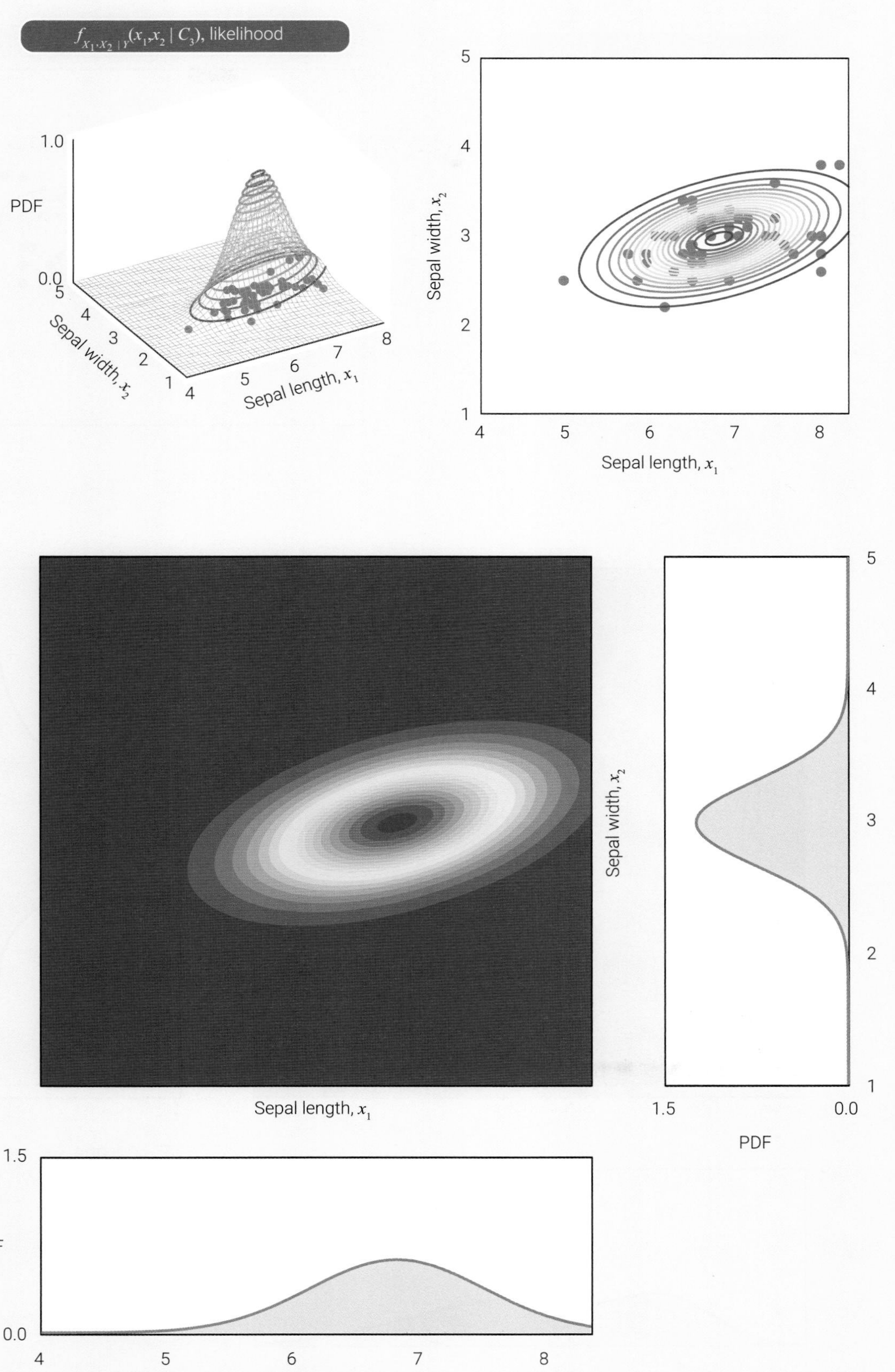

图31.15　似然概率，$f_{X_1,X_2 \mid Y}(x_1, x_2 \mid C_3)$，似然概率基于高斯分布

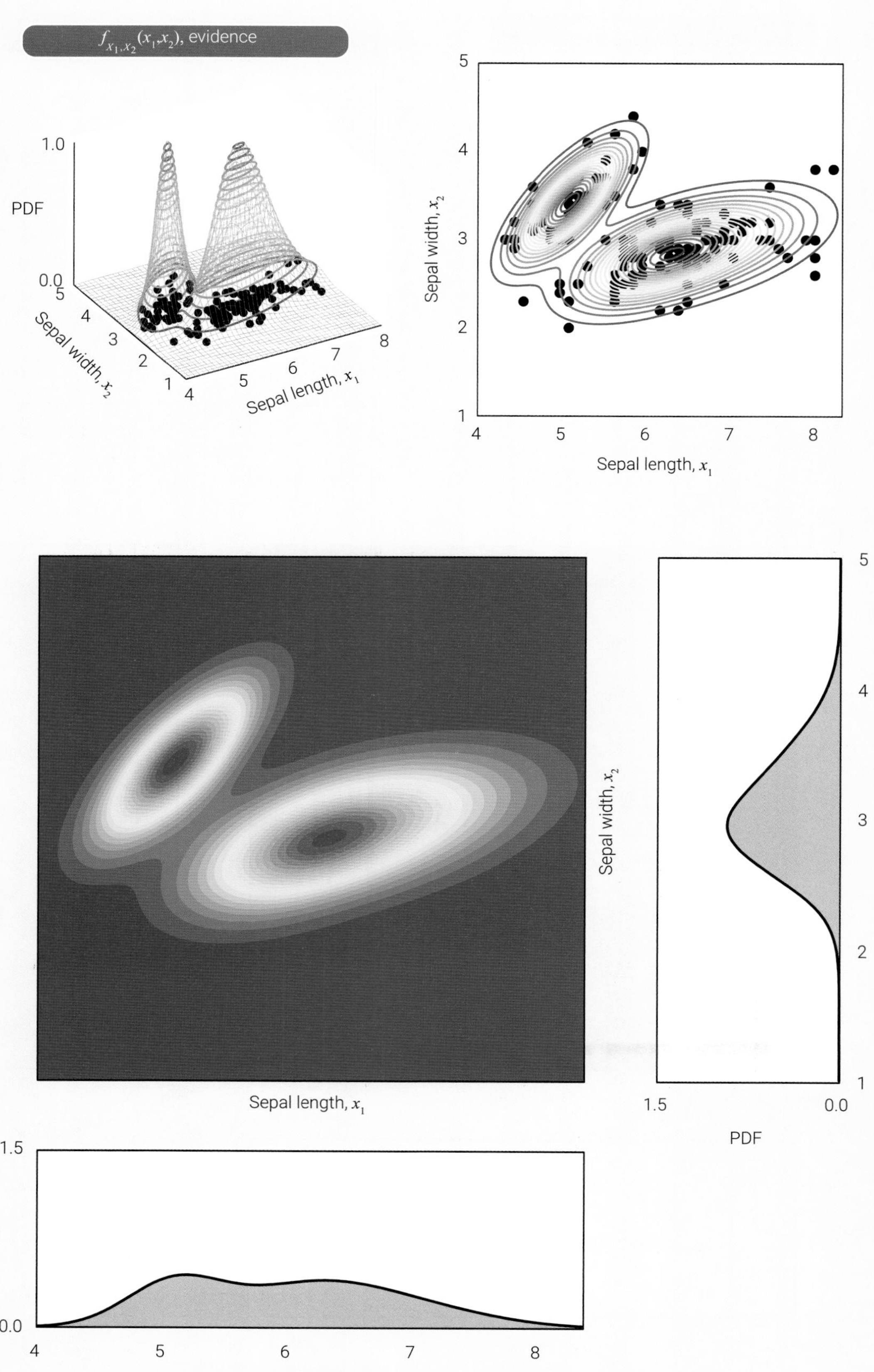

图31.16　证据因子，$f_{X_1,X_2}(x_1, x_2)$，似然概率基于高斯分布

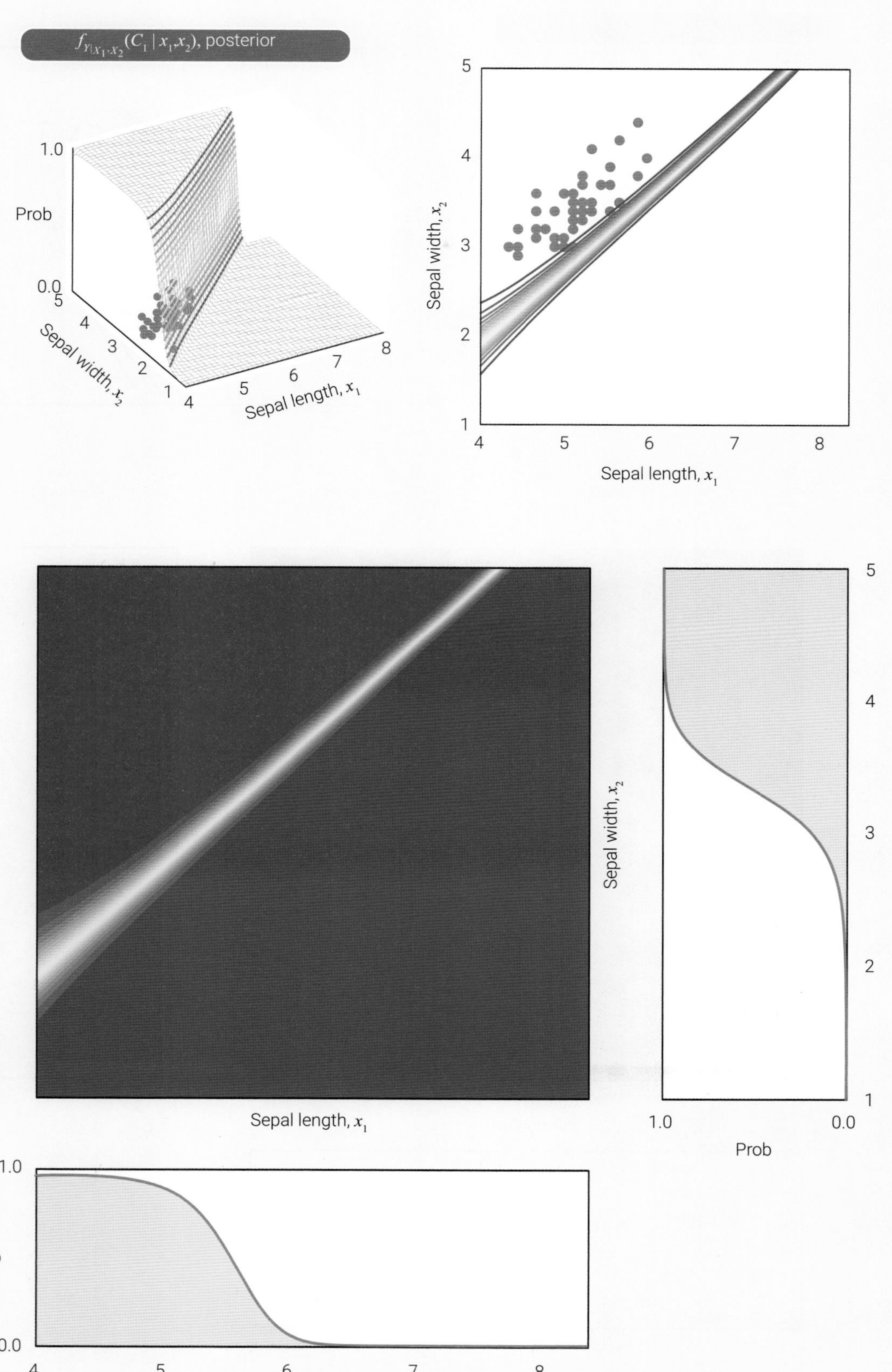

图31.17　后验概率，$f_{Y|X_1,X_2}(C_1 | x_1, x_2)$，似然概率基于高斯分布

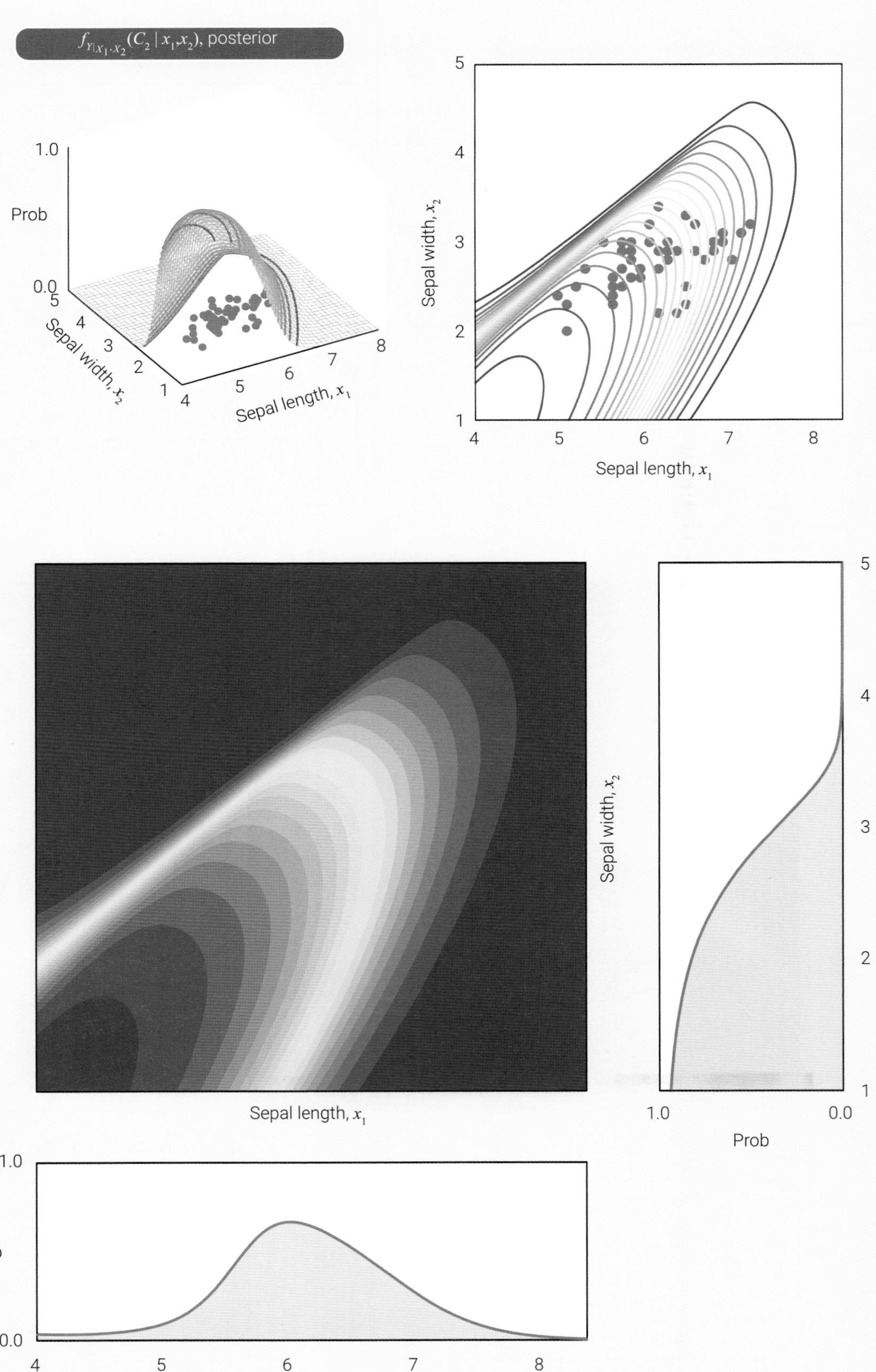

图31.18　后验概率，$f_{Y|X_1,X_2}(C_2 \mid x_1, x_2)$，似然概率基于高斯分布

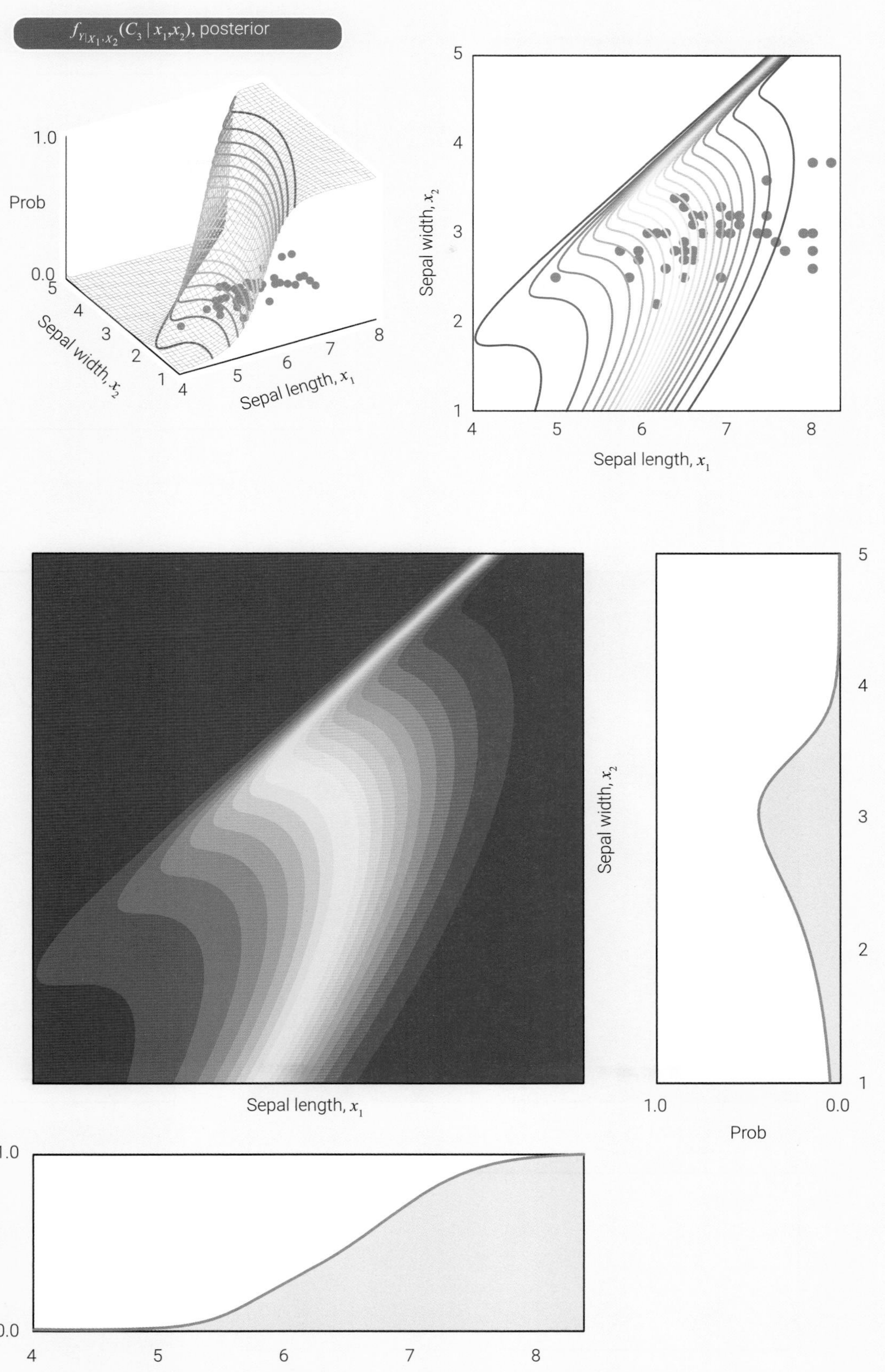

图31.19　后验概率，$f_{Y|X_1,X_2}(C_3 | x_1, x_2)$，似然概率基于高斯分布

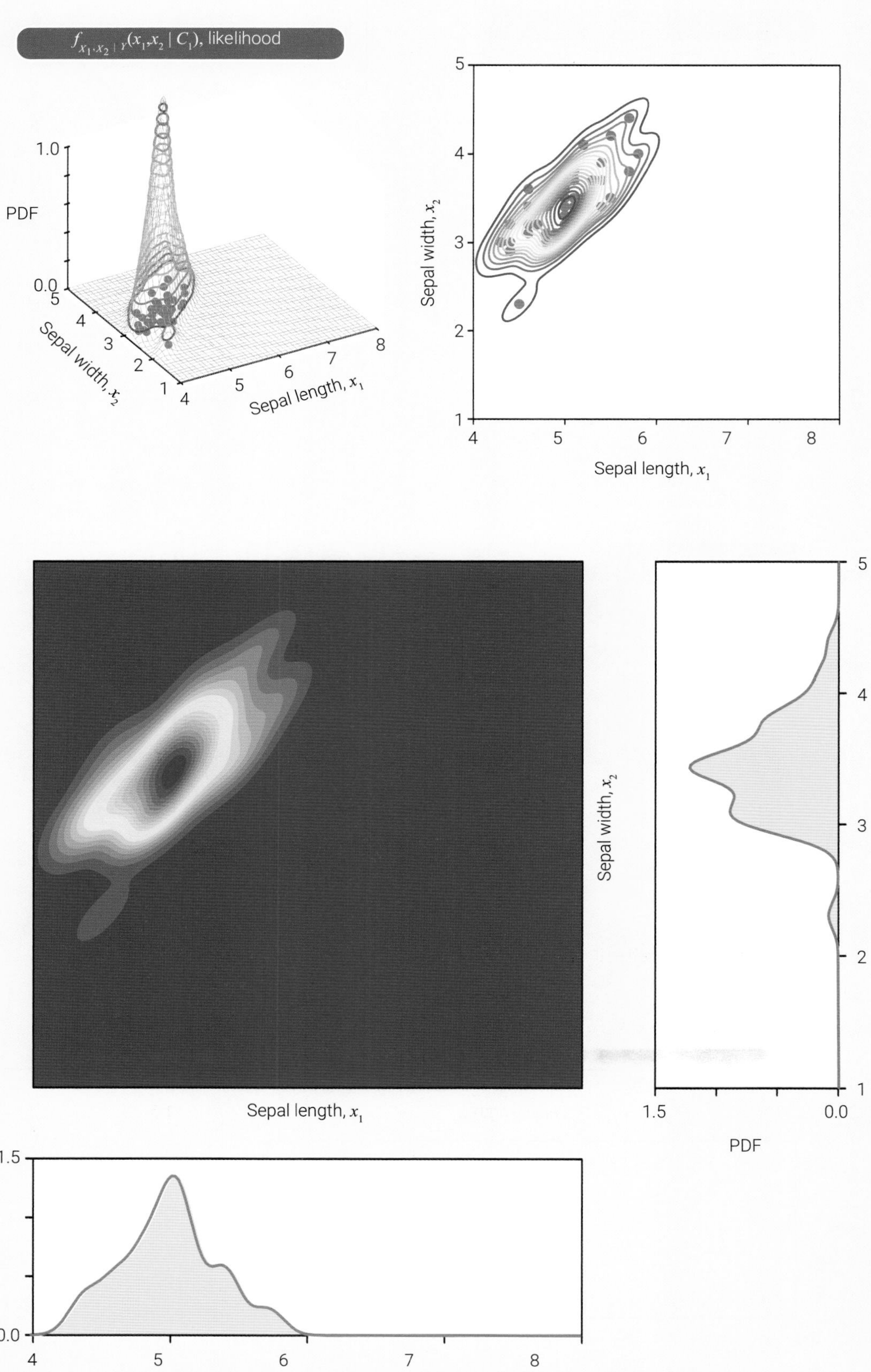

图31.20　似然概率，$f_{X_1,X_2|Y}(x_1, x_2 | C_1)$，似然概率基于高斯核密度估计

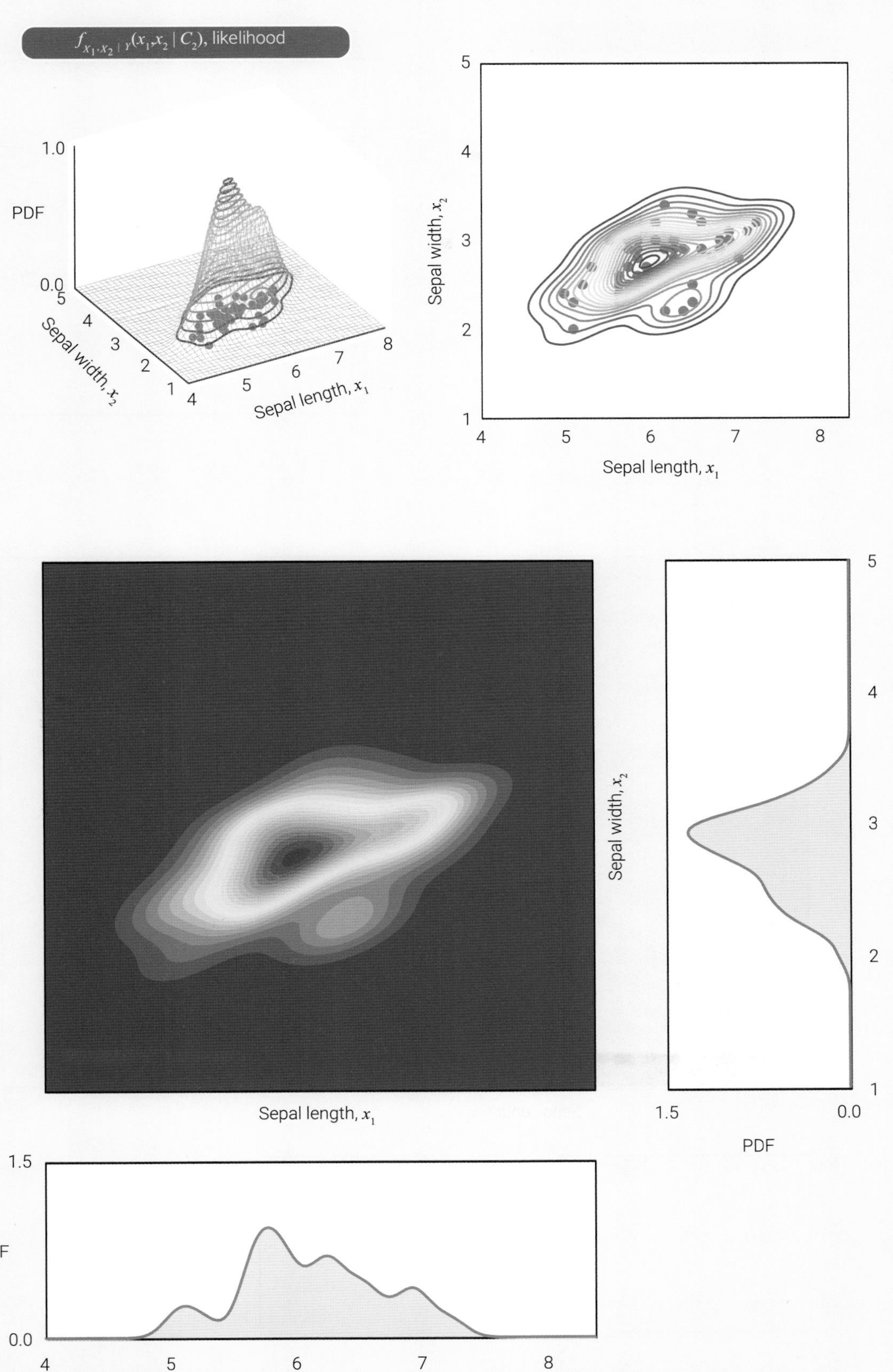

图31.21 似然概率，$f_{X_1,X_2|Y}(x_1, x_2 | C_2)$，似然概率基于高斯核密度估计

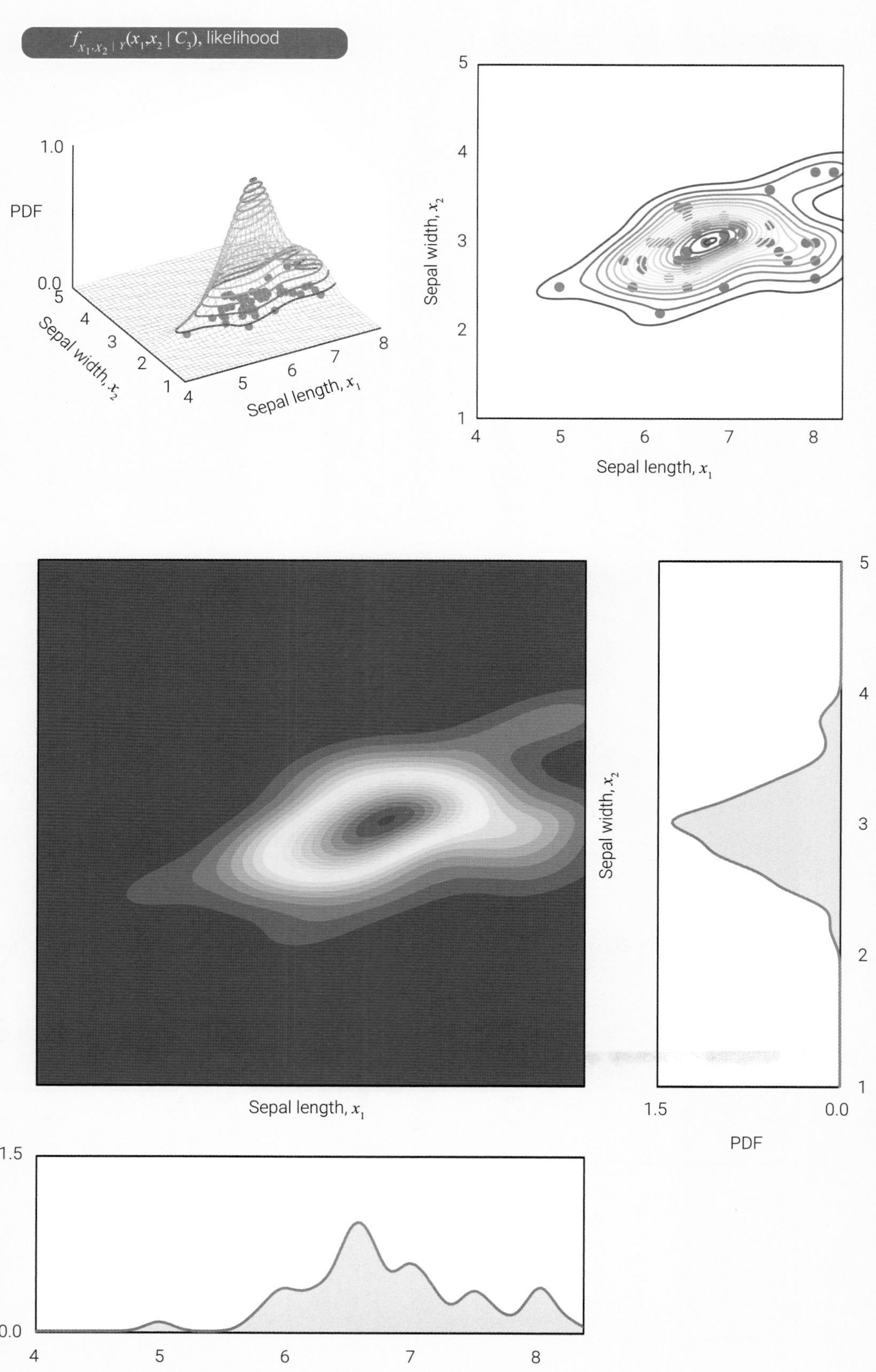

图31.22 似然概率，$f_{X_1,X_2 \mid Y}(x_1, x_2 \mid C_3)$，似然概率基于高斯核密度估计

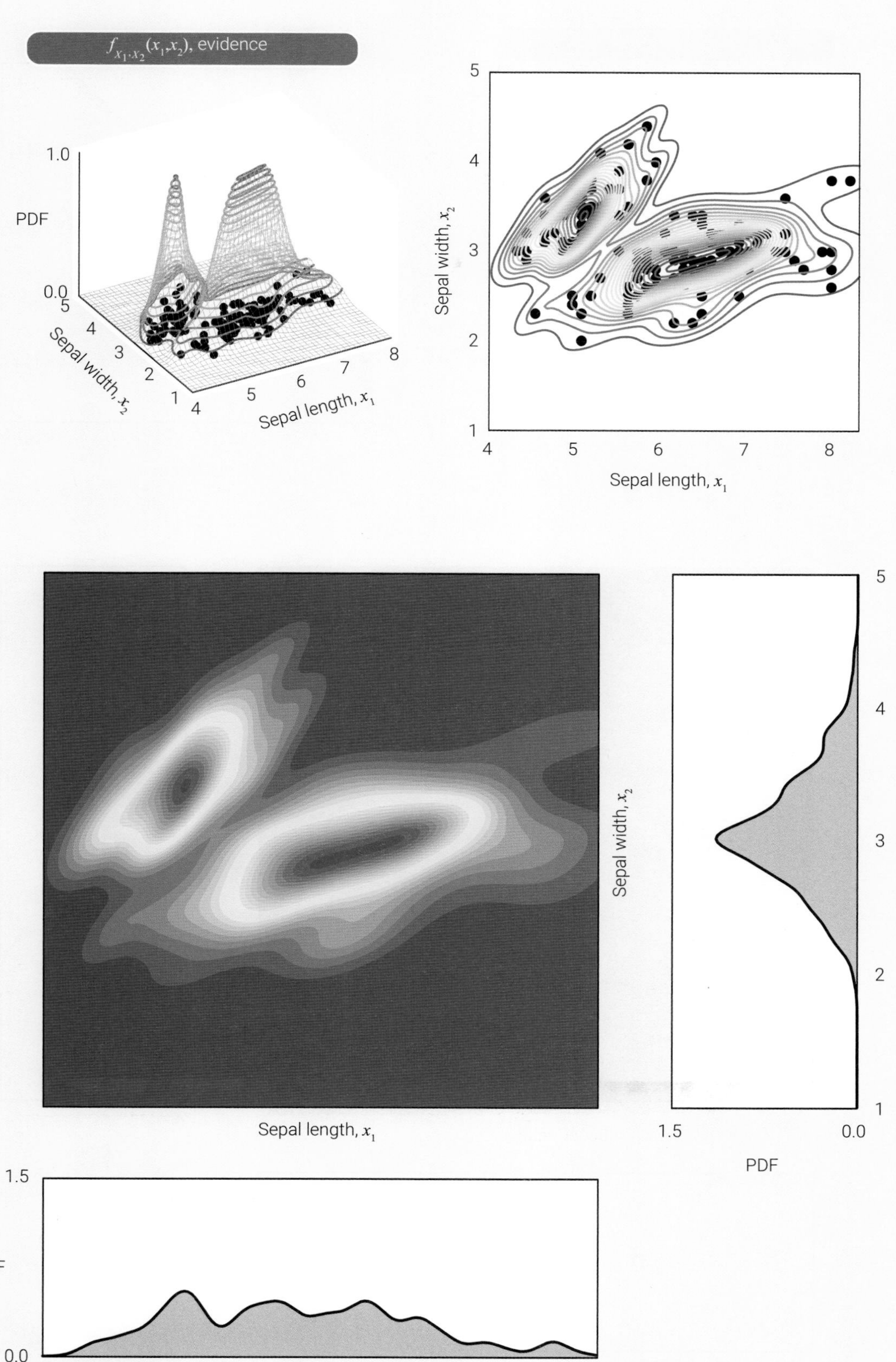

图31.23　证据因子，$f_{X_1,X_2}(x_1,x_2)$，似然概率基于高斯核密度估计

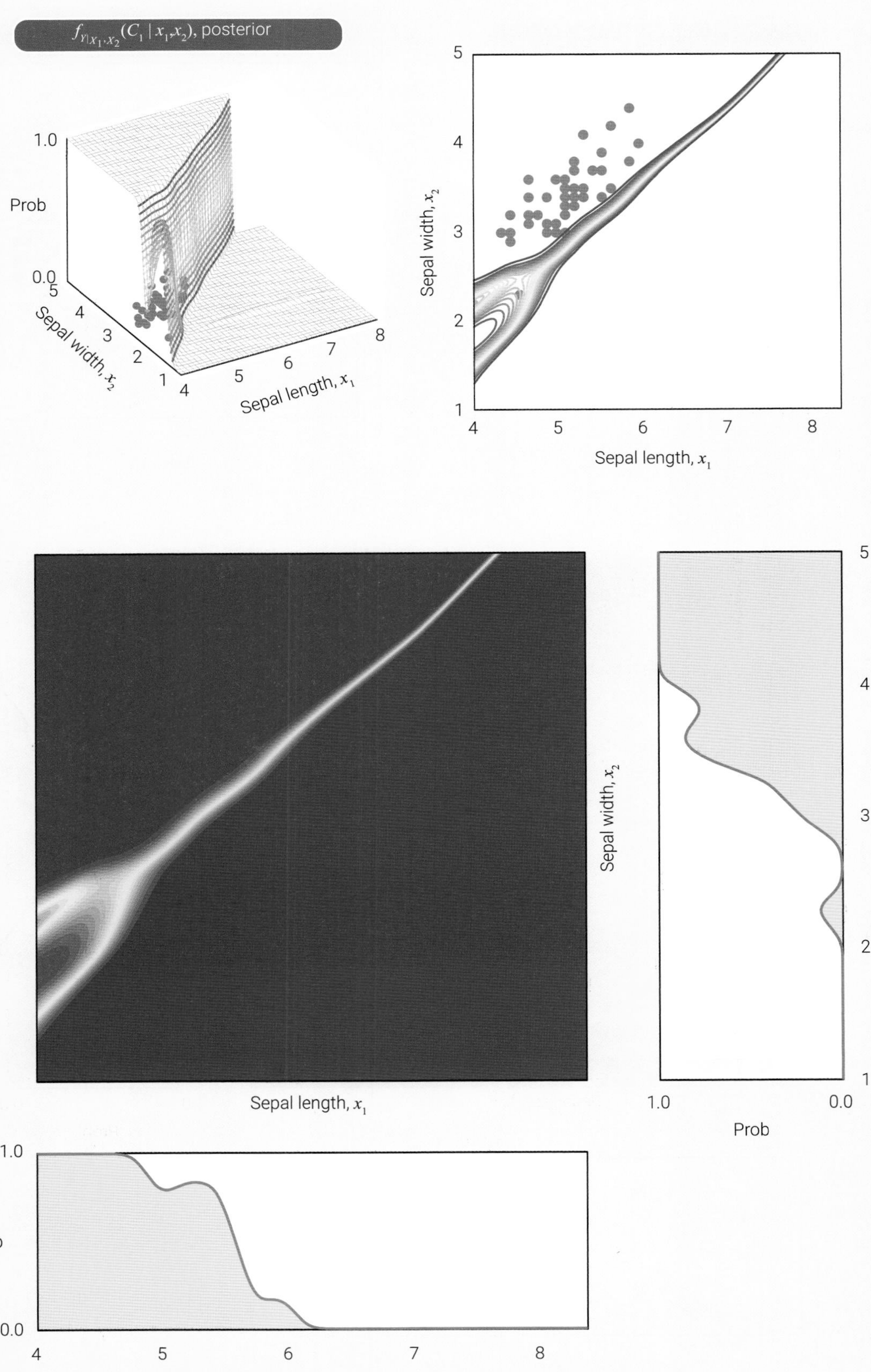

图31.24　后验概率，$f_{Y|X_1,X_2}(C_1 | x_1, x_2)$，似然概率基于高斯核密度估计

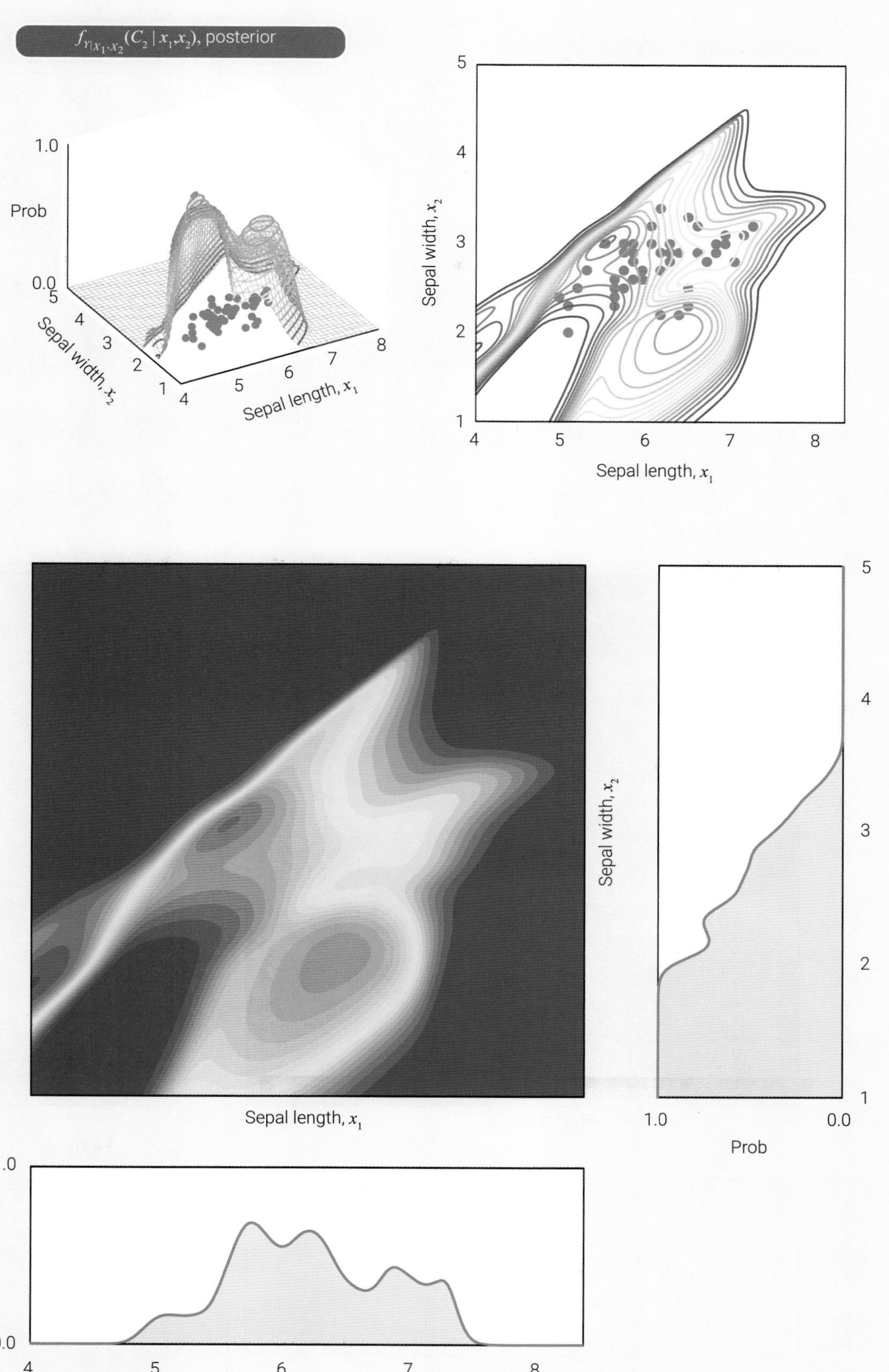

图31.25　后验概率，$f_{Y|X_1,X_2}(C_2 | x_1, x_2)$，似然概率基于高斯核密度估计

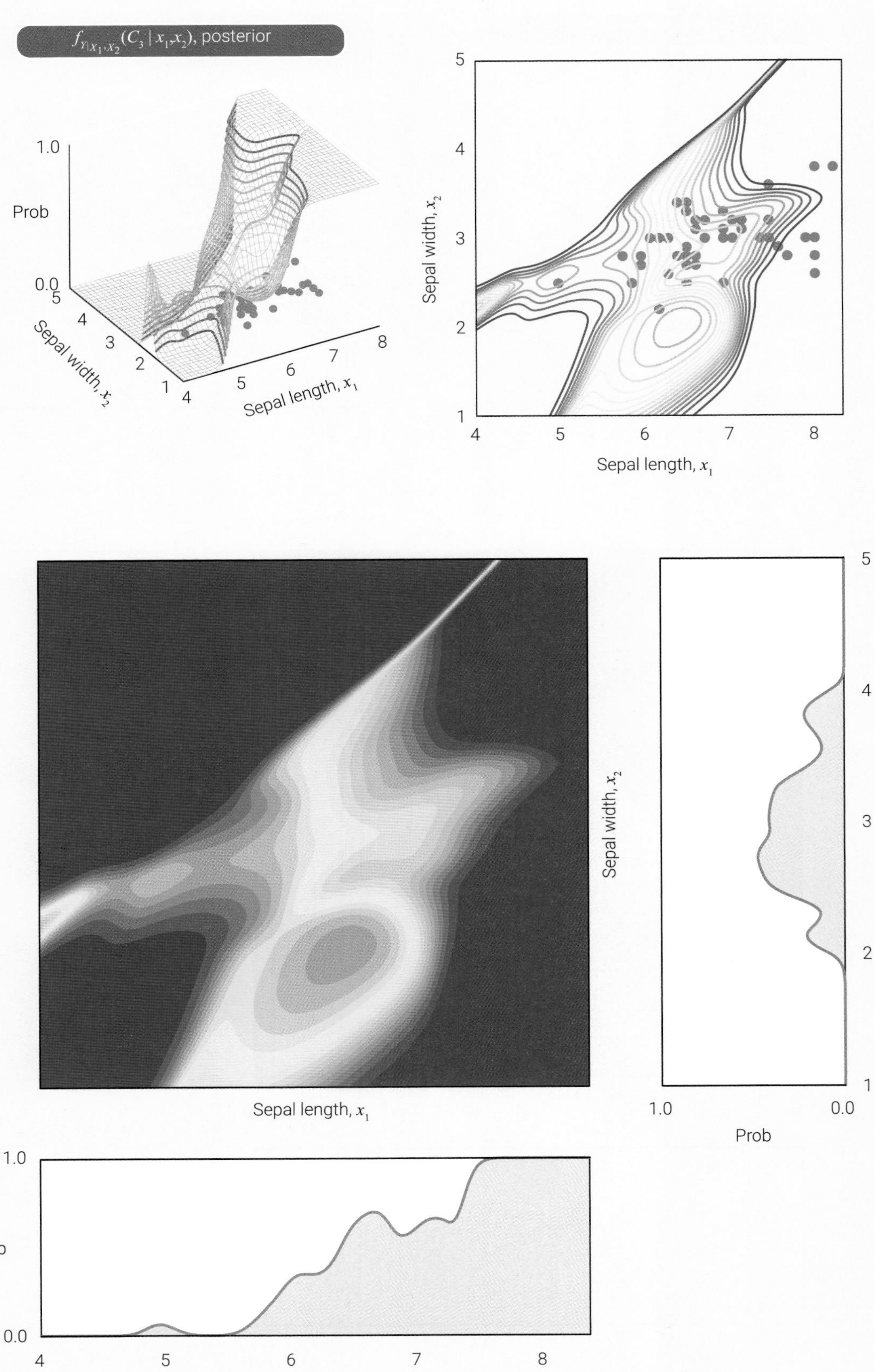

图31.26　后验概率，$f_{Y|X_1,X_2}(C_3 | x_1, x_2)$，似然概率基于高斯核密度估计

Dirichlet分布

Visualize Dirichlet Distribution

用投影法、重心坐标系可视化Dirichlet分布

像专业人士一样学习规则，这样你就可以像艺术家一样打破它们。

Learn the rules like a pro, so you can break them like an artist.

—— 巴勃罗・毕加索 (Pablo Picasso) | 西班牙艺术家 | 1881—1973年

- `matplotlib.pyplot.plot_trisurf()` 在三角形网格上绘制平滑的三维曲面图
- `matplotlib.pyplot.tricontourf()` 在三角形网格上绘制填充的等高线图
- `matplotlib.pyplot.triplot()` 在三角形网格上绘制线条
- `matplotlib.tri.Triangulation()` 生成三角剖分对象
- `matplotlib.tri.UniformTriRefiner()` 对三角形网格进行均匀细化，生成更密集的三角形网格，以提高绘制的精细度和准确性
- `numpy.column_stack()` 将两个矩阵按列合并
- `numpy.linalg.inv()` 计算矩阵逆
- `plotly.figure_factory.create_ternary_contour()` 重心坐标系等高线
- `scipy.spatial.Delaunay()` 生成一个点集的Delaunay三角剖分
- `scipy.stats.dirichlet` Dirichlet分布对象
- `scipy.stats.dirichlet.pdf()` 计算Dirichlet分布的概率密度函数

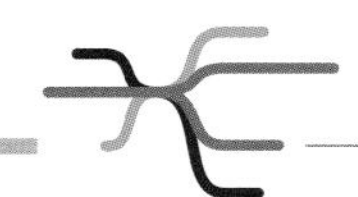

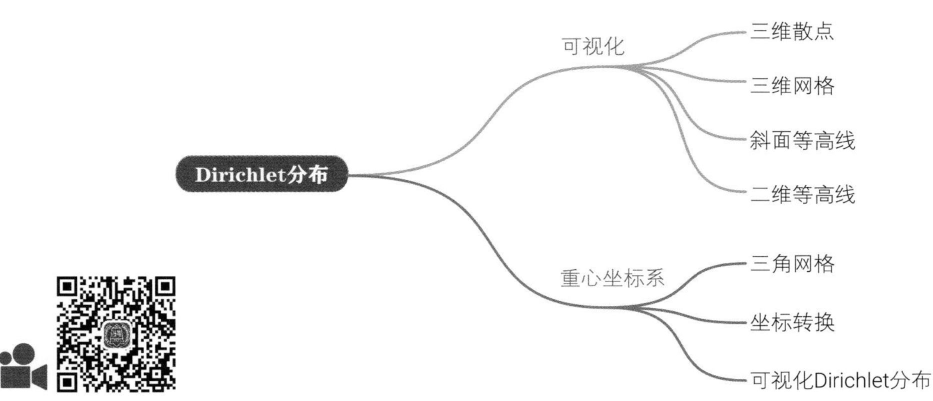

32.1 什么是Dirichlet分布？

“鸢尾花书”第一册《数学要素》和本册《可视之美》前文中，大家最常见的分布应该是高斯分布。

而本章则介绍一种很“美丽”的分布——Dirichlet分布。

专门开辟一章特别讲解Dirichlet分布，一方面是因为这个分布的确很美；另一方面，Dirichlet分布常常用在贝叶斯统计学、自然语言处理中，重要程度不亚于高斯分布。

简单来说，Dirichlet分布是一种连续的概率分布，通常用于描述一个多元随机变量的概率分布。它是以德国数学家Peter Gustav Lejeune Dirichlet的名字命名的。

实际上，本书前文已经在不同章节聊过Dirichlet分布。如图32.1 (a) 所示，这个三元Dirichlet变量有三个，即θ_1、θ_2、θ_3。

θ_1、θ_2、θ_3的取值范围都是 [0, 1]。非常重要的是，θ_1、θ_2、θ_3满足$\theta_1 + \theta_2 + \theta_3 = 1$。如图32.1 (a) 所示，在三维空间来看，$\theta_1 + \theta_2 + \theta_3 = 1$且考虑给定取值范围[0, 1]时，形状为图中浅蓝色斜面。

给定三元Dirichlet的参数 $(\alpha_1, \alpha_2, \alpha_3)$，我们便可以获得三元Dirichlet的概率密度。如图32.1 (b) 所示，本书前文用三维散点图展示过Dirichlet概率密度。图中每个散点的颜色代表概率密度大小，暖色更大，冷色更小。

还有一个有趣的知识点是，为了方便可视化Dirichlet分布，我们可以顺便了解重心坐标系这个概念，这是本书最后要介绍的内容。

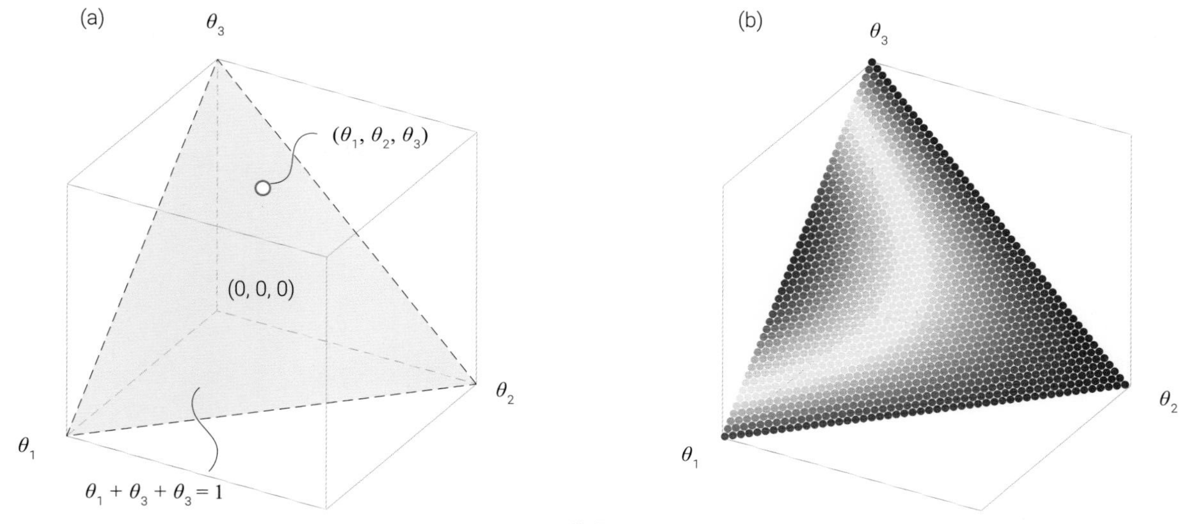

图32.1　用三维展示Dirichlet分布

32.2 降维投影到平面

由于$\theta_1 + \theta_2 + \theta_3 = 1$这个约束条件，任意给定其中两个变量，我们就可以确定斜面上一点。

如图32.2所示，$\theta_1 + \theta_2 + \theta_3 = 1$代表浅蓝色斜面。当给定$\theta_1$和$\theta_2$时，我们便可以计算得到$\theta_3$。也就是说，我们可以将浅蓝色斜面投影到$\theta_1\theta_2$平面上，$(\theta_1,\theta_2,\theta_3)$ 和 (θ_1,θ_2) 一一对应。

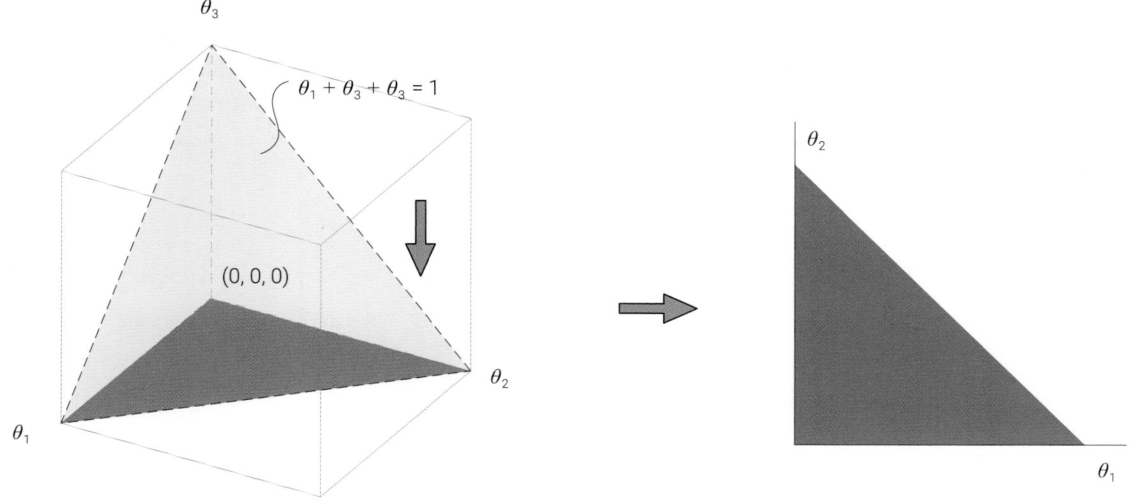

图32.2　浅蓝色平面$\theta_1 + \theta_2 + \theta_3 = 1$投影到$\theta_1\theta_2$平面

显然，在$\theta_1\theta_2$平面上绘制等高线很容易!

图32.9所示为一组在平面上展示的Dirichlet分布。Bk_2_Ch32_01.ipynb中绘制了这组图，代码很简单，请大家自行学习。

32.3 将等高线投影到斜面上

由于$(\theta_1,\theta_2,\theta_3)$和$(\theta_1,\theta_2)$一一对应，我们立刻就想到，我们是否能把图32.9这些二维等高线投影到$\theta_1 + \theta_2 + \theta_3 = 1$上？

答案是肯定的！

图32.3所示的就是这个意义上的映射原理。

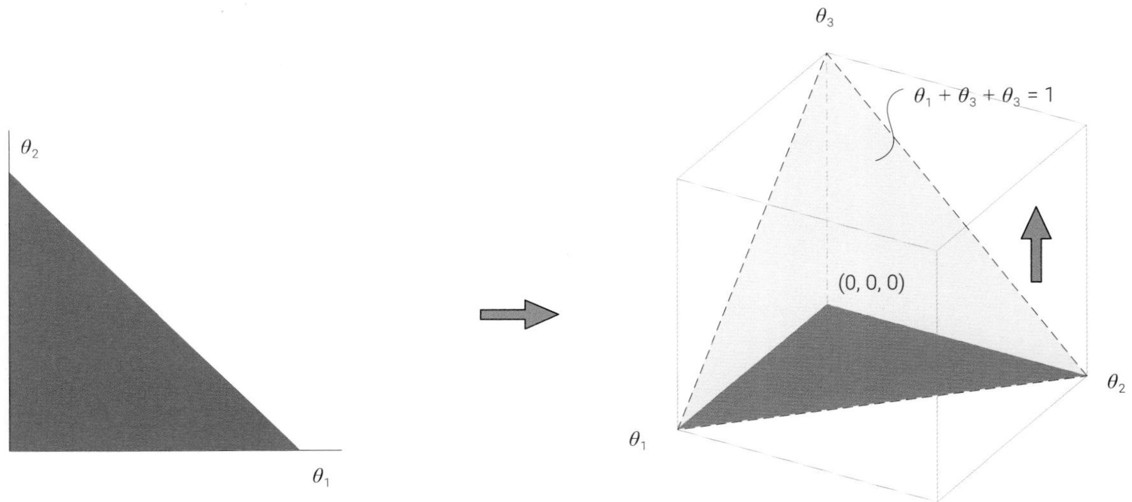

图32.3　$\theta_1\theta_2$平面反过来投影到浅蓝色平面$\theta_1 + \theta_2 + \theta_3 = 1$

如图32.10所示，我们把图32.9中Dirichlet概率密度函数等高线投影到斜面上。这里用的可视化技巧与前文在介绍瑞利商时，将瑞利商投影到单位球体“幕布”上几乎完全一致。

Bk_2_Ch32_02.ipynb中绘制了图32.10，核心代码已经在本书前文讲解过，也请大家自行学习。

类似地，如图32.4所示，我们可以设计更丰富的可视化方案用不同投影方法展示Dirichlet分布。图32.11、图32.12、图32.13这三组图就是可视化的结果。用到的绘图技巧是Matplotlib中三维等高线在不同方向投影，本书在前文介绍过这个技巧，大家可以回顾。

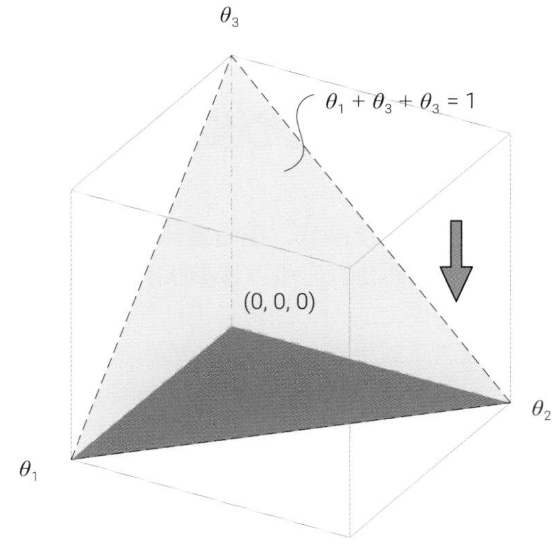

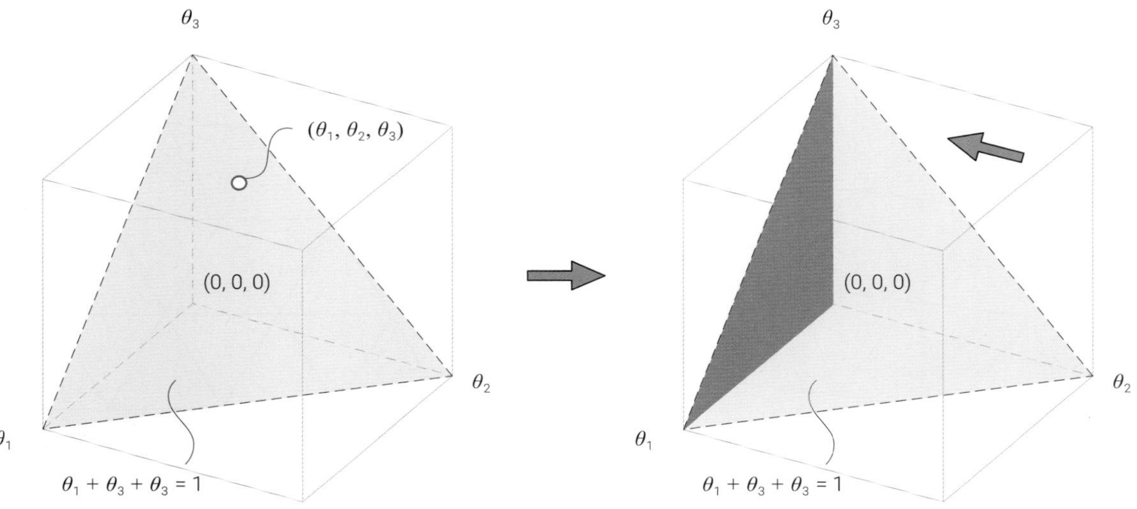

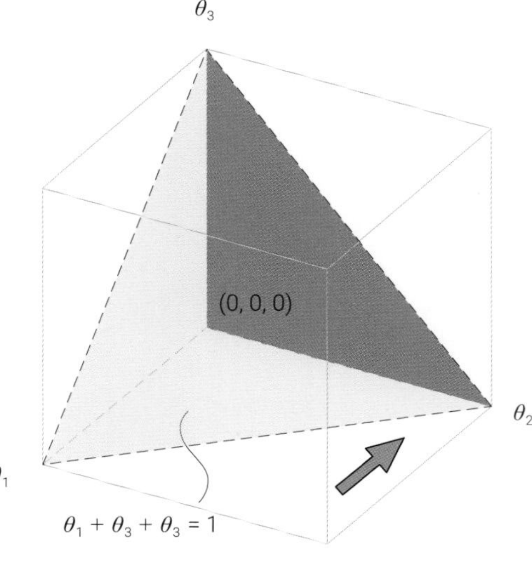

图32.4 投影到三个不同平面上

32.4 重心坐标系

从物理角度来看，**重心坐标系** (barycentric coordinate system) 是一种描述一个几何形状内部任意点位置的方法。它是以该形状的重心作为原点建立的坐标系。

在平面上的一个三角形中，任何一点都可以表示为三个定点的加权平均值，其中每个定点的权重由它到该点的距离与该三角形的周长之比确定。这些权重称为该点在三角形的重心坐标。

实际上，用三维直角坐标系解释重心坐标系更方便。图32.5左图所示为三维直角坐标系，为了区分坐标系的横轴、纵轴、竖轴分别记作θ_1、θ_2、θ_3。这个三维直角坐标系中坐标可以记作 $(\theta_1, \theta_2, \theta_3)$。

图32.5左图浅蓝色平面上的每个坐标 $(\theta_1, \theta_2, \theta_3)$ 都满足$\theta_1 + \theta_2 + \theta_3 = 1$。$\theta_1 + \theta_2 + \theta_3 = 1$这个限制条件，让原本三维的空间降维成二维。即便如此，如图32.5右图所示，三角网格的每一点仍旧对应 $(\theta_1, \theta_2, \theta_3)$。

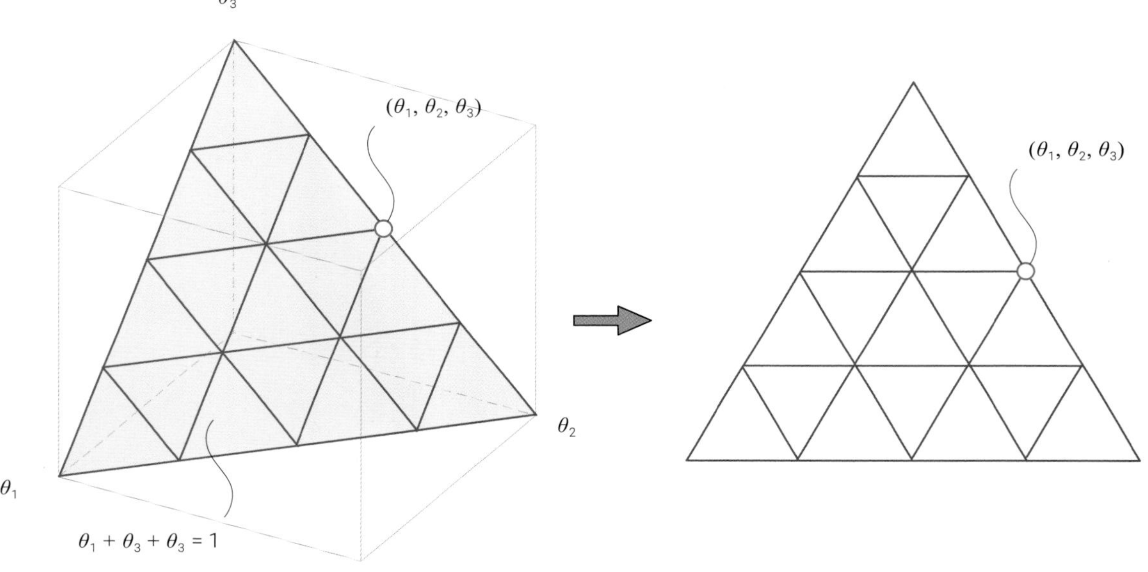

图32.5　从三维直角坐标系到重心坐标系

如图32.6所示，本章并用两种变量θ_1、θ_2、θ_3标注位置。

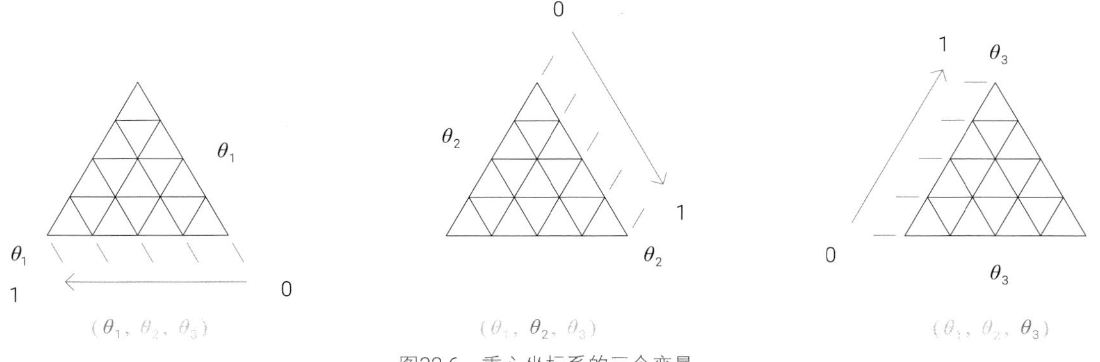

图32.6　重心坐标系的三个变量

图32.14从三维直角坐标系视角观察重心坐标系中的θ_1、θ_2、θ_3。

图32.15上下两幅子图展示了**等边三角形** (equilateral triangle) 中的两个坐标系坐标关系。上图给出的是利用三角网格表达的平面直角坐标系坐标；下图则是利用相同网格表达的重心坐标系坐标。请大家注意区分。

图32.16则展示了**等腰直角三角形** (isosceles right triangle) 中两个坐标系坐标关系。图32.17所示为任意形状三角形中两个坐标系的关系。

Bk_2_Ch32_06.ipynb中绘制了图32.15、图32.16、图32.17，下面讲解其中关键语句。

代码32.1在直角坐标系中生成三角网格坐标点。有了本章前文的基础，大家应该对这几句代码很熟了。

ⓐ定义三角形的三个顶点坐标，这个三角形是图32.15中等边三角形。Bk_2_Ch32_06.ipynb还给出了两个其他三角形的顶点坐标。

ⓑ构造三角网格对象，然后细分网格。

ⓒ将三角网格坐标点构造成二维数组 (矩阵)，每个列向量代表一个坐标点。

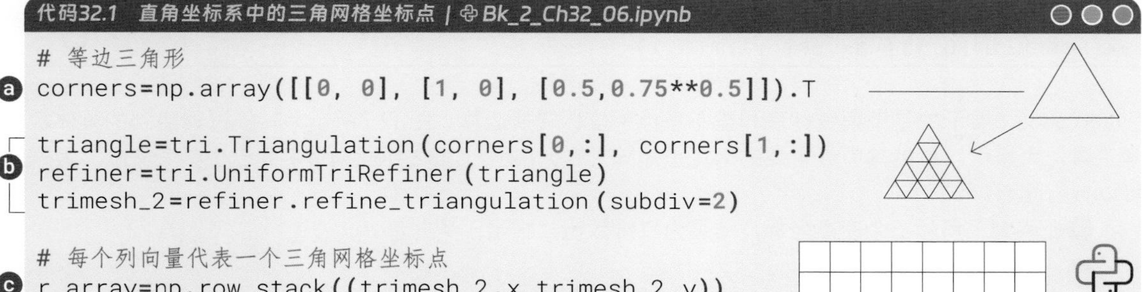

代码32.1　直角坐标系中的三角网格坐标点 | Bk_2_Ch32_06.ipynb

```
# 等边三角形
ⓐ corners=np.array([[0, 0], [1, 0], [0.5,0.75**0.5]]).T

ⓑ triangle=tri.Triangulation(corners[0,:], corners[1,:])
  refiner=tri.UniformTriRefiner(triangle)
  trimesh_2=refiner.refine_triangulation(subdiv=2)

# 每个列向量代表一个三角网格坐标点
ⓒ r_array=np.row_stack((trimesh_2.x,trimesh_2.y))
```

代码32.2可视化直角坐标系中网格坐标。

ⓐ用matplotlib.pyplot.triplot()，简写作plt.triplot()，绘制三角网格。

ⓑ使用for循环在图片上打印三角网格每个点的坐标。

其中，zip()将多个可迭代对象打包，从而方便for循环遍历。

每次迭代，创建text_idx，其中包含横、纵坐标的字符串。format()将坐标值格式化为小数点后两位。

然后利用matplotlib.pyplot.text()，简写作plt.text()，将文本添加到图片中。

x_idx是文本标签的x坐标。

y_idx+0.03 是为了在y方向上将文本标签稍微上移，以免与数据点重叠。

text_idx 是要显示的文本字符串。

fontsize=8 设置文本的字体大小为8 pt。

horizontalalignment='center' 将文本水平居中对齐。

bbox=dict(facecolor='w', alpha=0.5, edgecolor='None') 定义了一个包含文本的矩形框。其中facecolor='w' 设置矩形框的背景色为白色，alpha=0.5 设置透明度为0.5，edgecolor='None' 表示矩形框没有边框。

代码32.2 展示直角坐标系中网格坐标 | ⊕ Bk_2_Ch32_06.ipynb

```
fig, ax=plt.subplots(figsize=(5,5))
plt.triplot(trimesh_2)
plt.plot(r_array[0,:],
         r_array[1,:],
         '.r',
         markersize=10)

for x_idx, y_idx in zip(trimesh_2.x, trimesh_2.y):

    text_idx=('(' + format(x_idx, '.2f') +
              ', ' + format(y_idx, '.2f') + ')')
    plt.text(x_idx, y_idx+0.03,
             text_idx,
             fontsize=8,
             horizontalalignment='center',
             bbox=dict(facecolor='w', alpha=0.5, edgecolor='None'))
ax.set_aspect('equal')
ax.set_xlim(0,1); ax.set_ylim(0,1)
```

(x,y)

代码32.3展示的是直角坐标系和重心坐标系坐标转换运算。图32.7所示为转换过程用到的具体数学工具，大家可以看到其中最重要的运算是矩阵求逆。Bk_2_Ch32_06.ipynb中列出了参考文献，大家可以自行学习。

ⓐ提取大三角形三个顶点坐标，结果为二维数组，相当于列向量。

ⓑ首先创建矩阵 $\boldsymbol{T}=\begin{bmatrix}\boldsymbol{r}_1-\boldsymbol{r}_3 & \boldsymbol{r}_2-\boldsymbol{r}_3\end{bmatrix}$。

然后，通过 $\begin{bmatrix}\theta_1\\ \theta_2\end{bmatrix}=\boldsymbol{T}^{-1}(\boldsymbol{r}-\boldsymbol{r}_3)$ 计算 θ_1、θ_2。代码中用到了广播原则。r_array是直角坐标系中有待转换的坐标点。

根据等式 $\theta_1+\theta_2+\theta_3=1$ 计算 θ_3。注意，r_array和theta_1_2_3每一列一一对应。也就是说，至此，我们完成了直角坐标系和重心坐标系之间的坐标转换。

ⓒ利用numpy.row_stack()创建一个矩阵，每一列代表一个重心坐标系坐标。

ⓓ利用numpy.clip()对计算得到的重心坐标进行截断，确保它们在合理的范围内，避免超出 [0, 1] 区间。1e-6 是一个小的容差值，用于避免由于数值误差导致的坐标超出范围。

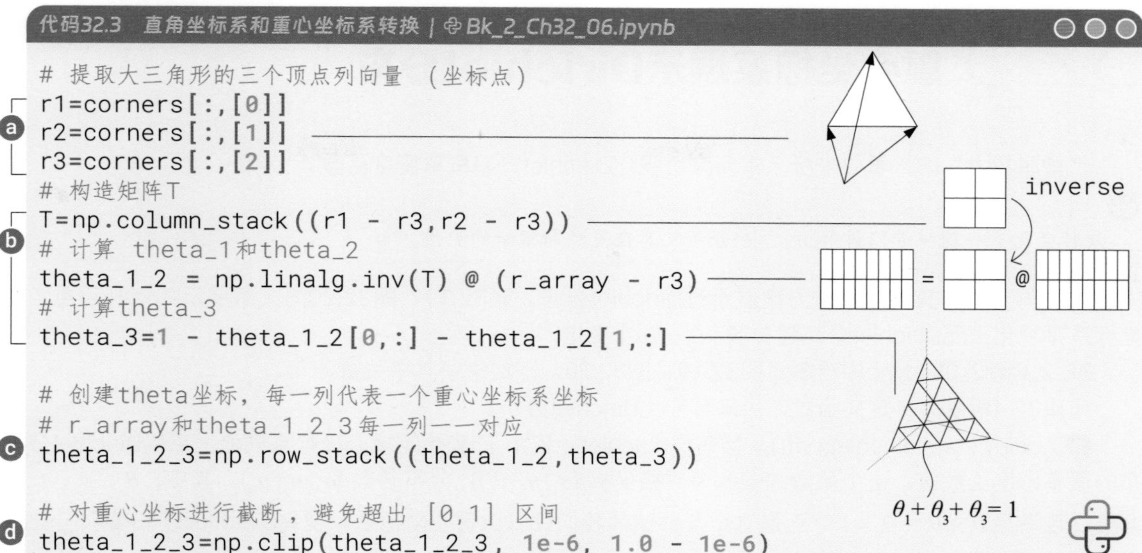

代码32.3　直角坐标系和重心坐标系转换 | Bk_2_Ch32_06.ipynb

```
# 提取大三角形的三个顶点列向量 （坐标点）
r1=corners[:,[0]]
r2=corners[:,[1]]
r3=corners[:,[2]]
# 构造矩阵T
T=np.column_stack((r1 - r3,r2 - r3))
# 计算 theta_1和theta_2
theta_1_2 = np.linalg.inv(T) @ (r_array - r3)
# 计算theta_3
theta_3=1 - theta_1_2[0,:] - theta_1_2[1,:]

# 创建theta坐标，每一列代表一个重心坐标系坐标
# r_array和theta_1_2_3每一列一一对应
theta_1_2_3=np.row_stack((theta_1_2,theta_3))

# 对重心坐标进行截断，避免超出 [0,1] 区间
theta_1_2_3=np.clip(theta_1_2_3, 1e-6, 1.0 - 1e-6)
```


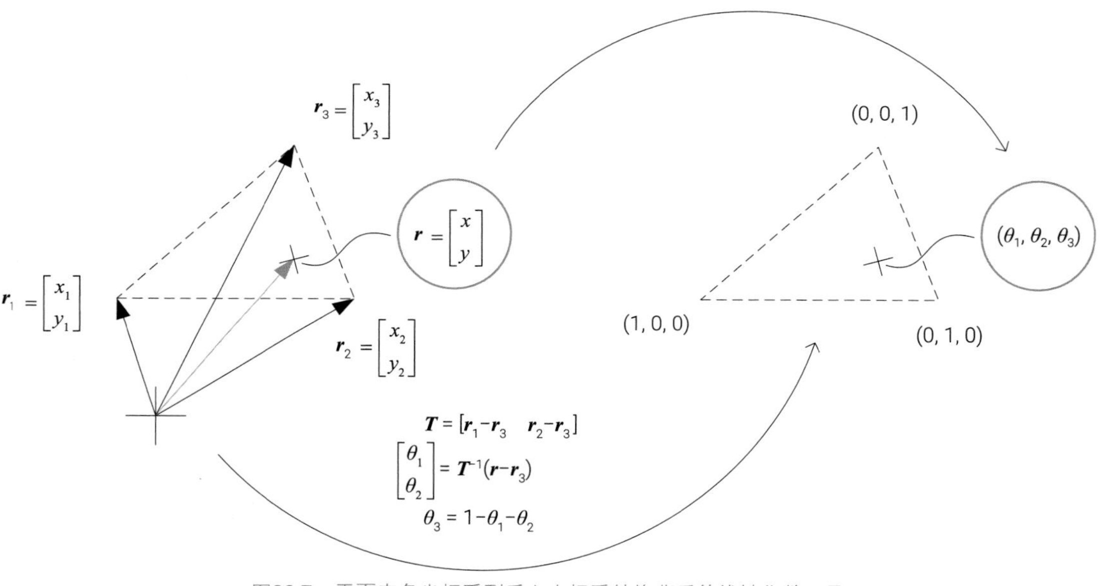

图32.7　平面直角坐标系到重心坐标系转换背后的线性代数工具

> 请大家修改Bk_2_Ch32_06.ipynb中的原始大三角形的三个顶点坐标为 (0,8)、(8,0)、(5,8)，重新绘制重心坐标系网格坐标。

图32.18所示为在重心坐标系中混合的红绿蓝三色。Bk_2_Ch32_07.ipynb中绘制了图32.18，代码很简单，请大家自行学习。

32.5 重心坐标系展示Dirichlet分布

“鸢尾花书”中，重心坐标系常用来可视化Dirichlet分布概率密度函数。

《统计至简》一册将专门讲解Dirichlet分布及其在贝叶斯推断的应用。

本书前文利用其他可视化方案展示过Dirichlet分布。图32.19、图32.20向大家展示如何利用重心坐标系可视化三元Dirichlet分布随参数 $[\alpha_1, \alpha_2, \alpha_3]$ 变化。

Bk_2_Ch32_08.ipynb中绘制了图32.19、图32.20，下面讲解其中关键语句。

代码32.4所示为自定义函数，用来可视化Dirichlet分布。

ⓐ用scipy.stats.dirichlet.pdf()，简写作dirichlet.pdf()，计算给定重心坐标系网格上点的Dirichlet分布的概率密度函数值。这个函数的输入为网格坐标 $(\theta_1, \theta_2, \theta_3)$，分布参数 $(\alpha_1, \alpha_2, \alpha_3)$。其中，$\theta_1$、$\theta_2$、$\theta_3$ 非负，且满足 $\theta_1+\theta_2+\theta_3=1$，正是这个条件使得我们可以用重心坐标系可视化Dirichlet分布PDF。

其中，xy2bc()为自定义函数，将直角坐标系坐标转化为重心坐标系坐标。这个自定义函数的核心代码来自代码32.3。

ⓑ利用matplotlib.pyplot.tricontourf()，简写作plt.tricontourf()，绘制基于三角形网格的等高线填充图。

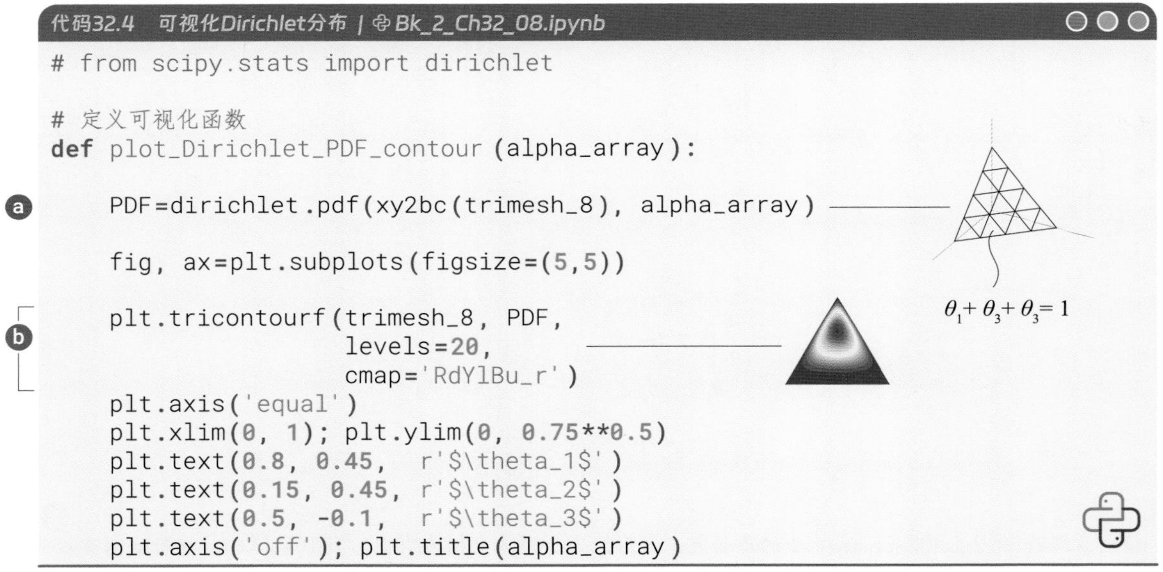

代码32.4 可视化Dirichlet分布 | Bk_2_Ch32_08.ipynb

```
# from scipy.stats import dirichlet

# 定义可视化函数
def plot_Dirichlet_PDF_contour (alpha_array):

    PDF=dirichlet.pdf(xy2bc(trimesh_8), alpha_array)   # ⓐ

    fig, ax=plt.subplots(figsize=(5,5))

    plt.tricontourf(trimesh_8, PDF,                     # ⓑ
                    levels=20,
                    cmap='RdYlBu_r')
    plt.axis('equal')
    plt.xlim(0, 1); plt.ylim(0, 0.75**0.5)
    plt.text(0.8, 0.45,  r'$\theta_1$')
    plt.text(0.15, 0.45, r'$\theta_2$')
    plt.text(0.5, -0.1,  r'$\theta_3$')
    plt.axis('off'); plt.title(alpha_array)
```


Plotly中也有绘制基于三角形网格等高线的函数，具体图32.21所示。

对应的代码文件为Bk_2_Ch32_09.ipynb。

利用的函数为plotly.figure_factory.create_ternary_contour()；代码相对简单，请大家自行学习使用这个函数。

如图32.8所示，在Bk_2_Ch32_09.ipynb上，我们用Streamlit制作了一个App，用来展示Dirichlet分布参数对概率密度函数图像的影响。

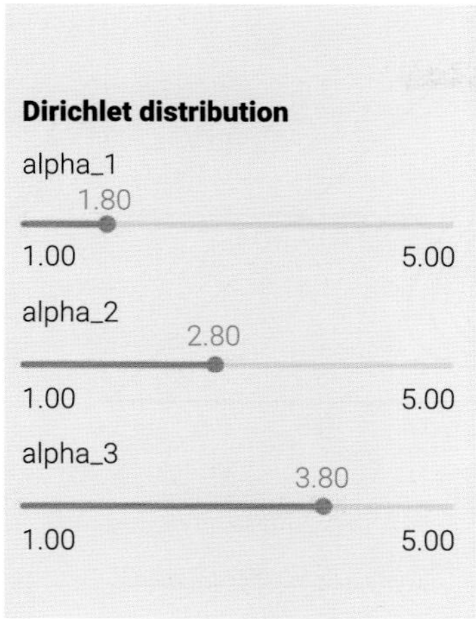

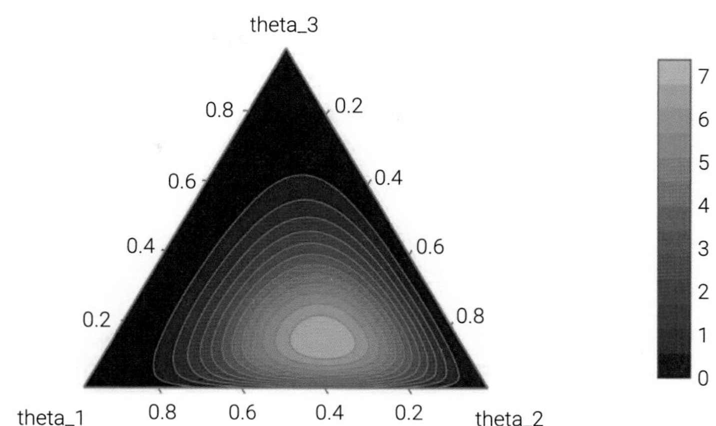

图32.8　展示Dirichlet分布的App，Streamlit搭建 | Streamlit_Dirichlet_distribution.py

本章设计了几种方案可视化Dirichlet分布。稍有挑战性的知识点是如何理解重心坐标系，以及直角坐标系和重心坐标系坐标的转换。《统计至简》中学习贝叶斯统计时会用到Dirichlet分布，请大家留意。

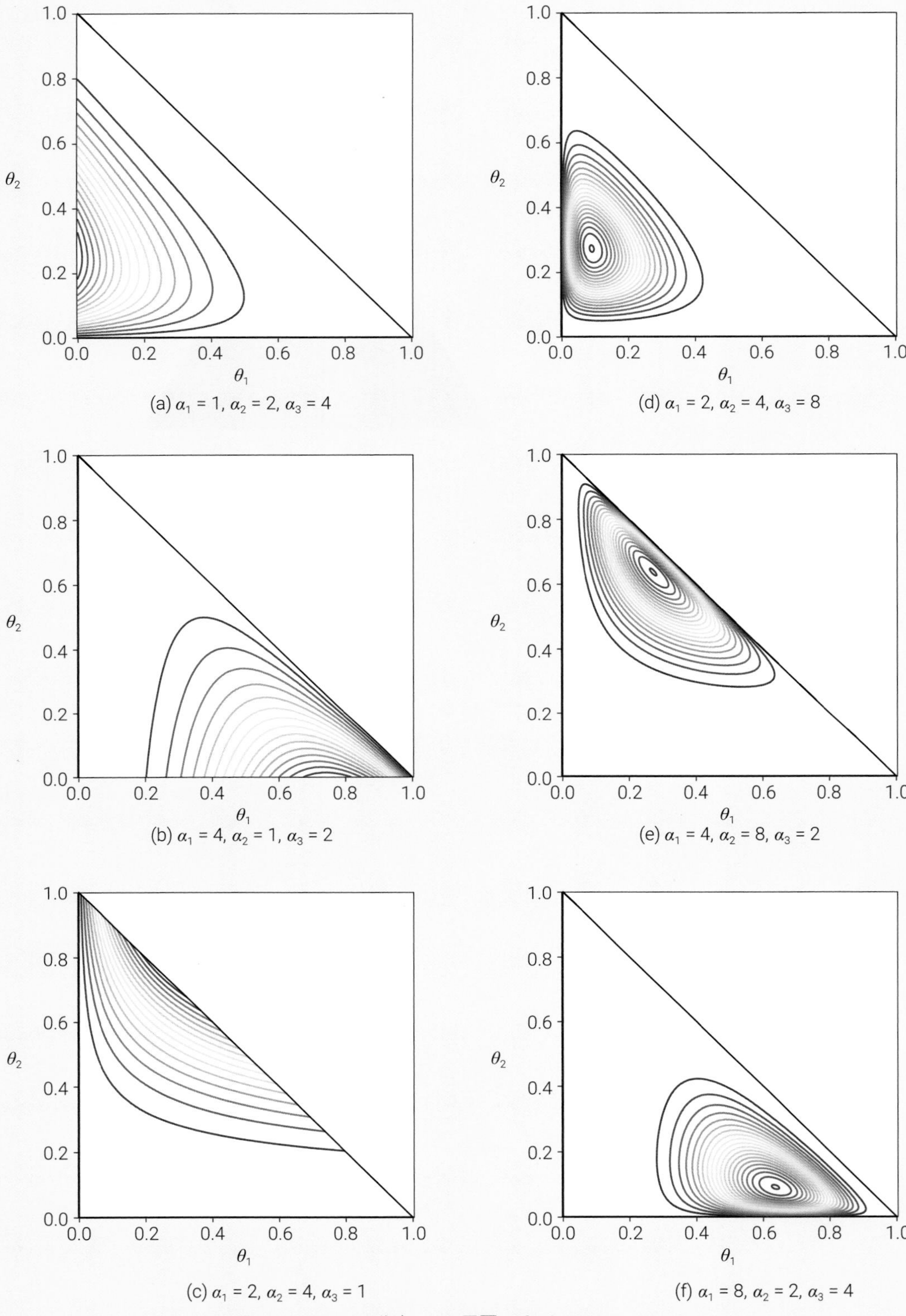

图32.9 Dirichlet分布，$\theta_1\theta_2$平面 | Bk_2_Ch32_01.py

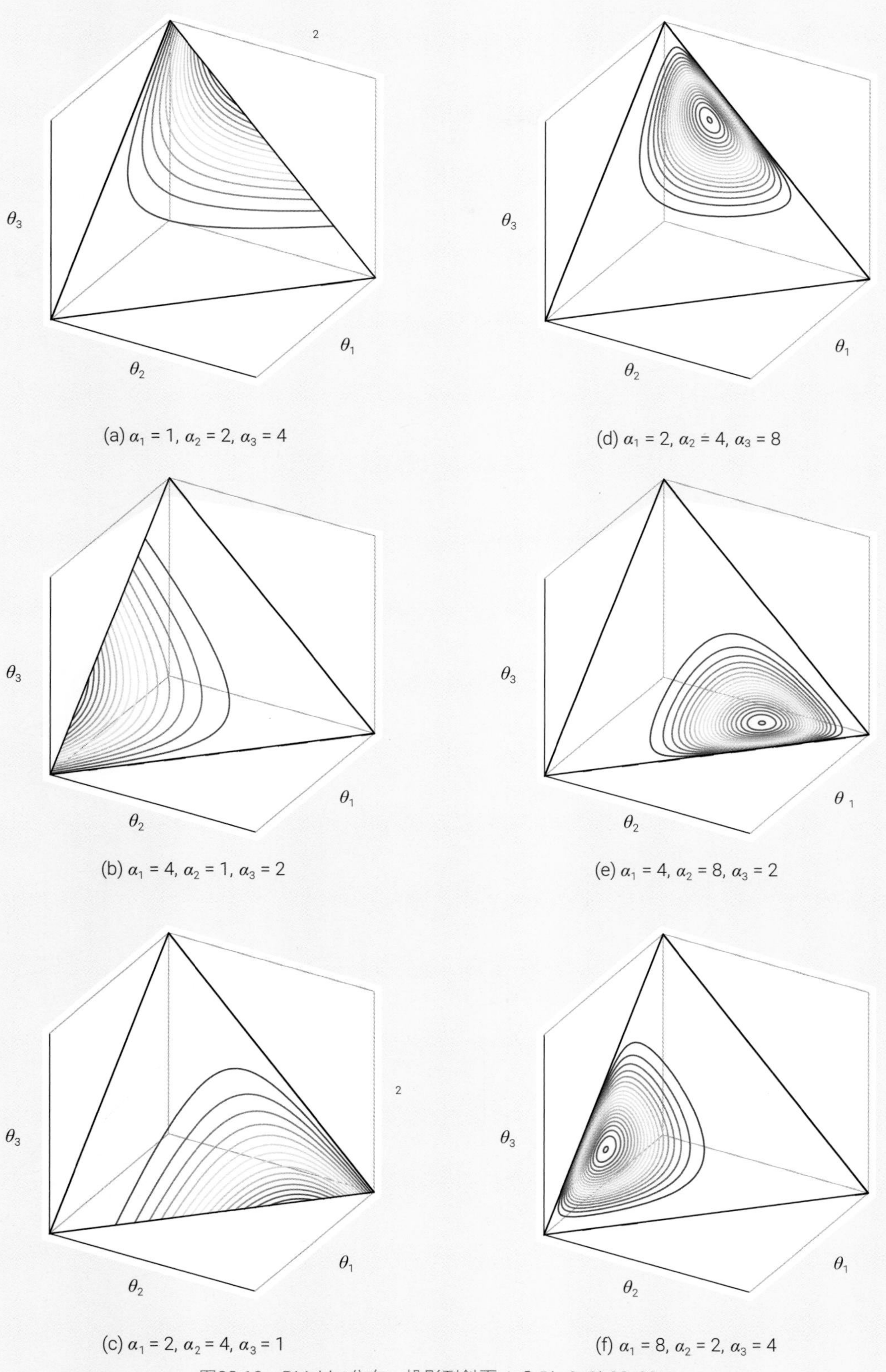

图32.10　Dirichlet分布，投影到斜面 | ⊕ Bk_2_Ch32_02.py

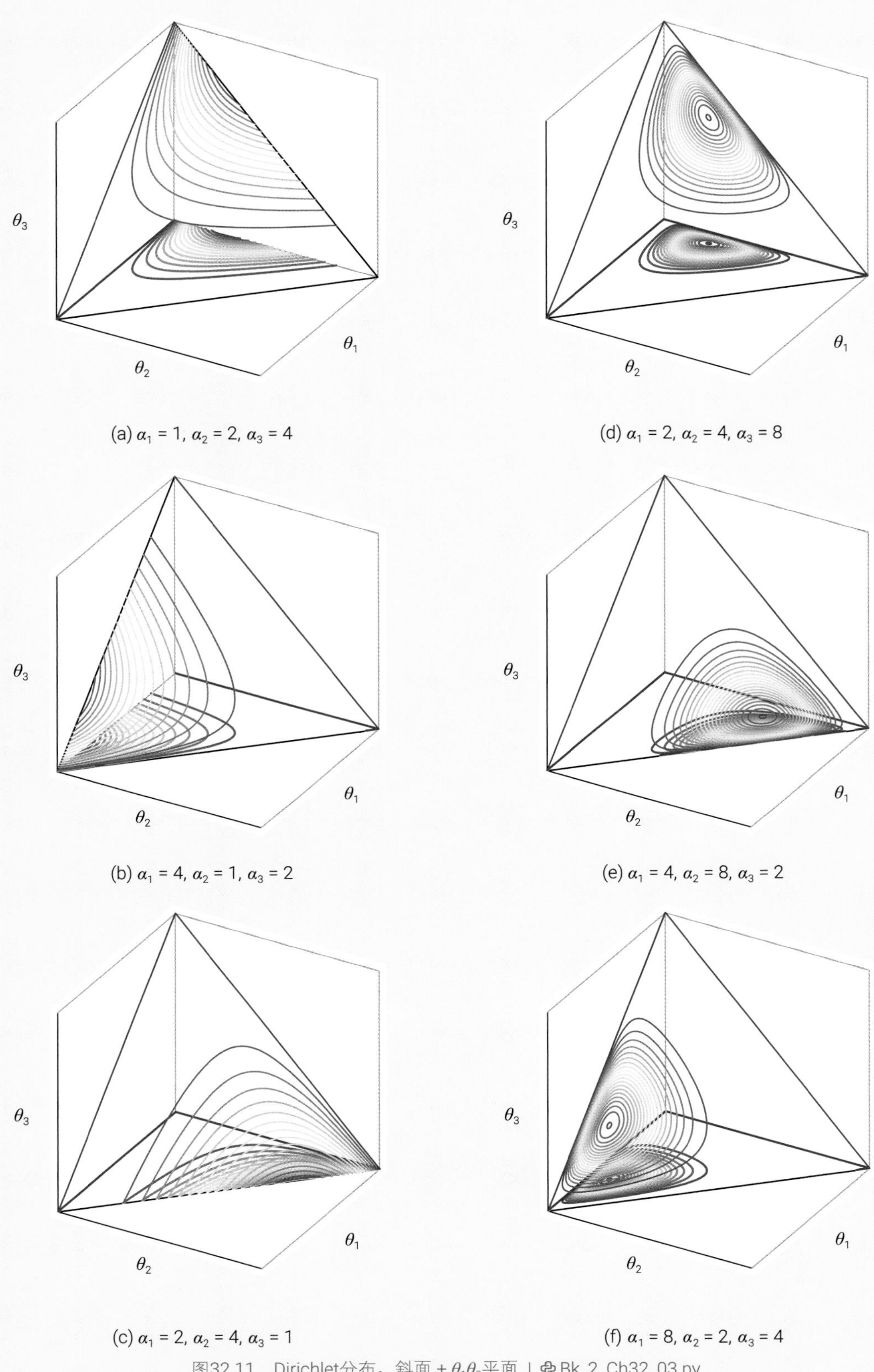

图32.11　Dirichlet分布，斜面 + $\theta_1\theta_2$平面 | Bk_2_Ch32_03.py

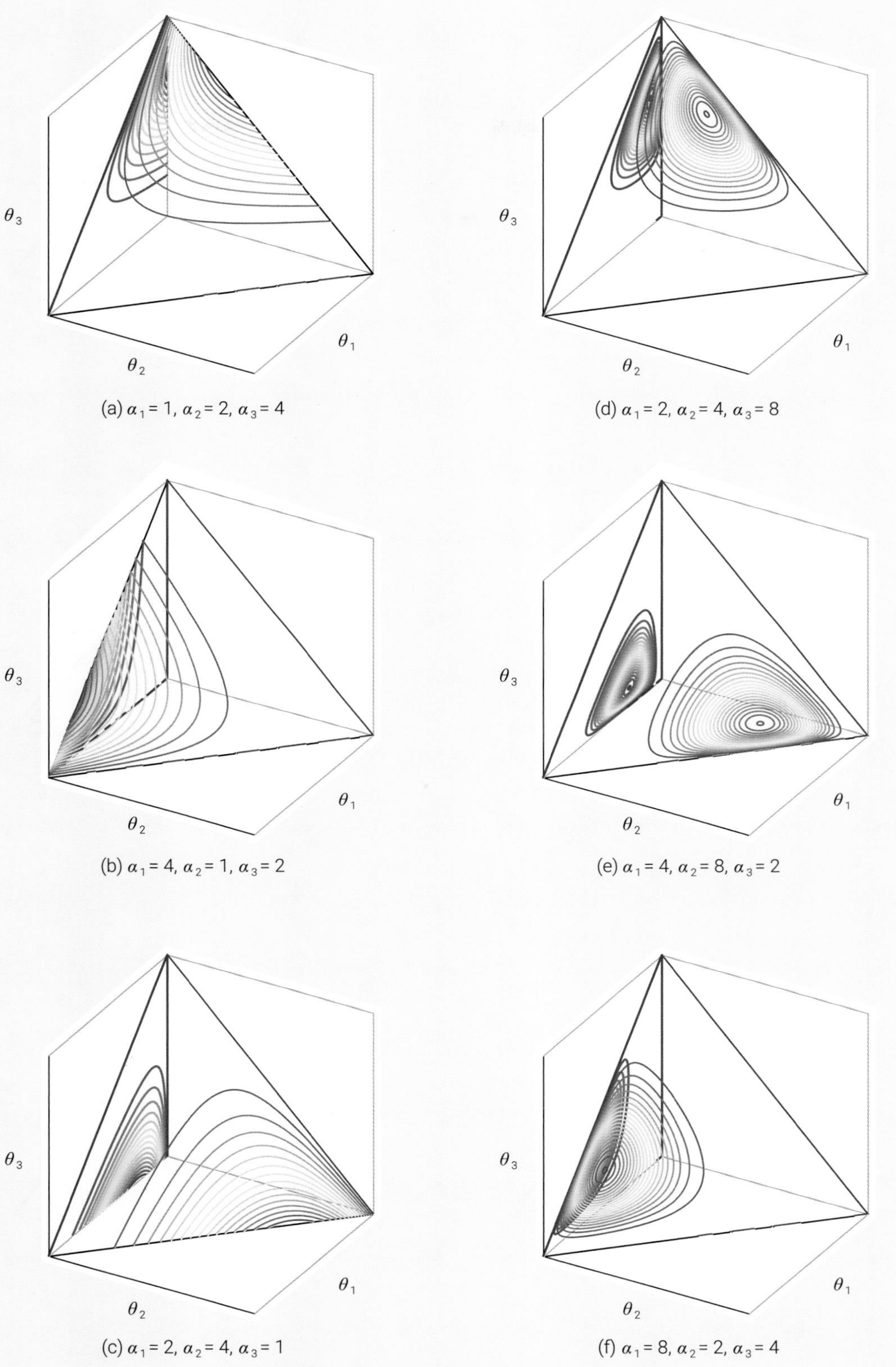

图32.12　Dirichlet分布，斜面 + $\theta_1\theta_3$平面 | Bk_2_Ch32_04.py

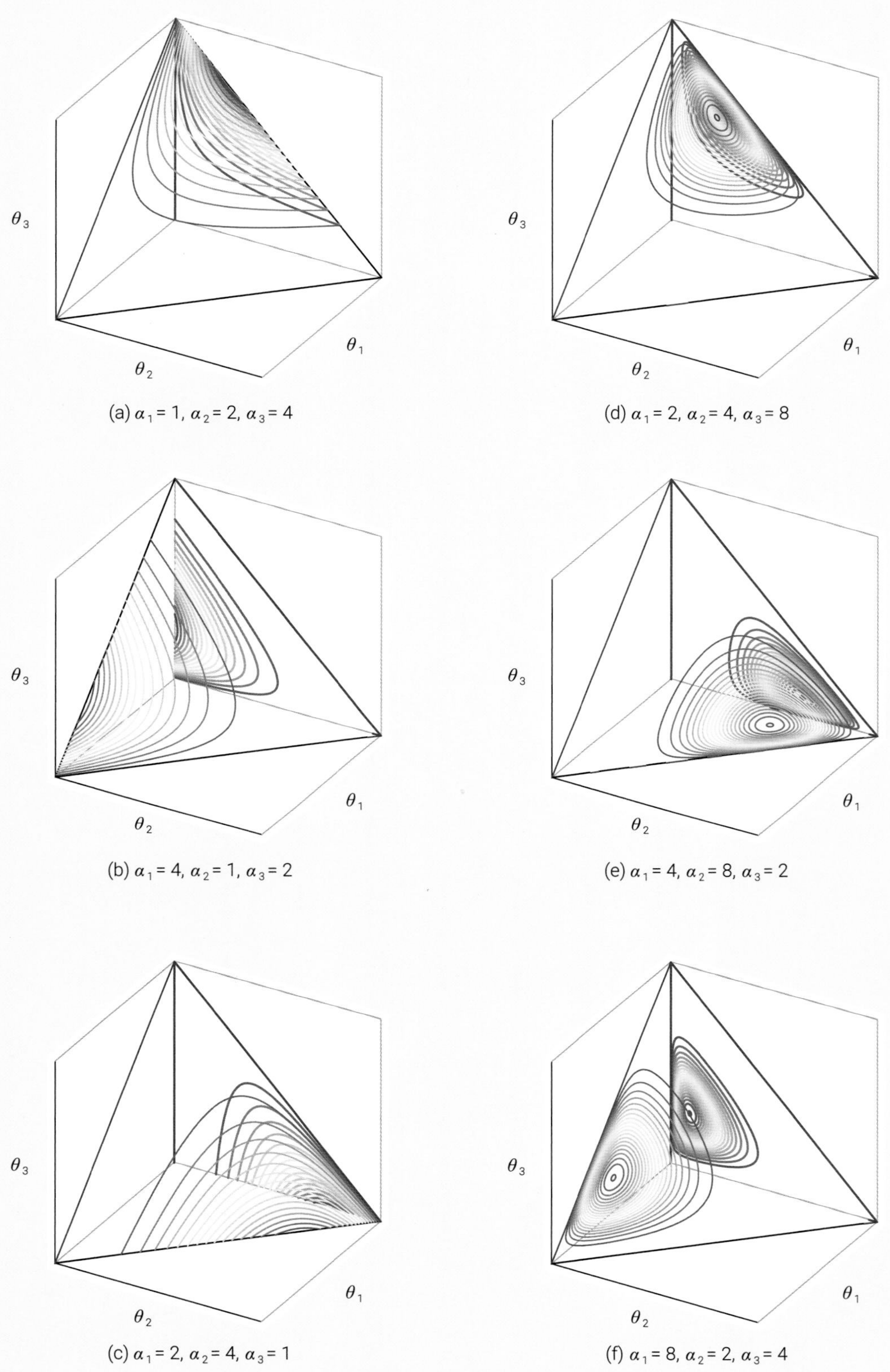

图32.13 Dirichlet分布，斜面 + $\theta_2\theta_3$平面 | Bk_2_Ch32_05.py

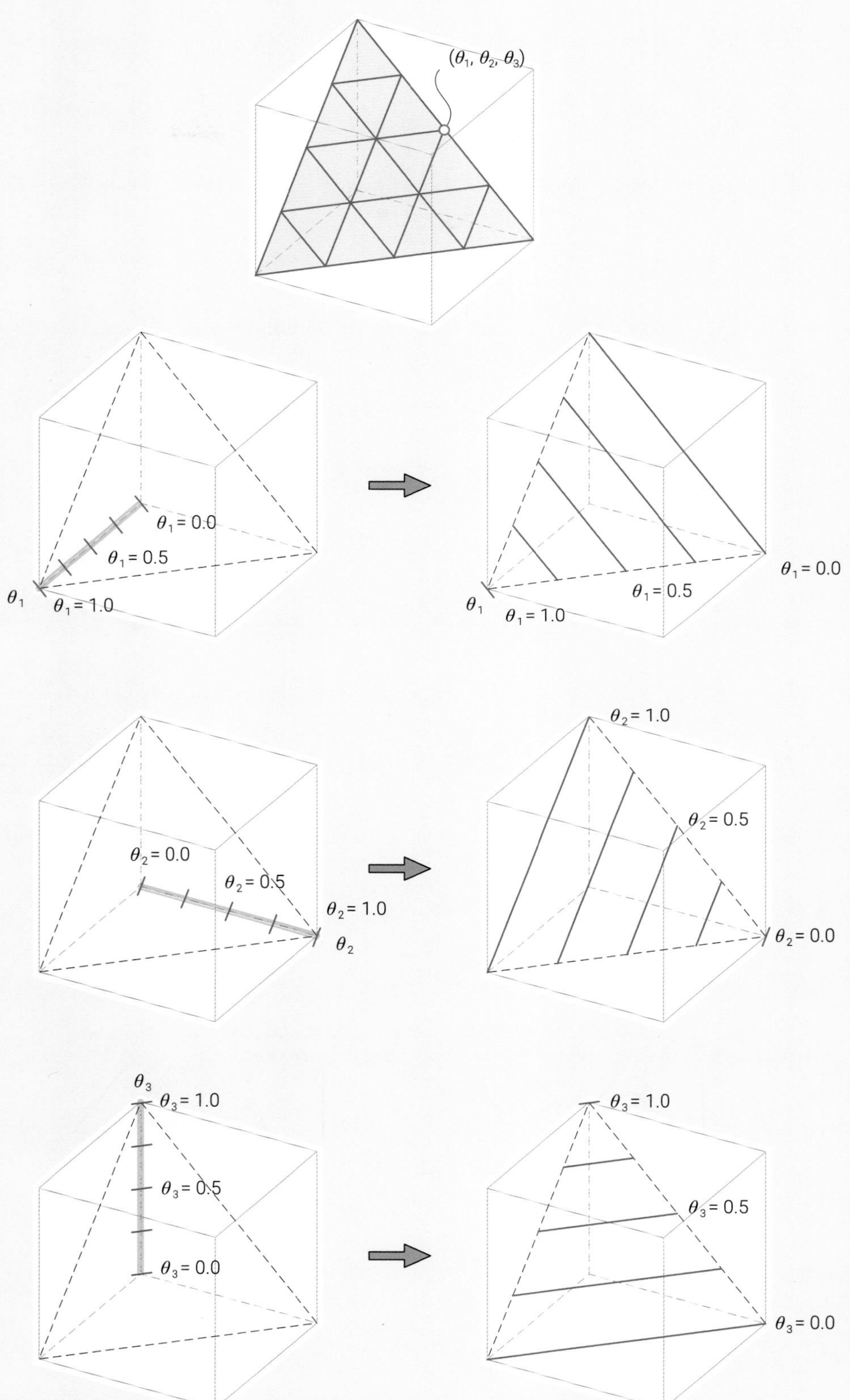

图32.14　三维直角坐标系角度看重心坐标系

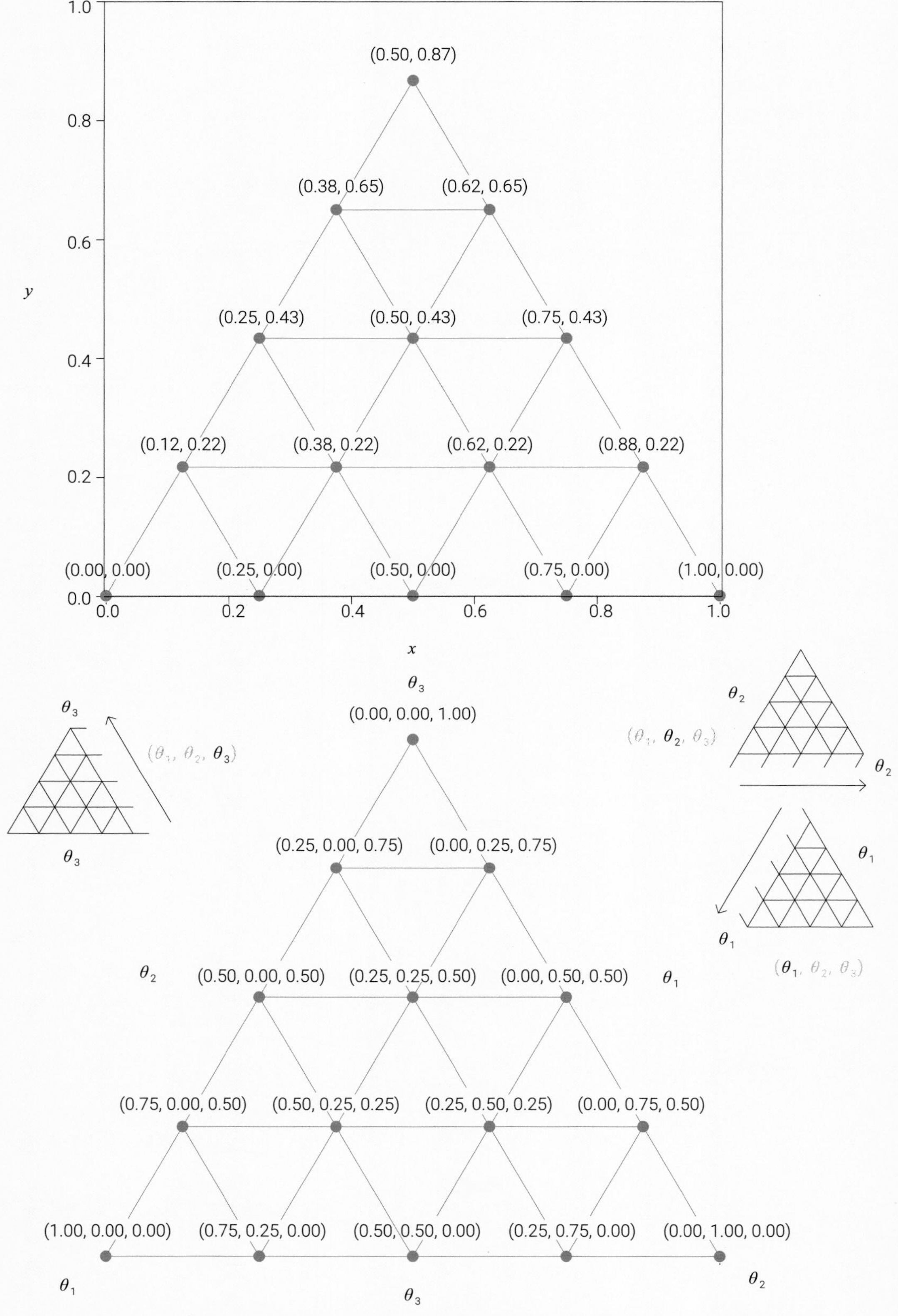

图32.15　比较平面直角坐标系坐标、重心坐标系坐标，等边三角形 | Bk_2_Ch32_06.ipynb

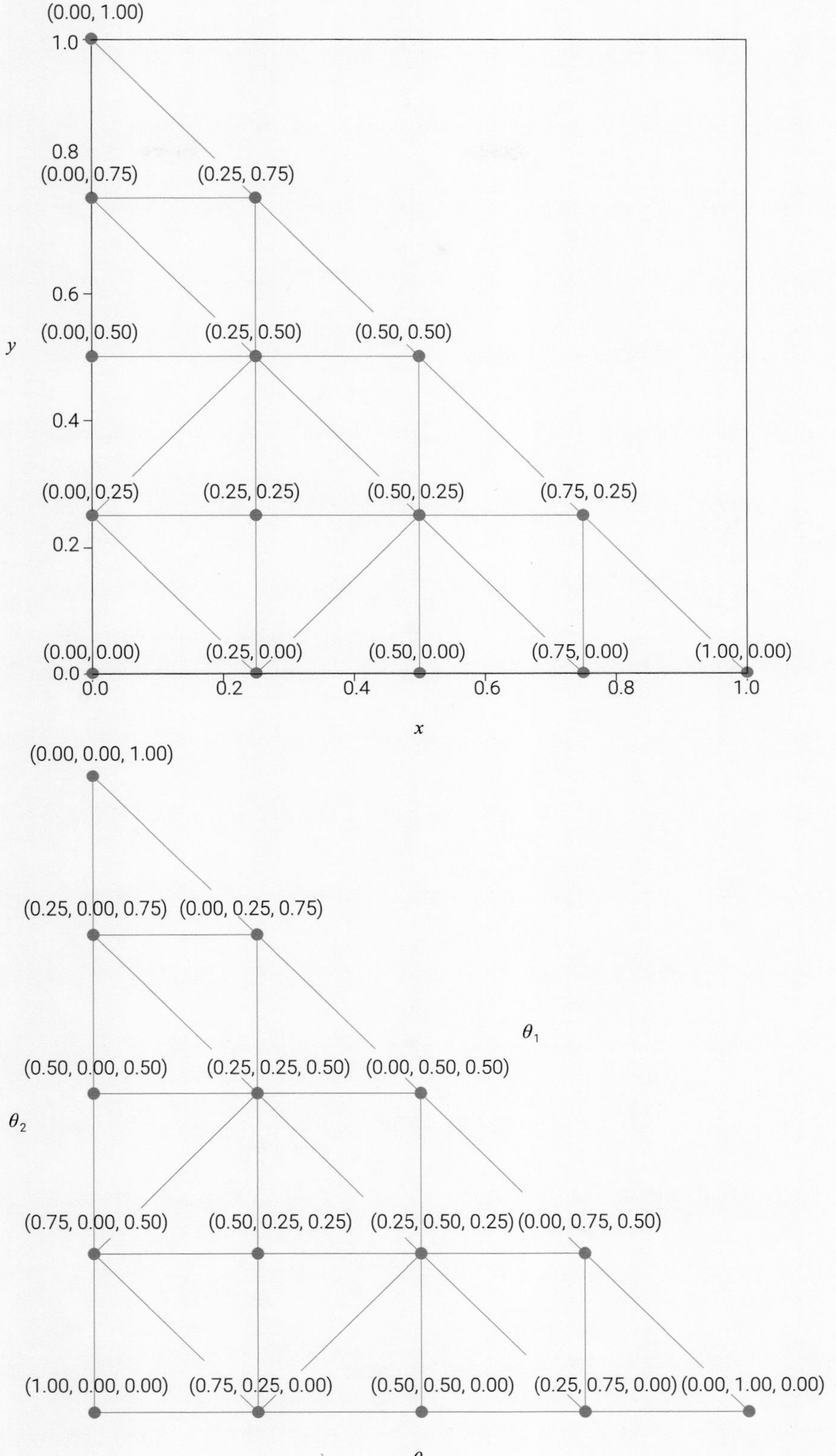

图32.16 比较平面直角坐标系坐标、重心坐标系坐标，等腰直角三角形 | Bk_2_Ch32_06.ipynb

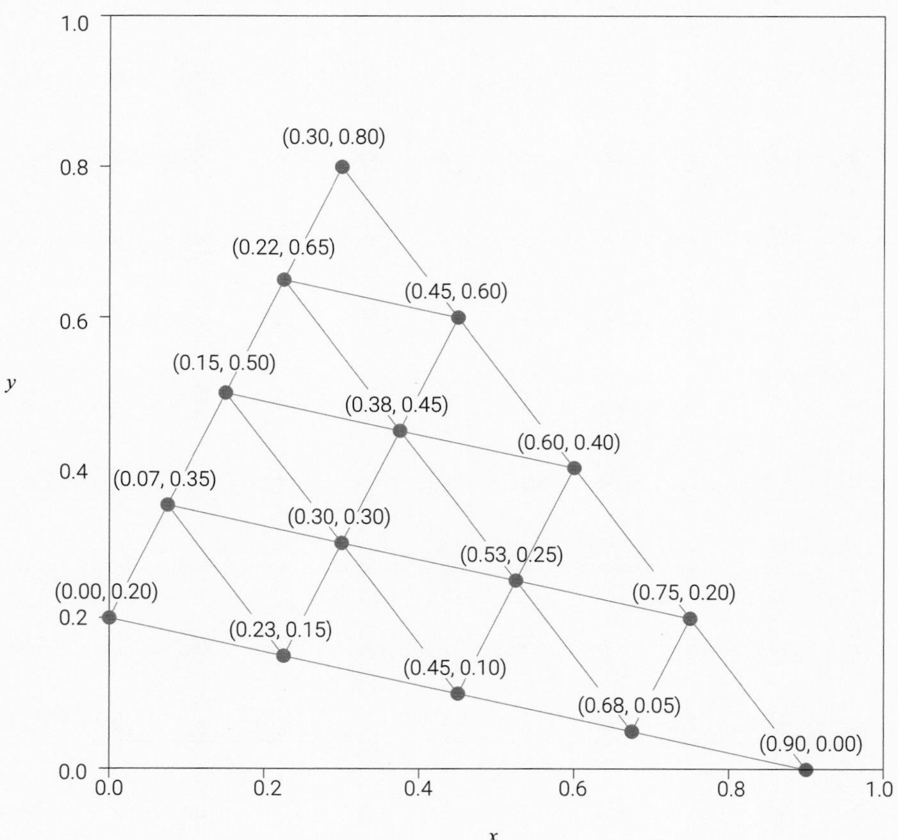

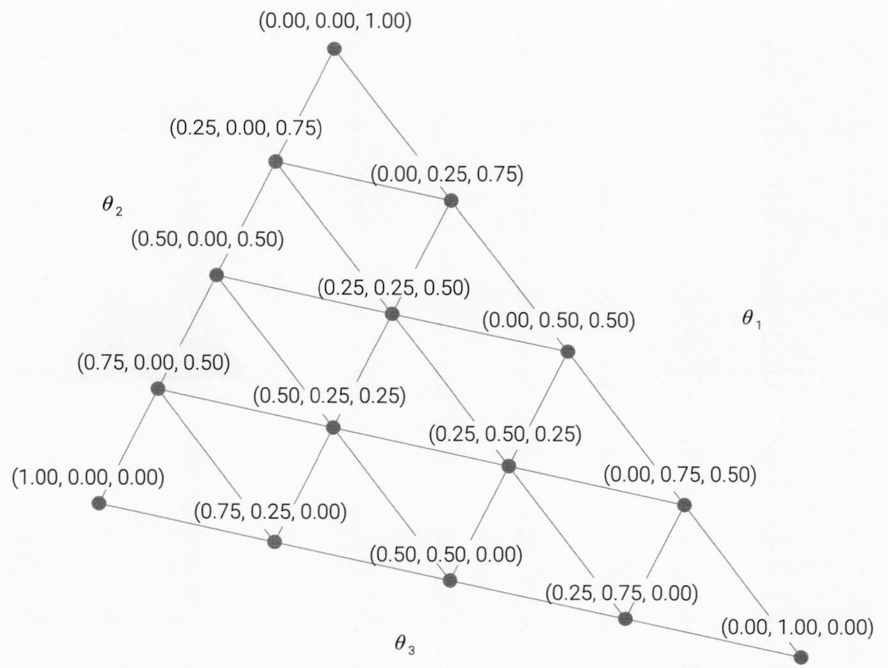

图32.17　比较平面直角坐标系坐标、重心坐标系坐标，任意形状三角形 | Bk_2_Ch32_06.ipynb

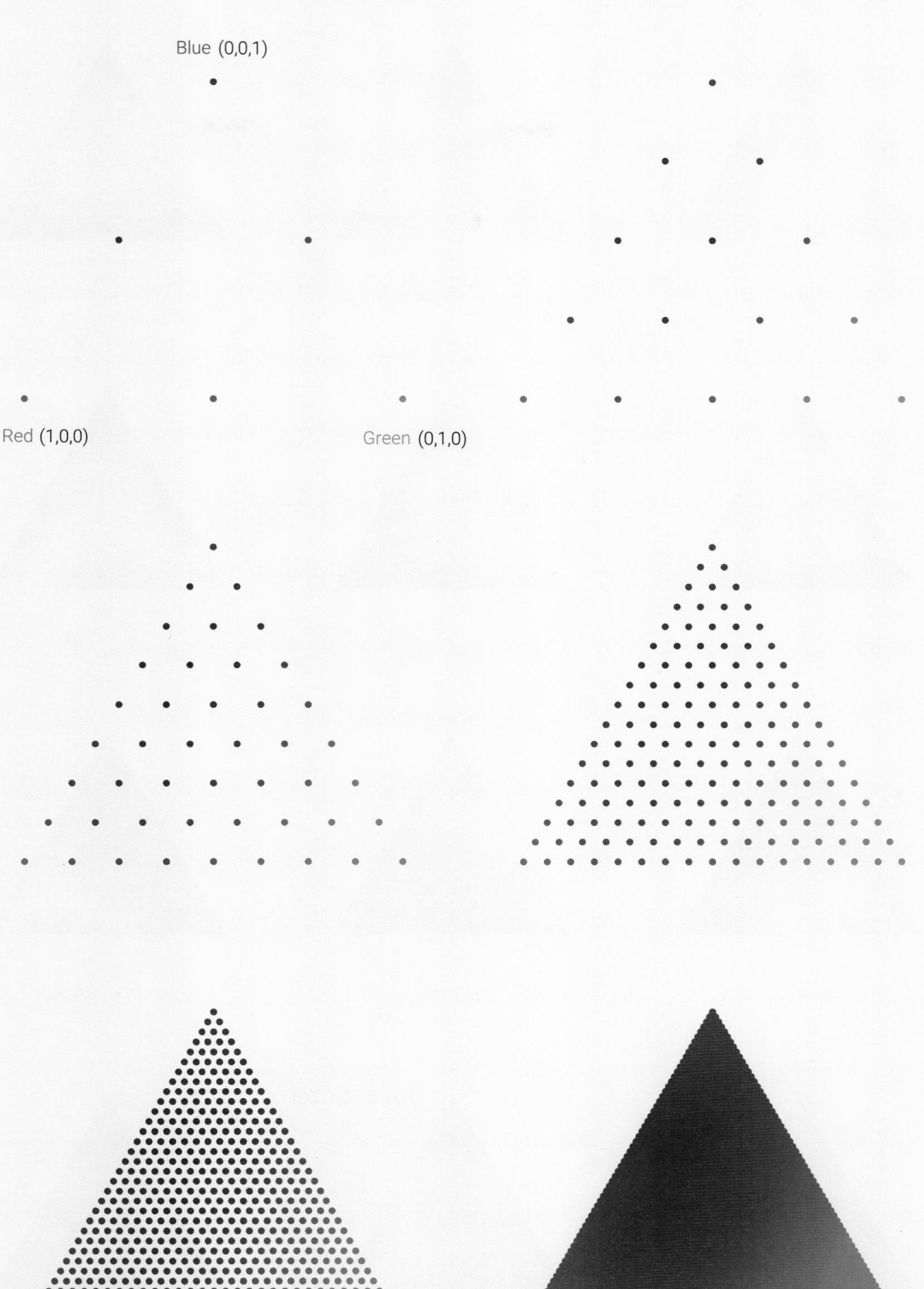

图32.18　重心坐标系中混合红绿蓝 | Bk_2_Ch32_07.ipynb

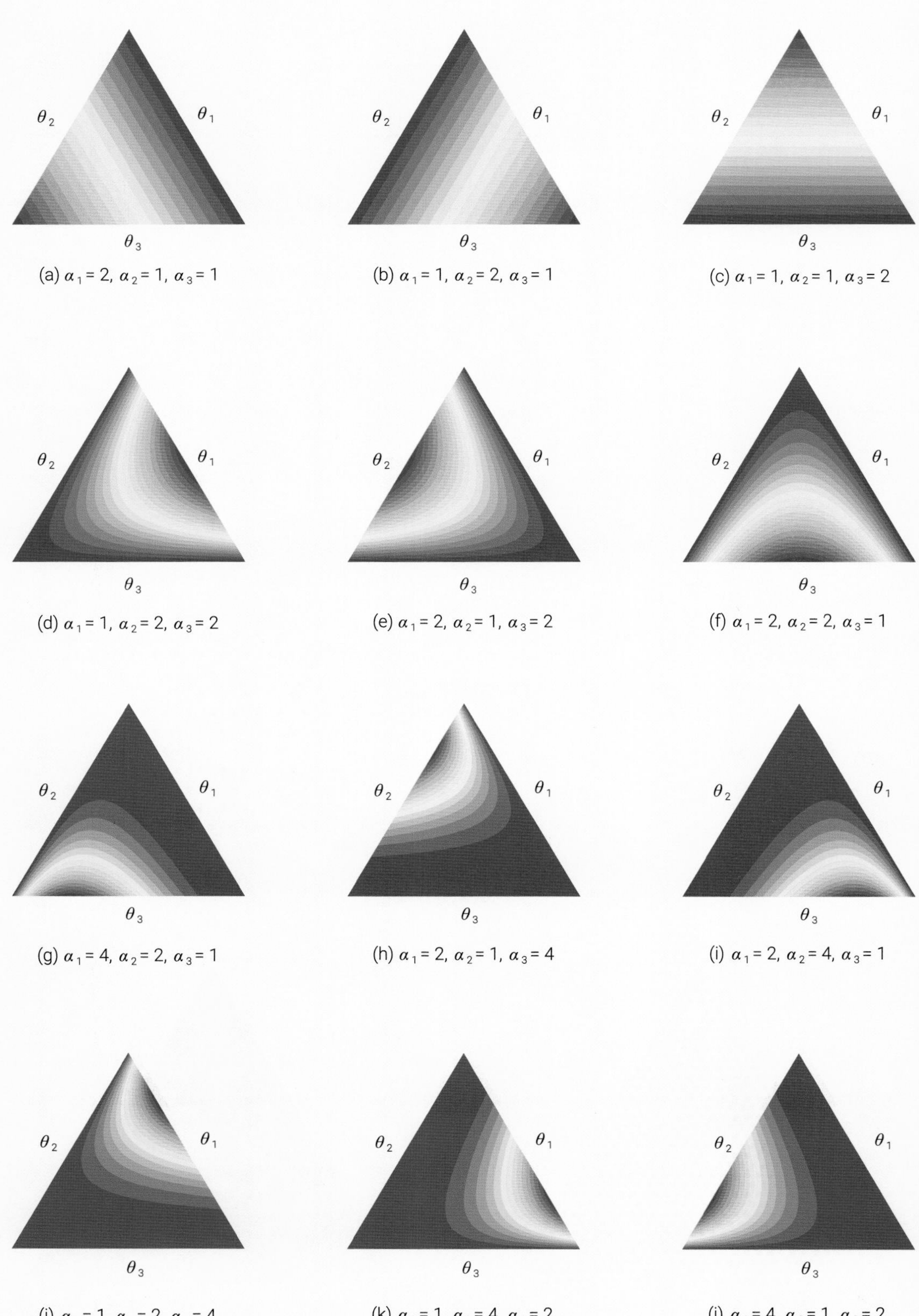

图32.19　Dirichlet分布，第1组 | Bk_2_Ch32_08.ipynb

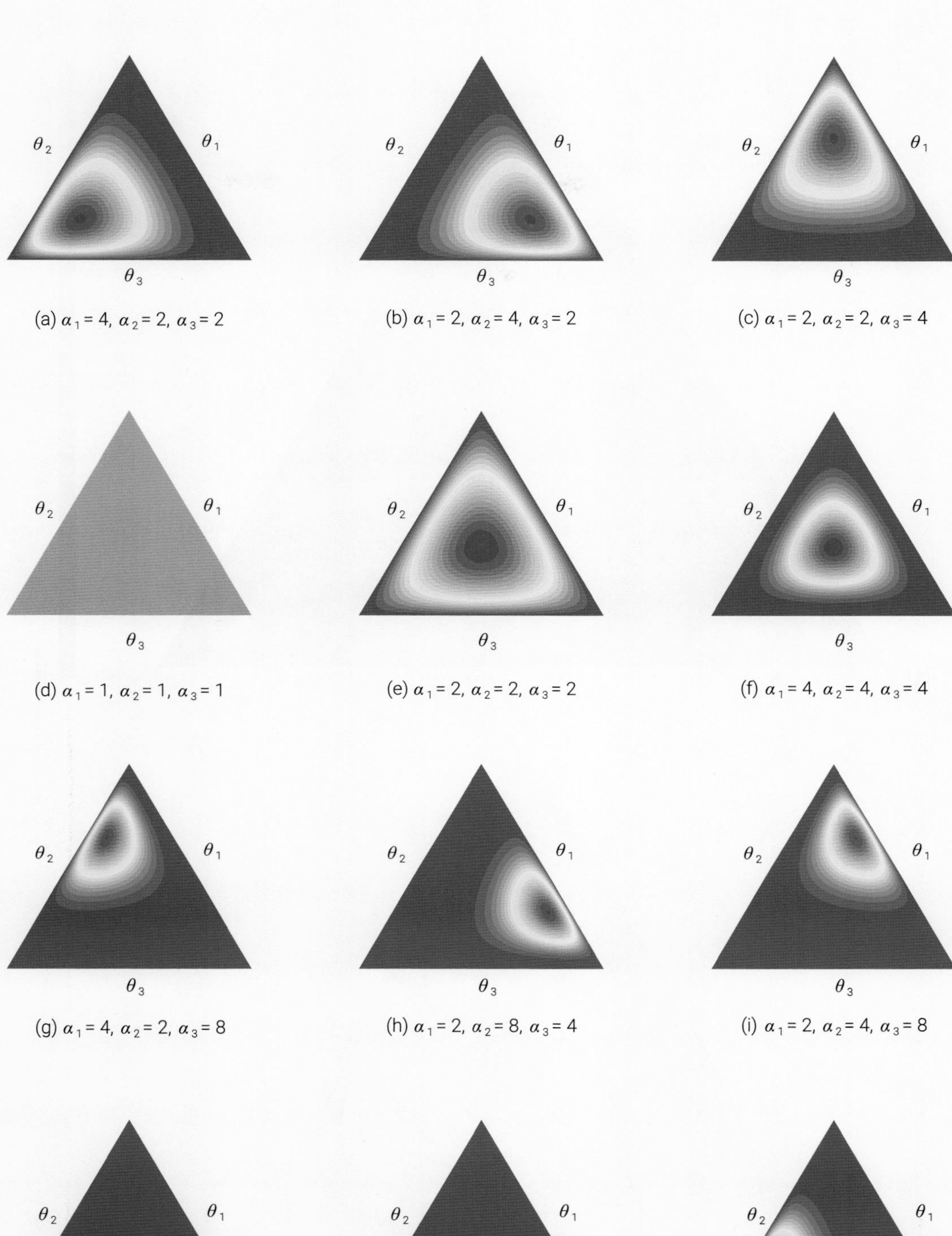

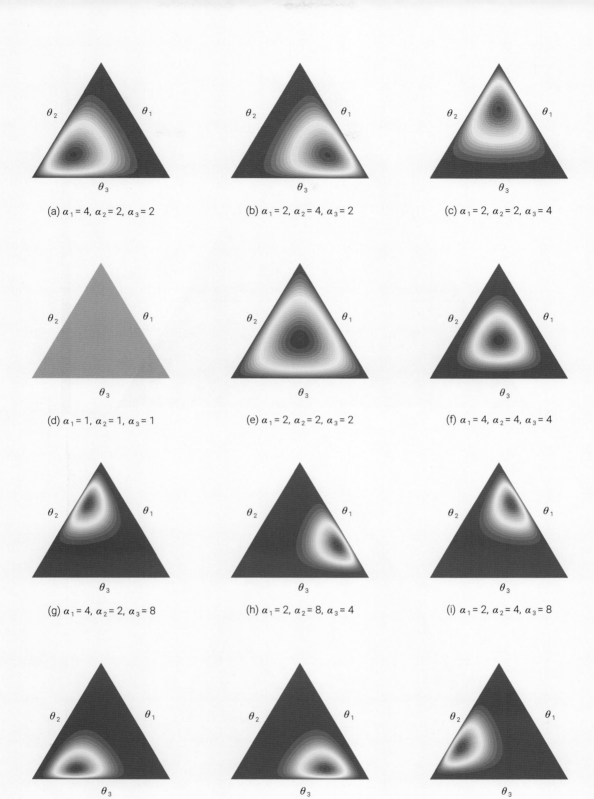

图32.20　Dirichlet分布，第2组 | Bk_2_Ch32_08.ipynb

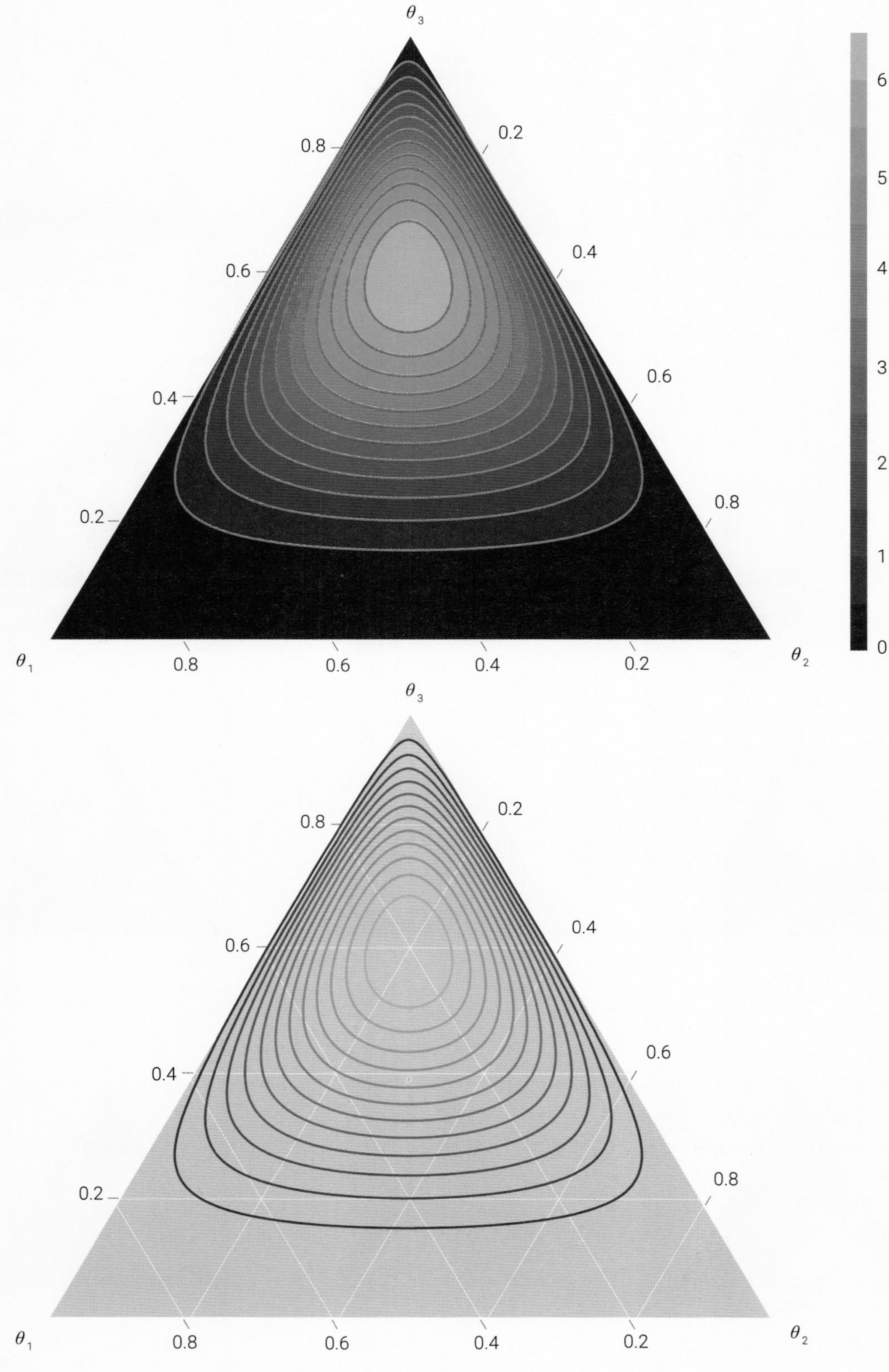

图32.21　用Plotly可视化Dirichlet分布 | Bk_2_Ch32_09.ipynb

Bézier Curve

贝塞尔曲线

计算机图形学中特别重要的参数曲线

我要扼住命运的喉咙。

I shall seize fate by the throat.

——路德维希·范·贝多芬 (Ludwig van Beethoven) | 德意志作曲家、钢琴演奏家 | 1770—1827年

- ◀ `math.factorial()` 计算给定整数的阶乘
- ◀ `numpy.column_stack()` 将两个矩阵按列合并
- ◀ `numpy.interp()` 给定的一维数组上进行线性插值
- ◀ `numpy.random.rand()` 用于生成指定形状的随机数组，随机数服从0 ~ 1之间的均匀分布
- ◀ `random.random()` 生成一个[0,1)的随机浮点数
- ◀ `scipy.interpolate.interp1d()` 一维插值
- ◀ `scipy.interpolate.interp2d()` 二维插值

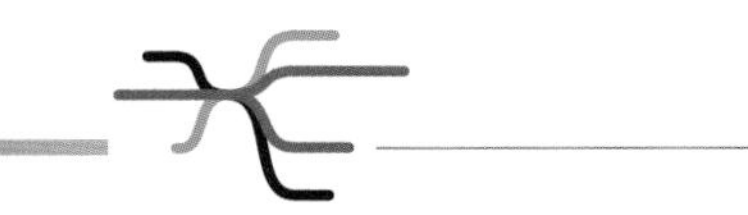

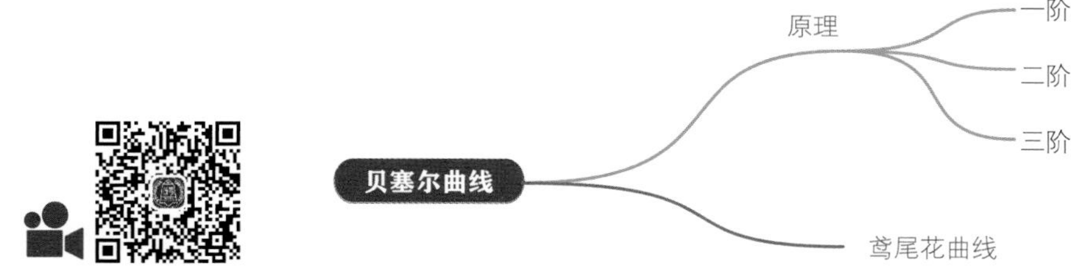

33.1 贝塞尔曲线

贝塞尔曲线 (Bézier curve) 是一种常用于计算机图形学中的数学曲线。它由法国工程师**皮埃尔·贝塞尔** (Pierre Bézier) 在19世纪中叶发明。

贝塞尔曲线最初是为了描述船只的水线曲线。后来，贝塞尔曲线被广泛应用于计算机图形学中，用于绘制平滑曲线，如字体、二维图形和三维模型等。此外，多数矢量图形都离不开贝塞尔曲线。

贝塞尔曲线是由一组控制点和一个阶数确定的曲线。控制点是定义曲线形状的关键点，阶数是定义贝塞尔曲线逼近实际曲线的程度的参数。通常情况下，阶数等于控制点的数量减1。

贝塞尔曲线的特点是它们具有局部控制性，这意味着通过调整单个控制点的位置，可以轻松地改变曲线的形状。此外，它们也具有平滑的曲线形状和良好的数学性质。Adobe Photoshop、Illustrator中的钢笔曲线绘图工具实际上使用的便是贝塞尔曲线。

本质上来讲，贝塞尔曲线就是一种插值方法。贝塞尔曲线可以是一阶曲线、二阶曲线、三阶曲线等，其阶数决定了曲线的平滑程度。下面首先介绍一阶贝塞尔曲线原理。

33.2 一阶

一阶曲线由两个控制点组成，形成一条直线。如图33.1所示，简单来说一阶贝塞尔曲线就是两点之间连线。图中t代表权重，取值范围为 [0, 1]。t越大，点$B(t)$ 距离P_0越近，如图中暖色 ×，相当于P_0对$B(t)$影响越大。相反，t越小，点$B(t)$ 距离P_1越近，如图中冷色 ×，相当于P_1对$B(t)$ 影响越大。

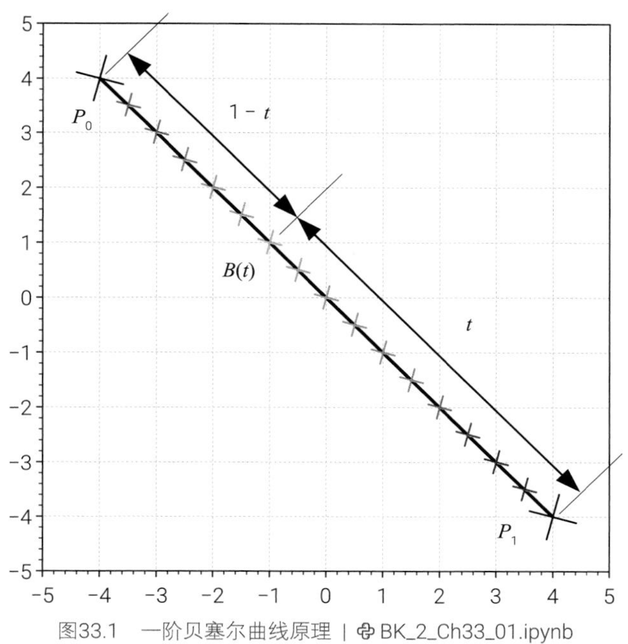

图33.1　一阶贝塞尔曲线原理 | BK_2_Ch33_01.ipynb

33.3 二阶

二阶贝塞尔曲线由三个控制点组成，形成一条弯曲的曲线。如图33.2所示，P_0和P_2点控制了曲线(黑色线) 的两个端点，而P_1则决定了曲线的弯曲行为。实际上，图33.2中黑色二阶贝塞尔曲线上的每一个点都是经历了两组线性插值得到的。

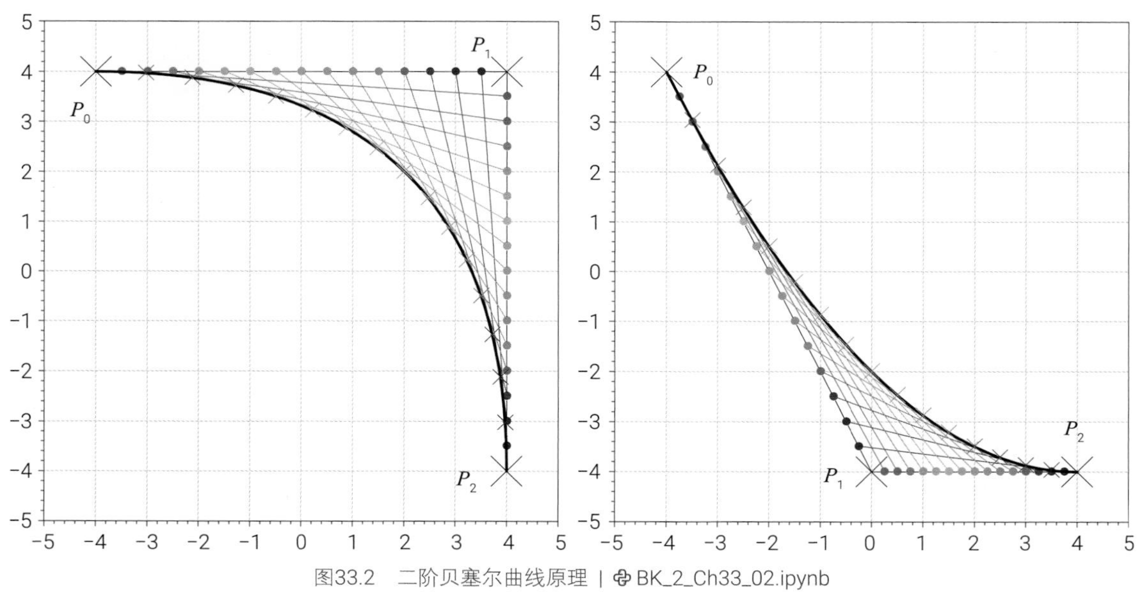

图33.2　二阶贝塞尔曲线原理 | BK_2_Ch33_02.ipynb

如图33.3所示，设定t = 13/16，通过第一组线性插值，我们分别得到了P_0P_1线段上的A_0，以及P_1P_2线段上的A_1。然后通过第二组线性插值，我们便得到A_0A_1线段上的B (13/16)。当t在 [0, 1] 连续取值时，我们便得到了二阶贝塞尔曲线上的一系列点。

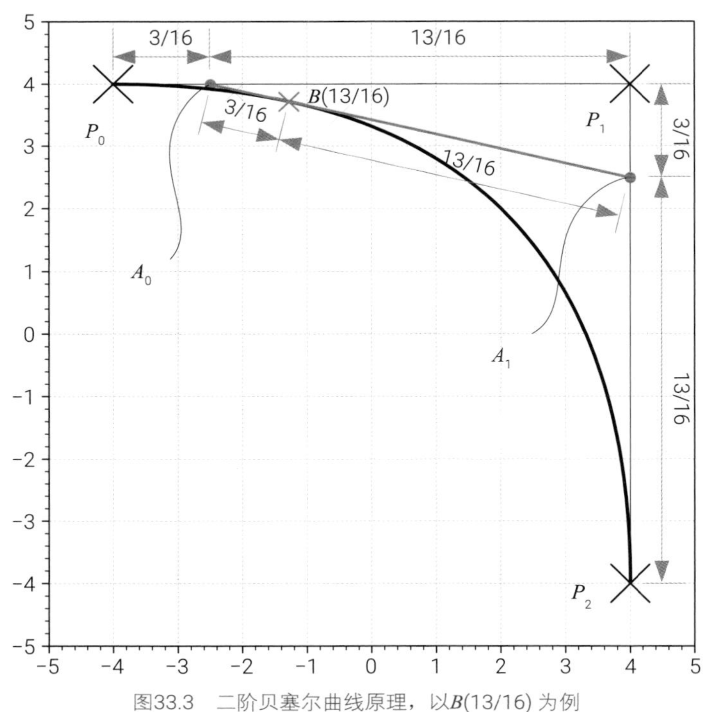

图33.3　二阶贝塞尔曲线原理，以B(13/16) 为例

图33.4所示为用Streamlit搭建的展示二阶贝塞尔曲线原理的App。

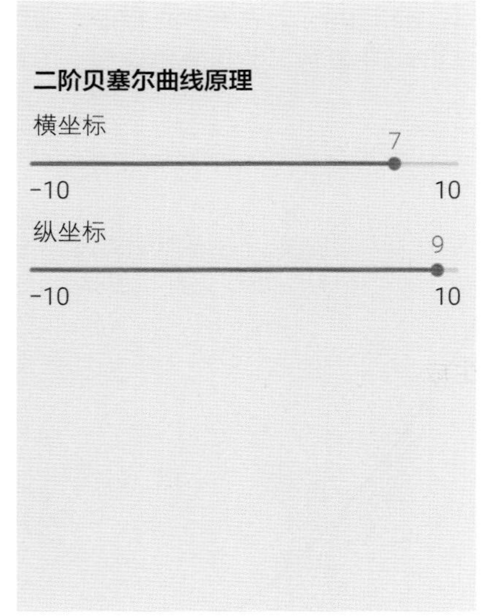

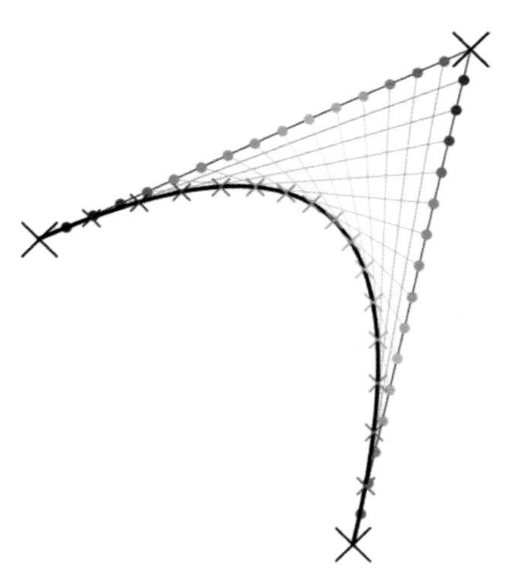

图33.4　展示二阶贝塞尔曲线原理的App，Streamlit搭建 | ⊕ Streamlit_Bezier_2nd_order.py

图33.6给出了几个不同的贝塞尔曲线，其中P_1点坐标为随机生成。大家可能已经发现，贝塞尔曲线一般不会经过P_1点，除非P_0、P_1、P_2三点在同一条直线上。

33.4 三阶

图33.5比较了一阶、二阶、三阶贝塞尔曲线。三阶贝塞尔曲线由四个控制点组成，形成了更加复杂的曲线。如图33.5 (c) 所示，P_0和P_3点同样控制了曲线的两个端点，而P_1和P_2两点决定了曲线的弯曲行为。图33.7所示为一系列三阶贝塞尔曲线，其中P_1和P_2为随机数。

图33.8所示为一组四阶贝塞尔曲线，曲线的弯曲行为更加复杂。

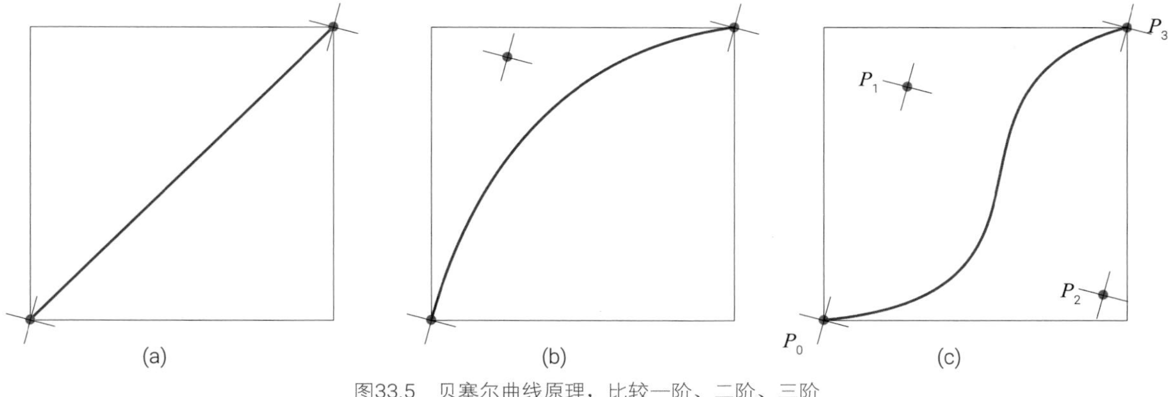

图33.5　贝塞尔曲线原理，比较一阶、二阶、三阶

33.5 三维空间

上述贝塞尔曲线还都仅限于平面，而贝塞尔曲线也可以很容易扩展到三维空间。为了可视化贝塞尔曲线，我们把它们放在RGB色彩空间中。

图33.9所示为RGB色彩空间中1 ~ 6阶贝塞尔曲线。图中控制点表示为“×”，控制点之间的顺序连线为划线。图33.9中这些贝塞尔曲线有一个共同特点，它们的首尾两个控制点分别是黑色 (0, 0, 0)、白色 (1, 1, 1)。其他控制点则均由随机数发生器生成。

图33.10所示8阶贝塞尔曲线的9个控制点都是随机数发生器生成。

33.6 鸢尾花曲线

图33.11则是采用Python复刻的用贝塞尔曲线创作的“鸢尾花曲线”。“鸢尾花曲线”来自于Oliver Brotherhood的开源设计创意。请大家尝试用Streamlit搭建一个App展示不同随机数种子条件下的“鸢尾花曲线”。

贝塞尔曲线是通过控制点来定义平滑曲线的数学工具。它基于贝塞尔方程，通过插值和逼近生成曲线。在图形设计和计算机图形学中具有广泛应用，能创建流畅的曲线和复杂的形状。

本章利用各种可视化手段展示了贝塞尔曲线背后的数学原理，并用贝塞尔曲线创作了生成艺术——“鸢尾花曲线”。请大家务必理解二阶贝叶斯曲线原理背后的几何直觉。

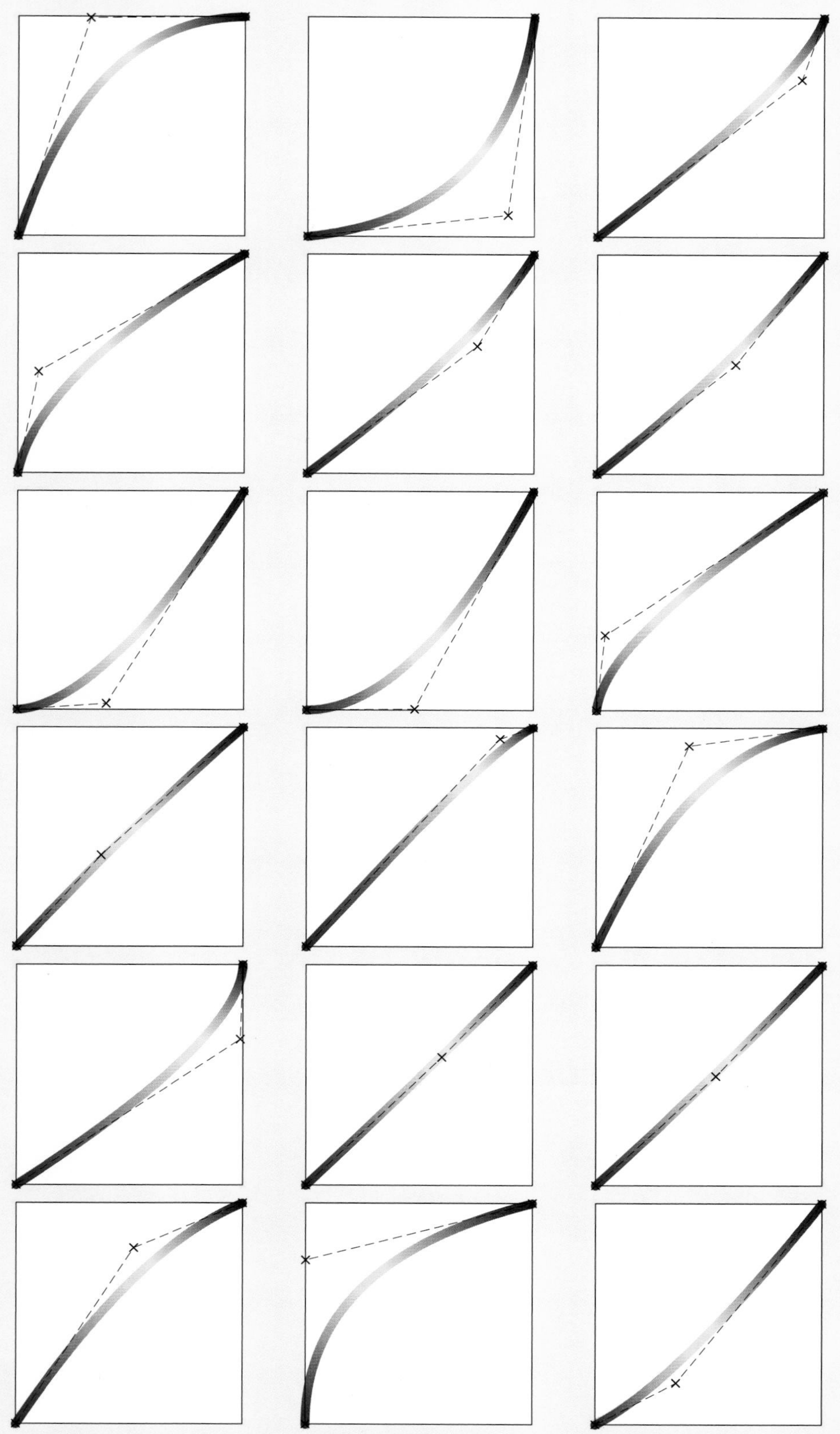

图33.6　二阶贝塞尔曲线 | BK_2_Ch33_03.ipynb

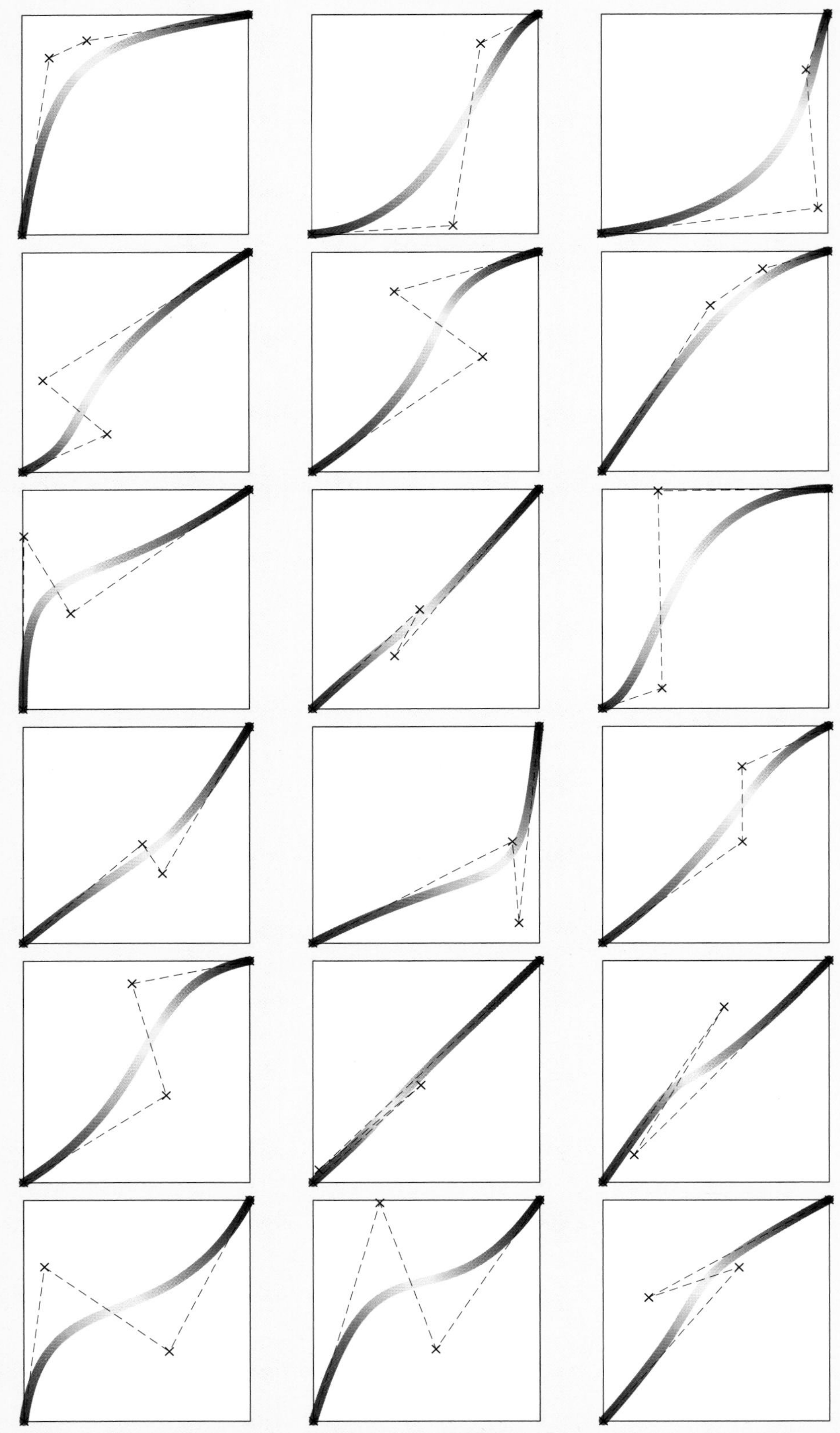

图33.7　三阶贝塞尔曲线 | BK_2_Ch33_03.ipynb

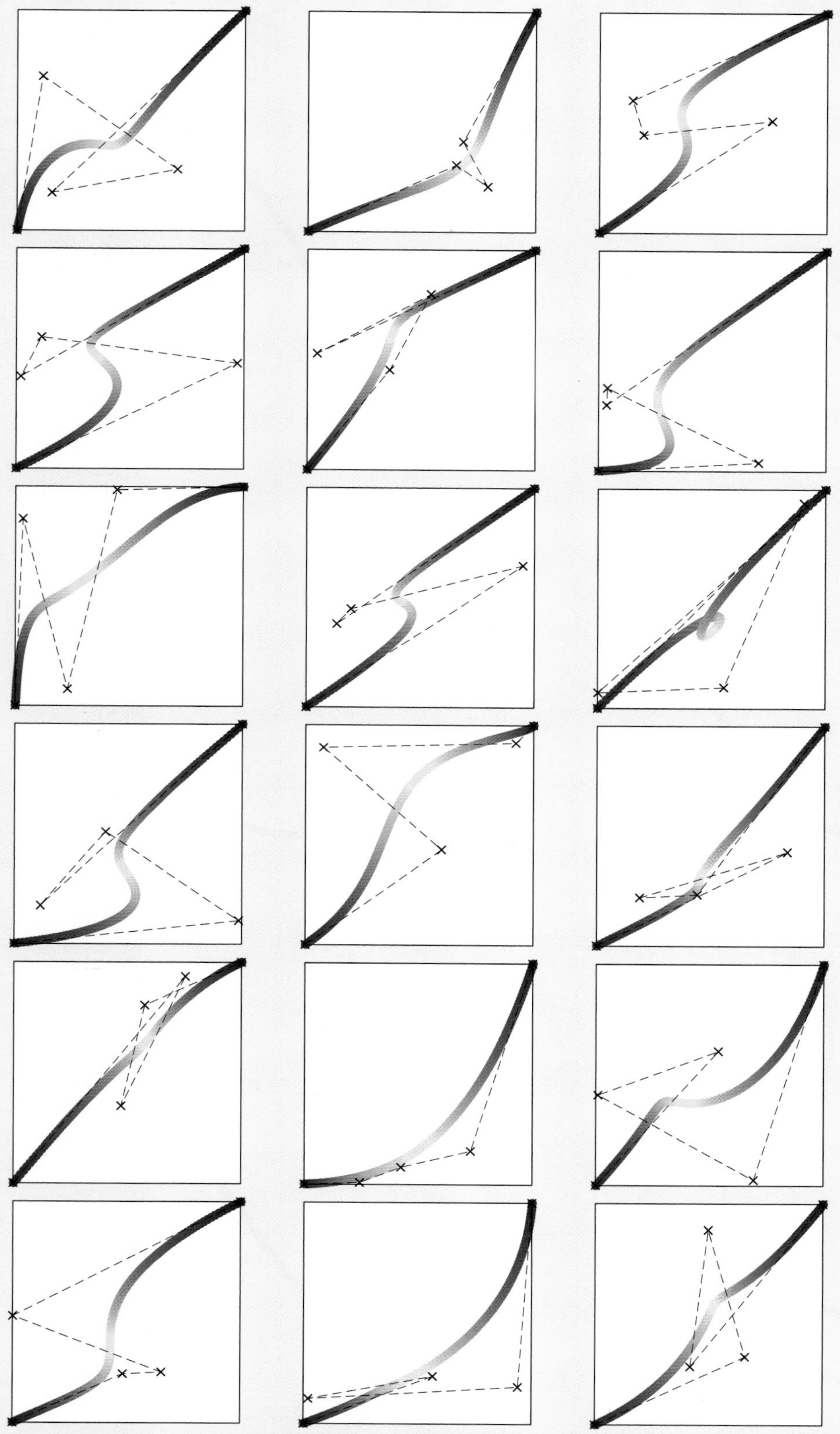

图33.8　四阶贝塞尔曲线 | ⊕ BK_2_Ch33_03.ipynb

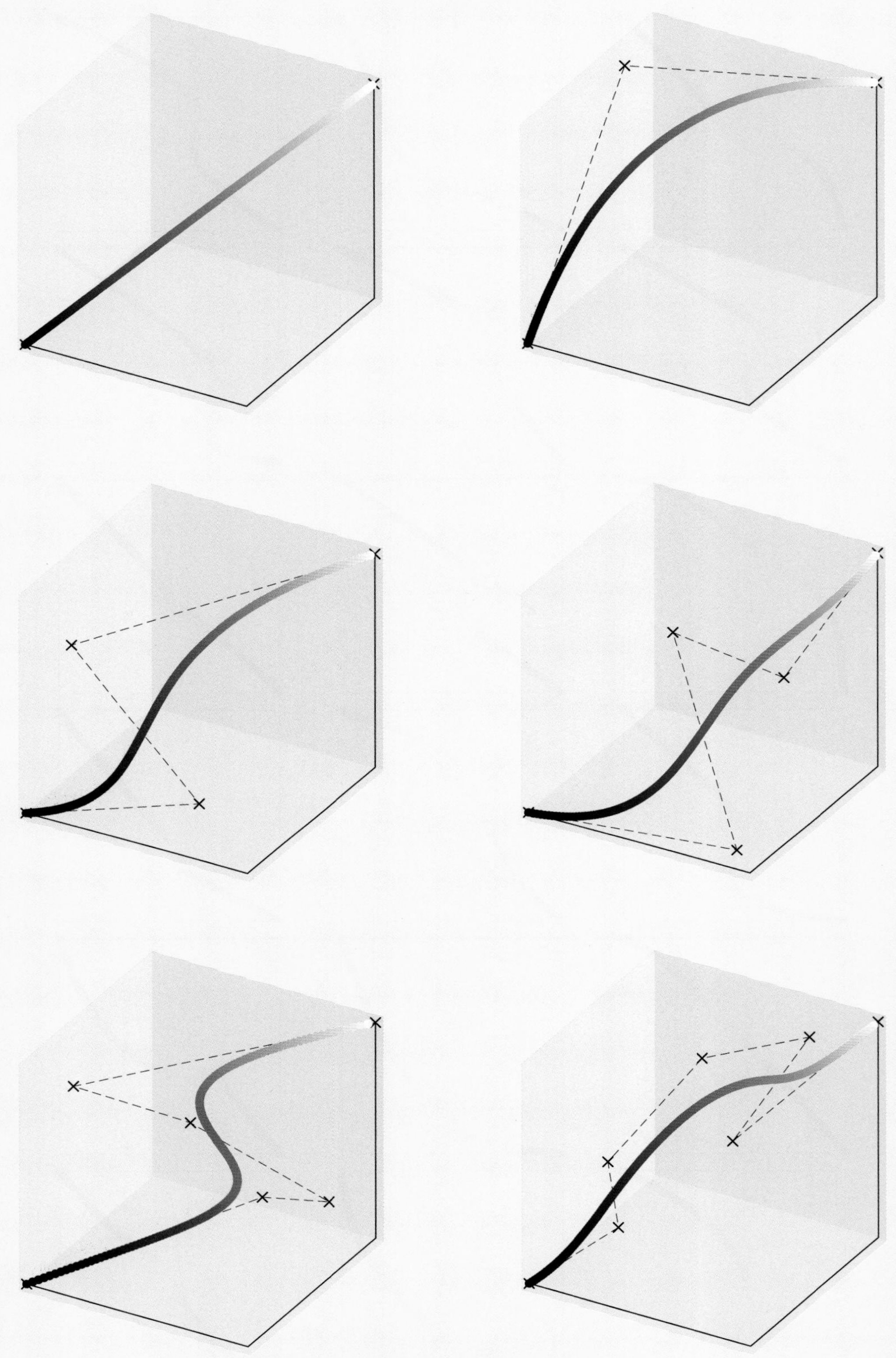

图33.9 RGB色彩空间中的1 ~ 6阶贝塞尔曲线 | BK_2_Ch33_04.ipynb

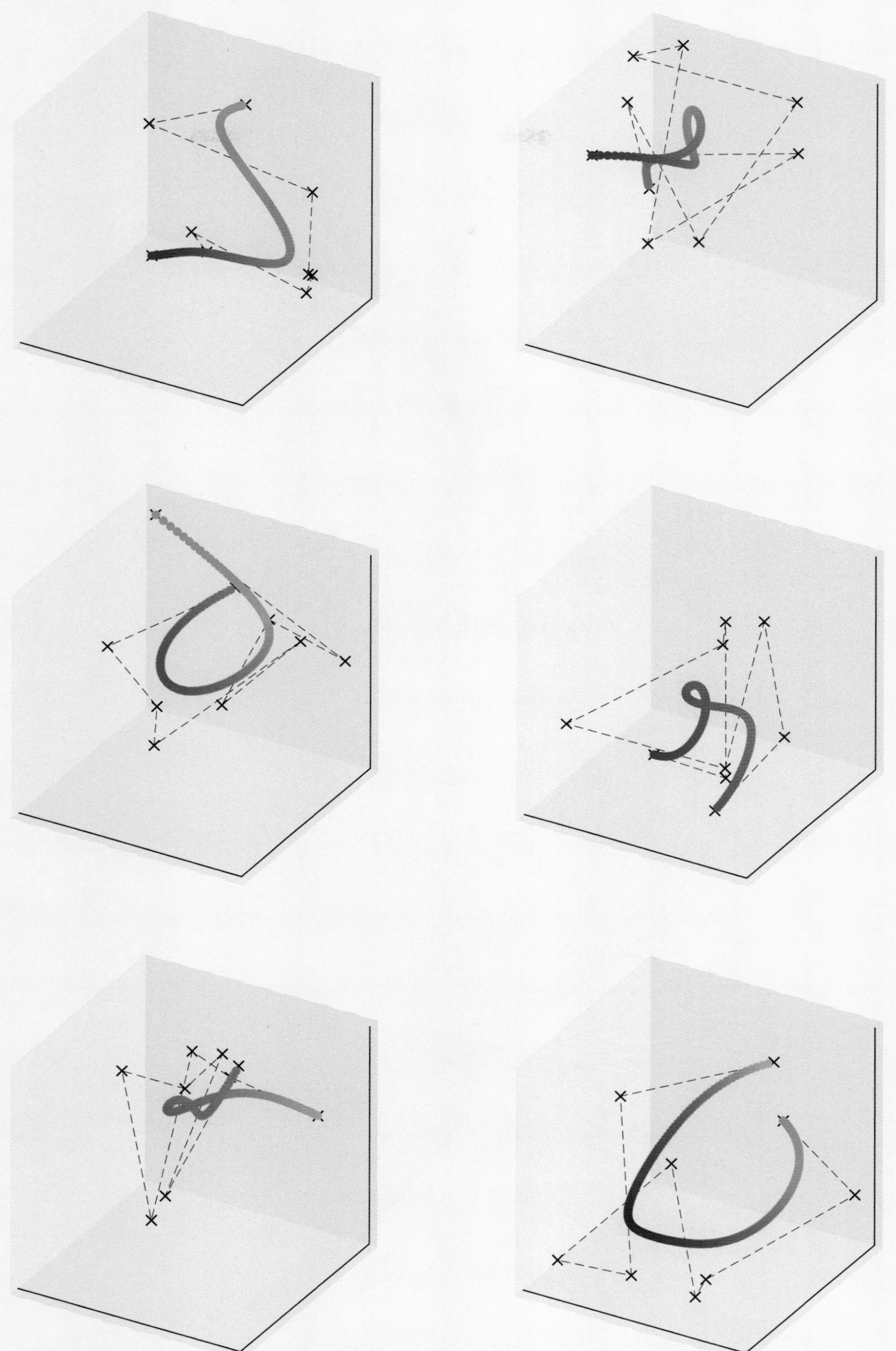

图33.10　RGB色彩空间中的几个8阶贝塞尔曲线，9个控制点均由随机数发生器生成 | BK_2_Ch33_04.ipynb

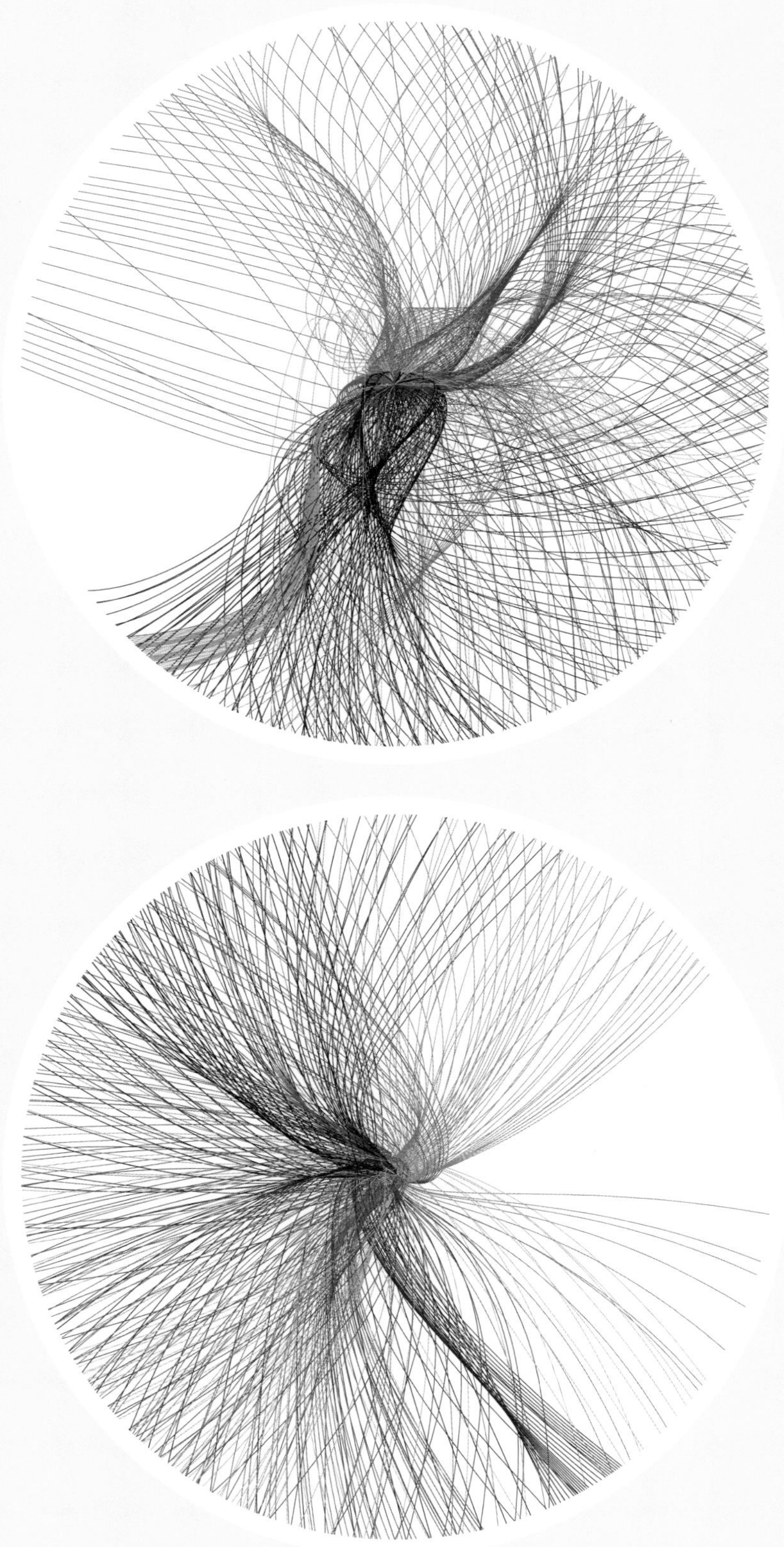

图33.11　用贝塞尔曲线绘制的“鸢尾花曲线”　| ⊕ BK_2_Ch33_05.ipynb

34 Spirograph 繁花曲线

巧妙结合参数方程和物理学

绘画是可以眼见、不可言传的诗歌，而诗歌是可被言传、不可眼见的绘画。

Painting is poetry that is seen rather than felt, and poetry is painting that is felt rather than seen.

—— 列奥纳多·达·芬奇 (Leonardo da Vinci) | 文艺复兴三杰之一 | 1452—1519年

- `math.lcm()` 计算最小公倍数
- `matplotlib.collections.LineCollection` 用于绘制包含多条线段的集合，通常用于用颜色映射分段渲染曲线
- `matplotlib.pyplot.Normalize()` 创建一个归一化对象，可用于映射数据值到颜色映射范围
- `numpy.arange()` 创建一个数组，其中包含指定范围内以指定步幅均匀间隔的值
- `numpy.concatenate()` 沿指定轴连接两个或多个数组
- `numpy.linspace()` 在指定的范围内生成均匀间隔的数字序列

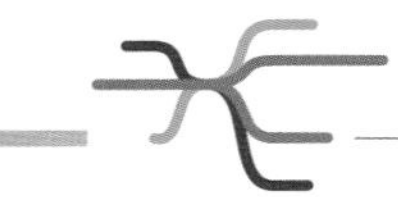

34.1 繁花曲线

繁花曲线是一种由**万花尺** (spirograph) 绘制的曲线，相信很多读者小时候都玩过万花尺。万花尺由外图板及内圆图板两部分组成。内圆图板是一个小齿轮，沿圆心不同半径的位置带有许多笔洞；外图板为带内齿轮的大型圆孔。外图板固定，内图板放在外图板的圆洞中；内外齿咬合，内图板循着圆周转动，这时将铅笔放在内图板不同位置笔洞中就可以画出不同花朵相同规则的图案。

繁花曲线背后蕴藏着极富数学美感的原理，涉及圆的运动学、参数方程等数学概念。本章就试着用Python编程绘制各种繁花曲线，并揭示其背后的数学原理。

34.2 内旋轮线

如图34.1所示，数学上，繁花曲线背后的数学工具叫**内旋轮线** (hypotrochoid)。

图中浅蓝色大圆就是万花尺的外图板，半径为R；图中浅红色的小圆是万花尺的内图板，半径为r。本章中设定$R > r > 0$。浅蓝色大圆固定，红色小圆圆周沿着浅蓝色大圆圆周咬合旋转。图34.1中的划线正圆为小圆运动时其圆心所在轨道。

点P (x,y)，即笔洞，固定在浅红色小圆上。点P (x,y) 与小圆圆心的距离为d。注意，万花尺中d一般小于r。为了方便讨论，我们设定以下几种情况。

① $d = 0$，点P在小圆圆心，这时点P的运动轨迹就是图34.1中划线正圆；

② $0 < d < r$，点P在小圆圆面内，万花尺绘制的是繁花曲线；

③ $d = r$，点P在小圆圆周上，形成的曲线也叫**内摆线** (hypocycloid)；

④ $d > r$，点P在小圆外，让大家看到万花尺不能绘制的更多繁花曲线。

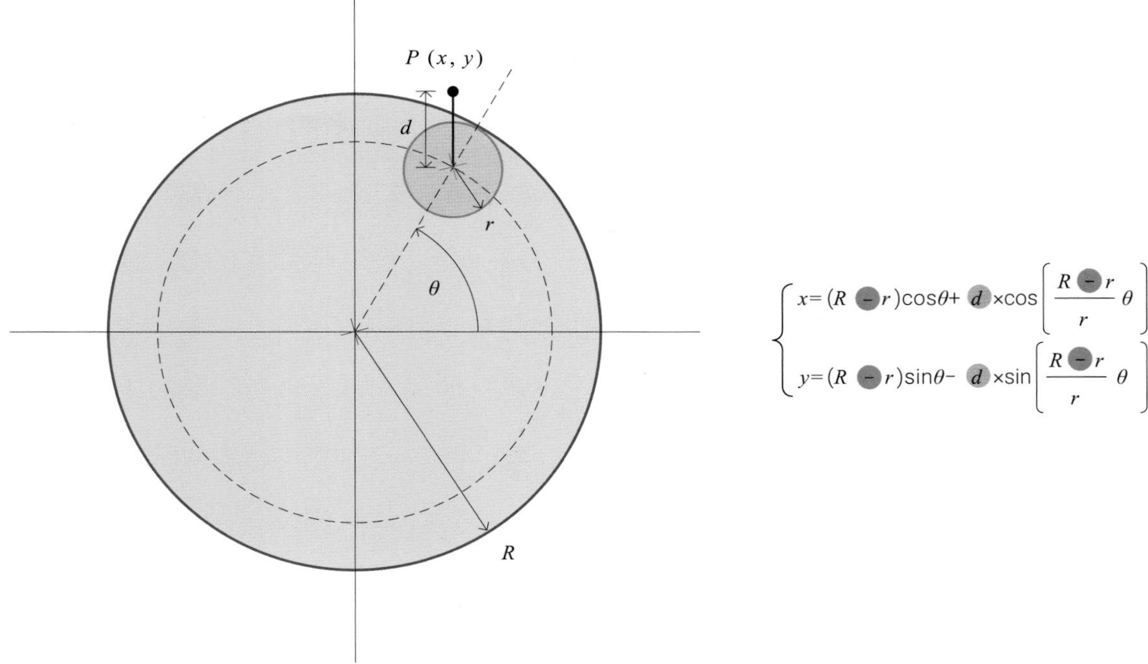

图34.1　内旋轮线原理

为了方便可视化，我们设定R和r为正整数。首先需要关注的是R和r的倍数关系。学习本章配套代码时，大家可以发现为了形成闭合曲线，小圆需要绕大圆转动LCM(R,r)/R周。LCM代表**最小公倍数**(least common multiple)。

图34.4所示为当r为1，R分别取2、3、4、5、6，而d取0、0.5、1、2时，内旋轮线的图像。图34.5则是利用内旋轮线创作的生成艺术。

图34.2所示为利用Streamlit搭建的展示繁花曲线的App。

繁花曲线

R
57
2　100

r
29
1　57

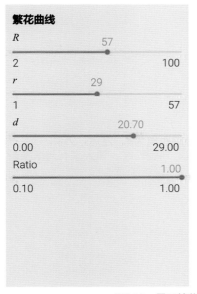

d
20.70
0.00　29.00

Ratio
1.00
0.10　1.00

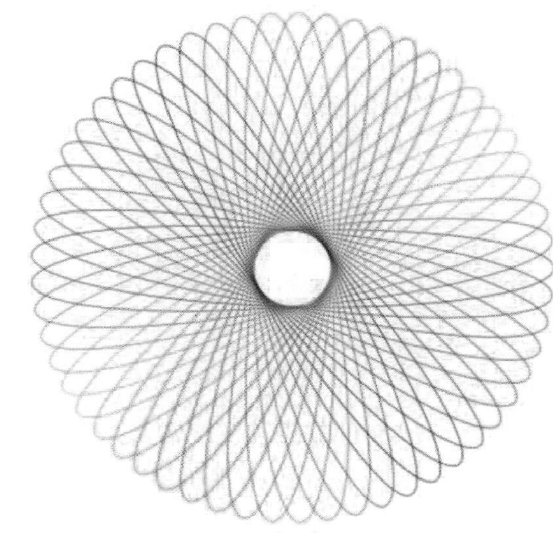

图34.2　展示繁花曲线的App，Streamlit搭建 | Streamlit_Spirograph.py

34.3 外旋轮线

如图34.3所示，将小圆置于大圆外侧，我们便得到**外旋轮线** (epitrochoid)。类似上一节，我们也分几种情况讨论外旋轮线形状。图34.6所示为当r为1，R分别取1、2、3、4、5，而d取0、0.5、1、2时，外旋轮线的图像。相信大家已经在图34.6 (a) 看到心形线了。

图34.7所示为利用外旋轮线创作的生成艺术。

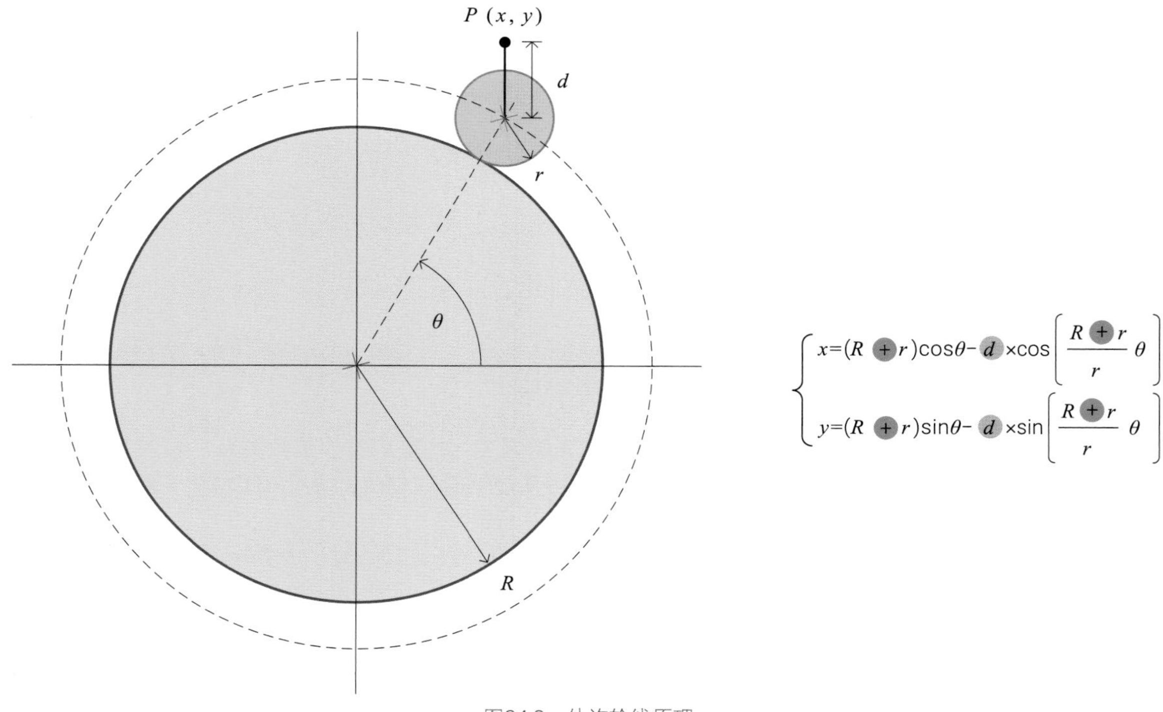

图34.3　外旋轮线原理

本章介绍了繁花曲线背后的数学工具，分别展开讲解了内旋轮线、外旋轮线。请大家利用本章配套代码，将不同繁花曲线叠合，创作更多生成艺术。

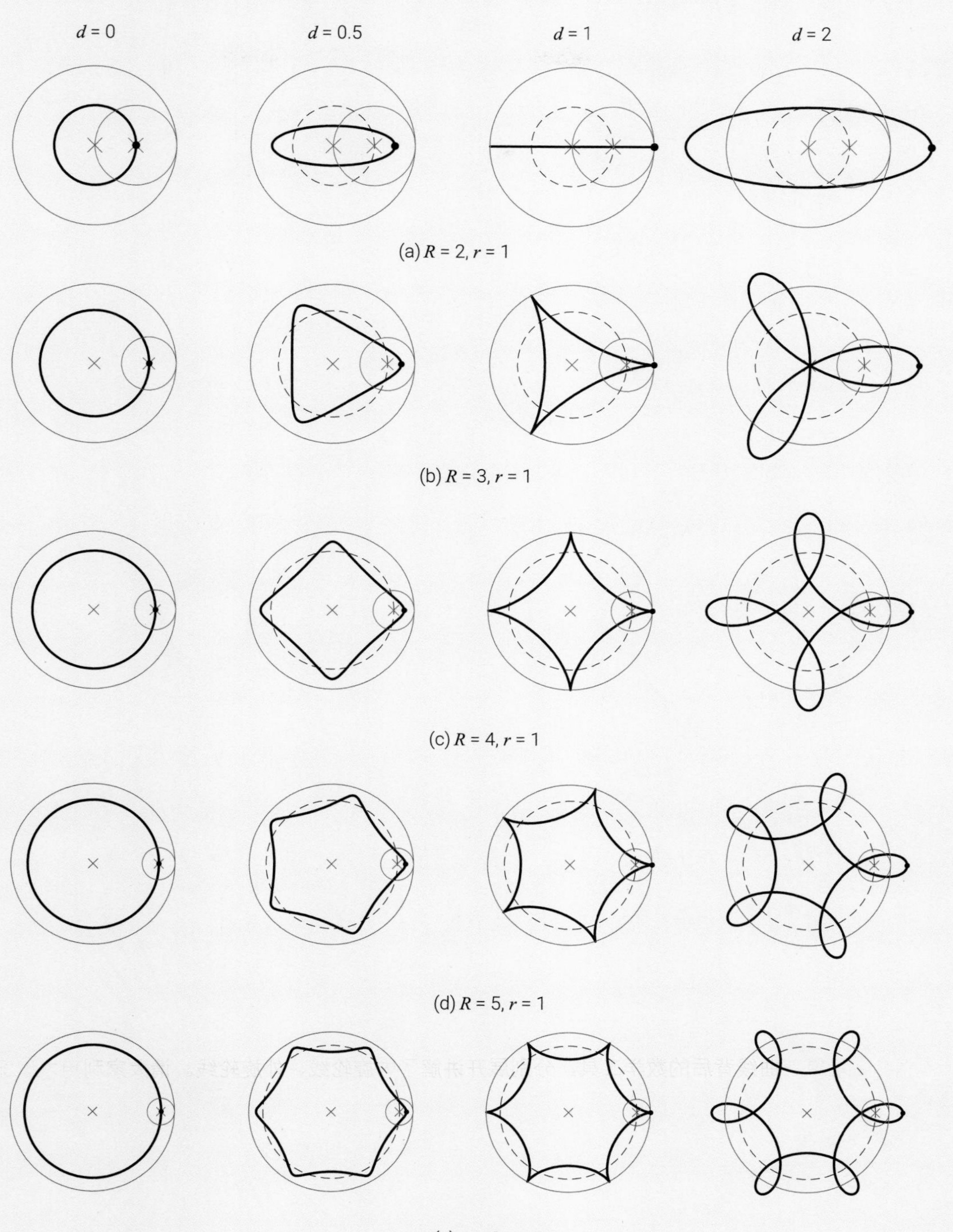

(a) R = 2, r = 1

(b) R = 3, r = 1

(c) R = 4, r = 1

(d) R = 5, r = 1

(e) R = 6, r = 1

图34.4　内旋轮线，r = 1, R = 2,3,4,5,6 | BK2_Ch34_01.ipynb

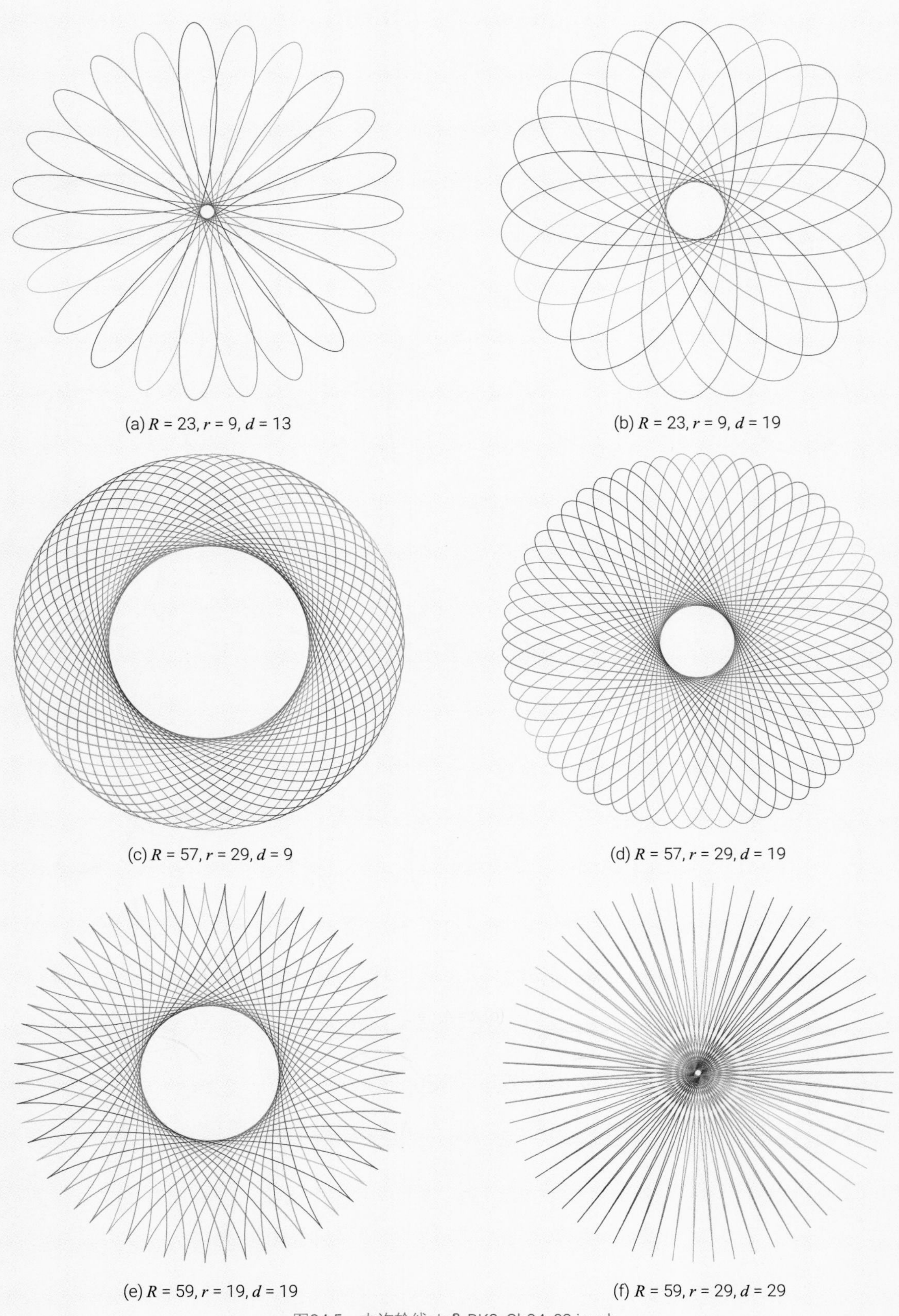

图34.5　内旋轮线 | BK2_Ch34_02.ipynb

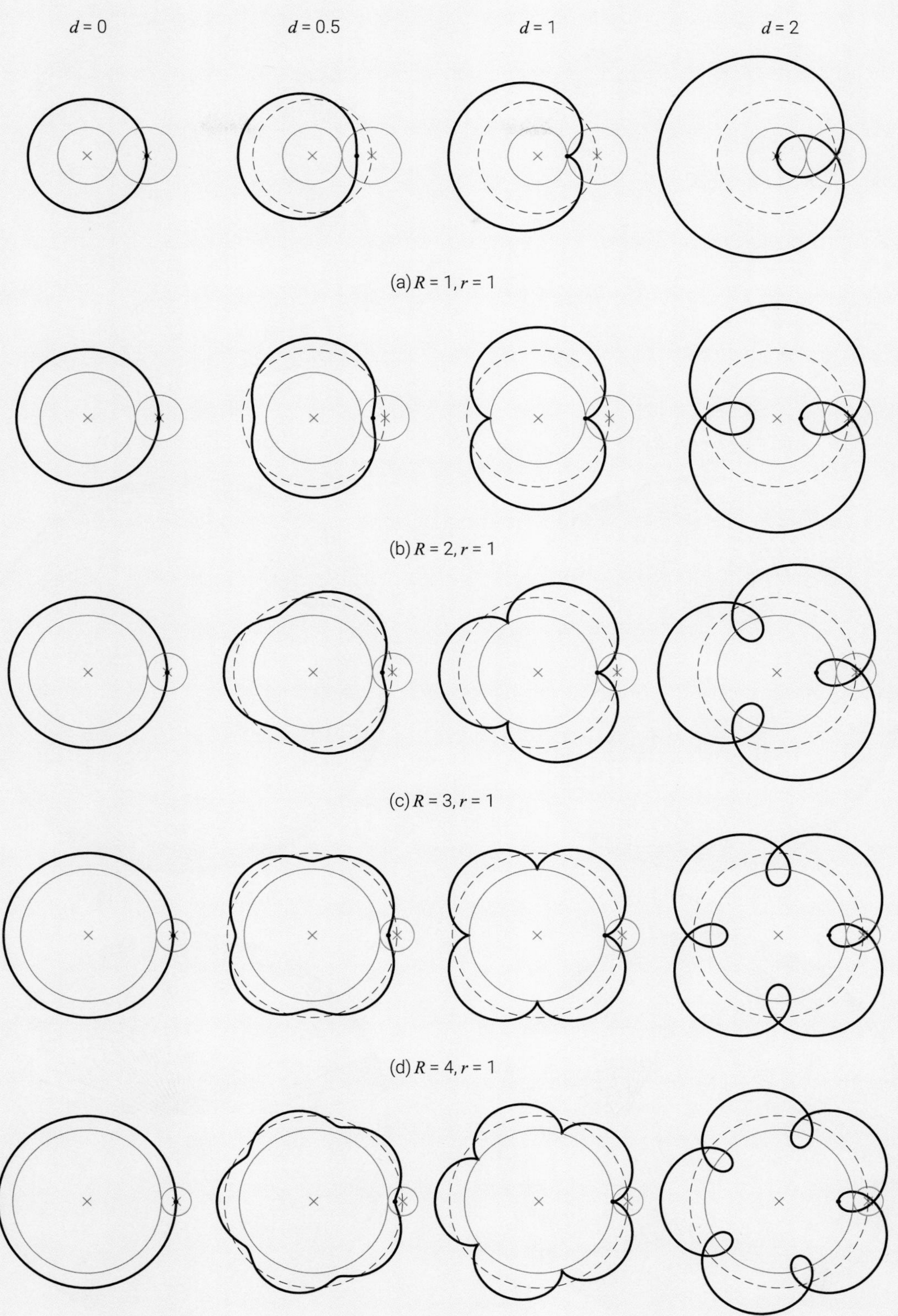

图34.6　外旋轮线，$r = 1$, $R = 1,2,3,4,5$ | BK2_Ch34_03.ipynb

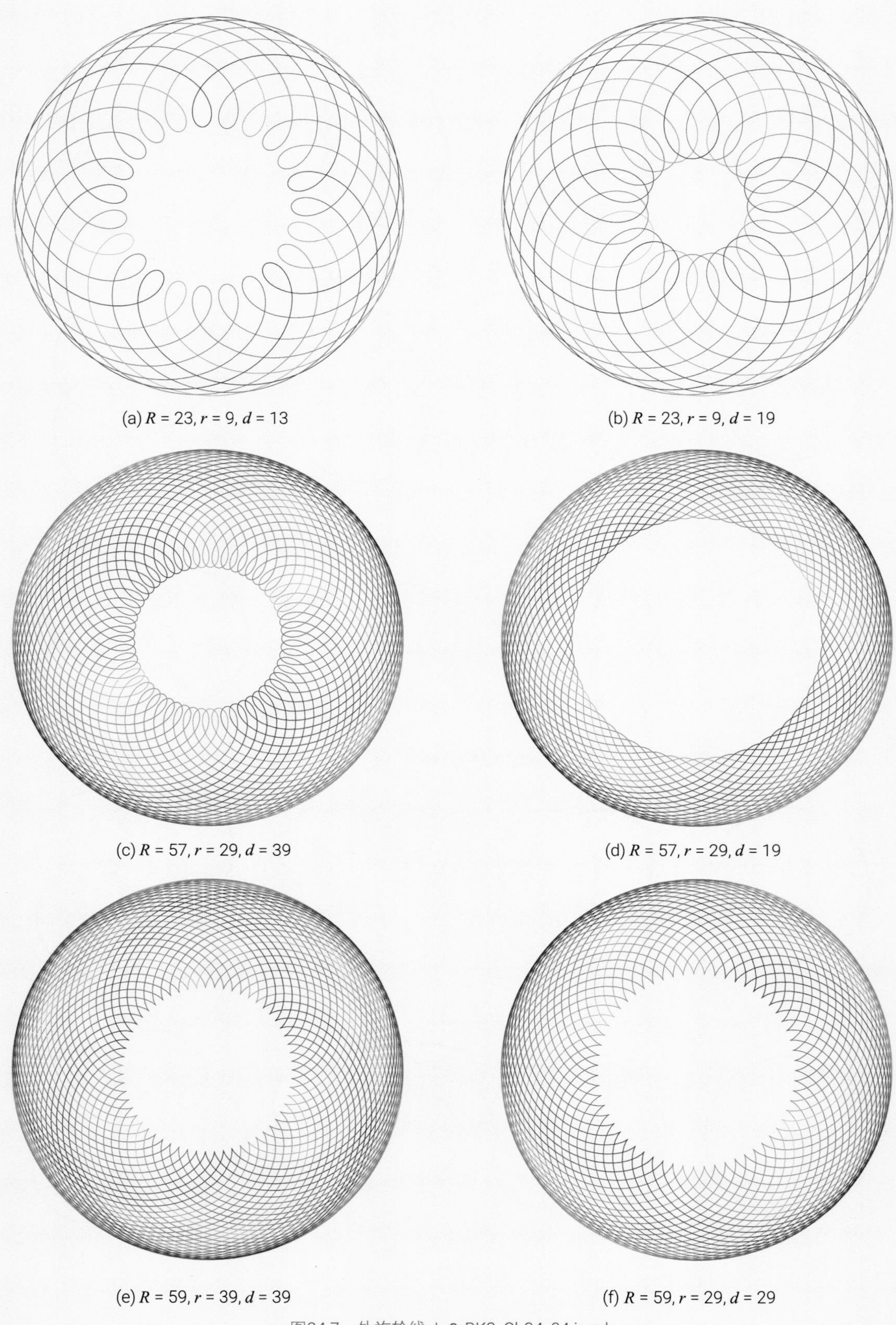

图34.7　外旋轮线 | BK2_Ch34_04.ipynb

35 Fractal 分形

自然界无处不在的自相似

大理石中我看到了天使，我拿起刻刀不停雕刻，直到还它自由。

I saw the angel in the marble and carved until I set him free.

—— 米开朗琪罗 (Michelangelo) | 文艺复兴三杰之一 | 1475—1564年

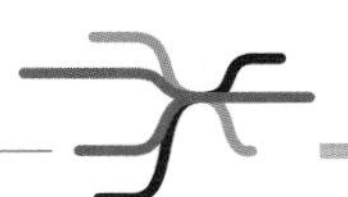

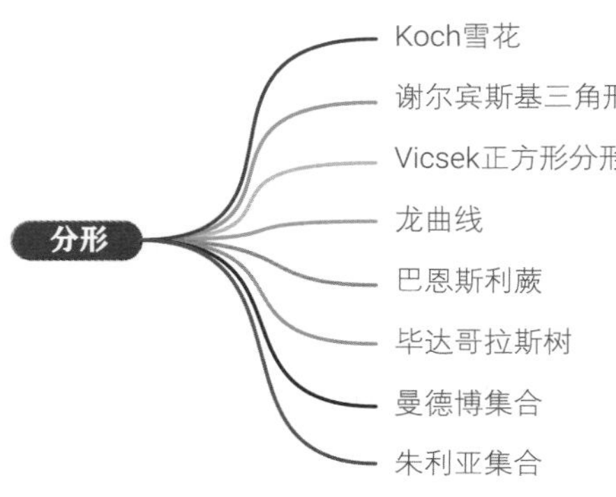

35.1 分形

分形 (fractal) 是指具有自相似性质的几何形状或图案。它们在不同的尺度上都呈现出类似的结构，即无论是观察整体还是细节部分，都可以看到相似的形态。分形通常通过迭代的方式生成，即通过重复一定的规则或操作来构造出越来越复杂的形状。反过来看，再复杂的图形通过解构可以得到简单的几何形状或图案。

自然界中存在许多分形结构。科赫曲线是由无限个自相似的三角形组成的曲线。科赫曲线在自然界随处可见。

树木的分枝结构呈现出分形特征。树干分出树枝，树枝再分出更小的枝干，如此类推。这种分形结构使得树木能够有效地获取光线和水分。

闪电的形状也可以被视为一种分形。它的形态在不同的尺度上都存在类似的形状特征。

山脉的轮廓也展现出分形的特征。无论是在整个山脉的缩放上还是在山脉的岩层中，都可以看到类似的形状。

本章介绍如何利用Python可视化几种常见的分形，并不要求大家掌握可视化代码。

35.2 Koch雪花

Koch**雪花** (Koch snowflake)由瑞典数学家Helge von Koch在1904年引入，是分形几何中的经典案例之一。

Koch雪花是通过一系列简单的规则和迭代生成的。如图35.5所示，Koch雪花起始于一个等边三角形，并通过以下步骤来构造Koch雪花。

- ◀将每条边分成三等分。
- ◀在中间的一段边上，建立一个等边三角形，向外伸出。
- ◀移除初始三角形的底边。

在每次迭代中，对于每条线段，都会重复上述步骤。通过不断重复这些规则，Koch雪花的形状逐渐复杂起来，边缘颗粒度不断提高，类似于一个由无数小三角形构成的雪花。无论观察Koch雪花的哪一部分，都可以发现与整体相似的几何形状。

Koch雪花的具体算法，请参考：

```
https://mathworld.wolfram.com/KochSnowflake.html
```

35.3 谢尔宾斯基三角形

谢尔宾斯基三角形 (Sierpinski triangle) 是一种数学图形，是以波兰数学家Wacław Franciszek Sierpiński的名字命名的。如图35.6所示，谢尔宾斯基三角形是一个由等边三角形构成的图形，每一步都通过以下规则生成新的图形。

- 将初始的等边三角形分成四个等边子三角形，中央的三角形被去除。
- 对每个剩余的子三角形，重复上一步骤。

通过不断重复这个过程，谢尔宾斯基三角形会越来越复杂，每一步都生成更多的小三角形。最终的图形是一个无限细分的结构，看起来像一个由三角形构成的海绵或细分的地形。

谢尔宾斯基三角形的具体算法，请参考：

```
https://mathworld.wolfram.com/SierpinskiSieve.html
```

图35.1所示为用Streamlit搭建的展示谢尔宾斯基三角的App，请大家尝试自己搭建展示Koch雪花的App。

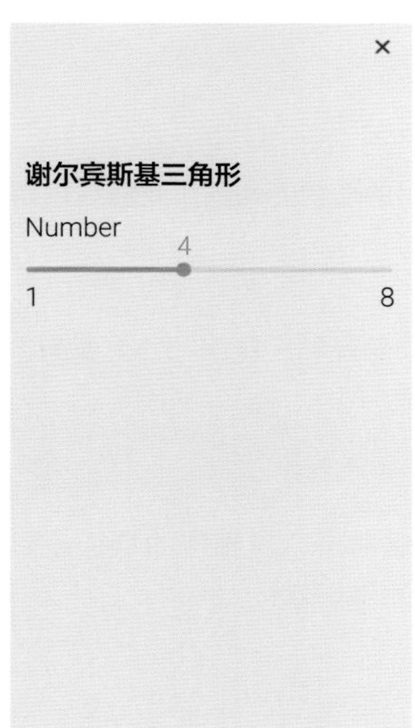

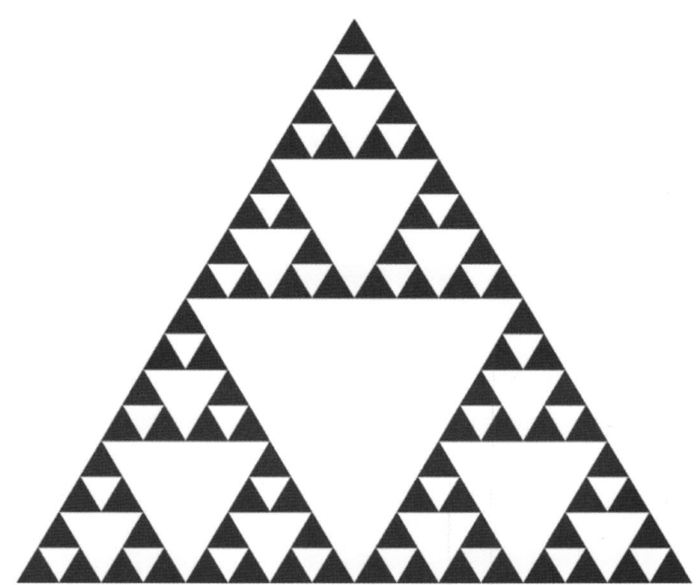

图35.1　展示谢尔宾斯基三角形的App，Streamlit搭建 | Streamlit_sierpinskyTriangle1.py

谢尔宾斯基地毯 (Sierpinski carpet) 的构造与谢尔宾斯基三角形相似，区别仅在于谢尔宾斯基地毯是以正方形而非等边三角形为基础的。如图35.7所示，将一个实心正方形划分为3 × 3的9个小正方形，去掉中间的小正方形，再对余下的小正方形重复这一操作便能得到谢尔宾斯基地毯。谢尔宾斯基地毯的具体算法，请参考：

```
https://mathworld.wolfram.com/SierpinskiCarpet.html
```

35.4 Vicsek正方形分形

Vicsek正方形分形 (Vicsek box fractal) 是一种分形结构，是以匈牙利物理学家Tamás Vicsek的名字命名的。如图35.8、图35.9所示，Vicsek正方形分形生成方法如下。

◀起始于一个正方形。
◀将正方形分成9个相等的小正方形，中间的正方形保留。
◀对于每个保留的正方形，将其分成9个相等的小正方形，再将中间的正方形保留。

重复上述步骤，对每个保留的正方形进行相同的分割。

Viscek正方形分形的具体算法，请参考：

```
https://mathworld.wolfram.com/BoxFractal.html
```

35.5 龙曲线

龙曲线 (dragon curve) 是一种分形曲线，以其蜿蜒曲折、复杂而美丽的形状而闻名。龙曲线由两个简单的规则构建而成。

◀起始于一条直线，可以将其视为一条“1”的序列。
◀对于每一次迭代，将当前序列复制一份，并在复制的序列中，将每个元素都反转(将“1”变为“0”，将“0”变为“1”)。
◀将复制的序列连接到原始序列的末尾。
◀重复上述步骤，不断迭代生成更长的序列。

通过迭代应用这些规则，龙曲线的形状逐渐复杂起来，呈现出蜿蜒曲折、自相似的特征。如图 35.10所示，龙曲线可以在二维平面上绘制出来，形状类似于一条盘旋蜿蜒的龙。

35.6 巴恩斯利蕨

巴恩斯利蕨 (Barnsley fern) 是一种分形植物形状，是以Michael Barnsley命名的，他在1988年出版的*Fractals Everywhere*中首次介绍了它。

巴恩斯利蕨的形状类似于蕨类植物的叶子。如图35.11所示，巴恩斯利蕨由一系列的线段构成，这些线段按照一定的规则进行迭代生成。巴恩斯利蕨分形的具体算法，请参考：

```
https://mathworld.wolfram.com/BarnsleysFern.html
```

35.7 毕达哥拉斯树

毕达哥拉斯树 (Pythagoras Tree)，也称勾股树，是以古希腊数学家毕达哥拉斯的名字命名的。

如图35.12所示，在毕达哥拉斯树分形中，每个矩形都成为下一级矩形的主干，并且每个新添加的矩形都相对于前一级的矩形进行了几何变换。最终，毕达哥拉斯树呈现出一个由许多嵌套的矩形组成的树状结构。

图35.2所示为用Streamlit搭建的展示勾股树的App。

毕达哥拉斯树的具体算法，请参考：

```
https://mathworld.wolfram.com/PythagorasTree.html
```

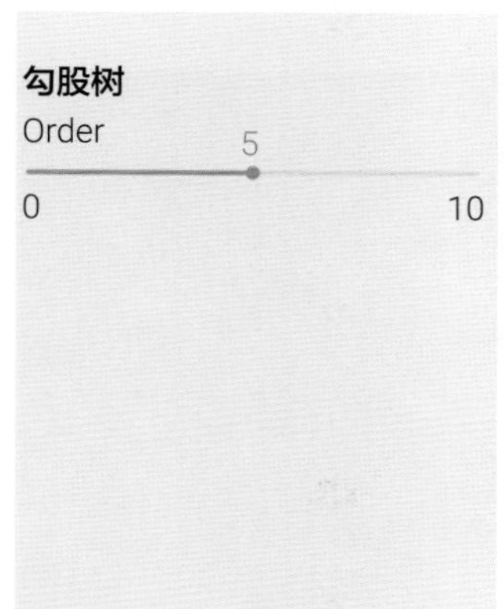

图35.2　展示勾股树的App，Streamlit搭建 | Streamlit_pythagorasTree.py

35.8 曼德博集合

曼德博集合 (Mandelbrot set) 是一种在复平面上的分形图形，是以法国数学家Benoit Mandelbrot的名字命名的。曼德博集合是由复数运算和迭代生成的。曼德博集合的具体算法，请大家参考：

```
https://mathworld.wolfram.com/MandelbrotSet.html
```

如图35.13所示，曼德博集合的最显著特点是其自相似性。即使放大曼德博集合的一小部分，也可以发现与整体相似的结构。这种自相似性是通过迭代函数和复数运算的属性得到的。

35.9 朱利亚集合

朱利亚集合 (Julia set) 也是一种在复平面上的分形图形，是以法国数学家Gaston Julia的名字命名的。与曼德博集合类似，朱利亚集合也是通过复数运算和迭代生成的。图35.14 ~ 图35.17展示了4组朱利亚几何分形曲线。特别是图35.16、图35.17，可以看成是朱利亚集合分形曲线连续变化的12个快照。

图35.3所示为利用Streamlit搭建的展示朱利亚集合的App。图35.4这个App也来自Streamlit，展示的是朱利亚集合动画。

有关朱利亚集合的算法，请大家参考：

```
https://mathworld.wolfram.com/JuliaSet.html
```

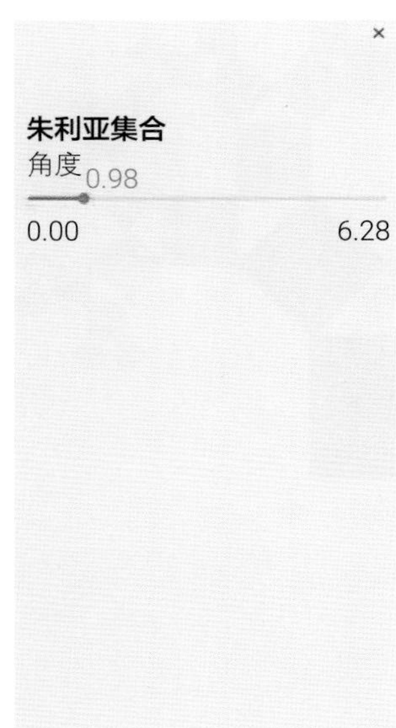

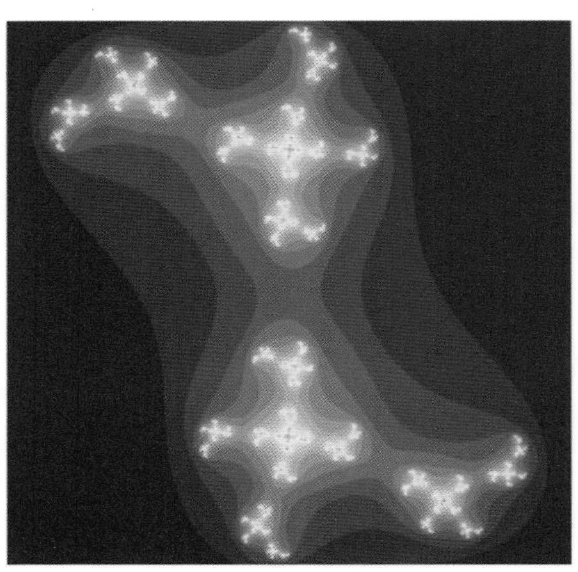

图35.3 展示朱利亚集合的App，Streamlit搭建 | Streamlit_julia-sets_5.py

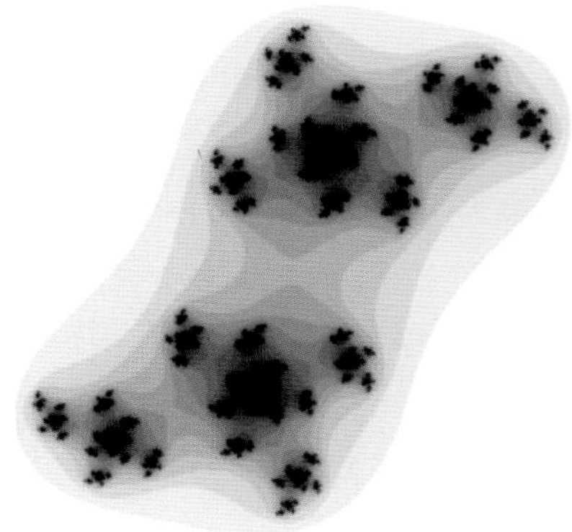

图35.4 展示朱利亚集合动画的App，Streamlit搭建 | Streamlit_julia-sets_animation.py

本章聊了聊分形这个数学概念，并且用Python可视化了几个分形的例子。这章配套的代码留给大家自行探索学习。此外，特别建议大家用Streamlit给本章每一个分形搭建一个具有交互属性的App。

图35.5　Koch雪花

图35.6 谢尔宾斯基三角形

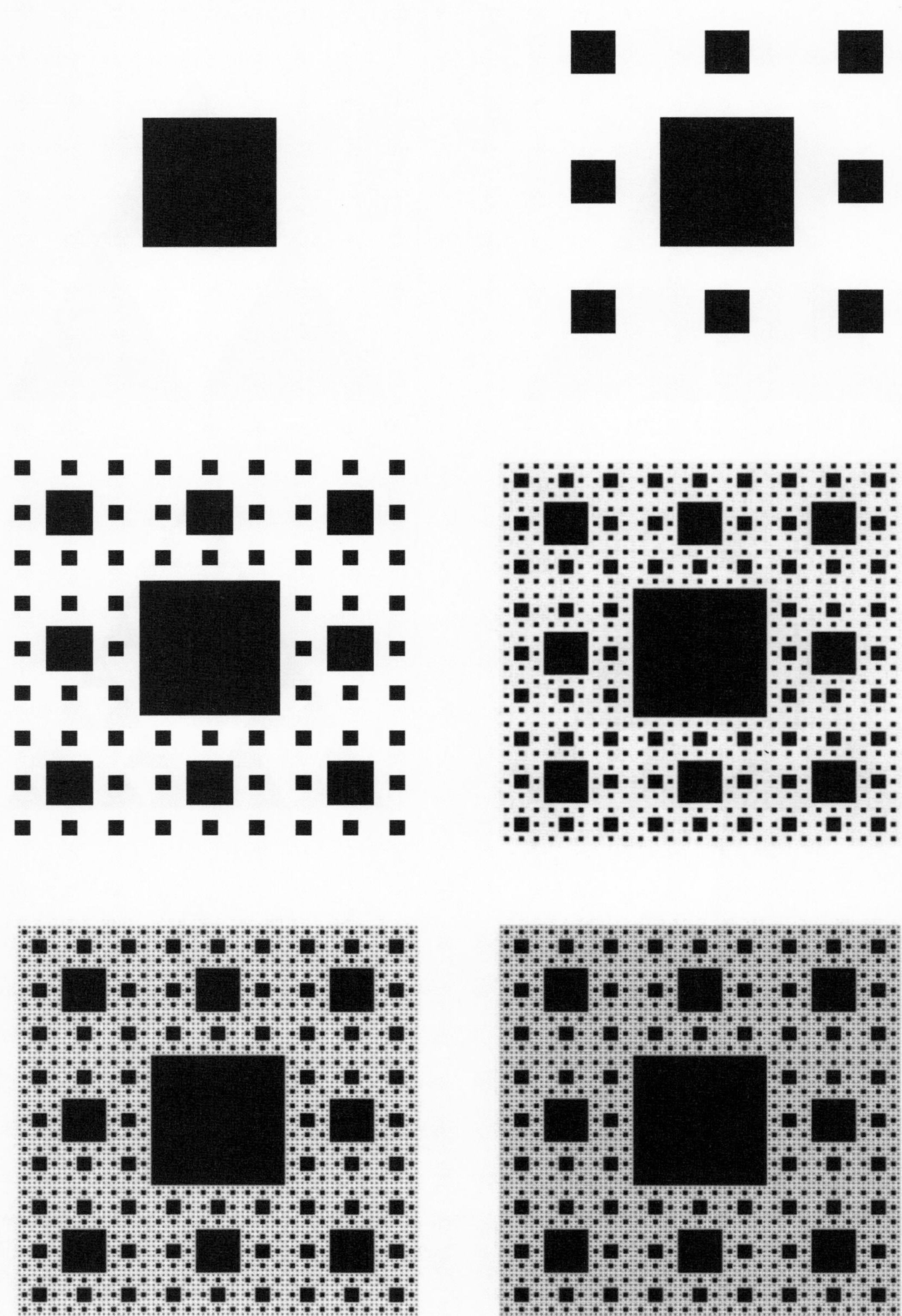

图35.7　谢尔宾斯基地毯

图35.8　Vicsek正方形分形，第1组

图35.9　Vicsek正方形分形，第2组

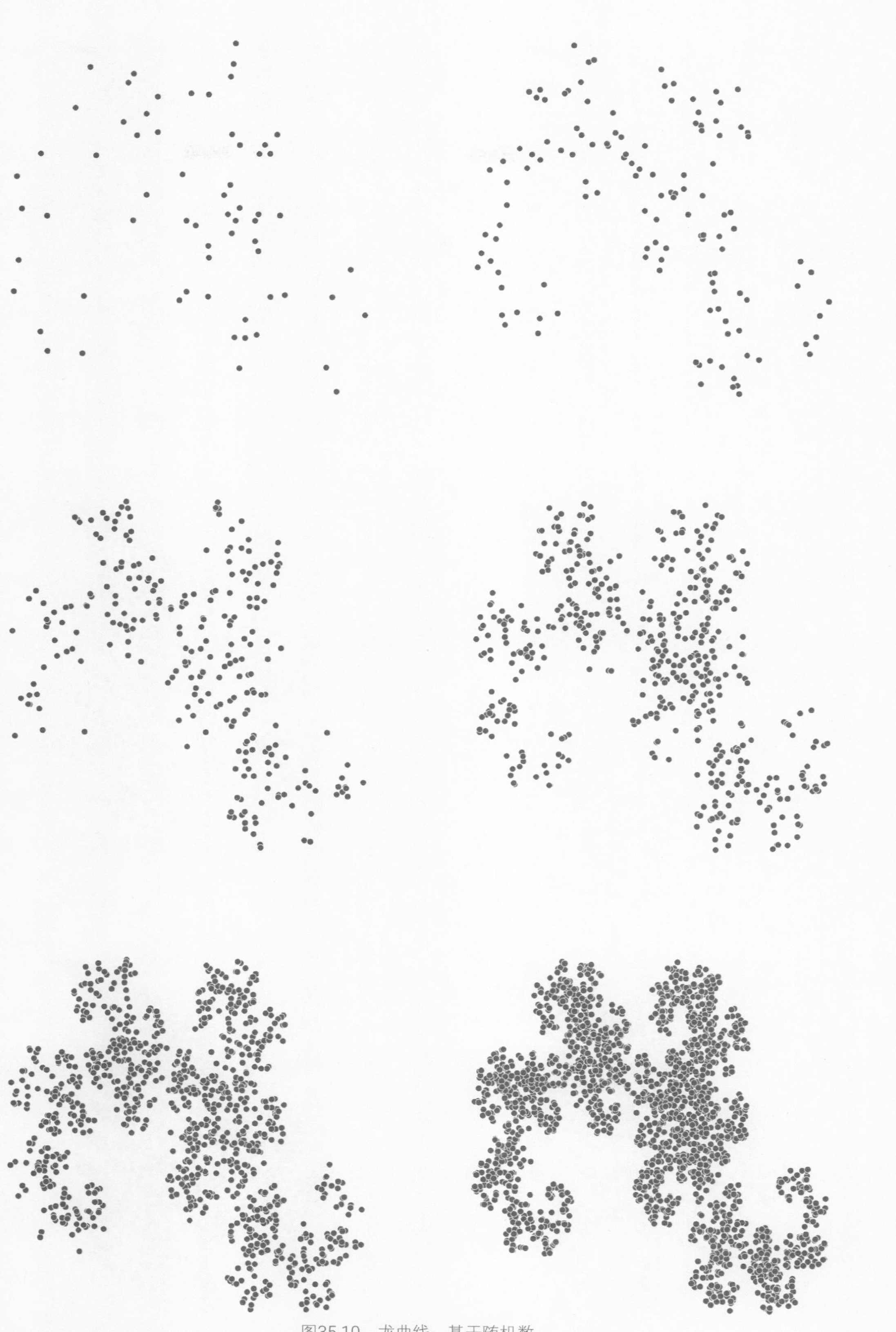

图35.10　龙曲线，基于随机数

图35.11　巴恩斯利蕨，基于随机数

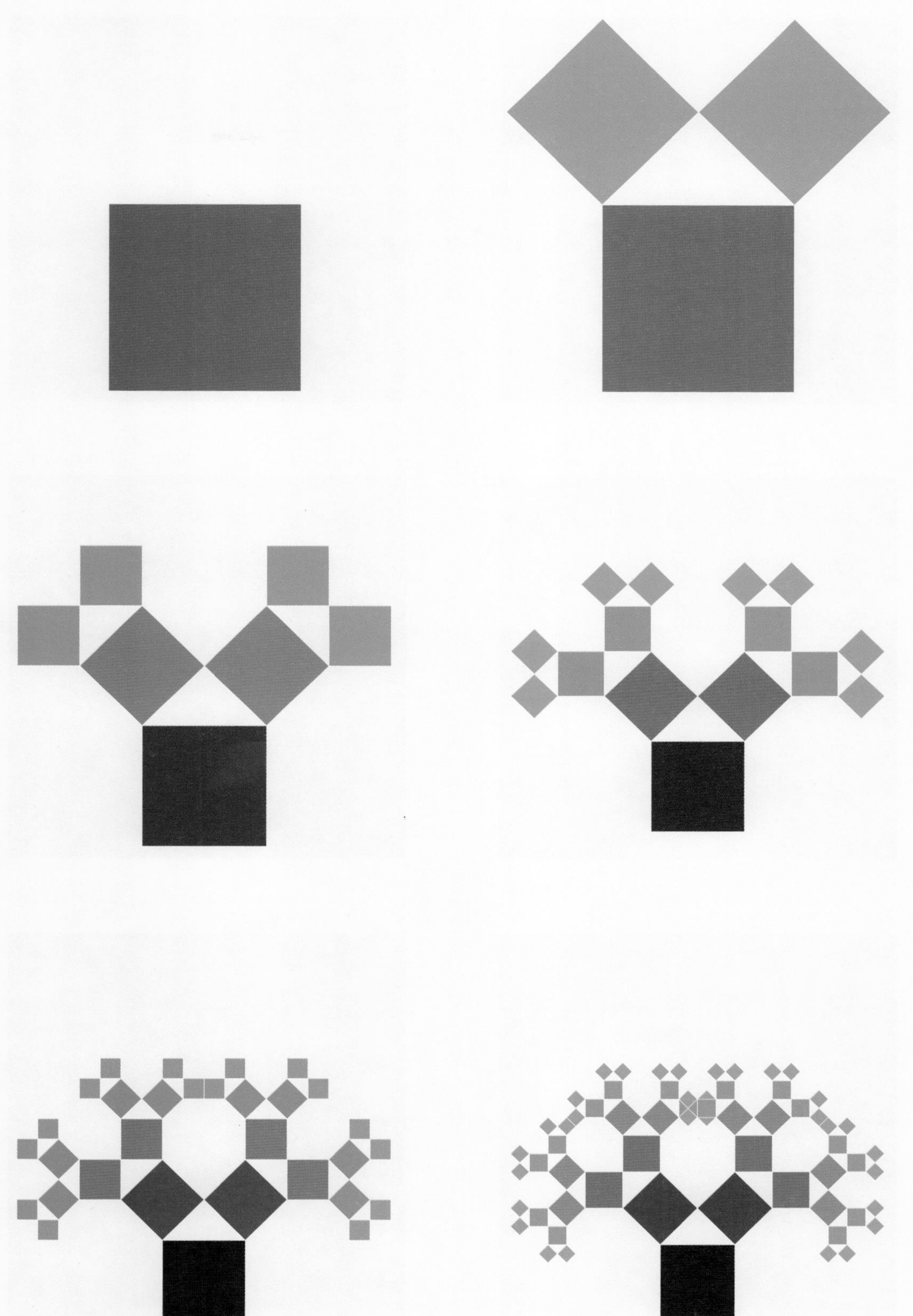

图35.12　勾股树

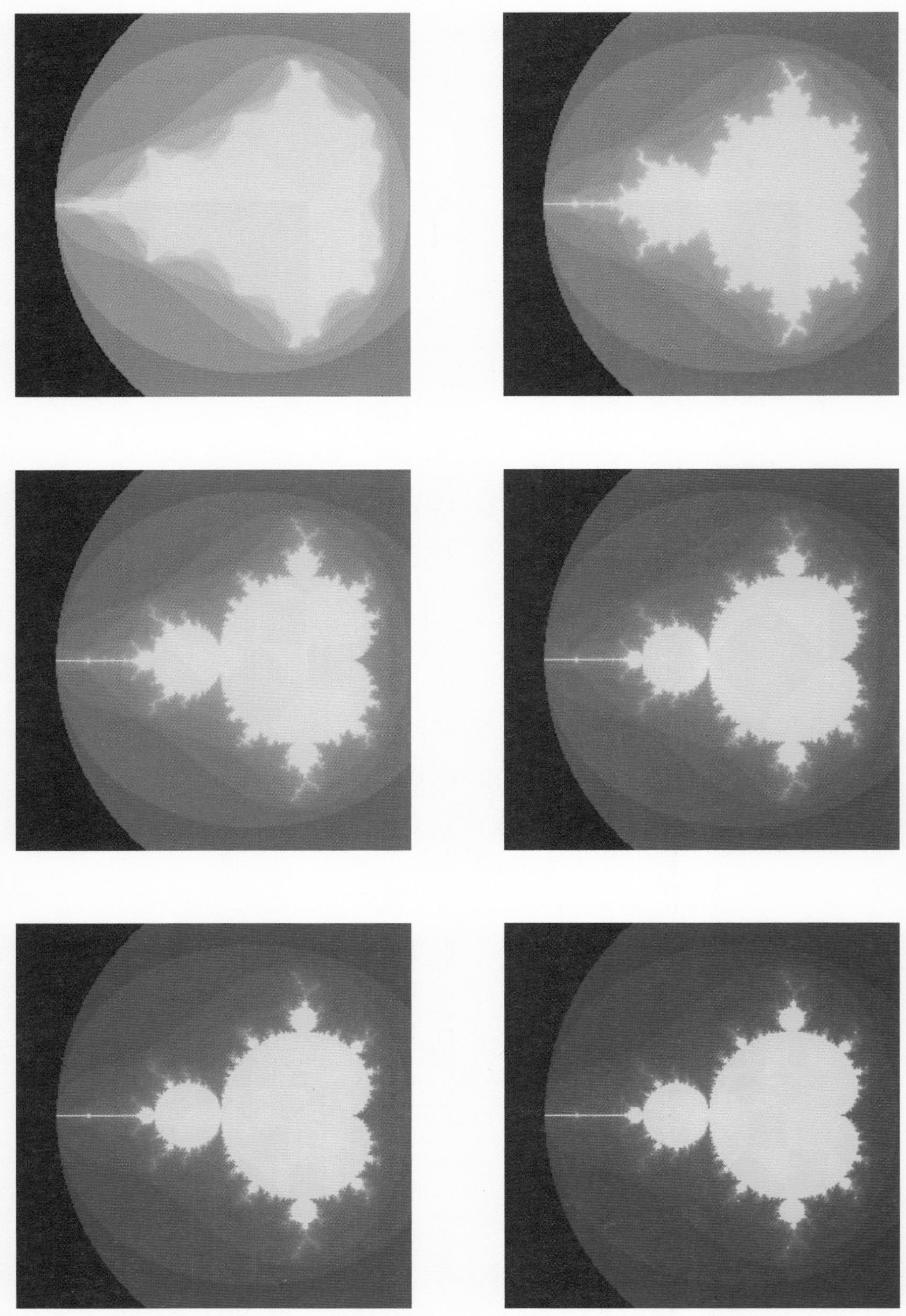

图35.13 曼德博集合

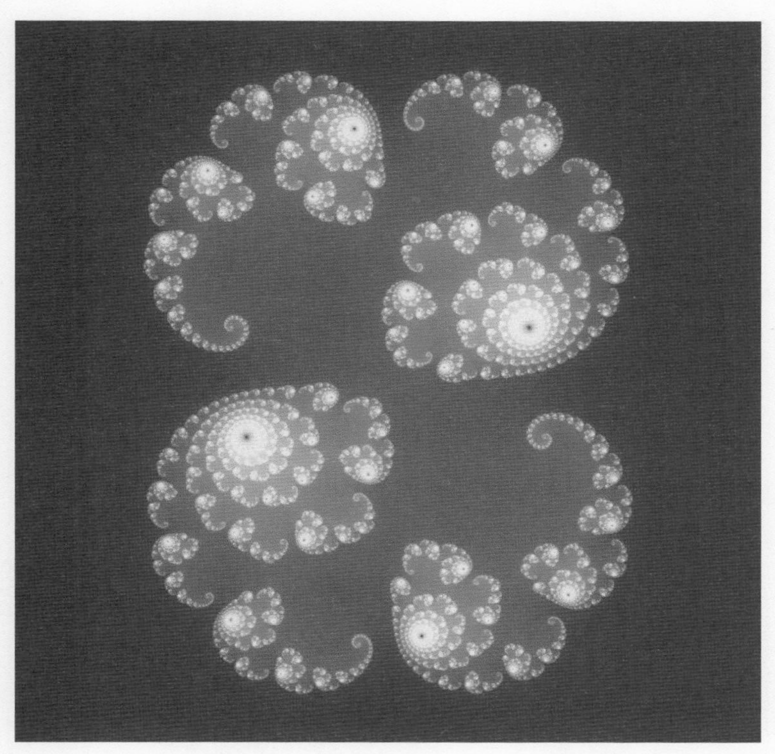

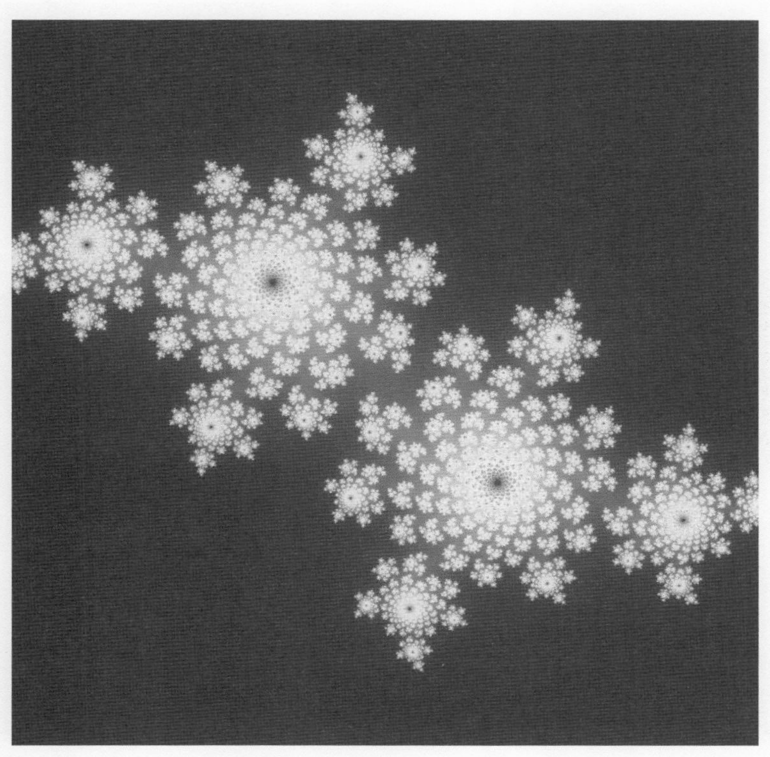

图35.14　朱利亚集合，第1组

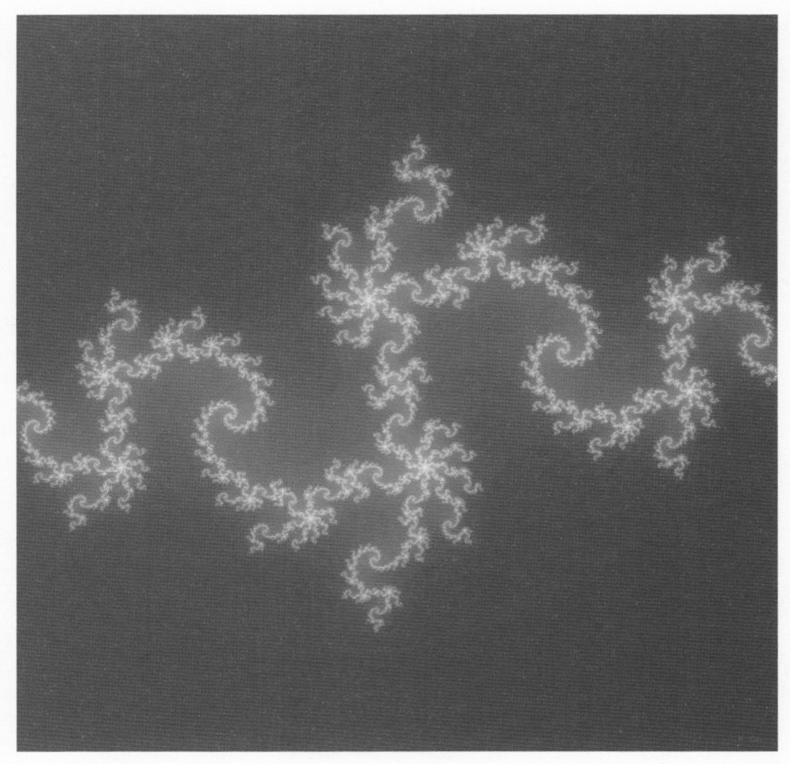

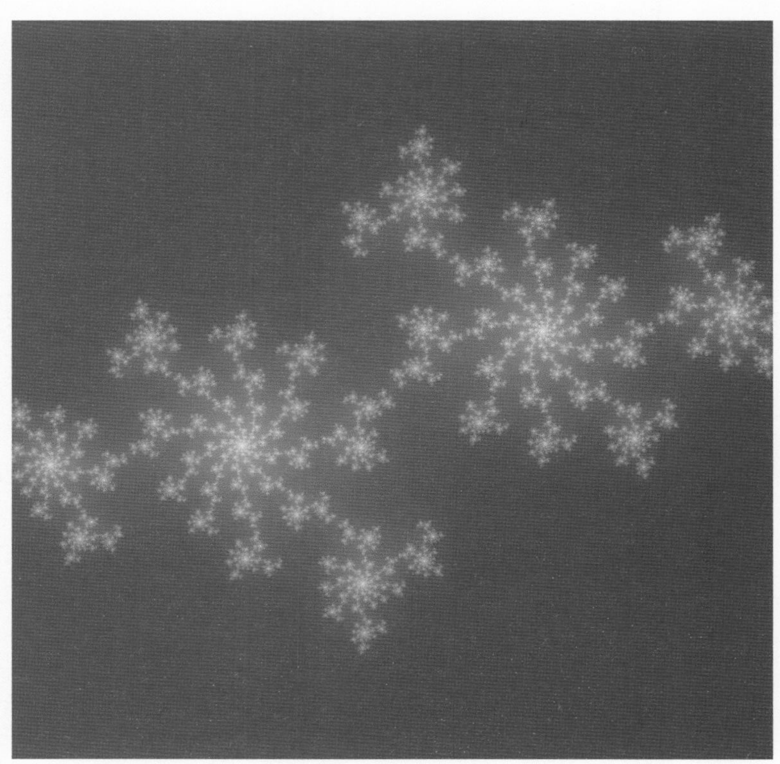

图35.15　朱利亚集合，第2组

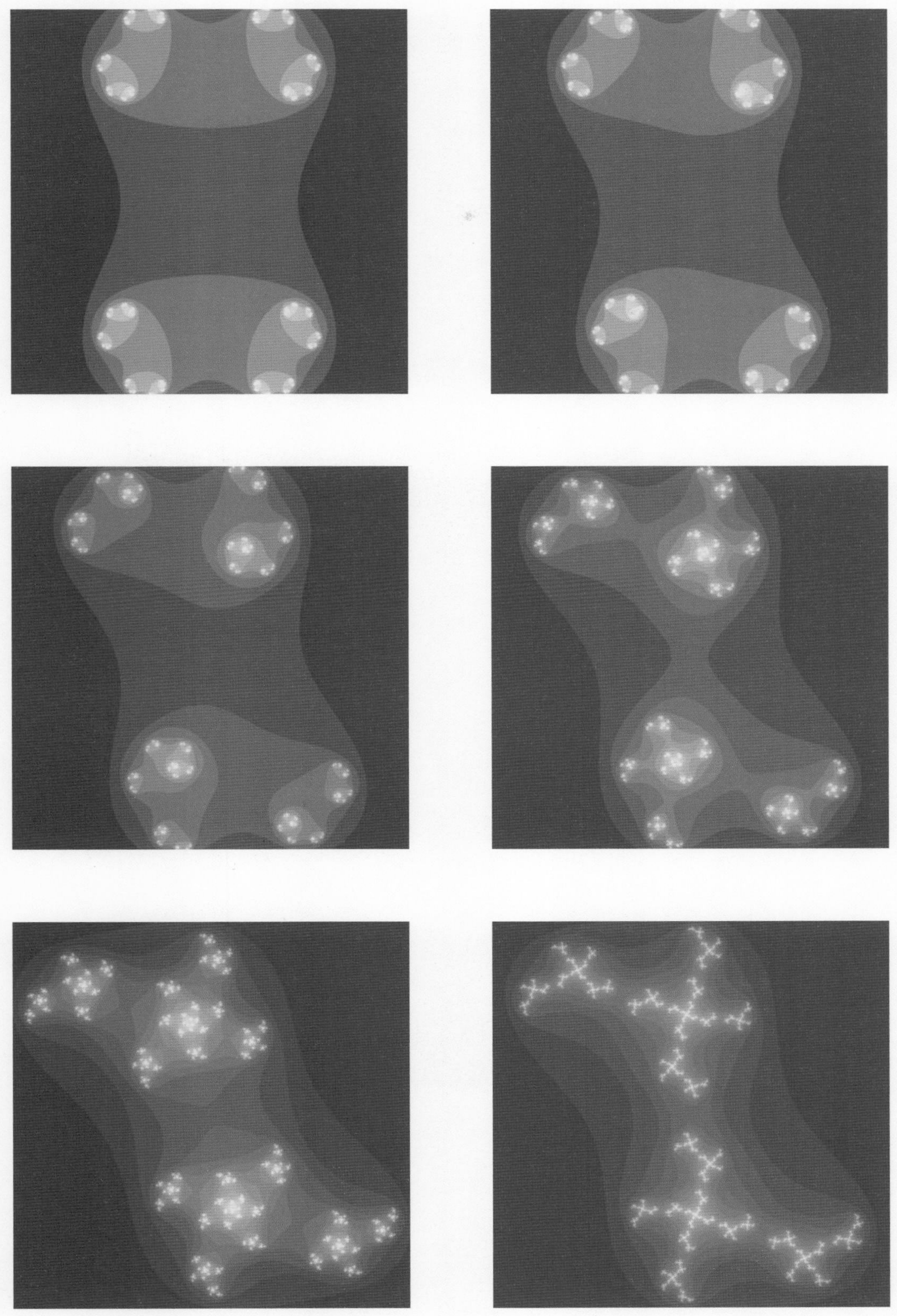

图35.16　朱利亚集合，第3组

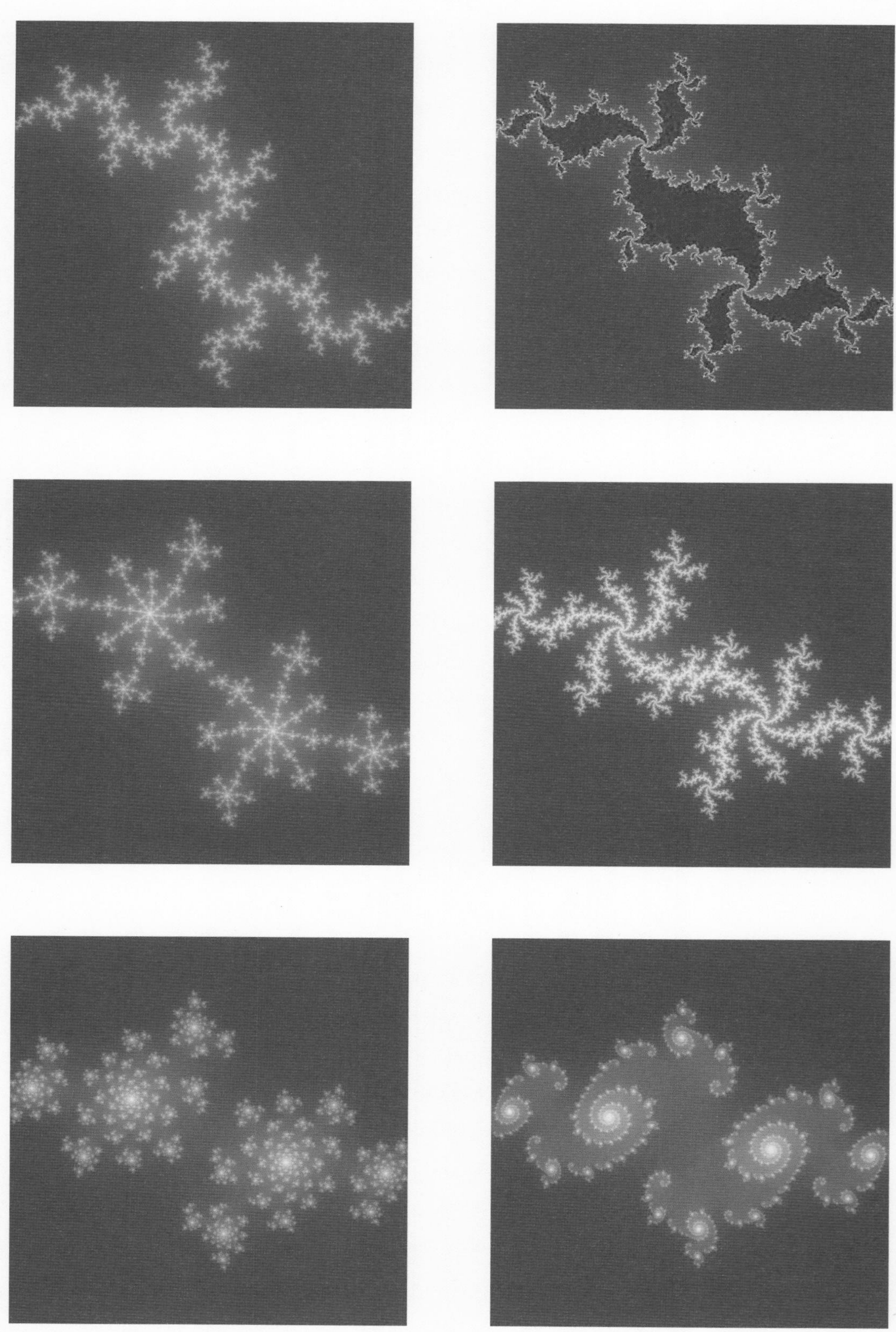

图35.17　朱利亚集合，第4组

Network Diagrams

网络图

可视化网络的层级结构和信息路径

艺术不是工艺品，艺术传递艺术家的体验。

Art is not a handicraft, it is the transmission of feeling the artist has experienced.

—— 列夫·托尔斯泰 (Leo Tolstoy) | 俄国作家 | 1828—1910年

36.1 网络图

在深度学习中，**网络图** (network diagram) 是指描述神经网络架构和连接关系的图形表示。它是一种可视化工具，用于展示神经网络中的各个层以及它们之间的连接。

网络图通常由**节点** (node) 和**边** (edge) 组成。节点代表神经网络的层或单个神经元，而边表示它们之间的连接或信息传递。节点之间的连接可以是有向的或无向的，这取决于神经网络的结构。

通过网络图，可以清晰地展示神经网络的层级结构和信息流动的路径。它可以帮助人们理解和分析神经网络的架构，以及如何在不同层之间传递和转换数据。

网络图还可以用于可视化神经网络的参数和权重，以及它们在不同层之间的传递。这有助于深入了解神经网络的工作原理，以及每个层对输入数据的处理方式。

NetworkX是一个用于创建、操作和研究复杂网络的Python软件包。它提供了一种灵活且高效的方式来表示、分析和可视化各种类型的网络结构，包括社交网络、生物网络、物流网络等。

NetworkX具有丰富的功能，可用于执行各种网络分析任务。它支持创建网络的节点和边，并提供各种算法和方法来研究网络的特性和行为。通过NetworkX，大家可以进行节点和边的属性设置、图形布局、路径查找、子图提取、连通性分析、社区检测以及中心性和影响力度量等。

NetworkX的官方网站上提供了丰富的示例和图库，展示了该软件包在各种应用领域的应用。图36.1 ~ 图36.10所示为精选出来的几个例子，下面逐一简介。

> 注意：本章所有案例均来自NetworkX，知识点也不需要大家掌握，可视化方案也不会展开介绍。

图36.1上图展示的是多层网络。图36.1下图可视化了13个节点的循环布局图。其中，边根据节点之间的距离着色。节点之间的距离是指在圆上的任意两个节点之间沿弧线穿越的最小节点数。

图36.2上图为随机几何位置的无向图，下图可视化无向图中一种节点算法——Beam Search，该算法用来找到特征向量中心度最大的节点。无向图是一种图论中的基本概念，表示节点之间的连接关系。它由一组节点和连接这些节点的边组成，边没有方向性，即两个节点之间的连接是相互的。

图36.3可视化了互联网上的186个站点到洛斯阿拉莫斯国家实验室的路由LANL Routes信息。

旅行推销员问题 (Traveling Salesman Problem，TSP) 是一种著名的组合优化问题，属于图论领域。问题的目标是找到一条最短路径，使得旅行推销员能够访问一组给定的城市，并返回起始城市，同时经过每个城市一次且仅一次。

如图36.4所示，每个节点表示一个城市，边的权重表示城市之间的距离或成本。旅行推销员问题要求找到一条路径，使得旅行员从起始城市出发，经过所有其他城市，最后回到起始城市，并使得路径的总长度最小。图36.4中红色线代表最优路径。

图36.5可视化了1886—1985年的所有685场世界国际象棋锦标赛比赛参赛者、赛事、成绩。边宽度代表对弈的数量，点的大小代表获胜棋局数量。

图36.6所示为5757个“5个字母的单词”上生成的无向图。如果两个单词在一个字母上不同，它们之间就会有一条边。

图36.7上图为随机几何位置的无向图，图36.7下图为128个美国城市人口和距离组成的无向图。

图36.8所示为16种可能的三元组类型。三元组类型是指在社交网络或其他网络中，根据节点之间的连接关系，将节点组合成不同类型的三元组。三元组由三个节点组成，它们之间存在特定的连接模式。图中，前三位数字表示相互、非对称和空值二元组(双向、单向和非连接边)的数量，字母表示方向，分别是**向上** (U)、**向下** (D)、**循环** (C) 、**传递** (T)。

图36.9所示为具有最多6个节点的所有连通图的图谱。

图36.10展示了基因之间的**介数中心性** (betweenness centrality)，它使用了WormNet v.3-GS数据来测量基因之间的正向功能关联。WormNet是一个用于研究**秀丽隐杆线虫** (Caenorhabditis elegans) 基因功能网络的资源。

鸢尾花书《数据有道》中有超过1/2的内容将介绍图和网络。

以上这些例子对应的代码、数据可以在以下链接找到。

```
https://networkx.org/documentation/stable/auto_examples/index.html
https://github.com/networkx/networkx/tree/main/examples
```

首先祝贺大家！读到这里，大家已经正式完成《编程不难》《可视之美》的修炼！特别是在《可视之美》中，希望大家不但掌握了创作思路、可视化方案、作图技巧，更学到了利用几何视角观察数学、数据的技能。

《可视之美》更希望做到的是，让代码有形状，让公式有色彩，用艺术维度为大家打开一扇发现数学之美的窗口。

把“艺术”两个字拆开来看，Python编程是“术”，真正的“艺”来自于数学！

“好读书，不求甚解；每有会意，便欣然忘食。”《编程不难》《可视之美》只要求大家知其然，不需要大家知其所以然。而接下来的数学三部曲——《数学要素》《矩阵力量》《统计至简》——则希望大家不但要知其然，而且要知其所以然！

万物皆可数学，数学皆可艺术。

读完《可视之美》后，有读者可能会问，数学研究、艺术创作，到底有什么用？

想想我们今天的物质世界有多少和牛顿力学直接或间接相关。而牛顿同时代的人有多少人根本不理解牛顿力学三定律，甚至可能都没听过牛顿这个人。

不管是宏观，还是微观，只有不断“升维”，提升认知的维度，才能让我们跳脱刘慈欣《三体》描述的“火鸡视角”。而数学和艺术就是射穿“火鸡视角”的那束光。

套用刘慈欣的话，我们都是阴沟里的虫子，抑或是农场里的火鸡，但总得有人要投身数学、热爱艺术、仰望星空。

可视之美，数学之美；开始于数，不止于美。下面邀请大家开启数学三部曲的旅程！

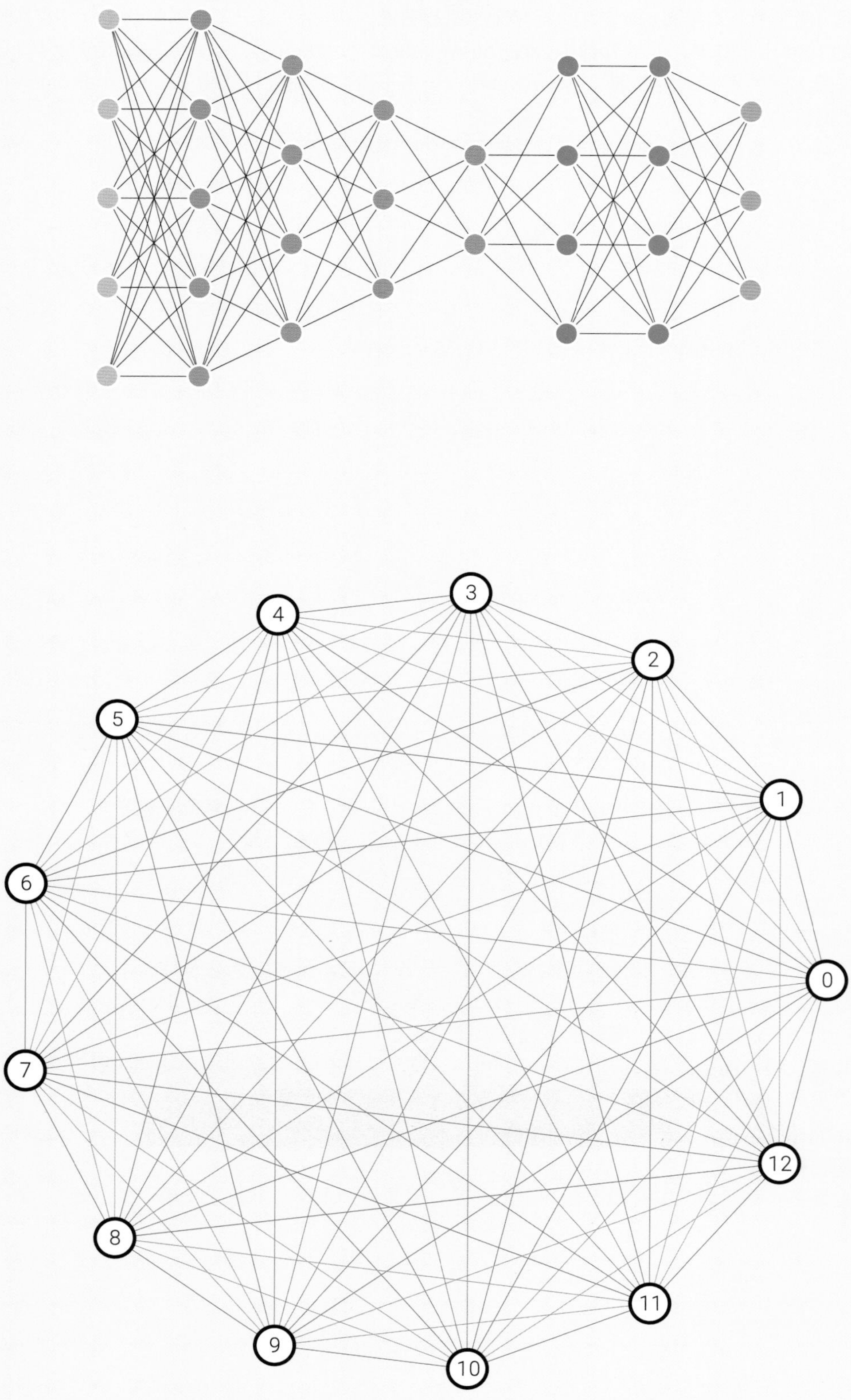

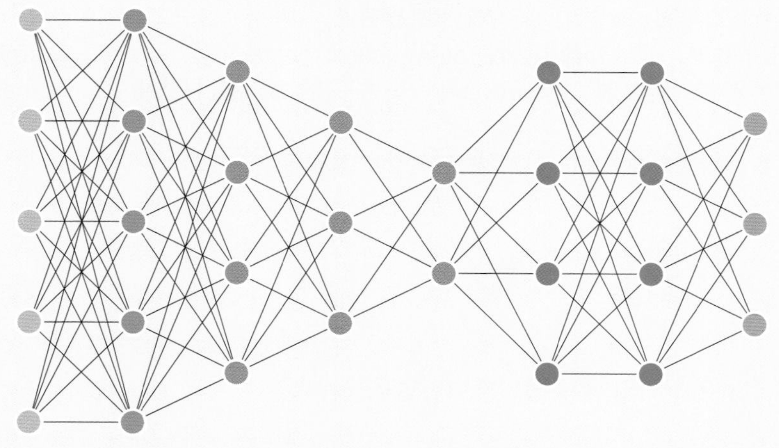

图36.1　上图展示的是多层网络，下图可视化13个节点的循环布局图

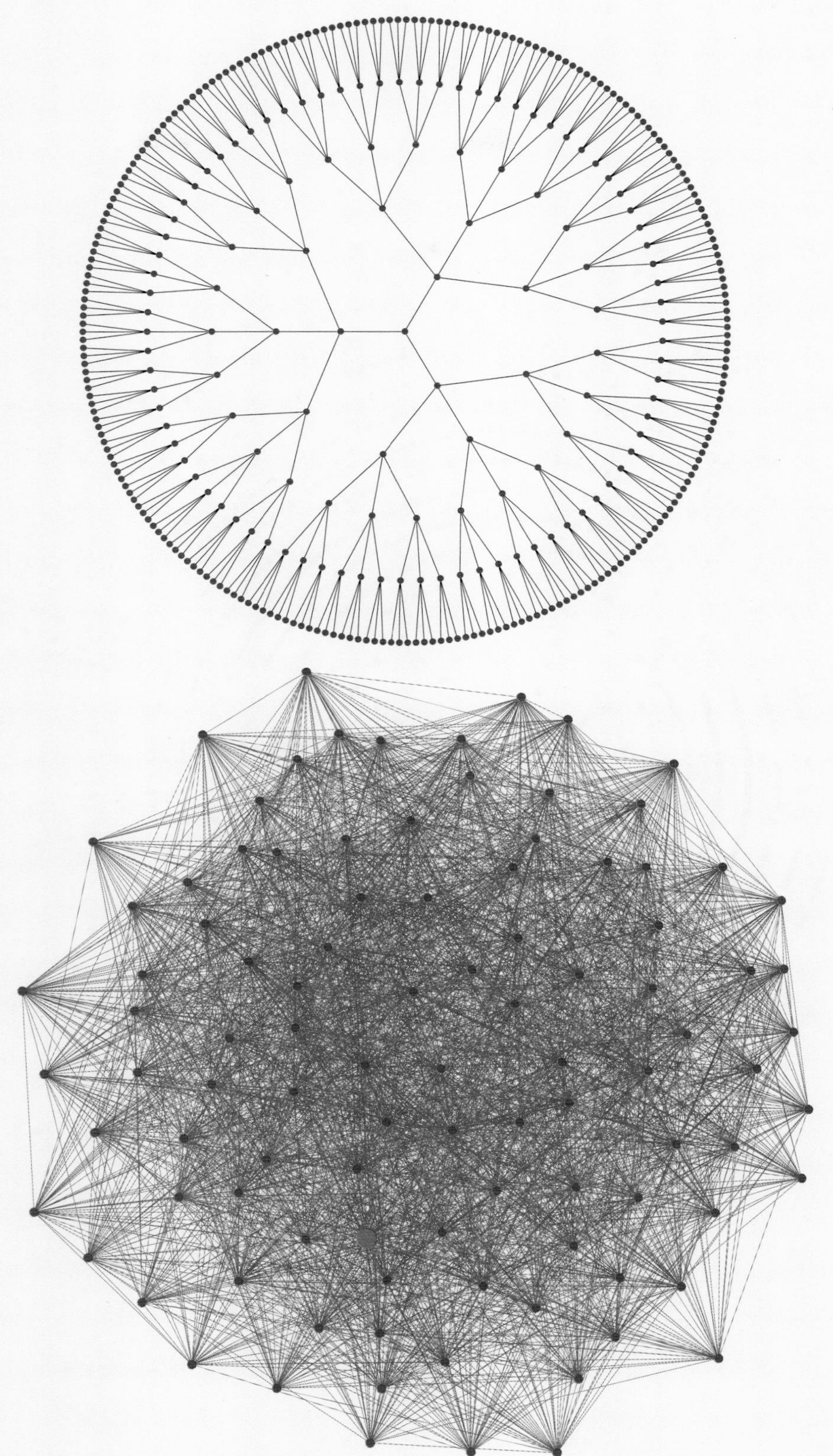

图36.2　上图为随机几何位置的无向图；下图可视化了一种搜索节点算法

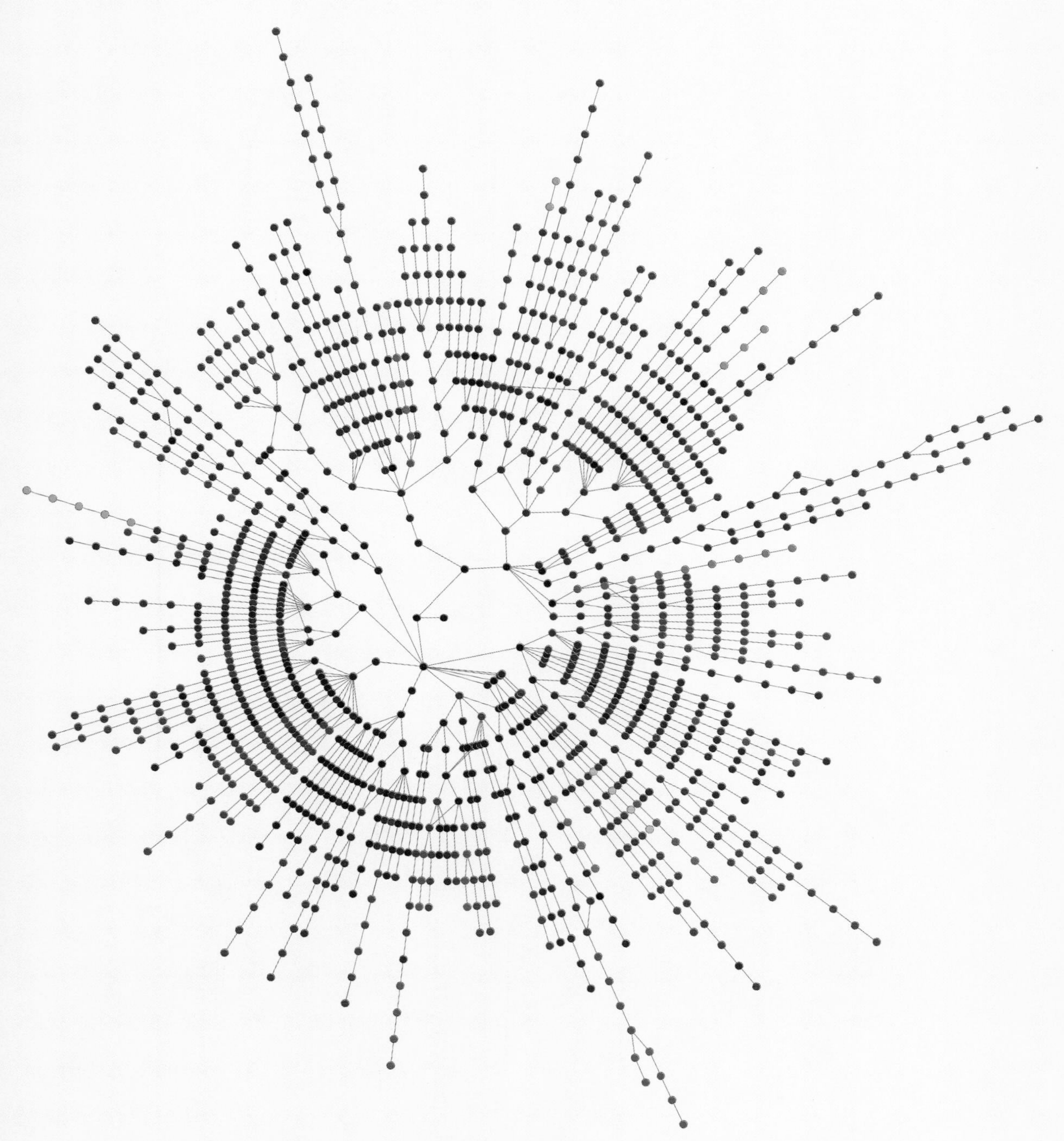

图36.3　互联网上的186个站点到洛斯阿拉莫斯国家实验室的路由LANL Routes信息

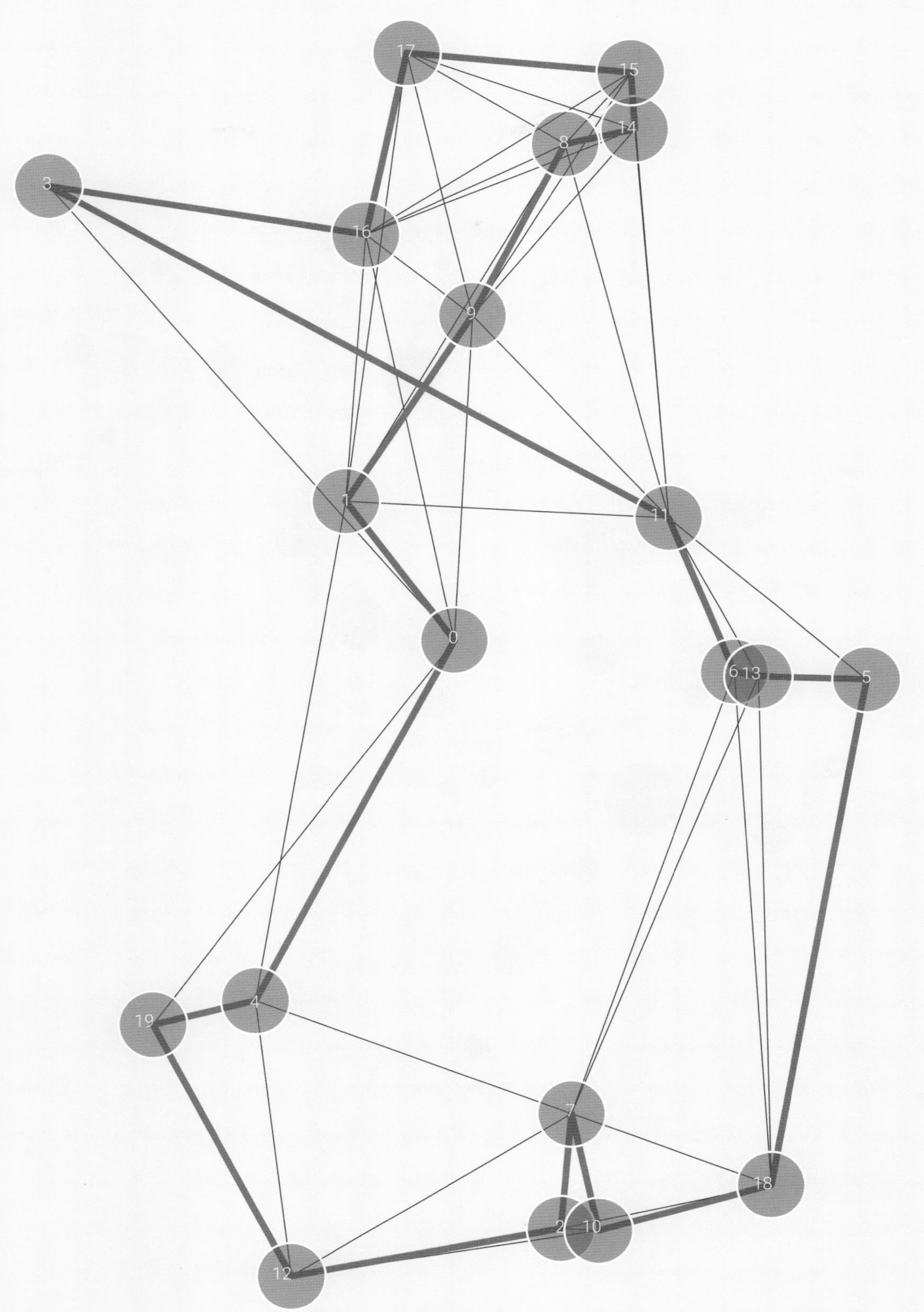

图36.4　销售员问题

图36.5　可视化1886—1985年的所有685场世界国际象棋锦标赛比赛参赛者、赛事、成绩

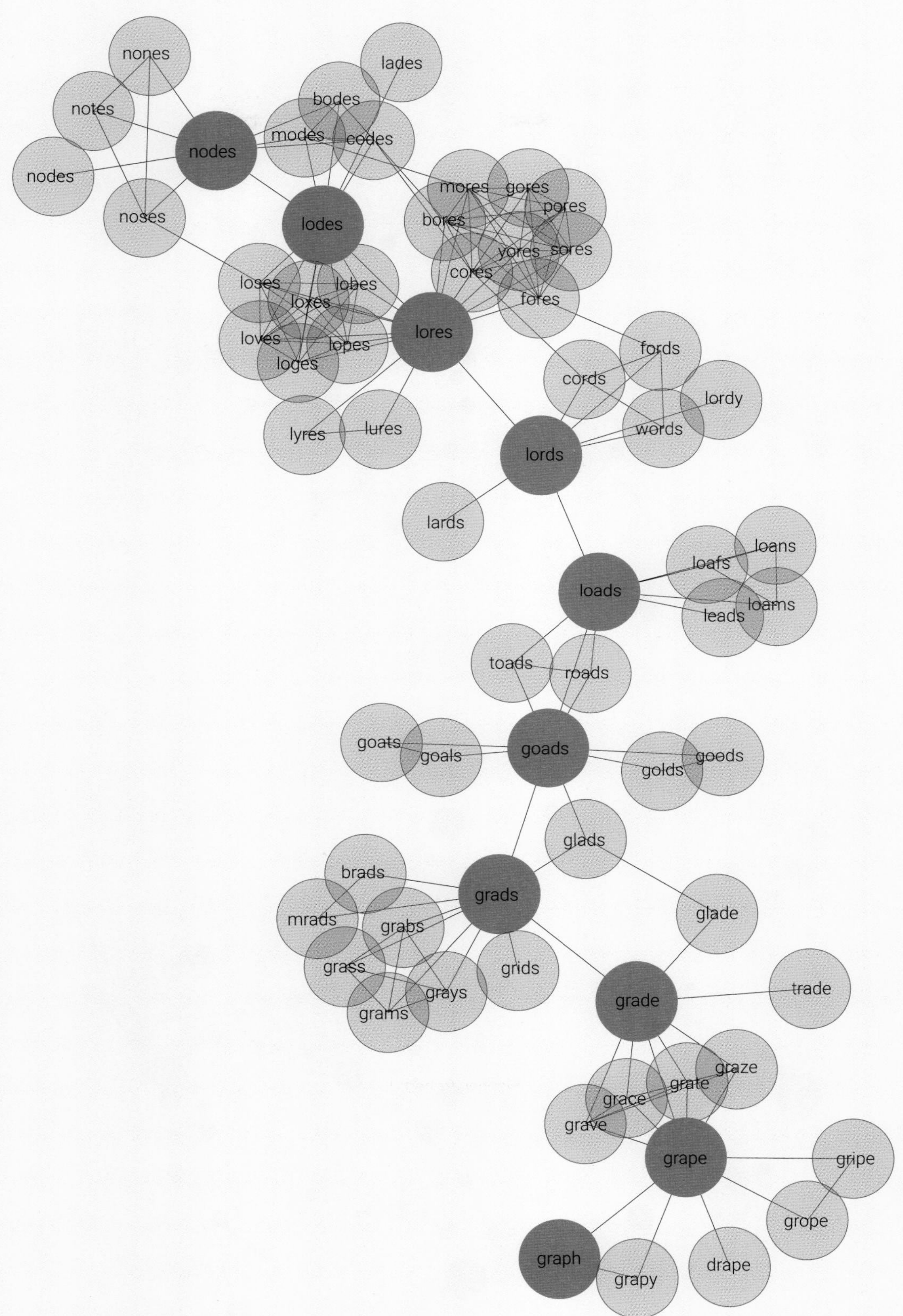

图36.6　5757个“5个字母的单词”上生成的无向图；如果两个单词在一个字母上不同，它们之间就会有一条边

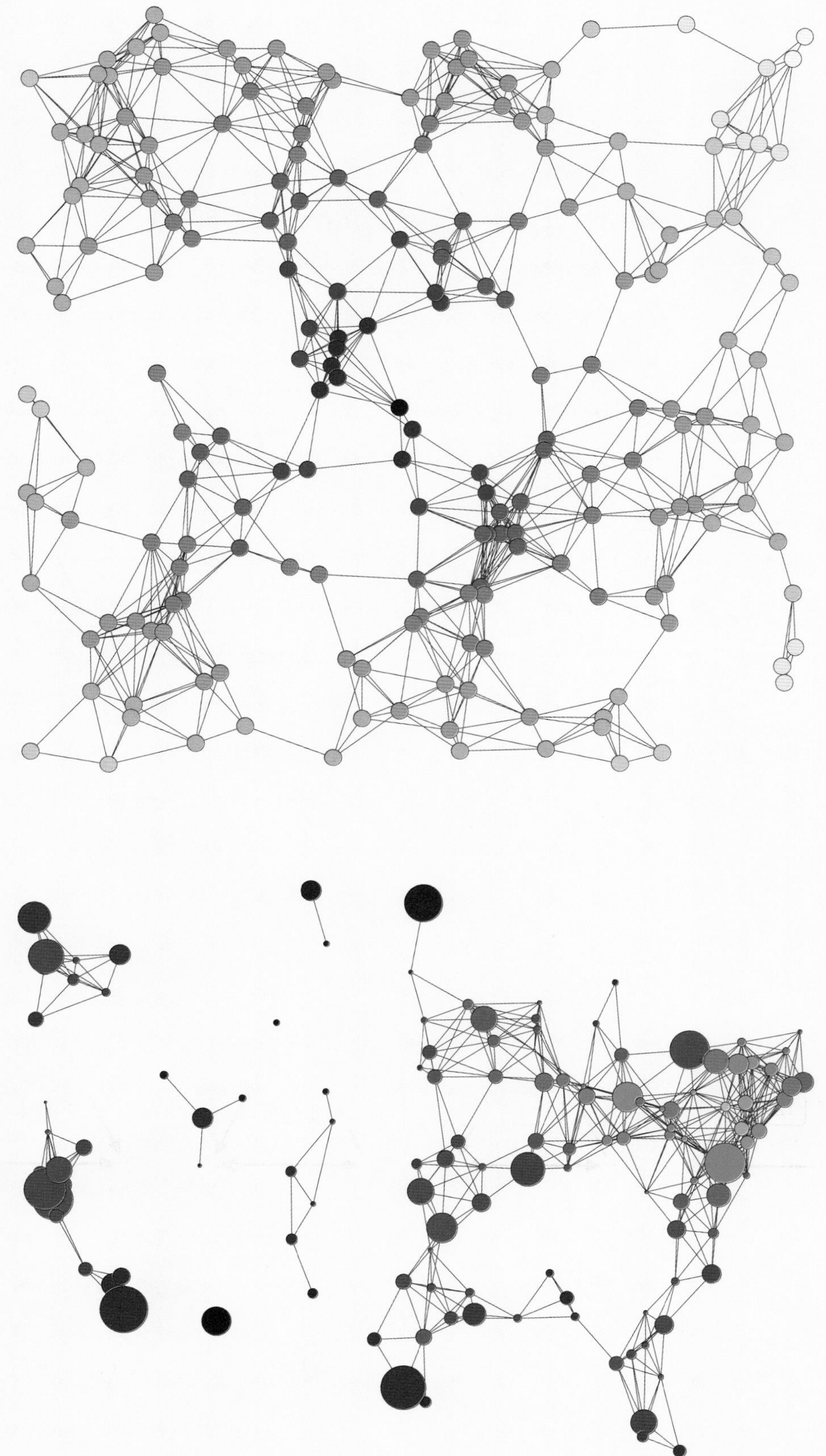

图36.7　上图为随机几何位置的无向图，下图为128个美国城市人口和距离组成的无向图

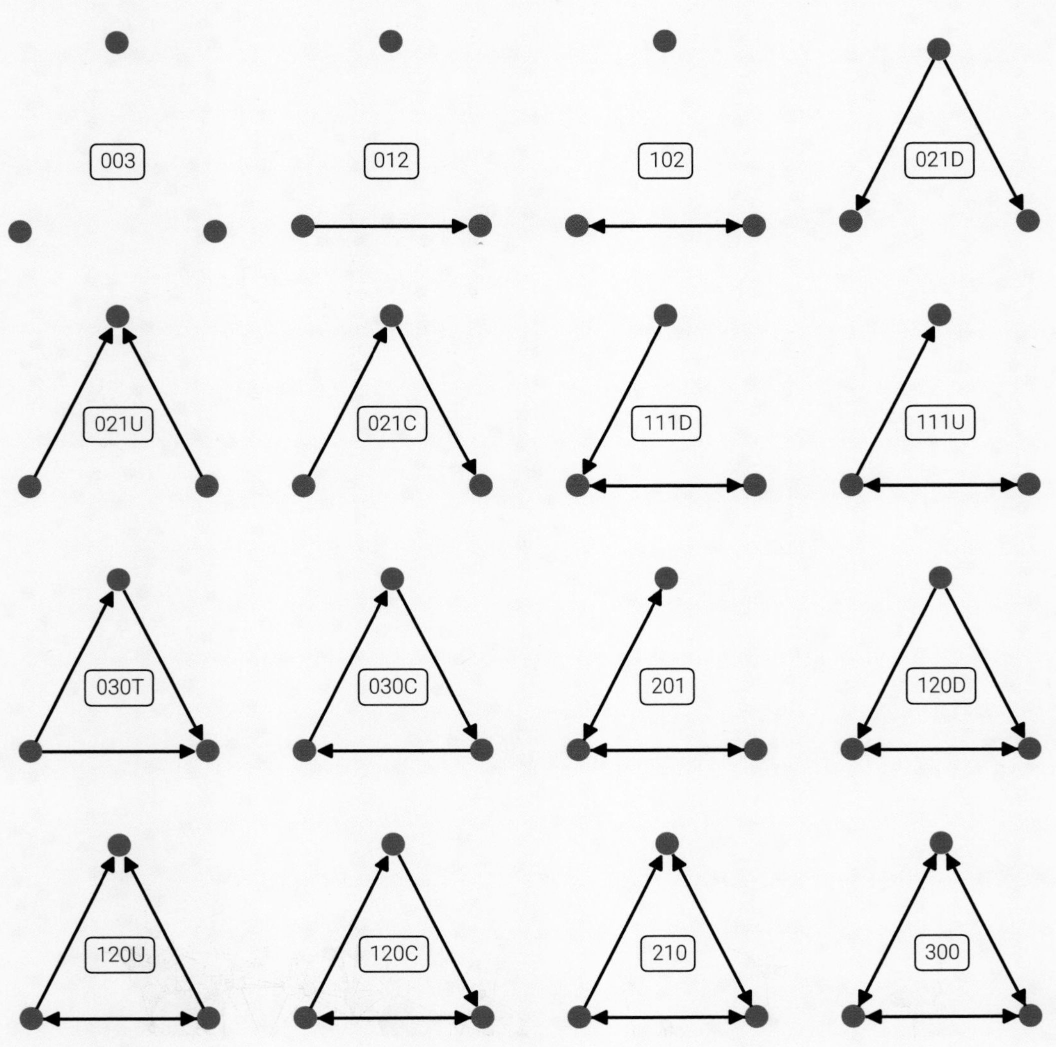

图36.8　16种可能的三元组类型

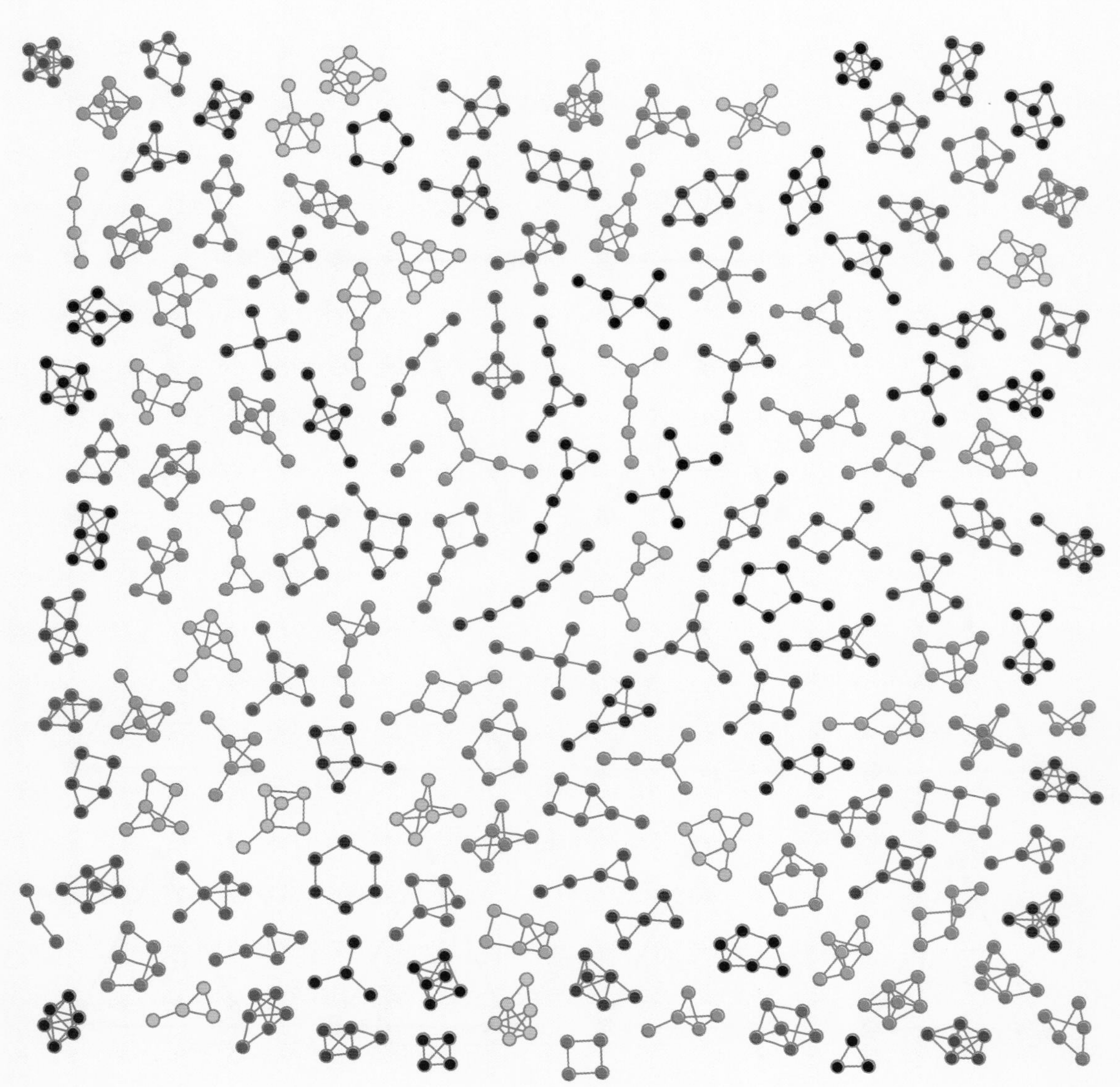

图36.9　最多6个节点的所有连通图的图谱

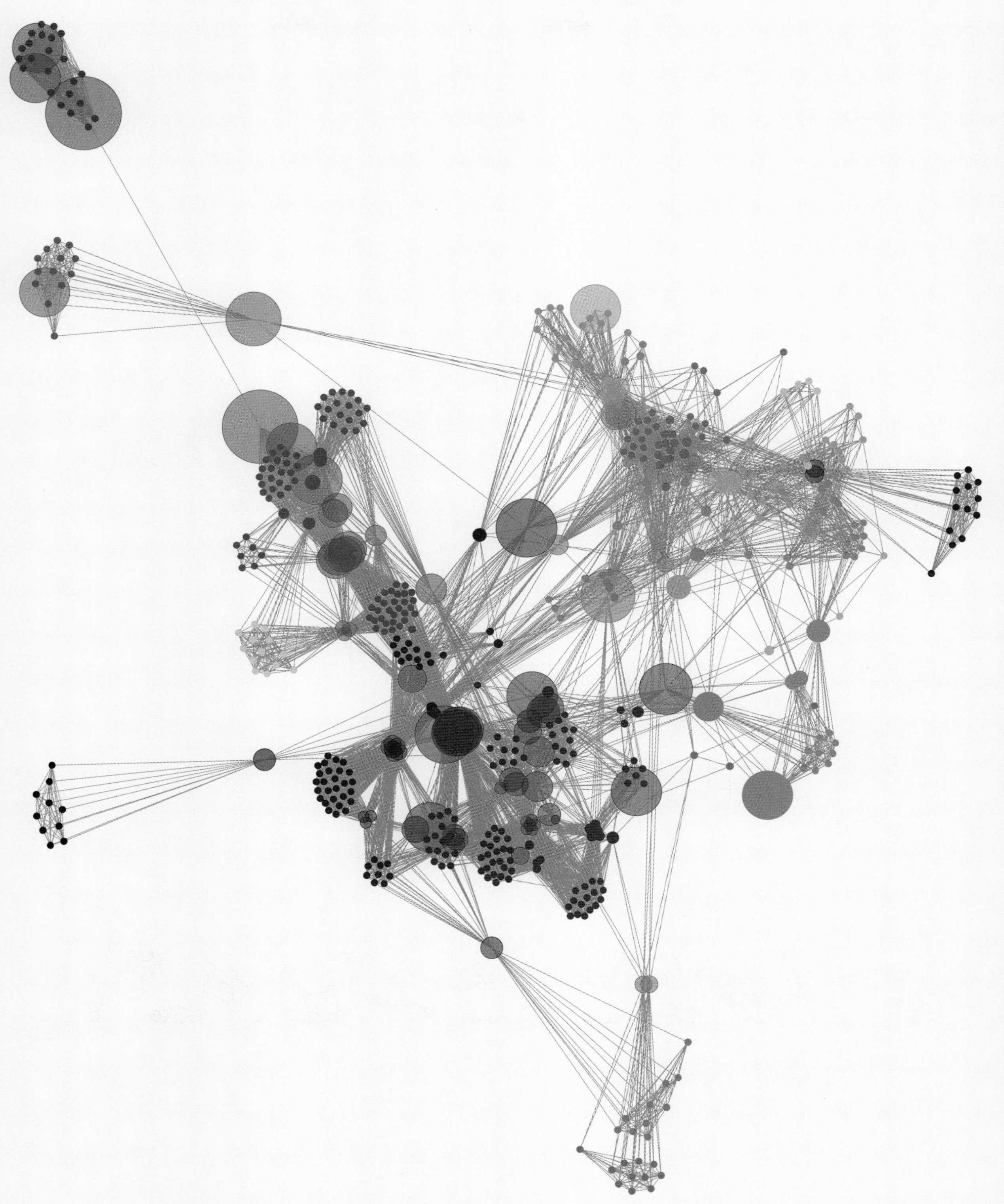

图36.10　WormNet v.3-GS数据来测量基因之间的正向功能关联

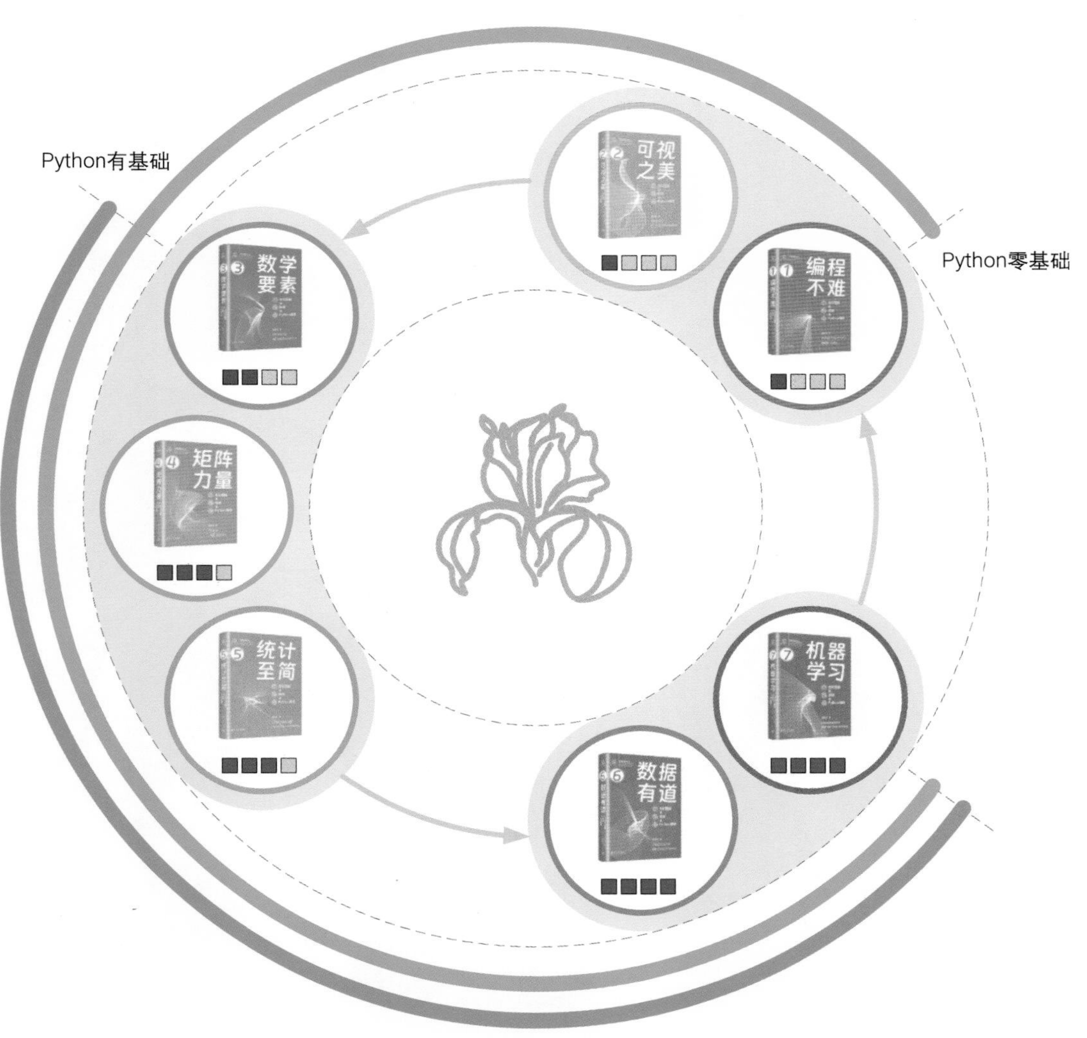
Python有基础
Python零基础
可视
之美
编程
不难
数学
要素
矩阵
力量
统计
至简
机器
学习
数据
有道